BERLINER ASTRONOMISCHES JAHRBUCH

FÜR

1955

180. JAHRGANG

HERAUSGEBER

ASTRONOMISCHES RECHENINSTITUT
DER DEUTSCHEN AKADEMIE DER WISSENSCHAFTEN ZU BERLIN
UND
ASTRONOMISCHES RECHENINSTITUT ZU HEIDELBERG

1953

AKADEMIE-VERLAG · BERLIN

Astronomische Zeichen und Abkürzungen

Bezeichnung der Wochentage	Adspekten
☉ Sonntag	☌ Konjunktion
☾ Montag	□ Quadratur
♂ Dienstag	☍ Opposition
☿ Mittwoch	**Mondphasen**
♃ Donnerstag	● Neumond
♀ Freitag	☽ Erstes Viertel
♄ Sonnabend	○ Vollmond
	☾ Letztes Viertel

☊ Aufsteigender } Knoten
☋ Absteigender }

Zeichen des Tierkreises und der Himmelskörper

♈ Widder	0 Grad	
♉ Stier	30 »	☉ Sonne
♊ Zwillinge . . .	60 »	☾ Mond
♋ Krebs	90 »	☿ Merkur
♌ Löwe	120 »	♀ Venus
♍ Jungfrau. . . .	150 »	♁ Erde
♎ Waage	180 »	♂ Mars
♏ Skorpion . . .	210 »	♃ Jupiter
♐ Schütze	240 »	♄ Saturn
♑ Steinbock . . .	270 »	♅ Uranus
♒ Wassermann . .	300 »	♆ Neptun
♓ Fische	330 »	♇ Pluto

Herausgeber: Astronomisches Recheninstitut der Deutschen Akademie der Wissenschaften zu Berlin und Astronomisches Recheninstitut zu Heidelberg. Verantwortlich für den Inhalt: Prof. Dr. A. Kahrstedt, Berlin-Lichterfelde-West, und Prof. Dr. A. Kopff, Heidelberg. Verlag: Akademie-Verlag GmbH, Berlin W 8, Mohrenstraße 39; Fernsprecher: Sammelnummer 20 30 96; Postscheckkonto: Berlin 350 21. Bestell- und Verlagsnummer dieses Werkes: 1004/180. Preis: 12 DM. Druck: (III/9/1) Sächsische Zeitung, Verlag und Druckerei, Dresden N 23. 11863. Veröffentlicht unter Lizenz-Nr. 1210 des Amtes für Literatur und Verlagswesen der Deutschen Demokratischen Republik. Printed in Germany.

Vorwort

Vom Jahrgang 1916 an ist der fundamentale Meridian, auf den alle Angaben des Jahrbuchs bezogen sind, der Meridian von Greenwich.

Die Zeit ist vom Jahrgang 1925 an in Weltzeit, d. i. Bürgerliche Zeit Greenwich, ausgedrückt (siehe Erläuterungen).

Die Grundlagen des Berliner Astronomischen Jahrbuchs bilden:

Für die Sonne und die großen Planeten:

Die Tafeln von Newcomb und (für Jupiter und Saturn) von Hill, enthalten in:

Astronomical Papers of the American Ephemeris,
Vol. VI, Part I—IV: *Tables of the four inner planets,*
Vol. VII, Part I—IV: *Tables of Jupiter, Saturn, Uranus, Neptune.*

Für Pluto die Elemente von E. C. Bower. (Näheres siehe Erläuterungen.)

Als Sonnenhalbmesser in der mittleren Entfernung ist 16′ 1″.50 angenommen; dagegen liegt der Berechnung der Finsternisse der von Auwers in A. N., Bd. 128 gegebene Wert 15′ 59″.63 zugrunde.

Für den Mond:

Tables of the Motion of the Moon by Ernest W. Brown.

Der geozentrische Mondhalbmesser $r_{☾}$ ist aus der Äquatorial-Horizontalparallaxe $p_{☾}$ gerechnet nach der Formel

$$r_{☾} = 0.272469\, p_{☾} + 1''.50,$$

für die Finsternisse nach $\sin r_{☾} = 0.272274 \sin p_{☾}$.

Als Neigung des Mondäquators gegen die Ekliptik ist nach F. Hayn (A. N. Bd. 199, 263) angenommen: $J = 1° \, 32' \, 20''$.

Für die Fixsterne:

Dritter Fundamentalkatalog des Berliner Astronomischen Jahrbuchs (Veröffentlichungen des Astronomischen Recheninstituts zu Berlin-Dahlem Nr. 54 und Abhandlungen der Preußischen Akademie der Wissenschaften Jahrgang 1938. Phys.-math. Klasse. Nr. 3).

Die Sterngrößen und Sternspektren sind dem »Henry Draper Catalogue (Harvard Annals, vol. 91—99)« entnommen.

Als Werte der fundamentalen Reduktionsgrößen sind angenommen:

Die Präzessions-Größen nach S. Newcomb (vgl. H. Andoyer, Bull. Astr. Bd. 28, S. 67)

Die Nutations-Konstante . . . . . 9″.21

Die Nutations-Größen nach S. Newcomb (Bull. Astr. Bd. 15, S. 241)
Die Aberrations-Konstante . . . . 20″47
Die Sonnen-Parallaxe . . . . 8″80
Die Abplattung der Erde . . . . . . 1 : 297

Für die Satelliten:

Die Angaben über die 4 älteren Jupitertrabanten beruhen auf den Tafeln von R. A. Sampson (*Tables of the four great Satellites of Jupiter*. London 1910), die Angaben über die 8 älteren Saturnsatelliten auf den von H. und G. Struve sowie von J. Woltjer ermittelten Werten (Näheres s. Erläuterungen).

In allen Ephemeriden der Sonne, der Planeten und der Fixsterne sind die kurzperiodischen, von der Mondlänge abhängigen Nutationsglieder weggelassen; doch bietet das Jahrbuch die Möglichkeit, auch diese weggelassenen Glieder zu berücksichtigen (s. Erläuterungen).

Der Inhalt des Jahrbuchs hat gegenüber dem Vorjahr keine Änderungen erfahren.

Nach einem internationalen Übereinkommen vom Jahre 1911 wurde ein Teil der Angaben vom Nautical Almanac Office, London, vom Nautical Almanac Office, U.S. Naval Observatory, Washington, und vom Bureau des Longitudes, Paris, zur Verfügung gestellt. Es wurden übernommen vom Nautical Almanac Office, London, die Ephemeriden der Sonne, des Mondes und der Planeten mit Ausnahme von Pluto sowie die Vorausberechnungen der Sternbedeckungen für Berlin-Babelsberg, Frankfurt a. M. und München. Vom Nautical Almanac Office, Washington, wurden zur Verfügung gestellt die rechtwinkligen, heliozentrischen, äquatorialen Koordinaten von Pluto, die Angaben über Finsternisse, die Elemente der Sternbedeckungen, die Rotationselemente der Sonne und des Jupiter, die Konstellationen und die Auf- und Untergangszeiten des Mondes. Vom Bureau des Longitudes, Paris, wurden die Zeiten der Verfinsterungen der Jupitertrabanten sowie die Tafeln ihrer Anordnung und die Refraktionstafel übernommen. Die mittleren und scheinbaren Sternörter sowie die Angaben über die Saturnstrabanten sind im Astronomischen Recheninstitut in Heidelberg unter der Leitung von Dr. Gondolatsch berechnet. Die Berechnung der übrigen Teile und die Beaufsichtigung des Druckes sind unter der Leitung von Prof. Dr. Kohl vom Astronomischen Recheninstitut in Berlin besorgt worden.

Bezüglich der Zahlengrundlagen sei auf die im Berliner Astronomischen Jahrbuch für 1916 gegebene Darstellung der „Grundbegriffe der Sphärischen Astronomie“ hingewiesen.

Astronomisches Recheninstitut in Berlin
Astronomisches Recheninstitut in Heidelberg

Inhalt

Zeit- und Festrechnung 1955

Das Jahr 1955 entspricht dem
Jahr 6668 der Julianischen Periode und dem
Jahr 7463—7464 der Byzantinischen Ära.

Gregorianischer Kalender

Goldene Zahl	18
Epakte	VI
Sonnenzirkel	4
Sonntagsbuchstabe	B
Septuagesima	6. Febr.
Aschermittwoch	23. Febr.
I. Quatember	2. März
Ostersonntag	10. April
Himmelfahrt	19. Mai
Pfingstsonntag	29. Mai
II. Quatember	1. Juni
Fronleichnam	9. Juni
III. Quatember	21. Sept.
I. Adventssonntag	27. Nov.
IV. Quatember	14. Dez.

Dimensionen der Erde

a) Nach Bessel (1841)

Große Halbachse	$a =$ 6 377 397.155 m	$\log a = 6.804\,6434\,637$
Kleine Halbachse	$b =$ 6 356 078.963 m	$\log b = 6.803\,1892\,839$
Abplattung	$\mathfrak{a} = 1 : 299.152\,8129$	$\log \mathfrak{a} = 7.524\,1069\,092—10$
Meridianquadrant	= 10 000 855.76 m	

Die Maßeinheit der Länge ist das legale Meter.

b) Nach Hayford (1909)

identisch mit Internationalem Ellipsoid (1924)

Große Halbachse	$a =$ 6 378 388 m	$\log a = 6.804\,7109\,340$
Kleine Halbachse	$b =$ 6 356 911.946 m	$\log b = 6.803\,2461\,958$
Abplattung	$\mathfrak{a} = 1 : 297$	$\log \mathfrak{a} = 7.527\,2435\,507—10$
Meridianquadrant	= 10 002 288.30 m	

c) Nach Krassovsky (1940)

Große Halbachse	$a =$ 6 378 245 m	$\log a = 6.804\,7011\,973$
Abplattung	$\mathfrak{a} = 1 : 298.3$	$\log \mathfrak{a} = 7.525\,3467\,466—10$

Die Maßeinheit der Länge ist das internationale Meter.

Ein internationales Meter = 0.999 9866 legales Meter.

Will man die Länge einer in legalen Metern gemessenen Strecke in internationalen Metern angeben, so hat man die Anzahl der legalen Meter mit 1.000 0134 zu multiplizieren.

Normalwert für die Schwerebeschleunigung im Meeresniveau:

$\gamma_0 = 978.030\ (1 + 0.005302 \cdot \sin^2\varphi - 0.000007 \cdot \sin^2 2\varphi)$ cm. sec^{-2}. (Helmert 1901)
$\gamma_0 = 978.0490\ (1 + 0.0052884 \cdot \sin^2\varphi - 0.0000059 \cdot \sin^2 2\varphi)$ cm. sec^{-2}. (Cassinis 1930)

Masse der Erde: $5.974 \cdot 10^{27}$ g

Masse der Sonne: $1.983 \cdot 10^{33}$ g

Radius der Sonne: 695 300 km

Mittlere Entfernung Erde—Sonne: 149 504 200 km

Lichtzeit für die mittlere Entfernung Erde—Sonne: $498^{s}.72$ (mit Lichtgeschwindigkeit 299 774 km/sec.)

Astronomische Konstanten

Allgemeine Präzession	ψ = 50″.2564	+ 0″.000 222 t	
Präzession in Rektaszension	m = 3ˢ.07234	+ 0ˢ.000 0186 t	
Präzession in Deklination	n = 20″.0468	− 0″.000 085 t	
Mittlere Schiefe der Ekliptik	ϵ = 23° 27′ 8″.26	− 0″.4684 t	
Länge d. aufsteig. Knotens d. bewegl. a. d. festen Ekliptik	Π = 173° 57′ 3″.6	+ 32″.862 t	
Winkel zwischen fester u. bewegl. Ekliptik	π = 0″.4711	− 0″.000 007 t	

Länge des tropischen Jahres	365ᵈ.242 198 79	− 0ᵈ.000 000 0614 t
„ „ siderischen „	365.256 360 42	+ 0.000 000 0011 t
„ „ anomalistischen „	365.259 641 34	+ 0.000 000 0304 t
„ „ julianischen „	365.25	

t = Zeit seit 1900 in julianischen Jahren

Länge des synodischen Monats	29ᵈ.530 588
„ „ tropischen „	27.321 582
„ „ siderischen „	27.321 661
„ „ anomalistischen „	27.554 550

Länge des mittl. Sonnentages = 24ʰ 3ᵐ 56ˢ.555 Sternzeit = 1.002 737 91 Sterntag

Länge d. mittl. Sterntages = 23ʰ 56ᵐ 4ˢ.091 mittl. Zeit = 0.997 269 57 mittl. Sonnentag

Äquatorial-Horizontalparallaxe des Mondes . . . 57′ 2″.70

Gravitationskonstante nach Gauß k = 0.017 202 099 = 3548″.18761

log k = 8.235 581 44—10, log k'' = 3.550 00657

1 Lichtjahr = 63 275 Astr. Einh. = 0.3068 Parsek = 9.460 · 10^{12} km

1 Parsek = 206 264.806 Astr. Einh. = 3.2598 Lichtjahre = 30.84 · 10^{12} km

Elemente der Planetenbahnen für 1955 Jan. 0, 0ʰ Weltzeit

	☊	i	$\tilde{\omega}$	e
	°	°	°	
Merkur	47.798	7.004	76.755	0.205 625
Venus	76.275	3.394	130.938	0.006 794
Erde	—	—	102.166	0.016 728
Mars	49.210	1.850	335.231	0.093 364
Jupiter	99.999	1.306	13.607	0.048 425
Saturn	113.271	2.490	92.175	0.055 702
Uranus	73.752	0.773	172.365	0.046 330
Neptun	131.286	1.774	47.511	0.009 001
Pluto	109.633	17.144	223.175	0.248 644

	a	L	$n_{sid.}$	$P_{sid.}$	
		°	°	a	d
Merkur	0.387 099	303.803	4.092 34	0	87.9693
Venus	0.723 332	126.331	1.602 13	0	224.7008
Erde	1.000 000	98.888	0.985 61	1	0.0142
Mars	1.523 688	21.015	0.524 03	1	321.7375
Jupiter	5.202 561	107.912	0.083 09	11	314.925
Saturn	9.554 747	219.453	0.033 46	29	167.21
Uranus	19.218 14	119.797	0.011 73	84	8.11
Neptun	30.109 57	205.941	0.005 98	164	281.6
Pluto	39.517 74	172.819	0.003 97	248	157

Merkur, Venus und Erde nach Newcomb, Mars nach Newcomb und Ross, Jupiter bis Neptun nach Leverrier und Gaillot, Pluto nach Bower. Bei Uranus und Neptun sind in L die Hauptglieder der langperiodischen Störungen enthalten. Für Pluto sind baryzentrische Elemente bezogen auf Ekliptik und mittleres Äquinoktium 1950.0 gegeben.

Kalender der Juden

Jahr 5715 (Gemeinjahr von 354 Tagen)

Tewet	10	....	1955	Jan.	4
Schewat	1	....			24
Adar	1	....		Febr.	23
	13	Fasten-Esther		März	7
	14	Purim			8
	15	Schuschan-Purim			9
Nissan	1	....			24
	14	Erew Pessach		April	6
	15	*Passah-Anfang			7
	16	*Zweites Fest			8
	21	*Siebentes Fest			13
	22	*Achtes Fest			14
Ijar	1	....			23
	18	Lag-B'aumer		Mai	10
Siwan	1	....			22
	6	*Wochenfest			27
	7	*Zweites Fest			28
Tammus	1	....		Juni	21
	17	Fasten: Eroberung Jerusalems		Juli	7
Aw	1	....			20
	9	Fasten: Tempelverbrennung			28
Ellul	1	....		Aug.	19

Jahr 5716 (Gemeinjahr von 355 Tagen)

Tischri	1	*Neujahrsfest	1955	Sept.	17
	2	*Zweites Fest			18
	3	Fasten-Gedaljah			19
	10	*Versöhnungsfest			26
	15	*Laubhüttenfest		Okt.	1
	16	*Zweites Fest			2
	21	Palmenfest			7
	22	*Laubhüttenende			8
	23	*Gesetzesfreude			9
Marcheschwan ..	1	....			17
Kislew	1	....		Nov.	16
	25	Tempelweihe		Dez.	10
Tewet	1	....			16
	10	....			25

Die mit * bezeichneten Festtage werden streng gefeiert.

Kalender der Mohammedaner

Jahr 1374 (Schaltjahr von 355 Tagen)

Dschemâdi-el-accher ...	1	....	1955	Jan.	25
Redscheb	1	....		Febr.	23
Schabân	1	....		März	25
Ramadân	1	....		April	23
Schewwâl	1	....		Mai	23
Dsû'l-kade	1	....		Juni	21
Dsû'l-hedsche	1	....		Juli	21

Jahr 1375 (Gemeinjahr von 354 Tagen)

Moharrem	1	....	1955	Aug.	20
Safar	1	....		Sept.	19
Rebî-el-awwel	1	....		Okt.	18
Rebî-el-accher	1	....		Nov.	17
Dschemâdi-el-awwel ...	1	....		Dez.	16

Sonne, Mond, Große Planeten

1955

Sonne 1955

Tag	Wochentag	0h Weltzeit: Zeitgleichung Wahre Zeit *minus* Mittlere Zeit	Diff.	Scheinbare Rektaszension	Diff.	Scheinbare Deklination	Diff.	Halbe Durchgangs-Dauer St.-Zt.	Halbmesser
1955		m s	s	h m s	m s	° ′ ″	′ ″	s	′ ″
Jan. 0	Fr	− 2 39.13	28.81	18 38 11.87	4 25.37	−23 9 16.5	4 16.1	71.12	16 17.81
1	Sa	3 7.94	28.51	18 42 37.24	4 25.06	23 5 0.4	4 43.8	71.08	16 17.83
2	So	3 36.45	28.16	18 47 2.30	4 24.72	23 0 16.6	5 11.2	71.04	16 17.85
3	Mo	4 4.61	27.78	18 51 27.02	4 24.35	22 55 5.4	5 38.6	70.99	16 17.87
4	Di	4 32.39	27.39	18 55 51.37	4 23.94	22 49 26.8	6 5.8	70.94	16 17.87
5	Mi	4 59.78	26.96	19 0 15.31	4 23.52	22 43 21.0	6 32.6	70.89	16 17.87
6	Do	− 5 26.74	26.50	19 4 38.83	4 23.06	−22 36 48.4	6 59.5	70.83	16 17.87
7	Fr	5 53.24	26.04	19 9 1.89	4 22.59	22 29 48.9	7 26.2	70.77	16 17.86
8	Sa	6 19.28	25.53	19 13 24.48	4 22.09	22 22 22.7	7 52.5	70.71	16 17.84
9	So	6 44.81	25.02	19 17 46.57	4 21.57	22 14 30.2	8 18.6	70.64	16 17.81
10	Mo	7 9.83	24.48	19 22 8.14	4 21.04	22 6 11.6	8 44.7	70.57	16 17.78
11	Di	7 34.31	23.92	19 26 29.18	4 20.48	21 57 26.9	9 10.4	70.49	16 17.74
12	Mi	− 7 58.23	23.34	19 30 49.66	4 19.91	−21 48 16.5	9 35.8	70.41	16 17.70
13	Do	8 21.57	22.75	19 35 9.57	4 19.31	21 38 40.7	10 1.1	70.33	16 17.65
14	Fr	8 44.32	22.14	19 39 28.88	4 18.69	21 28 39.6	10 26.0	70.25	16 17.59
15	Sa	9 6.46	21.50	19 43 47.57	4 18.05	21 18 13.6	10 50.6	70.16	16 17.53
16	So	9 27.96	20.84	19 48 5.62	4 17.40	21 7 23.0	11 15.0	70.07	16 17.46
17	Mo	9 48.80	20.17	19 52 23.02	4 16.73	20 56 8.0	11 39.1	69.97	16 17.39
18	Di	−10 8.97	19.48	19 56 39.75	4 16.03	−20 44 28.9	12 2.7	69.88	16 17.31
19	Mi	10 28.45	18.77	20 0 55.78	4 15.33	20 32 26.2	12 26.1	69.78	16 17.22
20	Do	10 47.22	18.04	20 5 11.11	4 14.61	20 20 0.1	12 49.1	69.68	16 17.14
21	Fr	11 5.26	17.31	20 9 25.72	4 13.86	20 7 11.0	13 11.8	69.58	16 17.05
22	Sa	11 22.57	16.55	20 13 39.58	4 13.11	19 53 59.2	13 34.1	69.47	16 16.95
23	So	11 39.12	15.79	20 17 52.69	4 12.34	19 40 25.1	13 56.0	69.37	16 16.86
24	Mo	−11 54.91	15.00	20 22 5.03	4 11.56	−19 26 29.1	14 17.6	69.26	16 16.76
25	Di	12 9.91	14.20	20 26 16.59	4 10.76	19 12 11.5	14 38.8	69.15	16 16.66
26	Mi	12 24.11	13.40	20 30 27.35	4 9.95	18 57 32.7	14 59.5	69.04	16 16.55
27	Do	12 37.51	12.58	20 34 37.30	4 9.14	18 42 33.2	15 19.8	68.93	16 16.44
28	Fr	12 50.09	11.76	20 38 46.44	4 8.32	18 27 13.4	15 39.7	68.81	16 16.33
29	Sa	13 1.85	10.93	20 42 54.76	4 7.48	18 11 33.7	15 59.3	68.70	16 16.21
30	So	−13 12.78	10.09	20 47 2.24	4 6.65	−17 55 34.4	16 18.5	68.59	16 16.09
31	Mo	13 22.87	9.25	20 51 8.89	4 5.80	17 39 15.9	16 37.1	68.48	16 15.96
Febr. 1	Di	13 32.12	8.41	20 55 14.69	4 4.97	17 22 38.8	16 55.5	68.36	16 15.83
2	Mi	13 40.53	7.57	20 59 19.66	4 4.13	17 5 43.3	17 13.4	68.25	16 15.69
3	Do	13 48.10	6.74	21 3 23.79	4 3.29	16 48 29.9	17 31.0	68.13	16 15.56
4	Fr	13 54.84	5.91	21 7 27.08	4 2.47	16 30 58.9	17 48.1	68.02	16 15.41
5	Sa	−14 0.75	5.09	21 11 29.55	4 1.64	−16 13 10.8	18 4.9	67.91	16 15.26
6	So	14 5.84	4.27	21 15 31.19	4 0.82	15 55 5.9	18 21.2	67.79	16 15.11
7	Mo	14 10.11	3.47	21 19 32.01	4 0.03	15 36 44.7	18 37.2	67.68	16 14.94
8	Di	14 13.58	2.67	21 23 32.04	3 59.23	15 18 7.5	18 52.9	67.56	16 14.78
9	Mi	14 16.25	1.89	21 27 31.27	3 58.45	14 59 14.6	19 8.0	67.45	16 14.61
10	Do	−14 18.14		21 31 29.72		−14 40 6.6		67.34	16 14.43

Tag	Julian. Zeit	Sternzeit	Nutation in AR. langp. Gl.	Nutation in AR. kurzp. Gl.	Mittleres Äquinoktium 1955.0 Länge		Breite	R		Aufgang in {+50° Breite, 0h Länge}	Untergang in {+50° Breite, 0h Länge}
	0h Weltzeit										
1955	2435 d	h m s	s in 0.001		° ′ ″	′ ″	in 0.″01			h m	h m
Jan. 0	107.5	6 35 32.738	+1070	0	278 46 29.4	61 9.7	+79	0.983 3115	215	7 59	16 7
1	108.5	6 39 29.297	1073	− 6	279 47 39.1	61 9.4	+82	0.983 2900	166	7 59	16 8
2	109.5	6 43 25.855	1076	−11	280 48 48.5	61 9.2	+81	0.983 2734	113	7 59	16 9
3	110.5	6 47 22.413	1079	−15	281 49 57.7	61 8.9	+77	0.983 2621	58	7 59	16 10
4	111.5	6 51 18.971	1082	−15	282 51 6.6	61 8.6	+70	0.983 2563	0	7 58	16 11
5	112.5	6 55 15.530	1085	−12	283 52 15.2	61 8.3	+61	0.983 2563	61	7 58	16 12
6	113.5	6 59 12.088	+1087	− 6	284 53 23.5	61 8.0	+49	0.983 2624	125	7 58	16 14
7	114.5	7 3 8.646	1090	+ 1	285 54 31.5	61 7.7	+36	0.983 2749	190	7 58	16 15
8	115.5	7 7 5.204	1093	+ 8	286 55 39.2	61 7.6	+23	0.983 2939	257	7 57	16 16
9	116.5	7 11 1.762	1095	+14	287 56 46.8	61 7.4	+ 9	0.983 3196	323	7 57	16 17
10	117.5	7 14 58.319	1098	+17	288 57 54.2	61 7.2	− 4	0.983 3519	388	7 57	16 19
11	118.5	7 18 54.877	1100	+17	289 59 1.4	61 7.0	−15	0.983 3907	451	7 56	16 20
12	119.5	7 22 51.435	+1103	+13	291 0 8.4	61 7.0	−23	0.983 4358	512	7 55	16 21
13	120.5	7 26 47.993	1105	+ 8	292 1 15.4	61 6.9	−29	0.983 4870	569	7 55	16 23
14	121.5	7 30 44.550	1107	+ 2	293 2 22.3	61 6.7	−31	0.983 5439	624	7 54	16 24
15	122.5	7 34 41.108	1109	− 4	294 3 29.0	61 6.5	−30	0.983 6063	676	7 53	16 26
16	123.5	7 38 37.665	1111	− 8	295 4 35.5	61 6.4	−27	0.983 6739	726	7 53	16 27
17	124.5	7 42 34.223	1113	−10	296 5 41.9	61 6.1	−22	0.983 7465	774	7 52	16 29
18	125.5	7 46 30.780	+1115	−11	297 6 48.0	61 5.7	−14	0.983 8239	818	7 51	16 30
19	126.5	7 50 27.337	1117	− 9	298 7 53.7	61 5.5	− 4	0.983 9057	861	7 50	16 32
20	127.5	7 54 23.894	1119	− 6	299 8 59.2	61 4.9	+ 8	0.983 9918	901	7 49	16 33
21	128.5	7 58 20.451	1121	− 2	300 10 4.1	61 4.5	+21	0.984 0819	940	7 48	16 35
22	129.5	8 2 17.008	1122	+ 3	301 11 8.6	61 3.9	+35	0.984 1759	976	7 47	16 36
23	130.5	8 6 13.565	1124	+ 7	302 12 12.5	61 3.2	+48	0.984 2735	1013	7 46	16 38
24	131.5	8 10 10.122	+1125	+ 9	303 13 15.7	61 2.5	+60	0.984 3748	1046	7 45	16 40
25	132.5	8 14 6.678	1126	+ 9	304 14 18.2	61 1.6	+72	0.984 4794	1080	7 44	16 41
26	133.5	8 18 3.235	1128	+ 7	305 15 19.8	61 0.6	+81	0.984 5874	1114	7 43	16 43
27	134.5	8 21 59.791	1129	+ 2	306 16 20.4	60 59.6	+87	0.984 6988	1150	7 42	16 45
28	135.5	8 25 56.348	1130	− 3	307 17 20.0	60 58.5	+91	0.984 8138	1186	7 40	16 46
29	136.5	8 29 52.904	1131	− 9	308 18 18.5	60 57.2	+91	0.984 9324	1225	7 39	16 48
30	137.5	8 33 49.460	+1132	−13	309 19 15.7	60 56.0	+89	0.985 0549	1268	7 38	16 50
31	138.5	8 37 46.016	1132	−15	310 20 11.7	60 54.6	+82	0.985 1817	1312	7 36	16 51
Febr. 1	139.5	8 41 42.572	1133	−13	311 21 6.3	60 53.3	+73	0.985 3129	1359	7 35	16 53
2	140.5	8 45 39.128	1133	− 8	312 21 59.6	60 51.9	+62	0.985 4488	1408	7 34	16 55
3	141.5	8 49 35.684	1134	− 1	313 22 51.5	60 50.6	+49	0.985 5896	1462	7 32	16 56
4	142.5	8 53 32.240	1134	+ 6	314 23 42.1	60 49.2	+35	0.985 7358	1516	7 31	16 58
5	143.5	8 57 28.795	+1134	+12	315 24 31.3	60 47.9	+22	0.985 8874	1571	7 29	17 0
6	144.5	9 1 25.351	1134	+15	316 25 19.2	60 46.6	+ 9	0.986 0445	1629	7 27	17 2
7	145.5	9 5 21.906	1134	+16	317 26 5.8	60 45.4	− 3	0.986 2074	1685	7 26	17 3
8	146.5	9 9 18.462	1134	+14	318 26 51.2	60 44.2	−12	0.986 3759	1739	7 24	17 5
9	147.5	9 13 15.017	1134	+ 9	319 27 35.4	60 43.1	−18	0.986 5498	1793	7 23	17 7
10	148.5	9 17 11.572	+1134	+ 3	320 28 18.5		−22	0.986 7291		7 21	17 8

Tag	Wochentag	0h Weltzeit: Zeitgleichung (Wahre Zeit *minus* Mittlere Zeit)		Scheinbare Rektaszension		Scheinbare Deklination		Halbe Durchgangs-Dauer St.-Zt.	Halbmesser
1955		m s	s	h m s	m s	° ′ ″	′ ″	s	′ ″
Febr. 10	Do	−14 18.14	1.12	21 31 29.72	3 57.67	−14 40 6.6	19 22.8	67.34	16 14.43
11	Fr	14 19.26	0.35	21 35 27.39	3 56.91	14 20 43.8	19 37.3	67.22	16 14.25
12	Sa	14 19.61	0.40	21 39 24.30	3 56.15	14 1 6.5	19 51.2	67.11	16 14.06
13	So	14 19.21	1.14	21 43 20.45	3 55.42	13 41 15.3	20 4.9	67.01	16 13.87
14	Mo	14 18.07	1.87	21 47 15.87	3 54.68	13 21 10.4	20 18.0	66.90	16 13.68
15	Di	14 16.20	2.59	21 51 10.55	3 53.96	13 0 52.4	20 30.7	66.79	16 13.48
16	Mi	−14 13.61	3.30	21 55 4.51	3 53.25	−12 40 21.7	20 43.1	66.69	16 13.28
17	Do	14 10.31	4.00	21 58 57.76	3 52.56	12 19 38.6	20 55.0	66.58	16 13.07
18	Fr	14 6.31	4.69	22 2 50.32	3 51.87	11 58 43.6	21 6.5	66.48	16 12.86
19	Sa	14 1.62	5.36	22 6 42.19	3 51.19	11 37 37.1	21 17.6	66.38	16 12.65
20	So	13 56.26	6.02	22 10 33.38	3 50.53	11 16 19.5	21 28.2	66.28	16 12.43
21	Mo	13 50.24	6.67	22 14 23.91	3 49.88	10 54 51.3	21 38.4	66.19	16 12.22
22	Di	−13 43.57	7.31	22 18 13.79	3 49.25	−10 33 12.9	21 48.1	66.09	16 12.00
23	Mi	13 36.26	7.95	22 22 3.04	3 48.61	10 11 24.8	21 57.5	66.00	16 11.78
24	Do	13 28.31	8.56	22 25 51.65	3 47.99	9 49 27.3	22 6.4	65.91	16 11.56
25	Fr	13 19.75	9.16	22 29 39.64	3 47.39	9 27 20.9	22 14.8	65.82	16 11.34
26	Sa	13 10.59	9.76	22 33 27.03	3 46.80	9 5 6.1	22 22.8	65.74	16 11.11
27	So	13 0.83	10.33	22 37 13.83	3 46.22	8 42 43.3	22 30.5	65.66	16 10.89
28	Mo	−12 50.50	10.90	22 41 0.05	3 45.65	− 8 20 12.8	22 37.6	65.58	16 10.66
März 1	Di	12 39.60	11.44	22 44 45.70	3 45.12	7 57 35.2	22 44.5	65.50	16 10.43
2	Mi	12 28.16	11.97	22 48 30.82	3 44.58	7 34 50.7	22 50.8	65.43	16 10.20
3	Do	12 16.19	12.47	22 52 15.40	3 44.08	7 11 59.9	22 56.9	65.35	16 9.96
4	Fr	12 3.72	12.97	22 55 59.48	3 43.59	6 49 3.0	23 2.5	65.28	16 9.72
5	Sa	11 50.75	13.43	22 59 43.07	3 43.12	6 26 0.5	23 7.8	65.22	16 9.48
6	So	−11 37.32	13.87	23 3 26.19	3 42.68	− 6 2 52.7	23 12.7	65.15	16 9.24
7	Mo	11 23.45	14.30	23 7 8.87	3 42.25	5 39 40.0	23 17.3	65.08	16 8.99
8	Di	11 9.15	14.69	23 10 51.12	3 41.86	5 16 22.7	23 21.5	65.02	16 8.74
9	Mi	10 54.46	15.07	23 14 32.98	3 41.49	4 53 1.2	23 25.3	64.96	16 8.49
10	Do	10 39.39	15.42	23 18 14.47	3 41.14	4 29 35.9	23 28.8	64.91	16 8.23
11	Fr	10 23.97	15.75	23 21 55.61	3 40.80	4 6 7.1	23 31.9	64.86	16 7.97
12	Sa	−10 8.22	16.05	23 25 36.41	3 40.50	− 3 42 35.2	23 34.7	64.81	16 7.71
13	So	9 52.17	16.33	23 29 16.91	3 40.22	3 19 0.5	23 37.0	64.77	16 7.44
14	Mo	9 35.84	16.59	23 32 57.13	3 39.96	2 55 23.5	23 39.1	64.73	16 7.17
15	Di	9 19.25	16.84	23 36 37.09	3 39.72	2 31 44.4	23 40.8	64.69	16 6.90
16	Mi	9 2.41	17.05	23 40 16.81	3 39.50	2 8 3.6	23 42.0	64.65	16 6.63
17	Do	8 45.36	17.25	23 43 56.31	3 39.30	1 44 21.6	23 42.9	64.61	16 6.36
18	Fr	− 8 28.11	17.43	23 47 35.61	3 39.12	− 1 20 38.7	23 43.5	64.58	16 6.08
19	Sa	8 10.68	17.58	23 51 14.73	3 38.97	0 56 55.2	23 43.6	64.55	16 5.81
20	So	7 53.10	17.72	23 54 53.70	3 38.84	0 33 11.6	23 43.4	64.53	16 5.53
21	Mo	7 35.38	17.85	23 58 32.54	3 38.71	− 0 9 28.2	23 42.8	64.51	16 5.25
22	Di	7 17.53	17.94	0 2 11.25	3 38.61	+ 0 14 14.6	23 41.9	64.49	16 4.98
23	Mi	− 6 59.59		0 5 49.86		+ 0 37 56.5		64.47	16 4.70

Tag	Julian. Zeit	Sternzeit	Nutation in AR. langp. Gl.	kurzp. Gl.	Mittleres Äquinoktium 1955.0 Länge		Breite	*R*		Aufgang in {+50° Breite, 0h Länge}	Untergang
			0h Weltzeit								
1955	2435 d	h m s	s in 0.001		° ′ ″	′ ″	″ in 0.01			h m	h m
Febr. 10	148.5	9 17 11.572	+1134	+ 3	320 28 18.5	60 41.9	−22	0.986 7291	1844	7 21	17 8
11	149.5	9 21 8.127	1134	− 2	321 29 0.4	60 40.7	−22	0.986 9135	1892	7 19	17 10
12	150.5	9 25 4.682	1133	− 7	322 29 41.1	60 39.6	−20	0.987 1027	1937	7 18	17 12
13	151.5	9 29 1.237	1133	−10	323 30 20.7	60 38.5	−16	0.987 2964	1980	7 16	17 14
14	152.5	9 32 57.791	1132	−11	324 30 59.2	60 37.3	− 8	0.987 4944	2018	7 14	17 15
15	153.5	9 36 54.346	1131	−10	325 31 36.5	60 36.1	+ 1	0.987 6962	2056	7 12	17 17
16	154.5	9 40 50.900	+1130	− 7	326 32 12.6	60 34.9	+12	0.987 9018	2089	7 10	17 19
17	155.5	9 44 47.455	1129	− 3	327 32 47.5	60 33.6	+24	0.988 1107	2120	7 9	17 21
18	156.5	9 48 44.009	1128	+ 1	328 33 21.1	60 32.4	+36	0.988 3227	2148	7 7	17 22
19	157.5	9 52 40.563	1127	+ 5	329 33 53.5	60 30.9	+49	0.988 5375	2173	7 5	17 24
20	158.5	9 56 37.117	1126	+ 8	330 34 24.4	60 29.5	+61	0.988 7548	2196	7 3	17 26
21	159.5	10 0 33.672	1125	+ 9	331 34 53.9	60 28.1	+72	0.988 9744	2216	7 1	17 27
22	160.5	10 4 30.226	+1123	+ 8	332 35 22.0	60 26.4	+81	0.989 1960	2234	6 59	17 29
23	161.5	10 8 26.779	1122	+ 4	333 35 48.4	60 24.8	+87	0.989 4194	2251	6 57	17 31
24	162.5	10 12 23.333	1120	− 1	334 36 13.2	60 23.0	+91	0.989 6445	2267	6 55	17 32
25	163.5	10 16 19.887	1119	− 7	335 36 36.2	60 21.2	+92	0.989 8712	2286	6 53	17 34
26	164.5	10 20 16.441	1117	−12	336 36 57.4	60 19.2	+91	0.990 0998	2304	6 51	17 36
27	165.5	10 24 12.994	1115	−14	337 37 16.6	60 17.2	+85	0.990 3302	2324	6 49	17 38
28	166.5	10 28 9.548	+1113	−13	338 37 33.8	60 15.2	+76	0.990 5626	2348	6 47	17 39
März 1	167.5	10 32 6.101	1112	− 9	339 37 49.0	60 13.1	+65	0.990 7974	2372	6 45	17 41
2	168.5	10 36 2.655	1110	− 3	340 38 2.1	60 10.9	+52	0.991 0346	2401	6 43	17 43
3	169.5	10 39 59.208	1108	+ 4	341 38 13.0	60 8.9	+39	0.991 2747	2431	6 41	17 44
4	170.5	10 43 55.761	1105	+11	342 38 21.9	60 6.8	+25	0.991 5178	2463	6 39	17 46
5	171.5	10 47 52.315	1103	+15	343 38 28.7	60 4.8	+12	0.991 7641	2498	6 37	17 48
6	172.5	10 51 48.868	+1101	+16	344 38 33.5	60 2.7	0	0.992 0139	2534	6 35	17 49
7	173.5	10 55 45.421	1099	+14	345 38 36.2	60 0.7	−10	0.992 2673	2568	6 33	17 51
8	174.5	10 59 41.974	1097	+10	346 38 36.9	59 58.8	−17	0.992 5241	2604	6 31	17 52
9	175.5	11 3 38.527	1094	+ 5	347 38 35.7	59 57.0	−21	0.992 7845	2639	6 28	17 54
10	176.5	11 7 35.080	1092	− 1	348 38 32.7	59 55.1	−22	0.993 0484	2671	6 26	17 56
11	177.5	11 11 31.633	1089	− 6	349 38 27.8	59 53.3	−20	0.993 3155	2702	6 24	17 57
12	178.5	11 15 28.186	+1087	− 9	350 38 21.1	59 51.5	−17	0.993 5857	2730	6 22	17 59
13	179.5	11 19 24.739	1084	−11	351 38 12.6	59 49.8	−11	0.993 8587	2755	6 20	18 1
14	180.5	11 23 21.291	1082	−11	352 38 2.4	59 48.1	− 3	0.994 1342	2779	6 18	18 2
15	181.5	11 27 17.844	1079	− 9	353 37 50.5	59 46.3	+ 7	0.994 4121	2799	6 16	18 4
16	182.5	11 31 14.397	1077	− 5	354 37 36.8	59 44.7	+19	0.994 6920	2815	6 14	18 5
17	183.5	11 35 10.950	1074	− 1	355 37 21.5	59 42.9	+30	0.994 9735	2829	6 11	18 7
18	184.5	11 39 7.503	+1072	+ 3	356 37 4.4	59 41.1	+43	0.995 2564	2839	6 9	18 8
19	185.5	11 43 4.055	1069	+ 7	357 36 45.5	59 39.5	+54	0.995 5403	2847	6 7	18 10
20	186.5	11 47 0.608	1066	+ 9	358 36 25.0	59 37.6	+64	0.995 8250	2850	6 5	18 12
21	187.5	11 50 57.161	1064	+ 8	359 36 2.6	59 35.8	+73	0.996 1100	2851	6 3	18 13
22	188.5	11 54 53.713	1061	+ 5	0 35 38.4	59 34.0	+80	0.996 3951	2848	6 0	18 15
23	189.5	11 58 50.266	+1058	0	1 35 12.4		+84	0.996 6799		5 58	18 16

Tag	Wochentag	0h Weltzeit: Zeitgleichung (Wahre Zeit *minus* Mittlere Zeit)		Scheinbare Rektaszension		Scheinbare Deklination		Halbe Durchgangs-Dauer St.-Zt.	Halbmesser
1955		m s	s	h m s	m s	° ′ ″	′ ″	s	′ ″
März 23	Mi	−6 59.59	18.03	0 5 49.86	3 38.52	+ 0 37 56.5	23 40.4	64.47	16 4.70
24	Do	6 41.56	18.09	0 9 28.38	3 38.46	1 1 36.9	23 38.7	64.46	16 4.42
25	Fr	6 23.47	18.15	0 13 6.84	3 38.40	1 25 15.6	23 36.5	64.45	16 4.15
26	Sa	6 5.32	18.19	0 16 45.24	3 38.37	1 48 52.1	23 34.0	64.45	16 3.88
27	So	5 47.13	18.21	0 20 23.61	3 38.34	2 12 26.1	23 31.1	64.45	16 3.60
28	Mo	5 28.92	18.22	0 24 1.95	3 38.33	2 35 57.2	23 27.7	64.45	16 3.33
29	Di	−5 10.70	18.20	0 27 40.28	3 38.35	+ 2 59 24.9	23 24.2	64.46	16 3.06
30	Mi	4 52.50	18.17	0 31 18.63	3 38.38	3 22 49.1	23 20.1	64.46	16 2.79
31	Do	4 34.33	18.12	0 34 57.01	3 38.44	3 46 9.2	23 15.8	64.47	16 2.52
April 1	Fr	4 16.21	18.06	0 38 35.45	3 38.50	4 9 25.0	23 11.2	64.48	16 2.25
2	Sa	3 58.15	17.96	0 42 13.95	3 38.59	4 32 36.2	23 6.1	64.50	16 1.98
3	So	3 40.19	17.85	0 45 52.54	3 38.70	4 55 42.3	23 0.8	64.52	16 1.71
4	Mo	−3 22.34	17.71	0 49 31.24	3 38.84	+ 5 18 43.1	22 55.2	64.54	16 1.44
5	Di	3 4.63	17.56	0 53 10.08	3 38.99	5 41 38.3	22 49.2	64.56	16 1.17
6	Mi	2 47.07	17.38	0 56 49.07	3 39.18	6 4 27.5	22 42.9	64.59	16 0.89
7	Do	2 29.69	17.18	1 0 28.25	3 39.37	6 27 10.4	22 36.3	64.62	16 0.62
8	Fr	2 12.51	16.96	1 4 7.62	3 39.59	6 49 46.7	22 29.3	64.65	16 0.34
9	Sa	1 55.55	16.72	1 7 47.21	3 39.84	7 12 16.0	22 22.1	64.68	16 0.07
10	So	−1 38.83	16.45	1 11 27.05	3 40.10	+ 7 34 38.1	22 14.4	64.72	15 59.79
11	Mo	1 22.38	16.18	1 15 7.15	3 40.38	7 56 52.5	22 6.6	64.76	15 59.51
12	Di	1 6.20	15.87	1 18 47.53	3 40.68	8 18 59.1	21 58.3	64.80	15 59.23
13	Mi	0 50.33	15.56	1 22 28.21	3 40.99	8 40 57.4	21 49.7	64.84	15 58.96
14	Do	0 34.77	15.21	1 26 9.20	3 41.34	9 2 47.1	21 40.7	64.88	15 58.68
15	Fr	0 19.56	14.87	1 29 50.54	3 41.69	9 24 27.8	21 31.5	64.93	15 58.40
16	Sa	−0 4.69	14.49	1 33 32.23	3 42.06	+ 9 45 59.3	21 21.9	64.98	15 58.13
17	So	+0 9.80	14.11	1 37 14.29	3 42.45	10 7 21.2	21 11.9	65.03	15 57.86
18	Mo	0 23.91	13.71	1 40 56.74	3 42.85	10 28 33.1	21 1.7	65.09	15 57.59
19	Di	0 37.62	13.29	1 44 39.59	3 43.25	10 49 34.8	20 50.9	65.14	15 57.32
20	Mi	0 50.91	12.88	1 48 22.84	3 43.68	11 10 25.7	20 40.0	65.20	15 57.06
21	Do	1 3.79	12.44	1 52 6.52	3 44.12	11 31 5.7	20 28.6	65.26	15 56.79
22	Fr	+1 16.23	12.00	1 55 50.64	3 44.55	+11 51 34.3	20 16.9	65.33	15 56.53
23	Sa	1 28.23	11.55	1 59 35.19	3 45.00	12 11 51.2	20 4.8	65.39	15 56.27
24	So	1 39.78	11.10	2 3 20.19	3 45.46	12 31 56.0	19 52.4	65.46	15 56.02
25	Mo	1 50.88	10.64	2 7 5.65	3 45.91	12 51 48.4	19 39.7	65.53	15 55.77
26	Di	2 1.52	10.17	2 10 51.56	3 46.39	13 11 28.1	19 26.5	65.60	15 55.52
27	Mi	2 11.69	9.69	2 14 37.95	3 46.86	13 30 54.6	19 13.1	65.67	15 55.27
28	Do	+2 21.38	9.21	2 18 24.81	3 47.34	+13 50 7.7	18 59.4	65.74	15 55.03
29	Fr	2 30.59	8.72	2 22 12.15	3 47.84	14 9 7.1	18 45.3	65.81	15 54.79
30	Sa	2 39.31	8.21	2 25 59.99	3 48.34	14 27 52.4	18 30.9	65.89	15 54.55
Mai 1	So	2 47.52	7.71	2 29 48.33	3 48.85	14 46 23.3	18 16.3	65.97	15 54.31
2	Mo	2 55.23	7.18	2 33 37.18	3 49.37	15 4 39.6	18 1.3	66.05	15 54.07
3	Di	+3 2.41		2 37 26.55		+15 22 40.9		66.13	15 53.84

Tag	0h Weltzeit: Julian. Zeit	Sternzeit	Nutation in AR. langp. Gl.	Nutation in AR. kurzp. Gl.	Mittleres Äquinoktium 1955.0: Länge		Breite	R		Aufgang in +50° Breite, 0h Länge	Untergang in +50° Breite, 0h Länge
1955	2435 d	h m s	s in 0.001		° ′ ″	′ ″	″ in 0.01			h m	h m
März 23	189.5	11 58 50.266	+1058	0	1 35 12.4	59 31.9	+84	0.996 6799	2842	5 58	18 16
24	190.5	12 2 46.819	1056	− 5	2 34 44.3	59 30.0	+85	0.996 9641	2835	5 56	18 18
25	191.5	12 6 43.372	1053	−10	3 34 14.3	59 27.9	+82	0.997 2476	2827	5 54	18 20
26	192.5	12 10 39.924	1050	−13	4 33 42.2	59 25.6	+77	0.997 5303	2820	5 52	18 21
27	193.5	12 14 36.477	1048	−13	5 33 7.8	59 23.5	+68	0.997 8123	2814	5 50	18 23
28	194.5	12 18 33.030	1045	−10	6 32 31.3	59 21.1	+58	0.998 0937	2810	5 47	18 24
29	195.5	12 22 29.583	+1043	− 4	7 31 52.4	59 18.8	+45	0.998 3747	2807	5 45	18 26
30	196.5	12 26 26.135	1040	+ 3	8 31 11.2	59 16.4	+31	0.998 6554	2808	5 43	18 27
31	197.5	12 30 22.688	1038	+10	9 30 27.6	59 14.1	+17	0.998 9362	2810	5 41	18 29
April 1	198.5	12 34 19.241	1035	+15	10 29 41.7	59 11.7	+ 4	0.999 2172	2816	5 39	18 31
2	199.5	12 38 15.794	1033	+17	11 28 53.4	59 9.4	− 8	0.999 4988	2823	5 37	18 32
3	200.5	12 42 12.347	1030	+16	12 28 2.8	59 7.2	−18	0.999 7811	2832	5 34	18 34
4	201.5	12 46 8.900	+1028	+12	13 27 10.0	59 4.9	−26	1.000 0643	2841	5 32	18 35
5	202.5	12 50 5.453	1026	+ 6	14 26 14.9	59 2.8	−30	1.000 3484	2850	5 30	18 37
6	203.5	12 54 2.006	1023	+ 1	15 25 17.7	59 0.6	−32	1.000 6334	2861	5 28	18 38
7	204.5	12 57 58.559	1021	− 4	16 24 18.3	58 58.6	−32	1.000 9195	2870	5 26	18 40
8	205.5	13 1 55.112	1019	− 8	17 23 16.9	58 56.7	−29	1.001 2065	2878	5 24	18 41
9	206.5	13 5 51.666	1017	−10	18 22 13.6	58 54.7	−23	1.001 4943	2884	5 22	18 43
10	207.5	13 9 48.219	+1014	−11	19 21 8.3	58 52.8	−15	1.001 7827	2890	5 19	18 45
11	208.5	13 13 44.772	1012	− 9	20 20 1.1	58 51.0	− 5	1.002 0717	2892	5 17	18 46
12	209.5	13 17 41.326	1010	− 6	21 18 52.1	58 49.1	+ 6	1.002 3609	2891	5 15	18 48
13	210.5	13 21 37.879	1008	− 2	22 17 41.2	58 47.4	+17	1.002 6500	2888	5 13	18 49
14	211.5	13 25 34.432	1007	+ 2	23 16 28.6	58 45.7	+29	1.002 9388	2882	5 11	18 51
15	212.5	13 29 30.986	1005	+ 5	24 15 14.3	58 44.0	+40	1.003 2270	2874	5 9	18 53
16	213.5	13 33 27.540	+1003	+ 8	25 13 58.3	58 42.3	+51	1.003 5144	2861	5 7	18 54
17	214.5	13 37 24.093	1001	+ 8	26 12 40.6	58 40.6	+60	1.003 8005	2845	5 5	18 56
18	215.5	13 41 20.647	1000	+ 6	27 11 21.2	58 38.9	+66	1.004 0850	2826	5 3	18 57
19	216.5	13 45 17.201	998	+ 1	28 10 0.1	58 37.2	+70	1.004 3676	2803	5 1	18 59
20	217.5	13 49 13.755	997	− 4	29 8 37.3	58 35.4	+72	1.004 6479	2775	4 59	19 0
21	218.5	13 53 10.309	995	−10	30 7 12.7	58 33.7	+69	1.004 9254	2746	4 57	19 2
22	219.5	13 57 6.863	+ 994	−14	31 5 46.4	58 31.8	+64	1.005 2000	2714	4 55	19 3
23	220.5	14 1 3.417	993	−15	32 4 18.2	58 29.8	+56	1.005 4714	2681	4 53	19 5
24	221.5	14 4 59.971	992	−12	33 2 48.0	58 27.9	+46	1.005 7395	2650	4 51	19 7
25	222.5	14 8 56.525	991	− 7	34 1 15.9	58 25.8	+33	1.006 0045	2618	4 49	19 8
26	223.5	14 12 53.080	990	+ 1	34 59 41.7	58 23.7	+19	1.006 2663	2589	4 47	19 10
27	224.5	14 16 49.634	989	+ 8	35 58 5.4	58 21.6	+ 5	1.006 5252	2562	4 45	19 11
28	225.5	14 20 46.189	+ 988	+14	36 56 27.0	58 19.5	− 9	1.006 7814	2538	4 44	19 13
29	226.5	14 24 42.743	987	+17	37 54 46.5	58 17.4	−22	1.007 0352	2516	4 42	19 14
30	227.5	14 28 39.298	986	+17	38 53 3.9	58 15.3	−33	1.007 2868	2496	4 40	19 16
Mai 1	228.5	14 32 35.853	986	+14	39 51 19.2	58 13.3	−41	1.007 5364	2478	4 38	19 17
2	229.5	14 36 32.408	985	+ 9	40 49 32.5	58 11.2	−46	1.007 7842	2463	4 36	19 19
3	230.5	14 40 28.963	+ 985	+ 3	41 47 43.7		−49	1.008 0305		4 34	19 20

Tag	Wochentag	Zeitgleichung Wahre Zeit *minus* Mittlere Zeit		Scheinbare Rektaszension		Scheinbare Deklination		Halbe Durchgangs-Dauer St.-Zt.	Halbmesser
		0h Weltzeit							
1955		m s	s	h m s	m s	° ′ ″	′ ″	s	′ ″
Mai 3	Di	+3 2.41	6.65	2 37 26.55	3 49.90	+15 22 40.9	17 46.0	66.13	15 53.84
4	Mi	3 9.06	6.12	2 41 16.45	3 50.45	15 40 26.9	17 30.5	66.21	15 53.61
5	Do	3 15.18	5.56	2 45 6.90	3 50.99	15 57 57.4	17 14.5	66.29	15 53.38
6	Fr	3 20.74	5.01	2 48 57.89	3 51.55	16 15 11.9	16 58.5	66.37	15 53.15
7	Sa	3 25.75	4.45	2 52 49.44	3 52.11	16 32 10.4	16 42.0	66.45	15 52.92
8	So	3 30.20	3.87	2 56 41.55	3 52.68	16 48 52.4	16 25.2	66.53	15 52.69
9	Mo	+3 34.07	3.30	3 0 34.23	3 53.25	+17 5 17.6	16 8.1	66.61	15 52.47
10	Di	3 37.37	2.71	3 4 27.48	3 53.84	17 21 25.7	15 50.9	66.69	15 52.25
11	Mi	3 40.08	2.14	3 8 21.32	3 54.43	17 37 16.6	15 33.2	66.77	15 52.03
12	Do	3 42.22	1.54	3 12 15.75	3 55.01	17 52 49.8	15 15.3	66.85	15 51.81
13	Fr	3 43.76	0.95	3 16 10.76	3 55.60	18 8 5.1	14 57.0	66.94	15 51.59
14	Sa	3 44.71	0.36	3 20 6.36	3 56.20	18 23 2.1	14 38.5	67.02	15 51.38
15	So	+3 45.07	0.22	3 24 2.56	3 56.78	+18 37 40.6	14 19.8	67.10	15 51.17
16	Mo	3 44.85	0.82	3 27 59.34	3 57.37	18 52 0.4	14 0.7	67.18	15 50.96
17	Di	3 44.03	1.40	3 31 56.71	3 57.96	19 6 1.1	13 41.3	67.25	15 50.76
18	Mi	3 42.63	1.98	3 35 54.67	3 58.53	19 19 42.4	13 21.7	67.33	15 50.56
19	Do	3 40.65	2.55	3 39 53.20	3 59.11	19 33 4.1	13 1.7	67.42	15 50.36
20	Fr	3 38.10	3.11	3 43 52.31	3 59.66	19 46 5.8	12 41.6	67.50	15 50.17
21	Sa	+3 34.99	3.65	3 47 51.97	4 0.21	+19 58 47.4	12 21.0	67.58	15 49.98
22	So	3 31.34	4.19	3 51 52.18	4 0.75	20 11 8.4	12 0.4	67.65	15 49.79
23	Mo	3 27.15	4.71	3 55 52.93	4 1.27	20 23 8.8	11 39.4	67.73	15 49.61
24	Di	3 22.44	5.22	3 59 54.20	4 1.77	20 34 48.2	11 18.2	67.80	15 49.44
25	Mi	3 17.22	5.71	4 3 55.97	4 2.27	20 46 6.4	10 56.7	67.87	15 49.27
26	Do	3 11.51	6.18	4 7 58.24	4 2.74	20 57 3.1	10 35.0	67.94	15 49.11
27	Fr	+3 5.33	6.65	4 12 0.98	4 3.20	+21 7 38.1	10 13.2	68.01	15 48.95
28	Sa	2 58.68	7.10	4 16 4.18	4 3.66	21 17 51.3	9 51.0	68.08	15 48.79
29	So	2 51.58	7.54	4 20 7.84	4 4.10	21 27 42.3	9 28.8	68.15	15 48.64
30	Mo	2 44.04	7.96	4 24 11.94	4 4.52	21 37 11.1	9 6.2	68.21	15 48.49
31	Di	2 36.08	8.38	4 28 16.46	4 4.94	21 46 17.3	8 43.6	68.27	15 48.35
Juni 1	Mi	2 27.70	8.78	4 32 21.40	4 5.33	21 55 0.9	8 20.7	68.33	15 48.20
2	Do	+2 18.92	9.17	4 36 26.73	4 5.72	+22 3 21.6	7 57.7	68.39	15 48.07
3	Fr	2 9.75	9.54	4 40 32.45	4 6.10	22 11 19.3	7 34.5	68.45	15 47.93
4	Sa	2 0.21	9.90	4 44 38.55	4 6.46	22 18 53.8	7 11.1	68.50	15 47.80
5	So	1 50.31	10.24	4 48 45.01	4 6.80	22 26 4.9	6 47.6	68.55	15 47.67
6	Mo	1 40.07	10.58	4 52 51.81	4 7.13	22 32 52.5	6 24.0	68.59	15 47.55
7	Di	1 29.49	10.88	4 56 58.94	4 7.45	22 39 16.5	6 0.1	68.64	15 47.42
8	Mi	+1 18.61	11.19	5 1 6.39	4 7.74	+22 45 16.6	5 36.2	68.68	15 47.30
9	Do	1 7.42	11.46	5 5 14.13	4 8.02	22 50 52.8	5 12.2	68.72	15 47.19
10	Fr	0 55.96	11.73	5 9 22.15	4 8.29	22 56 5.0	4 48.0	68.76	15 47.07
11	Sa	0 44.23	11.98	5 13 30.44	4 8.53	23 0 53.0	4 23.7	68.79	15 46.96
12	So	0 32.25	12.20	5 17 38.97	4 8.76	23 5 16.7	3 59.3	68.82	15 46.85
13	Mo	+0 20.05		5 21 47.73		+23 9 16.0		68.85	15 46.75

Tag	Julian. Zeit	Sternzeit	Nutation in AR. langp. Gl.	Nutation in AR. kurzp. Gl.	0h Weltzeit Mittleres Äquinoktium 1955.0 Länge		Breite	R		Aufgang in {+50° Breite, 0h Länge	Untergang in {+50° Breite, 0h Länge
1955	2435										
	d	h m s	s in 0.001		° ′ ″	′ ″	″ in 0.01			h m	h m
Mai 3	230.5	14 40 28.963	+ 985	+ 3	41 47 43.7	58 9.4	−49	1.008 0305	2449	4 34	19 20
4	231.5	14 44 25.518	985	− 3	42 45 53.1	58 7.5	−49	1.008 2754	2435	4 33	19 22
5	232.5	14 48 22.073	984	− 7	43 44 0.6	58 5.7	−46	1.008 5189	2422	4 31	19 24
6	233.5	14 52 18.628	984	− 9	44 42 6.3	58 4.0	−40	1.008 7611	2407	4 29	19 25
7	234.5	14 56 15.183	984	−10	45 40 10.3	58 2.4	−32	1.009 0018	2392	4 28	19 27
8	235.5	15 0 11.739	984	− 9	46 38 12.7	58 0.7	−22	1.009 2410	2377	4 26	19 28
9	236.5	15 4 8.294	+ 984	− 6	47 36 13.4	57 59.3	−11	1.009 4787	2360	4 24	19 30
10	237.5	15 8 4.850	984	− 3	48 34 12.7	57 57.8	0	1.009 7147	2342	4 23	19 31
11	238.5	15 12 1.405	985	+ 1	49 32 10.5	57 56.3	+12	1.009 9489	2322	4 21	19 32
12	239.5	15 15 57.961	985	+ 4	50 30 6.8	57 55.1	+24	1.010 1811	2298	4 20	19 34
13	240.5	15 19 54.517	986	+ 7	51 28 1.9	57 53.7	+36	1.010 4109	2274	4 18	19 35
14	241.5	15 23 51.073	986	+ 8	52 25 55.6	57 52.5	+45	1.010 6383	2245	4 17	19 37
15	242.5	15 27 47.629	+ 987	+ 6	53 23 48.1	57 51.4	+50	1.010 8628	2213	4 15	19 38
16	243.5	15 31 44.185	987	+ 2	54 21 39.5	57 50.1	+55	1.011 0841	2178	4 14	19 40
17	244.5	15 35 40.741	988	− 3	55 19 29.6	57 49.0	+57	1.011 3019	2140	4 12	19 41
18	245.5	15 39 37.297	989	− 9	56 17 18.6	57 47.8	+55	1.011 5159	2097	4 11	19 42
19	246.5	15 43 33.853	990	−14	57 15 6.4	57 46.7	+50	1.011 7256	2051	4 10	19 44
20	247.5	15 47 30.410	991	−16	58 12 53.1	57 45.4	+43	1.011 9307	2002	4 9	19 45
21	248.5	15 51 26.966	+ 992	−15	59 10 38.5	57 44.1	+32	1.012 1309	1950	4 7	19 47
22	249.5	15 55 23.523	993	−10	60 8 22.6	57 42.8	+19	1.012 3259	1899	4 6	19 48
23	250.5	15 59 20.079	994	− 3	61 6 5.4	57 41.5	+ 4	1.012 5158	1847	4 5	19 49
24	251.5	16 3 16.636	996	+ 5	62 3 46.9	57 39.9	−11	1.012 7005	1795	4 4	19 50
25	252.5	16 7 13.193	997	+12	63 1 26.8	57 38.6	−25	1.012 8800	1747	4 3	19 52
26	253.5	16 11 9.749	998	+17	63 59 5.4	57 37.0	−38	1.013 0547	1701	4 2	19 53
27	254.5	16 15 6.306	+1000	+18	64 56 42.4	57 35.6	−50	1.013 2248	1659	4 1	19 54
28	255.5	16 19 2.863	1001	+16	65 54 18.0	57 34.1	−59	1.013 3907	1617	4 0	19 55
29	256.5	16 22 59.420	1003	+12	66 51 52.1	57 32.7	−66	1.013 5524	1579	3 59	19 56
30	257.5	16 26 55.977	1005	+ 6	67 49 24.8	57 31.3	−69	1.013 7103	1544	3 58	19 57
31	258.5	16 30 52.534	1006	0	68 46 56.1	57 30.0	−70	1.013 8647	1510	3 57	19 58
Juni 1	259.5	16 34 49.091	1008	− 5	69 44 26.1	57 28.8	−68	1.014 0157	1477	3 56	19 59
2	260.5	16 38 45.649	+1010	− 8	70 41 54.9	57 27.6	−63	1.014 1634	1446	3 56	20 0
3	261.5	16 42 42.206	1012	− 9	71 39 22.5	57 26.4	−55	1.014 3080	1416	3 55	20 1
4	262.5	16 46 38.763	1014	− 9	72 36 48.9	57 25.4	−45	1.014 4496	1385	3 54	20 2
5	263.5	16 50 35.321	1016	− 7	73 34 14.3	57 24.5	−34	1.014 5881	1356	3 54	20 3
6	264.5	16 54 31.878	1018	− 3	74 31 38.8	57 23.6	−22	1.014 7237	1325	3 53	20 4
7	265.5	16 58 28.435	1020	+ 1	75 29 2.4	57 22.7	−10	1.014 8562	1294	3 53	20 5
8	266.5	17 2 24.993	+1022	+ 4	76 26 25.1	57 22.0	+ 2	1.014 9856	1262	3 52	20 6
9	267.5	17 6 21.550	1024	+ 7	77 23 47.1	57 21.4	+14	1.015 1118	1229	3 52	20 7
10	268.5	17 10 18.108	1026	+ 8	78 21 8.5	57 20.7	+24	1.015 2347	1193	3 51	20 7
11	269.5	17 14 14.666	1029	+ 7	79 18 29.2	57 20.3	+31	1.015 3540	1157	3 51	20 8
12	270.5	17 18 11.223	1031	+ 3	80 15 49.5	57 19.8	+36	1.015 4697	1116	3 51	20 9
13	271.5	17 22 7.781	+1033	− 1	81 13 9.3		+39	1.015 5813		3 51	20 9

Tag	Wochentag	0h Weltzeit: Zeitgleichung Wahre Zeit *minus* Mittlere Zeit	Diff.	Scheinbare Rektaszension	Diff.	Scheinbare Deklination	Diff.	Halbe Durchgangs-Dauer St.-Zt.	Halbmesser
1955		m s	s	h m s	m s	° ′ ″	′ ″	s	′ ″
Juni 13	Mo	+0 20.05	12.40	5 21 47.73	4 8.96	+23 9 16.0	3 34.8	68.85	15 46.75
14	Di	+0 7.65	12.59	5 25 56.69	4 9.14	23 12 50.8	3 10.3	68.88	15 46.65
15	Mi	−0 4.94	12.75	5 30 5.83	4 9.31	23 16 1.1	2 45.6	68.90	15 46.55
16	Do	0 17.69	12.88	5 34 15.14	4 9.44	23 18 46.7	2 20.9	68.91	15 46.46
17	Fr	0 30.57	12.99	5 38 24.58	4 9.55	23 21 7.6	1 56.2	68.92	15 46.38
18	Sa	0 43.56	13.08	5 42 34.13	4 9.63	23 23 3.8	1 31.4	68.93	15 46.30
19	So	−0 56.64	13.12	5 46 43.76	4 9.68	+23 24 35.2	1 6.6	68.94	15 46.22
20	Mo	1 9.76	13.15	5 50 53.44	4 9.71	23 25 41.8	0 41.7	68.94	15 46.15
21	Di	1 22.91	13.14	5 55 3.15	4 9.70	23 26 23.5	0 17.0	68.94	15 46.09
22	Mi	1 36.05	13.11	5 59 12.85	4 9.67	23 26 40.5	0 7.9	68.94	15 46.03
23	Do	1 49.16	13.05	6 3 22.52	4 9.60	23 26 32.6	0 32.6	68.94	15 45.98
24	Fr	2 2.21	12.95	6 7 32.12	4 9.51	23 26 0.0	0 57.4	68.93	15 45.93
25	Sa	−2 15.16	12.84	6 11 41.63	4 9.40	+23 25 2.6	1 22.1	68.92	15 45.89
26	So	2 28.00	12.70	6 15 51.03	4 9.25	23 23 40.5	1 46.8	68.91	15 45.86
27	Mo	2 40.70	12.53	6 20 0.28	4 9.10	23 21 53.7	2 11.4	68.89	15 45.82
28	Di	2 53.23	12.35	6 24 9.38	4 8.90	23 19 42.3	2 35.9	68.87	15 45.80
29	Mi	3 5.58	12.14	6 28 18.28	4 8.70	23 17 6.4	3 0.4	68.84	15 45.77
30	Do	3 17.72	11.92	6 32 26.98	4 8.48	23 14 6.0	3 24.8	68.81	15 45.75
Juli 1	Fr	−3 29.64	11.67	6 36 35.46	4 8.23	+23 10 41.2	3 49.1	68.78	15 45.74
2	Sa	3 41.31	11.40	6 40 43.69	4 7.96	23 6 52.1	4 13.3	68.74	15 45.73
3	So	3 52.71	11.12	6 44 51.65	4 7.68	23 2 38.8	4 37.4	68.71	15 45.72
4	Mo	4 3.83	10.82	6 48 59.33	4 7.37	22 58 1.4	5 1.4	68.67	15 45.72
5	Di	4 14.65	10.51	6 53 6.70	4 7.06	22 53 0.0	5 25.3	68.63	15 45.71
6	Mi	4 25.16	10.16	6 57 13.76	4 6.73	22 47 34.7	5 49.1	68.58	15 45.72
7	Do	−4 35.32	9.82	7 1 20.49	4 6.37	+22 41 45.6	6 12.7	68.53	15 45.72
8	Fr	4 45.14	9.45	7 5 26.86	4 6.01	22 35 32.9	6 36.2	68.48	15 45.73
9	Sa	4 54.59	9.08	7 9 32.87	4 5.63	22 28 56.7	6 59.5	68.43	15 45.74
10	So	5 3.67	8.68	7 13 38.50	4 5.24	22 21 57.2	7 22.8	68.37	15 45.76
11	Mo	5 12.35	8.27	7 17 43.74	4 4.83	22 14 34.4	7 45.8	68.31	15 45.78
12	Di	5 20.62	7.85	7 21 48.57	4 4.41	22 6 48.6	8 8.7	68.25	15 45.80
13	Mi	−5 28.47	7.40	7 25 52.98	4 3.96	+21 58 39.9	8 31.4	68.19	15 45.83
14	Do	5 35.87	6.96	7 29 56.94	4 3.51	21 50 8.5	8 53.9	68.12	15 45.86
15	Fr	5 42.83	6.49	7 34 0.45	4 3.05	21 41 14.6	9 16.1	68.05	15 45.89
16	Sa	5 49.32	6.00	7 38 3.50	4 2.56	21 31 58.5	9 38.2	67.98	15 45.93
17	So	5 55.32	5.50	7 42 6.06	4 2.05	21 22 20.3	10 0.0	67.91	15 45.98
18	Mo	6 0.82	4.98	7 46 8.11	4 1.54	21 12 20.3	10 21.6	67.84	15 46.03
19	Di	−6 5.80	4.45	7 50 9.65	4 1.01	+21 1 58.7	10 43.0	67.76	15 46.09
20	Mi	6 10.25	3.90	7 54 10.66	4 0.46	20 51 15.7	11 4.1	67.69	15 46.16
21	Do	6 14.15	3.34	7 58 11.12	3 59.89	20 40 11.6	11 24.9	67.61	15 46.23
22	Fr	6 17.49	2.75	8 2 11.01	3 59.31	20 28 46.7	11 45.5	67.53	15 46.30
23	Sa	6 20.24	2.17	8 6 10.32	3 58.73	20 17 1.2	12 5.8	67.45	15 46.38
24	So	−6 22.41		8 10 9.05		+20 4 55.4		67.37	15 46.47

Tag	Julian. Zeit	Sternzeit	Nutation in AR. langp. Gl.	Nutation in AR. kurzp. Gl.	0h Weltzeit: Mittleres Äquinoktium 1955.0 Länge		Breite	R		Aufgang in {+50° Breite, 0h Länge}	Untergang in {+50° Breite, 0h Länge}
1955	2435 d	h m s	s in 0.001		° ′ ″	′ ″	in 0.″01			h m	h m
Juni 13	271.5	17 22 7.781	+1033	− 1	81 13 9.3	57 19.4	+39	1.015 5813	1073	3 51	20 9
14	272.5	17 26 4.338	1035	− 7	82 10 28.7	57 19.0	+39	1.015 6886	1027	3 50	20 10
15	273.5	17 30 0.896	1038	−13	83 7 47.7	57 18.7	+35	1.015 7913	976	3 50	20 10
16	274.5	17 33 57.454	1040	−16	84 5 6.4	57 18.3	+28	1.015 8889	923	3 50	20 11
17	275.5	17 37 54.011	1042	−16	85 2 24.7	57 18.0	+18	1.015 9812	866	3 50	20 11
18	276.5	17 41 50.569	1045	−13	85 59 42.7	57 17.6	+ 5	1.016 0678	806	3 50	20 12
19	277.5	17 45 47.127	+1047	− 7	86 57 0.3	57 17.2	− 9	1.016 1484	744	3 50	20 12
20	278.5	17 49 43.685	1050	+ 1	87 54 17.5	57 16.7	−23	1.016 2228	682	3 50	20 13
21	279.5	17 53 40.242	1052	+ 9	88 51 34.2	57 16.3	−38	1.016 2910	619	3 50	20 13
22	280.5	17 57 36.800	1054	+15	89 48 50.5	57 15.6	−52	1.016 3529	559	3 51	20 13
23	281.5	18 1 33.358	1057	+18	90 46 6.1	57 15.1	−64	1.016 4088	500	3 51	20 13
24	282.5	18 5 29.916	1059	+17	91 43 21.2	57 14.5	−73	1.016 4588	443	3 51	20 13
25	283.5	18 9 26.473	+1061	+13	92 40 35.7	57 13.9	−81	1.016 5031	390	3 51	20 13
26	284.5	18 13 23.031	1064	+ 8	93 37 49.6	57 13.3	−85	1.016 5421	340	3 52	20 13
27	285.5	18 17 19.589	1066	+ 2	94 35 2.9	57 12.8	−86	1.016 5761	293	3 52	20 13
28	286.5	18 21 16.146	1069	− 3	95 32 15.7	57 12.3	−84	1.016 6054	248	3 53	20 13
29	287.5	18 25 12.704	1071	− 7	96 29 28.0	57 11.8	−80	1.016 6302	205	3 53	20 13
30	288.5	18 29 9.262	1073	− 9	97 26 39.8	57 11.5	−74	1.016 6507	164	3 54	20 13
Juli 1	289.5	18 33 5.820	+1075	− 9	98 23 51.3	57 11.2	−65	1.016 6671	125	3 54	20 13
2	290.5	18 37 2.377	1078	− 7	99 21 2.5	57 10.9	−54	1.016 6796	87	3 55	20 12
3	291.5	18 40 58.935	1080	− 4	100 18 13.4	57 10.8	−42	1.016 6883	51	3 56	20 12
4	292.5	18 44 55.492	1082	0	101 15 24.2	57 10.6	−29	1.016 6934	15	3 56	20 12
5	293.5	18 48 52.050	1084	+ 4	102 12 34.8	57 10.7	−17	1.016 6949	−20	3 57	20 11
6	294.5	18 52 48.607	1086	+ 7	103 9 45.5	57 10.7	− 5	1.016 6929	56	3 58	20 11
7	295.5	18 56 45.165	+1089	+ 8	104 6 56.2	57 10.9	+ 6	1.016 6873	92	3 59	20 10
8	296.5	19 0 41.722	1091	+ 8	105 4 7.1	57 11.1	+15	1.016 6781	128	4 0	20 10
9	297.5	19 4 38.280	1093	+ 6	106 1 18.2	57 11.4	+22	1.016 6653	166	4 0	20 9
10	298.5	19 8 34.837	1095	+ 1	106 58 29.6	57 11.9	+25	1.016 6487	205	4 1	20 8
11	299.5	19 12 31.394	1096	− 5	107 55 41.5	57 12.2	+26	1.016 6282	247	4 2	20 8
12	300.5	19 16 27.951	1098	−10	108 52 53.7	57 12.9	+24	1.016 6035	292	4 3	20 7
13	301.5	19 20 24.509	+1100	−15	109 50 6.6	57 13.3	+18	1.016 5743	341	4 4	20 6
14	302.5	19 24 21.066	1102	−16	110 47 19.9	57 14.0	+10	1.016 5402	391	4 5	20 5
15	303.5	19 28 17.623	1104	−15	111 44 33.9	57 14.6	− 1	1.016 5011	445	4 6	20 5
16	304.5	19 32 14.180	1105	−10	112 41 48.5	57 15.1	−15	1.016 4566	503	4 8	20 4
17	305.5	19 36 10.737	1107	− 3	113 39 3.6	57 15.8	−29	1.016 4063	563	4 9	20 3
18	306.5	19 40 7.294	1108	+ 4	114 36 19.4	57 16.2	−44	1.016 3500	625	4 10	20 2
19	307.5	19 44 3.851	+1110	+11	115 33 35.6	57 16.8	−58	1.016 2875	687	4 11	20 1
20	308.5	19 48 0.407	1111	+15	116 30 52.4	57 17.2	−70	1.016 2188	748	4 12	20 0
21	309.5	19 51 56.964	1112	+16	117 28 9.6	57 17.6	−80	1.016 1440	810	4 13	19 59
22	310.5	19 55 53.521	1114	+14	118 25 27.2	57 17.9	−88	1.016 0630	868	4 15	19 57
23	311.5	19 59 50.077	1115	+ 9	119 22 45.1	57 18.4	−93	1.015 9762	924	4 16	19 56
24	312.5	20 3 46.633	+1116	+ 4	120 20 3.5		−95	1.015 8838		4 17	19 55

Tag	Wochentag	0h Weltzeit: Zeitgleichung (Wahre Zeit *minus* Mittlere Zeit)		Scheinbare Rektaszension		Scheinbare Deklination		Halbe Durchgangs-Dauer St.-Zt.	Halbmesser
1955		m s	s	h m s	m s	° ′ ″	′ ″	s	′ ″
Juli 24	So	−6 22.41	1.58	8 10 9.05	3 58.13	+20 4 55.4	12 25.8	67.37	15 46.47
25	Mo	6 23.99	0.97	8 14 7.18	3 57.52	19 52 29.6	12 45.6	67.29	15 46.56
26	Di	6 24.96	0.36	8 18 4.70	3 56.92	19 39 44.0	13 5.1	67.20	15 46.65
27	Mi	6 25.32	0.26	8 22 1.62	3 56.30	19 26 38.9	13 24.4	67.12	15 46.75
28	Do	6 25.06	0.87	8 25 57.92	3 55.69	19 13 14.5	13 43.3	67.03	15 46.86
29	Fr	6 24.19	1.49	8 29 53.61	3 55.07	18 59 31.2	14 2.1	66.95	15 46.97
30	Sa	−6 22.70	2.10	8 33 48.68	3 54.45	+18 45 29.1	14 20.5	66.86	15 47.08
31	So	6 20.60	2.72	8 37 43.13	3 53.83	18 31 8.6	14 38.7	66.77	15 47.19
Aug. 1	Mo	6 17.88	3.34	8 41 36.96	3 53.22	18 16 29.9	14 56.6	66.69	15 47.31
2	Di	6 14.54	3.95	8 45 30.18	3 52.60	18 1 33.3	15 14.2	66.60	15 47.43
3	Mi	6 10.59	4.56	8 49 22.78	3 52.00	17 46 19.1	15 31.5	66.51	15 47.55
4	Do	6 6.03	5.17	8 53 14.78	3 51.39	17 30 47.6	15 48.7	66.42	15 47.68
5	Fr	−6 0.86	5.76	8 57 6.17	3 50.80	+17 14 58.9	16 5.4	66.34	15 47.81
6	Sa	5 55.10	6.35	9 0 56.97	3 50.20	16 58 53.5	16 22.0	66.25	15 47.94
7	So	5 48.75	6.93	9 4 47.17	3 49.62	16 42 31.5	16 38.2	66.17	15 48.08
8	Mo	5 41.82	7.51	9 8 36.79	3 49.04	16 25 53.3	16 54.2	66.08	15 48.21
9	Di	5 34.31	8.08	9 12 25.83	3 48.48	16 8 59.1	17 9.9	65.99	15 48.35
10	Mi	5 26.23	8.64	9 16 14.31	3 47.92	15 51 49.2	17 25.3	65.91	15 48.50
11	Do	−5 17.59	9.19	9 20 2.23	3 47.36	+15 34 23.9	17 40.3	65.82	15 48.65
12	Fr	5 8.40	9.73	9 23 49.59	3 46.82	15 16 43.6	17 55.1	65.74	15 48.80
13	Sa	4 58.67	10.28	9 27 36.41	3 46.28	14 58 48.5	18 9.6	65.66	15 48.96
14	So	4 48.39	10.81	9 31 22.69	3 45.75	14 40 38.9	18 23.7	65.58	15 49.11
15	Mo	4 37.58	11.34	9 35 8.44	3 45.21	14 22 15.2	18 37.4	65.50	15 49.28
16	Di	4 26.24	11.86	9 38 53.65	3 44.70	14 3 37.8	18 50.9	65.42	15 49.45
17	Mi	−4 14.38	12.38	9 42 38.35	3 44.17	+13 44 46.9	19 4.0	65.34	15 49.62
18	Do	4 2.00	12.88	9 46 22.52	3 43.67	13 25 42.9	19 16.8	65.27	15 49.80
19	Fr	3 49.12	13.40	9 50 6.19	3 43.16	13 6 26.1	19 29.2	65.20	15 49.99
20	Sa	3 35.72	13.89	9 53 49.35	3 42.67	12 46 56.9	19 41.3	65.12	15 50.17
21	So	3 21.83	14.37	9 57 32.02	3 42.17	12 27 15.6	19 53.0	65.05	15 50.37
22	Mo	3 7.46	14.86	10 1 14.19	3 41.70	12 7 22.6	20 4.5	64.99	15 50.56
23	Di	−2 52.60	15.32	10 4 55.89	3 41.24	+11 47 18.1	20 15.5	64.92	15 50.76
24	Mi	2 37.28	15.77	10 8 37.13	3 40.78	11 27 2.6	20 26.3	64.85	15 50.97
25	Do	2 21.51	16.21	10 12 17.91	3 40.34	11 6 36.3	20 36.8	64.79	15 51.18
26	Fr	2 5.30	16.64	10 15 58.25	3 39.92	10 45 59.5	20 46.9	64.73	15 51.39
27	Sa	1 48.66	17.05	10 19 38.17	3 39.50	10 25 12.6	20 56.7	64.67	15 51.60
28	So	1 31.61	17.44	10 23 17.67	3 39.12	10 4 15.9	21 6.3	64.61	15 51.82
29	Mo	−1 14.17	17.81	10 26 56.79	3 38.74	+ 9 43 9.6	21 15.5	64.56	15 52.04
30	Di	0 56.36	18.17	10 30 35.53	3 38.38	9 21 54.1	21 24.3	64.50	15 52.26
31	Mi	0 38.19	18.51	10 34 13.91	3 38.04	9 0 29.8	21 33.0	64.45	15 52.48
Sept. 1	Do	0 19.68	18.83	10 37 51.95	3 37.72	8 38 56.8	21 41.3	64.41	15 52.70
2	Fr	−0 0.85	19.14	10 41 29.67	3 37.42	8 17 15.5	21 49.3	64.36	15 52.93
3	Sa	+0 18.29		10 45 7.09		+ 7 55 26.2		64.32	15 53.16

Tag	Julian. Zeit	Sternzeit	Nutation in AR. langp. Gl.	Nutation in AR. kurzp. Gl.	Mittleres Äquinoktium 1955.0 Länge		Breite	R		Aufgang in {+50° Breite, 0h Länge}	Untergang in {+50° Breite, 0h Länge}
1955	2435 d	h m s	s in 0.001		° ′ ″	′ ″	in 0.″01			h m	h m
Juli 24	312.5	20 3 46.633	+1116	+ 4	120 20 3.5	57 18.6	−95	1.015 8838	976	4 17	19 55
25	313.5	20 7 43.190	1117	− 2	121 17 22.1	57 19.1	−94	1.015 7862	1025	4 18	19 54
26	314.5	20 11 39.746	1118	− 6	122 14 41.2	57 19.4	−90	1.015 6837	1072	4 20	19 52
27	315.5	20 15 36.303	1119	− 9	123 12 0.6	57 19.9	−84	1.015 5765	1116	4 21	19 51
28	316.5	20 19 32.859	1120	− 9	124 9 20.5	57 20.4	−76	1.015 4649	1157	4 23	19 50
29	317.5	20 23 29.415	1120	− 7	125 6 40.9	57 20.8	−65	1.015 3492	1195	4 24	19 48
30	318.5	20 27 25.971	+1121	− 4	126 4 1.7	57 21.5	−53	1.015 2297	1232	4 25	19 47
31	319.5	20 31 22.527	1122	0	127 1 23.2	57 22.2	−41	1.015 1065	1266	4 27	19 45
Aug. 1	320.5	20 35 19.083	1122	+ 3	127 58 45.4	57 22.8	−29	1.014 9799	1300	4 28	19 44
2	321.5	20 39 15.638	1123	+ 7	128 56 8.2	57 23.6	−17	1.014 8499	1330	4 29	19 42
3	322.5	20 43 12.194	1123	+ 9	129 53 31.8	57 24.5	− 5	1.014 7169	1360	4 31	19 41
4	323.5	20 47 8.750	1123	+ 9	130 50 56.3	57 25.4	+ 4	1.014 5809	1389	4 32	19 39
5	324.5	20 51 5.305	+1123	+ 7	131 48 21.7	57 26.4	+10	1.014 4420	1417	4 34	19 37
6	325.5	20 55 1.861	1123	+ 3	132 45 48.1	57 27.6	+15	1.014 3003	1446	4 35	19 36
7	326.5	20 58 58.416	1123	− 2	133 43 15.7	57 28.8	+18	1.014 1557	1477	4 36	19 34
8	327.5	21 2 54.971	1123	− 8	134 40 44.5	57 30.0	+17	1.014 0080	1508	4 38	19 32
9	328.5	21 6 51.526	1123	−13	135 38 14.5	57 31.4	+12	1.013 8572	1541	4 39	19 31
10	329.5	21 10 48.081	1123	−15	136 35 45.9	57 32.8	+ 5	1.013 7031	1577	4 41	19 29
11	330.5	21 14 44.636	+1123	−15	137 33 18.7	57 34.2	− 5	1.013 5454	1617	4 42	19 27
12	331.5	21 18 41.191	1122	−11	138 30 52.9	57 35.7	−17	1.013 3837	1659	4 44	19 25
13	332.5	21 22 37.746	1122	− 5	139 28 28.6	57 37.2	−30	1.013 2178	1703	4 45	19 24
14	333.5	21 26 34.301	1121	+ 2	140 26 5.8	57 38.6	−44	1.013 0475	1751	4 47	19 22
15	334.5	21 30 30.856	1120	+ 9	141 23 44.4	57 40.1	−58	1.012 8724	1799	4 48	19 20
16	335.5	21 34 27.410	1119	+13	142 21 24.5	57 41.5	−70	1.012 6925	1851	4 50	19 18
17	336.5	21 38 23.965	+1119	+15	143 19 6.0	57 42.8	−81	1.012 5074	1902	4 51	19 16
18	337.5	21 42 20.519	1118	+14	144 16 48.8	57 44.2	−89	1.012 3172	1953	4 53	19 14
19	338.5	21 46 17.074	1117	+10	145 14 33.0	57 45.4	−94	1.012 1219	2003	4 54	19 12
20	339.5	21 50 13.628	1116	+ 5	146 12 18.4	57 46.6	−97	1.011 9216	2049	4 56	19 10
21	340.5	21 54 10.182	1114	− 1	147 10 5.0	57 47.9	−96	1.011 7167	2095	4 57	19 8
22	341.5	21 58 6.736	1113	− 5	148 7 52.9	57 49.0	−92	1.011 5072	2136	4 59	19 6
23	342.5	22 2 3.290	+1112	− 8	149 5 41.9	57 50.2	−87	1.011 2936	2175	5 1	19 4
24	343.5	22 5 59.844	1110	− 9	150 3 32.1	57 51.5	−78	1.011 0761	2210	5 2	19 2
25	344.5	22 9 56.398	1109	− 8	151 1 23.6	57 52.6	−67	1.010 8551	2243	5 3	19 0
26	345.5	22 13 52.952	1107	− 6	151 59 16.2	57 53.9	−55	1.010 6308	2272	5 5	18 58
27	346.5	22 17 49.505	1106	− 2	152 57 10.1	57 55.2	−43	1.010 4036	2300	5 6	18 56
28	347.5	22 21 46.059	1104	+ 2	153 55 5.3	57 56.6	−31	1.010 1736	2324	5 8	18 54
29	348.5	22 25 42.613	+1102	+ 6	154 53 1.9	57 57.9	−19	1.009 9412	2345	5 9	18 52
30	349.5	22 29 39.166	1100	+ 8	155 50 59.8	57 59.3	− 7	1.009 7067	2363	5 11	18 50
31	350.5	22 33 35.720	1098	+ 9	156 48 59.1	58 0.8	+ 3	1.009 4704	2380	5 12	18 48
Sept. 1	351.5	22 37 32.273	1096	+ 8	157 46 59.9	58 2.3	+10	1.009 2324	2395	5 14	18 46
2	352.5	22 41 28.826	1094	+ 5	158 45 2.2	58 4.0	+15	1.008 9929	2408	5 15	18 44
3	353.5	22 45 25.380	+1092	0	159 43 6.2		+17	1.008 7521		5 17	18 42

Tag	Wochentag	0h Weltzeit: Zeitgleichung (Wahre Zeit *minus* Mittlere Zeit) m s	Diff. s	Scheinbare Rektaszension h m s	Diff. m s	Scheinbare Deklination ° ′ ″	Diff. ′ ″	Halbe Durchgangs-Dauer St.-Zt. s	Halbmesser ′ ″
1955									
Sept. 3	Sa	+ 0 18.29	19.41	10 45 7.09	3 37.15	+7 55 26.2	21 57.0	64.32	15 53.16
4	So	0 37.70	19.67	10 48 44.24	3 36.88	7 33 29.2	22 4.3	64.28	15 53.39
5	Mo	0 57.37	19.90	10 52 21.12	3 36.65	7 11 24.9	22 11.5	64.24	15 53.61
6	Di	1 17.27	20.12	10 55 57.77	3 36.43	6 49 13.4	22 18.3	64.20	15 53.85
7	Mi	1 37.39	20.31	10 59 34.20	3 36.25	6 26 55.1	22 24.8	64.17	15 54.08
8	Do	1 57.70	20.49	11 3 10.45	3 36.06	6 4 30.3	22 31.0	64.14	15 54.32
9	Fr	+ 2 18.19	20.64	11 6 46.51	3 35.91	+5 41 59.3	22 36.8	64.12	15 54.55
10	Sa	2 38.83	20.77	11 10 22.42	3 35.79	5 19 22.5	22 42.3	64.09	15 54.79
11	So	2 59.60	20.89	11 13 58.21	3 35.66	4 56 40.2	22 47.5	64.07	15 55.03
12	Mo	3 20.49	20.99	11 17 33.87	3 35.56	4 33 52.7	22 52.3	64.05	15 55.28
13	Di	3 41.48	21.08	11 21 9.43	3 35.48	4 11 0.4	22 56.8	64.04	15 55.52
14	Mi	4 2.56	21.14	11 24 44.91	3 35.41	3 48 3.6	23 0.9	64.02	15 55.77
15	Do	+ 4 23.70	21.19	11 28 20.32	3 35.36	+3 25 2.7	23 4.7	64.01	15 56.03
16	Fr	4 44.89	21.23	11 31 55.68	3 35.32	3 1 58.0	23 8.0	64.01	15 56.28
17	Sa	5 6.12	21.24	11 35 31.00	3 35.31	2 38 50.0	23 11.1	64.00	15 56.54
18	So	5 27.36	21.25	11 39 6.31	3 35.30	2 15 38.9	23 13.8	64.00	15 56.80
19	Mo	5 48.61	21.24	11 42 41.61	3 35.31	1 52 25.1	23 16.1	64.00	15 57.06
20	Di	6 9.85	21.21	11 46 16.92	3 35.35	1 29 9.0	23 18.1	64.00	15 57.33
21	Mi	+ 6 31.06	21.15	11 49 52.27	3 35.40	+1 5 50.9	23 19.8	64.01	15 57.59
22	Do	6 52.21	21.09	11 53 27.67	3 35.46	0 42 31.1	23 21.0	64.02	15 57.86
23	Fr	7 13.30	21.00	11 57 3.13	3 35.56	+0 19 10.1	23 22.1	64.03	15 58.14
24	Sa	7 34.30	20.89	12 0 38.69	3 35.66	−0 4 12.0	23 22.6	64.05	15 58.41
25	So	7 55.19	20.76	12 4 14.35	3 35.79	0 27 34.6	23 22.9	64.07	15 58.68
26	Mo	8 15.95	20.61	12 7 50.14	3 35.94	0 50 57.5	23 22.8	64.09	15 58.96
27	Di	+ 8 36.56	20.44	12 11 26.08	3 36.11	−1 14 20.3	23 22.5	64.12	15 59.24
28	Mi	8 57.00	20.25	12 15 2.19	3 36.31	1 37 42.8	23 21.8	64.15	15 59.51
29	Do	9 17.25	20.03	12 18 38.50	3 36.52	2 1 4.6	23 20.8	64.19	15 59.79
30	Fr	9 37.28	19.79	12 22 15.02	3 36.76	2 24 25.4	23 19.3	64.22	16 0.07
Okt. 1	Sa	9 57.07	19.53	12 25 51.78	3 37.03	2 47 44.7	23 17.7	64.26	16 0.35
2	So	10 16.60	19.24	12 29 28.81	3 37.31	3 11 2.4	23 15.6	64.30	16 0.62
3	Mo	+10 35.84	18.93	12 33 6.12	3 37.63	−3 34 18.0	23 13.3	64.35	16 0.90
4	Di	10 54.77	18.59	12 36 43.75	3 37.96	3 57 31.3	23 10.6	64.39	16 1.17
5	Mi	11 13.36	18.23	12 40 21.71	3 38.32	4 20 41.9	23 7.6	64.44	16 1.44
6	Do	11 31.59	17.84	12 44 0.03	3 38.71	4 43 49.5	23 4.2	64.50	16 1.71
7	Fr	11 49.43	17.43	12 47 38.74	3 39.12	5 6 53.7	23 0.5	64.55	16 1.98
8	Sa	12 6.86	17.01	12 51 17.86	3 39.55	5 29 54.2	22 56.4	64.61	16 2.25
9	So	+12 23.87	16.56	12 54 57.41	3 39.99	−5 52 50.6	22 51.9	64.67	16 2.52
10	Mo	12 40.43	16.10	12 58 37.40	3 40.45	6 15 42.5	22 47.1	64.74	16 2.79
11	Di	12 56.53	15.61	13 2 17.85	3 40.95	6 38 29.6	22 41.8	64.80	16 3.06
12	Mi	13 12.14	15.11	13 5 58.80	3 41.44	7 1 11.4	22 36.2	64.87	16 3.33
13	Do	13 27.25	14.59	13 9 40.24	3 41.96	7 23 47.6	22 30.1	64.94	16 3.60
14	Fr	+13 41.84		13 13 22.20		−7 46 17.7		65.02	16 3.88

Tag	Julian. Zeit	Sternzeit	Nutation in AR. langp. Gl.	Nutation in AR. kurzp. Gl.	Mittleres Äquinoktium 1955.0 Länge	Diff.	Breite	R	Diff.	Aufgang in +50° Breite 0h Länge	Untergang in +50° Breite 0h Länge
1955	2435 d	h m s	s in 0.001		° ′ ″	′ ″	in 0.″01			h m	h m
Sept. 3	353.5	22 45 25.380	+1092	0	159 43 6.2	58 5.7	+17	1.008 7521	2421	5 17	18 42
4	354.5	22 49 21.933	1090	− 6	160 41 11.9	58 7.5	+17	1.008 5100	2432	5 18	18 39
5	355.5	22 53 18.486	1088	−11	161 39 19.4	58 9.4	+14	1.008 2668	2444	5 20	18 37
6	356.5	22 57 15.039	1086	−14	162 37 28.8	58 11.4	+ 7	1.008 0224	2458	5 21	18 35
7	357.5	23 1 11.592	1083	−14	163 35 40.2	58 13.4	− 2	1.007 7766	2474	5 23	18 33
8	358.5	23 5 8.145	1081	−12	164 33 53.6	58 15.4	−13	1.007 5292	2492	5 24	18 31
9	359.5	23 9 4.698	+1078	− 6	165 32 9.0	58 17.5	−26	1.007 2800	2513	5 26	18 29
10	360.5	23 13 1.251	1076	0	166 30 26.5	58 19.7	−39	1.007 0287	2537	5 27	18 26
11	361.5	23 16 57.804	1073	+ 7	167 28 46.2	58 21.7	−51	1.006 7750	2562	5 29	18 24
12	362.5	23 20 54.356	1071	+12	168 27 7.9	58 23.8	−62	1.006 5188	2590	5 30	18 22
13	363.5	23 24 50.909	1068	+15	169 25 31.7	58 25.9	−72	1.006 2598	2621	5 32	18 20
14	364.5	23 28 47.462	1065	+14	170 23 57.6	58 27.9	−80	1.005 9977	2652	5 33	18 18
15	365.5	23 32 44.015	+1063	+11	171 22 25.5	58 29.9	−86	1.005 7325	2682	5 34	18 15
16	366.5	23 36 40.567	1060	+ 6	172 20 55.4	58 31.8	−88	1.005 4643	2714	5 36	18 13
17	367.5	23 40 37.120	1057	0	173 19 27.2	58 33.6	−87	1.005 1929	2744	5 37	18 11
18	368.5	23 44 33.672	1055	− 5	174 18 0.8	58 35.4	−83	1.004 9185	2772	5 39	18 9
19	369.5	23 48 30.225	1052	− 8	175 16 36.2	58 37.2	−76	1.004 6413	2797	5 40	18 7
20	370.5	23 52 26.778	1049	−10	176 15 13.4	58 38.9	−67	1.004 3616	2819	5 42	18 5
21	371.5	23 56 23.330	+1046	− 9	177 13 52.3	58 40.7	−57	1.004 0797	2839	5 43	18 2
22	372.5	0 0 19.883	1044	− 7	178 12 33.0	58 42.4	−46	1.003 7958	2856	5 45	18 0
23	373.5	0 4 16.435	1041	− 4	179 11 15.4	58 44.1	−33	1.003 5102	2869	5 46	17 58
24	374.5	0 8 12.988	1038	0	180 9 59.5	58 45.8	−22	1.003 2233	2880	5 48	17 56
25	375.5	0 12 9.540	1035	+ 5	181 8 45.3	58 47.5	− 9	1.002 9353	2887	5 50	17 53
26	376.5	0 16 6.093	1032	+ 7	182 7 32.8	58 49.3	+ 4	1.002 6466	2892	5 51	17 51
27	377.5	0 20 2.645	+1029	+ 9	183 6 22.1	58 51.1	+14	1.002 3574	2893	5 53	17 49
28	378.5	0 23 59.198	1027	+ 8	184 5 13.2	58 52.8	+22	1.002 0681	2892	5 54	17 47
29	379.5	0 27 55.751	1024	+ 6	185 4 6.0	58 54.7	+28	1.001 7789	2886	5 56	17 45
30	380.5	0 31 52.303	1021	+ 1	186 3 0.7	58 56.6	+31	1.001 4903	2878	5 57	17 43
Okt. 1	381.5	0 35 48.856	1018	− 4	187 1 57.3	58 58.6	+31	1.001 2025	2869	5 59	17 40
2	382.5	0 39 45.408	1016	− 9	188 0 55.9	59 0.6	+28	1.000 9156	2857	6 0	17 38
3	383.5	0 43 41.961	+1013	−13	188 59 56.5	59 2.7	+22	1.000 6299	2846	6 2	17 36
4	384.5	0 47 38.514	1010	−14	189 58 59.2	59 4.9	+13	1.000 3453	2835	6 3	17 34
5	385.5	0 51 35.067	1008	−12	190 58 4.1	59 7.2	+ 3	1.000 0618	2825	6 5	17 32
6	386.5	0 55 31.619	1005	− 8	191 57 11.3	59 9.4	− 8	0.999 7793	2816	6 6	17 30
7	387.5	0 59 28.172	1002	− 1	192 56 20.7	59 11.8	−21	0.999 4977	2810	6 8	17 27
8	388.5	1 3 24.725	1000	+ 6	193 55 32.5	59 14.2	−34	0.999 2167	2807	6 9	17 25
9	389.5	1 7 21.278	+ 997	+12	194 54 46.7	59 16.5	−46	0.998 9360	2805	6 11	17 23
10	390.5	1 11 17.831	995	+15	195 54 3.2	59 18.9	−56	0.998 6555	2807	6 13	17 21
11	391.5	1 15 14.384	992	+15	196 53 22.1	59 21.2	−64	0.998 3748	2810	6 14	17 19
12	392.5	1 19 10.937	990	+12	197 52 43.3	59 23.4	−70	0.998 0938	2815	6 16	17 17
13	393.5	1 23 7.490	988	+ 8	198 52 6.7	59 25.6	−72	0.997 8123	2821	6 17	17 15
14	394.5	1 27 4.043	+ 985	+ 2	199 51 32.3		−71	0.997 5302		6 19	17 13

Tag	Wochentag	0h Weltzeit Zeitgleichung Wahre Zeit *minus* Mittlere Zeit		Scheinbare Rektaszension		Scheinbare Deklination		Halbe Durchgangs-Dauer St.-Zt.	Halbmesser
1955		m s	s	h m s	m s	° ′ ″	′ ″	s	′ ″
Okt. 14	Fr	+13 41.84	14.07	13 13 22.20	3 42.49	− 7 46 17.7	22 23.7	65.02	16 3.88
15	Sa	13 55.91	13.52	13 17 4.69	3 43.03	8 8 41.4	22 16.9	65.10	16 4.15
16	So	14 9.43	12.96	13 20 47.72	3 43.59	8 30 58.3	22 9.6	65.18	16 4.42
17	Mo	14 22.39	12.39	13 24 31.31	3 44.17	8 53 7.9	22 2.0	65.26	16 4.70
18	Di	14 34.78	11.80	13 28 15.48	3 44.75	9 15 9.9	21 54.0	65.35	16 4.98
19	Mi	14 46.58	11.19	13 32 0.23	3 45.36	9 37 3.9	21 45.5	65.44	16 5.25
20	Do	+14 57.77	10.58	13 35 45.59	3 45.97	− 9 58 49.4	21 36.7	65.53	16 5.53
21	Fr	15 8.35	9.96	13 39 31.56	3 46.60	10 20 26.1	21 27.5	65.62	16 5.80
22	Sa	15 18.31	9.31	13 43 18.16	3 47.25	10 41 53.6	21 17.9	65.72	16 6.08
23	So	15 27.62	8.65	13 47 5.41	3 47.90	11 3 11.5	21 7.9	65.82	16 6.35
24	Mo	15 36.27	7.98	13 50 53.31	3 48.57	11 24 19.4	20 57.5	65.91	16 6.62
25	Di	15 44.25	7.29	13 54 41.88	3 49.26	11 45 16.9	20 46.7	66.01	16 6.90
26	Mi	+15 51.54	6.59	13 58 31.14	3 49.97	−12 6 3.6	20 35.5	66.12	16 7.17
27	Do	15 58.13	5.88	14 2 21.11	3 50.67	12 26 39.1	20 23.9	66.22	16 7.43
28	Fr	16 4.01	5.15	14 6 11.78	3 51.41	12 47 3.0	20 12.0	66.33	16 7.70
29	Sa	16 9.16	4.40	14 10 3.19	3 52.15	13 7 15.0	19 59.7	66.43	16 7.97
30	So	16 13.56	3.65	14 13 55.34	3 52.91	13 27 14.7	19 47.0	66.54	16 8.23
31	Mo	16 17.21	2.86	14 17 48.25	3 53.69	13 47 1.7	19 33.8	66.66	16 8.49
Nov. 1	Di	+16 20.07	2.08	14 21 41.94	3 54.48	−14 6 35.5	19 20.4	66.77	16 8.74
2	Mi	16 22.15	1.27	14 25 36.42	3 55.28	14 25 55.9	19 6.5	66.89	16 8.99
3	Do	16 23.42	0.44	14 29 31.70	3 56.11	14 45 2.4	18 52.2	67.00	16 9.23
4	Fr	16 23.86	0.38	14 33 27.81	3 56.94	15 3 54.6	18 37.5	67.12	16 9.48
5	Sa	16 23.48	1.22	14 37 24.75	3 57.78	15 22 32.1	18 22.5	67.23	16 9.72
6	So	16 22.26	2.08	14 41 22.53	3 58.63	15 40 54.6	18 7.0	67.35	16 9.95
7	Mo	+16 20.18	2.93	14 45 21.16	3 59.48	−15 59 1.6	17 51.0	67.47	16 10.19
8	Di	16 17.25	3.79	14 49 20.64	4 0.35	16 16 52.6	17 34.8	67.59	16 10.42
9	Mi	16 13.46	4.65	14 53 20.99	4 1.21	16 34 27.4	17 18.0	67.70	16 10.65
10	Do	16 8.81	5.52	14 57 22.20	4 2.07	16 51 45.4	17 0.9	67.82	16 10.88
11	Fr	16 3.29	6.37	15 1 24.27	4 2.93	17 8 46.3	16 43.3	67.94	16 11.11
12	Sa	15 56.92	7.24	15 5 27.20	4 3.79	17 25 29.6	16 25.3	68.06	16 11.33
13	So	+15 49.68	8.09	15 9 30.99	4 4.65	−17 41 54.9	16 7.0	68.18	16 11.55
14	Mo	15 41.59	8.94	15 13 35.64	4 5.50	17 58 1.9	15 48.1	68.30	16 11.77
15	Di	15 32.65	9.79	15 17 41.14	4 6.34	18 13 50.0	15 29.0	68.42	16 11.99
16	Mi	15 22.86	10.63	15 21 47.48	4 7.19	18 29 19.0	15 9.3	68.54	16 12.21
17	Do	15 12.23	11.46	15 25 54.67	4 8.01	18 44 28.3	14 49.4	68.66	16 12.43
18	Fr	15 0.77	12.28	15 30 2.68	4 8.84	18 59 17.7	14 29.0	68.78	16 12.64
19	Sa	+14 48.49	13.10	15 34 11.52	4 9.66	−19 13 46.7	14 8.2	68.89	16 12.85
20	So	14 35.39	13.91	15 38 21.18	4 10.46	19 27 54.9	13 47.1	69.01	16 13.06
21	Mo	14 21.48	14.70	15 42 31.64	4 11.26	19 41 42.0	13 25.7	69.12	16 13.27
22	Di	14 6.78	15.48	15 46 42.90	4 12.04	19 55 7.7	13 3.8	69.23	16 13.47
23	Mi	13 51.30	16.26	15 50 54.94	4 12.81	20 8 11.5	12 41.6	69.34	16 13.67
24	Do	+13 35.04		15 55 7.75		−20 20 53.1		69.45	16 13.86

Tag	Julian. Zeit	Sternzeit	Nutation in AR. langp. Gl.	Nutation in AR. kurzp. Gl.	0h Weltzeit — Mittleres Äquinoktium 1955.0 Länge		Breite	R		Aufgang in {+50° Breite, 0h Länge}	Untergang in {+50° Breite, 0h Länge}
1955	2435 d	h m s	s in 0.001		° ′ ″	′ ″	″ in 0.01			h m	h m
Okt. 14	394.5	1 27 4.043	+985	+ 2	199 51 32.3	59 27.8	−71	0.997 5302	2827	6 19	17 13
15	395.5	1 31 0.596	983	− 3	200 51 0.1	59 29.9	−67	0.997 2475	2834	6 20	17 11
16	396.5	1 34 57.149	981	− 7	201 50 30.0	59 31.9	−60	0.996 9641	2839	6 22	17 9
17	397.5	1 38 53.702	979	− 9	202 50 1.9	59 33.8	−51	0.996 6802	2843	6 24	17 7
18	398.5	1 42 50.256	977	− 9	302 49 35.7	59 35.8	−41	0.996 3959	2844	6 25	17 5
19	399.5	1 46 46.809	975	− 8	204 49 11.5	59 37.6	−28	0.996 1115	2843	6 27	17 3
20	400.5	1 50 43.363	+973	− 5	205 48 49.1	59 39.4	−15	0.995 8272	2839	6 29	17 1
21	401.5	1 54 39.916	971	− 1	206 48 28.5	59 41.2	− 2	0.995 5433	2833	6 30	16 59
22	402.5	1 58 36.470	970	+ 3	207 48 9.7	59 43.0	+11	0.995 2600	2825	6 32	16 57
23	403.5	2 2 33.024	968	+ 6	208 47 52.7	59 44.6	+23	0.994 9775	2812	6 34	16 55
24	404.5	2 6 29.577	966	+ 8	209 47 37.3	59 46.4	+34	0.994 6963	2798	6 35	16 53
25	405.5	2 10 26.131	965	+ 8	210 47 23.7	59 48.1	+43	0.994 4165	2779	6 37	16 51
26	406.5	2 14 22.685	+964	+ 6	211 47 11.8	59 49.8	+49	0.994 1386	2757	6 38	16 49
27	407.5	2 18 19.239	962	+ 2	212 47 1.6	59 51.5	+53	0.993 8629	2733	6 40	16 47
28	408.5	2 22 15.794	961	− 3	213 46 53.1	59 53.2	+53	0.993 5896	2703	6 42	16 45
29	409.5	2 26 12.348	960	− 8	214 46 46.3	59 55.0	+51	0.993 3193	2671	6 43	16 44
30	410.5	2 30 8.902	959	−13	215 46 41.3	59 56.8	+47	0.993 0522	2637	6 45	16 42
31	411.5	2 34 5.456	958	−15	216 46 38.1	59 58.7	+38	0.992 7885	2601	6 47	16 40
Nov. 1	412.5	2 38 2.011	+957	−14	217 46 36.8	60 0.6	+27	0.992 5284	2564	6 48	16 38
2	413.5	2 41 58.566	956	−10	218 46 37.4	60 2.6	+15	0.992 2720	2528	6 50	16 37
3	414.5	2 45 55.120	956	− 3	219 46 40.0	60 4.7	+ 2	0.992 0192	2491	6 52	16 35
4	415.5	2 49 51.675	955	+ 4	220 46 44.7	60 6.7	−11	0.991 7701	2458	6 53	16 33
5	416.5	2 53 48.230	955	+11	221 46 51.4	60 8.9	−23	0.991 5243	2427	6 55	16 32
6	417.5	2 57 44.785	954	+15	222 47 0.3	60 11.0	−34	0.991 2816	2398	6 57	16 30
7	418.5	3 1 41.340	+954	+16	223 47 11.3	60 13.1	−43	0.991 0418	2372	6 58	16 28
8	419.5	3 5 37.895	954	+15	224 47 24.4	60 15.2	−49	0.990 8046	2348	7 0	16 27
9	420.5	3 9 34.451	954	+10	225 47 39.6	60 17.1	−52	0.990 5698	2327	7 2	16 25
10	421.5	3 13 31.006	954	+ 5	226 47 56.7	60 19.2	−52	0.990 3371	2307	7 3	16 24
11	422.5	3 17 27.561	954	− 1	227 48 15.9	60 21.0	−49	0.990 1064	2287	7 5	16 22
12	423.5	3 21 24.117	954	− 6	228 48 36.9	60 22.9	−43	0.989 8777	2270	7 7	16 21
13	424.5	3 25 20.673	+954	− 8	229 48 59.8	60 24.6	−34	0.989 6507	2251	7 8	16 20
14	425.5	3 29 17.228	955	− 9	230 49 24.4	60 26.2	−23	0.989 4256	2232	7 10	16 18
15	426.5	3 33 13.784	955	− 8	231 49 50.6	60 27.9	−11	0.989 2024	2212	7 12	16 17
16	427.5	3 37 10.340	956	− 5	232 50 18.5	60 29.4	+ 2	0.988 9812	2191	7 13	16 16
17	428.5	3 41 6.896	957	− 2	233 50 47.9	60 30.9	+16	0.988 7621	2168	7 15	16 15
18	429.5	3 45 3.453	958	+ 2	234 51 18.8	60 32.2	+29	0.988 5453	2144	7 16	16 13
19	430.5	3 49 0.009	+959	+ 5	235 51 51.0	60 33.6	+41	0.988 3309	2117	7 18	16 12
20	431.5	3 52 56.565	960	+ 8	236 52 24.6	60 34.9	+53	0.988 1192	2087	7 20	16 11
21	432.5	3 56 53.122	961	+ 8	237 52 59.5	60 36.0	+62	0.987 9105	2056	7 21	16 10
22	433.5	4 0 49.678	962	+ 7	238 53 35.5	60 37.3	+70	0.987 7049	2020	7 23	16 9
23	434.5	4 4 46.235	963	+ 3	239 54 12.8	60 38.4	+75	0.987 5029	1983	7 24	16 8
24	435.5	4 8 42.792	+964	− 1	240 54 51.2		+77	0.987 3046		7 26	16 7

Sonne 1955

Tag	Wochentag	Zeitgleichung Wahre Zeit *minus* Mittlere Zeit (0h Weltzeit)		Scheinbare Rektaszension (0h Weltzeit)		Scheinbare Deklination (0h Weltzeit)		Halbe Durchgangs-Dauer St.-Zt.	Halbmesser
1955		m s	s	h m s	m s	° ′ ″	′ ″	s	′ ″
Nov. 24	Do	+13 35.04	17.02	15 55 7.75	4 13.58	−20 20 53.1	12 19.1	69.45	16 13.86
25	Fr	13 18.02	17.77	15 59 21.33	4 14.32	20 33 12.2	11 56.2	69.56	16 14.05
26	Sa	13 0.25	18.50	16 3 35.65	4 15.06	20 45 8.4	11 33.0	69.66	16 14.24
27	So	12 41.75	19.22	16 7 50.71	4 15.78	20 56 41.4	11 9.4	69.77	16 14.42
28	Mo	12 22.53	19.94	16 12 6.49	4 16.49	21 7 50.8	10 45.6	69.87	16 14.60
29	Di	12 2.59	20.64	16 16 22.98	4 17.20	21 18 36.4	10 21.5	69.97	16 14.77
30	Mi	+11 41.95	21.32	16 20 40.18	4 17.88	−21 28 57.9	9 57.1	70.06	16 14.94
Dez. 1	Do	11 20.63	22.00	16 24 58.06	4 18.56	21 38 55.0	9 32.3	70.15	16 15.10
2	Fr	10 58.63	22.66	16 29 16.62	4 19.21	21 48 27.3	9 7.3	70.24	16 15.26
3	Sa	10 35.97	23.29	16 33 35.83	4 19.86	21 57 34.6	8 42.0	70.33	16 15.40
4	So	10 12.68	23.92	16 37 55.69	4 20.47	22 6 16.6	8 16.4	70.41	16 15.55
5	Mo	9 48.76	24.52	16 42 16.16	4 21.07	22 14 33.0	7 50.6	70.49	16 15.69
6	Di	+ 9 24.24	25.09	16 46 37.23	4 21.65	−22 22 23.6	7 24.5	70.56	16 15.82
7	Mi	8 59.15	25.63	16 50 58.88	4 22.20	22 29 48.1	6 58.1	70.63	16 15.95
8	Do	8 33.52	26.16	16 55 21.08	4 22.71	22 36 46.2	6 31.6	70.70	16 16.08
9	Fr	8 7.36	26.65	16 59 43.79	4 23.20	22 43 17.8	6 4.9	70.77	16 16.20
10	Sa	7 40.71	27.10	17 4 6.99	4 23.66	22 49 22.7	5 37.8	70.83	16 16.32
11	So	7 13.61	27.53	17 8 30.65	4 24.09	22 55 0.5	5 10.6	70.89	16 16.43
12	Mo	+ 6 46.08	27.92	17 12 54.74	4 24.48	−23 0 11.1	4 43.4	70.94	16 16.54
13	Di	6 18.16	28.27	17 17 19.22	4 24.83	23 4 54.5	4 15.9	70.99	16 16.65
14	Mi	5 49.89	28.60	17 21 44.05	4 25.16	23 9 10.4	3 48.1	71.04	16 16.76
15	Do	5 21.29	28.89	17 26 9.21	4 25.45	23 12 58.5	3 20.4	71.08	16 16.86
16	Fr	4 52.40	29.14	17 30 34.66	4 25.69	23 16 18.9	2 52.6	71.12	16 16.95
17	Sa	4 23.26	29.35	17 35 0.35	4 25.92	23 19 11.5	2 24.6	71.15	16 17.05
18	So	+ 3 53.91	29.53	17 39 26.27	4 26.09	−23 21 36.1	1 56.6	71.18	16 17.13
19	Mo	3 24.38	29.68	17 43 52.36	4 26.23	23 23 32.7	1 28.4	71.20	16 17.22
20	Di	2 54.70	29.78	17 48 18.59	4 26.34	23 25 1.1	1 0.2	71.22	16 17.30
21	Mi	2 24.92	29.85	17 52 44.93	4 26.40	23 26 1.3	0 32.0	71.23	16 17.38
22	Do	1 55.07	29.88	17 57 11.33	4 26.45	23 26 33.3	0 3.8	71.24	16 17.45
23	Fr	1 25.19	29.88	18 1 37.78	4 26.44	23 26 37.1	0 24.4	71.25	16 17.52
24	Sa	+ 0 55.31	29.85	18 6 4.22	4 26.40	−23 26 12.7	0 52.7	71.25	16 17.59
25	So	+ 0 25.46	29.78	18 10 30.62	4 26.34	23 25 20.0	1 20.9	71.25	16 17.64
26	Mo	− 0 4.32	29.68	18 14 56.96	4 26.24	23 23 59.1	1 49.1	71.24	16 17.70
27	Di	0 34.00	29.56	18 19 23.20	4 26.11	23 22 10.0	2 17.2	71.23	16 17.74
28	Mi	1 3.56	29.39	18 23 49.31	4 25.95	23 19 52.8	2 45.3	71.21	16 17.78
29	Do	1 32.95	29.22	18 28 15.26	4 25.77	23 17 7.5	3 13.3	71.19	16 17.81
30	Fr	− 2 2.17	29.00	18 32 41.03	4 25.56	−23 13 54.2	3 41.3	71.16	16 17.84
31	Sa	2 31.17	28.76	18 37 6.59	4 25.32	23 10 12.9	4 9.1	71.13	16 17.86
32	So	− 2 59.93		18 41 31.91		−23 6 3.8		71.09	16 17.87

Tag	Julian. Zeit	Sternzeit	Nutation in AR. langp. Gl.	Nutation in AR. kurzp. Gl.	Mittleres Äquinoktium 1955.0 Länge		Breite	*R*		Aufgang in {+50° Breite, 0h Länge}	Untergang in {+50° Breite, 0h Länge}
	0h Weltzeit										
1955	2435 d	h m s	s in 0.001		° ′ ″	′ ″	″ in 0.01			h m	h m
Nov. 24	435.5	4 8 42.792	+ 964	− 1	240 54 51.2	60 39.6	+77	0.987 3046	1941	7 26	16 7
25	436.5	4 12 39.348	966	− 7	241 55 30.8	60 40.7	+75	0.987 1105	1896	7 27	16 6
26	437.5	4 16 35.905	967	−12	242 56 11.5	60 41.7	+70	0.986 9209	1848	7 29	16 5
27	438.5	4 20 32.462	969	−16	243 56 53.2	60 42.9	+63	0.986 7361	1796	7 30	16 4
28	439.5	4 24 29.019	971	−16	244 57 36.1	60 44.0	+53	0.986 5565	1741	7 32	16 4
29	440.5	4 28 25.576	972	−13	245 58 20.1	60 45.2	+42	0.986 3824	1684	7 33	16 3
30	441.5	4 32 22.133	+ 974	− 7	246 59 5.3	60 46.5	+29	0.986 2140	1627	7 34	16 2
Dez. 1	442.5	4 36 18.691	976	+ 1	247 59 51.8	60 47.8	+15	0.986 0513	1570	7 36	16 2
2	443.5	4 40 15.248	978	+ 8	249 0 39.6	60 49.1	+ 2	0.985 8943	1514	7 37	16 1
3	444.5	4 44 11.805	980	+14	250 1 28.7	60 50.5	−10	0.985 7429	1460	7 38	16 1
4	445.5	4 48 8.363	982	+17	251 2 19.2	60 51.9	−21	0.985 5969	1409	7 40	16 0
5	446.5	4 52 4.920	984	+16	252 3 11.1	60 53.3	−27	0.985 4560	1361	7 41	16 0
6	447.5	4 56 1.478	+ 986	+12	253 4 4.4	60 54.6	−31	0.985 3199	1315	7 42	15 59
7	448.5	4 59 58.036	989	+ 7	254 4 59.0	60 55.9	−33	0.985 1884	1272	7 43	15 59
8	449.5	5 3 54.593	991	+ 1	255 5 54.9	60 57.2	−31	0.985 0612	1231	7 44	15 59
9	450.5	5 7 51.151	993	− 4	256 6 52.1	60 58.3	−25	0.984 9381	1192	7 46	15 58
10	451.5	5 11 47.709	996	− 7	257 7 50.4	60 59.5	−17	0.984 8189	1156	7 47	15 58
11	452.5	5 15 44.267	998	− 9	258 8 49.9	61 0.5	− 7	0.984 7033	1118	7 48	15 58
12	453.5	5 19 40.824	+1001	− 7	259 9 50.4	61 1.4	+ 5	0.984 5915	1083	7 49	15 58
13	454.5	5 23 37.382	1003	− 5	260 10 51.8	61 2.3	+18	0.984 4832	1048	7 50	15 58
14	455.5	5 27 33.940	1006	− 2	261 11 54.1	61 3.1	+32	0.984 3784	1013	7 51	15 58
15	456.5	5 31 30.498	1009	+ 2	262 12 57.2	61 3.8	+45	0.984 2771	976	7 51	15 58
16	457.5	5 35 27.056	1011	+ 5	263 14 1.0	61 4.4	+57	0.984 1795	940	7 52	15 58
17	458.5	5 39 23.614	1014	+ 7	264 15 5.4	61 5.0	+69	0.984 0855	902	7 53	15 59
18	459.5	5 43 20.172	+1017	+ 8	265 16 10.4	61 5.4	+79	0.983 9953	862	7 54	15 59
19	460.5	5 47 16.731	1019	+ 8	266 17 15.8	61 5.8	+86	0.983 9091	821	7 54	15 59
20	461.5	5 51 13.289	1022	+ 5	267 18 21.6	61 6.1	+92	0.983 8270	778	7 55	16 0
21	462.5	5 55 9.847	1025	0	268 19 27.7	61 6.3	+95	0.983 7492	732	7 56	16 0
22	463.5	5 59 6.405	1028	− 6	269 20 34.0	61 6.6	+94	0.983 6760	683	7 56	16 1
23	464.5	6 3 2.963	1030	−11	270 21 40.6	61 6.6	+90	0.983 6077	632	7 57	16 1
24	465.5	6 6 59.521	+1033	−15	271 22 47.2	61 6.8	+83	0.983 5445	577	7 57	16 2
25	466.5	6 10 56.079	1036	−17	272 23 54.0	61 6.9	+74	0.983 4868	519	7 57	16 2
26	467.5	6 14 52.637	1039	−16	273 25 0.9	61 7.0	+63	0.983 4349	456	7 58	16 3
27	468.5	6 18 49.195	1041	−11	274 26 7.9	61 7.1	+50	0.983 3893	393	7 58	16 4
28	469.5	6 22 45.753	1044	− 4	275 27 15.0	61 7.3	+35	0.983 3500	326	7 58	16 4
29	470.5	6 26 42.312	1047	+ 4	276 28 22.3	61 7.5	+22	0.983 3174	259	7 59	16 5
30	471.5	6 30 38.870	+1049	+11	277 29 29.8	61 7.7	+10	0.983 2915	193	7 59	16 6
31	472.5	6 34 35.428	1052	+15	278 30 37.5	61 8.0	− 2	0.983 2722	127	7 59	16 7
32	473.5	6 38 31.985	+1055	+16	279 31 45.5		−11	0.983 2595		7 59	16 8

0h Weltzeit	X			ΔX	Y			ΔY	Z			ΔZ
	Mittleres Äquinoktium 1955.0											
1955 Jan. 0	+0.150 006	+17 261	− 48	−1	−0.891 573	+ 2 609	+278	−1	−0.386 648	+1 131	+121	−3
1	0.167 267	17 207	54	0	0.888 964	2 885	276	−4	0.385 517	1 251	120	+3
2	0.184 474	17 148	59	+3	0.886 079	3 161	276	+1	0.384 266	1 371	120	+5
3	0.201 622	17 084	64	+5	0.882 918	3 435	274	0	0.382 895	1 489	118	+2
4	0.218 706	17 015	69	+4	0.879 483	3 708	273	0	0.381 406	1 608	119	+5
5	0.235 721	16 940	75	−1	0.875 775	3 979	271	−2	0.379 798	1 725	117	0
6	+0.252 661	+16 861	− 79	−1	−0.871 796	+ 4 249	+270	+1	−0.378 073	+1 842	+117	+1
7	0.269 522	16 776	85	−3	0.867 547	4 518	269	0	0.376 231	1 958	116	0
8	0.286 298	16 688	88	+4	0.863 029	4 784	266	−5	0.374 273	2 074	116	+4
9	0.302 986	16 595	93	+3	0.858 245	5 050	266	−3	0.372 199	2 190	116	+5
10	0.319 581	16 496	99	−3	0.853 195	5 314	264	−4	0.370 009	2 304	114	−1
11	0.336 077	16 392	104	−4	0.847 881	5 577	263	−4	0.367 705	2 418	114	0
12	+0.352 469	+16 285	−107	+4	−0.842 304	+ 5 838	+261	−4	−0.365 287	+2 532	+114	+1
13	0.368 754	16 172	113	+1	0.836 466	6 098	260	−1	0.362 755	2 644	112	−3
14	0.384 926	16 053	119	−4	0.830 368	6 356	258	0	0.360 111	2 757	113	0
15	0.400 979	15 930	123	0	0.824 012	6 613	257	+5	0.357 354	2 868	111	−3
16	0.416 909	15 802	128	+2	0.817 399	6 868	255	+4	0.354 486	2 978	110	−3
17	0.432 711	15 669	133	0	0.810 531	7 120	252	−1	0.351 508	3 089	111	+4
18	+0.448 380	+15 530	−139	−4	−0.803 411	+ 7 371	+251	+1	−0.348 419	+3 197	+108	−4
19	0.463 910	15 387	143	−2	0.796 040	7 619	248	0	0.345 222	3 305	108	−3
20	0.479 297	15 238	149	−5	0.788 421	7 866	247	+3	0.341 917	3 411	106	−4
21	0.494 535	15 085	153	0	0.780 555	8 109	243	−2	0.338 506	3 518	107	+4
22	0.509 620	14 926	159	−1	0.772 446	8 351	242	+1	0.334 988	3 622	104	−2
23	0.524 546	14 764	162	+4	0.764 095	8 588	237	−3	0.331 366	3 725	103	−1
24	+0.539 310	+14 595	−169	−2	−0.755 507	+ 8 825	+237	+4	−0.327 641	+3 828	+103	+3
25	0.553 905	14 422	173	−1	0.746 682	9 057	232	−1	0.323 813	3 928	100	−1
26	0.568 327	14 245	177	−1	0.737 625	9 287	230	+1	0.319 885	4 028	100	+2
27	0.582 572	14 062	183	−5	0.728 338	9 513	226	−2	0.315 857	4 126	98	0
28	0.596 634	13 876	186	−1	0.718 825	9 736	223	−3	0.311 731	4 222	96	−4
29	0.610 510	13 685	191	−3	0.709 089	9 955	219	−5	0.307 509	4 317	95	−2
30	+0.624 195	+13 490	−195	−3	−0.699 134	+10 171	+216	−3	−0.303 192	+4 411	+ 94	0
31	0.637 685	13 292	198	0	0.688 963	10 383	212	−4	0.298 781	4 502	91	−4
Febr. 1	0.650 977	13 089	203	−4	0.678 580	10 592	209	−2	0.294 279	4 593	91	+1
2	0.664 066	12 883	206	−3	0.667 988	10 797	205	−2	0.289 686	4 682	89	−1
3	0.676 949	12 673	210	−4	0.657 191	10 999	202	0	0.285 004	4 769	87	−3
4	0.689 622	12 460	213	0	0.646 192	11 196	197	−4	0.280 235	4 855	86	−3
5	+0.702 082	+12 245	−215	+4	−0.634 996	+11 391	+195	+1	−0.275 380	+4 939	+ 84	−3
6	0.714 327	12 024	221	−2	0.623 605	11 582	191	+3	0.270 441	5 022	83	+2
7	0.726 351	11 802	222	+5	0.612 023	11 770	188	+4	0.265 419	5 104	82	+5
8	0.738 153	11 576	226	+4	0.600 253	11 955	185	+4	0.260 315	5 184	80	+3
9	0.749 729	+11 346	230	+1	0.588 298	+12 135	180	−3	0.255 131	+5 263	79	+2
10	+0.761 075		−232	+4	−0.576 163		+177	−4	−0.249 868		+ 76	−4

ΔX, ΔY, ΔZ sind in Einheiten der 7. Dezimale gegeben.

0^h Weltzeit	Mittleres Äquinoktium 1955.0											
	X			*ΔX*	*Y*			*ΔY*	*Z*			*ΔZ*
1955												
Febr. 10	+0.761 075	+11 114	−232	+4	−0.576 163	+12 312	+177	−4	−0.249 868	+5 339	+76	−4
11	0.772 189	10 877	237	0	0.563 851	12 486	174	−1	0.244 529	5 415	76	+2
12	0.783 066	10 638	239	+3	0.551 365	12 656	170	−1	0.239 114	5 489	74	+1
13	0.793 704	10 395	243	+1	0.538 709	12 823	167	0	0.233 625	5 561	72	−1
14	0.804 099	10 149	246	+2	0.525 886	12 985	162	−5	0.228 064	5 632	71	0
15	0.814 248	9 900	249	0	0.512 901	13 143	158	−4	0.222 432	5 701	69	−2
16	+0.824 148	+9 647	−253	−2	−0.499 758	+13 298	+155	+2	−0.216 731	+5 767	+66	−5
17	0.833 795	9 392	255	+1	0.486 460	13 449	151	+4	0.210 964	5 833	66	+2
18	0.843 187	9 133	259	−2	0.473 011	13 595	146	+3	0.205 131	5 897	64	+3
19	0.852 320	8 872	261	+1	0.459 416	13 738	143	+5	0.199 234	5 958	61	−2
20	0.861 192	8 607	265	−2	0.445 678	13 875	137	−2	0.193 276	6 018	60	+1
21	0.869 799	8 341	266	+3	0.431 803	14 008	133	−1	0.187 258	6 075	57	−2
22	+0.878 140	+8 070	−271	−4	−0.417 795	+14 137	+129	+1	−0.181 183	+6 131	+56	+3
23	0.886 210	7 798	272	−1	0.403 658	14 261	124	+1	0.175 052	6 185	54	+5
24	0.894 008	7 523	275	0	0.389 397	14 380	119	+1	0.168 867	6 237	52	+3
25	0.901 531	7 247	276	+3	0.375 017	14 494	114	+2	0.162 630	6 285	48	−3
26	0.908 778	6 968	279	−1	0.360 523	14 604	110	+5	0.156 345	6 333	48	+3
27	0.915 746	6 687	281	−1	0.345 919	14 708	104	+2	0.150 012	6 378	45	+3
28	+0.922 433	+6 406	−281	+4	−0.331 211	+14 808	+100	+4	−0.143 634	+6 422	+44	+5
März 1	0.928 839	6 122	284	−1	0.316 403	14 903	95	+3	0.137 212	6 462	40	−3
2	0.934 961	5 837	285	−1	0.301 500	14 993	90	+2	0.130 750	6 501	39	0
3	0.940 798	5 552	285	+4	0.286 507	15 078	85	+2	0.124 249	6 539	38	+4
4	0.946 350	5 265	287	0	0.271 429	15 160	82	+4	0.117 710	6 573	34	−3
5	0.951 615	4 977	288	−2	0.256 269	15 235	75	−3	0.111 137	6 607	34	+2
6	+0.956 592	+4 688	−289	−3	−0.241 034	+15 308	+73	+3	−0.104 530	+6 638	+31	−2
7	0.961 280	4 398	290	−1	0.225 726	15 375	67	−3	0.097 892	6 667	29	−2
8	0.965 678	4 108	290	+2	0.210 351	15 438	63	−4	0.091 225	6 695	28	+1
9	0.969 786	3 816	292	−2	0.194 913	15 496	58	−5	0.084 530	6 720	25	−1
10	0.973 602	3 523	293	−3	0.179 417	15 551	55	+1	0.077 810	6 744	24	+4
11	0.977 125	3 230	293	0	0.163 866	15 601	50	−1	0.071 066	6 766	22	+5
12	+0.980 355	+2 935	−295	−2	−0.148 265	+15 646	+45	−4	−0.064 300	+6 786	+20	+2
13	0.983 290	2 640	295	+1	0.132 619	15 687	41	−3	0.057 514	6 803	17	−2
14	0.985 930	2 344	296	0	0.116 932	15 723	36	−4	0.050 711	6 820	17	+3
15	0.988 274	2 047	297	+1	0.101 209	15 755	32	−1	0.043 891	6 833	13	−4
16	0.990 321	1 750	297	+3	0.085 454	15 782	27	−3	0.037 058	6 844	11	−4
17	0.992 071	1 452	298	+1	0.069 672	15 803	21	−5	0.030 214	6 855	11	+4
18	+0.993 523	+1 153	−299	0	−0.053 869	+15 822	+19	+5	−0.023 359	+6 862	+7	−1
19	0.994 676	855	298	+3	0.038 047	15 835	13	+3	0.016 497	6 867	5	−1
20	0.995 531	555	300	−4	0.022 212	15 842	7	−2	0.009 630	6 871	4	+5
21	0.996 086	+256	299	−3	−0.006 370	15 845	+3	0	−0.002 759	6 872	+1	+3
22	0.996 342	−44	300	−4	+0.009 475	+15 844	−1	+4	+0.004 113	+6 871	−1	+5
23	+0.996 298		−300	−2	+0.025 319		−8	−4	+0.010 984		−3	+5

ΔX, ΔY, ΔZ sind in Einheiten der 7. Dezimale gegeben.

0h Weltzeit	X			ΔX	Y			ΔY	Z			ΔZ
	Mittleres Äquinoktium 1955.0											
1955												
März 23	+0.996 298	−344	−300	−2	+0.025 319	+15 836	−8	−4	+0.010 984	+6 868	−3	+5
24	0.995 954	642	298	+3	0.041 155	15 824	12	−3	0.017 852	6 862	6	+2
25	0.995 312	942	300	−3	0.056 979	15 806	18	−5	0.024 714	6 855	7	+5
26	0.994 370	1 239	297	+4	0.072 785	15 784	22	0	0.031 569	6 845	10	0
27	0.993 131	1 536	297	0	0.088 569	15 756	28	−1	0.038 414	6 832	13	−4
28	0.991 595	1 833	297	−4	0.104 325	15 724	32	+3	0.045 246	6 819	13	+3
29	+0.989 762	−2 127	−294	+3	+0.120 049	+15 687	−37	+3	+0.052 065	+6 802	−17	−4
30	0.987 635	2 421	294	+1	0.135 736	15 645	42	+2	0.058 867	6 784	18	−1
31	0.985 214	2 713	292	+4	0.151 381	15 599	46	0	0.065 651	6 764	20	−1
April 1	0.982 501	3 003	290	+4	0.166 980	15 547	52	−5	0.072 415	6 742	22	−1
2	0.979 498	3 293	290	−2	0.182 527	15 492	55	−2	0.079 157	6 718	24	−3
3	0.976 205	3 580	287	+1	0.198 019	15 432	60	−2	0.085 875	6 692	26	−3
4	+0.972 625	−3 867	−287	−5	+0.213 451	+15 369	−63	+2	+0.092 567	+6 665	−27	0
5	0.968 758	4 152	285	−3	0.228 820	15 301	68	−2	0.099 232	6 635	30	−5
6	0.964 606	4 435	283	−1	0.244 121	15 228	73	−5	0.105 867	6 604	31	−1
7	0.960 171	4 717	282	−1	0.259 349	15 152	76	−1	0.112 471	6 571	33	+2
8	0.955 454	4 997	280	+1	0.274 501	15 072	80	0	0.119 042	6 537	34	+5
9	0.950 457	5 276	279	−1	0.289 573	14 987	85	−1	0.125 579	6 500	37	+1
10	+0.945 181	−5 553	−277	−1	+0.304 560	+14 899	−88	+1	+0.132 079	+6 462	−38	+1
11	0.939 628	5 829	276	−3	0.319 459	14 806	93	−1	0.138 541	6 421	41	−2
12	0.933 799	6 103	274	−1	0.334 265	14 709	97	−2	0.144 962	6 380	41	+3
13	0.927 696	6 375	272	+1	0.348 974	14 607	102	−4	0.151 342	6 335	45	−2
14	0.921 321	6 645	270	+1	0.363 581	14 503	104	+4	0.157 677	6 290	45	+4
15	0.914 676	6 914	269	−3	0.378 084	14 393	110	0	0.163 967	6 243	47	+4
16	+0.907 762	−7 181	−267	−2	+0.392 477	+14 280	−113	+2	+0.170 210	+6 193	−50	0
17	0.900 581	7 445	264	+1	0.406 757	14 161	119	−4	0.176 403	6 142	51	0
18	0.893 136	7 707	262	+1	0.420 918	14 040	121	+1	0.182 545	6 089	53	−1
19	0.885 429	7 968	261	−5	0.434 958	13 913	127	−3	0.188 634	6 034	55	−4
20	0.877 461	8 226	258	−4	0.448 871	13 782	131	−4	0.194 668	5 976	58	−5
21	0.869 235	8 481	255	0	0.462 653	13 647	135	−1	0.200 644	5 918	58	+3
22	+0.860 754	−8 733	−252	0	+0.476 300	+13 508	−139	−1	+0.206 562	+5 858	−60	+5
23	0.852 021	8 983	250	−4	0.489 808	13 364	144	−4	0.212 420	5 795	63	0
24	0.843 038	9 229	246	−4	0.503 172	13 216	148	−4	0.218 215	5 731	64	−1
25	0.833 809	9 473	244	−4	0.516 388	13 065	151	0	0.223 946	5 665	66	−1
26	0.824 336	9 711	238	+4	0.529 453	12 909	156	−3	0.229 611	5 598	67	+1
27	0.814 625	9 948	237	−4	0.542 362	12 750	159	0	0.235 209	5 528	70	−3
28	+0.804 677	−10 181	−233	−4	+0.555 112	+12 588	−162	+4	+0.240 737	+5 459	−69	+4
29	0.794 496	10 410	229	+1	0.567 700	12 422	166	+3	0.246 196	5 386	73	−1
30	0.784 086	10 636	226	+2	0.580 122	12 253	169	+2	0.251 582	5 314	72	+4
Mai 1	0.773 450	10 858	222	+5	0.592 375	12 081	172	+3	0.256 896	5 239	75	−2
2	0.762 592	−11 077	219	+3	0.604 456	+11 906	175	+1	0.262 135	+5 163	76	−4
3	+0.751 515		−215	+4	+0.616 362		−179	−1	+0.267 298		−77	−4

ΔX, ΔY, ΔZ sind in Einheiten der 7. Dezimale gegeben.

0^h Weltzeit	Mittleres Äquinoktium 1955.0											
	X			*ΔX*	*Y*			*ΔY*	*Z*			*ΔZ*
1955												
Mai 3	+0.751 515	−11 292	−215	+4	+0.616 362	+11 727	−179	−1	+0.267 298	+5 086	− 77	−4
4	0.740 223	11 505	213	0	0.628 089	11 547	180	+4	0.272 384	5 007	79	−5
5	0.728 718	11 713	208	+4	0.639 636	11 362	185	−1	0.277 391	4 928	79	+2
6	0.717 005	11 919	206	0	0.650 998	11 176	186	+2	0.282 319	4 847	81	+1
7	0.705 086	12 121	202	0	0.662 174	10 985	191	−4	0.287 166	4 765	82	0
8	0.692 965	12 320	199	−1	0.673 159	10 793	192	+3	0.291 931	4 681	84	−4
9	+0.680 645	−12 515	−195	+3	+0.683 952	+10 598	−195	+2	+0.296 612	+4 596	− 85	−3
10	0.668 130	12 707	192	+2	0.694 550	10 399	199	−4	0.301 208	4 511	85	+3
11	0.655 423	12 895	188	+4	0.704 949	10 198	201	−3	0.305 719	4 423	88	−1
12	0.642 528	13 080	185	+3	0.715 147	9 994	204	−2	0.310 142	4 335	88	+1
13	0.629 448	13 261	181	+3	0.725 141	9 787	207	−2	0.314 477	4 245	90	−3
14	0.616 187	13 439	178	+1	0.734 928	9 578	209	+2	0.318 722	4 154	91	−2
15	+0.602 748	−13 613	−174	+1	+0.744 506	+ 9 366	−212	+2	+0.322 876	+4 062	− 92	−1
16	0.589 135	13 783	170	+3	0.753 872	9 150	216	−4	0.326 938	3 968	94	−4
17	0.575 352	13 949	166	+2	0.763 022	8 932	218	−1	0.330 906	3 874	94	−1
18	0.561 403	14 112	163	−2	0.771 954	8 712	220	+5	0.334 780	3 777	97	−3
19	0.547 291	14 270	158	+3	0.780 666	8 488	224	+2	0.338 557	3 681	96	+4
20	0.533 021	14 423	153	+5	0.789 154	8 262	226	+4	0.342 238	3 583	98	+2
21	+0.518 598	−14 573	−150	0	+0.797 416	+ 8 033	−229	+4	+0.345 821	+3 483	−100	−3
22	0.504 025	14 717	144	+2	0.805 449	7 803	230	+5	0.349 304	3 383	100	−3
23	0.489 308	14 858	141	−3	0.813 252	7 568	235	−4	0.352 687	3 281	102	−4
24	0.474 450	14 992	134	+4	0.820 820	7 333	235	+2	0.355 968	3 179	102	+1
25	0.459 458	15 123	131	−1	0.828 153	7 096	237	+1	0.359 147	3 077	102	+4
26	0.444 335	15 248	125	+2	0.835 249	6 856	240	−5	0.362 224	2 972	105	−4
27	+0.429 087	−15 369	−121	−2	+0.842 105	+ 6 616	−240	−2	+0.365 196	+2 869	−103	+4
28	0.413 718	15 486	117	−3	0.848 721	6 373	243	−5	0.368 065	2 764	105	0
29	0.398 232	15 597	111	+3	0.855 094	6 130	243	−1	0.370 829	2 658	106	−3
30	0.382 635	15 704	107	+3	0.861 224	5 885	245	−2	0.373 487	2 552	106	−1
31	0.366 931	15 807	103	+2	0.867 109	5 639	246	−1	0.376 039	2 446	106	+1
Juni 1	0.351 124	15 905	98	+5	0.872 748	5 392	247	−1	0.378 485	2 338	108	−3
2	+0.335 219	−15 999	− 94	+4	+0.878 140	+ 5 143	−249	−4	+0.380 823	+2 231	−107	+2
3	0.319 220	16 088	89	+5	0.883 283	4 894	249	−1	0.383 054	2 123	108	0
4	0.303 132	16 173	85	+3	0.888 177	4 642	252	−5	0.385 177	2 014	109	−1
5	0.286 959	16 254	81	−2	0.892 819	4 392	250	+5	0.387 191	1 905	109	0
6	0.270 705	16 331	77	−3	0.897 211	4 138	254	0	0.389 096	1 796	109	+1
7	0.254 374	16 402	71	+2	0.901 349	3 885	253	+4	0.390 892	1 685	111	−5
8	+0.237 972	−16 470	− 68	−4	+0.905 234	+ 3 630	−255	0	+0.392 577	+1 575	−110	−2
9	0.221 502	16 534	64	−5	0.908 864	3 374	256	−2	0.394 152	1 463	112	−4
10	0.204 968	16 592	58	0	0.912 238	3 117	257	−1	0.395 615	1 353	110	+4
11	0.188 376	16 647	55	−1	0.915 355	2 860	257	+2	0.396 968	1 240	113	−4
12	0.171 729	−16 697	50	+1	0.918 215	+ 2 600	260	−3	0.398 208	+1 128	112	+1
13	+0.155 032		− 45	+4	+0.920 815		−259	+4	+0.399 336		−113	+1

ΔX, *ΔY*, *ΔZ* sind in Einheiten der 7. Dezimale gegeben.

Mittleres Äquinoktium 1955.0

0h Weltzeit	X			ΔX	Y			ΔY	Z			ΔZ
1955												
Juni 13	+0.155 032	−16 742	−45	+4	+0.920 815	+2 341	−259	+4	+0.399 336	+1 015	−113	+1
14	0.138 290	16 783	41	+4	0.923 156	2 081	260	+4	0.400 351	902	113	+4
15	0.121 507	16 818	35	+5	0.925 237	1 819	262	0	0.401 253	789	113	+4
16	0.104 689	16 850	32	−3	0.927 056	1 557	262	+1	0.402 042	675	114	−1
17	0.087 839	16 876	26	−3	0.928 613	1 293	264	−1	0.402 717	560	115	−5
18	0.070 963	16 898	22	−5	0.929 906	1 030	263	+5	0.403 277	446	114	−2
19	+0.054 065	−16 913	−15	+2	+0.930 936	+766	−264	+3	+0.403 723	+331	−115	−2
20	0.037 152	16 924	11	+1	0.931 702	501	265	0	0.404 054	217	114	+1
21	0.020 228	16 929	−5	+3	0.932 203	+237	264	+5	0.404 271	+102	115	−3
22	+0.003 299	16 929	0	+2	0.932 440	−27	264	+4	0.404 373	−13	115	−3
23	−0.013 630	16 924	+5	−2	0.932 413	291	264	0	0.404 360	127	114	+2
24	0.030 554	16 915	9	−5	0.932 122	556	265	−4	0.404 233	241	114	+2
25	−0.047 469	−16 899	+16	+2	+0.931 566	−818	−262	+3	+0.403 992	−355	−114	−1
26	0.064 368	16 880	19	−1	0.930 748	1 081	263	0	0.403 637	469	114	−1
27	0.081 248	16 855	25	+2	0.929 667	1 342	261	+3	0.403 168	582	113	+1
28	0,098 103	16 826	29	0	0.928 325	1 604	262	−2	0.402 586	695	113	0
29	0.114 929	16 792	34	−1	0.926 721	1 864	260	+2	0.401 891	808	113	−2
30	0.131 721	16 754	38	−4	0.924 857	2 124	260	+1	0.401 083	921	113	−2
Juli 1	−0.148 475	−16 712	+42	−5	+0.922 733	−2 382	−258	+5	+0.400 162	−1 032	−111	+4
2	0.165 187	16 664	48	+2	0.920 351	2 640	258	+1	0.399 130	1 145	113	−3
3	0.181 851	16 613	51	−2	0.917 711	2 898	258	−2	0.397 985	1 256	111	+4
4	0.198 464	16 557	56	+1	0.914 813	3 153	255	+2	0.396 729	1 367	111	+4
5	0.215 021	16 496	61	+4	0.911 660	3 409	256	−5	0.395 362	1 477	110	+4
6	0.231 517	16 432	64	−1	0.908 251	3 664	255	−4	0.393 885	1 589	112	−4
7	−0.247 949	−16 363	+69	−1	+0.904 587	−3 917	−253	+1	+0.392 296	−1 698	−109	+4
8	0.264 312	16 289	74	+1	0.900 670	4 169	252	+1	0.390 598	1 808	110	+3
9	0.280 601	16 212	77	−4	0.896 501	4 422	253	−4	0.388 790	1 917	109	+4
10	0.296 813	16 130	82	−4	0.892 079	4 672	250	+4	0.386 873	2 026	109	+2
11	0.312 943	16 044	86	−2	0.887 407	4 921	249	+4	0.384 847	2 134	108	+3
12	0.328 987	15 952	92	+3	0.882 486	5 170	249	−1	0.382 713	2 243	109	−2
13	−0.344 939	−15 857	+95	−1	+0.877 316	−5 418	−248	−3	+0.380 470	−2 350	−107	+2
14	0.360 796	15 756	101	+1	0.871 898	5 665	247	−4	0.378 120	2 457	107	+1
15	0.376 552	15 652	104	−5	0.866 233	5 909	244	+3	0.375 663	2 564	107	0
16	0.392 204	15 542	110	−2	0.860 324	6 154	245	−3	0.373 099	2 669	105	+4
17	0.407 746	15 428	114	−2	0.854 170	6 396	242	0	0.370 430	2 774	105	0
18	0.423 174	15 308	120	+4	0.847 774	6 637	241	+1	0.367 656	2 879	105	−5
19	−0.438 482	−15 184	+124	+4	+0.841 137	−6 875	−238	+5	+0.364 777	−2 983	−104	−4
20	0.453 666	15 054	130	+5	0.834 262	7 112	237	0	0.361 794	3 084	101	+4
21	0.468 720	14 922	132	−4	0.827 150	7 346	234	+1	0.358 710	3 187	103	−4
22	0.483 642	14 783	139	+2	0.819 804	7 579	233	−4	0.355 523	3 287	100	0
23	0.498 425	−14 641	142	−3	0.812 225	−7 808	229	+1	0.352 236	−3 386	99	+2
24	−0.513 066		+146	−4	+0.804 417		−227	−1	+0.348 850		−99	−1

ΔX, ΔY, ΔZ sind in Einheiten der 7. Dezimale gegeben.

0h Weltzeit	Mittleres Äquinoktium 1955.0											
	X			ΔX	Y			ΔY	Z			ΔZ
1955												
Juli 24	−0.513 066	−14 495	+146	−4	+0.804 417	− 8 035	−227	−1	+0.348 850	−3 485	−99	−1
25	0.527 561	14 344	151	0	0.796 382	8 260	225	−4	0.345 365	3 582	97	+2
26	0.541 905	14 190	154	−3	0.788 122	8 482	222	0	0.341 783	3 678	96	+4
27	0.556 095	14 032	158	0	0.779 640	8 701	219	+2	0.338 105	3 773	95	+4
28	0.570 127	13 869	163	+5	0.770 939	8 918	217	−2	0.334 332	3 867	94	+3
29	0.583 996	13 703	166	+2	0.762 021	9 133	215	−2	0.330 465	3 960	93	+3
30	−0.597 699	−13 534	+169	−3	+0.752 888	− 9 344	−211	+4	+0.326 505	−4 051	−91	+4
31	0.611 233	13 361	173	−4	0.743 544	9 553	209	+4	0.322 454	4 142	91	−1
Aug. 1	0.624 594	13 185	176	−5	0.733 991	9 759	206	+5	0.318 312	4 232	90	−3
2	0.637 779	13 004	181	0	0.724 232	9 963	204	+1	0.314 080	4 320	88	0
3	0.650 783	12 821	183	−3	0.714 269	10 164	201	+2	0.309 760	4 408	88	−2
4	0.663 604	12 634	187	−2	0.704 105	10 363	199	0	0.305 352	4 493	85	+4
5	−0.676 238	−12 443	+191	0	+0.693 742	−10 558	−195	+5	+0.300 859	−4 579	−86	−2
6	0.688 681	12 250	193	−5	0.683 184	10 751	193	+3	0.296 280	4 662	83	+2
7	0.700 931	12 053	197	−2	0.672 433	10 942	191	0	0.291 618	4 745	83	−1
8	0.712 984	11 852	201	+2	0.661 491	11 130	188	0	0.286 873	4 827	82	−4
9	0.724 836	11 647	205	+4	0.650 361	11 314	184	+4	0.282 046	4 908	81	−3
10	0.736 483	11 440	207	−4	0.639 047	11 497	183	−4	0.277 138	4 986	78	+3
11	−0.747 923	−11 229	+211	−3	+0.627 550	−11 677	−180	−4	+0.272 152	−5 065	−79	−2
12	0.759 152	11 013	216	+2	0.615 873	11 853	176	−1	0.267 087	5 141	76	+3
13	0.770 165	10 795	218	−2	0.604 020	12 027	174	−2	0.261 946	5 216	75	+3
14	0.780 960	10 573	222	−1	0.591 993	12 196	169	+4	0.256 730	5 290	74	0
15	0.791 533	10 347	226	+3	0.579 797	12 363	167	−2	0.251 440	5 362	72	−2
16	0.801 880	10 117	230	+3	0.567 434	12 527	164	−5	0.246 078	5 433	71	−4
17	−0.811 997	− 9 885	+232	−3	+0.554 907	−12 686	−159	0	+0.240 645	−5 502	−69	−4
18	0.821 882	9 649	236	−2	0.542 221	12 842	156	+1	0.235 143	5 570	68	−4
19	0.831 531	9 410	239	−2	0.529 379	12 993	151	+5	0.229 573	5 635	65	+3
20	0.840 941	9 169	241	−3	0.516 386	13 141	148	+2	0.223 938	5 699	64	+2
21	0.850 110	8 923	246	+4	0.503 245	13 284	143	+3	0.218 239	5 761	62	+3
22	0.859 033	8 677	246	−3	0.489 961	13 424	140	−4	0.212 478	5 821	60	+3
23	−0.867 710	− 8 427	+250	0	+0.476 537	−13 560	−136	−5	+0.206 657	−5 880	−59	0
24	0.876 137	8 175	252	0	0.462 977	13 692	132	−3	0.200 777	5 937	57	−1
25	0.884 312	7 921	254	−2	0.449 285	13 819	127	+3	0.194 840	5 992	55	−1
26	0.892 233	7 665	256	−3	0.435 466	13 942	123	+5	0.188 848	6 046	54	−4
27	0.899 898	7 406	259	−1	0.421 524	14 062	120	−1	0.182 802	6 098	52	−2
28	0.907 304	7 146	260	−4	0.407 462	14 178	116	−3	0.176 704	6 148	50	0
29	−0.914 450	− 6 884	+262	−3	+0.393 284	−14 289	−111	0	+0.170 556	−6 196	−48	+1
30	0.921 334	6 620	264	−1	0.378 995	14 397	108	−3	0.164 360	6 243	47	−1
31	0.927 954	6 353	267	+3	0.364 598	14 501	104	−4	0.158 117	6 288	45	−3
Sept. 1	0.934 307	6 086	267	−4	0.350 097	14 600	99	0	0.151 829	6 332	44	−4
2	0.940 393	− 5 817	269	−3	0.335 497	−14 697	97	−5	0.145 497	−6 373	41	−1
3	−0.946 210		+272	+2	+0.320 800		− 92	−2	+0.139 124		−41	−4

ΔX, ΔY, ΔZ sind in Einheiten der 7. Dezimale gegeben.

Sonnenkoordinaten 1955

0h Weltzeit	Mittleres Äquinoktium 1955.0											
	X			ΔX	Y			ΔY	Z			ΔZ
1955												
Sept. 3	—0.946 210	—5 545	+272	+2	+0.320 800	—14 789	—92	—2	+0.139 124	—6 414	—41	—4
4	0.951 755	5 272	273	0	0.306 011	14 877	88	+1	0.132 710	6 452	38	0
5	0.957 027	4 998	274	—5	0.291 134	14 961	84	+2	0.126 258	6 488	36	+2
6	0.962 025	4 722	276	—4	0.276 173	15 042	81	+1	0.119 770	6 524	36	—4
7	0.966 747	4 443	279	+1	0.261 131	15 118	76	+4	0.113 246	6 557	33	—2
8	0.971 190	4 163	280	—1	0.246 013	15 191	73	0	0.106 689	6 589	32	—2
9	—0.975 353	—3 882	+281	—2	+0.230 822	—15 259	—68	+1	+0.100 100	—6 618	—29	+2
10	0.979 235	3 597	285	+4	0.215 563	15 323	64	+1	0.093 482	6 646	28	+1
11	0.982 832	3 313	284	—4	0.200 240	15 383	60	—2	0.086 836	6 672	26	+1
12	0.986 145	3 026	287	0	0.184 857	15 438	55	—1	0.080 164	6 695	23	+4
13	0.989 171	2 737	289	+3	0.169 419	15 489	51	—1	0.073 469	6 718	23	—2
14	0.991 908	2 448	289	+2	0.153 930	15 534	45	+4	0.066 751	6 737	19	+3
15	—0.994 356	—2 157	+291	+5	+0.138 396	—15 575	—41	—1	+0.060 014	—6 755	—18	+2
16	0.996 513	1 865	292	+5	0.122 821	15 612	37	—4	0.053 259	6 770	15	+5
17	0.998 378	1 572	293	+4	0.107 209	15 643	31	+2	0.046 489	6 783	13	+2
18	0.999 950	1 280	292	—2	0.091 566	15 669	26	+3	0.039 706	6 795	12	—5
19	1.001 230	985	295	+4	0.075 897	15 690	21	+3	0.032 911	6 804	9	—4
20	1.002 215	693	292	—4	0.060 207	15 707	17	—1	0.026 107	6 812	8	—4
21	—1.002 908	— 398	+295	+4	+0.044 500	—15 720	—13	—3	+0.019 295	—6 816	— 4	+3
22	1.003 306	— 103	295	+4	0.028 780	15 726	6	+4	0.012 479	6 820	— 4	0
23	1.003 409	+ 190	293	—4	+0.013 054	15 729	— 3	+2	+0.005 659	6 820	0	+5
24	1.003 219	484	294	—1	—0.002 675	15 726	+ 3	+4	—0.001 161	6 820	0	0
25	1.002 735	778	294	+3	0.018 401	15 720	6	—4	0.007 981	6 816	+ 4	+4
26	1.001 957	1 072	294	+5	0.034 121	15 709	11	—2	0.014 797	6 812	4	—2
27	—1.000 885	+1 365	+293	+1	—0.049 830	—15 693	+16	+3	—0.021 609	—6 805	+ 7	—2
28	0.999 520	1 658	293	+2	0.065 523	15 672	21	+5	0.028 414	6 797	8	—3
29	0.997 862	1 950	292	+1	0.081 195	15 648	24	0	0.035 211	6 786	11	+3
30	0.995 912	2 242	292	+1	0.096 843	15 619	29	+3	0.041 997	6 773	13	+3
Okt. 1	0.993 670	2 533	291	—1	0.112 462	15 585	34	+5	0.048 770	6 759	14	—1
2	0.991 137	2 824	291	0	0.128 047	15 548	37	+1	0.055 529	6 743	16	—2
3	—0.988 313	+3 114	+290	—2	—0.143 595	—15 506	+42	+3	—0.062 272	—6 725	+18	—2
4	0.985 199	3 404	290	+1	0.159 101	15 460	46	+3	0.068 997	6 705	20	—1
5	0.981 795	3 694	290	+1	0.174 561	15 409	51	+2	0.075 702	6 684	21	—3
6	0.978 101	3 982	288	—4	0.189 970	15 355	54	—4	0.082 386	6 659	25	+3
7	0.974 119	4 271	289	—1	0.205 325	15 296	59	—2	0.089 045	6 634	25	—3
8	0.969 848	4 558	287	—3	0.220 621	15 232	64	+1	0.095 679	6 607	27	—4
9	—0.965 290	+4 846	+288	+3	—0.235 853	—15 163	+69	+2	—0.102 286	—6 576	+31	+2
10	0.960 444	5 132	286	0	0.251 016	15 091	72	—3	0.108 862	6 545	31	—3
11	0.955 312	5 418	286	0	0.266 107	15 012	79	+5	0.115 407	6 511	34	+2
12	0.949 894	5 701	283	—5	0.281 119	14 929	83	+4	0.121 918	6 474	37	+5
13	0.944 193	+5 984	283	—1	0.296 048	—14 842	87	+2	0.128 392	—6 436	38	0
14	—0.938 209		+282	+3	—0.310 890		+93	+5	—0.134 828		+39	—4

ΔX, ΔY, ΔZ sind in Einheiten der 7. Dezimale gegeben.

0h Weltzeit	Mittleres Äquinoktium 1955.0 X			ΔX	Y			ΔY	Z			ΔZ
1955												
Okt. 14	−0.938 209	+ 6 266	+282	+3	−0.310 890	−14 749	+ 93	+5	−0.134 828	−6 397	+ 39	−4
15	0.931 943	6 545	279	0	0.325 639	14 651	98	+4	0.141 225	6 353	44	+4
16	0.925 398	6 824	279	+3	0.340 290	14 550	101	−1	0.147 578	6 309	44	−3
17	0.918 574	7 099	275	−4	0.354 840	14 442	108	+4	0.153 887	6 263	46	−5
18	0.911 475	7 372	273	−4	0.369 282	14 331	111	0	0.160 150	6 215	48	−4
19	0.904 103	7 644	272	+1	0.383 613	14 215	116	0	0.166 365	6 164	51	+3
20	−0.896 459	+ 7 913	+269	+1	−0.397 828	−14 095	+120	−3	−0.172 529	−6 111	+ 53	+2
21	0.888 546	8 180	267	+2	0.411 923	13 969	126	+1	0.178 640	6 058	53	−4
22	0.880 366	8 444	264	−2	0.425 892	13 841	128	−4	0.184 698	6 002	56	−1
23	0.871 922	8 705	261	−4	0.439 733	13 707	134	+1	0.190 700	5 943	59	+4
24	0.863 217	8 964	259	−4	0.453 440	13 569	138	+1	0.196 643	5 885	58	−4
25	0.854 253	9 220	256	−5	0.467 009	13 428	141	−4	0.202 528	5 823	62	+2
26	−0.845 033	+ 9 473	+253	−5	−0.480 437	−13 282	+146	−3	−0.208 351	−5 760	+ 63	+3
27	0.835 560	9 723	250	−4	0.493 719	13 133	149	−5	0.214 111	5 695	65	+3
28	0.825 837	9 971	248	+2	0.506 852	12 980	153	−3	0.219 806	5 629	66	0
29	0.815 866	10 216	245	+2	0.519 832	12 823	157	+1	0.225 435	5 561	68	−1
30	0.805 650	10 457	241	−2	0.532 655	12 662	161	+3	0.230 996	5 492	69	−2
31	0.795 193	10 696	239	0	0.545 317	12 498	164	0	0.236 488	5 421	71	+1
Nov. 1	−0.784 497	+10 933	+237	+3	−0.557 815	−12 331	+167	−3	−0.241 909	−5 348	+ 73	+3
2	0.773 564	11 166	233	−1	0.570 146	12 159	172	0	0.247 257	5 274	74	+3
3	0.762 398	11 396	230	−2	0.582 305	11 985	174	−3	0.252 531	5 198	76	+3
4	0.751 002	11 625	229	+4	0.594 290	11 806	179	+1	0.257 729	5 120	78	+2
5	0.739 377	11 849	224	−1	0.606 096	11 623	183	+2	0.262 849	5 042	78	−3
6	0.727 528	12 072	223	+3	0.617 719	11 438	185	−3	0.267 891	4 960	82	+3
7	−0.715 456	+12 290	+218	−3	−0.629 157	−11 247	+191	+2	−0.272 851	−4 878	+ 82	−3
8	0.703 166	12 505	215	−4	0.640 404	11 053	194	0	0.277 729	4 794	84	−3
9	0.690 661	12 717	212	−1	0.651 457	10 856	197	−3	0.282 523	4 708	86	0
10	0.677 944	12 926	209	+3	0.662 313	10 654	202	+2	0.287 231	4 620	88	+2
11	0.665 018	13 129	203	−4	0.672 967	10 448	206	+2	0.291 851	4 531	89	+2
12	0.651 889	13 330	201	+2	0.683 415	10 240	208	−4	0.296 382	4 440	91	+1
13	−0.638 559	+13 527	+197	+3	−0.693 655	−10 027	+213	−1	−0.300 822	−4 348	+ 92	−2
14	0.625 032	13 718	191	−3	0.703 682	9 812	215	−2	0.305 170	4 254	94	−1
15	0.611 314	13 906	188	0	0.713 494	9 592	220	+4	0.309 424	4 159	95	−4
16	0.597 408	14 089	183	0	0.723 086	9 369	223	+4	0.313 583	4 063	96	−5
17	0.583 319	14 268	179	+1	0.732 455	9 144	225	−1	0.317 646	3 965	98	−1
18	0.569 051	14 442	171	+1	0.741 599	8 916	228	−1	0.321 611	3 866	99	+1
19	−0.554 609	+14 612	+170	+4	−0.750 515	− 8 684	+232	+3	−0.325 477	−3 765	+101	+2
20	0.539 997	14 777	165	+3	0.759 199	8 450	234	+2	0.329 242	3 664	101	−2
21	0.525 220	14 937	160	+1	0.767 649	8 213	237	+3	0.332 906	3 562	102	−2
22	0.510 283	15 093	156	+3	0.775 862	7 974	239	−1	0.336 468	3 458	104	+2
23	0.495 190	+15 243	150	−2	0.783 836	− 7 733	241	−2	0.339 926	−3 353	105	+4
24	−0.479 947		+147	+3	−0.791 569		+245	+4	−0.343 279		+105	0

ΔX, ΔY, ΔZ sind in Einheiten der 7. Dezimale gegeben.

Sonnenkoordinaten 1955

0h Weltzeit	Mittleres Äquinoktium 1955.0											
	X			ΔX	*Y*			ΔY	*Z*			ΔZ
1955												
Nov. 24	—0.479 947	+15 390	+147	+3	—0.791 569	—7 488	+245	+4	—0.343 279	—3 248	+105	0
25	0.464 557	15 530	140	—3	0.799 057	7 243	245	—4	0.346 527	3 141	107	+2
26	0.449 027	15 667	137	+3	0.806 300	6 995	248	—2	0.349 668	3 034	107	0
27	0.433 360	15 799	132	+4	0.813 295	6 745	250	—2	0.352 702	2 925	109	+1
28	0.417 561	15 927	128	+5	0.820 040	6 494	251	—2	0.355 627	2 817	108	—5
29	0.401 634	16 049	122	—2	0.826 534	6 240	254	+4	0.358 444	2 707	110	—3
30	—0.385 585	+16 167	+118	—1	—0.832 774	—5 985	+255	+3	—0.361 151	—2 596	+111	—1
Dez. 1	0.369 418	16 282	115	+4	0.838 759	5 727	258	+4	0.363 747	2 485	111	—2
2	0.353 136	16 391	109	—3	0.844 486	5 468	259	—1	0.366 232	2 372	113	+1
3	0.336 745	16 495	104	—4	0.849 954	5 208	260	—5	0.368 604	2 259	113	0
4	0.320 250	16 596	101	+2	0.855 162	4 944	264	0	0.370 863	2 144	115	+1
5	0.303 654	16 691	95	0	0.860 106	4 680	264	—4	0.373 007	2 030	114	—5
6	—0.286 963	+16 781	+ 90	—1	—0.864 786	—4 413	+267	+1	—0.375 037	—1 914	+116	—1
7	0.270 182	16 867	86	+3	0.869 199	4 143	270	+5	0.376 951	1 797	117	+3
8	0.253 315	16 947	80	0	0.873 342	3 874	269	—5	0.378 748	1 679	118	+2
9	0.236 368	17 021	74	—4	0.877 216	3 602	272	—2	0.380 427	1 562	117	—4
10	0.219 347	17 091	70	0	0.880 818	3 328	274	+4	0.381 989	1 443	119	+2
11	0.202 256	17 154	63	—2	0.884 146	3 053	275	+5	0.383 432	1 323	120	+4
12	—0.185 102	+17 213	+ 59	+1	—0.887 199	—2 777	+276	+3	—0.384 755	—1 204	+119	+1
13	0.167 889	17 265	52	—2	0.889 976	2 499	278	+4	0.385 959	1 083	121	+5
14	0.150 624	17 313	48	+4	0.892 475	2 222	277	—3	0.387 042	963	120	+1
15	0.133 311	17 354	41	—2	0.894 697	1 942	280	+4	0.388 005	841	122	+4
16	0.115 957	17 389	35	—4	0.896 639	1 663	279	—1	0.388 846	721	120	—3
17	0.098 568	17 420	31	+1	0.898 302	1 383	280	0	0.389 567	599	122	+1
18	—0.081 148	+17 444	+ 24	—3	—0.899 685	—1 102	+281	+4	—0.390 166	— 477	+122	0
19	0.063 704	17 462	18	—4	0.900 787	821	281	+4	0.390 643	356	121	—4
20	0.046 242	17 476	14	+1	0.901 608	540	281	+2	0.390 999	235	121	—4
21	0.028 766	17 483	7	—2	0.902 148	— 259	281	—1	0.391 234	— 112	123	+3
22	—0.011 283	17 485	+ 2	—2	0.902 407	+ 21	280	—5	0.391 346	+ 9	121	—2
23	+0.006 202	17 481	— 4	—1	0.902 386	301	280	—2	0.391 337	130	121	0
24	+0.023 683	+17 473	— 8	+2	—0.902 085	+ 582	+281	+5	—0.391 207	+ 252	+122	+4
25	0.041 156	17 458	15	—4	0.901 503	862	280	+4	0.390 955	373	121	+3
26	0.058 614	17 439	19	—1	0.900 641	1 140	278	—2	0.390 582	494	121	+2
27	0.076 053	17 414	25	—3	0.899 501	1 419	279	0	0.390 088	615	121	+1
28	0.093 467	17 385	29	—1	0.898 082	1 696	277	—3	0.389 473	735	120	—3
29	0.110 852	17 350	35	—1	0.896 386	1 974	278	+2	0.388 738	855	120	—3
30	+0.128 202	+17 312	— 38	+4	—0.894 412	+2 250	+276	—1	—0.387 883	+ 975	+120	—1
31	0.145 514	+17 267	45	—2	0.892 162	+2 527	277	+3	0.386 908	+1 096	121	+3
32	+0.162 781		— 49	—3	—0.889 635		+276	0	—0.385 812		+120	—3

ΔX, ΔY, ΔZ sind in Einheiten der 7. Dezimale gegeben.

Frühlingsäquinoktium 21. März 9^h 36^m Weltzeit — Herbstäquinoktium 23. Sept. 19^h 42^m Weltzeit
Sommersolstitium 22. Juni 4 32 „ — Wintersolstitium 22. Dez. 15 12 „

Erdnähe 4. Jan. 12^h Weltzeit
Erdferne 4. Juli 22 „

Tag		Aberration	Parallaxe	Mittlere Länge $L_\odot$	Mittlere Anomalie $M_\odot$
		0h Weltzeit			
1955		″	″	°	°
Jan.	−3	20.82	8.95	275.9307	353.764
	+7	20.82	8.95	285.7872	3.620
	17	20.81	8.95	295.6436	13.476
	27	20.79	8.94	305.5001	23.332
Febr.	6	20.76	8.92	315.3566	33.188
	16	20.72	8.91	325.2130	43.044
	26	20.67	8.89	335.0695	52.900
März	8	20.62	8.87	344.9260	62.756
	18	20.57	8.84	354.7825	72.612
	28	20.51	8.82	4.6389	82.468
April	7	20.45	8.79	14.4954	92.324
	17	20.39	8.77	24.3519	102.180
	27	20.34	8.74	34.2084	112.036
Mai	7	20.29	8.72	44.0648	121.892
	17	20.24	8.70	53.9213	131.748
	27	20.20	8.69	63.7778	141.604
Juni	6	20.17	8.67	73.6343	151.460
	16	20.15	8.66	83.4907	161.316
	26	20.14	8.66	93.3472	171.172
Juli	6	20.13	8.66	103.2037	181.028
	16	20.14	8.66	113.0601	190.884
	26	20.15	8.66	122.9166	200.740
Aug.	5	20.18	8.67	132.7731	210.596
	15	20.21	8.69	142.6296	220.452
	25	20.25	8.71	152.4860	230.308
Sept.	4	20.30	8.73	162.3425	240.164
	14	20.35	8.75	172.1990	250.020
	24	20.40	8.77	182.0555	259.876
Okt.	4	20.46	8.80	191.9119	269.732
	14	20.52	8.82	201.7684	279.588
	24	20.58	8.85	211.6249	289.444
Nov.	3	20.63	8.87	221.4814	299.300
	13	20.68	8.89	231.3378	309.156
	23	20.73	8.91	241.1943	319.012
Dez.	3	20.77	8.93	251.0508	328.868
	13	20.79	8.94	260.9072	338.724
	23	20.81	8.95	270.7637	348.580
	33	20.82	8.95	280.6202	358.436

Tägliche Änderungen

d	$\Delta L_\odot$ °	$\Delta M_\odot$ °
1	+0.9856	+0.986
2	1.9713	1.971
3	2.9569	2.957
4	3.9426	3.942
5	4.9282	4.928
6	+5.9139	+5.914
7	6.8995	6.899
8	7.8852	7.885
9	8.8708	8.870
10	+9.8565	+9.856

Stündliche Änderungen

h	$\Delta L_\odot$ °	$\Delta M_\odot$ °
1	+0.0411	+0.041
2	0.0821	0.082
3	0.1232	0.123
4	0.1643	0.164
5	+0.2053	+0.205
6	0.2464	0.246
7	0.2875	0.287
8	0.3285	0.329
9	+0.3696	+0.370
10	0.4107	0.411
11	0.4518	0.452
12	0.4928	0.493
13	+0.5339	+0.534
14	0.5750	0.575
15	0.6160	0.616
16	0.6571	0.657
17	+0.6982	+0.698
18	0.7392	0.739
19	0.7803	0.780
20	0.8214	0.821
21	+0.8624	+0.862
22	0.9035	0.903
23	0.9446	0.945
24	+0.9856	+0.986

Mond 1955

Tag	0h Weltzeit: Scheinbare Rektaszension		Scheinbare Deklination		Parallaxe		Halbmesser		Länge	Breite	Alter
1955	h m s	m s	° ′	° ′	′ ″	″	′ ″	″	°	°	d
Jan. 0	22 58 26	49 9	− 1 11.0	5 34.1	57 32.4	35.5	15 42.2	9.7	345.367	+4.970	5.7
1	23 47 35	50 53	+ 4 23.1	5 28.1	58 7.9	36.1	15 51.9	9.8	358.899	+5.257	6.7
2	0 38 28	53 36	+ 9 51.2	5 4.4	58 44.0	34.6	16 1.7	9.4	12.709	+5.251	7.7
3	1 32 4	57 6	+14 55.6	4 20.1	59 18.6	30.3	16 11.1	8.3	26.795	+4.933	8.7
4	2 29 10	60 45	+19 15.7	3 13.2	59 48.9	22.8	16 19.4	6.2	41.135	+4.306	9.7
5	3 29 55	63 41	+22 28.9	1 45.5	60 11.7	11.7	16 25.6	3.2	55.685	+3.396	10.7
6	4 33 36	64 53	+24 14.4	0 4.6	60 23.4	1.9	16 28.8	0.6	70.372	+2.255	11.7
7	5 38 29	63 52	+24 19.0	1 37.0	60 21.5	16.8	16 28.2	4.5	85.100	+0.962	12.7
8	6 42 21	60 56	+22 42.0	3 5.8	60 4.7	30.7	16 23.7	8.4	99.758	−0.388	13.7
9	7 43 17	57 2	+19 36.2	4 13.0	59 34.0	41.9	16 15.3	11.9	114.235	−1.695	14.7
10	8 40 19	53 8	+15 23.2	4 56.2	58 52.1	49.1	16 3.4	12.9	128.430	−2.871	15.7
11	9 33 27	49 51	+10 27.0	5 17.6	58 3.0	51.7	15 50.5	14.1	142.270	−3.846	16.7
12	10 23 18	47 29	+ 5 9.4	5 21.4	57 11.3	49.9	15 36.4	13.6	155.716	−4.578	17.7
13	11 10 47	46 6	− 0 12.0	5 11.5	56 21.4	44.7	15 22.8	12.1	168.763	−5.048	18.7
14	11 56 53	45 40	− 5 23.5	4 50.9	55 36.7	36.7	15 10.7	10.1	181.437	−5.255	19.7
15	12 42 33	46 3	−10 14.4	4 21.4	55 0.0	27.2	15 0.6	7.4	193.790	−5.211	20.7
16	13 28 36	47 8	−14 35.8	3 43.6	54 32.8	16.8	14 53.2	4.5	205.890	−4.935	21.7
17	14 15 44	48 41	−18 19.4	2 57.6	54 16.0	6.3	14 48.7	1.8	217.815	−4.449	22.7
18	15 4 25	50 23	−21 17.0	2 3.6	54 9.7	3.5	14 46.9	1.0	229.648	−3.777	23.7
19	15 54 48	51 56	−23 20.6	1 1.9	54 13.2	12.4	14 47.9	4.4	241.470	−2.945	24.7
20	16 46 44	52 57	−24 22.5	0 5.3	54 25.6	19.8	14 52.3	4.4	253.356	−1.983	25.7
21	17 39 41	53 15	−24 17.2	1 15.0	54 45.4	25.4	14 56.7	6.9	265.372	−0.924	26.7
22	18 32 56	52 48	−23 2.2	2 23.0	55 10.8	29.2	15 3.6	7.9	277.574	+0.192	27.7
23	19 25 44	51 49	−20 39.2	3 25.3	55 40.0	31.0	15 11.5	8.5	290.001	+1.316	28.7
24	20 17 33	50 39	−17 13.9	4 17.8	56 11.0	31.1	15 20.0	8.5	302.677	+2.397	0.0
25	21 8 12	49 39	−12 56.1	4 58.2	56 42.1	29.9	15 28.5	8.1	315.610	+3.374	1.0
26	21 57 51	49 11	− 7 57.9	5 24.7	57 12.0	27.8	15 36.6	7.6	328.791	+4.191	2.0
27	22 47 2	49 26	− 2 33.2	5 36.0	57 39.8	25.4	15 44.2	6.9	342.201	+4.792	3.0
28	23 36 28	50 34	+ 3 2.8	5 31.2	58 5.2	22.7	15 51.1	6.2	355.812	+5.133	4.0
29	0 27 2	52 32	+ 8 34.0	5 8.9	58 27.9	20.0	15 57.3	5.5	9.595	+5.185	5.0
30	1 19 34	55 15	+13 42.9	4 28.0	58 47.9	17.1	16 2.8	4.6	23.520	+4.934	6.0
31	2 14 49	58 18	+18 10.9	3 27.6	59 5.0	13.3	16 7.4	3.6	37.562	+4.388	7.0
Febr. 1	3 13 7	60 59	+21 38.5	2 9.0	59 18.3	8.6	16 11.0	2.4	51.698	+3.572	8.0
2	4 14 6	62 35	+23 47.5	0 37.3	59 26.9	2.2	16 13.4	0.6	65.902	+2.535	9.0
3	5 16 41	62 27	+24 24.8	0 58.8	59 29.1	5.6	16 14.0	1.6	80.146	+1.338	10.0
4	6 19 8	60 37	+23 26.0	2 28.8	59 23.5	14.4	16 12.4	3.9	94.388	+0.060	11.0
5	7 19 45	57 40	+20 57.2	3 43.1	59 9.1	23.6	16 8.5	6.4	108.575	−1.215	12.0
6	8 17 25	54 18	+17 14.1	4 37.2	58 45.5	31.8	16 2.1	8.7	122.644	−2.402	13.0
7	9 11 43	51 15	+12 36.9	5 10.0	58 13.7	38.0	15 53.4	10.3	136.528	−3.428	14.0
8	10 2 58	48 51	+ 7 26.9	5 23.2	57 35.7	41.4	15 43.1	11.3	150.162	−4.237	15.0
9	10 51 49	47 16	+ 2 3.7	5 20.3	56 54.3	41.7	15 31.8	11.4	163.497	−4.794	16.0
10	11 39 5		− 3 16.6		56 12.6		15 20.4		176.506	−5.085	17.0

Tag	Obere Kulmination in Greenwich							0h Länge, + 50° Breite			
	AR.	Änderung für 1h westl. Länge	Dekl.	Änderung für 1h westl. Länge	Parallaxe	Zeit des Durchgangs	Änderung für 1h westl. Länge	Aufgang	Änderung für 1h westl. Länge	Untergang	Änderung für 1h westl. Länge
1955	h m s	s	° ′	′	′	h m	m	h m	m	h m	m
Jan. 0	23 32 55	127	+ 2 44.3	+14.4	58.0	16 54.6	1.96	10 38	0.8	23 26	3.2
1	0 24 54	133	+ 8 26.7	+14.0	58.6	17 42.5	2.05	10 57	0.8	— —	—
2	1 19 37	141	+13 49.6	+12.8	59.2	18 33.1	2.18	11 19	1.0	0 44	3.3
3	2 18 4	151	+18 30.9	+10.5	59.7	19 27.5	2.35	11 45	1.2	2 4	3.4
4	3 20 41	161	+22 5.3	+ 7.2	60.1	20 26.0	2.52	12 18	1.6	3 26	3.4
5	4 26 47	168	+24 7.9	+ 2.9	60.4	21 28.0	2.63	13 2	2.1	4 46	3.2
6	5 34 31	169	+24 21.7	− 1.8	60.4	22 31.6	2.64	14 0	2.7	5 59	2.8
7	6 41 13	163	+22 44.5	− 6.2	60.1	23 34.2	2.55	15 10	3.1	7 0	2.3
8	— — —	—	— —	—	—	— —	—	16 29	3.3	7 47	1.7
9	7 44 39	153	+19 31.0	− 9.7	59.6	0 33.5	2.38	17 50	3.4	8 23	1.3
10	8 43 42	142	+15 6.0	−12.1	58.8	1 28.5	2.20	19 10	3.3	8 50	1.0
11	9 38 24	132	+ 9 57.0	−13.4	58.0	2 19.1	2.03	20 26	3.1	9 12	0.9
12	10 29 33	124	+ 4 27.7	−13.9	57.1	3 6.2	1.90	21 39	3.0	9 32	0.8
13	11 18 15	120	− 1 2.9	−13.6	56.2	3 50.8	1.83	22 49	2.9	9 50	0.7
14	12 5 35	118	− 6 20.7	−12.8	55.5	4 34.1	1.79	23 58	2.9	10 7	0.8
15	12 52 38	118	−11 14.8	−11.6	54.9	5 17.1	1.80	— —	—	10 26	0.8
16	13 40 17	121	−15 35.6	−10.1	54.5	6 0.7	1.84	1 6	2.8	10 47	1.0
17	14 29 17	125	−19 14.4	− 8.1	54.2	6 45.6	1.91	2 13	2.8	11 12	1.2
18	15 20 3	129	−22 2.0	− 5.8	54.2	7 32.3	1.99	3 18	2.6	11 42	1.4
19	16 12 43	134	−23 49.4	− 3.1	54.3	8 20.9	2.06	4 19	2.4	12 20	1.8
20	17 6 55	137	−24 28.7	− 0.1	54.5	9 11.0	2.11	5 15	2.2	13 7	2.2
21	18 1 58	138	−23 54.4	+ 3.0	54.9	10 2.0	2.13	6 3	1.9	14 3	2.5
22	18 56 58	137	−22 5.5	+ 6.0	55.4	10 52.9	2.11	6 44	1.5	15 8	2.8
23	19 51 11	134	−19 6.2	+ 8.8	55.9	11 43.0	2.06	7 16	1.2	16 18	3.0
24	20 44 8	131	−15 5.1	+11.2	56.5	12 31.9	2.01	7 43	1.1	17 31	3.1
25	21 35 52	128	−10 14.7	+12.9	57.0	13 19.6	1.96	8 6	0.9	18 45	3.1
26	22 26 47	127	− 4 49.3	+14.1	57.5	14 6.4	1.94	8 26	0.8	20 0	3.2
27	23 17 37	128	+ 0 54.9	+14.5	57.9	14 53.2	1.96	8 45	0.8	21 16	3.2
28	0 9 19	131	+ 6 40.8	+14.2	58.3	15 40.8	2.02	9 4	0.8	22 33	3.3
29	1 2 54	137	+12 9.9	+13.1	58.7	16 30.3	2.12	9 25	0.9	23 52	3.3
30	1 59 16	145	+17 2.1	+11.1	59.0	17 22.6	2.25	9 49	1.2	— —	—
31	2 59 0	154	+20 55.7	+ 8.2	59.3	18 18.2	2.39	10 20	1.4	1 12	3.3
Febr. 1	4 1 57	161	+23 29.1	+ 4.5	59.4	19 17.1	2.50	10 58	1.8	2 31	3.2
2	5 7 0	164	+24 25.4	+ 0.2	59.5	20 18.0	2.55	11 48	2.4	3 44	2.9
3	6 12 13	161	+23 37.2	− 4.1	59.4	21 19.1	2.52	12 51	2.8	4 48	2.4
4	7 15 34	155	+21 10.4	− 8.0	59.2	22 18.4	2.40	14 4	3.2	5 39	1.9
5	8 15 38	145	+17 22.1	−10.9	58.8	23 14.3	2.25	15 23	3.3	6 19	1.5
6	— — —	—	— —	—	—	— —	—	16 43	3.3	6 50	1.2
7	9 11 58	136	+12 35.5	−12.8	58.2	0 6.6	2.10	18 1	3.2	7 14	0.9
8	10 4 53	129	+ 7 14.6	−13.8	57.6	0 55.4	1.98	19 16	3.1	7 35	0.8
9	10 55 12	123	+ 1 40.8	−13.9	56.9	1 41.7	1.89	20 28	3.0	7 54	0.8
10	11 43 50	120	− 3 48.5	−13.4	56.1	2 26.2	1.84	21 39	2.9	8 12	0.8

Tag	Scheinbare Rektaszension		Scheinbare Deklination		Parallaxe		Halbmesser		Länge	Breite	Alter
	0h Weltzeit										
1955	h m s	m s	° ′	° ′	′ ″	″	′ ″	″	°	°	d
Febr. 10	11 39 5	46 33	− 3 16.6	5 4.0	56 12.6	38.8	15 20.4	10.5	176.506	−5.085	17.0
11	12 25 38	46 35	− 8 20.6	4 36.7	55 33.8	33.1	15 9.9	9.1	189.188	−5.117	18.0
12	13 12 13	47 16	−12 57.3	4 0.3	55 0.7	25.2	15 0.8	6.8	201.569	−4.906	19.0
13	13 59 29	48 27	−16 57.6	3 15.4	54 35.5	15.7	14 54.0	4.3	213.698	−4.477	20.0
14	14 47 56	49 52	−20 13.0	2 22.9	54 19.8	5.4	14 49.7	1.5	225.643	−3.858	21.0
15	15 37 48	51 14	−22 35.9	1 23.7	54 14.4	5.2	14 48.2	1.5	237.482	−3.078	22.0
16	16 29 2	52 18	−23 59.6	0 18.9	54 19.6	15.4	14 49.7	4.1	249.304	−2.168	23.0
17	17 21 20	52 50	−24 18.5	0 49.0	54 35.0	24.6	14 53.8	6.7	261.197	−1.159	24.0
18	18 14 10	52 45	−23 29.5	1 57.1	54 59.6	32.1	15 0.5	8.8	273.248	−0.087	25.0
19	19 6 55	52 11	−21 32.4	3 1.8	55 31.7	37.4	15 9.3	10.2	285.533	+1.008	26.0
20	19 59 6	51 22	−18 30.6	3 59.6	56 9.1	40.0	15 19.5	10.9	298.112	+2.076	27.0
21	20 50 28	50 38	−14 31.0	4 46.9	56 49.1	39.6	15 30.4	10.8	311.027	+3.065	28.0
22	21 41 6	50 16	− 9 44.1	5 21.2	57 28.7	36.3	15 41.2	9.9	324.288	+3.913	29.0
23	22 31 22	50 31	− 4 22.9	5 39.8	58 5.0	30.6	15 51.1	8.3	337.878	+4.561	0.3
24	23 21 53	51 28	+ 1 16.9	5 40.5	58 35.6	23.1	15 59.4	6.3	351.749	+4.955	1.3
25	0 13 21	53 10	+ 6 57.4	5 21.9	58 58.7	15.1	16 5.7	4.1	5.830	+5.057	2.3
26	1 6 31	55 31	+12 19.3	4 43.0	59 13.8	7.3	16 9.8	2.0	20.039	+4.850	3.3
27	2 2 2	58 4	+17 2.3	3 43.9	59 21.1	0.4	16 11.8	0.1	34.297	+4.341	4.3
28	3 0 6	60 20	+20 46.2	2 27.5	59 21.5	5.4	16 11.9	1.5	48.537	+3.564	5.3
März 1	4 0 26	61 35	+23 13.7	0 58.9	59 16.1	10.0	16 10.4	2.7	62.713	+2.571	6.3
2	5 2 1	61 23	+24 12.6	0 33.8	59 6.1	13.9	16 7.7	3.8	76.798	+1.426	7.3
3	6 3 24	59 44	+23 38.8	2 1.2	58 52.2	17.6	16 3.9	4.8	90.778	+0.204	8.3
4	7 3 8	57 4	+21 37.6	3 15.9	58 34.6	21.1	15 59.1	5.7	104.649	−1.019	9.3
5	8 0 12	54 4	+18 21.7	4 13.6	58 13.5	24.7	15 53.4	6.7	118.400	−2.170	10.3
6	8 54 16	51 15	+14 8.1	4 52.6	57 48.8	28.0	15 46.7	7.7	132.017	−3.183	11.3
7	9 45 31	49 2	+ 9 15.5	5 13.6	57 20.8	30.7	15 39.0	8.3	145.475	−4.003	12.3
8	10 34 33	47 32	+ 4 1.9	5 18.4	56 50.1	32.2	15 30.7	8.8	158.744	−4.593	13.3
9	11 22 5	46 48	− 1 16.5	5 9.0	56 17.9	32.3	15 21.9	8.8	171.793	−4.930	14.3
10	12 8 53	46 48	− 6 25.5	4 47.0	55 45.6	30.2	15 13.1	8.3	184.599	−5.010	15.3
11	12 55 41	47 22	−11 12.5	4 14.1	55 15.4	26.3	15 4.8	7.1	197.151	−4.843	16.3
12	13 43 3	48 22	−15 26.6	3 31.9	54 49.1	20.2	14 57.7	5.5	209.458	−4.452	17.3
13	14 31 25	49 36	−18 58.5	2 41.2	54 28.9	12.6	14 52.2	3.4	221.551	−3.865	18.3
14	15 21 1	50 46	−21 39.7	1 43.7	54 16.3	3.5	14 48.8	1.0	233.479	−3.115	19.3
15	16 11 47	51 41	−23 23.4	0 41.0	54 12.8	6.5	14 47.8	1.8	245.308	−2.234	20.3
16	17 3 28	52 8	−24 4.4	0 24.6	54 19.3	16.9	14 49.6	4.6	257.116	−1.258	21.3
17	17 55 36	52 6	−23 39.8	1 30.8	54 36.2	27.0	14 54.2	7.3	268.994	−0.221	22.3
18	18 47 42	51 39	−22 9.0	2 34.5	55 3.2	36.2	15 1.5	9.9	281.034	+0.839	23.3
19	19 39 21	51 1	−19 34.5	3 33.4	55 39.4	43.4	15 11.4	11.8	293.326	+1.881	24.3
20	20 30 22	50 30	−16 1.1	4 24.8	56 22.8	48.2	15 23.2	13.1	305.950	+2.859	25.3
21	21 20 52	50 21	−11 36.3	5 5.8	57 11.0	49.2	15 36.3	13.5	318.969	+3.717	26.3
22	22 11 13	50 45	− 6 30.5	5 33.6	58 0.2	46.3	15 49.8	12.6	332.414	+4.399	27.3
23	23 1 58		− 0 56.9		58 46.5		16 2.4		346.278	+4.845	28.3

Tag	Obere Kulmination in Greenwich: AR.	Änderung für 1h westl. Länge	Dekl.	Änderung für 1h westl. Länge	Parallaxe	Zeit des Durchgangs	Änderung für 1h westl. Länge	0h Länge, + 50° Breite: Aufgang	Änderung für 1h westl. Länge	Untergang	Änderung für 1h westl. Länge
1955	h m s	s	° ′	′	′	h m	m	h m	m	h m	m
Febr. 10	11 43 50	120	− 3 48.5	−13.4	56.1	2 26.2	1.84	21 39	2.9	8 12	0.8
11	12 31 46	120	− 8 58.9	−12.4	55.5	3 10.1	1.83	22 48	2.9	8 30	0.8
12	13 19 50	121	−13 39.1	−10.9	54.9	3 54.1	1.85	23 56	2.8	8 51	0.9
13	14 8 46	124	−17 39.2	− 9.0	54.5	4 39.0	1.90	— —	—	9 14	1.1
14	14 59 4	128	−20 50.1	− 6.8	54.3	5 25.2	1.96	1 3	2.7	9 42	1.3
15	15 50 57	132	−23 3.5	− 4.3	54.2	6 13.0	2.03	2 6	2.5	10 17	1.6
16	16 44 17	135	−24 12.1	− 1.4	54.4	7 2.3	2.08	3 4	2.3	10 59	2.0
17	17 38 39	137	−24 10.0	+ 1.6	54.7	7 52.6	2.11	3 55	2.0	11 51	2.4
18	18 33 22	137	−22 54.8	+ 4.7	55.2	8 43.2	2.10	4 39	1.7	12 52	2.7
19	19 27 47	135	−20 27.4	+ 7.6	55.8	9 33.5	2.08	5 14	1.4	13 59	2.9
20	20 21 26	133	−16 53.5	+10.2	56.4	10 23.1	2.05	5 44	1.2	15 11	3.1
21	21 14 10	131	−12 22.3	+12.3	57.1	11 11.7	2.01	6 9	1.0	16 26	3.2
22	22 6 15	130	− 7 6.9	+13.9	57.8	11 59.8	1.99	6 30	0.9	17 42	3.2
23	22 58 13	130	− 1 23.0	+14.7	58.4	12 47.7	2.00	6 51	0.8	18 59	3.3
24	23 50 53	133	+ 4 31.0	+14.7	58.8	13 36.3	2.05	7 10	0.8	20 18	3.3
25	0 45 5	138	+10 14.6	+13.8	59.1	14 26.4	2.13	7 31	0.9	21 38	3.4
26	1 41 39	145	+15 25.6	+12.0	59.3	15 18.9	2.25	7 55	1.1	22 59	3.4
27	2 41 2	152	+19 41.4	+ 9.2	59.4	16 14.2	2.36	8 24	1.4	— —	—
28	3 43 10	158	+22 40.5	+ 5.6	59.3	17 12.2	2.46	9 0	1.7	0 19	3.3
März 1	4 47 5	161	+24 6.8	+ 1.5	59.1	18 12.0	2.50	9 46	2.2	1 35	3.0
2	5 51 13	159	+23 52.9	− 2.7	58.9	19 12.0	2.47	10 44	2.6	2 41	2.5
3	6 53 46	153	+22 2.4	− 6.4	58.6	20 10.5	2.38	11 52	3.0	3 35	2.0
4	7 53 28	145	+18 48.8	− 9.5	58.3	21 6.1	2.25	13 7	3.2	4 18	1.6
5	8 49 49	137	+14 31.3	−11.8	57.9	21 58.3	2.11	14 24	3.2	4 50	1.2
6	9 43 0	130	+ 9 30.9	−13.1	57.4	22 47.4	1.99	15 41	3.2	5 17	1.0
7	10 33 41	124	+ 4 7.7	−13.7	56.8	23 34.1	1.90	16 56	3.1	5 39	0.9
8	— — —	—	— —	—	—	— —	—	18 9	3.0	5 59	0.8
9	11 22 42	121	− 1 20.7	−13.6	56.3	0 19.0	1.85	19 20	2.9	6 16	0.8
10	12 10 56	120	− 6 38.6	−12.8	55.7	1 3.2	1.84	20 30	2.9	6 35	0.8
11	12 59 11	121	−11 32.7	−11.6	55.2	1 47.4	1.85	21 39	2.8	6 55	0.9
12	13 48 7	124	−15 51.2	− 9.9	54.8	2 32.2	1.89	22 46	2.8	7 17	1.0
13	14 38 10	127	−19 23.8	− 7.8	54.4	3 18.2	1.94	23 51	2.6	7 43	1.2
14	15 29 36	130	−22 1.6	− 5.3	54.3	4 5.6	2.00	— —	—	8 15	1.5
15	16 22 17	133	−23 37.0	− 2.6	54.2	4 54.2	2.05	0 51	2.4	8 55	1.8
16	17 15 54	135	−24 4.6	+ 0.3	54.4	5 43.7	2.07	1 45	2.1	9 43	2.2
17	18 9 52	135	−23 21.5	+ 3.3	54.7	6 33.6	2.08	2 31	1.8	10 39	2.5
18	19 3 40	134	−21 28.1	+ 6.2	55.2	7 23.3	2.06	3 10	1.5	11 42	2.8
19	19 56 52	132	−18 27.8	+ 8.8	55.9	8 12.5	2.03	3 42	1.2	12 51	2.9
20	20 49 23	131	−14 27.1	+11.2	56.7	9 0.9	2.00	4 9	1.1	14 3	3.1
21	21 41 27	130	− 9 35.5	+13.1	57.5	9 48.9	2.00	4 32	1.0	15 18	3.2
22	22 33 34	131	− 4 5.5	+14.3	58.4	10 36.9	2.01	4 53	0.9	16 35	3.3
23	23 26 30	134	+ 1 46.9	+14.9	59.1	11 25.8	2.07	5 13	0.9	17 54	3.3

Tag	Scheinbare Rektaszension	Diff.	Scheinbare Deklination	Diff.	Parallaxe	Diff.	Halbmesser	Diff.	Länge	Breite	Alter
	0h Weltzeit										
1955	h m s	m s	° ′	° ′	′ ″	″	′ ″	″	°	°	d
März 23	23 1 58	51 55	− 0 56.9	5 44.5	58 46.5	39.1	16 2.4	10.6	346.278	+4.845	28.3
24	23 53 53	53 49	+ 4 47.6	5 35.6	59 25.6	28.5	16 13.0	7.8	0.510	+5.005	29.3
25	0 47 42	56 20	+10 23.2	5 4.0	59 54.1	15.3	16 20.8	4.2	15.018	+4.850	0.8
26	1 44 2	59 4	+15 27.2	4 8.9	60 9.4	2.0	16 25.0	0.5	29.682	+4.376	1.8
27	2 43 6	61 27	+19 36.1	2 52.9	60 11.4	10.4	16 25.5	2.8	44.373	+3.611	2.8
28	3 44 33	62 41	+22 29.0	1 22.5	60 1.0	20.2	16 22.7	5.5	58.976	+2.612	3.8
29	4 47 14	62 19	+23 51.5	0 12.7	59 40.8	27.1	16 17.2	7.4	73.404	+1.455	4.8
30	5 49 33	60 23	+23 38.8	1 42.3	59 13.7	31.1	16 9.8	8.5	87.608	+0.222	5.8
31	6 49 56	57 23	+21 56.5	2 58.3	58 42.6	32.8	16 1.3	8.9	101.568	−1.004	6.8
April 1	7 47 19	54 6	+18 58.2	3 56.9	58 9.8	33.0	15 52.4	9.0	115.286	−2.150	7.8
2	8 41 25	51 5	+15 1.3	4 37.5	57 36.8	32.2	15 43.4	8.8	128.779	−3.156	8.8
3	9 32 30	48 43	+10 23.8	5 1.5	57 4.6	30.8	15 34.6	8.4	142.063	−3.973	9.8
4	10 21 13	47 9	+ 5 22.3	5 10.4	56 33.8	29.4	15 26.2	8.0	155.151	−4.567	10.8
5	11 8 22	46 25	+ 0 11.9	5 6.1	56 4.4	27.6	15 18.2	7.5	168.049	−4.917	11.8
6	11 54 47	46 24	− 4 54.2	4 49.5	55 36.8	25.5	15 10.7	7.0	180.759	−5.017	12.8
7	12 41 11	47 1	− 9 43.7	4 21.6	55 11.3	22.7	15 3.7	6.2	193.279	−4.872	13.8
8	13 28 12	48 4	−14 5.3	3 43.4	54 48.6	19.0	14 57.5	5.1	205.611	−4.499	14.8
9	14 16 16	49 18	−17 48.7	2 55.8	54 29.6	14.1	14 52.4	3.9	217.764	−3.925	15.8
10	15 5 34	50 30	−20 44.5	2 0.4	54 15.5	7.9	14 48.5	2.1	229.760	−3.181	16.8
11	15 56 4	51 22	−22 44.9	0 59.3	54 7.6	0.5	14 46.4	0.2	241.634	−2.303	17.8
12	16 47 26	51 44	−23 44.2	0 4.9	54 7.1	8.0	14 46.2	2.2	253.436	−1.329	18.8
13	17 39 10	51 34	−23 39.3	1 9.4	54 15.1	17.4	14 48.4	4.8	265.232	−0.295	19.8
14	18 30 44	50 59	−22 29.9	2 11.6	54 32.5	27.1	14 53.2	7.4	277.097	+0.759	20.8
15	19 21 43	50 12	−20 18.3	3 8.9	54 59.6	36.7	15 0.6	10.0	289.116	+1.794	21.8
16	20 11 55	49 33	−17 9.4	4 0.1	55 36.3	45.4	15 10.6	12.3	301.380	+2.768	22.8
17	21 1 28	49 18	−13 9.3	4 43.0	56 21.7	51.9	15 22.9	14.1	313.975	+3.635	23.8
18	21 50 46	49 40	− 8 26.3	5 15.9	57 13.6	55.4	15 37.0	15.1	326.975	+4.343	24.8
19	22 40 26	50 51	− 3 10.4	5 35.6	58 9.0	54.6	15 52.1	14.9	340.434	+4.840	25.8
20	23 31 17	52 54	+ 2 25.2	5 38.3	59 3.6	48.8	16 7.0	13.3	354.367	+5.073	26.8
21	0 24 11	55 45	+ 8 3.5	5 19.6	59 52.4	37.8	16 20.3	10.3	8.743	+4.998	27.8
22	1 19 56	59 7	+13 23.1	4 36.1	60 30.2	22.6	16 30.6	6.2	23.480	+4.594	28.8
23	2 19 3	62 18	+17 59.2	3 27.0	60 52.8	5.1	16 36.8	1.4	38.450	+3.872	0.5
24	3 21 21	64 26	+21 26.2	1 57.0	60 57.9	12.4	16 38.2	3.4	53.499	+2.877	1.5
25	4 25 47	64 41	+23 23.2	0 16.7	60 45.5	27.2	16 34.8	7.4	68.472	+1.685	2.5
26	5 30 28	62 54	+23 39.9	1 20.7	60 18.3	38.0	16 27.4	10.4	83.240	+0.393	3.5
27	6 33 22	59 36	+22 19.2	2 43.9	59 40.3	44.4	16 17.0	12.1	97.712	−0.902	4.5
28	7 32 58	55 45	+19 35.3	3 47.5	58 55.9	46.4	16 4.9	12.6	111.841	−2.112	5.5
29	8 28 43	52 7	+15 47.8	4 30.6	58 9.5	45.3	15 52.3	12.4	125.618	−3.169	6.5
30	9 20 50	49 12	+11 17.2	4 55.8	57 24.2	42.0	15 39.9	11.4	139.058	−4.024	7.5
Mai 1	10 10 2	47 11	+ 6 21.4	5 5.9	56 42.2	37.4	15 28.5	10.2	152.192	−4.645	8.5
2	10 57 13	46 8	+ 1 15.5	5 3.2	56 4.8	32.5	15 18.3	8.8	165.058	−5.017	9.5
3	11 43 21		− 3 47.7		55 32.3		15 9.5		177.692	−5.137	10.5

Tag	Obere Kulmination in Greenwich: AR.	Änderung für 1h westl. Länge	Dekl.	Änderung für 1h westl. Länge	Parallaxe	Zeit des Durchgangs	Änderung für 1h westl. Länge	0h Länge, + 50° Breite: Aufgang	Änderung für 1h westl. Länge	Untergang	Änderung für 1h westl. Länge
1955	h m s	s	° ′	′	′	h m	m	h m	m	h m	m
März 23	23 26 30	134	+ 1 46.9	+14.9	59.1	11 25.8	2.07	5 13	0.9	17 54	3.3
24	0 21 7	139	+ 7 41.7	+14.5	59.7	12 16.3	2.15	5 34	0.9	19 15	3.4
25	1 18 14	146	+13 15.3	+13.1	60.1	13 9.4	2.27	5 58	1.1	20 38	3.5
26	2 18 23	154	+18 1.4	+10.6	60.2	14 5.4	2.40	6 25	1.3	22 1	3.4
27	3 21 28	161	+21 34.6	+ 7.1	60.1	15 4.4	2.50	7 0	1.7	23 21	3.2
28	4 26 32	164	+23 34.8	+ 2.9	59.8	16 5.3	2.55	7 44	2.1	— —	—
29	5 31 48	162	+23 52.0	− 1.4	59.4	17 6.5	2.52	8 39	2.5	0 32	2.7
30	6 35 20	155	+22 29.3	− 5.4	58.8	18 5.9	2.42	9 45	2.9	1 31	2.2
31	7 35 44	146	+19 40.5	− 8.6	58.3	19 2.2	2.27	10 58	3.1	2 17	1.7
April 1	8 32 26	137	+15 45.0	−10.9	57.7	19 54.8	2.12	12 14	3.2	2 52	1.3
2	9 25 42	129	+11 3.3	−12.4	57.1	20 44.0	1.99	13 30	3.1	3 20	1.1
3	10 16 14	124	+ 5 54.3	−13.2	56.6	21 30.5	1.90	14 43	3.0	3 43	0.9
4	11 4 58	120	+ 0 34.5	−13.3	56.1	22 15.2	1.84	15 55	3.0	4 3	0.8
5	11 52 49	119	− 4 41.5	−12.9	55.6	22 59.0	1.82	17 6	2.9	4 22	0.8
6	12 40 38	120	− 9 40.3	−11.9	55.2	23 42.7	1.83	18 15	2.9	4 41	0.8
7	— — —	—	— —	—	—	— —	—	19 24	2.9	4 59	0.8
8	13 29 6	122	−14 9.9	−10.5	54.8	0 27.1	1.87	20 32	2.8	5 21	1.0
9	14 18 43	126	−17 58.8	− 8.5	54.5	1 12.7	1.93	21 38	2.7	5 46	1.2
10	15 9 44	129	−20 56.7	− 6.2	54.2	1 59.6	1.98	22 40	2.5	6 16	1.4
11	16 2 1	132	−22 55.0	− 3.6	54.1	2 47.8	2.03	23 36	2.2	6 53	1.7
12	16 55 13	134	−23 47.6	− 0.8	54.1	3 36.9	2.06	— —	—	7 37	2.0
13	17 48 44	134	−23 31.2	+ 2.1	54.3	4 26.4	2.05	0 25	1.9	8 30	2.4
14	18 41 58	132	−22 6.2	+ 4.9	54.6	5 15.5	2.04	1 6	1.6	9 30	2.6
15	19 34 28	130	−19 35.8	+ 7.6	55.1	6 4.0	1.99	1 40	1.3	10 35	2.8
16	20 26 8	128	−16 5.7	+ 9.9	55.8	6 51.5	1.97	2 8	1.1	11 44	2.9
17	21 17 10	127	−11 43.4	+12.0	56.6	7 38.5	1.95	2 32	1.0	12 56	3.1
18	22 8 7	128	− 6 38.6	+13.4	57.5	8 25.4	1.96	2 54	0.9	14 10	3.1
19	22 59 46	131	− 1 3.0	+14.4	58.5	9 13.0	2.01	3 14	0.9	15 26	3.3
20	23 53 6	136	+ 4 47.5	+14.7	59.4	10 2.2	2.10	3 35	0.9	16 46	3.4
21	0 49 7	144	+10 32.4	+13.9	60.2	10 54.2	2.23	3 57	1.0	18 8	3.5
22	1 48 38	154	+15 46.2	+12.0	60.7	11 49.6	2.38	4 23	1.2	19 33	3.5
23	2 51 58	163	+19 59.8	+ 8.9	61.0	12 48.8	2.54	4 55	1.5	20 57	3.4
24	3 58 23	169	+22 45.6	+ 4.8	60.9	13 51.1	2.63	5 36	2.0	22 15	3.0
25	5 6 4	169	+23 45.5	+ 0.2	60.5	14 54.7	2.64	6 29	2.5	23 21	2.5
26	6 12 35	163	+22 56.4	− 4.2	59.9	15 57.1	2.54	7 34	2.9	— —	—
27	7 15 49	153	+20 31.0	− 7.8	59.2	16 56.2	2.38	8 47	3.1	0 13	1.9
28	8 14 48	142	+16 51.0	−10.4	58.4	17 51.1	2.20	10 4	3.2	0 53	1.5
29	9 9 36	132	+12 19.7	−12.1	57.6	18 41.8	2.04	11 20	3.2	1 23	1.2
30	10 0 57	125	+ 7 18.2	−12.9	56.8	19 29.1	1.92	12 35	3.1	1 48	1.0
Mai 1	10 49 55	120	+ 2 3.6	−13.2	56.2	20 14.0	1.84	13 47	3.0	2 9	0.8
2	11 37 32	118	− 3 9.8	−12.9	55.6	20 57.6	1.80	14 57	2.9	2 28	0.8
3	12 24 49	119	− 8 9.9	−12.1	55.1	21 40.8	1.80	16 6	2.9	2 46	0.8

Tag	Scheinbare Rektaszension h m s	Diff. m s	Scheinbare Deklination ° ′	Diff. ° ′	Parallaxe ′ ″	Diff. ″	Halbmesser ′ ″	Diff. ″	Länge °	Breite °	Alter d
1955 Mai 3	11 43 21	45 55	− 3 47.7	4 49.2	55 32.3	27.3	15 9.5	7.5	177.692	−5.137	10.5
4	12 29 16	46 25	− 8 36.9	4 24.9	55 5.0	22.6	15 2.0	6.1	190.125	−5.011	11.5
5	13 15 41	47 29	−13 1.8	3 50.5	54 42.4	17.8	14 55.9	4.9	202.385	−4.655	12.5
6	14 3 10	48 49	−16 52.3	3 6.4	54 24.6	13.1	14 51.0	3.6	214.496	−4.092	13.5
7	14 51 59	50 8	−19 58.7	2 13.8	54 11.5	8.3	14 47.4	2.2	226.481	−3.352	14.5
8	15 42 7	51 11	−22 12.5	1 14.5	54 3.2	2.9	14 45.2	1.8	238.368	−2.470	15.5
9	16 33 18	51 39	−23 27.0	0 11.1	54 0.3	3.2	14 43.4	1.9	250.187	−1.484	16.5
10	17 24 57	51 30	−23 38.1	0 53.0	54 3.5	10.0	14 45.3	2.7	261.979	−0.434	17.5
11	18 16 27	50 47	−22 45.1	1 54.6	54 13.5	17.6	14 48.0	4.8	273.792	+0.639	18.5
12	19 7 14	49 47	−20 50.5	2 51.3	54 31.1	26.0	14 52.8	7.1	285.686	+1.693	19.5
13	19 57 1	48 47	−17 59.2	3 41.3	54 57.1	34.6	14 59.9	9.4	297.729	+2.686	20.5
14	20 45 48	48 10	−14 17.9	4 23.4	55 31.7	43.0	15 9.3	11.7	309.996	+3.577	21.5
15	21 33 58	48 8	− 9 54.5	4 56.6	56 14.7	50.3	15 21.0	13.7	322.564	+4.318	22.5
16	22 22 6	48 56	− 4 57.9	5 19.5	57 5.0	55.3	15 34.7	15.1	335.506	+4.866	23.5
17	23 11 2	50 40	+ 0 21.6	5 29.2	58 0.3	57.0	15 49.8	15.5	348.881	+5.171	24.5
18	0 1 42	53 26	+ 5 50.8	5 21.8	58 57.3	53.9	16 5.3	14.7	2.723	+5.193	25.5
19	0 55 8	57 0	+11 12.6	4 52.8	59 51.2	45.3	16 20.0	12.3	17.027	+4.898	26.5
20	1 52 8	60 58	+16 5.4	3 58.2	60 36.5	31.3	16 32.3	8.6	31.739	+4.278	27.5
21	2 53 6	64 23	+20 3.6	2 38.0	61 7.8	13.2	16 40.9	3.5	46.758	+3.354	28.5
22	3 57 29	66 12	+22 41.6	0 58.8	61 21.0	6.7	16 44.4	1.8	61.941	+2.183	0.1
23	5 3 41	65 39	+23 40.4	0 45.9	61 14.3	25.4	16 42.6	6.9	77.124	+0.856	1.1
24	6 9 20	62 56	+22 54.5	2 21.1	60 48.9	40.3	16 35.7	11.0	92.150	−0.519	2.1
25	7 12 16	58 56	+20 33.4	3 36.2	60 8.6	50.1	16 24.7	13.6	106.890	−1.835	3.1
26	8 11 12	54 44	+16 57.2	4 27.5	59 18.5	54.5	16 11.1	14.9	121.257	−3.002	4.1
27	9 5 56	51 6	+12 29.7	4 57.2	58 24.0	54.2	15 56.2	14.7	135.210	−3.956	5.1
28	9 57 2	48 24	+ 7 32.5	5 9.0	57 29.8	50.3	15 41.5	13.7	148.746	−4.658	6.1
29	10 45 26	46 44	+ 2 23.5	5 6.7	56 39.5	44.3	15 27.8	12.1	161.891	−5.092	7.1
30	11 32 10	46 2	− 2 43.2	4 53.2	55 55.2	37.1	15 15.7	10.1	174.691	−5.260	8.1
31	12 18 12	46 11	− 7 36.4	4 29.8	55 18.1	29.6	15 5.6	8.1	187.198	−5.172	9.1
Juni 1	13 4 23	47 0	−12 6.2	3 57.3	54 48.5	22.2	14 57.5	6.0	199.469	−4.848	10.1
2	13 51 23	48 16	−16 3.5	3 15.8	54 26.3	15.3	14 51.5	4.2	211.556	−4.312	11.1
3	14 39 39	49 41	−19 19.3	2 25.8	54 11.0	9.1	14 47.3	2.5	223.510	−3.592	12.1
4	15 29 20	50 54	−21 45.1	1 28.6	54 1.9	3.3	14 44.8	0.9	235.374	−2.722	13.1
5	16 20 14	51 38	−23 13.7	0 26.1	53 58.6	2.0	14 43.9	0.6	247.188	−1.737	14.1
6	17 11 52	51 41	−23 39.8	0 38.1	54 0.6	7.3	14 44.5	2.0	258.990	−0.678	15.1
7	18 3 33	51 5	−23 1.7	1 40.7	54 7.9	12.8	14 46.5	3.5	270.818	+0.414	16.1
8	18 54 38	50 1	−21 21.0	2 38.4	54 20.7	18.6	14 50.0	5.0	282.709	+1.494	17.1
9	19 44 39	48 47	−18 42.6	3 28.9	54 39.3	24.8	14 55.0	6.8	294.708	+2.518	18.1
10	20 33 26	47 47	−15 13.7	4 11.0	55 4.1	31.5	15 1.8	8.6	306.861	+3.443	19.1
11	21 21 13	47 15	−11 2.7	4 43.8	55 35.6	38.2	15 10.4	10.4	319.221	+4.224	20.1
12	22 8 28	47 29	− 6 18.9	5 6.5	56 13.8	44.4	15 20.8	12.1	331.843	+4.819	21.1
13	22 55 57		− 1 12.4		56 58.2		15 32.9		344.782	+5.188	22.1

(Table heading: 0^h Weltzeit)

Tag	Obere Kulmination in Greenwich: AR.	Änderung für 1h westl. Länge	Dekl.	Änderung für 1h westl. Länge	Parallaxe	Zeit des Durchgangs	Änderung für 1h westl. Länge	0h Länge, + 50° Breite: Aufgang	Änderung für 1h westl. Länge	Untergang	Änderung für 1h westl. Länge
1955	h m s	s	° ′	′	′	h m	m	h m	m	h m	m
Mai 3	12 24 49	119	− 8 9.9	−12.1	55.1	21 40.8	1.80	16 6	2.9	2 46	0.8
4	13 12 35	121	−12 45.2	−10.8	54.7	22 24.5	1.84	17 14	2.8	3 5	0.8
5	14 1 28	124	−16 44.9	− 9.1	54.4	23 9.3	1.90	18 21	2.8	3 26	0.9
6	14 51 49	128	−19 58.2	− 7.0	54.2	23 55.6	1.96	19 27	2.7	3 49	1.1
7	— — —	—	— —	—	—	— —	—	20 31	2.6	4 18	1.3
8	15 43 39	131	−22 15.7	− 4.4	54.1	0 43.3	2.02	21 29	2.3	4 52	1.6
9	16 36 36	133	−23 29.7	− 1.7	54.0	1 32.2	2.05	22 20	2.0	5 34	1.9
10	17 30 2	134	−23 35.8	+ 1.2	54.1	2 21.6	2.05	23 4	1.7	6 24	2.2
11	18 23 13	132	−22 33.4	+ 4.0	54.3	3 10.7	2.03	23 39	1.4	7 21	2.5
12	19 15 34	129	−20 25.8	+ 6.6	54.6	3 58.9	1.99	— —	—	8 24	2.7
13	20 6 46	127	−17 19.0	+ 8.9	55.1	4 46.1	1.94	0 9	1.2	9 31	2.8
14	20 56 57	124	−13 20.6	+10.9	55.7	5 32.2	1.90	0 34	1.0	10 40	2.9
15	21 46 34	124	− 8 39.6	+12.5	56.5	6 17.7	1.90	0 56	0.9	11 51	3.0
16	22 36 22	126	− 3 25.8	+13.6	57.3	7 3.5	1.93	1 16	0.8	13 4	3.1
17	23 27 20	130	+ 2 8.8	+14.2	58.3	7 50.4	1.99	1 36	0.9	14 19	3.2
18	0 20 37	137	+ 7 48.8	+14.0	59.3	8 39.6	2.12	1 57	0.9	15 38	3.4
19	1 17 19	147	+13 13.8	+12.9	60.2	9 32.2	2.28	2 20	1.1	17 1	3.5
20	2 18 17	158	+17 57.8	+10.6	60.9	10 29.1	2.46	2 49	1.4	18 25	3.5
21	3 23 37	168	+21 30.8	+ 7.0	61.3	11 30.3	2.63	3 25	1.8	19 47	3.3
22	4 32 5	173	+23 25.5	+ 2.5	61.3	12 34.6	2.71	4 13	2.3	21 1	2.8
23	5 41 16	171	+23 26.8	− 2.3	61.0	13 39.7	2.68	5 14	2.8	22 2	2.2
24	6 48 20	163	+21 38.2	− 6.6	60.4	14 42.6	2.54	6 26	3.1	22 48	1.7
25	7 51 17	151	+18 19.1	− 9.8	59.6	15 41.5	2.35	7 44	3.3	23 23	1.3
26	8 49 28	140	+13 56.3	−11.9	58.7	16 35.6	2.16	9 4	3.3	23 51	1.1
27	9 43 21	130	+ 8 55.8	−13.0	57.7	17 25.4	2.00	10 22	3.2	— —	—
28	10 33 56	123	+ 3 38.5	−13.3	56.9	18 11.9	1.89	11 36	3.1	0 14	0.9
29	11 22 24	120	− 1 39.3	−13.1	56.1	18 56.3	1.83	12 48	3.0	0 34	0.8
30	12 9 53	118	− 6 44.8	−12.3	55.4	19 39.7	1.80	13 57	2.9	0 53	0.8
31	12 57 23	119	−11 27.4	−11.2	54.9	20 23.2	1.82	15 5	2.9	1 11	0.8
Juni 1	13 45 41	122	−15 37.0	− 9.6	54.5	21 7.4	1.87	16 13	2.8	1 31	0.9
2	14 35 20	126	−19 3.9	− 7.6	54.2	21 53.0	1.93	17 19	2.7	1 54	1.0
3	15 26 32	130	−21 38.5	− 5.2	54.0	22 40.1	1.99	18 23	2.6	2 20	1.2
4	16 19 7	133	−23 12.4	− 2.6	54.0	23 28.6	2.04	19 23	2.4	2 53	1.5
5	— — —	—	— —	—	—	— —	—	20 17	2.1	3 32	1.8
6	17 12 30	134	−23 39.8	+ 0.3	54.0	0 17.9	2.06	21 3	1.8	4 20	2.2
7	18 5 58	133	−22 58.4	+ 3.1	54.1	1 7.3	2.05	21 41	1.4	5 15	2.4
8	18 58 42	130	−21 10.3	+ 5.8	54.4	1 56.0	2.00	22 12	1.2	6 16	2.7
9	19 50 14	127	−18 21.3	+ 8.2	54.7	2 43.4	1.95	22 38	1.0	7 22	2.8
10	20 40 27	124	−14 39.5	+10.2	55.1	3 29.6	1.90	23 1	0.9	8 30	2.9
11	21 29 35	122	−10 14.6	+11.8	55.7	4 14.7	1.87	23 21	0.8	9 39	2.9
12	22 18 17	122	− 5 16.8	+13.0	56.4	4 59.3	1.86	23 40	0.8	10 50	3.0
13	23 7 26	124	+ 0 3.1	+13.6	57.2	5 44.4	1.90	— —	—	12 2	3.1

Tag	0h Weltzeit										
	Scheinbare Rektaszension		Scheinbare Deklination		Parallaxe		Halbmesser		Länge	Breite	Alter
1955	h m s	m s	° ′	° ′	′ ″	″	′ ″	″	°	°	d
Juni 13	22 55 57	48 36	− 1 12.4	5 18.1	56 58.2	49.5	15 32.9	13.4	344.782	+5.188	22.1
14	23 44 33	50 44	+ 4 5.7	5 16.0	57 47.7	52.2	15 46.3	14.3	358.087	+5.294	23.1
15	0 35 17	53 54	+ 9 21.7	4 56.5	58 39.9	51.3	16 0.6	13.9	11.793	+5.107	24.1
16	1 29 11	57 46	+14 18.2	4 15.8	59 31.2	45.9	16 14.5	12.5	25.910	+4.612	25.1
17	2 26 57	61 49	+18 34.0	3 10.6	60 17.1	35.3	16 27.0	9.7	40.416	+3.814	26.1
18	3 28 46	65 2	+21 44.6	1 42.7	60 52.4	19.9	16 36.7	5.4	55.247	+2.745	27.1
19	4 33 48	66 18	+23 27.3	0 0.0	61 12.3	1.3	16 42.1	0.4	70.299	+1.472	28.1
20	5 40 6	65 10	+23 27.3	1 43.0	61 13.6	17.8	16 42.5	4.9	85.435	+0.089	29.1
21	6 45 16	62 3	+21 44.3	3 11.7	60 55.8	35.0	16 37.6	9.5	100.504	−1.295	0.8
22	7 47 19	57 58	+18 32.6	4 17.2	60 20.8	47.6	16 28.1	13.0	115.360	−2.570	1.8
23	8 45 17	53 59	+14 15.4	4 57.6	59 33.2	55.0	16 15.1	15.0	129.885	−3.650	2.8
24	9 39 16	50 41	+ 9 17.8	5 15.8	58 38.2	57.0	16 0.1	15.5	144.002	−4.474	3.8
25	10 29 57	48 22	+ 4 2.0	5 16.5	57 41.2	54.4	15 44.6	14.9	157.676	−5.015	4.8
26	11 18 19	47 4	− 1 14.5	5 3.8	56 46.8	48.6	15 29.7	13.2	170.913	−5.269	5.8
27	12 5 23	46 40	− 6 18.3	4 40.5	55 58.2	40.8	15 16.5	11.1	183.748	−5.249	6.8
28	12 52 3	47 4	−10 58.8	4 8.1	55 17.4	31.9	15 5.4	8.7	196.239	−4.979	7.8
29	13 39 7	48 2	−15 6.9	3 27.5	54 45.5	22.8	14 56.7	6.2	208.453	−4.487	8.8
30	14 27 9	49 18	−18 34.4	2 39.1	54 22.7	14.2	14 50.5	3.9	220.463	−3.806	9.8
Juli 1	15 16 27	50 34	−21 13.5	1 43.7	54 8.5	6.1	14 46.6	1.6	232.339	−2.968	10.8
2	16 7 1	51 29	−22 57.2	0 42.5	54 2.4	0.9	14 45.0	0.2	244.146	−2.008	11.8
3	16 58 30	51 50	−23 39.7	0 21.6	54 3.3	7.0	14 45.2	1.9	255.943	−0.964	12.8
4	17 50 20	51 30	−23 18.1	1 25.3	54 10.3	12.4	14 47.1	3.4	267.780	+0.124	13.8
5	18 41 50	50 37	−21 52.8	2 25.3	54 22.7	16.9	14 50.5	4.6	279.699	+1.214	14.8
6	19 32 27	49 24	−19 27.5	3 18.4	54 39.6	21.1	14 55.1	5.8	291.739	+2.258	15.8
7	20 21 51	48 14	−16 9.1	4 2.6	55 0.7	25.2	15 0.9	6.8	303.928	+3.212	16.8
8	21 10 5	47 24	−12 6.5	4 37.0	55 25.9	29.0	15 7.7	7.9	316.296	+4.030	17.8
9	21 57 29	47 9	− 7 29.5	5 0.5	55 54.9	33.1	15 15.6	9.0	328.868	+4.667	18.8
10	22 44 38	47 41	− 2 29.0	5 12.5	56 28.0	36.8	15 24.6	10.1	341.670	+5.084	19.8
11	23 32 19	49 8	+ 2 43.5	5 11.7	57 4.8	40.0	15 34.7	10.9	354.729	+5.250	20.8
12	0 21 27	51 32	+ 7 55.2	4 56.1	57 44.8	41.9	15 45.6	11.4	8.067	+5.140	21.8
13	1 12 59	54 47	+12 51.3	4 22.7	58 26.7	41.7	15 57.0	11.3	21.707	+4.741	22.8
14	2 7 46	58 30	+17 14.0	3 29.0	59 8.4	38.3	16 8.3	10.5	35.656	+4.058	23.8
15	3 6 16	62 2	+20 43.0	2 14.1	59 46.7	31.1	16 18.8	8.5	49.910	+3.112	24.8
16	4 8 18	64 23	+22 57.1	0 41.7	60 17.8	20.1	16 27.3	5.4	64.436	+1.951	25.8
17	5 12 41	64 48	+23 38.8	0 58.5	60 37.9	5.6	16 32.7	1.5	79.175	+0.646	26.8
18	6 17 29	63 10	+22 40.3	2 33.6	60 43.5	10.7	16 34.2	2.9	94.034	−0.712	27.8
19	7 20 39	60 3	+20 6.7	3 51.6	60 32.8	26.4	16 31.3	7.2	108.897	−2.020	28.8
20	8 20 42	56 24	+16 15.1	4 46.1	60 6.4	39.8	16 24.1	10.8	123.635	−3.180	0.5
21	9 17 6	53 3	+11 29.0	5 16.3	59 26.6	48.9	16 13.3	13.3	138.126	−4.113	1.5
22	10 10 9	50 23	+ 6 12.7	5 25.2	58 37.7	53.1	16 0.0	14.5	152.271	−4.769	2.5
23	11 0 32	48 39	+ 0 47.5	5 17.0	57 44.6	52.8	15 45.5	14.4	166.007	−5.128	3.5
24	11 49 11		− 4 29.5		56 51.8		15 31.1		179.311	−5.195	4.5

Tag	Obere Kulmination in Greenwich AR.	Änderung für 1h westl. Länge	Dekl.	Änderung für 1h westl. Länge	Parallaxe	Zeit des Durchgangs	Änderung für 1h westl. Länge	0h Länge, + 50° Breite Aufgang	Änderung für 1h westl. Länge	Untergang	Änderung für 1h westl. Länge
1955	h m s	s	° ′	′	′	h m	m	h m	m	h m	m
Juni 13	23 7 26	124	+ 0 3.1	+13.6	57.2	5 44.4	1.90	— —	—	12 2	3.1
14	23 58 4	129	+ 5 32.4	+13.7	58.0	6 30.9	1.99	0 0	0.9	13 17	3.2
15	0 51 23	138	+10 55.3	+13.1	58.9	7 20.2	2.13	0 21	1.0	14 35	3.3
16	1 48 30	148	+15 51.6	+11.5	59.8	8 13.2	2.30	0 46	1.2	15 56	3.4
17	2 50 8	160	+19 55.9	+ 8.7	60.5	9 10.7	2.49	1 18	1.5	17 18	3.3
18	3 56 8	169	+22 40.2	+ 4.8	61.0	10 12.6	2.65	1 58	2.0	18 36	3.0
19	5 4 58	174	+23 40.4	+ 0.1	61.3	11 17.3	2.71	2 52	2.5	19 43	2.5
20	6 13 58	170	+22 46.5	− 4.6	61.1	12 22.2	2.66	3 59	3.0	20 37	2.0
21	7 20 24	161	+20 6.8	− 8.6	60.6	13 24.5	2.51	5 16	3.3	21 19	1.6
22	8 22 33	149	+16 4.8	−11.4	59.9	14 22.6	2.33	6 38	3.4	21 51	1.2
23	9 20 3	138	+11 9.3	−13.0	59.0	15 16.0	2.13	8 0	3.3	22 16	1.0
24	10 13 33	130	+ 5 46.9	−13.7	58.0	16 5.4	1.99	9 18	3.2	22 38	0.9
25	11 4 7	124	+ 0 18.8	−13.6	57.0	16 51.9	1.90	10 33	3.0	22 58	0.8
26	11 52 55	121	− 4 59.3	−12.9	56.2	17 36.6	1.85	11 45	3.0	23 16	0.8
27	12 41 3	120	− 9 55.3	−11.7	55.4	18 20.7	1.84	12 55	2.9	23 36	0.9
28	13 29 25	122	−14 19.1	−10.2	54.9	19 5.0	1.86	14 3	2.8	23 58	1.0
29	14 18 44	125	−18 1.7	− 8.3	54.4	19 50.3	1.91	15 10	2.8	— —	—
30	15 9 25	129	−20 54.3	− 6.0	54.2	20 36.9	1.97	16 15	2.6	0 23	1.2
Juli 1	16 1 31	132	−22 48.9	− 3.5	54.0	21 24.9	2.03	17 16	2.4	0 54	1.4
2	16 54 41	134	−23 38.7	− 0.7	54.0	22 14.0	2.06	18 12	2.2	1 30	1.7
3	17 48 18	134	−23 20.2	+ 2.2	54.2	23 3.5	2.06	19 1	1.9	2 15	2.1
4	18 41 34	132	−21 53.4	+ 5.0	54.4	23 52.7	2.03	19 42	1.6	3 8	2.4
5	— — —	—	— —	—	—	— —	—	20 15	1.3	4 8	2.6
6	19 33 52	129	−19 22.6	+ 7.5	54.7	0 40.9	1.98	20 43	1.1	5 13	2.8
7	20 24 50	126	−15 55.5	+ 9.7	55.0	1 27.8	1.93	21 7	0.9	6 21	2.9
8	21 14 31	123	−11 42.1	+11.4	55.5	2 13.5	1.88	21 28	0.8	7 30	2.9
9	22 3 19	121	− 6 53.4	+12.6	56.0	2 58.2	1.86	21 47	0.8	8 40	3.0
10	22 51 57	122	− 1 41.1	+13.3	56.6	3 42.8	1.87	22 6	0.8	9 52	3.0
11	23 41 20	125	+ 3 42.0	+13.5	57.2	4 28.1	1.92	22 26	0.9	11 4	3.1
12	0 32 30	131	+ 9 1.9	+13.0	57.9	5 15.2	2.02	22 49	1.1	12 19	3.2
13	1 26 33	140	+14 1.8	+11.8	58.6	6 5.1	2.16	23 17	1.3	13 37	3.3
14	2 24 24	150	+18 21.3	+ 9.6	59.3	6 58.9	2.33	23 52	1.7	14 56	3.3
15	3 26 27	160	+21 36.7	+ 6.5	60.0	7 56.9	2.50	— —	—	16 13	3.1
16	4 32 11	168	+23 24.2	+ 2.4	60.4	8 58.5	2.62	0 38	2.2	17 24	2.7
17	5 39 51	170	+23 26.6	− 2.2	60.7	10 2.0	2.65	1 36	2.7	18 24	2.2
18	6 46 58	165	+21 40.4	− 6.6	60.7	11 5.0	2.58	2 48	3.2	19 11	1.7
19	7 51 20	156	+18 18.4	−10.1	60.4	12 5.3	2.43	4 8	3.4	19 47	1.4
20	8 51 46	146	+13 45.0	−12.5	59.8	13 1.6	2.26	5 31	3.4	20 16	1.1
21	9 48 12	137	+ 8 28.1	−13.7	59.0	13 54.0	2.10	6 52	3.3	20 40	0.9
22	10 41 18	129	+ 2 53.2	−14.0	58.1	14 43.0	1.99	8 10	3.2	21 1	0.9
23	11 32 5	125	− 2 39.0	−13.6	57.2	15 29.7	1.91	9 26	3.1	21 21	0.8
24	12 21 36	123	− 7 52.7	−12.5	56.3	16 15.1	1.88	10 38	3.0	21 41	0.9

Mond 1955

Tag	Scheinbare Rektaszension		Scheinbare Deklination		Parallaxe		Halbmesser		Länge	Breite	Alter
	0h Weltzeit										
1955	h m s	m s	° ′	° ′	′ ″	″	′ ″	″	°	°	d
Juli 24	11 49 11	47 48	− 4 29.5	4 55.6	56 51.8	48.6	15 31.1	13.2	179.311	−5.195	4.5
25	12 36 59	47 44	− 9 25.1	4 23.8	56 3.2	41.6	15 17.9	11.4	192.200	−4.995	5.5
26	13 24 43	48 17	−13 48.9	3 43.4	55 21.6	32.7	15 6.5	8.9	204.720	−4.560	6.5
27	14 13 0	49 15	−17 32.3	2 55.4	54 48.9	23.0	14 57.6	6.2	216.938	−3.925	7.5
28	15 2 15	50 20	−20 27.7	2 1.0	54 25.9	13.1	14 51.4	3.6	228.933	−3.129	8.5
29	15 52 35	51 15	−22 28.7	1 1.1	54 12.8	3.7	14 47.8	1.0	240.789	−2.206	9.5
30	16 43 50	51 46	−23 29.8	0 2.3	54 9.1	4.9	14 46.8	1.3	252.588	−1.195	10.5
31	17 35 36	51 42	−23 27.5	1 6.3	54 14.0	12.3	14 48.1	3.4	264.406	−0.132	11.5
Aug. 1	18 27 18	51 5	−22 21.2	2 8.0	54 26.3	18.3	14 51.5	5.0	276.311	+0.941	12.5
2	19 18 23	50 8	−20 13.2	3 4.2	54 44.6	22.9	14 56.5	6.2	288.357	+1.984	13.5
3	20 8 31	49 3	−17 9.0	3 52.5	55 7.5	26.1	15 2.7	7.1	300.586	+2.948	14.5
4	20 57 34	48 10	−13 16.5	4 30.9	55 33.6	28.2	15 9.8	7.7	313.027	+3.787	15.5
5	21 45 44	47 45	− 8 45.6	4 57.8	56 1.8	29.4	15 17.5	8.0	325.693	+4.455	16.5
6	22 33 29	47 58	− 3 47.8	5 12.3	56 31.2	29.9	15 25.5	8.1	338.586	+4.909	17.5
7	23 21 27	48 57	+ 1 24.5	5 13.4	57 1.1	30.0	15 33.6	8.2	351.701	+5.115	18.5
8	0 10 24	50 46	+ 6 37.9	4 59.3	57 31.1	29.8	15 41.8	8.1	5.027	+5.049	19.5
9	1 1 10	53 20	+11 37.2	4 28.7	58 0.9	29.0	15 49.9	7.9	18.554	+4.704	20.5
10	1 54 30	56 25	+16 5.9	3 40.0	58 29.9	27.4	15 57.8	7.5	32.274	+4.086	21.5
11	2 50 55	59 30	+19 45.9	2 32.9	58 57.3	24.4	16 5.3	6.7	46.179	+3.221	22.5
12	3 50 25	61 53	+22 18.8	1 9.7	59 21.7	19.4	16 12.0	5.2	60.263	+2.151	23.5
13	4 52 18	62 54	+23 28.5	0 22.9	59 41.1	12.0	16 17.2	3.3	74.511	+0.936	24.5
14	5 55 12	62 11	+23 5.6	1 55.6	59 53.1	2.5	16 20.5	0.7	88.895	−0.347	25.5
15	6 57 23	60 4	+21 10.0	3 17.5	59 55.6	8.8	16 21.2	2.4	103.366	−1.614	26.5
16	7 57 27	57 9	+17 52.5	4 21.3	59 46.8	20.5	16 18.8	5.6	117.852	−2.775	27.5
17	8 54 36	54 12	+13 31.2	5 3.1	59 26.3	31.3	16 13.2	8.5	132.265	−3.751	28.5
18	9 48 48	51 41	+ 8 28.1	5 23.3	58 55.0	39.7	16 4.7	10.8	146.505	−4.479	0.2
19	10 40 29	49 53	+ 3 4.8	5 24.0	58 15.3	44.9	15 53.9	12.3	160.480	−4.922	1.2
20	11 30 22	48 52	− 2 19.2	5 8.7	57 30.4	46.3	15 41.6	12.6	174.118	−5.071	2.2
21	12 19 14	48 34	− 7 27.9	4 40.2	56 44.1	44.0	15 29.0	12.0	187.379	−4.940	3.2
22	13 7 48	48 51	−12 8.1	4 1.5	56 0.1	38.6	15 17.0	10.5	200.257	−4.558	4.2
23	13 56 39	49 31	−16 9.6	3 14.3	55 21.5	31.0	15 6.5	8.4	212.780	−3.965	5.2
24	14 46 10	50 23	−19 23.9	2 20.4	54 50.5	21.8	14 58.1	6.0	225.003	−3.201	6.2
25	15 36 33	51 8	−21 44.3	1 21.2	54 28.7	11.6	14 52.1	3.1	237.000	−2.309	7.2
26	16 27 41	51 35	−23 5.5	0 18.8	54 17.1	1.4	14 49.0	0.4	248.856	−1.326	8.2
27	17 19 16	51 35	−23 24.3	0 44.6	54 15.7	8.5	14 48.6	2.3	260.661	−0.291	9.2
28	18 10 51	51 9	−22 39.7	1 46.6	54 24.2	17.3	14 50.9	4.7	272.504	+0.759	10.2
29	19 2 0	50 24	−20 53.1	2 44.6	54 41.5	24.8	14 55.6	6.8	284.468	+1.784	11.2
30	19 52 24	49 33	−18 8.5	3 36.2	55 6.3	30.3	15 2.4	8.2	296.624	+2.743	12.2
31	20 41 57	48 49	−14 32.3	4 19.2	55 36.6	33.7	15 10.6	9.2	309.029	+3.589	13.2
Sept. 1	21 30 46	48 28	−10 13.1	4 51.8	56 10.3	34.8	15 19.8	9.5	321.716	+4.277	14.2
2	22 19 14	48 42	− 5 21.3	5 12.0	56 45.1	33.8	15 29.3	9.2	334.698	+4.760	15.2
3	23 7 56		− 0 9.3		57 18.9		15 38.5		347.963	+4.999	16.2

Tag	Obere Kulmination in Greenwich							0^h Länge, $+50°$ Breite			
	AR.	Änderung für 1^h westl. Länge	Dekl.	Änderung für 1^h westl. Länge	Parallaxe	Zeit des Durchgangs	Änderung für 1^h westl. Länge	Aufgang	Änderung für 1^h westl. Länge	Untergang	Änderung für 1^h westl. Länge
1955	h m s	s	° ′	′	′	h m	m	h m	m	h m	m
Juli 24	12 21 36	123	− 7 52.7	−12.5	56.3	16 15.1	1.88	10 38	3.0	21 41	0.9
25	13 10 46	123	−12 35.8	−11.0	55.5	17 0.2	1.88	11 48	2.9	22 2	1.0
26	14 0 22	125	−16 38.6	− 9.2	54.9	17 45.8	1.92	12 57	2.8	22 27	1.1
27	14 50 57	128	−19 52.4	− 6.9	54.5	18 32.3	1.96	14 3	2.7	22 55	1.3
28	15 42 43	131	−22 9.7	− 4.5	54.2	19 20.0	2.01	15 7	2.6	23 29	1.6
29	16 35 34	133	−23 24.2	− 1.7	54.2	20 8.8	2.05	16 5	2.3	— —	—
30	17 29 3	134	−23 31.4	+ 1.1	54.2	20 58.2	2.06	16 56	2.0	0 11	1.9
31	18 22 34	133	−22 30.0	+ 4.0	54.4	21 47.6	2.05	17 40	1.7	1 1	2.3
Aug. 1	19 15 27	131	−20 22.3	+ 6.6	54.7	22 36.4	2.01	18 16	1.4	1 59	2.5
2	20 7 17	128	−17 14.2	+ 9.0	55.1	23 24.2	1.97	18 47	1.2	3 2	2.7
3	— — —	—	— —	—	—	— —	—	19 12	1.0	4 10	2.9
4	20 57 55	125	−13 14.6	+10.9	55.6	0 10.8	1.92	19 34	0.9	5 19	2.9
5	21 47 37	123	− 8 34.4	+12.4	56.0	0 56.4	1.89	19 54	0.8	6 30	3.0
6	22 36 51	123	− 3 26.1	+13.2	56.6	1 41.5	1.88	20 13	0.8	7 42	3.0
7	23 26 23	125	+ 1 56.7	+13.6	57.1	2 27.0	1.91	20 34	0.9	8 54	3.1
8	0 17 6	129	+ 7 19.3	+13.2	57.6	3 13.7	1.98	20 55	1.0	10 9	3.2
9	1 9 57	136	+12 25.0	+12.1	58.1	4 2.4	2.09	21 21	1.2	11 25	3.2
10	2 5 46	144	+16 55.4	+10.2	58.6	4 54.2	2.23	21 53	1.5	12 42	3.2
11	3 5 5	153	+20 29.8	+ 7.5	59.1	5 49.4	2.38	22 33	1.9	13 58	3.1
12	4 7 45	160	+22 47.5	+ 3.9	59.5	6 48.0	2.50	23 25	2.4	15 10	2.8
13	5 12 45	164	+23 31.5	− 0.3	59.8	7 48.8	2.56	— —	—	16 12	2.4
14	6 18 16	163	+22 33.5	− 4.5	59.9	8 50.2	2.54	0 29	2.9	17 3	1.9
15	7 22 19	157	+19 58.1	− 8.3	59.9	9 50.2	2.45	1 43	3.2	17 44	1.5
16	8 23 31	149	+16 1.7	−11.2	59.7	10 47.3	2.31	3 4	3.4	18 15	1.2
17	9 21 20	140	+11 7.5	−13.1	59.2	11 41.0	2.17	4 25	3.3	18 41	1.0
18	10 16 3	133	+ 5 40.6	−14.0	58.6	12 31.6	2.05	5 44	3.3	19 4	0.9
19	11 8 22	129	+ 0 3.8	−14.0	57.8	13 19.9	1.98	7 2	3.2	19 24	0.9
20	11 59 11	126	− 5 23.4	−13.2	57.1	14 6.6	1.93	8 16	3.1	19 45	0.8
21	12 49 20	125	−10 25.7	−11.9	56.3	14 52.7	1.92	9 29	3.0	20 6	0.9
22	13 39 35	126	−14 50.6	−10.1	55.6	15 38.9	1.93	10 40	2.9	20 29	1.1
23	14 30 28	128	−18 28.2	− 8.0	55.0	16 25.7	1.97	11 48	2.8	20 57	1.3
24	15 22 14	131	−21 10.5	− 5.5	54.6	17 13.4	2.01	12 53	2.6	21 29	1.5
25	16 14 54	133	−22 51.1	− 2.8	54.3	18 2.0	2.04	13 54	2.4	22 8	1.8
26	17 8 11	134	−23 25.7	0.0	54.3	18 51.2	2.05	14 48	2.1	22 54	2.1
27	18 1 35	133	−22 52.4	+ 2.8	54.4	19 40.5	2.05	15 35	1.8	23 49	2.4
28	18 54 34	132	−21 12.4	+ 5.5	54.6	20 29.4	2.03	16 14	1.5	— —	—
29	19 46 46	129	−18 29.8	+ 8.0	55.1	21 17.6	1.99	16 47	1.3	0 49	2.6
30	20 38 1	127	−14 51.3	+10.1	55.6	22 4.7	1.94	17 14	1.1	1 55	2.8
31	21 28 26	125	−10 26.3	+11.9	56.1	22 51.1	1.92	17 38	0.9	3 4	2.9
Sept. 1	22 18 28	125	− 5 26.1	+13.1	56.7	23 37.1	1.92	17 59	0.9	4 15	3.0
2	— — —	—	— —	—	—	— —	—	18 19	0.9	5 27	3.1
3	23 8 43	127	− 0 4.2	+13.7	57.3	0 23.2	1.94	18 40	0.9	6 41	3.1

Tag	Scheinbare Rektaszension	Diff.	Scheinbare Deklination	Diff.	Parallaxe	Diff.	Halbmesser	Diff.	Länge	Breite	Alter
	0h Weltzeit										
1955	h m s	m s	° ′	° ′	′ ″	″	′ ″	″	°	°	d
Sept. 3	23 7 56	49 34	− 0 9.3	5 17.8	57 18.9	30.9	15 38.5	8.4	347.963	+4.999	16.2
4	23 57 30	51 11	+ 5 8.5	5 7.7	57 49.8	26.8	15 46.9	7.3	1.478	+4.965	17.2
5	0 48 41	53 27	+10 16.2	4 39.7	58 16.6	21.9	15 54.2	6.0	15.197	+4.646	18.2
6	1 42 8	56 8	+14 55.9	3 53.1	58 38.5	16.9	16 0.2	4.6	29.068	+4.052	19.2
7	2 38 16	58 47	+18 49.0	2 48.5	58 55.4	12.0	16 4.8	3.3	43.044	+3.211	20.2
8	3 37 3	60 49	+21 37.5	1 29.0	59 7.4	7.4	16 8.1	2.0	57.088	+2.171	21.2
9	4 37 52	61 38	+23 6.5	0 0.5	59 14.8	2.6	16 10.1	0.7	71.174	+0.995	22.2
10	5 39 30	61 1	+23 7.0	1 28.3	59 17.4	2.3	16 10.8	0.7	85.286	−0.244	23.2
11	6 40 31	59 9	+21 38.7	2 48.8	59 15.1	7.9	16 10.1	2.1	99.409	−1.469	24.2
12	7 39 40	56 35	+18 49.9	3 54.7	59 7.2	14.0	16 8.0	3.8	113.524	−2.602	25.2
13	8 36 15	53 58	+14 55.2	4 42.0	58 53.2	20.5	16 4.2	5.6	127.599	−3.571	26.2
14	9 30 13	51 42	+10 13.2	5 10.0	58 32.7	26.8	15 58.6	7.3	141.587	−4.317	27.2
15	10 21 55	50 3	+ 5 3.2	5 19.7	58 5.9	32.2	15 51.3	8.8	155.430	−4.800	28.2
16	11 11 58	49 8	− 0 16.5	5 12.5	57 33.7	36.0	15 42.5	9.8	169.067	−5.000	29.2
17	12 1 6	48 52	− 5 29.0	4 50.8	56 57.7	37.5	15 32.7	10.2	182.440	−4.919	0.7
18	12 49 58	49 9	−10 19.8	4 16.7	56 20.2	36.3	15 22.5	9.9	195.512	−4.579	1.7
19	13 39 7	49 46	−14 36.5	3 32.2	55 43.9	32.7	15 12.6	8.9	208.268	−4.015	2.7
20	14 28 53	50 32	−18 8.7	2 39.8	55 11.2	26.8	15 3.7	7.3	220.718	−3.269	3.7
21	15 19 25	51 11	−20 48.5	1 41.5	54 44.4	18.8	14 56.4	5.1	232.902	−2.385	4.7
22	16 10 36	51 32	−22 30.0	0 39.6	54 25.6	9.5	14 51.3	2.6	244.877	−1.409	5.7
23	17 2 8	51 26	−23 9.6	0 23.2	54 16.1	0.6	14 48.7	0.2	256.721	−0.379	6.7
24	17 53 34	50 57	−22 46.4	1 24.5	54 16.7	11.1	14 48.9	3.0	268.518	+0.663	7.7
25	18 44 31	50 12	−21 21.9	2 22.5	54 27.8	21.0	14 51.9	5.7	280.361	+1.681	8.7
26	19 34 43	49 22	−18 59.4	3 14.9	54 48.8	30.1	14 57.6	8.2	292.342	+2.636	9.7
27	20 24 5	48 43	−15 44.5	4 0.7	55 18.9	37.4	15 5.8	10.2	304.545	+3.488	10.7
28	21 12 48	48 29	−11 43.8	4 37.7	55 56.3	42.3	15 16.0	11.5	317.044	+4.194	11.7
29	22 1 17	48 47	− 7 6.1	5 4.4	56 38.6	44.1	15 27.5	12.0	329.889	+4.708	12.7
30	22 50 4	49 49	− 2 1.7	5 17.8	57 22.7	42.4	15 39.5	11.6	343.105	+4.989	13.7
Okt. 1	23 39 53	51 33	+ 3 16.1	5 15.5	58 5.1	37.5	15 51.1	10.2	356.684	+4.999	14.7
2	0 31 26	53 58	+ 8 31.6	4 54.4	58 42.6	29.6	16 1.3	8.1	10.584	+4.718	15.7
3	1 25 24	56 47	+13 26.0	4 12.5	59 12.2	19.8	16 9.4	5.3	24.732	+4.144	16.7
4	2 22 11	59 32	+17 38.5	3 10.0	59 32.0	9.3	16 14.7	2.6	39.042	+3.304	17.7
5	3 21 43	61 34	+20 48.5	1 50.3	59 41.3	0.4	16 17.3	0.1	53.420	+2.248	18.7
6	4 23 17	62 17	+22 38.8	0 20.9	59 40.9	8.8	16 17.2	2.4	67.787	+1.048	19.7
7	5 25 34	61 26	+22 59.7	1 9.1	59 32.1	15.2	16 14.8	4.1	82.081	−0.214	20.7
8	6 27 0	59 16	+21 50.6	2 30.2	59 16.9	19.7	16 10.7	5.4	96.264	−1.455	21.7
9	7 26 16	56 26	+19 20.4	3 36.4	58 57.2	23.0	16 5.3	6.3	110.315	−2.597	22.7
10	8 22 42	53 36	+15 44.0	4 24.8	58 34.2	25.1	15 59.0	6.8	124.225	−3.572	23.7
11	9 16 18	51 11	+11 19.2	4 55.5	58 9.1	26.9	15 52.2	7.3	137.985	−4.328	24.7
12	10 7 29	49 30	+ 6 23.7	5 9.4	57 42.2	28.2	15 44.9	7.7	151.587	−4.830	25.7
13	10 56 59	48 35	+ 1 14.3	5 8.1	57 14.0	29.4	15 37.2	8 0	165.012	−5.058	26.7
14	11 45 34		− 3 53.8		56 44.6		15 29.2		178.241	−5.010	27.7

Tag	Obere Kulmination in Greenwich								0^h Länge, $+50°$ Breite			
	AR.	Änderung für 1^h westl. Länge	Dekl.	Änderung für 1^h westl. Länge	Parallaxe	Zeit des Durchgangs	Änderung für 1^h westl. Länge	Aufgang	Änderung für 1^h westl. Länge	Untergang	Änderung für 1^h westl. Länge
1955	h m s	s	° ′	′	′	h m	m	h m	m	h m	m
Sept. 3	23 8 43	127	− 0 4.2	+13.7	57.3	0 23.2	1.94	18 40	0.9	6 41	3.1
4	23 59 58	130	+ 5 23.9	+13.6	57.9	1 10.4	2.00	19 2	1.0	7 56	3.2
5	0 53 2	136	+10 40.7	+12.7	58.3	1 59.4	2.09	19 27	1.2	9 13	3.2
6	1 48 40	143	+15 26.3	+11.0	58.7	2 50.9	2.21	19 57	1.4	10 30	3.2
7	2 47 19	150	+19 20.1	+ 8.4	59.0	3 45.5	2.34	20 34	1.8	11 47	3.1
8	3 48 52	157	+22 1.6	+ 5.0	59.2	4 43.0	2.45	21 22	2.2	13 0	2.9
9	4 52 30	160	+23 14.8	+ 1.1	59.3	5 42.5	2.50	22 21	2.7	14 5	2.5
10	5 56 40	160	+22 51.1	− 3.0	59.3	6 42.6	2.49	23 30	3.0	14 58	2.0
11	6 59 43	155	+20 52.8	− 6.8	59.2	7 41.5	2.41	— —	—	15 41	1.6
12	8 0 20	148	+17 32.1	− 9.8	59.0	8 38.0	2.30	0 46	3.2	16 15	1.3
13	8 57 59	140	+13 7.9	−12.0	58.8	9 31.6	2.17	2 5	3.3	16 43	1.1
14	9 52 48	134	+ 8 1.6	−13.3	58.4	10 22.3	2.06	3 23	3.2	17 6	0.9
15	10 45 24	129	+ 2 34.4	−13.8	57.9	11 10.8	1.99	4 40	3.2	17 28	0.9
16	11 36 32	127	− 2 54.1	−13.5	57.3	11 57.9	1.94	5 55	3.1	17 48	0.9
17	12 27 2	126	− 8 6.9	−12.5	56.6	12 44.3	1.93	7 8	3.0	18 9	0.9
18	13 17 35	127	−12 49.2	−11.0	56.0	13 30.8	1.94	8 20	3.0	18 32	1.1
19	14 8 41	129	−16 48.8	− 8.9	55.4	14 17.8	1.98	9 30	2.9	18 58	1.2
20	15 0 35	131	−19 55.8	− 6.6	54.9	15 5.7	2.01	10 37	2.7	19 28	1.4
21	15 53 17	133	−22 2.5	− 4.0	54.5	15 54.3	2.04	11 40	2.5	20 5	1.7
22	16 46 30	133	−23 4.2	− 1.2	54.3	16 43.4	2.05	12 37	2.2	20 48	2.0
23	17 39 46	133	−22 58.8	+ 1.6	54.3	17 32.6	2.05	13 27	1.9	21 39	2.3
24	18 32 36	131	−21 47.1	+ 4.3	54.4	18 21.4	2.02	14 9	1.6	22 37	2.5
25	19 24 39	129	−19 32.6	+ 6.8	54.7	19 9.3	1.98	14 45	1.4	23 40	2.7
26	20 15 47	127	−16 20.9	+ 9.1	55.2	19 56.4	1.94	15 14	1.1	— —	—
27	21 6 9	125	−12 19.2	+11.0	55.8	20 42.7	1.92	15 39	1.0	0 47	2.8
28	21 56 11	125	− 7 36.7	+12.5	56.6	21 28.7	1.92	16 1	0.9	1 56	2.9
29	22 46 29	127	− 2 24.6	+13.4	57.3	22 14.9	1.94	16 22	0.9	3 7	3.0
30	23 37 51	130	+ 3 3.3	+13.8	58.1	23 2.2	2.00	16 43	0.9	4 20	3.1
Okt. 1	0 31 7	136	+ 8 29.8	+13.3	58.7	23 51.4	2.10	17 5	1.0	5 36	3.2
2	— — —	—	— —	—	—	— —	—	17 29	1.1	6 53	3.3
3	1 27 4	144	+13 34.3	+11.9	59.2	0 43.2	2.23	17 58	1.4	8 13	3.3
4	2 26 9	152	+17 53.7	+ 9.5	59.5	1 38.2	2.36	18 35	1.7	9 32	3.3
5	3 28 19	159	+21 4.6	+ 6.2	59.7	2 36.3	2.47	19 20	2.1	10 49	3.0
6	4 32 39	162	+22 47.8	+ 2.3	59.7	3 36.5	2.53	20 17	2.6	11 57	2.6
7	5 37 31	161	+22 53.2	− 1.8	59.5	4 37.3	2.52	21 23	2.9	12 55	2.2
8	6 41 5	156	+21 22.2	− 5.7	59.2	5 36.7	2.43	22 37	3.2	13 41	1.7
9	7 41 59	148	+18 27.1	− 8.8	58.9	6 33.5	2.30	23 54	3.2	14 17	1.4
10	8 39 38	140	+14 26.2	−11.1	58.4	7 27.1	2.17	— —	—	14 46	1.1
11	9 34 14	133	+ 9 39.7	−12.6	58.0	8 17.6	2.05	1 10	3.2	15 10	1.0
12	10 26 24	128	+ 4 27.3	−13.3	57.5	9 5.7	1.97	2 26	3.1	15 32	0.9
13	11 17 2	125	− 0 53.4	−13.3	57.0	9 52.3	1.93	3 39	3.1	15 52	0.9
14	12 6 59	125	− 6 6.2	−12.7	56.5	10 38.2	1.91	4 52	3.0	16 13	0.9

Mond 1955

Tag	0h Weltzeit										
	Scheinbare Rektaszension		Scheinbare Deklination		Parallaxe		Halbmesser		Länge	Breite	Alter
1955	h m s	m s	° ′	° ′	′ ″	″	′ ″	″	°	°	d
Okt. 14	11 45 34	48 22	− 3 53.8	4 52.7	56 44.6	30.0	15 29.2	8.2	178.241	−5.010	27.7
15	12 33 56	48 45	− 8 46.5	4 24.6	56 14.6	29.7	15 21.0	8.1	191.251	−4.701	28.7
16	13 22 41	49 31	−13 11.1	3 45.2	55 44.9	28.3	15 12.9	7.7	204.025	−4.159	0.2
17	14 12 12	50 25	−16 56.3	2 56.1	55 16.6	25.4	15 5.2	6.9	216.556	−3.424	1.2
18	15 2 37	51 12	−19 52.4	1 59.7	54 51.2	20.8	14 58.3	5.7	228.852	−2.538	2.2
19	15 53 49	51 35	−21 52.1	0 58.6	54 30.4	14.6	14 52.6	4.0	240.939	−1.550	3.2
20	16 45 24	51 29	−22 50.7	0 3.9	54 15.8	6.7	14 48.6	1.8	252.860	−0.504	4.2
21	17 36 53	50 53	−22 46.8	1 5.0	54 9.1	2.2	14 46.8	0.6	264.673	+0.558	5.2
22	18 27 46	49 56	−21 41.8	2 2.6	54 11.3	12.2	14 47.4	3.3	276.450	+1.594	6.2
23	19 17 42	48 55	−19 39.2	2 54.5	54 23.5	22.4	14 50.7	6.1	288.273	+2.567	7.2
24	20 6 37	48 4	−16 44.7	3 40.2	54 45.9	32.5	14 56.8	8.9	300.230	+3.439	8.2
25	20 54 41	47 39	−13 4.5	4 18.6	55 18.4	41.4	15 5.7	11.3	312.410	+4.173	9.2
26	21 42 20	47 50	− 8 45.9	4 48.5	55 59.8	48.5	15 17.0	13.1	324.895	+4.729	10.2
27	22 30 10	48 48	− 3 57.4	5 8.2	56 48.3	52.4	15 30.1	14.3	337.755	+5.068	11.2
28	23 18 58	50 36	+ 1 10.8	5 14.7	57 40.7	52.5	15 44.4	14.3	351.037	+5.149	12.2
29	0 9 34	53 15	+ 6 25.5	5 4.3	58 33.2	48.0	15 58.7	13.1	4.754	+4.943	13.2
30	1 2 49	56 31	+11 29.8	4 32.9	59 21.2	38.6	16 11.8	10.5	18.880	+4.435	14.2
31	1 59 20	59 57	+16 2.7	3 38.5	59 59.8	25.5	16 22.3	7.0	33.345	+3.634	15.2
Nov. 1	2 59 17	62 48	+19 41.2	2 21.9	60 25.3	10.1	16 29.3	2.7	48.046	+2.580	16.2
2	4 2 5	64 14	+22 3.1	0 50.0	60 35.4	5.5	16 32.0	1.5	62.857	+1.342	17.2
3	5 6 19	63 42	+22 53.1	0 46.1	60 29.9	19.1	16 30.5	5.2	77.652	+0.013	18.2
4	6 10 1	61 26	+22 7.0	2 14.1	60 10.8	29.4	16 25.3	8.0	92.321	−1.308	19.2
5	7 11 27	58 7	+19 52.9	3 25.4	59 41.4	36.0	16 17.3	9.8	106.780	−2.528	20.2
6	8 9 34	54 39	+16 27.5	4 16.8	59 5.4	39.0	16 7.5	10.6	120.981	−3.569	21.2
7	9 4 13	51 40	+12 10.7	4 48.8	58 26.4	39.1	15 56.9	10.7	134.900	−4.379	22.2
8	9 55 53	49 27	+ 7 21.9	5 3.8	57 47.3	37.6	15 46.2	10.2	148.536	−4.922	23.2
9	10 45 20	48 9	+ 2 18.1	5 4.0	57 9.7	34.9	15 36.0	9.5	161.901	−5.186	24.2
10	11 33 29	47 41	− 2 45.9	4 51.5	56 34.8	31.8	15 26.5	8.7	175.011	−5.172	25.2
11	12 21 10	47 58	− 7 37.4	4 27.5	56 3.0	28.6	15 17.8	7.8	187.885	−4.895	26.2
12	13 9 8	48 46	−12 4.9	3 52.4	55 34.4	25.5	15 10.0	6.9	200.540	−4.383	27.2
13	13 57 54	49 49	−15 57.3	3 7.7	55 8.9	22.3	15 3.1	6.1	212.992	−3.668	28.2
14	14 47 43	50 50	−19 5.0	2 14.5	54 46.6	18.7	14 57.0	5.1	225.258	−2.792	29.2
15	15 38 33	51 30	−21 19.5	1 15.3	54 27.9	14.5	14 51.9	4.0	237.358	−1.799	0.5
16	16 30 3	51 36	−22 34.8	0 13.2	54 13.4	9.5	14 47.9	2.5	249.317	−0.737	1.5
17	17 21 39	51 5	−22 48.0	0 48.4	54 3.9	3.3	14 45.4	0.9	261.168	+0.351	2.5
18	18 12 44	50 4	−21 59.6	1 46.5	54 0.6	4.0	14 44.5	1.1	272.953	+1.419	3.5
19	19 2 48	48 49	−20 13.1	2 38.7	54 4.6	12.4	14 45.6	3.3	284.725	+2.427	4.5
20	19 51 37	47 37	−17 34.4	3 24.0	54 17.0	21.6	14 48.9	5.9	296.546	+3.336	5.5
21	20 39 14	46 47	−14 10.4	4 1.8	54 38.6	31.1	14 54.8	8.5	308.488	+4.110	6.5
22	21 26 1	46 32	−10 8.6	4 31.8	55 9.7	40.7	15 3.3	11.1	320.629	+4.715	7.5
23	22 12 33	47 3	− 5 36.8	4 53.2	55 50.4	49.1	15 14.4	13.4	333.046	+5.116	8.5
24	22 59 36		− 0 43.6		56 39.5		15 27.8		345.816	+5.279	9.5

Tag	Obere Kulmination in Greenwich: AR.	Änderung für 1h westl. Länge	Dekl.	Änderung für 1h westl. Länge	Parallaxe	Zeit des Durchgangs	Änderung für 1h westl. Länge	0h Länge, + 50° Breite: Aufgang	Änderung für 1h westl. Länge	Untergang	Änderung für 1h westl. Länge
1955	h m s	s	° ′	′	′	h m	m	h m	m	h m	m
Okt. 14	12 6 59	125	− 6 6.2	−12.7	56.5	10 38.2	1.91	4 52	3.0	16 13	0.9
15	12 57 1	126	−10 56.4	−11.4	56.0	11 24.1	1.93	6 3	2.9	16 35	1.0
16	13 47 42	128	−15 10.9	− 9.7	55.5	12 10.7	1.96	7 13	2.9	17 0	1.1
17	14 39 20	130	−18 38.1	− 7.5	55.0	12 58.3	2.00	8 22	2.8	17 29	1.3
18	15 31 56	132	−21 8.4	− 5.0	54.6	13 46.8	2.04	9 27	2.6	18 3	1.6
19	16 25 11	133	−22 35.2	− 2.2	54.3	14 36.0	2.05	10 26	2.3	18 44	1.9
20	17 18 32	133	−22 55.4	+ 0.6	54.2	15 25.3	2.05	11 19	2.1	19 32	2.2
21	18 11 23	131	−22 9.3	+ 3.3	54.2	16 14.1	2.01	12 4	1.7	20 27	2.4
22	19 3 19	128	−20 20.4	+ 5.8	54.3	17 1.9	1.97	12 42	1.4	21 27	2.6
23	19 54 6	126	−17 34.3	+ 8.0	54.7	17 48.6	1.93	13 13	1.2	22 32	2.7
24	20 43 53	123	−13 57.9	+10.0	55.2	18 34.3	1.89	13 39	1.0	23 38	2.8
25	21 33 3	123	− 9 38.9	+11.6	55.9	19 19.4	1.88	14 2	0.9	— —	—
26	22 22 18	124	− 4 46.2	+12.8	56.7	20 4.6	1.90	14 23	0.9	0 47	2.9
27	23 12 28	127	+ 0 29.6	+13.5	57.6	20 50.7	1.95	14 44	0.9	1 58	3.0
28	0 4 30	133	+ 5 54.8	+13.5	58.5	21 38.7	2.05	15 5	0.9	3 11	3.1
29	0 59 22	141	+11 11.3	+12.7	59.3	22 29.5	2.19	15 29	1.1	4 27	3.2
30	1 57 52	151	+15 56.5	+10.9	60.0	23 23.9	2.35	15 56	1.3	5 46	3.3
31	— — —	—	— —	—	—	— —	—	16 30	1.6	7 7	3.4
Nov. 1	3 0 14	160	+19 44.0	+ 7.9	60.4	0 22.1	2.50	17 12	2.0	8 27	3.2
2	4 5 48	167	+22 8.6	+ 4.0	60.6	1 23.6	2.60	18 7	2.5	9 42	2.9
3	5 12 51	168	+22 52.7	− 0.4	60.5	2 26.5	2.62	19 12	2.9	10 46	2.4
4	6 19 6	163	+21 52.7	− 4.6	60.1	3 28.7	2.54	20 26	3.2	11 37	1.9
5	7 22 32	154	+19 19.5	− 8.1	59.6	4 28.0	2.39	21 44	3.2	12 17	1.5
6	8 22 8	144	+15 33.6	−10.6	58.9	5 23.5	2.23	23 1	3.2	12 49	1.2
7	9 17 57	135	+10 57.8	−12.2	58.3	6 15.2	2.08	— —	—	13 15	1.0
8	10 10 37	129	+ 5 53.3	−13.0	57.6	7 3.8	1.98	0 17	3.1	13 37	0.9
9	11 1 9	125	+ 0 38.2	−13.1	57.0	7 50.3	1.90	1 30	3.0	13 58	0.9
10	11 50 34	123	− 4 32.4	−12.7	56.4	8 35.6	1.88	2 42	3.0	14 18	0.9
11	12 39 47	123	− 9 25.1	−11.7	55.9	9 20.8	1.89	3 52	2.9	14 39	0.9
12	13 29 34	126	−13 47.6	−10.2	55.4	10 6.5	1.93	5 1	2.9	15 3	1.1
13	14 20 22	129	−17 28.6	− 8.2	55.0	10 53.2	1.97	6 10	2.8	15 30	1.2
14	15 12 21	131	−20 17.6	− 5.8	54.6	11 41.1	2.02	7 15	2.7	16 2	1.5
15	16 5 19	133	−22 6.4	− 3.2	54.3	12 30.0	2.05	8 17	2.4	16 41	1.8
16	16 58 43	133	−22 49.9	− 0.4	54.1	13 19.4	2.05	9 12	2.2	17 26	2.1
17	17 51 51	132	−22 26.8	+ 2.3	54.0	14 8.4	2.03	10 0	1.8	18 19	2.3
18	18 44 3	129	−20 59.8	+ 4.9	54.0	14 56.5	1.98	10 40	1.5	19 17	2.5
19	19 34 56	125	−18 34.6	+ 7.2	54.2	15 43.3	1.92	11 13	1.3	20 20	2.7
20	20 24 26	122	−15 18.8	+ 9.1	54.5	16 28.8	1.87	11 41	1.1	21 25	2.7
21	21 12 52	120	−11 20.3	+10.7	55.0	17 13.2	1.83	12 4	0.9	22 31	2.8
22	22 0 49	120	− 6 47.7	+12.0	55.7	17 57.0	1.83	12 26	0.9	23 39	2.9
23	22 49 6	122	− 1 49.8	+12.8	56.5	18 41.3	1.87	12 46	0.8	— —	—
24	23 38 44	127	+ 3 22.9	+13.2	57.4	19 26.8	1.94	13 6	0.9	0 49	3.0

Tag	Scheinbare Rektaszension	Diff.	Scheinbare Deklination	Diff.	Parallaxe	Diff.	Halbmesser	Diff.	Länge	Breite	Alter
	0h Weltzeit										
1955	h m s	m s	° ′	° ′	′ ″	″	′ ″	″	°	°	d
Nov. 24	22 59 36	48 29	− 0 43.6	5 4.5	56 39.5	55.4	15 27.8	15.1	345.816	+5.279	9.5
25	23 48 5	50 52	+ 4 20.9	5 2.7	57 34.9	58.4	15 42.9	15.9	359.000	+5.174	10.5
26	0 38 57	54 12	+ 9 23.6	4 43.7	58 33.3	56.6	15 58.8	15.4	12.639	+4.780	11.5
27	1 33 9	58 7	+14 7.3	4 3.3	59 29.9	49.4	16 14.2	13.4	26.740	+4.090	12.5
28	2 31 16	62 3	+18 10.6	2 58.6	60 19.3	36.5	16 27.6	10.0	41.265	+3.119	13.5
29	3 33 19	64 59	+21 9.2	1 32.0	60 55.8	19.1	16 37.6	5.2	56.132	+1.917	14.5
30	4 38 18	65 58	+22 41.2	0 7.6	61 14.9	0.4	16 42.8	0.1	71.216	+0.564	15.5
Dez. 1	5 44 16	64 39	+22 33.6	1 46.1	61 14.5	19.3	16 42.7	5.3	86.366	−0.835	16.5
2	6 48 55	61 33	+20 47.5	3 10.0	60 55.2	35.0	16 37.4	9.5	101.429	−2.169	17.5
3	7 50 28	57 42	+17 37.5	4 11.7	60 20.2	45.7	16 27.9	12.5	116.267	−3.336	18.5
4	8 48 10	53 59	+13 25.8	4 49.9	59 34.5	51.1	16 15.4	13.9	130.779	−4.262	19.5
5	9 42 9	51 0	+ 8 35.9	5 7.5	58 43.4	52.0	16 1.5	14.1	144.907	−4.902	20.5
6	10 33 9	48 59	+ 3 28.4	5 8.4	57 51.4	49.1	15 47.4	13.4	158.629	−5.241	21.5
7	11 22 8	47 55	− 1 40.0	4 56.0	57 2.3	44.2	15 34.0	12.1	171.960	−5.285	22.5
8	12 10 3	47 43	− 6 36.0	4 32.5	56 18.1	38.1	15 21.9	10.3	184.935	−5.056	23.5
9	12 57 46	48 13	−11 8.5	3 59.2	55 40.0	31.5	15 11.6	8.6	197.599	−4.584	24.5
10	13 45 59	49 8	−15 7.7	3 17.0	55 8.5	25.3	15 3.0	6.9	210.006	−3.905	25.5
11	14 35 7	50 12	−18 24.7	2 26.8	54 43.2	19.4	14 56.1	5.3	222.206	−3.058	26.5
12	15 25 19	51 5	−20 51.5	1 30.0	54 23.8	14.0	14 50.8	3.8	234.246	−2.086	27.5
13	16 16 24	51 30	−22 21.5	0 29.1	54 9.8	9.1	14 47.0	2.5	246.169	−1.032	28.5
14	17 7 54	51 17	−22 50.6	0 32.7	54 0.7	4.0	14 44.5	1.1	258.012	+0.060	29.5
15	17 59 11	50 27	−22 17.9	1 31.9	53 56.7	1.0	14 43.4	0.3	269.810	+1.145	0.7
16	18 49 38	49 12	−20 46.0	2 25.9	53 57.7	6.8	14 43.7	1.8	281.599	+2.180	1.7
17	19 38 50	47 51	−18 20.1	3 12.5	54 4.5	13.0	14 45.5	3.6	293.416	+3.123	2.7
18	20 26 41	46 39	−15 7.6	3 50.8	54 17.5	20.1	14 49.1	5.5	305.301	+3.936	3.7
19	21 13 20	45 55	−11 16.8	4 20.7	54 37.6	28.0	14 54.6	7.6	317.302	+4.585	4.7
20	21 59 15	45 51	− 6 56.1	4 41.8	55 5.6	36.1	15 2.2	9.8	329.473	+5.037	5.7
21	22 45 6	46 38	− 2 14.3	4 53.7	55 41.7	44.1	15 12.0	12.0	341.873	+5.266	6.7
22	23 31 44	48 19	+ 2 39.4	4 55.0	56 25.8	51.1	15 24.0	14.0	354.564	+5.246	7.7
23	0 20 3	51 1	+ 7 34.4	4 43.1	57 16.9	56.0	15 38.0	15.2	7.607	+4.960	8.7
24	1 11 4	54 35	+12 17.5	4 14.2	58 12.9	57.4	15 53.2	15.6	21.055	+4.399	9.7
25	2 5 39	58 43	+16 31.7	3 24.7	59 10.3	53.9	16 8.8	14.7	34.940	+3.566	10.7
26	3 4 22	62 39	+19 56.4	2 12.6	60 4.2	44.8	16 23.5	12.2	49.266	+2.489	11.7
27	4 7 1	65 22	+22 9.0	0 41.0	60 49.0	29.9	16 35.7	8.2	63.994	+1.220	12.7
28	5 12 23	66 1	+22 50.0	0 59.9	61 18.9	10.8	16 43.9	2.9	79.040	−0.158	13.7
29	6 18 24	64 25	+21 50.1	2 35.8	61 29.7	10.1	16 46.8	2.7	94.271	−1.541	14.7
30	7 22 49	61 15	+19 14.3	3 53.7	61 19.6	29.5	16 44.1	8.1	109.526	−2.814	15.7
31	8 24 4	57 29	+15 20.6	4 46.6	60 50.1	44.8	16 36.0	12.2	124.635	−3.876	16.7
32	9 21 33		+10 34.0		60 5.3		16 23.8		139.447	−4.654	17.7

Tag	Obere Kulmination in Greenwich: AR.	Änderung für 1h westl. Länge	Dekl.	Änderung für 1h westl. Länge	Parallaxe	Zeit des Durchgangs	Änderung für 1h westl. Länge	0h Länge, + 50° Breite: Aufgang	Änderung für 1h westl. Länge	Untergang	Änderung für 1h westl. Länge
1955	h m s	s	° ′	′	′	h m	m	h m	m	h m	m
Nov. 24	23 38 44	127	+ 3 22.9	+13.2	57.4	19 26.8	1.94	13 6	0.9	0 49	3.0
25	0 30 48	134	+ 8 37.0	+12.9	58.4	20 14.8	2.07	13 28	1.0	2 1	3.1
26	1 26 24	144	+13 34.8	+11.8	59.4	21 6.3	2.23	13 52	1.1	3 17	3.2
27	2 26 22	156	+17 52.8	+ 9.5	60.3	22 2.2	2.42	14 22	1.2	4 36	3.3
28	3 30 46	166	+21 3.6	+ 6.2	60.9	23 2.5	2.60	15 0	1.8	5 57	3.3
29	— — —	—	— —	—	—	— —	—	15 49	2.3	7 15	3.1
30	4 38 35	172	+22 41.4	+ 1.9	61.2	0 6.2	2.69	16 51	2.8	8 27	2.7
Dez. 1	5 47 30	171	+22 30.6	− 2.8	61.2	1 11.0	2.68	18 4	3.2	9 26	2.2
2	6 54 48	164	+20 33.0	− 6.9	60.9	2 14.2	2.57	19 24	3.4	10 13	1.7
3	7 58 28	154	+17 6.7	−10.1	60.2	3 13.7	2.39	20 45	3.3	10 49	1.4
4	8 57 45	143	+12 37.8	−12.1	59.4	4 8.9	2.22	22 4	3.2	11 18	1.1
5	9 53 0	134	+ 7 32.6	−13.1	58.5	5 0.1	2.06	23 19	3.1	11 42	0.9
6	10 45 9	127	+ 2 13.3	−13.4	57.7	5 48.2	1.96	— —	—	12 3	0.9
7	11 35 19	124	− 3 2.8	−12.9	56.8	6 34.3	1.90	0 33	3.0	12 24	0.9
8	12 24 36	123	− 8 2.1	−12.0	56.1	7 19.5	1.88	1 43	2.9	12 45	0.9
9	13 13 55	124	−12 33.2	−10.6	55.5	8 4.7	1.90	2 53	2.9	13 7	1.0
10	14 3 58	126	−16 25.7	− 8.7	55.0	8 50.7	1.94	4 1	2.8	13 33	1.2
11	14 55 8	129	−19 30.0	− 6.6	54.6	9 37.8	1.99	5 7	2.7	14 3	1.4
12	15 47 26	132	−21 37.9	− 4.1	54.3	10 26.0	2.03	6 9	2.5	14 39	1.7
13	16 40 31	133	−22 42.8	− 1.3	54.1	11 15.1	2.05	7 7	2.3	15 22	2.0
14	17 33 45	133	−22 41.8	+ 1.4	54.0	12 4.2	2.04	7 57	1.9	16 13	2.3
15	18 26 23	130	−21 35.7	+ 4.1	53.9	12 52.8	2.00	8 40	1.6	17 10	2.5
16	19 17 50	127	−19 29.1	+ 6.4	54.0	13 40.1	1.94	9 15	1.3	18 11	2.6
17	20 7 46	123	−16 29.4	+ 8.5	54.2	14 26.0	1.88	9 44	1.1	19 15	2.7
18	20 56 17	120	−12 45.6	+10.1	54.5	15 10.5	1.83	10 9	1.0	20 21	2.8
19	21 43 48	118	− 8 26.9	+11.4	54.9	15 53.9	1.80	10 31	0.9	21 27	2.8
20	22 30 58	118	− 3 42.7	+12.2	55.5	16 37.0	1.80	10 51	0.8	22 35	2.9
21	23 18 40	121	+ 1 17.3	+12.7	56.2	17 20.7	1.85	11 10	0.8	23 44	2.9
22	0 7 57	126	+ 6 22.4	+12.6	57.1	18 5.9	1.93	11 30	0.9	— —	—
23	0 59 56	134	+11 19.1	+12.0	58.0	18 53.8	2.07	11 52	1.0	0 55	3.1
24	1 55 43	145	+15 49.7	+10.4	59.0	19 45.5	2.25	12 18	1.2	2 10	3.2
25	2 56 2	157	+19 32.0	+ 7.9	60.0	20 41.7	2.44	12 51	1.6	3 27	3.2
26	4 0 53	167	+22 0.0	+ 4.3	60.8	21 42.4	2.61	13 32	2.0	4 45	3.2
27	5 9 0	173	+22 50.4	− 0.2	61.3	22 46.4	2.70	14 26	2.6	6 0	2.9
28	6 18 0	171	+21 50.8	− 4.8	61.5	23 51.3	2.68	15 34	3.1	7 6	2.5
29	— — —	—	— —	—	—	— —	—	16 52	3.4	8 1	2.0
30	7 25 12	164	+19 6.7	− 8.8	61.3	0 54.4	2.56	18 15	3.5	8 43	1.6
31	8 28 45	154	+14 59.5	−11.6	60.8	1 53.8	2.39	19 39	3.4	9 16	1.3
32	9 28 3	143	+ 9 58.0	−13.3	60.0	2 49.1	2.22	20 59	3.2	9 44	1.0

Mond 1955

Phasen des Mondes

1955		Weltzeit h m		1955		Weltzeit h m	
Jan.	1	20 29	Erstes Viertel	Juli	5	5 28	Vollmond
	8	12 44	Vollmond		12	20 31	Letztes Viertel
	15	22 13	Letztes Viertel		19	11 34	Neumond
	24	1 6	Neumond		26	15 59	Erstes Viertel
	31	5 5	Erstes Viertel	Aug.	3	19 30	Vollmond
Febr.	7	1 43	Vollmond		11	2 33	Letztes Viertel
	14	19 40	Letztes Viertel		17	19 58	Neumond
	22	15 54	Neumond		25	8 51	Erstes Viertel
März	1	12 40	Erstes Viertel	Sept.	2	7 59	Vollmond
	8	15 41	Vollmond		9	7 59	Letztes Viertel
	16	16 36	Letztes Viertel		16	6 19	Neumond
	24	3 42	Neumond		24	3 40	Erstes Viertel
	30	20 10	Erstes Viertel	Okt.	1	19 17	Vollmond
April	7	6 35	Vollmond		8	14 4	Letztes Viertel
	15	11 0	Letztes Viertel		15	19 32	Neumond
	22	13 6	Neumond		23	23 4	Erstes Viertel
	29	4 23	Erstes Viertel		31	6 4	Vollmond
Mai	6	22 14	Vollmond	Nov.	6	21 56	Letztes Viertel
	15	1 42	Letztes Viertel		14	12 1	Neumond
	21	20 58	Neumond		22	17 29	Erstes Viertel
	28	14 1	Erstes Viertel		29	16 50	Vollmond
Juni	5	14 8	Vollmond	Dez.	6	8 35	Letztes Viertel
	13	12 37	Letztes Viertel		14	7 7	Neumond
	20	4 12	Neumond		22	9 39	Erstes Viertel
	27	1 44	Erstes Viertel		29	3 44	Vollmond

Mond in Erdnähe

1955		Weltzeit h
Jan.	6	9
Febr.	2	19
Febr.	27	13
März	26	16
April	23	19
Mai	22	4
Juni	19	14
Juli	17	20
Aug.	14	18
Sept.	10	1
Okt.	5	11
Nov.	2	3
Nov.	30	11
Dez.	29	0

Mond in Erdferne

1955		Weltzeit h
Jan.	18	3
Febr.	15	0
März	14	21
April	11	14
Mai	9	0
Juni	5	3
Juli	2	9
Juli	29	22
Aug.	26	15
Sept.	23	11
Okt.	21	6
Nov.	17	23
Dez.	15	7

Tag	0h Weltzeit Scheinbare Rektaszension		Scheinbare Deklination		Δ		Halbmesser	Hor. Par.	Aufgang	Obere Kulmination	Untergang
									in 0h Länge, + 50° Breite		
1955	h m s	m s	° ′ ″	′ ″			″	″	h m	h m	h m
Jan. 0	18 52 52.95	7 7.06	−24 49 43.2	6 42.3	1.425 029	5 435	2.34	6.18	8 28	12 19.0	16 11
1	19 0 0.01	7 7.43	24 43 0.9	8 13.4	1.419 594	6 075	2.35	6.20	8 30	12 22.1	16 15
2	19 7 7.44	7 7.62	24 34 47.5	9 45.3	1.413 519	6 730	2.36	6.23	8 32	12 25.3	16 19
3	19 14 15.06	7 7.59	24 25 2.2	11 18.0	1.406 789	7 401	2.38	6.26	8 34	12 28.5	16 23
4	19 21 22.65	7 7.36	24 13 44.2	12 51.1	1.399 388	8 088	2.39	6.29	8 36	12 31.7	16 28
5	19 28 30.01	7 6.90	24 0 53.1	14 24.8	1.391 300	8 795	2.40	6.33	8 38	12 34.9	16 33
6	19 35 36.91	7 6.16	−23 46 28.3	15 58.8	1.382 505	9 521	2.41	6.36	8 39	12 38.1	16 38
7	19 42 43.07	7 5.16	23 30 29.5	17 32.9	1.372 984	10 269	2.43	6.41	8 41	12 41.3	16 43
8	19 49 48.23	7 3.84	23 12 56.6	19 7.0	1.362 715	11 039	2.45	6.46	8 42	12 44.4	16 48
9	19 56 52.07	7 2.17	22 53 49.6	20 40.9	1.351 676	11 832	2.47	6.51	8 43	12 47.5	16 53
10	20 3 54.24	7 0.12	22 33 8.7	22 14.2	1.339 844	12 651	2.49	6.57	8 44	12 50.6	16 58
11	20 10 54.36	6 57.62	22 10 54.5	23 46.5	1.327 193	13 494	2.52	6.63	8 44	12 53.6	17 4
12	20 17 51.98	6 54.64	−21 47 8.0	25 17.7	1.313 699	14 361	2.54	6.70	8 45	12 56.6	17 9
13	20 24 46.62	6 51.11	21 21 50.3	26 46.9	1.299 338	15 254	2.57	6.77	8 45	12 59.5	17 15
14	20 31 37.73	6 46.94	20 55 3.4	28 14.0	1.284 084	16 171	2.60	6.85	8 46	13 2.4	17 20
15	20 38 24.67	6 42.06	20 26 49.4	29 38.0	1.267 913	17 109	2.63	6.94	8 46	13 5.2	17 26
16	20 45 6.73	6 36.36	19 57 11.4	30 58.3	1.250 804	18 067	2.67	7.03	8 45	13 8.0	17 32
17	20 51 43.09	6 29.74	19 26 13.1	32 14.0	1.232 737	19 040	2.71	7.14	8 45	13 10.6	17 38
18	20 58 12.83	6 22.08	−18 53 59.1	33 23.9	1.213 697	20 023	2.75	7.25	8 44	13 13.1	17 43
19	21 4 34.91	6 13.21	18 20 35.2	34 27.1	1.193 674	21 008	2.80	7.37	8 43	13 15.4	17 49
20	21 10 48.12	6 2.99	17 46 8.1	35 22.0	1.172 666	21 987	2.85	7.50	8 42	13 17.6	17 55
21	21 16 51.11	5 51.25	17 10 46.1	36 7.2	1.150 679	22 948	2.90	7.65	8 41	13 19.6	18 0
22	21 22 42.36	5 37.78	16 34 38.9	36 41.0	1.127 731	23 877	2.96	7.80	8 39	13 21.4	18 5
23	21 28 20.14	5 22.41	15 57 57.9	37 1.4	1.103 854	24 759	3.02	7.97	8 37	13 22.9	18 10
24	21 33 42.55	5 4.92	−15 20 56.5	37 6.6	1.079 095	25 573	3.09	8.15	8 35	13 24.2	18 14
25	21 38 47.47	4 45.12	14 43 49.9	36 54.4	1.053 522	26 300	3.17	8.35	8 33	13 25.2	18 19
26	21 43 32.59	4 22.83	14 6 55.5	36 22.6	1.027 222	26 913	3.25	8.57	8 31	13 25.8	18 22
27	21 47 55.42	3 57.88	13 30 32.9	35 29.3	1.000 309	27 390	3.34	8.80	8 28	13 26.0	18 26
28	21 51 53.30	3 30.17	12 55 3.6	34 12.5	0.972 919	27 702	3.43	9.04	8 25	13 25.8	18 28
29	21 55 23.47	2 59.68	12 20 51.1	32 30.5	0.945 217	27 825	3.53	9.31	8 21	13 25.1	18 30
30	21 58 23.15	2 26.43	−11 48 20.6	30 22.4	0.917 392	27 734	3.64	9.59	8 17	13 23.8	18 32
31	22 0 49.58	1 50.60	11 17 58.2	27 47.4	0.889 658	27 406	3.75	9.89	8 13	13 22.0	18 32
Febr. 1	22 2 40.18	1 12.46	10 50 10.8	24 45.9	0.862 252	26 826	3.88	10.21	8 9	13 19.5	18 31
2	22 3 52.64	0 32.49	10 25 24.9	21 19.2	0.835 426	25 980	4.00	10.53	8 4	13 16.4	18 30
3	22 4 25.13	0 8.69	10 4 5.7	17 29.6	0.809 446	24 865	4.13	10.87	7 58	13 12.7	18 28
4	22 4 16.44	0 50.31	9 46 36.1	13 20.8	0.784 581	23 484	4.26	11.22	7 53	13 8.2	18 24
5	22 3 26.13	1 31.39	− 9 33 15.3	8 57.3	0.761 097	21 848	4.39	11.56	7 47	13 3.1	18 20
6	22 1 54.74	2 10.85	9 24 18.0	4 25.6	0.739 249	19 977	4.52	11.90	7 40	12 57.3	18 14
7	21 59 43.89	2 47.49	9 19 52.4	0 7.4	0.719 272	17 898	4.64	12.23	7 34	12 50.8	18 8
8	21 56 56.40	3 20.14	9 19 59.8	4 33.8	0.701 374	15 650	4.76	12.55	7 27	12 43.8	18 0
9	21 53 36.26	3 47.66	9 24 33.6	8 45.9	0.685 724	13 272	4.87	12.83	7 20	12 36.3	17 52
10	21 49 48.60		− 9 33 19.5		0.672 452		4.97	13.09	7 13	12 28.5	17 43

Merkur 1955

Tag	0ʰ Weltzeit: Scheinbare Rektaszension		Scheinbare Deklination		Δ·		Halbmesser	Hor. Par.	Aufgang	Obere Kulmination	Untergang
									in 0ʰ Länge, + 50° Breite		
1955	h m s	m s	° ′ ″	′ ″			″	″	h m	h m	h m
Febr. 10	21 49 48.60	4 9.10	− 9 33 19.5	12 35.7	0.672 452	10 811	4.97	13.09	7 13	12 28.5	17 43
11	21 45 39.50	4 23.75	9 45 55.2	15 56.9	0.661 641	8 316	5.05	13.30	7 6	12 20.3	17 34
12	21 41 15.75	4 31.23	10 1 52.1	18 44.5	0.653 325	5 834	5.11	13.47	6 59	12 11.9	17 24
13	21 36 44.52	4 31.53	10 20 36.6	20 55.0	0.647 491	3 412	5.16	13.59	6 52	12 3.5	17 14
14	21 32 12.99	4 24.96	10 41 31.6	22 27.9	0.644 079	1 087	5.18	13.66	6 46	11 55.1	17 4
15	21 27 48.03	4 12.16	11 3 59.5	23 24.0	0.642 992	1 106	5.20	13.69	6 39	11 46.9	16 54
16	21 23 35.87	3 54.00	−11 27 23.5	23 45.8	0.644 098	3 142	5.18	13.66	6 34	11 38.9	16 44
17	21 19 41.87	3 31.45	11 51 9.3	23 37.3	0.647 240	5 004	5.16	13.60	6 28	11 31.3	16 35
18	21 16 10.42	3 5.58	12 14 46.6	23 2.7	0.652 244	6 685	5.12	13.49	6 23	11 24.1	16 25
19	21 13 4.84	2 37.40	12 37 49.3	22 6.5	0.658 929	8 181	5.07	13.35	6 17	11 17.3	16 17
20	21 10 27.44	2 7.84	12 59 55.8	20 53.5	0.667 110	9 495	5.01	13.19	6 13	11 11.0	16 9
21	21 8 19.60	1 37.68	13 20 49.3	19 27.5	0.676 605	10 636	4.94	13.01	6 9	11 5.1	16 1
22	21 6 41.92	1 7.61	−13 40 16.8	17 52.1	0.687 241	11 615	4.86	12.80	6 5	10 59.8	15 54
23	21 5 34.31	0 38.13	13 58 8.9	16 10.0	0.698 856	12 445	4.78	12.59	6 2	10 55.0	15 48
24	21 4 56.18	0 9.64	14 14 18.9	14 23.7	0.711 301	13 138	4.69	12.37	5 58	10 50.6	15 42
25	21 4 46.54	0 17.60	14 28 42.6	12 34.8	0.724 439	13 710	4.61	12.15	5 56	10 46.7	15 37
26	21 5 4.14	0 43.42	14 41 17.4	10 45.0	0.738 149	14 174	4.52	11.92	5 53	10 43.3	15 33
27	21 5 47.56	1 7.70	14 52 2.4	8 54.8	0.752 323	14 541	4.44	11.70	5 51	10 40.3	15 29
28	21 6 55.26	1 30.42	−15 0 57.2	7 5.4	0.766 864	14 827	4.36	11.48	5 49	10 37.7	15 26
März 1	21 8 25.68	1 51.58	15 8 2.6	5 17.0	0.781 691	15 039	4.27	11.26	5 47	10 35.4	15 23
2	21 10 17.26	2 11.23	15 13 19.6	3 30.1	0.796 730	15 189	4.19	11.05	5 46	10 33.4	15 21
3	21 12 28.49	2 29.42	15 16 49.7	1 44.7	0.811 919	15 283	4.11	10.84	5 44	10 31.8	15 19
4	21 14 57.91	2 46.22	15 18 34.4	0 1.0	0.827 202	15 332	4.04	10.64	5 43	10 30.5	15 18
5	21 17 44.13	3 1.73	15 18 35.4	1 40.8	0.842 534	15 342	3.96	10.44	5 42	10 29.4	15 17
6	21 20 45.86	3 16.04	−15 16 54.6	3 21.0	0.857 876	15 316	3.89	10.26	5 41	10 28.6	15 17
7	21 24 1.90	3 29.21	15 13 33.6	4 59.2	0.873 192	15 262	3.83	10.08	5 40	10 28.0	15 16
8	21 27 31.11	3 41.35	15 8 34.4	6 35.7	0.888 454	15 184	3.76	9.90	5 39	10 27.7	15 17
9	21 31 12.46	3 52.54	15 1 58.7	8 10.5	0.903 638	15 086	3.70	9.74	5 38	10 27.5	15 17
10	21 35 5.00	4 2.86	14 53 48.2	9 43.9	0.918 724	14 969	3.64	9.58	5 37	10 27.5	15 18
11	21 39 7.86	4 12.37	14 44 4.3	11 15.5	0.933 693	14 839	3.58	9.42	5 37	10 27.7	15 19
12	21 43 20.23	4 21.17	−14 32 48.8	12 45.7	0.948 532	14 696	3.52	9.28	5 36	10 28.0	15 21
13	21 47 41.40	4 29.30	14 20 3.1	14 14.4	0.963 228	14 543	3.47	9.14	5 35	10 28.5	15 22
14	21 52 10.70	4 36.83	14 5 48.7	15 41.6	0.977 771	14 383	3.42	9.00	5 35	10 29.1	15 24
15	21 56 47.53	4 43.82	13 50 7.1	17 7.7	0.992 154	14 214	3.37	8.87	5 34	10 29.8	15 27
16	22 1 31.35	4 50.34	13 32 59.4	18 32.3	1.006 368	14 040	3.32	8.74	5 33	10 30.7	15 29
17	22 6 21.69	4 56.40	13 14 27.1	19 55.8	1.020 408	13 861	3.27	8.62	5 32	10 31.6	15 32
18	22 11 18.09	5 2.09	−12 54 31.3	21 18.0	1.034 269	13 678	3.23	8.51	5 32	10 32.7	15 34
19	22 16 20.18	5 7.42	12 33 13.3	22 39.2	1.047 947	13 490	3.19	8.40	5 31	10 33.8	15 38
20	22 21 27.60	5 12.45	12 10 34.1	23 59.2	1.061 437	13 300	3.15	8.29	5 30	10 35.0	15 41
21	22 26 40.05	5 17.22	11 46 34.9	25 18.0	1.074 737	13 105	3.11	8.19	5 29	10 36.3	15 44
22	22 31 57.27	5 21.75	11 21 16.9	26 35.9	1.087 842	12 908	3.07	8.09	5 29	10 37.7	15 48
23	22 37 19.02		−10 54 41.0		1.100 750		3.03	7.99	5 28	10 39.1	15 52

Tag	0h Weltzeit: Scheinbare Rektaszension		Scheinbare Deklination		Δ		Halbmesser	Hor. Par.	Aufgang	Obere Kulmination	Untergang
1955	h m s	m s	° ′ ″	′ ″			″	″	h m	h m	h m
									in 0h Länge, + 50° Breite		
März 23	22 37 19.02	5 26.08	−10 54 41.0	27 52.7	1.100 750	12 707	3.03	7.99	5 28	10 39.1	15 52
24	22 42 45.10	5 30.25	10 26 48.3	29 8.5	1.113 457	12 502	3.00	7.90	5 27	10 40.7	15 56
25	22 48 15.35	5 34.28	9 57 39.8	30 23.3	1.125 959	12 293	2.97	7.82	5 26	10 42.3	16 0
26	22 53 49.63	5 38.19	9 27 16.5	31 37.2	1.138 252	12 079	2.93	7.73	5 25	10 43.9	16 4
27	22 59 27.82	5 42.04	8 55 39.3	32 50.1	1.150 331	11 859	2.90	7.65	5 24	10 45.6	16 8
28	23 5 9.86	5 45.83	8 22 49.2	34 2.2	1.162 190	11 634	2.87	7.57	5 23	10 47.4	16 13
29	23 10 55.69	5 49.58	− 7 48 47.0	35 13.1	1.173 824	11 401	2.85	7.50	5 22	10 49.3	16 18
30	23 16 45.27	5 53.34	7 13 33.9	36 23.2	1.185 225	11 158	2.82	7.42	5 21	10 51.2	16 23
31	23 22 38.61	5 57.12	6 37 10.7	37 32.4	1.196 383	10 905	2.79	7.36	5 20	10 53.2	16 28
April 1	23 28 35.73	6 0.94	5 59 38.3	38 40.5	1.207 288	10 640	2.77	7.29	5 19	10 55.2	16 33
2	23 34 36.67	6 4.81	5 20 57.8	39 47.6	1.217 928	10 362	2.74	7.22	5 18	10 57.3	16 38
3	23 40 41.48	6 8.78	4 41 10.2	40 53.6	1.228 290	10 067	2.72	7.16	5 17	10 59.5	16 43
4	23 46 50.26	6 12.84	− 4 0 16.6	41 58.5	1.238 357	9 753	2.70	7.11	5 16	11 1.7	16 49
5	23 53 3.10	6 17.03	3 18 18.1	43 2.1	1.248 110	9 419	2.68	7.05	5 15	11 4.0	16 55
6	23 59 20.13	6 21.34	2 35 16.0	44 4.4	1.257 529	9 061	2.66	7.00	5 14	11 6.4	17 1
7	0 5 41.47	6 25.82	1 51 11.6	45 5.1	1.266 590	8 676	2.64	6.95	5 13	11 8.9	17 7
8	0 12 7.29	6 30.46	1 6 6.5	46 4.2	1.275 266	8 260	2.62	6.90	5 12	11 11.4	17 13
9	0 18 37.75	6 35.28	− 0 20 2.3	47 1.3	1.283 526	7 811	2.60	6.86	5 11	11 14.0	17 19
10	0 25 13.03	6 40.27	+ 0 26 59.0	47 56.4	1.291 337	7 324	2.58	6.81	5 10	11 16.7	17 26
11	0 31 53.30	6 45.47	1 14 55.4	48 49.1	1.298 661	6 796	2.57	6.78	5 8	11 19.5	17 33
12	0 38 38.77	6 50.85	2 3 44.5	49 39.1	1.305 457	6 222	2.56	6.74	5 7	11 22.3	17 39
13	0 45 29.62	6 56.43	2 53 23.6	50 25.9	1.311 679	5 598	2.55	6.71	5 6	11 25.3	17 46
14	0 52 26.05	7 2.19	3 43 49.5	51 9.1	1.317 277	4 920	2.54	6.68	5 5	11 28.3	17 54
15	0 59 28.24	7 8.12	4 34 58.6	51 48.3	1.322 197	4 182	2.53	6.66	5 4	11 31.5	18 1
16	1 6 36.36	7 14.20	+ 5 26 46.9	52 22.8	1.326 379	3 383	2.52	6.63	5 3	11 34.7	18 9
17	1 13 50.56	7 20.38	6 19 9.7	52 52.1	1.329 762	2 517	2.51	6.62	5 2	11 38.1	18 16
18	1 21 10.94	7 26.66	7 12 1.8	53 15.2	1.332 279	1 583	2.51	6.61	5 1	11 41.5	18 24
19	1 28 37.60	7 32.94	8 5 17.0	53 31.5	1.333 862	578	2.50	6.60	5 1	11 45.1	18 32
20	1 36 10.54	7 39.18	8 58 48.5	53 40.1	1.334 440	498	2.50	6.59	5 0	11 48.8	18 41
21	1 43 49.72	7 45.28	9 52 28.6	53 40.3	1.333 942	1 643	2.50	6.60	4 59	11 52.5	18 49
22	1 51 35.00	7 51.17	+10 46 8.9	53 31.0	1.332 299	2 856	2.51	6.61	4 58	11 56.4	18 57
23	1 59 26.17	7 56.74	11 39 39.9	53 11.3	1.329 443	4 128	2.51	6.62	4 58	12 0.4	19 6
24	2 7 22.91	8 1.85	12 32 51.2	52 40.6	1.325 315	5 455	2.52	6.64	4 57	12 4.4	19 15
25	2 15 24.76	8 6.41	13 25 31.8	51 58.3	1.319 860	6 823	2.53	6.67	4 56	12 8.6	19 24
26	2 23 31.17	8 10.27	14 17 30.1	51 3.6	1.313 037	8 218	2.54	6.70	4 56	12 12.8	19 32
27	2 31 41.44	8 13.32	15 8 33.7	49 56.4	1.304 819	9 628	2.56	6.74	4 56	12 17.1	19 41
28	2 39 54.76	8 15.43	+15 58 30.1	48 36.7	1.295 191	11 032	2.58	6.79	4 55	12 21.4	19 50
29	2 48 10.19	8 16.50	16 47 6.8	47 4.8	1.284 159	12 413	2.60	6.85	4 55	12 25.7	19 59
30	2 56 26.69	8 16.45	17 34 11.6	45 21.2	1.271 746	13 750	2.63	6.92	4 55	12 30.1	20 8
Mai 1	3 4 43.14	8 15.21	18 19 32.8	43 26.7	1.257 996	15 028	2.66	7.00	4 55	12 34.4	20 16
2	3 12 58.35	8 12.73	19 2 59.5	41 22.5	1.242 968	16 227	2.69	7.08	4 55	12 38.7	20 25
3	3 21 11.08		+19 44 22.0		1.226 741		2.72	7.17	4 55	12 42.9	20 33

Tag	0h Weltzeit: Scheinbare Rektaszension		Scheinbare Deklination		Δ		Halbmesser	Hor. Par.	Aufgang (in 0h Länge, + 50° Breite)	Obere Kulmination	Untergang
1955	h m s	m s	° ′ ″	′ ″			″	″	h m	h m	h m
Mai 3	3 21 11.08	8 9.02	+19 44 22.0	39 10.0	1.226 741	17 333	2.72	7.17	4 55	12 42.9	20 33
4	3 29 20.10	8 4.07	20 23 32.0	36 50.6	1.209 408	18 336	2.76	7.28	4 56	12 47.1	20 41
5	3 37 24.17	7 57.92	21 0 22.6	34 25.8	1.191 072	19 226	2.80	7.39	4 56	12 51.2	20 49
6	3 45 22.09	7 50.63	21 34 48.4	31 57.2	1.171 846	20 000	2.85	7.51	4 56	12 55.2	20 56
7	3 53 12.72	7 42.25	22 6 45.6	29 26.4	1.151 846	20 654	2.90	7.64	4 57	12 59.0	21 3
8	4 0 54.97	7 32.85	22 36 12.0	26 54.6	1.131 192	21 191	2.95	7.78	4 58	13 2.7	21 10
9	4 8 27.82	7 22.51	+23 3 6.6	24 23.3	1.110 001	21 613	3.01	7.93	4 58	13 6.2	21 16
10	4 15 50.33	7 11.31	23 27 29.9	21 53.4	1.088 388	21 927	3.07	8.09	4 59	13 9.6	21 22
11	4 23 1.64	6 59.30	23 49 23.3	19 25.9	1.066 461	22 139	3.13	8.25	5 0	13 12.7	21 27
12	4 30 0.94	6 46.58	24 8 49.2	17 1.8	1.044 322	22 254	3.20	8.43	5 1	13 15.6	21 32
13	4 36 47.52	6 33.18	24 25 51.0	14 41.3	1.022 068	22 284	3.27	8.61	5 1	13 18.3	21 37
14	4 43 20.70	6 19.15	24 40 32.3	12 25.3	0.999 784	22 233	3.34	8.80	5 2	13 20.8	21 41
15	4 49 39.85	6 4.55	+24 52 57.6	10 13.9	0.977 551	22 112	3.42	9.00	5 3	13 23.1	21 44
16	4 55 44.40	5 49.41	25 3 11.5	8 7.4	0.955 439	21 925	3.50	9.21	5 4	13 25.1	21 47
17	5 1 33.81	5 33.74	25 11 18.9	6 6.1	0.933 514	21 680	3.58	9.43	5 5	13 26.8	21 49
18	5 7 7.55	5 17.58	25 17 25.0	4 10.0	0.911 834	21 383	3.66	9.65	5 6	13 28.3	21 51
19	5 12 25.13	5 0.95	25 21 35.0	2 19.0	0.890 451	21 038	3.75	9.88	5 7	13 29.5	21 53
20	5 17 26.08	4 43.86	25 23 54.0	0 33.4	0.869 413	20 651	3.84	10.12	5 8	13 30.4	21 53
21	5 22 9.94	4 26.32	+25 24 27.4	1 7.2	0.848 762	20 225	3.94	10.37	5 8	13 31.0	21 54
22	5 26 36.26	4 8.34	25 23 20.2	2 42.6	0.828 537	19 763	4.03	10.62	5 9	13 31.4	21 54
23	5 30 44.60	3 49.94	25 20 37.6	4 12.9	0.808 774	19 268	4.13	10.88	5 9	13 31.4	21 53
24	5 34 34.54	3 31.13	25 16 24.7	5 38.3	0.789 506	18 740	4.23	11.15	5 10	13 31.1	21 52
25	5 38 5.67	3 11.92	25 10 46.4	6 59.1	0.770 766	18 181	4.33	11.42	5 10	13 30.5	21 51
26	5 41 17.59	2 52.35	25 3 47.3	8 14.9	0.752 585	17 594	4.44	11.69	5 10	13 29.6	21 49
27	5 44 9.94	2 32.46	+24 55 32.4	9 26.2	0.734 991	16 977	4.54	11.97	5 10	13 28.3	21 46
28	5 46 42.40	2 12.30	24 46 6.2	10 32.7	0.718 014	16 331	4.65	12.26	5 9	13 26.7	21 43
29	5 48 54.70	1 51.89	24 35 33.5	11 35.0	0.701 683	15 656	4.76	12.54	5 9	13 24.8	21 40
30	5 50 46.59	1 31.34	24 23 58.5	12 32.7	0.686 027	14 951	4.87	12.83	5 8	13 22.5	21 36
31	5 52 17.93	1 10.71	24 11 25.8	13 25.8	0.671 076	14 217	4.98	13.11	5 7	13 19.9	21 32
Juni 1	5 53 28.64	0 50.12	23 58 0.0	14 14.2	0.656 859	13 452	5.09	13.40	5 6	13 17.0	21 27
2	5 54 18.76	0 29.68	+23 43 45.8	14 58.2	0.643 407	12 656	5.19	13.68	5 4	13 13.7	21 22
3	5 54 48.44	0 9.53	23 28 47.6	15 37.2	0.630 751	11 829	5.29	13.95	5 2	13 10.1	21 16
4	5 54 57.97	0 10.16	23 13 10.4	16 11.2	0.618 922	10 970	5.40	14.22	5 0	13 6.1	21 11
5	5 54 47.81	0 29.23	22 56 59.2	16 39.7	0.607 952	10 079	5.49	14.47	4 58	13 1.9	21 4
6	5 54 18.58	0 47.49	22 40 19.5	17 2.6	0.597 873	9 157	5.59	14.72	4 55	12 57.3	20 58
7	5 53 31.09	1 4.72	22 23 16.9	17 19.3	0.588 716	8 204	5.67	14.95	4 52	12 52.4	20 51
8	5 52 26.37	1 20.73	+22 5 57.6	17 29.4	0.580 512	7 221	5.75	15.16	4 49	12 47.2	20 44
9	5 51 5.64	1 35.27	21 48 28.2	17 32.6	0.573 291	6 209	5.83	15.35	4 46	12 41.8	20 37
10	5 49 30.37	1 48.15	21 30 55.6	17 28.1	0.567 082	5 171	5.89	15.52	4 42	12 36.2	20 29
11	5 47 42.22	1 59.19	21 13 27.5	17 15.8	0.561 911	4 108	5.94	15.66	4 38	12 30.4	20 22
12	5 45 43.03	2 8.18	20 56 11.7	16 54.9	0.557 803	3 026	5.99	15.78	4 34	12 24.4	20 14
13	5 43 34.85		+20 39 16.8		0.554 777		6.02	15.86	4 30	12 18.3	20 6

Tag	0h Weltzeit Scheinbare Rektaszension		Scheinbare Deklination		Δ		Halbmesser	Hor. Par.	Aufgang	Obere Kulmination	Untergang
									in 0h Länge, + 50° Breite		
1955	h m s	m s	° ′ ″	′ ″			″	″	h m	h m	h m
Juni 13	5 43 34.85	2 15.00	+20 39 16.8	16 25.4	0.554 777	1 927	6.02	15.86	4 30	12 18.3	20 6
14	5 41 19.85	2 19.51	20 22 51.4	15 47.0	0.552 850	813	6.04	15.92	4 25	12 12.1	19 58
15	5 39 0.34	2 21.67	20 7 4.4	14 59.7	0.552 037	308	6.05	15.94	4 20	12 5.8	19 50
16	5 36 38.67	2 21.43	19 52 4.7	14 3.9	0.552 345	1 435	6.05	15.93	4 16	11 59.5	19 43
17	5 34 17.24	2 18.81	19 38 0.8	12 59.4	0.553 780	2 561	6.03	15.89	4 11	11 53.3	19 35
18	5 31 58.43	2 13.88	19 25 1.4	11 47.3	0.556 341	3 683	6.00	15.82	4 6	11 47.1	19 28
19	5 29 44.55	2 6.73	+19 13 14.1	10 28.2	0.560 024	4 796	5.96	15.71	4 1	11 41.0	19 21
20	5 27 37.82	1 57.51	19 2 45.9	9 2.9	0.564 820	5 898	5.91	15.58	3 56	11 35.0	19 14
21	5 25 40.31	1 46.37	18 53 43.0	7 32.4	0.570 718	6 983	5.85	15.42	3 51	11 29.2	19 7
22	5 23 53.94	1 33.50	18 46 10.6	5 58.2	0.577 701	8 049	5.78	15.23	3 46	11 23.7	19 1
23	5 22 20.44	1 19.07	18 40 12.4	4 21.1	0.585 750	9 094	5.70	15.02	3 41	11 18.3	18 56
24	5 21 1.37	1 3.29	18 35 51.3	2 42.6	0.594 844	10 116	5.61	14.79	3 36	11 13.2	18 50
25	5 19 58.08	0 46.38	+18 33 8.7	1 3.7	0.604 960	11 110	5.52	14.55	3 31	11 8.3	18 45
26	5 19 11.70	0 28.48	18 32 5.0	0 34.1	0.616 070	12 079	5.42	14.28	3 27	11 3.7	18 41
27	5 18 43.22	0 9.79	18 32 39.1	2 10.2	0.628 149	13 019	5.32	14.01	3 22	10 59.5	18 37
28	5 18 33.43	0 9.53	18 34 49.3	3 43.2	0.641 168	13 930	5.21	13.72	3 18	10 55.5	18 33
29	5 18 42.96	0 29.35	18 38 32.5	5 12.3	0.655 098	14 810	5.10	13.43	3 14	10 51.9	18 30
30	5 19 12.31	0 49.53	18 43 44.8	6 36.6	0.669 908	15 662	4.99	13.14	3 10	10 48.6	18 28
Juli 1	5 20 1.84	1 9.98	+18 50 21.4	7 55.4	0.685 570	16 482	4.87	12.84	3 6	10 45.6	18 25
2	5 21 11.82	1 30.62	18 58 16.8	9 8.1	0.702 052	17 270	4.76	12.53	3 3	10 43.0	18 24
3	5 22 42.44	1 51.35	19 7 24.9	10 14.1	0.719 322	18 027	4.64	12.23	3 0	10 40.7	18 23
4	5 24 33.79	2 12.15	19 17 39.0	11 12.9	0.737 349	18 750	4.53	11.93	2 56	10 38.8	18 22
5	5 26 45.94	2 32.95	19 28 51.9	12 3.8	0.756 099	19 439	4.42	11.64	2 54	10 37.2	18 22
6	5 29 18.89	2 53.74	19 40 55.7	12 46.7	0.775 538	20 091	4.31	11.35	2 51	10 36.0	18 22
7	5 32 12.63	3 14.48	+19 53 42.4	13 21.1	0.795 629	20 704	4.20	11.06	2 49	10 35.1	18 22
8	5 35 27.11	3 35.15	20 7 3.5	13 46.5	0.816 333	21 277	4.09	10.78	2 47	10 34.6	18 23
9	5 39 2.26	3 55.75	20 20 50.0	14 2.5	0.837 610	21 803	3.99	10.51	2 45	10 34.4	18 25
10	5 42 58.01	4 16.25	20 34 52.5	14 8.9	0.859 413	22 280	3.89	10.24	2 44	10 34.5	18 26
11	5 47 14.26	4 36.61	20 49 1.4	14 5.3	0.881 693	22 703	3.79	9.98	2 43	10 35.0	18 28
12	5 51 50.87	4 56.83	21 3 6.7	13 51.2	0.904 396	23 066	3.69	9.73	2 42	10 35.8	18 31
13	5 56 47.70	5 16.87	+21 16 57.9	13 26.2	0.927 462	23 361	3.60	9.49	2 41	10 36.9	18 33
14	6 2 4.57	5 36.67	21 30 24.1	12 50.2	0.950 823	23 584	3.51	9.26	2 41	10 38.4	18 36
15	6 7 41.24	5 56.17	21 43 14.3	12 2.7	0.974 407	23 725	3.43	9.03	2 42	10 40.2	18 40
16	6 13 37.41	6 15.30	21 55 17.0	11 3.3	0.998 132	23 776	3.35	8.82	2 43	10 42.4	18 43
17	6 19 52.71	6 33.95	22 6 20.3	9 52.2	1.021 908	23 729	3.27	8.61	2 44	10 44.8	18 47
18	6 26 26.66	6 52.02	22 16 12.5	8 28.9	1.045 637	23 576	3.20	8.42	2 45	10 47.6	18 51
19	6 33 18.68	7 9.37	+22 24 41.4	6 53.9	1.069 213	23 310	3.12	8.23	2 47	10 50.7	18 55
20	6 40 28.05	7 25.85	22 31 35.3	5 7.1	1.092 523	22 925	3.06	8.05	2 50	10 54.0	18 59
21	6 47 53.90	7 41.31	22 36 42.4	3 9.2	1.115 448	22 415	2.99	7.89	2 53	10 57.6	19 3
22	6 55 35.21	7 55.58	22 39 51.6	1 1.0	1.137 863	21 778	2.93	7.73	2 57	11 1.5	19 7
23	7 3 30.79	8 8.49	22 40 52.6	1 16.6	1.159 641	21 017	2.88	7.59	3 0	11 5.6	19 11
24	7 11 39.28		+22 39 36.0		1.180 658		2.83	7.45	3 5	11 9.9	19 15

Merkur 1955

Tag	0h Weltzeit: Scheinbare Rektaszension		0h Weltzeit: Scheinbare Deklination		0h Weltzeit: Δ		Halb-messer	Hor. Par.	Auf-gang (in 0h Länge, + 50° Breite)	Obere Kul-mination (in 0h Länge, + 50° Breite)	Unter-gang (in 0h Länge, + 50° Breite)
1955	h m s	m s	° ′ ″	′ ″			″	″	h m	h m	h m
Juli 24	7 11 39.28	8 19.88	+22 39 36.0	3 42.4	1.180 658	20 133	2.83	7.45	3 5	11 9.9	19 15
25	7 19 59.16	8 29.63	22 35 53.6	6 14.5	1.200 791	19 133	2.78	7.33	3 10	11 14.4	19 19
26	7 28 28.79	8 37.63	22 29 39.1	8 51.6	1.219 924	18 029	2.74	7.21	3 15	11 19.0	19 22
27	7 37 6.42	8 43.80	22 20 47.5	11 31.6	1.237 953	16 833	2.70	7.11	3 21	11 23.8	19 26
28	7 45 50.22	8 48.11	22 9 15.9	14 12.3	1.254 786	15 563	2.66	7.01	3 27	11 28.6	19 29
29	7 54 38.33	8 50.58	21 55 3.6	16 52.0	1.270 349	14 235	2.63	6.93	3 33	11 33.5	19 33
30	8 3 28.91	8 51.28	+21 38 11.6	19 28.8	1.284 584	12 871	2.60	6.85	3 40	11 38.4	19 36
31	8 12 20.19	8 50.31	21 18 42.8	22 0.9	1.297 455	11 486	2.57	6.78	3 47	11 43.4	19 38
Aug. 1	8 21 10.50	8 47.79	20 56 41.9	24 26.9	1.308 941	10 101	2.55	6.72	3 54	11 48.3	19 41
2	8 29 58.29	8 43.90	20 32 15.0	26 45.5	1.319 042	8 732	2.53	6.67	4 2	11 53.1	19 43
3	8 38 42.19	8 38.79	20 5 29.5	28 55.8	1.327 774	7 392	2.52	6.63	4 9	11 57.9	19 45
4	8 47 20.98	8 32.67	19 36 33.7	30 57.3	1.335 166	6 095	2.50	6.59	4 17	12 2.5	19 46
5	8 55 53.65	8 25.71	+19 5 36.4	32 49.5	1.341 261	4 849	2.49	6.56	4 25	12 7.1	19 47
6	9 4 19.36	8 18.07	18 32 46.9	34 32.2	1.346 110	3 660	2.48	6.54	4 32	12 11.5	19 48
7	9 12 37.43	8 9.93	17 58 14.7	36 5.5	1.349 770	2 533	2.47	6.52	4 40	12 15.8	19 49
8	9 20 47.36	8 1.42	17 22 9.2	37 29.7	1.352 303	1 469	2.47	6.51	4 48	12 20.0	19 50
9	9 28 48.78	7 52.66	16 44 39.5	38 45.0	1.353 772	471	2.47	6.50	4 56	12 24.0	19 50
10	9 36 41.44	7 43.79	16 5 54.5	39 51.7	1.354 243	−463	2.47	6.50	5 3	12 27.9	19 50
11	9 44 25.23	7 34.88	+15 26 2.8	40 50.6	1.353 780	1 336	2.47	6.50	5 11	12 31.6	19 50
12	9 52 0.11	7 26.00	14 45 12.2	41 42.0	1.352 444	2 150	2.47	6.51	5 18	12 35.2	19 50
13	9 59 26.11	7 17.23	14 3 30.2	42 26.1	1.350 294	2 907	2.47	6.52	5 25	12 38.6	19 50
14	10 6 43.34	7 8.59	13 21 4.1	43 3.9	1.347 387	3 613	2.48	6.53	5 32	12 41.9	19 49
15	10 13 51.93	7 0.15	12 38 0.2	43 35.6	1.343 774	4 271	2.49	6.55	5 39	12 45.0	19 49
16	10 20 52.08	6 51.92	11 54 24.6	44 1.6	1.339 503	4 884	2.49	6.57	5 46	12 48.0	19 48
17	10 27 44.00	6 43.91	+11 10 23.0	44 22.5	1.334 619	5 455	2.50	6.59	5 53	12 50.9	19 47
18	10 34 27.91	6 36.15	10 26 0.5	44 38.6	1.329 164	5 990	2.51	6.62	5 59	12 53.6	19 46
19	10 41 4.06	6 28.63	9 41 21.9	44 50.3	1.323 174	6 491	2.52	6.65	6 6	12 56.2	19 45
20	10 47 32.69	6 21.36	8 56 31.6	44 57.8	1.316 683	6 962	2.54	6.68	6 12	12 58.7	19 43
21	10 53 54.05	6 14.33	8 11 33.8	45 1.6	1.309 721	7 406	2.55	6.72	6 18	13 1.0	19 42
22	11 0 8.38	6 7.54	7 26 32.2	45 1.9	1.302 315	7 825	2.57	6.76	6 24	13 3.2	19 40
23	11 6 15.92	6 0.99	+ 6 41 30.3	44 59.0	1.294 490	8 222	2.58	6.80	6 30	13 5.3	19 39
24	11 12 16.91	5 54.66	5 56 31.3	44 52.9	1.286 268	8 601	2.60	6.84	6 36	13 7.4	19 37
25	11 18 11.57	5 48.53	5 11 38.4	44 44.0	1.277 667	8 963	2.62	6.89	6 41	13 9.3	19 35
26	11 24 0.10	5 42.60	4 26 54.4	44 32.5	1.268 704	9 309	2.63	6.94	6 47	13 11.1	19 34
27	11 29 42.70	5 36.85	3 42 21.9	44 18.3	1.259 395	9 644	2.65	6.99	6 52	13 12.8	19 32
28	11 35 19.55	5 31.26	2 58 3.6	44 1.8	1.249 751	9 967	2.67	7.04	6 57	13 14.4	19 30
29	11 40 50.81	5 25.82	+ 2 14 1.8	43 42.8	1.239 784	10 279	2.69	7.10	7 2	13 16.0	19 28
30	11 46 16.63	5 20.50	1 30 19.0	43 21.7	1.229 505	10 584	2.72	7.16	7 7	13 17.4	19 26
31	11 51 37.13	5 15.30	0 46 57.3	42 58.3	1.218 921	10 883	2.74	7.22	7 12	13 18.8	19 24
Sept. 1	11 56 52.43	5 10.18	+ 0 3 59.0	42 32.7	1.208 038	11 175	2.76	7.28	7 17	13 20.0	19 22
2	12 2 2.61	5 5.13	− 0 38 33.7	42 5.1	1.196 863	11 461	2.79	7.35	7 22	13 21.2	19 19
3	12 7 7.74		− 1 20 38.8		1.185 402		2.82	7.42	7 26	13 22.3	19 17

Tag	0h Weltzeit: Scheinbare Rektaszension		Scheinbare Deklination		Δ		Halbmesser	Hor. Par.	Aufgang (in 0h Länge, + 50° Breite)	Obere Kulmination	Untergang
1955	h m s	m s	° ′ ″	′ ″			″	″	h m	h m	h m
Sept. 3	12 7 7.74	5 0.11	− 1 20 38.8	41 35.4	1.185 402	11 744	2.82	7.42	7 26	13 22.3	19 17
4	12 12 7.85	4 55.13	2 2 14.2	41 3.5	1.173 658	12 023	2.85	7.50	7 30	13 23.3	19 15
5	12 17 2.98	4 50.13	2 43 17.7	40 29.4	1.161 635	12 300	2.88	7.58	7 35	13 24.2	19 12
6	12 21 53.11	4 45.11	3 23 47.1	39 53.1	1.149 335	12 573	2.91	7.66	7 39	13 25.1	19 10
7	12 26 38.22	4 40.02	4 3 40.2	39 14.6	1.136 762	12 846	2.94	7.74	7 43	13 25.9	19 8
8	12 31 18.24	4 34.83	4 42 54.8	38 33.7	1.123 916	13 116	2.97	7.83	7 47	13 26.5	19 5
9	12 35 53.07	4 29.51	− 5 21 28.5	37 50.3	1.110 800	13 384	3.01	7.92	7 50	13 27.1	19 3
10	12 40 22.58	4 24.04	5 59 18.8	37 4.3	1.097 416	13 650	3.04	8.02	7 54	13 27.6	19 0
11	12 44 46.62	4 18.35	6 36 23.1	36 15.5	1.083 766	13 913	3.08	8.12	7 57	13 28.0	18 58
12	12 49 4.97	4 12.42	7 12 38.6	35 23.7	1.069 853	14 175	3.12	8.23	8 0	13 28.3	18 55
13	12 53 17.39	4 6.17	7 48 2.3	34 28.7	1.055 678	14 433	3.17	8.34	8 3	13 28.5	18 52
14	12 57 23.56	3 59.58	8 22 31.0	33 30.3	1.041 245	14 685	3.21	8.45	8 6	13 28.6	18 50
15	13 1 23.14	3 52.58	− 8 56 1.3	32 28.2	1.026 560	14 932	3.25	8.57	8 9	13 28.6	18 47
16	13 5 15.72	3 45.12	9 28 29.5	31 22.1	1.011 628	15 172	3.30	8.70	8 12	13 28.5	18 44
17	13 9 0.84	3 37.12	9 59 51.6	30 11.4	0.996 456	15 403	3.35	8.83	8 14	13 28.2	18 41
18	13 12 37.96	3 28.51	10 30 3.0	28 55.9	0.981 053	15 621	3.40	8.97	8 16	13 27.8	18 39
19	13 16 6.47	3 19.22	10 58 58.9	27 35.2	0.965 432	15 827	3.46	9.12	8 18	13 27.3	18 36
20	13 19 25.69	3 9.16	11 26 34.1	26 8.5	0.949 605	16 014	3.52	9.27	8 20	13 26.6	18 33
21	13 22 34.85	2 58.24	−11 52 42.6	24 35.3	0.933 591	16 180	3.58	9.43	8 21	13 25.7	18 30
22	13 25 33.09	2 46.39	12 17 17.9	22 55.1	0.917 411	16 321	3.64	9.59	8 22	13 24.6	18 27
23	13 28 19.48	2 33.47	12 40 13.0	21 6.8	0.901 090	16 432	3.71	9.77	8 23	13 23.3	18 23
24	13 30 52.95	2 19.43	13 1 19.8	19 9.9	0.884 658	16 507	3.78	9.95	8 23	13 21.8	18 20
25	13 33 12.38	2 4.15	13 20 29.7	17 3.4	0.868 151	16 538	3.85	10.14	8 23	13 20.0	18 17
26	13 35 16.53	1 47.52	13 37 33.1	14 46.2	0.851 613	16 518	3.92	10.33	8 22	13 18.0	18 13
27	13 37 4.05	1 29.49	−13 52 19.3	12 17.3	0.835 095	16 439	4.00	10.54	8 21	13 15.7	18 10
28	13 38 33.54	1 9.97	14 4 36.6	9 35.8	0.818 656	16 289	4.08	10.75	8 20	13 13.1	18 6
29	13 39 43.51	0 48.92	14 14 12.4	6 40.6	0.802 367	16 057	4.16	10.97	8 18	13 10.1	18 3
30	13 40 32.43	0 26.34	14 20 53.0	3 30.9	0.786 310	15 731	4.25	11.19	8 15	13 6.8	17 59
Okt. 1	13 40 58.77	0 2.30	14 24 23.9	0 5.9	0.770 579	15 296	4.33	11.42	8 11	13 3.1	17 56
2	13 41 1.07	0 23.10	14 24 29.8	3 34.6	0.755 283	14 736	4.42	11.65	8 7	12 59.0	17 51
3	13 40 37.97	0 49.64	−14 20 55.2	7 30.3	0.740 547	14 035	4.51	11.88	8 2	12 54.4	17 47
4	13 39 48.33	1 16.99	14 13 24.9	11 40.3	0.726 512	13 176	4.60	12.11	7 57	12 49.4	17 43
5	13 38 31.34	1 44.70	14 1 44.6	16 2.2	0.713 336	12 143	4.68	12.34	7 50	12 44.0	17 38
6	13 36 46.64	2 12.16	13 45 42.4	20 32.4	0.701 193	10 919	4.76	12.55	7 43	12 38.1	17 34
7	13 34 34.48	2 38.62	13 25 10.0	25 6.0	0.690 274	9 492	4.84	12.75	7 35	12 31.7	17 30
8	13 31 55.86	3 3.19	13 0 4.0	29 35.5	0.680 782	7 853	4.91	12.93	7 25	12 24.9	17 25
9	13 28 52.67	3 24.86	−12 30 28.5	33 52.0	0.672 929	5 998	4.96	13.08	7 16	12 17.8	17 21
10	13 25 27.81	3 42.55	11 56 36.5	37 45.3	0.666 931	3 931	5.01	13.19	7 5	12 10.3	17 16
11	13 21 45.26	3 55.24	11 18 51.2	41 3.2	0.663 000	1 667	5.04	13.27	6 55	12 2.6	17 12
12	13 17 50.02	4 2.00	10 37 48.0	43 34.4	0.661 333	771	5.05	13.31	6 43	11 54.7	17 8
13	13 13 48.02	4 2.12	9 54 13.6	45 8.2	0.662 104	3 347	5.04	13.29	6 32	11 46.7	17 3
14	13 9 45.90		− 9 9 5.4		0.665 451		5.02	13.22	6 20	11 38.8	16 59

Merkur 1955

Tag	0h Weltzeit: Scheinbare Rektaszension		Scheinbare Deklination		Δ		Halbmesser	Hor. Par.	Aufgang (in 0h Länge, + 50° Breite)	Obere Kulmination	Untergang
1955	h m s	m s	° ′ ″	′ ″			″	″	h m	h m	h m
Okt. 14	13 9 45.90	3 55.20	− 9 9 5.4	45 36.8	0.665 451	6 019	5.02	13.22	6 20	11 38.8	16 59
15	13 5 50.70	3 41.21	8 23 28.6	44 55.4	0.671 470	8 732	4.98	13.11	6 9	11 31.1	16 55
16	13 2 9.49	3 20.52	7 38 33.2	43 3.7	0.680 202	11 429	4.91	12.94	5 58	11 23.7	16 52
17	12 58 48.97	2 53.84	6 55 29.5	40 5.9	0.691 631	14 051	4.83	12.72	5 47	11 16.7	16 48
18	12 55 55.13	2 22.19	6 15 23.6	36 9.9	0.705 682	16 540	4.73	12.47	5 37	11 10.1	16 44
19	12 53 32.94	1 46.76	5 39 13.7	31 26.4	0.722 222	18 845	4.62	12.18	5 29	11 4.1	16 41
20	12 51 46.18	1 8.83	− 5 7 47.3	26 7.9	0.741 067	20 923	4.51	11.87	5 21	10 58.6	16 38
21	12 50 37.35	0 29.65	4 41 39.4	20 27.0	0.761 990	22 740	4.38	11.55	5 14	10 53.8	16 35
22	12 50 7.70	0 9.64	4 21 12.4	14 36.0	0.784 730	24 273	4.25	11.21	5 8	10 49.7	16 32
23	12 50 17.34	0 48.04	4 6 36.4	8 45.7	0.809 003	25 513	4.13	10.88	5 3	10 46.2	16 30
24	12 51 5.38	1 24.77	3 57 50.7	3 5.1	0.834 516	26 458	4.00	10.54	5 0	10 43.4	16 28
25	12 52 30.15	1 59.25	3 54 45.6	2 18.9	0.860 974	27 117	3.88	10.22	4 57	10 41.1	16 25
26	12 54 29.40	2 31.09	− 3 57 4.5	7 21.2	0.888 091	27 504	3.76	9.91	4 55	10 39.4	16 23
27	12 57 0.49	3 0.08	4 4 25.7	11 58.6	0.915 595	27 643	3.65	9.61	4 55	10 38.2	16 21
28	13 0 0.57	3 26.15	4 16 24.3	16 9.0	0.943 238	27 558	3.54	9.33	4 55	10 37.5	16 20
29	13 3 26.72	3 49.33	4 32 33.3	19 52.1	0.970 796	27 280	3.44	9.06	4 56	10 37.2	16 18
30	13 7 16.05	4 9.76	4 52 25.4	23 8.2	0.998 076	26 834	3.35	8.82	4 57	10 37.2	16 16
31	13 11 25.81	4 27.63	5 15 33.6	25 58.3	1.024 910	26 249	3.26	8.59	5 0	10 37.5	16 15
Nov. 1	13 15 53.44	4 43.16	− 5 41 31.9	28 23.8	1.051 159	25 552	3.18	8.37	5 2	10 38.2	16 13
2	13 20 36.60	4 56.57	6 9 55.7	30 26.6	1.076 711	24 767	3.10	8.17	5 5	10 39.1	16 12
3	13 25 33.17	5 8.12	6 40 22.3	32 8.5	1.101 478	23 914	3.03	7.99	5 9	10 40.1	16 10
4	13 30 41.29	5 18.02	7 12 30.8	33 31.6	1.125 392	23 013	2.97	7.82	5 13	10 41.4	16 9
5	13 35 59.31	5 26.51	7 46 2.4	34 37.8	1.148 405	22 081	2.91	7.66	5 17	10 42.8	16 8
6	13 41 25.82	5 33.78	8 20 40.2	35 28.9	1.170 486	21 128	2.85	7.52	5 21	10 44.4	16 6
7	13 46 59.60	5 40.02	− 8 56 9.1	36 6.4	1.191 614	20 169	2.80	7.38	5 26	10 46.1	16 5
8	13 52 39.62	5 45.37	9 32 15.5	36 32.1	1.211 783	19 209	2.76	7.26	5 31	10 47.8	16 4
9	13 58 24.99	5 49.98	10 8 47.6	36 47.3	1.230 992	18 258	2.71	7.15	5 36	10 49.7	16 3
10	14 4 14.97	5 53.99	10 45 34.9	36 53.3	1.249 250	17 318	2.67	7.04	5 41	10 51.6	16 1
11	14 10 8.96	5 57.49	11 22 28.2	36 51.2	1.266 568	16 396	2.64	6.95	5 46	10 53.6	16 0
12	14 16 6.45	6 0.58	11 59 19.4	36 41.9	1.282 964	15 492	2.60	6.86	5 51	10 55.6	15 59
13	14 22 7.03	6 3.33	−12 36 1.3	36 26.4	1.298 456	14 610	2.57	6.78	5 56	10 57.7	15 58
14	14 28 10.36	6 5.81	13 12 27.7	36 5.3	1.313 066	13 750	2.54	6.70	6 1	10 59.9	15 57
15	14 34 16.17	6 8.07	13 48 33.0	35 39.2	1.326 816	12 914	2.52	6.63	6 7	11 2.1	15 56
16	14 40 24.24	6 10.17	14 24 12.2	35 8.8	1.339 730	12 099	2.49	6.57	6 12	11 4.3	15 55
17	14 46 34.41	6 12.13	14 59 21.0	34 34.5	1.351 829	11 307	2.47	6.51	6 18	11 6.5	15 54
18	14 52 46.54	6 14.01	15 33 55.5	33 56.7	1.363 136	10 538	2.45	6.46	6 23	11 8.8	15 54
19	14 59 0.55	6 15.81	−16 7 52.2	33 15.8	1.373 674	9 789	2.43	6.41	6 28	11 11.1	15 53
20	15 5 16.36	6 17.57	16 41 8.0	32 32.1	1.383 463	9 061	2.41	6.36	6 34	11 13.4	15 52
21	15 11 33.93	6 19.30	17 13 40.1	31 45.8	1.392 524	8 352	2.40	6.32	6 39	11 15.8	15 52
22	15 17 53.23	6 21.00	17 45 25.9	30 57.1	1.400 876	7 661	2.38	6.28	6 44	11 18.2	15 51
23	15 24 14.23	6 22.70	18 16 23.0	30 6.2	1.408 537	6 986	2.37	6.25	6 50	11 20.6	15 51
24	15 30 36.93		−18 46 29.2		1.415 523		2.36	6.22	6 55	11 23.1	15 50

Tag	Scheinbare Rektaszension (0h Weltzeit)		Scheinbare Deklination		Δ		Halb-messer	Hor. Par.	Auf-gang	Obere Kul-mination	Unter-gang
									in 0h Länge, + 50° Breite		
1955	h m s	m s	° ′ ″	′ ″			″	″	h m	h m	h m
Nov. 24	15 30 36.93	6 24.41	−18 46 29.2	29 13.3	1.415 523	6 328	2.36	6.22	6 55	11 23.1	15 50
25	15 37 1.34	6 26.13	19 15 42.5	28 18.4	1.421 851	5 683	2.35	6.19	7 0	11 25.6	15 50
26	15 43 27.47	6 27.85	19 44 0.9	27 21.9	1.427 534	5 051	2.34	6.16	7 6	11 28.1	15 50
27	15 49 55.32	6 29.60	20 11 22.8	26 23.4	1.432 585	4 432	2.33	6.14	7 11	11 30.6	15 50
28	15 56 24.92	6 31.37	20 37 46.2	25 23.4	1.437 017	3 824	2.32	6.12	7 16	11 33.2	15 50
29	16 2 56.29	6 33.14	21 3 9.6	24 21.9	1.440 841	3 224	2.32	6.11	7 21	11 35.8	15 50
30	16 9 29.43	6 34.93	−21 27 31.5	23 18.7	1.444 065	2 633	2.31	6.09	7 26	11 38.4	15 50
Dez. 1	16 16 4.36	6 36.73	21 50 50.2	22 14.0	1.446 698	2 047	2.31	6.08	7 31	11 41.1	15 50
2	16 22 41.09	6 38.54	22 13 4.2	21 7.9	1.448 745	1 469	2.30	6.07	7 36	11 43.8	15 51
3	16 29 19.63	6 40.35	22 34 12.1	20 0.3	1.450 214	895	2.30	6.07	7 41	11 46.5	15 51
4	16 35 59.98	6 42.16	22 54 12.4	18 51.3	1.451 109	323	2.30	6.06	7 46	11 49.2	15 52
5	16 42 42.14	6 43.93	23 13 3.7	17 40.8	1.451 432	$\overline{247}$	2.30	6.06	7 51	11 52.0	15 53
6	16 49 26.07	6 45.69	−23 30 44.5	16 28.9	1.451 185	815	2.30	6.06	7 55	11 54.8	15 54
7	16 56 11.76	6 47.42	23 47 13.4	15 15.6	1.450 370	1 384	2.30	6.07	8 0	11 57.6	15 55
8	17 2 59.18	6 49.11	24 2 29.0	14 1.0	1.448 986	1 954	2.30	6.07	8 5	12 0.5	15 56
9	17 9 48.29	6 50.74	24 16 30.0	12 45.0	1.447 032	2 526	2.31	6.08	8 9	12 3.4	15 57
10	17 16 39.03	6 52.30	24 29 15.0	11 27.5	1.444 506	3 101	2.31	6.09	8 13	12 6.3	15 59
11	17 23 31.33	6 53.78	24 40 42.5	10 8.7	1.441 405	3 680	2.32	6.10	8 17	12 9.3	16 1
12	17 30 25.11	6 55.18	−24 50 51.2	8 48.7	1.437 725	4 266	2.32	6.12	8 22	12 12.3	16 3
13	17 37 20.29	6 56.47	24 59 39.9	7 27.3	1.433 459	4 857	2.33	6.14	8 26	12 15.3	16 5
14	17 44 16.76	6 57.65	25 7 7.2	6 4.5	1.428 602	5 457	2.34	6.16	8 29	12 18.3	16 7
15	17 51 14.41	6 58.69	25 13 11.7	4 40.6	1.423 145	6 065	2.35	6.18	8 33	12 21.3	16 9
16	17 58 13.10	6 59.57	25 17 52.3	3 15.5	1.417 080	6 682	2.36	6.21	8 37	12 24.3	16 12
17	18 5 12.67	7 0.29	25 21 7.8	1 49.1	1.410 398	7 311	2.37	6.24	8 40	12 27.4	16 15
18	18 12 12.96	7 0.82	−25 22 56.9	0 21.6	1.403 087	7 952	2.38	6.27	8 43	12 30.5	16 18
19	18 19 13.78	7 1.13	25 23 18.5	$\overline{1}$ 6.9	1.395 135	8 605	2.39	6.31	8 46	12 33.6	16 21
20	18 26 14.91	7 1.22	25 22 11.6	2 36.3	1.386 530	9 273	2.41	6.35	8 49	12 36.7	16 24
21	18 33 16.13	7 1.03	25 19 35.3	4 6.7	1.377 257	9 956	2.43	6.39	8 52	12 39.7	16 28
22	18 40 17.16	7 0.56	25 15 28.6	5 37.9	1.367 301	10 656	2.44	6.44	8 54	12 42.8	16 32
23	18 47 17.72	6 59.76	25 9 50.7	7 9.5	1.356 645	11 372	2.46	6.49	8 57	12 45.9	16 35
24	18 54 17.48	6 58.60	−25 2 41.2	8 41.7	1.345 273	12 106	2.48	6.54	8 59	12 48.9	16 39
25	19 1 16.08	6 57.04	24 53 59.5	10 14.3	1.333 167	12 858	2.50	6.60	9 1	12 51.9	16 44
26	19 8 13.12	6 55.03	24 43 45.2	11 46.7	1.320 309	13 630	2.53	6.66	9 2	12 54.9	16 48
27	19 15 8.15	6 52.51	24 31 58.5	13 19.0	1.306 679	14 421	2.55	6.73	9 4	12 57.9	16 52
28	19 22 0.66	6 49.43	24 18 39.5	14 50.7	1.292 258	15 230	2.58	6.81	9 5	13 0.8	16 57
29	19 28 50.09	6 45.71	24 3 48.8	16 21.6	1.277 028	16 059	2.62	6.89	9 7	13 3.7	17 1
30	19 35 35.80	6 41.29	−23 47 27.2	17 50.9	1.260 969	16 904	2.65	6.98	9 7	13 6.5	17 6
31	19 42 17.09	6 36.05	23 29 36.3	19 18.4	1.244 065	17 766	2.68	7.07	9 8	13 9.2	17 11
32	19 48 53.14		−23 10 17.9		1.226 299		2.73	7.18	9 9	13 11.8	17 16

Venus 1955

Tag	0h Weltzeit: Scheinbare Rektaszension	Diff.	Scheinbare Deklination	Diff.	Δ	Diff.	Halbmesser	Hor. Par.	Aufgang	Obere Kulmination	Untergang
									in 0h Länge, + 50° Breite		
1955	h m s	m s	° ′ ″	′ ″			″	″	h m	h m	h m
Jan. 0	15 34 52.93	2 59.97	−15 15 53.1	8 27.7	0.480 004	7 225	17.52	18.33	4 11	8 59.0	13 47
1	15 37 52.90	3 4.07	15 24 20.8	8 45.5	0.487 229	7 263	17.26	18.06	4 11	8 58.1	13 45
2	15 40 56.97	3 8.05	15 33 6.3	9 1.2	0.494 492	7 300	17.01	17.80	4 11	8 57.2	13 43
3	15 44 5.02	3 11.91	15 42 7.5	9 15.3	0.501 792	7 333	16.76	17.54	4 11	8 56.4	13 42
4	15 47 16.93	3 15.69	15 51 22.8	9 27.4	0.509 125	7 366	16.51	17.28	4 11	8 55.7	13 40
5	15 50 32.62	3 19.35	16 0 50.2	9 37.9	0.516 491	7 396	16.28	17.04	4 11	8 55.0	13 38
6	15 53 51.97	3 22.93	−16 10 28.1	9 46.7	0.523 887	7 424	16.06	16.80	4 12	8 54.4	13 37
7	15 57 14.90	3 26.41	16 20 14.8	9 53.7	0.531 311	7 450	15.83	16.56	4 12	8 53.9	13 35
8	16 0 41.31	3 29.81	16 30 8.5	9 59.3	0.538 761	7 474	15.61	16.33	4 13	8 53.4	13 34
9	16 4 11.12	3 33.12	16 40 7.8	10 3.2	0.546 235	7 496	15.40	16.11	4 13	8 53.0	13 33
10	16 7 44.24	3 36.35	16 50 11.0	10 5.5	0.553 731	7 516	15.19	15.89	4 14	8 52.6	13 31
11	16 11 20.59	3 39.49	17 0 16.5	10 6.2	0.561 247	7 535	14.99	15.68	4 14	8 52.3	13 30
12	16 15 0.08	3 42.54	−17 10 22.7	10 5.6	0.568 782	7 552	14.78	15.47	4 15	8 52.0	13 29
13	16 18 42.62	3 45.52	17 20 28.3	10 3.3	0.576 334	7 566	14.59	15.27	4 16	8 51.8	13 28
14	16 22 28.14	3 48.41	17 30 31.6	9 59.7	0.583 900	7 579	14.40	15.07	4 16	8 51.7	13 27
15	16 26 16.55	3 51.22	17 40 31.3	9 54.9	0.591 479	7 591	14.22	14.88	4 17	8 51.6	13 26
16	16 30 7.77	3 53.94	17 50 26.2	9 48.5	0.599 070	7 601	14.04	14.69	4 18	8 51.5	13 25
17	16 34 1.71	3 56.61	18 0 14.7	9 40.8	0.606 671	7 610	13.87	14.51	4 19	8 51.5	13 24
18	16 37 58.32	3 59.19	−18 9 55.5	9 31.9	0.614 281	7 618	13.69	14.33	4 20	8 51.5	13 23
19	16 41 57.51	4 1.69	18 19 27.4	9 21.8	0.621 899	7 625	13.52	14.15	4 21	8 51.5	13 22
20	16 45 59.20	4 4.12	18 28 49.2	9 10.5	0.629 524	7 630	13.36	13.98	4 22	8 51.6	13 21
21	16 50 3.32	4 6.48	18 37 59.7	8 58.0	0.637 154	7 634	13.20	13.81	4 23	8 51.8	13 21
22	16 54 9.80	4 8.77	18 46 57.7	8 44.4	0.644 788	7 638	13.05	13.65	4 24	8 52.0	13 20
23	16 58 18.57	4 11.00	18 55 42.1	8 29.8	0.652 426	7 641	12.89	13.49	4 25	8 52.2	13 19
24	17 2 29.57	4 13.14	−19 4 11.9	8 13.9	0.660 067	7 643	12.74	13.33	4 26	8 52.4	13 19
25	17 6 42.71	4 15.23	19 12 25.8	7 57.2	0.667 710	7 645	12.60	13.18	4 27	8 52.7	13 18
26	17 10 57.94	4 17.25	19 20 23.0	7 39.4	0.675 355	7 645	12.45	13.03	4 28	8 53.0	13 18
27	17 15 15.19	4 19.20	19 28 2.4	7 20.8	0.683 000	7 645	12.31	12.88	4 29	8 53.4	13 18
28	17 19 34.39	4 21.10	19 35 23.2	7 1.2	0.690 645	7 645	12.18	12.74	4 30	8 53.8	13 17
29	17 23 55.49	4 22.93	19 42 24.4	6 40.6	0.698 290	7 645	12.04	12.60	4 31	8 54.2	13 17
30	17 28 18.42	4 24.71	−19 49 5.0	6 19.4	0.705 935	7 644	11.92	12.47	4 32	8 54.6	13 17
31	17 32 43.13	4 26.42	19 55 24.4	5 57.1	0.713 579	7 643	11.78	12.33	4 33	8 55.1	13 17
Febr. 1	17 37 9.55	4 28.09	20 1 21.5	5 34.0	0.721 222	7 641	11.66	12.20	4 34	8 55.6	13 17
2	17 41 37.64	4 29.69	20 6 55.5	5 10.3	0.728 863	7 638	11.54	12.07	4 36	8 56.2	13 17
3	17 46 7.33	4 31.23	20 12 5.8	4 45.7	0.736 501	7 636	11.42	11.95	4 37	8 56.7	13 17
4	17 50 38.56	4 32.74	20 16 51.5	4 20.4	0.744 137	7 632	11.31	11.83	4 38	8 57.3	13 17
5	17 55 11.30	4 34.17	−20 21 11.9	3 54.5	0.751 769	7 628	11.19	11.71	4 39	8 57.9	13 17
6	17 59 45.47	4 35.55	20 25 6.4	3 27.8	0.759 397	7 624	11.08	11.59	4 40	8 58.6	13 17
7	18 4 21.02	4 36.88	20 28 34.2	3 0.5	0.767 021	7 618	10.96	11.47	4 41	8 59.2	13 18
8	18 8 57.90	4 38.14	20 31 34.7	2 32.7	0.774 639	7 611	10.86	11.36	4 42	8 59.9	13 18
9	18 13 36.04	4 39.34	20 34 7.4	2 4.2	0.782 250	7 605	10.75	11.25	4 43	9 0.6	13 19
10	18 18 15.38		−20 36 11.6		0.789 855		10.65	11.14	4 44	9 1.3	13 19

Tag	0h Weltzeit: Scheinbare Rektaszension		Scheinbare Deklination		Δ		Halbmesser	Hor. Par.	Aufgang	Obere Kulmination	Untergang
									in 0h Länge, + 50° Breite		
1955	h m s	m s	° ′ ″	′ ″			″	″	h m	h m	h m
Febr. 10	18 18 15.38	4 40.47	−20 36 11.6	1 35.1	0.789 855	7 597	10.65	11.14	4 44	9 1.3	13 19
11	18 22 55.85	4 41.56	20 37 46.7	1 5.6	0.797 452	7 588	10.55	11.04	4 45	9 2.1	13 20
12	18 27 37.41	4 42.56	20 38 52.3	0 35.8	0.805 040	7 578	10.45	10.93	4 45	9 2.8	13 20
13	18 32 19.97	4 43.50	20 39 28.1	0 5.4	0.812 618	7 569	10.35	10.83	4 46	9 3.6	13 21
14	18 37 3.47	4 44.38	20 39 33.5	0 25.4	0.820 187	7 558	10.25	10.73	4 47	9 4.4	13 22
15	18 41 47.85	4 45.20	20 39 8.1	0 56.5	0.827 745	7 547	10.16	10.63	4 48	9 5.2	13 23
16	18 46 33.05	4 45.95	−20 38 11.6	1 27.9	0.835 292	7 535	10.07	10.54	4 48	9 6.0	13 24
17	18 51 19.00	4 46.63	20 36 43.7	1 59.7	0.842 827	7 523	9.98	10.44	4 49	9 6.8	13 25
18	18 56 5.63	4 47.24	20 34 44.0	2 31.6	0.850 350	7 510	9.89	10.35	4 50	9 7.7	13 26
19	19 0 52.87	4 47.80	20 32 12.4	3 3.8	0.857 860	7 497	9.81	10.26	4 50	9 8.5	13 27
20	19 5 40.67	4 48.29	20 29 8.6	3 36.1	0.865 357	7 484	9.72	10.17	4 51	9 9.4	13 28
21	19 10 28.96	4 48.72	20 25 32.5	4 8.6	0.872 841	7 470	9.63	10.08	4 51	9 10.2	13 29
22	19 15 17.68	4 49.08	−20 21 23.9	4 41.3	0.880 311	7 455	9.56	10.00	4 52	9 11.1	13 31
23	19 20 6.76	4 49.39	20 16 42.6	5 13.8	0.887 766	7 442	9.47	9.91	4 52	9 12.0	13 32
24	19 24 56.15	4 49.63	20 11 28.8	5 46.6	0.895 208	7 427	9.39	9.83	4 52	9 12.9	13 34
25	19 29 45.78	4 49.82	20 5 42.2	6 19.3	0.902 635	7 413	9.32	9.75	4 53	9 13.8	13 35
26	19 34 35.60	4 49.95	19 59 22.9	6 52.0	0.910 048	7 399	9.24	9.67	4 53	9 14.7	13 37
27	19 39 25.55	4 50.04	19 52 30.9	7 24.8	0.917 447	7 384	9.16	9.59	4 53	9 15.6	13 38
28	19 44 15.59	4 50.06	−19 45 6.1	7 57.3	0.924 831	7 371	9.10	9.52	4 53	9 16.5	13 40
März 1	19 49 5.65	4 50.06	19 37 8.8	8 29.9	0.932 202	7 356	9.02	9.44	4 53	9 17.3	13 42
2	19 53 55.71	4 50.00	19 28 38.9	9 2.3	0.939 558	7 341	8.95	9.37	4 53	9 18.2	13 43
3	19 58 45.71	4 49.90	19 19 36.6	9 34.7	0.946 899	7 327	8.88	9.29	4 53	9 19.1	13 45
4	20 3 35.61	4 49.75	19 10 1.9	10 6.9	0.954 226	7 313	8.81	9.22	4 53	9 20.0	13 47
5	20 8 25.36	4 49.58	18 59 55.0	10 38.9	0.961 539	7 297	8.74	9.15	4 53	9 20.9	13 49
6	20 13 14.94	4 49.37	−18 49 16.1	11 10.8	0.968 836	7 282	8.68	9.08	4 53	9 21.8	13 51
7	20 18 4.31	4 49.10	18 38 5.3	11 42.3	0.976 118	7 267	8.62	9.02	4 53	9 22.7	13 53
8	20 22 53.41	4 48.82	18 26 23.0	12 13.7	0.983 385	7 251	8.55	8.95	4 53	9 23.5	13 55
9	20 27 42.23	4 48.50	18 14 9.3	12 44.7	0.990 636	7 234	8.49	8.88	4 52	9 24.4	13 57
10	20 32 30.73	4 48.14	18 1 24.6	13 15.6	0.997 870	7 217	8.43	8.82	4 52	9 25.3	13 59
11	20 37 18.87	4 47.76	17 48 9.0	13 45.9	1.005 087	7 199	8.37	8.76	4 52	9 26.1	14 1
12	20 42 6.63	4 47.34	−17 34 23.1	14 16.1	1.012 286	7 182	8.30	8.69	4 51	9 27.0	14 3
13	20 46 53.97	4 46.90	17 20 7.0	14 45.7	1.019 468	7 162	8.25	8.63	4 51	9 27.8	14 5
14	20 51 40.87	4 46.42	17 5 21.3	15 15.0	1.026 630	7 144	8.19	8.57	4 50	9 28.7	14 8
15	20 56 27.29	4 45.93	16 50 6.3	15 44.0	1.033 774	7 125	8.13	8.51	4 50	9 29.5	14 10
16	21 1 13.22	4 45.40	16 34 22.3	16 12.4	1.040 899	7 104	8.08	8.45	4 49	9 30.3	14 12
17	21 5 58.62	4 44.86	16 18 9.9	16 40.5	1.048 003	7 084	8.03	8.40	4 48	9 31.1	14 15
18	21 10 43.48	4 44.29	−16 1 29.4	17 7.9	1.055 087	7 063	7.97	8.34	4 48	9 31.9	14 17
19	21 15 27.77	4 43.71	15 44 21.5	17 35.0	1.062 150	7 041	7.92	8.29	4 47	9 32.7	14 19
20	21 20 11.48	4 43.11	15 26 46.5	18 1.5	1.069 191	7 020	7.87	8.23	4 46	9 33.5	14 22
21	21 24 54.59	4 42.50	15 8 45.0	18 27.6	1.076 211	6 998	7.82	8.18	4 45	9 34.3	14 24
22	21 29 37.09	4 41.87	14 50 17.4	18 52.9	1.083 209	6 976	7.76	8.12	4 44	9 35.0	14 27
23	21 34 18.96		−14 31 24.5		1.090 185		7.71	8.07	4 43	9 35.8	14 29

Tag	0h Weltzeit: Scheinbare Rektaszension		Scheinbare Deklination		Δ		Halbmesser	Hor. Par.	Aufgang	Obere Kulmination	Untergang
									in 0h Länge, + 50° Breite		
1955	h m s	m s	° ′ ″	′ ″			″	″	h m	h m	h m
März 23	21 34 18.96	4 41.23	−14 31 24.5	19 17.9	1.090 185	6 954	7.71	8.07	4 43	9 35.8	14 29
24	21 39 0.19	4 40.58	14 12 6.6	19 42.2	1.097 139	6 931	7.66	8.02	4 42	9 36.5	14 31
25	21 43 40.77	4 39.92	13 52 24.4	20 6.1	1.104 070	6 908	7.62	7.97	4 41	9 37.2	14 34
26	21 48 20.69	4 39.26	13 32 18.3	20 29.2	1.110 978	6 886	7.57	7.92	4 40	9 38.0	14 36
27	21 52 59.95	4 38.59	13 11 49.1	20 51.9	1.117 864	6 863	7.52	7.87	4 39	9 38.7	14 39
28	21 57 38.54	4 37.93	12 50 57.2	21 13.9	1.124 727	6 841	7.47	7.82	4 38	9 39.4	14 41
29	22 2 16.47	4 37.28	−12 29 43.3	21 35.5	1.131 568	6 819	7.44	7.78	4 37	9 40.1	14 44
30	22 6 53.75	4 36.62	12 8 7.8	21 56.4	1.138 387	6 796	7.39	7.73	4 36	9 40.7	14 46
31	22 11 30.37	4 35.99	11 46 11.4	22 16.7	1.145 183	6 774	7.34	7.68	4 35	9 41.4	14 49
April 1	22 16 6.36	4 35.35	11 23 54.7	22 36.5	1.151 957	6 752	7.30	7.64	4 34	9 42.1	14 51
2	22 20 41.71	4 34.73	11 1 18.2	22 55.6	1.158 709	6 730	7.25	7.59	4 32	9 42.7	14 54
3	22 25 16.44	4 34.13	10 38 22.6	23 14.3	1.165 439	6 707	7.21	7.55	4 31	9 43.3	14 57
4	22 29 50.57	4 33.55	−10 15 8.3	23 32.3	1.172 146	6 684	7.18	7.51	4 30	9 44.0	14 59
5	22 34 24.12	4 32.97	9 51 36.0	23 49.6	1.178 830	6 660	7.13	7.46	4 28	9 44.6	15 2
6	22 38 57.09	4 32.41	9 27 46.4	24 6.4	1.185 490	6 637	7.09	7.42	4 27	9 45.2	15 4
7	22 43 29.50	4 31.88	9 3 40.0	24 22.6	1.192 127	6 612	7.05	7.38	4 26	9 45.8	15 7
8	22 48 1.38	4 31.37	8 39 17.4	24 38.2	1.198 739	6 588	7.01	7.34	4 24	9 46.3	15 10
9	22 52 32.75	4 30.87	8 14 39.2	24 53.1	1.205 327	6 563	6.98	7.30	4 23	9 46.9	15 12
10	22 57 3.62	4 30.39	− 7 49 46.1	25 7.4	1.211 890	6 538	6.94	7.26	4 21	9 47.5	15 15
11	23 1 34.01	4 29.95	7 24 38.7	25 21.0	1.218 428	6 511	6.90	7.22	4 20	9 48.1	15 17
12	23 6 3.96	4 29.51	6 59 17.7	25 33.9	1.224 939	6 485	6.86	7.18	4 18	9 48.6	15 20
13	23 10 33.47	4 29.11	6 33 43.8	25 46.4	1.231 424	6 458	6.83	7.15	4 17	9 49.2	15 23
14	23 15 2.58	4 28.72	6 7 57.4	25 58.1	1.237 882	6 430	6.79	7.11	4 15	9 49.7	15 25
15	23 19 31.30	4 28.37	5 41 59.3	26 9.1	1.244 312	6 402	6.76	7.07	4 14	9 50.2	15 28
16	23 23 59.67	4 28.03	− 5 15 50.2	26 19.4	1.250 714	6 373	6.73	7.04	4 12	9 50.8	15 31
17	23 28 27.70	4 27.73	4 49 30.8	26 29.2	1.257 087	6 344	6.69	7.00	4 10	9 51.3	15 33
18	23 32 55.43	4 27.45	4 23 1.6	26 38.3	1.263 431	6 315	6.65	6.96	4 9	9 51.8	15 36
19	23 37 22.88	4 27.19	3 56 23.3	26 46.7	1.269 746	6 284	6.62	6.93	4 7	9 52.3	15 39
20	23 41 50.07	4 26.96	3 29 36.6	26 54.3	1.276 030	6 254	6.59	6.90	4 6	9 52.8	15 41
21	23 46 17.03	4 26.77	3 2 42.3	27 1.4	1.282 284	6 223	6.56	6.86	4 4	9 53.3	15 44
22	23 50 43.80	4 26.58	− 2 35 40.9	27 7.7	1.288 507	6 193	6.53	6.83	4 2	9 53.8	15 47
23	23 55 10.38	4 26.43	2 8 33.2	27 13.4	1.294 700	6 161	6.50	6.80	4 1	9 54.3	15 49
24	23 59 36.81	4 26.32	1 41 19.8	27 18.5	1.300 861	6 130	6.46	6.76	3 59	9 54.8	15 52
25	0 4 3.13	4 26.23	1 14 1.3	27 22.8	1.306 991	6 098	6.43	6.73	3 57	9 55.3	15 55
26	0 8 29.36	4 26.17	0 46 38.5	27 26.5	1.313 089	6 068	6.40	6.70	3 55	9 55.8	15 57
27	0 12 55.53	4 26.16	− 0 19 12.0	27 29.6	1.319 157	6 036	6.37	6.67	3 54	9 56.3	16 0
28	0 17 21.69	4 26.16	+ 0 8 17.6	27 32.0	1.325 193	6 005	6.35	6.64	3 52	9 56.8	16 3
29	0 21 47.85	4 26.21	0 35 49.6	27 33.7	1.331 198	5 974	6.32	6.61	3 50	9 57.3	16 5
30	0 26 14.06	4 26.29	1 3 23.3	27 34.9	1.337 172	5 943	6.29	6.58	3 49	9 57.8	16 8
Mai 1	0 30 40.35	4 26.40	1 30 58.2	27 35.4	1.343 115	5 911	6.26	6.55	3 47	9 58.3	16 11
2	0 35 6.75	4 26.56	1 58 33.6	27 35.2	1.349 026	5 879	6.23	6.52	3 45	9 58.8	16 13
3	0 39 33.31		+ 2 26 8.8		1.354 905		6.20	6.49	3 44	9 59.3	16 16

Tag	0h Weltzeit: Scheinbare Rektaszension		Scheinbare Deklination		Δ		Halbmesser	Hor. Par.	Aufgang	Obere Kulmination	Untergang
									in 0h Länge, + 50° Breite		
1955	h m s	m s	° ′ ″	′ ″			″	″	h m	h m	h m
Mai 3	0 39 33.31	4 26.75	+ 2 26 8.8	27 34.4	1.354 905	5 847	6.20	6.49	3 44	9 59.3	16 16
4	0 44 0.06	4 26.99	2 53 43.2	27 33.0	1.360 752	5 815	6.18	6.47	3 42	9 59.8	16 19
5	0 48 27.05	4 27.24	3 21 16.2	27 30.9	1.366 567	5 782	6.15	6.44	3 40	10 0.3	16 22
6	0 52 54.29	4 27.54	3 48 47.1	27 28.1	1.372 349	5 748	6.13	6.41	3 39	10 0.8	16 24
7	0 57 21.83	4 27.88	4 16 15.2	27 24.7	1.378 097	5 715	6.11	6.39	3 37	10 1.3	16 27
8	1 1 49.71	4 28.26	4 43 39.9	27 20.5	1.383 812	5 681	6.08	6.36	3 35	10 1.9	16 30
9	1 6 17.97	4 28.66	+ 5 11 0.4	27 15.8	1.389 493	5 645	6.05	6.33	3 34	10 2.4	16 33
10	1 10 46.63	4 29.11	5 38 16.2	27 10.4	1.395 138	5 611	6.03	6.31	3 32	10 2.9	16 35
11	1 15 15.74	4 29.58	6 5 26.6	27 4.2	1.400 749	5 575	6.00	6.28	3 30	10 3.5	16 38
12	1 19 45.32	4 30.10	6 32 30.8	26 57.4	1.406 324	5 538	5.98	6.26	3 28	10 4.0	16 41
13	1 24 15.42	4 30.64	6 59 28.2	26 49.9	1.411 862	5 502	5.95	6.23	3 27	10 4.6	16 44
14	1 28 46.06	4 31.23	7 26 18.1	26 41.8	1.417 364	5 464	5.93	6.21	3 25	10 5.2	16 46
15	1 33 17.29	4 31.83	+ 7 52 59.9	26 32.9	1.422 828	5 425	5.91	6.18	3 24	10 5.7	16 49
16	1 37 49.12	4 32.48	8 19 32.8	26 23.3	1.428 253	5 387	5.89	6.16	3 22	10 6.3	16 52
17	1 42 21.60	4 33.14	8 45 56.1	26 13.0	1.433 640	5 347	5.87	6.14	3 20	10 6.9	16 55
18	1 46 54.74	4 33.85	9 12 9.1	26 2.0	1.438 987	5 308	5.85	6.12	3 19	10 7.6	16 57
19	1 51 28.59	4 34.58	9 38 11.1	25 50.3	1.444 295	5 266	5.82	6.09	3 17	10 8.2	17 0
20	1 56 3.17	4 35.33	10 4 1.4	25 38.0	1.449 561	5 226	5.80	6.07	3 16	10 8.8	17 3
21	2 0 38.50	4 36.11	+10 29 39.4	25 24.8	1.454 787	5 185	5.78	6.05	3 14	10 9.5	17 6
22	2 5 14.61	4 36.92	10 55 4.2	25 11.0	1.459 972	5 143	5.76	6.03	3 13	10 10.1	17 9
23	2 9 51.53	4 37.75	11 20 15.2	24 56.5	1.465 115	5 101	5.74	6.01	3 11	10 10.8	17 12
24	2 14 29.28	4 38.60	11 45 11.7	24 41.2	1.470 216	5 060	5.72	5.99	3 10	10 11.5	17 14
25	2 19 7.88	4 39.48	12 9 52.9	24 25.3	1.475 276	5 017	5.70	5.96	3 9	10 12.2	17 17
26	2 23 47.36	4 40.37	12 34 18.2	24 8.7	1.480 293	4 976	5.68	5.94	3 7	10 12.9	17 20
27	2 28 27.73	4 41.30	+12 58 26.9	23 51.3	1.485 269	4 935	5.66	5.92	3 6	10 13.7	17 23
28	2 33 9.03	4 42.25	13 22 18.2	23 33.3	1.490 204	4 892	5.64	5.90	3 4	10 14.4	17 26
29	2 37 51.28	4 43.22	13 45 51.5	23 14.7	1.495 096	4 850	5.63	5.89	3 3	10 15.2	17 29
30	2 42 34.50	4 44.21	14 9 6.2	22 55.2	1.499 946	4 809	5.61	5.87	3 2	10 16.0	17 32
31	2 47 18.71	4 45.23	14 32 1.4	22 35.1	1.504 755	4 766	5.59	5.85	3 1	10 16.8	17 34
Juni 1	2 52 3.94	4 46.25	14 54 36.5	22 14.3	1.509 521	4 722	5.57	5.83	2 59	10 17.6	17 37
2	2 56 50.19	4 47.30	+15 16 50.8	21 52.8	1.514 243	4 680	5.55	5.81	2 58	10 18.4	17 40
3	3 1 37.49	4 48.37	15 38 43.6	21 30.6	1.518 923	4 637	5.53	5.79	2 57	10 19.3	17 43
4	3 6 25.86	4 49.44	16 0 14.2	21 7.8	1.523 560	4 593	5.52	5.78	2 56	10 20.2	17 46
5	3 11 15.30	4 50.54	16 21 22.0	20 44.2	1.528 153	4 549	5.50	5.76	2 55	10 21.1	17 49
6	3 16 5.84	4 51.63	16 42 6.2	20 19.9	1.532 702	4 504	5.49	5.74	2 54	10 22.0	17 51
7	3 20 57.47	4 52.75	17 2 26.1	19 54.9	1.537 206	4 460	5.47	5.72	2 53	10 22.9	17 54
8	3 25 50.22	4 53.86	+17 22 21.0	19 29.3	1.541 666	4 414	5.46	5.71	2 52	10 23.8	17 57
9	3 30 44.08	4 54.98	17 41 50.3	19 3.0	1.546 080	4 368	5.44	5.69	2 51	10 24.8	18 0
10	3 35 39.06	4 56.11	18 0 53.3	18 35.9	1.550 448	4 321	5.43	5.68	2 50	10 25.8	18 3
11	3 40 35.17	4 57.23	18 19 29.2	18 8.2	1.554 769	4 275	5.41	5.66	2 49	10 26.8	18 6
12	3 45 32.40	4 58.35	18 37 37.4	17 39.9	1.559 044	4 226	5.39	5.64	2 48	10 27.8	18 8
13	3 50 30.75		+18 55 17.3		1.563 270		5.38	5.63	2 48	10 28.8	18 11

Venus 1955

Tag	0h Weltzeit: Scheinbare Rektaszension		Scheinbare Deklination		Δ		Halbmesser	Hor. Par.	Aufgang	Obere Kulmination	Untergang
									in 0h Länge, + 50° Breite		
1955	h m s	m s	° ′ ″	′ ″			″	″	h m	h m	h m
Juni 13	3 50 30.75	4 59.47	+18 55 17.3	17 10.8	1.563 270	4 179	5.38	5.63	2 48	10 28.8	18 11
14	3 55 30.22	5 0.57	19 12 28.1	16 41.1	1.567 449	4 129	5.36	5.61	2 47	10 29.9	18 14
15	4 0 30.79	5 1.68	19 29 9.2	16 10.8	1.571 578	4 080	5.35	5.60	2 47	10 31.0	18 17
16	4 5 32.47	5 2.76	19 45 20.0	15 39.8	1.575 658	4 030	5.33	5.58	2 46	10 32.1	18 19
17	4 10 35.23	5 3.83	20 0 59.8	15 8.2	1.579 688	3 980	5.32	5.57	2 46	10 33.2	18 22
18	4 15 39.06	5 4.87	20 16 8.0	14 36.0	1.583 668	3 928	5.31	5.56	2 45	10 34.3	18 24
19	4 20 43.93	5 5.90	+20 30 44.0	14 3.1	1.587 596	3 877	5.29	5.54	2 45	10 35.4	18 27
20	4 25 49.83	5 6.91	20 44 47.1	13 29.7	1.591 473	3 826	5.28	5.53	2 44	10 36.6	18 30
21	4 30 56.74	5 7.89	20 58 16.8	12 55.8	1.595 299	3 773	5.28	5.52	2 44	10 37.8	18 32
22	4 36 4.63	5 8.83	21 11 12.6	12 21.2	1.599 072	3 722	5.26	5.50	2 44	10 39.0	18 35
23	4 41 13.46	5 9.76	21 23 33.8	11 46.2	1.602 794	3 671	5.25	5.49	2 44	10 40.2	18 37
24	4 46 23.22	5 10.64	21 35 20.0	11 10.6	1.606 465	3 618	5.24	5.48	2 44	10 41.4	18 40
25	4 51 33.86	5 11.50	+21 46 30.6	10 34.6	1.610 083	3 567	5.23	5.47	2 44	10 42.7	18 42
26	4 56 45.36	5 12.33	21 57 5.2	9 58.0	1.613 650	3 515	5.21	5.45	2 44	10 43.9	18 44
27	5 1 57.69	5 13.11	22 7 3.2	9 21.0	1.617 165	3 463	5.20	5.44	2 45	10 45.2	18 47
28	5 7 10.80	5 13.87	22 16 24.2	8 43.7	1.620 628	3 412	5.19	5.43	2 45	10 46.5	18 49
29	5 12 24.67	5 14.58	22 25 7.9	8 5.7	1.624 040	3 360	5.18	5.42	2 45	10 47.8	18 51
30	5 17 39.25	5 15.26	22 33 13.6	7 27.5	1.627 400	3 308	5.17	5.41	2 46	10 49.1	18 53
Juli 1	5 22 54.51	5 15.89	+22 40 41.1	6 48.9	1.630 708	3 255	5.16	5.40	2 46	10 50.4	18 55
2	5 28 10.40	5 16.48	22 47 30.0	6 9.9	1.633 963	3 204	5.15	5.39	2 47	10 51.7	18 57
3	5 33 26.88	5 17.02	22 53 39.9	5 30.7	1.637 167	3 152	5.14	5.38	2 47	10 53.1	18 59
4	5 38 43.90	5 17.52	22 59 10.6	4 51.0	1.640 319	3 099	5.12	5.36	2 48	10 54.4	19 1
5	5 44 1.42	5 17.98	23 4 1.6	4 11.1	1.643 418	3 046	5.11	5.35	2 49	10 55.8	19 3
6	5 49 19.40	5 18.38	23 8 12.7	3 31.0	1.646 464	2 992	5.10	5.34	2 50	10 57.1	19 5
7	5 54 37.78	5 18.73	+23 11 43.7	2 50.7	1.649 456	2 940	5.09	5.33	2 51	10 58.5	19 7
8	5 59 56.51	5 19.03	23 14 34.4	2 10.2	1.652 396	2 886	5.09	5.33	2 52	10 59.9	19 8
9	6 5 15.54	5 19.28	23 16 44.6	1 29.4	1.655 282	2 832	5.08	5.32	2 53	11 1.2	19 10
10	6 10 34.82	5 19.49	23 18 14.0	0 48.6	1.658 114	2 777	5.07	5.31	2 54	11 2.6	19 11
11	6 15 54.31	5 19.63	23 19 2.6	0 7.6	1.660 891	2 723	5.07	5.30	2 55	11 4.0	19 13
12	6 21 13.94	5 19.71	23 19 10.2	0 33.4	1.663 614	2 667	5.06	5.29	2 57	11 5.4	19 14
13	6 26 33.65	5 19.75	+23 18 36.8	1 14.5	1.666 281	2 610	5.05	5.28	2 58	11 6.8	19 15
14	6 31 53.40	5 19.73	23 17 22.3	1 55.6	1.668 891	2 555	5.04	5.27	3 0	11 8.2	19 17
15	6 37 13.13	5 19.65	23 15 26.7	2 36.7	1.671 446	2 499	5.03	5.26	3 1	11 9.6	19 18
16	6 42 32.78	5 19.52	23 12 50.0	3 17.7	1.673 945	2 441	5.03	5.26	3 3	11 10.9	19 19
17	6 47 52.30	5 19.32	23 9 32.3	3 58.7	1.676 386	2 384	5.02	5.25	3 5	11 12.3	19 20
18	6 53 11.62	5 19.08	23 5 33.6	4 39.6	1.678 770	2 326	5.01	5.24	3 7	11 13.7	19 20
19	6 58 30.70	5 18.77	+23 0 54.0	5 20.2	1.681 096	2 268	5.00	5.23	3 9	11 15.1	19 21
20	7 3 49.47	5 18.42	22 55 33.8	6 0.9	1.683 364	2 211	5.00	5.23	3 11	11 16.5	19 22
21	7 9 7.89	5 18.00	22 49 32.9	6 41.2	1.685 575	2 153	4.99	5.22	3 13	11 17.8	19 23
22	7 14 25.89	5 17.54	22 42 51.7	7 21.2	1.687 728	2 095	4.98	5.21	3 15	11 19.2	19 23
23	7 19 43.43	5 17.02	22 35 30.5	8 1.2	1.689 823	2 038	4.98	5.21	3 17	11 20.5	19 24
24	7 25 0.45		+22 27 29.3		1.691 861		4.97	5.20	3 19	11 21.9	19 24

Tag	0h Weltzeit Scheinbare Rektaszension		Scheinbare Deklination		Δ		Halbmesser	Hor. Par.	Aufgang	Obere Kulmination	Untergang
									in 0h Länge, + 50° Breite		
1955	h m s	m s	° ′ ″	′ ″			″	″	h m	h m	h m
Juli 24	7 25 0.45	5 16.47	+22 27 29.3	8 40.7	1.691 861	1 981	4.97	5.20	3 19	11 21.9	19 24
25	7 30 16.92	5 15.86	22 18 48.6	9 20.0	1.693 842	1 925	4.97	5.20	3 21	11 23.2	19 24
26	7 35 32.78	5 15.21	22 9 28.6	9 59.0	1.695 767	1 867	4.96	5.19	3 24	11 24.5	19 25
27	7 40 47.99	5 14.52	21 59 29.6	10 37.6	1.697 634	1 811	4.95	5.18	3 26	11 25.8	19 25
28	7 46 2.51	5 13.79	21 48 52.0	11 15.9	1.699 445	1 755	4.95	5.18	3 29	11 27.1	19 25
29	7 51 16.30	5 13.03	21 37 36.1	11 53.7	1.701 200	1 699	4.94	5.17	3 31	11 28.4	19 25
30	7 56 29.33	5 12.23	+21 25 42.4	12 31.2	1.702 899	1 643	4.94	5.17	3 34	11 29.7	19 25
31	8 1 41.56	5 11.40	21 13 11.2	13 8.1	1.704 542	1 586	4.93	5.16	3 36	11 30.9	19 25
Aug. 1	8 6 52.96	5 10.53	21 0 3.1	13 44.8	1.706 128	1 531	4.93	5.16	3 39	11 32.2	19 25
2	8 12 3.49	5 9.64	20 46 18.3	14 20.8	1.707 659	1 475	4.92	5.15	3 41	11 33.4	19 24
3	8 17 13.13	5 8.74	20 31 57.5	14 56.4	1.709 134	1 419	4.92	5.15	3 44	11 34.6	19 24
4	8 22 21.87	5 7.79	20 17 1.1	15 31.5	1.710 553	1 364	4.91	5.14	3 47	11 35.8	19 24
5	8 27 29.66	5 6.84	+20 1 29.6	16 6.0	1.711 917	1 308	4.91	5.14	3 50	11 37.0	19 23
6	8 32 36.50	5 5.86	19 45 23.6	16 40.1	1.713 225	1 252	4.91	5.14	3 52	11 38.2	19 23
7	8 37 42.36	5 4.86	19 28 43.5	17 13.5	1.714 477	1 197	4.90	5.13	3 55	11 39.3	19 22
8	8 42 47.22	5 3.86	19 11 30.0	17 46.5	1.715 674	1 140	4.90	5.13	3 58	11 40.4	19 22
9	8 47 51.08	5 2.85	18 53 43.5	18 18.8	1.716 814	1 085	4.90	5.13	4 1	11 41.5	19 21
10	8 52 53.93	5 1.82	18 35 24.7	18 50.4	1.717 899	1 028	4.89	5.12	4 4	11 42.6	19 20
11	8 57 55.75	5 0.78	+18 16 34.3	19 21.6	1.718 927	971	4.89	5.12	4 7	11 43.7	19 19
12	9 2 56.53	4 59.74	17 57 12.7	19 52.0	1.719 898	915	4.89	5.12	4 10	11 44.8	19 18
13	9 7 56.27	4 58.69	17 37 20.7	20 21.7	1.720 813	857	4.88	5.11	4 13	11 45.8	19 18
14	9 12 54.96	4 57.64	17 16 59.0	20 50.9	1.721 670	800	4.88	5.11	4 16	11 46.9	19 17
15	9 17 52.60	4 56.59	16 56 8.1	21 19.4	1.722 470	743	4.88	5.11	4 19	11 47.9	19 16
16	9 22 49.19	4 55.54	16 34 48.7	21 47.2	1.723 213	685	4.88	5.11	4 22	11 48.9	19 15
17	9 27 44.73	4 54.49	+16 13 1.5	22 14.2	1.723 898	628	4.87	5.10	4 25	11 49.8	19 14
18	9 32 39.22	4 53.44	15 50 47.3	22 40.6	1.724 526	571	4.87	5.10	4 28	11 50.8	19 13
19	9 37 32.66	4 52.41	15 28 6.7	23 6.3	1.725 097	514	4.87	5.10	4 31	11 51.7	19 11
20	9 42 25.07	4 51.37	15 5 0.4	23 31.3	1.725 611	458	4.87	5.10	4 34	11 52.6	19 10
21	9 47 16.44	4 50.35	14 41 29.1	23 55.5	1.726 069	401	4.87	5.10	4 37	11 53.5	19 9
22	9 52 6.79	4 49.35	14 17 33.6	24 19.1	1.726 470	345	4.87	5.10	4 40	11 54.4	19 8
23	9 56 56.14	4 48.36	+13 53 14.5	24 42.0	1.726 815	289	4.87	5.10	4 43	11 55.3	19 6
24	10 1 44.50	4 47.38	13 28 32.5	25 4.1	1.727 104	235	4.86	5.09	4 46	11 56.2	19 5
25	10 6 31.88	4 46.43	13 3 28.4	25 25.5	1.727 339	180	4.86	5.09	4 49	11 57.0	19 4
26	10 11 18.31	4 45.50	12 38 2.9	25 46.2	1.727 519	125	4.86	5.09	4 52	11 57.8	19 2
27	10 16 3.81	4 44.59	12 12 16.7	26 6.2	1.727 644	72	4.86	5.09	4 55	11 58.6	19 1
28	10 20 48.40	4 43.70	11 46 10.5	26 25.4	1.727 716	18	4.86	5.09	4 58	11 59.4	18 59
29	10 25 32.10	4 42.85	+11 19 45.1	26 44.0	1.727 734	35	4.86	5.09	5 2	12 0.2	18 58
30	10 30 14.95	4 42.02	10 53 1.1	27 1.9	1.727 699	88	4.86	5.09	5 5	12 1.0	18 56
31	10 34 56.97	4 41.21	10 25 59.2	27 19.0	1.727 611	140	4.86	5.09	5 8	12 1.7	18 55
Sept. 1	10 39 38.18	4 40.44	9 58 40.2	27 35.4	1.727 471	193	4.86	5.09	5 11	12 2.5	18 53
2	10 44 18.62	4 39.70	9 31 4.8	27 51.1	1.727 278	244	4.86	5.09	5 14	12 3.2	18 51
3	10 48 58.32		+ 9 3 13.7		1.727 034		4.87	5.10	5 17	12 3.9	18 50

Venus 1955

Tag	Scheinbare Rektaszension (0h Weltzeit)	Diff.	Scheinbare Deklination (0h Weltzeit)	Diff.	Δ (0h Weltzeit)	Diff.	Halbmesser	Hor. Par.	Aufgang	Obere Kulmination	Untergang
									in 0h Länge, + 50° Breite		
1955	h m s	m s	° ′ ″	′ ″			″	″	h m	h m	h m
Sept. 3	10 48 58.32	4 39.00	+ 9 3 13.7	28 6.1	1.727 034	295	4.87	5.10	5 17	12 3.9	18 50
4	10 53 37.32	4 38.33	8 35 7.6	28 20.3	1.726 739	347	4.87	5.10	5 20	12 4.6	18 48
5	10 58 15.65	4 37.69	8 6 47.3	28 33.9	1.726 392	399	4.87	5.10	5 23	12 5.3	18 46
6	11 2 53.34	4 37.09	7 38 13.4	28 46.8	1.725 993	449	4.87	5.10	5 26	12 6.0	18 45
7	11 7 30.43	4 36.53	7 9 26.6	28 58.8	1.725 544	500	4.87	5.10	5 29	12 6.7	18 43
8	11 12 6.96	4 36.01	6 40 27.8	29 10.3	1.725 044	552	4.87	5.10	5 32	12 7.3	18 41
9	11 16 42.97	4 35.52	+ 6 11 17.5	29 20.9	1.724 492	603	4.87	5.10	5 35	12 8.0	18 40
10	11 21 18.49	4 35.07	5 41 56.6	29 30.9	1.723 889	654	4.87	5.10	5 38	12 8.6	18 38
11	11 25 53.56	4 34.65	5 12 25.7	29 40.0	1.723 235	706	4.88	5.11	5 41	12 9.3	18 36
12	11 30 28.21	4 34.28	4 42 45.7	29 48.4	1.722 529	757	4.88	5.11	5 44	12 9.9	18 34
13	11 35 2.49	4 33.94	4 12 57.3	29 56.2	1.721 772	808	4.88	5.11	5 47	12 10.5	18 33
14	11 39 36.43	4 33.64	3 43 1.1	30 3.1	1.720 964	860	4.88	5.11	5 50	12 11.1	18 31
15	11 44 10.07	4 33.39	+ 3 12 58.0	30 9.4	1.720 104	911	4.89	5.12	5 53	12 11.8	18 29
16	11 48 43.46	4 33.16	2 42 48.6	30 14.8	1.719 193	962	4.89	5.12	5 56	12 12.4	18 27
17	11 53 16.62	4 32.97	2 12 33.8	30 19.6	1.718 231	1 012	4.89	5.12	5 59	12 13.0	18 25
18	11 57 49.59	4 32.83	1 42 14.2	30 23.5	1.717 219	1 063	4.89	5.12	6 2	12 13.6	18 24
19	12 2 22.42	4 32.72	1 11 50.7	30 26.8	1.716 156	1 113	4.90	5.13	6 5	12 14.2	18 22
20	12 6 55.14	4 32.66	0 41 23.9	30 29.3	1.715 043	1 162	4.90	5.13	6 8	12 14.8	18 20
21	12 11 27.80	4 32.64	+ 0 10 54.6	30 31.0	1.713 881	1 211	4.90	5.13	6 12	12 15.4	18 18
22	12 16 0.44	4 32.66	− 0 19 36.4	30 32.1	1.712 670	1 259	4.91	5.14	6 15	12 16.0	18 16
23	12 20 33.10	4 32.71	0 50 8.5	30 32.3	1.711 411	1 308	4.91	5.14	6 18	12 16.6	18 14
24	12 25 5.81	4 32.81	1 20 40.8	30 31.9	1.710 103	1 355	4.92	5.15	6 21	12 17.2	18 13
25	12 29 38.62	4 32.96	1 51 12.7	30 30.7	1.708 748	1 402	4.92	5.15	6 24	12 17.8	18 11
26	12 34 11.58	4 33.14	2 21 43.4	30 28.8	1.707 346	1 449	4.92	5.15	6 27	12 18.4	18 9
27	12 38 44.72	4 33.37	− 2 52 12.2	30 26.1	1.705 897	1 494	4.93	5.16	6 30	12 19.0	18 7
28	12 43 18.09	4 33.64	3 22 38.3	30 22.7	1.704 403	1 540	4.93	5.16	6 33	12 19.6	18 5
29	12 47 51.73	4 33.95	3 53 1.0	30 18.6	1.702 863	1 586	4.94	5.17	6 36	12 20.3	18 4
30	12 52 25.68	4 34.32	4 23 19.6	30 13.7	1.701 277	1 629	4.94	5.17	6 39	12 20.9	18 2
Okt. 1	12 57 0.00	4 34.72	4 53 33.3	30 8.2	1.699 648	1 674	4.95	5.18	6 42	12 21.5	18 0
2	13 1 34.72	4 35.16	5 23 41.5	30 1.8	1.697 974	1 717	4.95	5.18	6 45	12 22.1	17 58
3	13 6 9.88	4 35.64	− 5 53 43.3	29 54.6	1.696 257	1 761	4.96	5.19	6 48	12 22.8	17 56
4	13 10 45.52	4 36.18	6 23 37.9	29 46.8	1.694 496	1 804	4.96	5.19	6 51	12 23.5	17 55
5	13 15 21.70	4 36.76	6 53 24.7	29 38.2	1.692 692	1 847	4.97	5.20	6 54	12 24.1	17 53
6	13 19 58.46	4 37.37	7 23 2.9	29 28.9	1.690 845	1 890	4.97	5.20	6 57	12 24.8	17 51
7	13 24 35.83	4 38.02	7 52 31.8	29 18.8	1.688 955	1 933	4.98	5.21	7 0	12 25.5	17 50
8	13 29 13.85	4 38.72	8 21 50.6	29 7.9	1.687 022	1 975	4.99	5.22	7 4	12 26.2	17 48
9	13 33 52.57	4 39.46	− 8 50 58.5	28 56.2	1.685 047	2 019	4.99	5.22	7 7	12 26.9	17 46
10	13 38 32.03	4 40.23	9 19 54.7	28 43.8	1.683 028	2 062	5.00	5.23	7 10	12 27.6	17 45
11	13 43 12.26	4 41.04	9 48 38.5	28 30.5	1.680 966	2 105	5.00	5.23	7 13	12 28.3	17 43
12	13 47 53.30	4 41.88	10 17 9.0	28 16.5	1.678 861	2 147	5.01	5.24	7 16	12 29.1	17 41
13	13 52 35.18	4 42.76	10 45 25.5	28 1.7	1.676 714	2 191	5.02	5.25	7 19	12 29.9	17 40
14	13 57 17.94		−11 13 27.2		1.674 523		5.02	5.25	7 22	12 30.6	17 38

Tag	Scheinbare Rektaszension		Scheinbare Deklination		Δ		Halbmesser	Hor. Par.	Aufgang	Obere Kulmination	Untergang
	0h Weltzeit								in 0h Länge, +50° Breite		
1955	h m s	m s	° ′ ″	′ ″			″	″	h m	h m	h m
Okt. 14	13 57 17.94	4 43.67	−11 13 27.2	27 46.1	1.674 523	2 234	5.02	5.25	7 22	12 30.6	17 38
15	14 2 1.61	4 44.60	11 41 13.3	27 29.6	1.672 289	2 276	5.03	5.26	7 25	12 31.4	17 37
16	14 6 46.21	4 45.57	12 8 42.9	27 12.4	1.670 013	2 319	5.04	5.27	7 29	12 32.2	17 35
17	14 11 31.78	4 46.57	12 35 55.3	26 54.4	1.667 694	2 361	5.05	5.28	7 32	12 33.1	17 34
18	14 16 18.35	4 47.59	13 2 49.7	26 35.6	1.665 333	2 403	5.05	5.28	7 35	12 33.9	17 32
19	14 21 5.94	4 48.63	13 29 25.3	26 15.9	1.662 930	2 444	5.06	5.29	7 38	12 34.8	17 31
20	14 25 54.57	4 49.71	−13 55 41.2	25 55.5	1.660 486	2 486	5.07	5.30	7 41	12 35.7	17 29
21	14 30 44.28	4 50.80	14 21 36.7	25 34.2	1.658 000	2 526	5.07	5.31	7 44	12 36.6	17 28
22	14 35 35.08	4 51.92	14 47 10.9	25 12.2	1.655 474	2 567	5.08	5.32	7 48	12 37.5	17 27
23	14 40 27.00	4 53.05	15 12 23.1	24 49.3	1.652 907	2 606	5.08	5.32	7 51	12 38.4	17 25
24	14 45 20.05	4 54.21	15 37 12.4	24 25.8	1.650 301	2 646	5.09	5.33	7 54	12 39.3	17 24
25	14 50 14.26	4 55.38	16 1 38.2	24 1.3	1.647 655	2 685	5.10	5.34	7 57	12 40.3	17 23
26	14 55 9.64	4 56.56	−16 25 39.5	23 36.0	1.644 970	2 724	5.11	5.35	8 0	12 41.3	17 22
27	15 0 6.20	4 57.77	16 49 15.5	23 10.1	1.642 246	2 762	5.12	5.36	8 3	12 42.3	17 21
28	15 5 3.97	4 58.98	17 12 25.6	22 43.3	1.639 484	2 799	5.13	5.37	8 7	12 43.3	17 19
29	15 10 2.95	5 0.19	17 35 8.9	22 15.6	1.636 685	2 837	5.14	5.38	8 10	12 44.4	17 18
30	15 15 3.14	5 1.42	17 57 24.5	21 47.3	1.633 848	2 873	5.15	5.39	8 13	12 45.5	17 17
31	15 20 4.56	5 2.67	18 19 11.8	21 18.2	1.630 975	2 909	5.16	5.40	8 16	12 46.6	17 16
Nov. 1	15 25 7.23	5 3.90	−18 40 30.0	20 48.3	1.628 066	2 945	5.17	5.41	8 19	12 47.7	17 15
2	15 30 11.13	5 5.15	19 1 18.3	20 17.6	1.625 121	2 980	5.17	5.41	8 22	12 48.8	17 15
3	15 35 16.28	5 6.39	19 21 35.9	19 46.2	1.622 141	3 016	5.18	5.42	8 26	12 50.0	17 14
4	15 40 22.67	5 7.63	19 41 22.1	19 14.0	1.619 125	3 052	5.19	5.43	8 29	12 51.2	17 13
5	15 45 30.30	5 8.86	20 0 36.1	18 41.1	1.616 073	3 088	5.21	5.45	8 32	12 52.4	17 13
6	15 50 39.16	5 10.09	20 19 17.2	18 7.5	1.612 985	3 123	5.22	5.46	8 35	12 53.6	17 12
7	15 55 49.25	5 11.31	−20 37 24.7	17 33.1	1.609 862	3 159	5.23	5.47	8 38	12 54.8	17 11
8	16 1 0.56	5 12.49	20 54 57.8	16 58.1	1.606 703	3 194	5.24	5.48	8 41	12 56.1	17 11
9	16 6 13.05	5 13.67	21 11 55.9	16 22.3	1.603 509	3 231	5.25	5.49	8 44	12 57.3	17 11
10	16 11 26.72	5 14.83	21 28 18.2	15 45.8	1.600 278	3 266	5.26	5.50	8 47	12 58.6	17 10
11	16 16 41.55	5 15.95	21 44 4.0	15 8.7	1.597 012	3 303	5.27	5.51	8 49	12 59.9	17 10
12	16 21 57.50	5 17.04	21 59 12.7	14 30.9	1.593 709	3 339	5.28	5.52	8 52	13 1.3	17 10
13	16 27 14.54	5 18.10	−22 13 43.6	13 52.5	1.590 370	3 375	5.29	5.53	8 55	13 2.6	17 10
14	16 32 32.64	5 19.13	22 27 36.1	13 13.5	1.586 995	3 411	5.30	5.55	8 58	13 4.0	17 10
15	16 37 51.77	5 20.11	22 40 49.6	12 33.9	1.583 584	3 447	5.31	5.56	9 1	13 5.4	17 10
16	16 43 11.88	5 21.06	22 53 23.5	11 53.8	1.580 137	3 483	5.32	5.57	9 4	13 6.8	17 10
17	16 48 32.94	5 21.96	23 5 17.3	11 13.0	1.576 654	3 519	5.33	5.58	9 6	13 8.2	17 10
18	16 53 54.90	5 22.81	23 16 30.3	10 31.8	1.573 135	3 554	5.34	5.59	9 9	13 9.6	17 10
19	16 59 17.71	5 23.61	−23 27 2.1	9 50.1	1.569 581	3 589	5.36	5.61	9 11	13 11.1	17 11
20	17 4 41.32	5 24.36	23 36 52.2	9 8.0	1.565 992	3 624	5.37	5.62	9 14	13 12.5	17 11
21	17 10 5.68	5 25.06	23 46 0.2	8 25.3	1.562 368	3 659	5.38	5.63	9 16	13 14.0	17 11
22	17 15 30.74	5 25.70	23 54 25.5	7 42.4	1.558 709	3 693	5.40	5.65	9 19	13 15.5	17 12
23	17 20 56.44	5 26.28	24 2 7.9	6 59.1	1.555 016	3 727	5.41	5.66	9 21	13 17.0	17 13
24	17 26 22.72		−24 9 7.0		1.551 289		5.42	5.67	9 23	13 18.5	17 14

Venus 1955

Tag	0ʰ Weltzeit: Scheinbare Rektaszension		Scheinbare Deklination		Δ		Halbmesser	Hor. Par.	Aufgang	Obere Kulmination	Untergang
									in 0ʰ Länge, + 50° Breite		
1955	h m s	m s	° ′ ″	′ ″			″	″	h m	h m	h m
Nov. 24	17 26 22.72	5 26.80	−24 9 7.0	6 15.3	1.551 289	3 761	5.42	5.67	9 23	13 18.5	17 14
25	17 31 49.52	5 27.27	24 15 22.3	5 31.4	1.547 528	3 795	5.44	5.69	9 25	13 20.0	17 14
26	17 37 16.79	5 27.66	24 20 53.7	4 47.1	1.543 733	3 827	5.45	5.70	9 28	13 21.5	17 15
27	17 42 44.45	5 27.99	24 25 40.8	4 2.5	1.539 906	3 860	5.46	5.71	9 30	13 23.0	17 17
28	17 48 12.44	5 28.27	24 29 43.3	3 17.8	1.536 046	3 892	5.48	5.73	9 32	13 24.6	17 18
29	17 53 40.71	5 28.48	24 33 1.1	2 33.0	1.532 154	3 923	5.49	5.74	9 33	13 26.1	17 19
30	17 59 9.19	5 28.62	−24 35 34.1	1 47.9	1.528 231	3 955	5.50	5.76	9 35	13 27.6	17 20
Dez. 1	18 4 37.81	5 28.70	24 37 22.0	1 2.7	1.524 276	3 987	5.51	5.77	9 37	13 29.2	17 22
2	18 10 6.51	5 28.72	24 38 24.7	0 17.5	1.520 289	4 017	5.53	5.79	9 38	13 30.7	17 23
3	18 15 35.23	5 28.67	24 38 42.2	0 27.8	1.516 272	4 049	5.54	5.80	9 40	13 32.3	17 25
4	18 21 3.90	5 28.56	24 38 14.4	1 13.1	1.512 223	4 080	5.56	5.82	9 41	13 33.8	17 26
5	18 26 32.46	5 28.38	24 37 1.3	1 58.3	1.508 143	4 111	5.57	5.83	9 43	13 35.3	17 28
6	18 32 0.84	5 28.13	−24 35 3.0	2 43.5	1.504 032	4 144	5.59	5.85	9 44	13 36.9	17 30
7	18 37 28.97	5 27.81	24 32 19.5	3 28.6	1.499 888	4 175	5.61	5.87	9 45	13 38.4	17 32
8	18 42 56.78	5 27.44	24 28 50.9	4 13.5	1.495 713	4 208	5.62	5.88	9 47	13 39.9	17 34
9	18 48 24.22	5 26.99	24 24 37.4	4 58.3	1.491 505	4 240	5.64	5.90	9 48	13 41.4	17 36
10	18 53 51.21	5 26.48	24 19 39.1	5 42.9	1.487 265	4 273	5.66	5.92	9 49	13 42.9	17 38
11	18 59 17.69	5 25.90	24 13 56.2	6 27.2	1.482 992	4 305	5.67	5.93	9 49	13 44.4	17 40
12	19 4 43.59	5 25.26	−24 7 29.0	7 11.1	1.478 687	4 338	5.69	5.95	9 50	13 45.9	17 42
13	19 10 8.85	5 24.56	24 0 17.9	7 54.9	1.474 349	4 371	5.71	5.97	9 51	13 47.4	17 44
14	19 15 33.41	5 23.80	23 52 23.0	8 38.3	1.469 978	4 404	5.72	5.99	9 51	13 48.8	17 47
15	19 20 57.21	5 22.98	23 43 44.7	9 21.2	1.465 574	4 437	5.73	6.00	9 52	13 50.3	17 49
16	19 26 20.19	5 22.10	23 34 23.5	10 3.8	1.461 137	4 470	5.75	6.02	9 52	13 51.7	17 52
17	19 31 42.29	5 21.17	23 24 19.7	10 45.9	1.456 667	4 503	5.77	6.04	9 52	13 53.1	17 54
18	19 37 3.46	5 20.18	−23 13 33.8	11 27.5	1.452 164	4 536	5.79	6.06	9 52	13 54.5	17 57
19	19 42 23.64	5 19.15	23 2 6.3	12 8.7	1.447 628	4 569	5.81	6.08	9 53	13 55.9	18 0
20	19 47 42.79	5 18.07	22 49 57.6	12 49.4	1.443 059	4 602	5.83	6.10	9 53	13 57.3	18 2
21	19 53 0.86	5 16.95	22 37 8.2	13 29.4	1.438 457	4 635	5.85	6.12	9 53	13 58.6	18 5
22	19 58 17.81	5 15.79	22 23 38.8	14 8.9	1.433 822	4 667	5.87	6.14	9 52	14 0.0	18 8
23	20 3 33.60	5 14.58	22 9 29.9	14 47.8	1.429 155	4 700	5.89	6.16	9 52	14 1.3	18 11
24	20 8 48.18	5 13.33	−21 54 42.1	15 26.1	1.424 455	4 731	5.91	6.18	9 52	14 2.6	18 14
25	20 14 1.51	5 12.07	21 39 16.0	16 3.8	1.419 724	4 763	5.93	6.20	9 52	14 3.8	18 17
26	20 19 13.58	5 10.76	21 23 12.2	16 40.9	1.414 961	4 794	5.94	6.22	9 51	14 5.1	18 20
27	20 24 24.34	5 9.45	21 6 31.3	17 17.2	1.410 167	4 826	5.96	6.24	9 51	14 6.3	18 23
28	20 29 33.79	5 8.09	20 49 14.1	17 52.9	1.405 341	4 856	5.98	6.26	9 50	14 7.5	18 26
29	20 34 41.88	5 6.74	20 31 21.2	18 28.0	1.400 485	4 887	6.00	6.28	9 50	14 8.7	18 29
30	20 39 48.62	5 5.35	−20 12 53.2	19 2.3	1.395 598	4 917	6.02	6.30	9 49	14 9.9	18 32
31	20 44 53.97	5 3.97	19 53 50.9	19 36.0	1.390 681	4 947	6.05	6.33	9 48	14 11.0	18 35
32	20 49 57.94		−19 34 14.9		1.385 734		6.07	6.35	9 47	14 12.1	18 38

Tag	Scheinbare Rektaszension (0h Weltzeit)		Scheinbare Deklination (0h Weltzeit)		Δ (0h Weltzeit)		Halbmesser	Hor. Par.	Aufgang	Obere Kulmination	Untergang
									in 0h Länge, + 50° Breite		
1955	h m s	m s	° ′ ″	′ ″			″	″	h m	h m	h m
Jan. 0	23 20 53.30	2 37.22	−4 53 56.7	18 4.8	1.423 822	7 738	3.29	6.18	11 4	16 44.4	22 26
1	23 23 30.52	2 37.11	4 35 51.9	18 6.1	1.431 560	7 747	3.27	6.15	11 1	16 43.1	22 26
2	23 26 7.63	2 37.00	4 17 45.8	18 7.2	1.439 307	7 755	3.25	6.11	10 58	16 41.8	22 26
3	23 28 44.63	2 36.90	3 59 38.6	18 8.2	1.447 062	7 764	3.23	6.08	10 56	16 40.5	22 26
4	23 31 21.53	2 36.80	3 41 30.4	18 8.9	1.454 826	7 772	3.22	6.05	10 53	16 39.1	22 26
5	23 33 58.33	2 36.71	3 23 21.5	18 9.6	1.462 598	7 781	3.20	6.02	10 50	16 37.8	22 26
6	23 36 35.04	2 36.61	−3 5 11.9	18 10.0	1.470 379	7 790	3.18	5.98	10 47	16 36.5	22 26
7	23 39 11.65	2 36.52	2 47 1.9	18 10.4	1.478 169	7 798	3.16	5.95	10 45	16 35.1	22 26
8	23 41 48.17	2 36.44	2 28 51.5	18 10.6	1.485 967	7 806	3.15	5.92	10 42	16 33.8	22 27
9	23 44 24.61	2 36.37	2 10 40.9	18 10.5	1.493 773	7 815	3.13	5.89	10 39	16 32.5	22 27
10	23 47 0.98	2 36.30	1 52 30.4	18 10.5	1.501 588	7 824	3.12	5.86	10 36	16 31.1	22 27
11	23 49 37.28	2 36.24	1 34 19.9	18 10.3	1.509 412	7 831	3.10	5.83	10 33	16 29.8	22 27
12	23 52 13.52	2 36.18	−1 16 9.6	18 9.9	1.517 243	7 840	3.08	5.80	10 31	16 28.5	22 27
13	23 54 49.70	2 36.14	0 57 59.7	18 9.5	1.525 083	7 848	3.07	5.77	10 28	16 27.1	22 27
14	23 57 25.84	2 36.10	0 39 50.2	18 8.8	1.532 931	7 855	3.05	5.74	10 25	16 25.8	22 27
15	0 0 1.94	2 36.08	0 21 41.4	18 8.1	1.540 786	7 862	3.04	5.71	10 22	16 24.4	22 27
16	0 2 38.02	2 36.05	−0 3 33.3	18 7.2	1.548 648	7 868	3.02	5.68	10 20	16 23.1	22 27
17	0 5 14.07	2 36.04	+0 14 33.9	18 6.2	1.556 516	7 874	3.00	5.65	10 17	16 21.8	22 27
18	0 7 50.11	2 36.04	+0 32 40.1	18 5.0	1.564 390	7 880	2.99	5.63	10 14	16 20.4	22 28
19	0 10 26.15	2 36.03	0 50 45.1	18 3.7	1.572 270	7 884	2.98	5.60	10 11	16 19.1	22 28
20	0 13 2.18	2 36.04	1 8 48.8	18 2.2	1.580 154	7 888	2.96	5.57	10 8	16 17.7	22 28
21	0 15 38.22	2 36.05	1 26 51.0	18 0.7	1.588 042	7 891	2.95	5.54	10 6	16 16.4	22 28
22	0 18 14.27	2 36.08	1 44 51.7	17 58.9	1.595 933	7 894	2.93	5.51	10 3	16 15.1	22 28
23	0 20 50.35	2 36.10	2 2 50.6	17 57.1	1.603 827	7 897	2.92	5.49	10 0	16 13.7	22 28
24	0 23 26.45	2 36.12	+2 20 47.7	17 55.0	1.611 724	7 897	2.90	5.46	9 57	16 12.4	22 28
25	0 26 2.57	2 36.16	2 38 42.7	17 52.8	1.619 621	7 898	2.89	5.43	9 55	16 11.0	22 28
26	0 28 38.73	2 36.20	2 56 35.5	17 50.4	1.627 519	7 898	2.88	5.41	9 52	16 9.7	22 28
27	0 31 14.93	2 36.24	3 14 25.9	17 48.0	1.635 417	7 898	2.86	5.38	9 49	16 8.3	22 28
28	0 33 51.17	2 36.29	3 32 13.9	17 45.3	1.643 315	7 896	2.85	5.35	9 46	16 7.0	22 28
29	0 36 27.46	2 36.34	3 49 59.2	17 42.5	1.651 211	7 895	2.83	5.33	9 43	16 5.7	22 29
30	0 39 3.80	2 36.38	+4 7 41.7	17 39.4	1.659 106	7 892	2.82	5.30	9 41	16 4.3	22 29
31	0 41 40.18	2 36.44	4 25 21.1	17 36.4	1.666 998	7 890	2.81	5.28	9 38	16 3.0	22 29
Febr. 1	0 44 16.62	2 36.50	4 42 57.5	17 33.1	1.674 888	7 887	2.79	5.25	9 35	16 1.7	22 29
2	0 46 53.12	2 36.56	5 0 30.6	17 29.7	1.682 775	7 885	2.78	5.23	9 33	16 0.3	22 29
3	0 49 29.68	2 36.63	5 18 0.3	17 26.1	1.690 660	7 881	2.77	5.20	9 30	15 59.0	22 29
4	0 52 6.31	2 36.69	5 35 26.4	17 22.4	1.698 541	7 879	2.75	5.18	9 27	15 57.7	22 29
5	0 54 43.00	2 36.78	+5 52 48.8	17 18.6	1.706 420	7 875	2.74	5.16	9 24	15 56.3	22 29
6	0 57 19.78	2 36.85	6 10 7.4	17 14.7	1.714 295	7 872	2.73	5.13	9 22	15 55.0	22 29
7	0 59 56.63	2 36.94	6 27 22.1	17 10.6	1.722 167	7 869	2.72	5.11	9 19	15 53.7	22 29
8	1 2 33.57	2 37.04	6 44 32.7	17 6.5	1.730 036	7 866	2.71	5.09	9 16	15 52.4	22 29
9	1 5 10.61	2 37.14	7 1 39.2	17 2.1	1.737 902	7 862	2.69	5.06	9 14	15 51.0	22 29
10	1 7 47.75		+7 18 41.3		1.745 764		2.68	5.04	9 11	15 49.7	22 29

Tag	0h Weltzeit								Auf-gang	Obere Kul-mination	Unter-gang
	Scheinbare Rektaszension		Scheinbare Deklination		Δ		Halb-messer	Hor. Par.	in 0h Länge, + 50° Breite		
1955	h m s	m s	° ′ ″	′ ″			″	″	h m	h m	h m
Febr. 10	1 7 47.75	2 37.25	+ 7 18 41.3	16 57.7	1.745 764	7 857	2.68	5.04	9 11	15 49.7	22 29
11	1 10 25.00	2 37.37	7 35 39.0	16 53.1	1.753 621	7 853	2.67	5.02	9 8	15 48.4	22 29
12	1 13 2.37	2 37.50	7 52 32.1	16 48.5	1.761 474	7 848	2.66	5.00	9 5	15 47.1	22 30
13	1 15 39.87	2 37.62	8 9 20.6	16 43.7	1.769 322	7 843	2.64	4.97	9 3	15 45.8	22 30
14	1 18 17.49	2 37.77	8 26 4.3	16 38.8	1.777 165	7 837	2.63	4.95	9 0	15 44.5	22 30
15	1 20 55.26	2 37.91	8 42 43.1	16 33.8	1.785 002	7 830	2.62	4.93	8 57	15 43.2	22 30
16	1 23 33.17	2 38.06	+ 8 59 16.9	16 28.7	1.792 832	7 823	2.61	4.91	8 55	15 41.8	22 30
17	1 26 11.23	2 38.22	9 15 45.6	16 23.3	1.800 655	7 816	2.60	4.89	8 52	15 40.5	22 30
18	1 28 49.45	2 38.38	9 32 8.9	16 18.0	1.808 471	7 807	2.59	4.87	8 49	15 39.2	22 30
19	1 31 27.83	2 38.55	9 48 26.9	16 12.5	1.816 278	7 797	2.58	4.85	8 47	15 37.9	22 30
20	1 34 6.38	2 38.73	10 4 39.4	16 6.8	1.824 075	7 788	2.56	4.82	8 44	15 36.6	22 30
21	1 36 45.11	2 38.90	10 20 46.2	16 1.0	1.831 863	7 777	2.55	4.80	8 41	15 35.4	22 30
22	1 39 24.01	2 39.08	+10 36 47.2	15 55.2	1.839 640	7 766	2.54	4.78	8 39	15 34.1	22 30
23	1 42 3.09	2 39.27	10 52 42.4	15 49.1	1.847 406	7 753	2.53	4.76	8 36	15 32.8	22 30
24	1 44 42.36	2 39.45	11 8 31.5	15 42.9	1.855 159	7 740	2.52	4.74	8 33	15 31.5	22 30
25	1 47 21.81	2 39.64	11 24 14.4	15 36.6	1.862 899	7 727	2.51	4.72	8 31	15 30.2	22 30
26	1 50 1.45	2 39.83	11 39 51.0	15 30.2	1.870 626	7 712	2.50	4.70	8 28	15 28.9	22 30
27	1 52 41.28	2 40.02	11 55 21.2	15 23.5	1.878 338	7 698	2.49	4.68	8 26	15 27.7	22 31
28	1 55 21.30	2 40.22	+12 10 44.7	15 16.9	1.886 036	7 683	2.48	4.67	8 23	15 26.4	22 31
März 1	1 58 1.52	2 40.40	12 26 1.6	15 10.0	1.893 719	7 667	2.47	4.65	8 20	15 25.1	22 31
2	2 0 41.92	2 40.60	12 41 11.6	15 3.1	1.901 386	7 652	2.46	4.63	8 18	15 23.8	22 31
3	2 3 22.52	2 40.80	12 56 14.7	14 56.0	1.909 038	7 636	2.45	4.61	8 15	15 22.6	22 31
4	2 6 3.32	2 40.99	13 11 10.7	14 48.8	1.916 674	7 620	2.44	4.59	8 13	15 21.3	22 31
5	2 8 44.31	2 41.19	13 25 59.5	14 41.5	1.924 294	7 604	2.43	4.57	8 10	15 20.1	22 31
6	2 11 25.50	2 41.40	+13 40 41.0	14 34.1	1.931 898	7 588	2.42	4.56	8 8	15 18.8	22 31
7	2 14 6.90	2 41.60	13 55 15.1	14 26.5	1.939 486	7 572	2.41	4.54	8 5	15 17.6	22 31
8	2 16 48.50	2 41.82	14 9 41.6	14 18.9	1.947 058	7 555	2.40	4.52	8 2	15 16.3	22 31
9	2 19 30.32	2 42.03	14 24 0.5	14 11.2	1.954 613	7 539	2.39	4.50	8 0	15 15.1	22 31
10	2 22 12.35	2 42.25	14 38 11.7	14 3.3	1.962 152	7 522	2.38	4.48	7 57	15 13.8	22 31
11	2 24 54.60	2 42.47	14 52 15.0	13 55.4	1.969 674	7 504	2.38	4.47	7 55	15 12.6	22 31
12	2 27 37.07	2 42.69	+15 6 10.4	13 47.3	1.977 178	7 487	2.37	4.45	7 52	15 11.4	22 31
13	2 30 19.76	2 42.93	15 19 57.7	13 39.2	1.984 665	7 469	2.36	4.43	7 50	15 10.1	22 31
14	2 33 2.69	2 43.16	15 33 36.9	13 31.0	1.992 134	7 451	2.35	4.42	7 48	15 8.9	22 31
15	2 35 45.85	2 43.40	15 47 7.9	13 22.5	1.999 585	7 431	2.34	4.40	7 45	15 7.7	22 31
16	2 38 29.25	2 43.63	16 0 30.4	13 14.2	2.007 016	7 412	2.33	4.38	7 43	15 6.5	22 31
17	2 41 12.88	2 43.88	16 13 44.6	13 5.6	2.014 428	7 391	2.32	4.37	7 40	15 5.3	22 31
18	2 43 56.76	2 44.12	+16 26 50.2	12 56.9	2.021 819	7 370	2.31	4.35	7 38	15 4.1	22 31
19	2 46 40.88	2 44.37	16 39 47.1	12 48.2	2.029 189	7 349	2.31	4.34	7 35	15 2.9	22 31
20	2 49 25.25	2 44.62	16 52 35.3	12 39.3	2.036 538	7 327	2.30	4.32	7 33	15 1.7	22 31
21	2 52 9.87	2 44.86	17 5 14.6	12 30.4	2.043 865	7 304	2.29	4.31	7 31	15 0.5	22 31
22	2 54 54.73	2 45.12	17 17 45.0	12 21.3	2.051 169	7 280	2.28	4.29	7 28	14 59.3	22 31
23	2 57 39.85		+17 30 6.3		2.058 449		2.27	4.27	7 26	14 58.1	22 31

Tag	0h Weltzeit Scheinbare Rektaszension		Scheinbare Deklination		Δ		Halbmesser	Hor. Par.	Aufgang	Obere Kulmination	Untergang
									in 0h Länge, + 50° Breite		
1955	h m s	m s	° ′ ″	′ ″			″	″	h m	h m	h m
März 23	2 57 39.85	2 45.36	+17 30 6.3	12 12.1	2.058 449	7 255	2.27	4.27	7 26	14 58.1	22 31
24	3 0 25.21	2 45.61	17 42 18.4	12 2.8	2.065 704	7 230	2.27	4.26	7 23	14 56.9	22 31
25	3 3 10.82	2 45.85	17 54 21.2	11 53.5	2.072 934	7 204	2.26	4.25	7 21	14 55.7	22 31
26	3 5 56.67	2 46.09	18 6 14.7	11 43.9	2.080 138	7 177	2.25	4.23	7 19	14 54.6	22 31
27	3 8 42.76	2 46.33	18 17 58.6	11 34.4	2.087 315	7 150	2.24	4.22	7 17	14 53.4	22 31
28	3 11 29.09	2 46.56	18 29 33.0	11 24.6	2.094 465	7 122	2.23	4.20	7 14	14 52.2	22 31
29	3 14 15.65	2 46.80	+18 40 57.6	11 14.9	2.101 587	7 095	2.23	4.19	7 12	14 51.0	22 31
30	3 17 2.45	2 47.03	18 52 12.5	11 5.0	2.108 682	7 066	2.22	4.17	7 10	14 49.9	22 31
31	3 19 49.48	2 47.25	19 3 17.5	10 55.0	2.115 748	7 038	2.21	4.16	7 7	14 48.7	22 31
April 1	3 22 36.73	2 47.47	19 14 12.5	10 45.0	2.122 786	7 010	2.21	4.15	7 5	14 47.6	22 31
2	3 25 24.20	2 47.69	19 24 57.5	10 34.8	2.129 796	6 981	2.20	4.13	7 3	14 46.4	22 31
3	3 28 11.89	2 47.91	19 35 32.3	10 24.6	2.136 777	6 952	2.19	4.12	7 1	14 45.3	22 30
4	3 30 59.80	2 48.12	+19 45 56.9	10 14.3	2.143 729	6 924	2.18	4.10	6 59	14 44.2	22 30
5	3 33 47.92	2 48.33	19 56 11.2	10 3.9	2.150 653	6 895	2.18	4.09	6 57	14 43.0	22 30
6	3 36 36.25	2 48.55	20 6 15.1	9 53.4	2.157 548	6 865	2.17	4.08	6 54	14 41.9	22 30
7	3 39 24.80	2 48.76	20 16 8.5	9 42.9	2.164 413	6 837	2.16	4.07	6 52	14 40.8	22 30
8	3 42 13.56	2 48.97	20 25 51.4	9 32.3	2.171 250	6 807	2.15	4.05	6 50	14 39.6	22 30
9	3 45 2.53	2 49.18	20 35 23.7	9 21.6	2.178 057	6 778	2.15	4.04	6 48	14 38.5	22 30
10	3 47 51.71	2 49.38	+20 44 45.3	9 10.8	2.184 835	6 747	2.14	4.03	6 46	14 37.4	22 30
11	3 50 41.09	2 49.59	20 53 56.1	9 0.1	2.191 582	6 717	2.14	4.02	6 44	14 36.3	22 29
12	3 53 30.68	2 49.79	21 2 56.2	8 49.1	2.198 299	6 686	2.13	4.00	6 42	14 35.2	22 29
13	3 56 20.47	2 49.99	21 11 45.3	8 38.2	2.204 985	6 654	2.12	3.99	6 40	14 34.0	22 29
14	3 59 10.46	2 50.19	21 20 23.5	8 27.1	2.211 639	6 623	2.12	3.98	6 38	14 32.9	22 29
15	4 2 0.65	2 50.39	21 28 50.6	8 16.1	2.218 262	6 590	2.11	3.97	6 36	14 31.8	22 29
16	4 4 51.04	2 50.57	+21 37 6.7	8 4.9	2.224 852	6 557	2.11	3.96	6 34	14 30.7	22 28
17	4 7 41.61	2 50.77	21 45 11.6	7 53.7	2.231 409	6 523	2.10	3.94	6 32	14 29.6	22 28
18	4 10 32.38	2 50.95	21 53 5.3	7 42.4	2.237 932	6 489	2.09	3.93	6 30	14 28.5	22 28
19	4 13 23.33	2 51.13	22 0 47.7	7 31.1	2.244 421	6 453	2.08	3.92	6 28	14 27.5	22 28
20	4 16 14.46	2 51.30	22 8 18.8	7 19.7	2.250 874	6 418	2.08	3.91	6 26	14 26.4	22 27
21	4 19 5.76	2 51.47	22 15 38.5	7 8.2	2.257 292	6 381	2.07	3.90	6 24	14 25.3	22 27
22	4 21 57.23	2 51.63	+22 22 46.7	6 56.7	2.263 673	6 344	2.07	3.89	6 22	14 24.2	22 27
23	4 24 48.86	2 51.79	22 29 43.4	6 45.2	2.270 017	6 306	2.06	3.88	6 21	14 23.1	22 26
24	4 27 40.65	2 51.92	22 36 28.6	6 33.5	2.276 323	6 267	2.06	3.87	6 19	14 22.0	22 26
25	4 30 32.57	2 52.07	22 43 2.1	6 21.8	2.282 590	6 228	2.05	3.86	6 17	14 21.0	22 25
26	4 33 24.64	2 52.20	22 49 23.9	6 10.1	2.288 818	6 189	2.04	3.84	6 15	14 19.9	22 25
27	4 36 16.84	2 52.31	22 55 34.0	5 58.4	2.295 007	6 150	2.04	3.83	6 14	14 18.8	22 25
28	4 39 9.15	2 52.42	+23 1 32.4	5 46.6	2.301 157	6 110	2.03	3.82	6 12	14 17.8	22 24
29	4 42 1.57	2 52.52	23 7 19.0	5 34.7	2.307 267	6 070	2.03	3.81	6 10	14 16.7	22 24
30	4 44 54.09	2 52.62	23 12 53.7	5 22.9	2.313 337	6 030	2.02	3.80	6 8	14 15.6	22 23
Mai 1	4 47 46.71	2 52.71	23 18 16.6	5 10.9	2.319 367	5 990	2.02	3.79	6 7	14 14.6	22 23
2	4 50 39.42	2 52.79	23 23 27.5	4 59.0	2.325 357	5 951	2.01	3.78	6 5	14 13.5	22 22
3	4 53 32.21		+23 28 26.5		2.331 308		2.00	3.77	6 4	14 12.4	22 22

Mars 1955

Tag	Scheinbare Rektaszension (0h Weltzeit)	Diff.	Scheinbare Deklination (0h Weltzeit)	Diff.	Δ (0h Weltzeit)	Diff.	Halbmesser	Hor. Par.	Aufgang (in 0h Länge, + 50° Breite)	Obere Kulmination	Untergang
1955	h m s	m s	° ′ ″	′ ″			″	″	h m	h m	h m
Mai 3	4 53 32.21	2 52.87	+23 28 26.5	4 47.1	2.331 308	5 911	2.00	3.77	6 4	14 12.4	22 22
4	4 56 25.08	2 52.93	23 33 13.6	4 35.1	2.337 219	5 870	2.00	3.77	6 2	14 11.4	22 21
5	4 59 18.01	2 52.99	23 37 48.7	4 23.0	2.343 089	5 831	2.00	3.76	6 0	14 10.3	22 21
6	5 2 11.00	2 53.05	23 42 11.7	4 11.0	2.348 920	5 790	1.99	3.75	5 59	14 9.3	22 20
7	5 5 4.05	2 53.10	23 46 22.7	3 59.0	2.354 710	5 750	1.99	3.74	5 57	14 8.2	22 20
8	5 7 57.15	2 53.14	23 50 21.7	3 46.9	2.360 460	5 709	1.98	3.73	5 56	14 7.2	22 19
9	5 10 50.29	2 53.18	+23 54 8.6	3 34.8	2.366 169	5 667	1.98	3.72	5 54	14 6.1	22 18
10	5 13 43.47	2 53.21	23 57 43.4	3 22.7	2.371 836	5 626	1.97	3.71	5 53	14 5.0	22 18
11	5 16 36.68	2 53.24	24 1 6.1	3 10.6	2.377 462	5 585	1.97	3.70	5 51	14 4.0	22 17
12	5 19 29.92	2 53.26	24 4 16.7	2 58.5	2.383 047	5 542	1.96	3.69	5 50	14 2.9	22 16
13	5 22 23.18	2 53.27	24 7 15.2	2 46.3	2.388 589	5 500	1.96	3.68	5 48	14 1.9	22 16
14	5 25 16.45	2 53.27	24 10 1.5	2 34.1	2.394 089	5 457	1.96	3.68	5 47	14 0.8	22 15
15	5 28 9.72	2 53.28	+24 12 35.6	2 22.0	2.399 546	5 412	1.95	3.67	5 46	13 59.7	22 14
16	5 31 3.00	2 53.27	24 14 57.6	2 9.9	2.404 958	5 369	1.95	3.66	5 44	13 58.7	22 13
17	5 33 56.27	2 53.25	24 17 7.5	1 57.7	2.410 327	5 324	1.94	3.65	5 43	13 57.7	22 12
18	5 36 49.52	2 53.23	24 19 5.2	1 45.6	2.415 651	5 278	1.94	3.64	5 42	13 56.6	22 12
19	5 39 42.75	2 53.20	24 20 50.8	1 33.4	2.420 929	5 231	1.93	3.63	5 41	13 55.6	22 11
20	5 42 35.95	2 53.16	24 22 24.2	1 21.3	2.426 160	5 185	1.93	3.63	5 39	13 54.5	22 10
21	5 45 29.11	2 53.11	+24 23 45.5	1 9.1	2.431 345	5 137	1.93	3.62	5 38	13 53.4	22 9
22	5 48 22.22	2 53.05	24 24 54.6	0 57.0	2.436 482	5 089	1.92	3.61	5 37	13 52.4	22 8
23	5 51 15.27	2 52.97	24 25 51.6	0 45.0	2.441 571	5 040	1.91	3.60	5 36	13 51.3	22 7
24	5 54 8.24	2 52.90	24 26 36.6	0 32.9	2.446 611	4 991	1.91	3.60	5 35	13 50.3	22 6
25	5 57 1.14	2 52.80	24 27 9.5	0 20.7	2.451 602	4 942	1.91	3.59	5 34	13 49.2	22 5
26	5 59 53.94	2 52.70	24 27 30.2	0 8.8	2.456 544	4 893	1.90	3.58	5 33	13 48.1	22 4
27	6 2 46.64	2 52.58	+24 27 39.0	$\overline{0\ 3.2}$	2.461 437	4 843	1.90	3.58	5 31	13 47.1	22 3
28	6 5 39.22	2 52.47	24 27 35.8	0 15.2	2.466 280	4 794	1.90	3.57	5 30	13 46.0	22 2
29	6 8 31.69	2 52.33	24 27 20.6	0 27.1	2.471 074	4 745	1.89	3.56	5 29	13 44.9	22 0
30	6 11 24.02	2 52.20	24 26 53.5	0 39.1	2.475 819	4 695	1.89	3.55	5 28	13 43.8	21 59
31	6 14 16.22	2 52.05	24 26 14.4	0 50.9	2.480 514	4 646	1.89	3.55	5 27	13 42.8	21 58
Juni 1	6 17 8.27	2 51.90	24 25 23.5	1 2.8	2.485 160	4 596	1.88	3.54	5 26	13 41.7	21 57
2	6 20 0.17	2 51.74	+24 24 20.7	1 14.6	2.489 756	4 547	1.88	3.53	5 25	13 40.6	21 56
3	6 22 51.91	2 51.58	24 23 6.1	1 26.3	2.494 303	4 497	1.88	3.53	5 25	13 39.6	21 54
4	6 25 43.49	2 51.40	24 21 39.8	1 38.1	2.498 800	4 447	1.87	3.52	5 24	13 38.5	21 53
5	6 28 34.89	2 51.22	24 20 1.7	1 49.7	2.503 247	4 398	1.87	3.52	5 23	13 37.4	21 52
6	6 31 26.11	2 51.04	24 18 12.0	2 1.5	2.507 645	4 348	1.87	3.51	5 22	13 36.3	21 51
7	6 34 17.15	2 50.86	24 16 10.5	2 13.0	2.511 993	4 297	1.86	3.50	5 21	13 35.2	21 49
8	6 37 8.01	2 50.65	+24 13 57.5	2 24.6	2.516 290	4 247	1.86	3.50	5 20	13 34.1	21 48
9	6 39 58.66	2 50.45	24 11 32.9	2 36.1	2.520 537	4 196	1.86	3.49	5 19	13 33.0	21 46
10	6 42 49.11	2 50.25	24 8 56.8	2 47.5	2.524 733	4 145	1.86	3.49	5 19	13 31.9	21 45
11	6 45 39.36	2 50.04	24 6 9.3	2 59.0	2.528 878	4 094	1.85	3.48	5 18	13 30.8	21 44
12	6 48 29.40	2 49.82	24 3 10.3	3 10.3	2.532 972	4 042	1.85	3.47	5 17	13 29.7	21 42
13	6 51 19.22		+24 0 0.0		2.537 014		1.85	3.47	5 16	13 28.6	21 41

Tag	0h Weltzeit Scheinbare Rektaszension		Scheinbare Deklination		Δ		Halbmesser	Hor. Par.	Aufgang	Obere Kulmination	Untergang
									in 0h Länge, + 50° Breite		
1955	h m s	m s	° ′ ″	′ ″			″	″	h m	h m	h m
Juni 13	6 51 19.22	2 49.60	+24 0 0.0	3 21.7	2.537 014	3 989	1.85	3.47	5 16	13 28.6	21 41
14	6 54 8.82	2 49.38	23 56 38.3	3 32.9	2.541 003	3 936	1.84	3.46	5 16	13 27.5	21 39
15	6 56 58.20	2 49.14	23 53 5.4	3 44.1	2.544 939	3 882	1.84	3.46	5 15	13 26.3	21 38
16	6 59 47.34	2 48.90	23 49 21.3	3 55.3	2.548 821	3 828	1.83	3.45	5 14	13 25.2	21 36
17	7 2 36.24	2 48.66	23 45 26.0	4 6.3	2.552 649	3 773	1.83	3.45	5 13	13 24.1	21 34
18	7 5 24.90	2 48.40	23 41 19.7	4 17.4	2.556 422	3 718	1.83	3.44	5 13	13 22.9	21 33
19	7 8 13.30	2 48.15	+23 37 2.3	4 28.3	2.560 140	3 661	1.83	3.44	5 12	13 21.8	21 31
20	7 11 1.45	2 47.88	23 32 34.0	4 39.1	2.563 801	3 605	1.82	3.43	5 12	13 20.7	21 29
21	7 13 49.33	2 47.61	23 27 54.9	4 49.9	2.567 406	3 547	1.82	3.43	5 11	13 19.5	21 28
22	7 16 36.94	2 47.32	23 23 5.0	5 0.6	2.570 953	3 491	1.82	3.42	5 10	13 18.4	21 26
23	7 19 24.26	2 47.03	23 18 4.4	5 11.2	2.574 444	3 433	1.82	3.42	5 10	13 17.2	21 24
24	7 22 11.29	2 46.74	23 12 53.2	5 21.8	2.577 877	3 376	1.81	3.41	5 9	13 16.1	21 23
25	7 24 58.03	2 46.44	+23 7 31.4	5 32.2	2.581 253	3 319	1.81	3.41	5 9	13 14.9	21 21
26	7 27 44.47	2 46.13	23 1 59.2	5 42.6	2.584 572	3 262	1.81	3.40	5 8	13 13.7	21 19
27	7 30 30.60	2 45.82	22 56 16.6	5 52.9	2.587 834	3 204	1.81	3.40	5 8	13 12.5	21 17
28	7 33 16.42	2 45.51	22 50 23.7	6 3.2	2.591 038	3 147	1.81	3.40	5 7	13 11.4	21 15
29	7 36 1.93	2 45.19	22 44 20.5	6 13.3	2.594 185	3 090	1.80	3.39	5 7	13 10.2	21 14
30	7 38 47.12	2 44.87	22 38 7.2	6 23.3	2.597 275	3 033	1.80	3.39	5 6	13 9.0	21 12
Juli 1	7 41 31.99	2 44.54	+22 31 43.9	6 33.4	2.600 308	2 976	1.80	3.38	5 6	13 7.8	21 10
2	7 44 16.53	2 44.21	22 25 10.5	6 43.3	2.603 284	2 919	1.80	3.38	5 5	13 6.6	21 8
3	7 47 0.74	2 43.89	22 18 27.2	6 53.1	2.606 203	2 862	1.80	3.38	5 5	13 5.4	21 6
4	7 49 44.63	2 43.56	22 11 34.1	7 2.9	2.609 065	2 804	1.79	3.37	5 4	13 4.2	21 4
5	7 52 28.19	2 43.23	22 4 31.2	7 12.5	2.611 869	2 747	1.79	3.37	5 4	13 2.9	21 2
6	7 55 11.42	2 42.89	21 57 18.7	7 22.1	2.614 616	2 690	1.79	3.37	5 3	13 1.7	21 0
7	7 57 54.31	2 42.56	+21 49 56.6	7 31.6	2.617 306	2 632	1.79	3.36	5 3	13 0.5	20 58
8	8 0 36.87	2 42.22	21 42 25.0	7 41.1	2.619 938	2 574	1.79	3.36	5 2	12 59.3	20 56
9	8 3 19.09	2 41.89	21 34 43.9	7 50.4	2.622 512	2 516	1.79	3.36	5 2	12 58.0	20 54
10	8 6 0.98	2 41.56	21 26 53.5	7 59.7	2.625 028	2 457	1.78	3.35	5 1	12 56.8	20 52
11	8 8 42.54	2 41.22	21 18 53.8	8 8.8	2.627 485	2 398	1.78	3.35	5 1	12 55.5	20 50
12	8 11 23.76	2 40.88	21 10 45.0	8 18.0	2.629 883	2 339	1.78	3.35	5 1	12 54.3	20 47
13	8 14 4.64	2 40.55	+21 2 27.0	8 27.0	2.632 222	2 278	1.78	3.34	5 0	12 53.0	20 45
14	8 16 45.19	2 40.21	20 54 0.0	8 35.9	2.634 500	2 218	1.78	3.34	5 0	12 51.7	20 43
15	8 19 25.40	2 39.87	20 45 24.1	8 44.7	2.636 718	2 157	1.78	3.34	4 59	12 50.5	20 41
16	8 22 5.27	2 39.53	20 36 39.4	8 53.4	2.638 875	2 095	1.77	3.33	4 59	12 49.2	20 39
17	8 24 44.80	2 39.19	20 27 46.0	9 2.1	2.640 970	2 033	1.77	3.33	4 59	12 47.9	20 37
18	8 27 23.99	2 38.84	20 18 43.9	9 10.6	2.643 003	1 970	1.77	3.33	4 58	12 46.6	20 34
19	8 30 2.83	2 38.50	+20 9 33.3	9 19.0	2.644 973	1 907	1.77	3.33	4 58	12 45.3	20 32
20	8 32 41.33	2 38.15	20 0 14.3	9 27.3	2.646 880	1 844	1.77	3.32	4 58	12 44.0	20 30
21	8 35 19.48	2 37.80	19 50 47.0	9 35.5	2.648 724	1 780	1.77	3.32	4 57	12 42.7	20 28
22	8 37 57.28	2 37.45	19 41 11.5	9 43.6	2.650 504	1 717	1.77	3.32	4 57	12 41.4	20 25
23	8 40 34.73	2 37.09	19 31 27.9	9 51.7	2.652 221	1 654	1.77	3.32	4 57	12 40.0	20 23
24	8 43 11.82		+19 21 36.2		2.653 875		1.77	3.32	4 56	12 38.7	20 21

Tag	0h Weltzeit: Scheinbare Rektaszension		Scheinbare Deklination		Δ		Halbmesser	Hor. Par.	Aufgang	Obere Kulmination	Untergang
									in 0h Länge, +50° Breite		
1955	h m s	m s	° ′ ″	′ ″			″	″	h m	h m	h m
Juli 24	8 43 11.82	2 36.74	+19 21 36.2	9 59.5	2.653 875	1 590	1.77	3.32	4 56	12 38.7	20 21
25	8 45 48.56	2 36.39	19 11 36.7	10 7.4	2.655 465	1 527	1.76	3.31	4 56	12 37.4	20 18
26	8 48 24.95	2 36.03	19 1 29.3	10 15.0	2.656 992	1 464	1.76	3.31	4 56	12 36.1	20 16
27	8 51 0.98	2 35.68	18 51 14.3	10 22.7	2.658 456	1 401	1.76	3.31	4 55	12 34.7	20 14
28	8 53 36.66	2 35.33	18 40 51.6	10 30.2	2.659 857	1 338	1.76	3.31	4 55	12 33.4	20 11
29	8 56 11.99	2 34.99	18 30 21.4	10 37.6	2.661 195	1 276	1.76	3.31	4 55	12 32.0	20 9
30	8 58 46.98	2 34.64	+18 19 43.8	10 45.0	2.662 471	1 213	1.76	3.31	4 54	12 30.6	20 6
31	9 1 21.62	2 34.29	18 8 58.8	10 52.2	2.663 684	1 150	1.76	3.30	4 54	12 29.3	20 4
Aug. 1	9 3 55.91	2 33.95	17 58 6.6	10 59.3	2.664 834	1 087	1.76	3.30	4 54	12 27.9	20 2
2	9 6 29.86	2 33.61	17 47 7.3	11 6.4	2.665 921	1 025	1.76	3.30	4 53	12 26.5	19 59
3	9 9 3.47	2 33.28	17 36 0.9	11 13.4	2.666 946	962	1.76	3.30	4 53	12 25.1	19 57
4	9 11 36.75	2 32.95	17 24 47.5	11 20.2	2.667 908	900	1.76	3.30	4 53	12 23.7	19 54
5	9 14 9.70	2 32.62	+17 13 27.3	11 27.1	2.668 808	837	1.76	3.30	4 52	12 22.3	19 52
6	9 16 42.32	2 32.30	17 2 0.2	11 33.8	2.669 645	773	1.76	3.30	4 52	12 20.9	19 49
7	9 19 14.62	2 31.98	16 50 26.4	11 40.4	2.670 418	710	1.76	3.30	4 52	12 19.5	19 47
8	9 21 46.60	2 31.67	16 38 46.0	11 46.9	2.671 128	647	1.75	3.29	4 51	12 18.1	19 44
9	9 24 18.27	2 31.35	16 26 59.1	11 53.3	2.671 775	583	1.75	3.29	4 51	12 16.7	19 42
10	9 26 49.62	2 31.04	16 15 5.8	11 59.7	2.672 358	518	1.75	3.29	4 51	12 15.3	19 39
11	9 29 20.66	2 30.74	+16 3 6.1	12 6.0	2.672 876	453	1.75	3.29	4 51	12 13.9	19 37
12	9 31 51.40	2 30.44	15 51 0.1	12 12.1	2.673 329	387	1.75	3.29	4 50	12 12.4	19 34
13	9 34 21.84	2 30.15	15 38 48.0	12 18.1	2.673 716	322	1.75	3.29	4 50	12 11.0	19 32
14	9 36 51.99	2 29.85	15 26 29.9	12 24.1	2.674 038	255	1.75	3.29	4 50	12 9.6	19 29
15	9 39 21.84	2 29.55	15 14 5.8	12 29.9	2.674 293	189	1.75	3.29	4 49	12 8.1	19 26
16	9 41 51.39	2 29.27	15 1 35.9	12 35.7	2.674 482	122	1.75	3.29	4 49	12 6.7	19 24
17	9 44 20.66	2 28.97	+14 49 0.2	12 41.3	2.674 604	54	1.75	3.29	4 49	12 5.2	19 21
18	9 46 49.63	2 28.69	14 36 18.9	12 46.8	2.674 658	13	1.75	3.29	4 48	12 3.8	19 19
19	9 49 18.32	2 28.40	14 23 32.1	12 52.2	2.674 645	81	1.75	3.29	4 48	12 2.3	19 16
20	9 51 46.72	2 28.12	14 10 39.9	12 57.5	2.674 564	148	1.75	3.29	4 48	12 0.8	19 13
21	9 54 14.84	2 27.84	13 57 42.4	13 2.7	2.674 416	215	1.75	3.29	4 47	11 59.3	19 11
22	9 56 42.68	2 27.56	13 44 39.7	13 7.8	2.674 201	283	1.75	3.29	4 47	11 57.9	19 8
23	9 59 10.24	2 27.29	+13 31 31.9	13 12.8	2.673 918	349	1.75	3.29	4 47	11 56.4	19 5
24	10 1 37.53	2 27.02	13 18 19.1	13 17.8	2.673 569	416	1.75	3.29	4 46	11 54.9	19 3
25	10 4 4.55	2 26.75	13 5 1.3	13 22.6	2.673 153	482	1.75	3.29	4 46	11 53.4	19 0
26	10 6 31.30	2 26.50	12 51 38.7	13 27.3	2.672 671	548	1.75	3.29	4 46	11 51.9	18 57
27	10 8 57.80	2 26.24	12 38 11.4	13 31.9	2.672 123	615	1.75	3.29	4 45	11 50.4	18 55
28	10 11 24.04	2 25.99	12 24 39.5	13 36.4	2.671 508	681	1.75	3.29	4 45	11 48.9	18 52
29	10 13 50.03	2 25.75	+12 11 3.1	13 41.0	2.670 827	746	1.75	3.29	4 45	11 47.4	18 49
30	10 16 15.78	2 25.51	11 57 22.1	13 45.3	2.670 081	812	1.76	3.30	4 44	11 45.9	18 47
31	10 18 41.29	2 25.27	11 43 36.8	13 49.6	2.669 269	877	1.76	3.30	4 44	11 44.3	18 44
Sept. 1	10 21 6.56	2 25.05	11 29 47.2	13 53.8	2.668 392	943	1.76	3.30	4 44	11 42.8	18 41
2	10 23 31.61	2 24.83	11 15 53.4	13 57.9	2.667 449	1 009	1.76	3.30	4 43	11 41.3	18 39
3	10 25 56.44		+11 1 55.5		2.666 440		1.76	3.30	4 43	11 39.8	18 36

Tag	0h Weltzeit: Scheinbare Rektaszension		Scheinbare Deklination		Δ		Halbmesser	Hor. Par.	Aufgang	Obere Kulmination	Untergang
									in 0h Länge, + 50° Breite		
1955	h m s	m s	° ′ ″	′ ″			″	″	h m	h m	h m
Sept. 3	10 25 56.44	2 24.62	+11 1 55.5	14 1.9	2.666 440	1 074	1.76	3.30	4 43	11 39.8	18 36
4	10 28 21.06	2 24.40	10 47 53.6	14 5.9	2.665 366	1 140	1.76	3.30	4 43	11 38.2	18 33
5	10 30 45.46	2 24.21	10 33 47.7	14 9.8	2.664 226	1 206	1.76	3.30	4 42	11 36.7	18 30
6	10 33 9.67	2 24.02	10 19 37.9	14 13.5	2.663 020	1 272	1.76	3.30	4 42	11 35.2	18 28
7	10 35 33.69	2 23.83	10 5 24.4	14 17.3	2.661 748	1 338	1.76	3.31	4 42	11 33.6	18 25
8	10 37 57.52	2 23.64	9 51 7.1	14 20.8	2.660 410	1 405	1.76	3.31	4 41	11 32.1	18 22
9	10 40 21.16	2 23.47	+ 9 36 46.3	14 24.3	2.659 005	1 472	1.76	3.31	4 41	11 30.5	18 19
10	10 42 44.63	2 23.30	9 22 22.0	14 27.8	2.657 533	1 540	1.76	3.31	4 41	11 29.0	18 17
11	10 45 7.93	2 23.13	9 7 54.2	14 31.0	2.655 993	1 608	1.76	3.31	4 40	11 27.4	18 14
12	10 47 31.06	2 22.97	8 53 23.2	14 34.2	2.654 385	1 676	1.77	3.32	4 40	11 25.9	18 11
13	10 49 54.03	2 22.82	8 38 49.0	14 37.4	2.652 709	1 745	1.77	3.32	4 40	11 24.3	18 8
14	10 52 16.85	2 22.66	8 24 11.6	14 40.4	2.650 964	1 814	1.77	3.32	4 39	11 22.8	18 6
15	10 54 39.51	2 22.51	+ 8 9 31.2	14 43.2	2.649 150	1 882	1.77	3.32	4 39	11 21.2	18 3
16	10 57 2.02	2 22.37	7 54 48.0	14 46.1	2.647 268	1 951	1.77	3.32	4 39	11 19.6	18 0
17	10 59 24.39	2 22.22	7 40 1.9	14 48.8	2.645 317	2 019	1.77	3.33	4 38	11 18.1	17 57
18	11 1 46.61	2 22.09	7 25 13.1	14 51.3	2.643 298	2 087	1.77	3.33	4 38	11 16.5	17 55
19	11 4 8.70	2 21.95	7 10 21.8	14 53.8	2.641 211	2 156	1.77	3.33	4 38	11 14.9	17 52
20	11 6 30.65	2 21.83	6 55 28.0	14 56.2	2.639 055	2 224	1.77	3.33	4 37	11 13.3	17 49
21	11 8 52.48	2 21.70	+ 6 40 31.8	14 58.6	2.636 831	2 291	1.78	3.34	4 37	11 11.8	17 46
22	11 11 14.18	2 21.59	6 25 33.2	15 0.8	2.634 540	2 359	1.78	3.34	4 36	11 10.2	17 43
23	11 13 35.77	2 21.48	6 10 32.4	15 2.9	2.632 181	2 425	1.78	3.34	4 36	11 8.6	17 40
24	11 15 57.25	2 21.38	5 55 29.5	15 5.0	2.629 756	2 492	1.78	3.35	4 36	11 7.0	17 38
25	11 18 18.63	2 21.27	5 40 24.5	15 6.9	2.627 264	2 558	1.78	3.35	4 35	11 5.4	17 35
26	11 20 39.90	2 21.18	5 25 17.6	15 8.8	2.624 706	2 625	1.78	3.35	4 35	11 3.8	17 32
27	11 23 1.08	2 21.09	+ 5 10 8.8	15 10.5	2.622 081	2 690	1.79	3.36	4 35	11 2.2	17 29
28	11 25 22.17	2 21.02	4 54 58.3	15 12.3	2.619 391	2 756	1.79	3.36	4 34	11 0.7	17 26
29	11 27 43.19	2 20.94	4 39 46.0	15 13.9	2.616 635	2 821	1.79	3.36	4 34	10 59.1	17 24
30	11 30 4.13	2 20.88	4 24 32.1	15 15.3	2.613 814	2 886	1.79	3.37	4 33	10 57.5	17 21
Okt. 1	11 32 25.01	2 20.82	4 9 16.8	15 16.9	2.610 928	2 951	1.79	3.37	4 33	10 55.9	17 18
2	11 34 45.83	2 20.77	3 53 59.9	15 18.2	2.607 977	3 016	1.79	3.37	4 33	10 54.3	17 15
3	11 37 6.60	2 20.73	+ 3 38 41.7	15 19.6	2.604 961	3 080	1.80	3.38	4 32	10 52.7	17 12
4	11 39 27.33	2 20.69	3 23 22.1	15 20.7	2.601 881	3 146	1.80	3.38	4 32	10 51.1	17 10
5	11 41 48.02	2 20.67	3 8 1.4	15 21.9	2.598 735	3 211	1.80	3.39	4 32	10 49.5	17 7
6	11 44 8.69	2 20.65	2 52 39.5	15 22.9	2.595 524	3 277	1.80	3.39	4 31	10 47.9	17 4
7	11 46 29.34	2 20.64	2 37 16.6	15 23.9	2.592 247	3 342	1.80	3.39	4 31	10 46.3	17 1
8	11 48 49.98	2 20.63	2 21 52.7	15 24.7	2.588 905	3 408	1.81	3.40	4 31	10 44.7	16 58
9	11 51 10.61	2 20.62	+ 2 6 28.0	15 25.5	2.585 497	3 474	1.81	3.40	4 30	10 43.1	16 55
10	11 53 31.23	2 20.63	1 51 2.5	15 26.1	2.582 023	3 541	1.81	3.41	4 30	10 41.5	16 53
11	11 55 51.86	2 20.64	1 35 36.4	15 26.6	2.578 482	3 607	1.81	3.41	4 29	10 39.9	16 50
12	11 58 12.50	2 20.65	1 20 9.8	15 27.1	2.574 875	3 674	1.82	3.42	4 29	10 38.3	16 47
13	12 0 33.15	2 20.67	1 4 42.7	15 27.5	2.571 201	3 740	1.82	3.42	4 29	10 36.7	16 44
14	12 2 53.82		+ 0 49 15.2		2.567 461		1.82	3.43	4 28	10 35.1	16 41

Tag	0h Weltzeit Scheinbare Rektaszension		Scheinbare Deklination		Δ		Halbmesser	Hor. Par.	Aufgang	Obere Kulmination	Untergang
									in 0h Länge, + 50° Breite		
1955	h m s	m s	° ′ ″	′ ″			″	″	h m	h m	h m
Okt. 14	12 2 53.82	2 20.69	+0 49 15.2	15 27.7	2.567 461	3 807	1.82	3.43	4 28	10 35.1	16 41
15	12 5 14.51	2 20.72	0 33 47.5	15 27.8	2.563 654	3 872	1.82	3.43	4 28	10 33.5	16 39
16	12 7 35.23	2 20.75	0 18 19.7	15 27.9	2.559 782	3 939	1.83	3.44	4 28	10 31.9	16 36
17	12 9 55.98	2 20.78	+0 2 51.8	15 27.8	2.555 843	4 004	1.83	3.44	4 27	10 30.3	16 33
18	12 12 16.76	2 20.83	−0 12 36.0	15 27.6	2.551 839	4 069	1.83	3.45	4 27	10 28.7	16 30
19	12 14 37.59	2 20.87	0 28 3.6	15 27.4	2.547 770	4 134	1.84	3.45	4 27	10 27.2	16 27
20	12 16 58.46	2 20.92	−0 43 31.0	15 27.1	2.543 636	4 198	1.84	3.46	4 26	10 25.6	16 24
21	12 19 19.38	2 20.98	0 58 58.1	15 26.6	2.539 438	4 262	1.84	3.47	4 26	10 24.0	16 22
22	12 21 40.36	2 21.04	1 14 24.7	15 26.1	2.535 176	4 326	1.85	3.47	4 25	10 22.4	16 19
23	12 24 1.40	2 21.11	1 29 50.8	15 25.4	2.530 850	4 388	1.85	3.48	4 25	10 20.8	16 16
24	12 26 22.51	2 21.19	1 45 16.2	15 24.8	2.526 462	4 451	1.85	3.48	4 25	10 19.2	16 13
25	12 28 43.70	2 21.26	2 0 41.0	15 24.0	2.522 011	4 513	1.86	3.49	4 24	10 17.6	16 10
26	12 31 4.96	2 21.35	−2 16 5.0	15 23.0	2.517 498	4 575	1.86	3.50	4 24	10 16.0	16 8
27	12 33 26.31	2 21.45	2 31 28.0	15 22.1	2.512 923	4 635	1.86	3.50	4 24	10 14.4	16 5
28	12 35 47.76	2 21.55	2 46 50.1	15 21.0	2.508 288	4 696	1.87	3.51	4 23	10 12.9	16 2
29	12 38 9.31	2 21.66	3 2 11.1	15 19.9	2.503 592	4 757	1.87	3.51	4 23	10 11.3	15 59
30	12 40 30.97	2 21.77	3 17 31.0	15 18.6	2.498 835	4 817	1.87	3.52	4 22	10 9.7	15 56
31	12 42 52.74	2 21.90	3 32 49.6	15 17.4	2.494 018	4 877	1.88	3.53	4 22	10 8.1	15 54
Nov. 1	12 45 14.64	2 22.03	−3 48 7.0	15 15.9	2.489 141	4 936	1.88	3.54	4 22	10 6.6	15 51
2	12 47 36.67	2 22.17	4 3 22.9	15 14.5	2.484 205	4 996	1.88	3.54	4 21	10 5.0	15 48
3	12 49 58.84	2 22.31	4 18 37.4	15 12.9	2.479 209	5 056	1.89	3.55	4 21	10 3.4	15 45
4	12 52 21.15	2 22.47	4 33 50.3	15 11.1	2.474 153	5 116	1.89	3.56	4 21	10 1.8	15 42
5	12 54 43.62	2 22.63	4 49 1.4	15 9.4	2.469 037	5 176	1.89	3.56	4 20	10 0.3	15 40
6	12 57 6.25	2 22.79	5 4 10.8	15 7.5	2.463 861	5 237	1.90	3.57	4 20	9 58.7	15 37
7	12 59 29.04	2 22.96	−5 19 18.3	15 5.6	2.458 624	5 297	1.90	3.58	4 20	9 57.2	15 34
8	13 1 52.00	2 23.14	5 34 23.9	15 3.5	2.453 327	5 356	1.91	3.59	4 19	9 55.6	15 31
9	13 4 15.14	2 23.31	5 49 27.4	15 1.2	2.447 971	5 417	1.91	3.59	4 19	9 54.1	15 29
10	13 6 38.45	2 23.50	6 4 28.6	14 58.9	2.442 554	5 477	1.92	3.60	4 19	9 52.5	15 26
11	13 9 1.95	2 23.68	6 19 27.5	14 56.6	2.437 077	5 536	1.92	3.61	4 18	9 50.9	15 23
12	13 11 25.63	2 23.87	6 34 24.1	14 54.0	2.431 541	5 596	1.93	3.62	4 18	9 49.4	15 20
13	13 13 49.50	2 24.06	−6 49 18.1	14 51.4	2.425 945	5 655	1.93	3.63	4 18	9 47.8	15 18
14	13 16 13.56	2 24.25	7 4 9.5	14 48.6	2.420 290	5 713	1.94	3.64	4 17	9 46.3	15 15
15	13 18 37.81	2 24.46	7 18 58.1	14 45.8	2.414 577	5 771	1.94	3.64	4 17	9 44.8	15 12
16	13 21 2.27	2 24.67	7 33 43.9	14 42.9	2.408 806	5 829	1.94	3.65	4 17	9 43.3	15 9
17	13 23 26.94	2 24.87	7 48 26.8	14 39.8	2.402 977	5 885	1.95	3.66	4 16	9 41.7	15 7
18	13 25 51.81	2 25.08	8 3 6.6	14 36.7	2.397 092	5 941	1.95	3.67	4 16	9 40.2	15 4
19	13 28 16.89	2 25.30	−8 17 43.3	14 33.4	2.391 151	5 997	1.96	3.68	4 16	9 38.7	15 1
20	13 30 42.19	2 25.52	8 32 16.7	14 30.0	2.385 154	6 052	1.96	3.69	4 15	9 37.1	14 59
21	13 33 7.71	2 25.75	8 46 46.7	14 26.7	2.379 102	6 107	1.97	3.70	4 15	9 35.6	14 56
22	13 35 33.46	2 25.98	9 1 13.4	14 23.1	2.372 995	6 160	1.97	3.71	4 15	9 34.1	14 53
23	13 37 59.44	2 26.22	9 15 36.5	14 19.5	2.366 835	6 214	1.98	3.72	4 14	9 32.6	14 50
24	13 40 25.66		−9 29 56.0		2.360 621		1.98	3.73	4 14	9 31.1	14 48

Tag	0h Weltzeit Scheinbare Rektaszension		Scheinbare Deklination		Δ		Halbmesser	Hor. Par.	Aufgang (in 0h Länge, + 50° Breite)	Obere Kulmination	Untergang
1955	h m s	m s	° ′ ″	′ ″			″	″	h m	h m	h m
Nov. 24	13 40 25.66	2 26.46	− 9 29 56.0	14 15.7	2.360 621	6 266	1.98	3.73	4 14	9 31.1	14 48
25	13 42 52.12	2 26.71	9 44 11.7	14 11.9	2.354 355	6 317	1.99	3.74	4 14	9 29.6	14 45
26	13 45 18.83	2 26.96	9 58 23.6	14 8.0	2.348 038	6 369	1.99	3.75	4 13	9 28.1	14 42
27	13 47 45.79	2 27.22	10 12 31.6	14 3.9	2.341 669	6 420	2.00	3.76	4 13	9 26.6	14 40
28	13 50 13.01	2 27.49	10 26 35.5	13 59.9	2.335 249	6 470	2.00	3.77	4 13	9 25.1	14 37
29	13 52 40.50	2 27.76	10 40 35.4	13 55.7	2.328 779	6 520	2.01	3.78	4 13	9 23.7	14 34
30	13 55 8.26	2 28.04	−10 54 31.1	13 51.4	2.322 259	6 569	2.02	3.79	4 12	9 22.2	14 32
Dez. 1	13 57 36.30	2 28.32	11 8 22.5	13 46.9	2.315 690	6 619	2.02	3.80	4 12	9 20.7	14 29
2	14 0 4.62	2 28.62	11 22 9.4	13 42.5	2.309 071	6 669	2.03	3.81	4 12	9 19.2	14 27
3	14 2 33.24	2 28.91	11 35 51.9	13 37.9	2.302 402	6 719	2.03	3.82	4 11	9 17.8	14 24
4	14 5 2.15	2 29.21	11 49 29.8	13 33.2	2.295 683	6 768	2.04	3.83	4 11	9 16.3	14 21
5	14 7 31.36	2 29.52	12 3 3.0	13 28.4	2.288 915	6 817	2.04	3.84	4 11	9 14.9	14 19
6	14 10 0.88	2 29.82	−12 16 31.4	13 23.4	2.282 098	6 866	2.05	3.86	4 10	9 13.4	14 16
7	14 12 30.70	2 30.12	12 29 54.8	13 18.4	2.275 232	6 916	2.06	3.87	4 10	9 12.0	14 14
8	14 15 0.82	2 30.44	12 43 13.2	13 13.2	2.268 316	6 964	2.06	3.88	4 10	9 10.5	14 11
9	14 17 31.26	2 30.74	12 56 26.4	13 8.0	2.261 352	7 012	2.07	3.89	4 9	9 9.1	14 8
10	14 20 2.00	2 31.05	13 9 34.4	13 2.6	2.254 340	7 061	2.07	3.90	4 9	9 7.7	14 6
11	14 22 33.05	2 31.37	13 22 37.0	12 57.1	2.247 279	7 108	2.08	3.92	4 9	9 6.3	14 3
12	14 25 4.42	2 31.68	−13 35 34.1	12 51.5	2.240 171	7 154	2.09	3.93	4 9	9 4.9	14 1
13	14 27 36.10	2 32.00	13 48 25.6	12 45.8	2.233 017	7 200	2.10	3.94	4 8	9 3.5	13 58
14	14 30 8.10	2 32.32	14 1 11.4	12 40.0	2.225 817	7 246	2.10	3.95	4 8	9 2.0	13 56
15	14 32 40.42	2 32.63	14 13 51.4	12 34.0	2.218 571	7 291	2.11	3.97	4 8	9 0.6	13 53
16	14 35 13.05	2 32.95	14 26 25.4	12 28.0	2.211 280	7 335	2.12	3.98	4 7	8 59.2	13 51
17	14 37 46.00	2 33.27	14 38 53.4	12 21.9	2.203 945	7 378	2.12	3.99	4 7	8 57.9	13 48
18	14 40 19.27	2 33.59	−14 51 15.3	12 15.6	2.196 567	7 421	2.13	4.01	4 7	8 56.5	13 46
19	14 42 52.86	2 33.91	15 3 30.9	12 9.3	2.189 146	7 462	2.14	4.02	4 7	8 55.1	13 43
20	14 45 26.77	2 34.24	15 15 40.2	12 2.9	2.181 684	7 503	2.14	4.03	4 6	8 53.7	13 41
21	14 48 1.01	2 34.57	15 27 43.1	11 56.3	2.174 181	7 544	2.15	4.05	4 6	8 52.4	13 38
22	14 50 35.58	2 34.90	15 39 39.4	11 49.7	2.166 637	7 583	2.16	4.06	4 6	8 51.0	13 36
23	14 53 10.48	2 35.23	15 51 29.1	11 43.0	2.159 054	7 622	2.17	4.08	4 5	8 49.6	13 34
24	14 55 45.71	2 35.56	−16 3 12.1	11 36.1	2.151 432	7 659	2.18	4.09	4 5	8 48.3	13 31
25	14 58 21.27	2 35.90	16 14 48.2	11 29.1	2.143 773	7 696	2.18	4.10	4 5	8 46.9	13 29
26	15 0 57.17	2 36.24	16 26 17.3	11 22.2	2.136 077	7 733	2.19	4.12	4 5	8 45.6	13 26
27	15 3 33.41	2 36.59	16 37 39.5	11 15.0	2.128 344	7 769	2.20	4.13	4 4	8 44.2	13 24
28	15 6 10.00	2 36.93	16 48 54.5	11 7.9	2.120 575	7 804	2.21	4.15	4 4	8 42.9	13 22
29	15 8 46.93	2 37.28	17 0 2.4	11 0.5	2.112 771	7 840	2.22	4.17	4 4	8 41.6	13 19
30	15 11 24.21	2 37.64	−17 11 2.9	10 53.1	2.104 931	7 874	2.22	4.18	4 3	8 40.3	13 17
31	15 14 1.85	2 37.99	17 21 56.0	10 45.6	2.097 057	7 910	2.23	4.20	4 3	8 39.0	13 15
32	15 16 39.84		−17 32 41.6		2.089 147		2.24	4.21	4 3	8 37.7	13 12

Jupiter 1955

Tag	0^h Weltzeit: Scheinbare Rektaszension		Scheinbare Deklination		Δ		Halbmesser	Hor. Par.	Aufgang	Obere Kulmination	Untergang
									in 0^h Länge, + 50° Breite		
1955	h m s	s	° ′ ″	′ ″			″	″	h m	h m	h m
Jan. 0	7 56 23.23	30.96	+21 8 9.4	1 34.9	4.291 493	4 486	21.42	2.05	17 24	1 20.6	9 13
1	7 55 52.27	31.33	21 9 44.3	1 35.4	4.287 007	4 183	21.44	2.05	17 19	1 16.2	9 9
2	7 55 20.94	31.68	21 11 19.7	1 35.9	4.282 824	3 879	21.46	2.05	17 14	1 11.7	9 5
3	7 54 49.26	32.00	21 12 55.6	1 36.4	4.278 945	3 573	21.48	2.06	17 9	1 7.2	9 0
4	7 54 17.26	32.30	21 14 32.0	1 36.6	4.275 372	3 266	21.50	2.06	17 4	1 2.8	8 56
5	7 53 44.96	32.59	21 16 8.6	1 36.9	4.272 106	2 956	21.51	2.06	17 0	0 58.3	8 52
6	7 53 12.37	32.84	+21 17 45.5	1 37.1	4.269 150	2 647	21.53	2.06	16 55	0 53.8	8 47
7	7 52 39.53	33.07	21 19 22.6	1 37.2	4.266 503	2 335	21.54	2.06	16 50	0 49.4	8 43
8	7 52 6.46	33.28	21 20 59.8	1 37.1	4.264 168	2 023	21.55	2.06	16 45	0 44.9	8 39
9	7 51 33.18	33.46	21 22 36.9	1 37.2	4.262 145	1 710	21.56	2.06	16 41	0 40.4	8 34
10	7 50 59.72	33.63	21 24 14.1	1 37.0	4.260 435	1 396	21.57	2.07	16 36	0 35.9	8 30
11	7 50 26.09	33.76	21 25 51.1	1 36.8	4.259 039	1 080	21.58	2.07	16 32	0 31.4	8 26
12	7 49 52.33	33.88	+21 27 27.9	1 36.6	4.257 959	764	21.59	2.07	16 27	0 26.9	8 21
13	7 49 18.45	33.96	21 29 4.5	1 36.2	4.257 195	447	21.59	2.07	16 22	0 22.4	8 17
14	7 48 44.49	34.02	21 30 40.7	1 35.8	4.256 748	129	21.59	2.07	16 18	0 17.9	8 13
15	7 48 10.47	34.06	21 32 16.5	1 35.3	4.256 619	189	21.59	2.07	16 13	0 13.5	8 8
16	7 47 36.41	34.07	21 33 51.8	1 34.9	4.256 808	507	21.59	2.07	16 9	0 9.0	8 4
17	7 47 2.34	34.06	21 35 26.7	1 34.2	4.257 315	827	21.59	2.07	16 4	0 4.5 24 0.0	8 0
18	7 46 28.28	34.01	+21 37 0.9	1 33.5	4.258 142	1 145	21.58	2.07	16 0	23 55.5	7 56
19	7 45 54.27	33.95	21 38 34.4	1 32.8	4.259 287	1 462	21.58	2.07	15 55	23 51.0	7 51
20	7 45 20.32	33.85	21 40 7.2	1 32.0	4.260 749	1 782	21.57	2.07	15 50	23 46.5	7 47
21	7 44 46.47	33.72	21 41 39.2	1 31.1	4.262 531	2 099	21.56	2.06	15 46	23 42.0	7 43
22	7 44 12.75	33.58	21 43 10.3	1 30.2	4.264 630	2 416	21.55	2.06	15 41	23 37.5	7 38
23	7 43 39.17	33.40	21 44 40.5	1 29.1	4.267 046	2 731	21.54	2.06	15 36	23 33.0	7 34
24	7 43 5.77	33.20	+21 46 9.6	1 28.1	4.269 777	3 046	21.53	2.06	15 32	23 28.5	7 30
25	7 42 32.57	32.97	21 47 37.7	1 27.0	4.272 823	3 359	21.51	2.06	15 27	23 24.1	7 25
26	7 41 59.60	32.71	21 49 4.7	1 25.8	4.276 182	3 670	21.49	2.06	15 23	23 19.6	7 21
27	7 41 26.89	32.44	21 50 30.5	1 24.6	4.279 852	3 980	21.47	2.06	15 18	23 15.1	7 17
28	7 40 54.45	32.13	21 51 55.1	1 23.3	4.283 832	4 287	21.45	2.05	15 13	23 10.6	7 12
29	7 40 22.32	31.81	21 53 18.4	1 22.0	4.288 119	4 592	21.43	2.05	15 9	23 6.2	7 8
30	7 39 50.51	31.45	+21 54 40.4	1 20.6	4.292 711	4 893	21.41	2.05	15 4	23 1.7	7 4
31	7 39 19.06	31.08	21 56 1.0	1 19.1	4.297 604	5 193	21.39	2.05	15 0	22 57.3	6 59
Febr. 1	7 38 47.98	30.67	21 57 20.1	1 17.8	4.302 797	5 489	21.36	2.05	14 55	22 52.8	6 55
2	7 38 17.31	30.26	21 58 37.9	1 16.3	4.308 286	5 784	21.33	2.04	14 50	22 48.4	6 51
3	7 37 47.05	29.82	21 59 54.2	1 14.7	4.314 070	6 074	21.30	2.04	14 46	22 44.0	6 47
4	7 37 17.23	29.36	22 1 8.9	1 13.3	4.320 144	6 361	21.27	2.04	14 41	22 39.6	6 42
5	7 36 47.87	28.88	+22 2 22.2	1 11.6	4.326 505	6 647	21.24	2.03	14 37	22 35.2	6 38
6	7 36 18.99	28.39	22 3 33.8	1 10.1	4.333 152	6 928	21.21	2.03	14 32	22 30.8	6 34
7	7 35 50.60	27.86	22 4 43.9	1 8.5	4.340 080	7 207	21.18	2.03	14 28	22 26.4	6 29
8	7 35 22.74	27.33	22 5 52.4	1 6.8	4.347 287	7 483	21.14	2.02	14 23	22 22.0	6 25
9	7 34 55.41	26.78	22 6 59.2	1 5.2	4.354 770	7 755	21.11	2.02	14 19	22 17.6	6 21
10	7 34 28.63		+22 8 4.4		4.362 525		21.07	2.02	14 14	22 13.2	6 17

Tag	0h Weltzeit: Scheinbare Rektaszension		Scheinbare Deklination		Δ		Halbmesser	Hor. Par.	Aufgang (in 0h Länge, + 50° Breite)	Obere Kulmination (in 0h Länge, + 50° Breite)	Untergang (in 0h Länge, + 50° Breite)
1955	h m s	s	° ′ ″	″			″	″	h m	h m	h m
Febr. 10	7 34 28.63	26.21	+22 8 4.4	63.5	4.362 525	8 025	21.07	2.02	14 14	22 13.2	6 17
11	7 34 2.42	25.63	22 9 7.9	61.8	4.370 550	8 291	21.03	2.01	14 10	22 8.9	6 12
12	7 33 36.79	25.02	22 10 9.7	60.1	4.378 841	8 554	20.99	2.01	14 5	22 4.5	6 8
13	7 33 11.77	24.40	22 11 9.8	58.3	4.387 395	8 814	20.95	2.01	14 1	22 0.2	6 4
14	7 32 47.37	23.76	22 12 8.1	56.7	4.396 209	9 069	20.91	2.00	13 57	21 55.9	6 0
15	7 32 23.61	23.11	22 13 4.8	54.9	4.405 278	9 322	20.86	2.00	13 52	21 51.6	5 55
16	7 32 0.50	22.45	+22 13 59.7	53.1	4.414 600	9 570	20.82	1.99	13 48	21 47.3	5 51
17	7 31 38.05	21.76	22 14 52.8	51.3	4.424 170	9 815	20.77	1.99	13 43	21 43.0	5 47
18	7 31 16.29	21.07	22 15 44.1	49.5	4.433 985	10 055	20.73	1.98	13 39	21 38.7	5 43
19	7 30 55.22	20.36	22 16 33.6	47.7	4.444 040	10 292	20.68	1.98	13 35	21 34.4	5 39
20	7 30 34.86	19.64	22 17 21.3	45.9	4.454 332	10 524	20.63	1.98	13 30	21 30.1	5 34
21	7 30 15.22	18.90	22 18 7.2	44.0	4.464 856	10 751	20.58	1.97	13 26	21 25.9	5 30
22	7 29 56.32	18.15	+22 18 51.2	42.2	4.475 607	10 974	20.54	1.97	13 22	21 21.7	5 26
23	7 29 38.17	17.40	22 19 33.4	40.4	4.486 581	11 192	20.49	1.96	13 17	21 17.4	5 22
24	7 29 20.77	16.63	22 20 13.8	38.5	4.497 773	11 406	20.43	1.96	13 13	21 13.2	5 18
25	7 29 4.14	15.85	22 20 52.3	36.6	4.509 179	11 615	20.38	1.95	13 9	21 9.0	5 14
26	7 28 48.29	15.07	22 21 28.9	34.8	4.520 794	11 817	20.33	1.95	13 5	21 4.8	5 9
27	7 28 33.22	14.27	22 22 3.7	32.9	4.532 611	12 016	20.28	1.94	13 0	21 0.7	5 5
28	7 28 18.95	13.48	+22 22 36.6	31.1	4.544 627	12 210	20.22	1.94	12 56	20 56.5	5 1
März 1	7 28 5.47	12.67	22 23 7.7	29.2	4.556 837	12 398	20.17	1.93	12 52	20 52.4	4 57
2	7 27 52.80	11.86	22 23 36.9	27.4	4.569 235	12 580	20.11	1.93	12 48	20 48.2	4 53
3	7 27 40.94	11.05	22 24 4.3	25.5	4.581 815	12 759	20.06	1.92	12 44	20 44.1	4 49
4	7 27 29.89	10.23	22 24 29.8	23.8	4.594 574	12 933	20.00	1.92	12 39	20 40.0	4 45
5	7 27 19.66	9.41	22 24 53.6	21.9	4.607 507	13 100	19.95	1.91	12 35	20 35.9	4 41
6	7 27 10.25	8.58	+22 25 15.5	20.0	4.620 607	13 265	19.89	1.90	12 31	20 31.9	4 37
7	7 27 1.67	7.76	22 25 35.5	18.3	4.633 872	13 424	19.83	1.90	12 27	20 27.8	4 33
8	7 26 53.91	6.94	22 25 53.8	16.5	4.647 296	13 578	19.78	1.89	12 23	20 23.8	4 29
9	7 26 46.97	6.11	22 26 10.3	14.7	4.660 874	13 728	19.72	1.89	12 19	20 19.7	4 25
10	7 26 40.86	5.27	22 26 25.0	12.9	4.674 602	13 875	19.66	1.88	12 15	20 15.7	4 21
11	7 26 35.59	4.45	22 26 37.9	11.1	4.688 477	14 015	19.60	1.88	12 11	20 11.7	4 17
12	7 26 31.14	3.61	+22 26 49.0	9.4	4.702 492	14 152	19.54	1.87	12 7	20 7.7	4 13
13	7 26 27.53	2.79	22 26 58.4	7.5	4.716 644	14 284	19.49	1.87	12 3	20 3.7	4 9
14	7 26 24.74	1.95	22 27 5.9	5.8	4.730 928	14 412	19.43	1.86	11 59	19 59.7	4 5
15	7 26 22.79	1.12	22 27 11.7	4.1	4.745 340	14 531	19.37	1.85	11 55	19 55.8	4 1
16	7 26 21.67	0.29	22 27 15.8	2.2	4.759 874	14 653	19.31	1.85	11 51	19 51.8	3 57
17	7 26 21.38	0.54	22 27 18.0	0.5	4.774 527	14 767	19.25	1.84	11 47	19 47.9	3 53
18	7 26 21.92	1.38	+22 27 18.5	1.2	4.789 294	14 875	19.19	1.84	11 43	19 44.0	3 49
19	7 26 23.30	2.20	22 27 17.3	3.0	4.804 169	14 979	19.13	1.83	11 39	19 40.1	3 45
20	7 26 25.50	3.03	22 27 14.3	4.8	4.819 148	15 080	19.07	1.83	11 35	19 36.2	3 41
21	7 26 28.53	3.86	22 27 9.5	6.5	4.834 228	15 173	19.01	1.82	11 31	19 32.4	3 37
22	7 26 32.39	4.68	22 27 3.0	8.2	4.849 401	15 264	18.95	1.81	11 28	19 28.5	3 34
23	7 26 37.07		+22 26 54.8		4.864 665		18.89	1.81	11 24	19 24.7	3 30

Jupiter 1955

Tag	0h Weltzeit: Scheinbare Rektaszension		Scheinbare Deklination		Δ		Halbmesser	Hor. Par.	Aufgang (in 0h Länge, + 50° Breite)	Obere Kulmination (in 0h Länge, + 50° Breite)	Untergang (in 0h Länge, + 50° Breite)
1955	h m s	s	° ′ ″	″			″	″	h m	h m	h m
März 23	7 26 37.07	5.50	+22 26 54.8	10.1	4.864 665	15 348	18.89	1.81	11 24	19 24.7	3 30
24	7 26 42.57	6.32	22 26 44.7	11.8	4.880 013	15 428	18.83	1.80	11 20	19 20.8	3 26
25	7 26 48.89	7.13	22 26 32.9	13.5	4.895 441	15 503	18.77	1.80	11 16	19 17.0	3 22
26	7 26 56.02	7.94	22 26 19.4	15.2	4.910 944	15 572	18.72	1.79	11 12	19 13.2	3 18
27	7 27 3.96	8.75	22 26 4.2	17.0	4.926 516	15 637	18.66	1.79	11 9	19 9.4	3 14
28	7 27 12.71	9.55	22 25 47.2	18.7	4.942 153	15 697	18.60	1.78	11 5	19 5.7	3 10
29	7 27 22.26	10.34	+22 25 28.5	20.4	4.957 850	15 751	18.54	1.77	11 1	19 1.9	3 7
30	7 27 32.60	11.13	22 25 8.1	22.1	4.973 601	15 802	18.48	1.77	10 57	18 58.1	3 3
31	7 27 43.73	11.90	22 24 46.0	23.9	4.989 403	15 849	18.42	1.76	10 54	18 54.4	2 59
April 1	7 27 55.63	12.68	22 24 22.1	25.5	5.005 252	15 889	18.36	1.76	10 50	18 50.7	2 55
2	7 28 8.31	13.44	22 23 56.6	27.2	5.021 141	15 927	18.30	1.75	10 46	18 47.0	2 51
3	7 28 21.75	14.20	22 23 29.4	28.9	5.037 068	15 960	18.25	1.75	10 43	18 43.3	2 48
4	7 28 35.95	14.96	+22 23 0.5	30.6	5.053 028	15 989	18.19	1.74	10 39	18 39.6	2 44
5	7 28 50.91	15.70	22 22 29.9	32.3	5.069 017	16 014	18.13	1.74	10 35	18 35.9	2 40
6	7 29 6.61	16.44	22 21 57.6	33.9	5.085 031	16 035	18.07	1.73	10 32	18 32.2	2 37
7	7 29 23.05	17.17	22 21 23.7	35.6	5.101 066	16 054	18.02	1.73	10 28	18 28.6	2 33
8	7 29 40.22	17.89	22 20 48.1	37.3	5.117 120	16 067	17.96	1.72	10 25	18 25.0	2 29
9	7 29 58.11	18.60	22 20 10.8	39.0	5.133 187	16 077	17.91	1.71	10 21	18 21.3	2 25
10	7 30 16.71	19.32	+22 19 31.8	40.6	5.149 264	16 083	17.85	1.71	10 17	18 17.7	2 22
11	7 30 36.03	20.02	22 18 51.2	42.2	5.165 347	16 085	17.79	1.70	10 14	18 14.1	2 18
12	7 30 56.05	20.72	22 18 9.0	44.0	5.181 432	16 084	17.74	1.70	10 10	18 10.5	2 14
13	7 31 16.77	21.41	22 17 25.0	45.7	5.197 516	16 079	17.68	1.69	10 7	18 6.9	2 11
14	7 31 38.18	22.09	22 16 39.3	47.3	5.213 595	16 071	17.63	1.69	10 3	18 3.4	2 7
15	7 32 0.27	22.76	22 15 52.0	49.0	5.229 666	16 058	17.57	1.68	10 0	17 59.8	2 3
16	7 32 23.03	23.44	+22 15 3.0	50.7	5.245 724	16 042	17.52	1.68	9 56	17 56.3	2 0
17	7 32 46.47	24.10	22 14 12.3	52.4	5.261 766	16 023	17.47	1.67	9 53	17 52.7	1 56
18	7 33 10.57	24.75	22 13 19.9	54.1	5.277 789	15 997	17.41	1.67	9 49	17 49.2	1 53
19	7 33 35.32	25.40	22 12 25.8	55.7	5.293 786	15 971	17.36	1.66	9 46	17 45.7	1 49
20	7 34 0.72	26.04	22 11 30.1	57.5	5.309 757	15 940	17.31	1.66	9 43	17 42.2	1 45
21	7 34 26.76	26.68	22 10 32.6	59.2	5.325 697	15 904	17.26	1.65	9 39	17 38.7	1 42
22	7 34 53.44	27.30	+22 9 33.4	60.8	5.341 601	15 864	17.21	1.65	9 36	17 35.2	1 38
23	7 35 20.74	27.93	22 8 32.6	62.6	5.357 465	15 822	17.16	1.64	9 33	17 31.7	1 35
24	7 35 48.67	28.53	22 7 30.0	64.2	5.373 287	15 774	17.10	1.64	9 29	17 28.3	1 31
25	7 36 17.20	29.13	22 6 25.8	65.9	5.389 061	15 724	17.05	1.63	9 26	17 24.8	1 27
26	7 36 46.33	29.72	22 5 19.9	67.7	5.404 785	15 669	17.01	1.63	9 22	17 21.4	1 24
27	7 37 16.05	30.30	22 4 12.2	69.3	5.420 454	15 612	16.96	1.62	9 19	17 18.0	1 20
28	7 37 46.35	30.88	+22 3 2.9	71.0	5.436 066	15 551	16.91	1.62	9 16	17 14.5	1 17
29	7 38 17.23	31.44	22 1 51.9	72.7	5.451 617	15 486	16.86	1.61	9 13	17 11.1	1 13
30	7 38 48.67	31.99	22 0 39.2	74.3	5.467 103	15 420	16.81	1.61	9 9	17 7.7	1 10
Mai 1	7 39 20.66	32.54	21 59 24.9	76.0	5.482 523	15 349	16.76	1.61	9 6	17 4.3	1 6
2	7 39 53.20	33.08	21 58 8.9	77.7	5.497 872	15 277	16.72	1.60	9 3	17 0.9	1 3
3	7 40 26.28		+21 56 51.2		5.513 149		16.67	1.60	9 0	16 57.6	0 59

Tag	0h Weltzeit Scheinbare Rektaszension	Diff.	Scheinbare Deklination	Diff.	Δ	Diff.	Halbmesser	Hor. Par.	Aufgang	Obere Kulmination	Untergang
1955	h m s	s	° ′ ″	′ ″			″	″	h m	h m	h m
									in 0h Länge, + 50° Breite		
Mai 3	7 40 26.28	33.61	+21 56 51.2	1 19.4	5.513 149	15 201	16.67	1.60	9 0	16 57.6	0 59
4	7 40 59.89	34.12	21 55 31.8	1 21.1	5.528 350	15 123	16.63	1.59	8 56	16 54.2	0 55
5	7 41 34.01	34.64	21 54 10.7	1 22.7	5.543 473	15 043	16.58	1.59	8 53	16 50.8	0 52
6	7 42 8.65	35.15	21 52 48.0	1 24.4	5.558 516	14 960	16.53	1.58	8 50	16 47.5	0 48
7	7 42 43.80	35.64	21 51 23.6	1 26.1	5.573 476	14 873	16.49	1.58	8 47	16 44.1	0 45
8	7 43 19.44	36.13	21 49 57.5	1 27.7	5.588 349	14 785	16.45	1.57	8 44	16 40.8	0 41
9	7 43 55.57	36.61	+21 48 29.8	1 29.5	5.603 134	14 695	16.40	1.57	8 41	16 37.5	0 38
10	7 44 32.18	37.09	21 47 0.3	1 31.2	5.617 829	14 600	16.36	1.57	8 37	16 34.2	0 35
11	7 45 9.27	37.55	21 45 29.1	1 32.8	5.632 429	14 506	16.32	1.56	8 34	16 30.9	0 31
12	7 45 46.82	38.01	21 43 56.3	1 34.5	5.646 935	14 407	16.28	1.56	8 31	16 27.6	0 28
13	7 46 24.83	38.47	21 42 21.8	1 36.2	5.661 342	14 305	16.23	1.55	8 28	16 24.3	0 24
14	7 47 3.30	38.91	21 40 45.6	1 37.9	5.675 647	14 202	16.19	1.55	8 25	16 21.0	0 21
15	7 47 42.21	39.36	+21 39 7.7	1 39.6	5.689 849	14 097	16.15	1.55	8 22	16 17.7	0 17
16	7 48 21.57	39.78	21 37 28.1	1 41.3	5.703 946	13 988	16.11	1.54	8 19	16 14.4	0 14
17	7 49 1.35	40.21	21 35 46.8	1 43.0	5.717 934	13 875	16.07	1.54	8 15	16 11.1	0 10
18	7 49 41.56	40.63	21 34 3.8	1 44.7	5.731 809	13 762	16.03	1.54	8 12	16 7.9	0 7
19	7 50 22.19	41.05	21 32 19.1	1 46.4	5.745 571	13 645	16.00	1.53	8 9	16 4.6	0 3 / 24 0
20	7 51 3.24	41.44	21 30 32.7	1 48.1	5.759 216	13 526	15.96	1.53	8 6	16 1.4	23 57
21	7 51 44.68	41.84	+21 28 44.6	1 49.9	5.772 742	13 402	15.92	1.52	8 3	15 58.1	23 53
22	7 52 26.52	42.23	21 26 54.7	1 51.5	5.786 144	13 278	15.88	1.52	8 0	15 54.9	23 50
23	7 53 8.75	42.61	21 25 3.2	1 53.2	5.799 422	13 150	15.85	1.52	7 57	15 51.7	23 46
24	7 53 51.36	42.99	21 23 10.0	1 54.8	5.812 572	13 020	15.81	1.51	7 54	15 48.4	23 43
25	7 54 34.35	43.34	21 21 15.2	1 56.6	5.825 592	12 888	15.78	1.51	7 51	15 45.2	23 39
26	7 55 17.69	43.70	21 19 18.6	1 58.2	5.838 480	12 753	15.74	1.51	7 48	15 42.0	23 36
27	7 56 1.39	44.05	+21 17 20.4	1 59.9	5.851 233	12 618	15.71	1.50	7 45	15 38.8	23 33
28	7 56 45.44	44.39	21 15 20.5	2 1.6	5.863 851	12 479	15.67	1.50	7 42	15 35.6	23 29
29	7 57 29.83	44.72	21 13 18.9	2 3.2	5.876 330	12 339	15.64	1.50	7 39	15 32.4	23 26
30	7 58 14.55	45.04	21 11 15.7	2 4.9	5.888 669	12 198	15.61	1.49	7 36	15 29.3	23 22
31	7 58 59.59	45.36	21 9 10.8	2 6.5	5.900 867	12 056	15.58	1.49	7 33	15 26.1	23 19
Juni 1	7 59 44.95	45.67	21 7 4.3	2 8.1	5.912 923	11 910	15.54	1.49	7 30	15 22.9	23 16
2	8 0 30.62	45.98	+21 4 56.2	2 9.8	5.924 833	11 764	15.51	1.49	7 27	15 19.7	23 12
3	8 1 16.60	46.27	21 2 46.4	2 11.4	5.936 597	11 617	15.48	1.48	7 24	15 16.5	23 9
4	8 2 2.87	46.57	21 0 35.0	2 13.1	5.948 214	11 468	15.45	1.48	7 21	15 13.4	23 6
5	8 2 49.44	46.84	20 58 21.9	2 14.6	5.959 682	11 316	15.42	1.48	7 18	15 10.3	23 2
6	8 3 36.28	47.12	20 56 7.3	2 16.3	5.970 998	11 165	15.39	1.47	7 16	15 7.1	22 59
7	8 4 23.40	47.40	20 53 51.0	2 17.9	5.982 163	11 011	15.36	1.47	7 13	15 4.0	22 55
8	8 5 10.80	47.67	+20 51 33.1	2 19.6	5.993 174	10 856	15.34	1.47	7 10	15 0.8	22 52
9	8 5 58.47	47.92	20 49 13.5	2 21.2	6.004 030	10 699	15.31	1.47	7 7	14 57.7	22 49
10	8 6 46.39	48.18	20 46 52.3	2 22.7	6.014 729	10 540	15.28	1.46	7 4	14 54.5	22 45
11	8 7 34.57	48.42	20 44 29.6	2 24.4	6.025 269	10 380	15.25	1.46	7 1	14 51.4	22 42
12	8 8 22.99	48.67	20 42 5.2	2 26.0	6.035 649	10 218	15.23	1.46	6 58	14 48.3	22 39
13	8 9 11.66		+20 39 39.2		6.045 867		15.20	1.46	6 55	14 45.1	22 35

Jupiter 1955

Tag	0h Weltzeit: Scheinbare Rektaszension		Scheinbare Deklination		Δ		Halbmesser	Hor. Par.	Aufgang (in 0h Länge, + 50° Breite)	Obere Kulmination	Untergang
1955	h m s	s	° ′ ″	′ ″			″	″	h m	h m	h m
Juni 13	8 9 11.66	48.91	+20 39 39.2	2 27.7	6.045 867	10 056	15.20	1.46	6 55	14 45.1	22 35
14	8 10 0.57	49.14	20 37 11.5	2 29.2	6.055 923	9 891	15.18	1.45	6 52	14 42.0	22 32
15	8 10 49.71	49.37	20 34 42.3	2 30.8	6.065 814	9 723	15.15	1.45	6 49	14 38.9	22 28
16	8 11 39.08	49.59	20 32 11.5	2 32.4	6.075 537	9 555	15.13	1.45	6 47	14 35.8	22 25
17	8 12 28.67	49.80	20 29 39.1	2 34.0	6.085 092	9 385	15.10	1.45	6 44	14 32.7	22 22
18	8 13 18.47	50.01	20 27 5.1	2 35.5	6.094 477	9 212	15.08	1.44	6 41	14 29.6	22 18
19	8 14 8.48	50.21	+20 24 29.6	2 37.1	6.103 689	9 039	15.06	1.44	6 38	14 26.5	22 15
20	8 14 58.69	50.41	20 21 52.5	2 38.7	6.112 728	8 862	15.04	1.44	6 35	14 23.4	22 11
21	8 15 49.10	50.59	20 19 13.8	2 40.2	6.121 590	8 686	15.01	1.44	6 32	14 20.3	22 8
22	8 16 39.69	50.78	20 16 33.6	2 41.7	6.130 276	8 508	14.99	1.44	6 30	14 17.2	22 5
23	8 17 30.47	50.96	20 13 51.9	2 43.2	6.138 784	8 329	14.97	1.43	6 27	14 14.1	22 1
24	8 18 21.43	51.12	20 11 8.7	2 44.7	6.147 113	8 147	14.95	1.43	6 24	14 11.0	21 58
25	8 19 12.55	51.28	+20 8 24.0	2 46.2	6.155 260	7 967	14.93	1.43	6 21	14 8.0	21 55
26	8 20 3.83	51.44	20 5 37.8	2 47.7	6.163 227	7 784	14.91	1.43	6 18	14 4.9	21 51
27	8 20 55.27	51.59	20 2 50.1	2 49.1	6.171 011	7 602	14.89	1.43	6 16	14 1.8	21 48
28	8 21 46.86	51.73	20 0 1.0	2 50.5	6.178 613	7 417	14.88	1.42	6 13	13 58.7	21 45
29	8 22 38.59	51.87	19 57 10.5	2 52.0	6.186 030	7 233	14.86	1.42	6 10	13 55.7	21 41
30	8 23 30.46	52.01	19 54 18.5	2 53.4	6.193 263	7 048	14.84	1.42	6 7	13 52.6	21 38
Juli 1	8 24 22.47	52.13	+19 51 25.1	2 54.8	6.200 311	6 861	14.82	1.42	6 4	13 49.5	21 35
2	8 25 14.60	52.25	19 48 30.3	2 56.2	6.207 172	6 676	14.81	1.42	6 2	13 46.4	21 31
3	8 26 6.85	52.38	19 45 34.1	2 57.6	6.213 848	6 488	14.79	1.42	5 59	13 43.4	21 28
4	8 26 59.23	52.48	19 42 36.5	2 59.0	6.220 336	6 300	14.78	1.41	5 56	13 40.3	21 24
5	8 27 51.71	52.59	19 39 37.5	3 0.3	6.226 636	6 111	14.76	1.41	5 53	13 37.3	21 21
6	8 28 44.30	52.70	19 36 37.2	3 1.7	6.232 747	5 922	14.75	1.41	5 51	13 34.2	21 18
7	8 29 37.00	52.79	+19 33 35.5	3 3.1	6.238 669	5 731	14.73	1.41	5 48	13 31.1	21 14
8	8 30 29.79	52.89	19 30 32.4	3 4.4	6.244 400	5 540	14.72	1.41	5 45	13 28.1	21 11
9	8 31 22.68	52.98	19 27 28.0	3 5.6	6.249 940	5 348	14.71	1.41	5 42	13 25.0	21 8
10	8 32 15.66	53.07	19 24 22.4	3 7.0	6.255 288	5 156	14.69	1.41	5 40	13 22.0	21 4
11	8 33 8.73	53.15	19 21 15.4	3 8.3	6.260 444	4 962	14.68	1.41	5 37	13 18.9	21 1
12	8 34 1.88	53.22	19 18 7.1	3 9.7	6.265 406	4 768	14.67	1.40	5 34	13 15.9	20 57
13	8 34 55.10	53.29	+19 14 57.4	3 10.9	6.270 174	4 571	14.66	1.40	5 31	13 12.8	20 54
14	8 35 48.39	53.37	19 11 46.5	3 12.1	6.274 745	4 374	14.65	1.40	5 29	13 9.8	20 51
15	8 36 41.76	53.42	19 8 34.4	3 13.4	6.279 119	4 178	14.64	1.40	5 26	13 6.7	20 47
16	8 37 35.18	53.48	19 5 21.0	3 14.5	6.283 297	3 978	14.63	1.40	5 23	13 3.7	20 44
17	8 38 28.66	53.54	19 2 6.5	3 15.8	6.287 275	3 779	14.62	1.40	5 21	13 0.6	20 41
18	8 39 22.20	53.58	18 58 50.7	3 17.0	6.291 054	3 578	14.61	1.40	5 18	12 57.6	20 37
19	8 40 15.78	53.62	+18 55 33.7	3 18.1	6.294 632	3 377	14.60	1.40	5 15	12 54.6	20 34
20	8 41 9.40	53.65	18 52 15.6	3 19.3	6.298 009	3 175	14.59	1.40	5 12	12 51.5	20 31
21	8 42 3.05	53.68	18 48 56.3	3 20.4	6.301 184	2 973	14.59	1.40	5 10	12 48.5	20 27
22	8 42 56.73	53.70	18 45 35.9	3 21.4	6.304 157	2 770	14.58	1.40	5 7	12 45.4	20 24
23	8 43 50.43	53.72	18 42 14.5	3 22.6	6.306 927	2 568	14.57	1.40	5 4	12 42.4	20 20
24	8 44 44.15		+18 38 51.9		6.309 495		14.57	1.39	5 2	12 39.4	20 17

Tag	0ʰ Weltzeit: Scheinbare Rektaszension		Scheinbare Deklination		Δ		Halbmesser	Hor. Par.	Aufgang	Obere Kulmination	Untergang
									in 0ʰ Länge, + 50° Breite		
1955	h m s	s	° ′ ″	′ ″			″	″	h m	h m	h m
Juli 24	8 44 44.15	53.74	+18 38 51.9	3 23.6	6.309 495	2 365	14.57	1.39	5 2	12 39.4	20 17
25	8 45 37.89	53.74	18 35 28.3	3 24.5	6.311 860	2 163	14.56	1.39	4 59	12 36.3	20 14
26	8 46 31.63	53.74	18 32 3.8	3 25.6	6.314 023	1 960	14.56	1.39	4 56	12 33.3	20 10
27	8 47 25.37	53.75	18 28 38.2	3 26.6	6.315 983	1 757	14.55	1.39	4 53	12 30.2	20 7
28	8 48 19.12	53.73	18 25 11.6	3 27.5	6.317 740	1 554	14.55	1.39	4 51	12 27.2	20 4
29	8 49 12.85	53.72	18 21 44.1	3 28.6	6.319 294	1 351	14.54	1.39	4 48	12 24.2	20 0
30	8 50 6.57	53.71	+18 18 15.5	3 29.4	6.320 645	1 149	14.54	1.39	4 45	12 21.1	19 57
31	8 51 0.28	53.69	18 14 46.1	3 30.3	6.321 794	946	14.54	1.39	4 43	12 18.1	19 53
Aug. 1	8 51 53.97	53.66	18 11 15.8	3 31.2	6.322 740	743	14.54	1.39	4 40	12 15.0	19 50
2	8 52 47.63	53.64	18 7 44.6	3 32.1	6.323 483	542	14.53	1.39	4 37	12 12.0	19 47
3	8 53 41.27	53.60	18 4 12.5	3 32.9	6.324 025	337	14.53	1.39	4 35	12 8.9	19 43
4	8 54 34.87	53.56	18 0 39.6	3 33.8	6.324 362	136	14.53	1.39	4 32	12 5.9	19 40
5	8 55 28.43	53.53	+17 57 5.8	3 34.5	6.324 498	68	14.53	1.39	4 29	12 2.8	19 37
6	8 56 21.96	53.48	17 53 31.3	3 35.4	6.324 430	271	14.53	1.39	4 26	11 59.8	19 33
7	8 57 15.44	53.44	17 49 55.9	3 36.1	6.324 159	473	14.53	1.39	4 24	11 56.8	19 30
8	8 58 8.88	53.38	17 46 19.8	3 36.9	6.323 686	678	14.53	1.39	4 21	11 53.7	19 26
9	8 59 2.26	53.32	17 42 42.9	3 37.6	6.323 008	881	14.54	1.39	4 18	11 50.7	19 23
10	8 59 55.58	53.27	17 39 5.3	3 38.2	6.322 127	1 086	14.54	1.39	4 16	11 47.6	19 20
11	9 0 48.85	53.20	+17 35 27.1	3 39.0	6.321 041	1 289	14.54	1.39	4 13	11 44.6	19 16
12	9 1 42.05	53.13	17 31 48.1	3 39.6	6.319 752	1 496	14.54	1.39	4 10	11 41.5	19 13
13	9 2 35.18	53.06	17 28 8.5	3 40.2	6.318 256	1 700	14.55	1.39	4 7	11 38.5	19 9
14	9 3 28.24	52.98	17 24 28.3	3 40.8	6.316 556	1 904	14.55	1.39	4 5	11 35.4	19 6
15	9 4 21.22	52.89	17 20 47.5	3 41.4	6.314 652	2 110	14.55	1.39	4 2	11 32.4	19 3
16	9 5 14.11	52.81	17 17 6.1	3 41.9	6.312 542	2 315	14.56	1.39	3 59	11 29.3	18 59
17	9 6 6.92	52.71	+17 13 24.2	3 42.4	6.310 227	2 521	14.57	1.39	3 57	11 26.3	18 56
18	9 6 59.63	52.61	17 9 41.8	3 42.8	6.307 706	2 724	14.57	1.40	3 54	11 23.2	18 52
19	9 7 52.24	52.50	17 5 59.0	3 43.3	6.304 982	2 929	14.58	1.40	3 51	11 20.1	18 49
20	9 8 44.74	52.39	17 2 15.7	3 43.7	6.302 053	3 133	14.58	1.40	3 48	11 17.1	18 46
21	9 9 37.13	52.28	16 58 32.0	3 44.0	6.298 920	3 335	14.59	1.40	3 46	11 14.0	18 42
22	9 10 29.41	52.15	16 54 48.0	3 44.4	6.295 585	3 538	14.60	1.40	3 43	11 10.9	18 39
23	9 11 21.56	52.03	+16 51 3.6	3 44.7	6.292 047	3 739	14.61	1.40	3 40	11 7.9	18 35
24	9 12 13.59	51.90	16 47 18.9	3 44.9	6.288 308	3 940	14.62	1.40	3 38	11 4.8	18 32
25	9 13 5.49	51.76	16 43 34.0	3 45.2	6.284 368	4 140	14.63	1.40	3 35	11 1.7	18 28
26	9 13 57.25	51.63	16 39 48.8	3 45.5	6.280 228	4 340	14.63	1.40	3 32	10 58.7	18 25
27	9 14 48.88	51.48	16 36 3.3	3 45.6	6.275 888	4 537	14.64	1.40	3 29	10 55.6	18 22
28	9 15 40.36	51.33	16 32 17.7	3 45.7	6.271 351	4 735	14.66	1.40	3 27	10 52.5	18 18
29	9 16 31.69	51.18	+16 28 32.0	3 45.9	6.266 616	4 933	14.67	1.40	3 24	10 49.4	18 15
30	9 17 22.87	51.02	16 24 46.1	3 46.0	6.261 683	5 128	14.68	1.41	3 21	10 46.3	18 11
31	9 18 13.89	50.86	16 21 0.1	3 46.1	6.256 555	5 324	14.69	1.41	3 18	10 43.3	18 8
Sept. 1	9 19 4.75	50.70	16 17 14.0	3 46.1	6.251 231	5 519	14.70	1.41	3 16	10 40.2	18 4
2	9 19 55.45	50.53	16 13 27.9	3 46.1	6.245 712	5 712	14.72	1.41	3 13	10 37.1	18 1
3	9 20 45.98		+16 9 41.8		6.240 000		14.73	1.41	3 10	10 34.0	17 58

Jupiter 1955

Tag	0h Weltzeit: Scheinbare Rektaszension		Scheinbare Deklination		Δ		Halbmesser	Hor. Par.	Aufgang (in 0h Länge, + 50° Breite)	Obere Kulmination	Untergang
1955	h m s	s	° ′ ″	′ ″			″	″	h m	h m	h m
Sept. 3	9 20 45.98	50.36	+16 9 41.8	3 46.2	6.240 000	5 907	14.73	1.41	3 10	10 34.0	17 58
4	9 21 36.34	50.18	16 5 55.6	3 46.0	6.234 093	6 099	14.74	1.41	3 8	10 30.9	17 54
5	9 22 26.52	50.00	16 2 9.6	3 46.0	6.227 994	6 291	14.76	1.41	3 5	10 27.8	17 51
6	9 23 16.52	49.81	15 58 23.6	3 45.9	6.221 703	6 482	14.77	1.41	3 2	10 24.7	17 47
7	9 24 6.33	49.62	15 54 37.7	3 45.7	6.215 221	6 674	14.79	1.42	2 59	10 21.6	17 44
8	9 24 55.95	49.43	15 50 52.0	3 45.6	6.208 547	6 866	14.80	1.42	2 56	10 18.5	17 40
9	9 25 45.38	49.23	+15 47 6.4	3 45.3	6.201 681	7 055	14.82	1.42	2 54	10 15.3	17 37
10	9 26 34.61	49.03	15 43 21.1	3 45.1	6.194 626	7 245	14.84	1.42	2 51	10 12.2	17 33
11	9 27 23.64	48.82	15 39 36.0	3 44.8	6.187 381	7 434	14.85	1.42	2 48	10 9.1	17 30
12	9 28 12.46	48.60	15 35 51.2	3 44.5	6.179 947	7 621	14.87	1.42	2 45	10 6.0	17 26
13	9 29 1.06	48.38	15 32 6.7	3 44.0	6.172 326	7 809	14.89	1.43	2 43	10 2.9	17 23
14	9 29 49.44	48.15	15 28 22.7	3 43.6	6.164 517	7 995	14.91	1.43	2 40	9 59.7	17 20
15	9 30 37.59	47.92	+15 24 39.1	3 43.2	6.156 522	8 180	14.93	1.43	2 37	9 56.6	17 16
16	9 31 25.51	47.68	15 20 55.9	3 42.7	6.148 342	8 363	14.95	1.43	2 34	9 53.5	17 13
17	9 32 13.19	47.43	15 17 13.2	3 42.1	6.139 979	8 547	14.97	1.43	2 31	9 50.3	17 9
18	9 33 0.62	47.18	15 13 31.1	3 41.6	6.131 432	8 726	14.99	1.44	2 29	9 47.2	17 6
19	9 33 47.80	46.93	15 9 49.5	3 40.9	6.122 706	8 905	15.01	1.44	2 26	9 44.0	17 2
20	9 34 34.73	46.67	15 6 8.6	3 40.2	6.113 801	9 082	15.03	1.44	2 23	9 40.9	16 59
21	9 35 21.40	46.40	+15 2 28.4	3 39.5	6.104 719	9 258	15.06	1.44	2 20	9 37.7	16 55
22	9 36 7.80	46.13	14 58 48.9	3 38.8	6.095 461	9 432	15.08	1.44	2 17	9 34.5	16 51
23	9 36 53.93	45.85	14 55 10.1	3 37.9	6.086 029	9 605	15.10	1.45	2 15	9 31.4	16 48
24	9 37 39.78	45.57	14 51 32.2	3 37.2	6.076 424	9 774	15.13	1.45	2 12	9 28.2	16 44
25	9 38 25.35	45.28	14 47 55.0	3 36.3	6.066 650	9 944	15.15	1.45	2 9	9 25.0	16 41
26	9 39 10.63	44.99	14 44 18.7	3 35.4	6.056 706	10 111	15.17	1.45	2 6	9 21.8	16 37
27	9 39 55.62	44.70	+14 40 43.3	3 34.4	6.046 595	10 276	15.20	1.46	2 3	9 18.6	16 34
28	9 40 40.32	44.39	14 37 8.9	3 33.5	6.036 319	10 441	15.23	1.46	2 0	9 15.4	16 30
29	9 41 24.71	44.09	14 33 35.4	3 32.4	6.025 878	10 602	15.25	1.46	1 57	9 12.2	16 27
30	9 42 8.80	43.78	14 30 3.0	3 31.4	6.015 276	10 763	15.28	1.46	1 55	9 9.0	16 23
Okt. 1	9 42 52.58	43.46	14 26 31.6	3 30.3	6.004 513	10 921	15.31	1.47	1 52	9 5.8	16 20
2	9 43 36.04	43.15	14 23 1.3	3 29.1	5.993 592	11 079	15.33	1.47	1 49	9 2.6	16 16
3	9 44 19.19	42.81	+14 19 32.2	3 28.0	5.982 513	11 234	15.36	1.47	1 46	8 59.4	16 13
4	9 45 2.00	42.49	14 16 4.2	3 26.7	5.971 279	11 390	15.39	1.47	1 43	8 56.2	16 9
5	9 45 44.49	42.15	14 12 37.5	3 25.4	5.959 889	11 541	15.42	1.48	1 40	8 53.0	16 6
6	9 46 26.64	41.81	14 9 12.1	3 24.2	5.948 348	11 693	15.45	1.48	1 37	8 49.7	16 2
7	9 47 8.45	41.45	14 5 47.9	3 22.8	5.936 655	11 843	15.48	1.48	1 34	8 46.5	15 59
8	9 47 49.90	41.11	14 2 25.1	3 21.4	5.924 812	11 991	15.51	1.49	1 31	8 43.2	15 55
9	9 48 31.01	40.75	+13 59 3.7	3 19.9	5.912 821	12 136	15.54	1.49	1 28	8 40.0	15 52
10	9 49 11.76	40.38	13 55 43.8	3 18.4	5.900 685	12 280	15.58	1.49	1 25	8 36.7	15 48
11	9 49 52.14	40.00	13 52 25.4	3 16.9	5.888 405	12 424	15.61	1.49	1 22	8 33.5	15 45
12	9 50 32.14	39.63	13 49 8.5	3 15.3	5.875 981	12 562	15.64	1.50	1 19	8 30.2	15 41
13	9 51 11.77	39.23	13 45 53.2	3 13.5	5.863 419	12 701	15.67	1.50	1 16	8 26.9	15 38
14	9 51 51.00		+13 42 39.7		5.850 718		15.71	1.50	1 13	8 23.6	15 34

Tag	0h Weltzeit Scheinbare Rektaszension		Scheinbare Deklination		Δ		Halbmesser	Hor. Par.	Aufgang	Obere Kulmination	Untergang
									in 0h Länge, + 50° Breite		
1955	h m s	s	° ′ ″	′ ″			″	″	h m	h m	h m
Okt. 14	9 51 51.00	38.84	+13 42 39.7	3 11.8	5.850 718	12 836	15.71	1.50	1 13	8 23.6	15 34
15	9 52 29.84	38.44	13 39 27.9	3 10.1	5.837 882	12 968	15.74	1.51	1 10	8 20.3	15 30
16	9 53 8.28	38.03	13 36 17.8	3 8.3	5.824 914	13 098	15.78	1.51	1 7	8 17.0	15 27
17	9 53 46.31	37.62	13 33 9.5	3 6.4	5.811 816	13 225	15.81	1.51	1 4	8 13.7	15 23
18	9 54 23.93	37.19	13 30 3.1	3 4.4	5.798 591	13 350	15.85	1.52	1 1	8 10.4	15 20
19	9 55 1.12	36.77	13 26 58.7	3 2.5	5.785 241	13 471	15.89	1.52	0 58	8 7.1	15 16
20	9 55 37.89	36.34	+13 23 56.2	3 0.5	5.771 770	13 589	15.92	1.52	0 55	8 3.8	15 12
21	9 56 14.23	35.90	13 20 55.7	2 58.5	5.758 181	13 706	15.96	1.53	0 52	8 0.5	15 9
22	9 56 50.13	35.45	13 17 57.2	2 56.3	5.744 475	13 818	16.00	1.53	0 49	7 57.1	15 5
23	9 57 25.58	35.00	13 15 0.9	2 54.2	5.730 657	13 928	16.04	1.54	0 46	7 53.8	15 2
24	9 58 0.58	34.54	13 12 6.7	2 52.0	5.716 729	14 036	16.08	1.54	0 43	7 50.4	14 58
25	9 58 35.12	34.08	13 9 14.7	2 49.8	5.702 693	14 140	16.12	1.54	0 40	7 47.1	14 54
26	9 59 9.20	33.62	+13 6 24.9	2 47.5	5.688 553	14 241	16.16	1.55	0 36	7 43.7	14 51
27	9 59 42.82	33.14	13 3 37.4	2 45.1	5.674 312	14 339	16.20	1.55	0 33	7 40.3	14 47
28	10 0 15.96	32.66	13 0 52.3	2 42.9	5.659 973	14 435	16.24	1.55	0 30	7 36.9	14 44
29	10 0 48.62	32.17	12 58 9.4	2 40.4	5.645 538	14 527	16.28	1.56	0 27	7 33.5	14 40
30	10 1 20.79	31.68	12 55 29.0	2 37.9	5.631 011	14 617	16.32	1.56	0 24	7 30.1	14 36
31	10 1 52.47	31.19	12 52 51.1	2 35.4	5.616 394	14 705	16.36	1.57	0 21	7 26.7	14 33
Nov. 1	10 2 23.66	30.69	+12 50 15.7	2 32.8	5.601 689	14 788	16.41	1.57	0 18	7 23.3	14 29
2	10 2 54.35	30.17	12 47 42.9	2 30.3	5.586 901	14 872	16.45	1.58	0 14	7 19.9	14 25
3	10 3 24.52	29.66	12 45 12.6	2 27.6	5.572 029	14 949	16.49	1.58	0 11	7 16.4	14 22
4	10 3 54.18	29.14	12 42 45.0	2 24.9	5.557 080	15 025	16.54	1.58	0 8	7 13.0	14 18
5	10 4 23.32	28.60	12 40 20.1	2 22.1	5.542 055	15 099	16.58	1.59	0 5	7 9.6	14 14
6	10 4 51.92	28.07	12 37 58.0	2 19.3	5.526 956	15 169	16.63	1.59	0 1 / 23 58	7 6.1	14 11
7	10 5 19.99	27.52	+12 35 38.7	2 16.4	5.511 787	15 235	16.68	1.60	23 55	7 2.6	14 7
8	10 5 47.51	26.97	12 33 22.3	2 13.5	5.496 552	15 297	16.72	1.60	23 52	6 59.1	14 3
9	10 6 14.48	26.41	12 31 8.8	2 10.5	5.481 255	15 358	16.77	1.61	23 48	6 55.7	14 0
10	10 6 40.89	25.84	12 28 58.3	2 7.5	5.465 897	15 414	16.82	1.61	23 45	6 52.2	13 56
11	10 7 6.73	25.27	12 26 50.8	2 4.4	5.450 483	15 465	16.86	1.61	23 42	6 48.6	13 52
12	10 7 32.00	24.69	12 24 46.4	2 1.3	5.435 018	15 513	16.91	1.62	23 38	6 45.1	13 49
13	10 7 56.69	24.10	+12 22 45.1	1 58.1	5.419 505	15 558	16.96	1.62	23 35	6 41.6	13 45
14	10 8 20.79	23.50	12 20 47.0	1 54.9	5.403 947	15 597	17.01	1.63	23 32	6 38.1	13 41
15	10 8 44.29	22.90	12 18 52.1	1 51.6	5.388 350	15 634	17.06	1.63	23 28	6 34.5	13 37
16	10 9 7.19	22.29	12 17 0.5	1 48.3	5.372 716	15 665	17.11	1.64	23 25	6 31.0	13 34
17	10 9 29.48	21.68	12 15 12.2	1 44.9	5.357 051	15 692	17.16	1.64	23 21	6 27.4	13 30
18	10 9 51.16	21.06	12 13 27.3	1 41.5	5.341 359	15 716	17.21	1.65	23 18	6 23.8	13 26
19	10 10 12.22	20.43	+12 11 45.8	1 38.0	5.325 643	15 735	17.26	1.65	23 15	6 20.3	13 23
20	10 10 32.65	19.80	12 10 7.8	1 34.6	5.309 908	15 750	17.31	1.66	23 11	6 16.7	13 19
21	10 10 52.45	19.17	12 8 33.2	1 31.0	5.294 158	15 760	17.36	1.66	23 8	6 13.1	13 15
22	10 11 11.62	18.52	12 7 2.2	1 27.5	5.278 398	15 766	17.41	1.67	23 4	6 9.4	13 11
23	10 11 30.14	17.88	12 5 34.7	1 23.9	5.262 632	15 768	17.46	1.67	23 1	6 5.8	13 8
24	10 11 48.02		+12 4 10.8		5.246 864		17.52	1.68	22 57	6 2.2	13 4

Jupiter 1955

Tag	Scheinbare Rektaszension (0h Weltzeit)		Scheinbare Deklination (0h Weltzeit)		Δ (0h Weltzeit)		Halb-messer	Hor. Par.	Aufgang	Obere Kulmination	Untergang
									in 0h Länge, + 50° Breite		
1955	h m s	s	° ′ ″	′ ″			″	″	h m	h m	h m
Nov. 24	10 11 48.02	17.22	+12 4 10.8	1 20.3	5.246 864	15 767	17.52	1.68	22 57	6 2.2	13 4
25	10 12 5.24	16.56	12 2 50.5	1 16.7	5.231 097	15 759	17.57	1.68	22 53	5 58.5	13 0
26	10 12 21.80	15.90	12 1 33.8	1 12.9	5.215 338	15 750	17.62	1.69	22 50	5 54.9	12 56
27	10 12 37.70	15.24	12 0 20.9	1 9.2	5.199 588	15 734	17.68	1.69	22 46	5 51.2	12 53
28	10 12 52.94	14.56	11 59 11.7	1 5.4	5.183 854	15 717	17.73	1.70	22 43	5 47.5	12 49
29	10 13 7.50	13.89	11 58 6.3	1 1.6	5.168 137	15 694	17.78	1.70	22 39	5 43.8	12 45
30	10 13 21.39	13.20	+11 57 4.7	0 57.8	5.152 443	15 666	17.84	1.71	22 35	5 40.1	12 41
Dez. 1	10 13 34.59	12.52	11 56 6.9	0 53.9	5.136 777	15 637	17.89	1.71	22 32	5 36.4	12 37
2	10 13 47.11	11.82	11 55 13.0	0 50.1	5.121 140	15 600	17.95	1.72	22 28	5 32.7	12 34
3	10 13 58.93	11.13	11 54 22.9	0 46.1	5.105 540	15 562	18.00	1.72	22 24	5 28.9	12 30
4	10 14 10.06	10.43	11 53 36.8	0 42.1	5.089 978	15 519	18.06	1.73	22 21	5 25.2	12 26
5	10 14 20.49	9.71	11 52 54.7	0 38.1	5.074 459	15 471	18.11	1.73	22 17	5 21.4	12 22
6	10 14 30.20	9.00	+11 52 16.6	0 34.1	5.058 988	15 417	18.17	1.74	22 13	5 17.6	12 18
7	10 14 39.20	8.28	11 51 42.5	0 30.0	5.043 571	15 360	18.22	1.74	22 10	5 13.9	12 14
8	10 14 47.48	7.55	11 51 12.5	0 25.9	5.028 211	15 297	18.28	1.75	22 6	5 10.1	12 11
9	10 14 55.03	6.83	11 50 46.6	0 21.8	5.012 914	15 228	18.33	1.76	22 2	5 6.3	12 7
10	10 15 1.86	6.10	11 50 24.8	0 17.6	4.997 686	15 157	18.39	1.76	21 58	5 2.4	12 3
11	10 15 7.96	5.36	11 50 7.2	0 13.4	4.982 529	15 078	18.45	1.77	21 54	4 58.6	11 59
12	10 15 13.32	4.62	+11 49 53.8	0 9.3	4.967 451	14 995	18.50	1.77	21 51	4 54.8	11 55
13	10 15 17.94	3.89	11 49 44.5	0 5.2	4.952 456	14 906	18.56	1.78	21 47	4 50.9	11 51
14	10 15 21.83	3.13	11 49 39.3	0 0.9	4.937 550	14 813	18.61	1.78	21 43	4 47.0	11 47
15	10 15 24.96	2.39	11 49 38.4	0 3.3	4.922 737	14 714	18.67	1.79	21 39	4 43.1	11 44
16	10 15 27.35	1.65	11 49 41.7	0 7.6	4.908 023	14 610	18.73	1.79	21 35	4 39.2	11 40
17	10 15 29.00	0.90	11 49 49.3	0 11.7	4.893 413	14 499	18.78	1.80	21 31	4 35.3	11 36
18	10 15 29.90	0.15	+11 50 1.0	0 15.9	4.878 914	14 386	18.84	1.80	21 27	4 31.4	11 32
19	10 15 30.05	0.61	11 50 16.9	0 20.1	4.864 528	14 267	18.89	1.81	21 23	4 27.5	11 28
20	10 15 29.44	1.35	11 50 37.0	0 24.3	4.850 261	14 142	18.95	1.81	21 19	4 23.6	11 24
21	10 15 28.09	2.10	11 51 1.3	0 28.5	4.836 119	14 013	19.00	1.82	21 15	4 19.6	11 20
22	10 15 25.99	2.84	11 51 29.8	0 32.7	4.822 106	13 878	19.06	1.82	21 11	4 15.6	11 16
23	10 15 23.15	3.59	11 52 2.5	0 36.8	4.808 228	13 739	19.11	1.83	21 7	4 11.6	11 12
24	10 15 19.56	4.34	+11 52 39.3	0 41.0	4.794 489	13 594	19.17	1.84	21 3	4 7.6	11 8
25	10 15 15.22	5.07	11 53 20.3	0 45.1	4.780 895	13 446	19.22	1.84	20 59	4 3.6	11 4
26	10 15 10.15	5.82	11 54 5.4	0 49.1	4.767 449	13 292	19.28	1.85	20 55	3 59.6	11 0
27	10 15 4.33	6.55	11 54 54.5	0 53.3	4.754 157	13 135	19.33	1.85	20 51	3 55.6	10 56
28	10 14 57.78	7.28	11 55 47.8	0 57.3	4.741 022	12 972	19.39	1.86	20 47	3 51.6	10 52
29	10 14 50.50	8.02	11 56 45.1	1 1.3	4.728 050	12 806	19.44	1.86	20 42	3 47.5	10 49
30	10 14 42.48	8.75	+11 57 46.4	1 5.4	4.715 244	12 634	19.49	1.87	20 38	3 43.4	10 45
31	10 14 33.73	9.47	11 58 51.8	1 9.4	4.702 610	12 457	19.54	1.87	20 34	3 39.4	10 41
32	10 14 24.26		+12 0 1.2		4.690 153		19.60	1.88	20 30	3 35.3	10 37

Tag	0h Weltzeit: Scheinbare Rektaszension		Scheinbare Deklination		Δ		Halbmesser	Hor. Par.	Aufgang (in 0h Länge, + 50° Breite)	Obere Kulmination	Untergang
1955	h m s	s	° ′ ″	″			″	″	h m	h m	h m
Jan. 0	15 5 41.12	21.59	−15 9 22.3	80.4	10.46 577	1 295	7.13	0.84	3 41	8 28.9	13 17
1	15 6 2.71	21.33	15 10 42.7	79.1	10.45 282	1 312	7.13	0.84	3 38	8 25.3	13 13
2	15 6 24.04	21.08	15 12 1.8	77.7	10.43 970	1 328	7.14	0.84	3 34	8 21.7	13 9
3	15 6 45.12	20.81	15 13 19.5	76.3	10.42 642	1 344	7.15	0.84	3 31	8 18.1	13 6
4	15 7 5.93	20.55	15 14 35.8	74.9	10.41 298	1 360	7.16	0.85	3 27	8 14.6	13 2
5	15 7 26.48	20.28	15 15 50.7	73.6	10.39 938	1 376	7.17	0.85	3 24	8 11.0	12 58
6	15 7 46.76	20.00	−15 17 4.3	72.1	10.38 562	1 390	7.18	0.85	3 20	8 7.4	12 54
7	15 8 6.76	19.72	15 18 16.4	70.7	10.37 172	1 405	7.19	0.85	3 17	8 3.8	12 51
8	15 8 26.48	19.44	15 19 27.1	69.3	10.35 767	1 419	7.20	0.85	3 13	8 0.2	12 47
9	15 8 45.92	19.16	15 20 36.4	67.8	10.34 348	1 433	7.21	0.85	3 10	7 56.5	12 43
10	15 9 5.08	18.86	15 21 44.2	66.4	10.32 915	1 447	7.22	0.85	3 6	7 52.9	12 40
11	15 9 23.94	18.57	15 22 50.6	65.0	10.31 468	1 461	7.23	0.85	3 3	7 49.3	12 36
12	15 9 42.51	18.27	−15 23 55.6	63.4	10.30 007	1 473	7.24	0.85	2 59	7 45.7	12 32
13	15 10 0.78	17.97	15 24 59.0	62.0	10.28 534	1 486	7.25	0.86	2 56	7 42.1	12 28
14	15 10 18.75	17.65	15 26 1.0	60.5	10.27 048	1 498	7.26	0.86	2 52	7 38.4	12 25
15	15 10 36.40	17.35	15 27 1.5	59.1	10.25 550	1 510	7.27	0.86	2 49	7 34.8	12 21
16	15 10 53.75	17.03	15 28 0.6	57.5	10.24 040	1 522	7.28	0.86	2 45	7 31.1	12 17
17	15 11 10.78	16.71	15 28 58.1	56.0	10.22 518	1 533	7.29	0.86	2 42	7 27.5	12 13
18	15 11 27.49	16.38	−15 29 54.1	54.4	10.20 985	1 543	7.30	0.86	2 38	7 23.8	12 10
19	15 11 43.87	16.05	15 30 48.5	53.0	10.19 442	1 554	7.31	0.86	2 34	7 20.1	12 6
20	15 11 59.92	15.72	15 31 41.5	51.4	10.17 888	1 564	7.33	0.86	2 31	7 16.5	12 2
21	15 12 15.64	15.38	15 32 32.9	49.8	10.16 324	1 573	7.34	0.87	2 27	7 12.8	11 59
22	15 12 31.02	15.04	15 33 22.7	48.3	10.14 751	1 582	7.35	0.87	2 24	7 9.1	11 55
23	15 12 46.06	14.68	15 34 11.0	46.7	10.13 169	1 591	7.36	0.87	2 20	7 5.5	11 51
24	15 13 0.74	14.34	−15 34 57.7	45.2	10.11 578	1 599	7.37	0.87	2 16	7 1.8	11 47
25	15 13 15.08	13.99	15 35 42.9	43.6	10.09 979	1 607	7.38	0.87	2 13	6 58.1	11 44
26	15 13 29.07	13.63	15 36 26.5	42.0	10.08 372	1 613	7.40	0.87	2 9	6 54.4	11 40
27	15 13 42.70	13.26	15 37 8.5	40.4	10.06 759	1 620	7.41	0.87	2 5	6 50.6	11 36
28	15 13 55.96	12.90	15 37 48.9	38.8	10.05 139	1 627	7.42	0.88	2 2	6 46.9	11 32
29	15 14 8.86	12.54	15 38 27.7	37.2	10.03 512	1 632	7.43	0.88	1 58	6 43.2	11 28
30	15 14 21.40	12.16	−15 39 4.9	35.7	10.01 880	1 638	7.44	0.88	1 54	6 39.5	11 25
31	15 14 33.56	11.79	15 39 40.6	34.0	10.00 242	1 642	7.46	0.88	1 51	6 35.8	11 21
Febr. 1	15 14 45.35	11.42	15 40 14.6	32.5	9.98 600	1 647	7.47	0.88	1 47	6 32.0	11 17
2	15 14 56.77	11.04	15 40 47.1	30.9	9.96 953	1 650	7.48	0.88	1 43	6 28.3	11 13
3	15 15 7.81	10.66	15 41 18.0	29.3	9.95 303	1 654	7.49	0.88	1 40	6 24.5	11 9
4	15 15 18.47	10.28	15 41 47.3	27.6	9.93 649	1 656	7.50	0.89	1 36	6 20.8	11 6
5	15 15 28.75	9.89	−15 42 14.9	26.1	9.91 993	1 659	7.52	0.89	1 32	6 17.0	11 2
6	15 15 38.64	9.51	15 42 41.0	24.4	9.90 334	1 661	7.53	0.89	1 28	6 13.2	10 58
7	15 15 48.15	9.12	15 43 5.4	22.8	9.88 673	1 663	7.54	0.89	1 25	6 9.5	10 54
8	15 15 57.27	8.73	15 43 28.2	21.3	9.87 010	1 664	7.56	0.89	1 21	6 5.7	10 50
9	15 16 6.00	8.33	15 43 49.5	19.6	9.85 346	1 665	7.57	0.89	1 17	6 1.9	10 47
10	15 16 14.33		−15 44 9.1		9.83 681		7.58	0.89	1 13	5 58.1	10 43

Saturn 1955

Tag	0h Weltzeit: Scheinbare Rektaszension		Scheinbare Deklination		Δ		Halbmesser	Hor. Par.	Aufgang (in 0h Länge, + 50° Breite)	Obere Kulmination (in 0h Länge, + 50° Breite)	Untergang (in 0h Länge, + 50° Breite)
1955	h m s	s	° ′ ″	″			″	″	h m	h m	h m
Febr. 10	15 16 14.33	7.94	−15 44 9.1	18.0	9.83 681	1 665	7.58	0.89	1 13	5 58.1	10 43
11	15 16 22.27	7.54	15 44 27.1	16.4	9.82 016	1 665	7.59	0.90	1 10	5 54.3	10 39
12	15 16 29.81	7.14	15 44 43.5	14.7	9.80 351	1 664	7.61	0.90	1 6	5 50.5	10 35
13	15 16 36.95	6.74	15 44 58.2	13.2	9.78 687	1 663	7.62	0.90	1 2	5 46.7	10 31
14	15 16 43.69	6.33	15 45 11.4	11.5	9.77 024	1 661	7.63	0.90	0 58	5 42.9	10 27
15	15 16 50.02	5.92	15 45 22.9	9.9	9.75 363	1 659	7.65	0.90	0 55	5 39.0	10 24
16	15 16 55.94	5.52	−15 45 32.8	8.3	9.73 704	1 657	7.66	0.90	0 51	5 35.2	10 20
17	15 17 1.46	5.11	15 45 41.1	6.7	9.72 047	1 654	7.67	0.91	0 47	5 31.4	10 16
18	15 17 6.57	4.69	15 45 47.8	5.0	9.70 393	1 649	7.68	0.91	0 43	5 27.5	10 12
19	15 17 11.26	4.28	15 45 52.8	3.4	9.68 744	1 646	7.70	0.91	0 39	5 23.6	10 8
20	15 17 15.54	3.87	15 45 56.2	1.8	9.67 098	1 641	7.71	0.91	0 35	5 19.8	10 4
21	15 17 19.41	3.45	15 45 58.0	0.2	9.65 457	1 636	7.72	0.91	0 31	5 15.9	10 0
22	15 17 22.86	3.03	−15 45 58.2	1.4	9.63 821	1 630	7.74	0.91	0 28	5 12.0	9 57
23	15 17 25.89	2.61	15 45 56.8	3.0	9.62 191	1 623	7.75	0.91	0 24	5 8.2	9 53
24	15 17 28.50	2.20	15 45 53.8	4.6	9.60 568	1 617	7.76	0.92	0 20	5 4.3	9 49
25	15 17 30.70	1.78	15 45 49.2	6.2	9.58 951	1 609	7.78	0.92	0 16	5 0.4	9 45
26	15 17 32.48	1.37	15 45 43.0	7.7	9.57 342	1 602	7.79	0.92	0 12	4 56.5	9 41
27	15 17 33.85	0.95	15 45 35.3	9.4	9.55 740	1 593	7.80	0.92	0 8	4 52.6	9 37
28	15 17 34.80	0.53	−15 45 25.9	10.9	9.54 147	1 584	7.82	0.92	0 4	4 48.6	9 33
März 1	15 17 35.33	0.12	15 45 15.0	12.5	9.52 563	1 575	7.83	0.92	0 0 / 23 56	4 44.7	9 29
2	15 17 35.45	0.29	15 45 2.5	14.0	9.50 988	1 565	7.84	0.93	23 52	4 40.8	9 25
3	15 17 35.16	0.71	15 44 48.5	15.5	9.49 423	1 555	7.85	0.93	23 48	4 36.9	9 21
4	15 17 34.45	1.12	15 44 33.0	17.1	9.47 868	1 543	7.87	0.93	23 44	4 32.9	9 18
5	15 17 33.33	1.52	15 44 15.9	18.6	9.46 325	1 533	7.88	0.93	23 40	4 29.0	9 14
6	15 17 31.81	1.93	−15 43 57.3	20.1	9.44 792	1 521	7.89	0.93	23 36	4 25.0	9 10
7	15 17 29.88	2.34	15 43 37.2	21.6	9.43 271	1 508	7.91	0.93	23 32	4 21.0	9 6
8	15 17 27.54	2.74	15 43 15.6	23.1	9.41 763	1 496	7.92	0.93	23 28	4 17.1	9 2
9	15 17 24.80	3.14	15 42 52.5	24.6	9.40 267	1 483	7.93	0.94	23 24	4 13.1	8 58
10	15 17 21.66	3.55	15 42 27.9	26.0	9.38 784	1 469	7.94	0.94	23 20	4 9.1	8 54
11	15 17 18.11	3.95	15 42 1.9	27.5	9.37 315	1 456	7.96	0.94	23 16	4 5.1	8 50
12	15 17 14.16	4.35	−15 41 34.4	29.0	9.35 859	1 441	7.97	0.94	23 12	4 1.1	8 46
13	15 17 9.81	4.74	15 41 5.4	30.4	9.34 418	1 426	7.98	0.94	23 8	3 57.1	8 42
14	15 17 5.07	5.14	15 40 35.0	31.8	9.32 992	1 410	7.99	0.94	23 4	3 53.1	8 38
15	15 16 59.93	5.52	15 40 3.2	33.3	9.31 582	1 395	8.00	0.94	23 0	3 49.1	8 34
16	15 16 54.41	5.92	15 39 29.9	34.7	9.30 187	1 379	8.02	0.95	22 56	3 45.0	8 30
17	15 16 48.49	6.30	15 38 55.2	36.0	9.28 808	1 362	8.03	0.95	22 52	3 41.0	8 26
18	15 16 42.19	6.69	−15 38 19.2	37.4	9.27 446	1 344	8.04	0.95	22 48	3 37.0	8 22
19	15 16 35.50	7.07	15 37 41.8	38.8	9.26 102	1 327	8.05	0.95	22 44	3 32.9	8 18
20	15 16 28.43	7.44	15 37 3.0	40.1	9.24 775	1 309	8.06	0.95	22 40	3 28.9	8 14
21	15 16 20.99	7.82	15 36 22.9	41.4	9.23 466	1 290	8.07	0.95	22 35	3 24.8	8 10
22	15 16 13.17	8.19	15 35 41.5	42.8	9.22 176	1 271	8.09	0.95	22 31	3 20.8	8 6
23	15 16 4.98		−15 34 58.7		9.20 905		8.10	0.96	22 27	3 16.7	8 2

Tag	0h Weltzeit: Scheinbare Rektaszension		Scheinbare Deklination		Δ		Halbmesser	Hor. Par.	Aufgang	Obere Kulmination	Untergang
									in 0h Länge, + 50° Breite		
1955	h m s	s	° ′ ″	″			″	″	h m	h m	h m
März 23	15 16 4.98	8.56	−15 34 58.7	44.0	9.20 905	1 251	8.10	0.96	22 27	3 16.7	8 2
24	15 15 56.42	8.91	15 34 14.7	45.3	9.19 654	1 231	8.11	0.96	22 23	3 12.6	7 58
25	15 15 47.51	9.27	15 33 29.4	46.5	9.18 423	1 211	8.12	0.96	22 19	3 8.5	7 54
26	15 15 38.24	9.62	15 32 42.9	47.7	9.17 212	1 190	8.13	0.96	22 15	3 4.5	7 50
27	15 15 28.62	9.96	15 31 55.2	49.0	9.16 022	1 168	8.14	0.96	22 11	3 0.4	7 46
28	15 15 18.66	10.30	15 31 6.2	50.1	9.14 854	1 147	8.15	0.96	22 6	2 56.3	7 42
29	15 15 8.36	10.64	−15 30 16.1	51.2	9.13 707	1 125	8.16	0.96	22 2	2 52.2	7 38
30	15 14 57.72	10.96	15 29 24.9	52.4	9.12 582	1 102	8.17	0.96	21 58	2 48.1	7 34
31	15 14 46.76	11.28	15 28 32.5	53.5	9.11 480	1 080	8.18	0.97	21 54	2 43.9	7 30
April 1	15 14 35.48	11.59	15 27 39.0	54.5	9.10 400	1 056	8.19	0.97	21 50	2 39.8	7 26
2	15 14 23.89	11.90	15 26 44.5	55.6	9.09 344	1 033	8.20	0.97	21 45	2 35.7	7 22
3	15 14 11.99	12.21	15 25 48.9	56.6	9.08 311	1 009	8.21	0.97	21 41	2 31.6	7 18
4	15 13 59.78	12.50	−15 24 52.3	57.6	9.07 302	985	8.22	0.97	21 37	2 27.4	7 14
5	15 13 47.28	12.79	15 23 54.7	58.6	9.06 317	960	8.23	0.97	21 33	2 23.3	7 10
6	15 13 34.49	13.08	15 22 56.1	59.6	9.05 357	936	8.24	0.97	21 28	2 19.2	7 6
7	15 13 21.41	13.35	15 21 56.5	60.4	9.04 421	911	8.24	0.97	21 24	2 15.0	7 2
8	15 13 8.06	13.62	15 20 56.1	61.4	9.03 510	886	8.25	0.97	21 20	2 10.9	6 58
9	15 12 54.44	13.89	15 19 54.7	62.2	9.02 624	860	8.26	0.97	21 16	2 6.7	6 54
10	15 12 40.55	14.14	−15 18 52.5	63.1	9.01 764	834	8.27	0.98	21 11	2 2.5	6 49
11	15 12 26.41	14.40	15 17 49.4	63.9	9.00 930	808	8.28	0.98	21 7	1 58.3	6 45
12	15 12 12.01	14.63	15 16 45.5	64.7	9.00 122	782	8.28	0.98	21 3	1 54.2	6 41
13	15 11 57.38	14.87	15 15 40.8	65.4	8.99 340	754	8.29	0.98	20 59	1 50.0	6 37
14	15 11 42.51	15.11	15 14 35.4	66.1	8.98 586	728	8.30	0.98	20 54	1 45.8	6 33
15	15 11 27.40	15.32	15 13 29.3	66.9	8.97 858	701	8.31	0.98	20 50	1 41.6	6 29
16	15 11 12.08	15.53	−15 12 22.4	67.5	8.97 157	673	8.31	0.98	20 46	1 37.5	6 25
17	15 10 56.55	15.74	15 11 14.9	68.2	8.96 484	645	8.32	0.98	20 42	1 33.3	6 21
18	15 10 40.81	15.94	15 10 6.7	68.7	8.95 839	617	8.32	0.98	20 37	1 29.1	6 17
19	15 10 24.87	16.13	15 8 58.0	69.3	8.95 222	589	8.33	0.98	20 33	1 24.9	6 13
20	15 10 8.74	16.31	15 7 48.7	69.8	8.94 633	560	8.34	0.98	20 29	1 20.7	6 9
21	15 9 52.43	16.48	15 6 38.9	70.4	8.94 073	532	8.34	0.98	20 24	1 16.5	6 5
22	15 9 35.95	16.64	−15 5 28.5	70.8	8.93 541	502	8.35	0.98	20 20	1 12.3	6 0
23	15 9 19.31	16.79	15 4 17.7	71.1	8.93 039	473	8.35	0.99	20 16	1 8.1	5 56
24	15 9 2.52	16.94	15 3 6.6	71.5	8.92 566	444	8.35	0.99	20 11	1 3.8	5 52
25	15 8 45.58	17.07	15 1 55.1	71.9	8.92 122	415	8.36	0.99	20 7	0 59.6	5 48
26	15 8 28.51	17.19	15 0 43.2	72.2	8.91 707	385	8.36	0.99	20 3	0 55.4	5 44
27	15 8 11.32	17.31	14 59 31.0	72.4	8.91 322	355	8.37	0.99	19 58	0 51.2	5 40
28	15 7 54.01	17.41	−14 58 18.6	72.7	8.90 967	325	8.37	0.99	19 54	0 47.0	5 36
29	15 7 36.60	17.51	14 57 5.9	72.9	8.90 642	295	8.37	0.99	19 50	0 42.8	5 32
30	15 7 19.09	17.60	14 55 53.0	73.0	8.90 347	266	8.38	0.99	19 45	0 38.6	5 28
Mai 1	15 7 1.49	17.67	14 54 40.0	73.1	8.90 081	236	8.38	0.99	19 41	0 34.3	5 24
2	15 6 43.82	17.74	14 53 26.9	73.2	8.89 845	205	8.38	0.99	19 37	0 30.1	5 19
3	15 6 26.08		−14 52 13.7		8.89 640		8.38	0.99	19 32	0 25.9	5 15

Tag	0ʰ Weltzeit: Scheinbare Rektaszension		Scheinbare Deklination		Δ		Halbmesser	Hor. Par.	Aufgang	Obere Kulmination	Untergang
									in 0ʰ Länge, + 50° Breite		
1955	h m s	s	° ′ ″	″			″	″	h m	h m	h m
Mai 3	15 6 26.08	17.79	−14 52 13.7	73.2	8.89 640	176	8.38	0.99	19 32	0 25.9	5 15
4	15 6 8.29	17.85	14 51 0.5	73.3	8.89 464	146	8.38	0.99	19 28	0 21.7	5 11
5	15 5 50.44	17.89	14 49 47.2	73.2	8.89 318	115	8.39	0.99	19 24	0 17.4	5 7
6	15 5 32.55	17.93	14 48 34.0	73.2	8.89 203	86	8.39	0.99	19 19	0 13.2	5 3
7	15 5 14.62	17.95	14 47 20.8	73.0	8.89 117	56	8.39	0.99	19 15	0 9.0	4 59
8	15 4 56.67	17.96	14 46 7.8	72.9	8.89 061	25	8.39	0.99	19 11	0 4.7	4 55
9	15 4 38.71	17.96	−14 44 54.9	72.7	8.89 036	5	8.39	0.99	19 6	0 0.5 / 23 56.3	4 50
10	15 4 20.75	17.97	14 43 42.2	72.5	8.89 041	35	8.39	0.99	19 2	23 52.1	4 46
11	15 4 2.78	17.95	14 42 29.7	72.3	8.89 076	65	8.39	0.99	18 58	23 47.8	4 42
12	15 3 44.83	17.93	14 41 17.4	71.9	8.89 141	95	8.39	0.99	18 53	23 43.6	4 38
13	15 3 26.90	17.91	14 40 5.5	71.6	8.89 236	125	8.39	0.99	18 49	23 39.4	4 34
14	15 3 8.99	17.86	14 38 53.9	71.3	8.89 361	155	8.38	0.99	18 45	23 35.1	4 30
15	15 2 51.13	17.82	−14 37 42.6	70.8	8.89 516	185	8.38	0.99	18 40	23 30.9	4 26
16	15 2 33.31	17.76	14 36 31.8	70.4	8.89 701	215	8.38	0.99	18 36	23 26.7	4 22
17	15 2 15.55	17.69	14 35 21.4	69.9	8.89 916	245	8.38	0.99	18 32	23 22.4	4 17
18	15 1 57.86	17.62	14 34 11.5	69.4	8.90 161	275	8.38	0.99	18 28	23 18.2	4 13
19	15 1 40.24	17.53	14 33 2.1	68.8	8.90 436	304	8.37	0.99	18 23	23 14.0	4 9
20	15 1 22.71	17.44	14 31 53.3	68.2	8.90 740	334	8.37	0.99	18 19	23 9.8	4 5
21	15 1 5.27	17.34	−14 30 45.1	67.6	8.91 074	364	8.37	0.99	18 15	23 5.6	4 1
22	15 0 47.93	17.22	14 29 37.5	66.8	8.91 438	393	8.37	0.99	18 10	23 1.4	3 57
23	15 0 30.71	17.10	14 28 30.7	66.2	8.91 831	422	8.36	0.99	18 6	22 57.1	3 53
24	15 0 13.61	16.97	14 27 24.5	65.4	8.92 253	451	8.36	0.99	18 2	22 52.9	3 49
25	14 59 56.64	16.82	14 26 19.1	64.6	8.92 704	480	8.35	0.99	17 57	22 48.7	3 45
26	14 59 39.82	16.68	14 25 14.5	63.8	8.93 184	509	8.35	0.99	17 53	22 44.5	3 40
27	14 59 23.14	16.52	−14 24 10.7	62.8	8.93 693	537	8.34	0.98	17 49	22 40.3	3 36
28	14 59 6.62	16.36	14 23 7.9	62.0	8.94 230	565	8.34	0.98	17 44	22 36.1	3 32
29	14 58 50.26	16.18	14 22 5.9	61.1	8.94 795	593	8.33	0.98	17 40	22 31.9	3 28
30	14 58 34.08	16.00	14 21 4.8	60.2	8.95 388	621	8.33	0.98	17 36	22 27.7	3 24
31	14 58 18.08	15.81	14 20 4.6	59.1	8.96 009	648	8.32	0.98	17 31	22 23.5	3 20
Juni 1	14 58 2.27	15.62	14 19 5.5	58.1	8.96 657	675	8.32	0.98	17 27	22 19.3	3 16
2	14 57 46.65	15.42	−14 18 7.4	57.0	8.97 332	702	8.31	0.98	17 23	22 15.1	3 12
3	14 57 31.23	15.21	14 17 10.4	56.0	8.98 034	728	8.30	0.98	17 19	22 10.9	3 8
4	14 57 16.02	14.99	14 16 14.4	54.9	8.98 762	755	8.30	0.98	17 14	22 6.8	3 3
5	14 57 1.03	14.77	14 15 19.5	53.6	8.99 517	780	8.29	0.98	17 10	22 2.6	2 59
6	14 56 46.26	14.53	14 14 25.9	52.6	9.00 297	807	8.28	0.98	17 6	21 58.4	2 55
7	14 56 31.73	14.31	14 13 33.3	51.4	9.01 104	832	8.28	0.98	17 2	21 54.2	2 51
8	14 56 17.42	14.06	−14 12 41.9	50.1	9.01 936	858	8.27	0.98	16 57	21 50.1	2 47
9	14 56 3.36	13.81	14 11 51.8	48.9	9.02 794	882	8.26	0.97	16 53	21 45.9	2 43
10	14 55 49.55	13.56	14 11 2.9	47.6	9.03 676	907	8.25	0.97	16 49	21 41.8	2 39
11	14 55 35.99	13.30	14 10 15.3	46.3	9.04 583	931	8.24	0.97	16 45	21 37.6	2 35
12	14 55 22.69	13.04	14 9 29.0	45.0	9.05 514	956	8.24	0.97	16 40	21 33.4	2 31
13	14 55 9.65		−14 8 44.0		9.06 470		8.23	0.97	16 36	21 29.3	2 27

Saturn 1955

Tag	0h Weltzeit: Scheinbare Rektaszension		Scheinbare Deklination		Δ		Halbmesser	Hor. Par.	Aufgang	Obere Kulmination	Untergang
									in 0h Länge, + 50° Breite		
1955	h m s	s	° ′ ″	″			″	″	h m	h m	h m
Juni 13	14 55 9.65	12.76	−14 8 44.0	43.5	9.06 470	980	8.23	0.97	16 36	21 29.3	2 27
14	14 54 56.89	12.48	14 8 0.5	42.2	9.07 450	1 003	8.22	0.97	16 32	21 25.2	2 22
15	14 54 44.41	12.20	14 7 18.3	40.9	9.08 453	1 026	8.21	0.97	16 28	21 21.0	2 18
16	14 54 32.21	11.90	14 6 37.4	39.4	9.09 479	1 049	8.20	0.97	16 24	21 16.9	2 14
17	14 54 20.31	11.61	14 5 58.0	37.9	9.10 528	1 072	8.19	0.97	16 19	21 12.8	2 10
18	14 54 8.70	11.31	14 5 20.1	36.4	9.11 600	1 094	8.18	0.97	16 15	21 8.7	2 6
19	14 53 57.39	11.00	−14 4 43.7	35.0	9.12 694	1 116	8.17	0.96	16 11	21 4.5	2 2
20	14 53 46.39	10.68	14 4 8.7	33.4	9.13 810	1 137	8.16	0.96	16 7	21 0.4	1 58
21	14 53 35.71	10.37	14 3 35.3	31.8	9.14 947	1 158	8.15	0.96	16 3	20 56.3	1 54
22	14 53 25.34	10.04	14 3 3.5	30.4	9.16 105	1 179	8.14	0.96	15 59	20 52.2	1 50
23	14 53 15.30	9.72	14 2 33.1	28.7	9.17 284	1 199	8.13	0.96	15 54	20 48.1	1 46
24	14 53 5.58	9.38	14 2 4.4	27.2	9.18 483	1 219	8.12	0.96	15 50	20 44.0	1 42
25	14 52 56.20	9.05	−14 1 37.2	25.5	9.19 702	1 238	8.11	0.96	15 46	20 40.0	1 38
26	14 52 47.15	8.71	14 1 11.7	24.0	9.20 940	1 257	8.10	0.96	15 42	20 35.9	1 34
27	14 52 38.44	8.37	14 0 47.7	22.3	9.22 197	1 275	8.09	0.95	15 38	20 31.8	1 30
28	14 52 30.07	8.02	14 0 25.4	20.6	9.23 472	1 293	8.07	0.95	15 34	20 27.8	1 26
29	14 52 22.05	7.67	14 0 4.8	19.0	9.24 765	1 311	8.06	0.95	15 30	20 23.7	1 22
30	14 52 14.38	7.32	13 59 45.8	17.4	9.26 076	1 328	8.05	0.95	15 26	20 19.6	1 18
Juli 1	14 52 7.06	6.97	−13 59 28.4	15.6	9.27 404	1 345	8.04	0.95	15 22	20 15.6	1 14
2	14 52 0.09	6.61	13 59 12.8	14.0	9.28 749	1 361	8.03	0.95	15 18	20 11.5	1 10
3	14 51 53.48	6.25	13 58 58.8	12.3	9.30 110	1 377	8.02	0.95	15 14	20 7.5	1 6
4	14 51 47.23	5.89	13 58 46.5	10.7	9.31 487	1 393	8.01	0.94	15 9	20 3.5	1 2
5	14 51 41.34	5.52	13 58 35.8	8.9	9.32 880	1 408	7.99	0.94	15 5	19 59.5	0 58
6	14 51 35.82	5.16	13 58 26.9	7.2	9.34 288	1 422	7.98	0.94	15 1	19 55.4	0 54
7	14 51 30.66	4.80	−13 58 19.7	5.5	9.35 710	1 437	7.97	0.94	14 57	19 51.4	0 50
8	14 51 25.86	4.43	13 58 14.2	3.7	9.37 147	1 450	7.96	0.94	14 53	19 47.4	0 46
9	14 51 21.43	4.05	13 58 10.5	2.0	9.38 597	1 464	7.94	0.94	14 49	19 43.4	0 42
10	14 51 17.38	3.68	13 58 8.5	0.3	9.40 061	1 477	7.93	0.94	14 45	19 39.4	0 38
11	14 51 13.70	3.31	13 58 8.2	1.4	9.41 538	1 490	7.92	0.93	14 41	19 35.4	0 34
12	14 51 10.39	2.93	13 58 9.6	3.2	9.43 028	1 502	7.91	0.93	14 37	19 31.5	0 30
13	14 51 7.46	2.55	−13 58 12.8	4.9	9.44 530	1 514	7.89	0.93	14 33	19 27.5	0 26
14	14 51 4.91	2.18	13 58 17.7	6.7	9.46 044	1 526	7.88	0.93	14 29	19 23.5	0 22
15	14 51 2.73	1.79	13 58 24.4	8.4	9.47 570	1 536	7.87	0.93	14 26	19 19.5	0 18
16	14 51 0.94	1.40	13 58 32.8	10.2	9.49 106	1 547	7.86	0.93	14 22	19 15.6	0 14
17	14 50 59.54	1.03	13 58 43.0	11.9	9.50 653	1 557	7.84	0.93	14 18	19 11.6	0 10
18	14 50 58.51	0.64	13 58 54.9	13.7	9.52 210	1 566	7.83	0.92	14 14	19 7.7	0 6
19	14 50 57.87	0.25	−13 59 8.6	15.4	9.53 776	1 576	7.82	0.92	14 10	19 3.8	0 2 / 23 58
20	14 50 57.62	0.14	13 59 24.0	17.2	9.55 352	1 584	7.81	0.92	14 6	18 59.8	23 54
21	14 50 57.76	0.52	13 59 41.2	18.9	9.56 936	1 592	7.79	0.92	14 2	18 55.9	23 50
22	14 50 58.28	0.91	14 0 0.1	20.7	9.58 528	1 599	7.78	0.92	13 58	18 52.0	23 46
23	14 50 59.19	1.30	14 0 20.8	22.4	9.60 127	1 607	7.77	0.92	13 54	18 48.1	23 42
24	14 51 0.49		−14 0 43.2		9.61 734		7.75	0.92	13 50	18 44.2	23 38

Tag	0h Weltzeit: Scheinbare Rektaszension		Scheinbare Deklination		Δ		Halbmesser	Hor. Par.	Aufgang	Obere Kulmination	Untergang
									in 0h Länge, + 50° Breite		
1955	h m s	s	° ′ ″	″			″	″	h m	h m	h m
Juli 24	14 51 0.49	1.69	−14 0 43.2	24.1	9.61 734	1 614	7.75	0.92	13 50	18 44.2	23 38
25	14 51 2.18	2.07	14 1 7.3	25.8	9.63 348	1 620	7.74	0.91	13 47	18 40.3	23 34
26	14 51 4.25	2.45	14 1 33.1	27.5	9.64 968	1 625	7.73	0.91	13 43	18 36.4	23 30
27	14 51 6.70	2.84	14 2 0.6	29.3	9.66 593	1 631	7.71	0.91	13 39	18 32.5	23 26
28	14 51 9.54	3.23	14 2 29.9	30.9	9.68 224	1 635	7.70	0.91	13 35	18 28.6	23 22
29	14 51 12.77	3.61	14 3 0.8	32.6	9.69 859	1 640	7.69	0.91	13 31	18 24.8	23 18
30	14 51 16.38	3.99	−14 3 33.4	34.3	9.71 499	1 643	7.68	0.91	13 27	18 20.9	23 15
31	14 51 20.37	4.37	14 4 7.7	35.9	9.73 142	1 647	7.66	0.90	13 24	18 17.0	23 11
Aug. 1	14 51 24.74	4.75	14 4 43.6	37.6	9.74 789	1 650	7.65	0.90	13 20	18 13.1	23 7
2	14 51 29.49	5.12	14 5 21.2	39.2	9.76 439	1 653	7.64	0.90	13 16	18 9.3	23 3
3	14 51 34.61	5.50	14 6 0.4	40.9	9.78 092	1 655	7.62	0.90	13 12	18 5.5	22 59
4	14 51 40.11	5.88	14 6 41.3	42.4	9.79 747	1 657	7.61	0.90	13 8	18 1.6	22 55
5	14 51 45.99	6.25	−14 7 23.7	44.1	9.81 404	1 659	7.60	0.90	13 5	17 57.8	22 51
6	14 51 52.24	6.63	14 8 7.8	45.6	9.83 063	1 659	7.59	0.90	13 1	17 54.0	22 47
7	14 51 58.87	7.00	14 8 53.4	47.3	9.84 722	1 660	7.57	0.89	12 57	17 50.2	22 43
8	14 52 5.87	7.36	14 9 40.7	48.8	9.86 382	1 660	7.56	0.89	12 53	17 46.4	22 39
9	14 52 13.23	7.74	14 10 29.5	50.4	9.88 042	1 660	7.55	0.89	12 50	17 42.6	22 36
10	14 52 20.97	8.10	14 11 19.9	52.0	9.89 702	1 659	7.53	0.89	12 46	17 38.8	22 32
11	14 52 29.07	8.47	−14 12 11.9	53.4	9.91 361	1 658	7.52	0.89	12 42	17 35.0	22 28
12	14 52 37.54	8.84	14 13 5.3	55.0	9.93 019	1 657	7.51	0.89	12 39	17 31.2	22 24
13	14 52 46.38	9.20	14 14 0.3	56.5	9.94 676	1 655	7.50	0.88	12 35	17 27.4	22 20
14	14 52 55.58	9.57	14 14 56.8	58.0	9.96 331	1 652	7.48	0.88	12 31	17 23.6	22 16
15	14 53 5.15	9.92	14 15 54.8	59.5	9.97 983	1 650	7.47	0.88	12 28	17 19.8	22 12
16	14 53 15.07	10.29	14 16 54.3	60.9	9.99 633	1 646	7.46	0.88	12 24	17 16.1	22 8
17	14 53 25.36	10.64	−14 17 55.2	62.4	10.01 279	1 643	7.45	0.88	12 20	17 12.3	22 5
18	14 53 36.00	11.00	14 18 57.6	63.9	10.02 922	1 638	7.44	0.88	12 17	17 8.6	22 1
19	14 53 47.00	11.35	14 20 1.5	65.2	10.04 560	1 634	7.42	0.88	12 13	17 4.8	21 57
20	14 53 58.35	11.70	14 21 6.7	66.6	10.06 194	1 628	7.41	0.87	12 9	17 1.1	21 53
21	14 54 10.05	12.05	14 22 13.3	68.0	10.07 822	1 623	7.40	0.87	12 6	16 57.4	21 49
22	14 54 22.10	12.39	14 23 21.3	69.4	10.09 445	1 617	7.39	0.87	12 2	16 53.6	21 45
23	14 54 34.49	12.74	−14 24 30.7	70.7	10.11 062	1 611	7.38	0.87	11 58	16 49.9	21 42
24	14 54 47.23	13.07	14 25 41.4	72.0	10.12 673	1 604	7.36	0.87	11 55	16 46.2	21 38
25	14 55 0.30	13.40	14 26 53.4	73.3	10.14 277	1 597	7.35	0.87	11 51	16 42.5	21 34
26	14 55 13.70	13.74	14 28 6.7	74.6	10.15 874	1 589	7.34	0.87	11 47	16 38.8	21 30
27	14 55 27.44	14.07	14 29 21.3	75.8	10.17 463	1 581	7.33	0.86	11 44	16 35.1	21 26
28	14 55 41.51	14.40	14 30 37.1	77.1	10.19 044	1 573	7.32	0.86	11 40	16 31.4	21 23
29	14 55 55.91	14.72	−14 31 54.2	78.3	10.20 617	1 565	7.31	0.86	11 37	16 27.7	21 19
30	14 56 10.63	15.03	14 33 12.5	79.4	10.22 182	1 555	7.30	0.86	11 33	16 24.0	21 15
31	14 56 25.66	15.36	14 34 31.9	80.7	10.23 737	1 546	7.28	0.86	11 29	16 20.3	21 11
Sept. 1	14 56 41.02	15.67	14 35 52.6	81.8	10.25 283	1 537	7.27	0.86	11 26	16 16.7	21 7
2	14 56 56.69	15.98	14 37 14.4	83.0	10.26 820	1 526	7.26	0.86	11 22	16 13.0	21 4
3	14 57 12.67		−14 38 37.4		10.28 346		7.25	0.86	11 19	16 9.3	21 0

Tag	Scheinbare Rektaszension (0h Weltzeit)	Diff.	Scheinbare Deklination (0h Weltzeit)	Diff.	Δ	Diff.	Halbmesser	Hor. Par.	Aufgang	Obere Kulmination	Untergang
									in 0h Länge, + 50° Breite		
1955	h m s	s	° ′ ″	′ ″			″	″	h m	h m	h m
Sept. 3	14 57 12.67	16.28	−14 38 37.4	1 24.0	10.28 346	1 516	7.25	0.86	11 19	16 9.3	21 0
4	14 57 28.95	16.59	14 40 1.4	1 25.2	10.29 862	1 506	7.24	0.85	11 15	16 5.7	20 56
5	14 57 45.54	16.90	14 41 26.6	1 26.3	10.31 368	1 494	7.23	0.85	11 12	16 2.0	20 52
6	14 58 2.44	17.20	14 42 52.9	1 27.3	10.32 862	1 483	7.22	0.85	11 8	15 58.4	20 48
7	14 58 19.64	17.49	14 44 20.2	1 28.3	10.34 345	1 472	7.21	0.85	11 5	15 54.7	20 45
8	14 58 37.13	17.79	14 45 48.5	1 29.3	10.35 817	1 459	7.20	0.85	11 1	15 51.1	20 41
9	14 58 54.92	18.08	−14 47 17.8	1 30.4	10.37 276	1 447	7.19	0.85	10 58	15 47.4	20 37
10	14 59 13.00	18.37	14 48 48.2	1 31.4	10.38 723	1 434	7.18	0.85	10 54	15 43.8	20 33
11	14 59 31.37	18.65	14 50 19.6	1 32.3	10.40 157	1 421	7.17	0.85	10 51	15 40.2	20 30
12	14 59 50.02	18.94	14 51 51.9	1 33.3	10.41 578	1 408	7.16	0.84	10 47	15 36.6	20 26
13	15 0 8.96	19.22	14 53 25.2	1 34.2	10.42 986	1 393	7.15	0.84	10 44	15 33.0	20 22
14	15 0 28.18	19.50	14 54 59.4	1 35.1	10.44 379	1 380	7.14	0.84	10 40	15 29.4	20 18
15	15 0 47.68	19.77	−14 56 34.5	1 35.9	10.45 759	1 365	7.13	0.84	10 37	15 25.7	20 15
16	15 1 7.45	20.04	14 58 10.4	1 36.8	10.47 124	1 349	7.12	0.84	10 33	15 22.1	20 11
17	15 1 27.49	20.30	14 59 47.2	1 37.6	10.48 473	1 334	7.11	0.84	10 30	15 18.5	20 7
18	15 1 47.79	20.57	15 1 24.8	1 38.4	10.49 807	1 319	7.10	0.84	10 27	15 15.0	20 3
19	15 2 8.36	20.82	15 3 3.2	1 39.3	10.51 126	1 303	7.09	0.84	10 23	15 11.4	20 0
20	15 2 29.18	21.08	15 4 42.5	1 39.9	10.52 429	1 287	7.09	0.84	10 20	15 7.8	19 56
21	15 2 50.26	21.33	−15 6 22.4	1 40.7	10.53 716	1 270	7.08	0.84	10 16	15 4.2	19 52
22	15 3 11.59	21.57	15 8 3.1	1 41.4	10.54 986	1 253	7.07	0.83	10 13	15 0.6	19 48
23	15 3 33.16	21.82	15 9 44.5	1 42.1	10.56 239	1 236	7.06	0.83	10 9	14 57.0	19 45
24	15 3 54.98	22.05	15 11 26.6	1 42.7	10.57 475	1 218	7.05	0.83	10 6	14 53.5	19 41
25	15 4 17.03	22.29	15 13 9.3	1 43.4	10.58 693	1 201	7.04	0.83	10 3	14 49.9	19 37
26	15 4 39.32	22.51	15 14 52.7	1 44.1	10.59 894	1 183	7.04	0.83	9 59	14 46.4	19 34
27	15 5 1.83	22.75	−15 16 36.8	1 44.6	10.61 077	1 165	7.03	0.83	9 56	14 42.8	19 30
28	15 5 24.58	22.96	15 18 21.4	1 45.2	10.62 242	1 146	7.02	0.83	9 52	14 39.3	19 26
29	15 5 47.54	23.18	15 20 6.6	1 45.7	10.63 388	1 127	7.01	0.83	9 49	14 35.7	19 22
30	15 6 10.72	23.40	15 21 52.3	1 46.3	10.64 515	1 109	7.01	0.83	9 46	14 32.2	19 19
Okt. 1	15 6 34.12	23.61	15 23 38.6	1 46.8	10.65 624	1 090	7.00	0.83	9 42	14 28.6	19 15
2	15 6 57.73	23.82	15 25 25.4	1 47.2	10.66 714	1 070	6.99	0.82	9 39	14 25.1	19 11
3	15 7 21.55	24.02	−15 27 12.6	1 47.8	10.67 784	1 050	6.98	0.82	9 35	14 21.5	19 8
4	15 7 45.57	24.22	15 29 0.4	1 48.2	10.68 834	1 031	6.98	0.82	9 32	14 18.0	19 4
5	15 8 9.79	24.42	15 30 48.6	1 48.6	10.69 865	1 011	6.97	0.82	9 29	14 14.5	19 0
6	15 8 34.21	24.61	15 32 37.2	1 49.1	10.70 876	991	6.96	0.82	9 25	14 11.0	18 57
7	15 8 58.82	24.81	15 34 26.3	1 49.4	10.71 867	970	6.96	0.82	9 22	14 7.4	18 53
8	15 9 23.63	24.99	15 36 15.7	1 49.8	10.72 837	949	6.95	0.82	9 19	14 3.9	18 49
9	15 9 48.62	25.17	−15 38 5.5	1 50.1	10.73 786	928	6.94	0.82	9 15	14 0.4	18 46
10	15 10 13.79	25.35	15 39 55.6	1 50.5	10.74 714	907	6.94	0.82	9 12	13 56.9	18 42
11	15 10 39.14	25.53	15 41 46.1	1 50.7	10.75 621	885	6.93	0.82	9 9	13 53.4	18 38
12	15 11 4.67	25.70	15 43 36.8	1 51.0	10.76 506	864	6.93	0.82	9 5	13 49.9	18 35
13	15 11 30.37	25.87	15 45 27.8	1 51.3	10.77 370	841	6.92	0.82	9 2	13 46.4	18 31
14	15 11 56.24		−15 47 19.1		10.78 211		6.92	0.82	8 59	13 42.9	18 27

Tag	Scheinbare Rektaszension		Scheinbare Deklination		Δ		Halbmesser	Hor. Par.	Aufgang	Obere Kulmination	Untergang
	0h Weltzeit								in 0h Länge, +50° Breite		
1955	h m s	s	° ′ ″	′ ″			″	″	h m	h m	h m
Okt. 14	15 11 56.24	26.03	−15 47 19.1	1 51.6	10.78 211	819	6.92	0.82	8 59	13 42.9	18 27
15	15 12 22.27	26.19	15 49 10.7	1 51.7	10.79 030	797	6.91	0.82	8 55	13 39.4	18 24
16	15 12 48.46	26.34	15 51 2.4	1 51.9	10.79 827	774	6.91	0.81	8 52	13 35.9	18 20
17	15 13 14.80	26.49	15 52 54.3	1 52.1	10.80 601	752	6.90	0.81	8 49	13 32.4	18 16
18	15 13 41.29	26.64	15 54 46.4	1 52.2	10.81 353	728	6.90	0.81	8 45	13 28.9	18 13
19	15 14 7.93	26.78	15 56 38.6	1 52.4	10.82 081	705	6.89	0.81	8 42	13 25.4	18 9
20	15 14 34.71	26.91	−15 58 31.0	1 52.4	10.82 786	681	6.89	0.81	8 39	13 21.9	18 5
21	15 15 1.62	27.05	16 0 23.4	1 52.5	10.83 467	658	6.88	0.81	8 35	13 18.4	18 2
22	15 15 28.67	27.17	16 2 15.9	1 52.6	10.84 125	634	6.88	0.81	8 32	13 14.9	17 58
23	15 15 55.84	27.30	16 4 8.5	1 52.6	10.84 759	611	6.87	0.81	8 29	13 11.5	17 54
24	15 16 23.14	27.41	16 6 1.1	1 52.6	10.85 370	586	6.87	0.81	8 25	13 8.0	17 51
25	15 16 50.55	27.53	16 7 53.7	1 52.6	10.85 956	562	6.87	0.81	8 22	13 4.5	17 47
26	15 17 18.08	27.63	−16 9 46.3	1 52.6	10.86 518	539	6.86	0.81	8 19	13 1.0	17 43
27	15 17 45.71	27.74	16 11 38.9	1 52.5	10.87 057	514	6.86	0.81	8 15	12 57.6	17 40
28	15 18 13.45	27.84	16 13 31.4	1 52.5	10.87 571	490	6.86	0.81	8 12	12 54.1	17 36
29	15 18 41.29	27.93	16 15 23.9	1 52.4	10.88 061	465	6.85	0.81	8 9	12 50.6	17 32
30	15 19 9.22	28.03	16 17 16.3	1 52.3	10.88 526	441	6.85	0.81	8 6	12 47.1	17 29
31	15 19 37.25	28.12	16 19 8.6	1 52.1	10.88 967	416	6.85	0.81	8 2	12 43.7	17 25
Nov. 1	15 20 5.37	28.20	−16 21 0.7	1 52.0	10.89 383	391	6.85	0.81	7 59	12 40.2	17 22
2	15 20 33.57	28.28	16 22 52.7	1 51.9	10.89 774	367	6.84	0.81	7 56	12 36.8	17 18
3	15 21 1.85	28.36	16 24 44.6	1 51.7	10.90 141	342	6.84	0.81	7 52	12 33.3	17 14
4	15 21 30.21	28.44	16 26 36.3	1 51.4	10.90 483	316	6.84	0.81	7 49	12 29.8	17 11
5	15 21 58.65	28.50	16 28 27.7	1 51.3	10.90 799	292	6.84	0.81	7 46	12 26.4	17 7
6	15 22 27.15	28.57	16 30 19.0	1 51.0	10.91 091	266	6.83	0.81	7 42	12 22.9	17 3
7	15 22 55.72	28.63	−16 32 10.0	1 50.8	10.91 357	241	6.83	0.81	7 39	12 19.5	17 0
8	15 23 24.35	28.68	16 34 0.8	1 50.5	10.91 598	215	6.83	0.81	7 36	12 16.0	16 56
9	15 23 53.03	28.74	16 35 51.3	1 50.2	10.91 813	190	6.83	0.81	7 33	12 12.6	16 52
10	15 24 21.77	28.78	16 37 41.5	1 49.9	10.92 003	164	6.83	0.81	7 29	12 9.1	16 49
11	15 24 50.55	28.82	16 39 31.4	1 49.6	10.92 167	139	6.83	0.81	7 26	12 5.7	16 45
12	15 25 19.37	28.86	16 41 21.0	1 49.2	10.92 306	112	6.83	0.81	7 23	12 2.2	16 42
13	15 25 48.23	28.90	−16 43 10.2	1 48.8	10.92 418	87	6.83	0.81	7 19	11 58.7	16 38
14	15 26 17.13	28.92	16 44 59.0	1 48.5	10.92 505	61	6.83	0.81	7 16	11 55.3	16 34
15	15 26 46.05	28.94	16 46 47.5	1 48.1	10.92 566	35	6.83	0.81	7 13	11 51.8	16 31
16	15 27 14.99	28.96	16 48 35.6	1 47.6	10.92 601	9	6.82	0.81	7 10	11 48.4	16 27
17	15 27 43.95	28.97	16 50 23.2	1 47.1	10.92 610	17	6.82	0.81	7 6	11 44.9	16 24
18	15 28 12.92	28.98	16 52 10.3	1 46.8	10.92 593	43	6.83	0.81	7 3	11 41.5	16 20
19	15 28 41.90	28.98	−16 53 57.1	1 46.2	10.92 550	69	6.83	0.81	7 0	11 38.0	16 16
20	15 29 10.88	28.97	16 55 43.3	1 45.7	10.92 481	95	6.83	0.81	6 56	11 34.6	16 13
21	15 29 39.85	28.97	16 57 29.0	1 45.2	10.92 386	121	6.83	0.81	6 53	11 31.1	16 9
22	15 30 8.82	28.96	16 59 14.2	1 44.7	10.92 265	146	6.83	0.81	6 50	11 27.6	16 6
23	15 30 37.78	28.94	17 0 58.9	1 44.2	10.92 119	172	6.83	0.81	6 47	11 24.2	16 2
24	15 31 6.72		−17 2 43.1		10.91 947		6.83	0.81	6 43	11 20.7	15 58

Tag	0h Weltzeit: Scheinbare Rektaszension		Scheinbare Deklination		Δ		Halbmesser	Hor. Par.	Aufgang (in 0h Länge, + 50° Breite)	Obere Kulmination	Untergang
1955	h m s	s	° ′ ″	′ ″			″	″	h m	h m	h m
Nov. 24	15 31 6.72	28.92	−17 2 43.1	1 43.6	10.91 947	198	6.83	0.81	6 43	11 20.7	15 58
25	15 31 35.64	28.89	17 4 26.7	1 43.0	10.91 749	223	6.83	0.81	6 40	11 17.3	15 55
26	15 32 4.53	28.86	17 6 9.7	1 42.4	10.91 526	249	6.83	0.81	6 37	11 13.9	15 51
27	15 32 33.39	28.82	17 7 52.1	1 41.8	10.91 277	275	6.83	0.81	6 33	11 10.4	15 48
28	15 33 2.21	28.79	17 9 33.9	1 41.2	10.91 002	300	6.83	0.81	6 30	11 7.0	15 44
29	15 33 31.00	28.74	17 11 15.1	1 40.5	10.90 702	325	6.84	0.81	6 27	11 3.5	15 40
30	15 33 59.74	28.69	−17 12 55.6	1 39.9	10.90 377	351	6.84	0.81	6 23	11 0.1	15 37
Dez. 1	15 34 28.43	28.64	17 14 35.5	1 39.3	10.90 026	376	6.84	0.81	6 20	10 56.6	15 33
2	15 34 57.07	28.58	17 16 14.8	1 38.6	10.89 650	401	6.84	0.81	6 17	10 53.1	15 29
3	15 35 25.65	28.53	17 17 53.4	1 37.9	10.89 249	427	6.85	0.81	6 14	10 49.7	15 26
4	15 35 54.18	28.45	17 19 31.3	1 37.2	10.88 822	451	6.85	0.81	6 10	10 46.2	15 22
5	15 36 22.63	28.39	17 21 8.5	1 36.4	10.88 371	477	6.85	0.81	6 7	10 42.8	15 19
6	15 36 51.02	28.31	−17 22 44.9	1 35.7	10.87 894	501	6.85	0.81	6 4	10 39.3	15 15
7	15 37 19.33	28.23	17 24 20.6	1 35.0	10.87 393	527	6.86	0.81	6 0	10 35.8	15 11
8	15 37 47.56	28.15	17 25 55.6	1 34.3	10.86 866	551	6.86	0.81	5 57	10 32.4	15 8
9	15 38 15.71	28.05	17 27 29.9	1 33.4	10.86 315	576	6.86	0.81	5 54	10 28.9	15 4
10	15 38 43.76	27.96	17 29 3.3	1 32.7	10.85 739	601	6.87	0.81	5 50	10 25.4	15 0
11	15 39 11.72	27.86	17 30 36.0	1 31.8	10.85 138	626	6.87	0.81	5 47	10 22.0	14 57
12	15 39 39.58	27.75	−17 32 7.8	1 31.0	10.84 512	650	6.88	0.81	5 44	10 18.5	14 53
13	15 40 7.33	27.64	17 33 38.8	1 30.2	10.83 862	674	6.88	0.81	5 40	10 15.0	14 50
14	15 40 34.97	27.52	17 35 9.0	1 29.4	10.83 188	698	6.88	0.81	5 37	10 11.5	14 46
15	15 41 2.49	27.40	17 36 38.4	1 28.5	10.82 490	722	6.89	0.81	5 34	10 8.1	14 42
16	15 41 29.89	27.27	17 38 6.9	1 27.6	10.81 768	746	6.89	0.81	5 30	10 4.6	14 39
17	15 41 57.16	27.13	17 39 34.5	1 26.8	10.81 022	769	6.90	0.81	5 27	10 1.1	14 35
18	15 42 24.29	27.00	−17 41 1.3	1 25.8	10.80 253	793	6.90	0.81	5 24	9 57.6	14 32
19	15 42 51.29	26.86	17 42 27.1	1 25.0	10.79 460	816	6.91	0.82	5 20	9 54.1	14 28
20	15 43 18.15	26.71	17 43 52.1	1 24.0	10.78 644	839	6.91	0.82	5 17	9 50.7	14 24
21	15 43 44.86	26.55	17 45 16.1	1 23.1	10.77 805	862	6.92	0.82	5 14	9 47.2	14 21
22	15 44 11.41	26.40	17 46 39.2	1 22.2	10.76 943	884	6.92	0.82	5 10	9 43.7	14 17
23	15 44 37.81	26.23	17 48 1.4	1 21.2	10.76 059	906	6.93	0.82	5 7	9 40.2	14 14
24	15 45 4.04	26.07	−17 49 22.6	1 20.3	10.75 153	928	6.94	0.82	5 4	9 36.7	14 10
25	15 45 30.11	25.89	17 50 42.9	1 19.3	10.74 225	950	6.94	0.82	5 0	9 33.2	14 6
26	15 45 56.00	25.72	17 52 2.2	1 18.3	10.73 275	972	6.95	0.82	4 57	9 29.7	14 3
27	15 46 21.72	25.54	17 53 20.5	1 17.3	10.72 303	994	6.95	0.82	4 53	9 26.2	13 59
28	15 46 47.26	25.35	17 54 37.8	1 16.4	10.71 309	1 014	6.96	0.82	4 50	9 22.6	13 55
29	15 47 12.61	25.16	17 55 54.2	1 15.4	10.70 295	1 035	6.97	0.82	4 47	9 19.1	13 52
30	15 47 37.77	24.97	−17 57 9.6	1 14.3	10.69 260	1 055	6.97	0.82	4 43	9 15.6	13 48
31	15 48 2.74	24.77	17 58 23.9	1 13.4	10.68 205	1 076	6.98	0.82	4 40	9 12.1	13 44
32	15 48 27.51		−17 59 37.3		10.67 129		6.99	0.82	4 36	9 8.6	13 41

Uranus 1955

Tag	0h Weltzeit: Scheinbare Rektaszension		Scheinbare Deklination		Δ		Halbmesser	Hor. Par.	Aufgang (in 0h Länge, + 50° Breite)	Obere Kulmination	Untergang
1955	h m s	s	° ′ ″	″			″	″	h m	h m	h m
Jan. 0	7 53 58.88	10.36	+21 24 52.6	29.0	17.70 521	520	1.94	0.50	17 20	1 18.2	9 13
1	7 53 48.52	10.43	21 25 21.6	29.1	17.70 001	490	1.94	0.50	17 16	1 14.1	9 9
2	7 53 38.09	10.50	21 25 50.7	29.3	17.69 511	459	1.94	0.50	17 11	1 10.0	9 5
3	7 53 27.59	10.57	21 26 20.0	29.3	17.69 052	429	1.94	0.50	17 7	1 5.9	9 0
4	7 53 17.02	10.64	21 26 49.3	29.5	17.68 623	399	1.94	0.50	17 3	1 1.8	8 56
5	7 53 6.38	10.70	21 27 18.8	29.5	17.68 224	368	1.94	0.50	16 59	0 57.7	8 52
6	7 52 55.68	10.74	+21 27 48.3	29.6	17.67 856	336	1.94	0.50	16 55	0 53.6	8 48
7	7 52 44.94	10.80	21 28 17.9	29.6	17.67 520	306	1.94	0.50	16 51	0 49.5	8 44
8	7 52 34.14	10.85	21 28 47.5	29.7	17.67 214	275	1.94	0.50	16 46	0 45.4	8 40
9	7 52 23.29	10.89	21 29 17.2	29.7	17.66 939	244	1.94	0.50	16 42	0 41.2	8 36
10	7 52 12.40	10.92	21 29 46.9	29.8	17.66 695	213	1.94	0.50	16 38	0 37.1	8 32
11	7 52 1.48	10.96	21 30 16.7	29.7	17.66 482	182	1.94	0.50	16 34	0 33.0	8 28
12	7 51 50.52	10.98	+21 30 46.4	29.7	17.66 300	150	1.94	0.50	16 30	0 28.9	8 24
13	7 51 39.54	11.01	21 31 16.1	29.7	17.66 150	119	1.94	0.50	16 26	0 24.8	8 20
14	7 51 28.53	11.01	21 31 45.8	29.6	17.66 031	87	1.94	0.50	16 21	0 20.7	8 16
15	7 51 17.52	11.03	21 32 15.4	29.6	17.65 944	56	1.94	0.50	16 17	0 16.6	8 12
16	7 51 6.49	11.04	21 32 45.0	29.5	17.65 888	25	1.94	0.50	16 13	0 12.4	8 8
17	7 50 55.45	11.04	21 33 14.5	29.4	17.65 863	7	1.94	0.50	16 9	0 8.3	8 4
18	7 50 44.41	11.03	+21 33 43.9	29.3	17.65 870	38	1.94	0.50	16 5	0 4.2	8 0
19	7 50 33.38	11.02	21 34 13.2	29.3	17.65 908	70	1.94	0.50	16 1	{0 0.1 / 23 56.0}	7 56
20	7 50 22.36	11.01	21 34 42.5	29.1	17.65 978	102	1.94	0.50	15 56	23 51.9	7 52
21	7 50 11.35	10.99	21 35 11.6	29.1	17.66 080	133	1.94	0.50	15 52	23 47.8	7 47
22	7 50 0.36	10.97	21 35 40.7	28.9	17.66 213	165	1.94	0.50	15 48	23 43.6	7 43
23	7 49 49.39	10.93	21 36 9.6	28.7	17.66 378	196	1.94	0.50	15 44	23 39.5	7 39
24	7 49 38.46	10.91	+21 36 38.3	28.6	17.66 574	228	1.94	0.50	15 40	23 35.4	7 35
25	7 49 27.55	10.86	21 37 6.9	28.4	17.66 802	259	1.94	0.50	15 36	23 31.3	7 31
26	7 49 16.69	10.81	21 37 35.3	28.1	17.67 061	289	1.94	0.50	15 31	23 27.2	7 27
27	7 49 5.88	10.77	21 38 3.4	28.0	17.67 350	321	1.94	0.50	15 27	23 23.1	7 23
28	7 48 55.11	10.71	21 38 31.4	27.7	17.67 671	351	1.94	0.50	15 23	23 19.0	7 19
29	7 48 44.40	10.65	21 38 59.1	27.5	17.68 022	382	1.94	0.50	15 19	23 14.9	7 15
30	7 48 33.75	10.59	+21 39 26.6	27.2	17.68 404	413	1.94	0.50	15 15	23 10.8	7 11
31	7 48 23.16	10.51	21 39 53.8	27.0	17.68 817	442	1.94	0.50	15 11	23 6.7	7 7
Febr. 1	7 48 12.65	10.45	21 40 20.8	26.7	17.69 259	473	1.94	0.50	15 7	23 2.6	7 3
2	7 48 2.20	10.36	21 40 47.5	26.4	17.69 732	503	1.94	0.50	15 2	22 58.5	6 59
3	7 47 51.84	10.27	21 41 13.9	26.1	17.70 235	532	1.94	0.50	14 58	22 54.4	6 55
4	7 47 41.57	10.19	21 41 40.0	25.7	17.70 767	561	1.94	0.50	14 54	22 50.3	6 51
5	7 47 31.38	10.09	+21 42 5.7	25.5	17.71 328	591	1.94	0.50	14 50	22 46.2	6 47
6	7 47 21.29	10.00	21 42 31.2	25.2	17.71 919	619	1.93	0.50	14 46	22 42.1	6 43
7	7 47 11.29	9.89	21 42 56.4	24.8	17.72 538	648	1.93	0.50	14 42	22 38.0	6 38
8	7 47 1.40	9.79	21 43 21.2	24.5	17.73 186	676	1.93	0.50	14 38	22 33.9	6 34
9	7 46 51.61	9.68	21 43 45.7	24.2	17.73 862	704	1.93	0.50	14 33	22 29.8	6 30
10	7 46 41.93		+21 44 9.9		17.74 566		1.93	0.50	14 29	22 25.7	6 26

Tag	0h Weltzeit: Scheinbare Rektaszension		Scheinbare Deklination		Δ		Halbmesser	Hor. Par.	Aufgang (in 0h Länge, + 50° Breite)	Obere Kulmination (in 0h Länge, + 50° Breite)	Untergang (in 0h Länge, + 50° Breite)
1955	h m s	s	° ′ ″	″			″	″	h m	h m	h m
Febr. 10	7 46 41.93	9.57	+21 44 9.9	23.8	17.74 566	732	1.93	0.50	14 29	22 25.7	6 26
11	7 46 32.36	9.45	21 44 33.7	23.5	17.75 298	760	1.93	0.50	14 25	22 21.6	6 22
12	7 46 22.91	9.33	21 44 57.2	23.1	17.76 058	787	1.93	0.50	14 21	22 17.5	6 18
13	7 46 13.58	9.20	21 45 20.3	22.8	17.76 845	815	1.93	0.50	14 17	22 13.4	6 14
14	7 46 4.38	9.07	21 45 43.1	22.4	17.77 660	842	1.93	0.50	14 13	22 9.3	6 10
15	7 45 55.31	8.93	21 46 5.5	21.9	17.78 502	868	1.93	0.49	14 9	22 5.3	6 6
16	7 45 46.38	8.79	+21 46 27.4	21.6	17.79 370	894	1.93	0.49	14 5	22 1.2	6 2
17	7 45 37.59	8.66	21 46 49.0	21.1	17.80 264	921	1.93	0.49	14 0	21 57.1	5 58
18	7 45 28.93	8.51	21 47 10.1	20.7	17.81 185	947	1.92	0.49	13 56	21 53.0	5 54
19	7 45 20.42	8.36	21 47 30.8	20.2	17.82 132	972	1.92	0.49	13 52	21 49.0	5 50
20	7 45 12.06	8.21	21 47 51.0	19.8	17.83 104	997	1.92	0.49	13 48	21 44.9	5 46
21	7 45 3.85	8.05	21 48 10.8	19.4	17.84 101	1 022	1.92	0.49	13 44	21 40.8	5 42
22	7 44 55.80	7.89	+21 48 30.2	18.9	17.85 123	1 047	1.92	0.49	13 40	21 36.8	5 38
23	7 44 47.91	7.72	21 48 49.1	18.5	17.86 170	1 070	1.92	0.49	13 36	21 32.7	5 34
24	7 44 40.19	7.55	21 49 7.6	18.0	17.87 240	1 093	1.92	0.49	13 32	21 28.6	5 30
25	7 44 32.64	7.38	21 49 25.6	17.5	17.88 333	1 117	1.92	0.49	13 28	21 24.6	5 26
26	7 44 25.26	7.20	21 49 43.1	17.0	17.89 450	1 139	1.92	0.49	13 24	21 20.5	5 22
27	7 44 18.06	7.02	21 50 0.1	16.6	17.90 589	1 161	1.91	0.49	13 19	21 16.5	5 18
28	7 44 11.04	6.84	+21 50 16.7	16.0	17.91 750	1 182	1.91	0.49	13 15	21 12.4	5 14
März 1	7 44 4.20	6.66	21 50 32.7	15.6	17.92 932	1 204	1.91	0.49	13 11	21 8.4	5 10
2	7 43 57.54	6.47	21 50 48.3	15.1	17.94 136	1 225	1.91	0.49	13 7	21 4.4	5 6
3	7 43 51.07	6.29	21 51 3.4	14.5	17.95 361	1 246	1.91	0.49	13 3	21 0.3	5 2
4	7 43 44.78	6.09	21 51 17.9	14.1	17.96 607	1 265	1.91	0.49	12 59	20 56.3	4 58
5	7 43 38.69	5.90	21 51 32.0	13.5	17.97 872	1 285	1.91	0.49	12 55	20 52.3	4 54
6	7 43 32.79	5.70	+21 51 45.5	13.0	17.99 157	1 304	1.91	0.49	12 51	20 48.2	4 50
7	7 43 27.09	5.50	21 51 58.5	12.5	18.00 461	1 322	1.90	0.49	12 47	20 44.2	4 46
8	7 43 21.59	5.31	21 52 11.0	12.0	18.01 783	1 340	1.90	0.49	12 43	20 40.2	4 42
9	7 43 16.28	5.10	21 52 23.0	11.5	18.03 123	1 359	1.90	0.49	12 39	20 36.2	4 38
10	7 43 11.18	4.90	21 52 34.5	10.9	18.04 482	1 376	1.90	0.49	12 35	20 32.2	4 34
11	7 43 6.28	4.69	21 52 45.4	10.4	18.05 858	1 393	1.90	0.49	12 31	20 28.2	4 30
12	7 43 1.59	4.48	+21 52 55.8	9.9	18.07 251	1 409	1.90	0.49	12 27	20 24.1	4 26
13	7 42 57.11	4.28	21 53 5.7	9.3	18.08 660	1 426	1.90	0.49	12 23	20 20.1	4 22
14	7 42 52.83	4.07	21 53 15.0	8.8	18.10 086	1 442	1.89	0.49	12 19	20 16.1	4 18
15	7 42 48.76	3.85	21 53 23.8	8.2	18.11 528	1 456	1.89	0.49	12 15	20 12.1	4 14
16	7 42 44.91	3.63	21 53 32.0	7.7	18.12 984	1 471	1.89	0.49	12 11	20 8.2	4 10
17	7 42 41.28	3.42	21 53 39.7	7.1	18.14 455	1 485	1.89	0.48	12 7	20 4.2	4 6
18	7 42 37.86	3.20	+21 53 46.8	6.6	18.15 940	1 498	1.89	0.48	12 3	20 0.2	4 2
19	7 42 34.66	2.97	21 53 53.4	6.1	18.17 438	1 511	1.89	0.48	11 59	19 56.2	3 58
20	7 42 31.69	2.76	21 53 59.5	5.5	18.18 949	1 524	1.88	0.48	11 55	19 52.2	3 54
21	7 42 28.93	2.53	21 54 5.0	4.9	18.20 473	1 537	1.88	0.48	11 51	19 48.2	3 50
22	7 42 26.40	2.31	21 54 9.9	4.4	18.22 010	1 549	1.88	0.48	11 47	19 44.3	3 46
23	7 42 24.09		+21 54 14.3		18.23 559		1.88	0.48	11 43	19 40.3	3 42

Uranus 1955

Tag	0h Weltzeit: Scheinbare Rektaszension		Scheinbare Deklination		Δ		Halbmesser	Hor. Par.	Aufgang (in 0h Länge, + 50° Breite)	Obere Kulmination (in 0h Länge, + 50° Breite)	Untergang (in 0h Länge, + 50° Breite)
1955	h m s	s	° ′ ″	″			″	″	h m	h m	h m
März 23	7 42 24.09	2.08	+21 54 14.3	3.8	18.23 559	1 559	1.88	0.48	11 43	19 40.3	3 42
24	7 42 22.01	1.86	21 54 18.1	3.3	18.25 118	1 571	1.88	0.48	11 39	19 36.3	3 38
25	7 42 20.15	1.63	21 54 21.4	2.7	18.26 689	1 581	1.88	0.48	11 35	19 32.4	3 34
26	7 42 18.52	1.40	21 54 24.1	2.1	18.28 270	1 591	1.87	0.48	11 31	19 28.4	3 30
27	7 42 17.12	1.17	21 54 26.2	1.6	18.29 861	1 599	1.87	0.48	11 27	19 24.5	3 26
28	7 42 15.95	0.95	21 54 27.8	1.0	18.31 460	1 608	1.87	0.48	11 23	19 20.5	3 22
29	7 42 15.00	0.71	+21 54 28.8	0.5	18.33 068	1 617	1.87	0.48	11 19	19 16.6	3 18
30	7 42 14.29	0.49	21 54 29.3	0.1	18.34 685	1 624	1.87	0.48	11 15	19 12.6	3 14
31	7 42 13.80	0.25	21 54 29.2	0.7	18.36 309	1 631	1.87	0.48	11 11	19 8.7	3 10
April 1	7 42 13.55	0.03	21 54 28.5	1.3	18.37 940	1 637	1.87	0.48	11 7	19 4.8	3 6
2	7 42 13.52	0.20	21 54 27.2	1.8	18.39 577	1 643	1.86	0.48	11 3	19 0.8	3 2
3	7 42 13.72	0.43	21 54 25.4	2.3	18.41 220	1 649	1.86	0.48	10 59	18 56.9	2 58
4	7 42 14.15	0.66	+21 54 23.1	2.9	18.42 869	1 654	1.86	0.48	10 55	18 53.0	2 55
5	7 42 14.81	0.89	21 54 20.2	3.4	18.44 523	1 658	1.86	0.48	10 52	18 49.1	2 51
6	7 42 15.70	1.12	21 54 16.8	4.0	18.46 181	1 662	1.86	0.48	10 48	18 45.2	2 47
7	7 42 16.82	1.34	21 54 12.8	4.6	18.47 843	1 666	1.86	0.48	10 44	18 41.2	2 43
8	7 42 18.16	1.57	21 54 8.2	5.1	18.49 509	1 668	1.85	0.48	10 40	18 37.3	2 39
9	7 42 19.73	1.80	21 54 3.1	5.7	18.51 177	1 671	1.85	0.48	10 36	18 33.4	2 35
10	7 42 21.53	2.03	+21 53 57.4	6.3	18.52 848	1 673	1.85	0.47	10 32	18 29.5	2 31
11	7 42 23.56	2.26	21 53 51.1	6.8	18.54 521	1 675	1.85	0.47	10 28	18 25.6	2 27
12	7 42 25.82	2.48	21 53 44.3	7.4	18.56 196	1 676	1.85	0.47	10 24	18 21.8	2 23
13	7 42 28.30	2.71	21 53 36.9	7.9	18.57 872	1 677	1.85	0.47	10 20	18 17.9	2 19
14	7 42 31.01	2.94	21 53 29.0	8.5	18.59 549	1 678	1.84	0.47	10 17	18 14.0	2 15
15	7 42 33.95	3.16	21 53 20.5	9.0	18.61 227	1 678	1.84	0.47	10 13	18 10.1	2 11
16	7 42 37.11	3.38	+21 53 11.5	9.6	18.62 905	1 677	1.84	0.47	10 9	18 6.2	2 8
17	7 42 40.49	3.60	21 53 1.9	10.1	18.64 582	1 675	1.84	0.47	10 5	18 2.4	2 4
18	7 42 44.09	3.83	21 52 51.8	10.6	18.66 257	1 675	1.84	0.47	10 1	17 58.5	2 0
19	7 42 47.92	4.05	21 52 41.2	11.2	18.67 932	1 672	1.84	0.47	9 57	17 54.6	1 56
20	7 42 51.97	4.27	21 52 30.0	11.7	18.69 604	1 670	1.83	0.47	9 53	17 50.8	1 52
21	7 42 56.24	4.50	21 52 18.3	12.3	18.71 274	1 666	1.83	0.47	9 50	17 46.9	1 48
22	7 43 0.74	4.71	+21 52 6.0	12.8	18.72 940	1 663	1.83	0.47	9 46	17 43.0	1 44
23	7 43 5.45	4.93	21 51 53.2	13.4	18.74 603	1 659	1.83	0.47	9 42	17 39.2	1 40
24	7 43 10.38	5.15	21 51 39.8	13.9	18.76 262	1 654	1.83	0.47	9 38	17 35.3	1 37
25	7 43 15.53	5.36	21 51 25.9	14.4	18.77 916	1 649	1.83	0.47	9 34	17 31.5	1 33
26	7 43 20.89	5.58	21 51 11.5	15.0	18.79 565	1 644	1.82	0.47	9 30	17 27.7	1 29
27	7 43 26.47	5.79	21 50 56.5	15.5	18.81 209	1 637	1.82	0.47	9 27	17 23.8	1 25
28	7 43 32.26	5.99	+21 50 41.0	16.0	18.82 846	1 630	1.82	0.47	9 23	17 20.0	1 21
29	7 43 38.25	6.21	21 50 25.0	16.5	18.84 476	1 623	1.82	0.47	9 19	17 16.2	1 17
30	7 43 44.46	6.41	21 50 8.5	17.0	18.86 099	1 616	1.82	0.47	9 15	17 12.3	1 13
Mai 1	7 43 50.87	6.62	21 49 51.5	17.5	18.87 715	1 609	1.82	0.47	9 11	17 8.5	1 9
2	7 43 57.49	6.82	21 49 34.0	18.0	18.89 324	1 600	1.81	0.47	9 8	17 4.7	1 6
3	7 44 4.31		+21 49 16.0		18.90 924		1.81	0.47	9 4	17 0.9	1 2

Tag	Scheinbare Rektaszension (0h Weltzeit)	Diff.	Scheinbare Deklination (0h Weltzeit)	Diff.	Δ (0h Weltzeit)	Diff.	Halbmesser	Hor. Par.	Aufgang (in 0h Länge, + 50° Breite)	Obere Kulmination (in 0h Länge, + 50° Breite)	Untergang (in 0h Länge, + 50° Breite)
1955	h m s	s	° ′ ″	″			″	″	h m	h m	h m
Mai 3	7 44 4.31	7.02	+21 49 16.0	18.5	18.90 924	1 591	1.81	0.47	9 4	17 0.9	1 2
4	7 44 11.33	7.22	21 48 57.5	19.0	18.92 515	1 583	1.81	0.46	9 0	16 57.1	0 58
5	7 44 18.55	7.42	21 48 38.5	19.5	18.94 098	1 573	1.81	0.46	8 56	16 53.3	0 54
6	7 44 25.97	7.62	21 48 19.0	20.0	18.95 671	1 563	1.81	0.46	8 53	16 49.5	0 50
7	7 44 33.59	7.81	21 47 59.0	20.5	18.97 234	1 553	1.81	0.46	8 49	16 45.7	0 46
8	7 44 41.40	8.00	21 47 38.5	21.0	18.98 787	1 543	1.81	0.46	8 45	16 41.8	0 43
9	7 44 49.40	8.19	+21 47 17.5	21.5	19.00 330	1 532	1.80	0.46	8 41	16 38.0	0 39
10	7 44 57.59	8.38	21 46 56.0	22.0	19.01 862	1 520	1.80	0.46	8 37	16 34.3	0 35
11	7 45 5.97	8.57	21 46 34.0	22.4	19.03 382	1 508	1.80	0.46	8 34	16 30.5	0 31
12	7 45 14.54	8.75	21 46 11.6	23.0	19.04 890	1 497	1.80	0.46	8 30	16 26.7	0 27
13	7 45 23.29	8.93	21 45 48.6	23.4	19.06 387	1 484	1.80	0.46	8 26	16 22.9	0 24
14	7 45 32.22	9.12	21 45 25.2	23.9	19.07 871	1 471	1.80	0.46	8 22	16 19.1	0 20
15	7 45 41.34	9.29	+21 45 1.3	24.4	19.09 342	1 458	1.80	0.46	8 19	16 15.3	0 16
16	7 45 50.63	9.47	21 44 36.9	24.8	19.10 800	1 445	1.79	0.46	8 15	16 11.6	0 12
17	7 46 0.10	9.65	21 44 12.1	25.3	19.12 245	1 431	1.79	0.46	8 11	16 7.8	0 8
18	7 46 9.75	9.81	21 43 46.8	25.8	19.13 676	1 416	1.79	0.46	8 7	16 4.0	0 4
19	7 46 19.56	9.99	21 43 21.0	26.2	19.15 092	1 401	1.79	0.46	8 4	16 0.2	{0 1 23 57
20	7 46 29.55	10.16	21 42 54.8	26.7	19.16 493	1 387	1.79	0.46	8 0	15 56.5	23 53
21	7 46 39.71	10.33	+21 42 28.1	27.1	19.17 880	1 371	1.79	0.46	7 56	15 52.7	23 49
22	7 46 50.04	10.49	21 42 1.0	27.5	19.19 251	1 355	1.79	0.46	7 53	15 49.0	23 45
23	7 47 0.53	10.65	21 41 33.5	27.9	19.20 606	1 339	1.78	0.46	7 49	15 45.2	23 42
24	7 47 11.18	10.81	21 41 5.6	28.4	19.21 945	1 322	1.78	0.46	7 45	15 41.5	23 38
25	7 47 21.99	10.97	21 40 37.2	28.8	19.23 267	1 305	1.78	0.46	7 41	15 37.7	23 34
26	7 47 32.96	11.12	21 40 8.4	29.3	19.24 572	1 287	1.78	0.46	7 38	15 34.0	23 30
27	7 47 44.08	11.27	+21 39 39.1	29.6	19.25 859	1 269	1.78	0.46	7 34	15 30.2	23 26
28	7 47 55.35	11.42	21 39 9.5	30.1	19.27 128	1 252	1.78	0.46	7 30	15 26.5	23 23
29	7 48 6.77	11.56	21 38 39.4	30.5	19.28 380	1 234	1.78	0.46	7 27	15 22.7	23 19
30	7 48 18.33	11.71	21 38 8.9	30.9	19.29 614	1 215	1.78	0.46	7 23	15 19.0	23 15
31	7 48 30.04	11.84	21 37 38.0	31.3	19.30 829	1 196	1.78	0.46	7 19	15 15.2	23 11
Juni 1	7 48 41.88	11.99	21 37 6.7	31.7	19.32 025	1 177	1.77	0.46	7 16	15 11.5	23 7
2	7 48 53.87	12.12	+21 36 35.0	32.0	19.33 202	1 158	1.77	0.46	7 12	15 7.8	23 4
3	7 49 5.99	12.26	21 36 3.0	32.4	19.34 360	1 139	1.77	0.45	7 8	15 4.0	23 0
4	7 49 18.25	12.38	21 35 30.6	32.8	19.35 499	1 118	1.77	0.45	7 5	15 0.3	22 56
5	7 49 30.63	12.52	21 34 57.8	33.2	19.36 617	1 099	1.77	0.45	7 1	14 56.6	22 52
6	7 49 43.15	12.64	21 34 24.6	33.5	19.37 716	1 078	1.77	0.45	6 57	14 52.9	22 48
7	7 49 55.79	12.76	21 33 51.1	33.9	19.38 794	1 058	1.77	0.45	6 54	14 49.1	22 45
8	7 50 8.55	12.87	+21 33 17.2	34.2	19.39 852	1 037	1.77	0.45	6 50	14 45.4	22 41
9	7 50 21.42	13.00	21 32 43.0	34.6	19.40 889	1 016	1.77	0.45	6 46	14 41.7	22 37
10	7 50 34.42	13.11	21 32 8.4	35.0	19.41 905	995	1.77	0.45	6 43	14 38.0	22 33
11	7 50 47.53	13.23	21 31 33.4	35.3	19.42 900	973	1.76	0.45	6 39	14 34.3	22 30
12	7 51 0.76	13.33	21 30 58.1	35.6	19.43 873	951	1.76	0.45	6 35	14 30.6	22 26
13	7 51 14.09		+21 30 22.5		19.44 824		1.76	0.45	6 32	14 26.9	22 22

Uranus 1955

Tag	0h Weltzeit Scheinbare Rektaszension		Scheinbare Deklination		Δ		Halbmesser	Hor. Par.	Aufgang	Obere Kulmination	Untergang
									in 0h Länge, +50° Breite		
1955	h m s	s	° ′ ″	″			″	″	h m	h m	h m
Juni 13	7 51 14.09	13.45	+21 30 22.5	36.0	19.44 824	930	1.76	0.45	6 32	14 26.9	22 22
14	7 51 27.54	13.55	21 29 46.5	36.3	19.45 754	908	1.76	0.45	6 28	14 23.2	22 18
15	7 51 41.09	13.66	21 29 10.2	36.6	19.46 662	885	1.76	0.45	6 25	14 19.5	22 14
16	7 51 54.75	13.75	21 28 33.6	36.9	19.47 547	863	1.76	0.45	6 21	14 15.8	22 11
17	7 52 8.50	13.85	21 27 56.7	37.3	19.48 410	840	1.76	0.45	6 17	14 12.0	22 7
18	7 52 22.35	13.94	21 27 19.4	37.6	19.49 250	816	1.76	0.45	6 14	14 8.3	22 3
19	7 52 36.29	14.04	+21 26 41.8	37.9	19.50 066	793	1.76	0.45	6 10	14 4.6	21 59
20	7 52 50.33	14.12	21 26 3.9	38.1	19.50 859	769	1.76	0.45	6 6	14 1.0	21 56
21	7 53 4.45	14.21	21 25 25.8	38.5	19.51 628	745	1.76	0.45	6 3	13 57.3	21 52
22	7 53 18.66	14.29	21 24 47.3	38.7	19.52 373	721	1.76	0.45	5 59	13 53.6	21 48
23	7 53 32.95	14.37	21 24 8.6	39.0	19.53 094	697	1.76	0.45	5 55	13 49.9	21 44
24	7 53 47.32	14.45	21 23 29.6	39.3	19.53 791	673	1.75	0.45	5 52	13 46.2	21 41
25	7 54 1.77	14.53	+21 22 50.3	39.5	19.54 464	648	1.75	0.45	5 48	13 42.5	21 37
26	7 54 16.30	14.60	21 22 10.8	39.7	19.55 112	624	1.75	0.45	5 45	13 38.8	21 33
27	7 54 30.90	14.66	21 21 31.1	40.0	19.55 736	598	1.75	0.45	5 41	13 35.1	21 29
28	7 54 45.56	14.72	21 20 51.1	40.2	19.56 334	574	1.75	0.45	5 37	13 31.4	21 26
29	7 55 0.28	14.79	21 20 10.9	40.4	19.56 908	549	1.75	0.45	5 34	13 27.7	21 22
30	7 55 15.07	14.84	21 19 30.5	40.7	19.57 457	524	1.75	0.45	5 30	13 24.0	21 18
Juli 1	7 55 29.91	14.90	+21 18 49.8	40.8	19.57 981	498	1.75	0.45	5 26	13 20.3	21 14
2	7 55 44.81	14.95	21 18 9.0	41.1	19.58 479	474	1.75	0.45	5 23	13 16.7	21 11
3	7 55 59.76	15.01	21 17 27.9	41.3	19.58 953	448	1.75	0.45	5 19	13 13.0	21 7
4	7 56 14.77	15.06	21 16 46.6	41.5	19.59 401	423	1.75	0.45	5 16	13 9.3	21 3
5	7 56 29.83	15.10	21 16 5.1	41.7	19.59 824	398	1.75	0.45	5 12	13 5.6	20 59
6	7 56 44.93	15.14	21 15 23.4	41.9	19.60 222	372	1.75	0.45	5 8	13 1.9	20 56
7	7 57 0.07	15.19	+21 14 41.5	42.1	19.60 594	346	1.75	0.45	5 5	12 58.3	20 52
8	7 57 15.26	15.22	21 13 59.4	42.2	19.60 940	320	1.75	0.45	5 1	12 54.6	20 48
9	7 57 30.48	15.26	21 13 17.2	42.4	19.61 260	295	1.75	0.45	4 58	12 50.9	20 44
10	7 57 45.74	15.28	21 12 34.8	42.6	19.61 555	268	1.75	0.45	4 54	12 47.2	20 41
11	7 58 1.02	15.32	21 11 52.2	42.7	19.61 823	243	1.75	0.45	4 50	12 43.5	20 37
12	7 58 16.34	15.35	21 11 9.5	42.8	19.62 066	217	1.75	0.45	4 47	12 39.9	20 33
13	7 58 31.69	15.36	+21 10 26.7	43.0	19.62 283	190	1.75	0.45	4 43	12 36.2	20 29
14	7 58 47.05	15.39	21 9 43.7	43.0	19.62 473	164	1.75	0.45	4 40	12 32.5	20 26
15	7 59 2.44	15.41	21 9 0.7	43.2	19.62 637	138	1.75	0.45	4 36	12 28.8	20 22
16	7 59 17.85	15.42	21 8 17.5	43.3	19.62 775	111	1.75	0.45	4 32	12 25.2	20 18
17	7 59 33.27	15.44	21 7 34.2	43.4	19.62 886	84	1.75	0.45	4 29	12 21.5	20 14
18	7 59 48.71	15.44	21 6 50.8	43.5	19.62 970	58	1.75	0.45	4 25	12 17.8	20 11
19	8 0 4.15	15.45	+21 6 7.3	43.6	19.63 028	31	1.75	0.45	4 22	12 14.1	20 7
20	8 0 19.60	15.46	21 5 23.7	43.6	19.63 059	4	1.75	0.45	4 18	12 10.5	20 3
21	8 0 35.06	15.45	21 4 40.1	43.7	19.63 063	22	1.75	0.45	4 14	12 6.8	19 59
22	8 0 50.51	15.45	21 3 56.4	43.8	19.63 041	49	1.75	0.45	4 11	12 3.1	19 56
23	8 1 5.96	15.45	21 3 12.6	43.8	19.62 992	75	1.75	0.45	4 7	11 59.4	19 52
24	8 1 21.41		+21 2 28.8		19.62 917		1.75	0.45	4 4	11 55.8	19 48

Tag	0h Weltzeit Scheinbare Rektaszension		Scheinbare Deklination		Δ		Halbmesser	Hor. Par.	Aufgang (in 0h Länge, +50° Breite)	Obere Kulmination (in 0h Länge, +50° Breite)	Untergang (in 0h Länge, +50° Breite)
1955	h m s	s	° ′ ″	″			″	″	h m	h m	h m
Juli 24	8 1 21.41	15.44	+21 2 28.8	43.9	19.62 917	102	1.75	0.45	4 4	11 55.8	19 48
25	8 1 36.85	15.42	21 1 44.9	43.9	19.62 815	128	1.75	0.45	4 0	11 52.1	19 44
26	8 1 52.27	15.40	21 1 1.0	43.9	19.62 687	155	1.75	0.45	3 56	11 48.4	19 41
27	8 2 7.67	15.39	21 0 17.1	44.0	19.62 532	182	1.75	0.45	3 53	11 44.7	19 37
28	8 2 23.06	15.37	20 59 33.1	44.0	19.62 350	208	1.75	0.45	3 49	11 41.0	19 33
29	8 2 38.43	15.34	20 58 49.1	43.9	19.62 142	234	1.75	0.45	3 46	11 37.4	19 29
30	8 2 53.77	15.31	+20 58 5.2	44.0	19.61 908	261	1.75	0.45	3 42	11 33.7	19 26
31	8 3 9.08	15.29	20 57 21.2	43.9	19.61 647	287	1.75	0.45	3 38	11 30.0	19 22
Aug. 1	8 3 24.37	15.26	20 56 37.3	43.9	19.61 360	313	1.75	0.45	3 35	11 26.3	19 18
2	8 3 39.63	15.22	20 55 53.4	43.8	19.61 047	339	1.75	0.45	3 31	11 22.7	19 14
3	8 3 54.85	15.18	20 55 9.6	43.8	19.60 708	364	1.75	0.45	3 28	11 19.0	19 11
4	8 4 10.03	15.14	20 54 25.8	43.7	19.60 344	391	1.75	0.45	3 24	11 15.3	19 7
5	8 4 25.17	15.10	+20 53 42.1	43.7	19.59 953	416	1.75	0.45	3 20	11 11.6	19 3
6	8 4 40.27	15.06	20 52 58.4	43.6	19.59 537	442	1.75	0.45	3 17	11 7.9	18 59
7	8 4 55.33	15.01	20 52 14.8	43.5	19.59 095	468	1.75	0.45	3 13	11 4.2	18 56
8	8 5 10.34	14.96	20 51 31.3	43.4	19.58 627	493	1.75	0.45	3 10	11 0.6	18 52
9	8 5 25.30	14.91	20 50 47.9	43.3	19.58 134	519	1.75	0.45	3 6	10 56.9	18 48
10	8 5 40.21	14.85	20 50 4.6	43.2	19.57 615	545	1.75	0.45	3 2	10 53.2	18 44
11	8 5 55.06	14.79	+20 49 21.4	43.1	19.57 070	570	1.75	0.45	2 59	10 49.5	18 40
12	8 6 9.85	14.73	20 48 38.3	43.0	19.56 500	596	1.75	0.45	2 55	10 45.8	18 37
13	8 6 24.58	14.66	20 47 55.3	42.9	19.55 904	620	1.75	0.45	2 51	10 42.1	18 33
14	8 6 39.24	14.60	20 47 12.4	42.7	19.55 284	646	1.75	0.45	2 48	10 38.4	18 29
15	8 6 53.84	14.52	20 46 29.7	42.6	19.54 638	670	1.75	0.45	2 44	10 34.8	18 25
16	8 7 8.36	14.45	20 45 47.1	42.4	19.53 968	695	1.75	0.45	2 41	10 31.1	18 22
17	8 7 22.81	14.37	+20 45 4.7	42.2	19.53 273	720	1.75	0.45	2 37	10 27.4	18 18
18	8 7 37.18	14.29	20 44 22.5	42.0	19.52 553	744	1.76	0.45	2 33	10 23.7	18 14
19	8 7 51.47	14.21	20 43 40.5	41.9	19.51 809	769	1.76	0.45	2 30	10 20.0	18 10
20	8 8 5.68	14.13	20 42 58.6	41.6	19.51 040	793	1.76	0.45	2 26	10 16.3	18 6
21	8 8 19.81	14.04	20 42 17.0	41.4	19.50 247	817	1.76	0.45	2 23	10 12.6	18 3
22	8 8 33.85	13.94	20 41 35.6	41.2	19.49 430	841	1.76	0.45	2 19	10 8.9	17 59
23	8 8 47.79	13.85	+20 40 54.4	41.0	19.48 589	865	1.76	0.45	2 15	10 5.2	17 55
24	8 9 1.64	13.75	20 40 13.4	40.7	19.47 724	888	1.76	0.45	2 12	10 1.5	17 51
25	8 9 15.39	13.65	20 39 32.7	40.5	19.46 836	911	1.76	0.45	2 8	9 57.8	17 48
26	8 9 29.04	13.55	20 38 52.2	40.2	19.45 925	934	1.76	0.45	2 4	9 54.1	17 44
27	8 9 42.59	13.45	20 38 12.0	39.9	19.44 991	956	1.76	0.45	2 1	9 50.4	17 40
28	8 9 56.04	13.34	20 37 32.1	39.6	19.44 035	979	1.76	0.45	1 57	9 46.6	17 36
29	8 10 9.38	13.23	+20 36 52.5	39.3	19.43 056	1 001	1.76	0.45	1 53	9 42.9	17 32
30	8 10 22.61	13.12	20 36 13.2	39.0	19.42 055	1 023	1.77	0.45	1 50	9 39.2	17 29
31	8 10 35.73	13.00	20 35 34.2	38.6	19.41 032	1 045	1.77	0.45	1 46	9 35.5	17 25
Sept. 1	8 10 48.73	12.88	20 34 55.6	38.4	19.39 987	1 066	1.77	0.45	1 42	9 31.8	17 21
2	8 11 1.61	12.76	20 34 17.2	38.1	19.38 921	1 087	1.77	0.45	1 39	9 28.1	17 17
3	8 11 14.37		+20 33 39.1		19.37 834		1.77	0.45	1 35	9 24.4	17 14

Uranus 1955

Tag	0h Weltzeit: Scheinbare Rektaszension		Scheinbare Deklination		Δ		Halbmesser	Hor. Par.	Aufgang (in 0h Länge, +50° Breite)	Obere Kulmination	Untergang
1955	h m s	s	° ′ ″	″			″	″	h m	h m	h m
Sept. 3	8 11 14.37	12.64	+20 33 39.1	37.7	19.37 834	1 108	1.77	0.45	1 35	9 24.4	17 14
4	8 11 27.01	12.51	20 33 1.4	37.4	19.36 726	1 128	1.77	0.45	1 32	9 20.6	17 10
5	8 11 39.52	12.39	20 32 24.0	37.0	19.35 598	1 149	1.77	0.45	1 28	9 16.9	17 6
6	8 11 51.91	12.26	20 31 47.0	36.7	19.34 449	1 170	1.77	0.45	1 24	9 13.2	17 2
7	8 12 4.17	12.12	20 31 10.3	36.2	19.33 279	1 189	1.77	0.46	1 21	9 9.5	16 59
8	8 12 16.29	11.99	20 30 34.1	35.9	19.32 090	1 209	1.77	0.46	1 17	9 5.7	16 55
9	8 12 28.28	11.86	+20 29 58.2	35.5	19.30 881	1 229	1.78	0.46	1 13	9 2.0	16 51
10	8 12 40.14	11.72	20 29 22.7	35.1	19.29 652	1 248	1.78	0.46	1 10	8 58.3	16 47
11	8 12 51.86	11.57	20 28 47.6	34.6	19.28 404	1 267	1.78	0.46	1 6	8 54.5	16 43
12	8 13 3.43	11.43	20 28 13.0	34.3	19.27 137	1 286	1.78	0.46	1 2	8 50.8	16 39
13	8 13 14.86	11.28	20 27 38.7	33.8	19.25 851	1 305	1.78	0.46	0 58	8 47.0	16 36
14	8 13 26.14	11.13	20 27 4.9	33.4	19.24 546	1 323	1.78	0.46	0 55	8 43.3	16 32
15	8 13 37.27	10.98	+20 26 31.5	32.9	19.23 223	1 341	1.78	0.46	0 51	8 39.5	16 28
16	8 13 48.25	10.82	20 25 58.6	32.4	19.21 882	1 358	1.78	0.46	0 47	8 35.8	16 24
17	8 13 59.07	10.66	20 25 26.2	32.0	19.20 524	1 375	1.78	0.46	0 44	8 32.0	16 20
18	8 14 9.73	10.50	20 24 54.2	31.4	19.19 149	1 392	1.79	0.46	0 40	8 28.3	16 17
19	8 14 20.23	10.33	20 24 22.8	30.9	19.17 757	1 408	1.79	0.46	0 36	8 24.5	16 13
20	8 14 30.56	10.17	20 23 51.9	30.4	19.16 349	1 424	1.79	0.46	0 33	8 20.7	16 9
21	8 14 40.73	10.00	+20 23 21.5	29.9	19.14 925	1 440	1.79	0.46	0 29	8 17.0	16 5
22	8 14 50.73	9.83	20 22 51.6	29.4	19.13 485	1 454	1.79	0.46	0 25	8 13.2	16 1
23	8 15 0.56	9.65	20 22 22.2	28.9	19.12 031	1 469	1.79	0.46	0 21	8 9.5	15 58
24	8 15 10.21	9.48	20 21 53.3	28.3	19.10 562	1 483	1.79	0.46	0 18	8 5.7	15 54
25	8 15 19.69	9.31	20 21 25.0	27.8	19.09 079	1 498	1.80	0.46	0 14	8 1.9	15 50
26	8 15 29.00	9.13	20 20 57.2	27.2	19.07 581	1 511	1.80	0.46	0 10	7 58.1	15 46
27	8 15 38.13	8.94	+20 20 30.0	26.7	19.06 070	1 525	1.80	0.46	0 6	7 54.3	15 42
28	8 15 47.07	8.76	20 20 3.3	26.1	19.04 545	1 537	1.80	0.46	{0 3 / 23 59}	7 50.6	15 38
29	8 15 55.83	8.58	20 19 37.2	25.6	19.03 008	1 550	1.80	0.46	23 55	7 46.8	15 35
30	8 16 4.41	8.40	20 19 11.6	25.0	19.01 458	1 562	1.80	0.46	23 52	7 43.0	15 31
Okt. 1	8 16 12.81	8.20	20 18 46.6	24.3	18.99 896	1 573	1.80	0.46	23 48	7 39.2	15 27
2	8 16 21.01	8.02	20 18 22.3	23.8	18.98 323	1 585	1.81	0.46	23 44	7 35.4	15 23
3	8 16 29.03	7.83	+20 17 58.5	23.2	18.96 738	1 596	1.81	0.46	23 40	7 31.6	15 19
4	8 16 36.86	7.64	20 17 35.3	22.5	18.95 142	1 607	1.81	0.46	23 36	7 27.8	15 15
5	8 16 44.50	7.44	20 17 12.8	21.9	18.93 535	1 616	1.81	0.46	23 33	7 24.0	15 12
6	8 16 51.94	7.24	20 16 50.9	21.3	18.91 919	1 626	1.81	0.47	23 29	7 20.2	15 8
7	8 16 59.18	7.05	20 16 29.6	20.7	18.90 293	1 635	1.81	0.47	23 25	7 16.4	15 4
8	8 17 6.23	6.84	20 16 8.9	20.0	18.88 658	1 644	1.82	0.47	23 21	7 12.5	15 0
9	8 17 13.07	6.64	+20 15 48.9	19.4	18.87 014	1 652	1.82	0.47	23 18	7 8.7	14 56
10	8 17 19.71	6.43	20 15 29.5	18.7	18.85 362	1 661	1.82	0.47	23 14	7 4.9	14 52
11	8 17 26.14	6.23	20 15 10.8	18.0	18.83 701	1 668	1.82	0.47	23 10	7 1.1	14 48
12	8 17 32.37	6.02	20 14 52.8	17.4	18.82 033	1 676	1.82	0.47	23 6	6 57.2	14 45
13	8 17 38.39	5.81	20 14 35.4	16.6	18.80 357	1 682	1.82	0.47	23 2	6 53.4	14 41
14	8 17 44.20		+20 14 18.8		18.78 675		1.82	0.47	22 59	6 49.6	14 37

Tag	0h Weltzeit Scheinbare Rektaszension		Scheinbare Deklination		Δ		Halbmesser	Hor. Par.	Aufgang	Obere Kulmination	Untergang
									in 0h Länge, +50° Breite		
1955	h m s	s	° ′ ″	″			″	″	h m	h m	h m
Okt. 14	8 17 44.20	5.60	+20 14 18.8	16.0	18.78 675	1 688	1.82	0.47	22 59	6 49.6	14 37
15	8 17 49.80	5.39	20 14 2.8	15.3	18.76 987	1 694	1.83	0.47	22 55	6 45.7	14 33
16	8 17 55.19	5.17	20 13 47.5	14.6	18.75 293	1 700	1.83	0.47	22 51	6 41.9	14 29
17	8 18 0.36	4.95	20 13 32.9	13.9	18.73 593	1 704	1.83	0.47	22 47	6 38.0	14 25
18	8 18 5.31	4.74	20 13 19.0	13.2	18.71 889	1 709	1.83	0.47	22 43	6 34.2	14 21
19	8 18 10.05	4.52	20 13 5.8	12.5	18.70 180	1 712	1.83	0.47	22 39	6 30.3	14 17
20	8 18 14.57	4.30	+20 12 53.3	11.7	18.68 468	1 715	1.83	0.47	22 36	6 26.5	14 14
21	8 18 18.87	4.08	20 12 41.6	11.0	18.66 753	1 717	1.84	0.47	22 32	6 22.6	14 10
22	8 18 22.95	3.85	20 12 30.6	10.3	18.65 036	1 719	1.84	0.47	22 28	6 18.7	14 6
23	8 18 26.80	3.64	20 12 20.3	9.6	18.63 317	1 721	1.84	0.47	22 24	6 14.9	14 2
24	8 18 30.44	3.41	20 12 10.7	8.9	18.61 596	1 722	1.84	0.47	22 20	6 11.0	13 58
25	8 18 33.85	3.19	20 12 1.8	8.1	18.59 874	1 722	1.84	0.47	22 16	6 7.1	13 54
26	8 18 37.04	2.96	+20 11 53.7	7.4	18.58 152	1 723	1.84	0.47	22 13	6 3.2	13 50
27	8 18 40.00	2.74	20 11 46.3	6.7	18.56 429	1 722	1.85	0.47	22 9	5 59.4	13 46
28	8 18 42.74	2.52	20 11 39.6	6.0	18.54 707	1 722	1.85	0.47	22 5	5 55.5	13 42
29	8 18 45.26	2.29	20 11 33.6	5.2	18.52 985	1 720	1.85	0.47	22 1	5 51.6	13 39
30	8 18 47.55	2.07	20 11 28.4	4.5	18.51 265	1 718	1.85	0.48	21 57	5 47.7	13 35
31	8 18 49.62	1.84	20 11 23.9	3.7	18.49 547	1 716	1.85	0.48	21 53	5 43.8	13 31
Nov. 1	8 18 51.46	1.61	+20 11 20.2	3.0	18.47 831	1 714	1.86	0.48	21 49	5 39.9	13 27
2	8 18 53.07	1.39	20 11 17.2	2.2	18.46 117	1 710	1.86	0.48	21 45	5 36.0	13 23
3	8 18 54.46	1.16	20 11 15.0	1.5	18.44 407	1 706	1.86	0.48	21 41	5 32.1	13 19
4	8 18 55.62	0.93	20 11 13.5	0.8	18.42 701	1 702	1.86	0.48	21 37	5 28.2	13 15
5	8 18 56.55	0.71	20 11 12.7	0.0	18.40 999	1 698	1.86	0.48	21 34	5 24.3	13 11
6	8 18 57.26	0.47	20 11 12.7	0.7	18.39 301	1 692	1.86	0.48	21 30	5 20.3	13 7
7	8 18 57.73	0.25	+20 11 13.4	1.4	18.37 609	1 686	1.87	0.48	21 26	5 16.4	13 3
8	8 18 57.98	0.02	20 11 14.8	2.2	18.35 923	1 680	1.87	0.48	21 22	5 12.5	12 59
9	8 18 58.00	0.21	20 11 17.0	3.0	18.34 243	1 674	1.87	0.48	21 18	5 8.6	12 55
10	8 18 57.79	0.44	20 11 20.0	3.8	18.32 569	1 666	1.87	0.48	21 14	5 4.6	12 51
11	8 18 57.35	0.67	20 11 23.8	4.5	18.30 903	1 658	1.87	0.48	21 10	5 0.7	12 48
12	8 18 56.68	0.90	20 11 28.3	5.2	18.29 245	1 650	1.87	0.48	21 6	4 56.7	12 44
13	8 18 55.78	1.13	+20 11 33.5	6.0	18.27 595	1 641	1.88	0.48	21 2	4 52.8	12 40
14	8 18 54.65	1.35	20 11 39.5	6.7	18.25 954	1 631	1.88	0.48	20 58	4 48.8	12 36
15	8 18 53.30	1.58	20 11 46.2	7.4	18.24 323	1 620	1.88	0.48	20 54	4 44.9	12 32
16	8 18 51.72	1.81	20 11 53.6	8.2	18.22 703	1 611	1.88	0.48	20 50	4 40.9	12 28
17	8 18 49.91	2.03	20 12 1.8	8.9	18.21 092	1 600	1.88	0.48	20 46	4 37.0	12 24
18	8 18 47.88	2.26	20 12 10.7	9.7	18.19 492	1 587	1.88	0.48	20 42	4 33.0	12 20
19	8 18 45.62	2.48	+20 12 20.4	10.3	18.17 905	1 575	1.89	0.48	20 38	4 29.0	12 16
20	8 18 43.14	2.70	20 12 30.7	11.1	18.16 330	1 563	1.89	0.48	20 34	4 25.0	12 12
21	8 18 40.44	2.92	20 12 41.8	11.7	18.14 767	1 549	1.89	0.48	20 30	4 21.1	12 8
22	8 18 37.52	3.14	20 12 53.5	12.5	18.13 218	1 535	1.89	0.49	20 26	4 17.1	12 4
23	8 18 34.38	3.36	20 13 6.0	13.1	18.11 683	1 521	1.89	0.49	20 22	4 13.1	12 0
24	8 18 31.02		+20 13 19.1		18.10 162		1.89	0.49	20 18	4 9.1	11 56

Uranus 1955

Tag	0h Weltzeit Scheinbare Rektaszension		Scheinbare Deklination		Δ		Halbmesser	Hor. Par.	Aufgang (in 0h Länge, +50° Breite)	Obere Kulmination	Untergang
1955	h m s	s	° ′ ″	″			″	″	h m	h m	h m
Nov. 24	8 18 31.02	3.57	+20 13 19.1	13.8	18.10 162	1 507	1.89	0.49	20 18	4 9.1	11 56
25	8 18 27.45	3.78	20 13 32.9	14.5	18.08 655	1 492	1.90	0.49	20 14	4 5.1	11 52
26	8 18 23.67	4.00	20 13 47.4	15.2	18.07 163	1 475	1.90	0.49	20 10	4 1.1	11 48
27	8 18 19.67	4.20	20 14 2.6	15.9	18.05 688	1 460	1.90	0.49	20 6	3 57.1	11 44
28	8 18 15.47	4.42	20 14 18.5	16.5	18.04 228	1 443	1.90	0.49	20 2	3 53.1	11 40
29	8 18 11.05	4.62	20 14 35.0	17.2	18.02 785	1 426	1.90	0.49	19 58	3 49.1	11 36
30	8 18 6.43	4.83	+20 14 52.2	17.8	18.01 359	1 408	1.90	0.49	19 54	3 45.1	11 32
Dez. 1	8 18 1.60	5.03	20 15 10.0	18.4	17.99 951	1 390	1.90	0.49	19 50	3 41.1	11 28
2	8 17 56.57	5.24	20 15 28.4	19.0	17.98 561	1 373	1.91	0.49	19 46	3 37.1	11 24
3	8 17 51.33	5.43	20 15 47.4	19.7	17.97 188	1 355	1.91	0.49	19 42	3 33.1	11 20
4	8 17 45.90	5.63	20 16 7.1	20.3	17.95 833	1 335	1.91	0.49	19 38	3 29.0	11 16
5	8 17 40.27	5.83	20 16 27.4	20.8	17.94 498	1 315	1.91	0.49	19 34	3 25.0	11 13
6	8 17 34.44	6.02	+20 16 48.2	21.5	17.93 183	1 295	1.91	0.49	19 29	3 21.0	11 9
7	8 17 28.42	6.21	20 17 9.7	22.1	17.91 888	1 274	1.91	0.49	19 25	3 17.0	11 5
8	8 17 22.21	6.40	20 17 31.8	22.6	17.90 614	1 253	1.91	0.49	19 21	3 12.9	11 1
9	8 17 15.81	6.58	20 17 54.4	23.2	17.89 361	1 231	1.92	0.49	19 17	3 8.9	10 57
10	8 17 9.23	6.77	20 18 17.6	23.7	17.88 130	1 209	1.92	0.49	19 13	3 4.8	10 53
11	8 17 2.46	6.95	20 18 41.3	24.3	17.86 921	1 187	1.92	0.49	19 9	3 0.8	10 48
12	8 16 55.51	7.12	+20 19 5.6	24.8	17.85 734	1 165	1.92	0.49	19 5	2 56.7	10 44
13	8 16 48.39	7.30	20 19 30.4	25.3	17.84 569	1 141	1.92	0.49	19 1	2 52.7	10 40
14	8 16 41.09	7.47	20 19 55.7	25.9	17.83 428	1 118	1.92	0.49	18 57	2 48.6	10 36
15	8 16 33.62	7.64	20 20 21.6	26.4	17.82 310	1 094	1.92	0.49	18 53	2 44.6	10 32
16	8 16 25.98	7.80	20 20 48.0	26.8	17.81 216	1 069	1.92	0.49	18 49	2 40.5	10 28
17	8 16 18.18	7.96	20 21 14.8	27.3	17.80 147	1 045	1.93	0.49	18 44	2 36.5	10 24
18	8 16 10.22	8.12	+20 21 42.1	27.7	17.79 102	1 019	1.93	0.49	18 40	2 32.4	10 20
19	8 16 2.10	8.27	20 22 9.8	28.2	17.78 083	993	1.93	0.49	18 36	2 28.3	10 16
20	8 15 53.83	8.42	20 22 38.0	28.6	17.77 090	967	1.93	0.50	18 32	2 24.3	10 12
21	8 15 45.41	8.56	20 23 6.6	29.0	17.76 123	941	1.93	0.50	18 28	2 20.2	10 8
22	8 15 36.85	8.71	20 23 35.6	29.4	17.75 182	914	1.93	0.50	18 24	2 16.1	10 4
23	8 15 28.14	8.84	20 24 5.0	29.8	17.74 268	887	1.93	0.50	18 20	2 12.0	10 0
24	8 15 19.30	8.98	+20 24 34.8	30.1	17.73 381	860	1.93	0.50	18 16	2 8.0	9 56
25	8 15 10.32	9.10	20 25 4.9	30.4	17.72 521	833	1.93	0.50	18 11	2 3.9	9 52
26	8 15 1.22	9.23	20 25 35.3	30.8	17.71 688	806	1.93	0.50	18 7	1 59.8	9 48
27	8 14 51.99	9.35	20 26 6.1	31.1	17.70 882	778	1.94	0.50	18 3	1 55.7	9 44
28	8 14 42.64	9.47	20 26 37.2	31.4	17.70 104	749	1.94	0.50	17 59	1 51.6	9 40
29	8 14 33.17	9.58	20 27 8.6	31.7	17.69 355	721	1.94	0.50	17 55	1 47.5	9 36
30	8 14 23.59	9.69	+20 27 40.3	32.0	17.68 634	693	1.94	0.50	17 51	1 43.5	9 32
31	8 14 13.90	9.80	20 28 12.3	32.3	17.67 941	664	1.94	0.50	17 47	1 39.4	9 28
32	8 14 4.10		+20 28 44.6		17.67 277		1.94	0.50	17 43	1 35.3	9 24

Tag	0h Weltzeit Scheinbare Rektaszension		Scheinbare Deklination		Δ		Halb-messer	Hor. Par.	Auf-gang	Obere Kul-mination	Unter-gang
									in 0h Länge, +50° Breite		
1955	h m s	s	° ′ ″	″			″	″	h m	h m	h m
Jan. 0	13 46 26.05	3.82	−9 10 39.1	17.8	30.62 619	1 646	1.19	0.29	1 51	7 9.7	12 28
1	13 46 29.87	3.70	9 10 56.9	17.1	30.60 973	1 655	1.19	0.29	1 48	7 5.9	12 24
2	13 46 33.57	3.58	9 11 14.0	16.5	30.59 318	1 664	1.20	0.29	1 44	7 2.0	12 20
3	13 46 37.15	3.46	9 11 30.5	15.7	30.57 654	1 671	1.20	0.29	1 40	6 58.1	12 16
4	13 46 40.61	3.34	9 11 46.2	15.1	30.55 983	1 680	1.20	0.29	1 36	6 54.2	12 12
5	13 46 43.95	3.21	9 12 1.3	14.3	30.54 303	1 687	1.20	0.29	1 32	6 50.4	12 9
6	13 46 47.16	3.09	−9 12 15.6	13.6	30.52 616	1 693	1.20	0.29	1 28	6 46.5	12 5
7	13 46 50.25	2.97	9 12 29.2	12.9	30.50 923	1 699	1.20	0.29	1 24	6 42.6	12 1
8	13 46 53.22	2.84	9 12 42.1	12.2	30.49 224	1 706	1.20	0.29	1 21	6 38.7	11 57
9	13 46 56.06	2.72	9 12 54.3	11.4	30.47 518	1 711	1.20	0.29	1 17	6 34.8	11 53
10	13 46 58.78	2.59	9 13 5.7	10.7	30.45 807	1 715	1.20	0.29	1 13	6 31.0	11 49
11	13 47 1.37	2.47	9 13 16.4	10.0	30.44 092	1 720	1.20	0.29	1 9	6 27.1	11 45
12	13 47 3.84	2.34	−9 13 26.4	9.3	30.42 372	1 724	1.20	0.29	1 5	6 23.2	11 41
13	13 47 6.18	2.21	9 13 35.7	8.5	30.40 648	1 727	1.20	0.29	1 1	6 19.3	11 37
14	13 47 8.39	2.09	9 13 44.2	7.8	30.38 921	1 730	1.20	0.29	0 57	6 15.4	11 34
15	13 47 10.48	1.96	9 13 52.0	7.1	30.37 191	1 732	1.20	0.29	0 54	6 11.5	11 30
16	13 47 12.44	1.83	9 13 59.1	6.4	30.35 459	1 734	1.20	0.29	0 50	6 7.6	11 26
17	13 47 14.27	1.70	9 14 5.5	5.6	30.33 725	1 735	1.21	0.29	0 46	6 3.7	11 22
18	13 47 15.97	1.57	−9 14 11.1	4.9	30.31 990	1 736	1.21	0.29	0 42	5 59.8	11 18
19	13 47 17.54	1.44	9 14 16.0	4.1	30.30 254	1 736	1.21	0.29	0 38	5 55.9	11 14
20	13 47 18.98	1.31	9 14 20.1	3.4	30.28 518	1 736	1.21	0.29	0 34	5 52.0	11 10
21	13 47 20.29	1.18	9 14 23.5	2.6	30.26 782	1 735	1.21	0.29	0 30	5 48.1	11 6
22	13 47 21.47	1.05	9 14 26.1	1.9	30.25 047	1 734	1.21	0.29	0 26	5 44.1	11 2
23	13 47 22.52	0.91	9 14 28.0	1.2	30.23 313	1 731	1.21	0.29	0 22	5 40.2	10 58
24	13 47 23.43	0.79	−9 14 29.2	0.4	30.21 582	1 729	1.21	0.29	0 18	5 36.3	10 54
25	13 47 24.22	0.66	9 14 29.6	— 0.3	30.19 853	1 726	1.21	0.29	0 15	5 32.4	10 50
26	13 47 24.88	0.52	9 14 29.3	1.0	30.18 127	1 721	1.21	0.29	0 11	5 28.5	10 47
27	13 47 25.40	0.40	9 14 28.3	1.7	30.16 406	1 717	1.21	0.29	0 7	5 24.5	10 43
28	13 47 25.80	0.26	9 14 26.6	2.5	30.14 689	1 712	1.21	0.29	{0 3 / 23 59}	5 20.6	10 39
29	13 47 26.06	0.13	9 14 24.1	3.2	30.12 977	1 707	1.21	0.29	23 55	5 16.7	10 35
30	13 47 26.19	0.01	−9 14 20.9	3.9	30.11 270	1 700	1.21	0.29	23 51	5 12.8	10 31
31	13 47 26.20	— 0.13	9 14 17.0	4.6	30.09 570	1 694	1.21	0.29	23 47	5 8.8	10 27
Febr. 1	13 47 26.07	0.25	9 14 12.4	5.3	30.07 876	1 688	1.22	0.29	23 43	5 4.9	10 23
2	13 47 25.82	0.39	9 14 7.1	6.1	30.06 188	1 680	1.22	0.29	23 39	5 1.0	10 19
3	13 47 25.43	0.51	9 14 1.0	6.7	30.04 508	1 671	1.22	0.29	23 35	4 57.0	10 15
4	13 47 24.92	0.64	9 13 54.3	7.5	30.02 837	1 663	1.22	0.29	23 31	4 53.1	10 11
5	13 47 24.28	0.77	−9 13 46.8	8.2	30.01 174	1 655	1.22	0.29	23 27	4 49.1	10 7
6	13 47 23.51	0.89	9 13 38.6	8.9	29.99 519	1 645	1.22	0.29	23 23	4 45.2	10 3
7	13 47 22.62	1.02	9 13 29.7	9.5	29.97 874	1 634	1.22	0.29	23 19	4 41.2	9 59
8	13 47 21.60	1.15	9 13 20.2	10.3	29.96 240	1 624	1.22	0.29	23 15	4 37.3	9 55
9	13 47 20.45	1.27	9 13 9.9	10.9	29.94 616	1 614	1.22	0.29	23 11	4 33.3	9 51
10	13 47 19.18		−9 12 59.0		29.93 002		1.22	0.29	23 7	4 29.4	9 48

Neptun 1955

Tag	0h Weltzeit Scheinbare Rektaszension		Scheinbare Deklination		Δ		Halbmesser	Hor. Par.	Aufgang	Obere Kulmination	Untergang
									in 0h Länge, +50° Breite		
1955	h m s	s	° ′ ″	″			″	″	h m	h m	h m
Febr. 10	13 47 19.18	1.39	−9 12 59.0	11.6	29.93 002	1 603	1.22	0.29	23 7	4 29.4	9 48
11	13 47 17.79	1.52	9 12 47.4	12.3	29.91 399	1 590	1.22	0.29	23 3	4 25.4	9 44
12	13 47 16.27	1.64	9 12 35.1	13.0	29.89 809	1 578	1.22	0.29	22 59	4 21.5	9 40
13	13 47 14.63	1.76	9 12 22.1	13.6	29.88 231	1 565	1.22	0.29	22 55	4 17.5	9 36
14	13 47 12.87	1.89	9 12 8.5	14.3	29.86 666	1 552	1.22	0.29	22 51	4 13.6	9 32
15	13 47 10.98	2.00	9 11 54.2	14.9	29.85 114	1 537	1.22	0.29	22 47	4 9.6	9 28
16	13 47 8.98	2.13	−9 11 39.3	15.6	29.83 577	1 523	1.23	0.29	22 43	4 5.6	9 24
17	13 47 6.85	2.24	9 11 23.7	16.2	29.82 054	1 508	1.23	0.30	22 39	4 1.7	9 20
18	13 47 4.61	2.36	9 11 7.5	16.8	29.80 546	1 493	1.23	0.30	22 35	3 57.7	9 16
19	13 47 2.25	2.48	9 10 50.7	17.5	29.79 053	1 477	1.23	0.30	22 31	3 53.7	9 12
20	13 46 59.77	2.59	9 10 33.2	18.1	29.77 576	1 461	1.23	0.30	22 27	3 49.7	9 8
21	13 46 57.18	2.71	9 10 15.1	18.7	29.76 115	1 445	1.23	0.30	22 23	3 45.8	9 4
22	13 46 54.47	2.82	−9 9 56.4	19.3	29.74 670	1 427	1.23	0.30	22 19	3 41.8	9 0
23	13 46 51.65	2.94	9 9 37.1	20.0	29.73 243	1 409	1.23	0.30	22 15	3 37.8	8 56
24	13 46 48.71	3.04	9 9 17.1	20.5	29.71 834	1 391	1.23	0.30	22 11	3 33.8	8 52
25	13 46 45.67	3.16	9 8 56.6	21.1	29.70 443	1 372	1.23	0.30	22 7	3 29.8	8 48
26	13 46 42.51	3.26	9 8 35.5	21.7	29.69 071	1 353	1.23	0.30	22 3	3 25.9	8 44
27	13 46 39.25	3.37	9 8 13.8	22.2	29.67 718	1 333	1.23	0.30	21 59	3 21.9	8 40
28	13 46 35.88	3.47	−9 7 51.6	22.8	29.66 385	1 313	1.23	0.30	21 55	3 17.9	8 36
März 1	13 46 32.41	3.58	9 7 28.8	23.3	29.65 072	1 293	1.23	0.30	21 51	3 13.9	8 33
2	13 46 28.83	3.68	9 7 5.5	23.8	29.63 779	1 273	1.23	0.30	21 47	3 9.9	8 29
3	13 46 25.15	3.77	9 6 41.7	24.4	29.62 506	1 251	1.23	0.30	21 43	3 5.9	8 25
4	13 46 21.38	3.87	9 6 17.3	24.8	29.61 255	1 230	1.23	0.30	21 39	3 1.9	8 21
5	13 46 17.51	3.97	9 5 52.5	25.4	29.60 025	1 209	1.24	0.30	21 35	2 57.9	8 17
6	13 46 13.54	4.07	−9 5 27.1	25.8	29.58 816	1 186	1.24	0.30	21 31	2 53.9	8 13
7	13 46 9.47	4.16	9 5 1.3	26.3	29.57 630	1 164	1.24	0.30	21 27	2 49.9	8 9
8	13 46 5.31	4.25	9 4 35.0	26.8	29.56 466	1 140	1.24	0.30	21 23	2 45.9	8 5
9	13 46 1.06	4.34	9 4 8.2	27.3	29.55 326	1 118	1.24	0.30	21 19	2 41.9	8 1
10	13 45 56.72	4.43	9 3 40.9	27.7	29.54 208	1 094	1.24	0.30	21 15	2 37.9	7 57
11	13 45 52.29	4.51	9 3 13.2	28.1	29.53 114	1 071	1.24	0.30	21 11	2 33.9	7 53
12	13 45 47.78	4.60	−9 2 45.1	28.6	29.52 043	1 046	1.24	0.30	21 7	2 29.9	7 49
13	13 45 43.18	4.68	9 2 16.5	29.0	29.50 997	1 022	1.24	0.30	21 3	2 25.9	7 45
14	13 45 38.50	4.76	9 1 47.5	29.4	29.49 975	997	1.24	0.30	20 59	2 21.9	7 41
15	13 45 33.74	4.84	9 1 18.1	29.8	29.48 978	972	1.24	0.30	20 55	2 17.9	7 37
16	13 45 28.90	4.92	9 0 48.3	30.2	29.48 006	947	1.24	0.30	20 51	2 13.9	7 33
17	13 45 23.98	4.99	9 0 18.1	30.6	29.47 059	921	1.24	0.30	20 47	2 9.9	7 29
18	13 45 18.99	5.06	−8 59 47.5	30.9	29.46 138	895	1.24	0.30	20 43	2 5.8	7 25
19	13 45 13.93	5.14	8 59 16.6	31.3	29.45 243	869	1.24	0.30	20 39	2 1.8	7 21
20	13 45 8.79	5.20	8 58 45.3	31.6	29.44 374	842	1.24	0.30	20 35	1 57.8	7 17
21	13 45 3.59	5.27	8 58 13.7	32.0	29.43 532	816	1.24	0.30	20 30	1 53.8	7 13
22	13 44 58.32	5.34	8 57 41.7	32.3	29.42 716	789	1.24	0.30	20 26	1 49.8	7 9
23	13 44 52.98		−8 57 9.4		29.41 927		1.24	0.30	20 22	1 45.8	7 5

Tag	Scheinbare Rektaszension		Scheinbare Deklination		Δ		Halbmesser	Hor. Par.	Aufgang	Obere Kulmination	Untergang
	0h Weltzeit								in 0h Länge, +50° Breite		
1955	h m s	s	° ′ ″	″			″	″	h m	h m	h m
März 23	13 44 52.98	5.39	−8 57 9.4	32.5	29.41 927	761	1.24	0.30	20 22	1 45.8	7 5
24	13 44 47.59	5.46	8 56 36.9	32.9	29.41 166	734	1.24	0.30	20 18	1 41.7	7 1
25	13 44 42.13	5.52	8 56 4.0	33.1	29.40 432	706	1.24	0.30	20 14	1 37.7	6 57
26	13 44 36.61	5.57	8 55 30.9	33.4	29.39 726	677	1.24	0.30	20 10	1 33.7	6 53
27	13 44 31.04	5.63	8 54 57.5	33.6	29.39 049	649	1.24	0.30	20 6	1 29.7	6 49
28	13 44 25.41	5.67	8 54 23.9	33.8	29.38 400	621	1.24	0.30	20 2	1 25.6	6 45
29	13 44 19.74	5.73	−8 53 50.1	34.1	29.37 779	592	1.24	0.30	19 58	1 21.6	6 41
30	13 44 14.01	5.77	8 53 16.0	34.2	29.37 187	564	1.24	0.30	19 54	1 17.6	6 37
31	13 44 8.24	5.81	8 52 41.8	34.4	29.36 623	534	1.24	0.30	19 50	1 13.6	6 33
April 1	13 44 2.43	5.86	8 52 7.4	34.6	29.36 089	506	1.25	0.30	19 46	1 9.5	6 29
2	13 43 56.57	5.89	8 51 32.8	34.8	29.35 583	477	1.25	0.30	19 42	1 5.5	6 25
3	13 43 50.68	5.93	8 50 58.0	34.9	29.35 106	448	1.25	0.30	19 37	1 1.5	6 21
4	13 43 44.75	5.96	−8 50 23.1	35.1	29.34 658	418	1.25	0.30	19 33	0 57.4	6 17
5	13 43 38.79	6.00	8 49 48.0	35.2	29.34 240	389	1.25	0.30	19 29	0 53.4	6 13
6	13 43 32.79	6.02	8 49 12.8	35.3	29.33 851	360	1.25	0.30	19 25	0 49.4	6 10
7	13 43 26.77	6.05	8 48 37.5	35.4	29.33 491	330	1.25	0.30	19 21	0 45.3	6 6
8	13 43 20.72	6.07	8 48 2.1	35.5	29.33 161	301	1.25	0.30	19 17	0 41.3	6 2
9	13 43 14.65	6.10	8 47 26.6	35.5	29.32 860	271	1.25	0.30	19 13	0 37.3	5 58
10	13 43 8.55	6.12	−8 46 51.1	35.6	29.32 589	242	1.25	0.30	19 9	0 33.2	5 54
11	13 43 2.43	6.14	8 46 15.5	35.6	29.32 347	212	1.25	0.30	19 5	0 29.2	5 50
12	13 42 56.29	6.15	8 45 39.9	35.7	29.32 135	182	1.25	0.30	19 1	0 25.2	5 46
13	13 42 50.14	6.16	8 45 4.2	35.7	29.31 953	152	1.25	0.30	18 57	0 21.1	5 42
14	13 42 43.98	6.18	8 44 28.5	35.7	29.31 801	122	1.25	0.30	18 53	0 17.1	5 38
15	13 42 37.80	6.19	8 43 52.8	35.7	29.31 679	92	1.25	0.30	18 49	0 13.1	5 34
16	13 42 31.61	6.19	−8 43 17.1	35.7	29.31 587	62	1.25	0.30	18 44	0 9.0	5 30
17	13 42 25.42	6.19	8 42 41.4	35.6	29.31 525	32	1.25	0.30	18 40	0 5.0	5 26
18	13 42 19.23	6.20	8 42 5.8	35.6	29.31 493	2	1.25	0.30	18 36	0 1.0 / 23 56.9	5 22
19	13 42 13.03	6.20	8 41 30.2	35.5	29.31 491	28	1.25	0.30	18 32	23 52.9	5 18
20	13 42 6.83	6.19	8 40 54.7	35.4	29.31 519	59	1.25	0.30	18 28	23 48.9	5 14
21	13 42 0.64	6.18	8 40 19.3	35.3	29.31 578	88	1.25	0.30	18 24	23 44.8	5 10
22	13 41 54.46	6.18	−8 39 44.0	35.2	29.31 666	118	1.25	0.30	18 20	23 40.8	5 6
23	13 41 48.28	6.17	8 39 8.8	35.1	29.31 784	149	1.25	0.30	18 16	23 36.8	5 2
24	13 41 42.11	6.15	8 38 33.7	35.0	29.31 933	178	1.25	0.30	18 12	23 32.7	4 58
25	13 41 35.96	6.13	8 37 58.7	34.8	29.32 111	208	1.25	0.30	18 8	23 28.7	4 54
26	13 41 29.83	6.12	8 37 23.9	34.6	29.32 319	237	1.25	0.30	18 4	23 24.7	4 50
27	13 41 23.71	6.10	8 36 49.3	34.4	29.32 556	267	1.25	0.30	17 59	23 20.6	4 46
28	13 41 17.61	6.07	−8 36 14.9	34.3	29.32 823	295	1.25	0.30	17 55	23 16.6	4 42
29	13 41 11.54	6.05	8 35 40.6	34.0	29.33 118	325	1.25	0.30	17 51	23 12.6	4 38
30	13 41 5.49	6.02	8 35 6.6	33.8	29.33 443	354	1.25	0.30	17 47	23 8.5	4 34
Mai 1	13 40 59.47	5.99	8 34 32.8	33.6	29.33 797	383	1.25	0.30	17 43	23 4.5	4 30
2	13 40 53.48	5.95	8 33 59.2	33.4	29.34 180	412	1.25	0.30	17 39	23 0.5	4 26
3	13 40 47.53		−8 33 25.8		29.34 592		1.25	0.30	17 35	22 56.5	4 22

Neptun 1955

Tag	0h Weltzeit Scheinbare Rektaszension		Scheinbare Deklination		Δ		Halb-messer	Hor. Par.	Auf-gang	Obere Kul-mination	Unter-gang
									in 0h Länge, +50° Breite		
1955	h m s	s	° ′ ″	″			″	″	h m	h m	h m
Mai 3	13 40 47.53	5.92	−8 33 25.8	33.1	29.34 592	440	1.25	0.30	17 35	22 56.5	4 22
4	13 40 41.61	5.89	8 32 52.7	32.8	29.35 032	469	1.25	0.30	17 31	22 52.4	4 18
5	13 40 35.72	5.85	8 32 19.9	32.6	29.35 501	497	1.25	0.30	17 27	22 48.4	4 14
6	13 40 29.87	5.80	8 31 47.3	32.2	29.35 998	525	1.25	0.30	17 23	22 44.4	4 10
7	13 40 24.07	5.76	8 31 15.1	32.0	29.36 523	553	1.25	0.30	17 19	22 40.3	4 6
8	13 40 18.31	5.72	8 30 43.1	31.6	29.37 076	581	1.24	0.30	17 15	22 36.3	4 2
9	13 40 12.59	5.67	−8 30 11.5	31.3	29.37 657	608	1.24	0.30	17 11	22 32.3	3 58
10	13 40 6.92	5.62	8 29 40.2	30.9	29.38 265	635	1.24	0.30	17 7	22 28.3	3 54
11	13 40 1.30	5.56	8 29 9.3	30.6	29.38 900	662	1.24	0.30	17 3	22 24.2	3 50
12	13 39 55.74	5.52	8 28 38.7	30.3	29.39 562	689	1.24	0.30	16 58	22 20.2	3 46
13	13 39 50.22	5.46	8 28 8.4	29.9	29.40 251	716	1.24	0.30	16 54	22 16.2	3 42
14	13 39 44.76	5.40	8 27 38.5	29.5	29.40 967	743	1.24	0.30	16 50	22 12.2	3 38
15	13 39 39.36	5.35	−8 27 9.0	29.2	29.41 710	768	1.24	0.30	16 46	22 8.1	3 34
16	13 39 34.01	5.28	8 26 39.8	28.7	29.42 478	795	1.24	0.30	16 42	22 4.1	3 30
17	13 39 28.73	5.22	8 26 11.1	28.3	29.43 273	820	1.24	0.30	16 38	22 0.1	3 26
18	13 39 23.51	5.16	8 25 42.8	27.9	29.44 093	846	1.24	0.30	16 34	21 56.1	3 22
19	13 39 18.35	5.09	8 25 14.9	27.4	29.44 939	871	1.24	0.30	16 30	21 52.1	3 18
20	13 39 13.26	5.02	8 24 47.5	27.0	29.45 810	896	1.24	0.30	16 26	21 48.1	3 14
21	13 39 8.24	4.95	−8 24 20.5	26.5	29.46 706	921	1.24	0.30	16 22	21 44.0	3 10
22	13 39 3.29	4.87	8 23 54.0	26.1	29.47 627	945	1.24	0.30	16 18	21 40.0	3 6
23	13 38 58.42	4.80	8 23 27.9	25.5	29.48 572	970	1.24	0.30	16 14	21 36.0	3 2
24	13 38 53.62	4.72	8 23 2.4	25.1	29.49 542	993	1.24	0.30	16 10	21 32.0	2 58
25	13 38 48.90	4.64	8 22 37.3	24.6	29.50 535	1 017	1.24	0.30	16 6	21 28.0	2 54
26	13 38 44.26	4.56	8 22 12.7	24.0	29.51 552	1 040	1.24	0.30	16 2	21 24.0	2 50
27	13 38 39.70	4.48	−8 21 48.7	23.5	29.52 592	1 062	1.24	0.30	15 58	21 20.0	2 46
28	13 38 35.22	4.39	8 21 25.2	23.0	29.53 654	1 085	1.24	0.30	15 54	21 16.0	2 42
29	13 38 30.83	4.31	8 21 2.2	22.4	29.54 739	1 107	1.24	0.30	15 50	21 12.0	2 38
30	13 38 26.52	4.22	8 20 39.8	21.9	29.55 846	1 128	1.24	0.30	15 46	21 8.0	2 35
31	13 38 22.30	4.13	8 20 17.9	21.4	29.56 974	1 149	1.24	0.30	15 42	21 4.0	2 31
Juni 1	13 38 18.17	4.05	8 19 56.5	20.8	29.58 123	1 170	1.24	0.30	15 37	21 0.0	2 27
2	13 38 14.12	3.96	−8 19 35.7	20.3	29.59 293	1 191	1.24	0.30	15 33	20 56.0	2 23
3	13 38 10.16	3.86	8 19 15.4	19.7	29.60 484	1 210	1.23	0.30	15 29	20 52.0	2 19
4	13 38 6.30	3.77	8 18 55.7	19.1	29.61 694	1 230	1.23	0.30	15 25	20 48.0	2 15
5	13 38 2.53	3.67	8 18 36.6	18.5	29.62 924	1 250	1.23	0.30	15 21	20 44.0	2 11
6	13 37 58.86	3.58	8 18 18.1	18.0	29.64 174	1 269	1.23	0.30	15 17	20 40.0	2 7
7	13 37 55.28	3.48	8 18 0.1	17.3	29.65 443	1 288	1.23	0.30	15 13	20 36.0	2 3
8	13 37 51.80	3.38	−8 17 42.8	16.8	29.66 731	1 305	1.23	0.30	15 9	20 32.0	1 59
9	13 37 48.42	3.28	8 17 26.0	16.1	29.68 036	1 324	1.23	0.30	15 5	20 28.0	1 55
10	13 37 45.14	3.18	8 17 9.9	15.5	29.69 360	1 341	1.23	0.30	15 1	20 24.0	1 51
11	13 37 41.96	3.08	8 16 54.4	14.8	29.70 701	1 357	1.23	0.30	14 57	20 20.1	1 47
12	13 37 38.88	2.97	8 16 39.6	14.2	29.72 058	1 375	1.23	0.30	14 53	20 16.1	1 43
13	13 37 35.91		−8 16 25.4		29.73 433		1.23	0.30	14 49	20 12.1	1 39

Tag	0h Weltzeit Scheinbare Rektaszension		Scheinbare Deklination		Δ		Halbmesser	Hor. Par.	Aufgang	Obere Kulmination	Untergang
									in 0h Länge, +50° Breite		
1955	h m s	s	° ′ ″	″			″	″	h m	h m	h m
Juni 13	13 37 35.91	2.87	—8 16 25.4	13.6	29.73 433	1 391	1.23	0.30	14 49	20 12.1	1 39
14	13 37 33.04	2.76	8 16 11.8	12.9	29.74 824	1 408	1.23	0.30	14 45	20 8.1	1 35
15	13 37 30.28	2.66	8 15 58.9	12.3	29.76 232	1 423	1.23	0.30	14 41	20 4.2	1 31
16	13 37 27.62	2.55	8 15 46.6	11.7	29.77 655	1 438	1.23	0.30	14 37	20 0.2	1 27
17	13 37 25.07	2.44	8 15 34.9	11.0	29.79 093	1 454	1.23	0.30	14 33	19 56.2	1 23
18	13 37 22.63	2.33	8 15 23.9	10.3	29.80 547	1 468	1.23	0.30	14 29	19 52.2	1 19
19	13 37 20.30	2.22	—8 15 13.6	9.7	29.82 015	1 482	1.23	0.30	14 25	19 48.3	1 15
20	13 37 18.08	2.11	8 15 3.9	9.0	29.83 497	1 495	1.23	0.29	14 21	19 44.3	1 11
21	13 37 15.97	2.00	8 14 54.9	8.3	29.84 992	1 508	1.22	0.29	14 18	19 40.3	1 7
22	13 37 13.97	1.88	8 14 46.6	7.6	29.86 500	1 521	1.22	0.29	14 14	19 36.4	1 3
23	13 37 12.09	1.77	8 14 39.0	6.9	29.88 021	1 532	1.22	0.29	14 10	19 32.4	0 59
24	13 37 10.32	1.65	8 14 32.1	6.3	29.89 553	1 544	1.22	0.29	14 6	19 28.5	0 55
25	13 37 8.67	1.54	—8 14 25.8	5.5	29.91 097	1 555	1.22	0.29	14 2	19 24.5	0 52
26	13 37 7.13	1.42	8 14 20.3	4.9	29.92 652	1 565	1.22	0.29	13 58	19 20.5	0 48
27	13 37 5.71	1.30	8 14 15.4	4.1	29.94 217	1 575	1.22	0.29	13 54	19 16.6	0 44
28	13 37 4.41	1.18	8 14 11.3	3.5	29.95 792	1 584	1.22	0.29	13 50	19 12.6	0 40
29	13 37 3.23	1.07	8 14 7.8	2.8	29.97 376	1 594	1.22	0.29	13 46	19 8.7	0 36
30	13 37 2.16	0.95	8 14 5.0	2.1	29.98 970	1 603	1.22	0.29	13 42	19 4.7	0 32
Juli 1	13 37 1.21	0.84	—8 14 2.9	1.4	30.00 573	1 611	1.22	0.29	13 38	19 0.8	0 28
2	13 37 0.37	0.71	8 14 1.5	0.7	30.02 184	1 619	1.22	0.29	13 34	18 56.8	0 24
3	13 36 59.66	0.60	8 14 0.8	0.0	30.03 803	1 627	1.22	0.29	13 30	18 52.9	0 20
4	13 36 59.06	0.47	8 14 0.8	0.8	30.05 430	1 633	1.22	0.29	13 26	18 49.0	0 16
5	13 36 58.59	0.36	8 14 1.6	1.4	30.07 063	1 639	1.22	0.29	13 22	18 45.0	0 12
6	13 36 58.23	0.23	8 14 3.0	2.2	30.08 702	1 646	1.22	0.29	13 18	18 41.1	0 8
7	13 36 58.00	0.12	—8 14 5.2	2.8	30.10 348	1 651	1.21	0.29	13 14	18 37.2	0 4
8	13 36 57.88	0.01	8 14 8.0	3.5	30.11 999	1 657	1.21	0.29	13 10	18 33.2	0 0 / 23 56
9	13 36 57.89	0.12	8 14 11.5	4.2	30.13 656	1 661	1.21	0.29	13 6	18 29.3	23 52
10	13 36 58.01	0.25	8 14 15.7	4.9	30.15 317	1 665	1.21	0.29	13 2	18 25.4	23 48
11	13 36 58.26	0.36	8 14 20.6	5.6	30.16 982	1 670	1.21	0.29	12 58	18 21.4	23 44
12	13 36 58.62	0.48	8 14 26.2	6.3	30.18 652	1 673	1.21	0.29	12 55	18 17.5	23 41
13	13 36 59.10	0.61	—8 14 32.5	7.1	30.20 325	1 676	1.21	0.29	12 51	18 13.6	23 37
14	13 36 59.71	0.72	8 14 39.6	7.7	30.22 001	1 678	1.21	0.29	12 47	18 9.7	23 33
15	13 37 0.43	0.85	8 14 47.3	8.5	30.23 679	1 681	1.21	0.29	12 43	18 5.8	23 29
16	13 37 1.28	0.97	8 14 55.8	9.2	30.25 360	1 682	1.21	0.29	12 39	18 1.8	23 25
17	13 37 2.25	1.10	8 15 5.0	9.9	30.27 042	1 683	1.21	0.29	12 35	17 57.9	23 21
18	13 37 3.35	1.21	8 15 14.9	10.5	30.28 725	1 683	1.21	0.29	12 31	17 54.0	23 17
19	13 37 4.56	1.34	—8 15 25.4	11.3	30.30 408	1 683	1.21	0.29	12 27	17 50.1	23 13
20	13 37 5.90	1.46	8 15 36.7	12.0	30.32 091	1 683	1.21	0.29	12 23	17 46.2	23 9
21	13 37 7.36	1.58	8 15 48.7	12.6	30.33 774	1 682	1.21	0.29	12 19	17 42.3	23 5
22	13 37 8.94	1.70	8 16 1.3	13.4	30.35 456	1 680	1.20	0.29	12 16	17 38.4	23 1
23	13 37 10.64	1.82	8 16 14.7	14.0	30.37 136	1 678	1.20	0.29	12 12	17 34.5	22 57
24	13 37 12.46		—8 16 28.7		30.38 814		1.20	0.29	12 8	17 30.6	22 53

Tag	0ʰ Weltzeit: Scheinbare Rektaszension		Scheinbare Deklination		Δ		Halb-messer	Hor. Par.	Auf-gang (in 0ʰ Länge, +50° Breite)	Obere Kul-mination (in 0ʰ Länge, +50° Breite)	Unter-gang (in 0ʰ Länge, +50° Breite)
1955	h m s	s	° ′ ″	″			″	″	h m	h m	h m
Juli 24	13 37 12.46	1.94	−8 16 28.7	14.7	30.38 814	1 676	1.20	0.29	12 8	17 30.6	22 53
25	13 37 14.40	2.06	8 16 43.4	15.4	30.40 490	1 672	1.20	0.29	12 4	17 26.7	22 50
26	13 37 16.46	2.18	8 16 58.8	16.1	30.42 162	1 669	1.20	0.29	12 0	17 22.8	22 46
27	13 37 18.64	2.30	8 17 14.9	16.7	30.43 831	1 665	1.20	0.29	11 56	17 18.9	22 42
28	13 37 20.94	2.42	8 17 31.6	17.4	30.45 496	1 662	1.20	0.29	11 52	17 15.0	22 38
29	13 37 23.36	2.53	8 17 49.0	18.1	30.47 158	1 656	1.20	0.29	11 48	17 11.1	22 34
30	13 37 25.89	2.65	−8 18 7.1	18.7	30.48 814	1 651	1.20	0.29	11 45	17 7.2	22 30
31	13 37 28.54	2.77	8 18 25.8	19.4	30.50 465	1 646	1.20	0.29	11 41	17 3.3	22 26
Aug. 1	13 37 31.31	2.89	8 18 45.2	20.0	30.52 111	1 639	1.20	0.29	11 37	16 59.4	22 22
2	13 37 34.20	3.00	8 19 5.2	20.7	30.53 750	1 632	1.20	0.29	11 33	16 55.6	22 18
3	13 37 37.20	3.11	8 19 25.9	21.3	30.55 382	1 626	1.20	0.29	11 29	16 51.7	22 14
4	13 37 40.31	3.23	8 19 47.2	22.0	30.57 008	1 618	1.20	0.29	11 25	16 47.8	22 10
5	13 37 43.54	3.34	−8 20 9.2	22.6	30.58 626	1 611	1.20	0.29	11 21	16 43.9	22 6
6	13 37 46.88	3.46	8 20 31.8	23.3	30.60 237	1 602	1.19	0.29	11 18	16 40.1	22 3
7	13 37 50.34	3.56	8 20 55.1	23.8	30.61 839	1 594	1.19	0.29	11 14	16 36.2	21 59
8	13 37 53.90	3.68	8 21 18.9	24.5	30.63 433	1 585	1.19	0.29	11 10	16 32.3	21 55
9	13 37 57.58	3.79	8 21 43.4	25.1	30.65 018	1 576	1.19	0.29	11 6	16 28.4	21 51
10	13 38 1.37	3.90	8 22 8.5	25.7	30.66 594	1 566	1.19	0.29	11 2	16 24.6	21 47
11	13 38 5.27	4.00	−8 22 34.2	26.2	30.68 160	1 556	1.19	0.29	10 58	16 20.7	21 43
12	13 38 9.27	4.12	8 23 0.4	26.9	30.69 716	1 545	1.19	0.29	10 55	16 16.8	21 39
13	13 38 13.39	4.23	8 23 27.3	27.5	30.71 261	1 534	1.19	0.29	10 51	16 13.0	21 35
14	13 38 17.62	4.33	8 23 54.8	28.0	30.72 795	1 522	1.19	0.29	10 47	16 9.1	21 31
15	13 38 21.95	4.44	8 24 22.8	28.7	30.74 317	1 510	1.19	0.29	10 43	16 5.3	21 27
16	13 38 26.39	4.55	8 24 51.5	29.2	30.75 827	1 498	1.19	0.29	10 39	16 1.4	21 24
17	13 38 30.94	4.65	−8 25 20.7	29.8	30.77 325	1 485	1.19	0.29	10 36	15 57.6	21 20
18	13 38 35.59	4.76	8 25 50.5	30.3	30.78 810	1 471	1.19	0.29	10 32	15 53.7	21 16
19	13 38 40.35	4.86	8 26 20.8	30.9	30.80 281	1 457	1.19	0.29	10 28	15 49.8	21 12
20	13 38 45.21	4.96	8 26 51.7	31.5	30.81 738	1 443	1.19	0.29	10 24	15 46.0	21 8
21	13 38 50.17	5.06	8 27 23.2	32.0	30.83 181	1 428	1.19	0.29	10 20	15 42.1	21 4
22	13 38 55.23	5.16	8 27 55.2	32.5	30.84 609	1 413	1.19	0.29	10 16	15 38.3	21 0
23	13 39 0.39	5.26	−8 28 27.7	33.0	30.86 022	1 398	1.18	0.29	10 13	15 34.5	20 56
24	13 39 5.65	5.35	8 29 0.7	33.6	30.87 420	1 382	1.18	0.29	10 9	15 30.6	20 52
25	13 39 11.00	5.45	8 29 34.3	34.1	30.88 802	1 366	1.18	0.28	10 5	15 26.8	20 49
26	13 39 16.45	5.55	8 30 8.4	34.6	30.90 168	1 350	1.18	0.28	10 1	15 22.9	20 45
27	13 39 22.00	5.64	8 30 43.0	35.0	30.91 518	1 332	1.18	0.28	9 57	15 19.1	20 41
28	13 39 27.64	5.73	8 31 18.0	35.6	30.92 850	1 316	1.18	0.28	9 54	15 15.2	20 37
29	13 39 33.37	5.82	−8 31 53.6	36.0	30.94 166	1 298	1.18	0.28	9 50	15 11.4	20 33
30	13 39 39.19	5.91	8 32 29.6	36.5	30.95 464	1 279	1.18	0.28	9 46	15 7.6	20 29
31	13 39 45.10	6.00	8 33 6.1	37.0	30.96 743	1 261	1.18	0.28	9 42	15 3.7	20 25
Sept. 1	13 39 51.10	6.09	8 33 43.1	37.4	30.98 004	1 243	1.18	0.28	9 38	14 59.9	20 21
2	13 39 57.19	6.17	8 34 20.5	37.8	30.99 247	1 224	1.18	0.28	9 35	14 56.1	20 17
3	13 40 3.36		−8 34 58.3		31.00 471		1.18	0.28	9 31	14 52.3	20 14

Tag	0ʰ Weltzeit: Scheinbare Rektaszension		Scheinbare Deklination		Δ		Halbmesser	Hor. Par.	Aufgang	Obere Kulmination	Untergang
									in 0ʰ Länge, +50° Breite		
1955	h m s	s	° ′ ″	″			″	″	h m	h m	h m
Sept. 3	13 40 3.36	6.26	−8 34 58.3	38.3	31.00 471	1 204	1.18	0.28	9 31	14 52.3	20 14
4	13 40 9.62	6.34	8 35 36.6	38.6	31.01 675	1 185	1.18	0.28	9 27	14 48.4	20 10
5	13 40 15.96	6.42	8 36 15.2	39.1	31.02 860	1 166	1.18	0.28	9 23	14 44.6	20 6
6	13 40 22.38	6.50	8 36 54.3	39.5	31.04 026	1 146	1.18	0.28	9 20	14 40.8	20 2
7	13 40 28.88	6.58	8 37 33.8	39.9	31.05 172	1 125	1.18	0.28	9 16	14 37.0	19 58
8	13 40 35.46	6.65	8 38 13.7	40.2	31.06 297	1 104	1.18	0.28	9 12	14 33.1	19 54
9	13 40 42.11	6.74	−8 38 53.9	40.7	31.07 401	1 084	1.18	0.28	9 8	14 29.3	19 50
10	13 40 48.85	6.82	8 39 34.6	41.1	31.08 485	1 062	1.18	0.28	9 5	14 25.5	19 47
11	13 40 55.67	6.89	8 40 15.7	41.4	31.09 547	1 040	1.18	0.28	9 1	14 21.7	19 43
12	13 41 2.56	6.96	8 40 57.1	41.8	31.10 587	1 017	1.18	0.28	8 57	14 17.9	19 39
13	13 41 9.52	7.04	8 41 38.9	42.2	31.11 604	996	1.17	0.28	8 53	14 14.0	19 35
14	13 41 16.56	7.11	8 42 21.1	42.5	31.12 600	973	1.17	0.28	8 50	14 10.2	19 31
15	13 41 23.67	7.17	−8 43 3.6	42.8	31.13 573	950	1.17	0.28	8 46	14 6.4	19 27
16	13 41 30.84	7.24	8 43 46.4	43.2	31.14 523	927	1.17	0.28	8 42	14 2.6	19 23
17	13 41 38.08	7.30	8 44 29.6	43.4	31.15 450	903	1.17	0.28	8 38	13 58.8	19 19
18	13 41 45.38	7.37	8 45 13.0	43.7	31.16 353	879	1.17	0.28	8 35	13 55.0	19 15
19	13 41 52.75	7.43	8 45 56.7	44.0	31.17 232	854	1.17	0.28	8 31	13 51.2	19 12
20	13 42 0.18	7.48	8 46 40.7	44.3	31.18 086	830	1.17	0.28	8 27	13 47.4	19 8
21	13 42 7.66	7.55	−8 47 25.0	44.5	31.18 916	806	1.17	0.28	8 23	13 43.6	19 4
22	13 42 15.21	7.61	8 48 9.5	44.8	31.19 722	781	1.17	0.28	8 20	13 39.8	19 0
23	13 42 22.82	7.66	8 48 54.3	45.1	31.20 503	756	1.17	0.28	8 16	13 35.9	18 56
24	13 42 30.48	7.71	8 49 39.4	45.3	31.21 259	731	1.17	0.28	8 12	13 32.1	18 52
25	13 42 38.19	7.76	8 50 24.7	45.5	31.21 990	705	1.17	0.28	8 8	13 28.3	18 48
26	13 42 45.95	7.81	8 51 10.2	45.7	31.22 695	680	1.17	0.28	8 5	13 24.5	18 44
27	13 42 53.76	7.86	−8 51 55.9	46.0	31.23 375	653	1.17	0.28	8 1	13 20.7	18 41
28	13 43 1.62	7.91	8 52 41.9	46.1	31.24 028	628	1.17	0.28	7 57	13 16.9	18 37
29	13 43 9.53	7.95	8 53 28.0	46.3	31.24 656	602	1.17	0.28	7 53	13 13.1	18 33
30	13 43 17.48	7.99	8 54 14.3	46.5	31.25 258	576	1.17	0.28	7 50	13 9.3	18 29
Okt. 1	13 43 25.47	8.04	8 55 0.8	46.6	31.25 834	549	1.17	0.28	7 46	13 5.5	18 25
2	13 43 33.51	8.07	8 55 47.4	46.8	31.26 383	523	1.17	0.28	7 42	13 1.7	18 21
3	13 43 41.58	8.11	−8 56 34.2	47.0	31.26 906	496	1.17	0.28	7 38	12 57.9	18 17
4	13 43 49.69	8.15	8 57 21.2	47.1	31.27 402	469	1.17	0.28	7 35	12 54.1	18 14
5	13 43 57.84	8.18	8 58 8.3	47.2	31.27 871	442	1.17	0.28	7 31	12 50.3	18 10
6	13 44 6.02	8.22	8 58 55.5	47.3	31.28 313	415	1.17	0.28	7 27	12 46.6	18 6
7	13 44 14.24	8.25	8 59 42.8	47.4	31.28 728	387	1.17	0.28	7 24	12 42.8	18 2
8	13 44 22.49	8.28	9 0 30.2	47.5	31.29 115	360	1.17	0.28	7 20	12 39.0	17 58
9	13 44 30.77	8.30	−9 1 17.7	47.6	31.29 475	332	1.17	0.28	7 16	12 35.2	17 54
10	13 44 39.07	8.33	9 2 5.3	47.7	31.29 807	304	1.17	0.28	7 12	12 31.4	17 50
11	13 44 47.40	8.36	9 2 53.0	47.8	31.30 111	277	1.17	0.28	7 9	12 27.6	17 47
12	13 44 55.76	8.38	9 3 40.8	47.8	31.30 388	249	1.17	0.28	7 5	12 23.8	17 43
13	13 45 4.14	8.40	9 4 28.6	47.9	31.30 637	221	1.17	0.28	7 1	12 20.0	17 39
14	13 45 12.54		−9 5 16.5		31.30 858		1.17	0.28	6 57	12 16.2	17 35

Tag	Scheinbare Rektaszension (0h Weltzeit)		Scheinbare Deklination		Δ		Halbmesser	Hor. Par.	Aufgang	Obere Kulmination	Untergang
									in 0h Länge, +50° Breite		
1955	h m s	s	° ′ ″	″			″	″	h m	h m	h m
Okt. 14	13 45 12.54	8.41	−9 5 16.5	47.8	31.30 858	193	1.17	0.28	6 57	12 16.2	17 35
15	13 45 20.95	8.44	9 6 4.3	47.9	31.31 051	164	1.17	0.28	6 54	12 12.4	17 31
16	13 45 29.39	8.45	9 6 52.2	47.9	31.31 215	135	1.17	0.28	6 50	12 8.6	17 27
17	13 45 37.84	8.46	9 7 40.1	47.8	31.31 350	106	1.17	0.28	6 46	12 4.8	17 23
18	13 45 46.30	8.48	9 8 27.9	47.8	31.31 456	78	1.17	0.28	6 42	12 1.0	17 20
19	13 45 54.78	8.48	9 9 15.7	47.8	31.31 534	49	1.17	0.28	6 39	11 57.2	17 16
20	13 46 3.26	8.49	−9 10 3.5	47.8	31.31 583	21	1.17	0.28	6 35	11 53.5	17 12
21	13 46 11.75	8.49	9 10 51.3	47.7	31.31 604	8	1.17	0.28	6 31	11 49.7	17 8
22	13 46 20.24	8.49	9 11 39.0	47.6	31.31 596	36	1.17	0.28	6 28	11 45.9	17 4
23	13 46 28.73	8.50	9 12 26.6	47.6	31.31 560	65	1.17	0.28	6 24	11 42.1	17 0
24	13 46 37.23	8.49	9 13 14.2	47.5	31.31 495	93	1.17	0.28	6 20	11 38.3	16 56
25	13 46 45.72	8.49	9 14 1.7	47.4	31.31 402	122	1.17	0.28	6 16	11 34.5	16 53
26	13 46 54.21	8.48	−9 14 49.1	47.3	31.31 280	151	1.17	0.28	6 13	11 30.7	16 49
27	13 47 2.69	8.47	9 15 36.4	47.2	31.31 129	179	1.17	0.28	6 9	11 26.9	16 45
28	13 47 11.16	8.47	9 16 23.6	47.1	31.30 950	208	1.17	0.28	6 5	11 23.1	16 41
29	13 47 19.63	8.45	9 17 10.7	46.9	31.30 742	236	1.17	0.28	6 2	11 19.3	16 37
30	13 47 28.08	8.44	9 17 57.6	46.7	31.30 506	264	1.17	0.28	5 58	11 15.5	16 33
31	13 47 36.52	8.43	9 18 44.3	46.6	31.30 242	292	1.17	0.28	5 54	11 11.7	16 29
Nov. 1	13 47 44.95	8.41	−9 19 30.9	46.4	31.29 950	321	1.17	0.28	5 50	11 8.0	16 26
2	13 47 53.36	8.40	9 20 17.3	46.3	31.29 629	348	1.17	0.28	5 47	11 4.2	16 22
3	13 48 1.76	8.37	9 21 3.6	46.0	31.29 281	377	1.17	0.28	5 43	11 0.4	16 18
4	13 48 10.13	8.36	9 21 49.6	45.9	31.28 904	405	1.17	0.28	5 39	10 56.6	16 14
5	13 48 18.49	8.33	9 22 35.5	45.7	31.28 499	433	1.17	0.28	5 35	10 52.8	16 10
6	13 48 26.82	8.31	9 23 21.2	45.5	31.28 066	460	1.17	0.28	5 32	10 49.0	16 6
7	13 48 35.13	8.27	−9 24 6.7	45.2	31.27 606	489	1.17	0.28	5 28	10 45.2	16 2
8	13 48 43.40	8.25	9 24 51.9	45.0	31.27 117	516	1.17	0.28	5 24	10 41.4	15 59
9	13 48 51.65	8.22	9 25 36.9	44.7	31.26 601	544	1.17	0.28	5 21	10 37.6	15 55
10	13 48 59.87	8.18	9 26 21.6	44.5	31.26 057	572	1.17	0.28	5 17	10 33.8	15 51
11	13 49 8.05	8.15	9 27 6.1	44.1	31.25 485	599	1.17	0.28	5 13	10 30.0	15 47
12	13 49 16.20	8.11	9 27 50.2	43.9	31.24 886	627	1.17	0.28	5 9	10 26.2	15 43
13	13 49 24.31	8.07	−9 28 34.1	43.6	31.24 259	654	1.17	0.28	5 6	10 22.4	15 39
14	13 49 32.38	8.03	9 29 17.7	43.3	31.23 605	680	1.17	0.28	5 2	10 18.6	15 35
15	13 49 40.41	7.98	9 30 1.0	43.0	31.22 925	708	1.17	0.28	4 58	10 14.8	15 32
16	13 49 48.39	7.94	9 30 44.0	42.7	31.22 217	734	1.17	0.28	4 54	10 11.0	15 28
17	13 49 56.33	7.89	9 31 26.7	42.3	31.21 483	761	1.17	0.28	4 51	10 7.2	15 24
18	13 50 4.22	7.84	9 32 9.0	42.0	31.20 722	787	1.17	0.28	4 47	10 3.4	15 20
19	13 50 12.06	7.79	−9 32 51.0	41.6	31.19 935	813	1.17	0.28	4 43	9 59.6	15 16
20	13 50 19.85	7.74	9 33 32.6	41.2	31.19 122	839	1.17	0.28	4 39	9 55.8	15 12
21	13 50 27.59	7.68	9 34 13.8	40.8	31.18 283	864	1.17	0.28	4 36	9 52.0	15 8
22	13 50 35.27	7.62	9 34 54.6	40.5	31.17 419	889	1.17	0.28	4 32	9 48.2	15 5
23	13 50 42.89	7.57	9 35 35.1	40.0	31.16 530	914	1.17	0.28	4 28	9 44.4	15 1
24	13 50 50.46		−9 36 15.1		31.15 616		1.17	0.28	4 24	9 40.6	14 57

Tag	0h Weltzeit: Scheinbare Rektaszension		Scheinbare Deklination		Δ		Halb-messer	Hor. Par.	Auf-gang	ObereKul-mination	Unter-gang
									in 0h Länge, +50° Breite		
1955	h m s	s	° ′ ″	″			″	″	h m	h m	h m
Nov. 24	13 50 50.46	7.50	−9 36 15.1	39.7	31.15 616	939	1.17	0.28	4 24	9 40.6	14 57
25	13 50 57.96	7.44	9 36 54.8	39.3	31.14 677	963	1.17	0.28	4 21	9 36.8	14 53
26	13 51 5.40	7.38	9 37 34.1	38.8	31.13 714	988	1.17	0.28	4 17	9 33.0	14 49
27	13 51 12.78	7.31	9 38 12.9	38.4	31.12 726	1 011	1.17	0.28	4 13	9 29.2	14 45
28	13 51 20.09	7.24	9 38 51.3	38.0	31.11 715	1 035	1.17	0.28	4 9	9 25.4	14 41
29	13 51 27.33	7.18	9 39 29.3	37.5	31.10 680	1 059	1.18	0.28	4 6	9 21.5	14 38
30	13 51 34.51	7.10	−9 40 6.8	37.1	31.09 621	1 081	1.18	0.28	4 2	9 17.7	14 34
Dez. 1	13 51 41.61	7.03	9 40 43.9	36.6	31.08 540	1 104	1.18	0.28	3 58	9 13.9	14 30
2	13 51 48.64	6.96	9 41 20.5	36.1	31.07 436	1 127	1.18	0.28	3 54	9 10.1	14 26
3	13 51 55.60	6.88	9 41 56.6	35.6	31.06 309	1 149	1.18	0.28	3 51	9 6.3	14 22
4	13 52 2.48	6.81	9 42 32.2	35.2	31.05 160	1 171	1.18	0.28	3 47	9 2.5	14 18
5	13 52 9.29	6.72	9 43 7.4	34.6	31.03 989	1 193	1.18	0.28	3 43	8 58.6	14 14
6	13 52 16.01	6.65	−9 43 42.0	34.2	31.02 796	1 214	1.18	0.28	3 39	8 54.8	14 10
7	13 52 22.66	6.56	9 44 16.2	33.7	31.01 582	1 235	1.18	0.28	3 35	8 51.0	14 6
8	13 52 29.22	6.48	9 44 49.9	33.1	31.00 347	1 256	1.18	0.28	3 32	8 47.2	14 3
9	13 52 35.70	6.39	9 45 23.0	32.6	30.99 091	1 276	1.18	0.28	3 28	8 43.3	13 59
10	13 52 42.09	6.30	9 45 55.6	32.0	30.97 815	1 296	1.18	0.28	3 24	8 39.5	13 55
11	13 52 48.39	6.21	9 46 27.6	31.5	30.96 519	1 316	1.18	0.28	3 20	8 35.7	13 51
12	13 52 54.60	6.12	−9 46 59.1	30.9	30.95 203	1 335	1.18	0.28	3 17	8 31.9	13 47
13	13 53 0.72	6.03	9 47 30.0	30.3	30.93 868	1 355	1.18	0.28	3 13	8 28.0	13 43
14	13 53 6.75	5.94	9 48 0.3	29.7	30.92 513	1 373	1.18	0.28	3 9	8 24.2	13 39
15	13 53 12.69	5.84	9 48 30.0	29.2	30.91 140	1 392	1.18	0.28	3 5	8 20.4	13 36
16	13 53 18.53	5.74	9 48 59.2	28.6	30.89 748	1 409	1.18	0.28	3 1	8 16.5	13 32
17	13 53 24.27	5.64	9 49 27.8	28.0	30.88 339	1 426	1.18	0.28	2 58	8 12.7	13 28
18	13 53 29.91	5.54	−9 49 55.8	27.4	30.86 913	1 444	1.18	0.29	2 54	8 8.9	13 24
19	13 53 35.45	5.44	9 50 23.2	26.8	30.85 469	1 460	1.18	0.29	2 50	8 5.0	13 20
20	13 53 40.89	5.33	9 50 50.0	26.2	30.84 009	1 475	1.19	0.29	2 46	8 1.2	13 16
21	13 53 46.22	5.23	9 51 16.2	25.6	30.82 534	1 490	1.19	0.29	2 42	7 57.3	13 12
22	13 53 51.45	5.13	9 51 41.8	24.9	30.81 044	1 506	1.19	0.29	2 39	7 53.5	13 8
23	13 53 56.58	5.02	9 52 6.7	24.3	30.79 538	1 520	1.19	0.29	2 35	7 49.6	13 4
24	13 54 1.60	4.90	−9 52 31.0	23.7	30.78 018	1 534	1.19	0.29	2 31	7 45.8	13 1
25	13 54 6.50	4.80	9 52 51.7	23.0	30.76 484	1 548	1.19	0.29	2 27	7 41.9	12 57
26	13 54 11.30	4.69	9 53 17.7	22.4	30.74 936	1 561	1.19	0.29	2 23	7 38.1	12 53
27	13 54 15.99	4.58	9 53 40.1	21.7	30.73 375	1 573	1.19	0.29	2 20	7 34.2	12 49
28	13 54 20.57	4.46	9 54 1.8	21.0	30.71 802	1 586	1.19	0.29	2 16	7 30.4	12 45
29	13 54 25.03	4.35	9 54 22.8	20.4	30.70 216	1 597	1.19	0.29	2 12	7 26.5	12 41
30	13 54 29.38	4.24	−9 54 43.2	19.7	30.68 619	1 609	1.19	0.29	2 8	7 22.7	12 37
31	13 54 33.62	4.12	9 55 2.9	19.1	30.67 010	1 620	1.19	0.29	2 4	7 18.8	12 33
32	13 54 37.74		−9 55 22.0		30.65 390		1.19	0.29	2 0	7 14.9	12 30

Pluto 1955

Tag	Rektaszension 1950.0		Fixstern-aberration	Deklination 1950.0		Fixstern-aberration	Δ		Lichtzeit	Obere Kulmination in Greenwich
	0h Weltzeit									
1955	h m s	s	s	° ′ ″	″	″			d	h m
Jan. −1	10 10 5.24	6.20	+0.83	+22 25 0.0	72.1	−7.4	34.41 772	2 669	0.1985	3 38
+1	9 59.04	6.60	0.87	26 12.1	73.3	7.5	39 103	2 585	1984	3 30
3	9 52.44	6.98	0.91	27 25.4	74.3	7.6	36 518	2 498	1982	3 22
5	9 45.46	7.35	0.95	28 39.7	75.2	7.7	34 020	2 408	1981	3 14
7	9 38.11	7.70	0.99	29 54.9	76.0	7.8	31 612	2 316	1979	3 6
9	10 9 30.41	8.06	+1.02	+22 31 10.9	76.8	−7.9	34.29 296	2 221	0.1978	2 58
11	9 22.35	8.38	1.05	32 27.7	77.5	8.0	27 075	2 123	1977	2 50
13	9 13.97	8.71	1.09	33 45.2	78.0	8.0	24 952	2 023	1976	2 42
15	9 5.26	9.02	1.12	35 3.2	78.4	8.1	22 929	1 920	1974	2 34
17	8 56.24	9.31	1.14	36 21.6	78.7	8.1	21 009	1 814	1973	2 26
19	10 8 46.93	9.60	+1.17	+22 37 40.3	79.0	−8.1	34.19 195	1 706	0.1972	2 18
21	8 37.33	9.85	1.20	38 59.3	79.0	8.1	17 489	1 597	1971	2 10
23	8 27.48	10.11	1.22	40 18.3	79.0	8.1	15 892	1 484	1970	2 2
25	8 17.37	10.33	1.25	41 37.3	78.8	8.1	14 408	1 370	1970	1 54
27	8 7.04	10.54	1.27	42 56.1	78.5	8.1	13 038	1 254	1969	1 46
29	10 7 56.50	10.74	+1.29	+22 44 14.6	78.1	−8.0	34.11 784	1 137	0.1968	1 38
31	7 45.76	10.91	1.31	45 32.7	77.6	8.0	10 647	1 019	1967	1 30
Febr. 2	7 34.85	11.07	1.32	46 50.3	76.9	7.9	09 628	901	1967	1 22
4	7 23.78	11.21	1.34	48 7.2	76.3	7.9	08 727	782	1966	1 14
6	7 12.57	11.34	1.35	49 23.5	75.4	7.8	07 945	662	1966	1 6
8	10 7 1.23	11.43	+1.36	+22 50 38.9	74.5	−7.7	34.07 283	541	0.1965	0 58
10	6 49.80	11.53	1.37	51 53.4	73.4	7.6	06 742	421	1965	0 50
12	6 38.27	11.59	1.38	53 6.8	72.4	7.5	06 321	299	1965	0 42
14	6 26.68	11.65	1.38	54 19.2	71.1	7.4	06 022	178	1965	0 34
16	6 15.03	11.67	1.39	55 30.3	69.7	7.2	05 844	56	1965	0 26
18	10 6 3.36	11.69	+1.39	+22 56 40.0	68.3	−7.1	34.05 788	65	0.1965	0 18
20	5 51.67	11.69	1.39	57 48.3	66.8	6.9	05 853	187	1965	0 10
22	5 39.98	11.66	1.39	+22 58 55.1	65.2	6.8	06 040	308	1965	{ 0 2 23 58
24	5 28.32	11.61	1.38	+23 0 0.3	63.3	6.6	06 348	429	1965	23 50
26	5 16.71	11.54	1.38	1 3.6	61.6	6.5	06 777	547	1965	23 41
28	10 5 5.17	11.46	+1.37	+23 2 5.2	59.7	−6.3	34.07 324	664	0.1965	23 33
März 2	4 53.71	11.36	1.36	3 4.9	57.7	6.1	07 988	781	1966	23 25
4	4 42.35	11.24	1.35	4 2.6	55.6	5.9	08 769	896	1966	23 17
6	4 31.11	11.10	1.34	4 58.2	53.6	5.7	09 665	1 008	1967	23 9
8	4 20.01	10.94	1.32	5 51.8	51.3	5.5	10 673	1 119	1967	23 1
10	10 4 9.07	10.78	+1.31	+23 6 43.1	49.1	−5.2	34.11 792	1 229	0.1968	22 53
12	3 58.29	10.59	1.29	7 32.2	46.9	5.0	13 021	1 337	1969	22 45
14	3 47.70	10.39	1.27	8 19.1	44.5	4.8	14 358	1 443	1969	22 37
16	3 37.31	10.17	1.25	9 3.6	42.0	4.6	15 801	1 546	1970	22 29
18	3 27.14	9.93	1.23	9 45.6	39.6	4.3	17 347	1 649	1971	22 21
20	10 3 17.21	9.69	+1.21	+23 10 25.2	37.1	−4.1	34.18 996	1 748	0.1972	22 13
22	3 7.52	9.41	1.18	11 2.3	34.6	3.8	20 744	1 845	1973	22 5
24	2 58.11	9.14	1.16	11 36.9	31.9	3.6	22 589	1 940	1974	21 57
26	2 48.97	8.83	1.13	12 8.8	29.2	3.3	24 529	2 030	1975	21 49
28	2 40.14	8.53	1.10	12 38.0	26.6	3.1	26 559	2 119	1977	21 41
30	2 31.61	8.20	1.07	13 4.6	23.9	2.8	28 678	2 203	1978	21 33
April 1	10 2 23.41		+1.04	+23 13 28.5		−2.5	34.30 881		0.1979	21 25

Tag	0h Weltzeit: Rektaszension 1950.0		Fix-stern-ab-erration	Deklination 1950.0		Fix-stern-ab-erration	Δ		Licht-zeit	Obere Kul-mination in Green-wich
1955	h m s	s	s	° ′ ″	″	″			d	h m
April 1	10 2 23.41	7.86	+1.04	+23 13 28.5	21.2	−2.5	34.30 881	2 285	0.1979	21 25
3	2 15.55	7.52	1.00	13 49.7	18.5	2.3	33 166	2 363	1980	21 17
5	2 8.03	7.16	0.97	14 8.2	15.8	2.0	35 529	2 439	1982	21 9
7	2 0.87	6.79	0.93	14 24.0	13.0	1.7	37 968	2 510	1983	21 1
9	1 54.08	6.42	0.90	14 37.0	10.3	1.4	40 478	2 579	1985	20 53
11	10 1 47.66	6.04	+0.86	+23 14 47.3	7.5	−1.2	34.43 057	2 644	0.1986	20 45
13	1 41.62	5.64	0.82	14 54.8	4.8	0.9	45 701	2 707	1988	20 37
15	1 35.98	5.23	0.78	14 59.6	2.0	0.6	48 408	2 766	1989	20 29
17	1 30.75	4.82	0.74	15 1.6	0.7	0.3	51 174	2 821	1991	20 21
19	1 25.93	4.41	0.70	15 0.9	3.5	−0.1	53 995	2 873	1992	20 13
21	10 1 21.52	3.97	+0.66	+23 14 57.4	6.2	+0.2	34.56 868	2 921	0.1994	20 5
23	1 17.55	3.54	0.61	14 51.2	9.0	0.5	59 789	2 964	1996	19 57
25	1 14.01	3.09	0.57	14 42.2	11.7	0.8	62 753	3 005	1997	19 49
27	1 10.92	2.65	0.53	14 30.5	14.3	1.0	65 758	3 040	1999	19 41
29	1 8.27	2.20	0.48	14 16.2	17.0	1.3	68 798	3 073	2001	19 34
Mai 1	10 1 6.07	1.75	+0.44	+23 13 59.2	19.6	+1.6	34.71 871	3 100	0.2003	19 26
3	1 4.32	1.30	0.39	13 39.6	22.2	1.8	74 971	3 124	2004	19 18
5	1 3.02	0.84	0.35	13 17.4	24.7	2.1	78 095	3 145	2006	19 10
7	1 2.18	0.39	0.30	12 52.7	27.2	2.3	81 240	3 162	2008	19 2
9	1 1.79	0.08	0.26	12 25.5	29.6	2.6	84 402	3 176	2010	18 54
11	10 1 1.87	0.53	+0.21	+23 11 55.9	32.2	+2.8	34.87 578	3 185	0.2012	18 46
13	1 2.40	0.99	0.16	11 23.7	34.5	3.1	90 763	3 191	2014	18 38
15	1 3.39	1.45	0.12	10 49.2	36.8	3.3	93 954	3 194	2015	18 31
17	1 4.84	1.92	0.07	10 12.4	39.2	3.6	34.97 148	3 193	2017	18 23
19	1 6.76	2.38	+0.02	9 33.2	41.5	3.8	35.00 341	3 187	2019	18 15
21	10 1 9.14	2.83	−0.02	+23 8 51.7	43.7	+4.0	35.03 528	3 178	0.2021	18 7
23	1 11.97	3.30	0.07	8 8.0	45.9	4.3	06 706	3 164	2023	17 59
25	1 15.27	3.75	0.12	7 22.1	48.0	4.5	09 870	3 147	2025	17 51
27	1 19.02	4.20	0.16	6 34.1	50.0	4.7	13 017	3 126	2026	17 44
29	1 23.22	4.64	0.21	5 44.1	52.0	4.9	16 143	3 102	2028	17 36
31	10 1 27.86	5.09	−0.25	+23 4 52.1	53.9	+5.1	35.19 245	3 073	0.2030	17 28
Juni 2	1 32.95	5.52	0.30	3 58.2	55.8	5.3	22 318	3 042	2032	17 20
4	1 38.47	5.95	0.34	3 2.4	57.6	5.5	25 360	3 008	2034	17 12
6	1 44.42	6.37	0.39	2 4.8	59.3	5.7	28 368	2 970	2035	17 5
8	1 50.79	6.79	0.43	1 5.5	61.0	5.9	31 338	2 929	2037	16 57
10	10 1 57.58	7.21	−0.47	+23 0 4.5	62.7	+6.0	35.34 267	2 885	0.2039	16 49
12	2 4.79	7.61	0.52	+22 59 1.8	64.2	6.2	37 152	2 838	2040	16 41
14	2 12.40	8.02	0.56	57 57.6	65.7	6.4	39 990	2 787	2042	16 34
16	2 20.42	8.41	0.60	56 51.9	67.2	6.5	42 777	2 734	2044	16 26
18	2 28.83	8.81	0.64	55 44.7	68.5	6.7	45 511	2 676	2045	16 18
20	10 2 37.64	9.18	−0.68	+22 54 36.2	69.9	+6.8	35.48 187	2 616	0.2047	16 11
22	2 46.82	9.56	0.72	53 26.3	71.0	6.9	50 803	2 553	2048	16 3
24	2 56.38	9.91	0.76	52 15.3	72.2	7.1	53 356	2 485	2050	15 55
26	3 6.29	10.27	0.79	51 3.1	73.3	7.2	55 841	2 417	2051	15 48
28	3 16.56	10.61	0.83	49 49.8	74.2	7.3	58 258	2 345	2053	15 40
30	3 27.17	10.94	0.87	48 35.6	75.2	7.4	60 603	2 271	2054	15 32
Juli 2	10 3 38.11		−0.90	+22 47 20.4		+7.5	35.62 874		0.2055	15 24

Tag	Rektaszension 1950.0		Fixstern-aberration	Deklination 1950.0		Fixstern-aberration	Δ		Lichtzeit	Obere Kulmination in Greenwich
	0h Weltzeit									
1955	h m s	s	s	° ′ ″	″	″			d	h m
Juli 2	10 3 38.11	11.27	−0.90	+22 47 20.4	76.0	+7.5	35.62 874	2 195	0.2055	15 24
4	3 49.38	11.58	0.93	46 4.4	76.8	7.6	65 069	2 116	2056	15 17
6	4 0.96	11.88	0.97	44 47.6	77.5	7.7	67 185	2 036	2058	15 9
8	4 12.84	12.17	1.00	43 30.1	78.2	7.7	69 221	1 952	2059	15 1
10	4 25.01	12.45	1.03	42 11.9	78.7	7.8	71 173	1 868	2060	14 54
12	10 4 37.46	12.74	−1.06	+22 40 53.2	79.2	+7.9	35.73 041	1 780	0.2061	14 46
14	4 50.20	12.99	1.09	39 34.0	79.7	7.9	74 821	1 691	2062	14 38
16	5 3.19	13.24	1.11	38 14.3	80.0	7.9	76 512	1 598	2063	14 31
18	5 16.43	13.49	1.14	36 54.3	80.3	8.0	78 110	1 505	2064	14 23
20	5 29.92	13.72	1.16	35 34.0	80.5	8.0	79 615	1 409	2065	14 15
22	10 5 43.64	13.93	−1.19	+22 34 13.5	80.6	+8.0	35.81 024	1 312	0.2066	14 8
24	5 57.57	14.13	1.21	32 52.9	80.6	8.0	82 336	1 212	2066	14 0
26	6 11.70	14.32	1.23	31 32.3	80.5	8.0	83 548	1 112	2067	13 53
28	6 26.02	14.49	1.25	30 11.8	80.5	8.0	84 660	1 011	2068	13 45
30	6 40.51	14.66	1.27	28 51.3	80.2	8.0	85 671	909	2068	13 37
Aug. 1	10 6 55.17	14.81	−1.28	+22 27 31.1	79.9	+8.0	35.86 580	805	0.2069	13 30
3	7 9.98	14.95	1.30	26 11.2	79.6	7.9	87 385	701	2069	13 22
5	7 24.93	15.08	1.31	24 51.6	79.2	7.9	88 086	596	2070	13 14
7	7 40.01	15.19	1.33	23 32.4	78.7	7.9	88 682	490	2070	13 7
9	7 55.20	15.30	1.34	22 13.7	78.1	7.8	89 172	383	2070	12 59
11	10 8 10.50	15.39	−1.35	+22 20 55.6	77.5	+7.7	35.89 555	275	0.2071	12 52
13	8 25.89	15.47	1.36	19 38.1	76.8	7.7	89 830	167	2071	12 44
15	8 41.36	15.53	1.36	18 21.3	76.0	7.6	89 997	58	2071	12 36
17	8 56.89	15.58	1.37	17 5.3	75.2	7.5	90 055	53	2071	12 29
19	9 12.47	15.62	1.37	15 50.1	74.2	7.4	90 002	162	2071	12 21
21	10 9 28.09	15.64	−1.38	+22 14 35.9	73.1	+7.3	35.89 840	273	0.2071	12 14
23	9 43.73	15.64	1.38	13 22.8	72.0	7.2	89 567	382	2071	12 6
25	9 59.37	15.64	1.38	12 10.8	70.8	7.1	89 185	491	2070	11 58
27	10 15.01	15.62	1.38	11 0.0	69.6	6.9	88 694	601	2070	11 51
29	10 30.63	15.58	1.37	9 50.4	68.3	6.8	88 093	708	2070	11 43
31	10 10 46.21	15.54	−1.37	+22 8 42.1	66.9	+6.7	35.87 385	817	0.2069	11 36
Sept. 2	11 1.75	15.48	1.36	7 35.2	65.5	6.5	86 568	924	2069	11 28
4	11 17.23	15.41	1.36	6 29.7	64.0	6.4	85 644	1 030	2068	11 20
6	11 32.64	15.32	1.35	5 25.7	62.3	6.2	84 614	1 136	2068	11 13
8	11 47.96	15.23	1.34	4 23.4	60.8	6.0	83 478	1 242	2067	11 5
10	10 12 3.19	15.11	−1.33	+22 3 22.6	59.0	+5.8	35.82 236	1 346	0.2066	10 58
12	12 18.30	14.99	1.31	2 23.6	57.3	5.7	80 890	1 450	2066	10 50
14	12 33.29	14.86	1.30	1 26.3	55.4	5.5	79 440	1 553	2065	10 42
16	12 48.15	14.69	1.28	+22 0 30.9	53.5	5.3	77 887	1 655	2064	10 35
18	13 2.84	14.53	1.27	+21 59 37.4	51.5	5.1	76 232	1 754	2063	10 27
20	10 13 17.37	14.35	−1.25	+21 58 45.9	49.4	+4.9	35.74 478	1 851	0.2062	10 20
22	13 31.72	14.15	1.23	57 56.5	47.3	4.6	72 627	1 948	2061	10 12
24	13 45.87	13.95	1.21	57 9.2	45.2	4.4	70 679	2 041	2060	10 4
26	13 59.82	13.72	1.18	56 24.0	43.0	4.2	68 638	2 133	2058	9 57
28	14 13.54	13.49	1.16	55 41.0	40.7	4.0	66 505	2 223	2057	9 49
30	14 27.03	13.25	1.13	55 0.3	38.4	3.7	64 282	2 311	2056	9 41
Okt. 2	10 14 40.28		−1.11	+21 54 21.9		+3.5	35.61 971		0.2055	9 34

Tag	0h Weltzeit Rektaszension 1950.0		Fixstern-aberration	Deklination 1950.0		Fixstern-aberration	Δ		Lichtzeit	Obere Kulmination in Greenwich
1955	h m s	s	s	° ′ ″	″	″			d	h m
Okt. 2	10 14 40.28	12.99	−1.11	+21 54 21.9	36.1	+3.5	35.61 971	2 395	0.2055	9 34
4	14 53.27	12.73	1.08	53 45.8	33.7	3.2	59 576	2 479	2053	9 26
6	15 6.00	12.45	1.05	53 12.1	31.3	3.0	57 097	2 561	2052	9 18
8	15 18.45	12.16	1.02	52 40.8	28.8	2.7	54 536	2 639	2050	9 11
10	15 30.61	11.86	0.99	52 12.0	26.2	2.4	51 897	2 716	2049	9 3
12	10 15 42.47	11.54	−0.96	+21 51 45.8	23.7	+2.2	35.49 181	2 790	0.2047	8 55
14	15 54.01	11.21	0.92	51 22.1	21.0	1.9	46 391	2 860	2046	8 48
16	16 5.22	10.87	0.89	51 1.1	18.4	1.6	43 531	2 928	2044	8 40
18	16 16.09	10.53	0.85	50 42.7	15.7	1.4	40 603	2 993	2042	8 32
20	16 26.62	10.16	0.81	50 27.0	13.0	1.1	37 610	3 053	2041	8 25
22	10 16 36.78	9.79	−0.78	+21 50 14.0	10.3	+0.8	35.34 557	3 112	0.2039	8 17
24	16 46.57	9.41	0.74	50 3.7	7.5	0.5	31 445	3 165	2037	8 9
26	16 55.98	9.03	0.70	49 56.2	4.8	+0.2	28 280	3 216	2035	8 2
28	17 5.01	8.62	0.66	49 51.4	2.0	0.0	25 064	3 263	2033	7 54
30	17 13.63	8.23	0.62	49 49.4	— 0.8	−0.3	21 801	3 307	2031	7 46
Nov. 1	10 17 21.86	7.81	−0.57	+21 49 50.2	3.6	−0.6	35.18 494	3 348	0.2030	7 38
3	17 29.67	7.39	0.53	49 53.8	6.3	0.9	15 146	3 384	2028	7 31
5	17 37.06	6.97	0.49	50 0.1	9.2	1.2	11 762	3 419	2026	7 23
7	17 44.03	6.53	0.44	50 9.3	12.0	1.5	08 343	3 448	2024	7 15
9	17 50.56	6.09	0.40	50 21.3	14.8	1.7	04 895	3 474	2022	7 7
11	10 17 56.65	5.64	−0.35	+21 50 36.1	17.6	−2.0	35.01 421	3 497	0.2020	7 0
13	18 2.29	5.18	0.30	50 53.7	20.4	2.3	34.97 924	3 514	2018	6 52
15	18 7.47	4.72	0.26	51 14.1	23.2	2.6	94 410	3 528	2016	6 44
17	18 12.19	4.25	0.21	51 37.3	25.9	2.9	90 882	3 537	2014	6 36
19	18 16.44	3.78	0.16	52 3.2	28.7	3.1	87 345	3 543	2012	6 29
21	10 18 20.22	3.31	−0.12	+21 52 31.9	31.4	−3.4	34.83 802	3 542	0.2010	6 21
23	18 23.53	2.84	0.07	53 3.3	34.0	3.7	80 260	3 540	2008	6 13
25	18 26.37	2.36	−0.02	53 37.3	36.6	3.9	76 720	3 531	2005	6 5
27	18 28.73	1.88	+0.03	54 13.9	39.2	4.2	73 189	3 520	2003	5 57
29	18 30.61	1.40	0.08	54 53.1	41.7	4.4	69 669	3 505	2001	5 49
Dez. 1	10 18 32.01	0.92	+0.13	+21 55 34.8	44.2	−4.7	34.66 164	3 486	0.1999	5 42
3	18 32.93	0.45	0.17	56 19.0	46.7	4.9	62 678	3 462	1997	5 34
5	18 33.38	— 0.04	0.22	57 5.7	49.0	5.2	59 216	3 435	1995	5 26
7	18 33.34	0.51	0.27	57 54.7	51.4	5.4	55 781	3 403	1993	5 18
9	18 32.83	0.99	0.32	58 46.1	53.7	5.6	52 378	3 367	1991	5 10
11	10 18 31.84	1.47	+0.37	+21 59 39.8	55.9	−5.8	34.49 011	3 328	0.1989	5 2
13	18 30.37	1.95	0.41	+22 0 35.7	58.1	6.0	45 683	3 282	1988	4 54
15	18 28.42	2.41	0.46	1 33.8	60.1	6.2	42 401	3 234	1986	4 47
17	18 26.01	2.88	0.50	2 33.9	62.0	6.4	39 167	3 181	1984	4 39
19	18 23.13	3.34	0.55	3 35.9	64.0	6.6	35 986	3 125	1982	4 31
21	10 18 19.79	3.79	+0.59	+22 4 39.9	65.8	−6.8	34.32 861	3 063	0.1980	4 23
23	18 16.00	4.23	0.64	5 45.7	67.4	7.0	29 798	2 999	1978	4 15
25	18 11.77	4.67	0.68	6 53.1	69.1	7.1	26 799	2 931	1977	4 7
27	18 7.10	5.10	0.72	8 2.2	70.6	7.3	23 868	2 860	1975	3 59
29	18 2.00	5.52	0.77	9 12.8	72.0	7.4	21 008	2 785	1973	3 51
31	17 56.48	5.92	0.81	10 24.8	73.4	7.6	18 223	2 708	1972	3 43
33	10 17 50.56		+0.85	+22 11 38.2		−7.7	34.15 515		0.1970	3 35

0h Weltzeit	Mittleres Äquinoktium 1950.0											
	X			ΔX	Y			ΔY	Z			ΔZ
1955 Jan. 0	+0.148 822	+17 264	− 49	−4	−0.891 740	+ 2 589	+277	−1	−0.386 721	+1 123	+120	+1
1	0.166 086	17 211	53	+2	0.889 151	2 867	278	+3	0.385 598	1 243	120	+3
2	0.183 297	17 153	58	+3	0.886 284	3 141	274	−4	0.384 355	1 362	119	+2
3	0.200 450	17 088	65	−3	0.883 143	3 416	275	+3	0.382 993	1 481	119	+5
4	0.217 538	17 020	68	+1	0.879 727	3 689	273	+2	0.381 512	1 600	119	+5
5	0.234 558	16 945	75	−5	0.876 038	3 960	271	0	0.379 912	1 717	117	−2
6	+0.251 503	+16 866	− 79	−2	−0.872 078	+ 4 230	+270	+4	−0.378 195	+1 833	+116	−4
7	0.268 369	16 783	83	+2	0.867 848	4 499	269	+5	0.376 362	1 951	118	+3
8	0.285 152	16 694	89	−1	0.863 349	4 766	267	+2	0.374 411	2 066	115	−4
9	0.301 846	16 601	93	+2	0.858 583	5 031	265	−3	0.372 345	2 181	115	−4
10	0.318 447	16 503	98	+3	0.853 552	5 296	265	+1	0.370 164	2 296	115	−1
11	0.334 950	16 400	103	+2	0.848 256	5 558	262	−3	0.367 868	2 410	114	0
12	+0.351 350	+16 293	−107	+4	−0.842 698	+ 5 820	+262	+3	−0.365 458	+2 524	+114	+1
13	0.367 643	16 179	114	−2	0.836 878	6 080	260	+4	0.362 934	2 636	112	−2
14	0.383 822	16 062	117	+4	0.830 798	6 339	259	+5	0.360 298	2 749	113	+3
15	0.399 884	15 939	123	+3	0.824 459	6 595	256	0	0.357 549	2 860	111	+2
16	0.415 823	15 811	128	+2	0.817 864	6 850	255	+1	0.354 689	2 971	111	+4
17	0.431 634	15 678	133	+1	0.811 014	7 103	253	−1	0.351 718	3 081	110	+4
18	+0.447 312	+15 540	−138	+2	−0.803 911	+ 7 353	+250	−4	−0.348 637	+3 190	+109	0
19	0.462 852	15 397	143	+2	0.796 558	7 602	249	+2	0.345 447	3 297	107	−4
20	0.478 249	15 249	148	0	0.788 956	7 849	247	+3	0.342 150	3 404	107	0
21	0.493 498	15 096	153	−1	0.781 107	8 092	243	−2	0.338 746	3 510	106	+4
22	0.508 594	14 937	159	−4	0.773 015	8 334	242	+2	0.335 236	3 615	105	+5
23	0.523 531	14 775	162	+1	0.764 681	8 572	238	+1	0.331 621	3 718	103	+3
24	+0.538 306	+14 607	−168	−1	−0.756 109	+ 8 808	+236	+3	−0.327 903	+3 821	+103	+5
25	0.552 913	14 434	173	−3	0.747 301	9 041	233	+5	0.324 082	3 921	100	0
26	0.567 347	14 257	177	−2	0.738 260	9 271	230	+5	0.320 161	4 021	100	+3
27	0.581 604	14 075	182	−3	0.728 989	9 497	226	+3	0.316 140	4 119	98	+2
28	0.595 679	13 888	187	−3	0.719 492	9 721	224	+5	0.312 021	4 215	96	0
29	0.609 567	13 699	189	+4	0.709 771	9 940	219	−2	0.307 806	4 311	96	+4
30	+0.623 266	+13 503	−196	−4	−0.699 831	+10 156	+216	−3	−0.303 495	+4 404	+ 93	0
31	0.636 769	13 306	197	+4	0.689 675	10 368	212	−5	0.299 091	4 496	92	0
Febr. 1	0.650 075	13 103	203	−2	0.679 307	10 577	209	−2	0.294 595	4 586	90	0
2	0.663 178	12 897	206	0	0.668 730	10 783	206	+2	0.290 009	4 676	90	+5
3	0.676 075	12 688	209	+2	0.657 947	10 984	201	0	0.285 333	4 763	87	0
4	0.688 763	12 475	213	+2	0.646 963	11 183	199	+4	0.280 570	4 849	86	−1
5	+0.701 238	+12 260	−215	+5	−0.635 780	+11 377	+194	0	−0.275 721	+4 933	+ 84	−2
6	0.713 498	12 040	220	0	0.624 403	11 569	192	+5	0.270 788	5 017	84	+3
7	0.725 538	11 818	222	+1	0.612 834	11 757	188	+2	0.265 771	5 098	81	−2
8	0.737 356	11 591	227	−4	0.601 077	11 941	184	0	0.260 673	5 178	80	−1
9	0.748 947	+11 363	228	+2	0.589 136	+12 122	181	+3	0.255 495	+5 257	79	+1
10	+0.760 310		−233	−4	−0.577 014		+178	+5	−0.250 238		+ 77	0

ΔX, ΔY, ΔZ sind in Einheiten der 7. Dezimale gegeben.

0h Weltzeit	X			ΔX	Y			ΔY	Z			ΔZ
	Mittleres Äquinoktium 1950.0											
1955												
Febr. 10	+0.760 310	+11 130	−233	−4	−0.577 014	+12 300	+178	+5	−0.250 238	+5 334	+77	0
11	0.771 440	10 893	237	−5	0.564 714	12 474	174	+4	0.244 904	5 410	76	+2
12	0.782 333	10 655	238	+4	0.552 240	12 644	170	+2	0.239 494	5 483	73	−2
13	0.792 988	10 412	243	0	0.539 596	12 811	167	+4	0.234 011	5 556	73	+5
14	0.803 400	10 166	246	+1	0.526 785	12 974	163	+3	0.228 455	5 627	71	+5
15	0.813 566	9 917	249	+2	0.513 811	13 133	159	+1	0.222 828	5 696	69	+4
16	+0.823 483	+ 9 665	−252	+4	−0.500 678	+13 287	+154	−4	−0.217 132	+5 763	+67	+3
17	0.833 148	9 410	255	+4	0.487 391	13 438	151	0	0.211 369	5 829	66	+3
18	0.842 558	9 151	259	−1	0.473 953	13 585	147	+4	0.205 540	5 892	63	−2
19	0.851 709	8 890	261	+3	0.460 368	13 728	143	+4	0.199 648	5 954	62	−1
20	0.860 599	8 626	264	+2	0.446 640	13 865	137	−3	0.193 694	6 013	59	−2
21	0.869 225	8 359	267	+1	0.432 775	13 999	134	+2	0.187 681	6 072	59	+4
22	+0.877 584	+ 8 089	−270	0	−0.418 776	+14 128	+129	+1	−0.181 609	+6 127	+55	−2
23	0.885 673	7 817	272	+1	0.404 648	14 252	124	+1	0.175 482	6 181	54	+1
24	0.893 490	7 542	275	+1	0.390 396	14 372	120	+3	0.169 301	6 233	52	+1
25	0.901 032	7 266	276	+5	0.376 024	14 486	114	0	0.163 068	6 282	49	−2
26	0.908 298	6 988	278	+4	0.361 538	14 596	110	+2	0.156 786	6 329	47	−1
27	0.915 286	6 707	281	−2	0.346 942	14 701	105	+1	0.150 457	6 375	46	+5
28	+0.921 993	+ 6 425	−282	−2	−0.332 241	+14 801	+100	−2	−0.144 082	+6 418	+43	+4
März 1	0.928 418	6 142	283	0	0.317 440	14 896	95	−4	0.137 664	6 460	42	+5
2	0.934 560	5 857	285	−2	0.302 544	14 986	90	−4	0.131 204	6 498	38	−1
3	0.940 417	5 572	285	+2	0.287 558	15 072	86	+1	0.124 706	6 536	38	+4
4	0.945 989	5 285	287	−2	0.272 486	15 154	82	+1	0.118 170	6 571	35	0
5	0.951 274	4 997	288	−3	0.257 332	15 230	76	−5	0.111 599	6 604	33	0
6	+0.956 271	+ 4 708	−289	−2	−0.242 102	+15 302	+ 72	−5	−0.104 995	+6 636	+32	+1
7	0.960 979	4 419	289	+4	0.226 800	15 370	68	−4	0.098 359	6 665	29	−2
8	0.965 398	4 128	291	+1	0.211 430	15 433	63	−4	0.091 694	6 693	28	0
9	0.969 526	3 837	291	+2	0.195 997	15 492	59	−1	0.085 001	6 718	25	−2
10	0.973 363	3 544	293	−3	0.180 505	15 547	55	+2	0.078 283	6 743	25	+4
11	0.976 907	3 250	294	−4	0.164 958	15 597	50	+1	0.071 540	6 764	21	−2
12	+0.980 157	+ 2 956	−294	+1	−0.149 361	+15 643	+ 46	+2	−0.064 776	+6 784	+20	−1
13	0.983 113	2 661	295	+2	0.133 718	15 684	41	0	0.057 992	6 802	18	+1
14	0.985 774	2 365	296	0	0.118 034	15 721	37	−1	0.051 190	6 818	16	+3
15	0.988 139	2 068	297	−1	0.102 313	15 752	31	−4	0.044 372	6 832	14	+5
16	0.990 207	1 771	297	+1	0.086 561	15 780	28	+1	0.037 540	6 844	12	+5
17	0.991 978	1 473	298	−2	0.070 781	15 802	22	−1	0.030 696	6 854	10	+4
18	+0.993 451	+ 1 174	−299	−3	−0.054 979	+15 821	+ 19	+3	−0.023 842	+6 862	+ 8	+2
19	0.994 625	875	299	0	0.039 158	15 833	12	−2	0.016 980	6 867	5	−3
20	0.995 500	576	299	+4	0.023 325	15 842	9	+3	0.010 113	6 870	3	−2
21	0.996 076	+ 277	299	+5	−0.007 483	15 845	+ 3	−1	−0.003 243	6 872	+ 2	+4
22	0.996 353	− 22	299	+4	+0.008 362	+15 843	− 2	0	+0.003 629	+6 871	− 1	+4
23	+0.996 331		−301	−3	+0.024 205		− 6	+2	+0.010 500		− 3	+4

ΔX, ΔY, ΔZ sind in Einheiten der 7. Dezimale gegeben.

0h Weltzeit	Mittleres Äquinoktium 1950.0											
	X			*ΔX*	*Y*			*ΔY*	*Z*			*ΔZ*
1955												
März 23	+0.996 331	−323	−301	−3	+0.024 205	+15 837	−6	+2	+0.010 500	+6 868	−3	+4
24	0.996 008	621	298	+2	0.040 042	15 824	13	−3	0.017 368	6 863	5	+3
25	0.995 387	921	300	−4	0.055 866	15 808	16	+2	0.024 231	6 855	8	−1
26	0.994 466	1 218	297	+3	0.071 674	15 785	23	−2	0.031 086	6 845	10	−1
27	0.993 248	1 516	298	−1	0.087 459	15 758	27	0	0.037 931	6 834	11	+1
28	0.991 732	1 811	295	+4	0.103 217	15 726	32	+1	0.044 765	6 819	15	−5
29	+0.989 921	−2 106	−295	0	+0.118 943	+15 689	−37	+2	+0.051 584	+6 803	−16	−3
30	0.987 815	2 400	294	−4	0.134 632	15 648	41	+4	0.058 387	6 785	18	0
31	0.985 415	2 693	293	−3	0.150 280	15 601	47	−1	0.065 172	6 766	19	+2
April 1	0.982 722	2 983	290	+4	0.165 881	15 551	50	+4	0.071 938	6 743	23	−5
2	0.979 739	3 272	289	+5	0.181 432	15 496	55	+1	0.078 681	6 719	24	−2
3	0.976 467	3 560	288	+4	0.196 928	15 436	60	−2	0.085 400	6 694	25	+4
4	+0.972 907	−3 846	−286	+3	+0.212 364	+15 373	−63	+2	+0.092 094	+6 667	−27	+4
5	0.969 061	4 132	286	−1	0.227 737	15 305	68	+1	0.098 761	6 637	30	−2
6	0.964 929	4 414	282	+4	0.243 042	15 234	71	+4	0.105 398	6 607	30	+2
7	0.960 515	4 697	283	−3	0.258 276	15 157	77	−3	0.112 005	6 573	34	−4
8	0.955 818	4 977	280	0	0.273 433	15 078	79	+1	0.118 578	6 539	34	+2
9	0.950 841	5 256	279	−2	0.288 511	14 993	85	−5	0.125 117	6 503	36	+2
10	+0.945 585	−5 534	−278	−3	+0.303 504	+14 905	−88	−4	+0.131 620	+6 464	−39	−2
11	0.940 051	5 809	275	+3	0.318 409	14 812	93	−4	0.138 084	6 424	40	+2
12	0.934 242	6 083	274	+2	0.333 221	14 716	96	0	0.144 508	6 383	41	+5
13	0.928 159	6 356	273	−1	0.347 937	14 615	101	−4	0.150 891	6 339	44	0
14	0.921 803	6 626	270	+3	0.362 552	14 510	105	−4	0.157 230	6 293	46	−3
15	0.915 177	6 895	269	+2	0.377 062	14 401	109	−4	0.163 523	6 246	47	−1
16	+0.908 282	−7 161	−266	+4	+0.391 463	+14 287	−114	−5	+0.169 769	+6 196	−50	−2
17	0.901 121	7 426	265	−3	0.405 750	14 170	117	−1	0.175 965	6 146	50	+3
18	0.893 695	7 689	263	−5	0.419 920	14 048	122	−3	0.182 111	6 092	54	−2
19	0.886 006	7 950	261	−5	0.433 968	13 922	126	−1	0.188 203	6 038	54	+3
20	0.878 056	8 207	257	+1	0.447 890	13 791	131	−3	0.194 241	5 981	57	0
21	0.869 849	8 463	256	−2	0.461 681	13 657	134	+2	0.200 222	5 922	59	−2
22	+0.861 386	−8 716	−253	−1	+0.475 338	+13 517	−140	−3	+0.206 144	+5 862	−60	+1
23	0.852 670	8 965	249	+5	0.488 855	13 374	143	+1	0.212 006	5 799	63	−1
24	0.843 705	9 211	246	+3	0.502 229	13 227	147	+1	0.217 805	5 736	63	+2
25	0.834 494	9 455	244	−2	0.515 456	13 075	152	−2	0.223 541	5 669	67	−4
26	0.825 039	9 695	240	0	0.528 531	12 920	155	+1	0.229 210	5 603	66	+4
27	0.815 344	9 931	236	+4	0.541 451	12 762	158	+3	0.234 813	5 533	70	−3
28	+0.805 413	−10 164	−233	+3	+0.554 213	+12 599	−163	−2	+0.240 346	+5 464	−69	+3
29	0.795 249	10 393	229	+5	0.566 812	12 434	165	0	0.245 810	5 391	73	−3
30	0.784 856	10 619	226	+1	0.579 246	12 265	169	−4	0.251 201	5 319	72	+3
Mai 1	0.774 237	10 842	223	−3	0.591 511	12 093	172	−4	0.256 520	5 244	75	−2
2	0.763 395	−11 061	219	−4	0.603 604	+11 918	175	−5	0.261 764	+5 168	76	−1
3	+0.752 334		−216	−5	+0.615 522		−178	−4	+0.266 932		−76	+3

ΔX, *ΔY*, *ΔZ* sind in Einheiten der 7. Dezimale gegeben.

0h Weltzeit	Mittleres Äquinoktium 1950.0 X			ΔX	Y			ΔY	Z			ΔZ
1955												
Mai 3	+0.752 334	−11 277	−216	−5	+0.615 522	+11 740	−178	−4	+0.266 932	+5 092	− 76	+3
4	0.741 057	11 490	213	−3	0.627 262	11 559	181	−3	0.272 024	5 013	79	−3
5	0.729 567	11 698	208	+4	0.638 821	11 375	184	+1	0.277 037	4 933	80	−1
6	0.717 869	11 904	206	+1	0.650 196	11 189	186	+5	0.281 970	4 853	80	+5
7	0.705 965	12 107	203	0	0.661 385	10 999	190	+2	0.286 823	4 771	82	+2
8	0.693 858	12 305	198	+5	0.672 384	10 807	192	+4	0.291 594	4 687	84	−3
9	+0.681 553	−12 501	−196	+2	+0.683 191	+10 612	−195	+1	+0.296 281	+4 603	− 84	−2
10	0.669 052	12 693	192	+2	0.693 803	10 413	199	−5	0.300 884	4 516	87	−5
11	0.656 359	12 881	188	+2	0.704 216	10 212	201	−2	0.305 400	4 430	86	+2
12	0.643 478	13 067	186	−3	0.714 428	10 009	203	+3	0.309 830	4 341	89	−3
13	0.630 411	13 248	181	0	0.724 437	9 802	207	−1	0.314 171	4 251	90	−3
14	0.617 163	13 426	178	−2	0.734 239	9 593	209	+1	0.318 422	4 161	90	+2
15	+0.603 737	−13 601	−175	−5	+0.743 832	+ 9 381	−212	+1	+0.322 583	+4 068	− 93	−2
16	0.590 136	13 771	170	+1	0.753 213	9 165	216	−3	0.326 651	3 975	93	+1
17	0.576 365	13 937	166	+2	0.762 378	8 949	216	+4	0.330 626	3 881	94	+1
18	0.562 428	14 100	163	−3	0.771 327	8 727	222	−4	0.334 507	3 784	97	−3
19	0.548 328	14 259	159	−2	0.780 054	8 504	223	0	0.338 291	3 688	96	+3
20	0.534 069	14 412	153	+3	0.788 558	8 278	226	+2	0.341 979	3 590	98	0
21	+0.519 657	−14 562	−150	−3	+0.796 836	+ 8 050	−228	+3	+0.345 569	+3 490	−100	−5
22	0.505 095	14 707	145	−4	0.804 886	7 818	232	−3	0.349 059	3 390	100	−4
23	0.490 388	14 848	141	−5	0.812 704	7 585	233	+2	0.352 449	3 288	102	−4
24	0.475 540	14 983	135	+3	0.820 289	7 350	235	+4	0.355 737	3 187	101	+3
25	0.460 557	15 113	130	+5	0.827 639	7 112	238	0	0.358 924	3 084	103	−1
26	0.445 444	15 239	126	+2	0.834 751	6 874	238	+3	0.362 008	2 980	104	−5
27	+0.430 205	−15 360	−121	0	+0.841 625	+ 6 633	−241	−3	+0.364 988	+2 876	−104	−3
28	0.414 845	15 477	117	−3	0.848 258	6 390	243	−5	0.367 864	2 771	105	−3
29	0.399 368	15 589	112	−3	0.854 648	6 148	242	+2	0.370 635	2 666	105	−1
30	0.383 779	15 696	107	−1	0.860 796	5 902	246	−4	0.373 301	2 560	106	−3
31	0.368 083	15 800	104	−4	0.866 698	5 657	245	+2	0.375 861	2 453	107	−5
Juni 1	0.352 283	15 898	98	+4	0.872 355	5 409	248	−1	0.378 314	2 346	107	−2
2	+0.336 385	−15 992	− 94	+5	+0.877 764	+ 5 161	−248	+3	+0.380 660	+2 239	−107	0
3	0.320 393	16 081	89	+4	0.882 925	4 912	249	+5	0.382 899	2 130	109	−4
4	0.304 312	16 168	87	−3	0.887 837	4 661	251	+1	0.385 029	2 022	108	+3
5	0.288 144	16 248	80	+4	0.892 498	4 410	251	+2	0.387 051	1 913	109	+3
6	0.271 896	16 325	77	+2	0.896 908	4 156	254	−2	0.388 964	1 804	109	+3
7	0.255 571	16 397	72	+2	0.901 064	3 903	253	+5	0.390 768	1 693	111	−4
8	+0.239 174	−16 466	− 69	−2	+0.904 967	+ 3 649	−254	+4	+0.392 461	+1 583	−110	−1
9	0.222 708	16 529	63	+5	0.908 616	3 392	257	−4	0.394 044	1 472	111	−3
10	0.206 179	16 588	59	+5	0.912 008	3 136	256	+2	0.395 516	1 360	112	−5
11	0.189 591	16 643	55	+5	0.915 144	2 878	258	0	0.396 876	1 248	112	−2
12	0.172 948	−16 693	50	+5	0.918 022	+ 2 619	259	+1	0.398 124	+1 136	112	+4
13	+0.156 255		− 46	+3	+0.920 641		−259	+5	+0.399 260		−112	+5

ΔX, ΔY, ΔZ sind in Einheiten der 7. Dezimale gegeben.

0h Weltzeit	Mittleres Äquinoktium 1950.0											
	X			ΔX	Y			ΔY	Z			ΔZ
1955												
Juni 13	+0.156 255	−16 739	− 46	+3	+0.920 641	+2 360	−259	+5	+0.399 260	+1 024	−112	+5
14	0.139 516	16 780	41	+4	0.923 001	2 099	261	+2	0.400 284	910	114	−1
15	0.122 736	16 816	36	+3	0.925 100	1 838	261	+5	0.401 194	797	113	+1
16	0.105 920	16 848	32	−1	0.926 938	1 576	262	+4	0.401 991	683	114	−3
17	0.089 072	16 874	26	0	0.928 514	1 312	264	0	0.402 674	568	115	−5
18	0.072 198	16 896	22	−5	0.929 826	1 049	263	+5	0.403 242	454	114	0
19	+0.055 302	−16 912	− 16	−4	+0.930 875	+ 785	−264	+2	+0.403 696	+ 340	−114	+2
20	0.038 390	16 924	12	−5	0.931 660	520	265	−2	0.404 036	225	115	−3
21	0.021 466	16 928	4	+4	0.932 180	+ 256	264	+2	0.404 261	+ 110	115	−4
22	+0.004 538	16 930	− 2	−4	0.932 436	− 8	264	0	0.404 371	− 4	114	−2
23	−0.012 392	16 924	+ 6	+2	0.932 428	273	265	−5	0.404 367	119	115	−5
24	0.029 316	16 915	9	−4	0.932 155	536	263	0	0.404 248	233	114	−3
25	−0.046 231	−16 901	+ 14	−5	+0.931 619	− 800	−264	−4	+0.404 015	− 347	−114	−3
26	0.063 132	16 881	20	+1	0.930 819	1 062	262	+2	0.403 668	461	114	−1
27	0.080 013	16 857	24	0	0.929 757	1 323	261	+4	0.403 207	574	113	+3
28	0.096 870	16 828	29	+1	0.928 434	1 585	262	−3	0.402 633	687	113	+4
29	0.113 698	16 795	33	−1	0.926 849	1 845	260	−1	0.401 946	800	113	+3
30	0.130 493	16 757	38	+1	0.925 004	2 105	260	−4	0.401 146	912	112	+5
Juli 1	−0.147 250	−16 714	+ 43	+2	+0.922 899	−2 364	−259	−3	+0.400 234	−1 024	−112	+2
2	0.163 964	16 668	46	−3	0.920 535	2 622	258	0	0.399 210	1 137	113	−3
3	0.180 632	16 617	51	−2	0.917 913	2 879	257	+3	0.398 073	1 247	110	+4
4	0.197 249	16 561	56	+3	0.915 034	3 135	256	+3	0.396 826	1 359	112	−5
5	0.213 810	16 501	60	+4	0.911 899	3 390	255	+1	0.395 467	1 470	111	−4
6	0.230 311	16 436	65	+4	0.908 509	3 645	255	−4	0.393 997	1 580	110	−2
7	−0.246 747	−16 368	+ 68	−4	+0.904 864	−3 899	−254	−5	+0.392 417	−1 691	−111	−4
8	0.263 115	16 295	73	−4	0.900 965	4 152	253	−2	0.390 726	1 800	109	+4
9	0.279 410	16 218	77	−4	0.896 813	4 403	251	+5	0.388 926	1 909	109	+4
10	0.295 628	16 136	82	−3	0.892 410	4 654	251	+4	0.387 017	2 018	109	+1
11	0.311 764	16 050	86	−3	0.887 756	4 903	249	+5	0.384 999	2 127	109	0
12	0.327 814	15 960	90	−3	0.882 853	5 152	249	−1	0.382 872	2 235	108	+3
13	−0.343 774	−15 864	+ 96	+4	+0.877 701	−5 401	−249	−5	+0.380 637	−2 342	−107	+5
14	0.359 638	15 764	100	+4	0.872 300	5 647	246	+1	0.378 295	2 449	107	+1
15	0.375 402	15 659	105	+3	0.866 653	5 892	245	+4	0.375 846	2 556	107	−3
16	0.391 061	15 559	109	−2	0.860 761	6 136	244	+3	0.373 290	2 662	106	−3
17	0.406 611	15 436	114	−4	0.854 625	6 379	243	0	0.370 628	2 767	105	−2
18	0.422 047	15 317	119	−3	0.848 246	6 619	240	+4	0.367 861	2 872	105	−2
19	−0.437 364	−15 193	+124	−1	+0.841 627	−6 859	−240	−1	+0.364 989	−2 975	−103	+4
20	0.452 557	15 064	129	−1	0.834 768	7 095	236	+4	0.362 014	3 077	102	+5
21	0.467 621	14 932	132	−4	0.827 673	7 330	235	+3	0.358 937	3 179	102	0
22	0.482 553	14 793	139	+4	0.820 343	7 562	232	+5	0.355 758	3 280	101	−3
23	0.497 346	−14 652	141	−2	0.812 781	−7 791	229	+5	0.352 478	−3 379	99	+1
24	−0.511 998		+147	+4	+0.804 990		−228	−3	+0.349 099		− 99	−1

ΔX, ΔY, ΔZ sind in Einheiten der 7. Dezimale gegeben.

0h Weltzeit	Mittleres Äquinoktium 1950.0											
	X			ΔX	Y			ΔY	Z			ΔZ
1955												
Juli 24	−0.511 998	−14 505	+147	+4	+0.804 990	− 8 019	−228	−3	+0.349 099	−3 478	−99	−1
25	0.526 503	14 355	150	+1	0.796 971	8 244	225	−4	0.345 621	3 575	97	+2
26	0.540 858	14 201	154	−1	0.788 727	8 466	222	0	0.342 046	3 671	96	+4
27	0.555 059	14 043	158	−1	0.780 261	8 686	220	0	0.338 375	3 766	95	+3
28	0.569 102	13 881	162	−1	0.771 575	8 902	216	+3	0.334 609	3 860	94	0
29	0.582 983	13 716	165	−3	0.762 673	9 117	215	−2	0.330 749	3 953	93	−2
30	−0.596 699	−13 546	+170	+1	+0.753 556	− 9 329	−212	−2	+0.326 796	−4 045	−92	−4
31	0.610 245	13 374	172	−4	0.744 227	9 538	209	−1	0.322 751	4 136	91	−4
Aug. 1	0.623 619	13 198	176	−2	0.734 689	9 745	207	0	0.318 615	4 225	89	−1
2	0.636 817	13 017	181	+4	0.724 944	9 948	203	+3	0.314 390	4 314	89	−4
3	0.649 834	12 834	183	−1	0.714 996	10 150	202	−1	0.310 076	4 401	87	−3
4	0.662 668	12 648	186	−5	0.704 846	10 348	198	+1	0.305 675	4 488	87	−4
5	−0.675 316	−12 458	+190	−1	+0.694 498	−10 545	−197	−3	+0.301 187	−4 572	−84	+1
6	0.687 774	12 264	194	+4	0.683 953	10 737	192	+4	0.296 615	4 657	85	−4
7	0.700 038	12 067	197	+4	0.673 216	10 929	192	−2	0.291 958	4 739	82	+2
8	0.712 105	11 866	201	+3	0.662 287	11 116	187	+3	0.287 219	4 821	82	−2
9	0.723 971	11 663	203	−3	0.651 171	11 302	186	−1	0.282 398	4 902	81	−4
10	0.735 634	11 455	208	−1	0.639 869	11 484	182	+1	0.277 496	4 981	79	−1
11	−0.747 089	−11 244	+211	−2	+0.628 385	−11 664	−180	−1	+0.272 515	−5 059	−78	0
12	0.758 333	11 029	215	−2	0.616 721	11 841	177	−2	0.267 456	5 136	77	−1
13	0.769 362	10 811	218	−4	0.604 880	12 014	173	0	0.262 320	5 211	75	+3
14	0.780 173	10 589	222	−3	0.592 866	12 185	171	−3	0.257 109	5 285	74	+2
15	0.790 762	10 363	226	0	0.580 681	12 352	167	−1	0.251 824	5 357	72	+2
16	0.801 125	10 135	228	−4	0.568 329	12 515	163	+2	0.246 467	5 428	71	0
17	−0.811 260	− 9 901	+234	+3	+0.555 814	−12 675	−160	0	+0.241 039	−5 497	−69	−1
18	0.821 161	9 666	235	−4	0.543 139	12 831	156	+1	0.235 542	5 565	68	−3
19	0.830 827	9 428	238	−5	0.530 308	12 982	151	+3	0.229 977	5 630	65	+1
20	0.840 255	9 186	242	+2	0.517 326	13 131	149	−4	0.224 347	5 695	65	−4
21	0.849 441	8 941	245	+4	0.504 195	13 275	144	−1	0.218 652	5 757	62	+2
22	0.858 382	8 694	247	+1	0.490 920	13 414	139	+2	0.212 895	5 817	60	+5
23	−0.867 076	− 8 445	+249	−4	+0.477 506	−13 551	−137	−2	+0.207 078	−5 876	−59	+4
24	0.875 521	8 194	251	−4	0.463 955	13 682	131	+4	0.201 202	5 933	57	+4
25	0.883 715	7 939	255	+2	0.450 273	13 810	128	+2	0.195 269	5 988	55	+4
26	0.891 654	7 684	255	−3	0.436 463	13 934	124	+2	0.189 281	6 042	54	−1
27	0.899 338	7 425	259	+4	0.422 529	14 054	120	+2	0.183 239	6 094	52	−1
28	0.906 763	7 164	261	+5	0.408 475	14 169	115	+3	0.177 145	6 145	51	−3
29	−0.913 927	− 6 903	+261	−3	+0.394 306	−14 282	−113	−4	+0.171 000	−6 193	−48	+3
30	0.920 830	6 639	264	0	0.380 024	14 390	108	0	0.164 807	6 240	47	+4
31	0.927 469	6 373	266	+2	0.365 634	14 493	103	+3	0.158 567	6 285	45	+4
Sept. 1	0.933 842	6 105	268	+3	0.351 141	14 594	101	−2	0.152 282	6 328	43	+4
2	0.939 947	− 5 836	269	0	0.336 547	−14 690	96	+1	0.145 954	−6 371	43	−3
3	−0.945 783		+271	0	+0.321 857		− 92	−1	+0.139 583		−40	+2

ΔX, ΔY, ΔZ sind in Einheiten der 7. Dezimale gegeben.

0h Weltzeit	Mittleres Äquinoktium 1950.0											
	X			ΔX	Y			ΔY	Z			ΔZ
1955												
Sept. 3	−0.945 783	−5 565	+271	0	+0.321 857	−14 782	−92	−1	+0.139 583	−6 411	−40	+2
4	0.951 348	5 292	273	+2	0.307 075	14 871	89	−5	0.133 172	6 449	38	+3
5	0.956 640	5 018	274	−1	0.292 204	14 956	85	−5	0.126 723	6 486	37	+1
6	0.961 658	4 741	277	+1	0.277 248	15 036	80	0	0.120 237	6 522	36	−1
7	0.966 399	4 464	277	−3	0.262 212	15 114	78	−5	0.113 715	6 554	32	+4
8	0.970 863	4 183	281	+4	0.247 098	15 186	72	+1	0.107 161	6 587	33	−4
9	−0.975 046	−3 902	+281	+1	+0.231 912	−15 255	−69	−1	+0.100 574	−6 616	−29	0
10	0.978 948	3 618	284	+4	0.216 657	15 319	64	+2	0.093 958	6 645	29	−2
11	0.982 566	3 333	285	+3	0.201 338	15 379	60	0	0.087 313	6 670	25	+5
12	0.985 899	3 046	287	+3	0.185 959	15 435	56	−2	0.080 643	6 694	24	+4
13	0.988 945	2 758	288	+1	0.170 524	15 485	50	+2	0.073 949	6 716	22	+3
14	0.991 703	2 468	290	+4	0.155 039	15 532	47	−3	0.067 233	6 736	20	+2
15	−0.994 171	−2 178	+290	+1	+0.139 507	−15 573	−41	0	+0.060 497	−6 753	−17	+3
16	0.996 349	1 886	292	+4	0.123 934	15 609	36	+1	0.053 744	6 770	17	−4
17	0.998 235	1 593	293	+5	0.108 325	15 641	32	−2	0.046 974	6 783	13	+2
18	0.999 828	1 300	293	+2	0.092 684	15 668	27	−3	0.040 191	6 794	11	+3
19	1.001 128	1 007	293	0	0.077 016	15 689	21	+1	0.033 397	6 804	10	0
20	1.002 135	713	294	+3	0.061 327	15 707	18	−2	0.026 593	6 811	7	+5
21	−1.002 848	− 419	+294	+3	+0.045 620	−15 718	−11	+4	+0.019 782	−6 816	− 5	+5
22	1.003 267	− 124	295	+4	0.029 902	15 726	8	−4	0.012 966	6 819	3	+4
23	1.003 391	+ 169	293	−3	+0.014 176	15 729	− 3	−5	+0.006 147	6 821	− 2	0
24	1.003 222	464	295	+1	−0.001 553	15 728	+ 1	−5	−0.000 674	6 820	+ 1	+4
25	1.002 758	757	293	−4	0.017 281	15 721	7	+2	0.007 494	6 816	4	+5
26	1.002 001	1 051	294	−1	0.033 002	15 709	12	+5	0.014 310	6 813	3	−4
27	−1.000 950	+1 344	+293	−3	−0.048 711	−15 694	+15	−2	−0.021 123	−6 806	+ 7	+1
28	0.999 606	1 637	293	−1	0.064 405	15 675	19	−5	0.027 929	6 797	9	+3
29	0.997 969	1 929	292	0	0.080 080	15 650	25	+2	0.034 726	6 787	10	+1
30	0.996 040	2 221	292	+2	0.095 730	15 621	29	+3	0.041 513	6 774	13	+2
Okt. 1	0.993 819	2 513	292	+3	0.111 351	15 588	33	0	0.048 287	6 761	13	−3
2	0.991 306	2 803	290	−3	0.126 939	15 551	37	−2	0.055 048	6 744	17	+4
3	−0.988 503	+3 094	+291	−2	−0.142 490	−15 510	+41	−2	−0.061 792	−6 726	+18	0
4	0.985 409	3 383	289	−5	0.158 000	15 464	46	+4	0.068 518	6 707	19	−4
5	0.982 026	3 673	290	−1	0.173 464	15 413	51	+5	0.075 225	6 685	22	−2
6	0.978 353	3 962	289	0	0.188 877	15 359	54	−2	0.081 910	6 662	23	−4
7	0.974 391	4 250	288	−1	0.204 236	15 301	58	−5	0.088 572	6 636	26	0
8	0.970 141	4 539	289	+4	0.219 537	15 237	64	+1	0.095 208	6 609	27	−1
9	−0.965 602	+4 825	+286	−2	−0.234 774	−15 169	+68	+1	−0.101 817	−6 579	+30	+3
10	0.960 777	5 112	287	+3	0.249 943	15 096	73	+2	0.108 396	6 547	32	+4
11	0.955 665	5 398	286	+3	0.265 039	15 018	78	+3	0.114 943	6 513	34	+4
12	0.950 267	5 681	283	−2	0.280 057	14 936	82	+1	0.121 456	6 477	36	+1
13	0.944 586	+5 965	284	+4	0.294 993	−14 848	88	+5	0.127 933	−6 440	37	−2
14	−0.938 621		+281	+1	−0.309 841		+92	+2	−0.134 373		+41	+5

ΔX, ΔY, ΔZ sind in Einheiten der 7. Dezimale gegeben.

Mittleres Äquinoktium 1950.0

0^h Weltzeit	X			ΔX	Y			ΔY	Z			ΔZ
1955 Okt. 14	−0.938 621	+ 6 246	+281	+1	−0.309 841	−14 756	+ 92	+2	−0.134 373	−6 399	+ 41	+5
15	0.932 375	6 526	280	+2	0.324 597	14 659	97	+1	0.140 772	6 357	42	+3
16	0.925 849	6 804	278	0	0.339 256	14 557	102	+3	0.147 129	6 312	45	+4
17	0.919 045	7 080	276	0	0.353 813	14 450	107	+2	0.153 441	6 266	46	−1
18	0.911 965	7 353	273	−2	0.368 263	14 339	111	−2	0.159 707	6 218	48	−4
19	0.904 612	7 625	272	+3	0.382 602	14 224	115	−4	0.165 925	6 168	50	−3
20	−0.896 987	+ 7 895	+270	+4	−0.396 826	−14 104	+120	−2	−0.172 093	−6 116	+ 52	−1
21	0.889 092	8 161	266	−2	0.410 930	13 978	126	+3	0.178 209	6 061	55	+4
22	0.880 931	8 425	264	−2	0.424 908	13 850	128	−3	0.184 270	6 006	55	−2
23	0.872 506	8 687	262	+2	0.438 758	13 717	133	−2	0.190 276	5 948	58	+2
24	0.863 819	8 946	259	0	0.452 475	13 579	138	+1	0.196 224	5 889	59	+1
25	0.854 873	9 202	256	−1	0.466 054	13 439	140	−4	0.202 113	5 827	62	+4
26	−0.845 671	+ 9 456	+254	0	−0.479 493	−13 292	+147	+4	−0.207 940	−5 765	+ 62	0
27	0.836 215	9 706	250	−5	0.492 785	13 144	148	−4	0.213 705	5 700	65	+4
28	0.826 509	9 953	247	−4	0.505 929	12 991	153	−1	0.219 405	5 634	66	+4
29	0.816 556	10 199	246	+4	0.518 920	12 834	157	+2	0.225 039	5 566	68	+5
30	0.806 357	10 440	241	−1	0.531 754	12 674	160	0	0.230 605	5 496	70	+4
31	0.795 917	10 680	240	+3	0.544 428	12 510	164	0	0.236 101	5 426	70	−4
Nov. 1	−0.785 237	+10 916	+236	0	−0.556 938	−12 343	+167	−2	−0.241 527	−5 354	+ 72	−4
2	0.774 321	11 150	234	+2	0.569 281	12 172	171	−1	0.246 881	5 279	75	+3
3	0.763 171	11 381	231	0	0.581 453	11 997	175	+1	0.252 160	5 204	75	−1
4	0.751 790	11 608	227	−4	0.593 450	11 819	178	−2	0.257 364	5 126	78	+3
5	0.740 182	11 834	226	+4	0.605 269	11 637	182	−1	0.262 490	5 047	79	+1
6	0.728 348	12 057	223	+4	0.616 906	11 451	186	+2	0.267 537	4 966	81	0
7	−0.716 291	+12 275	+218	−4	−0.628 357	−11 261	+190	+2	−0.272 503	−4 884	+ 82	−5
8	0.704 016	12 490	215	−4	0.639 618	11 067	194	+3	0.277 387	4 800	84	−5
9	0.691 526	12 703	213	+2	0.650 685	10 870	197	0	0.282 187	4 714	86	−2
10	0.678 823	12 911	208	+1	0.661 555	10 668	202	+3	0.286 901	4 626	88	−2
11	0.665 912	13 116	205	+3	0.672 223	10 463	205	−2	0.291 527	4 538	88	−5
12	0.652 796	13 317	201	0	0.682 686	10 255	208	−4	0.296 065	4 447	91	0
13	−0.639 479	+13 513	+196	−5	−0.692 941	−10 042	+213	0	−0.300 512	−4 354	+ 93	+3
14	0.625 966	13 705	192	−5	0.702 983	9 827	215	−2	0.304 866	4 261	93	−2
15	0.612 261	13 893	188	−2	0.712 810	9 607	220	+1	0.309 127	4 166	95	−2
16	0.598 368	14 077	184	0	0.722 417	9 386	221	−4	0.313 293	4 069	97	0
17	0.584 291	14 256	179	−3	0.731 803	9 160	226	+3	0.317 362	3 972	97	−5
18	0.570 035	14 430	174	−5	0.740 963	8 931	229	+4	0.321 334	3 873	99	−2
19	−0.555 605	+14 600	+170	0	−0.749 894	− 8 701	+230	−4	−0.325 207	−3 773	+100	−1
20	0.541 005	14 766	166	+4	0.758 595	8 466	235	+2	0.328 980	3 671	102	+4
21	0.526 239	14 926	160	−1	0.767 061	8 230	236	−2	0.332 651	3 569	102	+2
22	0.511 313	15 082	156	+2	0.775 291	7 991	239	−3	0.336 220	3 465	104	+4
23	0.496 231	+15 233	151	+1	0.783 282	− 7 750	241	−3	0.339 685	−3 361	104	+2
24	−0.480 998		+147	+3	−0.791 032		+244	+3	−0.343 046		+106	+4

ΔX, ΔY, ΔZ sind in Einheiten der 7. Dezimale gegeben.

0h Weltzeit	Mittleres Äquinoktium 1950.0											
	X			ΔX	Y			ΔY	Z			ΔZ
1955												
Nov. 24	−0.480 998	+15 380	+147	+3	−0.791 032	−7 506	+244	+3	−0.343 046	−3 255	+106	+4
25	0.465 618	15 521	141	−3	0.798 538	7 260	246	+3	0.346 301	3 149	106	+2
26	0.450 097	15 658	137	−3	0.805 798	7 012	248	+2	0.349 450	3 041	108	+4
27	0.434 439	15 790	132	−5	0.812 810	6 763	249	−3	0.352 491	2 933	108	−1
28	0.418 649	15 917	127	−4	0.819 573	6 511	252	0	0.355 424	2 825	108	−4
29	0.402 732	16 041	124	+3	0.826 084	6 258	253	−2	0.358 249	2 715	110	+1
30	−0.386 691	+16 160	+119	+1	−0.832 342	−6 003	+255	−2	−0.360 964	−2 604	+111	+5
Dez. 1	0.370 531	16 273	113	−4	0.838 345	5 746	257	−1	0.363 568	2 492	112	+5
2	0.354 258	16 384	111	+3	0.844 091	5 487	259	+2	0.366 060	2 380	112	−1
3	0.337 874	16 489	105	−1	0.849 578	5 226	261	+4	0.368 440	2 267	113	−1
4	0.321 385	16 589	100	−4	0.854 804	4 962	264	+5	0.370 707	2 153	114	0
5	0.304 796	16 685	96	−2	0.859 766	4 699	263	−4	0.372 860	2 037	116	+3
6	−0.288 111	+16 775	+ 90	−5	−0.864 465	−4 431	+268	+4	−0.374 897	−1 922	+115	−4
7	0.271 336	16 861	86	0	0.868 896	4 163	268	+1	0.376 819	1 805	117	−2
8	0.254 475	16 942	81	+2	0.873 059	3 892	271	+2	0.378 624	1 688	117	−5
9	0.237 533	17 016	74	−3	0.876 951	3 621	271	−4	0.380 312	1 570	118	−3
10	0.220 517	17 087	71	+3	0.880 572	3 347	274	+2	0.381 882	1 451	119	+1
11	0.203 430	17 150	63	−4	0.883 919	3 072	275	+2	0.383 333	1 332	119	0
12	−0.186 280	+17 209	+ 59	−1	−0.886 991	−2 796	+276	−2	−0.384 665	−1 212	+120	+3
13	0.169 071	17 262	53	−1	0.889 787	2 519	277	−3	0.385 877	1 091	121	+4
14	0.151 809	17 310	48	+1	0.892 306	2 241	278	−3	0.386 968	971	120	−4
15	0.134 499	17 351	41	−4	0.894 547	1 962	279	0	0.387 939	851	120	−5
16	0.117 148	17 387	36	−2	0.896 509	1 682	280	+1	0.388 790	729	122	+3
17	0.099 761	17 418	31	+1	0.898 191	1 402	280	−2	0.389 519	607	122	+3
18	−0.082 343	+17 442	+ 24	−2	−0.899 593	−1 122	+280	−2	−0.390 126	− 486	+121	−3
19	0.064 901	17 462	20	+2	0.900 715	841	281	+3	0.390 612	365	121	−2
20	0.047 439	17 475	13	−4	0.901 556	559	282	+5	0.390 977	242	123	+4
21	0.029 964	17 482	7	−4	0.902 115	− 279	280	−3	0.391 219	− 121	121	−4
22	−0.012 482	17 485	+ 3	+2	0.902 394	+ 2	281	−2	0.391 340	0	121	−4
23	+0.005 003	17 482	− 3	+3	0.902 392	282	280	−5	0.391 340	+ 122	122	+3
24	+0.022 485	+17 473	− 9	0	−0.902 110	+ 562	+280	−3	−0.391 218	+ 244	+122	+2
25	0.039 958	17 460	13	+2	0.901 548	842	280	+1	0.390 974	364	120	−4
26	0.057 418	17 440	20	−4	0.900 706	1 121	279	0	0.390 610	485	121	0
27	0.074 858	17 416	24	−1	0.899 585	1 399	278	−3	0.390 125	607	122	+4
28	0.092 274	17 387	29	0	0.898 186	1 677	278	−1	0.389 518	726	119	−4
29	0.109 661	17 353	34	+2	0.896 509	1 954	277	0	0.388 792	847	121	+1
30	+0.127 014	+17 315	− 38	+3	−0.894 555	+2 231	+277	+3	−0.387 945	+ 967	+120	−1
31	0.144 329	+17 270	45	−3	0.892 324	+2 508	277	+3	0.386 978	+1 087	120	−1
32	+0.161 599		− 48	0	−0.889 816		+275	−2	−0.385 891		+120	−1

ΔX, ΔY, ΔZ sind in Einheiten der 7. Dezimale gegeben.

Mittleres Äquinoktium 1950.0

MERKUR 1955

0^h Weltzeit	log r	Helioz. Länge	Red. auf d. Bahn	Helioz. Breite	0^h Weltzeit	log r	Helioz. Länge	Red. auf d. Bahn	Helioz. Breite
1955		°	°	°	1955		°	°	°
Jan. —2	9.6573	283.13	+0.20	—5.77	Juli 2	9.6237	311.54	+0.05	—6.96
+3	9.6415	298.24	+0.14	—6.61	7	9.5960	329.74	—0.09	—6.85
8	9.6190	314.80	+0.02	—6.99	12	9.5632	350.63	—0.20	—5.89
13	9.5902	333.44	—0.11	—6.74	17	9.5289	14.93	—0.20	—3.81
18	9.5568	354.92	—0.21	—5.59	22	9.5005	42.94	—0.04	—0.59
23	9.5228	19.92	—0.18	—3.28	27	9.4880	73.80	+0.17	+3.09
28	9.4967	48.58	+0.01	+0.10	Aug. 1	9.4969	105.10	+0.19	+5.91
Febr. 2	9.4880	79.74	+0.19	+3.73	6	9.5234	134.05	+0.03	+6.99
7	9.5009	110.79	+0.17	+6.25	11	9.5573	159.19	—0.15	+6.52
12	9.5296	139.08	—0.01	+7.00	16	9.5907	180.59	—0.21	+5.15
17	9.5638	163.48	—0.17	+6.31	21	9.6194	199.03	—0.18	+3.37
22	9.5966	184.25	—0.21	+4.83	26	9.6418	215.35	—0.09	+1.51
27	9.6241	202.23	—0.17	+3.03	31	9.6574	230.27	+0.02	—0.31
März 4	9.6452	218.24	—0.07	+1.16	Sept. 5	9.6665	244.36	+0.12	—2.01
9	9.6596	232.96	+0.04	—0.64	10	9.6689	258.12	+0.19	—3.56
14	9.6675	246.96	+0.13	—2.32	15	9.6650	271.97	+0.21	—4.90
19	9.6688	260.70	+0.20	—3.83	20	9.6544	286.34	+0.19	—5.99
24	9.6635	274.61	+0.21	—5.12	25	9.6371	301.72	+0.11	—6.73
29	9.6517	289.14	+0.18	—6.16	30	9.6132	318.66	—0.01	—7.00
April 3	9.6332	304.76	+0.09	—6.83	Okt. 5	9.5832	337.86	—0.14	—6.58
8	9.6080	322.08	—0.03	—6.98	10	9.5492	0.06	—0.21	—5.19
13	9.5770	341.78	—0.16	—6.40	15	9.5161	25.88	—0.15	—2.62
18	9.5427	4.62	—0.21	—4.80	20	9.4930	55.24	+0.06	+0.92
23	9.5108	31.15	—0.12	—2.01	25	9.4890	86.63	+0.21	+4.41
28	9.4905	61.06	+0.10	+1.62	30	9.5061	117.27	+0.14	+6.57
Mai 3	9.4908	92.54	+0.21	+4.95	Nov. 4	9.5368	144.75	—0.05	+6.95
8	9.5112	122.72	+0.11	+6.77	9	9.5712	168.30	—0.19	+6.04
13	9.5433	149.46	—0.09	+6.86	14	9.6030	188.39	—0.21	+4.45
18	9.5776	172.30	—0.20	+5.77	19	9.6293	205.87	—0.15	+2.62
23	9.6084	191.84	—0.20	+4.12	24	9.6489	221.54	—0.05	+0.76
28	9.6335	208.92	—0.13	+2.27	29	9.6619	236.07	+0.06	—1.02
Juni 2	9.6519	224.33	—0.03	+0.42	Dez. 4	9.6683	249.97	+0.15	—2.66
7	9.6636	238.70	+0.08	1.34	9	9.6681	263.71	+0.20	—4.13
12	9.6688	252.54	+0.16	—2.95	14	9.6614	277.72	+0.21	—5.38
17	9.6674	266.30	+0.21	—4.38	19	9.6482	292.44	+0.17	—6.34
22	9.6595	280.40	+0.21	—5.58	24	9.6282	308.38	+0.07	—6.91
27	9.6449	295.31	+0.15	—6.48	29	9.6016	326.15	—0.06	—6.93
Juli 2	9.6237	311.54	+0.05	—6.96	34	9.5697	346.48	—0.18	—6.15

$☊ = 47°739$ $i = 7°004$ $m = \frac{1}{6\,000\,000}$

Mittleres Äquinoktium 1950.0

0^h Weltzeit	Julian. Zeit	log r	Heliozentr. Länge	Red. auf d. Bahn	Heliozentr. Breite	log R	Länge
		VENUS 1955				ERDE 1955	
1955	d		°	in 0°001	°		°
Jan. −7	2435 100.5	9.85650	114.780	+49	+2.117	9.99280	91.570
+3	110.5	9.85639	131.019	+47	+2.775	9.99267	101.761
13	120.5	9.85650	147.273	+31	+3.211	9.99277	111.953
23	130.5	9.85685	163.518	+ 5	+3.390	9.99310	122.134
Febr. 2	140.5	9.85739	179.732	−23	+3.300	9.99364	132.295
12	2435 150.5	9.85808	195.893	−43	+2.950	9.99437	142.427
22	160.5	9.85886	211.985	−50	+2.369	9.99527	152.520
März 4	170.5	9.85968	228.003	−42	+1.606	9.99631	162.568
14	180.5	9.86047	243.948	−21	+0.722	9.99745	172.566
24	190.5	9.86117	259.832	+ 6	−0.214	9.99866	182.509
April 3	2435 200.5	9.86173	275.671	+32	−1.132	9.99991	192.396
13	210.5	9.86210	291.487	+47	−1.962	0.00115	202.227
23	220.5	9.86225	307.297	+49	−2.642	0.00236	212.002
Mai 3	230.5	9.86219	323.118	+36	−3.123	0.00348	221.724
13	240.5	9.86191	338.962	+13	−3.367	0.00450	231.399
23	2435 250.5	9.86143	354.838	−15	−3.356	0.00539	241.031
Juni 2	260.5	9.86079	10.751	−38	−3.088	0.00612	250.628
12	270.5	9.86003	26.704	−50	−2.583	0.00667	260.196
22	280.5	9.85922	42.700	−46	−1.876	0.00703	269.743
Juli 2	290.5	9.85842	58.743	−29	−1.020	0.00720	279.280
12	2435 300.5	9.85768	74.833	− 2	−0.082	0.00715	288.813
22	310.5	9.85707	90.974	+25	+0.866	0.00691	298.353
Aug. 1	320.5	9.85663	107.161	+44	+1.747	0.00647	307.908
11	330.5	9.85641	123.386	+50	+2.491	0.00585	317.487
21	340.5	9.85643	139.635	+40	+3.036	0.00505	327.097
31	2435 350.5	9.85667	155.887	+18	+3.339	0.00411	336.746
Sept. 10	360.5	9.85712	172.119	−10	+3.376	0.00304	346.439
20	370.5	9.85775	188.306	−35	+3.145	0.00188	356.183
30	380.5	9.85849	204.432	−49	+2.668	0.00066	5.980
Okt. 10	390.5	9.85931	220.484	−48	+1.984	9.99941	15.833
20	2435 400.5	9.86011	236.462	−32	+1.148	9.99817	25.742
30	410.5	9.86086	252.372	− 7	+0.228	9.99698	35.708
Nov. 9	420.5	9.86149	268.230	+20	−0.707	9.99588	45.726
19	430.5	9.86195	284.054	+42	−1.587	9.99489	55.793
29	440.5	9.86221	299.864	+50	−2.344	9.99406	65.902
Dez. 9	2435 450.5	9.86225	315.678	+44	−2.924	9.99340	76.046
19	460.5	9.86207	331.510	+25	−3.283	9.99295	86.216
29	470.5	9.86168	347.371	− 2	−3.393	9.99271	96.403
39	2435 480.5	9.86110	3.266	−28	−3.245	9.99269	106.596

Venus: ☊ = 76°230 i = 3°394 $m = \frac{1}{408\,000}$

Erde: $m = \frac{1}{329\,390}$

Mittleres Äquinoktium 1950.0

0h Weltzeit	log r	Heliozentr. Länge	Red. a. d. Bahn	Heliozentr. Breite	log r	Heliozentr. Länge	Red. a. d. Bahn	Heliozentr. Breite
	MARS 1955				JUPITER 1955			
1955		°	in 0°001	°		°	in 0°0001	°
Jan. −7	0.15381	25.149	−11	−0.753	0.718676	112.9601	+33	+0.2939
+3	0.15698	31.069	− 9	0.575	0.718978	113.7800	35	0.3121
13	0.16035	36.900	− 6	0.393	0.719279	114.5987	36	0.3302
23	0.16388	42.639	− 3	0.210	0.719579	115.4163	38	0.3482
Febr. 2	0.16752	48.284	0	−0.028	0.719878	116.2328	40	0.3661
12	0.17125	53.834	+ 2	+0.151	0.720175	117.0481	+42	+0.3839
22	0.17502	59.288	+ 5	0.325	0.720471	117.8624	44	0.4016
März 4	0.17879	64.649	+ 8	0.494	0.720766	118.6755	45	0.4192
14	0.18253	69.918	+10	0.656	0.721060	119.4875	47	0.4367
24	0.18620	75.099	+12	0.809	0.721352	120.2985	49	0.4541
April 3	0.18980	80.193	+13	+0.954	0.721643	121.1083	+50	+0.4714
13	0.19327	85.206	+14	1.089	0.721932	121.9171	52	0.4886
23	0.19662	90.141	+15	1.213	0.722220	122.7248	53	0.5056
Mai 3	0.19981	95.003	+15	1.327	0.722506	123.5315	55	0.5225
13	0.20282	99.796	+15	1.430	0.722791	124.3371	56	0.5393
23	0.20565	104.526	+14	+1.522	0.723074	125.1416	+57	+0.5560
Juni 2	0.20828	109.197	+13	1.602	0.723355	125.9451	59	0.5725
12	0.21070	113.814	+12	1.672	0.723634	126.7476	60	0.5889
22	0.21289	118.383	+10	1.729	0.723911	127.5490	61	0.6052
Juli 2	0.21485	122.908	+ 8	1.776	0.724187	128.3495	62	0.6213
12	0.21658	127.396	+ 6	+1.811	0.724460	129.1489	+63	+0.6373
22	0.21806	131.850	+ 4	1.834	0.724732	129.9473	64	0.6531
Aug. 1	0.21929	136.277	+ 2	1.847	0.725001	130.7447	65	0.6688
11	0.22028	140.682	− 1	1.849	0.725269	131.5412	66	0.6844
21	0.22100	145.069	− 3	1.840	0.725534	132.3367	67	0.6998
31	0.22147	149.444	− 5	+1.820	0.725797	133.1312	+68	+0.7150
Sept. 10	0.22168	153.812	− 7	1.789	0.726058	133.9248	69	0.7301
20	0.22163	158.178	− 9	1.748	0.726316	134.7174	70	0.7450
30	0.22133	162.547	−11	1.697	0.726573	135.5091	70	0.7598
Okt. 10	0.22076	166.925	−12	1.636	0.726827	136.2999	71	0.7744
20	0.21994	171.317	−13	+1.566	0.727078	137.0898	+72	+0.7888
30	0.21886	175.727	−14	1.485	0.727327	137.8787	72	0.8031
Nov. 9	0.21753	180.162	−15	1.396	0.727574	138.6668	73	0.8172
19	0.21596	184.626	−15	1.297	0.727818	139.4539	73	0.8311
29	0.21414	189.125	−15	1.190	0.728060	140.2402	73	0.8449
Dez. 9	0.21209	193.664	−14	+1.074	0.728299	141.0256	+74	+0.8585
19	0.20981	198.247	−13	0.950	0.728535	141.8102	74	0.8719
29	0.20731	202.881	−12	0.819	0.728768	142.5940	74	0.8851
39	0.20460	207.571	−10	+0.680	0.728999	143.3769	+74	+0.8982

Mars: ☊ = 49°172 i = 1°850 $m = \frac{1}{3\,093\,500}$

Jupiter: ☊ = 99°9528 i = 1°3059 $m = \frac{1}{1\,047.35}$

Mittleres Äquinoktium 1950.0

SATURN 1955

0h Weltzeit			Julian. Zeit	log r	Heliozentrische Länge	Red. auf die Bahn	Heliozentr. Breite
			d		°	in 0°0001	°
1954	Dez.	4	2435 080.5	0.994057	222.9247	—172	+2.3430
1955	Jan.	13	120.5	0.994462	224.1744	181	2.3242
	Febr.	22	160.5	0.994858	225.4218	189	2.3042
	April	3	200.5	0.995247	226.6670	—198	+2.2832
	Mai	13	240.5	0.995627	227.9101	205	2.2612
	Juni	22	280.5	0.995998	229.1511	213	2.2381
	Aug.	1	320.5	0.996361	230.3899	—220	+2.2141
	Sept.	10	360.5	0.996716	231.6269	227	2.1890
	Okt.	20	400.5	0.997061	232.8618	233	2.1629
1955	Nov.	29	440.5	0.997397	234.0949	238	2.1359
1956	Jan.	8	2435 480.5	0.997725	235.3261	—244	+2.1080

☊ = 113°2251 i = 2°4903 $m = \frac{1}{3\,501.6}$

URANUS 1955

0h Weltzeit			Julian. Zeit	log r	Heliozentrische Länge	Red. auf die Bahn	Heliozentr. Breite
			d		°	in 0°001	°
1954	Dez.	4	2435 080.5	1.27066	115.043	+3	+0.510
1955	Jan.	13	120.5	1.27051	115.540	3	0.515
	Febr.	22	160.5	1.27037	116.038	3	0.520
	April	3	200.5	1.27023	116.536	+3	+0.525
	Mai	13	240.5	1.27009	117.035	3	0.530
	Juni	22	280.5	1.26995	117.533	3	0.534
	Aug.	1	320.5	1.26981	118.032	+3	+0.539
	Sept.	10	360.5	1.26968	118.532	3	0.544
	Okt.	20	400.5	1.26954	119.031	3	0.549
1955	Nov.	29	440.5	1.26940	119.531	3	0.554
1956	Jan.	8	2435 480.5	1.26926	120.032	+3	+0.558

☊ = 73°745 i = 0°773 $m = \frac{1}{22\,869}$

NEPTUN 1955

0h Weltzeit			Julian. Zeit	log r	Heliozentrische Länge	Red. auf die Bahn	Heliozentr. Breite
			d		°	in 0°001	°
1954	Dez.	4	2435 080.5	1.48168	206.003	+7	+1.713
1955	Jan.	13	120.5	1.48169	206.239	7	1.714
	Febr.	22	160.5	1.48170	206.475	7	1.716
	April	3	200.5	1.48171	206.710	+7	+1.718
	Mai	13	240.5	1.48171	206.946	7	1.720
	Juni	22	280.5	1.48172	207.181	6	1.722
	Aug.	1	320.5	1.48173	207.417	+6	+1.723
	Sept.	10	360.5	1.48174	207.653	6	1.725
	Okt.	20	400.5	1.48175	207.888	6	1.727
1955	Nov.	29	440.5	1.48175	208.124	6	1.729
1956	Jan.	8	2435 480.5	1.48176	208.360	+6	+1.730

☊ = 131°230 i = 1°775 $m = \frac{1}{19\,314}$

PLUTO 1955

0h Weltzeit			Julian. Zeit	log r	Heliozentrische Länge	Red. auf die Bahn	Heliozentr. Breite
			d		°	°	°
1954	Dez.	4	2435 080.5	1.54507	145.136	+1.240	+10.155
1955	Febr.	22	160.5	1.54439	145.522	1.245	10.248
	Mai	13	240.5	1.54371	145.910	1.250	10.341
	Aug.	1	320.5	1.54303	146.299	1.255	10.435
1955	Okt.	20	400.5	1.54235	146.690	1.259	10.528
1956	Jan.	8	2435 480.5	1.54168	147.083	+1.264	+10.621

☊ = 109°633 i = 17°144 $m \approx \frac{1}{360\,000}$

Mittlere und Scheinbare Sternörter 1955

Reduktionsgrößen

Mittlere Sternörter 1955.0

Nr.	Name	Größe	Spektrum	AR. 1955.0	Jährl. Veränderung 1955.5	Jährl. Eigenbew. in $0^s.0001$	Dekl. 1955.0	Jährl. Veränderung 1955.5	Jährl. Eigenbew. in $0''.001$
		m		h m s	s		° ′ ″	″	
905	[2 Ceti]	4.62	A 0	0 1 26.114	+3.0723	+ 16	−17 35 11.09	+20.040	− 2
1001	[45 G. Tucanae]	5.64	B 9	0 2 25.573	+3.0394	+ 92	−71 41 14.71	+20.025	− 16
1002	[33 Piscium]	4.68	K 0	0 3 1.879	+3.0707	− 8	− 5 57 33.03	+20.138	+ 97
1003	[9 G. Ceti]	6.06	F 0	0 4 32.014	+3.0692	+ 73	−23 21 27.04	+19.998	− 40
1	α Andromedae	2.15	A op	0 6 3.358	+3.1032	+ 103	+28 50 31.50	+19.877	− 159
2	β Cassiopeiae	2.42	F 5	0 6 45.747	+3.2066	+ 676	+58 54 6.01	+19.856	− 178
3	ε Phoenicis	3.94	K 0	0 7 8.001	+3.0428	+ 126	−45 59 43.98	+19.862	− 170
4	[22 Andromedae]	5.08	F 0	0 7 58.340	+3.1217	+ 3	+45 49 19.02	+20.033	+ 3
5	[κ² Sculptoris]	5.56	K 0	0 9 17.455	+3.0453	+ 8	−28 3 0.88	+20.051	+ 25
6	[ϑ Sculptoris]	5.19	F 5	0 9 26.884	+3.0470	+ 129	−35 23 5.07	+20.161	+ 136
7	γ Pegasi	2.87	B 2	0 10 54.898	+3.0904	+ 1	+14 56 0.64	+20.013	− 6
1004	[χ Pegasi]	4.94	M 0	0 12 16.189	+3.1059	+ 65	+19 57 23.65	+20.018	+ 5
1005	[σ Andromedae]	4.51	A 2	0 15 58.147	+3.1368	− 57	+36 32 9.55	+19.958	− 35
1006	[Pi 0^h 38 Andr]	5.80	A 0	0 16 16.888	+3.1357	+ 47	+31 16 3.34	+19.996	+ 4
9	ι Ceti	3.75	K 0	0 17 8.064	+3.0562	− 12	− 9 4 23.41	+19.959	− 27
10	ζ Tucanae	4.34	F 8	0 17 44.372	+3.1207	+2706	−65 8 20.61	+21.155	+1173
1007	[−18° 41 Cetus]	6.88	K 0	0 17 46.124	+3.0448	+ 50	−17 56 59.83	+19.990	+ 9
1008	[41 Piscium]	5.58	K 0	0 18 16.752	+3.0879	− 4	+ 7 56 25.83	+19.993	+ 15
1009	[ρ Andromedae]	5.20	F 5	0 18 44.599	+3.1628	+ 49	+37 43 10.42	+19.941	− 34
1010	[44 Piscium]	5.99	G 5	0 23 5.660	+3.0764	− 9	+ 1 41 26.46	+19.931	− 10
11	β Hydri	2.90	G 0	0 23 25.178	+3.1450	+6875	−77 30 27.10	+20.266	+ 329
12	α Phoenicis	2.44	K 0	0 24 3.858	+2.9636	+ 189	−42 33 0.38	+19.548	− 384
1011	[Pi 0^h 78 Cetus]	7.54	M 3	0 25 43.517	+3.0448	+ 30	−11 54 27.30	+19.901	− 15
1012	[48 Piscium]	6.46	K 2	0 25 52.177	+3.1182	+ 11	+16 11 47.06	+19.904	− 11
13	12 Ceti	6.05	K 5	0 27 44.475	+3.0621	+ 6	− 4 12 20.41	+19.892	− 3
14	[49 G. Ceti]	5.23	A 3	0 28 7.735	+2.9985	− 19	−24 2 10.87	+19.913	+ 22
15	[λ¹ Phoenicis]	4.88	A 2	0 29 15.045	+2.8918	+ 145	−49 3 7.50	+19.909	+ 30
16	[κ Cassiopeiae]	4.24	B 0	0 30 25.378	+3.4157	− 5	+62 41 1.59	+19.869	+ 3
1013	[77 G. Sculptoris]	5.62	K 0	0 31 27.598	+2.9665	− 21	−29 48 22.06	+19.821	− 32
1014	[58 G. Phoenicis]	5.55	F 5	0 32 19.624	+2.8514	+ 241	−52 37 17.45	+19.882	+ 39
17	ζ Cassiopeiae	3.72	B 3	0 34 27.044	+3.3472	+ 17	+53 38 58.47	+19.810	− 6
18	π Andromedae	4.47	B 3	0 34 28.220	+3.2070	+ 12	+33 28 18.87	+19.816	0
19	[ε Andromedae]	4.52	G 5	0 36 10.274	+3.1725	− 177	+29 4 4.01	+19.546	− 247
20	δ Andromedae	3.49	K 2	0 36 54.902	+3.2107	+ 104	+30 36 54.03	+19.695	− 88
21	α Cassiopeiae	2.1 2.6	K 0	0 37 56.336	+3.4096	+ 60	+56 17 27.35	+19.740	− 28
1015	[μ Phoenicis]	4.65	K 0	0 39 12.136	+2.8324	− 26	−46 19 53.92	+19.761	+ 11
1016	[Lac 181 Scul]	7.21	M 0	0 40 26.900	+2.8994	− 18	−36 16 8.03	+19.740	+ 10
22	β Ceti	2.24	K 0	0 41 19.872	+3.0109	+ 165	−18 13 59.80	+19.756	+ 40
23	[η Phoenicis]	4.53	A 0	0 41 20.321	+2.6943	+ 4	−57 42 34.22	+19.738	+ 21
26	[λ² Sculptoris]	5.97	K 0	0 42 1.693	+2.8984	+ 201	−38 40 9.20	+19.832	+ 127

Nr.	Name	Größe	Spektrum	AR. 1955.0	Jährl. Veränderung 1955.5	Jährl. Eigenbew. in 0.ˢ0001	Dekl. 1955.0	Jährl. Veränderung 1955.5	Jährl. Eigenbew. in 0.″001
		m		h m s	s		° ′ ″	″	
25	o Cassiopeiae	4.70	B 2	0 42 12.381	+3.3474	+ 17	+48 2 18.51	+19.700	— 3
24	21 Cassiopeiae	*5.7-6.1*	A 2	0 42 38.243	+3.9750	— 53	+74 44 33.10	+19.676	— 20
1017	[70 G. Phoenicis]	6.00	A 5	0 42 49.612	+2.8345	— 79	—42 55 17.23	+19.593	— 100
27	ζ Andromedae	4.30	K 0	0 44 56.871	+3.1820	— 75	+24 1 21.93	+19.582	— 76
1018	[79 G. Ceti]	5.45	B 9	0 45 47.483	+2.9681	+ 17	—21 58 4.02	+19.634	— 9
1019	[96 G. Piscium]	5.82	G 5	0 46 1.183	+3.1474	+ 505	+ 5 2 58.33	+18.497	—1142
28	[δ Piscium]	4.55	K 5	0 46 20.676	+3.1135	+ 55	+ 7 20 25.91	+19.589	— 45
1020	[64 Piscium]	5.23	F 5	0 46 36.559	+3.1541	— 2	+16 41 52.99	+19.431	— 197
31	[λ Hydri]	4.96	K 5	0 47 2.162	+2.0802	+ 353	—75 10 5.32	+19.597	— 24
1021	[ν Andromedae]	4.42	B 3	0 47 19.376	+3.3118	+ 15	+40 50 3.20	+19.599	— 17
30	[φ² Ceti]	5.24	F 5	0 47 52.304	+3.0044	— 157	—10 53 10.52	+19.386	— 220
29	[Br 82 Cass]	5.45	F2+A2	0 47 58.490	+3.6471	+ 39	+64 0 10.89	+19.598	— 6
1022	[20 Ceti]	4.92	K 0	0 50 42.374	+3.0666	+ 3	— 1 23 17.78	+19.540	— 13
34	[λ² Tucanae]	5.34	K 0	0 53 19.848	+2.2391	+ 20	—69 46 12.45	+19.465	— 36
32	γ Cassiopeiae	1.6—2.3	B op	0 53 58.423	+3.6270	+ 28	+60 28 24.80	+19.486	— 2
33	μ Andromedae	3.94	A 2	0 54 14.819	+3.3333	+ 127	+38 15 20.62	+19.520	+ 37
1023	[68 Piscium]	5.64	K 0	0 55 23.614	+3.2491	+ 2	+28 44 57.63	+19.452	— 7
35	α Sculptoris	4.39	B 5	0 56 26.316	+2.8894	+ 12	—29 36 1.01	+19.444	+ 7
1024	[98 G. Ceti]	6.70	K 0	0 56 28.912	+3.0387	+ 3	— 6 7 28.01	+19.363	— 73
1025	[101 G. Ceti]	6.58	G 5	0 59 24.655	+2.9773	+ 55	—16 30 22.41	+19.301	— 71
1027	[80 G. Phoenicis]	6.00	K 0	1 0 7.847	+2.5344	— 2	—57 14 39.29	+19.384	+ 29
1026	[σ Sculptoris]	5.52	A 2	1 0 17.538	+2.8636	+ 57	—31 47 37.96	+19.369	+ 17
36	ε Piscium	4.45	K 0	1 0 36.272	+3.1149	— 54	+ 7 38 53.97	+19.374	+ 30
37	[26 Ceti]	6.18	F 0	1 1 29.902	+3.0882	+ 78	+ 1 7 33.88	+19.288	— 36
1028	[72 Piscium]	5.65	F 2	1 2 42.570	+3.1686	+ 4	+14 42 16.38	+19.355	+ 59
1029	[106 G. Ceti]	6.29	G 5	1 3 56.997	+2.9058	— 19	—24 13 57.57	+19.224	— 42
1030	[μ Cassiopeiae]	5.26	G 5	1 5 15.629	+3.9982	+3943	+54 42 1.38	+17.658	—1576
39	[ι Tucanae]	5.32	K 0	1 5 31.997	+2.3748	+ 108	—62 0 54.67	+19.230	+ 2
1031	υ Phoenicis	5.15	A 3	1 5 44.667	+2.7397	+ 35	—41 43 38.28	+19.227	+ 4
40	[η Ceti]	3.60	K 0	1 6 19.514	+3.0180	+ 147	—10 25 12.92	+19.080	— 128
42	β Andromedae	2.37	M 0	1 7 12.272	+3.3624	+ 146	+35 22 57.01	+19.074	— 112
41	[44 H. Cephei]	5.68	A 0	1 8 18.286	+5.2116	+ 327	+79 26 6.99	+19.159	+ 2
1032	[χ Piscium]	4.89	K 0	1 9 1.764	+3.2266	+ 26	+20 47 45.40	+19.135	— 5
43	[τ Piscium]	4.70	K 0	1 9 10.494	+3.3067	+ 53	+29 51 4.61	+19.104	— 32
44	[102 G. Sculpt.]	5.91	A 5	1 10 41.114	+2.7622	+ 68	—38 5 40.11	+19.071	— 24
1033	[ζ Piscium *pr*]	5.57	A 5	1 11 22.610	+3.1357	+ 95	+ 7 20 16.46	+19.027	— 50
1034	[89 Piscium]	5.28	A 2	1 15 28.486	+3.0954	— 35	+ 3 22 40.96	+18.945	— 19
45	υ Piscium	4.67	A 2	1 16 59.189	+3.2998	+ 16	+27 1 41.22	+18.912	— 9
1035	[ξ Andromedae]	4.99	K 0	1 19 40.789	+3.5366	+ 31	+45 17 37.08	+18.853	+ 11
1036	[109 G. Sculpt.]	5.82	K 5	1 21 25.397	+2.7915	— 5	—31 10 46.39	+18.753	— 37

Mittlere Sternörter 1955.0

Nr.	Name	Größe	Spektrum	AR. 1955.0	Jährl. Veränderung 1955.5	Jährl. Eigenbew. in 0ˢ.0001	Dekl. 1955.0	Jährl. Veränderung 1955.5	Jährl. Eigenbew. in 0″.001
		m		h m s	s		° ′ ″	″	
47	ϑ Ceti	3.83	K 0	1 21 46.361	+2.9989	− 54	− 8 24 54.21	+18.564	− 216
1037	[138 G. Ceti]	6.38	G 5	1 22 31.385	+3.0491	+ 11	− 3 4 56.28	+18.730	− 26
46	[ψ Cassiopeiae]	4.97	K 0	1 22 43.426	+4.2485	+ 126	+67 53 45.51	+18.780	+ 30
48	δ Cassiopeiae	2.80	A 5	1 22 51.133	+3.9320	+ 396	+60 0 7.84	+18.700	− 46
1038	[9 G. Hydri]	5.82	K 5	1 23 32.027	+2.0728	+ 27	−64 36 11.02	+18.715	− 10
1039	[94 Piscium]	5.63	K 0	1 24 15.507	+3.2420	+ 31	+19 0 28.18	+18.645	− 57
1041	[47 Ceti]	5.68	F 0	1 24 38.290	+2.9606	+ 12	−13 17 23.65	+18.702	+ 12
1040	[ω Andromedae]	4.96	F 5	1 24 57.077	+3.5927	+ 321	+45 10 30.46	+18.579	− 101
49	[γ Phoenicis]	3.40	K 5	1 26 24.778	+2.6040	− 16	−43 32 53.39	+18.436	− 198
1043	[48 Ceti]	5.13	A 0	1 27 26.601	+2.8777	+ 40	−21 51 41.62	+18.609	+ 9
1042	[38 Cassiopeiae]	5.95	F 5	1 27 50.701	+4.4759	+ 264	+70 2 2.38	+18.517	− 70
50	η Piscium	3.72	G 5	1 29 4.251	+3.2120	+ 18	+15 6 51.99	+18.544	− 3
1044	[δ Phoenicis]	3.96	K 0	1 29 22.782	+2.4963	+ 137	−49 18 21.50	+18.699	+ 162
53	[14 G. Hydri]	6.06	G 5	1 33 19.983	+0.4100	− 75	−78 43 58.56	+18.285	− 118
1045	[υ Andromedae]	4.18	G 0	1 34 8.759	+3.5250	− 154	+41 10 52.21	+17.995	− 378
1046	[π Piscium]	5.63	F 0	1 34 42.536	+3.1821	− 46	+11 54 43.59	+18.402	+ 48
51	40 Cassiopeiae	5.50	K 0	1 34 52.425	+4.8082	− 36	+72 48 42.16	+18.338	− 10
52	51 Andromedae	3.77	K 0	1 35 13.065	+3.6877	+ 66	+48 24 3.84	+18.227	− 109
54	α Eridani	0.60	B 5	1 36 2.459	+2.2337	+ 126	−57 27 53.19	+18.284	− 23
55	43 Cassiopeiae	5.54	A op	1 38 58.615	+4.4543	+ 87	+67 48 59.33	+18.197	− 3
56	[ν Piscium]	4.68	K 0	1 39 5.169	+3.1233	− 17	+ 5 15 38.15	+18.204	+ 7
1047	[+ 34° 297 Tria]	5.45	B 8	1 39 26.903	+3.4709	+ 38	+35 1 9.24	+18.154	− 30
58	[129 G. Sculpt.]	5.64	A 0	1 40 3.939	+2.6428	− 39	−37 3 31.61	+18.142	− 19
1048	[π Sculptoris]	5.28	K 0	1 40 6.720	+2.7063	− 62	−32 33 11.31	+18.145	− 14
1049	[175 G. Ceti]	5.27	G 5	1 40 26.884	+3.0344	− 1	− 3 54 58.26	+18.115	− 32
57	φ Persei	4.19	B op	1 40 49.566	+3.7656	+ 26	+50 27 46.54	+18.121	− 11
59	τ Ceti	3.65	K 0	1 41 58.600	+2.7874	−1191	−16 10 25.70	+18.949	+ 860
60	o Piscium	4.50	K 0	1 43 0.816	+3.1695	+ 48	+ 8 55 55.28	+18.104	+ 54
61	ε Sculptoris	5.42	F 0	1 43 32.299	+2.8096	+ 117	−25 16 36.50	+17.979	− 52
1050	[4 Arietis]	5.73	A 0	1 45 44.163	+3.2556	+ 34	+16 43 56.12	+17.916	− 30
1051	[χ Ceti]	4.77	F 0	1 47 22.382	+2.9468	− 103	−10 54 29.82	+17.792	− 90
62	ζ Ceti	3.92	K 0	1 49 14.253	+2.9616	+ 25	−10 33 23.80	+17.775	− 33
1052	[2 Persei]	5.64	B 9	1 49 16.754	+3.8206	+ 12	+50 34 16.84	+17.783	− 23
64	α Trianguli	3.58	F 5	1 50 30.550	+3.4228	+ 8	+29 21 37.74	+17.525	− 231
63	ε Cassiopeiae	3.44	B 3	1 51 7.941	+4.3243	+ 40	+63 26 58.45	+17.713	− 17
65	ξ Piscium	4.84	K 0	1 51 13.372	+3.1071	+ 14	+ 2 57 58.24	+17.755	+ 28
67	ψ Phoenicis	4.41	M 3	1 51 50.600	+2.4044	− 82	−46 31 20.65	+17.623	− 79
66	β Arietis	2.72	A 5	1 52 8.917	+3.3162	+ 68	+20 35 19.97	+17.581	− 108
1053	[φ Phoenicis]	5.00	B 9	1 52 29.992	+2.4879	− 38	−42 43 1.32	+17.656	− 18
69	[η^2 Hydri]	4.72	K 0	1 53 47.517	+1.5212	+ 128	−67 52 5.33	+17.708	+ 87

Nr.	Name	Größe	Spektrum	AR. 1955.0	Jährl. Veränderung 1955.5	Jährl. Eigenbew. in 0ˢ.0001	Dekl. 1955.0	Jährl. Veränderung 1955.5	Jährl. Eigenbew. in 0″.001
		m		h m s	s		° ′ ″	″	
68	χ Eridani	3.73	G 5	1 54 12.493	+2.3342	+ 733	—51 49 56.10	+17.904	+ 301
72	α Hydri	3.02	F 0	1 57 21.137	+1.8905	+ 374	—61 47 17.50	+17.510	+ 39
71	υ Ceti	4.18	M 0	1 57 53.034	+2.8265	+ 93	—21 17 42.31	+17.432	— 16
1054	[4 Persei]	4.99	B 8	1 59 17.315	+4.0011	+ 37	+54 16 16.02	+17.389	+ 3
70	50 Cassiopeiae	4.06	A 2	1 59 32.754	+5.1382	— 104	+72 12 17.89	+17.403	+ 28
73	γ Andromedae *pr*	2.28	K 0	2 1 7.618	+3.6870	+ 44	+42 6 53.39	+17.259	— 47
1055	[ν Fornacis]	4.74	A op	2 2 28.387	+2.6886	+ 4	—29 30 43.48	+17.256	+ 9
74	α Arietis	2.23	K 2	2 4 37.836	+3.3843	+ 138	+23 15 2.10	+17.006	— 144
75	β Trianguli	3.08	A 5	2 6 51.439	+3.5732	+ 119	+34 46 31.58	+17.010	— 38
1056	[15 Arietis]	5.92	M 0	2 8 7.597	+3.3277	+ 62	+19 17 20.48	+16.966	— 23
1057	[19 Arietis]	5.99	K 5	2 10 35.737	+3.2741	+ 66	+15 4 11.63	+16.857	— 17
77	[Br 299 Andr]	5.40	K 0	2 10 35.889	+3.9959	+ 366	+50 51 28.69	+16.708	— 166
1058	[ξ^1 Ceti]	4.54	G 5	2 10 36.651	+3.1813	— 16	+ 8 38 11.78	+16.871	— 2
76	55 Cassiopeiae	6.15	F5+A2	2 10 55.267	+4.7186	— 23	+66 18 53.68	+16.858	0
78	μ Fornacis	5.24	A 0	2 10 55.576	+2.6418	+ 14	—30 56 2.85	+16.871	+ 12
1060	[135 G. Phoenicis]	5.86	K 0	2 12 42.624	+2.4266	— 27	—41 22 32.49	+16.748	— 25
1059	[21 Arietis]	5.64	F 5	2 13 9.199	+3.4063	— 66	+24 50 8.13	+16.675	— 78
79	[γ Trianguli]	4.07	A 0	2 14 37.846	+3.5698	+ 35	+33 38 24.78	+16.637	— 44
80	67 Ceti	5.70	G 5	2 14 44.216	+2.9933	+ 60	— 6 37 43.14	+16.571	— 105
82	[φ Eridani]	3.78	B 8	2 14 54.107	+2.1431	+ 98	—51 43 11.21	+16.652	— 16
1062	[21 G. Fornacis]	6.74	G 5	2 15 25.447	+2.5426	+ 139	—36 11 27.26	+16.703	+ 60
81	[ϑ Arietis]	5.69	A 0	2 15 37.019	+3.3393	— 9	+19 41 38.38	+16.636	+ 3
1061	[232 G. Ceti]	5.82	F 8	2 15 40.968	+3.1178	+ 243	+ 1 32 45.80	+17.011	+ 381
1063	[62 Andromedae]	5.12	A 0	2 16 21.833	+3.8759	— 57	+47 10 24.85	+16.594	— 2
1064	[239 G. Ceti]	5.99	K 0	2 19 57.709	+2.8276	+ 12	—17 51 57.79	+16.367	— 51
83	[ϰ Fornacis]	5.37	F 5	2 20 28.978	+2.7455	+ 147	—24 1 11.96	+16.337	— 55
1065	[δ Hydri]	4.26	A 2	2 20 56.561	+1.0715	— 79	—68 51 49.65	+16.383	+ 13
1067	[ϰ Hydri]	6.00	K 0	2 22 35.190	+0.3661	— 187	—73 50 58.40	+16.298	+ 11
84	[λ Horologii]	5.47	F 2	2 23 38.311	+1.6780	— 95	—60 30 46.18	+16.108	— 125
1066	[ρ Ceti]	4.90	A 0	2 23 46.444	+2.8985	— 12	—12 29 32.99	+16.222	— 3
86	[ϰ Eridani]	4.44	B 5	2 25 20.147	+2.1991	+ 21	—47 54 18.34	+16.143	— 1
1068	[12 Trianguli]	5.38	F 0	2 25 31.233	+3.5198	— 15	+29 28 10.52	+16.051	— 83
85	ξ^2 Ceti	4.34	A 0	2 25 45.743	+3.1911	+ 25	+ 8 15 33.84	+16.120	— 2
1069	[27 Arietis]	6.41	G 5	2 28 24.316	+3.3298	+ 22	+17 30 21.18	+15.903	— 81
1070	[14 Trianguli]	5.35	K 0	2 29 20.854	+3.6649	+ 37	+35 56 56.09	+15.952	+ 19
1071	[σ Ceti]	4.82	F 5	2 29 57.163	+2.8435	— 53	—15 26 28.53	+15.784	— 117
88	[λ^1 Fornacis]	5.88	K 0	2 31 14.390	+2.5012	— 19	—34 50 49.63	+15.816	— 17
90	μ Hydri	5.29	K 0	2 32 34.615	—1.2498	+ 457	—79 18 21.28	+15.726	— 36
1072	[ν Ceti]	5.04	G 5	2 33 30.536	+3.1497	— 21	+ 5 23 52.42	+15.689	— 21
1073	[268 G. Ceti]	5.92	K 0	2 33 36.561	+3.2916	+1210	+ 6 40 23.74	+17.167	+1462

Mittlere Sternörter 1955.0

Nr.	Name	Größe	Spektrum	AR. 1955.0	Jährl. Veränderung 1955.5	Jährl. Eigenbew. in 0.s0001	Dekl. 1955.0	Jährl. Veränderung 1955.5	Jährl. Eigenbew. in 0."001
		m		h m s	s		° ′ ″	″	
87	36 H. Cassiop.	5.34	K 0	2 33 42.277	+5.7201	− 80	+72 37 24.24	+15.722	+ 23
1074	[80 Ceti]	5.71	K 5	2 33 46.998	+2.9537	− 25	− 8 1 34.87	+15.640	− 55
89	ν Arietis	5.36	A 2	2 36 15.300	+3.4088	− 9	+21 46 4.72	+15.547	− 13
91	δ Ceti	4.04	B 2	2 37 10.364	+3.0761	+ 7	+ 0 8 7.73	+15.513	+ 3
95	[ε Hydri]	4.26	B 9	2 38 53.440	+0.9273	+ 170	−68 27 33.40	+15.430	+ 16
1075	[ι Eridani]	4.06	K 0	2 38 53.446	+2.3672	+ 115	−40 2 49.77	+15.389	− 25
1076	[ζ Horologii]	5.26	F 2	2 39 15.587	+1.8680	+ 48	−54 44 30.87	+15.404	+ 10
94	[35 Arietis]	4.58	B 3	2 40 48.263	+3.5233	+ 5	+27 31 0.95	+15.301	− 5
92	[Br 366 Cass]	5.84	A 2	2 40 55.352	+5.1737	+ 23	+67 38 6.77	+15.270	− 29
93	ϑ Persei	4.22	F 8	2 41 6.790	+4.1032	+ 344	+49 2 22.50	+15.205	− 84
1077	[14 Persei]	5.58	G 5	2 41 8.659	+3.9113	+ 3	+44 6 25.42	+15.281	− 6
97	π Ceti	4.39	B 5	2 41 58.750	+2.8556	− 6	−14 2 53.89	+15.229	− 11
1078	[43 G. Fornacis]	6.87	G 0	2 42 14.548	+2.6678	+ 123	−25 41 7.89	+15.286	+ 61
98	μ Ceti	4.36	F 0	2 42 30.320	+3.2446	+ 190	+ 9 55 30.92	+15.180	− 30
101	β Fornacis	4.50	K 0	2 47 12.400	+2.5111	+ 72	−32 35 38.25	+15.103	+ 163
100	41 Arietis	3.68	B 8	2 47 19.700	+3.5339	+ 49	+27 4 34.62	+14.818	− 113
99	[η Persei]	3.95	K 0	2 47 23.832	+4.3832	+ 22	+55 42 37.16	+14.917	− 10
102	τ² Eridani	4.81	K 0	2 48 59.761	+2.7215	− 36	−21 11 18.89	+14.816	− 18
1079	[σ Arietis]	5.46	B 5	2 49 0.224	+3.3146	+ 22	+14 53 52.09	+14.810	− 23
103	τ Persei	4.06	G0+A5	2 51 3.154	+4.2597	+ 3	+52 34 47.46	+14.710	− 2
104	η Eridani	4.05	K 0	2 54 13.617	+2.9316	+ 53	− 9 4 34.15	+14.309	− 214
1080	[40 G. Eridani]	5.27	A 2	2 54 21.923	+3.0084	− 23	− 3 53 32.69	+14.473	− 41
1081	[47 Arietis]	5.85	F 0	2 55 30.342	+3.4360	+ 165	+20 29 22.12	+14.417	− 28
1082	[24 Persei]	4.97	K 0	2 56 15.873	+3.7201	− 42	+35 0 14.93	+14.409	+ 10
106	ϑ Eridani *pr*	3.42	A 2	2 56 33.241	+2.2745	− 46	−40 29 2.81	+14.409	+ 26
1083	[λ Ceti]	4.69	B 5	2 57 17.944	+3.2169	+ 1	+ 8 43 45.14	+14.326	− 10
107	α Ceti	2.82	M 0	2 59 55.437	+3.1374	− 6	+ 3 54 51.74	+14.102	− 73
1084	[−18° 516 Erid.]	7.40	F 0	2 59 58.415	+2.7577	− 17	−18 23 0.96	+14.150	− 22
105	47 H. Cephei	5.72	M 0	3 0 1.282	+8.0358	− 138	+79 14 37.36	+14.178	+ 11
1085	[τ³ Eridani]	4.16	A 3	3 0 24.406	+2.6455	− 105	−23 47 59.41	+14.099	− 47
1086	[58 G. Eridani]	5.66	K 0	3 1 23.473	+2.0505	+ 18	−47 9 1.88	+14.098	+ 14
108	γ Persei	3.08	F5+A3	3 1 31.341	+4.3512	+ 1	+53 19 54.70	+14.073	− 3
113	[ϑ Hydri]	5.52	B 8	3 2 8.948	+0.1316	+ 65	−72 4 41.17	+14.061	+ 23
109	ρ Persei	3.2–4.1	M 3	3 2 17.032	+3.8481	+ 111	+38 40 2.45	+13.924	− 104
110	μ Horologii	5.16	F 0	3 2 32.983	+1.4146	− 101	−59 54 41.82	+13.961	− 52
1087	[63 G. Eridani]	7.16	G 0	3 5 11.028	+2.8343	+ 6	−13 55 50.73	+13.593	− 253
111	β Persei	2.2–3.5	B 8	3 5 13.902	+3.9076	+ 6	+40 47 1.77	+13.845	+ 3
112	[ι Persei]	4.17	G 0	3 5 48.379	+4.3350	+1298	+49 26 35.44	+13.728	− 78
1088	[55 Arietis]	5.60	B 9	3 6 53.894	+3.6121	+ 15	+28 54 23.80	+13.728	− 10
114	δ Arietis	4.53	K 0	3 9 3.045	+3.4328	+ 107	+19 33 28.34	+13.595	− 5

Nr.	Name	Größe	Spektrum	AR. 1955.0	Jährl. Veränderung 1955.5	Jährl. Eigenbew. in 0.s0001	Dekl. 1955.0	Jährl. Veränderung 1955.5	Jährl. Eigenbew. in 0."001
		m		h m s	s		° ′ ″	″	
116	[94 Ceti]	5.14	F 8	3 10 28.474	+3.0630	+ 131	− 1 21 47.37	+13.449	− 59
118	[38 G. Horologii]	5.72	N 0	3 11 24.529	+1.5201	+ 11	−57 29 21.84	+13.466	+ 17
1089	[ζ Arietis]	4.95	A 0	3 12 18.573	+3.4507	− 19	+20 52 44.48	+13.317	− 72
1090	79 G. Fornacis	6.85	G 0	3 12 53.831	+2.3591	+ 24	−35 43 27.09	+13.363	+ 12
1091	[ζ Eridani]	4.90	A 3	3 13 38.719	+2.9150	− 4	− 8 59 8.58	+13.353	+ 51
115	48 H. Cephei	5.50	F 0	3 14 32.103	+7.6452	+ 196	+77 34 20.73	+13.186	− 55
1092	[Lac 1044 Forn]	6.89	A 0	3 15 4.382	+2.4586	+ 14	−31 30 57.99	+13.189	− 19
1093	[κ Ceti]	4.96	G 5	3 16 59.864	+3.1479	+ 178	+ 3 12 23.22	+13.179	+ 98
1095	[ι Hydri]	5.53	F 2	3 17 2.387	−1.4787	+ 336	−77 33 11.73	+13.147	+ 66
119	[82 G. Eridani]	4.30	G 5	3 18 7.822	+2.3959	+2785	−43 14 26.66	+13.757	+ 751
1094	[τ Arietis]	5.17	B 3	3 18 37.429	+3.4660	+ 19	+20 59 10.22	+12.948	− 25
1096	[Pi 3h 27 Caml]	5.55	K 2	3 20 44.611	+5.2173	− 13	+64 25 38.28	+12.834	+ 4
120	α Persei	1.90	F 5	3 21 5.888	+4.2885	+ 30	+49 42 10.01	+12.785	− 22
121	o Tauri	3.80	G 5	3 22 23.273	+3.2301	− 45	+ 8 52 18.74	+12.649	− 71
123	[ξ Tauri]	3.75	B 8	3 24 43.591	+3.2530	+ 39	+ 9 34 38.01	+12.530	− 32
122	2 H. Camelopard.	4.44	B 9p	3 25 24.363	+4.8655	− 2	+59 47 7.74	+12.514	0
124	[σ Persei]	4.55	K 0	3 27 23.454	+4.2348	+ 8	+47 50 30.01	+12.403	+ 24
1097	[17 Eridani]	4.80	B 9	3 28 22.922	+2.9777	+ 8	− 5 13 41.35	+12.324	+ 13
125	5 Tauri	4.28	K 0	3 28 23.081	+3.3141	+ 15	+12 47 1.93	+12.314	+ 3
126	[κ Reticuli]	4.80	F 5	3 28 35.147	+1.0493	+ 550	−63 5 44.30	+12.679	+ 380
1098	[+34° 674 Pers]	5.80	B 3	3 29 47.647	+3.8231	− 7	+35 18 37.07	+12.217	+ 4
127	ε Eridani	3.81	K 0	3 30 48.494	+2.8275	− 660	− 9 36 33.88	+12.164	+ 21
128	[45 G. Horologii]	5.60	K 0	3 31 14.034	+1.7883	+ 75	−50 31 50.05	+12.201	+ 87
1099	[τ5 Eridani]	4.32	B 8	3 31 47.904	+2.6502	+ 30	−21 46 57.77	+12.049	− 25
1100	[20 Eridani]	5.32	A 0p	3 34 14.265	+2.7338	+ 17	−17 36 53.56	+11.898	− 5
1101	[10 Tauri]	4.40	G 5	3 34 34.412	+3.0627	− 156	+ 0 15 36.58	+11.399	− 480
130	[110 G. Eridani]	4.58	K 0	3 35 28.670	+2.1529	− 13	−40 25 16.64	+11.793	− 23
1102	[τ Fornacis]	6.08	A 0	3 36 55.246	+2.4961	+ 13	−28 5 20.56	+11.740	+ 27
1103	[11 Tauri]	6.15	A 0	3 38 4.714	+3.5860	+ 8	+25 11 7.90	+11.621	− 10
129	[Grb 716 Caml]	5.32	M 0	3 38 13.726	+5.2142	− 27	+63 4 23.01	+11.636	+ 17
131	δ Persei	3.10	B 5	3 39 42.625	+4.2762	+ 31	+47 38 43.82	+11.482	− 32
133	[δ **Fornacis**]	4.93	B 5	3 40 27.410	+2.3864	0	−32 4 51.79	+11.481	+ 19
135	[δ Eridani]	3.72	K 0	3 41 5.424	+2.8752	− 63	− 9 54 52.24	+12.162	+ 746
134	ν Persei	3.93	F 5	3 42 7.690	+4.0799	− 8	+42 26 17.38	+11.340	0
136	[17 Tauri]	3.81	B 5p	3 42 11.882	+3.5649	+ 15	+23 58 24.36	+11.294	− 41
137	[24 Eridani]	5.09	B 8	3 42 13.189	+3.0483	0	− 1 18 13.42	+11.331	− 3
1104	[29 Tauri]	5.36	B 3	3 43 16.775	+3.1891	+ 12	+ 5 54 37.94	+11.253	− 5
141	β Reticuli	3.80	K 0	3 43 37.679	+0.7543	+ 481	−64 56 53.34	+11.316	+ 82
139	η Tauri	2.96	B 5p	3 44 48.267	+3.5685	+ 15	+23 58 3.09	+11.103	− 44
140	τ6 Eridani	4.33	F 8	3 44 54.627	+2.5815	− 116	−23 22 53.34	+10.616	− 523

Mittlere Sternörter 1955.0

Nr.	Name	Größe	Spektrum	AR. 1955.0	Jährl. Veränderung 1955.5	Jährl. Eigenbew. in 0.ˢ0001	Dekl. 1955.0	Jährl. Veränderung 1955.5	Jährl. Eigenbew. in 0.″001
		m		h m s	s		° ′ ″	″	
138	γ Camelopard.	4.67	A 0	3 45 34.292	+6.3461	+ 38	+71 11 46.95	+11.051	− 38
142	[27 Tauri]	3.80	B 8	3 46 28.878	+3.5696	+ 13	+23 55 2.60	+10.982	− 43
143	138 G. Eridani	4.24	K 0	3 47 46.115	+2.2454	− 43	−36 20 7.54	+10.888	− 43
146	γ Hydri	3.17	M 0	3 47 54.874	−0.9195	+ 130	−74 22 38.19	+11.042	+ 120
1105	+57° 752 Caml	5.79	A 0	3 50 3.153	+4.8770	+ 106	+57 50 36.31	+10.663	− 98
1106	[Pi 3ʰ 187 Taur]	5.96	F 0	3 50 35.378	+3.4327	+ 100	+17 11 40.40	+10.696	− 27
1107	[145 G. Eridani]	6.55	B 9	3 50 55.950	+2.9389	− 5	− 6 45 59.16	+10.699	+ 1
144	ζ Persei	2.91	B 1	3 51 17.837	+3.7740	+ 7	+31 45 5.89	+10.661	− 10
1108	[55 G. Horologii]	5.77	K 0	3 52 9.569	+1.8595	+ 29	−47 1 30.40	+10.578	− 30
147	ε Persei	2.96	B 1	3 54 49.587	+4.0294	+ 18	+39 52 54.42	+10.382	− 26
149	γ Eridani	3.19	K 5	3 55 55.685	+2.8000	+ 43	−13 38 6.97	+10.218	− 108
148	ξ Persei	4.05	O e 5	3 56 2.310	+3.8959	+ 5	+35 39 48.06	+10.316	− 1
1109	[17 G. Reticuli]	6.14	F 2	3 57 44.741	+1.2895	+ 33	−57 13 45.84	+10.206	+ 16
1110	[δ Reticuli]	4.41	M 0	3 58 1.691	+0.9513	+ 8	−61 31 36.67	+10.156	− 13
150	λ Tauri	3.8—4.1	B 3	3 58 11.010	+3.3255	− 4	+12 21 52.76	+10.145	− 11
1111	[35 Eridani]	5.25	B 5	3 59 15.046	+3.0410	+ 14	− 1 40 27.71	+10.063	− 12
151	ν Tauri	3.94	A 0	4 0 45.546	+3.1926	+ 1	+ 5 51 57.37	+ 9.963	+ 1
1114	[63 G. Hydri]	6.72	A 0	4 0 58.748	−0.3460	+ 57	−71 17 30.21	+ 9.988	+ 41
1112	[37 Tauri]	4.50	K 0	4 2 1.812	+3.5490	+ 66	+21 57 38.19	+ 9.810	− 54
1113	[λ Persei]	4.33	A 0	4 3 13.282	+4.4740	− 10	+50 13 52.03	+ 9.737	− 36
153	174 G. Eridani	5.57	A 5	4 3 46.068	+2.4736	+ 153	−27 46 25.42	+ 9.838	+ 105
152	48 Persei	4.03	B 3p	4 5 23.112	+4.3598	+ 24	+47 35 39.78	+ 9.580	− 27
1115	[43 Tauri]	5.67	G 5	4 6 32.417	+3.4972	+ 76	+19 29 30.68	+ 9.490	− 29
1116	[44 Tauri]	5.55	F 0	4 8 5.134	+3.6561	− 22	+26 21 54.62	+ 9.364	− 36
154	o¹ Eridani	4.14	F 2	4 9 39.994	+2.9295	+ 6	− 6 57 12.74	+ 9.364	+ 86
1117	[μ Persei]	4.28	G 0	4 11 35.049	+4.4091	+ 8	+48 17 49.21	+ 9.110	− 18
155	α Horologii	3.83	K 0	4 12 30.505	+1.9881	+ 32	−42 24 15.75	+ 8.854	− 204
1118	[μ Tauri]	4.32	B 3	4 13 5.254	+3.2592	+ 15	+ 8 46 52.21	+ 8.993	− 19
156	α Reticuli	3.36	G 5	4 13 50.396	+0.7749	+ 61	−62 35 9.81	+ 9.008	+ 53
157	[γ Doradus]	4.36	F 5	4 14 50.701	+1.5728	+ 108	−51 35 57.45	+ 9.068	+ 192
159	[γ Tauri]	3.86	K 0	4 17 13.735	+3.4159	+ 81	+15 31 13.99	+ 8.664	− 23
158	[54 Persei]	5.10	G 5	4 17 28.957	+3.8981	− 20	+34 27 35.54	+ 8.660	− 6
1119	[208 G. Eridani]	6.65	B 9	4 18 6.745	+2.7167	+ 16	−16 32 37.83	+ 8.614	− 4
161	[212 G. Eridani]	5.31	A 0	4 18 41.141	+2.6179	+ 19	−20 44 44.71	+ 8.564	− 8
162	δ Tauri	3.93	K 0	4 20 20.159	+3.4617	+ 76	+17 26 18.94	+ 8.414	− 27
166	[δ Mensae]	5.62	K 0 p	4 20 58.232	−4.0264	+ 129	−80 19 16.21	+ 8.465	+ 69
163	[η Reticuli]	5.18	K 0	4 21 23.814	+0.6514	+ 128	−63 29 34.36	+ 8.533	+ 174
1120	[ξ Eridani]	5.23	A 2	4 21 26.247	+2.9881	− 36	− 3 50 53.30	+ 8.299	− 55
1121	[43 Eridani]	4.06	K 5	4 22 20.657	+2.2536	+ 46	−34 7 12.85	+ 8.337	+ 54
1122	[+69° 258 Caml]	7.02	K 0	4 25 6.835	+6.3094	+ 16	+69 16 49.51	+ 8.028	− 30

Nr.	Name	Größe	Spektrum	AR. 1955.0	Jährl. Veränderung 1955.5	Jährl. Eigenbew. in 0.ˢ0001	Dekl. 1955.0	Jährl. Veränderung 1955.5	Jährl. Eigenbew. in 0.″001
		m		h m s	s		° ′ ″	″	
164	ε Tauri	3.63	K 0	4 25 59.111	+3.5050	+ 77	+19 4 56.27	+7.956	— 34
1123	[Br 615 Taur]	5.50	B 8	4 26 12.381	+3.1017	+ 9	+ 1 16 56.92	+7.953	— 20
165	[1 Camelop. *sq*]	5.86	B 1	4 28 27.335	+4.7563	0	+53 48 55.03	+7.791	— 1
167	[δ Caeli]	5.16	B 3	4 29 27.297	+1.8382	+ 1	−45 2 57.82	+7.714	+ 2
1124	[57 Persei]	6.07	F 0	4 30 14.515	+4.2245	+ 6	+42 58 11.26	+7.651	+ 4
1125	[ρ Tauri]	4.75	A 5	4 31 17.465	+3.4060	+ 68	+14 45 5.24	+7.540	— 23
171	α Doradus	3.47	A op	4 33 1.272	+1.2976	+ 57	−55 8 14.36	+7.429	+ 4
168	α Tauri	1.06	K 5	4 33 20.123	+3.4440	+ 47	+16 25 13.62	+7.209	— 188
170	[υ^2 Eridani]	3.88	K 0	4 33 47.967	+2.3330	— 39	−30 39 12.07	+7.350	— 10
169	ν Eridani	4.12	B 2	4 34 4.098	+2.9988	+ 2	— 3 26 34.85	+7.336	— 2
172	53 Eridani	3.98	K 0	4 36 7.082	+2.7485	— 48	−14 23 26.52	+7.011	— 161
1127	[258 G. Eridani]	5.59	K 0	4 38 14.443	+2.4965	— 45	−24 34 9.12	+7.015	+ 18
1126	[Pi 4^h 148 Taur]	5.68	A 0	4 38 30.499	+3.7571	+ 28	+28 31 46.41	+6.943	— 32
1129	[α Caeli]	4.52	F 2	4 39 6.566	+1.9327	— 138	−41 56 55.56	+6.849	— 77
174	τ Tauri	4.33	B 5	4 39 32.417	+3.6026	— 1	+22 52 20.46	+6.875	— 15
1128	[Grb 866 Pers]	5.77	B 8	4 39 55.891	+4.5636	— 2	+49 53 23.87	+6.838	— 19
1130	[β Caeli]	5.08	F 5	4 40 27.861	+2.1216	+ 30	−37 13 52.11	+7.014	+ 199
1131	[56 Eridani]	5.87	B 5	4 41 55.439	+2.8819	— 3	— 8 35 10.34	+6.694	0
173	Grb 848 Caml	6.04	F 0	4 42 44.499	+8.0908	+ 102	+75 51 47.39	+6.489	— 135
176	[μ Eridani]	4.18	B 5	4 43 15.000	+3.0007	+ 9	— 3 20 8.33	+6.575	— 10
177	[μ Mensae]	5.69	B 9	4 43 30.291	−0.5935	+ 20	−71 0 49.84	+6.600	+ 34
175	4 Camelopard.	5.35	A 2	4 44 14.738	+5.0025	+ 65	+56 40 47.01	+6.356	— 145
1132	[268 G. Eridani]	5.97	A 2	4 44 37.872	+2.3963	+ 1	−28 10 3.74	+6.487	+ 16
1133	[Br 658 Pers]	5.10	K 2	4 46 52.588	+4.0408	— 30	+37 24 38.86	+6.323	+ 39
1134	[π^3 Orionis]	3.31	F 8	4 47 23.686	+3.2579	+ 312	+ 6 53 3.70	+6.260	+ 18
1135	[97 Tauri]	5.12	F 0	4 48 44.307	+3.5113	+ 57	+18 45 53.93	+6.095	— 34
179	[π^4 Orionis]	3.78	B 3	4 48 48.406	+3.1964	— 2	+ 5 31 47.07	+6.127	+ 3
178	α Camelopard.	4.38	B 0	4 49 33.649	+5.9709	+ 3	+66 16 9.22	+6.067	+ 9
1136	[o^1 Orionis]	5.19	M 0	4 49 59.022	+3.3950	— 3	+14 10 38.19	+5.970	— 56
180	π^5 Orionis	3.87	B 3	4 51 54.288	+3.1260	— 3	+ 2 22 6.77	+5.868	+ 3
181	ι Aurigae	2.90	K 2	4 54 3.529	+3.9089	+ 3	+33 5 48.35	+5.666	— 18
1138	[η Mensae]	5.28	K 0	4 56 27.923	−1.7176	+ 72	−75 0 25.00	+5.545	+ 58
183	ε Aurigae	3.1—3.8	F 5 p	4 58 44.078	+4.3079	+ 4	+43 45 31.80	+5.285	— 6
1137	[ζ **Aurigae**]	4.9—5.6	K0+B1	4 59 19.663	+4.1959	+ 10	+41 0 44.00	+5.219	— 22
182	β Camelopard.	4.22	G 0 p	4 59 24.307	+5.3413	— 6	+60 22 44.85	+5.220	— 14
184	ι Tauri	4.70	A 5	5 0 24.159	+3.5874	+ 47	+21 31 38.92	+5.111	— 40
1139	[26 G. Caeli]	6.00	K 0	5 0 40.525	+2.2706	— 8	−31 50 8.43	+5.211	+ 83
1140	[11 Orionis]	4.65	B 9	5 1 59.695	+3.4294	+ 11	+15 20 35.13	+4.982	— 34
185	η Aurigae	3.28	B 3	5 3 21.257	+4.2093	+ 27	+41 10 32.71	+4.834	— 66
186	ε Leporis	3.29	K 5	5 3 33.280	+2.5403	+ 18	−22 25 48.62	+4.816	— 69

Mittlere Sternörter 1955.0

Nr.	Name	Größe	Spektrum	AR. 1955.0	Jährl. Veränderung 1955.5	Jährl. Eigenbew. in 0.ˢ0001	Dekl. 1955.0	Jährl. Veränderung 1955.5	Jährl. Eigenbew. in 0.″001
		m		h m s	s		° ′ ″	″	
187	[η² Pictoris]	4.92	K 5	5 3 47.875	+1.5539	+ 55	−49 38 17.00	+4.864	− 1
189	[ζ Doradus]	4.76	F 8	5 4 44.142	+1.0290	− 51	−57 32 1.05	+4.904	+ 118
188	β Eridani	2.92	A 3	5 5 38.125	+2.9501	− 64	− 5 8 35.15	+4.630	− 77
1143	[13 G. Pictoris]	7.10	A 0	5 6 5.865	+1.7820	+ 25	−44 52 45.95	+4.694	+ 25
1142	[16 Orionis]	5.42	A 2	5 6 50.951	+3.3015	+ 41	+ 9 46 24.33	+4.601	− 3
1141	[+27°732Taur*pr*]	5.97	A 3	5 6 55.367	+3.7685	+ 43	+27 58 30.36	+4.532	− 66
190	[λ Eridani]	4.34	B 2	5 6 59.464	+2.8719	+ 1	− 8 48 37.28	+4.590	− 3
192	μ Aurigae	4.78	A 3	5 10 20.683	+4.1072	− 17	+38 25 59.40	+4.227	− 78
1144	[μ Leporis]	3.30	A 0p	5 10 54.505	+2.6955	+ 28	−16 15 26.86	+4.231	− 28
194	β Orionis	0.34	B 8p	5 12 22.421	+2.8839	+ 2	− 8 15 7.89	+4.132	− 1
193	α Aurigae	0.21	G 0	5 13 21.646	+4.4344	+ 81	+45 57 16.31	+3.625	− 423
196	ϑ Doradus	4.78	K 0	5 13 47.106	−0.0452	+ 10	−67 14 9.66	+4.050	+ 35
191	19 H. Camelop.	5.24	F 8	5 15 6.093	+9.9054	− 290	+79 11 3.79	+4.053	+ 159
195	[τ Orionis]	3.68	B 5	5 15 25.176	+2.9138	− 11	− 6 53 29.68	+3.864	− 8
197	[ο Columbae]	4.91	K 0	5 15 51.605	+2.1641	+ 69	−34 56 17.44	+3.497	− 338
1145	[λ Aurigae]	4.85	G 0	5 15 58.325	+4.2221	+ 457	+40 3 40.31	+3.160	− 663
1146	[λ Leporis]	4.29	B 1	5 17 30.028	+2.7646	− 2	−13 13 18.65	+3.691	− 2
198	[12 G. Columbae]	5.75	A 0	5 17 36.019	+2.3927	+ 5	−27 24 49.84	+3.681	− 4
199	[ζ Pictoris]	5.52	F 8	5 18 15.710	+1.4716	+ 10	−50 39 12.69	+3.863	+ 234
1147	[22 Orionis]	4.65	B 3	5 19 27.791	+3.0635	− 2	− 0 25 31.36	+3.523	− 1
201	γ Orionis	1.70	B 2	5 22 42.930	+3.2186	− 6	+ 6 18 37.80	+3.229	− 15
202	β Tauri	1.78	B 8	5 23 26.684	+3.7938	+ 20	+28 34 16.82	+3.005	− 175
1148	[115 Tauri]	5.31	B 3	5 24 32.439	+3.5008	+ 4	+17 55 30.85	+3.062	− 24
1149	[18 G. Columbae]	5.85	A 2	5 25 38.501	+1.9249	− 8	−40 58 53.33	+3.087	+ 95
203	17 Camelopard.	5.75	K 5	5 25 54.752	+5.6698	− 7	+63 1 57.13	+2.964	− 2
204	[β Leporis]	2.96	G 0	5 26 18.968	+2.5715	+ 1	−20 47 38.71	+2.842	− 92
1150	[18 Camelopard.]	6.46	G 0	5 28 42.260	+5.1413	+ 145	+57 11 31.12	+2.507	− 218
1152	[20 G. Pictoris]	5.54	G 5	5 28 55.118	+1.6497	+ 14	−47 6 32.75	+2.582	− 127
206	δ Orionis	2.48	B 0	5 29 42.351	+3.0657	0	− 0 19 51.01	+2.641	+ 1
1151	[χ Aurigae]	4.88	B 1	5 29 47.777	+3.9063	0	+32 9 38.70	+2.628	− 3
207	α Leporis	2.69	F 0	5 30 44.642	+2.6467	+ 2	−17 51 11.24	+2.554	+ 4
208	[φ¹ Orionis]	4.53	B 0	5 32 20.886	+3.2943	− 1	+ 9 27 38.78	+2.408	− 2
209	ι Orionis	2.89	O e 5	5 33 13.815	+2.9354	+ 1	− 5 56 16.33	+2.338	+ 4
212	β Doradus	4.2—5.7	F 5v	5 33 13.877	+0.5211	− 11	−62 31 8.38	+2.344	+ 9
214	[γ Mensae]	5.06	K 0	5 33 39.339	−2.3710	+ 310	−76 22 26.93	+2.594	+ 294
205	Grb 966 Caml	6.36	K 5	5 33 41.675	+8.0317	− 20	+75 1 5.31	+2.315	+ 26
210	ε Orionis	1.75	B 0	5 33 55.703	+3.0449	0	− 1 13 44.69	+2.273	+ 1
211	ζ Tauri	3.00	B 3p	5 34 57.195	+3.5864	+ 1	+21 7 0.80	+2.161	− 22
1153	[35 G. Columbae]	6.75	K 2	5 36 19.378	+2.3901	+ 8	−27 14 8.63	+2.056	− 9
215	α Columbae	2.75	B 5p	5 38 1.078	+2.1732	+ 2	−34 5 49.11	+1.892	− 26

Nr.	Name	Größe	Spektrum	AR. 1955.0	Jährl. Veränderung 1955.5	Jährl. Eigenbew. in 0ˢ.0001	Dekl. 1955.0	Jährl. Veränderung 1955.5	Jährl. Eigenbew. in 0".001
		m		h m s	s		° ′ ″	″	
216	o Aurigae	5.52	A 0	5 42 24.679	+4.6494	− 10	+49 48 32.16	+1.530	− 3
217	[γ Leporis]	3.80	F 8	5 42 35.183	+2.5020	− 206	−22 27 42.42	+1.149	− 370
1154	[δ Doradus]	4.52	A 5	5 44 41.448	+0.1085	− 51	−65 45 8.47	+1.345	+ 7
218	[130 Tauri]	5.51	F 0	5 44 48.647	+3.4988	− 4	+17 42 50.32	+1.317	− 8
219	ζ Leporis	3.67	A 2	5 44 54.901	+2.7190	− 12	−14 50 14.73	+1.311	− 5
220	ϰ Orionis	2.20	B 0	5 45 37.258	+2.8460	+ 2	− 9 41 3.13	+1.250	− 4
1155	[142 G. Orionis]	5.95	G 5	5 46 20.668	+2.9813	+ 36	− 4 6 18.79	+0.989	− 202
221	[ν Aurigae]	4.18	K 0	5 48 22.131	+4.1587	− 5	+39 8 14.68	+1.021	+ 7
1156	[γ Pictoris]	4.38	K 0	5 49 0.438	+1.0898	+ 84	−56 10 37.77	+0.897	− 63
223	[β Columbae]	3.22	K 0	5 49 22.295	+2.1153	+ 40	−35 47 2.85	+1.332	+ 404
222	[δ Leporis]	3.90	K 0	5 49 23.117	+2.5808	+ 166	−20 52 53.77	+0.277	− 649
1159	[37 G. Pictoris]	4.98	K 0	5 49 52.068	+1.3581	+ 5	−52 7 6.71	+0.805	− 79
1158	[136 Tauri]	4.54	A 0	5 50 29.848	+3.7718	+ 4	+27 36 12.60	+0.814	− 14
1157	[ξ Aurigae]	4.92	A 2	5 51 4.340	+5.0289	− 17	+55 41 56.61	+0.797	+ 20
224	α Orionis	0.1—1.2	M 0	5 52 44.065	+3.2487	+ 19	+ 7 24 1.29	+0.644	+ 11
226	[η Leporis]	3.77	F 0	5 54 21.236	+2.7332	− 29	−14 10 28.43	+0.629	+ 138
225	δ Aurigae	3.88	K 0	5 55 49.228	+4.9411	+ 97	+54 17 1.43	+0.235	− 127
1160	[γ Columbae]	4.36	B 3	5 55 56.411	+2.1277	− 2	−35 17 13.22	+0.363	+ 9
227	β Aurigae	2.07	A op	5 56 13.597	+4.4018	− 50	+44 56 42.33	+0.324	− 2
1161	[60 Orionis]	5.25	A 0	5 56 30.658	+3.0852	− 10	+ 0 33 1.27	+0.304	+ 1
1162	+33° 1209 Auri	6.80	A 2	5 57 16.797	+3.9446	− 9	+33 8 8.37	+0.241	+ 6
229	η Columbae	4.03	K 0	5 57 46.058	+1.8367	+ 13	−42 49 0.47	+0.177	− 17
1163	[1 Geminorum]	4.30	G 5	6 1 23.017	+3.6475	− 4	+23 16 3.31	−0.227	− 104
230	[66 Orionis]	5.70	K 0	6 2 35.603	+3.1702	− 4	+ 4 9 46.02	−0.236	− 7
231	[1 G. Puppis]	6.22	F 8	6 3 10.606	+1.7270	− 88	−45 2 7.68	−0.032	+ 247
1164	[74 G. Columbae]	5.72	A 0	6 4 21.496	+2.3104	+ 6	−29 45 8.65	−0.423	− 40
232	ν Orionis	4.40	B 2	6 5 0.083	+3.4260	+ 3	+14 46 31.98	−0.463	− 23
1165	[94 G. Leporis]	5.46	A 0	6 7 4.324	+2.5233	+ 9	−22 25 5.00	−0.656	− 36
233	[36 Camelopard.]	5.39	K 0	6 8 19.467	+6.0360	+ 12	+65 43 49.79	−0.761	− 29
1166	[ν Doradus]	5.21	B 9	6 9 1.638	−0.3843	− 95	−68 50 1.95	−0.766	+ 23
235	[δ Pictoris]	4.84	B 1	6 9 25.203	+1.1678	− 19	−54 57 28.28	−0.811	+ 13
239	[α Mensae]	5.14	K 0	6 11 35.034	−1.7873	+ 303	−74 44 18.82	−1.227	− 216
1168	ϰ Aurigae	4.45	K 0	6 12 30.597	+3.8232	− 55	+29 30 59.55	−1.361	− 265
1167	[Br 904 Auri *sq*]	6.42	F 0	6 12 37.028	+4.0432	− 53	+36 9 50.89	−1.098	+ 8
234	22 H. Camelop.	4.73	A 0	6 13 53.426	+6.6109	+ 8	+69 20 20.75	−1.322	− 103
1169	[74 Orionis]	5.11	F 5	6 13 54.941	+3.3693	+ 55	+12 17 11.01	−1.033	+ 186
238	[ϰ Columbae]	4.51	K 0	6 14 56.934	+2.1341	− 14	−35 7 28.04	−1.224	+ 84
237	[2 Lyncis]	4.42	A 0	6 15 39.191	+5.2933	− 12	+59 1 47.39	−1.351	+ 20
1170	[7 Monocerotis]	5.13	B 3	6 17 32.666	+2.8904	− 4	− 7 48 9.29	−1.534	+ 1
240	ζ Canis maj.	3.10	B 3	6 18 35.063	+2.3036	+ 5	−30 2 31.81	−1.620	+ 5

Nr.	Name	Größe	Spektrum	AR. 1955.0	Jährl. Veränderung 1955.5	Jährl. Eigenbew. in 0.s0001	Dekl. 1955.0	Jährl. Veränderung 1955.5	Jährl. Eigenbew. in 0."001
		m		h m s	s		° ′ ″	″	
241	μ Geminorum	3.19	M 0	6 20 14.249	+ 3.6297	+ 40	+22 32 18.59	−1.883	− 112
243	β Canis maj.	1.99	B 1	6 20 43.012	+ 2.6424	− 4	−17 55 56.30	−1.815	− 4
244	8 ε Monocerotis	4.48	A 5	6 21 22.957	+ 3.1796	− 12	+ 4 37 2.44	−1.859	+ 11
242	ψ^1 Aurigae	5.10	K 2	6 21 25.989	+ 4.6208	+ 1	+49 18 47.41	−1.879	− 4
1171	[23 G. Canis maj.]	5.39	K 0	6 22 4.322	+ 2.7991	− 35	−11 30 16.33	−1.969	− 40
245	α Carinae	−0.86	F 0	6 22 57.132	+ 1.3325	+ 24	−52 40 13.12	−1.980	+ 25
1172	[Grb 1156 Auri]	7.14	G 5	6 23 9.483	+ 4.2697	0	+41 59 11.43	−2.036	− 11
246	10 Monocerotis	4.98	B 3	6 25 44.162	+ 2.9628	− 6	− 4 43 57.96	−2.244	+ 4
1173	[ν Geminorum]	4.06	B 5	6 26 17.441	+ 3.5624	− 4	+20 14 32.47	−2.315	− 18
1174	[13 Monocerotis]	4.50	A op	6 30 28.187	+ 3.2444	− 2	+ 7 22 3.11	−2.666	− 7
1175	[56 G. Monocer.]	5.02	B 3	6 31 20.769	+ 3.0451	− 9	− 1 11 4.51	−2.759	− 24
249	ξ^2 Canis maj.	4.54	A 0	6 33 10.139	+ 2.5147	+ 6	−22 55 40.42	−2.878	+ 14
247	8 Lyncis	6.05	G 0	6 33 34.885	+ 5.4812	− 290	+61 31 24.41	−3.208	− 278
251	γ Geminorum	1.93	A 0	6 35 6.732	+ 3.4660	+ 30	+16 26 21.85	−3.105	− 44
250	51 Aurigae	5.71	K 0	6 35 32.469	+ 4.1567	− 22	+39 25 57.03	−3.213	− 115
252	ν Puppis	3.18	B 8	6 36 22.967	+ 1.8356	− 7	−43 9 19.61	−3.171	− 1
248	23 H. Camelop.	5.60	F 8	6 38 35.516	+10.2307	− 319	+79 37 6.49	−3.974	− 608
254	ε Geminorum	3.18	G 5	6 41 9.814	+ 3.6909	− 5	+25 10 38.97	−3.598	− 15
256	ξ Geminorum	3.40	F 5	6 42 45.801	+ 3.3671	− 81	+12 56 44.72	−3.915	− 195
257	*α Canis maj.	−1.58	A 0	6 43 9.945	+ 2.6433	− 374	−16 39 11.16	−4.965	−1210
255	[ψ^5 Aurigae]	5.34	G 0	6 43 29.826	+ 4.3238	− 1	+43 37 27.69	−3.622	+ 162
264	[ζ Mensae]	5.64	A 2	6 43 49.693	− 5.0007	− 22	−80 46 6.82	−3.747	+ 59
1177	16 Monocerotis	5.84	B 3	6 44 5.124	+ 3.2719	− 7	+ 8 38 11.06	−3.842	− 8
1176	[ψ^6 Aurigae]	5.28	K 0	6 44 13.846	+ 4.5729	− 4	+48 50 21.55	−3.843	+ 5
258	18 Monocerotis	4.70	K 0	6 45 30.813	+ 3.1283	− 14	+ 2 27 46.64	−3.970	− 13
1178	[31 G. Puppis]	5.25	B 9	6 45 48.869	+ 2.0528	− 19	−37 52 44.40	−3.997	− 16
1179	[80 G. Monocer.]	5.65	A 0	6 47 0.355	+ 3.0216	− 11	− 2 13 10.68	−4.080	+ 4
262	α Pictoris	3.30	A 5	6 47 43.776	+ 0.6151	− 107	−61 53 33.50	−3.875	+ 269
1180	[κ Canis maj.]	3.78	B 2p	6 48 9.520	+ 2.2413	− 10	−32 27 19.28	−4.178	+ 4
263	[τ Puppis]	2.83	K 0	6 48 49.084	+ 1.4883	+ 26	−50 33 36.88	−4.310	− 73
259	[43 Camelopard.]	5.13	B 5	6 48 51.741	+ 6.4653	+ 2	+68 56 37.59	−4.241	+ 4
261	ϑ Geminorum	3.64	A 2	6 49 49.443	+ 3.9538	− 1	+34 1 2.74	−4.378	− 52
267	[ι Volantis]	5.52	B 8	6 51 58.199	− 0.6891	− 9	−70 54 27.78	−4.486	+ 20
266	ϑ Canis maj.	4.25	K 2	6 52 5.895	+ 2.7876	− 95	−11 58 51.19	−4.533	− 14
260	24 H. Camelop.	4.75	K 5	6 53 31.987	+ 8.7415	+ 209	+77 2 20.65	−4.657	− 12
268	ε Canis maj.	1.63	B 1	6 56 51.389	+ 2.3585	+ 4	−28 54 34.78	−4.921	+ 2
1181	[101 G. Monoc.]	5.84	A 0	6 58 13.932	+ 2.8823	− 15	− 8 20 34.28	−5.049	− 10
1182	[ω Geminorum]	5.21	K 0	6 59 40.301	+ 3.6551	− 7	+24 16 52.87	−5.165	− 3
1183	[σ Canis maj.]	3.68	K 5	6 59 55.536	+ 2.3905	− 4	−27 52 9.26	−5.181	+ 1
270	[o^2 Canis maj.]	3.12	B 5p	7 1 8.678	+ 2.5057	− 1	−23 45 58.77	−5.284	+ 2

Nr. 257. Ort des Schwerpunktes. Die Reduktion auf den Hauptstern ist nach den Elementen von V o l e t , Bull. Astr. II, Bd. 7, 1931:

1955.0 $\Delta\alpha = -0^{s}.126$ $\Delta\delta = +0''.68$

1956.0 $= -0.138$ $= +0.56$

Nr.	Name	Größe	Spektrum	AR. 1955.0	Jährl. Veränderung 1955.5	Jährl. Eigenbew. in 0.s0001	Dekl. 1955.0	Jährl. Veränderung 1955.5	Jährl. Eigenbew. in 0.″001
		m		h m s	s		° ′ ″	″	
269	ζ Geminorum	3.7—4.1	G op	7 1 26.416	+3.5579	— 7	+20 38 16.96	—5.314	— 3
271	γ Canis maj.	4.07	B 5	7 1 43.304	+2.7147	+ 1	—15 33 55.53	—5.344	— 9
1184	[C Puppis]	5.26	A 2	7 2 37.089	+1.9019	— 20	—42 16 11.55	—5.342	+ 67
272	[27 G. Carinae]	5.30	A 0	7 3 27.934	+1.1170	— 12	—56 40 50.83	—5.478	+ 2
1185	[2 G. Canis min.]	5.92	K 0	7 5 23.478	+3.2428	— 3	+ 7 32 36.31	—5.679	— 36
273	δ Canis maj.	1.98	F 8p	7 6 33.640	+2.4398	— 3	—26 19 13.91	—5.736	+ 5
1186	[20 Monocerotis]	5.02	K 0	7 7 59.537	+2.9802	— 1	— 4 9 55.48	—5.646	+ 215
274	63 Aurigae	5.07	K 2	7 8 33.737	+4.1255	+ 36	+39 23 45.18	—5.912	— 2
1189	[γ² Volantis]	3.87	K 0	7 9 8.229	—0.5104	+ 45	—70 25 34.18	—5.857	+ 98
1187	[22 δ Monocerot.]	4.09	A 0	7 9 33.939	+3.0638	— 3	— 0 25 0.23	—5.986	+ 6
1188	[51 Geminorum]	5.31	M 3	7 10 47.239	+3.4447	+ 6	+16 14 13.11	—6.138	— 43
275	[I Puppis]	4.47	F 0	7 11 16.559	+1.7101	— 141	—46 41 0.18	—6.036	+ 98
1190	[Grb 1281 Lynx]	5.55	G 0	7 12 29.904	+4.4540	+ 35	+47 19 19.16	—6.422	— 184
276	[64 Aurigae]	5.75	A 3	7 14 54.620	+4.1703	— 16	+40 57 55.10	—6.426	+ 11
277	λ Geminorum	3.65	A 2	7 15 30.432	+3.4472	— 35	+16 37 23.59	—6.525	— 39
278	π Puppis	2.74	K 5	7 15 33.155	+2.1194	— 8	—37 0 55.84	—6.480	+ 9
281	δ Volantis	4.02	F 5	7 16 51.505	—0.0313	— 12	—67 52 29.59	—6.598	— 2
279	δ Geminorum	3.52	F 0	7 17 26.181	+3.5825	— 19	+22 4 0.86	—6.660	— 14
280	19 Lyncis *sq*	5.61	B 8	7 19 12.126	+4.8926	— 8	+55 22 6.53	—6.827	— 35
1191	[66 Aurigae]	5.28	K 0	7 21 1.684	+4.1532	— 5	+40 45 39.33	—6.971	— 29
283	[η Canis maj.]	2.43	B 5p	7 22 18.839	+2.3734	— 5	—29 12 51.04	—7.041	+ 6
282	ι Geminorum	3.89	K 0	7 22 56.003	+3.7254	— 92	+27 53 21.33	—7.187	— 89
1192	[169 G. Can. maj.]	5.82	F 0	7 23 4.259	+2.7555	— 142	—13 39 43.71	—7.119	— 11
285	β Canis minor.	3.09	B 8	7 24 42.621	+3.2531	— 38	+ 8 22 53.58	—7.282	— 40
284	Grb 1308 Caml	5.80	K 0	7 26 12.860	+6.2353	— 22	+68 33 37.90	—7.407	— 40
286	ρ Geminorum	4.18	F 0	7 26 13.131	+3.8577	+ 116	+31 52 32.56	—7.194	+ 172
1193	[6 Canis minor.]	4.85	K 0	7 27 17.515	+3.3391	— 1	+12 6 4.55	—7.469	— 17
1194	[σ Puppis]	3.28	K 5	7 27 48.108	+1.9035	— 58	—43 12 33.64	—7.303	+ 190
287	*α Geminorum	1.99 2.85	A 0 A 0	7 31 43.808	+3.8281	— 138	+31 59 19.87	—7.915	— 103
288	[108 G. Puppis]	4.52	F 8	7 32 7.486	+2.5678	— 38	—22 11 52.20	—7.808	+ 35
1196	[υ Geminorum]	4.22	K 5	7 33 9.081	+3.6959	— 26	+26 59 50.85	—8.036	— 110
1195	[+46° 1286 Lynx]	5.80	K 5	7 33 15.905	+4.3535	— 29	+46 16 53.16	—7.974	— 39
1198	[Q Carinae]	4.92	K 5	7 34 32.890	+1.4835	+ 15	—52 25 57.90	—8.058	— 21
1197	[125 G. Puppis]	5.66	B 3	7 34 42.316	+2.6372	— 4	—19 36 2.92	—8.047	+ 3
289	25 Monocerotis	5.17	F 5	7 35 2.400	+2.9826	— 51	— 4 0 32.89	—8.061	+ 16
290	[127 G. Puppis]	4.62	B 8	7 35 42.087	+2.2197	— 27	—34 51 58.08	—8.111	+ 18
291	*α Canis min.	0.48	F 5	7 36 56.812	+3.1398	— 474	+ 5 20 30.36	—9.258	—1029
293	[26 α Monocer.]	4.07	K 0	7 39 5.800	+2.8665	— 51	— 9 26 41.62	—8.425	— 24
292	24 Lyncis	4.96	A 2	7 39 12.569	+5.0720	— 53	+58 49 4.74	—8.464	— 54
294	ϰ Geminorum	3.70	G 5	7 41 43.967	+3.6211	— 23	+24 30 27.35	—8.663	— 54

Nr. 287. Ort des Schwerpunktes. Die Reduktion auf den Ort des helleren Sterns beträgt nach den Elementen von **Strand**, Astronom. Journal Bd. 49, 1940:

1955.0 $\Delta\alpha = -0\overset{s}{.}001$ $\Delta\delta = +1\overset{\prime\prime}{.}02$
1956.0 $= -0.005$ $= +0.98$

Nr. 291. Ort des Schwerpunktes. Die Reduktion auf den Ort des hellen Sterns beträgt nach den Elementen von **Strand**, Astrophys. Journal Bd. 113,1.; 1951:

1955.0 $\Delta\alpha = -0\overset{s}{.}069$ $\Delta\delta = -0\overset{\prime\prime}{.}85$
1956.0 $= -0.074$ $= -0.74$

Mittlere Sternörter 1955.0

Nr.	Name	Größe	Spektrum	AR. 1955.0	Jährl. Verände-rung 1955.5	Jährl. Eigen-bew. in 0.s0001	Dekl. 1955.0	Jährl. Verände-rung 1955.5	Jährl. Eigen-bew. in 0.″001
		m		h m s	s		° ′ ″	″	
297	ζ Volantis	3.89	K 0	7 42 23.250	−0.7425	+ 58	−72 29 53.81	− 8.641	+ 18
295	β Geminorum	1.21	K 0	7 42 33.868	+3.6700	− 475	+28 8 11.50	− 8.727	− 52
1200	[81 Geminorum]	5.02	K 2	7 43 31.194	+3.4730	− 54	+18 37 16.96	− 8.812	− 61
1199	[+37° 1769 Lynx]	5.45	M 0	7 43 39.284	+4.0012	+ 15	+37 37 41.15	− 8.754	+ 7
1201	[11 Canis minor.]	5.30	A 0	7 43 47.606	+3.3020	− 22	+10 52 45.93	− 8.796	− 24
1202	[4 Puppis]	5.11	F 0	7 43 52.485	+2.7627	− 10	−14 27 11.41	− 8.774	+ 4
296	π Geminorum	5.29	K 2	7 44 36.468	+3.8670	− 9	+33 31 40.38	− 8.867	− 31
1203	[187 G. Puppis]	5.26	B 2	7 46 9.846	+1.8127	− 13	−46 29 45.41	− 8.953	+ 4
1204	[ξ Puppis]	3.47	G op	7 47 24.041	+2.5236	− 3	−24 44 44.50	− 9.057	− 3
1206	[61 G. Carinae]	5.82	F 2	7 48 28.295	+0.9897	− 95	−60 10 15.42	− 8.986	+ 151
1205	[ζ Canis minor.]	5.11	B 8	7 49 21.946	+3.1109	− 15	+ 1 52 59.22	− 9.212	− 5
301	[213 G. Puppis]	3.76	G 5	7 50 40.098	+2.0621	− 21	−40 27 31.66	− 9.307	0
1207	[φ Geminorum]	4.99	A 2	7 50 44.706	+3.6704	− 28	+26 53 1.96	− 9.349	− 35
299	[26 Lyncis]	5.69	K 0	7 51 26.466	+4.3656	− 50	+47 40 59.57	− 9.371	− 2
1208	[1 Cancri]	5.96	K 0	7 54 26.201	+3.4054	− 23	+15 54 43.03	− 9.644	− 45
300	Grb 1374 Caml	5.56	K 0	7 54 50.925	+7.1674	− 30	+74 2 28.97	− 9.667	− 34
1209	[Grb 1384 Lynx]	6.47	K 0	7 55 7.260	+4.2118	+ 38	+44 5 58.17	− 9.644	+ 8
303	χ Carinae	3.60	B 3	7 55 38.024	+1.5248	− 41	−52 51 38.76	− 9.661	+ 29
1210	[225 G. Puppis]	4.85	A 2	7 55 52.414	+2.3920	− 6	−30 12 44.78	− 9.703	+ 6
304	[27 Monocerotis]	5.06	K 0	7 57 29.216	+2.9967	− 43	− 3 33 19.96	− 9.833	− 1
1212	[232 G. Puppis]	4.64	A 2	7 57 50.967	+2.6885	− 6	−18 16 28.96	− 9.910	− 50
302	[53 Camelop.]	6.00	A 2p	7 57 52.487	+5.1175	− 74	+60 26 58.87	− 9.885	− 22
1211	[ω Cancri]	5.88	K 0	7 58 12.618	+3.6289	+ 8	+25 31 3.13	− 9.888	0
1213	[161 G. Monocer.]	6.30	G 0	8 0 13.301	+2.9482	+ 7	− 6 12 38.28	−10.068	− 28
305	χ Geminorum	5.04	K 0	8 0 45.411	+3.6833	− 21	+27 55 19.44	−10.127	− 46
306	ζ Puppis	2.27	O d	8 2 0.073	+2.1086	− 30	−39 52 31.36	−10.160	+ 14
307	27 Lyncis	4.87	A 2	8 5 4.836	+4.5093	− 67	+51 38 17.85	−10.415	− 9
308	ρ Puppis	2.88	F 5	8 5 37.602	+2.5555	− 60	−24 10 24.12	−10.395	+ 51
1214	[Pi 7^h 308 Lynx]	6.64	F 8	8 7 15.962	+3.9022	+ 163	+35 35 29.64	−10.806	− 237
309	γ Velorum	1.92	O ap	8 8 8.699	+1.8493	− 8	−47 12 11.29	−10.627	+ 5
1215	[3 H. Ursae maj.]	5.48	G 5	8 8 21.590	+5.9622	− 4	+68 36 32.89	−10.644	+ 7
311	20 Puppis	5.05	G 5	8 11 15.804	+2.7575	− 12	−15 39 5.24	−10.869	− 6
310	Br 1147 Caml	5.73	G 5	8 13 56.435	+7.5143	+ 65	+75 53 50.90	−11.047	+ 15
312	β Cancri	3.76	K 2	8 14 4.538	+3.2529	− 34	+ 9 19 32.23	−11.120	− 51
1216	[+4° 1945 Hydra]	6.68	G0+A2	8 14 56.414	+3.1582	+ 1	+ 4 21 33.33	−11.131	+ 1
313	[289 G. Puppis]	4.43	A 5	8 16 52.160	+2.2458	− 94	−36 31 8.11	−11.180	+ 91
1218	[7 G. Hydrae]	6.32	A 5	8 17 5.588	+2.8738	− 43	−10 1 27.34	−11.259	+ 29
1217	[χ Cancri]	5.16	F 5	8 17 20.019	+3.6429	− 15	+27 21 53.47	−11.692	− 386
1219	[294 G. Puppis]	4.94	K 0	8 19 36.593	+2.3629	− 13	−32 54 36.50	−11.460	+ 9
314	31 Lyncis	4.43	K 5	8 19 45.684	+4.1050	− 16	+43 20 2.84	−11.585	− 104

Nr.	Name	Größe	Spektrum	AR. 1955.0	Jährl. Veränderung 1955.5	Jährl. Eigenbew. in 0s.0001	Dekl. 1955.0	Jährl. Veränderung 1955.5	Jährl. Eigenbew. in 0".001
		m		h m s	s		° ′ ″	″	
1220	[20 Cancri]	5.88	F 0	8 20 47.330	+3.4342	— 40	+18 28 41.27	—11.584	— 30
315	ε Carinae	1.74	K0+B	8 21 35.512	+1.2306	— 37	—59 21 50.69	—11.592	+ 18
318	ϑ Chamaeleontis	4.26	K 0	8 22 1.872	—1.8082	— 386	—77 20 23.93	—11.601	+ 39
1221	[302 G. Puppis *pr*]	5.55	K 5	8 23 7.086	+2.5909	— 22	—23 53 56.84	—11.693	+ 27
316	Br 1197 Hydra	3.95	A 0	8 23 24.708	+2.9976	— 46	— 3 45 30.19	—11.766	— 26
319	[β Volantis]	3.65	K 0	8 25 15.257	+0.6522	— 44	—65 59 10.99	—12.029	— 160
1222	[29 Cancri]	5.90	A 2	8 26 6.741	+3.3469	— 13	+14 21 40.08	—11.948	— 16
317	o Ursae maj.	3.47	G 0	8 26 32.510	+4.9785	— 185	+60 52 14.24	—12.074	— 111
320	Grb 1450 Lynx	6.05	K 0	8 29 59.781	+3.8979	— 86	+38 10 20.22	—12.375	— 172
321	η Cancri	5.52	K 0	8 30 6.494	+3.4680	— 35	+20 35 43.39	—12.260	— 49
322	[Grb 1446 Caml]	6.29	K 0	8 34 45.072	+6.6545	— 51	+73 47 22.49	—12.636	— 104
1223	[δ Hydrae]	4.18	A 0	8 35 16.467	+3.1755	— 47	+ 5 51 42.77	—12.577	— 12
323	[Grb 1460 UMaj]	6.03	K 0	8 35 58.165	+4.4409	— 39	+52 52 15.48	—12.650	— 36
324	[48 G. Velorum]	4.13	A 5	8 36 3.584	+2.1093	— 17	—42 49 50.71	—12.611	+ 7
1224	[σ Hydrae]	4.54	K 0	8 36 24.349	+3.1355	— 13	+ 3 30 2.19	—12.664	— 21
325	[6 Hydrae]	5.15	K 2	8 37 53.484	+2.8422	— 60	—12 18 54.77	—12.748	— 6
1225	[34 Lyncis]	5.52	K 0	8 37 54.925	+4.1430	+ 21	+45 59 36.21	—12.660	+ 85
1227	o Velorum	3.68	B 3	8 39 0.235	+1.7196	— 22	—52 45 40.89	—12.795	+ 22
1226	[53 G. Velorum]	4.06	F 5p	8 39 7.909	+1.9913	— 6	—46 29 15.97	—12.821	+ 4
1228	[γ Cancri]	4.73	A 0	8 40 41.055	+3.4706	— 76	+21 37 53.95	—12.974	— 44
327	α Pyxidis	3.70	B 2	8 41 46.948	+2.4112	— 13	—33 1 23.44	—12.994	+ 9
326	δ Cancri	4.17	K 0	8 42 7.783	+3.4081	— 14	+18 19 15.55	—13.260	— 233
1229	[25 G. Pyxidis]	6.13	A 2	8 42 54.435	+2.6850	+ 4	—21 0 11.70	—13.053	+ 25
331	[η Chamaeleontis]	5.62	B 9	8 42 54.444	—2.0498	— 78	—78 48 3.04	—13.055	+ 21
328	ι Cancri	4.20	G 5	8 43 58.662	+3.6287	— 19	+28 55 33.32	—13.194	— 45
1230	[14 Hydrae]	5.19	B 9	8 47 6.015	+3.0145	— 18	— 3 16 29.53	—13.377	— 23
332	[γ Pyxidis]	4.19	K 2	8 48 37.242	+2.5467	— 101	—27 32 31.43	—13.371	+ 81
334	ζ Hydrae	3.30	K 0	8 53 0.942	+3.1707	— 69	+ 6 7 4.63	—13.725	+ 10
1231	[80 G. Hydrae]	5.90	K 0	8 53 8.337	+2.7584	+ 23	—18 4 8.19	—13.761	— 19
336	108 G. Carinae	3.98	B 8	8 54 1.754	+1.3600	— 25	—60 28 19.53	—13.757	+ 41
1233	[109 G. Carinae]	5.29	B 3	8 55 52.347	+1.4674	— 20	—59 3 17.59	—13.904	+ 12
337	α Cancri	4.27	A 3	8 56 1.648	+3.2803	+ 22	+12 1 59.28	—13.959	— 34
335	ι Ursae maj.	3.12	A 5	8 56 8.147	+4.1039	— 443	+48 13 11.00	—14.173	— 240
1232	[64 Cancri]	5.64	G 5	8 56 47.115	+3.6820	— 37	+32 35 40.84	—14.014	— 40
339	Br 1268 Lynx	4.09	F 5	8 57 43.533	+3.8917	— 395	+41 57 44.17	—14.290	— 257
1234	[91 G. Velorum]	4.42	F 8	8 58 24.499	+2.2401	— 40	—41 4 39.76	—14.035	+ 39
338	ρ Ursae maj.	4.99	M 0	8 58 30.936	+5.3991	— 45	+67 48 24.92	—14.067	+ 16
1235	[92 G. Hydrae]	5.80	K 0	8 59 40.029	+3.0646	— 37	— 0 18 20.20	—14.077	+ 76
341	κ Ursae maj.	3.68	A 0	9 0 33.719	+4.0923	— 35	+47 20 9.51	—14.267	— 58
340	[Grb 1501 UMaj]	5.68	A 2	9 0 43.275	+4.3903	— 14	+54 27 45.97	—14.220	— 1

Mittlere Sternörter 1955.0

Nr.	Name	Größe	Spektrum	AR. 1955.0	Jährl. Veränderung 1955.5	Jährl. Eigenbew. in 0.s0001	Dekl. 1955.0	Jährl. Veränderung 1955.5	Jährl. Eigenbew. in 0."001
		m		h m s	s		° ' "	"	
1236	[93 G. Hydrae]	6.74	A 0	9 1 28.861	+2.9902	− 11	− 4 59 31.90	−14.260	+ 5
343	α Volantis	4.18	A 5	9 1 44.543	+0.9469	+ 11	−66 12 57.96	−14.381	− 101
342	[97 G.Velorum]	3.69	K 0	9 2 36.003	+2.0689	− 57	−46 55 4.10	−14.348	− 15
1237	[Pi 8h 245 Lynx]	4.71	G 5	9 3 40.373	+3.8135	− 27	+38 38 0.11	−14.421	− 22
1238	[κ Cancri]	5.14	B 8	9 5 18.649	+3.2484	− 17	+10 51 1.72	−14.508	− 10
345	λ Velorum	2.22	K 5	9 6 20.316	+2.2071	− 25	−43 15 0.04	−14.544	+ 15
1239	[ξ Cancri]	5.22	G 5	9 6 46.471	+3.4478	0	+22 13 43.02	−14.587	− 1
1240	[101 G. Hydrae]	5.81	K 0	9 7 1.970	+2.8766	+ 8	−12 10 28.55	−14.617	− 15
1241	[ε Pyxidis]	5.63	A 3	9 8 1.893	+2.5435	0	−30 10 50.51	−14.706	− 45
1242	[107 G. Hydrae]	5.81	K 0	9 9 54.999	+2.7486	− 39	−19 33 46.49	−14.739	+ 35
346	[36 Lyncis]	5.30	B 8	9 10 52.069	+3.9207	− 27	+43 24 16.54	−14.868	− 39
347	ϑ Hydrae	3.84	A 0	9 12 1.426	+3.1210	+ 86	+ 2 30 18.53	−15.211	− 314
348	β Carinae	1.80	A 0	9 12 42.990	+0.6582	− 280	−69 31 53.69	−14.833	+ 103
351	[ι Carinae]	2.25	F 0	9 15 53.146	+1.6063	− 23	−59 5 9.18	−15.115	+ 5
350	83 Cancri	6.60	F 5	9 16 28.291	+3.3470	− 87	+17 53 49.79	−15.289	− 135
352	α Lyncis	3.30	K 5	9 18 19.132	+3.6524	− 181	+34 35 2.42	−15.247	+ 13
1243	[ϑ Pyxidis]	4.93	M 0	9 19 29.964	+2.6569	− 7	−25 46 22.88	−15.336	− 10
353	κ Velorum	2.63	B 3	9 20 43.126	+1.8584	− 12	−54 49 4.07	−15.385	+ 10
1244	[κ Leonis]	4.61	K 0	9 22 2.239	+3.4922	− 25	+26 22 37.82	−15.518	− 49
1245	[28 Hydrae]	5.81	K 5	9 23 9.003	+2.9995	− 11	− 4 55 20.81	−15.544	− 14
354	α Hydrae	2.16	K 2	9 25 22.536	+2.9482	− 10	− 8 27 45.63	−15.626	+ 27
356	ε Antliae	4.64	K 2	9 27 23.133	+2.4769	− 22	−35 45 13.77	−15.771	− 10
355	23 Ursae maj.	3.75	F 0	9 28 0.151	+4.7211	+ 155	+63 15 36.31	−15.770	+ 25
1246	[ξ Leonis]	5.12	G 5	9 29 31.290	+3.2326	− 66	+11 30 0.23	−15.963	− 87
361	[N Velorum]	3.4—4.2	K 5	9 29 51.183	+1.8234	− 42	−56 50 6.82	−15.891	+ 2
358	ϑ Ursae maj.	3.26	F 8p	9 29 51.522	+4.0076	−1030	+51 53 0.97	−16.436	− 542
357	24 Ursae maj.	4.57	G 0	9 30 32.257	+5.2906	− 134	+70 1 47.21	−15.856	+ 75
1247	[160 G. Hydrae]	5.16	K 0	9 31 8.030	+2.7627	− 18	−20 54 56.53	−15.951	+ 11
362	[H Carinae]	5.52	K 2	9 31 16.974	+0.4483	− 32	−72 52 52.41	−15.977	− 8
360	10 Leonis min.	4.62	G 5	9 31 28.333	+3.6726	+ 4	+36 35 54.24	−16.009	− 29
1248	[17 G. Antliae]	5.63	K 0	9 35 13.547	+2.5835	+ 27	−31 58 32.17	−16.200	− 24
1249	[Br 1352 Hydrae]	4.78	K 0	9 36 6.506	+3.1292	− 108	+ 4 51 12.33	−16.276	− 55
1250	[ι Hydrae]	4.10	K 0	9 37 33.470	+3.0637	+ 31	− 0 56 15.55	−16.364	− 69
364	[κ Hydrae]	4.96	B 3	9 38 8.856	+2.8763	− 20	−14 7 38.31	−16.349	− 24
363	[Grb 1564 UMaj]	5.74	K 0	9 38 25.668	+5.1221	− 141	+69 26 37.69	−16.414	− 74
365	[o Leonis]	3.76	F5+A3	9 38 45.013	+3.2011	− 98	+10 5 52.77	−16.395	− 39
1251	[15 Leonis]	5.73	A 2	9 40 55.221	+3.5146	− 18	+30 10 56.11	−16.574	− 109
1252	[ψ Leonis]	5.62	M 0	9 41 16.956	+3.2659	− 1	+14 13 42.82	−16.487	− 4
366	ϑ Antliae	4.98	F 5p	9 42 11.612	+2.6751	− 38	−27 33 45.72	−16.498	+ 30
367	ε Leonis	3.12	G 0p	9 43 18.012	+3.4037	− 34	+23 58 56.57	−16.599	− 17

Nr.	Name	Größe	Spektrum	AR. 1955.0	Jährl. Veränderung 1955.5	Jährl. Eigenbew. in 0.s0001	Dekl. 1955.0	Jährl. Veränderung 1955.5	Jährl. Eigenbew. in 0."001
		m		h m s	s		° ′ ″	″	
1253	[+19° 2254 Leo]	6.92	K 0	9 43 22.105	+3.3316	+ 16	+18 53 30.35	−16.605	− 19
1254	[l Carinae]	3.6—4.8	G 0	9 44 0.614	+1.6485	− 18	−62 17 58.82	−16.604	+ 13
1255	[Br 1369 UMaj]	5.20	G 0	9 45 41.771	+3.8661	+ 215	+46 13 54.17	−16.796	− 97
368	υ Ursae maj.	3.89	F 0	9 47 48.385	+4.2593	− 386	+59 15 5.59	−16.958	− 156
370	6 Sextantis	6.00	A 2	9 48 57.934	+3.0229	+ 5	− 4 1 53.94	−16.888	− 33
1256	[162 G. Velorum]	5.72	K 0	9 49 35.104	+2.3255	− 29	−45 58 57.44	−16.850	+ 35
371	[μ Leonis]	4.10	K 0	9 50 12.479	+3.4101	− 162	+26 13 11.23	−16.974	− 60
373	[183 G. Hydrae]	5.16	M 0	9 52 44.768	+2.8306	− 31	−18 47 43.74	−17.079	− 47
1257	[18 G. Sextantis]	7.03	K 0	9 53 53.779	+2.9802	− 20	− 7 25 52.55	−17.092	− 6
372	Grb 1586 UMaj	5.96	K 0	9 54 24.225	+5.3445	− 183	+73 5 41.33	−17.152	− 43
374	[19 Leonis min.]	5.19	F 5	9 54 56.115	+3.6711	− 107	+41 16 15.07	−17.162	− 30
375	φ Velorum	3.70	B 5	9 55 16.763	+2.1072	− 16	−54 21 10.12	−17.137	+ 11
377	[η Antliae]	5.25	F 0	9 56 56.212	+2.5746	− 81	−35 40 29.78	−17.247	− 25
376	[12 Sextantis]	6.63	A 5	9 57 23.023	+3.1113	− 49	+ 3 36 2.40	−17.224	+ 18
378	π Leonis	4.89	M 0	9 57 50.181	+3.1696	− 23	+ 8 15 39.30	−17.289	− 27
1258	[20 Leonis min.]	5.60	G 5	9 58 25.305	+3.4567	− 414	+32 8 45.09	−17.722	− 434
1259	[Pi 9ʰ 229 UMaj]	5.74	F 5	10 1 37.657	+3.9822	− 28	+54 6 37.21	−17.439	− 10
1260	[193 G. Hydrae]	5.80	F 0	10 2 16.181	+2.7731	− 71	−24 4 1.34	−17.436	+ 20
1261	[υ² Hydrae]	4.72	B 8	10 2 55.913	+2.9218	− 26	−12 50 44.95	−17.477	+ 8
379	η Leonis	3.58	A op	10 4 52.871	+3.2694	− 4	+16 58 58.30	−17.573	− 6
380	α Leonis	1.34	B 8	10 5 58.625	+3.1941	− 169	+12 11 16.46	−17.611	+ 3
381	λ Hydrae	3.83	K 0	10 8 23.581	+2.9252	− 138	−12 7 51.46	−17.806	− 93
385	[ω Carinae]	3.56	B 8	10 12 40.267	+1.4284	− 45	−69 48 50.77	−17.883	+ 2
382	191 G. Velorum	4.09	A 2	10 12 50.578	+2.5195	− 137	−41 53 54.28	−17.852	+ 40
384	ζ Leonis	3.65	F 0	10 14 11.425	+3.3350	+ 11	+23 38 32.18	−17.957	− 12
383	λ Ursae maj.	3.52	A 2	10 14 23.426	+3.6147	− 152	+43 8 23.50	−17.997	− 45
1262	[32 Ursae maj.]	5.74	A 3	10 14 47.377	+4.3476	− 144	+65 20 1.65	−17.982	− 13
1263	[ε Sextantis]	5.40	F 0	10 15 23.566	+2.9813	− 109	− 7 50 36.59	−17.991	+ 1
1264	[187 G. Carinae]	3.44	K 5	10 15 34.615	+2.0048	− 32	−61 6 24.87	−17.993	+ 5
1265	[59 G. Antliae]	5.62	B 9	10 16 3.642	+2.7506	− 14	−28 45 58.93	−18.007	+ 10
1266	[23 Sextantis]	6.53	B 3	10 18 42.573	+3.0977	− 8	+ 2 31 0.32	−18.122	− 4
386	μ Ursae maj.	3.21	K 5	10 19 39.325	+3.5709	− 74	+41 43 35.64	−18.124	+ 29
1268	[204 G. Velorum]	4.99	K 5	10 20 23.520	+2.5742	− 28	−41 25 22.74	−18.127	+ 52
1267	[27 Leonis min.]	5.83	A 3	10 20 31.138	+3.4532	− 10	+34 8 9.54	−18.199	− 14
387	30 H. Ursae maj.	4.92	A 0	10 20 54.586	+4.3159	− 24	+65 47 41.39	−18.224	− 25
388	[25 Sextantis]	6.10	B 9	10 21 9.953	+3.0321	− 37	− 3 50 45.49	−18.208	0
1269	[64 G. Antliae]	5.40	A 3	10 21 30.836	+2.6283	− 137	−37 46 50.92	−18.275	− 54
391	I Carinae	4.08	F 5	10 23 30.499	+1.1904	− 30	−73 48 8.17	−18.318	− 26
389	μ Hydrae	4.06	K 5	10 23 54.729	+2.9023	− 89	−16 36 21.50	−18.391	− 83
392	α Antliae	4.42	K 5	10 25 5.380	+2.7467	− 57	−30 50 16.58	−18.334	+ 15

Mittlere Sternörter 1955.0

Nr.	Name	Größe	Spektrum	AR. 1955.0	Jährl. Veränderung 1955.5	Jährl. Eigenbew. in 0.s0001	Dekl. 1955.0	Jährl. Veränderung 1955.5	Jährl. Eigenbew. in 0."001
		m		h m s	s		° ′ ″	″	
390	β Leonis min.	4.41	K 0	10 25 17.214	+3.4665	− 102	+36 56 18.41	−18.465	− 109
393	196 G. Carinae	4.08	F 0	10 26 13.319	+2.2036	− 20	−58 30 33.02	−18.393	− 5
1270	[δ Sextantis]	5.24	B 9	10 27 11.531	+3.0468	− 35	− 2 30 29.42	−18.441	− 19
1271	[+29° 2057 LMin]	6.92	K 0	10 27 22.532	+3.3629	+ 7	+28 48 43.37	−18.437	− 8
394	36 Ursae maj.	4.84	F 5	10 27 45.597	+3.8334	− 218	+56 12 43.35	−18.477	− 35
1272	[46 Leonis]	5.74	M 0	10 29 47.736	+3.2017	− 29	+14 22 7.43	−18.495	+ 16
397	[203 G. Carinae]	3.58	B 5p	10 30 25.148	+2.1350	− 27	−61 27 12.05	−18.522	+ 9
396	[ρ Leonis]	3.85	B 0p	10 30 26.555	+3.1582	− 6	+ 9 32 19.53	−18.538	− 6
1273	219 G. Velorum	5.14	K 0	10 31 2.785	+2.5361	+ 6	−46 46 15.89	−18.553	− 1
395	9 H. Draconis	5.04	G 5	10 31 19.424	+5.0765	− 96	+75 56 44.36	−18.571	− 9
399	[44 Hydrae]	5.32	K 2	10 31 52.291	+2.8546	− 7	−23 30 45.74	−18.561	+ 18
398	[37 Ursae maj.]	5.16	F 0	10 32 16.625	+3.8586	+ 78	+57 18 54.37	−18.559	+ 34
1274	[236 G. Hydrae]	5.85	F 8	10 34 17.800	+2.9872	+ 175	−11 59 17.07	−19.338	− 680
401	[γ Chamaeleon.]	4.10	M 0	10 34 57.183	+0.7055	− 125	−78 22 26.76	−18.658	+ 20
1275	[37 Leonis min.]	4.77	G 0	10 36 11.553	+3.3744	+ 2	+32 12 37.89	−18.717	+ 1
402	[225 G. Velorum]	4.37	G 0	10 37 30.619	+2.3900	− 21	−55 22 6.50	−18.761	− 2
404	33 Sextantis	6.40	K 0	10 39 6.786	+3.0518	− 94	− 1 30 16.14	−18.933	− 125
403	[35 H. Ursae maj.]	5.23	K 0	10 39 52.445	+4.2839	− 8	+69 18 44.12	−18.848	− 17
1277	[78 G. Antliae]	5.73	A 0	10 40 37.815	+2.7824	− 23	−32 28 46.37	−18.851	+ 1
1276	[Pi 10h 135 UMaj]	5.28	F 0	10 40 54.728	+3.5225	− 260	+46 26 27.20	−18.935	− 73
405	[41 Leonis min.]	5.05	A 2	10 40 58.321	+3.2605	− 85	+23 25 28.30	−18.858	+ 5
406	ϑ Carinae	3.03	B 0	10 41 20.786	+2.1427	− 24	−64 9 29.39	−18.862	+ 12
407	42 Leonis min.	5.37	B 9	10 43 22.004	+3.3338	− 21	+30 55 11.47	−18.974	− 41
1278	[Br 1493 Leo]	6.29	K 0	10 43 45.113	+3.1231	− 8	+ 6 36 38.99	−18.984	− 40
1279	[51 Leonis]	5.64	K 0	10 43 59.188	+3.2306	+ 64	+19 7 45.31	−18.995	− 45
1280	[250 G. Hydrae]	6.86	K 0	10 44 34.263	+2.8524	− 121	−25 48 40.70	−18.918	+ 49
411	[δ² Chamaeleon.]	4.62	B 3	10 45 23.043	+0.5565	− 154	−80 18 9.94	−18.988	+ 2
409	53 Leonis	5.27	A 0	10 46 53.560	+3.1527	− 4	+10 47 1.73	−19.060	− 28
410	[ν Hydrae]	3.32	K 0	10 47 24.149	+2.9611	+ 67	−15 57 27.78	−18.851	+ 195
1281	[41 Sextantis]	5.78	A 2	10 48 2.509	+3.0100	− 5	− 8 39 32.17	−19.084	− 21
412	[46 Leonis min.]	3.92	K 0	10 50 48.000	+3.3528	+ 69	+34 27 28.46	−19.421	− 285
414	[ι Antliae]	4.70	K 0	10 54 36.968	+2.7978	+ 67	−36 53 43.60	−19.365	− 132
413	[Br 1508 Draco]	6.26	G 5	10 56 24.664	+4.7710	− 245	+78 0 42.33	−19.308	− 31
1282	[47 Ursae maj.]	5.14	G 0	10 56 57.138	+3.3570	− 281	+40 40 15.49	−19.240	+ 49
1283	[α Crateris]	4.20	K 0	10 57 34.764	+2.9239	− 323	−18 3 31.59	−19.181	+ 123
415	239 G. Velorum	4.56	A 2	10 58 5.026	+2.7542	+ 17	−41 59 3.06	−19.320	− 4
1284	[58 Leonis]	5.05	K 0	10 58 14.189	+3.0981	+ 8	+ 3 51 34.32	−19.337	− 18
416	β Ursae maj.	2.44	A 0	10 59 8.322	+3.6150	+ 97	+56 37 26.51	−19.313	+ 27
1285	[29 G. Leonis]	7.13	G 5	11 0 19.379	+3.0523	− 14	− 3 16 12.50	−19.397	− 30
417	α Ursae maj.	1.95	K 0	11 0 58.022	+3.6956	− 174	+61 59 39.56	−19.453	− 71

Nr.	Name	Größe	Spektrum	AR. 1955.0	Jährl. Veränderung 1955.5	Jährl. Eigenbew. in 0ˢ.0001	Dekl. 1955.0	Jährl. Veränderung 1955.5	Jährl. Eigenbew. in 0″.001
		m		h m s	s		° ′ ″	″	
418	χ Leonis	4.66	F 0	11 2 41.766	+3.0942	— 231	+ 7 34 46.84	—19.468	— 49
419	[χ^1 Hydrae]	5.06	F 5	11 3 9.600	+2.8917	— 143	—27 3 0.95	—19.434	— 4
1286	[11 G. Crateris]	6.14	A 3	11 3 18.367	+3.0117	+ 10	—10 50 42.02	—19.538	— 105
1287	[65 Leonis]	5.66	G 5	11 4 36.470	+3.0601	— 255	+ 2 12 0.51	—19.550	— 90
1288	[259 G. Carinae]	5.80	B 3	11 5 12.001	+2.1693	— 39	—70 38 3.02	—19.474	— 2
1289	[260 G. Carinae]	4.02	F 8 p	11 6 39.580	+2.5653	— 8	—58 43 51.19	—19.503	— 1
420	ψ Ursae maj.	3.15	K 0	11 7 8.442	+3.3697	— 62	+44 44 34.98	—19.543	— 31
421	β Crateris	4.52	A 2	11 9 26.496	+2.9522	+ 3	—22 34 47.34	—19.660	— 103
1290	[275 G. Hydrae]	6.46	M 0	11 10 4.401	+2.8930	+ 14	—32 11 20.67	—19.565	+ 4
1291	[9 G. Centauri]	5.67	A 2	11 10 29.655	+2.7359	— 98	—48 51 22.35	—19.536	+ 41
422	δ Leonis	2.58	A 3	11 11 43.037	+3.1895	+ 102	+20 46 13.96	—19.735	— 136
423	ϑ Leonis	3.41	A 0	11 11 52.799	+3.1472	— 43	+15 40 33.00	—19.685	— 82
424	[Grb 1757 U Maj]	5.97	K 0	11 14 10.174	+3.3769	— 94	+49 43 19.74	—19.659	— 15
1292	[φ Leonis]	4.58	A 5	11 14 22.352	+3.0502	— 75	— 3 24 19.26	—19.689	— 43
425	ν Ursae maj.	3.71	K 0	11 16 3.138	+3.2385	— 23	+33 20 24.33	—19.653	+ 22
1293	[55 Ursae maj.]	4.78	A 2	11 16 41.065	+3.2675	— 49	+38 25 57.46	—19.762	— 77
426	δ Crateris	3.82	K 0	11 17 5.299	+3.0004	— 85	—14 32 5.22	—19.493	+ 200
427	σ Leonis	4.13	A 0	11 18 48.954	+3.0932	— 64	+ 6 16 34.51	—19.733	— 13
428	π Centauri	4.26	B 5	11 18 56.853	+2.7398	— 31	—54 14 38.72	—19.726	— 4
429	Grb 1771 U Maj	5.98	A 0	11 20 11.865	+3.5574	— 13	+64 34 37.14	—19.712	+ 29
1294	[28 G. Centauri]	6.42	B 3	11 22 12.468	+2.8716	— 15	—42 25 18.46	—19.781	— 10
431	[γ Crateris]	4.14	A 5	11 22 37.846	+2.9984	— 69	—17 26 11.88	—19.779	— 2
1295	[Pi 11^h 63 Leo]	7.15	A 2	11 23 22.801	+3.1793	— 23	+26 59 41.19	—19.785	+ 3
1296	[83 Leonis]	6.54	K 0	11 24 28.637	+3.0369	— 482	+ 3 15 30.88	—19.625	+ 178
1297	[τ Leonis]	5.18	K 0	11 25 37.358	+3.0854	+ 12	+ 3 6 15.34	—19.834	— 17
1298	[282 G. Hydrae]	6.79	K 0	11 27 23.561	+2.9724	— 12	—27 46 56.66	—19.847	— 7
432	[58 Ursae maj.]	5.88	F 8	11 28 5.361	+3.2434	— 53	+43 25 13.46	—19.773	+ 76
433	λ Draconis	4.06	M 0	11 28 45.306	+3.5528	— 78	+69 34 46.74	—19.877	— 20
434	ξ Hydrae	3.72	G 5	11 30 47.030	+2.9528	— 161	—31 36 29.96	—19.917	— 38
436	λ Centauri	3.34	B 9	11 33 41.675	+2.7709	— 53	—62 46 14.03	—19.916	— 5
435	[C^2 Centauri]	5.42	F 0	11 33 44.221	+2.9102	+ 28	—47 23 30.86	—19.962	— 51
1299	[ϑ Crateris]	4.81	B 9	11 34 23.801	+3.0440	— 43	— 9 33 11.53	—19.913	+ 4
437	υ Leonis	4.47	K 0	11 34 38.615	+3.0720	+ 2	— 0 34 30.53	—19.881	+ 39
438	[π Chamaeleon.]	5.74	F 0	11 35 23.463	+2.4821	— 320	—75 38 49.43	—19.920	+ 7
439	[o Hydrae]	4.88	B 8	11 37 58.371	+2.9824	— 30	—34 29 41.96	—19.947	+ 3
1300	[61 Ursae maj.]	5.46	G 5	11 38 41.060	+3.1572	— 12	+34 27 21.11	—20.346	— 390
440	3 Draconis	5.48	K 0	11 39 58.765	+3.3392	— 83	+66 59 38.58	—19.932	+ 34
1301	[ζ Crateris]	4.90	G 5	11 42 28.722	+3.0424	+ 24	—18 6 1.70	—20.020	— 37
442	[λ Muscae]	3.80	A 5	11 43 28.246	+2.8376	— 149	—66 28 44.99	—19.960	+ 30
1302	[ν Virginis]	4.20	M 0	11 43 32.765	+3.0835	— 12	+ 6 46 53.85	—20.178	— 187

Mittlere Sternörter 1955.0

Nr.	Name	Größe	Spektrum	AR. 1955.0	Jährl. Veränderung 1955.5	Jährl. Eigenbew. in 0.0001s	Dekl. 1955.0	Jährl. Veränderung 1955.5	Jährl. Eigenbew. in 0.001″
		m		h m s	s		° ′ ″	″	
441	χ Ursae maj.	3.85	K 0	11 43 40.857	+3.1650	− 138	+48 1 44.30	−19.968	+ 23
443	[65 G. Centauri]	4.22	G 0	11 44 19.443	+2.9052	− 42	−60 55 40.98	−20.015	− 19
1303	[Grb 1826 U Maj]	6.64	F 0	11 44 42.841	+3.2329	− 52	+61 39 8.50	−20.042	− 44
1304	[93 Leonis]	4.54	F 8	11 45 39.929	+3.0937	− 108	+20 28 8.49	−20.014	− 11
1305	[298 G. Hydrae]	5.45	M 3	11 46 28.465	+3.0322	− 20	−26 29 57.88	−20.019	− 11
444	β Leonis	2.23	A 2	11 46 45.906	+3.0595	− 342	+14 49 25.12	−20.127	− 119
445	β Virginis	3.80	F 8	11 48 21.011	+3.1251	+ 494	+ 2 1 6.12	−20.291	− 275
1306	[12 G. Virginis]	5.81	K 0	11 48 44.094	+3.0679	+ 3	− 5 4 59.01	−20.023	− 5
446	[B Centauri]	4.71	K 0	11 48 53.143	+3.0001	− 88	−44 55 23.65	−20.048	− 29
1307	[Grb 1830 U Maj]	6.46	G 5	11 50 23.434	+3.4552	+3382	+38 2 30.06	−25.831	−5806
447	γ Ursae maj.	2.54	A 0	11 51 28.322	+3.1519	+ 104	+53 56 41.86	−20.023	+ 6
1308	[95 Leonis]	5.49	A 2	11 53 21.715	+3.0850	+ 7	+15 53 49.86	−20.037	− 3
1309	[η Crateris]	5.16	A 0	11 53 43.122	+3.0585	− 37	−16 54 0.88	−20.046	− 11
1310	[Pi 11ʰ 202 U Maj]	6.30	F 0	11 55 48.678	+3.0804	− 84	+32 31 30.34	−20.107	− 69
1311	[π Virginis]	4.57	A 3	11 58 33.985	+3.0742	− 2	+ 6 51 54.82	−20.075	− 33
449	[88 G. Centauri]	5.28	F 0	12 1 19.244	+3.1097	+ 292	−42 10 55.44	−20.161	− 120
450	o Virginis	4.24	G 5	12 2 54.987	+3.0558	− 149	+ 8 58 58.46	−19.995	+ 45
451	[Grb 1852 Caml]	5.96	K 0	12 2 59.461	+3.0399	+ 436	+77 9 25.97	−20.140	− 100
1312	[311 G. Hydrae]	6.26	B 9	12 3 37.418	+3.0843	− 42	−35 26 35.66	−20.035	+ 5
452	δ Centauri	2.88	B 3p	12 6 1.002	+3.1128	− 33	−50 28 18.42	−20.046	− 11
453	ε Corvi	3.21	K 0	12 7 48.359	+3.0873	− 49	−22 22 10.29	−20.021	+ 10
1313	[3 Comae]	6.34	A 0	12 8 14.028	+3.0572	− 14	+17 3 34.28	−20.035	− 6
454	Br 1634 Caml	5.12	A 5	12 10 6.821	+2.8008	+ 21	+77 51 58.23	−20.004	+ 19
1314	[Br 1636 U Maj]	6.26	K 0	12 12 29.954	+2.9716	− 25	+53 41 5.66	−20.032	− 19
455	[δ Crucis]	3.08	B 3	12 12 44.562	+3.1904	− 44	−58 29 54.66	−20.017	− 6
456	δ Ursae maj.	3.44	A 2	12 13 12.406	+2.9659	+ 125	+57 16 56.89	−20.006	+ 3
457	[γ Corvi]	2.78	B 8	12 13 29.280	+3.0868	− 111	−17 17 31.92	−19.991	+ 16
458	[2 Canum venat.]	5.92	K 5	12 13 52.496	+3.0046	+ 14	+40 54 37.78	−20.044	− 39
459	β Chamaeleontis	4.38	B 5	12 15 39.815	+3.5332	− 134	−79 3 44.62	−19.979	+ 16
1315	[14 Virginis]	7.03	K 0	12 17 1.050	+3.0885	0	− 8 39 52.61	−20.014	− 27
1316	[3 Canum venat.]	5.56	K 2	12 17 36.067	+2.9533	− 10	+49 14 1.49	−19.980	+ 3
460	η Virginis	4.00	A 0	12 17 36.111	+3.0699	− 42	− 0 25 0.69	−20.005	− 22
1317	[16 Virginis]	5.10	K 0	12 18 3.770	+3.0472	− 197	+ 3 33 46.77	−20.050	− 70
1318	[12 Comae]	4.78	F 5	12 20 14.690	+3.0147	− 9	+26 5 44.47	−19.977	− 13
1319	[322 G. Hydrae]	6.34	K 0	12 22 56.705	+3.1433	+ 3	−27 30 0.08	−19.962	− 20
461	[6 Canum venat.]	5.22	K 0	12 23 38.120	+2.9538	− 70	+39 16 4.84	−19.975	− 40
462	α Crucis *m*	1.58 2.09	B 1 B 1	12 24 5.062	+3.3431	− 39	−62 51 0.16	−19.944	− 12
463	[323 G. Hydrae]	5.68	A 0	12 24 28.998	+3.1639	− 6	−32 34 50.61	−19.958	− 30
464	[σ Centauri]	4.16	B 3	12 25 35.769	+3.2484	− 25	−49 58 53.75	−19.938	− 21
1320	[122 G. Centauri]	5.60	B 8	12 25 58.402	+3.1925	− 25	−38 47 31.88	−19.934	− 20

Nr.	Name	Größe	Spektrum	AR. 1955.0	Jährl. Veränderung 1955.5	Jährl. Eigenbew. in 0.s0001	Dekl. 1955.0	Jährl. Veränderung 1955.5	Jährl. Eigenbew. in 0.″001
		m		h m s	s		° ′ ″	″	
466	20 Comae	5.72	A 2	12 27 27.641	+3.0133	+ 17	+21 8 42.35	−19.933	− 34
465	δ Corvi	3.11	A 0	12 27 31.911	+3.1056	− 146	−16 15 54.39	−20.041	− 143
467	[74 Ursae maj.]	5.44	A 5	12 27 51.629	+2.7985	− 87	+58 39 11.25	−19.806	+ 88
468	[γ Crucis]	1.61	M 3	12 28 39.391	+3.3327	+ 39	−56 51 40.85	−20.149	− 264
469	[γ Muscae]	4.04	B 5	12 29 45.180	+3.5935	− 92	−71 53 4.42	−19.879	− 6
1321	[35 G. Corvi]	5.76	G 5	12 31 13.981	+3.1122	− 17	−12 34 57.99	−19.806	+ 50
1322	[Pi 12h 122 C Ven]	5.43	K 0	12 31 26.036	+2.9536	+ 12	+33 29 45.33	−19.892	− 39
472	κ Draconis	3.88	B 5p	12 31 34.330	+2.5563	− 117	+70 2 9.73	−19.844	+ 8
470	β Canum venat.	4.32	G 0	12 31 36.529	+2.8471	− 630	+41 36 6.28	−19.565	+ 287
471	β Corvi	2.84	G 5	12 32 1.114	+3.1534	+ 4	−23 8 53.14	−19.904	− 57
1323	[23 Comae]	4.78	A 0	12 32 36.567	+2.9883	− 51	+22 52 36.24	−19.824	+ 15
473	24 Comae *sq*	5.18	K 0	12 32 52.353	+3.0086	− 4	+18 37 28.34	−19.816	+ 20
1324	[25 Virginis]	5.90	A 0	12 34 28.108	+3.0908	− 22	− 5 35 2.71	−19.836	− 20
474	α Muscae	2.94	B 3	12 34 28.642	+3.5860	− 65	−68 53 15.83	−19.828	− 13
475	[χ Virginis]	4.78	K 0	12 36 55.235	+3.0974	− 52	− 7 44 53.68	−19.815	− 33
1325	133 G. Centauri	5.84	K 0	12 38 53.990	+3.2988	− 77	−45 53 58.27	−19.700	+ 54
478	76 Ursae maj.	5.92	A 0	12 39 36.329	+2.6175	− 56	+62 57 35.19	−19.765	− 22
1326	[ρ Virginis]	4.95	A 0	12 39 36.364	+3.0365	+ 57	+10 28 59.93	−19.837	− 94
479	[330 G. Hydrae]	5.73	K 2	12 41 36.212	+3.1994	− 27	−28 4 37.95	−19.751	− 38
1327	[Y Canum ven.]	4.8—6.0	N 3	12 43 1.191	+2.8179	+ 1	+45 41 9.37	−19.680	+ 10
1328	[32 d^2 Virginis]	5.24	A 5	12 43 20.580	+3.0311	− 73	+ 7 55 8.78	−19.683	+ 2
481	β Crucis	1.50	B 1	12 45 4.592	+3.5113	− 47	−59 26 34.68	−19.669	− 14
1329	[332 G. Hydrae]	6.29	B 9	12 45 29.786	+3.1910	− 31	−24 36 24.44	−19.615	+ 34
1330	[35 Virginis]	6.66	M 0	12 45 33.830	+3.0553	− 5	+ 3 49 5.20	−19.652	− 5
1331	[143 G. Centauri]	5.01	A 0	12 48 14.222	+3.2576	− 25	−33 45 15.36	−19.623	− 23
1332	[31 Comae]	5.07	G 0	12 49 30.465	+2.9213	− 12	+27 47 6.65	−19.591	− 16
1333	[32 Comae]	6.53	K 5	12 49 57.940	+2.9827	− 6	+17 19 5.69	−19.584	− 17
482	150 G. Centauri	4.34	A 5	12 50 56.144	+3.3259	+ 58	−39 56 4.05	−19.574	− 25
1334	[52 G. Corvi]	6.84	A 0	12 51 37.538	+3.1666	− 26	−17 47 37.50	−19.537	− 2
1335	[ψ Virginis]	4.91	M 3	12 52 0.557	+3.1210	− 17	− 9 17 41.74	−19.548	− 20
483	ε Ursae maj.	1.68	A op	12 52 3.284	+2.6371	+ 134	+56 12 13.58	−19.536	− 9
484	δ Virginis	3.66	M 0	12 53 20.097	+3.0224	− 314	+ 3 38 29.78	−19.559	− 58
486	8 Draconis	5.27	F 0	12 53 41.373	+2.3854	− 15	+65 40 55.89	−19.530	− 36
485	α Canum ven. *sq*	2.90	A op	12 53 55.507	+2.8049	− 201	+38 33 39.52	−19.439	+ 50
1336	[44 Virginis]	5.88	A 0	12 57 20.260	+3.0915	− 26	− 3 34 10.43	−19.413	+ 5
487	[δ Muscae]	3.63	K 2	12 59 8.698	+4.1392	+ 573	−71 18 24.16	−19.408	− 30
488	ε Virginis	2.95	K 0	12 59 56.145	+2.9863	− 186	+11 12 2.22	−19.341	+ 19
1337	[14 Canum ven.]	5.11	B 9	13 3 38.302	+2.8042	− 26	+36 2 21.23	−19.258	+ 16
1338	[Grb 1956 C Ven]	5.72	K 0	13 3 50.937	+2.6975	− 18	+45 30 31.61	−19.244	+ 25
1339	[39 Comae]	6.04	F 5	13 4 9.603	+2.9232	− 55	+21 23 40.13	−19.307	− 46

Mittlere Sternörter 1955.0

Nr.	Name	Größe	Spektrum	AR. 1955.0	Jährl. Veränderung 1955.5	Jährl. Eigenbew. in 0.s0001	Dekl. 1955.0	Jährl. Veränderung 1955.5	Jährl. Eigenbew. in 0".001
		m		h m s	s		° ′ ″	″	
489	[ξ^2 Centauri]	4.40	B 3	13 4 16.255	+3.5060	— 32	—49 39 56.16	—19.270	— 11
1340	[177 G. Centauri]	5.96	B 9	13 4 57.030	+3.5693	— 42	—53 13 9.71	—19.274	— 32
490	ϑ Virginis	4.46	A 0	13 7 37.007	+3.1071	— 23	— 5 17 57.12	—19.211	— 35
491	[17 Canum ven.]	6.05	F 0	13 7 59.325	+2.7535	— 64	+38 44 15.38	—19.128	+ 38
1341	[342 G. Hydrae]	6.48	A 3	13 9 12.044	+3.2659	— 41	—26 18 46.79	—19.141	— 6
492	β Comae	4.32	G 0	13 9 46.446	+2.7990	— 604	+28 6 20.65	—18.243	+ 876
493	[η Muscae]	4.95	B 8	13 12 10.340	+4.0751	— 57	—67 39 24.14	—19.072	— 16
1342	[195 G. Centauri]	5.36	K 0	13 14 22.751	+3.3352	+ 30	—31 16 6.63	—19.047	— 52
1343	[196 G. Centauri]	5.87	A 3p	13 14 36.676	+3.4815	— 10	—43 44 32.51	—19.002	— 13
1344	[σ Virginis]	5.01	M 0	13 15 19.834	+3.0298	— 5	+ 5 42 23.26	—18.956	+ 13
494	[20 Canum ven.]	4.66	F 0	13 15 31.605	+2.6890	— 110	+40 48 32.55	—18.945	+ 18
1345	[61 Virginis]	4.80	G 5	13 16 2.743	+3.1399	— 755	—18 3 41.61	—20.022	—1074
495	γ Hydrae	3.33	G 5	13 16 28.208	+3.2640	+ 53	—22 56 4.88	—18.985	— 49
496	ι Centauri	2.91	A 2	13 18 3.550	+3.3754	— 281	—36 28 31.64	—18.978	— 87
1346	[23 Canum ven.]	5.69	K 0	13 18 18.065	+2.6872	— 53	+40 23 10.25	—18.893	— 10
1347	[J Centauri]	4.62	B 5	13 19 42.365	+3.8831	— 39	—60 45 10.51	—18.851	— 10
497	ζ Ursae maj. *pr*	2.40	A 2p	13 22 6.990	+2.4141	+ 140	+55 9 35.54	—18.794	— 25
498	α Virginis	1.21	B 2	13 22 49.118	+3.1620	— 26	—10 55 37.32	—18.780	— 33
1348	[68 Virginis]	5.59	K 2	13 24 20.253	+3.1705	— 93	—12 28 26.81	—18.724	— 24
499	Grb 2001 U Min	6.07	K 5	13 24 59.007	+1.5299	+ 39	+72 37 29.28	—18.693	— 13
1349	[70 Virginis]	5.16	G 0	13 26 13.674	+2.9344	— 164	+14 1 6.70	—19.219	— 580
1350	[+31° 2493 C Ven]	7.12	K 2	13 26 13.924	+2.7741	+ 2	+31 22 54.49	—18.641	— 2
500	69 H. Ursae maj.	5.41	A 0	13 26 48.116	+2.2004	— 110	+60 10 39.79	—18.588	+ 33
1351	[78 Virginis]	4.93	A 2p	13 31 50.964	+3.0408	+ 28	+ 3 53 21.88	—18.482	— 29
501	ζ Virginis	3.44	A 2	13 32 23.849	+3.0578	— 190	— 0 21 59.58	—18.399	+ 35
502	17 H. Can. ven.	4.96	F 0	13 32 47.304	+2.6776	+ 68	+37 24 44.56	—18.433	— 11
1352	[80 Virginis]	5.75	K 0	13 33 10.621	+3.1221	+ 10	— 5 10 3.95	—18.334	+ 73
1353	[Grb 2017 C Ven]	6.63	A 5	13 33 19.221	+2.5525	— 21	+44 25 35.36	—18.390	+ 12
503	[49 G. Chamael.]	6.44	A 0	13 35 17.709	+5.1512	— 35	—75 27 19.07	—18.347	— 15
505	[Grb 2029 U Min]	5.67	K 0	13 36 5.847	+1.4415	— 89	+71 28 15.26	—18.311	— 6
504	ε Centauri	2.56	B 1	13 37 1.348	+3.8062	— 22	—53 14 17.60	—18.286	— 14
1354	[355 G. Hydrae]	6.42	A 0	13 39 1.493	+3.3129	— 7	—23 13 22.12	—18.197	+ 2
1355	[82 Virginis]	5.16	M 0	13 39 14.794	+3.1503	— 67	— 8 28 36.01	—18.157	+ 34
1356	[253 G. Centauri]	6.30	B 2	13 39 58.531	+3.9256	— 24	—56 32 29.36	—18.174	— 10
1357	[83 Virginis]	5.71	G 0	13 42 3.848	+3.2389	+ 9	—15 57 12.70	—18.098	— 12
506	[1 Centauri]	4.36	F 5	13 43 7.376	+3.4120	— 363	—32 49 0.84	—18.196	— 150
1358	[3 Bootis]	5.91	F 5	13 44 37.926	+2.7854	— 16	+25 55 38.26	—18.053	— 64
507	τ Bootis	4.51	F 5	13 45 7.363	+2.8510	— 338	+17 40 49.14	—17.936	+ 34
509	η Ursae maj.	1.91	B 3	13 45 46.128	+2.3632	— 126	+49 32 14.32	—17.959	— 14
508	[μ Centauri]	3.32	B 2p	13 46 53.733	+3.6175	— 19	—42 15 1.12	—17.924	— 24

Nr.	Name	Größe	Spektrum	AR. 1955.0	Jährl. Veränderung 1955.5	Jährl. Eigenbew. in 0ˢ.0001	Dekl. 1955.0	Jährl. Veränderung 1955.5	Jährl. Eigenbew. in 0″.001
		m		h m s	s		° ′ ″	″	
510	89 Virginis	5.11	K 0	13 47 25.275	+3.2616	— 70	−17 54 38.92	−17.923	— 43
1359	[+9° 2814 Bootis]	6.54	A 0	13 47 29.975	+2.9807	— 10	+ 8 37 52.78	−17.876	0
511	[10 Draconis]	4.77	M 0	13 50 6.980	+1.7519	— 4	+64 56 42.05	−17.782	— 9
513	η Bootis	2.80	G 0	13 52 32.459	+2.8567	— 44	+18 37 21.11	−18.035	— 362
512	ζ Centauri	3.06	B 2p	13 52 43.231	+3.7464	— 55	−47 4 3.29	−17.707	— 42
1360	[+32° 2411 C Ven]	6.29	F 2	13 54 10.620	+2.6599	— 106	+32 15 5.53	−17.560	+ 45
514	[294 G. Centauri]	4.68	K 0	13 54 22.129	+4.3496	— 50	−63 28 1.27	−17.627	— 31
515	[47 Hydrae]	5.17	B 8	13 55 59.287	+3.3689	— 32	−24 45 11.92	−17.557	— 28
1361	[48 Hydrae]	5.80	F 0	13 57 28.533	+3.3616	— 145	−24 47 29.89	−17.564	— 99
1362	[204 G. Virginis]	6.30	F 5	13 57 29.159	+3.1095	— 20	— 3 19 53.20	−17.532	— 68
517	11 Bootis	6.12	A 3	13 59 8.008	+2.7200	— 63	+27 36 11.40	−17.382	+ 12
516	τ Virginis	4.34	A 2	13 59 21.213	+3.0540	+ 11	+ 1 45 41.42	−17.408	— 24
518	β Centauri	0.86	B 1	14 0 37.713	+4.2413	— 25	−60 9 24.68	−17.348	— 20
1364	[307 G. Centauri]	6.44	A op	14 0 42.297	+3.6577	— 40	−41 12 26.56	−17.356	— 32
1363	[ϑ Apodis]	5.5—6.7	M 3	14 0 52.607	+5.8694	— 242	−76 34 51.50	−17.351	— 35
1365	[210 G. Virginis]	6.36	K 0	14 2 0.508	+3.2494	— 26	−14 45 22.67	−17.291	— 24
521	α Draconis	3.64	A op	14 3 10.083	+1.6246	— 89	+64 35 25.46	−17.203	+ 13
519	[π Hydrae]	3.48	K 0	14 3 48.138	+3.4190	+ 34	−26 27 59.22	−17.331	— 144
1366	[94 Virginis]	6.56	A 0	14 3 54.558	+3.1785	+ 1	— 8 40 39.74	−17.164	+ 18
520	ϑ Centauri	2.26	K 0	14 4 1.539	+3.5336	— 427	−36 8 58.11	−17.700	— 523
1367	[+39° 2720 C Ven]	7.90	K 0	14 4 33.335	+2.5221	+ 9	+38 37 53.12	−17.160	— 7
1368	[9 H. Bootis]	5.44	M 3	14 6 7.823	+2.3976	+ 7	+44 4 4.26	−17.111	— 29
522	12 *d* Bootis	4.82	F 5	14 8 20.747	+2.7360	— 18	+25 18 14.58	−17.044	— 64
524	4 Ursae min.	5.00	K 0	14 8 59.412	−0.2228	— 108	+77 45 32.05	−16.923	+ 28
523	ϰ Virginis	4.31	K 0	14 10 29.459	+3.2017	+ 5	−10 3 54.65	−16.744	+ 135
526	α Bootis	0.24	K 0	14 13 36.445	+2.7367	— 774	+19 24 57.32	−18.729	−1998
525	ι Virginis	4.16	F 5	14 13 39.074	+3.1473	— 7	— 5 47 11.78	−17.156	— 428
528	[ι Bootis]	4.87	A 5	14 14 34.299	+2.1239	— 163	+51 34 27.04	−16.595	+ 89
527	λ Bootis	4.26	A 0	14 14 40.381	+2.2802	— 182	+46 17 39.32	−16.521	+ 158
1370	[A Bootis]	4.83	K 0	14 16 5.625	+2.5355	— 3	+35 42 58.94	−16.598	+ 12
1369	[236 G. Virginis]	5.74	A op	14 16 8.598	+3.3192	— 46	−18 30 30.83	−16.650	— 42
1371	[λ Virginis]	4.60	A 2	14 16 40.205	+3.2478	— 12	−13 9 53.79	−16.558	+ 24
1372	[18 Bootis]	5.31	F 0	14 17 5.495	+2.9038	+ 71	+13 12 39.64	−16.595	— 34
529	[ν Centauri]	4.41	B 5	14 17 9.860	+4.1952	— 22	−56 10 49.18	−16.571	— 14
1373	[ψ Centauri]	4.17	A 0	14 17 48.632	+3.6515	— 58	−37 40 45.43	−16.535	— 10
1374	[2 Librae]	6.30	K 0	14 21 0.057	+3.2296	— 8	−11 30 34.21	−16.429	— 63
530	[10 G. Circini]	5.71	A 2p	14 21 20.450	+4.9837	— 23	−67 59 31.62	−16.362	— 14
1375	[244 G. Virginis]	5.08	A 3	14 21 56.817	+2.9861	— 54	+ 6 1 24.13	−16.313	+ 5
1376	[3 G. Librae]	5.39	K 0	14 22 14.189	+3.4253	— 40	−24 36 11.47	−16.330	— 27
1377	[τ^1 Lupi]	4.65	B 3	14 23 14.215	+3.8545	— 14	−45 1 8.14	−16.267	— 15

Mittlere Sternörter 1955.0

Nr.	Name	Größe	Spektrum	AR. 1955.0	Jährl. Veränderung 1955.5	Jährl. Eigenbew. in 0ˢ.0001	Dekl. 1955.0	Jährl. Veränderung 1955.5	Jährl. Eigenbew. in 0".001
		m		h m s	s		° ' "	"	
531	ϑ Bootis	4.06	F 8	14 23 39.828	+2.0421	− 260	+52 3 29.09	−16.632	− 401
1378	[22 Bootis]	5.36	A 5	14 24 21.678	+2.7906	− 52	+19 25 41.84	−16.173	+ 21
532	[52 Hydrae]	5.00	B 8	14 25 31.847	+3.5162	− 18	−29 17 25.60	−16.160	− 26
533	[φ Virginis]	4.99	K 0	14 25 52.830	+3.0924	− 92	− 2 1 37.87	−16.120	− 4
1379	[5 Ursae min.]	4.37	K 2	14 27 35.575	−0.1177	+ 12	+75 53 45.76	−16.007	+ 21
534	ρ Bootis	3.78	K 0	14 29 53.374	+2.5853	− 79	+30 34 5.19	−15.788	+ 117
535	γ Bootis	3.00	F 0	14 30 15.920	+2.4154	− 98	+38 30 15.42	−15.736	+ 149
536	[Grb 2125 Draco]	6.18	F 0	14 30 29.323	+1.6290	− 72	+60 25 23.83	−15.860	+ 14
537	η Centauri	2.65	B 3 p + A 2 p	14 32 38.367	+3.8129	− 30	−41 57 40.70	−15.792	− 35
1380	[σ Bootis]	4.48	F 0	14 32 43.215	+2.6123	+ 146	+29 56 23.00	−15.625	+ 128
1381	[10 G. Librae]	6.24	F 8	14 34 35.889	+3.1935	− 591	−12 6 54.50	−15.291	+ 360
538	*α Centauri	0.33 1.70	G 0 K 5	14 36 31.718	+4.0841	−4893	−60 39 3.51	−14.839	+ 706
540	[33 Bootis]	5.39	A 0	14 37 9.683	+2.2323	− 68	+44 35 52.81	−15.530	− 20
539	[α Circini]	3.42	F 0	14 38 50.628	+4.8570	− 295	−64 46 50.66	−15.653	− 237
541	[α Lupi]	2.89	B 2	14 38 55.498	+3.9942	− 16	−47 11 46.44	−15.430	− 19
1382	32 Bootis	5.63	G 5	14 39 33.681	+2.8828	− 108	+11 51 12.49	−15.495	− 118
545	μ Virginis	3.95	F 5	14 40 41.098	+3.1630	+ 71	− 5 27 49.18	−15.635	− 322
544	[371 G. Centauri]	4.13	K 0	14 40 53.797	+3.6721	− 52	−34 58 51.97	−15.487	− 186
1383	[34 Bootis]	4.93	M 0	14 41 26.637	+2.6369	− 10	+26 43 5.61	−15.289	− 19
542	α Apodis	3.81	K 5	14 42 10.325	+7.4838	− 8	−78 51 22.08	−15.248	− 21
1384	[+33° 2489 Boot]	6.47	M 0	14 43 20.677	+2.5095	+ 30	+32 58 40.61	−15.244	− 82
546	[30 G. Lupi]	5.20	K 0	14 43 51.537	+4.2003	− 24	−52 11 39.75	−15.215	− 83
547	109 Virginis	3.76	A 0	14 43 58.261	+3.0341	− 74	+ 2 4 53.07	−15.158	− 32
1385	[56 Hydrae]	5.39	G 5	14 45 6.805	+3.5047	+ 32	−25 53 59.62	−15.062	− 1
1386	[Grb 2152 Boot]	5.98	F 0	14 47 20.645	+2.3552	− 220	+37 59 44.83	−14.823	+ 108
1387	[α¹ Librae]	5.33	F 5	14 48 11.557	+3.3200	− 69	−15 48 40.97	−14.956	− 75
548	α² Librae	2.90	A 3	14 48 23.049	+3.3205	− 73	−15 51 21.39	−14.941	− 71
549	Grb 2164 Draco	5.67	K 2	14 50 17.642	+1.5235	− 167	+59 28 34.45	−14.625	+ 134
550	β Ursae min.	2.24	K 5	14 50 48.798	−0.1669	− 84	+74 20 21.93	−14.720	+ 9
1388	[+ 6° 2957 Virgo]	6.69	K 0	14 51 26.026	+2.9692	− 19	+ 6 25 28.79	−14.682	+ 8
1389	[381 G. Centauri]	5.34	A 0	14 52 58.534	+3.6855	+ 21	−33 40 27.52	−14.603	− 5
551	Pi 14ʰ 221 Boot	5.77	A 0	14 54 5.658	+2.8322	− 10	+14 37 37.55	−14.535	− 4
1390	[ξ² Librae]	5.63	K 0	14 54 19.313	+3.2567	+ 4	−11 13 45.32	−14.513	+ 4
1391	[33 G. Librae]	6.00	K 5	14 54 49.951	+3.5062	+ 744	−21 12 49.60	−16.225	−1739
1392	[Pi 14ʰ 227 Boot]	6.24	A 0	14 55 1.878	+2.7039	− 10	+21 44 9.48	−14.500	− 25
1393	[Br 1908 Virgo]	5.71	K 0	14 55 14.613	+3.0774	+ 42	+ 0 0 45.58	−14.488	− 27
552	β Lupi	2.81	B 2p	14 55 34.418	+3.9323	− 37	−42 57 14.36	−14.482	− 41
553	[κ Centauri]	3.35	B 3	14 56 13.440	+3.9065	− 15	−41 55 29.90	−14.430	− 28
554	[2 H. Ursae min.]	4.86	M 3	14 56 51.574	+0.9560	− 138	+66 6 40.42	−14.339	+ 26
1394	[δ Librae]	4.8—5.9	A 0	14 58 33.839	+3.2067	− 44	− 8 20 29.57	−14.267	− 8

Nr. 538. Ort des Schwerpunktes. Die Reduktion auf den Ort des helleren Sterns beträgt nach den Elementen von Finsen, Union Observ. Circular 68, 1926:

1955.0 $\Delta\alpha = -0^s.234$ $\Delta\delta = -2''.61$

1956.0 $= -0.203$ $= -1.79$

Nr.	Name	Größe	Spektrum	AR. 1955.0	Jährl. Veränderung 1955.5	Jährl. Eigenbew. in 0.s0001	Dekl. 1955.0	Jährl. Veränderung 1955.5	Jährl. Eigenbew. in 0.″001
		m		h m s	s		° ′ ″	″	
555	β Bootis	3.63	G 5	15 0 14.969	+2.2597	− 40	+40 34 1.76	−14.189	− 33
556	σ Librae	3.41	M 3	15 1 25.810	+3.5137	− 53	−25 6 23.09	−14.129	− 48
557	ψ Bootis	4.67	K 0	15 2 30.949	+2.5709	− 133	+27 7 19.56	−14.023	− 9
1395	[47 Bootis]	5.59	A 0	15 3 56.314	+1.9872	− 68	+48 19 26.72	−13.896	+ 29
1397	[+ 55° 1730 Boot]	5.21	G 5	15 4 59.427	+1.7139	+ 50	+54 43 43.76	−13.850	+ 9
1396	[45 Bootis]	5.03	F 0	15 5 19.379	+2.6353	+ 135	+25 2 36.00	−14.012	− 174
1398	[κ^1 Lupi]	4.14	B 9	15 8 47.617	+4.1743	− 100	−48 34 5.60	−13.667	− 52
558	ζ Lupi	3.50	K 0	15 9 2.298	+4.3144	− 121	−51 55 46.03	−13.667	− 67
559	[ι Librae]	4.66	A op	15 9 39.046	+3.4215	− 27	−19 37 21.77	−13.603	− 42
1399	[1 Lupi]	4.95	F 0	15 11 51.499	+3.6779	− 2	−31 21 9.01	−13.420	− 2
562	[3 Serpentis]	5.44	K 0	15 12 56.960	+2.9829	− 14	+ 5 6 18.87	−13.346	+ 1
563	δ Bootis	3.54	K 0	15 13 41.214	+2.4189	+ 66	+33 28 53.98	−13.418	− 118
561	[β Circini]	4.16	A 3	15 13 58.368	+4.7027	− 126	−58 38 5.52	−13.418	− 138
565	1 H. Ursae min.	5.23	G 0	15 14 6.688	+0.6917	+ 372	+67 31 2.48	−13.663	− 390
564	β Librae	2.74	B 8	15 14 34.877	+3.2296	− 66	− 9 13 5.30	−13.263	− 23
560	γ Triang. austr.	3.06	A 0	15 14 40.663	+5.6126	− 105	−68 30 54.97	−13.260	− 27
1400	[Pi 15^h 36 Serp]	5.66	G 5	15 16 23.340	+2.6902	− 9	+20 44 10.29	−13.144	− 23
1401	[+ 10° 2823 Serp]	6.71	F 8	15 16 32.253	+2.8781	− 63	+10 35 26.61	−13.111	+ 1
1402	[δ Lupi]	3.43	B 2	15 18 24.542	+3.9408	− 13	−40 29 9.75	−13.014	− 27
566	φ^1 Lupi	3.59	K 5	15 18 56.524	+3.8091	− 79	−36 5 58.39	−13.039	− 87
1404	[73 G. Librae]	6.78	K 0	15 20 15.413	+3.5873	+ 24	−26 31 45.47	−12.872	− 8
1403	[φ^2 Lupi]	4.69	B 3	15 20 16.347	+3.8357	− 14	−36 41 54.79	−12.887	− 25
1405	[30 Librae]	6.74	K 2	15 20 30.891	+3.3475	− 2	−14 58 29.37	−12.836	+ 11
569	γ Ursae min.	3.14	A 2	15 20 46.897	−0.0891	− 48	+71 59 38.95	−12.812	+ 19
1406	[8 Serpentis]	6.10	F 0	15 21 24.312	+3.0939	+ 49	− 0 51 47.19	−12.818	− 31
568	μ Bootis *pr*	4.47	F 0	15 22 47.334	+2.2666	− 124	+37 32 2.39	−12.611	+ 83
570	[τ^1 Serpentis]	5.46	M 0	15 23 42.026	+2.7829	− 12	+15 35 6.18	−12.645	− 14
571	ι Draconis	3.47	K 0	15 23 55.429	+1.3357	− 16	+59 7 23.10	−12.604	+ 13
1407	[32 Librae]	5.92	K 0	15 25 42.825	+3.3851	+ 10	−16 33 39.49	−12.530	− 36
572	β Coronae bor.	3.72	F op	15 25 58.317	+2.4738	− 138	+29 15 35.18	−12.395	+ 82
567	[κ^1 Apodis]	5.65	B 5p	15 26 33.845	+6.5541	+ 15	−73 14 10.46	−12.468	− 34
1408	[+ 9° 3055 Serp]	6.46	F 2	15 28 44.202	+2.9137	+ 24	+ 8 43 54.55	−12.289	− 2
573	ν^1 Bootis	5.15	K 5	15 29 18.661	+2.1551	+ 7	+40 59 8.10	−12.255	− 7
576	[ϑ Coronae bor.]	4.17	B 5	15 31 6.791	+2.4192	− 19	+31 30 35.55	−12.140	− 18
1409	[37 Librae]	4.83	K 0	15 31 42.856	+3.2802	+ 205	− 9 54 42.05	−12.321	− 241
574	[ε Triang. austr.]	4.11	K 0	15 32 34.565	+5.4987	+ 45	−66 10 4.84	−12.087	− 69
578	α Coronae bor.	2.31	A 0	15 32 46.854	+2.5404	+ 90	+26 51 54.22	−12.097	− 91
577	γ Librae	4.02	K 0	15 33 0.258	+3.3575	+ 43	−14 38 27.26	−11.988	+ 1
1410	115 G. Lupi	5.47	K 5	15 33 6.533	+4.1120	− 48	−44 14 50.75	−12.025	− 44
579	[υ Librae]	3.78	K 2	15 34 17.187	+3.6444	− 4	−27 59 14.99	−11.901	− 2

Mittlere Sternörter 1955.0

Nr.	Name	Größe	Spektrum	AR. 1955.0	Jährl. Veränderung 1955.5	Jährl. Eigenbew. in 0.ˢ0001	Dekl. 1955.0	Jährl. Veränderung 1955.5	Jährl. Eigenbew. in 0.″001
		m		h m s	s		° ′ ″	″	
1411	[2 G. Normae]	5.48	A 0	15 35 28.049	+4.4622	— 39	—52 13 33.74	—11.855	— 40
580	[φ Bootis]	5.41	G 5	15 36 12.519	+2.1548	+ 52	+40 29 56.23	—11.708	+ 56
1412	[Pi 15^h 153 Boot]	5.78	F 0	15 36 49.592	+1.9215	+ 81	+46 56 42.64	—11.847	— 126
1413	[κ Librae]	4.96	K 5	15 39 20.922	+3.4583	— 27	—19 32 4.19	—11.651	— 111
582	α Serpentis	2.75	K 0	15 42 2.936	+2.9558	+ 92	+ 6 33 57.38	—11.301	+ 46
583	β Serpentis	3.74	A 2	15 44 6.524	+2.7695	+ 48	+15 33 41.10	—11.246	— 48
590	ζ Ursae min.	4.34	A 2	15 45 37.174	—2.1270	+ 52	+77 56 1.64	—11.095	— 4
587	[12 H. Draconis]	5.13	A 2	15 45 58.400	+0.9162	+ 48	+62 44 17.33	—11.124	— 61
584	κ Serpentis	4.28	K 5	15 46 42.731	+2.7012	— 34	+18 16 45.71	—11.098	— 89
585	μ Serpentis	3.63	A 0	15 47 16.114	+3.1320	— 58	— 3 17 38.06	—10.996	— 28
586	[χ Lupi]	4.11	B 9	15 48 5.519	+3.8143	— 8	—33 29 30.11	—10.939	— 32
588	ε Serpentis	3.75	A 2	15 48 34.205	+2.9913	+ 85	+ 4 36 42.81	—10.809	+ 63
1414	[κ Coronae bor.]	4.77	K 0	15 49 32.072	+2.2609	— 9	+35 47 45.25	—11.154	— 353
1415	[λ Librae]	5.06	B 3	15 50 43.027	+3.4845	— 7	—20 2 2.60	—10.742	— 28
1416	[χ Herculis]	4.61	G 0	15 51 7.044	+2.0740	+ 392	+42 34 35.46	—10.057	+ 628
589	β Triang. austr.	3.04	F 0	15 51 9.411	+5.2928	— 281	—63 17 37.93	—11.074	— 394
591	[γ Serpentis]	3.86	F 5	15 54 22.326	+2.7719	+ 213	+15 48 25.92	—11.729	—1286
1417	[48 Librae]	4.68	B 3p	15 55 39.905	+3.3610	— 10	—14 9 3.86	—10.368	— 22
593	ε Coronae bor.	4.22	K 0	15 55 43.341	+2.4840	— 61	+27 0 25.27	—10.406	— 64
592	[π Scorpii]	3.00	B 2	15 56 7.454	+3.6312	— 6	—25 59 9.82	—10.336	— 25
1418	[144 G. Lupi]	5.07	G 5	15 56 25.935	+4.0899	— 22	—41 37 0.73	—10.298	— 10
595	[Grb 2296 Draco]	4.96	A 5	15 56 43.094	+1.4237	— 185	+54 52 34.30	—10.162	+ 106
594	δ Scorpii	2.54	B 0	15 57 40.069	+3.5493	— 5	—22 29 42.73	—10.222	— 27
1419	[49 Librae]	5.53	F 8	15 57 47.792	+3.3681	— 441	—16 24 8.36	—10.583	— 398
1420	[50 Librae]	5.55	A 0	15 58 21.631	+3.2401	— 12	— 8 17 8.01	—10.161	— 18
598	ϑ Draconis	4.11	F 8	16 1 2.460	+1.1251	— 413	+58 41 5.59	— 9.607	+ 335
597	β Scorpii *pr*	2.90	B 1	16 2 48.959	+3.4900	— 2	—19 41 1.76	— 9.827	— 22
596	[δ Normae]	4.84	A 3p	16 3 18.096	+4.2427	+ 4	—45 3 10.32	— 9.737	+ 31
599	[ϑ Lupi]	4.33	B 3	16 3 37.796	+3.9415	— 17	—36 40 53.57	— 9.778	— 36
1421	[κ Herculis *pr*]	5.34	G 5	16 6 2.523	+2.7082	— 25	+17 9 55.80	— 9.570	— 11
1422	[+6° 3169 Serp]	6.02	G 5	16 6 58.072	+2.9549	+ 157	+ 6 30 20.97	—10.210	— 723
1423	[τ Coronae bor.]	4.94	K 0	16 7 19.433	+2.1936	— 49	+36 36 14.65	— 9.136	+ 324
601	[φ Herculis]	4.26	B 9p	16 7 20.958	+1.8905	— 28	+45 3 7.06	— 9.424	+ 34
600	[κ Normae]	5.09	K 0	16 9 55.002	+4.7347	— 11	—54 30 58.02	— 9.284	— 26
602	[δ Triang. austr.]	4.03	G 0	16 11 19.419	+5.4666	+ 10	—63 34 23.07	— 9.163	— 15
603	δ Ophiuchi	3.03	M 0	16 11 59.051	+3.1448	— 31	— 3 34 47.76	— 9.244	— 146
606	19 Ursae min.	5.51	B 8	16 12 4.663	—1.7002	— 15	+75 59 29.98	— 9.081	+ 13
1424	[δ¹ Apodis]	4.78	M 3	16 13 32.902	+8.9899	— 23	—78 35 10.88	— 9.009	— 37
1425	[17 Herculis]	6.59	K 0	16 14 21.453	+2.5585	— 12	+23 14 0.05	— 8.927	— 14
605	ε Ophiuchi	3.34	K 0	16 15 56.223	+3.1751	+ 55	— 4 35 3.35	— 8.749	+ 39

Nr.	Name	Größe	Spektrum	AR. 1955.0	Jährl. Veränderung 1955.5	Jährl. Eigenbew. in 0.s0001	Dekl. 1955.0	Jährl. Veränderung 1955.5	Jährl. Eigenbew. in 0."001
		m		h m s	s		° ' "	"	
604	γ^2 Normae	4.14	K 0	16 16 27.758	+4.4915	− 170	−50 2 49.70	−8.800	− 54
1426	[55 G. Scorpii *sq*]	5.69	F 2	16 16 41.595	+3.7970	+ 66	−30 47 57.34	−8.707	+ 21
608	τ Herculis	3.91	B 5	16 18 23.144	+1.8039	− 12	+46 25 10.74	−8.560	+ 37
607	[σ Scorpii]	3.10	B 1	16 18 26.900	+3.6482	− 7	−25 29 11.43	−8.615	− 24
612	[η Ursae min.]	5.04	F 0	16 18 47.545	−1.7441	− 232	+75 51 35.08	−8.317	+ 250
1427	[σ Serpentis]	4.80	F 0	16 19 47.428	+3.0388	− 106	+ 1 8 0.15	−8.435	+ 50
609	γ Herculis	3.79	F 0	16 19 55.967	+2.6469	− 35	+19 15 27.20	−8.430	+ 44
1428	[23 Herculis]	6.30	A 2	16 21 12.686	+2.3028	+ 9	+32 26 12.82	−8.383	− 10
1429	[21 Herculis]	5.72	A 0	16 21 59.139	+2.9229	− 1	+ 7 3 3.24	−8.293	+ 18
613	[ω Herculis]	4.53	A op	16 23 20.200	+2.7691	+ 27	+14 8 8.00	−8.262	− 59
614	[Grb 2343 Draco]	5.66	A 2	16 23 26.068	+1.3134	+ 13	+55 18 24.24	−8.179	+ 17
610	[ζ Triang. austr.]	4.93	G 0	16 23 36.188	+6.4627	+ 403	−69 59 9.03	−8.074	+ 105
611	γ Apodis	3.90	K 0	16 26 28.865	+9.2282	− 407	−78 48 0.52	−8.015	− 68
616	α Scorpii	1.22	Mo+A3	16 26 38.646	+3.6804	− 2	−26 20 1.84	−7.960	− 23
1430	[22 G. Ophiuchi]	5.75	G 0	16 27 14.049	+3.3920	+ 20	−14 27 12.85	−7.874	+ 16
619	A Draconis	4.98	B 8p	16 28 3.605	−0.1138	− 53	+68 51 55.91	−7.792	+ 34
618	β Herculis	2.81	K 0	16 28 17.000	+2.5793	− 72	+21 35 11.03	−7.823	− 16
1431	[N Scorpii]	4.33	B 3	16 28 26.156	+3.9223	− 6	−34 36 29.03	−7.808	− 15
1432	Pi 16h 140 Draco	5.85	A 0	16 31 47.142	+0.8488	+ 18	+60 55 1.69	−7.538	− 13
623	[Grb 2373 U Min]	6.39	G 5	16 32 32.800	−2.5696	− 330	+77 32 14.12	−7.192	+ 273
621	σ Herculis	4.25	A 0	16 32 39.001	+1.9345	− 12	+42 31 43.96	−7.411	+ 43
620	[τ Scorpii]	2.91	B 0	16 33 4.583	+3.7363	− 5	−28 7 27.88	−7.443	− 25
1433	[12 Ophiuchi]	5.87	K 0	16 33 59.432	+3.1520	+ 302	− 2 13 48.41	−7.659	− 315
622	ζ Ophiuchi	2.70	B 0	16 34 40.659	+3.3044	+ 8	−10 28 39.16	−7.264	+ 24
1434	[42 Herculis]	5.14	M 0	16 37 31.413	+1.6292	− 48	+49 0 56.23	−7.024	+ 32
624	[Br 2114 Ophi]	5.04	K 0	16 38 57.986	+3.4708	− 16	−17 39 24.30	−6.940	− 3
626	η Herculis	3.61	K 0	16 41 21.071	+2.0571	+ 29	+39 0 24.64	−6.825	− 83
625	α Triang. austr.	1.88	K 2	16 43 52.857	+6.3606	+ 51	−68 56 52.85	−6.564	− 33
627	Grb 2377 Draco	4.88	F 0	16 44 26.344	+1.1387	+ 17	+56 51 42.24	−6.423	+ 65
1436	[19 Ophiuchi]	6.04	A 2	16 44 53.431	+3.0245	− 16	+ 2 8 39.21	−6.461	− 12
1435	[η Arae]	3.68	K 5	16 45 53.272	+5.1833	+ 43	−58 57 48.38	−6.395	− 30
1437	[−21° 4422 Ophi]	7.60	M 0	16 46 53.738	+3.5794	− 8	−21 46 30.12	−6.303	− 20
628	ε Scorpii	2.36	K 0	16 47 14.645	+3.8876	− 490	−34 12 48.04	−6.507	− 253
1438	[20 Ophiuchi]	4.73	F 5	16 47 20.462	+3.3197	+ 63	−10 42 18.28	−6.343	− 97
1439	[μ^1 Scorpii]	3.09	B 3p	16 48 49.004	+4.0656	− 8	−37 58 19.67	−6.150	− 28
1440	[51 Herculis]	5.20	K 0	16 49 53.229	+2.4874	+ 9	+24 43 51.24	−6.026	+ 9
629	49 Herculis	6.41	A op	16 50 1.785	+2.7317	+ 10	+15 2 54.04	−6.020	+ 3
1441	[53 Herculis]	5.35	F 0	16 51 15.513	+2.2749	− 78	+31 46 29.92	−5.940	− 20
1442	[ι Ophiuchi]	4.29	B 8	16 51 52.593	+2.8391	− 35	+10 14 16.81	−5.905	− 37
1443	[51 G. Apodis]	7.00	F 8	16 54 41.064	+8.2651	− 96	−76 8 57.90	−5.778	− 149

Mittlere Sternörter 1955.0

Nr.	Name	Größe	Spektrum	AR. 1955.0	Jährl. Veränderung 1955.5	Jährl. Eigenbew. in 0.ˢ0001	Dekl. 1955.0	Jährl. Veränderung 1955.5	Jährl. Eigenbew. in 0.″001
		m		h m s	s		° ′ ″	″	
1444	24 G. Arae	5.70	B 9	16 54 49.098	+ 4.6319	− 14	−50 34 20.08	−5.665	− 44
631	ζ Arae	3.06	K 5	16 54 53.241	+ 4.9675	− 20	−55 55 16.84	−5.647	− 33
633	κ Ophiuchi	*4.1-5.0*	K 0	16 55 32.161	+ 2.8400	− 199	+ 9 26 36.90	−5.570	− 9
632	[ε^1 Arae]	4.15	K 2	16 55 59.343	+ 4.7838	0	−53 5 36.58	−5.505	+ 17
634	ε Herculis	3.92	A 0	16 58 33.942	+ 2.2955	− 40	+30 59 29.54	−5.278	+ 28
1445	[30 Ophiuchi]	5.00	K 0	16 58 41.025	+ 3.1637	− 34	− 4 9 24.27	−5.375	− 78
1446	[59 Herculis]	5.27	A 2	16 59 56.544	+ 2.2145	− 4	+33 37 55.95	−5.195	− 4
635	[60 Herculis]	4.91	A 3	17 3 17.354	+ 2.7824	+ 33	+12 48 4.50	−4.915	− 8
1448	[Pi 16^h 307 Herc]	6.36	A 0	17 3 42.563	+ 1.8274	0	+43 52 20.71	−4.873	− 1
1447	[80 G. Ophiuchi]	6.20	A 0	17 4 5.713	+ 3.7188	+ 2	−26 27 14.28	−4.857	− 19
1449	85 G. Ophiuchi	6.14	K 0	17 5 37.870	+ 3.4843	+ 2	−17 33 4.17	−4.742	− 35
636	[Grb 2415 Herc]	6.27	A 2	17 6 18.508	+ 1.9571	− 34	+40 34 25.92	−4.684	− 33
1450	[88 G. Ophiuchi]	5.58	F 5	17 7 18.514	+ 3.3175	+ 38	−10 27 57.88	−4.666	− 101
639	ζ Draconis	3.22	B 5	17 8 39.053	+ 0.1755	− 32	+65 46 11.86	−4.432	+ 21
638	[η Scorpii]	3.44	F 2	17 8 55.498	+ 4.2986	+ 22	−43 10 54.62	−4.709	− 283
1451	[97 G. Ophiuchi]	6.39	K 0	17 9 34.885	+ 2.8931	+ 18	+ 7 56 53.00	−4.360	+ 11
641	δ Herculis	3.16	A 2	17 13 10.876	+ 2.4645	− 18	+24 53 27.52	−4.222	− 158
643	π Herculis	3.36	K 5	17 13 28.664	+ 2.0897	− 25	+36 51 31.72	−4.035	+ 4
1452	[139 G. Scorpii]	5.55	F 5	17 14 7.781	+ 3.9038	− 76	−32 36 49.90	−4.035	− 53
1453	[U Ophiuchi]	5.7—6.4	B 8	17 14 14.568	+ 3.0441	− 5	+ 1 15 32.85	−3.989	− 16
642	[ι Apodis]	5.60	B 8	17 17 3.991	+ 6.6972	+ 12	−70 4 44.86	−3.742	− 14
1454	Pi 17^h 68 Herc	5.17	M 0	17 18 19.741	+ 2.6440	+ 2	+18 6 7.33	−3.676	− 54
1456	[72 Herculis]	5.36	G 0	17 18 58.378	+ 2.2448	+ 98	+32 31 27.97	−4.609	−1042
644	ϑ Ophiuchi	3.37	B 3	17 19 14.579	+ 3.6853	− 2	−24 57 23.12	−3.564	− 21
645	β Arae	2.80	K 2	17 21 33.184	+ 4.9889	− 7	−55 29 23.07	−3.368	− 25
1455	[59 G. Apodis]	5.93	M 3	17 23 0.050	+11.2399	+ 26	−80 49 22.25	−3.255	− 41
1457	[44 Ophiuchi]	4.28	F 0	17 23 37.146	+ 3.6645	0	−24 8 8.57	−3.282	− 116
1458	[138 G. Ophiuchi]	6.31	F 5	17 23 37.613	+ 3.1154	+ 48	− 1 36 50.80	−3.118	+ 47
647	[27 H. Ophiuchi]	4.61	F 0	17 24 14.468	+ 3.1836	− 64	− 5 2 54.33	−3.156	− 44
1459	[σ Ophiuchi]	4.44	K 0	17 24 16.773	+ 2.9769	− 1	+ 4 10 40.55	−3.103	+ 6
646	[45 Ophiuchi]	4.37	F 5	17 24 28.665	+ 3.8318	+ 15	−29 49 41.57	−3.232	− 141
650	[77 Herculis]	5.81	A 2	17 25 32.517	+ 1.5904	− 4	+48 17 49.06	−3.008	− 7
648	δ Arae	3.79	B 8	17 27 1.828	+ 5.4184	− 66	−60 38 55.52	−2.958	− 89
649	[υ Scorpii]	2.80	B 3	17 27 42.052	+ 4.0798	0	−37 15 42.80	−2.843	− 31
651	α Arae	2.97	B 3p	17 28 21.531	+ 4.6391	− 28	−49 50 33.93	−2.827	− 72
1460	[λ Herculis]	4.48	K 0	17 28 55.066	+ 2.4246	+ 11	+26 8 35.94	−2.690	+ 18
653	β Draconis	2.99	G 0	17 29 24.805	+ 1.3558	− 21	+52 20 2.37	−2.653	+ 13
652	λ Scorpii	1.71	B 2	17 30 32.979	+ 4.0746	0	−37 4 22.58	−2.593	− 28
655	[ν^1 Draconis]	4.98	A 5	17 31 17.206	+ 1.1814	+ 165	+55 12 51.74	−2.450	+ 54
657	[ν^2 Draconis]	4.95	A 5	17 31 22.645	+ 1.1825	+ 168	+55 12 10.56	−2.443	+ 53

Nr.	Name	Größe	Spektrum	AR. 1955.0	Jährl. Veränderung 1955.5	Jährl. Eigenbew. in 0.ˢ0001	Dekl. 1955.0	Jährl. Veränderung 1955.5	Jährl. Eigenbew. in 0.″001
		m		h m s	s		° ′ ″	″	
1462	[Grb 2444 Herc]	5.82	K 0	17 31 41.446	+1.9025	— 71	+41 16 27.24	—2.532	— 64
659	[27 Draconis]	5.21	K 0	17 32 8.347	—0.2394	— 30	+68 9 49.72	—2.297	+ 134
1461	[—11° 4411 Serp]	5.68	B 8	17 32 16.004	+3.3353	— 10	—11 12 47.31	—2.411	+ 6
656	α Ophiuchi	2.14	A 5	17 32 50.625	+2.7850	+ 80	+12 35 28.89	—2.593	— 226
654	ϑ Scorpii	2.04	F 0	17 34 4.915	+4.3116	+ 15	—42 58 16.39	—2.256	+ 3
658	ξ Serpentis	3.64	A 5	17 35 0.445	+3.4354	— 31	—15 22 19.18	—2.240	— 62
664	ω Draconis	4.87	F 5	17 37 12.604	—0.3506	+ 1	+68 46 44.22	—1.667	+ 323
663	ι Herculis	3.79	B 3	17 38 11.539	+1.6937	— 9	+46 1 45.77	—1.899	+ 4
660	[ϰ Scorpii]	2.51	B 2	17 39 22.294	+4.1508	— 5	—39 0 31.93	—1.827	— 28
662	[μ Arae]	5.26	G 5	17 40 34.054	+4.7639	— 21	—51 48 44.33	—1.882	— 188
1463	[58 Ophiuchi]	4.89	F 5	17 40 43.875	+3.5955	— 67	—21 39 47.49	—1.729	— 48
665	β Ophiuchi	2.94	K 0	17 41 14.861	+2.9638	— 28	+ 4 35 4.36	—1.477	+ 159
661	η Pavonis	3.58	K 0	17 41 18.721	+5.8909	— 4	—64 42 18.32	—1.679	— 50
670	ψ Draconis *pr*	4.90	F 5	17 42 43.982	—1.0652	+ 40	+72 10 17.36	—1.776	— 267
666	[ι¹ Scorpii]	3.14	F 5p	17 44 26.078	+4.1966	+ 2	—40 6 41.70	—1.361	— 4
667	μ Herculis	3.48	G 5	17 44 41.718	+2.3483	— 238	+27 44 45.15	—2.080	— 744
1464	[X Sagittarii]	4.4—5.0	F 8v	17 44 43.528	+3.7766	— 2	—27 48 55.96	—1.341	— 9
668	[γ Ophiuchi]	3.74	A 0	17 45 38.067	+3.0084	— 16	+ 2 43 21.72	—1.325	— 71
1465	[+ 20° 3570 Herc]	5.77	K 0	17 46 28.774	+2.5735	+ 9	+20 34 44.26	—1.180	0
669	[G Scorpii]	3.25	K 2	17 46 47.613	+4.0848	+ 51	—37 1 51.25	—1.117	+ 34
1466	[+ 9° 3485 Ophi]	6.79	K 5	17 48 1.314	+2.8387	— 27	+ 9 51 37.99	—1.097	— 52
675	35 Draconis	5.04	F 5	17 51 27.543	—2.6857	+ 106	+76 58 12.62	—0.503	+ 246
1467	[—7° 4523 Ophi]	6.87	G 5	17 52 31.257	+3.2511	— 35	— 7 43 35.33	—0.709	— 57
671	ξ Draconis	3.90	K 0	17 52 44.903	+1.0374	+ 110	+56 52 44.81	—0.557	+ 76
1468	[89 Herculis]	5.48	F 5p	17 53 36.135	+2.4201	— 2	+26 3 21.28	—0.552	+ 6
672	ϑ Herculis	3.99	K 0	17 54 42.471	+2.0574	— 1	+37 15 19.38	—0.456	+ 6
676	γ Draconis	2.42	K 5	17 55 33.546	+1.3930	— 13	+51 29 36.48	—0.407	— 20
674	[ξ Herculis]	3.82	K 0	17 56 0.867	+2.3314	+ 62	+29 15 5.37	—0.365	— 18
673	ν Ophiuchi	3.50	K 0	17 56 32.844	+3.3028	— 6	— 9 46 11.36	—0.419	— 120
1469	[93 Herculis]	4.71	K 0	17 58 3.133	+2.6707	— 5	+16 45 7.44	—0.179	— 11
677	67 Ophiuchi	3.95	B 5p	17 58 23.361	+3.0046	— 4	+ 2 55 55.73	—0.149	— 10
1470	[6 Sagittarii]	6.31	K 2	17 58 46.118	+3.4857	— 2	—17 9 24.98	—0.113	— 7
679	γ Sagittarii	3.07	K 0	18 2 54.946	+3.8540	— 41	—30 25 35.53	+0.073	— 185
1471	[ϑ Arae]	3.90	B 1p	18 3 7.565	+4.6696	— 14	—50 5 48.43	+0.259	— 18
678	[66 G. Apodis]	5.69	K 5	18 4 58.087	+8.3948	+ 47	—75 53 47.20	+0.162	— 278
680	72 Ophiuchi	3.73	A 3	18 5 12.880	+2.8442	— 43	+ 9 33 21.60	+0.540	+ 82
681	o Herculis	3.83	A 0	18 5 47.117	+2.3401	— 3	+28 45 18.29	+0.516	+ 9
1472	[—13° 4863 Serp]	6.50	K 0	18 7 9.959	+3.4050	+ 1	—13 56 36.89	+0.630	+ 1
1473	[ε Telescopii]	4.60	K 0	18 7 53.273	+4.4529	— 15	—45 57 51.60	+0.661	— 32
682	μ Sagittarii	4.01	B 8p	18 11 4.256	+3.5877	+ 1	—21 4 20.83	+0.970	— 1

Nr.	Name	Größe	Spektrum	AR. 1955.0	Jährl. Veränderung 1955.5	Jährl. Eigenbew. in 0.ˢ0001	Dekl. 1955.0	Jährl. Veränderung 1955.5	Jährl. Eigenbew. in 0.″001
		m		h m s	s		° ′ ″	″	
1474	[6 G. Telescopii]	5.54	B 5	18 13 19.962	+5.0516	— 22	—56 2 23.44	+1.157	— 12
685	36 Draconis	5.03	F 5	18 13 38.160	+0.3447	+ 529	+64 22 54.51	+1.224	+ 32
684	[Grb 2533 Lyra]	5.42	B 5	18 14 14.660	+1.8659	— 7	+42 8 34.54	+1.242	— 4
683	[η Sagittarii]	3.16	M 3	18 14 34.848	+4.0592	— 109	—36 46 37.81	+1.114	— 164
1475	[Br 2292 Serp]	6.30	A 5	18 14 55.373	+3.3030	— 1	— 9 46 32.50	+1.242	— 64
687	[δ Sagittarii]	2.84	K 0	18 18 6.760	+3.8408	+ 31	—29 50 56.99	+1.556	— 29
1477	[κ Lyrae]	4.34	K 0	18 18 16.963	+2.1024	— 18	+36 2 35.54	+1.641	+ 42
1476	[74 Ophiuchi]	4.92	G 5	18 18 37.160	+2.9949	— 4	+ 3 21 19.59	+1.639	+ 10
688	η Serpentis	3.42	K 0	18 18 58.779	+3.1039	— 372	— 2 54 43.48	+0.962	— 698
686	[ξ Pavonis]	4.25	K 2	18 19 4.798	+5.5269	— 5	—61 31 1.38	+1.675	+ 4
689	ε Sagittarii	1.95	A 0	18 21 11.111	+3.9823	— 23	—34 24 28.39	+1.727	— 126
690	109 Herculis	3.92	K 0	18 21 46.725	+2.5565	+ 137	+21 44 52.75	+1.662	— 241
695	χ Draconis	3.69	F 8	18 21 52.068	—1.0835	+1172	+72 42 50.03	+1.555	— 354
1478	[+7° 3682 Ophi]	5.69	G0+A3	18 23 28.802	+2.8858	— 6	+ 8 0 18.91	+2.046	— 6
691	α Telescopii	3.76	B 3	18 23 38.187	+4.4477	— 16	—45 59 42.84	+2.025	— 42
1479	[+29° 3259 Herc]	5.71	A 2	18 24 14.473	+2.3126	+ 2	+29 48 6.59	+2.096	— 22
692	[λ Sagittarii]	2.94	K 0	18 25 11.561	+3.7020	— 33	—25 26 54.14	+2.018	— 183
696	[γ Scuti]	4.73	A 3	18 26 37.894	+3.4189	0	—14 35 46.45	+2.323	— 3
1480	[60 Serpentis]	5.44	K 0	18 27 20.379	+3.1218	+ 18	— 2 0 57.61	+2.354	— 33
1481	[+16° 3529 Herc]	5.67	A 0	18 29 4.221	+2.6676	— 32	+16 53 45.34	+2.511	— 27
697	[ϑ Coron. austr.]	4.69	G 5	18 30 17.350	+4.2830	+ 25	—42 20 49.21	+2.623	— 21
700	[Grb 2655 Draco]	5.84	K 0	18 31 55.947	—2.9033	— 12	+77 30 48.42	+2.783	+ 2
1483	[Grb 2603 Lyra]	6.66	A 0	18 32 31.289	+1.6947	— 1	+46 10 58.29	+2.850	+ 14
1482	[α Scuti]	4.06	K 0	18 32 45.425	+3.2643	— 14	— 8 16 37.90	+2.545	— 312
1484	[+9° 3783 Ophi]	5.40	F 2	18 34 18.925	+2.8611	— 10	+ 9 5 8.18	+2.865	— 126
1485	[83 G. Sagittarii]	5.80	A 5	18 35 12.717	+3.5916	— 2	—21 26 12.36	+3.000	— 70
699	α Lyrae	0.14	A 0	18 35 24.814	+2.0311	+ 170	+38 44 26.39	+3.369	+ 283
701	[Grb 2640 Draco]	6.00	A 3	18 36 4.748	+0.1862	+ 16	+65 26 53.81	+3.224	+ 82
698	ζ Pavonis	4.10	K 0	18 37 47.363	+7.0070	+ 16	—71 28 12.79	+3.135	— 160
1486	[δ Scuti]	4.74	F 0	18 39 48.525	+3.2844	+ 3	— 9 5 50.06	+3.466	0
702	[ε Scuti]	5.09	G 5	18 41 4.151	+3.2669	+ 13	— 8 19 16.84	+3.581	+ 6
1487	[φ Sagittarii]	3.30	B 8	18 42 50.688	+3.7473	+ 39	—27 2 19.95	+3.729	+ 1
703	110 Herculis	4.26	F 5	18 43 43.406	+2.5816	— 12	+20 30 6.94	+3.468	— 335
1488	[+26° 3349 Lyra]	4.92	K 0	18 44 15.586	+2.4175	+ 12	+26 36 46.02	+3.873	+ 25
1489	[β Scuti]	4.47	G 0	18 44 47.141	+3.1826	— 8	— 4 47 51.48	+3.877	— 17
1491	[111 Herculis]	4.37	A 3	18 45 1.939	+2.6491	+ 48	+18 7 48.07	+4.029	+ 114
1490	[η^1 Coron. austr.]	5.59	A 2	18 45 35.674	+4.3285	+ 21	—43 43 51.67	+3.951	— 13
1492	[Grb 2671 Draco]	5.76	B 5	18 45 42.696	+1.3402	+ 9	+52 56 16.14	+3.969	— 3
1494	[50 **Draconis**]	5.37	A 0	18 47 49.995	—1.9440	— 54	+75 22 55.12	+4.229	+ 78
704	λ Pavonis	4.42	B 2	18 48 3.149	+5.5552	— 11	—62 14 30.74	+4.158	— 17

Nr.	Name	Größe	Spektrum	AR. 1955.0	Jährl. Veränderung 1955.5	Jährl. Eigenbew. in 0.ˢ0001	Dekl. 1955.0	Jährl. Veränderung 1955.5	Jährl. Eigenbew. in 0.″001
		m		h m s	s		° ′ ″	″	
1493	[30 Sagittarii]	6.24	F 0	18 48 8.127	+3.6049	− 21	−22 12 55.63	+4.150	− 31
705	β Lyrae	3.4—4.3	B8p + B2p	18 48 25.009	+2.2147	− 2	+33 18 33.52	+4.202	− 2
707	o Draconis	4.85	K 0	18 50 32.214	+0.8844	+ 98	+59 19 58.31	+4.409	+ 25
706	σ Sagittarii	2.14	B 3	18 52 28.514	+3.7190	+ 10	−26 21 16.03	+4.496	− 55
1495	[114 G. Sagittarii]	5.58	F 5	18 52 55.433	+3.4546	− 24	−16 25 59.30	+4.403	− 187
711	R Lyrae	4.0—4.5	M 3	18 53 57.860	+1.8254	+ 17	+43 53 9.21	+4.760	+ 82
709	ϑ Serpentis *pr*	4.50	A 5	18 53 58.886	+2.9821	+ 29	+ 4 8 37.05	+4.716	+ 36
708	λ Telescopii	5.03	B 9	18 54 51.996	+4.7977	+ 19	−52 59 58.64	+4.764	+ 8
714	[υ Draconis]	4.91	K 0	18 54 57.242	−0.7381	+ 95	+71 14 14.98	+4.806	+ 47
710	[ξ² Sagittarii]	3.61	K 0	18 55 2.703	+3.5779	+ 20	−21 10 3.37	+4.756	− 14
713	γ Lyrae	3.30	A op	18 57 15.513	+2.2439	− 7	+32 37 35.98	+4.958	+ 1
712	[ε Aquilae]	4.21	K 0	18 57 34.723	+2.7225	− 39	+15 0 20.81	+4.911	− 74
716	ζ Aquilae	3.02	A 0	19 3 20.428	+2.7570	− 8	+13 47 42.69	+5.376	− 94
717	λ Aquilae	3.55	B 9	19 3 51.594	+3.1830	− 17	− 4 57 5.67	+5.427	− 87
1496	[τ Sagittarii]	3.42	K 0	19 4 7.872	+3.7445	− 41	−27 44 16.86	+5.288	− 250
1497	[21 G. Aquilae]	6.72	B 8	19 4 15.339	+3.1061	+ 10	− 1 24 59.64	+5.539	− 9
1498	[Pi 18ʰ 318 Lyra]	5.46	A 5	19 4 50.492	+2.3806	+ 55	+28 33 24.00	+5.684	+ 87
719	[ι Lyrae]	5.13	B 5	19 5 41.641	+2.1404	− 9	+36 1 42.95	+5.669	0
718	α Coron. austr.	4.12	A 2	19 6 24.751	+4.0801	+ 73	−37 58 35.44	+5.630	− 99
720	π Sagittarii	3.02	F 2	19 7 5.280	+3.5668	− 1	−21 5 49.00	+5.749	− 37
1500	[20 Aquilae]	5.37	B 3	19 10 14.211	+3.2533	+ 6	− 8 0 58.86	+6.042	− 7
1499	[42 G. Octantis]	6.78	A 2	19 10 17.597	+8.1356	− 2	−75 52 43.13	+6.045	− 12
723	δ Draconis	3.24	K 0	19 12 32.894	+0.0113	+ 160	+67 34 56.67	+6.332	+ 93
724	ϑ Lyrae	4.46	K 0	19 14 48.267	+2.0820	− 8	+38 3 9.07	+6.430	+ 2
722	[43 Sagittarii]	5.03	K 0	19 15 0.134	+3.5089	− 9	−19 2 5.16	+6.429	− 16
725	ω Aquilae	5.14	A 5	19 15 42.172	+2.8155	− 4	+11 30 46.57	+6.521	+ 18
726	κ Cygni	3.98	K 0	19 16 3.722	+1.3856	+ 61	+53 17 5.08	+6.655	+ 123
729	τ Draconis	4.63	K 0	19 16 25.670	−1.1611	− 332	+73 16 21.28	+6.671	+ 111
1501	[162 G. Sagittarii]	5.61	B 5	19 16 41.156	+3.9740	+ 3	−35 30 18.04	+6.582	− 2
727	[υ Sagittarii]	4.58	B8p + F2p	19 19 8.996	+3.4346	− 2	−16 2 28.03	+6.782	− 6
1502	[β¹ Sagittarii]	4.31	B 8	19 19 24.330	+4.3103	+ 1	−44 32 43.86	+6.790	− 19
728	α Sagittarii	4.11	B 8	19 20 46.259	+4.1546	+ 26	−40 42 8.98	+6.803	− 118
1503	[31 Aquilae]	5.23	G 5	19 22 49.390	+2.8601	+ 489	+11 50 48.01	+7.728	+ 640
730	δ Aquilae	3.44	F 0	19 23 13.712	+3.0241	+ 167	+ 3 1 25.01	+7.206	+ 85
731	[186 G. Sagittarii]	5.68	B 9	19 24 5.949	+3.7901	+ 15	−29 50 2.21	+7.148	− 45
1504	[59 G. Telescopii]	5.58	K 2	19 24 11.645	+4.8158	− 2	−54 25 1.88	+7.217	+ 15
734	Grb 2900 Draco	6.00	A 2	19 24 26.633	−3.6583	+ 41	+79 30 51.86	+7.185	− 31
1505	[Br 2462 Vulp]	6.04	K 5	19 24 30.450	+2.6238	− 8	+19 48 2.63	+7.179	− 46
1506	[Grb 2844 Cygn]	6.72	G 5	19 24 34.135	+1.8295	− 46	+44 50 26.64	+7.154	− 77
1507	[Pi 19ʰ 156 Draco]	6.46	B 8	19 24 57.856	+1.0832	− 20	+57 56 9.89	+7.271	+ 9

Mittlere Sternörter 1955.0

Nr.	Name	Größe	Spektrum	AR. 1955.0	Jährl. Veränderung 1955.5	Jährl. Eigenbew. in 0ˢ.0001	Dekl. 1955.0	Jährl. Veränderung 1955.5	Jährl. Eigenbew. in 0".001
		m		h m s	s		° ′ ″	″	
1508	[α Vulpeculae]	4.63	M 0	19 26 49.880	+2.4961	− 97	+24 34 21.40	+ 7.311	− 103
1509	[36 Aquilae]	5.22	M 0	19 28 18.580	+3.1367	+ 9	− 2 53 2.76	+ 7.529	− 6
733	ι Cygni	3.94	A 2	19 28 34.245	+1.5119	+ 19	+51 37 59.40	+ 7.685	+ 129
732	β Cygni *pr*	3.24	K0+A0	19 28 54.305	+2.4191	− 3	+27 51 50.19	+ 7.579	− 4
1510	[8 Cygni]	4.85	B 3	19 30 5.863	+2.2291	− 6	+34 21 22.39	+ 7.679	0
735	[ι Telescopii]	5.02	K 0	19 31 52.935	+4.4475	− 16	−48 11 53.58	+ 7.790	− 35
1511	[μ Aquilae]	4.65	K 0	19 31 53.395	+2.9303	+ 141	+ 7 16 55.27	+ 7.670	− 155
736	52 Sagittarii	4.66	B 9	19 33 58.207	+3.6494	+ 51	−24 59 4.62	+ 7.972	− 20
737	[κ Aquilae]	5.04	B 0	19 34 28.204	+3.2264	0	− 7 7 44.71	+ 8.028	− 4
738	ϑ Cygni	4.64	F 5	19 35 13.995	+1.6075	− 30	+50 6 57.69	+ 8.345	+ 254
1512	[54 Sagittarii]	5.45	K 0	19 38 8.732	+3.4356	+ 46	−16 23 52.70	+ 8.280	− 45
1513	[β Sagittae]	4.45	K 0	19 39 1.591	+2.6941	+ 3	+17 22 13.59	+ 8.361	− 34
1514	[55 Sagittarii]	5.10	F 0	19 39 56.709	+3.4301	+ 42	−16 13 51.84	+ 8.457	− 11
1515	[10 Vulpeculae]	5.45	G 5	19 41 50.560	+2.4942	+ 4	+25 39 47.00	+ 8.638	+ 20
740	15 Cygni	5.02	K 0	19 42 39.114	+2.1633	+ 56	+37 14 40.51	+ 8.716	+ 34
1516	[228 G. Sagittarii]	5.56	B 8	19 43 9.080	+3.8258	+ 2	−32 1 7.95	+ 8.702	− 19
1517	[56 Sagittarii]	5.06	K 0	19 43 44.281	+3.4981	− 95	−19 52 15.25	+ 8.681	− 87
741	γ Aquilae	2.80	K 2	19 44 7.161	+2.8516	+ 9	+10 30 8.41	+ 8.800	+ 3
739	[ν Telescopii]	5.52	A 5	19 44 21.210	+4.8945	+ 102	−56 28 22.16	+ 8.688	− 129
743	δ Sagittae	3.78	M0+A0	19 45 22.794	+2.6747	+ 2	+18 25 19.24	+ 8.908	+ 12
744	[51 Aquilae]	5.55	F 0	19 48 18.275	+3.3001	− 19	−10 52 45.10	+ 9.159	+ 35
745	α Aquilae	0.89	A 5	19 48 35.215	+2.9263	+ 359	+ 8 44 53.36	+ 9.534	+ 388
746	[η Aquilae]	3.7—4.4	G op	19 50 10.799	+3.0553	+ 3	+ 0 53 19.60	+ 9.266	− 4
1518	[75 G. Pavonis]	6.32	A 3	19 50 45.596	+5.2344	+ 13	−61 17 21.53	+ 9.326	+ 9
1519	[90 G. Aquilae]	5.64	Fop+A	19 50 57.313	+3.1416	+ 14	− 3 13 56.72	+ 9.346	+ 16
1520	[ι Sagittarii]	4.21	K 0	19 52 9.634	+4.1354	+ 7	−41 59 18.16	+ 9.480	+ 56
749	β Aquilae	3.90	K 0	19 53 6.108	+2.9462	+ 26	+ 6 17 34.94	+ 9.018	− 478
1521	[η Cygni]	4.03	K 0	19 54 36.981	+2.2505	− 30	+34 57 46.13	+ 9.585	− 27
1522	[61 Sagittarii]	5.05	A 0	19 55 23.928	+3.4010	+ 7	−15 36 44.45	+ 9.577	− 96
748	ε Pavonis	4.10	A 0	19 55 25.459	+6.9270	+ 191	−73 1 56.19	+ 9.547	− 130
752	γ Sagittae	3.71	K 5	19 56 45.261	+2.6675	+ 42	+19 22 7.56	+ 9.804	+ 28
751	ϑ^1 Sagittarii	4.39	B 3	19 56 48.608	+3.9021	0	−35 23 58.77	+ 9.756	− 25
1523	[15 Vulpeculae]	4.74	A 5	19 59 14.747	+2.4706	+ 40	+27 37 41.32	+ 9.976	+ 10
753	[62 Sagittarii]	4.60	M 3	19 59 53.607	+3.6872	+ 27	−27 50 11.50	+10.035	+ 20
1524	[τ Aquilae]	5.65	K 0	20 1 56.379	+2.9294	+ 5	+ 7 8 58.84	+10.185	+ 16
755	[ξ Telescopii]	4.86	M 0	20 3 56.805	+4.5924	− 15	−53 0 41.52	+10.334	+ 12
754	δ Pavonis	3.64	G 5	20 4 19.798	+5.8772	+1976	−66 17 57.34	+ 9.214	−1137
1525	[28 Cygni]	4.82	B 2p	20 7 45.227	+2.2278	− 2	+36 42 22.13	+10.619	+ 15
756	ϑ Aquilae	3.37	A 0	20 8 58.962	+3.0944	+ 22	− 0 57 22.70	+10.702	+ 6
759	κ Cephei	4.43	B 9	20 10 26.388	−2.0346	+ 21	+77 34 36.68	+10.828	+ 28

Nr.	Name	Größe	Spektrum	AR. 1955.0	Jährl. Veränderung 1955.5	Jährl. Eigenbew. in 0.ˢ0001	Dekl. 1955.0	Jährl. Veränderung 1955.5	Jährl. Eigenbew. in 0.″001
		m		h m s	s		° ′ ″	″	
1526	[ρ Aquilae]	4.96	A 0	20 12 11.614	+2.7757	+ 36	+15 3 33.06	+10.986	+ 55
757	31 o^2 Cygni	3.95	K0+B8	20 12 12.782	+1.8886	— 3	+46 36 14.60	+10.938	+ 6
758	33 Cygni	4.32	A 3	20 12 21.111	+1.3937	+ 72	+56 25 46.01	+11.026	+ 83
760	24 Vulpeculae	5.45	K 0	20 14 51.455	+2.5670	+ 9	+24 31 53.02	+11.112	— 14
1527	[α^1 Capricorni]	4.55	G 0p	20 15 9.255	+3.3236	+ 11	—12 38 55.29	+11.152	+ 3
1529	[4 Capricorni]	5.96	K 0	20 15 22.874	+3.5228	+ 23	—21 57 2.04	+11.136	— 29
761	α^2 Capricorni	3.77	G 5	20 15 33.512	+3.3271	+ 41	—12 41 8.67	+11.183	+ 6
1528	[83 G. Telescopii]	6.28	M 0	20 15 42.717	+4.2987	+ 6	—47 51 7.10	+11.194	+ 5
1530	[290 G. Sagittarii]	6.51	K 2	20 17 57.714	+3.8694	+ 14	—35 49 1.39	+11.380	+ 28
762	[β Capricorni]	3.25	G0+A0	20 18 29.041	+3.3690	+ 26	—14 55 29.74	+11.392	+ 3
763	[$\varkappa^1$ Sagittarii]	5.64	A 0	20 19 24.513	+4.0704	+ 32	—42 11 34.97	+11.368	— 88
765	γ Cygni	2.32	F 8p	20 20 36.699	+2.1530	0	+40 6 42.20	+11.542	+ 2
1531	[132 G. Aquilae]	5.41	K 0	20 20 56.852	+2.9716	— 25	+ 5 11 52.58	+11.530	— 35
764	α Pavonis	2.12	B 3	20 22 5.968	+4.7411	+ 11	—56 52 52.11	+11.566	— 82
1532	[296 G. Sagittarii]	5.97	K 0	20 22 41.679	+3.6710	+ 8	—28 48 38.06	+11.709	+ 19
1533	[69 Aquilae]	5.11	K 0	20 27 17.880	+3.1345	+ 44	— 3 2 11.07	+12.000	— 15
1534	[41 Cygni]	4.09	F 5p	20 27 33.308	+2.4511	+ 2	+30 13 2.25	+12.029	— 3
1535	42 Cygni	5.94	A 0	20 27 37.304	+2.2885	+ 1	+36 18 12.91	+12.038	+ 2
767	ϑ Cephei	4.28	A 5	20 28 49.713	+1.0049	+ 60	+62 50 32.85	+12.109	— 11
1536	[29 G. Capricorni]	5.82	G 5	20 29 55.998	+3.2807	+ 202	—10 0 29.86	+12.301	+ 103
1538	[Grb 3241 Draco]	6.42	K 2	20 30 13.118	—0.2634	— 14	+72 22 46.01	+12.199	— 16
768	ε Delphini	3.98	B 5	20 31 3.720	+2.8656	+ 4	+11 8 57.11	+12.259	— 17
1537	[9 G. Delphini]	6.68	K 0	20 31 45.495	+2.9865	+ 6	+ 4 44 37.55	+12.318	— 6
770	73 Draconis	5.18	A 2p	20 32 7.384	—0.8001	+ 10	+74 48 2.81	+12.336	— 11
769	α Indi	3.21	K 0	20 34 24.581	+4.2157	+ 50	—47 26 59.93	+12.579	+ 72
1539	29 Vulpeculae	4.78	A 0	20 36 30.624	+2.6791	+ 44	+21 2 31.85	+12.657	+ 7
772	[ϰ Delphini]	5.23	G 5	20 36 56.552	+2.9132	+ 210	+ 9 55 35.36	+12.700	+ 21
773	υ Capricorni	5.33	M 0	20 37 29.376	+3.4134	— 15	—18 17 54.39	+12.698	— 18
1540	[13 G. Microscopii]	5.54	K 2	20 37 30.728	+3.7618	+ 26	—33 35 32.35	+12.768	+ 50
774	α Delphini	3.86	B 8	20 37 32.797	+2.7862	+ 41	+15 45 7.91	+12.721	+ 1
777	α Cygni	1.33	A 2p	20 39 53.771	+2.0451	0	+45 7 7.45	+12.882	+ 5
776	[η Indi]	4.70	F 0	20 40 44.688	+4.4007	+ 172	—52 5 0.21	+12.881	— 54
775	β Pavonis	3.60	A 5	20 40 55.672	+5.3976	— 64	—66 22 0.58	+12.966	+ 18
778	[δ Delphini]	4.53	A 5	20 41 21.410	+2.8005	— 16	+14 54 43.37	+12.935	— 40
779	[ψ Capricorni]	4.26	F 8	20 43 26.034	+3.5499	— 40	—25 26 2.39	+12.959	— 155
782	[6 H. Cephei]	4.63	G 0	20 44 14.071	+1.4882	— 87	+57 25 3.67	+12.931	— 234
783	η Cephei	3.59	K 0	20 44 22.595	+1.2188	+ 127	+61 39 48.90	+13.996	+ 822
780	ε Cygni	2.64	K 0	20 44 23.310	+2.4276	+ 283	+33 48 2.75	+13.506	+ 330
1541	[γ Delphini *sq*]	4.49	G 5	20 44 34.140	+2.7828	— 28	+15 57 39.77	+12.995	— 193
1544	[Grb 3285 Cygn]	6.43	K 0	20 45 2.831	+1.7390	— 97	+52 49 50.74	+13.113	— 106

Nr.	Name	Größe	Spektrum	AR. 1955.0	Jährl. Veränderung 1955.5	Jährl. Eigenbew. in 0.s0001	Dekl. 1955.0	Jährl. Veränderung 1955.5	Jährl. Eigenbew. in 0".001
		m		h m s	s		° ′ ″	″	
781	ε Aquarii	3.83	A 0	20 45 14.443	+3.2462	+ 20	− 9 39 42.25	+13.201	− 31
1543	[3 Aquarii]	4.60	M 0	20 45 21.790	+3.1643	− 2	− 5 11 37.28	+13.204	− 37
1542	[ι Microscopii]	5.14	F 0	20 45 26.487	+4.0635	+ 167	−44 9 14.43	+13.144	− 102
1545	[−1°4057 Aqar]	6.53	M 3	20 46 58.376	+3.0836	− 24	− 0 43 50.52	+13.334	− 12
1546	[ω Capricorni]	4.24	M 0	20 49 8.340	+3.5782	− 7	−27 5 20.03	+13.485	− 2
1547	[μ Aquarii]	4.80	A 3	20 50 13.644	+3.2345	+ 26	− 9 9 12.17	+13.529	− 28
785	β Indi	3.72	K 0	20 51 18.472	+4.6823	+ 23	−58 37 32.05	+13.608	− 19
786	32 Vulpeculae	5.24	K 5	20 52 38.413	+2.5570	− 6	+27 53 7.88	+13.713	+ 2
1548	[64 G. Capricorni]	5.95	A 3	20 55 9.559	+3.3567	+ 31	−16 12 21.72	+13.872	0
788	ν Cygni	4.04	A 0	20 55 29.599	+2.2367	+ 5	+40 59 35.35	+13.882	− 9
1549	[33 Vulpeculae]	5.57	K 5	20 56 15.533	+2.6820	− 6	+22 9 3.67	+13.946	+ 6
789	[11 Aquarii]	6.26	G 0	20 58 11.654	+3.1576	+ 26	− 4 54 18.69	+13.930	− 132
1551	[59 Cygni]	4.88	B op	20 58 17.595	+2.0403	0	+47 20 40.41	+14.072	+ 5
1550	[γ Microscopii]	4.71	G 5	20 58 32.118	+3.6774	0	−32 26 6.01	+14.089	+ 6
787	[α Octantis]	5.24	F 2	20 59 20.366	+7.2448	+ 34	−77 11 52.35	+13.773	− 362
790	ζ Microscopii	5.35	F 0	21 0 5.764	+3.8303	− 25	−38 48 30.76	+14.070	− 109
792	[ξ Cygni]	3.92	K 5	21 3 17.507	+2.1825	+ 4	+43 44 51.21	+14.380	+ 5
1552	[ϑ Capricorni]	4.19	A 0	21 3 25.171	+3.3709	+ 57	−17 24 46.14	+14.329	− 54
1553	[−0°4161 Aqar]	7.10	K 2	21 4 14.823	+3.0786	+ 6	− 0 17 10.46	+14.449	+ 15
791	[A Capricorni]	4.60	M 0	21 4 29.920	+3.5067	− 21	−25 11 13.25	+14.406	− 43
793	61 Cygni *pr*	5.57	K 5	21 4 52.559	+2.6877	+3504	+38 31 37.90	+17.735	+3263
795	Br 2777 Ceph	5.90	B 9	21 6 25.914	−1.2195	+ 60	+77 56 39.90	+14.599	+ 36
794	ν Aquarii	4.52	K 0	21 7 8.635	+3.2665	+ 61	−11 33 18.19	+14.596	− 12
1555	[γ Equulei]	4.76	F op	21 8 9.165	+2.9174	+ 38	+ 9 56 57.36	+14.517	− 151
1554	[ο Pavonis]	5.08	M 0	21 9 9.388	+5.6139	+ 85	−70 18 42.78	+14.698	− 32
1556	[58 G. Microscopii]	5.55	K 5	21 10 37.445	+3.5552	+ 73	−27 48 14.90	+14.700	− 116
797	ζ Cygni	3.40	K 0	21 11 1.124	+2.5535	− 4	+30 2 29.36	+14.785	− 53
796	[23 G. Indi]	5.84	A 5	21 12 33.622	+4.2776	+ 18	−53 27 2.46	+14.918	− 11
800	α Equulei	4.14	F8+A3	21 13 34.428	+2.9984	+ 36	+ 5 3 38.86	+14.905	− 83
1557	[24 G. Indi]	6.70	K 0	21 14 49.184	+4.0818	− 24	−48 54 23.51	+14.981	− 79
801	[ε Microscopii]	4.79	A 0	21 15 12.795	+3.6349	+ 39	−32 21 42.32	+15.061	− 21
1558	[σ Cygni]	4.28	A op	21 15 38.740	+2.3567	− 4	+39 12 18.91	+15.104	− 2
1559	[υ Cygni]	4.42	B 3p	21 16 3.892	+2.4671	+ 6	+34 42 25.42	+15.129	− 2
803	α Cephei	2.60	A 5	21 17 30.326	+1.4309	+ 212	+62 23 40.04	+15.265	+ 52
802	[ϑ¹ Microscopii]	4.92	A 2p	21 17 53.298	+3.8336	+ 56	−41 0 3.66	+15.235	− 1
1560	[Grb 3434 Cygn]	6.81	K 2	21 18 13.817	+1.9294	+ 6	+52 52 0.94	+15.254	0
1561	[ι Capricorni]	4.30	K 0	21 19 44.579	+3.3388	+ 22	−17 1 38.38	+15.347	+ 6
804	1 Pegasi	4.27	K 0	21 20 0.219	+2.7746	+ 72	+19 36 39.90	+15.422	+ 68
1562	[18 Aquarii]	5.54	A 5	21 21 44.032	+3.2769	+ 60	−13 4 20.21	+15.462	+ 11
805	γ Pavonis	4.30	F 8	21 22 44.968	+4.9516	+ 152	−65 34 17.19	+16.308	+ 799

Nr.	Name	Größe	Spektrum	AR. 1955.0	Jährl. Veränderung 1955.5	Jährl. Eigenbew. in 0.s0001	Dekl. 1955.0	Jährl. Veränderung 1955.5	Jährl. Eigenbew. in 0."001
		m		h m s	s		° ′ ″	″	
1563	[γ Indi]	6.24	F 0	21 23 3.629	+4.2744	+ 8	−54 51 22.01	+15.571	+ 46
806	ζ Capricorni	3.86	G 5p	21 24 6.054	+3.4233	+ 1	−22 36 26.42	+15.610	+ 27
1564	[2 G. Pegasi]	6.66	M 0	21 26 11.685	+2.9570	+ 4	+ 7 59 55.83	+15.665	− 32
807	[71 Cygni]	5.34	K 0	21 27 47.156	+2.2145	+ 42	+46 20 29.39	+15.891	+ 109
1565	[2 Pegasi]	4.76	K 5	21 27 54.436	+2.7178	+ 13	+23 26 26.56	+15.796	+ 6
809	β Cephei	3.33	B 1	21 28 5.205	+0.7709	+ 21	+70 21 46.94	+15.812	+ 13
808	β Aquarii	3.07	G 0	21 29 11.433	+3.1571	+ 12	− 5 46 12.45	+15.854	− 4
1566	[6 Piscis austr.]	5.99	A 2	21 29 31.593	+3.6269	+ 6	−34 8 38.52	+15.874	− 3
1567	[3 G. Gruis]	5.73	K 0	21 30 29.023	+3.8839	− 18	−45 2 55.56	+15.924	− 4
1568	[ρ Cygni]	4.22	K 0	21 32 17.127	+2.2571	− 25	+45 23 32.02	+15.933	− 90
811	74 Cygni	5.09	A 5	21 35 8.533	+2.4053	− 7	+40 12 38.59	+16.190	+ 19
1569	[ξ Aquarii]	4.78	A 5	21 35 21.414	+3.1924	+ 74	− 8 3 25.15	+16.161	− 22
1570	[5 Pegasi]	5.29	F 0	21 35 38.978	+2.8076	+ 70	+19 6 54.94	+16.214	+ 16
810	ν Octantis	3.74	K 0	21 36 33.226	+6.6479	+ 186	−77 35 30.29	+16.006	− 240
813	[13 H. Cephei]	5.97	O e5	21 37 33.701	+1.8616	− 7	+57 17 6.10	+16.296	0
812	[γ Capricorni]	3.80	F op	21 37 35.982	+3.3222	+ 131	−16 51 59.79	+16.276	− 22
817	[11 Cephei]	4.85	K 0	21 41 16.110	+0.8755	+ 235	+71 6 14.69	+16.587	+ 105
815	ε Pegasi	2.54	K 0	21 41 58.484	+2.9462	+ 18	+ 9 40 4.22	+16.522	+ 5
814	[ι Piscis austr.]	4.35	A 0	21 42 16.284	+3.5711	+ 29	−33 13 55.70	+16.441	− 91
1571	[+35° 4626 Cygn]	6.60	K 0	21 43 49.858	+2.5445	+ 75	+35 38 56.57	+16.625	+ 17
818	[λ Capricorni]	5.43	A 0	21 44 6.824	+3.2279	+ 17	−11 34 27.75	+16.618	− 4
1572	[ν Cephei]	4.46	A 2p	21 44 8.926	+1.7309	− 7	+60 54 45.66	+16.625	+ 2
819	δ Capricorni	2.98	A 5	21 44 33.538	+3.3096	+ 181	−16 19 56.74	+16.351	− 293
1574	[11 Pegasi]	5.50	A 0	21 44 57.026	+3.0417	+ 5	+ 2 28 37.97	+16.668	+ 5
821	π^2 Cygni	4.26	B 3	21 45 7.657	+2.2174	+ 2	+49 6 2.63	+16.674	+ 2
1573	[13 G. Gruis]	5.75	G 5	21 45 20.666	+3.8975	+ 159	−47 30 33.98	+16.387	− 295
820	[o Indi]	5.50	K 2	21 47 0.864	+5.0634	− 44	−69 50 24.86	+16.761	− 3
1575	[14 Pegasi]	5.00	A 0	21 47 51.064	+2.6544	+ 10	+29 57 50.17	+16.779	− 23
1576	[127 G. Capricor.]	6.85	F 8	21 48 51.142	+3.4129	+ 253	−23 28 51.56	+16.767	− 84
1577	[μ Capricorni]	5.18	F 0	21 50 50.648	+3.2693	+ 211	−13 45 52.30	+16.958	+ 14
823	16 Pegasi	5.05	B 3	21 51 0.725	+2.7303	+ 2	+25 42 45.65	+16.955	+ 3
822	γ Gruis	3.16	B 8	21 51 12.584	+3.6295	+ 85	−37 34 38.61	+16.949	− 12
1578	[Br 2880 Ceph]	6.58	A 0	21 52 15.909	+0.6968	+ 79	+73 29 21.58	+17.040	+ 31
1579	[Pi 21h 339 Pegs]	6.62	K 5	21 54 17.579	+2.8053	− 3	+21 1 30.91	+17.122	+ 19
824	[δ Indi]	4.56	F 0	21 54 52.165	+4.0778	+ 63	−55 12 27.31	+17.127	− 3
1580	[98 G. Aquarii]	6.42	K 0	21 56 34.172	+3.1279	− 4	− 4 35 8.71	+16.952	− 254
826	[20 Pegasi]	5.66	F 2	21 58 53.699	+2.9226	+ 35	+12 54 13.27	+17.264	− 46
825	[ε Indi]	4.74	K 5	21 59 55.931	+4.5818	+4807	−56 58 19.39	+14.809	−2547
1581	[λ Gruis]	4.60	K 2	22 3 24.553	+3.6128	− 18	−39 45 40.72	+17.391	− 114
827	α Aquarii	3.19	G 0	22 3 28.348	+3.0805	+ 10	− 0 32 21.11	+17.504	− 4

Mittlere Sternörter 1955.0

Nr.	Name	Größe	Spektrum	AR. 1955.0	Jährl. Veränderung 1955.5	Jährl. Eigenbew. in 0.ˢ0001	Dekl. 1955.0	Jährl. Veränderung 1955.5	Jährl. Eigenbew. in 0.″001
		m		h m s	s		° ′ ″	″	
830	20 Cephei	5.39	K 5	22 3 38.279	+1.8241	+ 21	+62 33 56.59	+17.578	+ 64
828	ι Aquarii	4.35	B 8	22 4 0.495	+3.2384	+ 26	−14 5 19.68	+17.478	− 53
831	[ι Pegasi]	3.96	F 5	22 4 54.793	+2.7934	+ 216	+25 7 28.71	+17.597	+ 28
829	α Gruis	2.16	B 5	22 5 24.341	+3.7767	+ 123	−47 10 47.27	+17.443	− 147
832	[μ Piscis austr.]	4.62	A 2	22 5 45.782	+3.4977	+ 64	−33 12 32.62	+17.568	− 37
833	[27 Pegasi]	5.65	K 0	22 7 13.791	+2.6593	− 49	+32 57 6.74	+17.602	− 63
834	ϑ Pegasi	3.70	A 2	22 7 55.723	+3.0258	+ 181	+ 5 58 33.04	+17.731	+ 37
835	π Pegasi	4.38	F 5	22 7 59.125	+2.6654	− 13	+32 57 24.39	+17.680	− 17
837	24 Cephei	4.99	G 5	22 8 56.749	+1.1503	+ 63	+72 7 9.97	+17.749	+ 14
836	ζ Cephei	3.62	K 0	22 9 17.342	+2.0824	+ 14	+57 58 44.28	+17.758	+ 8
838	[λ Piscis austr.]	5.40	B 9	22 11 45.952	+3.3983	+ 20	−27 59 27.01	+17.849	0
1583	[1 H. Lacertae]	4.64	K 2	22 11 56.605	+2.5766	+ 33	+39 29 27.61	+17.867	+ 11
1582	[125 G. Aquarii]	6.60	G 5	22 12 12.102	+3.2466	− 8	−16 2 17.00	+17.515	− 352
840	ϑ Aquarii	4.32	K 0	22 14 27.589	+3.1646	+ 78	− 8 0 29.13	+17.937	− 19
839	[ε Octantis]	5.11	M 3	22 15 6.488	+6.6925	+ 302	−80 39 54.38	+17.947	− 34
841	α Tucanae	2.91	K 2	22 15 26.228	+4.1045	− 83	−60 29 5.01	+17.959	− 34
1584	[47 Aquarii]	5.40	K 0	22 19 7.115	+3.3008	− 5	−21 49 28.29	+18.049	− 84
843	[31 Pegasi]	4.93	B 3p	22 19 18.068	+2.9530	+ 2	+11 58 40.67	+18.157	+ 17
842	γ Aquarii	3.97	A 0	22 19 19.911	+3.0979	+ 85	− 1 36 53.06	+18.153	+ 13
844	β Lacertae	4.58	K 0	22 21 47.120	+2.3608	− 19	+52 0 11.07	+18.045	− 185
1585	[π Aquarii]	4.64	B 1p	22 22 58.696	+3.0633	+ 10	+ 1 8 54.17	+18.278	+ 4
1586	[Pi 22ʰ 97 Pegs]	6.40	K 0	22 23 30.231	+2.8950	+ 13	+18 12 53.72	+18.331	+ 39
1587	[72 G. Indi]	5.70	A 3	22 25 20.498	+4.4092	+ 276	−67 43 6.18	+18.294	− 65
845	[ν Gruis]	5.48	K 0	22 26 1.313	+3.5133	+ 32	−39 21 36.46	+18.225	− 156
846	[δ¹ Gruis]	4.02	G 5	22 26 35.243	+3.5822	+ 24	−43 43 34.18	+18.403	+ 2
1588	[36 Pegasi]	5.82	K 2	22 26 53.155	+2.9943	+ 36	+ 8 53 55.22	+18.396	− 15
1589	[Pi 22ʰ 120 Pegs]	5.96	K 2	22 27 3.506	+2.8118	+ 15	+26 31 57.09	+18.413	− 5
847	[δ Cephei]	*3.7-4.4*	G 0v	22 27 29.660	+2.2287	+ 11	+58 11 3.78	+18.435	+ 3
1590	[38 Pegasi]	5.51	A 0	22 27 58.089	+2.7452	+ 25	+32 20 30.31	+18.437	− 12
1591	[σ Aquarii]	4.89	A 0	22 28 15.992	+3.1736	0	−10 54 32.02	+18.432	− 27
1592	[β Piscis austr.]	4.40	A 0	22 28 57.113	+3.4088	+ 53	−32 34 38.37	+18.476	− 6
848	α Lacertae	3.85	A 0	22 29 25.925	+2.4733	+ 140	+50 3 2.54	+18.521	+ 23
1593	[ρ Cephei]	5.50	A 2	22 29 29.999	+0.5239	− 13	+78 35 35.91	+18.486	− 14
1594	[Grb 3834 Ceph]	5.74	A 0	22 31 29.181	+1.0484	− 69	+75 59 39.92	+18.564	− 2
849	[υ Aquarii]	5.29	F 5	22 32 14.075	+3.2799	+ 155	−20 56 21.81	+18.448	− 143
850	η Aquarii	4.13	B 8	22 33 2.622	+3.0823	+ 60	− 0 20 59.94	+18.568	− 50
851	31 Cephei	5.22	F 0	22 34 39.371	+1.4808	+ 391	+73 24 33.89	+18.700	+ 31
1595	[κ Aquarii]	5.33	K 0	22 35 25.553	+3.1062	− 48	− 4 27 38.41	+18.581	− 112
853	[30 Cephei]	5.21	A 2	22 37 2.876	+2.1295	− 12	+63 21 0.71	+18.725	− 20
852	10 Lacertae	4.91	O e5	22 37 14.247	+2.6936	− 1	+38 48 56.03	+18.747	− 3
854	[ε Piscis austr.]	4.22	B 8	22 38 10.215	+3.3162	+ 21	−27 16 43.85	+18.785	+ 6

Nr.	Name	Größe	Spektrum	AR. 1955.0	Jährl. Veränderung 1955.5	Jährl. Eigenbew. in 0ˢ.0001	Dekl. 1955.0	Jährl. Veränderung 1955.5	Jährl. Eigenbew. in 0″.001
		m		h m s	s		° ′ ″	″	
855	ζ Pegasi	3.61	B 8	22 39 12.962	+2.9924	+ 53	+10 35 45.42	+18.804	− 7
856	β Gruis	2.24	M 3	22 39 59.327	+3.5786	+ 133	−47 7 13.89	+18.831	− 3
857	η Pegasi	3.10	G 0	22 40 53.334	+2.8134	+ 9	+29 59 7.55	+18.839	− 22
858	[13 Lacertae]	5.24	K 0	22 42 4.755	+2.6771	− 10	+41 34 57.78	+18.906	+ 11
1596	[45 Pegasi]	6.45	K 0	22 43 16.636	+2.9187	− 24	+19 7 43.92	+18.993	+ 63
859	λ Pegasi	4.14	K 0	22 44 21.619	+2.8906	+ 39	+23 19 42.15	+18.956	− 6
1597	[68 Aquarii]	5.43	G 5	22 45 8.231	+3.2208	− 73	−19 50 54.84	+18.785	− 198
1598	[−2° 5826 Aqar.]	7.58	K 2	22 45 10.729	+3.0888	+ 3	− 2 1 34.48	+18.987	+ 3
860	ε Gruis	3.69	A 2	22 45 50.780	+3.6193	+ 111	−51 33 14.28	+18.944	− 59
861	[τ Aquarii]	4.21	K 5	22 47 12.627	+3.1751	− 10	−13 49 50.07	+19.010	− 31
862	[μ Pegasi]	3.67	K 0	22 47 49.677	+2.8967	+ 107	+24 21 48.86	+19.022	− 36
863	ι Cephei	3.68	K 0	22 48 4.273	+2.1372	− 113	+65 57 48.57	+18.946	− 118
1599	69 G. Gruis	5.39	K 2	22 48 28.827	+3.4119	+ 18	−39 23 44.44	+19.068	− 7
864	λ Aquarii	3.84	M 0	22 50 16.025	+3.1288	+ 5	− 7 49 10.39	+19.162	+ 40
865	ρ Indi	6.14	G 0	22 51 33.501	+4.1641	− 73	−70 18 52.89	+19.230	+ 74
866	δ Aquarii	3.51	A 2	22 52 15.818	+3.1825	− 29	−16 3 38.15	+19.153	− 20
1600	[+36° 4956 Lacr]	6.00	F 2	22 52 56.782	+2.7918	+ 70	+36 50 11.76	+19.206	+ 15
867	α Piscis austr.	1.29	A 3	22 55 10.099	+3.3132	+ 258	−29 51 40.27	+19.087	− 159
868	[ζ Gruis]	4.18	G 5	22 58 14.013	+3.5378	− 74	−52 59 45.07	+19.315	− 4
869	o Andromedae	3.63	B 5 + A 2p	22 59 50.690	+2.7622	+ 18	+42 5 2.04	+19.358	+ 2
1601	[π Piscis austr.]	5.13	F 0	23 1 0.643	+3.3166	+ 53	−34 59 35.15	+19.471	+ 89
1602	[β Piscium]	4.58	B 5p	23 1 35.130	+3.0529	+ 6	+ 3 34 38.79	+19.393	− 3
870	β Pegasi	2.61	M 0	23 1 35.322	+2.9097	+ 142	+27 50 18.21	+19.539	+ 143
871	α Pegasi	2.57	A 0	23 2 31.007	+2.9889	+ 42	+14 57 46.04	+19.379	− 36
1603	[55 Pegasi]	4.69	M 0	23 4 44.132	+3.0224	+ 5	+ 9 9 57.81	+19.454	− 8
1604	[5 Andromedae]	5.83	F 0	23 5 42.305	+2.7273	+ 152	+49 3 1.52	+19.622	+ 139
873	88 Aquarii	3.80	K 0	23 7 2.967	+3.1972	+ 39	−21 25 1.06	+19.550	+ 40
1605	[ι Gruis]	4.10	K 0	23 7 49.110	+3.3924	+ 124	−45 29 26.62	+19.508	− 18
1606	[59 Pegasi]	5.15	A 3	23 9 27.755	+3.0291	− 7	+ 8 28 31.48	+19.557	− 1
875	Br 3077 Cass	5.65	K 2	23 11 6.313	+2.8920	+2527	+56 55 10.87	+19.888	+ 300
1607	[φ Aquarii]	4.40	M 0	23 11 59.504	+3.1064	+ 24	− 6 17 30.78	+19.414	− 190
1608	[ψ¹ Aquarii]	4.48	K 0	23 13 32.069	+3.1427	+ 251	− 9 19 59.56	+19.621	− 11
876	[25 G. Tucanae]	5.69	G 0	23 14 16.271	+3.6014	+ 251	−62 14 48.66	+19.621	− 24
877	γ Tucanae	4.10	F 2	23 14 48.934	+3.4960	− 38	−58 28 57.46	+19.748	+ 94
878	γ Piscium	3.85	K 0	23 14 49.881	+3.1101	+ 506	+ 3 2 10.17	+19.679	+ 24
879	γ Sculptoris	4.51	K 0	23 16 23.896	+3.2377	+ 18	−32 46 38.54	+19.620	− 60
1609	[ψ³ Aquarii]	5.16	A 0	23 16 37.253	+3.1200	+ 30	− 9 51 25.25	+19.688	+ 4
880	τ Pegasi	4.65	A 5	23 18 24.355	+2.9707	+ 21	+23 29 37.72	+19.711	− 2
1610	[12 Andromedae]	5.75	F 5	23 18 42.557	+2.8971	+ 103	+37 56 10.70	+19.652	− 66
1611	[11 G. Sculptoris]	5.81	G 5	23 18 51.822	+3.1951	− 10	−27 14 0.69	+19.709	− 12
1612	[98 Aquarii]	4.20	K 0	23 20 36.523	+3.1493	− 87	−20 20 47.17	+19.659	− 88

Mittlere Sternörter 1955.0

Nr.	Name	Größe	Spektrum	AR. 1955.0	Jährl. Veränderung 1955.5	Jährl. Eigenbew. in 0.s0001	Dekl. 1955.0	Jährl. Veränderung 1955.5	Jährl. Eigenbew. in 0."001
		m		h m s	s		° ′ ″	″	
1613	[67 Pegasi]	5.46	A 0	23 22 38.341	+2.9381	+ 8	+32 8 14.80	+19.781	+ 4
882	4 Cassiopeiae	5.20	K 5	23 22 49.648	+2.6679	+ 7	+62 2 8.25	+19.774	− 6
881	[υ Pegasi]	4.57	G 0	23 23 7.768	+2.9956	+ 137	+23 9 22.24	+19.826	+ 42
883	[ο Gruis]	5.54	F 0	23 24 5.949	+3.3520	+ 25	−52 58 15.29	+19.930	+ 133
884	κ Piscium	4.94	A 2p	23 24 37.458	+3.0753	+ 56	+ 1 0 32.59	+19.714	− 90
1614	[ϑ Piscium]	4.45	G 5	23 25 41.020	+3.0436	− 84	+ 6 7 53.71	+19.779	− 40
1615	[+15° 4830 Pegs]	6.98	A 2	23 26 46.221	+3.0190	+ 1	+15 45 52.32	+19.842	+ 9
885	70 Pegasi	4.67	K 0	23 26 52.580	+3.0348	+ 42	+12 30 44.00	+19.873	+ 39
886	[β Sculptoris]	4.46	B 9	23 30 33.762	+3.2146	+ 73	−38 4 2.78	+19.898	+ 21
1616	[15 Andromedae]	5.50	A 0	23 32 25.063	+2.9374	− 15	+39 59 17.71	+19.859	− 38
1617	[ι Phoenicis]	4.80	A 2p	23 32 39.616	+3.2243	+ 35	−42 51 50.58	+19.908	+ 8
888	248 G. Aquarii	6.51	K 0	23 33 12.766	+3.0942	− 3	− 7 42 48.92	+19.931	+ 25
890	λ Andromedae	4.00	K 0	23 35 21.205	+2.9391	+ 152	+46 12 51.39	+19.511	− 416
889	[11 G. Phoenicis]	4.86	A 2	23 35 26.004	+3.2263	+ 64	−45 44 29.25	+19.923	− 5
891	ι Andromedae	4.28	B 8	23 35 55.324	+2.9451	+ 23	+43 1 7.83	+19.934	+ 3
893	γ Cephei	3.42	K 0	23 37 28.776	+2.4667	− 215	+77 22 52.38	+20.103	+ 157
892	ι Piscium	4.28	F 8	23 37 38.029	+3.0861	+ 250	+ 5 22 56.17	+19.515	− 432
1619	[κ Andromedae]	4.33	A 0	23 38 11.043	+2.9578	+ 73	+44 5 4.84	+19.936	− 15
1618	[μ Sculptoris]	5.33	K 0	23 38 16.666	+3.1458	− 74	−32 19 19.35	+19.904	− 49
1620	[λ Piscium]	4.61	A 5	23 39 44.940	+3.0614	− 88	+ 1 31 56.61	+19.821	− 143
894	ω² Aquarii	4.62	A 0	23 40 23.355	+3.1101	+ 66	−14 47 38.00	+19.905	− 64
1621	[106 Aquarii]	5.26	B 8	23 41 52.109	+3.1106	+ 19	−18 31 36.22	+19.985	+ 6
1622	[ψ Andromedae]	5.09	K0+A5	23 43 47.744	+2.9758	+ 6	+46 10 13.47	+19.991	− 1
1623	[20 Piscium]	5.60	K 0	23 45 37.669	+3.0838	+ 60	− 3 0 42.45	+20.014	+ 12
895	41 H. Cephei	5.02	A 0	23 45 44.600	+2.8739	+ 13	+67 33 24.34	+20.007	+ 3
896	δ Sculptoris	4.64	A 0	23 46 35.091	+3.1236	+ 81	−28 22 45.06	+19.908	− 100
1624	[Pi 23h 194 Aqar]	7.14	K 0	23 47 6.357	+3.1032	− 3	−21 51 51.71	+20.022	+ 12
897	[268 G. Aquarii]	6.08	K 0	23 47 55.398	+3.0953	+ 92	−10 13 31.70	+20.093	+ 79
898	φ Pegasi	5.23	M 0	23 50 11.692	+3.0534	− 5	+18 52 13.30	+19.994	− 30
1625	[82 Pegasi]	5.39	A 3	23 50 19.239	+3.0611	− 16	+10 41 49.08	+20.031	+ 7
899	ρ Cassiopeiae	4.4–5.1	F 8p	23 52 7.413	+3.0015	− 7	+57 14 56.77	+20.035	+ 5
1626	[27 G. Phoenicis]	6.01	F 8	23 52 17.296	+3.1437	+ 320	−40 33 3.43	+20.065	+ 34
1627	[Grb 4163 Ceph]	6.57	B 9	23 52 36.688	+2.9195	− 26	+74 9 35.36	+20.030	− 1
1628	[Pi 23h 235 Pegs]	6.30	M 0	23 54 23.666	+3.0583	− 16	+22 23 51.90	+20.041	+ 4
1629	[ψ Pegasi]	4.75	M 0	23 55 27.658	+3.0584	− 27	+24 53 28.84	+20.013	− 25
900	27 Piscium	5.07	K 0	23 56 22.125	+3.0715	− 33	− 3 48 20.25	+19.974	− 66
901	[π Phoenicis]	5.14	K 0	23 56 36.283	+3.1050	+ 56	−52 59 49.78	+20.109	+ 69
902	ω Piscium	4.03	F 5	23 56 59.902	+3.0815	+ 101	+ 6 36 51.11	+19.932	− 108
903	ε Tucanae	4.71	B 9	23 57 35.551	+3.1132	+ 89	−65 49 38.85	+20.023	− 19
904	[ϑ Octantis]	4.73	K 0	23 59 18.763	+3.0755	− 150	−77 18 50.20	+19.883	− 160
1630	[30 Piscium]	4.66	M 3	23 59 39.109	+3.0770	+ 34	− 6 15 50.71	+20.009	− 33

Von den Sternen, deren Namen eingeklammert sind, folgen keine Ephemeriden.

Nördliche Polsterne

Nr.	Name	Größe	Spektrum	AR. 1955.0	Jährl. Veränderung 1955.5	Jährl. Eigenbew. in 0.s001	Dekl. 1955.0	Jährl. Veränderung 1955.5	Jährl. Eigenbew. in 0.″001
		m		h m s	s		° ′ ″	″	
Na	43 H. Cephei	4.52	K 0	1 2 12.07	+ 8.305	+ 78	+86 1 0.81	+19.300	− 7
Nb	α Ursae min.	2.12*	F 8v	1 52 9.94	+41.482	+ 182	+89 3 12.48	+17.669	− 6
*N*α	[Br 256 Ceph]	6.86	K 0	2 9 38.17	+ 9.263	+ 39	+83 21 9.12	+16.875	− 41
*N*β	[Br 402 Ceph]	5.78	K 0	3 21 17.84	+14.346	+ 56	+84 45 27.04	+12.658	− 130
Nc	Grb 750 Ceph	6.70	F 8	4 21 24.91	+18.291	+ 18	+85 25 45.54	+ 8.374	+ 28
*N*γ	[+85° 74 Ceph]	6.54	A 5	5 15 36.89	+21.392	+ 23	+85 53 59.64	+ 3.761	− 82
*N*δ	[Grb 944 Ceph]	6.41	K 0	5 47 8.75	+18.893	+ 12	+85 10 33.36	+ 1.112	+ 3
Nd	51 H. Cephei	5.26	M 0	7 20 10.85	+27.930	− 48	+87 7 0.49	− 6.922	− 34
*N*ε	[Grb 1359 Caml]	6.39	A 0	8 6 25.17	+14.251	− 8	+84 11 38.48	−10.533	− 22
*N*ζ	[+84° 196 Caml]	6.26	F 0	9 6 18.54	+12.394	+ 18	+84 21 57.88	−14.554	+ 8
Ne	1 H. Draconis	4.58	K 2	9 30 50.05	+ 8.498	− 7	+81 31 40.56	−15.967	− 18
Nf	30 H. Camelop.	5.34	F 2	10 25 46.25	+ 7.246	− 44	+82 47 20.34	−18.349	+ 25
*N*η	[+86° 161 Caml]	7.17	A 2	11 9 24.36	+ 7.093	− 40	+85 53 5.85	−19.556	+ 1
*N*ϑ	[Grb 1850 Caml]	6.38	F 5	12 2 24.13	+ 2.830	− 49	+85 50 11.07	−19.953	+ 88
*N*ι	[Grb 2063 Caml]	6.16	G 5	13 43 32.58	− 1.640	+ 20	+82 58 42.55	−18.079	− 48
*N*κ	[Grb 2196 U Min]	5.73	G 0	14 53 13.61	− 3.985	+ 90	+82 41 53.02	−14.817	− 231
*N*λ	[Grb 2315 U Min]	7.32	A 2	15 47 57.37	− 6.159	+ 4	+83 5 8.89	−10.923	− 1
Ng	ε Ursae min.	4.40	G 5	16 50 30.21	− 6.125	+ 6	+82 6 51.78	− 5.985	+ 4
Nh	δ Ursae min.	4.44	A 0	17 46 41.13	−19.420	+ 11	+86 36 29.63	− 1.123	+ 55
Ni	λ Ursae min.	6.55	M 3	18 14 53.66	−77.745	− 113	+89 3 11.42	+ 1.246	0
*N*μ	[Br 2412 Drac]	6.15	A 2	18 30 8.12	− 7.942	+ 6	+83 8 45.61	+ 2.591	− 31
*N*ν	[Grb 3212 Drac]	6.61	A 2	20 6 9.06	− 8.857	− 9	+84 32 28.70	+10.436	− 41
Nk	76 Draconis	5.69	A 0	20 45 58.01	− 4.383	+ 14	+82 21 58.96	+13.304	+ 27
*N*ξ	[32 H. Cephei]	5.38	A 0	22 17 9.27	− 4.936	+ 51	+85 52 57.63	+18.106	+ 50
No	[36 H. Cephei]	4.96	K 5	22 54 50.68	− 0.500	+ 59	+84 6 20.23	+19.271	+ 33
*N*π	[V Cephei]	6.42	A 0	23 54 18.04	+ 2.832	+ 26	+82 56 26.64	+20.054	+ 18

* var.

Von den Sternen, deren Namen eingeklammert sind, folgen keine Ephemeriden.

Mittlere Sternörter 1955.0

Südliche Polsterne

Nr.	Name	Größe	Spektrum	AR. 1955.0	Jährl. Veränderung 1955.5	Jährl. Eigenbew. in 0.ˢ001	Dekl. 1955.0	Jährl. Veränderung 1955.5	Jährl. Eigenbew. in 0.″001
		m		h m s	s		° ′ ″	″	
Sα	[o Octantis]	7.22	A 0	0 12 17.58	+ 0.163	+ 43	−88 36 47.41	+20.016	+ 3
Sa	4 G. Octantis	5.63	K 0	1 39 48 46	− 3.340	+ 21	−84 59 51.71	+18.197	+ 25
Sβ	[Lac 1029 Octn]	7.76	F 0	2 27 27.47	− 8.154	+ 1	−85 55 12.62	+16.017	− 21
Sγ	[Lac 1848 Octn]	8.35	G 5	2 35 53.92	−26.013	− 48	−88 20 47.02	+15.573	− 21
Sδ	[12 G. Mensae]	6.76	A 2	4 27 58.51	− 6.950	− 10	−82 59 59.01	+ 7.840	+ 2
Sb	ξ Mensae	5.85	K 0	5 3 55.00	− 6.820	− 3	−82 32 2.07	+ 4.871	+ 11
Sε	[31 G. Mensae]	6.24	A 0	5 38 52.74	−11.591	− 8	−84 48 48.39	+ 1.901	+ 49
Sζ	[6 G. Octantis]	6.74	K 0	5 51 44.51	−15.706	− 15	−85 55 47.64	+ 0.737	+ 4
Sη	[7 G. Octantis]	6.41	F 2	7 3 13.82	−21.178	+ 10	−86 57 55.12	− 5.442	+ 3
Sϑ	[A Octantis]	7.75	A 0	7 8 24.09	−52.934	− 8	−88 41 31.24	− 5.841	+ 15
Sc	ζ Octantis	5.38	F 0	9 3 37.25	− 8.805	− 92	−85 29 9.82	−14.352	+ 37
Sι	[10 G. Octantis]	6.74	A 0	10 33 50.13	− 3.710	− 2	−85 51 28.90	−18.637	+ 4
Sϰ	[η Octantis]	6.26	A 0	10 59 39.98	− 0.489	− 45	−84 21 6.39	−19.356	− 5
Sd	ι Octantis	5.38	K 0	12 50 1.77	+ 6.354	+ 47	−84 52 46.41	−19.541	+ 25
Sλ	[ϰ Octantis]	5.65	A 2	13 33 14.51	+ 9.820	− 68	−85 33 26.31	−18.426	− 23
Se	20 G. Octantis	6.52	A 2	15 3 54.35	+30.022	− 178	−87 58 3.14	−13.983	− 71
Sμ	[ρ Octantis]	5.66	A 2	15 32 35.45	+13.923	+ 91	−84 19 14.82	−11.922	+ 92
Sf	26 G. Octantis	6.13	A 0	16 43 42.95	+22.576	+ 10	−86 17 28.77	− 6.533	0
Sg	χ Octantis	5.22	K 0	18 28 43.96	+35.296	− 66	−87 38 58.72	+ 2.400	− 132
Sν	[44 G. Octantis]	6.32	K 0	19 47 51.11	+11.013	+ 5	−81 28 2.82	+ 9.096	+ 1
Sh	σ Octantis	5.48	F 0	20 21 22.37	+74.109	+ 128	−89 7 21.73	+11.637	− 2
Sξ	[48 G. Octantis]	7.08	A 0	20 32 11.44	+14.162	+ 36	−84 33 56.37	+12.341	− 20
So	[B Octantis]	6.54	A 5	22 23 27.31	+35.953	+ 62	−89 3 5.46	+18.260	− 41
Sπ	[υ Octantis]	5.74	K 0	22 23 36.08	+11.235	− 37	−86 11 55.13	+18.360	+ 62
Si	β Octantis	4.34	F 0	22 41 35.09	+ 6.090	− 23	−81 37 6.50	+18.891	+ 9
Sk	τ Octantis	5.56	K 0	23 22 5.52	+ 8.633	+ 26	−87 43 48.56	+19.781	+ 12

Von den Sternen, deren Namen eingeklammert sind, folgen keine Ephemeriden.

Obere Kulmination Greenwich

Tag	1) α Andromedae AR.		1) α Andromedae Dekl.		2) β Cassiopeiae AR.		2) β Cassiopeiae Dekl.	
1955	0h 6m		+28° 50′		0h 6m		+58° 54′	
	s		″		s		″	
Jan. 0	4.223	136	47.06	90	46.468	305	29.64	71
10	4.087	130	46.16	117	46.163	294	28.93	122
20	3.957	118	44.99	138	45.869	271	27.71	169
30	3.839	100	43.61	153	45.598	234	26.02	209
Febr. 9	3.739	76	42.08	162	45.364	186	23.93	240
19	3.663	46	40.46	163	45.178	126	21.53	262
März 1	3.617	9	38.83	157	45.052	58	18.91	272
11	3.608	33	37.26	143	44.994	18	16.19	270
21	3.641	78	35.83	122	45.012	98	13.49	258
31	3.719	124	34.61	94	45.110	178	10.91	234
April 10	3.843	171	33.67	61	45.288	255	8.57	202
20	4.014	216	33.06	24	45.543	327	6.55	162
30	4.230	256	32.82	14	45.870	391	4.93	116
Mai 10	4.486	290	32.96	53	46.261	443	3.77	65
20	4.776	317	33.49	92	46.704	483	3.12	13
30	5.093	337	34.41	128	47.187	510	2.99	40
Juni 9	5.430	347	35.69	161	47.697	522	3.39	92
19	5.777	348	37.30	189	48.219	522	4.31	141
29	6.125	340	39.19	213	48.741	507	5.72	186
Juli 9	6.465	324	41.32	230	49.248	481	7.58	227
19	6.789	301	43.62	243	49.729	443	9.85	263
29	7.090	270	46.05	250	50.172	397	12.48	291
Aug. 8	7.360	235	48.55	250	50.569	343	15.39	314
18	7.595	197	51.05	247	50.912	284	18.53	329
28	7.792	155	53.52	238	51.196	222	21.82	338
Sept. 7	7.947	114	55.90	225	51.418	157	25.20	341
17	8.061	74	58.15	207	51.575	93	28.61	336
26	^{23}8.135	36	60.22	187	^{23}51.668	31	31.97	324
Okt. 6	8.171	0	62.09	164	51.699	29	35.21	306
16	8.171	31	63.73	139	51.670	85	38.27	281
26	8.140	60	65.12	111	51.585	138	41.08	250
Nov. 5	8.080	83	66.23	82	51.447	184	43.58	212
15	7.997	103	67.05	51	51.263	224	45.70	169
25	7.894	118	67.56	19	51.039	259	47.39	122
Dez. 5	7.776	130	67.75	13	50.780	285	48.61	70
15	7.646	137	67.62	45	50.495	303	49.31	16
25	7.509	139	67.17	74	50.192	309	49.47	39
35	7.370		66.43		49.883		49.08	
Mittl. Ort	3.358		31.50		45.747		6.01	
sec δ, tg δ	+1.142		+0.551		+1.936		+1.658	
a, *a*′	+3.1		+20.0		+3.1		+20.0	
b, *b*′	+0.04		−0.03		+0.11		−0.03	

Tag	3) ε Phoenicis AR.		3) ε Phoenicis Dekl.		7) γ Pegasi AR.		7) γ Pegasi Dekl.	
1955	0h 7m		−45° 59′		0h 10m		+14° 56′	
	s		″		s		″	
Jan. 0	8.848	202	52.53	33	55.818	114	11.54	82
10	8.646	187	52.20	79	55.704	109	10.72	94
20	8.459	165	51.41	123	55.595	100	9.78	101
30	8.294	139	50.18	164	55.495	85	8.77	104
Febr. 9	8.155	108	48.54	200	55.410	65	7.73	103
19	8.047	70	46.54	233	55.345	39	6.70	95
März 1	7.977	29	44.21	260	55.306	7	5.75	83
11	7.948	17	41.61	282	55.299	29	4.92	64
21	7.965	67	38.79	299	55.328	69	4.28	42
31	8.032	117	35.80	309	55.397	110	3.86	15
April 10	8.149	169	32.71	313	55.507	153	3.71	16
20	8.318	220	29.58	311	55.660	194	3.87	47
30	8.538	267	26.47	302	55.854	231	4.34	78
Mai 10	8.805	309	23.45	286	56.085	264	5.12	109
20	9.114	346	20.59	263	56.349	291	6.21	137
30	9.460	373	17.96	235	56.640	310	7.58	162
Juni 9	9.833	392	15.61	201	56.950	321	9.20	184
19	10.225	400	13.60	162	57.271	324	11.04	199
29	10.625	398	11.98	119	57.595	319	13.03	210
Juli 9	11.023	384	10.79	72	57.914	305	15.13	215
19	11.407	361	10.07	24	58.219	284	17.28	216
29	11.768	328	9.83	25	58.503	258	19.44	210
Aug. 8	12.096	286	10.08	70	58.761	225	21.54	201
18	12.382	238	10.78	114	58.986	190	23.55	187
28	12.620	185	11.92	153	59.176	152	25.42	171
Sept. 7	12.805	128	13.45	186	59.328	114	27.13	151
17	12.933	70	15.31	211	59.442	76	28.64	129
26	^{23}13.003	15	17.42	227	^{24}59.518	40	29.93	108
Okt. 6	13.018	38	19.69	234	59.558	7	31.01	85
16	12.980	85	22.03	232	59.565	21	31.86	62
26	12.895	127	24.35	219	59.544	47	32.48	39
Nov. 5	12.768	160	26.54	197	59.497	69	32.87	18
15	12.608	185	28.51	167	59.428	85	33.05	3
25	12.423	203	30.18	131	59.343	99	33.02	24
Dez. 5	12.220	213	31.49	90	59.244	109	32.78	43
15	12.007	215	32.39	45	59.135	115	32.35	60
25	11.792	211	32.84	2	59.020	118	31.75	76
35	11.581		32.82		58.902		30.99	
Mittl. Ort	8.001		43.98		54.898		0.64	
sec δ, tg δ	+1.439		−1.035		+1.035		+0.267	
a, *a*′	+3.0		+20.0		+3.1		+20.0	
b, *b*′	−0.07		−0.03		+0.02		−0.05	

Scheinbare Sternörter 1955

Obere Kulmination Greenwich

Tag	9) ι Ceti AR.		9) ι Ceti Dekl.		10) ζ Tucanae[1] AR.		10) ζ Tucanae[1] Dekl.		11) β Hydri[2] AR.		11) β Hydri[2] Dekl.		12) α Phoenicis AR.		12) α Phoenicis Dekl.	
1955	0h 17m		−9° 3′		0h 17m		−65° 7′		0h 23m		−77° 29′		0h 24m		−42° 32′	
	s		″		s		″		s		″		s		″	
Jan. 0	9.026	111	80.98	56	45.16	41	92.70	79	25.80	90	100.34	101	4.821	191	68.20	6
10	8.915	107	81.54	41	44.75	38	91.91	135	24.90	85	99.33	161	4.630	182	68.14	52
20	8.808	98	81.95	24	44.37	34	90.56	187	24.05	77	97.72	215	4.448	166	67.62	95
30	8.710	83	82.19	6	44.03	30	88.69	234	23.28	67	95.57	262	4.282	146	66.67	136
Febr. 9	8.627	65	82.25	14	43.73	24	86.35	274	22.61	56	92.95	303	4.136	118	65.31	174
19	8.562	41	82.11	35	43.49	17	83.61	308	22.05	42	89.92	336	4.018	85	63.57	209
März 1	8.521	13	81.76	57	43.32	11	80.53	335	21.63	29	86.56	361	3.933	48	61.48	238
11	8.508	21	81.19	81	43.21	3	77.18	354	21.34	14	82.95	376	3.885	5	59.10	262
21	8.529	58	80.38	104	43.18	5	73.64	365	21.20	1	79.19	384	3.880	41	56.48	283
31	8.587	98	79.34	128	43.23	13	69.99	369	21.21	17	75.35	383	3.921	91	53.65	297
April 10	8.685	138	78.06	151	43.36	22	66.30	364	21.38	32	71.52	375	4.012	141	50.68	305
20	8.823	177	76.55	170	43.58	29	62.66	353	21.70	47	67.77	358	4.153	191	47.63	306
30	9.000	215	74.85	187	43.87	36	59.13	333	22.17	61	64.19	333	4.344	237	44.57	302
Mai 10	9.215	248	72.98	201	44.23	44	55.80	307	22.78	73	60.86	302	4.581	281	41.55	291
20	9.463	276	70.97	209	44.67	49	52.73	273	23.51	84	57.84	263	4.862	319	38.64	273
30	9.739	297	68.88	213	45.16	54	50.00	233	24.35	94	55.21	219	5.181	348	35.91	248
Juni 9	10.036	311	66.75	212	45.70	57	47.67	188	25.29	100	53.02	170	5.529	369	33.43	217
19	10.347	316	64.63	204	46.27	59	45.79	138	26.29	104	51.32	116	5.898	380	31.26	182
29	10.663	313	62.59	192	46.86	59	44.41	86	27.33	105	50.16	60	6.278	381	29.44	141
Juli 9	10.976	303	60.67	175	47.45	58	43.55	30	28.38	104	49.56	3	6.659	372	28.03	96
19	11.279	285	58.92	153	48.03	55	43.25	25	29.42	99	49.53	55	7.031	354	27.07	50
29	11.564	259	57.39	127	48.58	50	43.50	80	30.41	91	50.08	111	7.385	325	26.57	2
Aug. 8	11.823	228	56.12	100	49.08	45	44.30	131	31.32	81	51.19	163	7.710	288	26.55	45
18	12.051	194	55.12	71	49.53	37	45.61	178	32.13	68	52.82	209	7.998	245	27.00	90
28	12.245	156	54.41	41	49.90	29	47.39	218	32.81	53	54.91	249	8.243	197	27.90	132
Sept. 7	12.401	117	54.00	12	50.19	20	49.57	251	33.34	35	57.40	279	8.440	145	29.22	167
17	12.518	79	53.88	15	50.39	10	52.08	273	33.69	18	60.19	300	8.585	91	30.89	195
26*	(26) 12.597	43	54.03	38	(26) 50.49	1	54.81	286	(27) 33.87	1	63.19	309	(28) 8.676	39	32.84	216
Okt. 6	12.640	9	54.41	58	50.50	8	57.67	287	33.86	20	66.28	306	8.715	10	35.00	227
16	12.649	21	54.99	73	50.42	17	60.54	276	33.66	37	69.34	290	8.705	55	37.27	230
26	12.628	47	55.72	85	50.25	25	63.30	254	33.29	53	72.24	264	8.650	96	39.57	222
Nov. 5	12.581	69	56.57	91	50.00	31	65.84	221	32.76	67	74.88	226	8.554	130	41.79	205
15	12.512	87	57.48	93	49.69	36	68.05	179	32.09	78	77.14	178	8.424	157	43.84	180
25	12.425	99	58.41	91	49.33	40	69.84	130	31.31	87	78.92	124	8.267	177	45.64	148
Dez. 5	12.326	108	59.32	86	48.93	42	71.14	76	30.44	91	80.16	64	8.090	190	47.12	110
15	12.218	114	60.18	77	48.51	42	71.90	18	29.53	94	80.80	2	7.900	197	48.22	67
25	12.104	115	60.95	65	48.09	42	72.08	41	28.59	93	80.82	62	7.703	197	48.89	24
35	11.989		61.60		47.67		71.67		27.66		80.20		7.506		49.13	
Mittl. Ort	8.064		83.41		44.37		80.61		25.18		87.10		3.858		60.38	
sec δ, tg δ	+1.013		− 0.160		+2.379		− 2.158		+4.623		− 4.514		+1.357		− 0.918	
a, *a′*	+3.1		+20.0		+2.9		+20.0		+2.5		+19.9		+2.9		+19.9	
b, *b′*	−0.01		− 0.07		−0.14		− 0.08		−0.30		− 0.10		−0.06		− 0.10	

[1] Die jährliche Parallaxe (0.″133) ist bereits berücksichtigt.

[2] Die jährliche Parallaxe (0.″143) ist bereits berücksichtigt.

* Bei Stern 11) und 12) lies Sept. 27.

Scheinbare Sternörter 1955

Obere Kulmination Greenwich

Tag	13) 12 Ceti AR.	Δ	Dekl.	Δ	17) ζ Cassiopeiae AR.	Δ	Dekl.	Δ
1955	0h 27m		−4° 11′		0h 34m		+53° 38′	
	s		″		s		″	
Jan. 0	45.500	111	76.29	64	28.163	254	81.06	45
10	45.389	109	76.93	54	27.909	254	80.61	94
20	45.280	101	77.47	41	27.655	242	79.67	139
30	45.179	90	77.88	28	27.413	219	78.28	178
Febr. 9	45.089	72	78.16	11	27.194	185	76.50	210
19	45.017	50	78.27	7	27.009	140	74.40	233
März 1	44.967	22	78.20	28	26.869	85	72.07	246
11	44.945	11	77.92	51	26.784	22	69.61	248
21	44.956	48	77.41	74	26.762	47	67.13	240
31	45.004	88	76.67	99	26.809	117	64.73	222
April 10	45.092	128	75.68	122	26.926	188	62.51	194
20	45.220	169	74.46	145	27.114	256	60.57	159
30	45.389	207	73.01	166	27.370	317	58.98	118
Mai 10	45.596	242	71.35	182	27.687	371	57.80	72
20	45.838	270	69.53	196	28.058	413	57.08	24
30	46.108	292	67.57	204	28.471	445	56.84	25
Juni 9	46.400	308	65.53	207	28.916	465	57.09	74
19	46.708	314	63.46	205	29.381	471	57.83	120
29	47.022	313	61.41	198	29.852	466	59.03	163
Juli 9	47.335	303	59.43	185	30.318	451	60.66	201
19	47.638	286	57.58	168	30.769	424	62.67	236
29	47.924	263	55.90	147	31.193	389	65.03	265
Aug. 8	48.187	234	54.43	122	31.582	346	67.68	286
18	48.421	201	53.21	96	31.928	298	70.54	303
28	48.622	165	52.25	68	32.226	246	73.57	313
Sept. 7	48.787	127	51.57	41	32.472	193	76.70	316
17	48.914	90	51.16	14	32.665	137	79.86	314
27	[28] 49.004	55	51.02	9	[30] 32.802	82	83.00	304
Okt. 6	49.059	21	51.11	31	32.884	31	86.04	290
16	49.080	9	51.42	49	32.915	20	88.94	269
26	49.071	36	51.91	63	32.895	68	91.63	242
Nov. 5	49.035	57	52.54	72	32.827	111	94.05	209
15	48.978	76	53.26	79	32.716	151	96.14	172
25	48.902	91	54.05	81	32.565	186	97.86	130
Dez. 5	48.811	102	54.86	80	32.379	215	99.16	83
15	48.709	109	55.66	77	32.164	238	99.99	34
25	48.600	113	56.43	71	31.926	253	100.33	15
35	48.487		57.14		31.673		100.18	
Mittl. Ort	44.475		80.41		27.044		58.47	
sec δ, tg δ	+1.003		− 0.074		+1.687		+ 1.359	
a, *a′*	+3.1		+19.9		+3.3		+19.8	
b, *b′*	0.00		− 0.12		+0.09		− 0.15	

Tag	18) π Andromedae AR.	Δ	Dekl.	Δ	20) δ Andromedae AR.	Δ	Dekl.	Δ
1955	0h 34m		+33° 28′		0h 36m		+30° 36′	
	s		″		s		″	
Jan. 0	29.313	151	35.95	68	56.012	143	70.21	69
10	29.162	150	35.27	99	55.869	143	69.52	97
20	29.012	145	34.28	126	55.726	138	68.55	120
30	28.867	131	33.02	147	55.588	125	67.35	139
Febr. 9	28.736	109	31.55	163	55.463	105	65.96	153
19	28.627	80	29.92	171	55.358	77	64.43	160
März 1	28.547	43	28.21	172	55.281	43	62.83	158
11	28.504	1	26.49	163	55.238	2	61.25	149
21	28.503	47	24.86	147	55.236	44	59.76	133
31	28.550	96	23.39	125	55.280	92	58.43	109
April 10	28.646	147	22.14	96	55.372	141	57.34	81
20	28.793	197	21.18	62	55.513	189	56.53	48
30	28.990	242	20.56	24	55.702	235	56.05	12
Mai 10	29.232	282	20.32	15	55.937	274	55.93	26
20	29.514	316	20.47	55	56.211	307	56.19	64
30	29.830	341	21.02	93	56.518	331	56.83	101
Juni 9	30.171	356	21.95	129	56.849	348	57.84	134
19	30.527	362	23.24	161	57.197	354	59.18	164
29	30.889	360	24.85	189	57.551	352	60.82	190
Juli 9	31.249	348	26.74	213	57.903	341	62.72	211
19	31.597	328	28.87	232	58.244	323	64.83	227
29	31.925	301	31.19	243	58.567	297	67.10	237
Aug. 8	32.226	269	33.62	250	58.864	265	69.47	241
18	32.495	232	36.12	252	59.129	230	71.88	241
28	32.727	193	38.64	248	59.359	192	74.29	236
Sept. 7	32.920	152	41.12	240	59.551	152	76.65	226
17	33.072	111	43.52	228	59.703	112	78.91	213
27	[30] 33.183	72	45.80	211	[1] 59.815	74	81.04	195
Okt. 6	33.255	34	47.91	192	59.889	37	82.99	175
16	33.289	2	49.83	168	59.926	3	84.74	153
26	33.287	33	51.51	143	59.929	27	86.27	128
Nov. 5	33.254	61	52.94	115	59.902	56	87.55	101
15	33.193	87	54.09	84	59.846	80	88.56	72
25	33.106	108	54.93	51	59.766	101	89.28	41
Dez. 5	32.998	127	55.44	18	59.665	119	89.69	10
15	32.871	141	55.62	15	59.546	133	89.79	21
25	32.730	151	55.47	50	59.413	142	89.58	52
35	32.579		54.97		59.271		89.06	
Mittl. Ort	28.220		18.87		54.902		54.03	
sec δ, tg δ	+1.199		+ 0.661		+1.162		+ 0.592	
a, *a′*	+3.2		+19.8		+3.2		+19.8	
b, *b′*	+0.04		− 0.15		+0.04		− 0.16	

Scheinbare Sternörter 1955

Obere Kulmination Greenwich

Tag	21) α Cassiopeiae				22) β Ceti				25) o Cassiopeiae				24) 21 Cassiopeiae			
	AR.		Dekl.		AR.		Dekl.		AR.		Dekl.		AR.		Dekl.	
1955	$0^h\ 37^m$		+56° 17′		$0^h\ 41^m$		−18° 13′		$0^h\ 42^m$		+48° 2′		$0^h\ 42^m$		+74° 44′	
	s		″		s		″		s		″		s		″	
Jan. 0	57.509	279	50.52	37	20.963	125	60.55	51	13.578	213	39.71	46	39.70	71	59.36	5
10	57.230	278	50.15	87	20.838	124	61.06	27	13.365	215	39.25	89	38.99	70	59.41	56
20	56.952	267	49.28	135	20.714	118	61.33	0	13.150	207	38.36	130	38.29	68	58.85	116
30	56.685	244	47.93	177	20.596	107	61.33	26	12.943	191	37.06	166	37.61	62	57.69	170
Febr. 9	56.441	207	46.16	211	20.489	91	61.07	54	12.752	163	35.40	194	36.99	53	55.99	217
19	56.234	158	44.05	237	20.398	68	60.53	80	12.589	125	33.46	214	36.46	42	53.82	255
März 1	56.076	100	41.68	251	20.330	40	59.73	107	12.464	78	31.32	225	36.04	29	51.27	281
11	55.976	33	39.17	256	20.290	8	58.66	132	12.386	24	29.07	226	35.75	15	48.46	297
21	55.943	41	36.61	250	20.282	30	57.34	157	12.362	35	26.81	217	35.60	1	45.49	300
31	55.984	117	34.11	233	20.312	71	55.77	179	12.397	99	24.64	199	35.61	17	42.49	290
April 10	56.101	192	31.78	207	20.383	113	53.98	199	12.496	163	22.65	172	35.78	33	39.59	270
20	56.293	264	29.71	172	20.496	156	51.99	215	12.659	224	20.93	138	36.11	47	36.89	240
30	56.557	330	27.99	131	20.652	196	49.84	227	12.883	280	19.55	99	36.58	60	34.49	201
Mai 10	56.887	387	26.68	86	20.848	233	47.57	235	13.163	329	18.56	56	37.18	72	32.48	155
20	57.274	433	25.82	38	21.081	265	45.22	238	13.492	371	18.00	10	37.90	81	30.93	105
30	57.707	467	25.44	12	21.346	291	42.84	234	13.863	401	17.90	35	38.71	87	29.88	51
Juni 9	58.174	489	25.56	62	21.637	310	40.50	224	14.264	420	18.25	81	39.58	92	29.37	4
19	58.663	498	26.18	110	21.947	320	38.26	210	14.684	430	19.06	124	40.50	94	29.41	58
29	59.161	493	27.28	154	22.267	322	36.16	189	15.114	427	20.30	164	41.44	93	29.99	112
Juli 9	59.654	476	28.82	195	22.589	315	34.27	164	15.541	414	21.94	199	42.37	90	31.11	162
19	60.130	450	30.77	231	22.904	301	32.63	135	15.955	393	23.93	229	43.27	86	32.73	208
29	60.580	414	33.08	262	23.205	280	31.28	101	16.348	362	26.22	254	44.13	79	34.81	249
Aug. 8	60.994	369	35.70	286	23.485	251	30.27	67	16.710	325	28.76	273	44.92	70	37.30	285
18	61.363	319	38.56	305	23.736	218	29.60	31	17.035	282	31.49	286	45.62	61	40.15	315
28	61.682	265	41.61	316	23.954	182	29.29	4	17.317	236	34.35	294	46.23	51	43.30	338
Sept. 7	61.947	209	44.77	322	24.136	144	29.33	37	17.553	188	37.29	295	46.74	39	46.68	355
17	62.156	150	47.99	322	24.280	104	29.70	68	17.741	140	40.24	290	47.13	28	50.23	364
27	62.306	92	51.21	314	[2]24.384	65	30.38	93	[2]17.881	91	43.14	281	[2]47.41	16	53.87	365
Okt. 6	[1]62.398	36	54.35	301	[2]24.449	30	31.31	114	[2]17.972	45	45.95	265	[2]47.57	3	57.52	360
16	62.434	18	57.36	281	24.479	4	32.45	128	18.017	0	48.60	245	47.60	8	61.12	345
26	62.416	70	60.17	254	24.475	34	33.73	136	18.017	42	51.05	219	47.52	20	64.57	324
Nov. 5	62.346	118	62.71	223	24.441	59	35.09	138	17.975	80	53.24	188	47.32	32	67.81	294
15	62.228	161	64.94	186	24.382	81	36.47	134	17.895	116	55.12	154	47.00	42	70.75	255
25	62.067	200	66.80	142	24.301	98	37.81	123	17.779	147	56.66	114	46.58	51	73.30	211
Dez. 5	61.867	233	68.22	95	24.203	112	39.04	108	17.632	174	57.80	72	46.07	59	75.41	159
15	61.634	259	69.17	45	24.091	122	40.12	89	17.458	196	58.52	27	45.48	65	77.00	102
25	61.375	276	69.62	7	23.969	127	41.01	68	17.262	210	58.79	19	44.83	70	78.02	41
35	61.099		69.55		23.842		41.69		17.052		58.60		44.13		78.43	
Mittl. Ort	56.336		27.35		19.872		59.80		12.381		18.51		38.24		33.10	
sec δ, tg δ	+1.802		+ 1.499		+1.053		− 0.329		+1.496		+ 1.112		+3.800		+ 3.666	
a, *a′*	+3.4		+19.8		+3.0		+19.7		+3.3		+19.7		+4.0		+19.7	
b, *b′*	+0.10		− 0.16		−0.02		− 0.18		+0.07		− 0.18		+0.24		− 0.18	

Obere Kulmination Greenwich

Tag	27) ζ Andromedae AR.	Δ	Dekl.	Δ	32) γ Cassiopeiae AR.	Δ	Dekl.	Δ
1955	$0^h\ 44^m$		+24° 1′		$0^h\ 53^m$		+60° 28′	
	s		″		s		″	
Jan. 0	58.034	130	35.91	67	59.86	32	48.72	11
10	57.904	132	35.24	89	59.54	33	48.61	64
20	57.772	128	34.35	106	59.21	32	47.97	115
30	57.644	118	33.29	119	58.89	30	46.82	162
Febr. 9	57.526	101	32.10	127	58.59	26	45.20	201
19	57.425	76	30.83	129	58.33	21	43.19	231
März 1	57.349	46	29.54	124	58.12	15	40.88	253
11	57.303	8	28.30	114	57.97	7	38.35	264
21	57.295	34	27.16	97	57.90	1	35.71	262
31	57.329	80	26.19	73	57.91	9	33.09	251
April 10	57.409	126	25.46	46	58.00	18	30.58	229
20	57.535	172	25.00	15	58.18	26	28.29	199
30	57.707	216	24.85	18	58.44	34	26.30	161
Mai 10	57.923	255	25.03	52	58.78	41	24.69	118
20	58.178	287	25.55	86	59.19	46	23.51	70
30	58.465	312	26.41	117	59.65	51	22.81	20
Juni 9	58.777	330	27.58	146	60.16	53	22.61	31
19	59.107	338	29.04	170	60.69	55	22.92	79
29	59.445	337	30.74	190	61.24	55	23.71	127
Juli 9	59.782	329	32.64	206	61.79	53	24.98	171
19	60.111	312	34.70	216	62.32	51	26.69	210
29	60.423	289	36.86	220	62.83	48	28.79	245
Aug. 8	60.712	261	39.06	220	63.31	43	31.24	274
18	60.973	227	41.26	215	63.74	38	33.98	297
28	61.200	192	43.41	205	64.12	32	36.95	314
Sept. 7	61.392	154	45.46	192	64.44	26	40.09	325
17	61.546	117	47.38	176	64.70	20	43.34	328
27	61.663	80	49.14	158	64.90	13	46.62	326
Okt. 6	3 61.743	45	50.72	138	5 65.03	7	49.88	317
16	61.788	13	52.10	115	65.10	1	53.05	300
26	61.801	16	53.25	92	65.11	6	56.05	278
Nov. 5	61.785	43	54.17	69	65.05	11	58.83	249
15	61.742	66	54.86	44	64.94	16	61.32	214
25	61.676	87	55.30	18	64.78	21	63.46	172
Dez. 5	61.589	104	55.48	6	64.57	26	65.18	125
15	61.485	118	55.42	32	64.31	29	66.43	75
25	61.367	129	55.10	56	64.02	32	67.18	21
35	61.238		54.54		63.70		67.39	
Mittl. Ort	56.871		21.93		58.42		24.80	
sec δ, tg δ	+1.095		+ 0.446		+2.029		+ 1.766	
a, *a*′	+3.2		+19.7		+3.6		+19.5	
b, *b*′	+0.03		− 0.19		+0.11		− 0.23	

Tag	33) μ Andromedae AR.	Δ	Dekl.	Δ	35) α Sculptoris AR.	Δ	Dekl.	Δ
1955	$0^h\ 54^m$		+38° 15′		$0^h\ 56^m$		−29° 35′	
	s		″		s		″	
Jan. 0	16.097	165	39.03	47	27.483	152	65.37	47
10	15.932	169	38.56	83	27.331	152	65.84	9
20	15.763	167	37.73	115	27.179	147	65.93	27
30	15.596	157	36.58	142	27.032	137	65.66	63
Febr. 9	15.439	136	35.16	164	26.895	121	65.03	98
19	15.303	108	33.52	178	26.774	97	64.05	132
März 1	15.195	72	31.74	184	26.677	68	62.73	162
11	15.123	27	29.90	182	26.609	33	61.11	191
21	15.096	23	28.08	171	26.576	6	59.20	216
31	15.119	77	26.37	153	26.582	49	57.04	238
April 10	15.196	131	24.84	127	26.631	95	54.66	255
20	15.327	185	23.57	96	26.726	141	52.11	267
30	15.512	236	22.61	60	26.867	185	49.44	274
Mai 10	15.748	281	22.01	21	27.052	227	46.70	274
20	16.029	319	21.80	19	27.279	263	43.96	270
30	16.348	349	21.99	60	27.542	294	41.26	258
Juni 9	16.697	369	22.59	99	27.836	318	38.68	239
19	17.066	379	23.58	134	28.154	332	36.29	215
29	17.445	380	24.92	167	28.486	338	34.14	186
Juli 9	17.825	372	26.59	194	28.824	334	32.28	151
19	18.197	354	28.53	218	29.158	323	30.77	112
29	18.551	330	30.71	236	29.481	304	29.65	71
Aug. 8	18.881	299	33.07	248	29.785	277	28.94	28
18	19.180	264	35.55	255	30.062	243	28.66	15
28	19.444	224	38.10	257	30.305	205	28.81	56
Sept. 7	19.668	184	40.67	253	30.510	165	29.37	95
17	19.852	142	43.20	245	30.675	122	30.32	128
27	5 19.994	101	45.65	233	6 30.797	80	31.60	155
Okt. 6	20.095	61	47.98	217	30.877	39	33.15	176
16	20.156	23	50.15	196	30.916	1	34.91	189
26	20.179	12	52.11	172	30.917	34	36.80	192
Nov. 5	20.167	45	53.83	146	30.883	65	38.72	189
15	20.122	76	55.29	115	30.818	92	40.61	177
25	20.046	103	56.44	82	30.726	114	42.38	158
Dez. 5	19.943	127	57.26	48	30.612	131	43.96	133
15	19.816	146	57.74	10	30.481	144	45.29	103
25	19.670	162	57.84	27	30.337	152	46.32	70
35	19.508		57.57		30.185		47.02	
Mittl. Ort	14.819		20.62		26.316		61.01	
sec δ, tg δ	+1.273		+ 0.788		+1.150		− 0.568	
a, *a*′	+3.3		+19.5		+2.9		+19.4	
b, *b*′	+0.05		− 0.23		−0.04		− 0.24	

Scheinbare Sternörter 1955

Obere Kulmination Greenwich

Tag	36) ε Piscium AR.		Dekl.		1031) υ Phoenicis AR.		Dekl.	
1955	1h 0m		+7° 38′		1h 5m		−41° 43′	
	s		″		s		″	
Jan. 0	37.507	113	62.16	68	45.887	200	45.97	37
10	37.394	118	61.48	72	45.687	200	46.34	10
20	37.276	117	60.76	71	45.487	195	46.24	56
30	37.159	110	60.05	68	45.292	182	45.68	100
Febr. 9	37.049	98	59.37	62	45.110	162	44.68	143
19	36.951	79	58.75	52	44.948	136	43.25	181
März 1	36.872	52	58.23	38	44.812	103	41.44	216
11	36.820	21	57.85	21	44.709	64	39.28	246
21	36.799	17	57.64	0	44.645	19	36.82	272
31	36.816	58	57.64	23	44.626	30	34.10	291
April 10	36.874	101	57.87	48	44.656	81	31.19	306
20	36.975	144	58.35	75	44.737	134	28.13	314
30	37.119	186	59.10	100	44.871	184	24.99	315
Mai 10	37.305	223	60.10	125	45.055	232	21.84	309
20	37.528	256	61.35	147	45.287	276	18.75	296
30	37.784	283	62.82	166	45.563	313	15.79	276
Juni 9	38.067	303	64.48	180	45.876	342	13.03	250
19	38.370	314	66.28	190	46.218	361	10.53	217
29	38.684	316	68.18	195	46.579	371	8.36	178
Juli 9	39.000	312	70.13	195	46.950	372	6.58	135
19	39.312	300	72.08	189	47.322	362	5.23	88
29	39.612	281	73.97	180	47.684	342	4.35	40
Aug. 8	39.893	255	75.77	165	48.026	314	3.95	11
18	40.148	227	77.42	148	48.340	279	4.06	60
28	40.375	194	78.90	127	48.619	238	4.66	106
Sept. 7	40.569	160	80.17	105	48.857	191	5.72	148
17	40.729	125	81.22	82	49.048	142	7.20	184
27	40.854	90	82.04	59	49.190	92	9.04	213
Okt. 7	[7] 40.944	58	82.63	37	[8] 49.282	43	11.17	232
16	41.002	28	83.00	17	49.325	4	13.49	242
26	41.030	1	83.17	2	49.321	47	15.91	242
Nov. 5	41.029	26	83.15	18	49.274	87	18.33	232
15	41.003	49	82.97	32	49.187	120	20.65	213
25	40.954	68	82.65	45	49.067	149	22.78	186
Dez. 5	40.886	86	82.20	54	48.918	172	24.64	151
15	40.800	101	81.66	62	48.746	188	26.15	111
25	40.699	111	81.04	68	48.558	199	27.26	67
35	40.588		80.36		48.359		27.93	
Mittl. Ort	36.272		53.97		44.667		38.28	
sec δ, tg δ	+1.009		+ 0.134		+1.340		− 0.892	
a, *a′*	+3.1		+19.3		+2.7		+19.2	
b, *b′*	+0.01		− 0.26		−0.06		− 0.28	

Tag	42) β Andromedae AR.		Dekl.		45) υ Piscium AR.		Dekl.	
1955	1h 7m		+35° 22′		1h 16m		+27° 1′	
	s		″		s		″	
Jan. 0	13.651	153	74.41	42	60.601	132	55.85	47
10	13.498	161	73.99	74	60.469	140	55.38	70
20	13.337	162	73.25	103	60.329	144	54.68	91
30	13.175	155	72.22	128	60.185	140	53.77	109
Febr. 9	13.020	138	70.94	149	60.045	127	52.68	121
19	12.882	113	69.45	162	59.918	107	51.47	128
März 1	12.769	80	67.83	168	59.811	78	50.19	129
11	12.689	39	66.15	167	59.733	42	48.90	124
21	12.650	9	64.48	156	59.691	0	47.66	112
31	12.659	60	62.92	139	59.691	46	46.54	94
April 10	12.719	113	61.53	116	59.737	95	45.60	70
20	12.832	166	60.37	87	59.832	145	44.90	43
30	12.998	217	59.50	52	59.977	192	44.47	12
Mai 10	13.215	262	58.98	16	60.169	236	44.35	21
20	13.477	301	58.82	22	60.405	273	44.56	53
30	13.778	332	59.04	59	60.678	304	45.09	85
Juni 9	14.110	354	59.63	95	60.982	326	45.94	116
19	14.464	367	60.58	129	61.308	340	47.10	142
29	14.831	370	61.87	159	61.648	346	48.52	165
Juli 9	15.201	365	63.46	186	61.994	342	50.17	184
19	15.566	351	65.32	206	62.336	331	52.01	199
29	15.917	329	67.38	222	62.667	313	54.00	207
Aug. 8	16.246	302	69.60	234	62.980	289	56.07	210
18	16.548	269	71.94	239	63.269	259	58.17	210
28	16.817	232	74.33	239	63.528	226	60.27	205
Sept. 7	17.049	194	76.72	235	63.754	191	62.32	196
17	17.243	155	79.07	228	63.945	156	64.28	184
27	17.398	116	81.35	215	64.101	119	66.12	169
Okt. 7	[8] 17.514	77	83.50	199	[11] 64.220	84	67.81	151
16	17.591	41	85.49	181	64.304	51	69.32	132
26	17.632	5	87.30	158	64.355	19	70.64	112
Nov. 5	17.637	27	88.88	133	64.374	12	71.76	89
15	17.610	57	90.21	106	64.362	39	72.65	66
25	17.553	85	91.27	76	64.323	65	73.31	42
Dez. 5	17.468	110	92.03	44	64.258	89	73.73	17
15	17.358	132	92.47	11	64.169	109	73.90	8
25	17.226	148	92.58	23	64.060	127	73.82	34
35	17.078		92.35		63.933		73.48	
Mittl. Ort	12.272		57.01		59.189		41.22	
sec δ, tg δ	+1.227		+ 0.710		+1.123		+ 0.510	
a, *a′*	+3.3		+19.2		+3.3		+18.9	
b, *b′*	+0.05		− 0.29		+0.03		− 0.33	

Scheinbare Sternörter 1955

Obere Kulmination Greenwich

Tag	47) ϑ Ceti AR.		47) ϑ Ceti Dekl.		48) δ Cassiopeiae AR.		48) δ Cassiopeiae Dekl.	
1955	1h 21m		−8° 24′		1h 22m		+60° 0′	
	s		″		s		″	
Jan. 0	47.690	117	51.80	75	53.00	30	31.13	23
10	47.573	124	52.55	58	52.70	32	31.36	31
20	47.449	126	53.13	41	52.38	33	31.05	82
30	47.323	123	53.54	22	52.05	31	30.23	129
Febr. 9	47.200	113	53.76	0	51.74	29	28.94	173
19	47.087	97	53.76	22	51.45	25	27.21	208
März 1	46.990	74	53.54	44	51.20	18	25.13	233
11	46.916	44	53.10	68	51.02	12	22.80	250
21	46.872	9	52.42	93	50.90	5	20.30	256
31	46.863	31	51.49	117	50.85	4	17.74	251
April 10	46.894	73	50.32	140	50.89	13	15.23	236
20	46.967	116	48.92	161	51.02	22	12.87	211
30	47.083	159	47.31	180	51.24	29	10.76	179
Mai 10	47.242	199	45.51	196	51.53	36	8.97	141
20	47.441	235	43.55	207	51.89	43	7.56	98
30	47.676	265	41.48	214	52.32	48	6.58	51
Juni 9	47.941	288	39.34	214	52.80	51	6.07	3
19	48.229	303	37.20	210	53.31	54	6.04	45
29	48.532	311	35.10	201	53.85	55	6.49	91
Juli 9	48.843	311	33.09	185	54.40	55	7.40	135
19	49.154	303	31.24	165	54.95	53	8.75	176
29	49.457	287	29.59	140	55.48	50	10.51	212
Aug. 8	49.744	267	28.19	112	55.98	46	12.63	244
18	50.011	240	27.07	81	56.44	43	15.07	269
28	50.251	209	26.26	50	56.87	37	17.76	290
Sept. 7	50.460	177	25.76	19	57.24	31	20.66	304
17	50.637	142	25.57	12	57.55	26	23.70	313
27	50.779	107	25.69	40	57.81	19	26.83	314
Okt. 7	50.886	74	26.09	64	58.00	14	29.97	310
16	^{12}50.960	42	26.73	83	^{12}58.14	7	33.07	300
26	51.002	12	27.56	98	58.21	1	36.07	283
Nov. 5	51.014	16	28.54	107	58.22	5	38.90	259
15	50.998	41	29.61	112	58.17	11	41.49	229
25	50.957	63	30.73	111	58.06	16	43.78	192
Dez. 5	50.894	82	31.84	106	57.90	22	45.70	150
15	50.812	100	32.90	97	57.68	25	47.20	104
25	50.712	113	33.87	86	57.43	29	48.24	53
35	50.599		34.73		57.14		48.77	
Mittl. Ort	46.361		54.21		51.13		7.84	
sec δ, tg δ	+1.011		− 0.148		+2.000		+ 1.732	
a, *a′*	+3.0		+18.8		+3.9		+18.7	
b, *b′*	−0.01		− 0.35		+0.11		− 0.35	

Tag	50) η Piscium AR.		50) η Piscium Dekl.		51) 40 Cassiopeiae AR.		51) 40 Cassiopeiae Dekl.	
1955	1h 29m		+15° 6′		1h 34m		+72° 48′	
	s		″		s		″	
Jan. 0	5.690	114	62.47	59	55.20	58	67.16	69
10	5.576	125	61.88	67	54.62	61	67.85	9
20	5.451	130	61.21	75	54.01	62	67.94	50
30	5.321	128	60.46	81	53.39	60	67.44	108
Febr. 9	5.193	120	59.65	82	52.79	56	66.36	161
19	5.073	103	58.83	79	52.23	48	64.75	206
März 1	4.970	79	58.04	72	51.75	39	62.69	243
11	4.891	48	57.32	61	51.36	28	60.26	269
21	4.843	11	56.71	45	51.08	14	57.57	284
31	4.832	31	56.26	25	50.94	1	54.73	288
April 10	4.863	77	56.01	2	50.93	14	51.85	281
20	4.940	122	55.99	24	51.07	28	49.04	262
30	5.062	167	56.23	51	51.35	41	46.42	234
Mai 10	5.229	208	56.74	77	51.76	53	44.08	198
20	5.437	246	57.51	103	52.29	64	42.10	157
30	5.683	276	58.54	127	52.93	73	40.53	110
Juni 9	5.959	300	59.81	148	53.66	79	39.43	59
19	6.259	315	61.29	164	54.45	84	38.84	8
29	6.574	323	62.93	177	55.29	86	38.76	43
Juli 9	6.897	322	64.70	185	56.15	86	39.19	94
19	7.219	314	66.55	188	57.01	84	40.13	141
29	7.533	299	68.43	184	57.85	81	41.54	186
Aug. 8	7.832	278	70.27	178	58.66	76	43.40	226
18	8.110	252	72.05	168	59.42	69	45.66	261
28	8.362	222	73.73	154	60.11	62	48.27	291
Sept. 7	8.584	190	75.27	136	60.73	54	51.18	315
17	8.774	157	76.63	118	61.27	44	54.33	333
27	8.931	124	77.81	99	61.71	33	57.66	343
Okt. 7	9.055	91	78.80	78	62.04	23	61.09	347
16	^{14}9.146	60	79.58	59	^{16}62.27	13	64.56	343
26	9.206	30	80.17	40	62.40	1	67.99	332
Nov. 5	9.236	2	80.57	21	62.41	9	71.31	313
15	9.238	24	80.78	5	62.32	20	74.44	285
25	9.214	49	80.83	11	62.12	31	77.29	250
Dez. 5	9.165	71	80.72	27	61.81	40	79.79	207
15	9.094	92	80.45	40	61.41	48	81.86	158
25	9.002	109	80.05	53	60.93	55	83.44	103
35	8.893		79.52		60.38		84.47	
Mittl. Ort	4.251		51.99		52.42		42.16	
sec δ, tg δ	+1.036		+ 0.270		+3.384		+ 3.233	
a, *a′*	+3.2		+18.5		+4.8		+18.3	
b, *b′*	+0.02		− 0.38		+0.20		− 0.40	

Scheinbare Sternörter 1955

Obere Kulmination Greenwich

Tag	52) 51 Andromedae AR.		52) 51 Andromedae Dekl.		54) α Eridani AR.		54) α Eridani Dekl.		55) 43 Cassiopeiae AR.		55) 43 Cassiopeiae Dekl.		57) φ Persei AR.		57) φ Persei Dekl.	
1955	1h 35m		+48° 24′		1h 36m		−57° 27′		1h 38m		+67° 48′		1h 40m		+50° 27′	
	s		″		s		″		s		″		s		″	
Jan. 0	14.848	202	24.24	8	3.938	329	64.01	48	61.09	43	83.50	61	51.449	212	67.28	18
10	14.646	218	24.32	35	3.609	337	64.49	8	60.66	46	84.11	5	51.237	231	67.46	26
20	14.428	226	23.97	78	3.272	333	64.41	64	60.20	46	84.16	52	51.006	240	67.20	70
30	14.202	223	23.19	116	2.939	321	63.77	118	59.74	45	83.64	108	50.766	239	66.50	111
Febr. 9	13.979	208	22.03	150	2.618	297	62.59	168	59.29	43	82.56	157	50.527	224	65.39	146
19	13.771	182	20.53	178	2.321	264	60.91	214	58.86	37	80.99	200	50.303	197	63.93	177
März 1	13.589	143	18.75	198	2.057	222	58.77	254	58.49	30	78.99	234	50.106	158	62.16	200
11	13.446	94	16.77	209	1.835	172	56.23	288	58.19	21	76.65	259	49.948	108	60.16	213
21	13.352	38	14.68	211	1.663	113	53.35	317	57.98	12	74.06	272	49.840	49	58.03	217
31	13.314	25	12.57	203	1.550	50	50.18	338	57.86	0	71.34	274	49.791	16	55.86	212
April 10	13.339	91	10.54	188	1.500	19	46.80	351	57.86	12	68.60	266	49.807	84	53.74	198
20	13.430	156	8.66	165	1.519	89	43.29	357	57.98	22	65.94	248	49.891	153	51.76	176
30	13.586	220	7.01	134	1.608	160	39.72	356	58.20	33	63.46	219	50.044	219	50.00	147
Mai 10	13.806	278	5.67	98	1.768	227	36.16	346	58.53	43	61.27	184	50.263	281	48.53	112
20	14.084	329	4.69	60	1.995	289	32.70	329	58.96	51	59.43	143	50.544	334	47.41	73
30	14.413	371	4.09	18	2.284	346	29.41	303	59.47	58	58.00	98	50.878	379	46.68	32
Juni 9	14.784	403	3.91	23	2.630	393	26.38	270	60.05	64	57.02	49	51.257	414	46.36	10
19	15.187	425	4.14	65	3.023	429	23.68	231	60.69	67	56.53	1	51.671	437	46.46	52
29	15.612	435	4.79	104	3.452	454	21.37	186	61.36	70	56.54	51	52.108	449	46.98	93
Juli 9	16.047	434	5.83	140	3.906	467	19.51	135	62.06	70	57.05	98	52.557	451	47.91	131
19	16.481	425	7.23	173	4.373	467	18.16	81	62.76	68	58.03	144	53.008	442	49.22	165
29	16.906	406	8.96	202	4.840	453	17.35	24	63.44	66	59.47	186	53.450	423	50.87	195
Aug. 8	17.312	380	10.98	225	5.293	426	17.11	34	64.10	61	61.33	224	53.873	397	52.82	221
18	17.692	346	13.23	244	5.719	389	17.45	89	64.71	57	63.57	256	54.270	364	55.03	242
28	18.038	307	15.67	258	6.108	341	18.34	143	65.28	50	66.13	284	54.634	326	57.45	257
Sept. 7	18.345	266	18.25	265	6.449	284	19.77	191	65.78	44	68.97	305	54.960	284	60.02	267
17	18.611	223	20.90	268	6.733	220	21.68	232	66.22	37	72.02	321	55.244	238	62.69	272
27	18.834	177	23.58	266	6.953	153	24.00	264	66.59	29	75.23	329	55.482	192	65.41	272
Okt. 7	19.011	131	26.24	259	7.106	82	26.64	287	66.88	20	78.52	332	55.674	144	68.13	267
16*	[16] 19.142	85	28.83	247	[16] 7.188	12	29.51	298	67.08	12	81.84	328	55.818	97	70.80	256
26	19.227	41	31.30	229	7.200	55	32.49	298	[17] 67.20	4	85.12	315	[17] 55.915	49	73.36	240
Nov. 5	19.268	4	33.59	208	7.145	117	35.47	286	67.24	4	88.27	295	55.964	2	75.76	219
15	19.264	47	35.67	181	7.028	175	38.33	262	67.20	13	91.22	269	55.966	43	77.95	194
25	19.217	87	37.48	149	6.853	225	40.95	229	67.07	22	93.91	235	55.923	87	79.89	162
Dez. 5	19.130	126	38.97	114	6.628	267	43.24	187	66.85	28	96.26	193	55.836	129	81.51	126
15	19.004	161	40.11	75	6.361	298	45.11	138	66.57	35	98.19	146	55.707	167	82.77	87
25	18.843	190	40.86	33	6.063	322	46.49	85	66.22	40	99.65	94	55.540	199	83.64	45
35	18.653		41.19		5.741		47.34		65.82		100.59		55.341		84.09	
Mittl. Ort	13.065		3.84		2.459		53.19		58.61		59.33		49.566		46.54	
sec δ, tg δ	+1.506		+ 1.126		+1.859		− 1.568		+2.648		+ 2.452		+1.571		+ 1.211	
a, *a′*	+3.7		+18.3		+2.2		+18.3		+4.4		+18.2		+3.8		+18.1	
b, *b′*	+0.07		− 0.40		−0.10		− 0.41		+0.15		− 0.42		+0.07		− 0.43	

* Bei Stern 55) und 57) lies Okt. 17.

Obere Kulmination Greenwich

Tag	59) τ Ceti[1] AR.		59) τ Ceti[1] Dekl.		60) ο Piscium AR.		60) ο Piscium Dekl.		61) ε Sculptoris AR.		61) ε Sculptoris Dekl.		62) ζ Ceti AR.		62) ζ Ceti Dekl.	
1955	1h 41m		−16° 9′		1h 43m		+8° 55′		1h 43m		−25° 16′		1h 49m		−10° 32′	
	s		″		s		″		s		″		s		″	
Jan. 0	60.009	128	86.12	79	2.316	108	63.43	63	33.728	141	39.62	85	15.728	115	82.30	85
10	59.881	139	86.91	55	2.208	121	62.80	66	33.587	152	40.47	53	15.613	128	83.15	66
20	59.742	143	87.46	28	2.087	129	62.14	67	33.435	157	41.00	17	15.485	136	83.81	45
30	59.599	142	87.74	1	1.958	130	61.47	65	33.278	156	41.17	18	15.349	136	84.26	23
Febr. 9	59.457	134	87.75	27	1.828	123	60.82	60	33.122	148	40.99	53	15.213	131	84.49	0
19	59.323	119	87.48	56	1.705	110	60.22	52	32.974	132	40.46	88	15.082	118	84.49	25
März 1	59.204	98	86.92	84	1.595	88	59.70	41	32.842	109	39.58	121	14.964	98	84.24	50
11	59.106	69	86.08	111	1.507	59	59.29	27	32.733	80	38.37	152	14.866	71	83.74	75
21	59.037	34	84.97	138	1.448	25	59.02	10	32.653	44	36.85	180	14.795	37	82.99	100
31	59.003	6	83.59	162	1.423	16	58.92	11	32.609	3	35.05	206	14.758	2	81.99	125
April 10	59.009	49	81.97	185	1.439	60	59.03	33	32.606	42	32.99	228	14.760	44	80.74	148
20	59.058	93	80.12	205	1.499	105	59.36	58	32.648	88	30.71	246	14.804	89	79.26	169
30	59.151	137	78.07	221	1.604	149	59.94	82	32.736	134	28.25	259	14.893	132	77.57	188
Mai 10	59.288	180	75.86	232	1.753	191	60.76	106	32.870	179	25.66	267	15.025	175	75.69	204
20	59.468	218	73.54	239	1.944	229	61.82	127	33.049	220	22.99	268	15.200	213	73.65	214
30	59.686	251	71.15	241	2.173	261	63.09	147	33.269	256	20.31	264	15.413	247	71.51	220
Juni 9	59.937	278	68.74	235	2.434	286	64.56	163	33.525	285	17.67	253	15.660	274	69.31	221
19	60.215	297	66.39	225	2.720	304	66.19	174	33.810	306	15.14	235	15.934	294	67.10	216
29	60.512	309	64.14	209	3.024	314	67.93	181	34.116	320	12.79	211	16.228	306	64.94	204
Juli 9	60.821	311	62.05	186	3.338	316	69.74	182	34.436	325	10.68	182	16.534	311	62.90	189
19	61.132	307	60.19	159	3.654	311	71.56	180	34.761	321	8.86	147	16.845	307	61.01	167
29	61.439	294	58.60	128	3.965	298	73.36	172	35.082	311	7.39	109	17.152	296	59.34	140
Aug. 8	61.733	276	57.32	93	4.263	279	75.08	160	35.393	293	6.30	67	17.448	280	57.94	111
18	62.009	251	56.39	56	4.542	255	76.68	143	35.686	267	5.63	24	17.728	257	56.83	78
28	62.260	223	55.83	18	4.797	228	78.11	125	35.953	238	5.39	19	17.985	229	56.05	43
Sept. 7	62.483	190	55.65	18	5.025	198	79.36	104	36.191	204	5.58	61	18.214	200	55.62	10
17	62.673	156	55.83	52	5.223	167	80.40	83	36.395	168	6.19	98	18.414	167	55.52	22
27	62.829	120	56.35	84	5.390	134	81.23	60	36.563	130	7.17	132	18.581	134	55.74	53
Okt. 7	62.949	85	57.19	110	5.524	103	81.83	38	36.693	92	8.49	159	18.715	101	56.27	79
17	63.034	52	58.29	129	5.627	71	82.21	18	36.785	55	10.08	179	18.816	69	57.06	100
26	[17] 63.086	20	59.58	144	[18] 5.698	42	82.39	1	[18] 36.840	20	11.87	191	[19] 18.885	37	58.06	116
Nov. 5	63.106	11	61.02	151	5.740	15	82.40	16	36.860	13	13.78	195	18.922	8	59.22	127
15	63.095	38	62.53	151	5.755	13	82.24	29	36.847	44	15.73	191	18.930	19	60.49	130
25	63.057	63	64.04	144	5.742	38	81.95	41	36.803	71	17.64	179	18.911	46	61.79	129
Dez. 5	62.994	87	65.48	133	5.704	62	81.54	50	36.732	97	19.43	160	18.865	69	63.08	123
15	62.907	106	66.81	117	5.642	83	81.04	57	36.635	118	21.03	136	18.796	91	64.31	111
25	62.801	123	67.98	96	5.559	102	80.47	62	36.517	136	22.39	107	18.705	109	65.42	97
35	62.678		68.94		5.457		79.85		36.381		23.46		18.596		66.39	
Mittl. Ort	58.600		85.70		0.816		55.28		32.299		36.50		14.253		83.80	
sec δ, tg δ	+1.041		− 0.290		+1.012		+ 0.157		+1.106		− 0.472		+1.017		− 0.186	
a, *a′*	+2.9		+18.1		+3.2		+18.1		+2.8		+18.0		+3.0		+17.8	
b, *b′*	−0.02		− 0.43		+0.01		− 0.43		−0.03		− 0.44		−0.01		− 0.46	

[1] Die jährliche Parallaxe (0″.298) ist bereits berücksichtigt.

Scheinbare Sternörter 1955

Obere Kulmination Greenwich

Tag	64) α Trianguli AR.		64) α Trianguli Dekl.		63) ε Cassiopeiae AR.		63) ε Cassiopeiae Dekl.		65) ξ Piscium AR.		65) ξ Piscium Dekl.		67) ψ Phoenicis AR.		67) ψ Phoenicis Dekl.	
1955	1h 50m		+29° 21′		1h 51m		+63° 26′		1h 51m		+2° 57′		1h 51m		−46° 30′	
	s		″		s		″		s		″		s		″	
Jan. 0	32.231	128	52.41	25	10.38	34	81.48	64	14.896	107	64.25	72	52.116	229	89.23	83
10	32.103	145	52.16	49	10.04	35	82.12	10	14.789	120	63.53	67	51.887	242	90.06	32
20	31.958	154	51.67	71	9.69	38	82.22	44	14.669	129	62.86	61	51.645	246	90.38	19
30	31.804	157	50.96	92	9.31	38	81.78	96	14.540	131	62.25	52	51.399	242	90.19	69
Febr. 9	31.647	151	50.04	109	8.93	36	80.82	143	14.409	127	61.73	42	51.157	230	89.50	117
19	31.496	136	48.95	121	8.57	32	79.39	184	14.282	114	61.31	29	50.927	208	88.33	162
März 1	31.360	110	47.74	127	8.25	27	77.55	218	14.168	94	61.02	14	50.719	179	86.71	204
11	31.250	77	46.47	127	7.98	19	75.37	243	14.074	67	60.88	4	50.540	141	84.67	240
21	31.173	36	45.20	120	7.79	11	72.94	256	14.007	33	60.92	24	50.399	97	82.27	270
31	31.137	10	44.00	108	7.68	2	70.38	259	13.974	6	61.16	46	50.302	46	79.57	297
April 10	31.147	61	42.92	90	7.66	8	67.79	252	13.980	48	61.62	68	50.256	9	76.60	316
20	31.208	112	42.02	67	7.74	17	65.27	236	14.028	94	62.30	91	50.265	66	73.44	328
30	31.320	162	41.35	39	7.91	27	62.91	210	14.122	137	63.21	114	50.331	124	70.16	334
Mai 10	31.482	210	40.96	10	8.18	36	60.81	176	14.259	180	64.35	135	50.455	181	66.82	332
20	31.692	253	40.86	21	8.54	43	59.05	138	14.439	218	65.70	154	50.636	233	63.50	323
30	31.945	289	41.07	52	8.97	49	57.67	95	14.657	251	67.24	169	50.869	280	60.27	306
Juni 9	32.234	317	41.59	83	9.46	54	56.72	49	14.908	277	68.93	180	51.149	320	57.21	281
19	32.551	337	42.42	110	10.00	58	56.23	1	15.185	296	70.73	186	51.469	352	54.40	249
29	32.888	349	43.52	135	10.58	60	56.22	46	15.481	308	72.59	188	51.821	373	51.91	211
Juli 9	33.237	351	44.87	157	11.18	60	56.68	91	15.789	311	74.47	184	52.194	385	49.80	167
19	33.588	345	46.44	172	11.78	60	57.59	134	16.100	307	76.31	176	52.579	386	48.13	118
29	33.933	333	48.16	184	12.38	58	58.93	175	16.407	297	78.07	162	52.965	378	46.95	66
Aug. 8	34.266	314	50.00	192	12.96	55	60.68	210	16.704	279	79.69	145	53.343	359	46.29	12
18	34.580	289	51.92	196	13.51	50	62.78	241	16.983	257	81.14	123	53.702	330	46.17	43
28	34.869	260	53.88	195	14.01	46	65.19	267	17.240	231	82.37	99	54.032	295	46.60	95
Sept. 7	35.129	228	55.83	189	14.47	40	67.86	288	17.471	202	83.36	75	54.327	253	47.55	145
17	35.357	195	57.72	181	14.87	35	70.74	302	17.673	171	84.11	49	54.580	206	49.00	188
27	35.552	160	59.53	170	15.22	28	73.76	311	17.844	140	84.60	23	54.786	155	50.88	224
Okt. 7	35.712	126	61.23	156	15.50	21	76.87	313	17.984	108	84.83	1	54.941	102	53.12	253
17	35.838	92	62.79	140	15.71	14	80.00	309	18.092	77	84.84	20	55.043	50	55.65	270
26	19 35.930	58	64.19	123	20 15.85	7	83.09	299	20 18.169	47	84.64	37	20 55.093	0	58.35	277
Nov. 5	35.988	26	65.42	104	15.92	0	86.08	281	18.216	19	84.27	52	55.093	48	61.12	273
15	36.014	7	66.46	83	15.92	7	88.89	257	18.235	8	83.75	62	55.045	94	63.85	259
25	36.007	37	67.29	62	15.85	14	91.46	225	18.227	34	83.13	70	54.951	134	66.44	234
Dez. 5	35.970	67	67.91	38	15.71	21	93.71	186	18.193	58	82.43	74	54.817	168	68.78	201
15	35.903	94	68.29	14	15.50	26	95.57	143	18.135	80	81.69	76	54.649	198	70.79	160
25	35.809	119	68.43	10	15.24	31	97.00	94	18.055	100	80.93	75	54.451	221	72.39	115
35	35.690		68.33		14.93		97.94		17.955		80.18		54.230		73.54	
Mittl. Ort	30.550		37.74		7.94		58.45		13.372		58.24		50.600		80.65	
sec δ, tg δ	+1.147		+ 0.563		+2.237		+ 2.001		+1.001		+ 0.052		+1.453		− 1.055	
a, *a′*	+3.4		+17.8		+4.3		+17.7		+3.1		+17.7		+2.4		+17.7	
b, *b′*	+0.03		− 0.46		+0.12		− 0.47		0.00		− 0.47		−0.06		− 0.47	

Obere Kulmination Greenwich

Tag	66) β Arietis AR.		66) β Arietis Dekl.		68) χ Eridani AR.		68) χ Eridani Dekl.		72) α Hydri AR.		72) α Hydri Dekl.		71) υ Ceti AR.		71) υ Ceti Dekl.	
1955	1h 52m		+20° 35′		1h 54m		−51° 49′		1h 57m		−61° 46′		1h 57m		−21° 17′	
	s		″		s		″		s		″		s		″	
Jan. 0	10.539	115	31.83	42	14.057	268	65.73	79	22.84	39	88.72	70	54.541	131	44.25	95
10	10.424	129	31.41	58	13.789	280	66.52	25	22.45	41	89.42	13	54.410	145	45.20	65
20	10.295	139	30.83	70	13.509	285	66.77	28	22.04	41	89.55	46	54.265	152	45.85	34
30	10.156	143	30.13	81	13.224	280	66.49	82	21.63	39	89.09	102	54.113	154	46.19	1
Febr. 9	10.013	137	29.32	89	12.944	265	65.67	132	21.24	38	88.07	155	53.959	149	46.20	32
19	9.876	123	28.43	92	12.679	241	64.35	178	20.86	35	86.52	204	53.810	136	45.88	64
März 1	9.753	101	27.51	92	12.438	209	62.57	221	20.51	30	84.48	247	53.674	116	45.24	96
11	9.652	72	26.59	85	12.229	167	60.36	258	20.21	25	82.01	285	53.558	89	44.28	126
21	9.580	34	25.74	74	12.062	117	57.78	290	19.96	18	79.16	315	53.469	54	43.02	155
31	9.546	9	25.00	59	11.945	62	54.88	314	19.78	11	76.01	339	53.415	15	41.47	181
April 10	9.555	55	24.41	39	11.883	2	51.74	333	19.67	4	72.62	355	53.400	28	39.66	205
20	9.610	104	24.02	14	11.881	60	48.41	344	19.63	4	69.07	364	53.428	74	37.61	224
30	9.714	151	23.88	11	11.941	124	44.97	348	19.67	13	65.43	364	53.502	120	35.37	241
Mai 10	9.865	195	23.99	38	12.065	186	41.49	344	19.80	20	61.79	357	53.622	165	32.96	251
20	10.060	236	24.37	65	12.251	244	38.05	332	20.00	27	58.22	340	53.787	206	30.45	256
30	10.296	270	25.02	92	12.495	296	34.73	313	20.27	34	54.82	317	53.993	242	27.89	255
Juni 9	10.566	298	25.94	115	12.791	342	31.60	285	20.61	40	51.65	286	54.235	272	25.34	249
19	10.864	317	27.09	137	13.133	377	28.75	251	21.01	45	48.79	246	54.507	295	22.85	235
29	11.181	329	28.46	154	13.510	402	26.24	210	21.46	49	46.33	201	54.802	310	20.50	215
Juli 9	11.510	331	30.00	167	13.912	417	24.14	163	21.95	51	44.32	150	55.112	318	18.35	190
19	11.841	327	31.67	176	14.329	420	22.51	112	22.46	51	42.82	96	55.430	316	16.45	158
29	12.168	314	33.43	179	14.749	412	21.39	57	22.97	51	41.86	37	55.746	308	14.87	123
Aug. 8	12.482	297	35.22	179	15.161	393	20.82	1	23.48	49	41.49	22	56.054	292	13.64	85
18	12.779	274	37.01	174	15.554	363	20.81	56	23.97	45	41.71	80	56.346	270	12.79	44
28	13.053	246	38.75	165	15.917	325	21.37	110	24.42	40	42.51	136	56.616	243	12.35	3
Sept. 7	13.299	216	40.40	153	16.242	278	22.47	160	24.82	35	43.87	188	56.859	212	12.32	38
17	13.515	185	41.93	139	16.520	227	24.07	205	25.17	28	45.75	233	57.071	178	12.70	77
27	13.700	152	43.32	123	16.747	170	26.12	241	25.45	20	48.08	270	57.249	144	13.47	110
Okt. 7	13.852	120	44.55	105	16.917	111	28.53	269	25.65	13	50.78	295	57.393	108	14.57	139
17	20 13.972	88	45.60	88	20 17.028	51	31.22	286	21 25.78	4	53.73	310	21 57.501	72	15.96	161
26	14.060	57	46.48	70	17.079	7	34.08	291	25.82	3	56.83	314	57.573	38	17.57	175
Nov. 5	14.117	27	47.18	53	17.072	61	36.99	286	25.79	11	59.97	304	57.611	6	19.32	183
15	14.144	3	47.71	34	17.011	113	39.85	269	25.68	18	63.01	283	57.617	24	21.15	182
25	14.141	32	48.05	17	16.898	159	42.54	242	25.50	24	65.84	252	57.593	54	22.97	174
Dez. 5	14.109	58	48.22	0	16.739	200	44.96	206	25.26	30	68.36	210	57.539	80	24.71	159
15	14.051	83	48.22	18	16.539	232	47.02	162	24.96	35	70.46	162	57.459	103	26.30	139
25	13.968	105	48.04	34	16.307	258	48.64	113	24.61	37	72.08	108	57.356	123	27.69	114
35	13.863		47.70		16.049		49.77		24.24		73.16		57.233		28.83	
Mittl. Ort	8.917		19.97		12.493		56.10		21.14		77.50		53.034		42.31	
sec δ, tg δ	+1.068		+ 0.376		+1.618		− 1.272		+2.115		− 1.864		+1.073		− 0.390	
a, *a′*	+3.3		+17.7		+2.3		+17.6		+1.9		+17.5		+2.8		+17.4	
b, *b′*	+0.02		− 0.47		−0.07		− 0.48		−0.11		− 0.49		−0.02		− 0.49	

Scheinbare Sternörter 1955

Obere Kulmination Greenwich

Tag	70) 50 Cassiopeiae AR.		70) 50 Cassiopeiae Dekl.		73) γ Andromedae *pr* AR.		73) γ Andromedae *pr* Dekl.		74) α Arietis AR.		74) α Arietis Dekl.		75) β Trianguli AR.		75) β Trianguli Dekl.	
1955	1h 59m		+72° 12′		2h 1m		+42° 6′		2h 4m		+23° 15′		2h 6m		+34° 46′	
	s		″		s		″		s		″		s		″	
Jan. 0	36.07	53	41.88	97	9.549	159	71.36	15	39.562	113	14.49	31	53.307	134	47.34	1
10	35.54	57	42.85	40	9.390	181	71.51	21	39.449	131	14.18	49	53.173	155	47.33	29
20	34.97	60	43.25	19	9.209	196	71.30	57	39.318	144	13.69	65	53.018	169	47.04	58
30	34.37	59	43.06	77	9.013	200	70.73	90	39.174	150	13.04	78	52.849	175	46.46	84
Febr. 9	33.78	57	42.29	131	8.813	194	69.83	121	39.024	146	12.26	89	52.674	171	45.62	106
19	33.21	51	40.98	180	8.619	176	68.62	145	38.878	134	11.37	96	52.503	157	44.56	125
März 1	32.70	43	39.18	221	8.443	147	67.17	163	38.744	113	10.41	98	52.346	133	43.31	138
11	32.27	33	36.97	252	8.296	108	65.54	174	38.631	84	9.43	95	52.213	100	41.93	143
21	31.94	21	34.45	272	8.188	61	63.80	177	38.547	47	8.48	87	52.113	57	40.50	143
31	31.73	8	31.73	282	8.127	6	62.03	172	38.500	4	7.61	74	52.056	9	39.07	135
April 10	31.65	7	28.91	281	8.121	52	60.31	159	38.496	44	6.87	56	52.047	44	37.72	121
20	31.72	20	26.10	268	8.173	113	58.72	140	38.540	93	6.31	34	52.091	99	36.51	100
30	31.92	33	23.42	246	8.286	172	57.32	114	38.633	141	5.97	8	52.190	154	35.51	76
Mai 10	32.25	46	20.96	215	8.458	228	56.18	83	38.774	188	5.89	18	52.344	205	34.75	47
20	32.71	57	18.81	178	8.686	278	55.35	50	38.962	231	6.07	45	52.549	251	34.28	17
30	33.28	66	17.03	136	8.964	321	54.85	14	39.193	267	6.52	72	52.800	291	34.11	16
Juni 9	33.94	74	15.67	88	9.285	355	54.71	23	39.460	296	7.24	98	53.091	324	34.27	48
19	34.68	79	14.79	39	9.640	379	54.94	59	39.756	317	8.22	120	53.415	348	34.75	79
29	35.47	83	14.40	11	10.019	395	55.53	92	40.073	331	9.42	139	53.763	362	35.54	108
Juli 9	36.30	85	14.51	60	10.414	400	56.45	124	40.404	336	10.81	155	54.125	368	36.62	134
19	37.15	84	15.11	107	10.814	395	57.69	153	40.740	334	12.36	167	54.493	366	37.96	155
29	37.99	82	16.18	153	11.209	384	59.22	176	41.074	323	14.03	173	54.859	355	39.51	172
Aug. 8	38.81	78	17.71	195	11.593	365	60.98	196	41.397	308	15.76	176	55.214	339	41.23	186
18	39.59	72	19.66	231	11.958	338	62.94	211	41.705	286	17.52	173	55.553	315	43.09	195
28	40.31	67	21.97	264	12.296	307	65.05	222	41.991	259	19.25	167	55.868	287	45.04	199
Sept. 7	40.98	59	24.61	291	12.603	273	67.27	227	42.250	231	20.92	158	56.155	257	47.03	200
17	41.57	50	27.52	312	12.876	237	69.54	229	42.481	201	22.50	147	56.412	223	49.03	196
27	42.07	41	30.64	327	13.113	197	71.83	227	42.682	168	23.97	133	56.635	189	50.99	190
Okt. 7	42.48	32	33.91	336	13.310	158	74.10	220	42.850	136	25.30	117	56.824	153	52.89	180
17	42.80	21	37.27	337	13.468	118	76.30	210	42.986	104	26.47	101	56.977	117	54.69	169
26	22 43.01	10	40.64	330	22 13.586	78	78.40	195	23 43.090	72	27.48	85	24 57.094	81	56.38	153
Nov. 5	43.11	1	43.94	316	13.664	38	80.35	177	43.162	41	28.33	67	57.175	46	57.91	135
15	43.10	11	47.10	294	13.702	2	82.12	156	43.203	10	29.00	49	57.221	10	59.26	116
25	42.99	22	50.04	265	13.700	41	83.68	130	43.213	21	29.49	32	57.231	26	60.42	94
Dez. 5	42.77	32	52.69	226	13.659	79	84.98	102	43.192	50	29.81	14	57.205	59	61.36	70
15	42.45	41	54.95	181	13.580	115	86.00	70	43.142	77	29.95	4	57.146	92	62.06	44
25	42.04	50	56.76	130	13.465	146	86.70	35	43.065	103	29.91	22	57.054	123	62.50	15
35	41.54		58.06		13.319		87.05		42.962		29.69		56.931		62.65	
Mittl. Ort	32.75		17.89		7.618		53.39		37.836		2.10		51.439		31.58	
sec δ, tg δ	+3.272		+ 3.116		+1.348		+ 0.904		+1.088		+ 0.430		+1.217		+ 0.694	
a, *a′*	+5.1		+17.4		+3.7		+17.3		+3.4		+17.2		+3.6		+17.0	
b, *b′*	+0.18		− 0.50		+0.05		− 0.50		+0.02		− 0.52		+0.04		− 0.53	

Scheinbare Sternörter 1955

Obere Kulmination Greenwich

Tag	76) 55 Cassiopeiae AR.		76) 55 Cassiopeiae Dekl.		78) μ Fornacis AR.		78) μ Fornacis Dekl.		80) 67 Ceti AR.		80) 67 Ceti Dekl.		85) ξ^2 Ceti AR.		85) ξ^2 Ceti Dekl.	
1955	$2^h\ 10^m$		+66° 18′		$2^h\ 10^m$		−30° 55′		$2^h\ 14^m$		−6° 37′		$2^h\ 25^m$		+8° 15′	
	s		″		s		″		s		″		s		″	
Jan. 0	58.23	36	76.32	94	57.154	154	67.52	108	45.836	106	40.60	90	47.488	96	40.95	63
10	57 87	41	77.26	40	57.000	169	68.60	70	45.730	124	41.50	75	47.392	117	40.32	62
20	57.46	43	77.66	15	56.831	180	69.30	29	45.606	135	42.25	57	47.275	132	39.70	61
30	57.03	44	77.51	68	56.651	182	69.59	12	45.471	141	42.82	39	47.143	141	39.09	59
Febr. 9	56.59	42	76.83	120	56.469	178	69.47	53	45.330	140	43.21	18	47.002	141	38.50	53
19	56.17	39	75.63	166	56.291	167	68.94	92	45.190	132	43.39	3	46.861	135	37.97	46
März 1	55.78	33	73.97	205	56.124	146	68.02	129	45.058	115	43.36	26	46.726	119	37.51	35
11	55.45	26	71.92	234	55.978	118	66.73	164	44.943	90	43.10	49	46.607	95	37.16	23
21	55.19	17	69.58	254	55.860	82	65.09	196	44.853	58	42.61	72	46.512	64	36.93	7
31	55.02	7	67.04	264	55.778	41	63.13	224	44.795	21	41.89	97	46.448	25	36.86	11
April 10	54.95	3	64.40	262	55.737	4	60.89	249	44.774	21	40.92	120	46.423	17	36.97	31
20	54.98	14	61.78	251	55.741	53	58.40	267	44.795	65	39.72	142	46.440	63	37.28	53
30	55.12	25	59.27	230	55.794	102	55.73	281	44.860	110	38.30	163	46.503	108	37.81	75
Mai 10	55.37	35	56.97	202	55.896	151	52.92	289	44.970	153	36.67	180	46.611	153	38.56	96
20	55.72	43	54.95	166	56.047	196	50.03	289	45.123	193	34.87	194	46.764	195	39.52	116
30	56.15	51	53.29	126	56.243	236	47.14	284	45.316	230	32.93	203	46.959	231	40.68	135
Juni 9	56.66	57	52.03	82	56.479	271	44.30	272	45.546	260	30.90	207	47.190	262	42.03	150
19	57.23	62	51.21	36	56.750	298	41.58	252	45.806	282	28.83	207	47.452	285	43.53	160
29.	57.85	65	50.85	12	57.048	318	39.06	226	46.088	298	26.76	200	47.737	302	45.13	167
Juli 9	58.50	67	50.97	58	57.366	329	36.80	193	46.386	306	24.76	189	48.039	311	46.80	169
19	59.17	66	51.55	102	57.695	332	34.87	156	46.692	306	22.87	171	48.350	312	48.49	166
29	59.83	65	52.57	145	58.027	326	33.31	113	46.998	300	21.16	149	48.662	306	50.15	158
Aug. 8	60.48	63	54.02	183	58.353	312	32.18	67	47.298	287	19.67	122	48.968	294	51.73	146
18	61.11	59	55.85	218	58.665	291	31.51	19	47.585	268	18.45	93	49.262	277	53.19	131
28	61.70	54	58.03	248	58.956	265	31.32	28	47.853	245	17.52	62	49.539	256	54.50	111
Sept. 7	62.24	48	60.51	272	59.221	234	31.60	75	48.098	218	16.90	29	49.795	230	55.61	91
17	62.72	42	63.23	292	59.455	198	32.35	117	48.316	189	16.61	3	50.025	203	56.52	69
27	63.14	35	66.15	306	59.653	160	33.52	155	48.505	158	16.64	32	50.228	175	57.21	46
Okt. 7	63.49	28	69.21	313	59.813	122	35.07	187	48.663	128	16.96	60	50.403	145	57.67	25
17	63.77	21	72.34	313	59.935	82	36.94	210	48.791	96	17.56	82	50.548	115	57.92	5
26*	[25] 63.98	13	75.47	308	[25] 60.017	44	39.04	224	[26] 48.887	65	18.38	100	[28] 50.663	86	57.97	12
Nov. 5	64.11	4	78.55	296	60.061	7	41.28	230	48.952	36	19.38	112	50.749	55	57.85	27
15	64.15	4	81.51	275	60.068	29	43.58	226	48.988	7	20.50	120	50.804	26	57.58	40
25	64.11	12	84.26	247	60.039	62	45.84	213	48.995	22	21.70	121	50.830	3	57.18	49
Dez. 5	63.99	20	86.73	213	59.977	93	47.97	193	48.973	49	22.91	118	50.827	32	56.69	56
15	63.79	27	88.86	171	59.884	120	49.90	165	48.924	74	24.09	112	50.795	59	56.13	60
25	63.52	34	90.57	124	59.764	144	51.55	133	48.850	97	25.21	99	50.736	85	55.53	63
35	63.18		91.81		59.620		52.88		48.753		26.20		50.651		54.90	
Mittl. Ort	55.27		53.68		55.576		62.85		44.216		43.14		45.743		33.84	
sec δ, tg δ	+2.489		+ 2.280		+1.166		− 0.599		+1.007		− 0.116		+1.010		+ 0.145	
a, *a′*	+4.7		+16.9		+2.6		+16.9		+3.0		+16.7		+3.2		+16.1	
b, *b′*	+0.13		− 0.54		−0.03		− 0.54		−0.01		− 0.55		+0.01		− 0.59	

* Bei Stern 85) lies Okt. 27.

Scheinbare Sternörter 1955

Obere Kulmination Greenwich

Tag	90) μ Hydri AR.		90) μ Hydri Dekl.		87) 36 H. Cassiopeiae AR.		87) 36 H. Cassiopeiae Dekl.		89) ν Arietis AR.		89) ν Arietis Dekl.		91) δ Ceti AR.		91) δ Ceti Dekl.	
1955	2h 32m		−79° 17′		2h 33m		+72° 37′		2h 36m		+21° 46′		2h 37m		+0° 8′	
	s		″		s		″		s		″		s		″	
Jan. 0	37.88	116	93.29	93	46.45	49	46.50	138	17.217	98	15.67	24	12.126	94	12.07	83
10	36.72	121	94.22	32	45.96	55	47.88	83	17.119	123	15.43	38	12.032	116	11.24	74
20	35.51	124	94.54	29	45.41	60	48.71	26	16.996	142	15.05	51	11.916	132	10.50	63
30	34.27	123	94.25	88	44.81	63	48.97	32	16.854	153	14.54	62	11.784	143	9.87	51
Febr. 9	33.04	119	93.37	144	44.18	61	48.65	88	16.701	156	13.92	72	11.641	145	9.36	37
19	31.85	112	91.93	195	43.57	58	47.77	141	16.545	150	13.20	79	11.496	141	8.99	22
März 1	30.73	102	89.98	241	42.99	51	46.36	187	16.395	134	12.41	82	11.355	127	8.77	5
11	29.71	90	87.57	281	42.48	42	44.49	225	16.261	109	11.59	80	11.228	104	8.72	14
21	28.81	75	84.76	313	42.06	31	42.24	254	16.152	76	10.79	74	11.124	75	8.86	34
31	28.06	59	81.63	339	41.75	18	39.70	271	16.076	35	10.05	64	11.049	39	9.20	55
April 10	27.47	42	78.24	357	41.57	4	36.99	278	16.041	11	9.41	49	11.010	3	9.75	76
20	27.05	22	74.67	367	41.53	10	34.21	275	16.052	59	8.92	30	11.013	47	10.51	99
30	26.83	3	71.00	368	41.63	24	31.46	261	16.111	108	8.62	9	11.060	92	11.50	120
Mai 10	26.80	16	67.32	362	41.87	38	28.85	239	16.219	156	8.53	14	11.152	136	12.70	139
20	26.96	34	63.70	347	42.25	50	26.46	208	16.375	201	8.67	39	11.288	179	14.09	156
30	27.30	53	60.23	324	42.75	61	24.38	172	16.576	240	9.06	63	11.467	216	15.65	169
Juni 9	27.83	70	56.99	293	43.36	70	22.66	130	16.816	274	9.69	85	11.683	248	17.34	179
19	28.53	84	54.06	255	44.06	77	21.36	85	17.090	300	10.54	106	11.931	273	19.13	185
29	29.37	97	51.51	210	44.83	83	20.51	38	17.390	317	11.60	124	12.204	291	20.98	184
Juli 9	30.34	106	49.41	159	45.66	86	20.13	10	17.707	328	12.84	137	12.495	302	22.82	178
19	31.40	112	47.82	103	46.52	87	20.23	58	18.035	331	14.21	147	12.797	306	24.60	169
29	32.52	115	46.79	45	47.39	86	20.81	103	18.366	326	15.68	153	13.103	303	26.29	153
Aug. 8	33.67	115	46.34	16	48.25	85	21.84	146	18.692	316	17.21	155	13.406	292	27.82	133
18	34.82	110	46.50	77	49.10	81	23.30	187	19.008	299	18.76	152	13.698	277	29.15	110
28	35.92	102	47.27	136	49.91	76	25.17	222	19.307	278	20.28	146	13.975	258	30.25	84
Sept. 7	36.94	90	48.63	190	50.67	69	27.39	254	19.585	253	21.74	137	14.233	234	31.09	57
17	37.84	76	50.53	239	51.36	61	29.93	280	19.838	226	23.11	126	14.467	208	31.66	28
27	38.60	58	52.92	278	51.97	53	32.73	301	20.064	198	24.37	112	14.675	180	31.94	1
Okt. 7	39.18	38	55.70	308	52.50	44	35.74	315	20.262	168	25.49	98	14.855	151	31.95	24
17	39.56	17	58.78	327	52.94	33	38.89	324	20.430	137	26.47	84	15.006	122	31.71	46
27	39.73	4	62.05	332	53.27	23	42.13	325	20.567	106	27.31	68	15.128	92	31.25	64
Nov. 5	^{30}39.69	27	65.37	326	^{30}53.50	12	45.38	319	^{31}20.673	74	27.99	54	^{31}15.220	62	30.61	79
15	39.42	48	68.63	307	53.62	0	48.57	305	20.747	42	28.53	40	15.282	32	29.82	89
25	38.94	67	71.70	277	53.62	12	51.62	283	20.789	9	28.93	25	15.314	2	28.93	94
Dez. 5	38.27	84	74.47	235	53.50	24	54.45	252	20.798	23	29.18	12	15.316	27	27.99	96
15	37.43	98	76.82	186	53.26	34	56.97	213	20.775	55	29.30	3	15.289	56	27.03	94
25	36.45	110	78.68	131	52.92	44	59.10	168	20.720	85	29.27	17	15.233	82	26.09	88
35	35.35		79.99		52.48		60.78		20.635		29.10		15.151		25.21	
Mittl. Ort	34.62		81.28		42.28		24.24		15.300		4.72		10.364		7.73	
sec δ, tg δ	+5.389		− 5.295		+3.348		+ 3.196		+1.077		+ 0.399		+1.000		+ 0.002	
a, *a′*	−1.3		+15.8		+5.7		+15.7		+3.4		+15.6		+3.1		+15.5	
b, *b′*	−0.28		− 0.62		+0.17		− 0.62		+0.02		− 0.63		0.00		− 0.63	

Obere Kulmination Greenwich

Tag	93) ϑ Persei AR.		93) ϑ Persei Dekl.		97) π Ceti AR.		97) π Ceti Dekl.		98) μ Ceti AR.		98) μ Ceti Dekl.		101) β Fornacis AR.		101) β Fornacis Dekl.	
1955	2h 41m		+49° 2′		2h 41m		−14° 2′		2h 42m		+9° 55′		2h 47m		−32° 35′	
	s		″		s		″		s		″		s		″	
Jan. 0	9.265	164	40.36	68	60.487	106	53.85	114	32.169	90	38.14	58	14.166	147	43.16	141
10	9.101	199	41.04	29	60.381	128	54.99	90	32.079	113	37.56	59	14.019	172	44.57	102
20	8.902	226	41.33	10	60.253	145	55.89	65	31.966	131	36.97	59	13.847	189	45.59	60
30	8.676	241	41.23	50	60.108	155	56.54	38	31.835	143	36.38	58	13.658	199	46.19	16
Febr. 9	8.435	244	40.73	88	59.953	158	56.92	10	31.692	147	35.80	54	13.459	201	46.35	26
19	8.191	234	39.85	122	59.795	153	57.02	18	31.545	143	35.26	48	13.258	195	46.09	69
März 1	7.957	209	38.63	150	59.642	140	56.84	47	31.402	130	34.78	40	13.063	180	45.40	109
11	7.748	172	37.13	173	59.502	118	56.37	75	31.272	107	34.38	29	12.883	156	44.31	147
21	7.576	123	35.40	187	59.384	89	55.62	103	31.165	77	34.09	16	12.727	125	42.84	183
31	7.453	66	33.53	193	59.295	53	54.59	129	31.088	40	33.93	0	12.602	85	41.01	214
April 10	7.387	1	31.60	191	59.242	12	53.30	154	31.048	2	33.93	19	12.517	40	38.87	242
20	7.386	67	29.69	181	59.230	33	51.76	177	31.050	48	34.12	40	12.477	8	36.45	265
30	7.453	135	27.88	164	59.263	78	49.99	196	31.098	94	34.52	60	12.485	59	33.80	282
Mai 10	7.588	200	26.24	141	59.341	124	48.03	213	31.192	139	35.12	82	12.544	109	30.98	293
20	7.788	261	24.83	111	59.465	167	45.90	224	31.331	182	35.94	102	12.653	158	28.05	297
30	8.049	316	23.72	79	59.632	205	43.66	231	31.513	221	36.96	120	12.811	203	25.08	295
Juni 9	8.365	361	22.93	44	59.837	240	41.35	231	31.734	253	38.16	136	13.014	242	22.13	286
19	8.726	396	22.49	8	60.077	267	39.04	226	31.987	279	39.52	148	13.256	276	19.27	268
29	9.122	423	22.41	28	60.344	287	36.78	215	32.266	298	41.00	156	13.532	301	16.59	244
Juli 9	9.545	438	22.69	63	60.631	300	34.63	198	32.564	309	42.56	159	13.833	319	14.15	213
19	9.983	443	23.32	96	60.931	306	32.65	175	32.873	313	44.15	159	14.152	329	12.02	176
29	10.426	440	24.28	127	61.237	304	30.90	146	33.186	310	45.74	153	14.481	330	10.26	134
Aug. 8	10.866	427	25.55	154	61.541	296	29.44	114	33.496	300	47.27	142	14.811	323	8.92	87
18	11.293	408	27.09	176	61.837	282	28.30	78	33.796	286	48.69	128	15.134	310	8.05	37
28	11.701	381	28.85	195	62.119	262	27.52	40	34.082	266	49.97	112	15.444	289	7.68	13
Sept. 7	12.082	351	30.80	211	62.381	238	27.12	2	34.348	244	51.09	92	15.733	264	7.81	63
17	12.433	316	32.91	222	62.619	211	27.10	36	34.592	218	52.01	72	15.997	233	8.44	110
27	12.749	277	35.13	228	62.830	182	27.46	70	34.810	191	52.73	50	16.230	198	9.54	153
Okt. 7	13.026	236	37.41	231	63.012	152	28.16	102	35.001	163	53.23	30	16.428	162	11.07	189
17	13.262	193	39.72	229	63.164	120	29.18	128	35.164	134	53.53	10	16.590	123	12.96	219
27	[1] 13.455	148	42.01	223	[2] 63.284	89	30.46	148	[2] 35.298	104	53.63	6	[3] 16.713	84	15.15	239
Nov. 5	13.603	100	44.24	212	63.373	56	31.94	160	35.402	74	53.57	21	16.797	44	17.54	249
15	13.703	51	46.36	198	63.429	25	33.54	166	35.476	43	53.36	33	16.841	6	20.03	249
25	13.754	2	48.34	177	63.454	7	35.20	166	35.519	13	53.03	42	16.847	32	22.52	241
Dez. 5	13.756	48	50.11	153	63.447	38	36.86	158	35.532	17	52.61	49	16.815	69	24.93	223
15	13.708	97	51.64	123	63.409	66	38.44	146	35.515	48	52.12	55	16.746	102	27.16	197
25	13.611	143	52.87	89	63.343	94	39.90	128	35.467	77	51.57	58	16.644	133	29.13	165
35	13.468		53.76		63.249		41.18		35.390		50.99		16.511		30.78	
Mittl. Ort	6.790		22.50		58.750		53.89		30.320		30.92		12.400		38.25	
sec δ, tg δ	+1.525		+ 1.152		+1.031		− 0.250		+1.015		+ 0.175		+1.187		− 0.639	
a, *a′*	+4.1		+15.3		+2.9		+15.2		+3.2		+15.2		+2.5		+14.9	
b, *b′*	+0.06		− 0.65		−0.01		− 0.65		+0.01		− 0.65		−0.03		− 0.67	

Scheinbare Sternörter 1955

Obere Kulmination Greenwich

Tag	100) 41 Arietis AR.	Δ	Dekl.	Δ	102) τ² Eridani AR.	Δ	Dekl.	Δ	103) τ Persei AR.	Δ	Dekl.	Δ	104) η Eridani AR.	Δ	Dekl.	Δ
1955	2h 47m		+27° 4′		2h 48m		−21° 10′		2h 51m		+52° 34′		2h 54m		−9° 4′	
	s		″		s		″		s		″		s		″	
Jan. 0	21.751	99	46.68	4	61.523	117	80.88	130	5.860	175	65.50	89	15.425	95	32.80	110
10	21.652	126	46.64	22	61.406	139	82.18	99	5.685	217	66.39	48	15.330	118	33.90	91
20	21.526	148	46.42	40	61.267	157	83.17	68	5.468	247	66.87	7	15.212	138	34.81	71
30	21.378	162	46.02	57	61.110	169	83.85	34	5.221	267	66.94	36	15.074	150	35.52	48
Febr. 9	21.216	168	45.45	72	60.941	172	84.19	1	4.954	272	66.58	78	14.924	156	36.00	25
19	21.048	163	44.73	85	60.769	168	84.18	35	4.682	263	65.80	115	14.768	154	36.25	1
März 1	20.885	147	43.88	94	60.601	155	83.83	69	4.419	239	64.65	148	14.614	142	36.26	24
11	20.738	123	42.94	97	60.446	133	83.14	101	4.180	201	63.17	174	14.472	122	36.02	49
21	20.615	89	41.97	97	60.313	104	82.13	133	3.979	150	61.43	193	14.350	95	35.53	75
31	20.526	48	41.00	90	60.209	68	80.80	162	3.829	89	59.50	203	14.255	59	34.78	99
April 10	20.478	1	40.10	79	60.141	27	79.18	188	3.740	20	57.47	204	14.196	19	33.79	124
20	20.477	50	39.31	64	60.114	19	77.30	211	3.720	52	55.43	198	14.177	24	32.55	146
30	20.527	102	38.67	43	60.133	66	75.19	231	3.772	126	53.45	184	14.201	69	31.09	166
Mai 10	20.629	152	38.24	21	60.199	113	72.88	245	3.898	196	51.61	162	14.270	115	29.43	185
20	20.781	198	38.03	3	60.312	158	70.43	254	4.094	263	49.99	135	14.385	158	27.58	198
30	20.979	241	38.06	29	60.470	199	67.89	258	4.357	322	48.64	104	14.543	198	25.60	207
Juni 9	21.220	277	38.35	53	60.669	234	65.31	255	4.679	373	47.60	69	14.741	231	23.53	212
19	21.497	305	38.88	77	60.903	264	62.76	246	5.052	413	46.91	32	14.972	260	21.41	211
29	21.802	325	39.65	98	61.167	287	60.30	228	5.465	443	46.59	5	15.232	281	19.30	204
Juli 9	22.127	338	40.63	117	61.454	303	58.02	206	5.908	462	46.64	42	15.513	295	17.26	192
19	22.465	343	41.80	131	61.757	310	55.96	178	6.370	471	47.06	77	15.808	303	15.34	173
29	22.808	340	43.11	142	62.067	310	54.18	144	6.841	470	47.83	110	16.111	302	13.61	149
Aug. 8	23.148	330	44.53	149	62.377	303	52.74	106	7.311	459	48.93	140	16.413	295	12.12	122
18	23.478	316	46.02	152	62.680	290	51.68	64	7.770	441	50.33	166	16.708	283	10.90	91
28	23.794	295	47.54	151	62.970	272	51.04	20	8.211	417	51.99	189	16.991	266	9.99	56
Sept. 7	24.089	272	49.05	147	63.242	248	50.84	23	8.628	385	53.88	207	17.257	244	9.43	21
17	24.361	245	50.52	141	63.490	220	51.07	65	9.013	349	55.95	222	17.501	219	9.22	14
27	24.606	217	51.93	132	63.710	190	51.72	104	9.362	309	58.17	233	17.720	193	9.36	47
Okt. 7	24.823	187	53.25	122	63.900	159	52.76	137	9.671	266	60.50	238	17.913	164	9.83	77
17	25.010	156	54.47	110	64.059	125	54.13	166	9.937	221	62.88	240	18.077	134	10.60	103
27	25.166	123	55.57	98	64.184	92	55.79	187	10.158	171	65.28	238	18.211	103	11.63	123
Nov. 5	[3]25.289	90	56.55	84	[3]64.276	57	57.66	199	[4]10.329	120	67.66	229	[5]18.314	73	12.86	137
15	25.379	56	57.39	70	64.333	24	59.65	203	10.449	66	69.95	217	18.387	41	14.23	145
25	25.435	21	58.09	56	64.357	10	61.68	200	10.515	11	72.12	198	18.428	10	15.68	147
Dez. 5	25.456	15	58.65	40	64.347	43	63.68	189	10.526	45	74.10	174	18.438	22	17.15	144
15	25.441	50	59.05	24	64.304	74	65.57	171	10.481	99	75.84	145	18.416	52	18.59	134
25	25.391	83	59.29	6	64.230	102	67.28	148	10.382	150	77.29	110	18.364	82	19.93	121
35	25.308		59.35		64.128		68.76		10.232		78.39		18.282		21.14	
Mittl. Ort	19.700		34.62		59.761		78.89		3.154		47.46		13.617		34.15	
sec δ, tg δ	+1.123		+ 0.511		+1.073		− 0.388		+1.646		+ 1.307		+1.013		− 0.160	
a, *a′*	+3.5		+14.9		+2.7		+14.8		+4.3		+14.7		+2.9		+14.5	
b, *b′*	+0.03		− 0.67		−0.02		− 0.67		+0.06		− 0.68		−0.01		− 0.69	

Scheinbare Sternörter 1955

Obere Kulmination Greenwich

Tag	106) ϑ Eridani *pr* AR.	Diff.	106) ϑ Eridani *pr* Dekl.	Diff.	107) α Ceti AR.	Diff.	107) α Ceti Dekl.	Diff.
1955	$2^h\ 56^m$		−40° 28′		$2^h\ 59^m$		+3° 54′	
	s		″		s		″	
Jan. 0	35.088	176	69.37	156	57.334	83	56.73	76
10	34.912	203	70.93	111	57.251	109	55.97	70
20	34.709	223	72.04	64	57.142	129	55.27	64
30	34.486	235	72.68	16	57.013	144	54.63	55
Febr. 9	34.251	238	72.84	— 33	56.869	151	54.08	45
19	34.013	232	72.51	81	56.718	150	53.63	33
März 1	33.781	217	71.70	125	56.568	139	53.30	19
11	33.564	192	70.45	167	56.429	120	53.11	5 —
21	33.372	158	68.78	205	56.309	92	53.06	13
31	33.214	116	66.73	239	56.217	57	53.19	31
April 10	33.098	68	64.34	268	56.160	17	53.50	50
20	33.030	17	61.66	291	56.143	— 27	54.00	72
30	33.013	— 38	58.75	307	56.170	73	54.72	92
Mai 10	33.051	93	55.68	318	56.243	118	55.64	111
20	33.144	147	52.50	321	56.361	161	56.75	129
30	33.291	197	49.29	316	56.522	201	58.04	145
Juni 9	33.488	241	46.13	303	56.723	234	59.49	157
19	33.729	280	43.10	283	56.957	263	61.06	164
29	34.009	311	40.27	255	57.220	284	62.70	168
Juli 9	34.320	333	37.72	220	57.504	298	64.38	166
19	34.653	347	35.52	178	57.802	305	66.04	160
29	35.000	352	33.74	132	58.107	304	67.64	149
Aug. 8	35.352	348	32.42	80	58.411	298	69.13	133
18	35.700	336	31.62	26	58.709	286	70.46	113
28	36.036	316	31.36	— 28	58.995	270	71.59	91
Sept. 7	36.352	289	31.64	83	59.265	249	72.50	66
17	36.641	257	32.47	134	59.514	227	73.16	41
27	36.898	219	33.81	180	59.741	201	73.57	16 —
Okt. 7	37.117	179	35.61	218	59.942	174	73.73	8
17	37.296	136	37.79	250	60.116	146	73.65	30
27	37.432	91	40.29	271	60.262	117	73.35	47
Nov. 5*	5 37.523	46	43.00	281	6 60.379	87	72.88	62
15	37.569	1	45.81	281	60.466	56	72.26	73
25	37.570	— 43	48.62	270	60.522	25	71.53	80
Dez. 5	37.527	85	51.32	249	60.547	— 7	70.73	82
15	37.442	124	53.81	220	60.540	37	69.91	83
25	37.318	159	56.01	183	60.503	69	69.08	81
35	37.159		57.84		60.434		68.27	
Mittl. Ort	33.241		62.81		55.437		51.74	
sec δ, tg δ	+1.315		— 0.854		+1.002		+ 0.068	
a, *a*′	+2.3		+14.4		+3.1		+14.2	
b, *b*′	—0.04		— 0.70		0.00		— 0.71	

Tag	105) 47 H. Cephei AR.	Diff.	105) 47 H. Cephei Dekl.	Diff.	108) γ Persei AR.	Diff.	108) γ Persei Dekl.	Diff.
1955	$2^h\ 59^m$		+79° 14′		$3^h\ 1^m$		+53° 19′	
	s		″		s		″	
Jan. 0	68.28	76	58.54	185	34.186	170	72.25	100
10	67.52	89	60.39	132	34.016	214	73.25	61
20	66.63	99	61.71	74	33.802	249	73.86	18
30	65.64	104	62.45	13	33.553	272	74.04	— 24
Febr. 9	64.60	104	62.58	— 48	33.281	281	73.80	66
19	63.56	101	62.10	106	33.000	274	73.14	105
März 1	62.55	92	61.04	159	32.726	252	72.09	139
11	61.63	80	59.45	206	32.474	216	70.70	168
21	60.83	63	57.39	243	32.258	167	69.02	188
31	60.20	44	54.96	270	32.091	105	67.14	201
April 10	59.76	23	52.26	287	31.986	37 —	65.13	206
20	59.53	1	49.39	293	31.949	36	63.07	202
30	59.52	— 22	46.46	288	31.985	110	61.05	189
Mai 10	59.74	43	43.58	273	32.095	183	59.16	170
20	60.17	64	40.85	249	32.278	252	57.46	145
30	60.81	82	38.36	218	32.530	314	56.01	115
Juni 9	61.63	98	36.18	181	32.844	367	54.86	82
19	62.61	112	34.37	138	33.211	410	54.04	46
29	63.73	122	32.99	92	33.621	443	53.58	9
Juli 9	64.95	130	32.07	45 —	34.064	466	53.49	— 27
19	66.25	134	31.62	4	34.530	477	53.76	62
29	67.59	136	31.66	52	35.007	478	54.38	95
Aug. 8	68.95	135	32.18	99	35.485	470	55.33	126
18	70.30	132	33.17	144	35.955	454	56.59	153
28	71.62	125	34.61	186	36.409	432	58.12	177
Sept. 7	72.87	117	36.47	223	36.841	402	59.89	198
17	74.04	107	38.70	256	37.243	368	61.87	213
27	75.11	95	41.26	285	37.611	329	64.00	226
Okt. 7	76.06	80	44.11	308	37.940	287	66.26	234
17	76.86	64	47.19	325	38.227	241	68.60	237
27	77.50	47	50.44	335	38.468	192	70.97	237
Nov. 5*	6 77.97	29	53.79	336	6 38.660	139	73.34	231
15	78.26	9	57.15	329	38.799	84	75.65	220
25	78.35	— 11	60.44	314	38.883	27	77.85	203
Dez. 5	78.24	31	63.58	290	38.910	— 31	79.88	182
15	77.93	49	66.48	256	38.879	89	81.70	154
25	77.44	67	69.04	215	38.790	143	83.24	121
35	76.77		71.19		38.647		84.45	
Mittl. Ort	61.28		37.36		31.341		54.70	
sec δ, tg δ	+5.358		+ 5.264		+1.675		+ 1.343	
a, *a*′	+8.0		+14.2		+4.4		+14.1	
b, *b*′	+0.25		— 0.71		+0.06		— 0.71	

* Bei Stern 107), 105) und 108) lies Nov. 6.

Scheinbare Sternörter 1955

Obere Kulmination Greenwich

Tag	109) ρ Persei AR.	Δ	109) ρ Persei Dekl.	Δ	110) μ Horologii AR.	Δ	110) μ Horologii Dekl.	Δ	111) β Persei AR.	Δ	111) β Persei Dekl.	Δ	114) δ Arietis AR.	Δ	114) δ Arietis Dekl.	Δ
1955	3h 2m		+38° 40′		3h 2m		−59° 54′		3h 5m		+40° 47′		3h 9m		+19° 33′	
	s		″		s		″		s		″		s		″	
Jan. 0	19.395	111	16.79	46	35.141	335	51.48	162	16.339	115	16.45	56	5.128	79	37.46	24
10	19.284	145	17.25	18	34.806	372	53.10	108	16.224	150	17.01	26	5.049	109	37.22	33
20	19.139	173	17.43	11	34.434	398	54.18	51	16.074	180	17.27	5	4.940	133	36.89	41
30	18.966	192	17.32	40	34.036	412	54.69	7	15.894	200	17.22	35	4.807	151	36.48	50
Febr. 9	18.774	201	16.92	68	33.624	412	54.62	63	15.694	210	16.87	64	4.656	161	35.98	57
19	18.573	198	16.24	92	33.212	400	53.99	117	15.484	207	16.23	92	4.495	160	35.41	62
März 1	18.375	183	15.32	113	32.812	376	52.82	168	15.277	192	15.31	115	4.335	150	34.79	64
11	18.192	157	14.19	129	32.436	338	51.14	214	15.085	165	14.16	133	4.185	131	34.15	62
21	18.035	119	12.90	139	32.098	290	49.00	255	14.920	127	12.83	146	4.054	101	33.53	58
31	17.916	73	11.51	142	31.808	231	46.45	289	14.793	80	11.37	150	3.953	64	32.95	50
April 10	17.843	20	10.09	139	31.577	163	43.56	317	14.713	26	9.87	148	3.889	22	32.45	37
20	17.823	36	8.70	129	31.414	90	40.39	339	14.687	33	8.39	140	3.867	25	32.08	21
30	17.859	95	7.41	114	31.324	13	37.00	352	14.720	93	6.99	125	3.892	74	31.87	4
Mai 10	17.954	152	6.27	93	31.311	65	33.48	358	14.813	151	5.74	106	3.966	123	31.83	17
20	18.106	206	5.34	69	31.376	142	29.90	355	14.964	207	4.68	82	4.089	169	32.00	38
30	18.312	255	4.65	42	31.518	216	26.35	344	15.171	258	3.86	54	4.258	210	32.38	58
Juni 9	18.567	296	4.23	13	31.734	284	22.91	324	15.429	301	3.32	26	4.468	247	32.96	78
19	18.863	330	4.10	15	32.018	345	19.67	297	15.730	337	3.06	4	4.715	277	33.74	96
29	19.193	356	4.25	44	32.363	396	16.70	260	16.067	363	3.10	33	4.992	300	34.70	110
Juli 9	19.549	373	4.69	70	32.759	435	14.10	217	16.430	381	3.43	61	5.292	314	35.80	122
19	19.922	382	5.39	95	33.194	464	11.93	168	16.811	390	4.04	87	5.606	323	37.02	130
29	20.304	381	6.34	117	33.658	478	10.25	113	17.201	391	4.91	111	5.929	324	38.32	134
Aug. 8	20.685	373	7.51	134	34.136	479	9.12	54	17.592	385	6.02	130	6.253	318	39.66	133
18	21.058	361	8.85	148	34.615	468	8.58	7	17.977	371	7.32	147	6.571	307	40.99	130
28	21.419	342	10.33	160	35.083	443	8.65	68	18.348	352	8.79	160	6.878	292	42.29	122
Sept. 7	21.761	318	11.93	167	35.526	407	9.33	128	18.700	329	10.39	169	7.170	272	43.51	113
17	22.079	290	13.60	171	35.933	359	10.61	183	19.029	302	12.08	176	7.442	249	44.64	100
27	22.369	261	15.31	172	36.292	303	12.44	231	19.331	271	13.84	179	7.691	224	45.64	86
Okt. 7	22.630	229	17.03	171	36.595	238	14.75	272	19.602	238	15.63	179	7.915	198	46.50	73
17	22.859	194	18.74	167	36.833	168	17.47	303	19.840	203	17.42	176	8.113	169	47.23	58
27	23.053	157	20.41	160	37.001	94	20.50	322	20.043	165	19.18	170	8.282	140	47.81	45
Nov. 6	23.210	119	22.01	150	37.095	20	23.72	330	20.208	125	20.88	162	8.422	108	48.26	33
15	^{7}23.329	79	23.51	138	^{7}37.115	55	27.02	324	^{7}20.333	83	22.50	151	^{8}8.530	76	48.59	21
25	23.408	37	24.89	123	37.060	127	30.26	307	20.416	40	24.01	136	8.606	42	48.80	10
Dez. 5	23.445	7	26.12	106	36.933	194	33.33	279	20.456	6	25.37	117	8.648	6	48.90	0
15	23.438	49	27.18	84	36.739	254	36.12	241	20.450	50	26.54	96	8.654	28	48.90	9
25	23.389	91	28.02	60	36.485	308	38.53	195	20.400	93	27.50	72	8.626	62	48.81	19
35	23.298		28.62		36.177		40.48		20.307		28.22		8.564		48.62	
Mittl. Ort	17.032		2.45		32.983		41.82		13.902		1.77		3.045		28.34	
sec δ, tg δ	+1.281		+ 0.800		+1.995		− 1.726		+1.321		+ 0.863		+1.061		+ 0.355	
a, *a′*	+3.8		+14.0		+1.4		+14.0		+3.9		+13.8		+3.4		+13.6	
b, *b′*	+0.04		− 0.71		−0.08		− 0.71		+0.04		− 0.72		+0.02		− 0.73	

Obere Kulmination Greenwich

Tag	1090) 79 G. Fornacis AR.		1090) 79 G. Fornacis Dekl.		115) 48 H. Cephei AR.		115) 48 H. Cephei Dekl.		120) α Persei AR.		120) α Persei Dekl.		121) o Tauri AR.		121) o Tauri Dekl.	
1955	$3^h\ 12^m$		−35° 42′		$3^h\ 14^m$		+77° 34′		$3^h\ 21^m$		+49° 42′		$3^h\ 22^m$		+8° 52′	
	s		″		s		″		s		″		s		″	
Jan. 0	55.730	147	92.46	168	38.72	60	40.70	194	8.752	132	25.59	101	25.315	70	24.49	62
10	55.583	176	94.14	128	38.12	73	42.64	144	8.620	178	26.60	66	25.245	100	23.87	60
20	55.407	200	95.42	84	37.39	82	44.08	89	8.442	215	27.26	30	25.145	125	23.27	57
30	55.207	215	96.26	39	36.57	88	44.97	29	8.227	242	27.56	9	25.020	144	22.70	53
Febr. 9	54.992	222	96.65	7	35.69	91	45.26	30	7.985	257	27.47	48	24.876	155	22.17	48
19	54.770	220	96.58	53	34.78	88	44.96	88	7.728	257	26.99	83	24.721	157	21.69	42
März 1	54.550	209	96.05	96	33.90	82	44.08	143	7.471	243	26.16	116	24.564	151	21.27	34
11	54.341	188	95.09	138	33.08	72	42.65	190	7.228	214	25.00	144	24.413	134	20.93	23
21	54.153	158	93.71	176	32.36	58	40.75	229	7.014	172	23.56	165	24.279	109	20.70	10
31	53.995	121	91.95	210	31.78	43	38.46	259	6.842	118	21.91	179	24.170	75	20.60	4
April 10	53.874	76	89.85	241	31.35	25	35.87	278	6.724	57	20.12	185	24.095	35	20.64	20
20	53.798	27	87.44	266	31.10	6	33.09	287	6.667	9	18.27	183	24.060	8	20.84	39
30	53.771	24	84.78	286	31.04	14	30.22	285	6.676	78	16.44	174	24.068	54	21.23	57
Mai 10	53.795	77	81.92	299	31.18	33	27.37	274	6.754	147	14.70	159	24.122	101	21.80	76
20	53.872	128	78.93	306	31.51	51	24.63	253	6.901	212	13.11	137	24.223	145	22.56	95
30	54.000	176	75.87	305	32.02	67	22.10	224	7.113	272	11.74	111	24.368	187	23.51	111
Juni 9	54.176	220	72.82	298	32.69	82	19.86	190	7.385	325	10.63	82	24.555	222	24.62	125
19	54.396	258	69.84	282	33.51	95	17.96	151	7.710	368	9.81	50	24.777	253	25.87	137
29	54.654	289	67.02	258	34.46	105	16.45	107	8.078	402	9.31	17	25.030	277	27.24	143
Juli 9	54.943	312	64.44	227	35.51	112	15.38	61	8.480	427	9.14	15	25.307	294	28.67	146
19	55.255	327	62.17	191	36.63	117	14.77	14	8.907	442	9.29	47	25.601	304	30.13	144
29	55.582	335	60.26	147	37.80	120	14.63	33	9.349	448	9.76	77	25.905	307	31.57	138
Aug. 8	55.917	333	58.79	99	39.00	120	14.96	79	9.797	444	10.53	105	26.212	304	32.95	127
18	56.250	324	57.80	47	40.20	117	15.75	123	10.241	433	11.58	129	26.516	295	34.22	113
28	56.574	309	57.33	5	41.37	113	16.98	165	10.674	416	12.87	151	26.811	282	35.35	96
Sept. 7	56.883	287	57.38	58	42.50	106	18.63	203	11.090	392	14.38	170	27.093	265	36.31	76
17	57.170	259	57.96	109	43.56	98	20.66	237	11.482	364	16.08	184	27.358	245	37.07	54
27	57.429	227	59.05	156	44.54	89	23.03	267	11.846	331	17.92	196	27.603	222	37.61	32
Okt. 7	57.656	191	60.61	197	45.43	77	25.70	291	12.177	295	19.88	204	27.825	197	37.93	12
17	57.847	153	62.58	230	46.20	63	28.61	309	12.472	255	21.92	209	28.022	171	38.05	7
27	58.000	112	64.88	254	46.83	49	31.70	322	12.727	211	24.01	209	28.193	143	37.98	24
Nov. 6	9 58.112	71	67.42	269	10 47.32	33	34.92	327	11 12.938	164	26.10	206	12 28.336	113	37.74	38
16	58.183	30	70.11	272	47.65	16	38.19	323	13.102	114	28.16	198	28.449	82	37.36	48
26	58.213	13	72.83	265	47.81	1	41.42	312	13.216	60	30.14	186	28.531	49	36.88	56
Dez. 6	58.200	54	75.48	250	47.80	19	44.54	290	13.276	5	32.00	168	28.580	15	36.32	61
16	58.146	93	77.98	225	47.61	36	47.44	260	13.281	51	33.68	146	28.595	19	35.71	64
26	58.053	128	80.23	193	47.25	52	50.04	222	13.230	104	35.14	119	28.576	53	35.07	64
36	57.925		82.16		46.73		52.26		13.126		36.33		28.523		34.43	
Mittl. Ort	53.831		87.09		32.10		20.73		5.888		10.01		23.273		18.74	
sec δ, tg δ	+1.232		− 0.719		+4.647		+ 4.538		+1.546		+ 1.179		+1.012		+ 0.156	
a, *a′*	+2.4		+13.4		+7.6		+13.2		+4.3		+12.8		+3.2		+12.7	
b, *b′*	−0.03		− 0.75		+0.20		− 0.75		+0.05		− 0.77		+0.01		− 0.77	

Scheinbare Sternörter 1955

Obere Kulmination Greenwich

Tag	122) 2 H. Camelop. AR.		122) Dekl.		125) 5 Tauri AR.		125) Dekl.		127) ε Eridani[1] AR.		127) Dekl.		131) δ Persei AR.		131) Dekl.	
1955	3^h 25^m		+59° 47′		3^h 28^m		+12° 47′		3^h 30^m		−9° 36′		3^h 39^m		+47° 38′	
	s		″		s		″		s		″		s		″	
Jan. 0	27.854	188	24.76	143	25.187	66	8.51	47	50.449	82	33.27	125	45.551	105	57.72	104
10	27.666	247	26.19	103	25.121	97	8.04	49	50.367	111	34.52	106	45.446	153	58.76	74
20	27.419	295	27.22	59	25.024	124	7.55	49	50.256	135	35.58	83	45.293	194	59.50	41
30	27.124	330	27.81	12	24.900	145	7.06	50	50.121	154	36.41	59	45.099	225	59.91	5
Febr. 9	26.794	348	27.93	35	24.755	157	6.56	49	49.967	165	37.00	35	44.874	245	59.96	30
19	26.446	348	27.58	81	24.598	161	6.07	46	49.802	169	37.35	10	44.629	250	59.66	65
März 1	26.098	328	26.77	122	24.437	154	5.61	42	49.633	162	37.45	16	44.379	241	59.01	97
11	25.770	292	25.55	159	24.283	138	5.19	35	49.471	147	37.29	43	44.138	218	58.04	124
21	25.478	238	23.96	188	24.145	113	4.84	27	49.324	122	36.86	68	43.920	181	56.80	146
31	25.240	171	22.08	210	24.032	80	4.57	15	49.202	91	36.18	93	43.739	134	55.34	162
April 10	25.069	94	19.98	222	23.952	40	4.42	1	49.111	52	35.25	118	43.605	77	53.72	170
20	24.975	10	17.76	227	23.912	4	4.41	16	49.059	10	34.07	141	43.528	14	52.02	171
30	24.965	77	15.49	221	23.916	51	4.57	33	49.049	35	32.66	161	43.514	52	50.31	164
Mai 10	25.042	163	13.28	208	23.967	99	4.90	52	49.084	81	31.05	180	43.566	118	48.67	152
20	25.205	246	11.20	189	24.066	143	5.42	70	49.165	125	29.25	194	43.684	182	47.15	135
30	25.451	322	9.31	162	24.209	185	6.12	88	49.290	167	27.31	204	43.866	242	45.80	112
Juni 9	25.773	389	7.69	132	24.394	223	7.00	103	49.457	204	25.27	210	44.108	294	44.68	86
19	26.162	445	6.37	97	24.617	254	8.03	116	49.661	236	23.17	209	44.402	339	43.82	58
29	26.607	491	5.40	61	24.871	278	9.19	126	49.897	261	21.08	203	44.741	376	43.24	28
Juli 9	27.098	524	4.79	23	25.149	296	10.45	132	50.158	280	19.05	192	45.117	402	42.96	1
19	27.622	545	4.56	15	25.445	307	11.77	134	50.438	292	17.13	174	45.519	421	42.97	31
29	28.167	554	4.71	52	25.752	311	13.11	131	50.730	296	15.39	151	45.940	430	43.28	59
Aug. 8	28.721	554	5.23	87	26.063	309	14.42	124	51.026	296	13.88	123	46.370	431	43.87	84
18	29.275	543	6.10	120	26.372	301	15.66	114	51.322	289	12.65	91	46.801	424	44.71	107
28	29.818	524	7.30	150	26.673	289	16.80	100	51.611	276	11.74	56	47.225	411	45.78	127
Sept. 7	30.342	497	8.80	178	26.962	272	17.80	84	51.887	260	11.18	20	47.636	392	47.05	146
17	30.839	462	10.58	201	27.234	253	18.64	66	52.147	239	10.98	16	48.028	369	48.51	160
27	31.301	421	12.59	220	27.487	231	19.30	48	52.386	216	11.14	51	48.397	340	50.11	171
Okt. 7	31.722	374	14.79	235	27.718	206	19.78	30	52.602	191	11.65	84	48.737	307	51.82	180
17	32.096	323	17.14	247	27.924	180	20.08	13	52.793	164	12.49	111	49.044	271	53.62	186
27	32.419	265	19.61	253	28.104	153	20.21	3	52.957	134	13.60	134	49.315	232	55.48	189
Nov. 6	32.684	203	22.14	254	28.257	122	20.18	15	53.091	103	14.94	150	49.547	188	57.37	187
15*	[13]32.887	136	24.68	249	[13]28.379	91	20.03	25	[14]53.194	71	16.44	159	[16]49.735	139	59.24	182
25	33.023	66	27.17	238	28.470	58	19.78	34	53.265	37	18.03	163	49.874	88	61.06	174
Dez. 5	33.089	8	29.55	220	28.528	22	19.44	40	53.302	4	19.66	160	49.962	33	62.80	161
15	33.081	81	31.75	196	28.550	13	19.04	44	53.306	31	21.26	150	49.995	21	64.41	142
25	33.000	151	33.71	164	28.537	48	18.60	47	53.275	65	22.76	137	49.974	76	65.83	119
35	32.849		35.35		28.489		18.13		53.210		24.13		49.898		67.02	
Mittl. Ort	24.363		7.74		23.081		1.93		48.494		33.88		42.625		43.82	
sec δ, tg δ	+1.987		+ 1.717		+1.025		+ 0.227		+1.014		− 0.169		+1.484		+ 1.097	
a, *a′*	+4.9		+12.5		+3.3		+12.3		+2.9		+12.1		+4.3		+11.5	
b, *b′*	+0.07		− 0.78		+0.01		− 0.79		−0.01		− 0.80		+0.04		− 0.82	

[1] Die jährliche Parallaxe (0″.305) ist bereits berücksichtigt.

* Bei Stern 131) lies Nov. 16.

Obere Kulmination Greenwich

Tag	134) ν Persei				141) β Reticuli				139) η Tauri				140) τ⁶ Eridani			
	AR.	Δ	Dekl.	Δ	AR.	Δ	Dekl.	Δ	AR.	Δ	Dekl.	Δ	AR.	Δ	Dekl.	Δ
1955	$3^h\ 42^m$		+42° 26′		$3^h\ 43^m$		−64° 56′		$3^h\ 44^m$		+23° 58′		$3^h\ 44^m$		−23° 22′	
	s		″		s		″		s		″		s		″	
Jan. 0	10.439	87	30.13	83	40.31	37	62.27	212	50.598	59	11.70	1	56.629	93	55.86	174
10	10.352	132	30.96	56	39.94	44	64.39	160	50.539	94	11.71	9	56.536	125	57.60	144
20	10.220	170	31.52	28	39.50	48	65.99	105	50.445	128	11.62	20	56.411	153	59.04	111
30	10.050	200	31.80	1	39.02	51	67.04	47	50.317	152	11.42	31	56.258	175	60.15	74
Febr. 9	9.850	219	31.79	32	38.51	52	67.51	11	50.165	168	11.11	42	56.083	189	60.89	37
19	9.631	225	31.47	62	37.99	52	67.40	67	49.997	176	10.69	52	55.894	194	61.26	0
März 1	9.406	217	30.85	89	37.47	51	66.73	121	49.821	171	10.17	60	55.700	190	61.26	38
11	9.189	198	29.96	111	36.96	47	65.52	172	49.650	156	9.57	65	55.510	176	60.88	74
21	8.991	165	28.85	130	36.49	43	63.80	217	49.494	132	8.92	66	55.334	153	60.14	108
31	8.826	122	27.55	141	36.06	37	61.63	257	49.362	97	8.26	64	55.181	122	59.06	141
April 10	8.704	70	26.14	146	35.69	29	59.06	292	49.265	56	7.62	59	55.059	84	57.65	171
20	8.634	13	24.68	146	35.40	22	56.14	319	49.209	9	7.03	49	54.975	41	55.94	199
30	8.621	48	23.22	138	35.18	13	52.95	340	49.200	40	6.54	35	54.934	5	53.95	221
Mai 10	8.669	109	21.84	125	35.05	3	49.55	352	49.240	91	6.19	19	54.939	53	51.74	240
20	8.778	168	20.59	107	35.02	5	46.03	357	49.331	139	6.00	2	54.992	100	49.34	253
30	8.946	223	19.52	86	35.07	15	42.46	352	49.470	185	5.98	18	55.092	145	46.81	260
Juni 9	9.169	272	18.66	61	35.22	23	38.94	340	49.655	225	6.16	36	55.237	186	44.21	261
19	9.441	313	18.05	35	35.45	31	35.54	318	49.880	259	6.52	54	55.423	222	41.60	256
29	9.754	347	17.70	8	35.76	38	32.36	287	50.139	288	7.06	70	55.645	253	39.04	242
Juli 9	10.101	372	17.62	18	36.14	44	29.49	249	50.427	308	7.76	84	55.898	276	36.62	223
19	10.473	389	17.80	43	36.58	49	27.00	203	50.735	322	8.60	95	56.174	293	34.39	196
29	10.862	397	18.23	67	37.07	53	24.97	151	51.057	329	9.55	102	56.467	303	32.43	162
Aug. 8	11.259	398	18.90	88	37.60	55	23.46	93	51.386	329	10.57	107	56.770	306	30.81	125
18	11.657	391	19.78	107	38.15	55	22.53	33	51.715	324	11.64	108	57.076	303	29.56	82
28	12.048	380	20.85	123	38.70	53	22.20	31	52.039	313	12.72	105	57.379	293	28.74	36
Sept. 7	12.428	363	22.08	135	39.23	51	22.51	94	52.352	299	13.77	100	57.672	279	28.38	11
17	12.791	341	23.43	145	39.74	48	23.45	154	52.651	281	14.77	94	57.951	260	28.49	57
27	13.132	315	24.88	153	40.22	41	24.99	208	52.932	260	15.71	85	58.211	236	29.06	102
Okt. 7	13.447	286	26.41	158	40.63	35	27.07	257	53.192	237	16.56	75	58.447	210	30.08	142
17	13.733	254	27.99	160	40.98	27	29.64	296	53.429	211	17.31	66	58.657	181	31.50	177
27	13.987	217	29.59	161	41.25	19	32.60	324	53.640	182	17.97	57	58.838	149	33.27	204
Nov. 6	14.204	178	31.20	158	41.44	10	35.84	341	53.822	151	18.54	48	58.987	114	35.31	223
16	14.382	135	32.78	152	41.54	0	39.25	344	53.973	118	19.02	39	59.101	78	37.54	234
25	[17] 14.517	89	34.30	144	[17] 41.54	9	42.69	335	[17] 54.091	81	19.41	32	[17] 59.179	41	39.88	236
Dez. 5	14.606	39	35.74	132	41.45	17	46.04	315	54.172	42	19.73	24	59.220	3	42.24	228
15	14.645	11	37.06	116	41.28	26	49.19	283	54.214	2	19.97	15	59.223	36	44.52	214
25	14.634	61	38.22	96	41.02	34	52.02	242	54.216	38	20.12	6	59.187	73	46.66	191
35	14.573		39.18		40.68		54.44		54.178		20.18		59.114		48.57	
Mittl. Ort	7.690		17.38		37.68		53.34		48.267		3.09		54.627		53.34	
sec δ, tg δ	+1.355		+ 0.914		+2.362		− 2.139		+1.094		+ 0.445		+1.089		− 0.432	
a, *a′*	+4.1		+11.3		+0.7		+11.2		+3.6		+11.1		+2.6		+11.1	
b, *b′*	+0.03		− 0.82		−0.08		− 0.83		+0.02		− 0.83		−0.02		− 0.83	

Scheinbare Sternörter 1955

Obere Kulmination Greenwich

Tag	138) γ Camelop. AR.		138) γ Camelop. Dekl.		143) 138 G. Eridani AR.		143) 138 G. Eridani Dekl.		146) γ Hydri AR.		146) γ Hydri Dekl.		1105) +57° 752 Caml AR.		1105) +57° 752 Caml Dekl.	
1955	3h 45m		+71° 11′		3h 47m		−36° 19′		3h 47m		−74° 22′		3h 50m		+57° 50′	
	s	Δ	″	Δ	s	Δ	″	Δ	s	Δ	″	Δ	s	Δ	″	Δ
Jan. 0	39.57	30	63.79	202	48.168	128	72.57	202	58.37	66	47.54	209	6.744	140	51.11	153
10	39.27	40	65.81	158	48.040	164	74.59	164	57.71	74	49.63	155	6.604	203	52.64	118
20	38.87	49	67.39	110	47.876	194	76.23	120	56.97	82	51.18	99	6.401	256	53.82	79
30	38.38	54	68.49	57	47.682	217	77.43	75	56.15	86	52.17	42	6.145	298	54.61	36
Febr. 9	37.84	58	69.06	2	47.465	232	78.18	28	55.29	87	52.59	17	5.847	324	54.97	9
19	37.26	58	69.08	52	47.233	237	78.46	18	54.42	87	52.42	74	5.523	332	54.88	53
März 1	36.68	56	68.56	104	46.996	231	78.28	64	53.55	85	51.68	128	5.191	322	54.35	95
11	36.12	51	67.52	151	46.765	216	77.64	108	52.70	79	50.40	177	4.869	296	53.40	132
21	35.61	44	66.01	192	46.549	190	76.56	149	51.91	72	48.63	222	4.573	252	52.08	164
31	35.17	34	64.09	224	46.359	157	75.07	187	51.19	63	46.41	262	4.321	194	50.44	188
April 10	34.83	23	61.85	247	46.202	117	73.20	220	50.56	53	43.79	295	4.127	124	48.56	204
20	34.60	11	59.38	262	46.085	69	71.00	249	50.03	40	40.84	321	4.003	48	46.52	213
30	34.49	3	56.76	265	46.016	18	68.51	274	49.63	27	37.63	341	3.955	34	44.39	213
Mai 10	34.52	16	54.11	259	45.998	34	65.77	291	49.36	14	34.22	352	3.989	117	42.26	205
20	34.68	29	51.52	246	46.032	87	62.86	302	49.22	0	30.70	356	4.106	196	40.21	190
30	34.97	40	49.06	224	46.119	137	59.84	306	49.22	14	27.14	350	4.302	271	38.31	170
Juni 9	35.37	51	46.82	196	46.256	183	56.78	303	49.36	28	23.64	336	4.573	339	36.61	143
19	35.88	61	44.86	163	46.439	226	53.75	291	49.64	40	20.28	314	4.912	397	35.18	113
29	36.49	68	43.23	125	46.665	262	50.84	272	50.04	52	17.14	282	5.309	445	34.05	81
Juli 9	37.17	75	41.98	85	46.927	290	48.12	245	50.56	62	14.32	243	5.754	482	33.24	47
19	37.92	79	41.13	44	47.217	312	45.67	211	51.18	71	11.89	197	6.236	509	32.77	12
29	38.71	83	40.69	1	47.529	326	43.56	169	51.89	76	9.92	145	6.745	525	32.65	22
Aug. 8	39.54	83	40.68	41	47.855	331	41.87	122	52.65	80	8.47	86	7.270	530	32.87	55
18	40.37	82	41.09	82	48.186	330	40.65	72	53.45	82	7.61	24	7.800	526	33.42	87
28	41.19	81	41.91	121	48.516	322	39.93	18	54.27	81	7.37	38	8.326	514	34.29	117
Sept. 7	42.00	78	43.12	157	48.838	306	39.75	38	55.08	77	7.75	100	8.840	494	35.46	143
17	42.78	74	44.69	190	49.144	284	40.13	91	55.85	71	8.75	160	9.334	467	36.89	167
27	43.52	67	46.59	220	49.428	258	41.04	142	56.56	62	10.35	215	9.801	434	38.56	188
Okt. 7	44.19	61	48.79	246	49.686	226	42.46	187	57.18	52	12.50	262	10.235	395	40.44	205
17	44.80	54	51.25	266	49.912	192	44.33	226	57.70	39	15.12	301	10.630	350	42.49	219
27	45.34	44	53.91	282	50.104	153	46.59	256	58.09	25	18.13	328	10.980	299	44.68	228
Nov. 6	45.78	34	56.73	292	50.257	112	49.15	277	58.34	11	21.41	343	11.279	242	46.96	233
16	18 46.12	24	59.65	294	18 50.369	69	51.92	286	18 58.45	4	24.84	346	19 11.521	180	49.29	233
25	46.36	12	62.59	288	50.438	25	54.78	285	58.41	19	28.30	336	11.701	112	51.62	227
Dez. 5	46.48	1	65.47	275	50.463	20	57.63	274	58.22	34	31.66	314	11.813	42	53.89	215
15	46.47	12	68.22	254	50.443	64	60.37	253	57.88	47	34.80	281	11.855	30	56.04	196
25	46.35	25	70.76	223	50.379	106	62.90	224	57.41	59	37.61	240	11.825	102	58.00	171
35	46.10		72.99		50.273		65.14		56.82		40.01		11.723		59.71	
Mittl. Ort	34.29		46.95		46.115		67.54		54.87		38.19		3.153		36.31	
sec δ, tg δ	+3.102		+ 2.937		+1.241		− 0.736		+3.713		− 3.576		+1.879		+ 1.591	
a, *a′*	+6.3		+11.1		+2.2		+10.9		−0.9		+10.9		+4.9		+10.8	
b, *b′*	+0.11		− 0.83		−0.03		− 0.84		−0.13		− 0.84		+0.06		− 0.84	

Scheinbare Sternörter 1955

Obere Kulmination Greenwich

Tag	144) ζ Persei AR.		144) ζ Persei Dekl.		147) ε Persei AR.		147) ε Persei Dekl.		149) γ Eridani AR.		149) γ Eridani Dekl.		148) ξ Persei AR.		148) ξ Persei Dekl.	
1955	$3^h\ 51^m$		+31° 45′		$3^h\ 54^m$		+39° 52′		$3^h\ 55^m$		−13° 37′		$3^h\ 56^m$		+35° 39′	
	s		″		s		″		s		″		s		″	
Jan. 0	20.350	61	15.86	38	52.334	70	65.81	77	57.738	67	67.43	152	4.943	62	58.54	58
10	20.289	101	16.24	22	52.264	115	66.58	55	57.671	101	68.95	129	4.881	104	59.12	39
20	20.188	136	16.46	4	52.149	154	67.13	30	57.570	131	70.24	104	4.777	142	59.51	18
30	20.052	165	16.50	15	51.995	186	67.43	3	57.439	154	71.28	76	4.635	173	59.69	4
Febr. 9	19.887	183	16.35	33	51.809	208	67.46	24	57.285	170	72.04	47	4.462	193	59.65	27
19	19.704	191	16.02	52	51.601	216	67.22	50	57.115	177	72.51	18	4.269	202	59.38	49
März 1	19.513	188	15.50	68	51.385	213	66.72	76	56.938	176	72.69	11	4.067	200	58.89	70
11	19.325	173	14.82	81	51.172	196	65.96	97	56.762	164	72.58	41	3.867	185	58.19	87
21	19.152	146	14.01	91	50.976	168	64.99	113	56.598	144	72.17	70	3.682	158	57.32	100
31	19.006	111	13.10	95	50.808	128	63.86	125	56.454	115	71.47	98	3.524	121	56.32	109
April 10	18.895	66	12.15	95	50.680	80	62.61	131	56.339	80	70.49	125	3.403	75	55.23	112
20	18.829	17	11.20	90	50.600	25	61.30	131	56.259	38	69.24	150	3.328	23	54.11	109
30	18.812	35	10.30	80	50.575	33	59.99	125	56.221	6	67.74	172	3.305	31	53.02	102
Mai 10	18.847	89	9.50	66	50.608	91	58.74	113	56.227	52	66.02	191	3.336	87	52.00	90
20	18.936	142	8.84	50	50.699	148	57.61	98	56.279	97	64.11	207	3.423	141	51.10	74
30	19.078	190	8.34	30	50.847	203	56.63	78	56.376	140	62.04	217	3.564	192	50.36	55
Juni 9	19.268	234	8.04	10	51.050	251	55.85	56	56.516	180	59.87	222	3.756	239	49.81	33
19	19.502	272	7.94	11	51.301	292	55.29	33	56.696	215	57.65	222	3.995	278	49.48	12
29	19.774	302	8.05	31	51.593	327	54.96	8	56.911	243	55.43	216	4.273	310	49.36	9
Juli 9	20.076	325	8.36	50	51.920	353	54.88	15	57.154	267	53.27	203	4.583	336	49.45	31
19	20.401	341	8.86	66	52.273	371	55.03	38	57.421	283	51.24	183	4.919	353	49.76	50
29	20.742	350	9.52	81	52.644	381	55.41	59	57.704	293	49.41	159	5.272	362	50.26	67
Aug. 8	21.092	351	10.33	93	53.025	385	56.00	77	57.997	297	47.82	129	5.634	366	50.93	83
18	21.443	347	11.26	101	53.410	381	56.77	94	58.294	294	46.53	94	6.000	362	51.76	95
28	21.790	337	12.27	106	53.791	371	57.71	107	58.588	287	45.59	56	6.362	353	52.71	104
Sept. 7	22.127	323	13.33	109	54.162	357	58.78	118	58.875	275	45.03	16	6.715	339	53.75	111
17	22.450	306	14.42	111	54.519	338	59.96	127	59.150	258	44.87	25	7.054	322	54.86	116
27	22.756	284	15.53	109	54.857	316	61.23	133	59.408	238	45.12	63	7.376	300	56.02	118
Okt. 7	23.040	260	16.62	106	55.173	289	62.56	137	59.646	216	45.75	100	7.676	275	57.20	119
17	23.300	232	17.68	102	55.462	259	63.93	139	59.862	190	46.75	131	7.951	248	58.39	118
27	23.532	203	18.70	98	55.721	227	65.32	139	60.052	161	48.06	157	8.199	216	59.57	116
Nov. 6	23.735	169	19.68	92	55.948	189	66.71	137	60.213	131	49.63	176	8.415	182	60.73	113
16	23.904	133	20.60	86	56.137	148	68.08	134	60.344	99	51.39	188	8.597	144	61.86	108
25	[19] 24.037	93	21.46	78	[20] 56.285	103	69.42	127	[20] 60.443	63	53.27	192	[20] 8.741	102	62.94	102
Dez. 5	24.130	51	22.24	70	56.388	56	70.69	118	60.506	26	55.19	189	8.843	57	63.96	93
15	24.181	7	22.94	59	56.444	7	71.87	104	60.532	10	57.08	180	8.900	10	64.89	81
25	24.188	37	23.53	46	56.451	44	72.91	88	60.522	48	58.88	164	8.910	37	65.70	68
35	24.151		23.99		56.407		73.79		60.474		60.52		8.873		66.38	
Mittl. Ort	17.837		5.89		49.587		54.42		55.685		66.97		2.310		48.06	
sec δ, tg δ	+1.176		+ 0.619		+1.303		+ 0.836		+1.029		− 0.243		+1.231		+ 0.718	
a, *a′*	+3.8		+10.7		+4.0		+10.4		+2.8		+10.3		+3.9		+10.3	
b, *b′*	+0.02		− 0.85		+0.03		− 0.85		−0.01		− 0.86		+0.02		− 0.86	

Scheinbare Sternörter 1955

Obere Kulmination Greenwich

Tag	150) λ Tauri AR.		150) λ Tauri Dekl.		151) ν Tauri AR.		151) ν Tauri Dekl.		153) 174 G. Eridani AR.		153) 174 G. Eridani Dekl.		152) 48 Persei AR.		152) 48 Persei Dekl.	
1955	3h 58m		+12° 21′		4h 0m		+5° 51′		4h 3m		−27° 46′		4h 5m		+47° 35′	
	s		″		s		″		s		″		s		″	
Jan. 0	13.244	46	58.10	49	47.726	46	61.15	78	48.147	90	28.72	197	26.215	76	51.77	117
10	13.198	82	57.61	49	47.680	82	60.37	71	48.057	126	30.69	165	26.139	130	52.94	91
20	13.116	114	57.12	47	47.598	112	59.66	64	47.931	158	32.34	129	26.009	177	53.85	62
30	13.002	139	56.65	46	47.486	138	59.02	56	47.773	183	33.63	89	25.832	215	54.47	29
Febr. 9	12.863	157	56.19	43	47.348	156	58.46	46	47.590	200	34.52	49	25.617	241	54.76	6
19	12.706	167	55.76	40	47.192	165	58.00	36	47.390	209	35.01	7	25.376	254	54.70	40
März 1	12.539	165	55.36	37	47.027	164	57.64	25	47.181	207	35.08	33	25.122	251	54.30	73
11	12.374	153	54.99	30	46.863	153	57.39	13	46.974	196	34.75	73	24.871	234	53.57	102
21	12.221	132	54.69	22	46.710	134	57.26	1	46.778	176	34.02	111	24.637	204	52.55	127
31	12.089	103	54.47	12	46.576	105	57.27	16	46.602	146	32.91	146	24.433	161	51.28	145
April 10	11.986	66	54.35	0	46.471	68	57.43	32	46.456	109	31.45	179	24.272	108	49.83	159
20	11.920	23	54.35	15	46.403	28	57.75	49	46.347	67	29.66	209	24.164	47	48.24	165
30	11.897	23	54.50	30	46.375	17	58.24	66	46.280	20	27.57	234	24.117	18	46.59	164
Mai 10	11.920	69	54.80	47	46.392	62	58.90	84	46.260	29	25.23	253	24.135	83	44.95	156
20	11.989	115	55.27	63	46.454	108	59.74	101	46.289	78	22.70	268	24.218	148	43.39	143
30	12.104	159	55.90	79	46.562	150	60.75	115	46.367	124	20.02	276	24.366	209	41.96	125
Juni 9	12.263	198	56.69	93	46.712	189	61.90	127	46.491	168	17.26	277	24.575	264	40.71	104
19	12.461	231	57.62	105	46.901	223	63.17	135	46.659	207	14.49	272	24.839	313	39.67	79
29	12.692	260	58.67	114	47.124	250	64.52	141	46.866	241	11.77	258	25.152	354	38.88	53
Juli 9	12.952	281	59.81	119	47.374	273	65.93	142	47.107	268	9.19	237	25.506	385	38.35	25
19	13.233	296	61.00	120	47.647	288	67.35	137	47.375	290	6.82	209	25.891	409	38.10	1
29	13.529	305	62.20	118	47.935	296	68.72	129	47.665	303	4.73	175	26.300	423	38.11	28
Aug. 8	13.834	307	63.38	110	48.231	300	70.01	116	47.968	310	2.98	135	26.723	429	38.39	53
18	14.141	304	64.48	100	48.531	297	71.17	99	48.278	311	1.63	89	27.152	429	38.92	76
28	14.445	296	65.48	86	48.828	290	72.16	79	48.589	304	0.74	40	27.581	421	39.68	97
Sept. 7	14.741	285	66.34	70	49.118	279	72.95	57	48.893	293	0.34	9	28.002	407	40.65	114
17	15.026	269	67.04	52	49.397	264	73.52	32	49.186	277	0.43	60	28.409	388	41.79	131
27	15.295	251	67.56	34	49.661	246	73.84	9	49.463	255	1.03	109	28.797	365	43.10	145
Okt. 7	15.546	230	67.90	16	49.907	225	73.93	14	49.718	230	2.12	152	29.162	337	44.55	156
17	15.776	206	68.06	1	50.132	203	73.79	36	49.948	201	3.64	191	29.499	304	46.11	164
27	15.982	181	68.05	16	50.335	177	73.43	53	50.149	169	5.55	221	29.803	266	47.75	171
Nov. 6	16.163	152	67.89	28	50.512	148	72.90	67	50.318	133	7.76	243	30.069	224	49.46	174
16	16.315	121	67.61	37	50.660	118	72.23	78	50.451	96	10.19	257	30.293	178	51.20	174
25	21 16.436	87	67.24	43	22 50.778	84	71.45	84	22 50.547	56	12.76	260	23 30.471	126	52.94	170
Dez. 5	16.523	50	66.81	48	50.862	49	70.61	86	50.603	15	15.36	253	30.597	70	54.64	161
15	16.573	12	66.33	50	50.911	11	69.75	86	50.618	27	17.89	238	30.667	13	56.25	148
25	16.585	26	65.83	50	50.922	26	68.89	82	50.591	68	20.27	215	30.680	45	57.73	131
35	16.559		65.33		50.896		68.07		50.523		22.42		30.635		59.04	
Mittl. Ort	11.010		52.76		45.546		57.37		46.068		25.42		23.112		39.78	
sec δ, tg δ	+1.024		+ 0.219		+1.005		+ 0.103		+1.130		− 0.527		+1.483		+ 1.095	
a, *a′*	+3.3		+10.2		+3.2		+10.0		+2.5		+ 9.7		+4.4		+ 9.6	
b, *b′*	+0.01		− 0.86		0.00		− 0.87		−0.02		− 0.87		+0.04		− 0.88	

Scheinbare Sternörter 1955

Obere Kulmination Greenwich

Tag	154) o^1 Eridani AR.		154) Dekl.		155) α Horologii AR.		155) Dekl.		156) α Reticuli AR.		156) Dekl.		162) δ Tauri AR.		162) Dekl.	
1955	$4^h\ 9^m$		−6° 56′		$4^h\ 12^m$		−42° 23′		$4^h\ 13^m$		−62° 34′		$4^h\ 20^m$		+17° 26′	
	s		″		s		″		s		″		s		″	
Jan. 0	42.119	49	71.97	133	32.706	134	81.28	235	53.10	30	77.46	250	22.545	29	24.36	25
10	42.070	85	73.30	116	32.572	177	83.63	195	52.80	36	79.96	202	22.516	69	24.11	28
20	41.985	117	74.46	96	32.395	214	85.58	151	52.44	42	81.98	151	22.447	105	23.83	29
30	41.868	143	75.42	75	32.181	243	87.09	102	52.02	45	83.49	95	22.342	135	23.54	32
Febr. 9	41.725	161	76.17	53	31.938	263	88.11	52	51.57	48	84.44	38	22.207	158	23.22	35
19	41.564	172	76.70	29	31.675	272	88.63	2	51.09	49	84.82	19	22.049	171	22.87	36
März 1	41.392	172	76.99	6	31.403	271	88.65	47	50.60	49	84.63	73	21.878	174	22.51	37
11	41.220	163	77.05	19	31.132	259	88.18	95	50.11	46	83.90	126	21.704	165	22.14	38
21	41.057	145	76.86	43	30.873	236	87.23	140	49.65	43	82.64	175	21.539	147	21.76	35
31	40.912	118	76.43	66	30.637	204	85.83	181	49.22	38	80.89	219	21.392	119	21.41	30
April 10	40.794	83	75.77	90	30.433	163	84.02	219	48.84	32	78.70	258	21.273	84	21.11	23
20	40.711	44	74.87	113	30.270	115	81.83	252	48.52	24	76.12	291	21.189	41	20.88	14
30	40.667	0	73.74	134	30.155	62	79.31	278	48.28	17	73.21	318	21.148	4	20.74	1
Mai 10	40.667	44	72.40	153	30.093	8	76.53	300	48.11	9	70.03	336	21.152	51	20.73	12
20	40.711	89	70.87	169	30.085	49	73.53	313	48.02	1	66.67	348	21.203	99	20.85	26
30	40.800	132	69.18	182	30.134	104	70.40	319	48.01	8	63.19	350	21.302	143	21.11	42
Juni 9	40.932	172	67.36	190	30.238	157	67.21	318	48.09	17	59.69	345	21.445	185	21.53	56
19	41.104	206	65.46	193	30.395	205	64.03	308	48.26	24	56.24	329	21.630	221	22.09	69
29	41.310	236	63.53	190	30.600	247	60.95	289	48.50	31	52.95	305	21.851	252	22.78	79
Juli 9	41.546	259	61.63	183	30.847	283	58.06	263	48.81	37	49.90	273	22.103	276	23.57	88
19	41.805	277	59.80	170	31.130	312	55.43	228	49.18	43	47.17	232	22.379	294	24.45	92
29	42.082	287	58.10	151	31.442	333	53.15	186	49.61	47	44.85	183	22.673	306	25.37	93
Aug. 8	42.369	293	56.59	126	31.775	345	51.29	138	50.08	49	43.02	129	22.979	312	26.30	92
18	42.662	292	55.33	97	32.120	351	49.91	85	50.57	51	41.73	70	23.291	312	27.22	86
28	42.954	287	54.36	66	32.471	347	49.06	28	51.08	51	41.03	7	23.603	308	28.08	77
Sept. 7	43.241	278	53.70	32	32.818	336	48.78	30	51.59	49	40.96	57	23.911	299	28.85	67
17	43.519	263	53.38	4	33.154	318	49.08	89	52.08	47	41.53	119	24.210	287	29.52	54
27	43.782	245	53.42	39	33.472	294	49.97	144	52.55	42	42.72	178	24.497	272	30.06	40
Okt. 7	44.027	226	53.81	71	33.766	263	51.41	194	52.97	38	44.50	232	24.769	254	30.46	27
17	44.253	203	54.52	100	34.029	227	53.35	238	53.35	31	46.82	277	25.023	232	30.73	14
27	44.456	176	55.52	125	34.256	186	55.73	273	53.66	23	49.59	312	25.255	207	30.87	4
Nov. 6	44.632	148	56.77	143	34.442	142	58.46	297	53.89	16	52.71	337	25.462	180	30.91	6
16	44.780	117	58.20	154	34.584	94	61.43	311	54.05	8	56.08	348	25.642	148	30.85	13
25*	[24] 44.897	83	59.74	161	[24] 34.678	45	64.54	314	[25] 54.13	1	59.56	348	[26] 25.790	113	30.72	18
Dez. 5	44.980	46	61.35	160	34.723	7	67.68	305	54.12	10	63.04	335	25.903	75	30.54	22
15	45.026	9	62.95	154	34.716	58	70.73	286	54.02	18	66.39	311	25.978	35	30.32	24
25	45.035	30	64.49	143	34.658	106	73.59	258	53.84	25	69.50	276	26.013	7	30.08	26
35	45.005		65.92		34.552		76.17		53.59		72.26		26.006		29.82	
Mittl. Ort	39.994		72.74		30.505		75.75		50.40		69.81		20.159		18.94	
sec δ, tg δ	+1.007		−0.122		+1.354		−0.913		+2.172		−1.928		+1.048		+0.314	
a, a′	+2.9		+9.3		+2.0		+9.1		+0.8		+9.0		+3.5		+8.4	
b, b′	0.00		−0.89		−0.03		−0.89		−0.06		−0.89		+0.01		−0.91	

* Bei Stern 162) lies Nov. 26.

Scheinbare Sternörter 1955

Obere Kulmination Greenwich

Tag	164) ε Tauri AR.		164) ε Tauri Dekl.		171) α Doradus AR.		171) α Doradus Dekl.		168) α Tauri AR.		168) α Tauri Dekl.		169) ν Eridani AR.		169) ν Eridani Dekl.	
1955	4h 25m		+19° 4′		4h 32m		−55° 7′		4h 33m		+16° 25′		4h 34m		−3° 26′	
	s		″		s		″		s		″		s		″	
Jan. 0	61.543	25	61.72	17	63.788	192	80.70	270	22.541	19	18.21	32	6.321	28	33.89	128
10	61.518	65	61.55	20	63.596	250	83.40	226	22.522	60	17.89	31	6.293	67	35.17	113
20	61.453	103	61.35	23	63.346	299	85.66	179	22.462	97	17.58	32	6.226	103	36.30	96
30	61.350	135	61.12	27	63.047	337	87.45	127	22.365	130	17.26	32	6.123	132	37.26	77
Febr. 9	61.215	158	60.85	30	62.710	366	88.72	72	22.235	155	16.94	32	5.991	155	38.03	58
19	61.057	172	60.55	34	62.344	381	89.44	17	22.080	170	16.62	34	5.836	170	38.61	38
März 1	60.885	177	60.21	38	61.963	383	89.61	38	21.910	175	16.28	33	5.666	174	38.99	17
11	60.708	169	59.83	39	61.580	371	89.23	89	21.735	169	15.95	32	5.492	170	39.16	4
21	60.539	151	59.44	38	61.209	347	88.34	139	21.566	153	15.63	30	5.322	154	39.12	25
31	60.388	124	59.06	36	60.862	311	86.95	186	21.413	127	15.33	25	5.168	130	38.87	46
April 10	60.264	88	58.70	30	60.551	264	85.09	227	21.286	93	15.08	18	5.038	99	38.41	67
20	60.176	46	58.40	21	60.287	209	82.82	263	21.193	53	14.90	9	4.939	61	37.74	88
30	60.130	1	58.19	11	60.078	146	80.19	293	21.140	8	14.81	3	4.878	19	36.86	108
Mai 10	60.129	47	58.08	1	59.932	80	77.26	316	21.132	39	14.84	15	4.859	25	35.78	127
20	60.176	94	58.09	16	59.852	11	74.10	333	21.171	85	14.99	29	4.884	70	34.51	143
30	60.270	140	58.25	30	59.841	59	70.77	340	21.256	130	15.28	43	4.954	112	33.08	156
Juni 9	60.410	182	58.55	44	59.900	127	67.37	339	21.386	172	15.71	56	5.066	153	31.52	166
19	60.592	219	58.99	57	60.027	191	63.98	330	21.558	209	16.27	68	5.219	188	29.86	170
29	60.811	250	59.56	68	60.218	250	60.68	311	21.767	240	16.95	77	5.407	220	28.16	171
Juli 9	61.061	275	60.24	78	60.468	302	57.57	284	22.007	266	17.72	84	5.627	246	26.45	167
19	61.336	294	61.02	83	60.770	346	54.73	247	22.273	286	18.56	88	5.873	265	24.78	157
29	61.630	307	61.85	86	61.116	381	52.26	204	22.559	299	19.44	89	6.138	279	23.21	140
Aug. 8	61.937	314	62.71	85	61.497	406	50.22	153	22.858	307	20.33	85	6.417	288	21.81	121
18	62.251	315	63.56	81	61.903	421	48.69	96	23.165	310	21.18	79	6.705	291	20.60	96
28	62.566	311	64.37	74	62.324	426	47.73	35	23.475	307	21.97	69	6.996	289	19.64	66
Sept. 7	62.877	304	65.11	65	62.750	419	47.38	27	23.782	300	22.66	57	7.285	283	18.98	36
17	63.181	292	65.76	54	63.169	402	47.65	90	24.082	291	23.23	44	7.568	273	18.62	4
27	63.473	278	66.30	42	63.571	375	48.55	150	24.373	277	23.67	29	7.841	259	18.58	30
Okt. 7	63.751	260	66.72	30	63.946	338	50.05	207	24.650	260	23.96	16	8.100	243	18.88	60
17	64.011	239	67.02	20	64.284	293	52.12	255	24.910	241	24.12	3	8.343	223	19.48	88
27	64.250	215	67.22	10	64.577	240	54.67	294	25.151	218	24.15	9	8.566	200	20.36	111
Nov. 6	64.465	187	67.32	1	64.817	182	57.61	324	25.369	191	24.06	18	8.766	173	21.47	129
16	64.652	156	67.33	5	64.999	117	60.85	341	25.560	160	23.88	25	8.939	143	22.76	142
26	64.808	121	67.28	10	65.116	49	64.26	347	25.720	126	23.63	29	9.082	109	24.18	149
Dez. 5	[28] 64.929	82	67.18	13	[30] 65.165	20	67.73	339	[30] 25.846	87	23.34	31	[30] 9.191	73	25.67	150
15	65.011	41	67.05	15	65.145	88	71.12	321	25.933	47	23.03	33	9.264	33	27.17	145
25	65.052	2	66.90	17	65.057	154	74.33	292	25.980	4	22.70	32	9.297	6	28.62	136
35	65.050		66.73		64.903		77.25		25.984		22.38		9.291		29.98	
Mittl. Ort	59.111		56.27		61.272		74.36		20.123		13.62		4.098		34.85	
sec δ, tg δ	+1.058		+0.346		+1.749		−1.435		+1.043		+0.295		+1.002		−0.060	
a, *a′*	+3.5		+8.0		+1.3		+7.4		+3.4		+7.4		+3.0		+7.3	
b, *b′*	+0.01		−0.92		−0.04		−0.93		+0.01		−0.93		0.00		−0.93	

Obere Kulmination Greenwich

Tag	172) 53 Eridani AR.		172) 53 Eridani Dekl.		174) τ Tauri AR.		174) τ Tauri Dekl.		173) Grb 848 Caml AR.		173) Grb 848 Caml Dekl.		175) 4 Camelopard. AR.		175) 4 Camelopard. Dekl.	
1955	$4^h\ 36^m$		−14° 23′		$4^h\ 39^m$		+22° 52′		$4^h\ 42^m$		+75° 51′		$4^h\ 44^m$		+56° 40′	
	s		″		s		″		s		″		s		″	
Jan. 0	9.263	39	27.48	175	34.961	13	25.85	3	52.19	24	59.13	256	18.656	53	56.89	177
10	9.224	79	29.23	153	34.948	58	25.88	2	51.95	40	61.69	223	18.603	127	58.66	153
20	9.145	114	30.76	128	34.890	98	25.86	6	51.55	54	63.92	183	18.476	194	60.19	123
30	9.031	145	32.04	99	34.792	132	25.80	13	51.01	65	65.75	135	18.282	250	61.42	88
Febr. 9	8.886	168	33.03	69	34.660	159	25.67	20	50.36	74	67.10	82	18.032	293	62.30	48
19	8.718	182	33.72	39	34.501	177	25.47	27	49.62	79	67.92	27	17.739	319	62.78	7
März 1	8.536	187	34.11	9	34.324	183	25.20	34	48.83	80	68.19	30	17.420	329	62.85	34
11	8.349	182	34.20	22	34.141	178	24.86	40	48.03	78	67.89	85	17.091	319	62.51	75
21	8.167	167	33.98	53	33.963	161	24.46	44	47.25	71	67.04	135	16.772	292	61.76	111
31	8.000	143	33.45	82	33.802	136	24.02	46	46.54	62	65.69	180	16.480	250	60.65	142
April 10	7.857	111	32.63	109	33.666	101	23.56	44	45.92	50	63.89	218	16.230	194	59.23	168
20	7.746	74	31.54	136	33.565	59	23.12	39	45.42	35	61.71	246	16.036	127	57.55	186
30	7.672	32	30.18	160	33.506	13	22.73	32	45.07	20	59.25	266	15.909	52	55.69	197
Mai 10	7.640	12	28.58	180	33.493	35	22.41	22	44.87	3	56.59	276	15.857	25	53.72	201
20	7.652	58	26.78	198	33.528	84	22.19	11	44.84	14	53.83	277	15.882	103	51.71	197
30	7.710	102	24.80	211	33.612	130	22.08	3	44.98	31	51.06	269	15.985	178	49.74	188
Juni 9	7.812	143	22.69	218	33.742	174	22.11	17	45.29	46	48.37	254	16.163	250	47.86	172
19	7.955	180	20.51	220	33.916	212	22.28	30	45.75	60	45.83	232	16.413	315	46.14	153
29	8.135	213	18.31	215	34.128	246	22.58	42	46.35	73	43.51	203	16.728	370	44.61	130
Juli 9	8.348	240	16.16	205	34.374	273	23.00	52	47.08	84	41.48	171	17.098	417	43.31	103
19	8.588	262	14.11	188	34.647	294	23.52	61	47.92	93	39.77	135	17.515	456	42.28	74
29	8.850	278	12.23	164	34.941	309	24.13	66	48.85	100	38.42	96	17.971	484	41.54	46
Aug. 8	9.128	288	10.59	135	35.250	318	24.79	67	49.85	105	37.46	55	18.455	503	41.08	16
18	9.416	292	9.24	102	35.568	322	25.46	67	50.90	108	36.91	13	18.958	513	40.92	13
28	9.708	291	8.22	63	35.890	320	26.13	65	51.98	110	36.78	28	19.471	515	41.05	41
Sept. 7	9.999	286	7.59	22	36.210	315	26.78	60	53.08	108	37.06	69	19.986	510	41.46	68
17	10.285	275	7.37	20	36.525	305	27.38	52	54.16	106	37.75	110	20.496	496	42.14	94
27	10.560	262	7.57	60	36.830	292	27.90	44	55.22	102	38.85	147	20.992	477	43.08	118
Okt. 7	10.822	244	8.17	99	37.122	276	28.34	37	56.24	95	40.32	182	21.469	451	44.26	140
17	11.066	222	9.16	135	37.398	257	28.71	29	57.19	86	42.14	215	21.920	418	45.66	160
27	11.288	198	10.51	164	37.655	233	29.00	22	58.05	77	44.29	243	22.338	377	47.26	177
Nov. 6	11.486	170	12.15	186	37.888	206	29.22	17	58.82	65	46.72	265	22.715	328	49.03	191
16	11.656	137	14.01	201	38.094	174	29.39	13	59.47	51	49.37	283	23.043	273	50.94	201
26	11.793	102	16.02	209	38.268	138	29.52	10	59.98	37	52.20	293	23.316	209	52.95	206
Dez. 5	[30] 11.895	64	18.11	209	[1] 38.406	99	29.62	7	[2] 60.35	19	55.13	294	[3] 23.525	139	55.01	207
15	11.959	24	20.20	201	38.505	56	29.69	6	60.54	3	58.07	287	23.664	66	57.08	201
25	11.983	17	22.21	187	38.561	12	29.75	4	60.57	14	60.94	270	23.730	12	59.09	188
35	11.966		24.08		38.573		29.79		60.43		63.64		23.718		60.97	
Mittl. Ort	7.082		26.52		32.417		20.46		44.50		47.39		14.738		47.01	
sec δ, tg δ	+1.032		−0.257		+1.085		+0.422		+4.094		+3.970		+1.820		+1.521	
a, *a′*	+2.8		+7.2		+3.6		+6.9		+8.1		+6.6		+5.0		+6.5	
b, *b′*	−0.01		−0.93		+0.01		−0.94		+0.09		−0.94		+0.03		−0.95	

Scheinbare Sternörter 1955

Obere Kulmination Greenwich

Tag	178) α Camelopard. AR.		178) Dekl.		180) π^5 Orionis AR.		180) Dekl.		181) ι Aurigae AR.		181) Dekl.		183) ε Aurigae AR.		183) Dekl.	
1955	$4^h\ 49^m$		+66° 16′		$4^h\ 51^m$		+2° 22′		$4^h\ 54^m$		+33° 5′		$4^h\ 58^m$		+43° 45′	
	s		″		s		″		s		″		s		″	
Jan. 0	38.74	10	19.54	222	56.604	10	8.21	105	6.354	2	54.37	59	47.291	6	38.87	117
10	38.64	19	21.76	195	56.594	51	7.16	94	6.352	54	54.96	50	47.285	65	40.04	103
20	38.45	28	23.71	160	56.543	88	6.22	82	6.298	100	55.46	39	47.220	119	41.07	84
30	38.17	36	25.31	119	56.455	122	5.40	68	6.198	140	55.85	24	47.101	167	41.91	61
Febr. 9	37.81	42	26.50	74	56.333	148	4.72	53	6.058	172	56.09	8	46.934	204	42.52	35
19	37.39	45	27.24	25	56.185	166	4.19	39	5.886	194	56.17	—10	46.730	230	42.87	7
März 1	36.94	47	27.49	—25	56.019	174	3.80	24	5.692	204	56.07	28	46.500	241	42.94	—22
11	36.47	46	27.24	73	55.845	171	3.56	9	5.488	201	55.79	45	46.259	238	42.72	51
21	36.01	42	26.51	118	55.674	159	3.47	—7	5.287	185	55.34	60	46.021	221	42.21	76
31	35.59	37	25.33	157	55.515	137	3.54	24	5.102	159	54.74	72	45.800	192	41.45	98
April 10	35.22	29	23.76	190	55.378	107	3.78	40	4.943	123	54.02	80	45.608	151	40.47	116
20	34.93	20	21.86	215	55.271	70	4.18	57	4.820	79	53.22	84	45.457	101	39.31	128
30	34.73	10	19.71	231	55.201	30	4.75	74	4.741	30	52.38	84	45.356	46	38.03	135
Mai 10	34.63	1	17.40	240	55.171	—13	5.49	91	4.711	—22	51.54	80	45.310	—14	36.68	136
20	34.62	—10	15.00	241	55.184	58	6.40	105	4.733	75	50.74	72	45.324	75	35.32	132
30	34.72	21	12.59	233	55.242	101	7.45	119	4.808	126	50.02	62	45.399	133	34.00	124
Juni 9	34.93	30	10.26	219	55.343	141	8.64	129	4.934	174	49.40	50	45.532	188	32.76	112
19	35.23	38	8.07	200	55.484	178	9.93	137	5.108	217	48.90	35	45.720	239	31.64	96
29	35.61	47	6.07	175	55.662	211	11.30	140	5.325	255	48.55	20	45.959	283	30.68	79
Juli 9	36.08	53	4.32	145	55.873	237	12.70	138	5.580	287	48.35	5	46.242	321	29.89	59
19	36.61	59	2.87	114	56.110	258	14.08	132	5.867	312	48.30	8	46.563	351	29.30	40
29	37.20	63	1.73	80	56.368	275	15.40	122	6.179	330	48.38	20	46.914	373	28.90	21
Aug. 8	37.83	66	0.93	44	56.643	285	16.62	107	6.509	343	48.58	32	47.287	389	28.69	1
18	38.49	68	0.49	10	56.928	291	17.69	87	6.852	349	48.90	40	47.676	398	28.68	—16
28	39.17	68	0.39	—26	57.219	291	18.56	64	7.201	350	49.30	47	48.074	402	28.84	33
Sept. 7	39.85	69	0.65	61	57.510	288	19.20	39	7.551	348	49.77	52	48.476	399	29.17	49
17	40.54	67	1.26	95	57.798	281	19.59	11	7.899	340	50.29	56	48.875	392	29.66	63
27	41.21	64	2.21	126	58.079	270	19.70	—16	8.239	328	50.85	58	49.267	380	30.29	76
Okt. 7	41.85	60	3.47	155	58.349	257	19.54	42	8.567	313	51.43	60	49.647	362	31.05	88
17	42.45	56	5.02	183	58.606	239	19.12	67	8.880	293	52.03	62	50.009	340	31.93	99
27	43.01	51	6.85	207	58.845	217	18.45	87	9.173	270	52.65	64	50.349	313	32.92	109
Nov. 6	43.52	43	8.92	227	59.062	193	17.58	103	9.443	241	53.29	65	50.662	280	34.01	118
16	43.95	36	11.19	242	59.255	165	16.55	115	9.684	207	53.94	67	50.942	239	35.19	125
26	44.31	27	13.61	251	59.420	131	15.40	120	9.891	167	54.61	68	51.181	194	36.44	130
Dez. 5*	4 44.58	17	16.12	253	4 59.551	95	14.20	122	5 10.058	123	55.29	69	6 51.375	142	37.74	132
15	44.75	8	18.65	248	59.646	55	12.98	118	10.181	76	55.98	66	51.517	86	39.06	129
25	44.83	—4	21.13	234	59.701	13	11.80	112	10.257	25	56.64	62	51.603	26	40.35	123
35	44.79		23.47		59.714		10.68		10.282		57.26		51.629		41.58	
Mittl. Ort	33.65		9.22		54.288		6.77		3.529		48.35		44.078		31.80	
sec δ, tg δ	+2.485		+2.275		+1.001		+0.041		+1.194		+0.652		+1.385		+0.958	
a, a′	+6.0		+6.1		+3.1		+5.9		+3.9		+5.7		+4.3		+5.3	
b, b′	+0.05		—0.95		0.00		—0.96		+0.01		—0.96		+0.02		—0.96	

* Bei Stern 183) lies Dez. 6.

Obere Kulmination Greenwich

Tag	182) β Camelopard. AR.		Dekl.		184) ι Tauri AR.		Dekl.		185) η Aurigae AR.		Dekl.		186) ε Leporis AR.		Dekl.	
1955	$4^h\ 59^m$		+60° 22′		$5^h\ 0^m$		+21° 31′		$5^h\ 3^m$		+41° 10′		$5^h\ 3^m$		−22° 25′	
	s		″		s		″		s		″		s		″	
Jan. 0	28.67	4	53.65	200	26.744	6	42.88	5	24.381	2	39.07	104	35.524	30	50.82	221
10	28.63	13	55.65	177	26.750	41	42.83	6	24.383	56	40.11	93	35.494	73	53.03	196
20	28.50	20	57.42	149	26.709	83	42.77	7	24.327	108	41.04	76	35.421	114	54.99	165
30	28.30	27	58.91	113	26.626	121	42.70	10	24.219	155	41.80	55	35.307	149	56.64	131
Febr. 9	28.03	33	60.04	72	26.505	152	42.60	15	24.064	192	42.35	32	35.158	176	57.95	96
19	27.70	35	60.76	29	26.353	172	42.45	20	23.872	217	42.67	7	34.982	195	58.91	58
März 1	27.35	37	61.05	16	26.181	182	42.25	26	23.655	230	42.74	19	34.787	205	59.49	21
11	26.98	37	60.89	59	25.999	181	41.99	30	23.425	228	42.55	45	34.582	204	59.70	16
21	26.61	34	60.30	99	25.818	169	41.69	33	23.197	214	42.10	68	34.378	193	59.54	53
31	26.27	30	59.31	136	25.649	146	41.36	36	22.983	186	41.42	89	34.185	173	59.01	88
April 10	25.97	24	57.95	167	25.503	114	41.00	34	22.797	147	40.53	104	34.012	143	58.13	121
20	25.73	17	56.28	190	25.389	76	40.66	30	22.650	100	39.49	115	33.869	108	56.92	153
30	25.56	9	54.38	206	25.313	32	40.36	25	22.550	47	38.34	122	33.761	67	55.39	180
Mai 10	25.47	1	52.32	214	25.281	15	40.11	16	22.503	10	37.12	123	33.694	23	53.59	204
20	25.46	8	50.18	215	25.296	63	39.95	7	22.513	68	35.89	118	33.671	22	51.55	224
30	25.54	16	48.03	210	25.359	109	39.88	5	22.581	125	34.71	111	33.693	68	49.31	238
Juni 9	25.70	24	45.93	197	25.468	152	39.93	16	22.706	177	33.60	99	33.761	111	46.93	247
19	25.94	32	43.96	180	25.620	192	40.09	28	22.883	226	32.61	85	33.872	152	44.46	249
29	26.26	38	42.16	159	25.812	226	40.37	37	23.109	269	31.76	69	34.024	189	41.97	243
Juli 9	26.64	44	40.57	133	26.038	256	40.74	46	23.378	306	31.07	52	34.213	220	39.54	232
19	27.08	48	39.24	105	26.294	279	41.20	52	23.684	335	30.55	34	34.433	247	37.22	212
29	27.56	51	38.19	76	26.573	296	41.72	56	24.019	358	30.21	16	34.680	267	35.10	186
Aug. 8	28.07	55	37.43	45	26.869	308	42.28	56	24.377	373	30.05	0	34.947	283	33.24	154
18	28.62	56	36.98	14	27.177	315	42.84	55	24.750	382	30.05	16	35.230	293	31.70	115
28	29.18	57	36.84	17	27.492	317	43.39	50	25.132	387	30.21	30	35.523	298	30.55	70
Sept. 7	29.75	56	37.01	47	27.809	315	43.89	43	25.519	385	30.51	43	35.821	296	29.85	24
17	30.31	56	37.48	76	28.124	309	44.32	36	25.904	378	30.94	55	36.117	291	29.61	24
27	30.87	54	38.24	103	28.433	299	44.68	26	26.282	368	31.49	65	36.408	281	29.85	72
Okt. 7	31.41	51	39.27	130	28.732	286	44.94	18	26.650	353	32.14	76	36.689	265	30.57	118
17	31.92	48	40.57	154	29.018	269	45.12	10	27.003	332	32.90	85	36.954	246	31.75	160
27	32.40	43	42.11	176	29.287	249	45.22	3	27.335	306	33.75	94	37.200	223	33.35	195
Nov. 6	32.83	39	43.87	195	29.536	223	45.25	1	27.641	275	34.69	101	37.423	194	35.30	223
16	33.22	32	45.82	209	29.759	194	45.24	5	27.916	237	35.70	108	37.617	162	37.53	243
26	33.54	25	47.91	218	29.953	159	45.19	7	28.153	194	36.78	112	37.779	124	39.96	255
Dez. 6	6 33.79	18	50.09	223	7 30.112	119	45.12	6	7 28.347	144	37.90	115	7 37.903	83	42.51	256
15	33.97	9	52.32	220	30.231	76	45.06	6	28.491	91	39.05	113	37.986	40	45.07	248
25	34.06	1	54.52	209	30.307	31	45.00	5	28.582	34	40.18	109	38.026	4	47.55	234
35	34.07		56.61		30.338		44.95		28.616		41.27		38.022		49.89	
Mittl. Ort	24.31		44.85		24.159		38.92		21.257		32.71		33.280		48.62	
sec δ, tg δ	+2.023		+1.759		+1.075		+0.394		+1.329		+0.875		+1.082		−0.413	
a, *a′*	+5.3		+5.2		+3.6		+5.2		+4.2		+4.9		+2.5		+4.9	
b, *b′*	+0.03		−0.97		+0.01		−0.97		+0.01		−0.97		−0.01		−0.97	

Scheinbare Sternörter 1955

Obere Kulmination Greenwich

Tag	188) β Eridani AR.		188) β Eridani Dekl.		192) μ Aurigae AR.		192) μ Aurigae Dekl.		194) β Orionis AR.		194) β Orionis Dekl.		193) α Aurigae AR.		193) α Aurigae Dekl.	
1955	5h 5m		−5° 8′		5h 10m		+38° 25′		5h 12m		−8° 14′		5h 13m		+45° 57′	
	s		″		s		″		s		″		s		″	
Jan. 0	40.419	4	35.17	147	23.730	11	64.86	91	24.714	2	68.43	165	25.016	10	22.34	131
10	40.415	47	36.64	131	23.741	44	65.77	81	24.712	45	70.08	146	25.026	53	23.65	118
20	40.368	86	37.95	112	23.697	96	66.58	68	24.667	85	71.54	126	24.973	112	24.83	100
30	40.282	121	39.07	92	23.601	142	67.26	50	24.582	121	72.80	103	24.861	163	25.83	78
Febr. 9	40.161	149	39.99	70	23.459	180	67.76	31	24.461	149	73.83	78	24.698	206	26.61	51
19	40.012	169	40.69	48	23.279	206	68.07	8	24.312	170	74.61	53	24.492	236	27.12	22
März 1	39.843	178	41.17	25	23.073	219	68.15	15	24.142	181	75.14	27	24.256	251	27.34	9
11	39.665	178	41.42	3	22.854	220	68.00	37	23.961	182	75.41	2	24.005	252	27.25	40
21	39.487	168	41.45	20	22.634	207	67.63	58	23.779	173	75.43	23	23.753	238	26.85	68
31	39.319	148	41.25	42	22.427	182	67.05	77	23.606	154	75.20	48	23.515	210	26.17	93
April 10	39.171	121	40.83	65	22.245	146	66.28	91	23.452	127	74.72	73	23.305	171	25.24	115
20	39.050	86	40.18	86	22.099	102	65.37	102	23.325	94	73.99	96	23.134	122	24.09	131
30	38.964	47	39.32	106	21.997	51	64.35	107	23.231	55	73.03	118	23.012	66	22.78	141
Mai 10	38.917	4	38.26	125	21.946	3	63.28	107	23.176	13	71.85	138	22.946	5	21.37	146
20	38.913	39	37.01	141	21.949	59	62.21	104	23.163	31	70.47	155	22.941	56	19.91	146
30	38.952	82	35.60	155	22.008	113	61.17	97	23.194	73	68.92	170	22.997	117	18.45	141
Juni 9	39.034	123	34.05	165	22.121	165	60.20	87	23.267	114	67.22	179	23.114	175	17.04	130
19	39.157	160	32.40	171	22.286	212	59.33	73	23.381	153	65.43	184	23.289	228	15.74	117
29	39.317	194	30.69	171	22.498	253	58.60	59	23.534	186	63.59	184	23.517	275	14.57	102
Juli 9	39.511	222	28.98	167	22.751	289	58.01	44	23.720	216	61.75	179	23.792	316	13.55	84
19	39.733	245	27.31	156	23.040	318	57.57	29	23.936	240	59.96	167	24.108	350	12.71	64
29	39.978	264	25.75	141	23.358	341	57.28	13	24.176	259	58.29	150	24.458	376	12.07	44
Aug. 8	40.242	277	24.34	121	23.699	357	57.15	1	24.435	273	56.79	128	24.834	395	11.63	25
18	40.519	284	23.13	95	24.056	367	57.16	13	24.708	282	55.51	99	25.229	408	11.38	7
28	40.803	287	22.18	65	24.423	372	57.29	25	24.990	287	54.52	67	25.637	415	11.31	12
Sept. 7	41.090	287	21.53	32	24.795	371	57.54	35	25.277	288	53.85	32	26.052	415	11.43	30
17	41.377	281	21.21	1	25.166	367	57.89	45	25.565	283	53.53	5	26.467	411	11.73	46
27	41.658	273	21.22	36	25.533	358	58.34	53	25.848	275	53.58	42	26.878	401	12.19	61
Okt. 7	41.931	260	21.58	69	25.891	344	58.87	60	26.123	264	54.00	78	27.279	386	12.80	77
17	42.191	244	22.27	99	26.235	325	59.47	68	26.387	248	54.78	111	27.665	365	13.57	90
27	42.435	224	23.26	125	26.560	302	60.15	75	26.635	228	55.89	139	28.030	339	14.47	104
Nov. 6	42.659	200	24.51	145	26.862	272	60.90	82	26.863	204	57.28	161	28.369	306	15.51	116
16	42.859	172	25.96	160	27.134	238	61.72	88	27.067	176	58.89	178	28.675	266	16.67	126
26	43.031	138	27.56	168	27.372	197	62.60	93	27.243	143	60.67	186	28.941	219	17.93	134
Dez. 6	8 43.169	101	29.24	170	9 27.569	149	63.53	96	10 27.386	106	62.53	189	10 29.160	165	19.27	139
15	43.270	61	30.94	165	27.718	97	64.49	96	27.492	64	64.42	184	29.325	107	20.66	139
25	43.331	20	32.59	155	27.815	43	65.45	94	27.556	22	66.26	173	29.432	46	22.05	135
35	43.351		34.14		27.858		66.39		27.578		67.99		29.478		23.40	
Mittl. Ort	38.125		35.15		20.683		59.40		22.421		67.89		21.646		16.31	
sec δ, tg δ	+1.004		−0.090		+1.277		+0.794		+1.010		−0.145		+1.438		+1.034	
a, *a′*	+3.0		+4.7		+4.1		+4.3		+2.9		+4.1		+4.4		+4.1	
b, *b′*	0.00		−0.97		+0.01		−0.98		0.00		−0.98		+0.01		−0.98	

Obere Kulmination Greenwich

Tag	196) ϑ Doradus AR.		196) ϑ Doradus Dekl.		191) 19 H. Camelop. AR.		191) 19 H. Camelop. Dekl.	
1955	$5^h\ 13^m$		−67° 13′		$5^h\ 15^m$		+79° 10′	
	s		″		s		″	
Jan. 0	50.40	27	74.97	311	16.33	18	72.23	282
10	50.13	36	78.08	275	16.15	41	75.05	256
20	49.77	44	80.83	230	15.74	62	77.61	222
30	49.33	51	83.13	180	15.12	78	79.83	179
Febr. 9	48.82	57	84.93	127	14.34	92	81.62	129
19	48.25	59	86.20	71	13.42	102	82.91	73
März 1	47.66	61	86.91	15	12.40	106	83.64	16
11	47.05	61	87.06	39	11.34	106	83.80	42
21	46.44	59	86.67	92	10.28	100	83.38	97
31	45.85	55	85.75	143	9.28	91	82.41	148
April 10	45.30	49	84.32	189	8.37	78	80.93	192
20	44.81	43	82.43	231	7.59	61	79.01	229
30	44.38	35	80.12	267	6.98	42	76.72	258
Mai 10	44.03	26	77.45	297	6.56	22	74.14	276
20	43.77	17	74.48	319	6.34	1	71.38	286
30	43.60	7	71.29	334	6.33	21	68.52	288
Juni 9	43.53	2	67.95	341	6.54	42	65.64	280
19	43.55	13	64.54	338	6.96	61	62.84	265
29	43.68	22	61.16	326	7.57	78	60.19	243
Juli 9	43.90	31	57.90	305	8.35	95	57.76	216
19	44.21	39	54.85	275	9.30	109	55.60	184
29	44.60	45	52.10	235	10.39	121	53.76	148
Aug. 8	45.05	51	49.75	188	11.60	129	52.28	109
18	45.56	56	47.87	134	12.89	136	51.19	68
28	46.12	58	46.53	74	14.25	140	50.51	26
Sept. 7	46.70	59	45.79	11	15.65	141	50.25	16
17	47.29	59	45.68	55	17.06	140	50.41	59
27	47.88	57	46.23	119	18.46	137	51.00	101
Okt. 7	48.45	52	47.42	180	19.83	131	52.01	141
17	48.97	47	49.22	236	21.14	122	53.42	179
27	49.44	39	51.58	284	22.36	111	55.21	214
Nov. 6	49.83	31	54.42	321	23.47	96	57.35	245
16	50.14	22	57.63	347	24.43	80	59.80	269
26	50.36	11	61.10	362	25.23	61	62.49	288
Dez. 6	50.47	1	64.72	363	25.84	39	65.37	299
15	$_{10}$50.48	10	68.35	353	$_{10}$26.23	17	68.36	301
25	50.38	21	71.88	330	26.40	5	71.37	292
35	50.17		75.18		26.35		74.29	
Mittl. Ort	47.11		69.66		6.09		63.79	
sec δ, tg δ	+2.584		−2.383		+5.329		+5.234	
a, *a′*	0.0		+4.0		+9.9		+3.9	
b, *b′*	−0.03		−0.98		+0.07		−0.98	

Tag	201) γ Orionis AR.		201) γ Orionis Dekl.		202) β Tauri AR.		202) β Tauri Dekl.	
1955	$5^h\ 22^m$		+6° 18′		$5^h\ 23^m$		+28° 34′	
	s		″		s		″	
Jan. 0	45.353	20	38.69	93	29.478	28	20.17	34
10	45.373	25	37.76	82	29.506	23	20.51	33
20	45.348	68	36.94	71	29.483	72	20.84	29
30	45.280	105	36.23	60	29.411	115	21.13	21
Febr. 9	45.175	137	35.63	48	29.296	151	21.34	11
19	45.038	159	35.15	36	29.145	177	21.45	1
März 1	44.879	173	34.79	26	28.968	192	21.46	12
11	44.706	176	34.53	14	28.776	196	21.34	24
21	44.530	168	34.39	2	28.580	187	21.10	36
31	44.362	150	34.37	9	28.393	167	20.74	45
April 10	44.212	124	34.46	22	28.226	136	20.29	53
20	44.088	91	34.68	36	28.090	99	19.76	56
30	43.997	52	35.04	49	27.991	54	19.20	57
Mai 10	43.945	11	35.53	63	27.937	7	18.63	55
20	43.934	33	36.16	76	27.930	42	18.08	50
30	43.967	76	36.92	87	27.972	91	17.58	43
Juni 9	44.043	117	37.79	98	28.063	137	17.15	34
19	44.160	155	38.77	105	28.200	180	16.81	24
29	44.315	188	39.82	108	28.380	218	16.57	14
Juli 9	44.503	218	40.90	110	28.598	252	16.43	4
19	44.721	243	42.00	107	28.850	278	16.39	5
29	44.964	262	43.07	99	29.128	299	16.44	13
Aug. 8	45.226	276	44.06	87	29.427	316	16.57	18
18	45.502	285	44.93	72	29.743	326	16.75	22
28	45.787	291	45.65	53	30.069	332	16.97	24
Sept. 7	46.078	293	46.18	31	30.401	334	17.21	24
17	46.371	290	46.49	7	30.735	332	17.45	24
27	46.661	284	46.56	16	31.067	325	17.69	22
Okt. 7	46.945	275	46.40	39	31.392	315	17.91	21
17	47.220	262	46.01	61	31.707	302	18.12	20
27	47.482	244	45.40	79	32.009	282	18.32	20
Nov. 6	47.726	223	44.61	92	32.291	258	18.52	22
16	47.949	196	43.69	102	32.549	228	18.74	24
26	48.145	164	42.67	108	32.777	193	18.98	26
Dez. 6	48.309	128	41.59	108	32.970	151	19.24	30
15	$_{12}$48.437	87	40.51	105	$_{12}$33.121	106	19.54	33
25	48.524	44	39.46	98	33.227	55	19.87	35
35	48.568		38.48		33.282		20.22	
Mittl. Ort	42.930		37.80		26.684		16.82	
sec δ, tg δ	+1.006		+0.111		+1.139		+0.545	
a, *a′*	+3.2		+3.2		+3.8		+3.2	
b, *b′*	0.00		−0.99		+0.01		−0.99	

Scheinbare Sternörter 1955

Obere Kulmination Greenwich

Tag	203) 17 Camelopard. AR.	Diff.	203) 17 Camelopard. Dekl.	Diff.	206) δ Orionis AR.	Diff.	206) δ Orionis Dekl.	Diff.	207) α Leporis AR.	Diff.	207) α Leporis Dekl.	Diff.	209) ι Orionis AR.	Diff.	209) ι Orionis Dekl.	Diff.
1955	$5^h\ 25^m$		$+63°\ 1'$		$5^h\ 29^m$		$-0°\ 19'$		$5^h\ 30^m$		$-17°\ 50'$		$5^h\ 33^m$		$-5°\ 56'$	
	s		″		s		″		s		″		s		″	
Jan. 0	59.58	0	63.43	220	44.726	20	51.08	130	46.940	2	73.00	216	16.157	19	17.03	161
10	59.58	9	65.63	202	44.746	24	52.38	117	46.942	43	75.16	195	16.176	26	18.64	145
20	59.49	19	67.65	178	44.722	66	53.55	101	46.899	86	77.11	168	16.150	69	20.09	125
30	59.30	27	69.43	145	44.656	104	54.56	83	46.813	125	78.79	139	16.081	107	21.34	103
Febr. 9	59.03	33	70.88	106	44.552	136	55.39	66	46.688	156	80.18	107	15.974	138	22.37	81
19	58.70	38	71.94	64	44.416	160	56.05	48	46.532	180	81.25	73	15.836	163	23.18	58
März 1	58.32	41	72.58	18	44.256	174	56.53	30	46.352	194	81.98	40	15.673	177	23.76	34
11	57.91	41	72.76	29	44.082	178	56.83	11	46.158	198	82.38	6	15.496	182	24.10	11
21	57.50	39	72.47	73	43.904	171	56.94	6	45.960	191	82.44	28	15.314	176	24.21	12
31	57.11	36	71.74	114	43.733	155	56.88	25	45.769	175	82.16	61	15.138	160	24.09	36
April 10	56.75	30	70.60	150	43.578	130	56.63	42	45.594	151	81.55	92	14.978	136	23.73	58
20	56.45	23	69.10	179	43.448	98	56.21	60	45.443	119	80.63	121	14.842	105	23.15	80
30	56.22	15	67.31	202	43.350	61	55.61	78	45.324	81	79.42	148	14.737	68	22.35	101
Mai 10	56.07	7	65.29	218	43.289	20	54.83	95	45.243	39	77.94	172	14.669	28	21.34	120
20	56.00	2	63.11	226	43.269	22	53.88	109	45.204	3	76.22	193	14.641	15	20.14	136
30	56.02	12	60.85	226	43.291	64	52.79	122	45.207	47	74.29	209	14.656	56	18.78	151
Juni 9	56.14	20	58.59	220	43.355	105	51.57	132	45.254	89	72.20	219	14.712	97	17.27	161
19	56.34	29	56.39	208	43.460	143	50.25	139	45.343	129	70.01	225	14.809	135	15.66	167
29	56.63	36	54.31	191	43.603	177	48.86	142	45.472	165	67.76	223	14.944	170	13.99	168
Juli 9	56.99	43	52.40	170	43.780	207	47.44	139	45.637	198	65.53	215	15.114	201	12.31	165
19	57.42	48	50.70	144	43.987	232	46.05	133	45.835	226	63.38	201	15.315	226	10.66	156
29	57.90	53	49.26	117	44.219	253	44.72	121	46.061	248	61.37	179	15.541	248	9.10	140
Aug. 8	58.43	56	48.09	87	44.472	268	43.51	105	46.309	267	59.58	150	15.789	264	7.70	120
18	58.99	59	47.22	57	44.740	278	42.46	84	46.576	280	58.08	116	16.053	276	6.50	95
28	59.58	61	46.65	25	45.018	285	41.62	58	46.856	288	56.92	78	16.329	283	5.55	65
Sept. 7	60.19	62	46.40	7	45.303	288	41.04	31	47.144	291	56.14	35	16.612	286	4.90	32
17	60.81	61	46.47	38	45.591	287	40.73	1	47.435	291	55.79	10	16.898	286	4.58	2
27	61.42	60	46.85	69	45.878	282	40.72	29	47.726	285	55.89	55	17.184	282	4.60	38
Okt. 7	62.02	58	47.54	99	46.160	273	41.01	59	48.011	276	56.44	100	17.466	273	4.98	72
17	62.60	55	48.53	128	46.433	261	41.60	85	48.287	261	57.44	140	17.739	261	5.70	105
27	63.15	52	49.81	155	46.694	244	42.45	108	48.548	242	58.84	175	18.000	244	6.75	132
Nov. 6	63.67	46	51.36	179	46.938	223	43.53	128	48.790	218	60.59	204	18.244	222	8.07	154
16	64.13	39	53.15	200	47.161	197	44.81	141	49.008	189	62.63	226	18.466	196	9.61	170
26	64.52	33	55.15	216	47.358	165	46.22	148	49.197	154	64.89	238	18.662	164	11.31	179
Dez. 6	64.85	24	57.31	227	47.523	129	47.70	149	49.351	116	67.27	243	18.826	128	13.10	182
15	[13] 65.09	15	59.58	230	[14] 47.652	88	49.19	146	[14] 49.467	74	69.70	239	[15] 18.954	87	14.92	179
25	65.24	5	61.88	226	47.740	45	50.65	137	49.541	27	72.09	227	19.041	43	16.71	169
35	65.29		64.14		47.785		52.02		49.568		74.36		19.084		18.40	
Mittl. Ort	54.75		57.13		42.351		51.01		44.642		71.24		13.815		16.33	
sec δ, tg δ	+2.205		+1.965		+1.000		−0.006		+1.051		−0.322		+1.005		−0.104	
a, *a′*	+5.7		+3.0		+3.1		+2.6		+2.6		+2.6		+2.9		+2.3	
b, *b′*	+0.02		−0.99		0.00		−0.99		0.00		−0.99		0.00		−0.99	

Scheinbare Sternörter 1955

Obere Kulmination Greenwich

Tag	212) β Doradus				205) Grb 966 Caml				210) ε Orionis				211) ζ Tauri			
	AR.		Dekl.		AR.		Dekl.		AR.		Dekl.		AR.		Dekl.	
1955	5h 33m		−62° 30′		5h 33m		+75° 0′		5h 33m		−1° 13′		5h 34m		+21° 7′	
	s		″		s		″		s		″		s		″	
Jan. 0	16.91	17	72.67	328	49.54	5	71.46	272	58.078	24	44.97	137	59.854	37	2.63	10
10	16.74	25	75.95	295	49.49	21	74.18	253	58.102	21	46.34	122	59.891	11	2.53	6
20	16.49	33	78.90	255	49.28	37	76.71	224	58.081	64	47.56	106	59.880	58	2.47	4
30	16.16	39	81.45	208	48.91	50	78.95	187	58.017	103	48.62	88	59.822	100	2.43	4
Febr. 9	15.77	44	83.53	157	48.41	62	80.82	142	57.914	135	49.50	69	59.722	136	2.39	5
19	15.33	48	85.10	102	47.79	70	82.24	91	57.779	159	50.19	50	59.586	163	2.34	8
März 1	14.85	50	86.12	48	47.09	74	83.15	37	57.620	173	50.69	31	59.423	180	2.26	12
11	14.35	50	86.60	7	46.35	76	83.52	18	57.447	178	51.00	12	59.243	185	2.14	16
21	13.85	49	86.53	61	45.59	74	83.34	71	57.269	173	51.12	6	59.058	179	1.98	20
31	13.36	46	85.92	112	44.85	67	82.63	122	57.096	157	51.06	26	58.879	162	1.78	23
April 10	12.90	42	84.80	161	44.18	59	81.41	166	56.939	133	50.80	44	58.717	135	1.55	24
20	12.48	37	83.19	205	43.59	48	79.75	205	56.806	101	50.36	63	58.582	101	1.31	24
30	12.11	31	81.14	244	43.11	34	77.70	235	56.705	65	49.73	80	58.481	60	1.07	20
Mai 10	11.80	24	78.70	278	42.77	20	75.35	257	56.640	24	48.93	98	58.421	17	0.87	15
20	11.56	15	75.92	304	42.57	4	72.78	270	56.616	17	47.95	113	58.404	29	0.72	9
30	11.41	8	72.88	323	42.53	11	70.08	275	56.633	60	46.82	125	58.433	75	0.63	1
Juni 9	11.33	0	69.65	334	42.64	26	67.33	272	56.693	100	45.57	136	58.508	118	0.62	7
19	11.33	9	66.31	336	42.90	41	64.61	261	56.793	139	44.21	143	58.626	159	0.69	15
29	11.42	17	62.95	329	43.31	54	62.00	244	56.932	173	42.78	145	58.785	195	0.84	23
Juli 9	11.59	24	59.66	313	43.85	66	59.56	222	57.105	203	41.33	142	58.980	227	1.07	29
19	11.83	31	56.53	286	44.51	77	57.34	194	57.308	229	39.91	136	59.207	254	1.36	33
29	12.14	38	53.67	251	45.28	86	55.40	162	57.537	249	38.55	123	59.461	275	1.69	35
Aug. 8	12.52	42	51.16	207	46.14	93	53.78	128	57.786	265	37.32	106	59.736	292	2.04	35
18	12.94	46	49.09	155	47.07	98	52.50	90	58.051	277	36.26	85	60.028	304	2.39	31
28	13.40	49	47.54	98	48.05	102	51.60	52	58.328	284	35.41	59	60.332	310	2.70	26
Sept. 7	13.89	51	46.56	35	49.07	104	51.08	12	58.612	287	34.82	31	60.642	314	2.96	19
17	14.40	51	46.21	30	50.11	104	50.96	28	58.899	287	34.51	0	60.956	314	3.15	11
27	14.91	50	46.51	95	51.15	103	51.24	68	59.186	282	34.51	31	61.270	309	3.26	2
Okt. 7	15.41	47	47.46	157	52.18	99	51.92	107	59.468	275	34.82	62	61.579	302	3.28	7
17	15.88	43	49.03	216	53.17	94	52.99	144	59.743	263	35.44	89	61.881	290	3.21	14
27	16.31	38	51.19	267	54.11	87	54.43	180	60.006	246	36.33	113	62.171	274	3.07	20
Nov. 6	16.69	31	53.86	309	54.98	78	56.23	212	60.252	226	37.46	133	62.445	252	2.87	23
16	17.00	24	56.95	341	55.76	66	58.35	239	60.478	200	38.79	146	62.697	226	2.64	25
26	17.24	16	60.36	360	56.42	53	60.74	261	60.678	168	40.25	154	62.923	193	2.39	24
Dez. 6	17.40	6	63.96	366	56.95	38	63.35	276	60.846	132	41.79	156	63.116	154	2.15	21
	15				15				15				15			
15	17.46	2	67.62	361	57.33	22	66.11	282	60.978	92	43.35	152	63.270	112	1.94	16
25	17.44	11	71.23	345	57.55	6	68.93	278	61.070	48	44.87	144	63.382	65	1.78	12
35	17.33		74.68		57.61		71.71		61.118		46.31		63.447		1.66	
Mittl. Ort	13.88		68.38		41.67		65.31		55.703		44.69		57.195		0.80	
sec δ, tg δ	+2.167		−1.923		+3.868		+3.737		+1.000		−0.021		+1.072		+0.386	
a, *a′*	+0.5		+2.3		+8.0		+2.3		+3.0		+2.3		+3.6		+2.2	
b, *b′*	−0.01		−0.99		+0.03		−0.99		0.00		−0.99		0.00		−0.99	

Scheinbare Sternörter 1955

Obere Kulmination Greenwich

Tag	215) α Columbae AR.	Diff.	215) α Columbae Dekl.	Diff.	216) ο Aurigae AR.	Diff.	216) ο Aurigae Dekl.	Diff.	219) ζ Leporis AR.	Diff.	219) ζ Leporis Dekl.	Diff.	220) κ Orionis AR.	Diff.	220) κ Orionis Dekl.	Diff.
1955	5h 38m		−34° 5′		5h 42m		+49° 48′		5h 44m		−14° 50′		5h 45m		−9° 40′	
	s		″		s		″		s		″		s		″	
Jan. 0	3.431	21	52.01	282	28.350	46	35.84	156	57.225	20	16.33	209	39.599	26	64.37	185
10	3.410	72	54.83	255	28.396	25	37.40	148	57.245	27	18.42	190	39.625	19	66.22	167
20	3.338	120	57.38	222	28.371	92	38.88	134	57.218	71	20.32	165	39.606	64	67.89	145
30	3.218	162	59.60	183	28.279	153	40.22	112	57.147	111	21.97	138	39.542	104	69.34	122
Febr. 9	3.056	198	61.43	142	28.126	205	41.34	87	57.036	145	23.35	109	39.438	137	70.56	95
19	2.858	223	62.85	98	27.921	244	42.21	56	56.891	171	24.44	77	39.301	163	71.51	69
März 1	2.635	239	63.83	52	27.677	269	42.77	23	56.720	186	25.21	46	39.138	179	72.20	42
11	2.396	244	64.35	7	27.408	278	43.00	10	56.534	193	25.67	15	38.959	185	72.62	15
21	2.152	238	64.42	38	27.130	270	42.90	44	56.341	189	25.82	17	38.774	182	72.77	12
31	1.914	222	64.04	81	26.860	248	42.46	75	56.152	175	25.65	47	38.592	168	72.65	38
April 10	1.692	197	63.23	122	26.612	212	41.71	103	55.977	152	25.18	76	38.424	146	72.27	63
20	1.495	163	62.01	160	26.400	165	40.68	126	55.825	122	24.42	104	38.278	116	71.64	88
30	1.332	123	60.41	194	26.235	110	39.42	143	55.703	87	23.38	130	38.162	81	70.76	111
Mai 10	1.209	79	58.47	224	26.125	48	37.99	156	55.616	47	22.08	153	38.081	41	69.65	132
20	1.130	32	56.23	249	26.077	15	36.43	162	55.569	6	20.55	173	38.040	0	68.33	150
30	1.098	16	53.74	268	26.092	80	34.81	163	55.563	37	18.82	190	38.040	42	66.83	165
Juni 9	1.114	65	51.06	280	26.172	142	33.18	159	55.600	79	16.92	201	38.082	83	65.18	176
19	1.179	110	48.26	284	26.314	201	31.59	151	55.679	118	14.91	207	38.165	121	63.42	182
29	1.289	153	45.42	281	26.515	254	30.08	139	55.797	154	12.84	208	38.286	157	61.60	184
Juli 9	1.442	192	42.61	269	26.769	301	28.69	124	55.951	187	10.76	202	38.443	188	59.76	179
19	1.634	226	39.92	250	27.070	342	27.45	107	56.138	215	8.74	189	38.631	216	57.97	169
29	1.860	256	37.42	221	27.412	376	26.38	89	56.353	238	6.85	170	38.847	238	56.28	152
Aug. 8	2.116	281	35.21	186	27.788	402	25.49	69	56.591	258	5.15	145	39.085	257	54.76	130
18	2.397	298	33.35	143	28.190	422	24.80	49	56.849	273	3.70	113	39.342	271	53.46	103
28	2.695	311	31.92	94	28.612	435	24.31	28	57.122	282	2.57	78	39.613	280	52.43	70
Sept. 7	3.006	318	30.98	41	29.047	443	24.03	9	57.404	288	1.79	37	39.893	286	51.73	34
17	3.324	319	30.57	15	29.490	444	23.94	12	57.692	289	1.42	5	40.179	287	51.39	3
27	3.643	314	30.72	71	29.934	441	24.06	31	57.981	287	1.47	48	40.466	285	51.42	42
Okt. 7	3.957	303	31.43	125	30.375	430	24.37	51	58.268	279	1.95	91	40.751	278	51.84	81
17	4.260	286	32.68	177	30.805	414	24.88	71	58.547	268	2.86	129	41.029	267	52.65	116
27	4.546	262	34.45	222	31.219	391	25.59	90	58.815	252	4.15	164	41.296	251	53.81	146
Nov. 6	4.808	233	36.67	258	31.610	359	26.49	108	59.067	229	5.79	192	41.547	231	55.27	172
16	5.041	197	39.25	287	31.969	320	27.57	125	59.296	203	7.71	214	41.778	205	56.99	190
26	5.238	157	42.12	304	32.289	272	28.82	139	59.499	170	9.85	227	41.983	174	58.89	202
Dez. 6	5.395	111	45.16	311	32.561	216	30.21	150	59.669	132	12.12	232	42.157	136	60.91	206
16	$_{16}$5.506	61	48.27	308	$_{17}$32.777	153	31.71	157	$_{18}$59.801	90	14.44	229	$_{18}$42.293	96	62.97	203
25	5.567	9	51.35	295	32.930	85	33.28	158	59.891	46	16.73	219	42.389	52	65.00	193
35	5.576		54.30		33.015		34.86		59.937		18.92		42.441		66.93	
Mittl. Ort	1.078		49.11		24.679		32.16		54.901		14.73		37.258		63.13	
sec δ, tg δ	+1.208		−0.677		+1.550		+1.184		+1.034		−0.265		+1.014		−0.171	
a, *a′*	+2.2		+1.9		+4.7		+1.5		+2.7		+1.3		+2.8		+1.3	
b, *b′*	0.00		−1.00		+0.01		−1.00		0.00		−1.00		0.00		−1.00	

Obere Kulmination Greenwich

Tag	224) α Orionis AR.		224) α Orionis Dekl.		225) δ Aurigae AR.		225) δ Aurigae Dekl.		227) β Aurigae AR.		227) β Aurigae Dekl.		1162) +33° 1209 Auri AR.		1162) +33° 1209 Auri Dekl.	
1955	$5^h\ 52^m$		+7° 23′		$5^h\ 55^m$		+54° 16′		$5^h\ 56^m$		+44° 56′		$5^h\ 57^m$		+33° 8′	
	s		″		s		″		s		″		s		″	
Jan. 0	46.546	48	61.06	93	53.243	65	64.06	181	17.028	66	44.38	130	19.776	65	9.60	60
10	46.594	1	60.13	83	53.308	14	65.87	173	17.094	0	45.68	126	19.841	8	10.20	62
20	46.595	45	59.30	70	53.294	90	67.60	160	17.094	64	46.94	117	19.849	46	10.82	59
30	46.550	87	58.60	58	53.204	160	69.20	138	17.030	122	48.11	102	19.803	96	11.41	53
Febr. 9	46.463	123	58.02	47	53.044	220	70.58	110	16.908	173	49.13	82	19.707	140	11.94	43
19	46.340	150	57.55	35	52.824	266	71.68	78	16.735	212	49.95	58	19.567	174	12.37	30
März 1	46.190	169	57.20	24	52.558	297	72.46	43	16.523	238	50.53	30	19.393	196	12.67	14
11	46.021	176	56.96	13	52.261	309	72.89	4	16.285	250	50.83	2	19.197	207	12.81	2
21	45.845	173	56.83	3	51.952	306	72.93	34	16.035	246	50.85	27	18.990	204	12.79	20
31	45.672	161	56.80	7	51.646	286	72.59	69	15.789	230	50.58	55	18.786	190	12.59	35
April 10	45.511	138	56.87	18	51.360	250	71.90	102	15.559	199	50.03	80	18.596	164	12.24	49
20	45.373	109	57.05	29	51.110	201	70.88	131	15.360	158	49.23	101	18.432	129	11.75	60
30	45.264	74	57.34	40	50.909	143	69.57	153	15.202	110	48.22	117	18.303	88	11.15	69
Mai 10	45.190	34	57.74	52	50.766	79	68.04	170	15.092	56	47.05	128	18.215	41	10.46	73
20	45.156	8	58.26	64	50.687	10	66.34	181	15.036	2	45.77	136	18.174	7	9.73	74
30	45.164	49	58.90	73	50.677	61	64.53	186	15.038	60	44.41	138	18.181	57	8.99	73
Juni 9	45.213	91	59.63	82	50.738	129	62.67	186	15.098	117	43.03	136	18.238	106	8.26	70
19	45.304	129	60.45	89	50.867	194	60.81	180	15.215	171	41.67	130	18.344	151	7.56	63
29	45.433	164	61.34	93	51.061	254	59.01	169	15.386	221	40.37	121	18.495	193	6.93	56
Juli 9	45.597	195	62.27	94	51.315	307	57.32	156	15.607	264	39.16	110	18.688	229	6.37	48
19	45.792	222	63.21	91	51.622	355	55.76	140	15.871	302	38.06	97	18.917	262	5.89	40
29	46.014	244	64.12	83	51.977	395	54.36	120	16.173	335	37.09	83	19.179	288	5.49	32
Aug. 8	46.258	262	64.95	73	52.372	427	53.16	99	16.508	360	36.26	67	19.467	310	5.17	26
18	46.520	275	65.68	59	52.799	453	52.17	77	16.868	380	35.59	52	19.777	326	4.91	19
28	46.795	285	66.27	40	53.252	471	51.40	54	17.248	395	35.07	37	20.103	338	4.72	14
Sept. 7	47.080	291	66.67	20	53.723	482	50.86	31	17.643	404	34.70	22	20.441	345	4.58	10
17	47.371	294	66.87	2	54.205	488	50.55	7	18.047	408	34.48	7	20.786	349	4.48	7
27	47.665	292	66.85	25	54.693	487	50.48	18	18.455	408	34.41	10	21.135	349	4.41	2
Okt. 7	47.957	287	66.60	47	55.180	479	50.66	41	18.863	401	34.51	25	21.484	344	4.39	1
17	48.244	279	66.13	68	55.659	463	51.07	66	19.264	390	34.76	41	21.828	335	4.40	6
27	48.523	265	65.45	85	56.122	440	51.73	90	19.654	371	35.17	57	22.163	320	4.46	13
Nov. 6	48.788	247	64.60	98	56.562	408	52.63	112	20.025	345	35.74	73	22.483	299	4.59	19
16	49.035	223	63.62	107	56.970	365	53.75	134	20.370	312	36.47	89	22.782	271	4.78	27
26	49.258	193	62.55	112	57.335	313	55.09	153	20.682	270	37.36	103	23.053	237	5.05	36
Dez. 6	49.451	157	61.43	111	57.648	253	56.62	167	20.952	221	38.39	116	23.290	196	5.41	45
16	49.608	118	60.32	107	57.901	184	58.29	177	21.173	164	39.55	124	23.486	147	5.86	52
25	20 49.726	73	59.25	100	21 58.085	108	60.06	182	21 21.337	101	40.79	130	21 23.633	95	6.38	58
35	49.799		58.25		58.193		61.88		21.438		42.09		23.728		6.96	
Mittl. Ort	44.065		61.29		49.228		61.43		13.597		42.33		16.797		8.37	
sec δ, tg δ	+1.008		+0.130		+1.713		+1.391		+1.413		+0.998		+1.194		+0.653	
a, *a′*	+3.2		+0.6		+4.9		+0.4		+4.4		+0.3		+3.9		+0.2	
b, *b′*	0.00		−1.00		0.00		−1.00		0.00		−1.00		0.00		−1.00	

Scheinbare Sternörter 1955

Obere Kulmination Greenwich

Tag	229) η Columbae				232) ν Orionis				1168) κ Aurigae				234) 22 H. Camelop.			
	AR.	Diff.	Dekl.	Diff.	AR.	Diff.	Dekl.	Diff.	AR.	Diff.	Dekl.	Diff.	AR.	Diff.	Dekl.	Diff.
1955	5h 57m		−42° 48′		6h 5m		+14° 46′		6h 12m		+29° 30′		6h 13m		+69° 20′	
	s		″		s		″		s		″		s		″	
Jan. 0	48.530	21	63.28	318	2.674	64	31.62	53	33.490	80	59.42	36	59.58	9	22.09	253
10	48.509	80	66.46	292	2.738	15	31.09	43	33.570	25	59.78	41	59.67	3	24.62	247
20	48.429	135	69.38	259	2.753	33	30.66	35	33.595	29	60.19	43	59.64	15	27.09	230
30	48.294	183	71.97	219	2.720	78	30.31	27	33.566	80	60.62	41	59.49	27	29.39	203
Febr. 9	48.111	225	74.16	175	2.642	117	30.04	20	33.486	124	61.03	36	59.22	37	31.42	170
19	47.886	257	75.91	128	2.525	147	29.84	15	33.362	159	61.39	27	58.85	46	33.12	129
März 1	47.629	277	77.19	78	2.378	168	29.69	12	33.203	184	61.66	17	58.39	51	34.41	82
11	47.352	286	77.97	29	2.210	178	29.57	9	33.019	197	61.83	4	57.88	54	35.23	32
21	47.066	284	78.26	20	2.032	177	29.48	6	32.822	197	61.87	9	57.34	54	35.55	18
31	46.782	270	78.06	69	1.855	166	29.42	3	32.625	187	61.78	21	56.80	51	35.37	67
April 10	46.512	246	77.37	114	1.689	145	29.39	0	32.438	164	61.57	33	56.29	47	34.70	113
20	46.266	213	76.23	156	1.544	117	29.39	4	32.274	133	61.24	42	55.82	40	33.57	154
30	46.053	173	74.67	196	1.427	81	29.43	10	32.141	96	60.82	49	55.42	32	32.03	189
Mai 10	45.880	127	72.71	230	1.346	41	29.53	16	32.045	52	60.33	54	55.10	22	30.14	217
20	45.753	78	70.41	259	1.305	0	29.69	22	31.993	6	59.79	55	54.88	10	27.97	238
30	45.675	25	67.82	281	1.305	43	29.91	30	31.987	40	59.24	54	54.78	0	25.59	251
Juni 9	45.650	28	65.01	297	1.348	84	30.21	37	32.027	87	58.70	52	54.78	11	23.08	256
19	45.678	78	62.04	304	1.432	124	30.58	42	32.114	130	58.18	48	54.89	22	20.52	255
29	45.756	128	59.00	303	1.556	160	31.00	47	32.244	171	57.70	42	55.11	32	17.97	248
Juli 9	45.884	174	55.97	293	1.716	193	31.47	49	32.415	207	57.28	37	55.43	41	15.49	235
19	46.058	217	53.04	274	1.909	221	31.96	49	32.622	239	56.91	33	55.84	50	13.14	216
29	46.275	254	50.30	246	2.130	244	32.45	46	32.861	266	56.58	28	56.34	58	10.98	193
Aug. 8	46.529	285	47.84	210	2.374	263	32.91	40	33.127	288	56.30	24	56.92	64	9.05	167
18	46.814	312	45.74	166	2.637	279	33.31	31	33.415	306	56.06	22	57.56	69	7.38	137
28	47.126	331	44.08	114	2.916	291	33.62	19	33.721	320	55.84	21	58.25	72	6.01	105
Sept. 7	47.457	344	42.94	59	3.207	298	33.81	7	34.041	329	55.63	20	58.97	76	4.96	72
17	47.801	350	42.35	1	3.505	302	33.88	9	34.370	336	55.43	21	59.73	78	4.24	36
27	48.151	348	42.36	62	3.807	303	33.79	25	34.706	338	55.22	20	60.51	78	3.88	0
Okt. 7	48.499	340	42.98	121	4.110	300	33.54	39	35.044	335	55.02	20	61.29	77	3.88	36
17	48.839	323	44.19	178	4.410	294	33.15	51	35.379	329	54.82	19	62.06	75	4.24	74
27	49.162	299	45.97	229	4.704	281	32.64	63	35.708	318	54.63	15	62.81	71	4.98	111
Nov. 6	49.461	267	48.26	272	4.985	264	32.01	71	36.026	300	54.48	10	63.52	67	6.09	145
16	49.728	228	50.98	305	5.249	242	31.30	74	36.326	275	54.38	3	64.19	59	7.54	177
26	49.956	181	54.03	328	5.491	213	30.56	75	36.601	244	54.35	5	64.78	51	9.31	206
Dez. 6	50.137	129	57.31	340	5.704	177	29.81	71	36.845	205	54.40	15	65.29	41	11.37	229
16	50.266	73	60.71	341	5.881	136	29.10	66	37.050	160	54.55	23	65.70	29	13.66	245
25	[21]50.339	14	64.12	329	[23]6.017	90	28.44	58	[25]37.210	109	54.78	32	[25]65.99	17	16.11	253
35	50.353		67.41		6.107		27.86		37.319		55.10		66.16		18.64	
Mittl. Ort	46.058		60.47		0.083		31.98		30.597		59.55		53.43		20.75	
sec δ, tg δ	+1.363		−0.927		+1.034		+0.264		+1.149		+0.566		+2.834		+2.652	
a, *a′*	+1.8		+0.2		+3.4		−0.4		+3.8		−1.1		+6.6		−1.2	
b, *b′*	0.00		−1.00		0.00		−1.00		0.00		−1.00		−0.01		−1.00	

Obere Kulmination Greenwich

Tag	240) ζ Canis maj. AR.		240) ζ Canis maj. Dekl.		241) μ Geminorum AR.		241) μ Geminorum Dekl.		243) β Canis maj. AR.		243) β Canis maj. Dekl.		244) 8 ε Monocerotis AR.		244) 8 ε Monocerotis Dekl.	
1955	6h 18m		−30° 2′		6h 20m		+22° 32′		6h 20m		−17° 55′		6h 21m		+4° 36′	
	s		″		s		″		s		″		s		″	
Jan. 0	37.435	31	33.92	289	16.985	85	17.66	8	45.362	51	58.24	239	25.431	72	60.94	118
10	37.466	21	36.81	268	17.070	32	17.58	0	45.413	1	60.63	220	25.503	25	59.76	105
20	37.445	72	39.49	241	17.102	20	17.58	6	45.414	46	62.83	197	25.528	23	58.71	90
30	37.373	118	41.90	208	17.082	68	17.64	10	45.368	91	64.80	169	25.505	68	57.81	74
Febr. 9	37.255	159	43.98	169	17.014	111	17.74	12	45.277	130	66.49	137	25.437	107	57.07	58
19	37.096	191	45.67	130	16.903	146	17.86	11	45.147	161	67.86	105	25.330	138	56.49	44
März 1	36.905	214	46.97	89	16.757	170	17.97	7	44.986	182	68.91	71	25.192	161	56.05	29
11	36.691	225	47.86	45	16.587	183	18.04	2	44.804	195	69.62	38	25.031	173	55.76	15
21	36.466	227	48.31	3	16.404	186	18.06	3	44.609	196	70.00	4	24.858	176	55.61	2
31	36.239	219	48.34	38	16.218	176	18.03	9	44.413	188	70.04	30	24.682	167	55.59	10
April 10	36.020	200	47.96	79	16.042	157	17.94	14	44.225	171	69.74	62	24.515	150	55.69	23
20	35.820	173	47.17	117	15.885	129	17.80	17	44.054	146	69.12	92	24.365	124	55.92	36
30	35.647	140	46.00	152	15.756	94	17.63	19	43.908	114	68.20	120	24.241	92	56.28	48
Mai 10	35.507	102	44.48	184	15.662	55	17.44	20	43.794	79	67.00	146	24.149	56	56.76	60
20	35.405	60	42.64	211	15.607	12	17.24	18	43.715	39	65.54	169	24.093	17	57.36	71
30	35.345	16	40.53	234	15.595	32	17.06	16	43.676	2	63.85	188	24.076	23	58.07	81
Juni 9	35.329	28	38.19	251	15.627	75	16.90	12	43.678	42	61.97	203	24.099	62	58.88	90
19	35.357	71	35.68	260	15.702	116	16.78	8	43.720	82	59.94	211	24.161	100	59.78	96
29	35.428	113	33.08	262	15.818	155	16.70	5	43.802	120	57.83	213	24.261	136	60.74	99
Juli 9	35.541	151	30.46	257	15.973	189	16.65	1	43.922	154	55.70	210	24.397	168	61.73	99
19	35.692	187	27.89	244	16.162	219	16.64	1	44.076	185	53.60	199	24.565	196	62.72	95
29	35.879	219	25.45	222	16.381	245	16.65	1	44.261	212	51.61	182	24.761	221	63.67	86
Aug. 8	36.098	246	23.23	192	16.626	267	16.66	1	44.473	236	49.79	157	24.982	242	64.53	74
18	36.344	269	21.31	156	16.893	284	16.65	4	44.709	256	48.22	127	25.224	259	65.27	57
28	36.613	287	19.75	113	17.177	299	16.61	9	44.965	272	46.95	90	25.483	272	65.84	38
Sept. 7	36.900	300	18.62	63	17.476	309	16.52	15	45.237	283	46.05	50	25.755	283	66.22	14
17	37.200	309	17.99	11	17.785	316	16.37	22	45.520	290	45.55	5	26.038	289	66.36	11
27	37.509	312	17.88	43	18.101	319	16.15	30	45.810	294	45.50	41	26.327	293	66.25	36
Okt. 7	37.821	310	18.31	97	18.420	319	15.85	37	46.104	293	45.91	86	26.620	292	65.89	61
17	38.131	301	19.28	149	18.739	314	15.48	42	46.397	287	46.77	129	26.912	287	65.28	84
27	38.432	286	20.77	195	19.053	304	15.06	45	46.684	275	48.06	169	27.199	278	64.44	105
Nov. 6	38.718	264	22.72	235	19.357	289	14.61	45	46.959	256	49.75	201	27.477	264	63.39	120
16	38.982	236	25.07	268	19.646	266	14.16	43	47.215	233	51.76	227	27.741	243	62.19	132
26	39.218	201	27.75	290	19.912	238	13.73	39	47.448	203	54.03	245	27.984	215	60.87	137
Dez. 6	39.419	159	30.65	303	20.150	202	13.34	31	47.651	166	56.48	254	28.199	182	59.50	137
16	39.578	112	33.68	306	20.352	159	13.03	23	47.817	124	59.02	255	28.381	142	58.13	134
26	39.690	62	36.74	298	20.511	112	12.80	13	47.941	78	61.57	247	28.523	99	56.79	124
35	[26] 39.752		39.72		[27] 20.623		12.67		[27] 48.019		64.04		[27] 28.622		55.55	
Mittl. Ort	35.063		31.81		14.249		18.59		43.012		56.30		22.957		62.44	
sec δ, tg δ	+1.155		−0.578		+1.083		+0.415		+1.051		−0.324		+1.003		+0.081	
a, *a′*	+2.3		−1.6		+3.6		−1.8		+2.6		−1.8		+3.2		−1.9	
b, *b′*	0.00		−1.00		0.00		−1.00		0.00		−1.00		0.00		−1.00	

Scheinbare Sternörter 1955

Obere Kulmination Greenwich

Tag	242) ψ^1 Aurigae AR.		242) ψ^1 Aurigae Dekl.		245) α Carinae AR.		245) α Carinae Dekl.		246) 10 Monocerotis AR.		246) 10 Monocerotis Dekl.		249) ξ^2 Canis maj. AR.		249) ξ^2 Canis maj. Dekl.	
1955	6h 21m		+49° 18′		6h 22m		−52° 39′		6h 25m		−4° 43′		6h 33m		−22° 55′	
	s		″		s		″		s		″		s		″	
Jan. 0	29.687	103	47.26	153	59.835	18	75.15	352	46.561	69	59.77	173	12.493	57	42.37	267
10	29.790	29	48.79	154	59.817	90	78.67	330	46.630	21	61.50	157	12.550	7	45.04	248
20	29.819	42	50.33	147	59.727	158	81.97	299	46.651	26	63.07	138	12.557	43	47.52	224
30	29.777	109	51.80	134	59.569	219	84.96	260	46.625	71	64.45	118	12.514	90	49.76	194
Febr. 9	29.668	169	53.14	115	59.350	271	87.56	216	46.554	110	65.63	95	12.424	131	51.70	161
19	29.499	216	54.29	89	59.079	312	89.72	168	46.444	141	66.58	71	12.293	164	53.31	125
März 1	29.283	251	55.18	60	58.767	341	91.40	117	46.303	164	67.29	49	12.129	188	54.56	89
11	29.032	270	55.78	29	58.426	358	92.57	65	46.139	176	67.78	27	11.941	202	55.45	51
21	28.762	273	56.07	5	58.068	361	93.22	12	45.963	179	68.05	4	11.739	207	55.96	14
31	28.489	261	56.02	37	57.707	351	93.34	40	45.784	172	68.09	18	11.532	200	56.10	24
April 10	28.228	235	55.65	68	57.356	329	92.94	90	45.612	156	67.91	39	11.332	184	55.86	59
20	27.993	198	54.97	95	57.027	297	92.04	138	45.456	131	67.52	59	11.148	161	55.27	93
30	27.795	149	54.02	119	56.730	256	90.66	181	45.325	100	66.93	79	10.987	131	54.34	126
Mai 10	27.646	95	52.83	138	56.474	207	88.85	221	45.225	65	66.14	97	10.856	96	53.08	154
20	27.551	36	51.45	150	56.267	152	86.64	255	45.160	28	65.17	113	10.760	57	51.54	180
30	27.515	25	49.95	159	56.115	94	84.09	282	45.132	12	64.04	127	10.703	16	49.74	201
Juni 9	27.540	86	48.36	163	56.021	34	81.27	303	45.144	52	62.77	138	10.687	25	47.73	218
19	27.626	145	46.73	161	55.987	27	78.24	315	45.196	89	61.39	145	10.712	65	45.55	228
29	27.771	199	45.12	157	56.014	87	75.09	319	45.285	124	59.94	148	10.777	104	43.27	232
Juli 9	27.970	249	43.55	148	56.101	146	71.90	313	45.409	157	58.46	147	10.881	140	40.95	228
19	28.219	293	42.07	138	56.247	201	68.77	297	45.566	186	56.99	140	11.021	173	38.67	219
29	28.512	332	40.69	124	56.448	251	65.80	272	45.752	212	55.59	127	11.194	203	36.48	201
Aug. 8	28.844	364	39.45	110	56.699	297	63.08	239	45.964	233	54.32	110	11.397	229	34.47	175
18	29.208	391	38.35	93	56.996	335	60.69	195	46.197	251	53.22	87	11.626	252	32.72	143
28	29.599	412	37.42	76	57.331	366	58.74	144	46.448	266	52.35	60	11.878	270	31.29	105
Sept. 7	30.011	427	36.66	58	57.697	390	57.30	87	46.714	278	51.75	30	12.148	284	30.24	61
17	30.438	437	36.08	40	58.087	405	56.43	26	46.992	285	51.45	4	12.432	295	29.63	13
27	30.875	442	35.68	20	58.492	410	56.17	38	47.277	288	51.49	38	12.727	300	29.50	36
Okt. 7	31.317	441	35.48	1	58.902	405	56.55	103	47.565	289	51.87	73	13.027	301	29.86	85
17	31.758	433	35.49	21	59.307	391	57.58	165	47.854	285	52.60	105	13.328	296	30.71	132
27	32.191	418	35.70	43	59.698	365	59.23	221	48.139	275	53.65	133	13.624	286	32.03	176
Nov. 6	32.609	395	36.13	66	60.063	328	61.44	271	48.414	261	54.98	156	13.910	268	33.79	213
16	33.004	362	36.79	86	60.391	283	64.15	312	48.675	240	56.54	175	14.178	245	35.92	244
26	33.366	319	37.65	107	60.674	228	67.27	341	48.915	212	58.29	186	14.423	214	38.36	265
Dez. 6	33.685	269	38.72	126	60.902	165	70.68	359	49.127	178	60.15	190	14.637	176	41.01	277
16	33.954	209	39.98	140	61.067	96	74.27	366	49.305	139	62.05	189	14.813	134	43.78	280
26	34.163	141	41.38	150	61.163	25	77.93	361	49.444	95	63.94	180	14.947	85	46.58	274
35	^{27}34.304		42.88		^{28}61.188		81.54		^{28}49.539		65.74		^{30}15.032		49.32	
Mittl. Ort	25.989		47.41		57.132		73.12		44.162		57.96		10.139		40.42	
sec δ, tg δ	+1.534		+1.163		+1.649		−1.311		+1.003		−0.083		+1.086		−0.423	
a, *a′*	+4.6		−1.9		+1.3		−2.0		+3.0		−2.2		+2.5		−2.9	
b, *b′*	−0.01		−1.00		+0.01		−0.99		0.00		−0.99		0.00		−0.99	

Obere Kulmination Greenwich

Tag	247) 8 Lyncis				251) γ Geminorum				250) 51 Aurigae				252) ν Puppis			
	AR.		Dekl.		AR.		Dekl.		AR.		Dekl.		AR.		Dekl.	
1955	6h 33m		+61° 31′		6h 35m		+16° 26′		6h 35m		+39° 25′		6h 36m		−43° 9′	
	s		″		s		″		s		″		s		″	
Jan. 0	39.67	13	23.34	216	9.361	95	19.91	50	°35.686	113	55.33	93	°25.471	28	21.28	339
10	39.80	4	25.50	215	9.456	44	19.41	38	35.799	51	56.26	99	25.499	33	24.67	319
20	39.84	6	27.65	206	9.500	6	19.03	28	35.850	12	57.25	100	25.466	93	27.86	292
30	39.78	15	29.71	190	9.494	55	18.75	18	35.838	71	58.25	95	25.373	148	30.78	256
Febr. 9	39.63	24	31.61	164	9.439	97	18.57	11	35.767	123	59.20	86	25.225	195	33.34	216
19	39.39	30	33.25	131	9.342	133	18.46	5	35.644	168	60.06	71	25.030	234	35.50	171
März 1	39.09	35	34.56	93	9.209	159	18.41	2	35.476	200	60.77	52	24.796	263	37.21	124
11	38.74	38	35.49	51	9.050	174	18.39	1	35.276	220	61.29	31	24.533	280	38.45	76
21	38.36	39	36.00	7	8.876	179	18.40	1	35.056	225	61.60	8	24.253	285	39.21	26
31	37.97	38	36.07	37	8.697	172	18.41	2	34.831	218	61.68	16	23.968	279	39.47	23
April 10	37.59	35	35.70	79	8.525	157	18.43	3	34.613	199	61.52	38	23.689	262	39.24	70
20	37.24	30	34.91	116	8.368	132	18.46	4	34.414	168	61.14	59	23.427	236	38.54	115
30	36.94	24	33.75	150	8.236	100	18.50	6	34.246	130	60.55	76	23.191	202	37.39	158
Mai 10	36.70	17	32.25	178	8.136	63	18.56	9	34.116	85	59.79	89	22.989	162	35.81	196
20	36.53	10	30.47	199	8.073	25	18.65	12	34.031	36	58.90	100	22.827	117	33.85	230
30	36.43	2	28.48	215	8.048	17	18.77	16	33.995	14	57.90	107	22.710	68	31.55	257
Juni 9	36.41	7	26.33	223	8.065	58	18.93	21	34.009	65	56.83	110	22.642	19	28.98	278
19	36.48	14	24.10	226	8.123	97	19.14	24	34.074	115	55.73	111	22.623	32	26.20	292
29	36.62	22	21.84	223	8.220	133	19.38	26	34.189	160	54.62	108	22.655	81	23.28	297
Juli 9	36.84	29	19.61	215	8.353	167	19.64	28	34.349	203	53.54	104	22.736	128	20.31	294
19	37.13	36	17.46	202	8.520	198	19.92	27	34.552	240	52.50	98	22.864	174	17.37	282
29	37.49	41	15.44	186	8.718	223	20.19	23	34.792	273	51.52	91	23.038	215	14.55	261
Aug. 8	37.90	46	13.58	167	8.941	246	20.42	18	35.065	302	50.61	84	23.253	252	11.94	230
18	38.36	50	11.91	144	9.187	265	20.60	9	35.367	326	49.77	75	23.505	284	9.64	191
28	38.86	53	10.47	119	9.452	280	20.69	1	35.693	344	49.02	68	23.789	311	7.73	144
Sept. 7	39.39	56	9.28	92	9.732	292	20.68	13	36.037	360	48.34	59	24.100	333	6.29	91
17	39.95	58	8.36	64	10.024	301	20.55	27	36.397	371	47.75	50	24.433	347	5.38	33
27	40.53	59	7.72	34	10.325	307	20.28	41	36.768	378	47.25	40	24.780	355	5.05	28
Okt. 7	41.12	59	7.38	3	10.632	309	19.87	54	37.146	380	46.85	29	25.135	355	5.33	89
17	41.71	58	7.35	30	10.941	307	19.33	65	37.526	376	46.56	17	25.490	347	6.22	149
27	42.29	56	7.65	62	11.248	299	18.68	74	37.902	367	46.39	4	25.837	330	7.71	204
Nov. 6	42.85	53	8.27	95	11.547	287	17.94	80	38.269	351	46.35	11	26.167	306	9.75	252
16	43.38	49	9.22	125	11.834	267	17.14	81	38.620	327	46.46	28	26.473	272	12.27	292
26	43.87	43	10.47	154	12.101	241	16.33	80	38.947	293	46.74	44	26.745	229	15.19	322
Dez. 6	44.30	36	12.01	178	12.342	207	15.53	75	39.240	252	47.18	60	26.974	180	18.41	341
16	44.66	27	13.79	198	12.549	167	14.78	66	39.492	202	47.78	75	27.154	125	21.82	350
26	44.93	19	15.77	212	12.716	122	14.12	56	39.694	146	48.53	88	27.279	65	25.32	346
35	[30] 45.12		17.89		[31] 12.838		13.56		[31] 39.840		49.41		[31] 27.344		28.78	
Mittl. Ort	34.89		24.41		6.732		21.85		32.469		57.03		22.967		19.61	
sec δ, tg δ	+2.097		+1.844		+1.043		+0.295		+1.295		+0.822		+1.371		−0.938	
a, *a′*	+5.5		−2.9		+3.5		−3.1		+4.2		−3.1		+1.8		−3.2	
b, *b′*	−0.02		−0.99		0.00		−0.99		−0.01		−0.99		+0.01		−0.99	

Scheinbare Sternörter 1955

Obere Kulmination Greenwich

Tag	248) 23 H. Camelop. AR.		248) Dekl.		254) ε Geminorum AR.		254) Dekl.	
1955	6h 38m		+79° 36′		6h 41m		+25° 10′	
	s		″		s		″	
Jan. 0*	^{0}46.67	23	65.26	289	^{1}12.609	107	36.69	4
10	46.90	2	68.15	288	12.716	54	36.73	14
20	46.88	27	71.03	274	12.770	0	36.87	21
30	46.61	50	73.77	250	12.770	52	37.08	27
Febr. 9	46.11	70	76.27	216	12.718	98	37.35	28
19	45.41	87	78.43	172	12.620	137	37.63	27
März 1	44.54	101	80.15	122	12.483	165	37.90	22
11	43.53	108	81.37	68	12.318	183	38.12	15
21	42.45	111	82.05	12	12.135	189	38.27	8
31	41.34	109	82.17	45	11.946	184	38.35	2
April 10	40.25	103	81.72	100	11.762	167	38.33	10
20	39.22	92	80.72	150	11.595	142	38.23	17
30	38.30	77	79.22	193	11.453	110	38.06	23
Mai 10	37.53	61	77.29	231	11.343	72	37.83	27
20	36.92	42	74.98	260	11.271	30	37.56	30
30	36.50	21	72.38	282	11.241	12	37.26	31
Juni 9	36.29	0	69.56	295	11.253	56	36.95	30
19	36.29	21	66.61	300	11.309	97	36.65	28
29	36.50	41	63.61	297	11.406	136	36.37	27
Juli 9	36.91	60	60.64	288	11.542	172	36.10	25
19	37.51	79	57.76	273	11.714	204	35.85	24
29	38.30	95	55.03	251	11.918	232	35.61	24
Aug. 8	39.25	109	52.52	224	12.150	257	35.37	25
18	40.34	121	50.28	193	12.407	277	35.12	28
28	41.55	132	48.35	159	12.684	294	34.84	31
Sept. 7	42.87	139	46.76	121	12.978	308	34.53	35
17	44.26	145	45.55	80	13.286	318	34.18	41
27	45.71	147	44.75	38	13.604	325	33.77	46
Okt. 7	47.18	147	44.37	7	13.929	328	33.31	49
17	48.65	145	44.44	51	14.257	327	32.82	51
27	50.10	139	44.95	96	14.584	320	32.31	52
Nov. 6	51.49	129	45.91	139	14.904	308	31.79	50
16	52.78	117	47.30	180	15.212	288	31.29	43
26	53.95	101	49.10	217	15.500	260	30.86	36
Dez. 6	54.96	82	51.27	248	15.760	226	30.50	26
16	55.78	61	53.75	271	15.986	184	30.24	15
26	^{32}56.39	37	56.46	286	^{32}16.170	136	30.09	2
35	56.76		59.32		16.306		30.07	
Mittl. Ort	35.52		66.49		9.814		38.97	
sec δ, tg δ	+ 5.549		+5.458		+1.105		+0.470	
a, *a′*	+10.3		−3.4		+3.7		−3.6	
b, *b′*	− 0.06		−0.99		−0.01		−0.98	

Tag	256) ξ Geminorum AR.		256) Dekl.		257) α Canis maj.[1] AR.		257) Dekl.	
1955	6h 42m		+12° 56′		6h 43m		−16° 39′	
	s		″		s		″	
Jan. 0*	^{1}48.377	99	42.35	73	^{1}12.174	68	12.75	244
10	48.476	49	41.62	61	12.242	19	15.19	226
20	48.525	0	41.01	49	12.261	29	17.45	204
30	48.525	49	40.52	36	12.232	76	19.49	177
Febr. 9	48.476	92	40.16	26	12.156	117	21.26	146
19	48.384	127	39.90	17	12.039	150	22.72	115
März 1	48.257	154	39.73	9	11.889	175	23.87	82
11	48.103	171	39.64	3	11.714	189	24.69	49
21	47.932	176	39.61	1	11.525	194	25.18	16
31	47.756	172	39.62	5	11.331	189	25.34	16
April 10	47.584	157	39.67	9	11.142	174	25.18	47
20	47.427	133	39.76	14	10.968	152	24.71	76
30	47.294	104	39.90	18	10.816	123	23.95	104
Mai 10	47.190	68	40.08	23	10.693	89	22.91	129
20	47.122	31	40.31	29	10.604	52	21.62	152
30	47.091	8	40.60	33	10.552	13	20.10	170
Juni 9	47.099	49	40.93	38	10.539	26	18.40	185
19	47.148	87	41.31	42	10.565	66	16.55	194
29	47.235	123	41.73	45	10.631	102	14.61	198
Juli 9	47.358	156	42.18	44	10.733	137	12.63	195
19	47.514	186	42.62	42	10.870	169	10.68	186
29	47.700	213	43.04	38	11.039	197	8.82	171
Aug. 8	47.913	235	43.42	29	11.236	221	7.11	148
18	48.148	255	43.71	18	11.457	243	5.63	119
28	48.403	271	43.89	5	11.700	261	4.44	85
Sept. 7	48.674	284	43.94	10	11.961	275	3.59	45
17	48.958	294	43.84	27	12.236	286	3.14	3
27	49.252	301	43.57	45	12.522	292	3.11	42
Okt. 7	49.553	304	43.12	62	12.814	294	3.53	87
17	49.857	303	42.50	76	13.108	290	4.40	129
27	50.160	297	41.74	89	13.398	282	5.69	168
Nov. 6	50.457	285	40.85	98	13.680	268	7.37	201
16	50.742	267	39.87	102	13.948	246	9.38	228
26	51.009	242	38.85	102	14.194	217	11.66	247
Dez. 6	51.251	209	37.83	98	14.411	183	14.13	256
16	51.460	171	36.85	92	14.594	142	16.69	258
26	^{33}51.631	126	35.93	80	^{33}14.736	96	19.27	251
35	51.757		35.13		14.832		21.78	
Mittl. Ort	45.801		44.72		9.819		10.48	
sec δ, tg δ	+1.026		+0.230		+1.044		−0.299	
a, *a′*	+3.4		−3.7		+2.7		−3.8	
b, *b′*	0.00		−0.98		0.00		−0.98	

[1] Ort des Hauptsterns; die jährliche Parallaxe (0″.377) ist bereits berücksichtigt.

* Bei Stern 254), 256) und 257) lies Jan. 1.

Obere Kulmination Greenwich

Tag	1177) 16 Monocerotis				258) 18 Monocerotis				262) α Pictoris				261) ϑ Geminorum			
	AR.		Dekl.		AR.		Dekl.		AR.		Dekl.		AR.		Dekl.	
1955	6h 44m		+8° 38′		6h 45m		+2° 27′		6h 47m		−61° 53′		6h 49m		+34° 0′	
	s		″		s		″		s		″		s		″	
Jan. 1	2 7.643	97	8.67	101	2 33.268	94	44.26	138	3 46.87	1	34.26	373	3 52.466	125	59.82	57
10	7.740	49	7.66	86	33.362	45	42.88	124	46.86	10	37.99	356	52.591	66	60.39	66
20	7.789	1	6.80	72	33.407	4	41.64	106	46.76	20	41.55	330	52.657	7	61.05	72
30	7.788	49	6.08	58	33.403	50	40.58	89	46.56	27	44.85	295	52.664	50	61.77	73
Febr. 9	7.739	91	5.50	44	33.353	91	39.69	71	46.29	34	47.80	253	52.614	101	62.50	70
19	7.648	126	5.06	32	33.262	127	38.98	53	45.95	40	50.33	208	52.513	145	63.20	61
März 1	7.522	152	4.74	20	33.135	152	38.45	36	45.55	44	52.41	157	52.368	177	63.81	49
11	7.370	168	4.54	10	32.983	168	38.09	20	45.11	47	53.98	104	52.191	199	64.30	34
21	7.202	174	4.44	0	32.815	174	37.89	5	44.64	48	55.02	51	51.992	207	64.64	17
31	7.028	170	4.44	8	32.641	170	37.84	10	44.16	48	55.53	3	51.785	203	64.81	1
April 10	6.858	156	4.52	16	32.471	157	37.94	25	43.68	46	55.50	55	51.582	187	64.80	19
20	6.702	133	4.68	24	32.314	134	38.19	38	43.22	42	54.95	106	51.395	162	64.61	36
30	6.569	104	4.92	33	32.180	106	38.57	51	42.80	38	53.89	155	51.233	128	64.25	50
Mai 10	6.465	70	5.25	41	32.074	73	39.08	64	42.42	33	52.34	199	51.105	88	63.75	61
20	6.395	32	5.66	48	32.001	37	39.72	77	42.09	27	50.35	237	51.017	44	63.14	70
30	6.363	6	6.14	56	31.964	2	40.49	86	41.82	20	47.98	270	50.973	2	62.44	77
Juni 9	6.369	45	6.70	62	31.966	39	41.35	95	41.62	12	45.28	296	50.975	49	61.67	80
19	6.414	83	7.32	67	32.005	77	42.30	101	41.50	5	42.32	314	51.024	94	60.87	82
29	6.497	118	7.99	70	32.082	113	43.31	104	41.45	2	39.18	323	51.118	136	60.05	82
Juli 9	6.615	151	8.69	69	32.195	144	44.35	103	41.47	11	35.95	323	51.254	176	59.23	79
19	6.766	181	9.38	66	32.339	174	45.38	98	41.58	18	32.72	313	51.430	212	58.44	77
29	6.947	207	10.04	59	32.513	201	46.36	89	41.76	25	29.59	293	51.642	244	57.67	75
Aug. 8	7.154	230	10.63	48	32.714	223	47.25	76	42.01	32	26.66	263	51.886	271	56.92	72
18	7.384	249	11.11	35	32.937	243	48.01	59	42.33	37	24.03	223	52.157	294	56.20	68
28	7.633	265	11.46	19	33.180	260	48.60	37	42.70	42	21.80	175	52.451	315	55.52	65
Sept. 7	7.898	279	11.65	1	33.440	273	48.97	12	43.12	47	20.05	119	52.766	331	54.87	62
17	8.177	289	11.64	22	33.713	284	49.09	14	43.59	49	18.86	58	53.097	343	54.25	59
27	8.466	296	11.42	44	33.997	291	48.95	42	44.08	51	18.28	6	53.440	352	53.66	55
Okt. 7	8.762	299	10.98	65	34.288	294	48.53	69	44.59	51	18.34	73	53.792	357	53.11	49
17	9.061	298	10.33	84	34.582	293	47.84	95	45.10	49	19.07	138	54.149	357	52.62	43
27	9.359	292	9.49	101	34.875	288	46.89	118	45.59	47	20.45	200	54.506	351	52.19	34
Nov. 6	9.651	281	8.48	113	35.163	276	45.71	135	46.06	43	22.45	254	54.857	338	51.85	23
16	9.932	263	7.35	121	35.439	259	44.36	149	46.49	37	24.99	301	55.195	318	51.62	9
26	10.195	239	6.14	125	35.698	233	42.87	156	46.86	31	28.00	338	55.513	290	51.53	5
Dez. 6	10.434	206	4.89	123	35.931	201	41.31	158	47.17	22	31.38	363	55.803	252	51.58	20
16	10.640	167	3.66	117	36.132	164	39.73	153	47.39	14	35.01	376	56.055	208	51.78	36
26	10.807	124	2.49	107	36.296	120	38.20	145	47.53	4	38.77	378	56.263	156	52.14	50
35	33 10.931		1.42		33 36.416		36.75		34 47.57		42.55		34 56.419		52.64	
Mittl. Ort	5.124		11.06		30.813		46.64		43.78		33.50		49.443		62.74	
sec δ, tg δ	+1.011		+0.152		+1.001		+0.043		+2.123		−1.872		+1.206		+0.675	
a, *a′*	+3.3		−3.8		+3.1		−4.0		+0.6		−4.1		+4.0		−4.3	
b, *b′*	0.00		−0.98		0.00		−0.98		+0.03		−0.98		−0.01		−0.98	

Scheinbare Sternörter 1955

Obere Kulmination Greenwich

Tag	266) ϑ Canis maj. AR.	Δ	Dekl.	Δ	260) 24 H. Camelop. AR.	Δ	Dekl.	Δ	268) ε Canis maj. AR.	Δ	Dekl.	Δ	269) ζ Geminorum AR.	Δ	Dekl.	Δ
1955	6h 52m		−11° 58′		6h 53m		+77° 1′		6h 56m		−28° 54′		7h 1m		+20° 38′	
	s		″		s		″		s		″		s		″	
Jan. 1	8.259	88	53.40	221	4 41.11	27	77.61	280	5 53.758	76	36.40	300	6 29.107	124	13.43	30
10	4 8.347	38	55.61	205	41.38	6	80.41	282	53.834	22	39.40	284	29.231	73	13.13	18
20	8.385	10	57.66	184	41.44	14	83.23	273	53.856	31	42.24	260	29.304	19	12.95	5
30	8.375	57	59.50	159	41.30	33	85.96	254	53.825	81	44.84	231	29.323	33	12.90	5
Febr. 9	8.318	100	61.09	133	40.97	50	88.50	224	53.744	126	47.15	197	29.290	79	12.95	11
19	8.218	134	62.42	104	40.47	66	90.74	185	53.618	164	49.12	159	29.211	119	13.06	16
März 1	8.084	161	63.46	76	39.81	76	92.59	139	53.454	192	50.71	119	29.092	150	13.22	17
11	7.923	177	64.22	47	39.05	84	93.98	88	53.262	211	51.90	79	28.942	171	13.39	16
21	7.746	185	64.69	18	38.21	88	94.86	33	53.051	219	52.69	37	28.771	180	13.55	13
31	7.561	181	64.87	11	37.33	87	95.19	22	52.832	216	53.06	4	28.591	179	13.68	9
April 10	7.380	169	64.76	37	36.46	83	94.97	76	52.616	205	53.02	44	28.412	166	13.77	5
20	7.211	149	64.39	64	35.63	75	94.21	126	52.411	185	52.58	83	28.246	145	13.82	1
30	7.062	121	63.75	89	34.88	65	92.95	171	52.226	157	51.75	119	28.101	117	13.83	3
Mai 10	6.941	90	62.86	111	34.23	52	91.24	210	52.069	124	50.56	152	27.984	83	13.80	5
20	6.851	54	61.75	132	33.71	37	89.14	242	51.945	88	49.04	183	27.901	45	13.75	6
30	6.797	17	60.43	150	33.34	21	86.72	266	51.857	47	47.21	208	27.856	6	13.69	7
Juni 9	6.780	21	58.93	164	33.13	4	84.06	282	51.810	6	45.13	227	27.850	35	13.62	6
19	6.801	59	57.29	173	33.09	12	81.24	291	51.804	34	42.86	242	27.885	74	13.56	6
29	6.860	94	55.56	177	33.21	29	78.33	292	51.838	75	40.44	248	27.959	112	13.50	6
Juli 9	6.954	128	53.79	176	33.50	44	75.41	286	51.913	113	37.96	248	28.071	147	13.44	6
19	7.082	160	52.03	169	33.94	59	72.55	274	52.026	150	35.48	240	28.218	178	13.38	8
29	7.242	188	50.34	156	34.53	73	69.81	257	52.176	184	33.08	224	28.396	206	13.30	11
Aug. 8	7.430	212	48.78	136	35.26	84	67.24	234	52.360	214	30.84	199	28.602	232	13.19	16
18	7.642	235	47.42	111	36.10	95	64.90	206	52.574	241	28.85	167	28.834	254	13.03	22
28	7.877	253	46.31	80	37.05	104	62.84	174	52.815	264	27.18	127	29.088	273	12.81	29
Sept. 7	8.130	269	45.51	45	38.09	110	61.10	140	53.079	284	25.91	82	29.361	289	12.52	39
17	8.399	281	45.06	6	39.19	115	59.70	102	53.363	299	25.09	32	29.650	302	12.13	49
27	8.680	289	45.00	35	40.34	119	58.68	61	53.662	309	24.77	20	29.952	312	11.64	59
Okt. 7	8.969	294	45.35	75	41.53	120	58.07	18	53.971	315	24.97	74	30.264	318	11.05	67
17	9.263	293	46.10	114	42.73	119	57.89	25	54.286	313	25.71	127	30.582	320	10.38	75
27	9.556	287	47.24	151	43.92	115	58.14	70	54.599	306	26.98	176	30.902	318	9.63	79
Nov. 6	9.843	275	48.75	181	45.07	108	58.84	113	54.905	291	28.74	219	31.220	308	8.84	80
16	10.118	257	50.56	206	46.15	100	59.97	155	55.196	268	30.93	255	31.528	292	8.04	77
26	10.375	231	52.62	222	47.15	88	61.52	194	55.464	238	33.48	282	31.820	268	7.27	72
Dez. 6	10.606	198	54.84	232	48.03	73	63.46	227	55.702	200	36.30	300	32.088	237	6.55	63
16	10.804	159	57.16	234	48.76	57	65.73	254	55.902	156	39.30	308	32.325	198	5.92	51
26	10.963	115	59.50	227	35 49.33	38	68.27	274	56.058	106	42.38	305	32.523	152	5.41	38
35*	35 11.078		61.77		49.71		71.01		36 56.164		45.43		37 32.675		5.03	
Mittl. Ort	5.895		51.19		31.99		80.65		51.389		34.78		26.416		16.96	
sec δ, tg δ	+1.022		−0.212		+4.459		+4.345		+1.142		−0.552		+1.069		+0.377	
a, *a′*	+2.8		−4.5		+8.7		−4.6		+2.4		−4.9		+3.6		−5.3	
b, *b′*	0.00		−0.97		−0.07		−0.97		+0.01		−0.97		−0.01		−0.96	

* Bei Stern 268) und 269) lies Dez. 36.

Scheinbare Sternörter 1955

Obere Kulmination Greenwich

Tag	271) γ Canis maj. AR.		271) γ Canis maj. Dekl.		273) δ Canis maj. AR.		273) δ Canis maj. Dekl.		274) 63 Aurigae AR.		274) 63 Aurigae Dekl.		277) λ Geminorum AR.		277) λ Geminorum Dekl.	
1955	7h 1m		−15° 33′		7h 6m		−26° 19′		7h 8m		+39° 23′		7h 15m		+16° 37′	
	s		″		s		″		s		″		s		″	
Jan. 1	$_{6}$45.655	94	57.70	242	$_{7}$35.994	90	15.54	293	$_{8}$36.926	153	40.63	84	$_{10}$33.039	135	19.40	60
10	45.749	45	60.12	227	36.084	36	18.47	278	37.079	91	41.47	97	33.174	84	18.80	45
20	45.794	5	62.39	205	36.120	16	21.25	255	37.170	27	42.44	104	33.258	31	18.35	31
30	45.789	53	64.44	180	36.104	66	23.80	227	37.197	36	43.48	105	33.289	20	18.04	17
Febr. 9	45.736	97	66.24	151	36.038	112	26.07	194	37.161	93	44.53	101	33.269	67	17.87	7
19	45.639	133	67.75	121	35.926	150	28.01	159	37.068	142	45.54	91	33.202	107	17.80	2
März 1	45.506	161	68.96	90	35.776	179	29.60	121	36.926	181	46.45	76	33.095	140	17.82	8
11	45.345	179	69.86	58	35.597	200	30.81	82	36.745	207	47.21	57	32.955	162	17.90	12
21	45.166	187	70.44	27	35.397	209	31.63	43	36.538	220	47.78	35	32.793	173	18.02	13
31	44.979	186	70.71	5	35.188	209	32.06	3	36.318	221	48.13	11	32.620	174	18.15	13
April 10	44.793	175	70.66	35	34.979	198	32.09	35	36.097	209	48.24	12	32.446	164	18.28	13
20	44.618	156	70.31	64	34.781	180	31.74	73	35.888	185	48.12	35	32.282	147	18.41	12
30	44.462	131	69.67	92	34.601	154	31.01	107	35.703	152	47.77	56	32.135	121	18.53	12
Mai 10	44.331	100	68.75	117	34.447	123	29.94	140	35.551	113	47.21	73	32.014	89	18.65	12
20	44.231	65	67.58	140	34.324	88	28.54	169	35.438	68	46.48	89	31.925	55	18.77	12
30	44.166	28	66.18	160	34.236	50	26.85	194	35.370	21	45.59	100	31.870	17	18.89	13
Juni 9	44.138	9	64.58	175	34.186	11	24.91	214	35.349	27	44.59	109	31.853	21	19.02	14
19	44.147	47	62.83	186	34.175	29	22.77	228	35.376	74	43.50	114	31.874	59	19.16	15
29	44.194	83	60.97	192	34.204	68	20.49	236	35.450	121	42.36	117	31.933	95	19.31	14
Juli 9	44.277	117	59.05	191	34.272	106	18.13	236	35.571	163	41.19	118	32.028	128	19.45	13
19	44.394	149	57.14	184	34.378	141	15.77	229	35.734	203	40.01	116	32.156	160	19.58	9
29	44.543	179	55.30	171	34.519	173	13.48	215	35.937	238	38.85	114	32.316	189	19.67	5
Aug. 8	44.722	205	53.59	151	34.692	204	11.33	192	36.175	269	37.71	110	32.505	215	19.72	3
18	44.927	229	52.08	124	34.896	231	9.41	162	36.444	298	36.61	105	32.720	237	19.69	12
28	45.156	249	50.84	92	35.127	255	7.79	125	36.742	322	35.56	99	32.957	257	19.57	23
Sept. 7	45.405	267	49.92	54	35.382	276	6.54	81	37.064	342	34.57	93	33.214	275	19.34	36
17	45.672	281	49.38	14	35.658	291	5.73	33	37.406	359	33.64	85	33.489	289	18.98	50
27	45.953	290	49.24	30	35.949	303	5.40	17	37.765	372	32.79	76	33.778	302	18.48	64
Okt. 7	46.243	297	49.54	74	36.252	310	5.57	70	38.137	380	32.03	66	34.080	310	17.84	78
17	46.540	298	50.28	116	36.562	312	6.27	120	38.517	384	31.37	54	34.390	315	17.06	88
27	46.838	293	51.44	155	36.874	306	7.47	168	38.901	381	30.83	38	34.705	314	16.18	97
Nov. 6	47.131	282	52.99	190	37.180	293	9.15	211	39.282	370	30.45	22	35.019	307	15.21	102
16	47.413	264	54.89	217	37.473	274	11.26	246	39.652	351	30.23	3	35.326	293	14.19	103
26	47.677	238	57.06	237	37.747	245	13.72	273	40.003	324	30.20	18	35.619	272	13.16	99
Dez. 6	47.915	206	59.43	249	37.992	209	16.45	291	40.327	287	30.38	38	35.891	243	12.17	92
16	48.121	167	61.92	252	38.201	168	19.36	299	40.614	240	30.76	57	36.134	205	11.25	82
26	48.288	121	64.44	248	38.369	118	22.35	297	40.854	186	31.33	76	36.340	161	10.43	69
36	48.409		66.92		38.487		25.32		41.040		32.09		36.501		9.74	
Mittl. Ort	43.304		55.53		33.640		13.91		33.737		45.18		30.432		23.59	
sec δ, tg δ	+1.038		−0.279		+1.116		−0.495		+1.294		+0.821		+1.044		+0.299	
a, *a′*	+2.7		−5.3		+2.4		−5.7		+4.1		−5.9		+3.5		−6.5	
b, *b′*	0.00		−0.96		+0.01		−0.96		−0.02		−0.96		−0.01		−0.95	

Scheinbare Sternörter 1955

Obere Kulmination Greenwich

Tag	278) π Puppis				281) δ Volantis				279) δ Geminorum				280) 19 Lyncis sq			
	AR.		Dekl.		AR.		Dekl.		AR.		Dekl.		AR.		Dekl.	
1955	7h 15m		−37° 0′		7h 16m		−67° 52′		7h 17m		+22° 3′		7h 19m		+55° 21′	
	s		″		s		″		s		″		s		″	
Jan. 1	35.569		56.69		55.03		28.66		28.881		56.28		16.200		60.64	
10*	[10] 35.658	89	60.04	335	[10] 55.06	3	32.51	385	[10] 29.023	142	56.02	26	16.402	202	62.37	173
20	35.689	31	63.26	322	54.97	9	36.26	375	29.113	90	55.91	11	[11] 16.520	118	64.21	184
30	35.662	27	66.25	299	54.78	19	39.82	356	29.148	35	55.93	2	16.553	33	66.11	190
Febr. 9	35.579	83	68.95	270	54.48	30	43.10	328	29.130	18	56.06	13	16.502	51	67.97	186
19	35.447	132	71.31	236	54.09	39	46.02	292	29.063	67	56.27	21	16.373	129	69.70	173
März 1	35.272	175	73.28	197	53.62	47	48.51	249	28.954	109	56.52	25	16.177	196	71.24	154
11	35.064	208	74.82	154	53.09	53	50.53	202	28.811	143	56.78	26	15.927	250	72.50	126
21	34.833	231	75.92	110	52.51	58	52.05	152	28.645	166	57.03	25	15.639	288	73.44	94
31	34.590	243	76.56	64	51.91	60	53.05	100	28.466	179	57.24	21	15.329	310	74.02	58
April 10	34.345	245	76.75	19	51.31	60	53.51	46	28.286	180	57.40	16	15.014	315	74.22	20
20	34.109	236	76.49	26	50.72	59	53.43	8	28.116	170	57.50	10	14.711	303	74.02	20
30	33.891	218	75.79	70	50.15	57	52.83	60	27.964	152	57.54	4	14.435	276	73.45	57
Mai 10	33.698	193	74.67	112	49.62	53	51.71	112	27.838	126	57.52	2	14.198	237	72.53	92
20	33.537	161	73.17	150	49.15	47	50.12	159	27.745	93	57.45	7	14.010	188	71.30	123
30	33.412	125	71.32	185	48.74	41	48.09	203	27.687	58	57.34	11	13.880	130	69.81	149
Juni 9	33.328	84	69.16	216	48.41	33	45.68	241	27.668	19	57.21	13	13.812	68	68.10	171
19	33.286	42	66.76	240	48.17	24	42.96	272	27.688	20	57.05	16	13.807	5	66.23	187
29	33.288	2	64.17	259	48.01	16	39.98	298	27.748	60	56.88	17	13.867	60	64.25	198
Juli 9	33.333	45	61.48	269	47.95	6	36.84	314	27.845	97	56.70	18	13.989	122	62.20	205
19	33.420	87	58.76	272	47.98	3	33.64	320	27.977	132	56.50	20	14.170	181	60.14	206
29	33.549	129	56.10	266	48.11	13	30.46	318	28.141	164	56.28	22	14.408	238	58.10	204
Aug. 8	33.717	168	53.58	252	48.34	23	27.41	305	28.335	194	56.02	26	14.697	289	56.12	198
18	33.921	204	51.30	228	48.65	31	24.60	281	28.555	220	55.71	31	15.032	335	54.24	188
28	34.158	237	49.33	197	49.04	39	22.12	248	28.800	245	55.34	37	15.407	375	52.49	175
Sept. 7	34.424	266	47.77	156	49.51	47	20.06	206	29.065	265	54.89	45	15.819	412	50.90	159
17	34.716	292	46.68	109	50.05	54	18.52	154	29.349	284	54.36	53	16.262	443	49.48	142
27	35.029	313	46.11	57	50.63	58	17.56	96	29.648	299	53.74	62	16.730	468	48.27	121
Okt. 7	35.357	328	46.11	0	51.24	61	17.24	32	29.959	311	53.03	71	17.217	487	47.29	98
17	35.693	336	46.70	59	51.87	63	17.59	35	30.279	320	52.24	79	17.717	500	46.57	72
27	36.032	339	47.86	116	52.49	62	18.59	100	30.605	326	51.40	84	18.222	505	46.12	45
Nov. 6	36.365	333	49.57	171	53.09	60	20.25	166	30.930	325	50.54	86	18.725	503	45.97	15
16	36.684	319	51.78	221	53.65	56	22.50	225	31.248	318	49.68	86	19.214	489	46.14	17
26	36.980	296	54.42	264	54.14	49	25.27	277	31.553	305	48.85	83	19.678	464	46.63	49
Dez. 6	37.244	264	57.39	297	54.56	42	28.48	321	31.836	283	48.11	74	20.106	428	47.44	81
16	37.468	224	60.60	321	54.88	32	32.01	353	32.088	252	47.48	63	20.484	378	48.56	112
26	37.644	176	63.95	335	55.09	21	35.75	374	32.303	215	46.98	50	20.801	317	49.95	139
36	37.766	122	67.33	338	55.19	10	39.59	384	32.473	170	46.63	35	21.046	245	51.57	162
Mittl. Ort	33.155		55.84		51.50		29.59		26.181		60.86		12.126		66.53	
sec δ, tg δ	+1.252		−0.754		+2.655		−2.460		+1.079		+0.405		+1.760		+1.448	
a, *a′*	+2.1		−6.5		0.0		−6.6		+3.6		−6.6		+4.9		−6.8	
b, *b′*	+0.02		−0.95		+0.05		−0.94		−0.01		−0.94		−0.03		−0.94	

* Bei Stern 280) lies Jan. 11.

Obere Kulmination Greenwich

Tag	282) ι Geminorum AR.	Δ	282) ι Geminorum Dekl.	Δ	285) β Canis min. AR.	Δ	285) β Canis min. Dekl.	Δ	284) Grb 1308 Caml AR.	Δ	284) Grb 1308 Caml Dekl.	Δ	286) ρ Geminorum AR.	Δ	286) ρ Geminorum Dekl.	Δ
1955	7h 22m		+27° 53′		7h 24m		+8° 22′		7h 26m		+68° 33′		7h 26m		+31° 52′	
	s		″		s		″		s		″		s		″	
Jan. 1	58.820	154	16.09	9	45.105	137	49.45	114	18.70	28	31.10	234	16.045	164	26.87	33
11	[12] 58.974	99	16.18	24	[12] 45.242	87	48.31	98	[12] 18.98	16	33.44	247	[12] 16.209	106	27.20	49
20	59.073	42	16.42	36	45.329	36	47.33	82	19.14	3	35.91	249	16.315	47	27.69	61
30	59.115	13	16.78	46	45.365	14	46.51	65	19.17	10	38.40	242	16.362	11	28.30	68
Febr. 9	59.102	66	17.24	50	45.351	59	45.86	48	19.07	22	40.82	224	16.351	66	28.98	72
19	59.036	111	17.74	51	45.292	100	45.38	33	18.85	32	43.06	198	16.285	112	29.70	70
März 1	58.925	147	18.25	48	45.192	132	45.05	19	18.53	41	45.04	162	16.173	150	30.40	64
11	58.778	172	18.73	41	45.060	154	44.86	8	18.12	47	46.66	120	16.023	179	31.04	53
21	58.606	186	19.14	32	44.906	167	44.78	2	17.65	50	47.86	73	15.844	194	31.57	40
31	58.420	189	19.46	20	44.739	168	44.80	11	17.15	51	48.59	24	15.650	197	31.97	24
April 10	58.231	181	19.66	8	44.571	161	44.91	19	16.64	51	48.83	25	15.453	189	32.21	8
20	58.050	162	19.74	4	44.410	146	45.10	27	16.13	47	48.58	72	15.264	170	32.29	8
30	57.888	136	19.70	16	44.264	122	45.37	33	15.66	42	47.86	117	15.094	144	32.21	24
Mai 10	57.752	103	19.54	26	44.142	93	45.70	39	15.24	34	46.69	157	14.950	110	31.97	38
20	57.649	66	19.28	34	44.049	60	46.09	46	14.90	26	45.12	192	14.840	72	31.59	49
30	57.583	25	18.94	41	43.989	26	46.55	51	14.64	17	43.20	220	14.768	31	31.10	59
Juni 9	57.558	15	18.53	47	43.963	10	47.06	56	14.47	7	41.00	242	14.737	11	30.51	67
19	57.573	55	18.06	51	43.973	46	47.62	59	14.40	3	38.58	257	14.748	54	29.84	73
29	57.628	95	17.55	54	44.019	81	48.21	59	14.43	13	36.01	265	14.802	94	29.11	77
Juli 9	57.723	132	17.01	56	44.100	113	48.80	58	14.56	22	33.36	268	14.896	133	28.34	80
19	57.855	166	16.45	58	44.213	144	49.38	54	14.78	31	30.68	265	15.029	169	27.54	82
29	58.021	197	15.87	61	44.357	172	49.92	47	15.09	39	28.03	256	15.198	202	26.72	83
Aug. 8	58.218	226	15.26	64	44.529	198	50.39	35	15.48	47	25.47	242	15.400	231	25.89	85
18	58.444	251	14.62	67	44.727	221	50.74	22	15.95	54	23.05	224	15.631	259	25.04	87
28	58.695	273	13.95	70	44.948	241	50.96	5	16.49	60	20.81	202	15.890	282	24.17	87
Sept. 7	58.968	294	13.25	75	45.189	260	51.01	15	17.09	65	18.79	175	16.172	303	23.30	88
17	59.262	310	12.50	78	45.449	276	50.86	37	17.74	70	17.04	145	16.475	321	22.42	88
27	59.572	324	11.72	81	45.725	289	50.49	58	18.44	73	15.59	113	16.796	336	21.54	88
Okt. 7	59.896	335	10.91	83	46.014	298	49.91	80	19.17	74	14.46	76	17.132	347	20.66	85
17	60.231	340	10.08	82	46.312	305	49.11	100	19.91	75	13.70	38	17.479	354	19.81	80
27	60.571	341	9.26	79	46.617	305	48.11	117	20.66	75	13.32	2	17.833	355	19.01	73
Nov. 6	60.912	335	8.47	73	46.922	300	46.94	130	21.41	73	13.34	44	18.188	348	18.28	63
16	61.247	321	7.74	62	47.222	287	45.64	139	22.14	69	13.78	86	18.536	335	17.65	49
26	61.568	299	7.12	50	47.509	268	44.25	142	22.83	63	14.64	126	18.871	313	17.16	33
Dez. 6	61.867	269	6.62	36	47.777	240	42.83	140	23.46	55	15.90	163	19.184	282	16.83	15
16	62.136	229	6.26	18	48.017	204	41.43	133	24.01	46	17.53	195	19.466	241	16.68	4
26	62.365	183	6.08	2	48.221	163	40.10	122	24.47	35	19.48	223	19.707	193	16.72	23
36	62.548		6.06		48.384		38.88		24.82		21.71		19.900		16.95	
Mittl. Ort	56.003		21.33		42.621		53.58		12.86		37.90		13.131		32.56	
sec δ, tg δ	+1.131		+0.529		+1.011		+0.147		+2.736		+2.547		+1.178		+0.622	
a, *a′*	+3.7		−7.1		+3.3		−7.2		+6.2		−7.4		+3.8		−7.4	
b, *b′*	−0.01		−0.94		0.00		−0.93		−0.06		−0.93		−0.02		−0.93	

Scheinbare Sternörter 1955

Obere Kulmination Greenwich

Tag	287) α Geminorum[1]				289) 25 Monocerotis				291) α Canis min.[2]				292) 24 Lyncis			
	AR.		Dekl.		AR.		Dekl.		AR.		Dekl.		AR.		Dekl.	
1955	7^h 31^m		+31° 59′		7^h 35^m		−4° 0′		7^h 36^m		+5° 20′		7^h 39^m		+58° 48′	
	s		″		s		″		s		″		s		″	
Jan. 1	46.713	168	14.78	30	4.762	137	36.34	190	59.180	142	25.06	138	16.891	248	56.74	181
11	46.881	112	15.08	48	4.899	88	38.24	175	59.322	92	23.68	122	17.139	158	58.55	199
20	$_{14}$46.993	53	15.56	60	$_{15}$4.987	38	39.99	156	$_{15}$59.414	41	22.46	104	$_{16}$17.297	64	60.54	208
30	47.046	6	16.16	69	5.025	11	41.55	135	59.455	8	21.42	84	17.361	28	62.62	207
Febr. 9	47.040	62	16.85	73	5.014	58	42.90	112	59.447	54	20.58	66	17.333	115	64.69	197
19	46.978	109	17.58	72	4.956	97	44.02	89	59.393	95	19.92	49	17.218	193	66.66	179
März 1	46.869	148	18.30	66	4.859	129	44.91	66	59.298	128	19.43	32	17.025	257	68.45	153
11	46.721	176	18.96	55	4.730	153	45.57	43	59.170	152	19.11	16	16.768	305	69.98	120
21	46.545	193	19.51	43	4.577	166	46.00	21	59.018	165	18.95	4	16.463	336	71.18	83
31	46.352	197	19.94	27	4.411	169	46.21	0	58.853	168	18.91	8	16.127	348	72.01	41
April 10	46.155	191	20.21	11	4.242	164	46.21	20	58.685	162	18.99	19	15.779	342	72.42	1
20	45.964	173	20.32	6	4.078	151	46.01	38	58.523	148	19.18	29	15.437	319	72.41	41
30	45.791	147	20.26	22	3.927	129	45.63	57	58.375	126	19.47	38	15.118	283	72.00	81
Mai 10	45.644	115	20.04	36	3.798	103	45.06	73	58.249	99	19.85	47	14.835	235	71.19	117
20	45.529	77	19.68	49	3.695	72	44.33	89	58.150	68	20.32	54	14.600	178	70.02	148
30	45.452	37	19.19	60	3.623	40	43.44	102	58.082	34	20.86	60	14.422	114	68.54	175
Juni 9	45.415	5	18.59	68	3.583	6	42.42	112	58.048	1	21.46	66	14.308	47	66.79	197
19	45.420	47	17.91	74	3.577	29	41.30	120	58.049	35	22.12	70	14.261	22	64.82	212
29	45.467	88	17.17	79	3.606	62	40.10	125	58.084	69	22.82	71	14.283	89	62.70	223
Juli 9	45.555	126	16.38	83	3.668	95	38.85	124	58.153	102	23.53	69	14.372	155	60.47	229
19	45.681	163	15.55	85	3.763	125	37.61	120	58.255	132	24.22	64	14.527	217	58.18	230
29	45.844	195	14.70	88	3.888	154	36.41	111	58.387	160	24.86	56	14.744	275	55.88	226
Aug. 8	46.039	225	13.82	90	4.042	181	35.30	96	58.547	186	25.42	44	15.019	329	53.62	218
18	46.264	253	12.92	91	4.223	205	34.34	76	58.733	210	25.86	28	15.348	378	51.44	207
28	46.517	277	12.01	93	4.428	228	33.58	52	58.943	232	26.14	9	15.726	421	49.37	192
Sept. 7	46.794	299	11.08	94	4.656	248	33.06	24	59.175	252	26.23	12	16.147	459	47.45	173
17	47.093	318	10.14	95	4.904	265	32.82	8	59.427	268	26.11	36	16.606	491	45.72	152
27	47.411	334	9.19	93	5.169	280	32.90	41	59.695	282	25.75	62	17.097	518	44.20	127
Okt. 7	47.745	346	8.26	91	5.449	291	33.31	75	59.977	293	25.13	86	17.615	537	42.93	99
17	48.091	353	7.35	87	5.740	298	34.06	107	60.270	301	24.27	109	18.152	549	41.94	69
27	48.444	355	6.48	78	6.038	301	35.13	137	60.571	303	23.18	129	18.701	550	41.25	35
Nov. 6	48.799	351	5.70	68	6.339	296	36.50	162	60.874	299	21.89	145	19.251	540	40.90	0
16	49.150	338	5.02	54	6.635	285	38.12	182	61.173	288	20.44	157	19.791	519	40.90	36
26	49.488	316	4.48	38	6.920	265	39.94	196	61.461	269	18.87	162	20.310	483	41.26	73
Dez. 6	49.804	285	4.10	19	7.185	238	41.90	203	61.730	242	17.25	162	20.793	433	41.99	108
16	50.089	246	3.91	1	7.423	204	43.93	202	61.972	208	15.63	157	21.226	371	43.07	141
26	50.335	198	3.92	19	7.627	162	45.95	196	62.180	167	14.06	145	21.597	294	44.48	169
36	50.533		4.11		7.789		47.91		62.347		12.61		21.891		46.17	
Mittl. Ort	43.807		20.89		2.400		32.89		56.743		29.51		12.569		64.74	
sec δ, tg δ	+1.179		+0.625		+1.002		−0.070		+1.004		+0.093		+1.931		+1.652	
a, *a′*	+3.8		−7.8		+3.0		−8.1		+3.2		−8.2		+5.1		−8.4	
b, *b′*	−0.02		−0.92		0.00		−0.92		0.00		−0.91		−0.05		−0.91	

[1] Ort des helleren Sterns.

[2] Ort des hellen Sterns; die jährliche Parallaxe (0″.291) ist bereits berücksichtigt.

Scheinbare Sternörter 1955

Obere Kulmination Greenwich

Tag	294) κ Geminorum AR.	Δ	Dekl.	Δ	297) ζ Volantis AR.	Δ	Dekl.	Δ
1955	7h 41m		+24° 30′		7h 42m		−72° 29′	
	s		″		s		″	
Jan. 1	46.672	170	21.08	20	27.29	9	51.30	388
11	(16) 46.842	117	20.88	2	(16) 27.38	— 5	55.18	384
20	46.959	61	20.86	— 14	27.33	19	59.02	372
30	47.020	6	21.00	27	27.14	32	62.74	351
Febr. 9	47.026	— 47	21.27	36	26.82	44	66.25	320
19	46.979	92	21.63	42	26.38	54	69.45	282
März 1	46.887	130	22.05	44	25.84	63	72.27	239
11	46.757	158	22.49	41	25.21	69	74.66	192
21	46.599	174	22.90	36	24.52	73	76.58	142
31	46.425	180	23.26	28	23.79	75	78.00	89
April 10	46.245	176	23.54	19	23.04	76	78.89	36
20	46.069	161	23.73	10	22.28	74	79.25	— 18
30	45.908	138	23.83	1	21.54	70	79.07	70
Mai 10	45.770	110	23.84	— 8	20.84	64	78.37	121
20	45.660	76	23.76	16	20.20	58	77.16	167
30	45.584	39	23.60	22	19.62	49	75.49	210
Juni 9	45.545	2	23.38	28	19.13	40	73.39	247
19	45.543	— 36	23.10	33	18.73	29	70.92	277
29	45.579	74	22.77	37	18.44	17	68.15	300
Juli 9	45.653	109	22.40	41	18.27	6	65.15	313
19	45.762	143	21.99	45	18.21	— 6	62.02	317
29	45.905	174	21.54	51	18.27	18	58.85	311
Aug. 8	46.079	202	21.03	56	18.45	30	55.74	295
18	46.281	228	20.47	62	18.75	42	52.79	267
28	46.509	252	19.85	70	19.17	52	50.12	230
Sept. 7	46.761	274	19.15	77	19.69	61	47.82	183
17	47.035	293	18.38	84	20.30	68	45.99	129
27	47.328	309	17.54	91	20.98	73	44.70	69
Okt. 7	47.637	322	16.63	97	21.71	77	44.01	3
17	47.959	332	15.66	100	22.48	78	43.98	— 64
27	48.291	335	14.66	100	23.26	76	44.62	130
Nov. 6	48.626	333	13.66	97	24.02	71	45.92	192
16	48.959	323	12.69	90	24.73	65	47.84	249
26	49.282	304	11.79	78	25.38	56	50.33	298
Dez. 6	49.586	277	11.01	65	25.94	45	53.31	337
16	49.863	241	10.36	48	26.39	32	56.68	364
26	50.104	196	9.88	30	26.71	18	60.32	381
36	50.300		9.58		26.89		64.13	
Mittl. Ort	43.967		27.35		23.25		53.81	
sec δ, tg δ	+1.099		+0.456		+3.325		−3.171	
a, *a′*	+3.6		−8.6		−0.7		−8.7	
b, *b′*	−0.01		−0.90		+0.09		−0.90	

Tag	295) β Geminorum[1] AR.	Δ	Dekl.	Δ	296) π Geminorum AR.	Δ	Dekl.	Δ
1955	7h 42m		+28° 7′		7h 44m		+33° 31′	
	s		″		s		″	
Jan. 1	36.654	173	64.89	3	39.387	186	33.21	36
11	(17) 36.827	118	64.92	21	(17) 39.573	128	33.57	53
20	36.945	60	65.13	37	39.701	68	34.10	69
30	37.005	4	65.50	48	39.769	7	34.79	79
Febr. 9	37.009	— 49	65.98	56	39.776	— 49	35.58	84
19	36.960	97	66.54	59	39.727	100	36.42	84
März 1	36.863	136	67.13	57	39.627	141	37.26	78
11	36.727	165	67.70	52	39.486	172	38.04	68
21	36.562	182	68.22	42	39.314	191	38.72	53
31	36.380	188	68.64	32	39.123	199	39.25	37
April 10	36.192	183	68.96	19	38.924	195	39.62	19
20	36.009	169	69.15	5	38.729	179	39.81	1
30	35.840	145	69.20	— 7	38.550	156	39.82	— 18
Mai 10	35.695	115	69.13	19	38.394	125	39.64	35
20	35.580	80	68.94	30	38.269	89	39.29	50
30	35.500	43	68.64	39	38.180	49	38.79	62
Juni 9	35.457	4	68.25	47	38.131	8	38.17	74
19	35.453	— 36	67.78	53	38.123	— 34	37.43	82
29	35.489	75	67.25	58	38.157	75	36.61	89
Juli 9	35.564	111	66.67	63	38.232	113	35.72	95
19	35.675	146	66.04	68	38.345	150	34.77	99
29	35.821	178	65.36	71	38.495	185	33.78	102
Aug. 8	35.999	207	64.65	76	38.680	216	32.76	105
18	36.206	234	63.89	80	38.896	244	31.71	107
28	36.440	259	63.09	85	39.140	271	30.64	108
Sept. 7	36.699	281	62.24	90	39.411	296	29.56	109
17	36.980	300	61.34	94	39.707	316	28.47	109
27	37.280	317	60.40	98	40.023	334	27.38	107
Okt. 7	37.597	331	59.42	99	40.357	349	26.31	103
17	37.928	340	58.43	98	40.706	358	25.28	97
27	38.268	344	57.45	95	41.064	363	24.31	88
Nov. 6	38.612	341	56.50	87	41.427	361	23.43	75
16	38.953	330	55.63	77	41.788	350	22.68	60
26	39.283	311	54.86	63	42.138	330	22.08	41
Dez. 6	39.594	283	54.23	46	42.468	301	21.67	20
16	39.877	246	53.77	27	42.769	262	21.47	— 2
26	40.123	201	53.50	8	43.031	215	21.49	24
36	40.324		53.42		43.246		21.73	
Mittl. Ort	33.868		71.50		36.468		40.38	
sec δ, tg δ	+1.134		+0.535		+1.200		+0.663	
a, *a′*	+3.7		−8.7		+3.9		−8.8	
b, *b′*	−0.02		−0.90		−0.02		−0.90	

[1] Die jährliche Parallaxe (0″.100) ist bereits berücksichtigt.

Scheinbare Sternörter 1955

Obere Kulmination Greenwich

Tag	300) Grb 1374 Caml AR.		300) Dekl.		303) χ Carinae AR.		303) Dekl.		305) χ Geminorum AR.		305) Dekl.		306) ζ Puppis AR.		306) Dekl.	
1955	$7^h\ 54^m$		+74° 1′		$7^h\ 55^m$		−52° 51′		$8^h\ 0^m$		+27° 54′		$8^h\ 2^m$		−39° 52′	
	s		″		s		″		s		″		s		″	
Jan. 1	58.14	43	79.00	242	40.662	136	37.07	378	48.142	194	71.62	6	2.450	148	30.82	350
11	58.57	28	81.42	262	40.798	61	40.85	375	48.336	140	71.56	–14	2.598	87	34.32	345
20*	(20) 58.85	11	84.04	272	(20) 40.859	–14	44.60	361	(21) 48.476	83	71.70	33	(21) 2.685	25	37.77	331
30	58.96	–7	86.76	270	40.845	86	48.21	339	48.559	25	72.03	47	2.710	–34	41.08	308
Febr. 9	58.89	23	89.46	257	40.759	153	51.60	309	48.584	–29	72.50	57	2.676	90	44.16	278
19	58.66	37	92.03	233	40.606	212	54.69	272	48.555	79	73.07	63	2.586	139	46.94	244
März 1	58.29	49	94.36	200	40.394	260	57.41	230	48.476	120	73.70	63	2.447	180	49.38	204
11	57.80	59	96.36	158	40.134	296	59.71	184	48.356	152	74.33	60	2.267	212	51.42	162
21	57.21	66	97.94	112	39.838	321	61.55	135	48.204	173	74.93	52	2.055	232	53.04	117
31	56.55	69	99.06	60	39.517	334	62.90	84	48.031	182	75.45	42	1.823	243	54.21	71
April 10	55.86	70	99.66	7	39.183	334	63.74	33	47.849	181	75.87	30	1.580	244	54.92	25
20	55.16	68	99.73	–46	38.849	324	64.07	–18	47.668	169	76.17	16	1.336	234	55.17	–21
30	54.48	61	99.27	96	38.525	303	63.89	68	47.499	150	76.33	3	1.102	217	54.96	66
Mai 10	53.87	54	98.31	143	38.222	275	63.21	115	47.349	124	76.36	–10	0.885	194	54.30	107
20	53.33	45	96.88	184	37.947	238	62.06	160	47.225	92	76.26	23	0.691	163	53.23	147
30	52.88	34	95.04	220	37.709	196	60.46	201	47.133	56	76.03	34	0.528	129	51.76	183
Juni 9	52.54	21	92.84	249	37.513	148	58.45	236	47.077	20	75.69	43	0.399	92	49.93	214
19	52.33	9	90.35	272	37.365	96	56.09	264	47.057	–18	75.26	51	0.307	52	47.79	238
29	52.24	–3	87.63	287	37.269	43	53.45	285	47.075	55	74.75	59	0.255	10	45.41	256
Juli 9	52.27	16	84.76	295	37.226	–12	50.60	297	47.130	92	74.16	65	0.245	–33	42.85	267
19	52.43	29	81.81	297	37.238	69	47.63	301	47.222	126	73.51	71	0.278	75	40.18	269
29	52.72	41	78.84	294	37.307	125	44.62	294	47.348	158	72.80	77	0.353	116	37.49	262
Aug. 8	53.13	51	75.90	283	37.432	179	41.68	278	47.506	188	72.03	84	0.469	158	34.87	246
18	53.64	61	73.07	268	37.611	232	38.90	252	47.694	217	71.19	89	0.627	196	32.41	221
28	54.25	70	70.39	247	37.843	281	36.38	216	47.911	244	70.30	96	0.823	233	30.20	187
Sept. 7	54.95	79	67.92	221	38.124	324	34.22	171	48.155	268	69.34	102	1.056	268	28.33	145
17	55.74	85	65.71	191	38.448	363	32.51	118	48.423	289	68.32	107	1.324	297	26.88	95
27	56.59	91	63.80	156	38.811	394	31.33	58	48.712	310	67.25	111	1.621	323	25.93	41
Okt. 7	57.50	95	62.24	118	39.205	416	30.75	–4	49.022	326	66.14	114	1.944	342	25.52	–17
17	58.45	97	61.06	77	39.621	428	30.79	68	49.348	338	65.00	114	2.286	355	25.69	77
27	59.42	98	60.29	32	40.049	428	31.47	133	49.686	346	63.86	111	2.641	359	26.46	136
Nov. 6	60.40	96	59.97	–15	40.477	416	32.80	194	50.032	347	62.75	103	3.000	354	27.82	190
16	61.36	92	60.12	62	40.893	391	34.74	248	50.379	340	61.72	92	3.354	338	29.72	240
26	62.28	86	60.74	109	41.284	354	37.22	294	50.719	324	60.80	78	3.692	312	32.12	281
Dez. 6	63.14	77	61.83	152	41.638	306	40.16	332	51.043	299	60.02	61	4.004	278	34.93	313
16	63.91	66	63.35	193	41.944	246	43.48	358	51.342	264	59.41	40	4.282	233	38.06	336
26	64.57	52	65.28	227	42.190	179	47.06	373	51.606	221	59.01	18	4.515	180	41.42	347
36	65.09		67.55		42.369		50.79		51.827		58.83		4.695		44.89	
Mittl. Ort	50.93		88.97		38.024		38.76		45.411		79.44		0.073		31.36	
sec δ, tg δ	+3.637		+3.497		+1.656		−1.320		+1.132		+ 0.530		+1.303		− 0.835	
a, *a′*	+7.2		−9.6		+1.5		−9.7		+3.7		−10.1		+2.1		−10.2	
b, *b′*	−0.11		−0.88		+0.04		−0.88		−0.02		− 0.86		+0.03		− 0.86	

* Bei Stern 305) und 306) lies Jan. 21.

Obere Kulmination Greenwich

Tag	307) 27 Lyncis AR.		307) 27 Lyncis Dekl.		308) ρ Puppis AR.		308) ρ Puppis Dekl.		309) γ Velorum AR.		309) γ Velorum Dekl.		311) 20 Puppis AR.		311) 20 Puppis Dekl.	
1955	8h 5m		+51° 37′		8h 5m		−24° 10′		8h 8m		−47° 12′		8h 11m		−15° 39′	
	s		″		s		″		s		″		s		″	
Jan. 1	8.462	256	67.67	131	39.871	155	25.48	296	11.175	155	9.73	368	18.058	165	7.79	259
11	8.718	183	68.98	154	40.026	105	28.44	287	11.330	89	13.41	367	18.223	116	10.38	247
21	8.901	103	70.52	170	40.131	51	31.31	270	11.419	21	17.08	354	18.339	65	12.85	231
30	22 9.004	25	72.22	178	22 40.182	3	34.01	247	23 11.440	45	20.62	333	24 18.404	14	15.16	208
Febr. 9	9.029	52	74.00	178	40.179	52	36.48	220	11.395	107	23.95	304	18.418	35	17.24	182
19	8.977	122	75.78	170	40.127	96	38.68	188	11.288	162	26.99	270	18.383	79	19.06	154
März 1	8.855	181	77.48	153	40.031	133	40.56	155	11.126	208	29.69	230	18.304	115	20.60	124
11	8.674	227	79.01	130	39.898	162	42.11	119	10.918	243	31.99	185	18.189	143	21.84	93
21	8.447	258	80.31	100	39.736	180	43.30	82	10.675	268	33.84	139	18.046	162	22.77	63
31	8.189	276	81.31	68	39.556	189	44.12	45	10.407	281	35.23	91	17.884	172	23.40	32
April 10	7.913	277	81.99	32	39.367	189	44.57	9	10.126	284	36.14	42	17.712	172	23.72	2
20	7.636	264	82.31	4	39.178	180	44.66	27	9.842	276	36.56	8	17.540	164	23.74	27
30	7.372	239	82.27	40	38.998	165	44.39	62	9.566	260	36.48	56	17.376	149	23.47	55
Mai 10	7.133	205	81.87	73	38.833	143	43.77	94	9.306	236	35.92	102	17.227	128	22.92	81
20	6.928	162	81.14	104	38.690	117	42.83	124	9.070	204	34.90	145	17.099	103	22.11	105
30	6.766	113	80.10	131	38.573	86	41.59	151	8.866	168	33.45	185	16.996	75	21.06	126
Juni 9	6.653	61	78.79	153	38.487	53	40.08	175	8.698	128	31.60	219	16.921	44	19.80	144
19	6.592	6	77.26	173	38.434	20	38.33	192	8.570	83	29.41	247	16.877	12	18.36	159
29	6.586	48	75.53	187	38.414	15	36.41	205	8.487	37	26.94	269	16.865	20	16.77	169
Juli 9	6.634	100	73.66	198	38.429	49	34.36	211	8.450	10	24.25	282	16.885	53	15.08	172
19	6.734	152	71.68	204	38.478	84	32.25	212	8.460	59	21.43	287	16.938	85	13.36	171
29	6.886	200	69.64	206	38.562	117	30.13	203	8.519	108	18.56	282	17.023	115	11.65	163
Aug. 8	7.086	245	67.58	206	38.679	149	28.10	188	8.627	156	15.74	268	17.138	145	10.02	148
18	7.331	288	65.52	202	38.828	180	26.22	165	8.783	202	13.06	244	17.283	174	8.54	128
28	7.619	327	63.50	194	39.008	210	24.57	134	8.985	245	10.62	210	17.457	201	7.26	101
Sept. 7	7.946	362	61.56	184	39.218	237	23.23	98	9.230	286	8.52	167	17.658	227	6.25	67
17	8.308	394	59.72	170	39.455	262	22.25	55	9.516	322	6.85	117	17.885	251	5.58	30
27	8.702	421	58.02	154	39.717	283	21.70	8	9.838	352	5.68	61	18.136	271	5.28	11
Okt. 7	9.123	445	56.48	133	40.000	301	21.62	41	10.190	375	5.07	0	18.407	289	5.39	54
17	9.568	461	55.15	110	40.301	314	22.03	91	10.565	389	5.07	62	18.696	303	5.93	98
27	10.029	470	54.05	82	40.615	319	22.94	139	10.954	395	5.69	125	18.999	310	6.91	138
Nov. 6	10.499	470	53.23	53	40.934	318	24.33	184	11.349	389	6.94	184	19.309	311	8.29	176
16	10.969	459	52.70	20	41.252	308	26.17	222	11.738	371	8.78	237	19.620	304	10.05	208
26	11.428	436	52.50	15	41.560	290	28.39	254	12.109	342	11.15	284	19.924	288	12.13	233
Dez. 6	11.864	401	52.65	50	41.850	263	30.93	277	12.451	301	13.99	321	20.212	264	14.46	251
16	12.265	353	53.15	84	42.113	226	33.70	291	12.752	252	17.20	347	20.476	231	16.97	260
26	12.618	294	53.99	114	42.339	184	36.61	296	13.004	193	20.67	362	20.707	190	19.57	260
36	12.912		55.13		42.523		39.57		13.197		24.29		20.897		22.17	
Mittl. Ort	4.836		77.85		37.602		24.12		8.699		11.29		15.804		5.24	
sec δ, tg δ	+1.611		+ 1.263		+1.096		− 0.449		+1.472		− 1.080		+1.039		− 0.280	
a, *a′*	+4.5		−10.4		+2.6		−10.4		+1.9		−10.6		+2.8		−10.9	
b, *b′*	−0.04		− 0.85		+0.02		− 0.85		+0.04		− 0.85		+0.01		− 0.84	

Scheinbare Sternörter 1955

Obere Kulmination Greenwich

Tag	310) Br 1147 Caml AR.		310) Dekl.		312) β Cancri AR.		312) Dekl.		314) 31 Lyncis AR.		314) Dekl.		315) ε Carinae AR.		315) Dekl.	
1955	8h 13m		+75° 53′		8h 14m		+9° 19′		8h 19m		+43° 19′		8h 21m		−59° 21′	
	s		″		s		″		s		″		s		″	
Jan. 1	64.20	55	38.87	238	6.933	184	25.98	125	48.817	247	52.06	76	38.311	188	47.30	384
11	64.75	37	41.25	262	7.117	137	24.73	106	49.064	184	52.82	101	38.499	101	51.14	388
21	65.12	18	43.87	277	[25]7.254	85	23.67	86	[26]49.248	116	53.83	121	[26]38.600	14	55.02	382
30	[24]65.30	1	46.64	279	7.339	33	22.81	67	49.364	47	55.04	136	38.614	71	58.84	365
Febr. 9	65.29	19	49.43	271	7.372	16	22.14	48	49.411	19	56.40	142	38.543	150	62.49	341
19	65.10	37	52.14	251	7.356	61	21.66	30	49.392	81	57.82	141	38.393	221	65.90	308
März 1	64.73	51	54.65	220	7.295	99	21.36	15	49.311	134	59.23	133	38.172	282	68.98	270
11	64.22	64	56.85	182	7.196	128	21.21	1	49.177	176	60.56	119	37.890	330	71.68	226
21	63.58	72	58.67	136	7.068	148	21.20	9	49.001	206	61.75	98	37.560	366	73.94	178
31	62.86	77	60.03	84	6.920	158	21.29	18	48.795	223	62.73	74	37.194	388	75.72	128
April 10	62.09	80	60.87	31	6.762	159	21.47	24	48.572	227	63.47	47	36.806	398	77.00	77
20	61.29	78	61.18	24	6.603	150	21.71	30	48.345	219	63.94	18	36.408	394	77.77	24
30	60.51	73	60.94	76	6.453	135	22.01	35	48.126	200	64.12	12	36.014	379	78.01	28
Mai 10	59.78	66	60.18	125	6.318	114	22.36	38	47.926	172	64.00	39	35.635	355	77.73	80
20	59.12	56	58.93	171	6.204	88	22.74	41	47.754	139	63.61	65	35.280	320	76.93	128
30	58.56	45	57.22	210	6.116	58	23.15	44	47.615	99	62.96	90	34.960	278	75.65	173
Juni 9	58.11	32	55.12	244	6.058	27	23.59	45	47.516	56	62.06	110	34.682	229	73.92	213
19	57.79	19	52.68	271	6.031	5	24.04	45	47.460	13	60.96	128	34.453	174	71.79	248
29	57.60	5	49.97	291	6.036	36	24.49	44	47.447	33	59.68	144	34.279	114	69.31	275
Juli 9	57.55	10	47.06	303	6.072	68	24.93	41	47.480	76	58.24	155	34.165	51	66.56	294
19	57.65	23	44.03	309	6.140	98	25.34	35	47.556	118	56.69	164	34.114	16	63.62	304
29	57.88	37	40.94	308	6.238	127	25.69	26	47.674	159	55.05	170	34.130	84	60.58	305
Aug. 8	58.25	50	37.86	302	6.365	155	25.95	16	47.833	198	53.35	174	34.214	151	57.53	294
18	58.75	61	34.84	290	6.520	181	26.11	1	48.031	234	51.61	176	34.365	217	54.59	274
28	59.36	72	31.94	271	6.701	206	26.12	15	48.265	268	49.85	175	34.582	280	51.85	244
Sept. 7	60.08	83	29.23	247	6.907	230	25.97	35	48.533	300	48.10	172	34.862	340	49.41	203
17	60.91	91	26.76	218	7.137	252	25.62	56	48.833	329	46.38	166	35.202	393	47.38	154
27	61.82	98	24.58	185	7.389	272	25.06	77	49.162	356	44.72	158	35.595	436	45.84	97
Okt. 7	62.80	103	22.73	146	7.661	290	24.29	98	49.518	379	43.14	146	36.031	471	44.87	34
17	63.83	108	21.27	105	7.951	303	23.31	117	49.897	397	41.68	130	36.502	492	44.53	30
27	64.91	109	20.22	59	8.254	312	22.14	135	50.294	409	40.38	112	36.994	500	44.83	97
Nov. 6	66.00	108	19.63	10	8.566	315	20.79	147	50.703	412	39.26	89	37.494	492	45.80	161
16	67.08	105	19.53	39	8.881	311	19.32	155	51.115	408	38.37	63	37.986	470	47.41	221
26	68.13	99	19.92	89	9.192	298	17.77	157	51.523	392	37.74	33	38.456	432	49.62	273
Dez. 6	69.12	90	20.81	136	9.490	277	16.20	154	51.915	365	37.41	3	38.888	378	52.35	317
16	70.02	78	22.17	180	9.767	246	14.66	147	52.280	327	37.38	29	39.266	313	55.52	351
26	70.80	64	23.97	219	10.013	208	13.19	133	52.607	277	37.67	59	39.579	237	59.03	374
36	71.44		26.16		10.221		11.86		52.884		38.26		39.816		62.77	
Mittl. Ort	56.43		50.90		4.538		32.23		45.684		62.84		35.512		50.69	
sec δ, tg δ	+4.104		+ 3.980		+1.013		+ 0.164		+1.375		+ 0.943		+1.962		− 1.688	
a, *a′*	+7.5		−11.1		+3.3		−11.1		+4.1		−11.5		+1.2		−11.6	
b, *b′*	−0.15		− 0.83		−0.01		− 0.83		−0.04		− 0.82		+0.07		− 0.82	

Obere Kulmination Greenwich

Tag	318) ϑ Chamael. AR.		318) ϑ Chamael. Dekl.		316) Br 1197 Hydra AR.		316) Br 1197 Hydra Dekl.		317) o Ursae maj. AR.		317) o Ursae maj. Dekl.		320) Grb 1450 Lynx AR.		320) Grb 1450 Lynx Dekl.	
1955	8h 21m		−77° 20′		8h 23m		−3° 45′		8h 26m		+60° 51′		8h 29m		+38° 9′	
	s		″		s		″		s		″		s		″	
Jan. 1	66.75	27	19.07	380	26.974	183	34.73	201	36.76	34	61.48	164	62.682	244	69.20	40
11	67.02	7	22.87	388	27.157	136	36.74	186	37.10	25	63.12	193	62.926	186	69.60	66
21	67.09	11	26.75	387	27.293	86	38.60	168	37.35	16	65.05	212	63.112	123	70.26	89
30	^{27}66.98	29	30.62	376	^{27}27.379	35	40.28	147	^{28}37.51	5	67.17	223	^{29}63.235	59	71.15	106
Febr. 9	66.69	46	34.38	355	27.414	14	41.75	123	37.56	4	69.40	224	63.294	3	72.21	117
19	66.23	62	37.93	326	27.400	58	42.98	99	37.52	14	71.64	215	63.291	61	73.38	120
März 1	65.61	75	41.19	290	27.342	95	43.97	76	37.38	21	73.79	196	63.230	112	74.58	118
11	64.86	85	44.09	249	27.247	124	44.73	53	37.17	27	75.75	169	63.118	153	75.76	109
21	64.01	94	46.58	204	27.123	145	45.26	30	36.90	33	77.44	136	62.965	182	76.85	94
31	63.07	99	48.62	154	26.978	155	45.56	10	36.57	35	78.80	96	62.783	199	77.79	75
April 10	62.08	102	50.16	103	26.823	158	45.66	9	36.22	37	79.76	53	62.584	204	78.54	54
20	61.06	103	51.19	49	26.665	152	45.57	27	35.85	36	80.29	10	62.380	199	79.08	29
30	60.03	100	51.68	5	26.513	138	45.30	45	35.49	33	80.39	34	62.181	183	79.37	5
Mai 10	59.03	96	51.63	57	26.375	119	44.85	60	35.16	30	80.05	76	61.998	160	79.42	19
20	58.07	89	51.06	108	26.256	96	44.25	75	34.86	25	79.29	116	61.838	129	79.23	43
30	57.18	80	49.98	156	26.160	69	43.50	87	34.61	20	78.13	151	61.709	95	78.80	64
Juni 9	56.38	69	48.42	201	26.091	39	42.63	97	34.41	14	76.62	182	61.614	57	78.16	83
19	55.69	57	46.41	238	26.052	10	41.66	105	34.27	7	74.80	207	61.557	18	77.33	100
29	55.12	43	44.03	269	26.042	21	40.61	110	34.20	0	72.73	227	61.539	22	76.33	115
Juli 9	54.69	27	41.34	293	26.063	51	39.51	111	34.20	6	70.46	243	61.561	62	75.18	127
19	54.42	11	38.41	307	26.114	81	38.40	106	34.26	13	68.03	253	61.623	101	73.91	138
29	54.31	6	35.34	312	26.195	110	37.34	98	34.39	20	65.50	258	61.724	138	72.53	146
Aug. 8	54.37	23	32.22	306	26.305	139	36.36	86	34.59	25	62.92	258	61.862	173	71.07	153
18	54.60	40	29.16	289	26.444	165	35.50	69	34.84	31	60.34	254	62.035	207	69.54	157
28	55.00	55	26.27	262	26.609	191	34.81	46	35.15	37	57.80	245	62.242	239	67.97	160
Sept. 7	55.55	70	23.65	224	26.800	217	34.35	19	35.52	42	55.35	231	62.481	270	66.37	162
17	56.25	83	21.41	178	27.017	240	34.16	10	35.94	46	53.04	214	62.751	299	64.75	161
27	57.08	93	19.63	122	27.257	262	34.26	43	36.40	50	50.90	191	63.050	325	63.14	157
Okt. 7	58.01	100	18.41	61	27.519	281	34.69	75	36.90	53	48.99	165	63.375	348	61.57	151
17	59.01	105	17.80	5	27.800	295	35.44	108	37.43	56	47.34	134	63.723	368	60.06	142
27	60.06	105	17.85	71	28.095	306	36.52	138	37.99	58	46.00	100	64.091	381	58.64	128
Nov. 6	61.11	102	18.56	137	28.401	310	37.90	165	38.57	58	45.00	61	64.472	387	57.36	110
16	62.13	96	19.93	198	28.711	306	39.55	187	39.15	57	44.39	20	64.859	385	56.26	89
26	63.09	85	21.91	254	29.017	294	41.42	201	39.72	56	44.19	22	65.244	373	55.37	63
Dez. 6	63.94	72	24.45	302	29.311	273	43.43	209	40.28	51	44.41	65	65.617	350	54.74	35
16	64.66	56	27.47	339	29.584	244	45.52	211	40.79	45	45.06	107	65.967	316	54.39	7
26	65.22	39	30.86	367	29.828	207	47.63	207	41.24	39	46.13	144	66.283	272	54.32	24
36	65.61		34.53		30.035		49.70		41.63		47.57		66.555		54.56	
Mittl. Ort	61.87		23.93		24.708		30.19		32.51		74.24		59.781		80.22	
sec δ, tg δ	+4.563		− 4.452		+1.002		− 0.066		+2.054		+ 1.794		+1.272		+ 0.786	
a, *a′*	−1.8		−11.6		+3.0		−11.7		+5.0		−12.0		+3.9		−12.2	
b, *b′*	+0.17		− 0.81		0.00		− 0.81		−0.07		− 0.80		−0.03		− 0.79	

Scheinbare Sternörter 1955

Obere Kulmination Greenwich

Tag	321) η Cancri				1227) o Velorum				327) α Pyxidis				326) δ Cancri			
	AR.		Dekl.		AR.		Dekl.		AR.		Dekl.		AR.		Dekl.	
1955	8h 30m		+20° 35′		8h 38m		−52° 45′		8h 41m		−33° 1′		8h 42m		+18° 18′	
	s		″		s		″		s		″		s		″	
Jan. 1	8.992	212	34.74	63	62.748	209	37.58	374	49.166	195	23.03	329	10.203	220	66.66	83
11	9.204	162	34.11	42	62.957	136	41.32	380	49.361	142	26.32	327	10.423	171	65.83	60
21	9.366	108	33.69	20	63.093	61	45.12	375	49.503	85	29.59	317	10.594	119	65.23	37
30*	[29] 9.474	54	33.49	1	63.154	12	48.87	361	49.588	29	32.76	300	10.713	66	64.86	16
Febr. 9	9.528	1	33.50	17	[31] 63.142	82	52.48	338	[1] 49.617	26	35.76	275	[1] 10.779	13	64.70	3
19	9.529	48	33.67	30	63.060	146	55.86	308	49.591	76	38.51	244	10.792	36	64.73	18
März 1	9.481	90	33.97	40	62.914	201	58.94	272	49.515	119	40.95	211	10.756	79	64.91	30
11	9.391	124	34.37	45	62.713	245	61.66	230	49.396	153	43.06	174	10.677	113	65.21	39
21	9.267	147	34.82	46	62.468	279	63.96	185	49.243	179	44.80	134	10.564	138	65.60	42
31	9.120	161	35.28	44	62.189	302	65.81	138	49.064	195	46.14	93	10.426	154	66.02	43
April 10	8.959	165	35.72	40	61.887	312	67.19	88	48.869	201	47.07	52	10.272	159	66.45	42
20	8.794	159	36.12	34	61.575	312	68.07	37	48.668	200	47.59	11	10.113	156	66.87	38
30	8.635	145	36.46	27	61.263	303	68.44	13	48.468	191	47.70	30	9.957	144	67.25	32
Mai 10	8.490	126	36.73	18	60.960	285	68.31	63	48.277	175	47.40	69	9.813	127	67.57	26
20	8.364	100	36.91	11	60.675	259	67.68	110	48.102	153	46.71	106	9.686	103	67.83	20
30	8.264	71	37.02	4	60.416	225	66.58	154	47.949	127	45.65	141	9.583	77	68.03	14
Juni 9	8.193	40	37.06	5	60.191	187	65.04	195	47.822	98	44.24	171	9.506	47	68.17	6
19	8.153	7	37.01	12	60.004	144	63.09	229	47.724	66	42.53	196	9.459	17	68.23	1
29	8.146	26	36.89	19	59.860	96	60.80	257	47.658	32	40.57	216	9.442	15	68.22	7
Juli 9	8.172	58	36.70	26	59.764	46	58.23	277	47.626	3	38.41	230	9.457	45	68.15	16
19	8.230	89	36.44	35	59.718	8	55.46	289	47.629	39	36.11	236	9.502	76	67.99	24
29	8.319	120	36.09	44	59.726	62	52.57	292	47.668	75	33.75	234	9.578	106	67.75	34
Aug. 8	8.439	149	35.65	54	59.788	117	49.65	285	47.743	113	31.41	223	9.684	135	67.41	45
18	8.588	177	35.11	65	59.905	173	46.80	267	47.856	149	29.18	205	9.819	163	66.96	57
28	8.765	205	34.46	77	60.078	227	44.13	239	48.005	185	27.13	178	9.982	191	66.39	71
Sept. 7	8.970	231	33.69	90	60.305	277	41.74	201	48.190	220	25.35	142	10.173	218	65.68	85
17	9.201	255	32.79	102	60.582	325	39.73	155	48.410	252	23.93	100	10.391	243	64.83	100
27	9.456	278	31.77	113	60.907	366	38.18	101	48.662	283	22.93	52	10.634	268	63.83	114
Okt. 7	9.734	298	30.64	125	61.273	400	37.17	42	48.945	308	22.41	1	10.902	289	62.69	128
17	10.032	316	29.39	133	61.673	424	36.75	22	49.253	328	22.42	56	11.191	308	61.41	138
27	10.348	328	28.06	137	62.097	437	36.97	86	49.581	341	22.98	111	11.499	323	60.03	146
Nov. 6	10.676	334	26.69	139	62.534	438	37.83	149	49.922	346	24.09	163	11.822	331	58.57	149
16	11.010	332	25.30	135	62.972	426	39.32	208	50.268	341	25.72	210	12.153	331	57.08	148
26	11.342	322	23.95	126	63.398	400	41.40	260	50.609	327	27.82	252	12.484	322	55.60	141
Dez. 6	11.664	303	22.69	113	63.798	361	44.00	304	50.936	302	30.34	286	12.806	306	54.19	130
16	11.967	273	21.56	96	64.159	310	47.04	339	51.238	267	33.20	309	13.112	279	52.89	115
26	12.240	236	20.60	76	64.469	248	50.43	363	51.505	223	36.29	323	13.391	242	51.74	94
36	12.476		19.84		64.717		54.06		51.728		39.52		13.633		50.80	
Mittl. Ort	6.494		43.39		60.235		40.89		46.948		23.44		7.783		75.55	
sec δ, tg δ	+1.068		+ 0.376		+1.653		− 1.316		+1.193		− 0.650		+1.053		+ 0.331	
a, *a′*	+3.5		−12.2		+1.7		−12.8		+2.4		−13.0		+3.4		−13.0	
b, *b′*	−0.02		− 0.79		+0.06		− 0.77		+0.03		− 0.76		−0.01		− 0.76	

* Bei Stern 1227), 327) und 326) lies Jan. 31.

Obere Kulmination Greenwich

Tag	328) ι Cancri AR.		328) ι Cancri Dekl.		334) ζ Hydrae AR.		334) ζ Hydrae Dekl.		336) 108 G. Carinae AR.		336) 108 G. Carinae Dekl.		337) α Cancri AR.		337) α Cancri Dekl.	
1955	8h 43m		+28° 55′		8h 53m		+6° 6′		8h 54m		−60° 28′		8h 56m		+12° 1′	
	s		″		s		″		s		″		s		″	
Jan. 1	61.260	238	22.62	22	3.187	216	57.54	155	4.47	26	14.67	376	3.939	224	50.93	124
11	61.498	186	22.40	5	3.403	171	55.99	136	4.73	17	18.43	388	4.163	179	49.69	102
21	61.684	130	22.45	29	3.574	121	54.63	116	4.90	8	22.31	390	4.342	129	48.67	80
31	61.814	73	22.74	50	3.695	70	53.47	94	4.98	1	26.21	380	4.471	76	47.87	58
Febr. 9	[1] 61.887	15	23.24	66	[3] 3.765	20	52.53	71	[4] 4.97	9	30.01	362	[4] 4.547	25	47.29	35
19	61.902	39	23.90	77	3.785	27	51.82	50	4.88	16	33.63	336	4.572	23	46.94	16
März 1	61.863	85	24.67	83	3.758	67	51.32	30	4.72	24	36.99	302	4.549	65	46.78	0
11	61.778	123	25.50	83	3.691	101	51.02	13	4.48	29	40.01	263	4.484	99	46.78	14
21	61.655	151	26.33	77	3.590	126	50.89	1	4.19	34	42.64	219	4.385	126	46.92	24
31	61.504	168	27.10	68	3.464	142	50.90	14	3.85	37	44.83	172	4.259	142	47.16	31
April 10	61.336	175	27.78	56	3.322	148	51.04	24	3.48	39	46.55	121	4.117	149	47.47	36
20	61.161	173	28.34	42	3.174	146	51.28	33	3.09	39	47.76	69	3.968	148	47.83	38
30	60.988	161	28.76	25	3.028	138	51.61	40	2.70	39	48.45	17	3.820	140	48.21	40
Mai 10	60.827	141	29.01	9	2.890	123	52.01	46	2.31	37	48.62	35	3.680	125	48.61	39
20	60.686	117	29.10	7	2.767	103	52.47	50	1.94	35	48.27	86	3.555	105	49.00	38
30	60.569	88	29.03	23	2.664	79	52.97	53	1.59	32	47.41	135	3.450	81	49.38	36
Juni 9	60.481	56	28.80	37	2.585	53	53.50	55	1.27	27	46.06	179	3.369	54	49.74	33
19	60.425	23	28.43	51	2.532	26	54.05	56	1.00	22	44.27	218	3.315	27	50.07	30
29	60.402	12	27.92	64	2.506	2	54.61	55	0.78	17	42.09	251	3.288	2	50.37	25
Juli 9	60.414	45	27.28	76	2.508	31	55.16	52	0.61	11	39.58	276	3.290	31	50.62	18
19	60.459	79	26.52	86	2.539	59	55.68	45	0.50	4	36.82	294	3.321	59	50.80	11
29	60.538	112	25.66	96	2.598	88	56.13	36	0.46	3	33.88	301	3.380	88	50.91	1
Aug. 8	60.650	144	24.70	106	2.686	116	56.49	24	0.49	9	30.87	299	3.468	117	50.92	12
18	60.794	174	23.64	116	2.802	143	56.73	9	0.58	17	27.88	286	3.585	145	50.80	25
28	60.968	204	22.48	125	2.945	171	56.82	9	0.75	24	25.02	263	3.730	172	50.55	41
Sept. 7	61.172	233	21.23	133	3.116	197	56.73	30	0.99	30	22.39	228	3.902	199	50.14	60
17	61.405	260	19.90	140	3.313	224	56.43	53	1.29	36	20.11	185	4.101	226	49.54	79
27	61.665	287	18.50	146	3.537	249	55.90	77	1.65	42	18.26	133	4.327	252	48.75	99
Okt. 7	61.952	310	17.04	149	3.786	271	55.13	102	2.07	47	16.93	73	4.579	275	47.76	119
17	62.262	330	15.55	149	4.057	292	54.11	125	2.54	50	16.20	10	4.854	295	46.57	135
27	62.592	346	14.06	145	4.349	307	52.86	146	3.04	52	16.10	56	5.149	312	45.22	150
Nov. 6	62.938	354	12.61	137	4.656	316	51.40	162	3.56	52	16.66	122	5.461	322	43.72	161
16	63.292	356	11.24	125	4.972	319	49.78	174	4.08	51	17.88	184	5.783	325	42.11	166
26	63.648	347	9.99	108	5.291	312	48.04	181	4.59	48	19.72	242	6.108	319	40.45	166
Dez. 6	63.995	329	8.91	86	5.603	296	46.23	180	5.07	43	22.14	291	6.427	304	38.79	161
16	64.324	300	8.05	63	5.899	271	44.43	175	5.50	38	25.05	331	6.731	280	37.18	150
26	64.624	262	7.42	37	6.170	238	42.68	163	5.88	30	28.36	362	7.011	246	35.68	134
36	64.886		7.05		6.408		41.05		6.18		31.98		7.257		34.34	
Mittl. Ort	58.662		33.32		0.942		64.63		1.75		19.53		1.648		59.28	
sec δ, tg δ	+1.143		+ 0.553		+1.006		+ 0.107		+2.029		− 1.765		+1.022		+ 0.213	
a, *a′*	+3.6		−13.1		+3.2		−13.7		+1.4		−13.8		+3.3		−13.9	
b, *b′*	−0.02		− 0.75		0.00		− 0.73		+0.08		− 0.73		−0.01		− 0.72	

Scheinbare Sternörter 1955

Obere Kulmination Greenwich

Tag	335) ι Ursae maj.				339) Br 1268 Lynx				338) ρ Ursae maj.				341) κ Ursae maj.			
	AR.		Dekl.		AR.		Dekl.		AR.		Dekl.		AR.		Dekl.	
1955	8h 56m		+48° 12′		8h 57m		+41° 57′		8h 58m		+67° 47′		9h 0m		+47° 19′	
	s		″		s		″		s		″		s		″	
Jan. 1	11.293	304	56.79	78	46.417	283	30.65	43	35.80	48	68.80	170	36.795	307	55.08	70
11	11.597	242	57.57	112	46.700	225	31.08	76	36.28	37	70.50	207	37.102	245	55.78	105
21	11.839	171	58.69	138	46.925	161	31.84	103	36.65	25	72.57	233	37.347	176	56.83	133
31	12.010	96	60.07	159	47.086	95	32.87	124	36.90	13	74.90	251	37.523	103	58.16	154
Febr. 9	4 12.106	23 —	61.66	172	5 47.181	28 —	34.11	139	5 37.03	1 —	77.41	258	5 37.626	31 —	59.70	168
19	12.129	46	63.38	176	47.209	36	35.50	147	37.04	12	79.99	252	37.657	38	61.38	173
März 1	12.083	109	65.14	171	47.173	92	36.97	146	36.92	22	82.51	237	37.619	100	63.11	170
11	11.974	162	66.85	158	47.081	139	38.43	138	36.70	32	84.88	212	37.519	153	64.81	159
21	11.812	203	68.43	139	46.942	175	39.81	123	36.38	39	87.00	178	37.366	194	66.40	141
31	11.609	230	69.82	113	46.767	200	41.04	104	35.99	44	88.78	137	37.172	221	67.81	116
April 10	11.379	243	70.95	82	46.567	212	42.08	79	35.55	47	90.15	92	36.951	235	68.97	86
20	11.136	245	71.77	50	46.355	212	42.87	52	35.08	48	91.07	43 —	36.716	238	69.83	55
30	10.891	234	72.27	15 —	46.143	203	43.39	23 —	34.60	47	91.50	7	36.478	229	70.38	21 —
Mai 10	10.657	214	72.42	19	45.940	184	43.62	6	34.13	44	91.43	56	36.249	209	70.59	12
20	10.443	185	72.23	52	45.756	158	43.56	35	33.69	39	90.87	101	36.040	182	70.47	46
30	10.258	149	71.71	84	45.598	127	43.21	61	33.30	34	89.86	145	35.858	148	70.01	78
Juni 9	10.109	110	70.87	113	45.471	92	42.60	87	32.96	26	88.41	184	35.710	110	69.23	106
19	9.999	66	69.74	138	45.379	53	41.73	109	32.70	19	86.57	217	35.600	68	68.17	132
29	9.933	22 —	68.36	161	45.326	14 —	40.64	129	32.51	11	84.40	245	35.532	25 —	66.85	154
Juli 9	9.911	23	66.75	179	45.312	26	39.35	147	32.40	2 —	81.95	267	35.507	19	65.31	173
19	9.934	69	64.96	195	45.338	66	37.88	162	32.38	6	79.28	284	35.526	63	63.58	190
29	10.003	113	63.01	206	45.404	105	36.26	173	32.44	14	76.44	294	35.589	107	61.68	202
Aug. 8	10.116	156	60.95	215	45.509	143	34.53	183	32.58	23	73.50	299	35.696	149	59.66	211
18	10.272	198	58.80	219	45.652	180	32.70	191	32.81	30	70.51	298	35.845	190	57.55	217
28	10.470	240	56.61	221	45.832	216	30.79	195	33.11	38	67.53	291	36.035	231	55.38	220
Sept. 7	10.710	278	54.40	220	46.048	252	28.84	197	33.49	45	64.62	279	36.266	269	53.18	219
17	10.988	315	52.20	214	46.300	286	26.87	196	33.94	52	61.83	262	36.535	307	50.99	214
27	11.303	350	50.06	204	46.586	317	24.91	191	34.46	58	59.21	238	36.842	342	48.85	207
Okt. 7	11.653	382	48.02	191	46.903	346	23.00	184	35.04	63	56.83	210	37.184	374	46.78	194
17	12.035	409	46.11	173	47.249	372	21.16	171	35.67	67	54.73	176	37.558	401	44.84	177
27	12.444	430	44.38	150	47.621	391	19.45	155	36.34	71	52.97	137	37.959	423	43.07	155
Nov. 6	12.874	442	42.88	123	48.012	404	17.90	134	37.05	72	51.60	94	38.382	437	41.52	130
16	13.316	446	41.65	92	48.416	407	16.56	109	37.77	72	50.66	47 —	38.819	440	40.22	99
26	13.762	437	40.73	58	48.823	400	15.47	78	38.49	71	50.19	2	39.259	434	39.23	64
Dez. 6	14.199	415	40.15	19 —	49.223	382	14.69	46	39.20	67	50.21	52	39.693	414	38.59	27 —
16	14.614	382	39.96	20	49.605	352	14.23	11 —	39.87	60	50.73	101	40.107	381	38.32	12
26	14.996	335	40.16	57	49.957	310	14.12	24	40.47	53	51.74	146	40.488	337	38.44	49
36	15.331		40.73		50.267		14.36		41.00		53.20		40.825		38.93	
Mittl. Ort	8.147		71.00		43.533		44.17		30.94		84.92		33.719		69.51	
sec δ, tg δ	+1.501		+ 1.119		+1.345		+ 0.899		+2.647		+ 2.451		+1.476		+ 1.085	
a, *a′*	+4.1		−13.9		+3.9		−14.0		+5.4		−14.1		+4.1		−14.2	
b, *b′*	−0.05		− 0.72		−0.04		− 0.71		−0.11		− 0.71		−0.05		− 0.71	

Obere Kulmination Greenwich

Tag	343) α Volantis AR.	Δ	343) α Volantis Dekl.	Δ	345) λ Velorum AR.	Δ	345) λ Velorum Dekl.	Δ	347) ϑ Hydrae AR.	Δ	347) ϑ Hydrae Dekl.	Δ	348) β Carinae AR.	Δ	348) β Carinae Dekl.	Δ
1955	9h 1m		−66° 12′		9h 6m		−43° 14′		9h 12m		+2° 29′		9h 12m		−69° 31′	
	s		″		s		″		s		″		s		″	
Jan. 1	47.56	29	52.13	374	22.552	234	57.33	351	3.574	230	71.67	181	46.20	36	47.05	367
11	47.85	20	55.87	390	22.786	175	60.84	358	3.804	187	69.86	163	46.56	24	50.72	387
21	48.05	10	59.77	395	22.961	112	64.42	355	3.991	138	68.23	143	46.80	13	54.59	395
31	$_6$48.15	1	63.72	390	$_7$23.073	49	67.97	343	$_8$4.129	87	66.80	120	$_8$46.93	0	58.54	394
Febr. 9	48.14	11	67.62	374	23.122	12	71.40	324	4.216	38	65.60	97	46.93	11	62.48	382
19	48.03	21	71.36	351	23.110	69	74.64	297	4.254	10	64.63	74	46.82	21	66.30	361
März 1	47.82	29	74.87	320	23.041	119	77.61	264	4.244	51	63.89	52	46.61	31	69.91	333
11	47.53	35	78.07	282	22.922	161	80.25	227	4.193	86	63.37	31	46.30	39	73.24	298
21	47.18	41	80.89	239	22.761	194	82.52	186	4.107	113	63.06	13	45.91	46	76.22	257
31	46.77	46	83.28	193	22.567	216	84.38	143	3.994	131	62.93	2	45.45	52	78.79	212
April 10	46.31	48	85.21	142	22.351	230	85.81	98	3.863	140	62.95	16	44.93	55	80.91	163
20	45.83	49	86.63	91	22.121	235	86.79	52	3.723	142	63.11	28	44.38	57	82.54	111
30	45.34	49	87.54	37	21.886	230	87.31	6	3.581	136	63.39	39	43.81	57	83.65	57
Mai 10	44.85	48	87.91	16	21.656	219	87.37	40	3.445	124	63.78	47	43.24	56	84.22	4
20	44.37	45	87.75	69	21.437	201	86.97	83	3.321	108	64.25	55	42.68	54	84.26	50
30	43.92	41	87.06	120	21.236	178	86.14	125	3.213	87	64.80	61	42.14	51	83.76	101
Juni 9	43.51	37	85.86	166	21.058	150	84.89	163	3.126	65	65.41	65	41.63	45	82.75	150
19	43.14	31	84.20	208	20.908	118	83.26	196	3.061	39	66.06	68	41.18	39	81.25	195
29	42.83	25	82.12	244	20.790	82	81.30	224	3.022	13	66.74	68	40.79	32	79.30	234
Juli 9	42.58	17	79.68	273	20.708	45	79.06	244	3.009	13	67.42	66	40.47	24	76.96	265
19	42.41	9	76.95	293	20.663	4	76.62	258	3.022	41	68.08	61	40.23	15	74.31	289
29	42.32	1	74.02	305	20.659	38	74.04	263	3.063	68	68.69	52	40.08	5	71.42	304
Aug. 8	42.31	8	70.97	306	20.697	82	71.41	258	3.131	96	69.21	41	40.03	5	68.38	308
18	42.39	17	67.91	295	20.779	127	68.83	245	3.227	124	69.62	25	40.08	16	65.30	301
28	42.56	26	64.96	275	20.906	171	66.38	222	3.351	152	69.87	6	40.24	25	62.29	285
Sept. 7	42.82	34	62.21	243	21.077	215	64.16	189	3.503	180	69.93	16	40.49	36	59.44	256
17	43.16	42	59.78	202	21.292	257	62.27	148	3.683	208	69.77	41	40.85	45	56.88	217
27	43.58	49	57.76	151	21.549	297	60.79	99	3.891	236	69.36	68	41.30	54	54.71	168
Okt. 7	44.07	55	56.25	93	21.846	330	59.80	44	4.127	261	68.68	95	41.84	61	53.03	113
17	44.62	59	55.32	30	22.176	358	59.36	14	4.388	284	67.73	122	42.45	66	51.90	50
27	45.21	61	55.02	37	22.534	378	59.50	74	4.672	302	66.51	147	43.11	70	51.40	16
Nov. 6	45.82	62	55.39	103	22.912	387	60.24	132	4.974	314	65.04	168	43.81	70	51.56	83
16	46.44	61	56.42	168	23.299	386	61.56	189	5.288	320	63.36	183	44.51	70	52.39	148
26	47.05	57	58.10	227	23.685	373	63.45	239	5.608	317	61.53	194	45.21	65	53.87	209
Dez. 6	47.62	52	60.37	280	24.058	347	65.84	282	5.925	304	59.59	198	45.86	60	55.96	265
16	48.14	45	63.17	323	24.405	311	68.66	315	6.229	281	57.61	196	46.46	52	58.61	311
26	48.59	36	66.40	357	24.716	265	71.81	340	6.510	250	55.65	187	46.98	43	61.72	348
36	48.95		69.97		24.981		75.21		6.760		53.78		47.41		65.20	
Mittl. Ort	44.54		57.96		20.316		60.04		1.426		78.53		42.99		53.69	
sec δ, tg δ	+2.480		− 2.269		+1.373		− 0.941		+1.001		+ 0.044		+2.860		− 2.679	
a, *a′*	+0.9		−14.3		+2.2		−14.6		+3.1		−14.9		+0.7		−14.9	
b, *b′*	+0.11		− 0.70		+0.05		− 0.69		0.00		− 0.67		+0.13		− 0.67	

Scheinbare Sternörter 1955

Obere Kulmination Greenwich

Tag	350) 83 Cancri AR.	Δ	350) 83 Cancri Dekl.	Δ	352) α Lyncis AR.	Δ	352) α Lyncis Dekl.	Δ	353) ϰ Velorum AR.	Δ	353) ϰ Velorum Dekl.	Δ	354) α Hydrae AR.	Δ	354) α Hydrae Dekl.	Δ
1955	9h 16m		+17° 53′		9h 18m		+34° 34′		9h 20m		−54° 48′		9h 25m		−8° 27′	
	s		″		s		″		s		″		s		″	
Jan. 1	30.566	248	39.42	100	21.686	282	48.70	10	45.527	282	59.00	362	24.583	235	50.19	233
11	30.814	203	38.42	75	21.968	230	48.60	22	45.809	211	62.62	377	24.818	193	52.52	223
21	31.017	153	37.67	49	22.198	174	48.82	53	46.020	136	66.39	382	25.011	145	54.75	208
31	31.170	100	37.18	25	22.372	114	49.35	79	46.156	60	70.21	377	25.156	95	56.83	187
Febr. 9*	(9) 31.270	48	36.93	2	(10) 22.486	53	50.14	98	(10) 46.216	15	73.98	362	(12) 25.251	46	58.70	163
19	31.318	3	36.91	17	22.539	5	51.12	113	46.201	85	77.60	339	25.297	1	60.33	139
März 1	31.315	49	37.08	33	22.534	58	52.25	120	46.116	146	80.99	310	25.296	44	61.72	113
11	31.266	86	37.41	44	22.476	103	53.45	121	45.970	200	84.09	274	25.252	79	62.85	87
21	31.180	115	37.85	51	22.373	138	54.66	114	45.770	243	86.83	233	25.173	107	63.72	61
31	31.065	136	38.36	54	22.235	163	55.80	103	45.527	276	89.16	189	25.066	127	64.33	37
April 10	30.929	147	38.90	54	22.072	177	56.83	87	45.251	297	91.05	142	24.939	138	64.70	14
20	30.782	150	39.44	50	21.895	182	57.70	67	44.954	308	92.47	92	24.801	141	64.84	7
30	30.632	144	39.94	45	21.713	177	58.37	45	44.646	309	93.39	42	24.660	139	64.77	28
Mai 10	30.488	132	40.39	39	21.536	163	58.82	23	44.337	302	93.81	9	24.521	130	64.49	48
20	30.356	115	40.78	31	21.373	144	59.05	1	44.035	286	93.72	59	24.391	115	64.01	65
30	30.241	94	41.09	22	21.229	119	59.04	25	43.749	263	93.13	106	24.276	98	63.36	80
Juni 9	30.147	69	41.31	14	21.110	90	58.79	46	43.486	232	92.07	151	24.178	78	62.56	94
19	30.078	43	41.45	5	21.020	60	58.33	67	43.254	196	90.56	191	24.100	54	61.62	105
29	30.035	15	41.50	5	20.960	26	57.66	87	43.058	155	88.65	226	24.046	30	60.57	112
Juli 9	30.020	13	41.45	15	20.934	7	56.79	104	42.903	108	86.39	254	24.016	5	59.45	117
19	30.033	42	41.30	26	20.941	40	55.75	120	42.795	57	83.85	274	24.011	22	58.28	116
29	30.075	70	41.04	38	20.981	75	54.55	135	42.738	3	81.11	285	24.033	50	57.12	111
Aug. 8	30.145	100	40.66	50	21.056	109	53.20	148	42.735	55	78.26	287	24.083	78	56.01	102
18	30.245	128	40.16	65	21.165	142	51.72	159	42.790	114	75.39	279	24.161	106	54.99	86
28	30.373	157	39.51	80	21.307	176	50.13	169	42.904	174	72.60	260	24.267	137	54.13	66
Sept. 7	30.530	186	38.71	96	21.483	209	48.44	177	43.078	233	70.00	231	24.404	167	53.47	40
17	30.716	215	37.75	112	21.692	241	46.67	183	43.311	290	67.69	192	24.571	197	53.07	11
27	30.931	244	36.63	128	21.933	274	44.84	187	43.601	343	65.77	143	24.768	226	52.96	22
Okt. 7	31.175	270	35.35	142	22.207	304	42.97	186	43.944	389	64.34	89	24.994	254	53.18	58
17	31.445	294	33.93	155	22.511	330	41.11	183	44.333	426	63.45	28	25.248	279	53.76	93
27	31.739	315	32.38	164	22.841	352	39.28	175	44.759	453	63.17	35	25.527	300	54.69	129
Nov. 6	32.054	328	30.74	168	23.193	369	37.53	161	45.212	466	63.52	100	25.827	313	55.98	161
16	32.382	335	29.06	168	23.562	377	35.92	143	45.678	466	64.52	162	26.140	321	57.59	188
26	32.717	333	27.38	161	23.939	375	34.49	120	46.144	451	66.14	219	26.461	319	59.47	211
Dez. 6	33.050	321	25.77	150	24.314	362	33.29	93	46.595	420	68.33	270	26.780	307	61.58	226
16	33.371	300	24.27	134	24.676	339	32.36	61	47.015	377	71.03	312	27.087	287	63.84	235
26	33.671	269	22.93	113	25.015	304	31.75	29	47.392	320	74.15	346	27.374	255	66.19	234
36	33.940		21.80		25.319		31.46		47.712		77.61		27.629		68.53	
Mittl. Ort	28.291		49.79		19.132		62.42		43.126		64.07		22.536		45.63	
sec δ, tg δ	+1.051		+ 0.323		+1.215		+ 0.689		+1.736		− 1.419		+1.011		− 0.149	
a, *a′*	+3.4		−15.2		+3.7		−15.3		+1.9		−15.4		+2.9		−15.7	
b, *b′*	−0.02		− 0.65		−0.03		− 0.65		+0.07		− 0.64		+0.01		− 0.62	

* Bei Stern 352), 353) und 354) lies Febr. 10.

Tag	356) ε Antliae AR.	Δ	356) ε Antliae Dekl.	Δ	355) 23 Ursae maj. AR.	Δ	355) 23 Ursae maj. Dekl.	Δ	358) ϑ Ursae maj. AR.	Δ	358) ϑ Ursae maj. Dekl.	Δ	357) 24 Ursae maj. AR.	Δ	357) 24 Ursae maj. Dekl.	Δ
1955	$9^h\ 27^m$		−35° 45′		$9^h\ 28^m$		+63° 14′		$9^h\ 29^m$		+51° 52′		$9^h\ 30^m$		+70° 1′	
	s		″		s		″		s		″		s		″	
Jan. 1	25.216	249	12.05	328	4.05	46	78.03	124	54.591	359	43.79	69	37.06	58	28.22	149
11	25.465	197	15.33	334	4.51	39	79.27	166	54.950	297	44.48	109	37.64	47	29.71	193
21	25.662	142	18.67	332	4.90	28	80.93	200	55.247	226	45.57	143	38.11	35	31.64	227
31	25.804	84	21.99	321	5.18	18	82.93	226	55.473	149	47.00	170	38.46	22	33.91	253
Febr. 10	25.888	28	25.20	302	5.36	7	85.19	242	55.622	70	48.70	190	38.68	9	36.44	267
19	[12] 25.916	26	28.22	277	[12] 5.43	3	87.61	247	[13] 55.692	6	50.60	199	[13] 38.77	5	39.11	270
März 1	25.890	73	30.99	247	5.40	12	90.08	241	55.686	78	52.59	200	38.72	18	41.81	261
11	25.817	114	33.46	214	5.28	21	92.49	224	55.608	139	54.59	191	38.54	28	44.42	241
21	25.703	146	35.60	177	5.07	28	94.73	199	55.469	190	56.50	173	38.26	38	46.83	212
31	25.557	170	37.37	137	4.79	33	96.72	165	55.279	228	58.23	149	37.88	46	48.95	174
April 10	25.387	185	38.74	97	4.46	37	98.37	125	55.051	252	59.72	118	37.42	50	50.69	130
20	25.202	192	39.71	56	4.09	38	99.62	82	54.799	263	60.90	83	36.92	53	51.99	82
30	25.010	191	40.27	14	3.71	39	100.44	35	54.536	262	61.73	46	36.39	53	52.81	31
Mai 10	24.819	183	40.41	27	3.32	37	100.79	11	54.274	249	62.19	7	35.86	51	53.12	20
20	24.636	171	40.14	66	2.95	34	100.68	57	54.025	227	62.26	31	35.35	48	52.92	70
30	24.465	152	39.48	104	2.61	29	100.11	102	53.798	197	61.95	68	34.87	43	52.22	118
Juni 9	24.313	131	38.44	138	2.32	25	99.09	143	53.601	162	61.27	103	34.44	37	51.04	162
19	24.182	105	37.06	169	2.07	19	97.66	179	53.439	121	60.24	136	34.07	29	49.42	201
29	24.077	76	35.37	194	1.88	14	95.87	212	53.318	78	58.88	165	33.78	21	47.41	236
Juli 9	24.001	45	33.43	214	1.74	7	93.75	239	53.240	33	57.23	190	33.57	12	45.05	265
19	23.956	11	31.29	228	1.67	0	91.36	262	53.207	13	55.33	211	33.45	4	42.40	287
29	23.945	24	29.01	233	1.67	7	88.74	278	53.220	60	53.22	228	33.41	5	39.53	304
Aug. 8	23.969	62	26.68	230	1.74	13	85.96	290	53.280	107	50.94	242	33.46	15	36.49	315
18	24.031	100	24.38	218	1.87	20	83.06	296	53.387	153	48.52	252	33.61	23	33.34	320
28	24.131	140	22.20	198	2.07	26	80.10	296	53.540	200	46.00	256	33.84	32	30.14	318
Sept. 7	24.271	180	20.22	169	2.33	33	77.14	291	53.740	245	43.44	257	34.16	41	26.96	311
17	24.451	220	18.53	132	2.66	39	74.23	282	53.985	289	40.87	254	34.57	49	23.85	296
27	24.671	257	17.21	88	3.05	44	71.41	265	54.274	333	38.33	246	35.06	56	20.89	277
Okt. 7	24.928	292	16.33	38	3.49	49	68.76	243	54.607	372	35.87	232	35.62	62	18.12	251
17	25.220	321	15.95	15	3.98	55	66.33	215	54.979	408	33.55	214	36.24	69	15.61	218
27	25.541	344	16.10	71	4.53	58	64.18	182	55.387	438	31.41	190	36.93	74	13.43	180
Nov. 6	25.885	359	16.81	126	5.11	60	62.36	143	55.825	460	29.51	160	37.67	77	11.63	137
16	26.244	364	18.07	177	5.71	62	60.93	99	56.285	472	27.91	126	38.44	78	10.26	89
26	26.608	358	19.84	224	6.33	62	59.94	52	56.757	472	26.65	87	39.22	78	9.37	37
Dez. 6	26.966	341	22.08	264	6.95	60	59.42	2	57.229	458	25.78	44	40.00	76	9.00	17
16	27.307	312	24.72	295	7.55	55	59.40	49	57.687	430	25.34	1	40.76	70	9.17	70
26	27.619	274	27.67	318	8.10	50	59.89	97	58.117	389	25.33	44	41.46	63	9.87	121
36	27.893		30.85		8.60		60.86		58.506		25.77		42.09		11.08	
Mittl. Ort	23.133		13.77		0.15		96.31		51.522		60.97		32.26		47.21	
sec δ, tg δ	+1.232		− 0.720		+2.223		+ 1.985		+1.620		+ 1.275		+2.928		+ 2.752	
a, *a′*	+2.5		−15.8		+4.7		−15.8		+4.1		−15.9		+5.3		−15.9	
b, *b′*	+0.04		− 0.62		−0.10		− 0.62		−0.07		− 0.61		−0.15		− 0.61	

Scheinbare Sternörter 1955

Obere Kulmination Greenwich

Tag	360) 10 Leonis min. AR.		Dekl.		366) ϑ Antliae AR.		Dekl.		367) ε Leonis AR.		Dekl.		368) υ Ursae maj. AR.		Dekl.	
1955	$9^h\ 31^m$		$+36°\ 35'$		$9^h\ 42^m$		$-27°\ 33'$		$9^h\ 43^m$		$+23°\ 58'$		$9^h\ 47^m$		$+59°\ 14'$	
	s		″		s		″		s		″		s		″	
Jan. 1	30.857	299	39.38	8	13.595	255	45.64	303	20.234	279	43.70	81	51.714	439	46.24	87
11	31.156	249	39.30	27	13.850	210	48.67	305	20.513	235	42.89	51	52.153	370	47.11	132
21	31.405	192	39.57	59	14.060	159	51.72	300	20.748	186	42.38	21	52.523	289	48.43	170
31	31.597	131	40.16	87	14.219	106	54.72	288	20.934	132	42.17	7	52.812	200	50.13	201
Febr. 10	31.728	70 (13)	41.03	109	14.325	53 (16)	57.60	269	21.066	77 (16)	42.24	33	53.012	107 (17)	52.14	223
19	31.798	10	42.12	125	14.378	2	60.29	245	21.143	25	42.57	54	53.119	16	54.37	235
März 1	31.808	•46	43.37	133	14.380	43	62.74	217	21.168	24	43.11	70	53.135	71	56.72	235
11	31.762	93	44.70	135	14.337	83	64.91	185	21.144	67	43.81	80	53.064	149	59.07	225
21	31.669	131	46.05	129	14.254	114	66.76	152	21.077	100	44.61	85	52.915	213	61.32	206
31	31.538	159	47.34	116	14.140	137	68.28	117	20.977	126	45.46	84	52.702	265	63.38	179
April 10	31.379	177	48.50	100	14.003	153	69.45	82	20.851	143	46.30	80	52.437	301	65.17	144
20	31.202	184	49.50	79	13.850	162	70.27	46	20.708	150	47.10	71	52.136	322	66.61	105
30	31.018	181	50.29	55	13.688	162	70.73	10	20.558	149	47.81	60	51.814	327	67.66	62
Mai 10	30.837	171	50.84	29	13.526	157	70.83	25	20.409	142	48.41	47	51.487	320	68.28	18
20	30.666	154	51.13	4	13.369	147	70.58	58	20.267	128	48.88	32	51.167	300	68.46	27
30	30.512	131	51.17	22	13.222	131	70.00	90	20.139	111	49.20	17	50.867	270	68.19	71
Juni 9	30.381	103	50.95	47	13.091	113	69.10	120	20.028	89	49.37	2	50.597	232	67.48	111
19	30.278	73	50.48	70	12.978	92	67.90	145	19.939	65	49.39	15	50.365	188	66.37	150
29	30.205	42	49.78	92	12.886	67	66.45	166	19.874	39	49.24	30	50.177	138	64.87	184
Juli 9	30.163	9	48.86	113	12.819	41	64.79	183	19.835	12	48.94	45	50.039	86	63.03	214
19	30.154	25	47.73	130	12.778	12	62.96	193	19.823	16	48.49	60	49.953	31	60.89	240
29	30.179	60	46.43	147	12.766	18	61.03	197	19.839	44	47.89	75	49.922	24	58.49	260
Aug. 8	30.239	94	44.96	162	12.784	51	59.06	194	19.883	74	47.14	91	49.946	82	55.89	276
18	30.333	129	43.34	174	12.835	86	57.12	183	19.957	104	46.23	106	50.028	140	53.13	287
28	30.462	164	41.60	185	12.921	121	55.29	164	20.061	135	45.17	122	50.168	197	50.26	293
Sept. 7	30.626	199	39.75	193	13.042	157	53.65	137	20.196	166	43.95	136	50.365	253	47.33	292
17	30.825	233	37.82	200	13.199	195	52.28	104	20.362	198	42.59	150	50.618	309	44.41	288
27	31.058	268	35.82	202	13.394	230	51.24	63	20.560	230	41.09	163	50.927	364	41.53	278
Okt. 7	31.326	300	33.80	201	13.624	263	50.61	18	20.790	261	39.46	174	51.291	414	38.75	260
17	31.626	329	31.79	197	13.887	294	50.43	30	21.051	290	37.72	181	51.705	460	36.15	238
27	31.955	354	29.82	187	14.181	319	50.73	80	21.341	315	35.91	184	52.165	500	33.77	209
Nov. 6	32.309	374	27.95	172	14.500	336	51.53	128	21.656	334	34.07	184	52.665	530	31.68	175
16	32.683	384	26.23	152	14.836	345	52.81	175	21.990	346	32.23	177	53.195	549	29.93	134
26	33.067	385	24.71	127	15.181	343	54.56	216	22.336	349	30.46	164	53.744	554	28.59	89
Dez. 6	33.452	375	23.44	98	15.524	332	56.72	249	22.685	342	28.82	147	54.298	543	27.70	41
16	33.827	354	22.46	64	15.856	310	59.21	276	23.027	326	27.35	125	54.841	515	27.29	9
26	34.181	321	21.82	29	16.166	277	61.97	294	23.353	297	26.10	97	55.356	471	27.38	58
36	34.502		21.53		16.443		64.91		23.650		25.13		55.827		27.96	
Mittl. Ort	28.333		54.24		11.612		45.72		18.012		56.57		48.385		65.59	
sec δ, tg δ	+1.246		+ 0.743		+1.128		− 0.522		+1.094		+ 0.445		+1.956		+ 1.681	
a, *a′*	+3.7		−16.0		+2.7		−16.5		+3.4		−16.6		+4.3		−16.8	
b, *b′*	−0.04		− 0.60		+0.03		− 0.57		−0.02		− 0.56		−0.09		− 0.55	

Obere Kulmination Greenwich

Tag	370) 6 Sextantis AR.		370) Dekl.		372) Grb 1586 U Maj. AR.		372) Dekl.		375) φ Velorum AR.		375) Dekl.		378) π Leonis AR.		378) Dekl.	
1955	$9^h\ 48^m$		−4° 1′		$9^h\ 54^m$		+73° 5′		$9^h\ 55^m$		−54° 21′		$9^h\ 57^m$		+8° 15′	
	s		″		s		″		s		″		s		″	
Jan. 1	59.900	255	59.91	217	29.22	71	20.32	136	18.978	334	4.04	343	52.171	269	29.85	164
11	60.155	215	62.08	204	29.93	60	21.68	183	19.312	269	7.47	364	52.440	229	28.21	143
21	60.370	170	64.12	187	30.53	46	23.51	224	19.581	198	11.11	375	52.669	185	26.78	119
31	60.540	121	65.99	166	30.99	32	25.75	255	19.779	125	14.86	377	52.854	136	25.59	94
Febr. 10	60.661	72	67.65	141	31.31	17	28.30	274	19.904	51	18.63	369	52.990	85	24.65	67
19*	18 60.733	25	69.06	117	19 31.48	0	31.04	282	19 19.955	19	22.32	353	20 53.075	37	23.98	43
März 1	60.758	19	70.23	92	31.48	15	33.86	278	19.936	83	25.85	328	53.112	7	23.55	20
11	60.739	56	71.15	68	31.33	28	36.64	263	19.853	140	29.13	298	53.105	47	23.35	1
21	60.683	86	71.83	45	31.05	40	39.27	236	19.713	189	32.11	262	53.058	79	23.34	15
31	60.597	109	72.28	23	30.65	49	41.63	200	19.524	227	34.73	221	52.979	103	23.49	29
April 10	60.488	124	72.51	4	30.16	57	43.63	158	19.297	255	36.94	177	52.876	119	23.78	38
20	60.364	130	72.55	13	29.59	62	45.21	110	19.042	274	38.71	131	52.757	128	24.16	44
30	60.234	131	72.42	30	28.97	63	46.31	58	18.768	284	40.02	82	52.629	130	24.60	49
Mai 10	60.103	125	72.12	44	28.34	63	46.89	5	18.484	286	40.84	32	52.499	125	25.09	52
20	59.978	115	71.68	57	27.71	60	46.94	48	18.198	279	41.16	18	52.374	115	25.61	52
30	59.863	101	71.11	68	27.11	56	46.46	99	17.919	266	40.98	66	52.259	101	26.13	51
Juni 9	59.762	84	70.43	78	26.55	49	45.47	147	17.653	244	40.32	113	52.158	85	26.64	49
19	59.678	64	69.65	85	26.06	42	44.00	190	17.409	217	39.19	156	52.073	66	27.13	45
29	59.614	42	68.80	89	25.64	33	42.10	230	17.192	184	37.63	194	52.007	45	27.58	40
Juli 9	59.572	20	67.91	90	25.31	24	39.80	263	17.008	144	35.69	227	51.962	22	27.98	33
19	59.552	5	67.01	89	25.07	14	37.17	291	16.864	100	33.42	253	51.940	2	28.31	25
29	59.557	30	66.12	83	24.93	4	34.26	312	16.764	51	30.89	270	51.942	27	28.56	14
Aug. 8	59.587	57	65.29	72	24.89	7	31.14	327	16.713	4	28.19	280	51.969	54	28.70	0
18	59.644	86	64.57	58	24.96	18	27.87	336	16.717	61	25.39	278	52.023	81	28.70	15
28	59.730	115	63.99	40	25.14	28	24.51	338	16.778	121	22.61	266	52.104	110	28.55	33
Sept. 7	59.845	146	63.59	16	25.42	39	21.13	334	16.899	182	19.95	244	52.214	141	28.22	54
17	59.991	177	63.43	11	25.81	48	17.79	322	17.081	243	17.51	212	52.355	172	27.68	76
27	60.168	208	63.54	40	26.29	58	14.57	305	17.324	302	15.39	170	52.527	203	26.92	99
Okt. 7	60.376	239	63.94	72	26.87	67	11.52	280	17.626	355	13.69	120	52.730	235	25.93	122
17	60.615	267	64.66	104	27.54	74	8.72	248	17.981	400	12.49	64	52.965	264	24.71	144
27	60.882	291	65.70	136	28.28	81	6.24	211	18.381	437	11.85	3	53.229	289	23.27	163
Nov. 6	61.173	309	67.06	163	29.09	86	4.13	167	18.818	462	11.82	61	53.518	310	21.64	179
16	61.482	321	68.69	187	29.95	89	2.46	117	19.280	473	12.43	124	53.828	324	19.85	190
26	61.803	323	70.56	205	30.84	90	1.29	64	19.753	468	13.67	182	54.152	329	17.95	195
Dez. 6	62.126	317	72.61	217	31.74	89	0.65	8	20.221	448	15.49	237	54.481	324	16.00	194
16	62.443	299	74.78	222	32.63	83	0.57	49	20.669	415	17.86	284	54.805	310	14.06	187
26	62.742	272	77.00	220	33.46	77	1.06	105	21.084	366	20.70	323	55.115	285	12.19	173
36	63.014		79.20		34.23		2.11		21.450		23.93		55.400		10.46	
Mittl. Ort	57.934		53.94		24.23		41.33		16.763		10.12		50.181		39.30	
sec δ, tg δ	+1.002		− 0.070		+3.439		+ 3.290		+1.716		− 1.394		+1.010		+ 0.145	
a, *a′*	+3.0		−16.9		+5.4		−17.1		+2.1		−17.1		+3.2		−17.3	
b, *b′*	0.00		− 0.54		−0.19		− 0.52		+0.08		− 0.52		−0.01		− 0.51	

* Bei Stern 378) lies Febr. 20.

Scheinbare Sternörter 1955

Obere Kulmination Greenwich

Tag	379) η Leonis AR.		379) η Leonis Dekl.		380) α Leonis AR.		380) α Leonis Dekl.		381) λ Hydrae AR.		381) λ Hydrae Dekl.		382) 191 G. Velorum AR.		382) 191 G. Velorum Dekl.	
1955	10h 4m		+16° 58′		10h 5m		+12° 10′		10h 8m		−12° 7′		10h 12m		−41° 53′	
	s		″		s		″		s		″		s		″	
Jan. 1	54.896	283	46.33	127	60.604	277	65.73	149	25.441	269	55.39	248	52.515	309	50.33	320
11	55.179	244	45.06	99	60.881	239	64.24	124	25.710	231	57.87	243	52.824	260	53.53	337
21	55.423	198	44.07	70	61.120	194	63.00	99	25.941	186	60.30	231	53.084	204	56.90	345
31	55.621	149	43.37	42	61.314	146	62.01	71	26.127	137	62.61	213	53.288	146	60.35	343
Febr. 10	55.770	97	42.95	14	61.460	96	61.30	44	26.264	89	64.74	192	53.434	86	63.78	332
20	22 55.867	46	42.81	11	22 61.556	46	60.86	19	22 26.353	41	66.66	167	24 53.520	29	67.10	315
März 1	55.913	1	42.92	31	61.602	1	60.67	3	26.394	3	68.33	142	53.549	24	70.25	292
11	55.912	42	43.23	48	61.601	40	60.70	21	26.391	42	69.75	115	53.525	72	73.17	262
21	55.870	77	43.71	59	61.561	73	60.91	36	26.349	73	70.90	89	53.453	112	75.79	229
31	55.793	103	44.30	66	61.488	100	61.27	46	26.276	98	71.79	63	53.341	145	78.08	193
April 10	55.690	121	44.96	68	61.388	117	61.73	53	26.178	116	72.42	37	53.196	168	80.01	153
20	55.569	132	45.64	68	61.271	127	62.26	57	26.062	126	72.79	13	53.028	185	81.54	111
30	55.437	134	46.32	63	61.144	130	62.83	57	25.936	130	72.92	10	52.843	194	82.65	68
Mai 10	55.303	131	46.95	57	61.014	127	63.40	55	25.806	128	72.82	31	52.649	197	83.33	25
20	55.172	122	47.52	49	60.887	118	63.95	51	25.678	121	72.51	51	52.452	193	83.58	17
30	55.050	109	48.01	39	60.769	106	64.46	47	25.557	110	72.00	69	52.259	184	83.41	60
Juni 9	54.941	92	48.40	28	60.663	90	64.93	41	25.447	97	71.31	86	52.075	170	82.81	100
19	54.849	73	48.68	17	60.573	71	65.34	33	25.350	80	70.45	100	51.905	151	81.81	137
29	54.776	51	48.85	5	60.502	51	65.67	25	25.270	61	69.45	111	51.754	129	80.44	170
Juli 9	54.725	28	48.90	8	60.451	28	65.92	15	25.209	40	68.34	118	51.625	101	78.74	198
19	54.697	4	48.82	21	60.423	5	66.07	3	25.169	17	67.16	121	51.524	70	76.76	220
29	54.693	22	48.61	36	60.418	20	66.10	9	25.152	8	65.95	120	51.454	36	74.56	234
Aug. 8	54.715	49	48.25	52	60.438	46	66.01	23	25.160	35	64.75	113	51.418	4	72.22	241
18	54.764	78	47.73	68	60.484	74	65.78	40	25.195	63	63.62	101	51.422	45	69.81	239
28	54.842	107	47.05	86	60.558	103	65.38	58	25.258	95	62.61	84	51.467	89	67.42	227
Sept. 7	54.949	138	46.19	104	60.661	134	64.80	77	25.353	127	61.77	60	51.556	137	65.15	206
17	55.087	171	45.15	123	60.795	166	64.03	98	25.480	160	61.17	33	51.693	184	63.09	176
27	55.258	203	43.92	141	60.961	198	63.05	119	25.640	195	60.84	0	51.877	232	61.33	138
Okt. 7	55.461	235	42.51	158	61.159	231	61.86	139	25.835	229	60.84	35	52.109	276	59.95	92
17	55.696	267	40.93	172	61.390	261	60.47	158	26.064	259	61.19	73	52.385	317	59.03	40
27	55.963	294	39.21	184	61.651	288	58.89	174	26.323	287	61.92	111	52.702	352	58.63	15
Nov. 6	56.257	316	37.37	191	61.939	310	57.15	185	26.610	309	63.03	146	53.054	377	58.78	73
16	56.573	331	35.46	192	62.249	326	55.30	193	26.919	324	64.49	178	53.431	393	59.51	129
26	56.904	339	33.54	188	62.575	332	53.37	194	27.243	329	66.27	206	53.824	396	60.80	181
Dez. 6	57.243	336	31.66	178	62.907	329	51.43	188	27.572	325	68.33	227	54.220	387	62.61	230
16	57.579	322	29.88	161	63.236	317	49.55	178	27.897	310	70.60	240	54.607	366	64.91	271
26	57.901	299	28.27	140	63.553	293	47.77	160	28.207	285	73.00	246	54.973	332	67.62	302
36	58.200		26.87		63.846		46.17		28.492		75.46		55.305		70.64	
Mittl. Ort	52.871		58.30		58.625		76.46		23.581		51.46		50.578		54.28	
sec δ, tg δ	+1.046		+ 0.305		+1.023		+ 0.216		+1.023		− 0.215		+1.343		− 0.897	
a, *a′*	+3.3		−17.6		+3.2		−17.6		+2.9		−17.7		+2.5		−17.9	
b, *b′*	−0.02		− 0.48		−0.01		− 0.48		+0.01		− 0.47		+0.05		− 0.45	

Obere Kulmination Greenwich

Tag	384) ζ Leonis AR.		384) ζ Leonis Dekl.		383) λ Ursae maj. AR.		383) λ Ursae maj. Dekl.		386) μ Ursae maj. AR.		386) μ Ursae maj. Dekl.		387) 30 H. Ursae maj. AR.		387) 30 H. Ursae maj. Dekl.	
1955	10h 14m		+23° 37′		10h 14m		+43° 7′		10h 19m		+41° 42′		10h 20m		+65° 46′	
	s		″		s		″		s		″		s		″	
Jan. 1	13.466	299	78.16	100	25.803	356	65.03	10	41.625	354	77.20	21	58.00	57	79.19	79
11	13.765	261	77.16	68	26.159	310	64.93	— 33	41.979	309	76.99	— 22	58.57	50	79.98	131
21	14.026	215	76.48	35	26.469	254	65.26	73	42.288	256	77.21	63	59.07	40	81.29	176
31	14.241	163	76.13	4	26.723	192	65.99	110	42.544	196	77.84	100	59.47	30	83.05	214
Febr. 10	14.404	110	76.09	— 26	26.915	127	67.09	139	42.740	132	78.84	130	59.77	20	85.19	243
20	24 14.514	58	76.35	51	24 27.042	61	68.48	161	25 42.872	68	80.14	154	26 59.97	8	87.62	260
März 1	14.572	8	76.86	71	27.103	— 1	70.09	175	42.940	6	81.68	169	60.05	— 3	90.22	266
11	14.580	— 37	77.57	85	27.102	58	71.84	179	42.946	— 49	83.37	175	60.02	13	92.88	261
21	14.543	74	78.42	93	27.044	106	73.63	176	42.897	96	85.12	173	59.89	22	95.49	245
31	14.469	102	79.35	95	26.938	145	75.39	164	42.801	135	86.85	163	59.67	29	97.94	218
April 10	14.367	124	80.30	94	26.793	173	77.03	146	42.666	164	88.48	147	59.38	35	100.12	184
20	14.243	137	81.24	87	26.620	191	78.49	121	42.502	182	89.95	124	59.03	40	101.96	143
30	14.106	141	82.11	76	26.429	198	79.70	92	42.320	190	91.19	97	58.63	41	103.39	98
Mai 10	13.965	139	82.87	63	26.231	198	80.62	62	42.130	190	92.16	67	58.22	42	104.37	50
20	13.826	131	83.50	48	26.033	188	81.24	28	41.940	183	92.83	35	57.80	41	104.87	0
30	13.695	119	83.98	32	25.845	173	81.52	— 5	41.757	169	93.18	2	57.39	39	104.87	50
Juni 9	13.576	103	84.30	15	25.672	152	81.47	38	41.588	149	93.20	— 30	57.00	35	104.37	97
19	13.473	84	84.45	— 3	25.520	126	81.09	71	41.439	125	92.90	61	56.65	31	103.40	141
29	13.389	62	84.42	20	25.394	98	80.38	101	41.314	99	92.29	92	56.34	26	101.99	183
Juli 9	13.327	39	84.22	38	25.296	67	79.37	129	41.215	69	91.37	121	56.08	20	100.16	220
19	13.288	14	83.84	56	25.229	34	78.08	156	41.146	37	90.16	146	55.88	13	97.96	252
29	13.274	— 13	83.28	73	25.195	— 2	76.52	179	41.109	4	88.70	170	55.75	6	95.44	279
Aug. 8	13.287	40	82.55	91	25.197	38	74.73	199	41.105	— 32	87.00	191	55.69	0	92.65	300
18	13.327	70	81.64	109	25.235	76	72.74	216	41.137	68	85.09	210	55.69	7	89.65	316
28	13.397	100	80.55	127	25.311	115	70.58	231	41.205	106	82.99	225	55.76	15	86.49	325
Sept. 7	13.497	133	79.28	143	25.426	155	68.27	242	41.311	146	80.74	237	55.91	22	83.24	329
17	13.630	167	77.85	159	25.581	197	65.85	250	41.457	187	78.37	246	56.13	29	79.95	326
27	13.797	201	76.26	174	25.778	238	63.35	252	41.644	228	75.91	250	56.42	37	76.69	317
Okt. 7	13.998	236	74.52	187	26.016	280	60.83	251	41.872	268	73.41	250	56.79	44	73.52	301
17	14.234	268	72.65	196	26.296	318	58.32	244	42.140	308	70.91	245	57.23	50	70.51	278
27	14.502	298	70.69	202	26.614	354	55.88	231	42.448	344	68.46	234	57.73	56	67.73	248
Nov. 6	14.800	323	68.67	202	26.968	382	53.57	212	42.792	373	66.12	217	58.29	60	65.25	210
16	15.123	341	66.65	196	27.350	404	51.45	186	43.165	395	63.95	193	58.89	64	63.15	167
26	15.464	350	64.69	186	27.754	416	49.59	156	43.560	408	62.02	164	59.53	66	61.48	119
Dez. 6	15.814	349	62.83	168	28.170	414	48.03	120	43.968	408	60.38	128	60.19	67	60.29	65
16	16.163	337	61.15	145	28.584	401	46.83	79	44.376	397	59.10	89	60.86	64	59.64	9
26	16.500	315	59.70	117	28.985	375	46.04	35	44.773	371	58.21	46	61.50	59	59.55	— 46
36	16.815		58.53		29.360		45.69		45.144		57.75		62.09		60.01	
Mittl. Ort	11.425		92.18		23.426		83.50		39.325		95.64		54.59		101.39	
sec δ, tg δ	+1.092		+ 0.438		+1.370		+ 0.937		+1.340		+ 0.892		+2.439		+ 2.225	
a, *a′*	+3.3		—17.9		+3.6		—18.0		+3.6		—18.2		+4.3		—18.2	
b, *b′*	—0.03		— 0.45		—0.06		— 0.44		—0.05		— 0.42		—0.13		— 0.42	

Scheinbare Sternörter 1955

Obere Kulmination Greenwich

Tag	391) I Carinae AR.		391) I Carinae Dekl.		389) μ Hydrae AR.		389) μ Hydrae Dekl.		392) α Antliae AR.		392) α Antliae Dekl.		390) β Leonis min. AR.		390) β Leonis min. Dekl.	
1955	10h 23m		−73° 47′		10h 23m		−16° 36′		10h 25m		−30° 50′		10h 25m		+36° 55′	
	s		″		s		″		s		″		s		″	
Jan. 1	33.50	65	58.37	312	56.516	282	24.18	261	7.188	297	15.22	295	19.372	340	60.74	48
11	34.15	54	61.49	349	56.798	244	26.79	259	7.485	256	18.17	306	19.712	298	60.26	6
21	34.69	40	64.98	375	57.042	201	29.38	252	7.741	209	21.23	308	20.010	249	60.20	34
31	35.09	26	68.73	391	57.243	154	31.90	237	7.950	157	24.31	301	20.259	193	60.54	70
Febr. 10	35.35	13	72.64	397	57.397	104	34.27	218	8.107	104	27.32	289	20.452	133	61.24	102
20	35.48	1	76.61	393	[26] 57.501	56	36.45	195	8.211	52	30.21	269	20.585	73	62.26	126
März 1	[26] 35.47	14	80.54	380	57.557	12	38.40	170	[27] 8.263	4	32.90	245	[27] 20.658	16	63.52	145
11	35.33	26	84.34	360	57.569	28	40.10	142	8.267	38	35.35	217	20.674	36	64.97	155
21	35.07	36	87.94	331	57.541	62	41.52	115	8.229	75	37.52	186	20.638	81	66.52	156
31	34.71	45	91.25	296	57.479	89	42.67	87	8.154	105	39.38	153	20.557	117	68.08	151
April 10	34.26	53	94.21	256	57.390	108	43.54	60	8.049	126	40.91	119	20.440	144	69.59	138
20	33.73	59	96.77	211	57.282	121	44.14	33	7.923	142	42.10	84	20.296	162	70.97	120
30	33.14	64	98.88	162	57.161	127	44.47	7	7.781	151	42.94	47	20.134	170	72.17	98
Mai 10	32.50	66	100.50	110	57.034	128	44.54	19	7.630	153	43.41	11	19.964	172	73.15	73
20	31.84	67	101.60	56	56.906	124	44.35	42	7.477	151	43.52	24	19.792	165	73.88	44
30	31.17	67	102.16	1	56.782	117	43.93	64	7.326	144	43.28	58	19.627	152	74.32	16
Juni 9	30.50	65	102.17	52	56.665	106	43.29	84	7.182	133	42.70	90	19.475	136	74.48	13
19	29.85	61	101.65	105	56.559	91	42.45	103	7.049	118	41.80	120	19.339	115	74.35	42
29	29.24	56	100.60	155	56.468	74	41.42	117	6.931	100	40.60	146	19.224	91	73.93	70
Juli 9	28.68	48	99.05	199	56.394	55	40.25	128	6.831	79	39.14	167	19.133	65	73.23	97
19	28.20	39	97.06	238	56.339	33	38.97	134	6.752	54	37.47	184	19.068	37	72.26	121
29	27.81	28	94.68	268	56.306	9	37.63	136	6.698	27	35.63	193	19.031	7	71.05	145
Aug. 8	27.53	18	92.00	290	56.297	18	36.27	133	6.671	5	33.70	197	19.024	26	69.60	166
18	27.35	5	89.10	303	56.315	47	34.94	124	6.676	39	31.73	193	19.050	59	67.94	185
28	27.30	9	86.07	304	56.362	78	33.70	107	6.715	75	29.80	180	19.109	95	66.09	201
Sept. 7	27.39	23	83.03	294	56.440	112	32.63	86	6.790	115	28.00	160	19.204	132	64.08	216
17	27.62	36	80.09	272	56.552	148	31.77	58	6.905	156	26.40	131	19.336	171	61.92	228
27	27.98	49	77.37	240	56.700	185	31.19	25	7.061	198	25.09	95	19.507	210	59.64	236
Okt. 7	28.47	61	74.97	196	56.885	220	30.94	11	7.259	238	24.14	54	19.717	249	57.28	239
17	29.08	71	73.01	145	57.105	254	31.05	50	7.497	276	23.60	8	19.966	287	54.89	239
27	29.79	80	71.56	85	57.359	285	31.55	91	7.773	309	23.52	42	20.253	322	52.50	232
Nov. 6	30.59	86	70.71	21	57.644	309	32.46	131	8.082	336	23.94	92	20.575	351	50.18	220
16	31.45	89	70.50	45	57.953	327	33.77	167	8.418	353	24.86	141	20.926	373	47.98	201
26	32.34	89	70.95	111	58.280	335	35.44	199	8.771	361	26.27	185	21.299	386	45.97	177
Dez. 6	33.23	86	72.06	175	58.615	333	37.43	225	9.132	357	28.12	225	21.685	388	44.20	146
16	34.09	79	73.81	232	58.948	320	39.68	245	9.489	341	30.37	258	22.073	378	42.74	111
26	34.88	71	76.13	283	59.268	298	42.13	256	9.830	316	32.95	283	22.451	355	41.63	71
36	35.59		78.96		59.566		44.69		10.146		35.78		22.806		40.92	
Mittl. Ort	30.50		68.17		54.729		21.50		5.380		16.58		17.214		78.41	
sec δ, tg δ	+3.585		− 3.443		+1.044		− 0.298		+1.165		− 0.597		+1.251		+ 0.752	
a, *a′*	+1.2		−18.3		+2.9		−18.3		+2.8		−18.3		+3.5		−18.4	
b, *b′*	+0.21		− 0.41		+0.02		− 0.41		+0.04		− 0.40		−0.05		− 0.40	

Scheinbare Sternörter 1955

Obere Kulmination Greenwich

Tag	393) 196 G. Carinae AR.		393) Dekl.		394) 36 Ursae maj. AR.		394) Dekl.		1273) 219 G. Velorum AR.		1273) Dekl.		395) 9 H. Draconis AR.		395) Dekl.	
1955	10h 26m		−58° 30′		10h 27m		+56° 12′		10h 31m		−46° 46′		10h 31m		+75° 56′	
	s		″		s		″		s		″		s		″	
Jan. 1	15.452	406	25.32	322	48.288	450	21.95	33	4.679	345	10.46	314	24.22	91	20.78	103
11	15.858	342	28.54	350	48.738	395	22.28	83	5.024	295	13.60	336	25.13	79	21.81	157
21	16.200	269	32.04	370	49.133	329	23.11	130	5.319	239	16.96	350	25.92	65	23.38	204
31	16.469	191	35.74	379	49.462	252	24.41	169	5.558	178	20.46	354	26.57	49	25.42	244
Febr. 10	16.660	112	39.53	379	49.714	170	26.10	201	5.736	115	24.00	348	27.06	32	27.86	273
20	16.772	36	43.32	369	49.884	86	28.11	222	5.851	53	27.48	336	27.38	14	30.59	290
März 1	[27] 16.808	37	47.01	352	[27] 49.970	4	30.33	234	[28] 5.904	4	30.84	316	[28] 27.52	5	33.49	294
11	16.771	103	50.53	328	49.974	71	32.67	235	5.900	55	34.00	290	27.47	22	36.43	287
21	16.668	160	53.81	297	49.903	137	35.02	226	5.845	101	36.90	259	27.25	38	39.30	267
31	16.508	209	56.78	260	49.766	192	37.28	207	5.744	139	39.49	223	26.87	51	41.97	237
April 10	16.299	248	59.38	219	49.574	235	39.35	181	5.605	168	41.72	184	26.36	61	44.34	199
20	16.051	277	61.57	175	49.339	265	41.16	147	5.437	190	43.56	142	25.75	70	46.33	153
30	15.774	298	63.32	127	49.074	281	42.63	109	5.247	204	44.98	99	25.05	75	47.86	103
Mai 10	15.476	310	64.59	77	48.793	286	43.72	67	5.043	211	45.97	54	24.30	77	48.89	49
20	15.166	313	65.36	27	48.507	279	44.39	24	4.832	213	46.51	9	23.53	76	49.38	6
30	14.853	308	65.63	23	48.228	263	44.63	20	4.619	208	46.60	36	22.77	74	49.32	59
Juni 9	14.545	294	65.40	73	47.965	240	44.43	63	4.411	198	46.24	79	22.03	68	48.73	112
19	14.251	273	64.67	120	47.725	209	43.80	104	4.213	182	45.45	120	21.35	62	47.61	161
29	13.978	245	63.47	164	47.516	173	42.76	143	4.031	162	44.25	158	20.73	53	46.00	206
Juli 9	13.733	208	61.83	202	47.343	133	41.33	178	3.869	135	42.67	190	20.20	44	43.94	246
19	13.525	165	59.81	234	47.210	89	39.55	210	3.734	104	40.77	217	19.76	32	41.48	281
29	13.360	114	57.47	260	47.121	43	37.45	237	3.630	68	38.60	237	19.44	21	38.67	309
Aug. 8	13.246	56	54.87	276	47.078	6	35.08	260	3.562	27	36.23	249	19.23	9	35.58	331
18	13.190	6	52.11	283	47.084	57	32.48	279	3.535	18	33.74	251	19.14	3	32.27	347
28	13.196	73	49.28	279	47.141	109	29.69	292	3.553	67	31.23	245	19.17	16	28.80	355
Sept. 7	13.269	144	46.49	265	47.250	164	26.77	300	3.620	119	28.78	229	19.33	29	25.25	357
17	13.413	216	43.84	240	47.414	218	23.77	304	3.739	173	26.49	202	19.62	42	21.68	351
27	13.629	286	41.44	205	47.632	273	20.73	300	3.912	226	24.47	167	20.04	54	18.17	339
Okt. 7	13.915	352	39.39	160	47.905	326	17.73	292	4.138	278	22.80	123	20.58	65	14.78	318
17	14.267	411	37.79	107	48.231	378	14.81	277	4.416	325	21.57	72	21.23	77	11.60	291
27	14.678	460	36.72	48	48.609	425	12.04	254	4.741	366	20.85	17	22.00	86	8.69	256
Nov. 6	15.138	497	36.24	14	49.034	463	9.50	224	5.107	397	20.68	41	22.86	94	6.13	213
16	15.635	519	36.38	77	49.497	493	7.26	189	5.504	418	21.09	100	23.80	100	4.00	165
26	16.154	523	37.15	140	49.990	511	5.37	147	5.922	426	22.09	156	24.80	104	2.35	110
Dez. 6	16.677	512	38.55	198	50.501	514	3.90	100	6.348	420	23.65	209	25.84	104	1.25	53
16	17.189	483	40.53	251	51.015	501	2.90	49	6.768	401	25.74	255	26.88	102	0.72	7
26	17.672	438	43.04	296	51.516	471	2.41	2	7.169	368	28.29	292	27.90	95	0.79	68
36	18.110		46.00		51.987		2.43		7.537		31.21		28.85		1.47	
Mittl. Ort	13.319		33.02		45.597		43.35		2.785		15.89		19.42		44.36	
sec δ, tg δ	+1.914		− 1.632		+1.798		+ 1.494		+1.460		− 1.064		+4.118		+ 3.995	
a, *a′*	+2.2		−18.4		+3.9		−18.4		+2.5		−18.6		+5.1		−18.6	
b, *b′*	+0.10		− 0.40		−0.09		− 0.39		+0.07		− 0.38		−0.25		− 0.38	

Scheinbare Sternörter 1955

Obere Kulmination Greenwich

Tag	404) 33 Sextantis AR.		404) 33 Sextantis Dekl.		406) ϑ Carinae AR.		406) ϑ Carinae Dekl.		407) 42 Leonis min. AR.		407) 42 Leonis min. Dekl.		409) 53 Leonis AR.		409) 53 Leonis Dekl.	
1955	10h 39m		−1° 30′		10h 41m		−64° 9′		10h 43m		+30° 54′		10h 46m		+10° 46′	
	s		″		s		″		s		″		s		″	
Jan. 1	8.524	289	23.49	212	22.99	49	20.35	305	23.939	332	54.56	87	55.306	300	50.45	170
11	8.813	256	25.61	198	23.48	41	23.40	340	24.271	297	53.69	49	55.606	268	48.75	145
21	9.069	215	27.59	180	23.89	34	26.80	365	24.568	252	53.20	9	55.874	229	47.30	118
31	9.284	171	29.39	158	24.23	25	30.45	381	24.820	202	53.11	29	56.103	184	46.12	89
Febr. 10	9.455	124	30.97	133	24.48	15	34.26	387	25.022	147	53.40	63	56.287	136	45.23	60
20	9.579	76	32.30	108	24.63	7	38.13	382	25.169	92	54.03	91	56.423	88	44.63	32
März 2	9.655	32	33.38	82	24.70	2	41.95	369	25.261	38	54.94	113	56.511	42	44.31	6
11	[2] 9.687	8	34.20	58	[3] 24.68	10	45.64	349	[3] 25.299	11	56.07	128	[4] 56.553	0	44.25	16
21	9.679	42	34.78	35	24.58	17	49.13	322	25.288	53	57.35	137	56.553	36	44.41	34
31	9.637	70	35.13	15	24.41	23	52.35	288	25.235	89	58.72	137	56.517	66	44.75	47
April 10	9.567	91	35.28	3	24.18	28	55.23	250	25.146	116	60.09	132	56.451	89	45.22	57
20	9.476	104	35.25	19	23.90	32	57.73	206	25.030	135	61.41	120	56.362	104	45.79	63
30	9.372	113	35.06	32	23.58	35	59.79	159	24.895	145	62.61	105	56.258	113	46.42	65
Mai 10	9.259	115	34.74	43	23.23	38	61.38	109	24.750	149	63.66	85	56.145	117	47.07	65
20	9.144	113	34.31	52	22.85	38	62.47	58	24.601	147	64.51	62	56.028	115	47.72	62
30	9.031	106	33.79	60	22.47	38	63.05	6	24.454	140	65.13	38	55.913	110	48.34	57
Juni 9	8.925	97	33.19	66	22.09	38	63.11	47	24.314	127	65.51	13	55.803	100	48.91	51
19	8.828	85	32.53	69	21.71	36	62.64	97	24.187	111	65.64	12	55.703	88	49.42	43
29	8.743	70	31.84	72	21.35	33	61.67	144	24.076	92	65.52	37	55.615	74	49.85	34
Juli 9	8.673	53	31.12	71	21.02	29	60.23	187	23.984	70	65.15	62	55.541	57	50.19	24
19	8.620	34	30.41	67	20.73	24	58.36	224	23.914	47	64.53	86	55.484	38	50.43	11
29	8.586	12	29.74	61	20.49	18	56.12	255	23.867	22	63.67	109	55.446	17	50.54	3
Aug. 8	8.574	11	29.13	51	20.31	11	53.57	276	23.845	7	62.58	131	55.429	6	50.51	17
18	8.585	37	28.62	37	20.20	4	50.81	289	23.852	37	61.27	151	55.435	33	50.34	35
28	8.622	66	28.25	20	20.16	5	47.92	291	23.889	69	59.76	171	55.468	62	49.99	54
Sept. 7	8.688	98	28.05	1	20.21	13	45.01	282	23.958	104	58.05	189	55.530	92	49.45	74
17	8.786	131	28.06	25	20.34	21	42.19	262	24.062	141	56.16	205	55.622	126	48.71	96
27	8.917	166	28.31	53	20.55	30	39.57	230	24.203	180	54.11	218	55.748	161	47.75	119
Okt. 7	9.083	202	28.84	81	20.85	39	37.27	189	24.383	219	51.93	227	55.909	197	46.56	141
17	9.285	236	29.65	110	21.24	46	35.38	140	24.602	256	49.66	233	56.106	232	45.15	162
27	9.521	267	30.75	139	21.70	53	33.98	82	24.858	292	47.33	233	56.338	265	43.53	180
Nov. 6	9.788	294	32.14	165	22.23	57	33.16	20	25.150	324	45.00	228	56.603	293	41.73	194
16	10.082	314	33.79	187	22.80	60	32.96	45	25.474	348	42.72	216	56.896	316	39.79	204
26	10.396	326	35.66	204	23.40	61	33.41	108	25.822	363	40.56	198	57.212	330	37.75	208
Dez. 6	10.722	329	37.70	215	24.01	60	34.49	170	26.185	369	38.58	174	57.542	334	35.67	204
16	11.051	320	39.85	218	24.61	57	36.19	227	26.554	363	36.84	144	57.876	329	33.63	195
26	11.371	303	42.03	215	25.18	53	38.46	277	26.917	346	35.40	109	58.205	312	31.68	180
36	11.674		44.18		25.71		41.23		27.263		34.31		58.517		29.88	
Mittl. Ort	6.786		16.14		20.79		29.39		22.004		71.47		53.560		61.73	
sec δ, tg δ	+1.000		− 0.026		+2.294		− 2.065		+1.166		+ 0.599		+1.018		+ 0.190	
a, *a′*	+3.1		−18.8		+2.1		−18.9		+3.3		−18.9		+3.2		−19.0	
b, *b′*	0.00		− 0.35		+0.13		− 0.34		−0.04		− 0.33		−0.01		− 0.31	

Obere Kulmination Greenwich

Tag	415) 239 G. Velorum				416) β Ursae maj.				417) α Ursae maj.				418) χ Leonis			
	AR.		Dekl.		AR.		Dekl.		AR.		Dekl.		AR.		Dekl.	
1955	10h 58m		−41° 58′		10h 59m		+56° 36′		11h 0m		+61° 58′		11h 2m		+7° 34′	
	s		″		s		″		s		″		s		″	
Jan. 1	6.728	354	58.32	291	10.646	477	63.56	1	60.55	54	75.76	18	43.408	305	36.30	185
11	7.082	312	61.23	314	11.123	432	63.57	55	61.09	49	75.94	74	43.713	276	34.45	164
21	7.394	263	64.37	327	11.555	372	64.12	106	61.58	42	76.68	127	43.989	238	32.81	139
31	7.657	209	67.64	333	11.927	301	65.18	152	62.00	34	77.95	173	44.227	195	31.42	110
Febr. 10	7.866	152	70.97	330	12.228	222	66.70	190	62.34	25	79.68	212	44.422	149	30.32	82
20	8.018	96	74.27	319	12.450	140	68.60	220	62.59	16	81.80	240	44.571	102	29.50	53
März 2	8.114	42	77.46	301	12.590	58	70.80	238	62.75	6	84.20	258	44.673	57	28.97	27
11	[7]8.156	8	80.47	278	[7]12.648	20	73.18	246	[8]62.81	3	86.78	263	[8]44.730	16	28.70	3
21	8.148	51	83.25	250	12.628	91	75.64	243	62.78	11	89.41	259	44.746	21	28.67	17
31	8.097	89	85.75	219	12.537	152	78.07	231	62.67	19	92.00	243	44.725	52	28.84	33
April 10	8.008	119	87.94	184	12.385	203	80.38	209	62.48	25	94.43	218	44.673	75	29.17	46
20	7.889	143	89.78	146	12.182	240	82.47	179	62.23	29	96.61	185	44.598	93	29.63	55
30	7.746	161	91.24	106	11.942	266	84.26	143	61.94	33	98.46	146	44.505	104	30.18	61
Mai 10	7.585	172	92.30	66	11.676	280	85.69	102	61.61	34	99.92	102	44.401	110	30.79	63
20	7.413	178	92.96	24	11.396	284	86.71	60	61.27	35	100.94	54	44.291	112	31.42	63
30	7.235	179	93.20	17	11.112	277	87.31	15	60.92	35	101.48	7	44.179	108	32.05	61
Juni 9	7.056	174	93.03	57	10.835	262	87.46	31	60.57	32	101.55	41	44.071	102	32.66	58
19	6.882	165	92.46	96	10.573	240	87.15	75	60.25	30	101.14	89	43.969	93	33.24	52
29	6.717	152	91.50	131	10.333	212	86.40	117	59.95	27	100.25	133	43.876	81	33.76	45
Juli 9	6.565	133	90.19	163	10.121	178	85.23	156	59.68	23	98.92	174	43.795	66	34.21	37
19	6.432	109	88.56	189	9.943	139	83.67	193	59.45	18	97.18	212	43.729	50	34.58	26
29	6.323	81	86.67	210	9.804	98	81.74	225	59.27	13	95.06	246	43.679	31	34.84	14
Aug. 8	6.242	47	84.57	223	9.706	52	79.49	253	59.14	8	92.60	275	43.648	9	34.98	0
18	6.195	9	82.34	229	9.654	2	76.96	277	59.06	2	89.85	298	43.639	16	34.98	17
28	6.186	34	80.05	226	9.652	49	74.19	296	59.04	4	86.87	316	43.655	44	34.81	36
Sept. 7	6.220	82	77.79	213	9.701	103	71.23	310	59.08	11	83.71	329	43.699	75	34.45	56
17	6.302	131	75.66	190	9.804	161	68.13	318	59.19	17	80.42	335	43.774	109	33.89	79
27	6.433	183	73.76	160	9.965	219	64.95	319	59.36	25	77.07	335	43.883	144	33.10	103
Okt. 7	6.616	234	72.16	121	10.184	278	61.76	315	59.61	31	73.72	327	44.027	182	32.07	127
17	6.850	282	70.95	75	10.462	335	58.61	304	59.92	37	70.45	312	44.209	218	30.80	150
27	7.132	326	70.20	24	10.797	388	55.57	285	60.29	44	67.33	290	44.427	253	29.30	171
Nov. 6	7.458	362	69.96	30	11.185	436	52.72	258	60.73	49	64.43	260	44.680	283	27.59	189
16	7.820	388	70.26	85	11.621	475	50.14	225	61.22	54	61.83	223	44.963	308	25.70	202
26	8.208	403	71.11	138	12.096	502	47.89	184	61.76	57	59.60	179	45.271	325	23.68	210
Dez. 6	8.611	405	72.49	189	12.598	515	46.05	138	62.33	58	57.81	128	45.596	332	21.58	211
16	9.016	394	74.38	233	13.113	513	44.67	86	62.91	58	56.53	73	45.928	329	19.47	206
26	9.410	371	76.71	269	13.626	493	43.81	31	63.49	56	55.80	16	46.257	316	17.41	194
36	9.781		79.40		14.119		43.50		64.05		55.64		46.573		15.47	
Mittl. Ort	5.026		63.06		8.322		86.51		58.02		99.56		41.766		46.84	
sec δ, tg δ	+1.345		− 0.900		+1.818		+ 1.518		+2.130		+ 1.880		+1.009		+ 0.133	
a, *a′*	+2.8		−19.3		+3.6		−19.3		+3.7		−19.4		+3.1		−19.4	
b, *b′*	+0.06		− 0.27		−0.10		− 0.26		−0.12		− 0.25		−0.01		− 0.25	

Scheinbare Sternörter 1955

Obere Kulmination Greenwich

Tag	420) ψ Ursae maj.				421) β Crateris				422) δ Leonis				423) ϑ Leonis			
	AR.		Dekl.		AR.		Dekl.		AR.		Dekl.		AR.		Dekl.	
1955	11h 7m		+44° 43′		11h 9m		−22° 34′		11h 11m		+20° 45′		11h 11m		+15° 39′	
	s		″		s		″		s		″		s		″	
Jan. 1	10.380	396	73.98	53	28.065	317	48.09	261	44.687	325	59.14	144	54.421	317	79.75	162
11	10.776	360	73.45	3	28.382	286	50.70	269	45.012	296	57.70	111	54.738	289	78.13	133
21	11.136	313	73.42	45	28.668	246	53.39	268	45.308	259	56.59	76	55.027	252	76.80	101
31	11.449	258	73.87	91	28.914	201	56.07	261	45.567	214	55.83	40	55.279	210	75.79	68
Febr. 10	11.707	196	74.78	130	29.115	155	58.68	248	45.781	167	55.43	6	55.489	163	75.11	35
20	11.903	131	76.08	162	29.270	107	61.16	229	45.948	117	55.37	26	55.652	115	74.76	5
März 2	12.034	68	77.79	186	29.377	61	63.45	208	46.065	69	55.63	54	55.767	68	74.71	23
11	(9) 12.102	7	79.56	200	(10) 29.438	19	65.53	183	(11) 46.134	24	56.17	75	(11) 55.835	24	74.94	46
21	12.109	47	81.56	205	29.457	18	67.36	156	46.158	16	56.92	92	55.859	14	75.40	63
31	12.062	95	83.61	201	29.439	49	68.92	129	46.142	51	57.84	102	55.845	47	76.03	77
April 10	11.967	133	85.62	188	29.390	75	70.21	100	46.091	77	58.86	106	55.798	73	76.80	85
20	11.834	162	87.50	168	29.315	94	71.21	72	46.014	98	59.92	106	55.725	92	77.65	88
30	11.672	181	89.18	142	29.221	108	71.93	43	45.916	112	60.98	100	55.633	106	78.53	86
Mai 10	11.491	193	90.60	111	29.113	117	72.36	16	45.804	120	61.98	90	55.527	113	79.39	81
20	11.298	196	91.71	77	28.996	122	72.52	12	45.684	122	62.88	78	55.414	116	80.20	74
30	11.102	193	92.48	41	28.874	121	72.40	38	45.562	120	63.66	62	55.298	114	80.94	64
Juni 9	10.909	183	92.89	4	28.753	119	72.02	63	45.442	114	64.28	46	55.184	108	81.58	52
19	10.726	168	92.93	34	28.634	112	71.39	86	45.328	106	64.74	28	55.076	100	82.10	38
29	10.558	149	92.59	70	28.522	102	70.53	107	45.222	93	65.02	9	54.976	89	82.48	24
Juli 9	10.409	126	91.89	106	28.420	89	69.46	123	45.129	79	65.11	10	54.887	75	82.72	9
19	10.283	99	90.83	138	28.331	73	68.23	137	45.050	61	65.01	31	54.812	59	82.81	8
29	10.184	69	89.45	169	28.258	52	66.86	145	44.989	41	64.70	51	54.753	39	82.73	26
Aug. 8	10.115	37	87.76	197	28.206	28	65.41	148	44.948	19	64.19	72	54.714	17	82.47	44
18	10.078	1	85.79	222	28.178	1	63.93	145	44.929	8	63.47	93	54.697	7	82.03	64
28	10.077	38	83.57	244	28.177	31	62.48	135	44.937	36	62.54	115	54.704	36	81.39	84
Sept. 7	10.115	80	81.13	261	28.208	67	61.13	119	44.973	68	61.39	135	54.740	67	80.55	106
17	10.195	125	78.52	275	28.275	106	59.94	97	45.041	103	60.04	156	54.807	101	79.49	127
27	10.320	171	75.77	284	28.381	147	58.97	67	45.144	141	58.48	175	54.908	138	78.22	148
Okt. 7	10.491	219	72.93	287	28.528	188	58.30	32	45.285	179	56.73	193	55.046	176	76.74	168
17	10.710	266	70.06	285	28.716	229	57.98	6	45.464	218	54.80	208	55.222	214	75.06	187
27	10.976	311	67.21	277	28.945	267	58.04	48	45.682	256	52.72	219	55.436	251	73.19	202
Nov. 6	11.287	351	64.44	260	29.212	301	58.52	90	45.938	288	50.53	225	55.687	283	71.17	212
16	11.638	384	61.84	238	29.513	326	59.42	131	46.226	316	48.28	225	55.970	310	69.05	218
26	12.022	409	59.46	208	29.839	342	60.73	170	46.542	336	46.03	219	56.280	329	66.87	217
Dez. 6	12.431	422	57.38	170	30.181	350	62.43	203	46.878	346	43.84	206	56.609	339	64.70	209
16	12.853	421	55.68	128	30.531	345	64.46	231	47.224	346	41.78	187	56.948	338	62.61	196
26	13.274	407	54.40	81	30.876	329	66.77	250	47.570	335	39.91	160	57.286	329	60.65	175
36	13.681		53.59		31.205		69.27		47.905		38.31		57.615		58.90	
Mittl. Ort	8.442		94.98		26.496		47.34		43.037		73.96		52.799		93.00	
sec δ, tg δ	+1.408		+ 0.991		+1.083		− 0.416		+1.070		+ 0.379		+1.039		+ 0.281	
a, *a′*	+3.4		−19.5		+3.0		−19.6		+3.2		−19.6		+3.2		−19.6	
b, *b′*	−0.06		− 0.23		+0.03		− 0.22		−0.02		− 0.21		−0.02		− 0.21	

Obere Kulmination Greenwich

Tag	425) ν Ursae maj. AR.		425) Dekl.		426) δ Crateris AR.		426) Dekl.		427) σ Leonis AR.		427) Dekl.		428) π Centauri AR.		428) Dekl.	
1955	11h 16m		+33° 19′		11h 17m		−14° 32′		11h 18m		+6° 16′		11h 18m		−54° 14′	
	s		″		s		″		s		″		s		″	
Jan. 1	4.852	354	65.83	102	6.823	313	8.56	243	50.497	312	24.20	193	58.549	439	30.72	274
11	5.206	324	64.81	59	7.136	284	10.99	243	50.809	285	22.27	173	58.988	393	33.46	309
21	5.530	285	64.22	16	7.420	248	13.42	236	51.094	251	20.54	148	59.381	337	36.55	334
31	5.815	238	64.06	27	7.668	205	15.78	224	51.345	209	19.06	121	59.718	274	39.89	350
Febr. 10	6.053	185	64.33	65	7.873	160	18.02	206	51.554	164	17.85	91	59.992	207	43.39	358
20	6.238	130	64.98	99	8.033	114	20.08	185	51.718	118	16.94	63	60.199	140	46.97	356
März 2	6.368	76	65.97	127	8.147	71	21.93	162	51.836	74	16.31	36	60.339	75	50.53	347
12	6.444	24	67.24	146	8.218	29	23.55	136	51.910	32	15.95	10	60.414	13	54.00	331
21	^{12}6.468	21	68.70	157	^{12}8.247	7	24.91	111	^{12}51.942	5	15.85	11	^{12}60.427	43	57.31	307
31	6.447	61	70.27	161	8.240	38	26.02	86	51.937	36	15.96	29	60.384	93	60.38	278
April 10	6.386	94	71.88	158	8.202	63	26.88	61	51.901	61	16.25	42	60.291	136	63.16	245
20	6.292	118	73.46	148	8.139	82	27.49	37	51.840	81	16.67	53	60.155	172	65.61	207
30	6.174	135	74.94	131	8.057	96	27.86	15	51.759	94	17.20	60	59.983	200	67.68	166
Mai 10	6.039	146	76.25	111	7.961	105	28.01	7	51.665	103	17.80	63	59.783	223	69.34	122
20	5.893	149	77.36	87	7.856	110	27.94	27	51.562	106	18.43	65	59.560	238	70.56	76
30	5.744	148	78.23	60	7.746	111	27.67	46	51.456	106	19.08	64	59.322	247	71.32	28
Juni 9	5.596	142	78.83	31	7.635	108	27.21	64	51.350	103	19.72	61	59.075	249	71.60	19
19	5.454	131	79.14	3	7.527	102	26.57	79	51.247	96	20.33	56	58.826	244	71.41	65
29	5.323	118	79.17	27	7.425	94	25.78	92	51.151	87	20.89	50	58.582	233	70.76	109
Juli 9	5.205	101	78.90	56	7.331	83	24.86	103	51.064	75	21.39	42	58.349	214	69.67	150
19	5.104	81	78.34	84	7.248	69	23.83	110	50.989	60	21.81	32	58.135	188	68.17	187
29	5.023	58	77.50	111	7.179	50	22.73	112	50.929	43	22.13	21	57.947	154	66.30	218
Aug. 8	4.965	32	76.39	137	7.129	28	21.61	111	50.886	23	22.34	7	57.793	112	64.12	241
18	4.933	3	75.02	162	7.101	3	20.50	105	50.863	1	22.41	10	57.681	63	61.71	257
28	4.930	29	73.40	185	7.098	26	19.45	93	50.864	28	22.31	28	57.618	7	59.14	262
Sept. 7	4.959	65	71.55	205	7.124	59	18.52	75	50.892	59	22.03	49	57.611	54	56.52	258
17	5.024	103	69.50	223	7.183	96	17.77	52	50.951	93	21.54	72	57.665	119	53.94	243
27	5.127	144	67.27	238	7.279	134	17.25	25	51.044	129	20.82	96	57.784	187	51.51	219
Okt. 7	5.271	186	64.89	250	7.413	175	17.00	7	51.173	167	19.86	121	57.971	254	49.32	184
17	5.457	229	62.39	256	7.588	214	17.07	42	51.340	205	18.65	144	58.225	319	47.48	140
27	5.686	269	59.83	257	7.802	252	17.49	79	51.545	242	17.21	167	58.544	376	46.08	89
Nov. 6	5.955	307	57.26	252	8.054	285	18.28	115	51.787	275	15.54	187	58.920	425	45.19	33
16	6.262	338	54.74	240	8.339	311	19.43	149	52.062	302	13.67	202	59.345	462	44.86	26
26	6.600	360	52.34	222	8.650	330	20.92	181	52.364	321	11.65	211	59.807	484	45.12	86
Dez. 6	6.960	373	50.12	195	8.980	338	22.73	206	52.685	331	9.54	214	60.291	492	45.98	144
16	7.333	375	48.17	163	9.318	336	24.79	225	53.016	332	7.40	211	60.783	482	47.42	198
26	7.708	364	46.54	126	9.654	323	27.04	237	53.348	321	5.29	200	61.265	458	49.40	245
36	8.072		45.28		9.977		29.41		53.669		3.29		61.723		51.85	
Mittl. Ort	3.138		84.33		5.299		5.22		48.954		34.51		56.853		38.72	
sec δ, tg δ	+1.197		+ 0.658		+1.033		− 0.259		+1.006		+ 0.110		+1.711		− 1.389	
a, *a*′	+3.2		−19.7		+3.0		−19.7		+3.1		−19.7		+2.7		−19.7	
b, *b*′	−0.04		− 0.19		+0.02		− 0.19		−0.01		− 0.18		+0.09		− 0.18	

Scheinbare Sternörter 1955

Obere Kulmination Greenwich

Tag	429) Grb 1771 U Maj AR.	Δ	Dekl.	Δ	433) λ Draconis AR.	Δ	Dekl.	Δ	434) ξ Hydrae AR.	Δ	Dekl.	Δ	436) λ Centauri AR.	Δ	Dekl.	Δ
1955	11h 20m		+64° 33′		11h 28m		+69° 34′		11h 30m		−31° 36′		11h 33m		−62° 46′	
	s		″		s		″		s		″		s		″	
Jan. 1	14.21	59	72.29	4	47.77	71	21.07	9	48.505	345	27.78	261	43.40	55	4.10	251
11	14.80	55	72.33	63	48.48	66	21.16	70	48.850	315	30.39	278	43.95	49	6.61	293
21	15.35	48	72.96	119	49.14	59	21.86	128	49.165	277	33.17	287	44.44	43	9.54	327
31	15.83	40	74.15	169	49.73	49	23.14	180	49.442	232	36.04	289	44.87	35	12.81	351
Febr. 10	16.23	31	75.84	211	50.22	38	24.94	223	49.674	184	38.93	283	45.22	28	16.32	366
20	16.54	21	77.95	244	50.60	26	27.17	257	49.858	135	41.76	271	45.50	19	19.98	372
März 2	16.75	10	80.39	265	50.86	14	29.74	279	49.993	87	44.47	255	45.69	12	23.70	368
12	16.85	0	83.04	275	51.00	1	32.53	288	50.080	42	47.02	233	45.81	4	27.38	358
21	^{13}16.85	9	85.79	274	^{15}51.01	11	35.41	287	^{15}50.122	1	49.35	208	^{16}45.85	4	30.96	340
31	16.76	17	88.53	261	50.90	21	38.28	274	50.123	33	51.43	180	45.81	10	34.36	314
April 10	16.59	24	91.14	237	50.69	30	41.02	249	50.090	63	53.23	151	45.71	16	37.50	284
20	16.35	31	93.51	206	50.39	37	43.51	217	50.027	87	54.74	120	45.55	21	40.34	248
30	16.04	35	95.57	168	50.02	44	45.68	176	49.940	106	55.94	88	45.34	25	42.82	207
Mai 10	15.69	37	97.25	123	49.58	48	47.44	130	49.834	120	56.82	56	45.09	29	44.89	163
20	15.32	39	98.48	75	49.10	50	48.74	80	49.714	130	57.38	22	44.80	31	46.52	115
30	14.93	39	99.23	27	48.60	50	49.54	28	49.584	135	57.60	10	44.49	34	47.67	65
Juni 9	14.54	38	99.50	24	48.10	50	49.82	24	49.449	136	57.50	42	44.15	34	48.32	15
19	14.16	36	99.26	74	47.60	47	49.58	76	49.313	134	57.08	73	43.81	34	48.47	35
29	13.80	32	98.52	121	47.13	44	48.82	126	49.179	128	56.35	101	43.47	33	48.12	85
Juli 9	13.48	29	97.31	165	46.69	39	47.56	173	49.051	118	55.34	126	43.14	32	47.27	132
19	13.19	25	95.66	206	46.30	34	45.83	216	48.933	103	54.08	148	42.82	28	45.95	175
29	12.94	19	93.60	244	45.96	28	43.67	254	48.830	84	52.60	164	42.54	24	44.20	212
Aug. 8	12.75	13	91.16	275	45.68	20	41.13	287	48.746	59	50.96	175	42.30	19	42.08	243
18	12.62	7	88.41	301	45.48	13	38.26	315	48.687	30	49.21	179	42.11	13	39.65	265
28	12.55	1	85.40	323	45.35	5	35.11	336	48.657	3	47.42	176	41.98	6	37.00	278
Sept. 7	12.54	6	82.17	338	45.30	3	31.75	352	48.660	43	45.66	165	41.92	3	34.22	280
17	12.60	14	78.79	347	45.33	13	28.23	361	48.703	86	44.01	147	41.95	11	31.42	273
27	12.74	21	75.32	349	45.46	22	24.62	361	48.789	132	42.54	121	42.06	19	28.69	253
Okt. 7	12.95	29	71.83	343	45.68	32	21.01	355	48.921	179	41.33	87	42.25	28	26.16	222
17	13.24	36	68.40	330	46.00	41	17.46	341	49.100	225	40.46	48	42.53	37	23.94	183
27	13.60	44	65.10	309	46.41	49	14.05	318	49.325	269	39.98	4	42.90	44	22.11	135
Nov. 6	14.04	50	62.01	279	46.90	57	10.87	287	49.594	308	39.94	42	43.34	51	20.76	78
16	14.54	55	59.22	243	47.47	65	8.00	248	49.902	339	40.36	89	43.85	56	19.98	18
26	15.09	59	56.79	198	48.12	70	5.52	201	50.241	360	41.25	134	44.41	59	19.80	44
Dez. 6	15.68	62	54.81	147	48.82	73	3.51	148	50.601	371	42.59	176	45.00	60	20.24	106
16	16.30	63	53.34	91	49.55	74	2.03	89	50.972	369	44.35	214	45.60	59	21.30	164
26	16.93	61	52.43	32	50.29	73	1.14	28	51.341	357	46.49	243	46.19	57	22.94	219
36	17.54		52.11		51.02		0.86		51.698		48.92		46.76		25.13	
Mittl. Ort	11.87		97.14		45.31		46.74		47.030		29.96		41.68		14.03	
sec δ, tg δ	+2.329		+ 2.104		+2.866		+ 2.686		+1.174		− 0.615		+2.186		− 1.943	
a, *a′*	+3.6		−19.7		+3.6		−19.9		+3.0		−19.9		+2.8		−19.9	
b, *b′*	−0.14		− 0.17		−0.18		− 0.14		+0.04		− 0.13		+0.13		− 0.11	

Scheinbare Sternörter 1955

Obere Kulmination Greenwich

Tag	437) υ Leonis AR.	Δ	437) υ Leonis Dekl.	Δ	440) 3 Draconis AR.	Δ	440) 3 Draconis Dekl.	Δ	441) χ Ursae maj. AR.	Δ	441) χ Ursae maj. Dekl.	Δ	444) β Leonis AR.	Δ	444) β Leonis Dekl.	Δ
1955	11h 34m		−0° 34′		11h 39m		+66° 58′		11h 43m		+48° 1′		11h 46m		+14° 48′	
	s		″		s		″		s		″		s		″	
Jan. 1	40.054	316	38.65	212	60.86	65	72.87	14	42.468	427	21.63	78	47.301	328	71.69	178
11	40.370	292	40.77	199	61.51	61	72.73	48	42.895	401	20.85	23	47.629	306	69.91	150
21	40.662	259	42.76	180	62.12	55	73.21	107	43.296	360	20.62	30	47.935	274	68.41	117
31	40.921	220	44.56	158	62.67	47	74.28	161	43.656	308	20.92	81	48.209	237	67.24	83
Febr. 10	41.141	177	46.14	132	63.14	37	75.89	207	43.964	249	21.73	127	48.446	193	66.41	49
20	41.318	133	47.46	105	63.51	26	77.96	244	44.213	185	23.00	167	48.639	148	65.92	15
März 2	41.451	89	48.51	78	63.77	16	80.40	270	44.398	120	24.67	197	48.787	103	65.77	15
12	16 41.540	49	49.29	52	18 63.93	4	83.10	284	19 44.518	55	26.64	217	19 48.890	60	65.92	42
21	41.589	12	49.81	29	63.97	6	85.94	285	44.573	5	28.81	229	48.950	20	66.34	63
31	41.601	20	50.10	8	63.91	16	88.79	276	44.568	59	31.10	230	48.970	15	66.97	79
April 10	41.581	46	50.18	10	63.75	24	91.55	255	44.509	105	33.40	221	48.955	43	67.76	90
20	41.535	67	50.08	25	63.51	31	94.10	226	44.404	143	35.61	203	48.912	67	68.66	96
30	41.468	82	49.83	37	63.20	36	96.36	189	44.261	172	37.64	179	48.845	85	69.62	96
Mai 10	41.386	92	49.46	47	62.84	41	98.25	146	44.089	194	39.43	148	48.760	97	70.58	94
20	41.294	99	48.99	55	62.43	43	99.71	98	43.895	206	40.91	113	48.663	106	71.52	87
30	41.195	102	48.44	60	62.00	44	100.69	47	43.689	211	42.04	75	48.557	110	72.39	77
Juni 9	41.093	101	47.84	64	61.56	43	101.16	4	43.478	210	42.79	34	48.447	110	73.16	65
19	40.992	98	47.20	65	61.13	42	101.12	56	43.268	203	43.13	7	48.337	108	73.81	51
29	40.894	92	46.55	65	60.71	40	100.56	105	43.065	190	43.06	48	48.229	102	74.32	37
Juli 9	40.802	82	45.90	63	60.31	36	99.51	153	42.875	173	42.58	88	48.127	94	74.69	20
19	40.720	71	45.27	58	59.95	31	97.98	197	42.702	152	41.70	127	48.033	82	74.89	2
29	40.649	55	44.69	51	59.64	27	96.01	236	42.550	125	40.43	163	47.951	67	74.91	16
Aug. 8	40.594	37	44.18	40	59.37	20	93.65	272	42.425	95	38.80	197	47.884	50	74.75	36
18	40.557	14	43.78	28	59.17	14	90.93	302	42.330	60	36.83	226	47.834	27	74.39	56
28	40.543	13	43.50	12	59.03	7	87.91	326	42.270	21	34.57	253	47.807	1	73.83	78
Sept. 7	40.556	42	43.38	8	58.96	1	84.65	344	42.249	23	32.04	275	47.806	29	73.05	101
17	40.598	77	43.46	30	58.97	9	81.21	355	42.272	69	29.29	294	47.835	63	72.04	123
27	40.675	115	43.76	56	59.06	17	77.66	360	42.341	120	26.35	306	47.898	100	70.81	146
Okt. 7	40.790	153	44.32	83	59.23	26	74.06	357	42.461	173	23.29	313	47.998	141	69.35	168
17	40.943	192	45.15	110	59.49	34	70.49	346	42.634	227	20.16	314	48.139	181	67.67	187
27	41.135	231	46.25	137	59.83	43	67.03	327	42.861	279	17.02	307	48.320	221	65.80	205
Nov. 6	41.366	266	47.62	163	60.26	50	63.76	299	43.140	329	13.95	293	48.541	259	63.75	218
16	41.632	296	49.25	185	60.76	57	60.77	263	43.469	371	11.02	271	48.800	291	61.57	226
26	41.928	317	51.10	201	61.33	62	58.14	218	43.840	405	8.31	240	49.091	317	59.31	227
Dez. 6	42.245	329	53.11	213	61.95	65	55.96	168	44.245	429	5.91	203	49.408	332	57.04	222
16	42.574	332	55.24	217	62.60	67	54.28	111	44.674	438	3.88	158	49.740	338	54.82	210
26	42.906	324	57.41	215	63.27	67	53.17	50	45.112	435	2.30	109	50.078	334	52.72	191
36	43.230		59.56		63.94		52.67		45.547		1.21		50.412		50.81	
Mittl. Ort	38.615		30.53		58.77		98.58		40.857		44.30		45.906		85.12	
sec δ, tg δ	+1.000		− 0.010		+2.559		+ 2.355		+1.495		+ 1.112		+1.034		+ 0.265	
a, *a′*	+3.1		−19.9		+3.3		−20.0		+3.2		−20.0		+3.1		−20.0	
b, *b′*	0.00		− 0.11		−0.16		− 0.09		−0.07		− 0.07		−0.02		− 0.06	

Scheinbare Sternörter 1955

Obere Kulmination Greenwich

Tag	445) β Virginis[1] AR.		445) β Virginis[1] Dekl.		447) γ Ursae maj. AR.		447) γ Ursae maj. Dekl.		450) o Virginis AR.		450) o Virginis Dekl.		452) δ Centauri AR.		452) δ Centauri Dekl.	
1955	11h 48m		+2° 0′		11h 51m		+53° 55′		12h 2m		+8° 58′		12h 6m		−50° 28′	
	s		″		s		″		s		″		s		″	
Jan. 1	22.380	322	57.00	207	29.915	474	77.86	68	56.269	328	46.90	195	2.345	449	10.72	227
11	22.702	300	54.93	192	30.389	446	77.18	10	56.597	308	44.95	173	2.794	419	12.99	264
21	23.002	270	53.01	172	30.835	404	77.08	47	56.905	281	43.22	146	3.213	377	15.63	293
31	23.272	232	51.29	146	31.239	350	77.55	100	57.186	245	41.76	115	3.590	328	18.56	314
Febr. 10	23.504	190	49.83	119	31.589	285	78.55	149	57.431	204	40.61	83	3.918	272	21.70	326
20	23.694	147	48.64	90	31.874	214	80.04	189	57.635	161	39.78	51	4.190	213	24.96	330
März 2	23.841	104	47.74	63	32.088	140	81.93	221	57.796	119	39.27	21	4.403	156	28.26	327
12	23.945	63	47.11	37	32.228	68	84.14	242	57.915	77	39.06	7	4.559	99	31.53	316
21*	[20]24.008	25	46.74	13	[21]32.296	1	86.56	252	[24]57.992	38	39.13	30	[24]4.658	45	34.69	300
31	24.033	7	46.61	8	32.295	64	89.08	251	58.030	5	39.43	50	4.703	3	37.69	278
April 10	24.026	34	46.69	25	32.231	119	91.59	241	58.035	25	39.93	64	4.700	47	40.47	252
20	23.992	56	46.94	38	32.112	165	94.00	221	58.010	49	40.57	74	4.653	86	42.99	221
30	23.936	73	47.32	49	31.947	201	96.21	193	57.961	68	41.31	81	4.567	120	45.20	185
Mai 10	23.863	85	47.81	56	31.746	228	98.14	159	57.893	83	42.12	82	4.447	149	47.05	148
20	23.778	94	48.37	61	31.518	245	99.73	120	57.810	93	42.94	81	4.298	172	48.53	108
30	23.684	98	48.98	64	31.273	253	100.93	78	57.717	100	43.75	77	4.126	191	49.61	66
Juni 9	23.586	100	49.62	64	31.020	254	101.71	34	57.617	103	44.52	70	3.935	204	50.27	22
19	23.486	98	50.26	63	30.766	248	102.05	12	57.514	104	45.22	62	3.731	212	50.49	21
29	23.388	94	50.89	59	30.518	235	101.93	57	57.410	102	45.84	52	3.519	214	50.28	63
Juli 9	23.294	86	51.48	55	30.283	217	101.36	100	57.308	96	46.36	40	3.305	208	49.65	104
19	23.208	76	52.03	47	30.066	192	100.36	142	57.212	88	46.76	26	3.097	196	48.61	142
29	23.132	63	52.50	38	29.874	163	98.94	181	57.124	76	47.02	12	2.901	175	47.19	175
Aug. 8	23.069	45	52.88	26	29.711	129	97.13	216	57.048	60	47.14	5	2.726	147	45.44	203
18	23.024	24	53.14	12	29.582	89	94.97	249	56.988	40	47.09	23	2.579	110	43.41	223
28	23.000	2	53.26	5	29.493	45	92.48	276	56.948	15	46.86	43	2.469	65	41.18	236
Sept. 7	23.002	31	53.21	25	29.448	4	89.72	299	56.933	13	46.43	65	2.404	13	38.82	240
17	23.033	65	52.96	48	29.452	57	86.73	316	56.946	47	45.78	88	2.391	46	36.42	234
27	23.098	103	52.48	72	29.509	114	83.57	328	56.993	84	44.90	111	2.437	109	34.08	218
Okt. 7	23.201	142	51.76	98	29.623	174	80.29	334	57.077	125	43.79	135	2.546	175	31.90	192
17	23.343	183	50.78	124	29.797	234	76.95	332	57.202	166	42.44	159	2.721	241	29.98	157
27	23.526	222	49.54	149	30.031	294	73.63	322	57.368	207	40.85	180	2.962	303	28.41	115
Nov. 6	23.748	259	48.05	173	30.325	350	70.41	305	57.575	246	39.05	199	3.265	359	27.26	66
16	24.007	290	46.32	192	30.675	400	67.36	279	57.821	280	37.06	212	3.624	406	26.60	13
26	24.297	313	44.40	207	31.075	439	64.57	245	58.101	307	34.94	220	4.030	441	26.47	43
Dez. 6	24.610	329	42.33	215	31.514	467	62.12	203	58.408	325	32.74	221	4.471	461	26.90	98
16	24.939	334	40.18	217	31.981	482	60.09	155	58.733	334	30.53	217	4.932	468	27.88	150
26	25.273	328	38.01	212	32.463	480	58.54	101	59.067	331	28.36	204	5.400	459	29.38	198
36	25.601		35.89		32.943		57.53		59.398		26.32		5.859		31.36	
Mittl. Ort	21.011		66.12		28.322		101.86		54.987		58.46		1.002		18.42	
sec δ, tg δ	+1.001		+ 0.035		+1.699		+ 1.374		+1.012		+ 0.158		+1.571		− 1.212	
a, *a′*	+3.1		−20.0		+3.1		−20.0		+3.1		−20.0		+3.1		−20.0	
b, *b′*	0.00		− 0.05		−0.09		− 0.04		−0.01		+ 0.01		+0.08		+ 0.03	

[1] Die jährliche Parallaxe (0.″101) ist bereits berücksichtigt.

* Bei Stern 450) und 452) lies März 22.

Obere Kulmination Greenwich

Tag	453) ε Corvi AR.		453) ε Corvi Dekl.		454) Br 1634 Caml AR.		454) Br 1634 Caml Dekl.		456) δ Ursae maj. AR.		456) δ Ursae maj. Dekl.		459) β Chamael. AR.		459) β Chamael. Dekl.	
1955	12h 7m		−22° 22′		12h 10m		+77° 51′		12h 13m		+57° 16′		12h 15m		−79° 3′	
	s		″		s		″		s		″		s		″	
Jan. 1	49.615	344	10.90	233	8.69	113	31.10	23	13.743	511	32.02	84	41.57	127	31.93	169
11	49.959	323	13.23	243	9.82	109	30.87	43	14.254	488	31.18	23	42.84	119	33.62	224
21	50.282	293	15.66	247	10.91	101	31.30	106	14.742	450	30.95	37	44.03	107	35.86	273
31	50.575	256	18.13	244	11.92	88	32.36	164	15.192	398	31.32	95	45.10	93	38.59	312
Febr. 10	50.831	215	20.57	235	12.80	73	34.00	215	15.590	333	32.27	147	46.03	78	41.71	343
20	51.046	171	22.92	221	13.53	56	36.15	256	15.923	261	33.74	191	46.81	61	45.14	366
März 2	51.217	128	25.13	202	14.09	36	38.71	287	16.184	184	35.65	227	47.42	43	48.80	379
12	51.345	87	27.15	181	14.45	16	41.58	304	16.368	106	37.92	252	47.85	26	52.59	384
22	51.432	48	28.96	159	14.61	3	44.62	309	16.474	30	40.44	266	48.11	9	56.43	379
31	(25) 51.480	13	30.55	135	(25) 14.58	22	47.71	302	(26) 16.504	40	43.10	269	(27) 48.20	9	60.22	368
April 10	51.493	16	31.90	110	14.36	40	50.73	284	16.464	104	45.79	261	48.11	25	63.90	349
20	51.477	42	33.00	85	13.96	55	53.57	254	16.360	158	48.40	243	47.86	39	67.39	323
30	51.435	64	33.85	60	13.41	68	56.11	217	16.202	204	50.83	217	47.47	53	70.62	289
Mai 10	51.371	80	34.45	36	12.73	78	58.28	172	15.998	239	53.00	183	46.94	65	73.51	250
20	51.291	94	34.81	12	11.95	85	60.00	122	15.759	264	54.83	143	46.29	76	76.01	206
30	51.197	104	34.93	13	11.10	90	61.22	68	15.495	281	56.26	100	45.53	85	78.07	157
Juni 9	51.093	111	34.80	35	10.20	91	61.90	14	15.214	288	57.26	54	44.68	91	79.64	104
19	50.982	115	34.45	56	9.29	91	62.04	42	14.926	288	57.80	6	43.77	94	80.68	51
29	50.867	115	33.89	77	8.38	89	61.62	96	14.638	280	57.86	41	42.83	96	81.19	5
Juli 9	50.752	112	33.12	94	7.49	83	60.66	148	14.358	265	57.45	87	41.87	94	81.14	61
19	50.640	105	32.18	109	6.66	76	59.18	196	14.093	244	56.58	133	40.93	90	80.53	114
29	50.535	93	31.09	120	5.90	68	57.22	241	13.849	215	55.25	176	40.03	82	79.39	164
Aug. 8	50.442	76	29.89	127	5.22	57	54.81	280	13.634	182	53.49	214	39.21	71	77.75	208
18	50.366	53	28.62	128	4.65	46	52.01	313	13.452	142	51.35	249	38.50	58	75.67	247
28	50.313	26	27.34	125	4.19	33	48.88	341	13.310	96	48.86	281	37.92	41	73.20	277
Sept. 7	50.287	6	26.09	115	3.86	19	45.47	362	13.214	44	46.05	306	37.51	22	70.43	296
17	50.293	44	24.94	99	3.67	4	41.85	375	13.170	13	42.99	326	37.29	2	67.47	305
27	50.337	87	23.95	76	3.63	11	38.10	381	13.183	74	39.73	341	37.27	20	64.42	302
Okt. 7	50.424	132	23.19	49	3.74	27	34.29	379	13.257	140	36.32	348	37.47	42	61.40	287
17	50.556	178	22.70	16	4.01	42	30.50	368	13.397	208	32.84	349	37.89	62	58.53	261
27	50.734	223	22.54	21	4.43	59	26.82	349	13.605	274	29.35	340	38.51	82	55.92	223
Nov. 6	50.957	265	22.75	60	5.02	74	23.33	321	13.879	339	25.95	324	39.33	99	53.69	176
16	51.222	300	23.35	98	5.76	86	20.12	284	14.218	397	22.71	299	40.32	114	51.93	121
26	51.522	328	24.33	135	6.62	98	17.28	238	14.615	446	19.72	265	41.46	125	50.72	60
Dez. 6	51.850	346	25.68	169	7.60	107	14.90	184	15.061	484	17.07	222	42.71	130	50.12	4
16	52.196	354	27.37	197	8.67	113	13.06	125	15.545	506	14.85	173	44.01	132	50.16	68
26	52.550	349	29.34	220	9.80	114	11.81	61	16.051	512	13.12	118	45.33	130	50.84	130
36	52.899		31.54		10.94		11.20		16.563		11.94		46.63		52.14	
Mittl. Ort	48.359		10.29		6.82		58.23		12.406		56.89		39.82		44.62	
sec δ, tg δ	+1.081		− 0.412		+4.757		+ 4.651		+1.850		+ 1.557		+5.270		− 5.175	
a, *a′*	+3.1		−20.0		+2.8		−20.0		+3.0		−20.0		+3.5		−20.0	
b, *b′*	+0.03		+ 0.03		−0.31		+ 0.04		−0.10		+ 0.06		+0.34		+ 0.07	

Scheinbare Sternörter 1955

Obere Kulmination Greenwich

Tag	460) η Virginis				462) α Crucis *med.*				466) 20 Comae				465) δ Corvi			
	AR.		Dekl.		AR.		Dekl.		AR.		Dekl.		AR.		Dekl.	
1955	12h 17m		−0° 25′		12h 24m		−62° 50′		12h 27m		+21° 8′		12h 27m		−16° 15′	
	s		″		s		″		s		″		s		″	
Jan. 1	37.301	329	8.97	212	6.34	60	49.67	189	28.766	344	26.67	182	33.052	341	57.03	222
11	37.630	312	11.09	199	6.94	57	51.56	236	29.110	331	24.85	147	33.393	324	59.25	226
21	37.942	285	13.08	182	7.51	52	53.92	277	29.441	306	23.38	109	33.717	298	61.51	225
31	38.227	252	14.90	159	8.03	45	56.69	309	29.747	273	22.29	68	34.015	266	63.76	217
Febr. 10	38.479	215	16.49	133	8.48	38	59.78	332	30.020	234	21.61	27	34.281	227	65.93	205
20	38.694	174	17.82	105	8.86	31	63.10	347	30.254	191	21.34	12	34.508	187	67.98	187
März 2	38.868	132	18.87	77	9.17	24	66.57	354	30.445	147	21.46	47	34.695	146	69.85	167
12	39.000	93	19.64	51	9.41	16	70.11	352	30.592	103	21.93	79	34.841	106	71.52	145
22	[27] 39.093	55	20.15	26	[29] 9.57	9	73.63	343	[30] 30.695	62	22.72	103	[30] 34.947	69	72.97	122
31	39.148	22	20.41	4	9.66	2	77.06	328	30.757	24	23.75	121	35.016	35	74.19	99
April 10	39.170	7	20.45	15	9.68	5	80.34	306	30.781	9	24.96	133	35.051	5	75.18	77
20	39.163	32	20.30	30	9.63	11	83.40	278	30.772	39	26.29	138	35.056	22	75.95	55
30	39.131	52	20.00	42	9.52	16	86.18	245	30.733	62	27.67	137	35.034	44	76.50	34
Mai 10	39.079	68	19.58	52	9.36	21	88.63	207	30.671	81	29.04	131	34.990	62	76.84	14
20	39.011	81	19.06	59	9.15	25	90.70	165	30.590	96	30.35	118	34.928	77	76.98	4
30	38.930	90	18.47	63	8.90	28	92.35	121	30.494	107	31.53	103	34.851	90	76.94	22
Juni 9	38.840	97	17.84	65	8.62	31	93.56	73	30.387	115	32.56	86	34.761	99	76.72	39
19	38.743	101	17.19	65	8.31	33	94.29	23	30.272	119	33.42	66	34.662	106	76.33	54
29	38.642	101	16.54	64	7.98	33	94.52	26	30.153	119	34.08	43	34.556	110	75.79	68
Juli 9	38.541	98	15.90	61	7.65	34	94.26	75	30.034	117	34.51	19	34.446	109	75.11	79
19	38.443	93	15.29	55	7.31	32	93.51	121	29.917	111	34.70	5	34.337	105	74.32	89
29	38.350	83	14.74	48	6.99	30	92.30	163	29.806	101	34.65	29	34.232	97	73.43	96
Aug. 8	38.267	70	14.26	38	6.69	26	90.67	202	29.705	86	34.36	55	34.135	84	72.47	98
18	38.197	52	13.88	25	6.43	21	88.65	233	29.619	68	33.81	81	34.051	66	71.49	97
28	38.145	28	13.63	10	6.22	15	86.32	256	29.551	45	33.00	107	33.985	41	70.52	91
Sept. 7	38.117	1	13.53	9	6.07	7	83.76	269	29.506	15	31.93	132	33.944	11	69.61	80
17	38.118	33	13.62	31	6.00	1	81.07	273	29.491	18	30.61	157	33.933	24	68.81	63
27	38.151	71	13.93	54	6.01	9	78.34	266	29.509	57	29.04	181	33.957	64	68.18	42
Okt. 7	38.222	112	14.47	80	6.10	19	75.68	248	29.566	98	27.23	203	34.021	108	67.76	17
17	38.334	154	15.27	107	6.29	28	73.20	218	29.664	143	25.20	221	34.129	153	67.59	14
27	38.488	196	16.34	132	6.57	37	71.02	180	29.807	188	22.99	237	34.282	199	67.73	46
Nov. 6	38.684	237	17.66	158	6.94	45	69.22	132	29.995	231	20.62	248	34.481	241	68.19	80
16	38.921	273	19.24	181	7.39	51	67.90	79	30.226	270	18.14	252	34.722	279	68.99	114
26	39.194	300	21.05	198	7.90	57	67.11	21	30.496	302	15.62	250	35.001	310	70.13	145
Dez. 6	39.494	321	23.03	210	8.47	60	66.90	39	30.798	327	13.12	240	35.311	331	71.58	174
16	39.815	332	25.13	215	9.07	62	67.29	98	31.125	342	10.72	222	35.642	343	73.32	196
26	40.147	331	27.28	214	9.69	61	68.27	154	31.467	345	8.50	199	35.985	342	75.28	212
36	40.478		29.42		10.30		69.81		31.812		6.51		36.327		77.40	
Mittl. Ort	36.111		0.69		5.06		60.16		27.641		42.35		31.911		54.39	
sec δ, tg δ	+1.000		− 0.007		+2.191		− 1.950		+1.072		+ 0.387		+1.042		− 0.292	
a, *a′*	+3.1		−20.0		+3.3		−19.9		+3.0		−19.9		+3.1		−19.9	
b, *b′*	0.00		+ 0.08		+0.13		+ 0.10		−0.03		+ 0.12		+0.02		+ 0.12	

Obere Kulmination Greenwich

Tag	472) κ Draconis AR.		472) κ Draconis Dekl.		470) β Canum ven.[1] AR.		470) β Canum ven.[1] Dekl.		471) β Corvi AR.		471) β Corvi Dekl.		473) 24 Comae sq AR.		473) 24 Comae sq Dekl.	
1955	12h 31m		+70° 1′		12h 31m		+41° 35′		12h 32m		−23° 8′		12h 32m		+18° 36′	
	s		″		s		″		s		″		s		″	
Jan. 1	35.40	74	43.06	72	37.624	399	44.65	141	2.237	353	53.41	219	53.441	342	73.48	188
11	36.14	72	42.34	7	38.023	384	43.24	89	2.590	336	55.60	231	53.783	328	71.60	156
21	36.86	68	42.27	57	38.407	358	42.35	35	2.926	310	57.91	238	54.111	305	70.04	120
31	37.54	61	42.84	119	38.765	321	42.00	18	3.236	277	60.29	237	54.416	273	68.84	81
Febr. 10	38.15	52	44.03	175	39.086	275	42.18	70	3.513	238	62.66	230	54.689	235	68.03	41
20	38.67	42	45.78	222	39.361	224	42.88	116	3.751	197	64.96	218	54.924	195	67.62	3
März 2	39.09	30	48.00	259	39.585	169	44.04	156	3.948	156	67.14	202	55.119	151	67.59	32
12	39.39	17	50.59	285	39.754	114	45.60	187	4.104	114	69.16	183	55.270	108	67.91	64
22	39.56	6	53.44	299	39.868	60	47.47	209	4.218	76	70.99	162	55.378	68	68.55	89
31	^{31}39.62	5	56.43	301	^{31}39.928	10	49.56	221	^{31}4.294	41	72.61	139	^{31}55.446	31	69.44	109
April 10	39.57	16	59.44	291	39.938	34	51.77	224	4.335	10	74.00	116	55.477	3	70.53	122
20	39.41	26	62.35	270	39.904	74	54.01	219	4.345	18	75.16	93	55.474	31	71.75	128
30	39.15	35	65.05	240	39.830	106	56.20	204	4.327	42	76.09	69	55.443	54	73.03	129
Mai 10	38.80	41	67.45	202	39.724	132	58.24	183	4.285	62	76.78	46	55.389	74	74.32	125
20	38.39	46	69.47	158	39.592	153	60.07	156	4.223	80	77.24	22	55.315	90	75.57	116
30	37.93	50	71.05	109	39.439	167	61.63	124	4.143	93	77.46	0	55.225	101	76.73	103
Juni 9	37.43	52	72.14	58	39.272	177	62.87	88	4.050	105	77.46	23	55.124	109	77.76	88
19	36.91	53	72.72	4	39.095	181	63.75	51	3.945	113	77.23	45	55.015	115	78.64	69
29	36.38	53	72.76	49	38.914	181	64.26	12	3.832	117	76.78	64	54.900	117	79.33	49
Juli 9	35.85	50	72.27	100	38.733	175	64.38	27	3.715	119	76.14	82	54.783	115	79.82	28
19	35.35	47	71.27	151	38.558	165	64.11	66	3.596	115	75.32	99	54.668	110	80.10	5
29	34.88	43	69.76	197	38.393	151	63.45	104	3.481	108	74.33	111	54.558	102	80.15	18
Aug. 8	34.45	38	67.79	239	38.242	132	62.41	141	3.373	94	73.22	119	54.456	88	79.97	42
18	34.07	32	65.40	278	38.110	107	61.00	175	3.279	74	72.03	124	54.368	71	79.55	67
28	33.75	24	62.62	311	38.003	77	59.25	207	3.205	49	70.79	123	54.297	48	78.88	92
Sept. 7	33.51	16	59.51	336	37.926	41	57.18	236	3.156	18	69.56	115	54.249	19	77.96	117
17	33.35	8	56.15	357	37.885	0	54.82	261	3.138	19	68.41	103	54.230	13	76.79	142
27	33.27	2	52.58	371	37.885	45	52.21	282	3.157	62	67.38	83	54.243	51	75.37	166
Okt. 7	33.29	13	48.87	377	37.930	95	49.39	299	3.219	108	66.55	58	54.294	93	73.71	189
17	33.42	22	45.10	373	38.025	147	46.40	309	3.327	155	65.97	28	54.387	137	71.82	209
27	33.64	33	41.37	362	38.172	200	43.31	312	3.482	203	65.69	6	54.524	181	69.73	226
Nov. 6	33.97	43	37.75	342	38.372	252	40.19	309	3.685	248	65.75	43	54.705	225	67.47	239
16	34.40	53	34.33	312	38.624	299	37.10	298	3.933	287	66.18	82	54.930	264	65.08	246
26	34.93	60	31.21	272	38.923	339	34.12	277	4.220	320	67.00	118	55.194	297	62.62	246
Dez. 6	35.53	67	28.49	226	39.262	371	31.35	249	4.540	342	68.18	151	55.491	322	60.16	239
16	36.20	72	26.23	171	39.633	391	28.86	213	4.882	354	69.69	181	55.813	337	57.77	225
26	36.92	74	24.52	110	40.024	398	26.73	168	5.236	355	71.50	206	56.150	341	55.52	202
36	37.66		23.42		40.422		25.05		5.591		73.56		56.491		53.50	
Mittl. Ort	34.33		69.73		36.529		66.28		1.114		53.14		52.353		88.34	
sec δ, tg δ	+2.929		+ 2.753		+1.337		+ 0.888		+1.088		− 0.428		+1.055		+ 0.337	
a, *a′*	+2.6		−19.9		+2.9		−19.9		+3.2		−19.8		+3.0		−19.8	
b, *b′*	−0.18		+ 0.14		−0.06		+ 0.14		+0.03		+ 0.14		−0.02		+ 0.14	

[1] Die jährliche Parallaxe (0″.108) ist bereits berücksichtigt.

H

Scheinbare Sternörter 1955

Obere Kulmination Greenwich

Tag	474) α Muscae AR.		474) α Muscae Dekl.		1325) 133 G. Centauri AR.		1325) 133 G. Centauri Dekl.	
1955	12h 34m		−68° 53′		12h 38m		−45° 53′	
	s		″		s		″	
Jan. 1	29.87	74	4.27	164	55.101	436	51.56	196
11	30.61	70	5.91	216	55.537	416	53.52	232
21	31.31	65	8.07	261	55.953	384	55.84	260
31	31.96	57	10.68	298	56.337	345	58.44	280
Febr. 10	32.53	49	13.66	327	56.682	298	61.24	294
20	33.02	41	16.93	347	56.980	248	64.18	300
März 2	33.43	31	20.40	359	57.228	197	67.18	298
12	33.74	22	23.99	363	57.425	147	70.16	290
22	33.96	13	27.62	359	57.572	98	73.06	278
April 1	[1] 34.09	4	31.21	347	[2] 57.670	52	75.84	260
10	34.13	4	34.68	328	57.722	10	78.44	238
20	34.09	12	37.96	303	57.732	28	80.82	211
30	33.97	20	40.99	272	57.704	63	82.93	183
Mai 10	33.77	26	43.71	236	57.641	93	84.76	150
20	33.51	32	46.07	195	57.548	120	86.26	115
30	33.19	37	48.02	149	57.428	143	87.41	78
Juni 9	32.82	41	49.51	100	57.285	162	88.19	40
19	32.41	43	50.51	50	57.123	177	88.59	1
29	31.98	45	51.01	2	56.946	185	88.60	38
Juli 9	31.53	46	50.99	54	56.761	188	88.22	75
19	31.07	44	50.45	105	56.573	185	87.47	110
29	30.63	41	49.40	151	56.388	174	86.37	143
Aug. 8	30.22	37	47.89	193	56.214	156	84.94	171
18	29.85	30	45.96	230	56.058	128	83.23	193
28	29.55	23	43.66	258	55.930	93	81.30	207
Sept. 7	29.32	13	41.08	277	55.837	49	79.23	214
17	29.19	3	38.31	286	55.788	2	77.09	213
27	29.16	8	35.45	284	55.790	60	74.96	203
Okt. 7	29.24	19	32.61	270	55.850	121	72.93	182
17	29.43	32	29.91	245	55.971	184	71.11	153
27	29.75	43	27.46	209	56.155	246	69.58	117
Nov. 6	30.18	53	25.37	165	56.401	304	68.41	74
16	30.71	61	23.72	112	56.705	354	67.67	27
26	31.32	69	22.60	54	57.059	395	67.40	24
Dez. 6	32.01	73	22.06	6	57.454	423	67.64	75
16	32.74	75	22.12	67	57.877	438	68.39	123
26	33.49	75	22.79	127	58.315	439	69.62	168
36	34.24		24.06		58.754		71.30	
Mittl. Ort	28.64		15.83		53.990		58.27	
sec δ, tg δ	+2.776		− 2.590		+1.437		− 1.032	
a, *a′*	+3.6		−19.8		+3.3		−19.8	
b, *b′*	+0.17		+ 0.15		+0.07		+ 0.17	

Tag	478) 76 Ursae maj. AR.		478) 76 Ursae maj. Dekl.		481) β Crucis AR.		481) β Crucis Dekl.	
1955	12h 39m		+62° 56′		12h 45m		−59° 26′	
	s		″		s		″	
Jan. 1	37.27	58	69.39	100	5.679	562	24.78	168
11	37.85	57	68.39	38	6.241	538	26.46	214
21	38.42	54	68.01	26	6.779	499	28.60	254
31	38.96	49	68.27	88	7.278	449	31.14	286
Febr. 10	39.45	42	69.15	145	7.727	391	34.00	311
20	39.87	34	70.60	195	8.118	327	37.11	327
März 2	40.21	26	72.55	235	8.445	261	40.38	335
12	40.47	16	74.90	265	8.706	195	43.73	336
22	40.63	8	77.55	283	8.901	129	47.09	329
April 1	[2] 40.71	1	80.38	289	[3] 9.030	67	50.38	316
10	40.70	9	83.27	285	9.097	8	53.54	298
20	40.61	16	86.12	270	9.105	47	56.52	273
30	40.45	22	88.82	244	9.058	98	59.25	243
Mai 10	40.23	28	91.26	211	8.960	145	61.68	210
20	39.95	31	93.37	172	8.815	186	63.78	171
30	39.64	34	95.09	127	8.629	221	65.49	129
Juni 9	39.30	37	96.36	79	8.408	251	66.78	85
19	38.93	37	97.15	28	8.157	273	67.63	39
29	38.56	37	97.43	23	7.884	288	68.02	8
Juli 9	38.19	36	97.20	73	7.596	294	67.94	56
19	37.83	34	96.47	121	7.302	290	67.38	100
29	37.49	31	95.26	168	7.012	274	66.38	142
Aug. 8	37.18	28	93.58	211	6.738	248	64.96	181
18	36.90	24	91.47	250	6.490	209	63.15	212
28	36.66	18	88.97	285	6.281	158	61.03	237
Sept. 7	36.48	12	86.12	314	6.123	97	58.66	253
17	36.36	6	82.98	338	6.026	26	56.13	260
27	36.30	1	79.60	355	6.000	53	53.53	256
Okt. 7	36.31	9	76.05	365	6.053	137	50.97	242
17	36.40	17	72.40	367	6.190	222	48.55	217
27	36.57	25	68.73	361	6.412	306	46.38	182
Nov. 6	36.82	33	65.12	346	6.718	383	44.56	139
16	37.15	41	61.66	321	7.101	450	43.17	89
26	37.56	47	58.45	287	7.551	504	42.28	34
Dez. 6	38.03	52	55.58	244	8.055	541	41.94	22
16	38.55	56	53.14	194	8.596	563	42.16	79
26	39.11	58	51.20	137	9.159	565	42.95	134
36	39.69		49.83		9.724		44.29	
Mittl. Ort	36.33		95.19		4.592		34.68	
sec δ, tg δ	+2.200		+ 1.959		+1.967		− 1.694	
a, *a′*	+2.6		−19.7		+3.5		−19.7	
b, *b′*	−0.13		+ 0.17		+0.11		+ 0.20	

Obere Kulmination Greenwich

Tag	482) 150 G. Centauri AR.		Dekl.		483) ε Ursae maj. AR.		Dekl.		484) δ Virginis AR.		Dekl.		486) 8 Draconis AR.		Dekl.	
1955	12h 50m		−39° 55′		12h 52m		+56° 11′		12h 53m		+3° 38′		12h 53m		+65° 40′	
	s		″		s		″		s		″		s		″	
Jan. 1	57.174	409	58.98	191	4.083	497	48.94	131	21.070	332	20.16	209	42.03	63	29.84	112
11	57.583	393	60.89	222	4.580	488	47.63	71	21.402	322	18.07	192	42.66	62	28.72	47
21	57.976	367	63.11	246	5.068	464	46.92	9	21.724	302	16.15	171	43.28	60	28.25	18
31	58.343	333	65.57	262	5.532	424	46.83	52	22.026	275	14.44	145	43.88	54	28.43	81
Febr. 10	58.676	291	68.19	272	5.956	372	47.35	111	22.301	241	12.99	115	44.42	47	29.24	140
20	58.967	246	70.91	274	6.328	309	48.46	162	22.542	204	11.84	85	44.89	40	30.64	192
März 2	59.213	201	73.65	271	6.637	241	50.08	206	22.746	166	10.99	54	45.29	31	32.56	235
12	59.414	154	76.36	262	6.878	169	52.14	239	22.912	127	10.45	24	45.60	20	34.91	268
22	59.568	110	78.98	248	7.047	96	54.53	263	23.039	90	10.21	1	45.80	11	37.59	289
April 1	59.678	69	81.46	230	7.143	26	57.16	275	23.129	56	10.22	24	45.91	2	40.48	297
10	59.747	30	83.76	209	7.169	38	59.91	276	23.185	25	10.46	43	45.93	8	43.45	295
20	59.777	5	85.85	185	7.131	97	62.67	266	23.210	2	10.89	58	45.85	16	46.40	282
30	59.772	37	87.70	158	7.034	148	65.33	247	23.208	26	11.47	68	45.69	23	49.22	258
Mai 10	59.735	65	89.28	129	6.886	191	67.80	220	23.182	47	12.15	74	45.46	29	51.80	225
20	59.670	91	90.57	98	6.695	225	70.00	185	23.135	63	12.89	78	45.17	35	54.05	186
30	59.579	113	91.55	66	6.470	253	71.85	145	23.072	78	13.67	78	44.82	38	55.91	141
Juni 9	59.466	132	92.21	32	6.217	271	73.30	102	22.994	90	14.45	76	44.44	40	57.32	93
19	59.334	147	92.53	2	5.946	282	74.32	55	22.904	99	15.21	72	44.04	42	58.25	42
29	59.187	157	92.51	35	5.664	285	74.87	7	22.805	106	15.93	66	43.62	43	58.67	10
Juli 9	59.030	163	92.16	69	5.379	282	74.94	42	22.699	108	16.59	57	43.19	42	58.57	62
19	58.867	163	91.47	99	5.097	272	74.52	88	22.591	108	17.16	47	42.77	41	57.95	112
29	58.704	156	90.48	127	4.825	254	73.64	134	22.483	104	17.63	36	42.36	37	56.83	161
Aug. 8	58.548	142	89.21	151	4.571	230	72.30	178	22.379	94	17.99	22	41.99	34	55.22	205
18	58.406	120	87.70	170	4.341	199	70.52	218	22.285	80	18.21	7	41.65	30	53.17	247
28	58.286	90	86.00	182	4.142	160	68.34	254	22.205	61	18.28	11	41.35	24	50.70	283
Sept. 7	58.196	53	84.18	188	3.982	114	65.80	286	22.144	35	18.17	31	41.11	18	47.87	314
17	58.143	8	82.30	185	3.868	61	62.94	312	22.109	4	17.86	52	40.93	11	44.73	340
27	58.135	44	80.45	175	3.807	2	59.82	334	22.105	33	17.34	76	40.82	3	41.33	358
Okt. 7	58.179	99	78.70	155	3.805	62	56.48	349	22.138	74	16.58	101	40.79	5	37.75	370
17	58.278	157	77.15	128	3.867	130	52.99	356	22.212	118	15.57	126	40.84	14	34.05	375
27	58.435	216	75.87	93	3.997	200	49.43	356	22.330	162	14.31	150	40.98	24	30.30	369
Nov. 6	58.651	270	74.94	54	4.197	269	45.87	347	22.492	206	12.81	173	41.22	32	26.61	355
16	58.921	319	74.40	10	4.466	333	42.40	328	22.698	246	11.08	192	41.54	41	23.06	332
26	59.240	359	74.30	37	4.799	391	39.12	300	22.944	281	9.16	206	41.95	48	19.74	298
Dez. 6	59.599	388	74.67	82	5.190	437	36.12	263	23.225	307	7.10	215	42.43	55	16.76	256
16	59.987	406	75.49	126	5.627	472	33.49	218	23.532	323	4.95	218	42.98	59	14.20	206
26	60.393	409	76.75	167	6.099	491	31.31	165	23.855	331	2.77	213	43.57	62	12.14	148
36	60.802		78.42		6.590		29.66		24.186		0.64		44.19		10.66	
Mittl. Ort	56.144		64.05		3.284		73.58		20.097		29.78		41.37		55.89	
sec δ, tg δ	+1.304		− 0.837		+1.798		+ 1.494		+1.002		+ 0.064		+2.428		+ 2.213	
a, *a′*	+3.3		−19.5		+2.6		−19.5		+3.1		−19.5		+2.4		−19.5	
b, *b′*	+0.05		+ 0.22		−0.10		+ 0.23		0.00		+ 0.23		−0.14		+ 0.23	

Scheinbare Sternörter 1955

Obere Kulmination Greenwich

Tag	485) α Can. ven. *sq* AR.	Δ	485) Dekl.	Δ	488) ε Virginis AR.	Δ	488) Dekl.	Δ	490) ϑ Virginis AR.	Δ	490) Dekl.	Δ	492) β Comae[1] AR.	Δ	492) Dekl.	Δ
1955	12h 53m		+38° 32′		12h 59m		+11° 11′		13h 7m		−5° 17′		13h 9m		+28° 5′	
	s		″		s		″		s		″		s		″	
Jan. 1	56.390	387	78.81	168	57.063	335	50.01	205	37.911	336	63.49	207	47.250	354	63.02	191
11	56.777	378	77.13	119	57.398	327	47.96	181	38.247	327	65.56	203	47.604	349	61.11	151
21	57.155	358	75.94	67	57.725	308	46.15	152	38.574	310	67.59	190	47.953	333	59.60	105
31	57.513	327	75.27	13	58.033	282	44.63	118	38.884	284	69.49	173	48.286	306	58.55	58
Febr. 10	57.840	287	75.14	40	58.315	249	43.45	83	39.168	253	71.22	152	48.592	273	57.97	11
20	58.127	242	75.54	88	58.564	212	42.62	47	39.421	217	72.74	127	48.865	233	57.86	36
März 2	58.369	191	76.42	131	58.776	173	42.15	12	39.638	181	74.01	102	49.098	190	58.22	79
12	58.560	140	77.73	167	58.949	133	42.03	20	39.819	144	75.03	76	49.288	147	59.01	115
22	58.700	91	79.40	194	59.082	96	42.23	47	39.963	107	75.79	51	49.435	104	60.16	144
April 1	58.791	43	81.34	212	59.178	61	42.70	70	40.070	74	76.30	29	49.539	62	61.60	167
10	5 58.834	1	83.46	219	7 59.239	28	43.40	87	9 40.144	44	76.59	8	10 49.601	25	63.27	181
20	58.833	40	85.65	219	59.267	0	44.27	100	40.188	15	76.67	10	49.626	9	65.08	187
30	58.793	73	87.84	210	59.267	26	45.27	106	40.203	9	76.57	24	49.617	39	66.95	185
Mai 10	58.720	102	89.94	194	59.241	47	46.33	109	40.194	31	76.33	36	49.578	66	68.80	177
20	58.618	126	91.88	171	59.194	65	47.42	106	40.163	50	75.97	46	49.512	87	70.57	163
30	58.492	143	93.59	143	59.129	81	48.48	100	40.113	67	75.51	54	49.425	106	72.20	143
Juni 9	58.349	157	95.02	111	59.048	94	49.48	91	40.046	81	74.97	58	49.319	121	73.63	120
19	58.192	167	96.13	75	58.954	103	50.39	80	39.965	93	74.39	62	49.198	133	74.83	93
29	58.025	171	96.88	38	58.851	110	51.19	65	39.872	103	73.77	65	49.065	140	75.76	64
Juli 9	57.854	171	97.26	1	58.741	114	51.84	50	39.769	108	73.12	64	48.925	144	76.40	34
19	57.683	167	97.27	38	58.627	114	52.34	34	39.661	111	72.48	63	48.781	144	76.74	2
29	57.516	158	96.89	75	58.513	110	52.68	15	39.550	109	71.85	59	48.637	139	76.76	31
Aug. 8	57.358	143	96.14	113	58.403	102	52.83	5	39.441	102	71.26	54	48.498	130	76.45	63
18	57.215	123	95.01	148	58.301	88	52.78	26	39.339	89	70.72	45	48.368	115	75.82	94
28	57.092	98	93.53	182	58.213	68	52.52	48	39.250	71	70.27	33	48.253	94	74.88	125
Sept. 7	56.994	65	91.71	213	58.145	43	52.04	71	39.179	47	69.94	18	48.159	68	73.63	156
17	56.929	28	89.58	242	58.102	13	51.33	95	39.132	15	69.76	1	48.091	35	72.07	184
27	56.901	15	87.16	266	58.089	24	50.38	120	39.117	22	69.75	20	48.056	5	70.23	210
Okt. 7	56.916	64	84.50	286	58.113	65	49.18	145	39.139	63	69.95	45	48.061	48	68.13	234
17	56.980	115	81.64	300	58.178	109	47.73	168	39.202	108	70.40	70	48.109	95	65.79	254
27	57.095	167	78.64	310	58.287	155	46.05	190	39.310	155	71.10	97	48.204	144	63.25	269
Nov. 6	57.262	220	75.54	311	58.442	199	44.15	208	39.465	199	72.07	124	48.348	193	60.56	278
16	57.482	269	72.43	305	58.641	240	42.07	222	39.664	241	73.31	149	48.541	239	57.78	281
26	57.751	312	69.38	290	58.881	276	39.85	231	39.905	277	74.80	171	48.780	279	54.97	276
Dez. 6	58.063	346	66.48	266	59.157	305	37.54	233	40.182	305	76.51	189	49.059	313	52.21	262
16	58.409	371	63.82	235	59.462	323	35.21	227	40.487	324	78.40	200	49.372	337	49.59	241
26	58.780	383	61.47	194	59.785	332	32.94	214	40.811	332	80.40	206	49.709	350	47.18	211
36	59.163		59.53		60.117		30.80		41.143		82.46		50.059		45.07	
Mittl. Ort	55.507		99.52		56.145		62.22		37.007		57.12		46.446		80.65	
sec δ, tg δ	+1.279		+ 0.797		+1.019		+ 0.198		+1.004		− 0.093		+1.134		+ 0.534	
a, *a′*	+2.8		−19.5		+3.0		−19.4		+3.1		−19.2		+2.9		−19.1	
b, *b′*	−0.05		+ 0.23		−0.01		+ 0.26		+0.01		+ 0.29		−0.03		+ 0.30	

[1] Die jährliche Parallaxe (0.″121) ist bereits berücksichtigt.

Scheinbare Sternörter 1955

Obere Kulmination Greenwich

Tag	495) γ Hydrae AR.		495) γ Hydrae Dekl.		496) ι Centauri AR.		496) ι Centauri Dekl.		497) ζ Ursae maj. *pr* AR.		497) ζ Ursae maj. *pr* Dekl.		498) α Virginis AR.		498) α Virginis Dekl.	
1955	13h 16m		−22° 56′		13h 18m		−36° 28′		13h 22m		+55° 8′		13h 22m		−10° 55′	
	s		″		s		″		s		″		s		″	
Jan. 1	29.084	359	5.10	191	4.419	398	27.58	170	7.403	478	71.58	167	49.946	340	41.62	200
11	29.443	351	7.01	205	4.817	389	29.28	199	7.881	480	69.91	108	50.286	334	43.62	201
21	29.794	333	9.06	213	5.206	369	31.27	220	8.361	465	68.83	45 —	50.620	319	45.63	196
31	30.127	307	11.19	214	5.575	341	33.47	236	8.826	435	68.38	18	50.939	295	47.59	185
Febr. 10	30.434	275	13.33	210	5.916	306	35.83	244	9.261	393	68.56	79	51.234	266	49.44	169
20	30.709	239	15.43	200	6.222	266	38.27	246	9.654	339	69.35	135	51.500	233	51.13	149
März 2	30.948	202	17.43	187	6.488	225	40.73	244	9.993	278	70.70	184	51.733	197	52.62	128
12	31.150	164	19.30	171	6.713	184	43.17	236	10.271	212	72.54	225	51.930	160	53.90	105
22	31.314	127	21.01	153	6.897	142	45.53	224	10.483	144	74.79	255	52.090	126	54.95	83
April 1	31.441	91	22.54	133	7.039	102	47.77	208	10.627	77	77.34	274	52.216	92	55.78	60
11	31.532	59	23.87	113	7.141	65	49.85	190	10.704	13 —	80.08	282	52.308	61	56.38	40
20	11 31.591	30	25.00	93	12 7.206	30 —	51.75	169	13 10.717	47	82.90	279	13 52.369	32	56.78	21
30	31.621	1 —	25.93	72	7.236	2	53.44	146	10.670	102	85.69	267	52.401	7 —	56.99	5 —
Mai 10	31.622	24	26.65	52	7.234	32	54.90	122	10.568	149	88.36	244	52.408	17	57.04	9
20	31.598	46	27.17	33	7.202	59	56.12	95	10.419	189	90.80	214	52.391	39	56.95	22
30	31.552	67	27.50	12 —	7.143	84	57.07	67	10.230	223	92.94	178	52.352	58	56.73	34
Juni 9	31.485	85	27.62	7	7.059	107	57.74	39	10.007	249	94.72	137	52.294	75	56.39	43
19	31.400	100	27.55	26	6.952	126	58.13	9 —	9.758	268	96.09	92	52.219	90	55.96	51
29	31.300	113	27.29	44	6.826	142	58.22	21	9.490	280	97.01	45 —	52.129	102	55.45	58
Juli 9	31.187	122	26.85	61	6.684	152	58.01	50	9.210	285	97.46	3	52.027	111	54.87	63
19	31.065	127	26.24	77	6.532	157	57.51	78	8.925	283	97.43	51	51.916	116	54.24	67
29	30.938	126	25.47	90	6.375	157	56.73	104	8.642	275	96.92	99	51.800	117	53.57	69
Aug. 8	30.812	120	24.57	100	6.218	149	55.69	126	8.367	258	95.93	145	51.683	112	52.88	68
18	30.692	107	23.57	107	6.069	134	54.43	144	8.109	233	94.48	188	51.571	101	52.20	65
28	30.585	87	22.50	109	5.935	109	52.99	157	7.876	201	92.60	228	51.470	84	51.55	57
Sept. 7	30.498	60	21.41	106	5.826	77	51.42	164	7.675	161	90.32	264	51.386	60	50.98	47
17	30.438	25 —	20.35	98	5.749	37 —	49.78	164	7.514	112	87.68	295	51.326	30 —	50.51	32
27	30.413	15	19.37	84	5.712	11	48.14	156	7.402	57 —	84.73	322	51.296	8	50.19	14 —
Okt. 7	30.428	61	18.53	64	5.723	63	46.58	141	7.345	5	81.51	342	51.304	50	50.05	7
17	30.489	110	17.89	39	5.786	120	45.17	118	7.350	72	78.09	355	51.354	96	50.12	33
27	30.599	160	17.50	9 —	5.906	177	43.99	88	7.422	142	74.54	361	51.450	143	50.45	60
Nov. 6	30.759	210	17.41	23	6.083	233	43.11	53	7.564	213	70.93	357	51.593	191	51.05	89
16	30.969	255	17.64	57	6.316	284	42.58	13 —	7.777	281	67.36	345	51.784	234	51.94	116
26	31.224	295	18.21	91	6.600	327	42.45	28	8.058	343	63.91	322	52.018	273	53.10	142
Dez. 6	31.519	325	19.12	124	6.927	361	42.73	70	8.401	397	60.69	291	52.291	303	54.52	165
16	31.844	345	20.36	152	7.288	384	43.43	111	8.798	439	57.78	249	52.594	324	56.17	182
26	32.189	356	21.88	177	7.672	394	44.54	147	9.237	466	55.29	199	52.918	335	57.99	194
36	32.545		23.65		8.066		46.01		9.703		53.30		53.253		59.93	
Mittl. Ort	28.208		4.88		3.550		31.64		6.990		95.54		49.118		37.32	
sec δ, tg δ	+1.086		− 0.423		+1.244		− 0.739		+1.750		+ 1.437		+1.018		− 0.193	
a, *a′*	+3.3		−18.9		+3.4		−18.9		+2.4		−18.8		+3.2		−18.7	
b, *b′*	+0.03		+ 0.33		+0.05		+ 0.33		−0.09		+ 0.35		0.01		+ 0.35	

Scheinbare Sternörter 1955

Obere Kulmination Greenwich

Tag	499) Grb 2001 U Min				500) 69 H. Ursae maj.				501) ζ Virginis				502) 17 H. Can. ven.			
	AR.		Dekl.		AR.		Dekl.		AR.		Dekl.		AR.		Dekl.	
1955	$13^h\ 24^m$		+72° 36′		$13^h\ 26^m$		+60° 9′		$13^h\ 32^m$		−0° 21′		$13^h\ 32^m$		+37° 24′	
	s		″		s		″		s		″		s		″	
Jan. 1	58.68	80	63.11	136	48.35	53	75.11	163	24.601	331	67.48	206	47.846	376	24.79	201
11	59.48	82	61.75	71	48.88	53	73.48	101	24.932	329	69.54	196	48.222	377	22.78	154
21	60.30	80	61.04	3	49.41	52	72.47	37	25.261	315	71.50	178	48.599	366	21.24	102
31	61.10	75	61.01	63	49.93	49	72.10	28	25.576	294	73.28	157	48.965	343	20.22	47
Febr. 10	61.85	69	61.64	126	50.42	44	72.38	90	25.870	267	74.85	131	49.308	312	19.75	8
20	62.54	59	62.90	183	50.86	39	73.28	147	26.137	235	76.16	103	49.620	274	19.83	61
März 2	63.13	48	64.73	231	51.25	31	74.75	198	26.372	200	77.19	74	49.894	230	20.44	109
12	63.61	35	67.04	269	51.56	24	76.73	239	26.572	165	77.93	45	50.124	183	21.53	150
22	63.96	22	69.73	296	51.80	16	79.12	268	26.737	130	78.38	18	50.307	137	23.03	184
April 1	64.18	9	72.69	310	51.96	9	81.80	288	26.867	97	78.56	5	50.444	90	24.87	209
11	64.27	4	75.79	313	[14] 52.05	1	84.68	295	[15] 26.964	66	78.51	26	[15] 50.534	47	26.96	224
20	[13] 64.23	16	78.92	303	52.06	6	87.63	291	27.030	37	78.25	42	50.581	7	29.20	230
30	64.07	28	81.95	283	52.00	12	90.54	276	27.067	10	77.83	55	50.588	31	31.50	227
Mai 10	63.79	37	84.78	254	51.88	19	93.30	253	27.077	13	77.28	65	50.557	63	33.77	217
20	63.42	46	87.32	216	51.69	23	95.83	221	27.064	35	76.63	70	50.494	92	35.94	198
30	62.96	53	89.48	172	51.46	27	98.04	183	27.029	55	75.93	74	50.402	118	37.92	174
Juni 9	62.43	58	91.20	124	51.19	30	99.87	140	26.974	72	75.19	74	50.284	138	39.66	145
19	61.85	62	92.44	72	50.89	33	101.27	93	26.902	88	74.45	73	50.146	155	41.11	112
29	61.23	64	93.16	18	50.56	34	102.20	43	26.814	101	73.72	69	49.991	167	42.23	76
Juli 9	60.59	65	93.34	35	50.22	34	102.63	7	26.713	110	73.03	64	49.824	175	42.99	38
19	59.94	64	92.99	89	49.88	35	102.56	57	26.603	116	72.39	57	49.649	179	43.37	1
29	59.30	61	92.10	140	49.53	33	101.99	107	26.487	118	71.82	49	49.470	178	43.36	41
Aug. 8	58.69	57	90.70	188	49.20	31	100.92	154	26.369	115	71.33	38	49.292	170	42.95	79
18	58.12	52	88.82	233	48.89	29	99.38	198	26.254	106	70.95	26	49.122	156	42.16	117
28	57.60	46	86.49	273	48.60	25	97.40	240	26.148	90	70.69	11	48.966	136	40.99	155
Sept. 7	57.14	37	83.76	309	48.35	21	95.00	276	26.058	68	70.58	6	48.830	109	39.44	189
17	56.77	28	80.67	338	48.14	15	92.24	308	25.990	40	70.64	26	48.721	75	37.55	221
27	56.49	18	77.29	360	47.99	8	89.16	334	25.950	5	70.90	48	48.646	34	35.34	250
Okt. 7	56.31	7	73.69	376	47.91	2	85.82	354	25.945	36	71.38	71	48.612	12	32.84	275
17	56.24	5	69.93	383	47.89	6	82.28	366	25.981	81	72.09	95	48.624	64	30.09	295
27	56.29	18	66.10	382	47.95	14	78.62	370	26.062	127	73.04	121	48.688	118	27.14	309
Nov. 6	56.47	31	62.28	370	48.09	22	74.92	365	26.189	174	74.25	145	48.806	172	24.05	317
16	56.78	42	58.58	350	48.31	30	71.27	351	26.363	218	75.70	167	48.978	225	20.88	316
26	57.20	54	55.08	320	48.61	37	67.76	327	26.581	257	77.37	185	49.203	273	17.72	307
Dez. 6	57.74	64	51.88	279	48.98	42	64.49	293	26.838	289	79.22	199	49.476	314	14.65	289
16	58.38	72	49.09	229	49.40	48	61.56	249	27.127	312	81.21	206	49.790	346	11.76	262
26	59.10	78	46.80	173	49.88	52	59.07	196	27.439	325	83.27	206	50.136	366	9.14	226
36	59.88		45.07		50.40		57.11		27.764		85.33		50.502		6.88	
Mittl. Ort	59.01		89.28		48.12		99.79		23.849		59.58		47.304		44.56	
sec δ, tg δ	+3.349		+ 3.196		+2.011		+ 1.745		+1.000		− 0.006		+1.259		+ 0.765	
a, *a′*	+1.5		−18.7		+2.2		−18.6		+3.1		−18.4		+2.7		−18.4	
b, *b′*	−0.20		+ 0.36		−0.11		+ 0.37		0.00		+ 0.39		−0.05		+ 0.39	

Obere Kulmination Greenwich

Tag	504) ε Centauri				507) τ Bootis				509) η Ursae maj.				510) 89 Virginis			
	AR.		Dekl.		AR.		Dekl.		AR.		Dekl.		AR.		Dekl.	
1955	13h 37m		−53° 14′		13h 45m		+17° 40′		13h 45m		+49° 31′		13h 47m		−17° 54′	
	s		″		s		″		s		″		s		″	
Jan. 1	2.058	505	9.21	113	7.964	333	35.38	215	46.371	425	52.09	200	25.978	348	40.73	179
11	2.563	499	10.34	157	8.297	335	33.23	186	46.796	432	50.09	144	26.326	346	42.52	188
21	3.062	480	11.91	195	8.632	325	31.37	151	47.228	425	48.65	85	26.672	334	44.40	192
31	3.542	450	13.86	228	8.957	306	29.86	112	47.653	404	47.80	23	27.006	315	46.32	189
Febr. 10	3.992	410	16.14	253	9.263	281	28.74	69	48.057	372	47.57	39	27.321	288	48.21	181
20	4.402	365	18.67	271	9.544	249	28.05	27	48.429	329	47.96	97	27.609	258	50.02	168
März 2	4.767	314	21.38	283	9.793	214	27.78	14	48.758	279	48.93	149	27.867	225	51.70	153
12	5.081	263	24.21	289	10.007	177	27.92	51	49.037	225	50.42	194	28.092	190	53.23	135
22	5.344	211	27.10	288	10.184	140	28.43	85	49.262	167	52.36	230	28.282	155	54.58	116
April 1	5.555	158	29.98	281	10.324	104	29.28	111	49.429	110	54.66	255	28.437	122	55.74	97
11	16 5.713	108	32.79	270	18 10.428	70	30.39	131	19 49.539	55	57.21	270	19 28.559	90	56.71	78
20	5.821	59	35.49	254	10.498	39	31.70	145	49.594	1	59.91	274	28.649	60	57.49	60
30	5.880	11	38.03	233	10.537	8	33.15	152	49.595	47	62.65	268	28.709	32	58.09	42
Mai 10	5.891	34	40.36	208	10.545	19	34.67	152	49.548	91	65.33	253	28.741	6	58.51	27
20	5.857	77	42.44	179	10.526	42	36.19	148	49.457	131	67.86	230	28.747	20	58.78	11
30	5.780	116	44.23	146	10.484	65	37.67	138	49.326	164	70.16	199	28.727	43	58.89	3
Juni 9	5.664	153	45.69	110	10.419	85	39.05	124	49.162	192	72.15	164	28.684	64	58.86	17
19	5.511	184	46.79	72	10.334	101	40.29	107	48.970	215	73.79	123	28.620	84	58.69	30
29	5.327	210	47.51	32	10.233	115	41.36	87	48.755	233	75.02	80	28.536	101	58.39	42
Juli 9	5.117	230	47.83	10	10.118	127	42.23	64	48.522	243	75.82	35	28.435	115	57.97	53
19	4.887	241	47.73	51	9.991	133	42.87	41	48.279	249	76.17	12	28.320	124	57.44	63
29	4.646	244	47.22	90	9.858	136	43.28	16	48.030	247	76.05	58	28.196	129	56.81	72
Aug. 8	4.402	236	46.32	128	9.722	134	43.44	11	47.783	238	75.47	103	28.067	128	56.09	77
18	4.166	217	45.04	161	9.588	126	43.33	38	47.545	223	74.44	148	27.939	121	55.32	81
28	3.949	186	43.43	188	9.462	111	42.95	65	47.322	200	72.96	189	27.818	106	54.51	81
Sept. 7	3.763	144	41.55	210	9.351	90	42.30	93	47.122	167	71.07	227	27.712	83	53.70	76
17	3.619	91	39.45	224	9.261	62	41.37	120	46.955	128	68.80	262	27.629	54	52.94	68
27	3.528	27	37.21	228	9.199	27	40.17	148	46.827	80	66.18	293	27.575	16	52.26	55
Okt. 7	3.501	43	34.93	222	9.172	14	38.69	174	46.747	26	63.25	318	27.559	27	51.71	37
17	3.544	117	32.71	208	9.186	58	36.95	198	46.721	34	60.07	337	27.586	74	51.34	15
27	3.661	194	30.63	184	9.244	106	34.97	219	46.755	98	56.70	349	27.660	125	51.19	11
Nov. 6	3.855	269	28.79	151	9.350	155	32.78	237	46.853	164	53.21	352	27.785	174	51.30	40
16	4.124	338	27.28	112	9.505	201	30.41	250	47.017	227	49.69	347	27.959	222	51.70	69
26	4.462	398	26.16	66	9.706	244	27.91	255	47.244	286	46.22	332	28.181	264	52.39	98
Dez. 6	4.860	445	25.50	17	9.950	280	25.36	254	47.530	339	42.90	307	28.445	299	53.37	125
16	5.305	478	25.33	33	10.230	307	22.82	245	47.869	381	39.83	273	28.744	325	54.62	150
26	5.783	498	25.66	82	10.537	325	20.37	228	48.250	410	37.10	229	29.069	340	56.12	168
36	6.281		26.48		10.862		18.09		48.660		34.81		29.409		57.80	
Mittl. Ort	1.348		17.60		7.363		49.14		46.128		74.32		25.275		38.92	
sec δ, tg δ	+1.671		− 1.339		+1.050		+ 0.319		+1.541		+ 1.172		+1.051		− 0.323	
a, *a′*	+3.8		−18.3		+2.9		−18.0		+2.4		−17.9		+3.3		−17.9	
b, *b′*	+0.08		+ 0.41		−0.02		+ 0.44		−0.07		+ 0.45		+0.02		+ 0.45	

Scheinbare Sternörter 1955

Obere Kulmination Greenwich

Tag	513) η Bootis[1]				512) ζ Centauri				517) 11 Bootis				516) τ Virginis			
	AR.		Dekl.		AR.		Dekl.		AR.		Dekl.		AR.		Dekl.	
1955	13h 52m		+18° 36′		13h 52m		−47° 3′		13h 59m		+27° 35′		13h 59m		+1° 45′	
	s		″		s		″		s		″		s		″	
Jan. 1	33.012	334	67.16	218	43.870	454	56.49	110	8.437	344	54.98	222	21.805	326	33.12	205
11	33.346	336	64.98	188	44.324	454	57.59	148	8.781	348	52.76	184	22.131	329	31.07	193
21	33.682	328	63.10	152	44.778	440	59.07	181	9.129	342	50.92	141	22.460	321	29.14	175
31	34.010	310	61.58	111	45.218	415	60.88	209	9.471	327	49.51	92	22.781	304	27.39	151
Febr. 10	34.320	285	60.47	69	45.633	384	62.97	231	9.798	302	48.59	42	23.085	282	25.88	123
20	34.605	255	59.78	26	46.017	345	65.28	245	10.100	271	48.17	7	23.367	253	24.65	93
März 2	34.860	221	59.52	17	46.362	303	67.73	254	10.371	236	48.24	54	23.620	221	23.72	62
12	35.081	184	59.69	55	46.665	259	70.27	258	10.607	198	48.78	97	23.841	189	23.10	31
22	35.265	147	60.24	89	46.924	213	72.85	256	10.805	158	49.75	134	24.030	156	22.79	4
April 1	35.412	111	61.13	116	47.137	169	75.41	249	10.963	119	51.09	162	24.186	123	22.75	22
11	35.523	77	62.29	137	47.306	124	77.90	238	11.082	81	52.71	184	24.309	92	22.97	43
20*	20 35.600	44	63.66	151	20 47.430	81	80.28	223	11.163	45	54.55	197	24.401	63	23.40	60
30	35.644	14	65.17	158	47.511	40	82.51	204	22 11.208	12	56.52	201	22 24.464	35	24.00	73
Mai 10	35.658	13	66.75	159	47.551	0	84.55	183	11.220	19	58.53	199	24.499	8	24.73	81
20	35.645	39	68.34	154	47.551	39	86.38	157	11.201	47	60.52	189	24.507	15	25.54	86
30	35.606	62	69.88	143	47.512	76	87.95	129	11.154	73	62.41	174	24.492	38	26.40	87
Juni 9	35.544	82	71.31	129	47.436	109	89.24	98	11.081	96	64.15	153	24.454	60	27.27	86
19	35.462	100	72.60	110	47.327	140	90.22	65	10.985	116	65.68	128	24.394	78	28.13	82
29	35.362	115	73.70	90	47.187	167	90.87	29	10.869	133	66.96	100	24.316	95	28.95	76
Juli 9	35.247	127	74.60	66	47.020	187	91.16	6	10.736	145	67.96	69	24.221	110	29.71	68
19	35.120	136	75.26	41	46.833	202	91.10	42	10.591	155	68.65	37	24.111	119	30.39	58
29	34.984	139	75.67	15	46.631	208	90.68	77	10.436	159	69.02	3	23.992	125	30.97	47
Aug. 8	34.845	137	75.82	12	46.423	206	89.91	110	10.277	157	69.05	30	23.867	126	31.44	35
18	34.708	130	75.70	40	46.217	194	88.81	140	10.120	151	68.75	65	23.741	121	31.79	20
28	34.578	116	75.30	68	46.023	171	87.41	165	9.969	137	68.10	99	23.620	109	31.99	4
Sept. 7	34.462	96	74.62	96	45.852	138	85.76	183	9.832	115	67.11	132	23.511	90	32.03	14
17	34.366	68	73.66	125	45.714	94	83.93	195	9.717	87	65.79	163	23.421	64	31.89	34
27	34.298	33	72.41	153	45.620	40	81.98	200	9.630	52	64.16	194	23.357	31	31.55	56
Okt. 7	34.265	6	70.88	179	45.580	21	79.98	195	9.578	10	62.22	222	23.326	9	30.99	80
17	34.271	52	69.09	203	45.601	87	78.03	181	9.568	37	60.00	247	23.335	53	30.19	104
27	34.323	100	67.06	225	45.688	156	76.22	159	9.605	87	57.53	266	23.388	100	29.15	128
Nov. 6	34.423	149	64.81	243	45.844	224	74.63	130	9.692	139	54.87	281	23.488	148	27.87	151
16	34.572	196	62.38	254	46.068	287	73.33	93	9.831	189	52.06	290	23.636	194	26.36	173
26	34.768	239	59.84	260	46.355	344	72.40	52	10.020	236	49.16	290	23.830	236	24.63	189
Dez. 6	35.007	277	57.24	259	46.699	390	71.88	8	10.256	277	46.26	282	24.066	272	22.74	201
16	35.284	306	54.65	249	47.089	424	71.80	38	10.533	309	43.44	266	24.338	300	20.73	208
26	35.590	324	52.16	231	47.513	445	72.18	81	10.842	333	40.78	241	24.638	317	18.65	207
36	35.914		49.85		47.958		72.99		11.175		38.37		24.955		16.58	
Mittl. Ort	32.459		81.11		43.231		63.29		8.008		71.40		21.213		41.42	
sec δ, tg δ	+1.055		+ 0.337		+1.468		− 1.075		+1.128		+ 0.523		+1.000		+ 0.031	
a, *a*′	+2.9		−17.7		+3.8		−17.7		+2.7		−17.4		+3.1		−17.4	
b, *b*′	−0.02		+ 0.47		+0.06		+ 0.47		−0.03		+ 0.50		0.00		+ 0.50	

[1] Die jährliche Parallaxe (0″.112) ist bereits berücksichtigt.

* Bei Stern 517) und 516) lies April 21.

Scheinbare Sternörter 1955

Obere Kulmination Greenwich

Tag	518) β Centauri				521) α Draconis				520) ϑ Centauri				522) 12 *d* Bootis			
	AR.		Dekl.		AR.		Dekl.		AR.		Dekl.		AR.		Dekl.	
1955	$14^{h}\ 0^{m}$		−60° 9′		$14^{h}\ 3^{m}$		+64° 34′		$14^{h}\ 4^{m}$		−36° 8′		$14^{h}\ 8^{m}$		+25° 17′	
	s		″		s		″		s		″		s		″	
Jan. 1	38.18	59	15.11	64	9.54	57	61.45	197	2.149	395	54.30	126	21.134	336	59.08	227
11	38.77	58	15.75	112	10.11	59	59.48	136	2.544	395	55.56	156	21.470	343	56.81	191
21	39.35	58	16.87	157	10.70	59	58.12	71	2.939	385	57.12	179	21.813	338	54.90	149
31	39.93	55	18.44	196	11.29	57	57.41	3	3.324	367	58.91	196	22.151	325	53.41	103
Febr. 10	40.48	51	20.40	230	11.86	54	57.38	62	3.691	341	60.87	207	22.476	302	52.38	55
20	40.99	46	22.70	256	12.40	48	58.00	125	4.032	309	62.94	213	22.778	274	51.83	6
März 2	41.45	41	25.26	276	12.88	41	59.25	182	4.341	273	65.07	214	23.052	240	51.77	41
12	41.86	35	28.02	289	13.29	34	61.07	228	4.614	236	67.21	211	23.292	204	52.18	84
22	42.21	29	30.91	297	13.63	25	63.35	266	4.850	199	69.32	204	23.496	166	53.02	121
April 1	42.50	23	33.88	298	13.88	17	66.01	293	5.049	160	71.36	193	23.662	128	54.23	151
11	42.73	17	36.86	292	14.05	8	68.94	307	5.209	124	73.29	180	23.790	92	55.74	173
21	42.90	11	39.78	282	14.13	1	72.01	309	5.333	89	75.09	165	23.882	57	57.47	188
30	22 43.01	5	42.60	266	23 14.12	9	75.10	302	23 5.422	54	76.74	147	24 23.939	24	59.35	194
Mai 10	43.06	1	45.26	245	14.03	17	78.12	283	5.476	20	78.21	129	23.963	7	61.29	194
20	43.05	6	47.71	219	13.86	23	80.95	256	5.496	13	79.50	108	23.956	35	63.23	186
30	42.99	12	49.90	188	13.63	29	83.51	221	5.483	43	80.58	85	23.921	62	65.09	173
Juni 9	42.87	17	51.78	154	13.34	34	85.72	180	5.440	73	81.43	61	23.859	86	66.82	154
19	42.70	22	53.32	114	13.00	38	87.52	133	5.367	100	82.04	36	23.773	106	68.36	132
29	42.48	25	54.46	72	12.62	41	88.85	84	5.267	124	82.40	10	23.667	125	69.68	105
Juli 9	42.23	28	55.18	29	12.21	43	89.69	33	5.143	144	82.50	17	23.542	139	70.73	77
19	41.95	31	55.47	16	11.78	43	90.02	19	4.999	159	82.33	44	23.403	150	71.50	46
29	41.64	32	55.31	61	11.35	44	89.83	71	4.840	167	81.89	69	23.253	156	71.96	14
Aug. 8	41.32	31	54.70	104	10.91	42	89.12	121	4.673	168	81.20	92	23.097	157	72.10	19
18	41.01	29	53.66	144	10.49	40	87.91	170	4.505	162	80.28	113	22.940	152	71.91	51
28	40.72	26	52.22	180	10.09	37	86.21	215	4.343	146	79.15	130	22.788	139	71.40	85
Sept. 7	40.46	22	50.42	210	9.72	32	84.06	257	4.197	120	77.85	141	22.649	119	70.55	117
17	40.24	16	48.32	231	9.40	27	81.49	293	4.077	86	76.44	147	22.530	93	69.38	149
27	40.08	9	46.01	245	9.13	20	78.56	324	3.991	42	74.97	147	22.437	59	67.89	180
Okt. 7	39.99	0	43.56	249	8.93	12	75.32	350	3.949	9	73.50	139	22.378	18	66.09	208
17	39.99	9	41.07	241	8.81	4	71.82	367	3.958	64	72.11	124	22.360	29	64.01	233
27	40.08	18	38.66	225	8.77	6	68.15	377	4.022	124	70.87	101	22.389	78	61.68	254
Nov. 6	40.26	27	36.41	198	8.83	15	64.38	378	4.146	183	69.86	74	22.467	129	59.14	271
16	40.53	36	34.43	162	8.98	24	60.60	369	4.329	239	69.12	41	22.596	179	56.43	281
26	40.89	43	32.81	120	9.22	33	56.91	349	4.568	289	68.71	5	22.775	227	53.62	285
Dez. 6	41.32	49	31.61	72	9.55	42	53.42	319	4.857	332	68.66	33	23.002	268	50.77	279
16	41.81	54	30.89	21	9.97	48	50.23	280	5.189	363	68.99	70	23.270	300	47.98	265
26	42.35	57	30.68	30	10.45	54	47.43	230	5.552	384	69.69	104	23.570	324	45.33	243
36	42.92		30.98		10.99		45.13		5.936		70.73		23.894		42.90	
Mittl. Ort	37.71		24.68		10.08		85.46		1.539		58.11		20.747		74.58	
sec δ, tg δ	+2.010		− 1.743		+2.331		+ 2.105		+1.238		− 0.731		+1.106		+ 0.473	
a, *a′*	+4.2		−17.3		+1.6		−17.2		+3.6		−17.2		+2.7		−17.0	
b, *b′*	+0.10		+ 0.50		−0.12		+ 0.51		+0.04		+ 0.52		−0.03		+ 0.53	

Scheinbare Sternörter 1955

Obere Kulmination Greenwich

Tag	524) 4 Ursae min. AR.		524) 4 Ursae min. Dekl.		523) ϰ Virginis AR.		523) ϰ Virginis Dekl.		526) α Bootis AR.		526) α Bootis Dekl.		525) ι Virginis AR.		525) ι Virginis Dekl.	
1955	$14^h\ 8^m$		+77° 44′		$14^h\ 10^m$		−10° 3′		$14^h\ 13^m$		+19° 24′		$14^h\ 13^m$		−5° 47′	
	s		″		s		″		s		″		s		″	
Jan. 1	56.95	101	67.22	180	30.028	333	58.91	182	36.849	326	43.69	230	39.615	327	17.40	191
11	57.96	107	65.42	117	30.361	336	60.73	183	37.175	332	41.39	200	39.942	331	19.31	188
21	59.03	109	64.25	50	30.697	328	62.56	178	37.507	328	39.39	165	40.273	326	21.19	178
31	60.12	107	63.75	18	31.025	314	64.34	167	37.835	315	37.74	124	40.599	311	22.97	162
Febr. 10	61.19	101	63.93	85	31.339	292	66.01	152	38.150	294	36.50	79	40.910	291	24.59	143
20	62.20	92	64.78	147	31.631	266	67.53	133	38.444	268	35.71	35	41.201	264	26.02	119
März 2	63.12	79	66.25	202	31.897	235	68.86	111	38.712	236	35.36	9	41.465	235	27.21	94
12	63.91	63	68.27	248	32.132	204	69.97	89	38.948	201	35.45	50	41.700	204	28.15	68
22	64.54	47	70.75	284	32.336	172	70.86	66	39.149	167	35.95	86	41.904	172	28.83	44
April 1	65.01	29	73.59	307	32.508	140	71.52	45	39.316	131	36.81	115	42.076	140	29.27	21
11	65.30	10	76.66	319	32.648	110	71.97	25	39.447	97	37.96	139	42.216	110	29.48	0
21	65.40	8	79.85	319	32.758	80	72.22	8	39.544	64	39.35	155	42.326	81	29.48	17
30	^{25}65.32	26	83.04	308	^{25}32.838	52	72.30	7	^{26}39.608	33	40.90	163	^{26}42.407	53	29.31	31
Mai 10	65.06	42	86.12	286	32.890	25	72.23	20	39.641	3	42.53	166	42.460	25	29.00	43
20	64.64	56	88.98	255	32.915	1	72.03	30	39.644	24	44.19	162	42.485	0	28.57	51
30	64.08	69	91.53	216	32.914	26	71.73	39	39.620	50	45.81	153	42.485	24	28.06	56
Juni 9	63.39	79	93.69	172	32.888	49	71.34	45	39.570	73	47.34	138	42.461	48	27.50	61
19	62.60	88	95.41	123	32.839	70	70.89	51	39.497	95	48.72	120	42.413	69	26.89	62
29	61.72	94	96.64	71	32.769	90	70.38	55	39.402	113	49.92	98	42.344	89	26.27	63
Juli 9	60.78	98	97.35	18	32.679	106	69.83	58	39.289	129	50.90	75	42.255	105	25.64	62
19	59.80	99	97.53	37	32.573	119	69.25	60	39.160	140	51.65	49	42.150	119	25.02	59
29	58.81	98	97.16	90	32.454	128	68.65	60	39.020	148	52.14	22	42.031	127	24.43	54
Aug. 8	57.83	96	96.26	141	32.326	131	68.05	58	38.872	150	52.36	7	41.904	130	23.89	49
18	56.87	91	94.85	190	32.195	127	67.47	54	38.722	146	52.29	36	41.774	127	23.40	42
28	55.96	83	92.95	235	32.068	116	66.93	49	38.576	135	51.93	65	41.647	117	22.98	32
Sept. 7	55.13	74	90.60	275	31.952	98	66.44	39	38.441	117	51.28	95	41.530	100	22.66	19
17	54.39	62	87.85	311	31.854	72	66.05	27	38.324	92	50.33	124	41.430	75	22.47	4
27	53.77	49	84.74	339	31.782	38	65.78	12	38.232	59	49.09	154	41.355	41	22.43	13
Okt. 7	53.28	35	81.35	362	31.744	2	65.66	8	38.173	20	47.55	181	41.314	2	22.56	34
17	52.93	18	77.73	377	31.746	48	65.74	29	38.153	25	45.74	207	41.312	42	22.90	57
27	52.75	1	73.96	383	31.794	96	66.03	53	38.178	74	43.67	229	41.354	90	23.47	80
Nov. 6	52.74	18	70.13	380	31.890	145	66.56	79	38.252	123	41.38	248	41.444	139	24.27	105
16	52.92	35	66.33	367	32.035	193	67.35	104	38.375	173	38.90	262	41.583	187	25.32	128
26	53.27	53	62.66	343	32.228	237	68.39	127	38.548	218	36.28	269	41.770	230	26.60	150
Dez. 6	53.80	70	59.23	311	32.465	275	69.66	148	38.766	258	33.59	268	42.000	267	28.10	168
16	54.50	83	56.12	267	32.740	303	71.14	165	39.024	291	30.91	260	42.267	297	29.78	181
26	55.33	96	53.45	214	33.043	322	72.79	176	39.315	313	28.31	243	42.564	317	31.59	188
36	56.29		51.31		33.365		74.55		39.628		25.88		42.881		33.47	
Mittl. Ort	59.41		92.05		29.459		54.65		36.445		57.32		39.074		11.78	
sec δ, tg δ	+4.716		+ 4.609		+1.016		− 0.178		+1.060		+ 0.352		+1.005		− 0.101	
a, a′	−0.2		−17.0		+3.2		−16.9		+2.8		−16.7		+3.1		−16.7	
b, b′	−0.26		+ 0.53		+0.01		+ 0.54		−0.02		+ 0.55		+0.01		+ 0.55	

Obere Kulmination Greenwich

Tag	527) λ Bootis AR.	Δ	527) λ Bootis Dekl.	Δ	531) ϑ Bootis AR.	Δ	531) ϑ Bootis Dekl.	Δ	534) ρ Bootis AR.	Δ	534) ρ Bootis Dekl.	Δ	535) γ Bootis AR.	Δ	535) γ Bootis Dekl.	Δ
1955	$14^h\ 14^m$		$+46°\ 17'$		$14^h\ 23^m$		$+52°\ 2'$		$14^h\ 29^m$		$+30°\ 33'$		$14^h\ 30^m$		$+38°\ 29'$	
	s		″		s		″		s		″		s		″	
Jan. 1	40.398	392	18.82	228	39.590	417	67.89	233	53.549	336	48.99	239	15.964	354	57.29	242
11	40.790	405	16.54	177	40.007	437	65.56	180	53.885	347	46.60	200	16.318	368	54.87	197
21	41.195	406	14.77	120	40.444	441	63.76	120	54.232	348	44.60	155	16.686	370	52.90	145
31	41.601	393	13.57	59	40.885	431	62.56	57	54.580	339	43.05	104	17.056	362	51.45	89
Febr. 10	41.994	370	12.98	3	41.316	409	61.99	7	54.919	321	42.01	52	17.418	343	50.56	32
20	42.364	336	13.01	63	41.725	375	62.06	70	55.240	295	41.49	2	17.761	316	50.24	26
März 2	42.700	295	13.64	118	42.100	331	62.76	128	55.535	264	41.51	53	18.077	282	50.50	81
12	42.995	248	14.82	167	42.431	281	64.04	180	55.799	228	42.04	99	18.359	243	51.31	131
22	43.243	198	16.49	209	42.712	225	65.84	222	56.027	190	43.03	141	18.602	201	52.62	173
April 1	43.441	146	18.58	240	42.937	167	68.06	255	56.217	153	44.44	174	18.803	158	54.35	208
11	43.587	96	20.98	262	43.104	109	70.61	277	56.370	114	46.18	200	18.961	115	56.43	233
21	26 43.683	46	23.60	272	28 43.213	52	73.38	289	30 56.484	76	48.18	216	30 19.076	72	58.76	249
30	43.729	2	26.32	274	43.265	3	76.27	290	56.560	40	50.34	225	19.148	31	61.25	254
Mai 10	43.727	45	29.06	265	43.262	54	79.17	280	56.600	6	52.59	224	19.179	8	63.79	252
20	43.682	86	31.71	247	43.208	102	81.97	262	56.606	27	54.83	216	19.171	44	66.31	240
30	43.596	122	34.18	222	43.106	145	84.59	235	56.579	57	56.99	202	19.127	78	68.71	221
Juni 9	43.474	154	36.40	191	42.961	183	86.94	202	56.522	84	59.01	181	19.049	109	70.92	196
19	43.320	182	38.31	155	42.778	216	88.96	164	56.438	110	60.82	155	18.940	136	72.88	165
29	43.138	205	39.86	115	42.562	243	90.60	121	56.328	133	62.37	126	18.804	160	74.53	131
Juli 9	42.933	223	41.01	72	42.319	264	91.81	75	56.195	151	63.63	93	18.644	180	75.84	93
19	42.710	234	41.73	27	42.055	279	92.56	28	56.044	165	64.56	59	18.464	195	76.77	53
29	42.476	240	42.00	19	41.776	286	92.84	21	55.879	175	65.15	23	18.269	204	77.30	12
Aug. 8	42.236	239	41.81	64	41.490	285	92.63	68	55.704	179	65.38	14	18.065	207	77.42	31
18	41.997	230	41.17	108	41.205	277	91.95	116	55.525	176	65.24	52	17.858	203	77.11	72
28	41.767	213	40.09	152	40.928	258	90.79	161	55.349	167	64.72	88	17.655	192	76.39	114
Sept. 7	41.554	188	38.57	193	40.670	232	89.18	204	55.182	149	63.84	125	17.463	172	75.25	153
17	41.366	155	36.64	230	40.438	196	87.14	244	55.033	123	62.59	160	17.291	145	73.72	191
27	41.211	112	34.34	264	40.242	150	84.70	279	54.910	90	60.99	194	17.146	108	71.81	226
Okt. 7	41.099	63	31.70	295	40.092	96	81.91	310	54.820	49	59.05	224	17.038	65	69.55	257
17	41.036	7	28.75	319	39.996	34	78.81	335	54.771	3	56.81	251	16.973	15	66.98	285
27	41.029	54	25.56	336	39.962	32	75.46	351	54.768	49	54.30	274	16.958	40	64.13	306
Nov. 6	41.083	117	22.20	346	39.994	102	71.95	361	54.817	102	51.56	291	16.998	98	61.07	321
16	41.200	180	18.74	347	40.096	172	68.34	362	54.919	156	48.65	301	17.096	156	57.86	328
26	41.380	241	15.27	339	40.268	240	64.72	352	55.075	207	45.64	303	17.252	211	54.58	327
Dez. 6	41.621	294	11.88	320	40.508	301	61.20	332	55.282	253	42.61	297	17.463	261	51.31	315
16	41.915	340	8.68	293	40.809	354	57.88	302	55.535	290	39.64	282	17.724	304	48.16	294
26	42.255	374	5.75	255	41.163	395	54.86	262	55.825	321	36.82	257	18.028	336	45.22	264
36	42.629		3.20		41.558		52.24		56.146		34.25		18.364		42.58	
Mittl. Ort	40.381		39.32		39.828		89.09		53.374		65.19		15.920		75.42	
sec δ, tg δ	+1.447		+ 1.046		+1.626		+ 1.283		+1.161		+ 0.591		+1.278		+ 0.796	
a, *a′*	+2.3		—16.7		+2.1		—16.2		+2.6		—15.9		+2.4		—15.9	
b, *b′*	—0.06		+ 0.55		—0.07		+ 0.59		—0.03		+ 0.61		—0.04		+ 0.61	

Scheinbare Sternörter 1955

Obere Kulmination Greenwich

Tag	537) η Centauri AR.		537) η Centauri Dekl.		538) α Centauri[1] AR.		538) α Centauri[1] Dekl.		1382) 32 Bootis AR.		1382) 32 Bootis Dekl.		545) μ Virginis AR.		545) μ Virginis Dekl.	
1955	$14^h\ 32^m$		−41° 57′		$14^h\ 36^m$		−60° 38′		$14^h\ 39^m$		+11° 50′		$14^h\ 40^m$		−5° 27′	
	s		″		s		″		s		″		s		″	
Jan. 1	38.799	415	35.59	77	31.74	58	56.94	19	33.991	314	61.83	220	41.500	319	54.57	183
11	39.214	423	36.36	112	32.32	59	57.13	66	34.305	323	59.63	199	41.819	327	56.40	179
21	39.637	420	37.48	141	32.91	59	57.79	111	34.628	323	57.64	172	42.146	327	58.19	170
31	40.057	407	38.89	166	33.50	57	58.90	151	34.951	315	55.92	138	42.473	317	59.89	155
Febr. 10	40.464	384	40.55	184	34.07	54	60.41	187	35.266	299	54.54	101	42.790	300	61.44	135
20	40.848	356	42.39	197	34.61	49	62.28	217	35.565	276	53.53	61	43.090	279	62.79	112
März 2	41.204	324	44.36	207	35.10	45	64.45	240	35.841	250	52.92	22	43.369	253	63.91	87
12	41.528	287	46.43	210	35.55	40	66.85	257	36.091	221	52.70	17	43.622	225	64.78	60
22	41.815	250	48.53	209	35.95	34	69.42	269	36.312	190	52.87	51	43.847	196	65.38	36
April 1	42.065	211	50.62	206	36.29	28	72.11	274	36.502	158	53.38	81	44.043	166	65.74	13
11	42.276	173	52.68	198	36.57	22	74.85	274	36.660	127	54.19	107	44.209	137	65.87	8
21	42.449	134	54.66	188	36.79	16	77.59	269	36.787	96	55.26	125	44.346	107	65.79	25
Mai 1	1 42.583	94	56.54	175	2 36.95	9	80.28	259	2 36.883	66	56.51	137	3 44.453	79	65.54	40
10	42.677	56	58.29	159	37.04	3	82.87	243	36.949	37	57.88	144	44.532	51	65.14	50
20	42.733	18	59.88	141	37.07	3	85.30	222	36.986	8	59.32	146	44.583	23	64.64	58
30	42.751	20	61.29	121	37.04	8	87.52	196	36.994	19	60.78	141	44.606	4	64.06	63
Juni 9	42.731	57	62.50	97	36.96	15	89.48	166	36.975	45	62.19	133	44.602	30	63.43	66
19	42.674	91	63.47	71	36.81	20	91.14	132	36.930	69	63.52	121	44.572	55	62.77	67
29	42.583	123	64.18	43	36.61	24	92.46	94	36.861	91	64.73	106	44.517	78	62.10	65
Juli 9	42.460	151	64.61	15	36.37	28	93.40	53	36.770	111	65.79	89	44.439	99	61.45	63
19	42.309	172	64.76	15	36.09	32	93.93	10	36.659	128	66.68	69	44.340	116	60.82	59
29	42.137	188	64.61	45	35.77	34	94.03	34	36.531	139	67.37	48	44.224	130	60.23	55
Aug. 8	41.949	195	64.16	75	35.43	34	93.69	77	36.392	146	67.85	25	44.094	137	59.68	48
18	41.754	193	63.41	101	35.09	33	92.92	119	36.246	147	68.10	1	43.957	138	59.20	40
28	41.561	181	62.40	125	34.76	31	91.73	157	36.099	140	68.11	23	43.819	131	58.80	30
Sept. 7	41.380	158	61.15	144	34.45	27	90.16	191	35.959	126	67.88	48	43.688	118	58.50	18
17	41.222	125	59.71	158	34.18	21	88.25	218	35.833	103	67.40	75	43.570	96	58.32	4
27	41.097	80	58.13	166	33.97	15	86.07	237	35.730	74	66.65	101	43.474	65	58.28	13
Okt. 7	41.017	28	56.47	166	33.82	6	83.70	247	35.656	38	65.64	128	43.409	28	58.41	32
17	40.989	32	54.81	158	33.76	2	81.23	247	35.618	5	64.36	153	43.381	16	58.73	54
27	41.021	96	53.23	142	33.78	12	78.76	238	35.623	53	62.83	178	43.397	63	59.27	76
Nov. 6	41.117	161	51.81	120	33.90	21	76.38	218	35.676	103	61.05	200	43.460	112	60.03	99
16	41.278	224	50.61	92	34.11	30	74.20	189	35.779	151	59.05	217	43.572	162	61.02	122
26	41.502	282	49.69	58	34.41	39	72.31	152	35.930	197	56.88	230	43.734	208	62.24	143
Dez. 6	41.784	332	49.11	21	34.80	46	70.79	110	36.127	239	54.58	237	43.942	248	63.67	160
16	42.116	372	48.90	17	35.26	51	69.69	63	36.366	274	52.21	236	44.190	281	65.27	173
26	42.488	400	49.07	54	35.77	56	69.06	14	36.640	299	49.85	228	44.471	305	67.00	180
36	42.888		49.61		36.33		68.92		36.939		47.57		44.776		68.80	
Mittl. Ort	38.367		40.70		31.48		66.12		33.681		72.49		41.098		49.18	
sec δ, tg δ	+1.345		− 0.899		+2.040		− 1.778		+1.022		+ 0.210		+1.005		− 0.096	
a, *a′*	+3.8		−15.8		+4.6		−15.5		+2.9		−15.4		+3.2		−15.3	
b, *b′*	+0.05		+ 0.62		+0.09		+ 0.63		−0.01		+ 0.64		0.00		+ 0.65	

[1] Ort des helleren Sterns. Die jährliche Parallaxe (0.″756) ist bereits berücksichtigt.

Scheinbare Sternörter 1955

Obere Kulmination Greenwich

Tag	542) α Apodis AR.	Diff.	542) α Apodis Dekl.	Diff.	547) 109 Virginis AR.	Diff.	547) 109 Virginis Dekl.	Diff.	548) α^2 Librae AR.	Diff.	548) α^2 Librae Dekl.	Diff.	549) Grb 2164 Draco AR.	Diff.	549) Grb 2164 Draco Dekl.	Diff.
1955	$14^h\ 42^m$		$-78°\ 51'$		$14^h\ 43^m$		$+2°\ 4'$		$14^h\ 48^m$		$-15°\ 51'$		$14^h\ 50^m$		$+59°\ 28'$	
	s		″		s		″		s		″		s		″	
Jan. 1	9.18	132	10.82	51	58.612	312	45.43	199	23.442	328	23.57	149	16.749	451	13.57	251
11	10.50	137	10.31	5	58.924	322	43.44	189	23.770	338	25.06	156	17.200	485	11.06	197
21	11.87	139	10.36	61	59.246	322	41.55	171	24.108	338	26.62	159	17.685	504	9.09	136
31	13.26	136	10.97	114	59.568	314	39.84	148	24.446	330	28.21	156	18.189	504	7.73	70
Febr. 10	14.62	131	12.11	163	59.882	299	38.36	120	24.776	313	29.77	147	18.693	489	7.03	3
20	15.93	124	13.74	206	60.181	277	37.16	90	25.089	293	31.24	134	19.182	458	7.00	63
März 2	17.17	113	15.80	243	60.458	251	36.26	58	25.382	268	32.58	119	19.640	415	7.63	125
12	18.30	101	18.23	275	60.709	224	35.68	27	25.650	240	33.77	102	20.055	361	8.88	181
22	19.31	87	20.98	300	60.933	195	35.41	4	25.890	211	34.79	84	20.416	299	10.69	229
April 1	20.18	73	23.98	318	61.128	165	35.45	30	26.101	181	35.63	66	20.715	231	12.98	266
11	20.91	57	27.16	329	61.293	135	35.75	53	26.282	152	36.29	49	20.946	162	15.64	293
21	21.48	41	30.45	332	61.428	105	36.28	71	26.434	122	36.78	34	21.108	91	18.57	308
Mai 1	21.89	24	33.77	330	61.533	77	36.99	85	26.556	93	37.12	20	21.199	22	21.65	313
10	[3]22.13	6	37.07	320	[3]61.610	48	37.84	94	[5]26.649	64	37.32	7	[5]21.221	46	24.78	306
20	22.19	10	40.27	302	61.658	21	38.78	99	26.713	35	37.39	3	21.175	109	27.84	290
30	22.09	27	43.29	278	61.679	6	39.77	101	26.748	6	37.36	12	21.066	167	30.74	265
Juni 9	21.82	42	46.07	246	61.673	33	40.78	99	26.754	23	37.24	20	20.899	220	33.39	232
19	21.40	57	48.53	210	61.640	57	41.77	93	26.731	50	37.04	28	20.679	267	35.71	194
29	20.83	70	50.63	167	61.583	80	42.70	86	26.681	76	36.76	36	20.412	306	37.65	150
Juli 9	20.13	81	52.30	120	61.503	101	43.56	77	26.605	99	36.40	42	20.106	337	39.15	103
19	19.32	88	53.50	69	61.402	119	44.33	66	26.506	118	35.98	47	19.769	362	40.18	54
29	18.44	93	54.19	15	61.283	132	44.99	54	26.388	134	35.51	53	19.407	376	40.72	3
Aug. 8	17.51	95	54.34	40	61.151	139	45.53	41	26.254	143	34.98	56	19.031	381	40.75	49
18	16.56	93	53.94	94	61.012	141	45.94	25	26.111	145	34.42	58	18.650	375	40.26	99
28	15.63	88	53.00	145	60.871	135	46.19	8	25.966	140	33.84	59	18.275	360	39.27	147
Sept. 7	14.75	77	51.55	192	60.736	122	46.27	9	25.826	126	33.25	56	17.915	333	37.80	194
17	13.98	64	49.63	233	60.614	100	46.18	29	25.700	103	32.69	50	17.582	294	35.86	237
27	13.34	48	47.30	266	60.514	71	45.89	51	25.597	73	32.19	40	17.288	245	33.49	276
Okt. 7	12.86	28	44.64	288	60.443	35	45.38	73	25.524	33	31.79	27	17.043	184	30.73	310
17	12.58	7	41.76	300	60.408	8	44.65	97	25.491	12	31.52	11	16.859	114	27.63	337
27	12.51	16	38.76	300	60.416	55	43.68	120	25.503	60	31.41	10	16.745	37	24.26	358
Nov. 6	12.67	39	35.76	288	60.471	104	42.48	143	25.563	112	31.51	33	16.708	45	20.68	370
16	13.06	61	32.88	266	60.575	152	41.05	163	25.675	164	31.84	56	16.753	130	16.98	373
26	13.67	82	30.22	232	60.727	199	39.42	181	25.839	212	32.40	81	16.883	213	13.25	366
Dez. 6	14.49	100	27.90	190	60.926	240	37.61	194	26.051	254	33.21	104	17.096	292	9.59	348
16	15.49	115	26.00	142	61.166	273	35.67	201	26.305	288	34.25	124	17.388	361	6.11	319
26	16.64	126	24.58	87	61.439	299	33.66	202	26.593	314	35.49	140	17.749	420	2.92	279
36	17.90		23.71		61.738		31.64		26.907		36.89		18.169		0.13	
Mittl. Ort	10.32		22.08		58.261		53.07		23.049		21.39		17.642		34.45	
sec δ, tg δ	+5.174		− 5.076		+1.001		+ 0.036		+1.040		− 0.284		+1.969		+ 1.696	
a, *a*′	+7.5		−15.2		+3.0		−15.1		+3.3		−14.9		+1.5		−14.8	
b, *b*′	+0.26		+ 0.65		0.00		+ 0.66		+0.01		+ 0.67		−0.08		+ 0.68	

Scheinbare Sternörter 1955

Obere Kulmination Greenwich

Tag	550) β Ursae min. AR.		550) β Ursae min. Dekl.		551) Pi 14h 221 Boot AR.		551) Pi 14h 221 Boot Dekl.	
1955	14h 50m		+74° 19′		14h 54m		+14° 37′	
	s		″		s		″	
Jan. 1	46.05	73	59.69	234	5.865	308	26.52	226
11	46.78	81	57.35	175	6.173	320	24.26	204
21	47.59	86	55.60	112	6.493	323	22.22	174
31	48.45	87	54.48	44	6.816	318	20.48	138
Febr. 10	49.32	84	54.04	24	7.134	305	19.10	98
20	50.16	80	54.28	91	7.439	285	18.12	56
März 2	50.96	72	55.19	153	7.724	260	17.56	14
12	51.68	63	56.72	208	7.984	233	17.42	27
22	52.31	50	58.80	253	8.217	202	17.69	64
April 1	52.81	37	61.33	288	8.419	172	18.33	96
11	53.18	24	64.21	311	8.591	140	19.29	123
21	53.42	9	67.32	323	8.731	109	20.52	143
Mai 1	53.51	4	70.55	323	8.840	78	21.95	156
10	^{5}53.47	18	73.78	312	^{6}8.918	48	23.51	163
20	53.29	30	76.90	291	8.966	19	25.14	164
30	52.99	42	79.81	262	8.985	10	26.78	159
Juni 9	52.57	52	82.43	225	8.975	38	28.37	149
19	52.05	61	84.68	182	8.937	65	29.86	136
29	51.44	68	86.50	135	8.872	89	31.22	119
Juli 9	50.76	73	87.85	84	8.783	111	32.41	99
19	50.03	77	88.69	32	8.672	129	33.40	77
29	49.26	79	89.01	22	8.543	144	34.17	53
Aug. 8	48.47	80	88.79	74	8.399	152	34.70	28
18	47.67	77	88.05	126	8.247	155	34.98	2
28	46.90	74	86.79	176	8.092	150	35.00	26
Sept. 7	46.16	68	85.03	221	7.942	138	34.74	53
17	45.48	62	82.82	263	7.804	118	34.21	81
27	44.86	52	80.19	300	7.686	89	33.40	109
Okt. 7	44.34	41	77.19	331	7.597	54	32.31	137
17	43.93	29	73.88	355	7.543	11	30.94	164
27	43.64	15	70.33	372	7.532	36	29.30	189
Nov. 6	43.49	1	66.61	380	7.568	86	27.41	211
16	43.48	15	62.81	378	7.654	135	25.30	228
26	43.63	29	59.03	365	7.789	183	23.02	241
Dez. 6	43.92	44	55.38	342	7.972	227	20.61	247
16	44.36	56	51.96	309	8.199	263	18.14	245
26	44.92	68	48.87	265	8.462	292	15.69	235
36	45.60		46.22		8.754		13.34	
Mittl. Ort	48.80		81.93		5.658		37.55	
sec δ, tg δ	+3.705		+ 3.567		+1.033		+ 0.261	
a, *a′*	−0.2		−14.7		+2.8		−14.5	
b, *b′*	−0.17		+ 0.68		−0.01		+ 0.69	

Tag	552) β Lupi AR.		552) β Lupi Dekl.		555) β Bootis AR.		555) β Bootis Dekl.	
1955	14h 55m		−42° 57′		15h 0m		+40° 33′	
	s		″		s		″	
Jan. 1	34.721	412	9.29	51	14.733	340	44.64	262
11	35.133	425	9.80	83	15.073	362	42.02	218
21	35.558	427	10.63	113	15.435	372	39.84	168
31	35.985	419	11.76	139	15.807	371	38.16	111
Febr. 10	36.404	402	13.15	160	16.178	359	37.05	52
20	36.806	378	14.75	175	16.537	338	36.53	8
März 2	37.184	348	16.50	186	16.875	309	36.61	66
12	37.532	316	18.36	194	17.184	275	37.27	121
22	37.848	280	20.30	196	17.459	236	38.48	168
April 1	38.128	244	22.26	195	17.695	194	40.16	207
11	38.372	205	24.21	192	17.889	151	42.23	238
21	38.577	167	26.13	184	18.040	108	44.61	258
Mai 1	38.744	127	27.97	175	18.148	65	47.19	269
10	^{6}38.871	87	29.72	163	^{8}18.213	22	49.88	270
20	38.958	46	31.35	148	18.235	18	52.58	262
30	39.004	5	32.83	131	18.217	57	55.20	246
Juni 9	39.009	34	34.14	110	18.160	93	57.66	223
19	38.975	73	35.24	86	18.067	126	59.89	194
29	38.902	110	36.10	61	17.941	155	61.83	161
Juli 9	38.792	142	36.71	34	17.786	182	63.44	122
19	38.650	170	37.05	4	17.604	203	64.66	82
29	38.480	190	37.09	25	17.401	218	65.48	39
Aug. 8	38.290	203	36.84	55	17.183	227	65.87	5
18	38.087	205	36.29	83	16.956	228	65.82	48
28	37.882	198	35.46	109	16.728	222	65.34	92
Sept. 7	37.684	180	34.37	131	16.506	206	64.42	134
17	37.504	149	33.06	149	16.300	182	63.08	176
27	37.355	107	31.57	160	16.118	149	61.32	214
Okt. 7	37.248	57	29.97	165	15.969	107	59.18	248
17	37.191	2	28.32	162	15.862	58	56.70	279
27	37.193	67	26.70	151	15.804	3	53.91	304
Nov. 6	37.260	133	25.19	133	15.801	57	50.87	324
16	37.393	199	23.86	109	15.858	117	47.63	334
26	37.592	261	22.77	79	15.975	175	44.29	336
Dez. 6	37.853	315	21.98	46	16.150	231	40.93	329
16	38.168	359	21.52	9	16.381	279	37.64	311
26	38.527	392	21.43	26	16.660	318	34.53	282
36	38.919		21.69		16.978		31.71	
Mittl. Ort	34.418		14.36		14.969		61.76	
sec δ, tg δ	+1.366		− 0.931		+1.316		+ 0.856	
a, *a′*	+3.9		−14.4		+2.3		−14.2	
b, *b′*	+0.04		+ 0.69		−0.04		+ 0.71	

Obere Kulmination Greenwich

Tag	556) σ Librae AR.		556) σ Librae Dekl.		557) ψ Bootis AR.		557) ψ Bootis Dekl.		558) ζ Lupi AR.		558) ζ Lupi Dekl.		563) δ Bootis AR.		563) δ Bootis Dekl.	
1955	15h 1m		−25° 6′		15h 2m		+27° 6′		15h 9m		−51° 55′		15h 13m		+33° 28′	
	s		″		s		″		s		″		s		″	
Jan. 1	26.148	342	22.61	110	30.959	312	65.57	249	2.431	465	39.30	1	41.043	314	39.06	263
11	26.490	354	23.71	126	31.271	329	63.08	217	2.896	486	39.31	41	41.357	336	36.43	226
21	26.844	356	24.97	138	31.600	336	60.91	176	3.382	493	39.72	78	41.693	347	34.17	181
31	27.200	350	26.35	145	31.936	333	59.15	129	3.875	487	40.50	113	42.040	347	32.36	130
Febr. 10	27.550	336	27.80	147	32.269	322	57.86	79	4.362	473	41.63	142	42.387	339	31.06	75
20	27.886	316	29.27	145	32.591	303	57.07	27	4.835	449	43.05	167	42.726	321	30.31	19
März 2	28.202	292	30.72	139	32.894	278	56.80	25	5.284	418	44.72	187	43.047	297	30.12	37
12	28.494	265	32.11	130	33.172	249	57.05	73	5.702	383	46.59	203	43.344	268	30.49	90
22	28.759	237	33.41	120	33.421	217	57.78	117	6.085	344	48.62	214	43.612	235	31.39	137
April 1	28.996	206	34.61	108	33.638	182	58.95	154	6.429	301	50.76	221	43.847	199	32.76	176
11	29.202	176	35.69	96	33.820	148	60.49	183	6.730	257	52.97	224	44.046	163	34.52	209
21	29.378	146	36.65	84	33.968	113	62.32	204	6.987	211	55.21	222	44.209	124	36.61	232
Mai 1	8 29.524	114	37.49	72	8 34.081	78	64.36	218	7.198	164	57.43	218	44.333	86	38.93	246
10*	29.638	83	38.21	60	34.159	43	66.54	222	10 7.362	114	59.61	208	11 44.419	48	41.39	250
20	29.721	50	38.81	48	34.202	10	68.76	220	7.476	64	61.69	194	44.467	11	43.89	247
30	29.771	18	39.29	37	34.212	23	70.96	210	7.540	13	63.63	178	44.478	25	46.36	236
Juni 9	29.789	13	39.66	24	34.189	54	73.06	194	7.553	37	65.41	156	44.453	59	48.72	218
19	29.776	45	39.90	12	34.135	82	75.00	172	7.516	85	66.97	131	44.394	91	50.90	194
29	29.731	74	40.02	2	34.053	110	76.72	147	7.431	131	68.28	103	44.303	122	52.84	165
Juli 9	29.657	101	40.00	15	33.943	134	78.19	118	7.300	173	69.31	71	44.181	149	54.49	132
19	29.556	124	39.85	28	33.809	153	79.37	86	7.127	208	70.02	36	44.032	170	55.81	96
29	29.432	143	39.57	41	33.656	169	80.23	52	6.919	235	70.38	0	43.862	188	56.77	58
Aug. 8	29.289	155	39.16	54	33.487	179	80.75	18	6.684	252	70.38	36	43.674	200	57.35	18
18	29.134	159	38.62	66	33.308	182	80.93	19	6.432	259	70.02	73	43.474	204	57.53	22
28	28.975	156	37.96	75	33.126	177	80.74	55	6.173	252	69.29	108	43.270	202	57.31	62
Sept. 7	28.819	143	37.21	81	32.949	166	80.19	91	5.921	232	68.21	138	43.068	190	56.69	102
17	28.676	120	36.40	84	32.783	145	79.28	127	5.689	198	66.83	164	42.878	169	55.67	141
27	28.556	88	35.56	82	32.638	116	78.01	160	5.491	151	65.19	185	42.709	141	54.26	179
Okt. 7	28.468	47	34.74	76	32.522	78	76.41	193	5.340	93	63.34	198	42.568	103	52.47	214
17	28.421	1	33.98	65	32.444	36	74.48	223	5.247	25	61.36	202	42.465	58	50.33	245
27	28.420	52	33.33	49	32.408	14	72.25	249	5.222	50	59.34	198	42.407	7	47.88	272
Nov. 6	28.472	107	32.84	29	32.422	67	69.76	270	5.272	129	57.36	185	42.400	48	45.16	294
16	28.579	161	32.55	5	32.489	120	67.06	285	5.401	205	55.51	165	42.448	104	42.22	309
26	28.740	213	32.50	20	32.609	172	64.21	293	5.606	278	53.86	136	42.552	159	39.13	316
Dez. 6	28.953	259	32.70	47	32.781	219	61.28	292	5.884	344	52.50	103	42.711	210	35.97	313
16	29.212	297	33.17	72	33.000	261	58.36	284	6.228	399	51.47	65	42.921	256	32.84	302
26	29.509	325	33.89	95	33.261	293	55.52	264	6.627	441	50.82	25	43.177	294	29.82	280
36	29.834		34.84		33.554		52.88		7.068		50.57		43.471		27.02	
Mittl. Ort	25.810		23.09		30.949		79.56		2.298		46.03		41.214		53.98	
sec δ, tg δ	+1.104		− 0.469		+1.124		+ 0.512		+1.622		− 1.277		+1.199		+ 0.661	
a, *a′*	+3.5		−14.1		+2.6		−14.0		+4.3		−13.6		+2.4		−13.3	
b, *b′*	+0.02		+ 0.71		−0.02		+ 0.71		+0.06		+ 0.73		−0.03		+ 0.75	

* Bei Stern 563) lies Mai 11.

Scheinbare Sternörter 1955

Obere Kulmination Greenwich

Tag	565) ι H. Ursae min. AR.	Δ	Dekl.	Δ	564) β Librae AR.	Δ	Dekl.	Δ	560) γ Triang. austr. AR.	Δ	Dekl.	Δ	566) φ¹ Lupi AR.	Δ	Dekl.	Δ
1955	15h 14m		+67° 30′		15h 14m		−9° 13′		15h 14m		−68° 30′		15h 18m		−36° 5′	
	s		″		s		″		s		″		s		″	
Jan. 1	4.71	53	42.35	267	35.134	307	9.13	158	40.23	72	45.75	66	56.756	367	55.25	52
11	5.24	58	39.68	213	35.441	322	10.71	159	40.95	75	45.09	17	57.123	385	55.77	79
21	5.82	61	37.55	153	35.763	326	12.30	154	41.70	77	44.92	32	57.508	391	56.56	101
31	6.43	64	36.02	87	36.089	323	13.84	144	42.47	78	45.24	79	57.899	388	57.57	120
Febr. 10	7.07	63	35.15	19	36.412	312	15.28	128	43.25	75	46.03	123	58.287	376	58.77	134
20	7.70	60	34.96	50	36.724	296	16.56	110	44.00	72	47.26	161	58.663	359	60.11	145
März 2	8.30	56	35.46	115	37.020	275	17.66	88	44.72	68	48.87	196	59.022	336	61.56	150
12	8.86	50	36.61	173	37.295	251	18.54	66	45.40	63	50.83	225	59.358	309	63.06	152
22	9.36	42	38.34	225	37.546	225	19.20	43	46.03	56	53.08	249	59.667	279	64.58	152
April 1	9.78	34	40.59	266	37.771	198	19.63	22	46.59	49	55.57	266	59.946	248	66.10	150
11	10.12	24	43.25	297	37.969	171	19.85	3	47.08	42	58.23	279	60.194	216	67.60	144
21	10.36	15	46.22	316	38.140	143	19.88	13	47.50	33	61.02	286	60.410	182	69.04	138
Mai 1	10.51	5	49.38	324	38.283	114	19.75	27	47.83	25	63.88	286	60.592	147	70.42	130
11	10.56	4	52.62	321	38.397	85	19.48	38	48.08	16	66.74	281	60.739	111	71.72	121
20	11 10.52	13	55.83	307	11 38.482	56	19.10	45	11 48.24	7	69.55	270	12 60.850	74	72.93	109
30	10.39	22	58.90	284	38.538	26	18.65	51	48.31	2	72.25	252	60.924	36	74.02	97
Juni 9	10.17	29	61.74	253	38.564	4	18.14	54	48.29	11	74.77	229	60.960	3	74.99	82
19	9.88	36	64.27	216	38.560	33	17.60	56	48.18	19	77.06	200	60.957	41	75.81	65
29	9.52	42	66.43	172	38.527	62	17.04	57	47.99	26	79.06	165	60.916	76	76.46	47
Juli 9	9.10	47	68.15	125	38.465	87	16.47	57	47.73	34	80.71	126	60.840	110	76.93	27
19	8.63	51	69.40	75	38.378	110	15.90	55	47.39	40	81.97	82	60.730	139	77.20	5
29	8.12	54	70.15	22	38.268	129	15.35	52	46.99	44	82.79	36	60.591	162	77.25	18
Aug. 8	7.58	55	70.37	30	38.139	142	14.83	49	46.55	47	83.15	13	60.429	179	77.07	40
18	7.03	54	70.07	82	37.997	148	14.34	45	46.08	48	83.02	61	60.250	188	76.67	62
28	6.49	53	69.25	133	37.849	148	13.89	38	45.60	46	82.41	108	60.062	186	76.05	82
Sept. 7	5.96	50	67.92	181	37.701	138	13.51	30	45.14	43	81.33	153	59.876	173	75.23	100
17	5.46	46	66.11	227	37.563	120	13.21	21	44.71	38	79.80	192	59.703	151	74.23	114
27	5.00	40	63.84	269	37.443	93	13.00	8	44.33	29	77.88	224	59.552	117	73.09	123
Okt. 7	4.60	32	61.15	305	37.350	58	12.92	8	44.04	20	75.64	249	59.435	74	71.86	126
17	4.28	24	58.10	335	37.292	16	13.00	26	43.84	9	73.15	264	59.361	22	70.60	124
27	4.04	14	54.75	358	37.276	32	13.26	45	43.75	3	70.51	268	59.339	36	69.36	115
Nov. 6	3.90	4	51.17	374	37.308	81	13.71	67	43.78	16	67.83	262	59.375	97	68.21	99
16	3.86	7	47.43	380	37.389	132	14.38	89	43.94	28	65.21	246	59.472	157	67.22	79
26	3.93	18	43.63	374	37.521	181	15.27	109	44.22	40	62.75	219	59.629	216	66.43	54
Dez. 6	4.11	29	39.89	359	37.702	224	16.36	127	44.62	51	60.56	185	59.845	268	65.89	26
16	4.40	39	36.30	332	37.926	261	17.63	142	45.13	61	58.71	143	60.113	313	65.63	4
26	4.79	47	32.98	295	38.187	291	19.05	153	45.74	67	57.28	98	60.426	346	65.67	34
36	5.26		30.03		38.478		20.58		46.41		56.30		60.772		66.01	
Mittl. Ort	6.69		62.48		34.877		5.30		40.66		54.97		56.524		58.39	
sec δ, tg δ	+2.615		+ 2.416		+1.013		− 0.162		+2.730		− 2.541		+1.238		− 0.729	
a, *a′*	+0.7		−13.3		+3.2		−13.2		+5.6		−13.2		+3.8		−13.0	
b, *b′*	−0.11		+ 0.75		+0.01		+ 0.75		+0.11		+ 0.75		+0.03		+ 0.76	

Obere Kulmination Greenwich

Tag	569) γ Ursae min.				568) μ Bootis *pr*				571) ι Draconis				572) β Coronae bor.			
	AR.	Diff.	Dekl.	Diff.	AR.	Diff.	Dekl.	Diff.	AR.	Diff.	Dekl.	Diff.	AR.	Diff.	Dekl.	Diff.
1955	15h 20m		+71° 59′		15h 22m		+37° 31′		15h 23m		+59° 6′		15h 25m		+29° 15′	
	s		″		s		″		s		″		s		″	
Jan. 1	44.05	60	19.01	267	47.012	316	47.15	272	54.166	408	64.52	280	58.152	299	21.83	261
11	44.65	67	16.34	213	47.328	339	44.43	233	54.574	452	61.72	231	58.451	321	19.22	228
21	45.32	73	14.21	153	47.667	354	42.10	186	55.026	482	59.41	173	58.772	333	16.94	188
31	46.05	77	12.68	87	48.021	358	40.24	132	55.508	494	57.68	110	59.105	336	15.06	140
Febr. 10	46.82	76	11.81	19	48.379	351	38.92	75	56.002	491	56.58	43	59.441	329	13.66	89
20	47.58	73	11.62	50	48.730	335	38.17	16	56.493	473	56.15	24	59.770	314	12.77	35
März 2	48.31	68	12.12	115	49.065	313	38.01	42	56.966	441	56.39	90	60.084	294	12.42	19
12	48.99	61	13.27	175	49.378	283	38.43	98	57.407	398	57.29	150	60.378	268	12.61	70
22	49.60	52	15.02	226	49.661	250	39.41	147	57.805	344	58.79	204	60.646	239	13.31	117
April 1	50.12	41	17.28	268	49.911	213	40.88	189	58.149	284	60.83	247	60.885	206	14.48	158
11	50.53	30	19.96	299	50.124	174	42.77	223	58.433	219	63.30	282	61.091	172	16.06	191
21	50.83	18	22.95	319	50.298	134	45.00	247	58.652	152	66.12	305	61.263	137	17.97	215
Mai 1	51.01	6	26.14	328	50.432	94	47.47	263	58.804	82	69.17	317	61.400	101	20.12	231
11	51.07	6	29.42	325	50.526	53	50.10	268	58.886	14	72.34	318	61.501	65	22.43	239
20	13 51.01	17	32.67	311	13 50.579	13	52.78	265	14 58.900	52	75.52	309	14 61.566	30	24.82	238
30	50.84	28	35.78	288	50.592	26	55.43	253	58.848	115	78.61	290	61.596	5	27.20	230
Juni 9	50.56	38	38.66	258	50.566	64	57.96	234	58.733	174	81.51	264	61.591	40	29.50	215
19	50.18	47	41.24	221	50.502	98	60.30	209	58.559	228	84.15	230	61.551	72	31.65	194
29	49.71	54	43.45	177	50.404	131	62.39	178	58.331	276	86.45	190	61.479	103	33.59	168
Juli 9	49.17	60	45.22	129	50.273	161	64.17	144	58.055	316	88.35	146	61.376	131	35.27	139
19	48.57	65	46.51	79	50.112	185	65.61	106	57.739	350	89.81	99	61.245	155	36.66	106
29	47.92	69	47.30	27	49.927	204	66.67	65	57.389	374	90.80	48	61.090	174	37.72	71
Aug. 8	47.23	70	47.57	25	49.723	217	67.32	23	57.015	389	91.28	2	60.916	188	38.43	34
18	46.53	70	47.32	78	49.506	224	67.55	19	56.626	393	91.26	54	60.728	195	38.77	3
28	45.83	69	46.54	130	49.282	222	67.36	63	56.233	387	90.72	104	60.533	194	38.74	42
Sept. 7	45.14	65	45.24	178	49.060	211	66.73	105	55.846	368	89.68	153	60.339	186	38.32	80
17	44.49	59	43.46	224	48.849	191	65.68	146	55.478	337	88.15	200	60.153	168	37.52	118
27	43.90	53	41.22	266	48.658	162	64.22	185	55.141	295	86.15	242	59.985	141	36.34	154
Okt. 7	43.37	44	38.56	302	48.496	124	62.37	222	54.846	241	83.73	281	59.844	107	34.80	188
17	42.93	34	35.54	333	48.372	78	60.15	255	54.605	176	80.92	315	59.737	64	32.92	221
27	42.59	22	32.21	356	48.294	26	57.60	284	54.429	102	77.77	341	59.673	15	30.71	249
Nov. 6	42.37	9	28.65	372	48.268	31	54.76	305	54.327	21	74.36	361	59.658	37	28.22	272
16	42.28	4	24.93	377	48.299	89	51.71	321	54.306	63	70.75	371	59.695	92	25.50	289
26	42.32	17	21.16	373	48.388	147	48.50	328	54.369	147	67.04	371	59.787	146	22.61	299
Dez. 6	42.49	30	17.43	358	48.535	201	45.22	325	54.516	230	63.33	360	59.933	196	19.62	301
16	42.79	43	13.85	331	48.736	251	41.97	312	54.746	306	59.73	338	60.129	241	16.61	293
26	43.22	54	10.54	295	48.987	292	38.85	290	55.052	371	56.35	305	60.370	277	13.68	275
36	43.76		7.59		49.279		35.95		55.423		53.30		60.647		10.93	
Mittl. Ort	46.90		38.95		47.334		62.39		55.429		83.10		58.317		35.18	
sec δ, tg δ	+3.235		+ 3.077		+1.261		+ 0.768		+1.949		+ 1.672		+1.146		+ 0.560	
a, *a′*	−0.1		−12.8		+2.3		−12.7		+1.3		−12.6		+2.5		−12.5	
b, *b′*	−0.13		+ 0.77		−0.03		+ 0.77		−0.07		+ 0.78		−0.02		+ 0.78	

Scheinbare Sternörter 1955

Obere Kulmination Greenwich

Tag	573) ν^1 Bootis				578) α Coronae bor.				577) γ Librae				1410) 115 G. Lupi			
	AR.		Dekl.		AR.		Dekl.		AR.		Dekl.		AR.		Dekl.	
1955	15h 29m		+40° 58′		15h 32m		+26° 51′		15h 33m		−14° 38′		15h 33m		−44° 14′	
	s		″		s		″		s		″		s		″	
Jan. 1	18.202	319	52.60	279	46.693	292	41.74	259	0.452	305	29.47	128	6.639	397	46.06	4
11	18.521	345	49.81	238	46.985	315	39.15	229	0.757	323	30.75	135	7.036	420	46.10	36
21	18.866	363	47.43	191	47.300	327	36.86	191	1.080	330	32.10	136	7.456	430	46.46	66
31	19.229	369	45.52	135	47.627	331	34.95	145	1.410	330	33.46	131	7.886	431	47.12	93
Febr. 10	19.598	365	44.17	75	47.958	325	33.50	96	1.740	322	34.77	123	8.317	422	48.05	115
20	19.963	350	43.42	15	48.283	313	32.54	44	2.062	308	36.00	109	8.739	406	49.20	134
März 2	20.313	327	43.27	46	48.596	293	32.10	9	2.370	291	37.09	94	9.145	383	50.54	149
12	20.640	299	43.73	103	48.889	269	32.19	59	2.661	269	38.03	77	9.528	357	52.03	160
22	20.939	264	44.76	154	49.158	241	32.78	106	2.930	245	38.80	59	9.885	327	53.63	167
April 1	21.203	226	46.30	198	49.399	210	33.84	146	3.175	220	39.39	42	10.212	293	55.30	171
11	21.429	186	48.28	233	49.609	178	35.30	179	3.395	194	39.81	26	10.505	257	57.01	173
21	21.615	143	50.61	258	49.787	145	37.09	205	3.589	165	40.07	12	10.762	220	58.74	173
Mai 1	21.758	100	53.19	275	49.932	110	39.14	221	3.754	137	40.19	1	10.982	181	60.47	168
11	21.858	56	55.94	281	^{16}50.042	76	41.35	231	^{16}3.891	107	40.18	11	^{16}11.163	139	62.15	162
20	^{15}21.914	14	58.75	277	50.118	40	43.66	231	3.998	77	40.07	18	11.302	96	63.77	153
30	21.928	28	61.52	265	50.158	6	45.97	224	4.075	45	39.89	24	11.398	51	65.30	141
Juni 9	21.900	68	64.17	246	50.164	28	48.21	211	4.120	13	39.65	30	11.449	6	66.71	125
19	21.832	105	66.63	220	50.136	61	50.32	192	4.133	18	39.35	33	11.455	38	67.96	108
29	21.727	141	68.83	189	50.075	92	52.24	169	4.115	50	39.02	37	11.417	81	69.04	86
Juli 9	21.586	172	70.72	152	49.983	121	53.93	140	4.065	79	38.65	40	11.336	121	69.90	62
19	21.414	198	72.24	112	49.862	146	55.33	110	3.986	106	38.25	42	11.215	157	70.52	36
29	21.216	220	73.36	70	49.716	166	56.43	76	3.880	127	37.83	44	11.058	187	70.88	7
Aug. 8	20.996	234	74.06	26	49.550	181	57.19	41	3.753	144	37.39	45	10.871	207	70.95	22
18	20.762	242	74.32	18	49.369	189	57.60	5	3.609	154	36.94	46	10.664	219	70.73	51
28	20.520	240	74.14	63	49.180	190	57.65	32	3.455	156	36.48	46	10.445	220	70.22	79
Sept. 7	20.280	230	73.51	108	48.990	183	57.33	69	3.299	149	36.02	43	10.225	209	69.43	105
17	20.050	210	72.43	150	48.807	166	56.64	105	3.150	133	35.59	38	10.016	185	68.38	128
27	19.840	181	70.93	191	48.641	141	55.59	141	3.017	107	35.21	31	9.831	150	67.10	145
Okt. 7	19.659	142	69.02	229	48.500	108	54.18	176	2.910	73	34.90	20	9.681	102	65.65	157
17	19.517	95	66.73	264	48.392	66	52.42	207	2.837	31	34.70	7	9.579	46	64.08	161
27	19.422	42	64.09	293	48.326	18	50.35	236	2.806	16	34.63	10	9.533	17	62.47	159
Nov. 6	19.380	17	61.16	315	48.308	33	47.99	260	2.822	67	34.73	29	9.550	85	60.88	149
16	19.397	77	58.01	331	48.341	87	45.39	278	2.889	118	35.02	49	9.635	154	59.39	131
26	19.474	139	54.70	337	48.428	140	42.61	289	3.007	169	35.51	70	9.789	219	58.08	109
Dez. 6	19.613	196	51.33	335	48.568	189	39.72	293	3.176	215	36.21	89	10.008	280	56.99	81
16	19.809	248	47.98	322	48.757	234	36.79	287	3.391	255	37.10	107	10.288	331	56.18	50
26	20.057	293	44.76	297	48.991	270	33.92	272	3.646	287	38.17	121	10.619	372	55.68	18
36	20.350		41.79		49.261		31.20		3.933		39.38		10.991		55.50	
Mittl. Ort	18.661		68.10		46.854		54.22		0.258		27.26		6.533		50.75	
sec δ, tg δ	+1.325		+ 0.869		+1.121		+ 0.507		+1.034		− 0.261		+1.396		− 0.974	
a, *a′*	+2.2		−12.2		+2.5		−12.0		+3.4		−12.0		+4.1		−12.0	
b, *b′*	−0.04		+ 0.79		−0.02		+ 0.80		+0.01		+ 0.80		+0.04		+ 0.80	

Scheinbare Sternörter 1955

Obere Kulmination Greenwich

Tag	582) α Serpentis AR.		582) α Serpentis Dekl.		583) β Serpentis AR.		583) β Serpentis Dekl.		590) ζ Ursae min. AR.		590) ζ Ursae min. Dekl.		584) κ Serpentis AR.		584) κ Serpentis Dekl.	
1955	15h 42m		+6° 33′		15h 44m		+15° 33′		15h 45m		+77° 55′		15h 46m		+18° 16′	
	s		″		s		″		s		″		s		″	
Jan. 1	2.982	281	50.01	204	6.470	278	31.69	233	31.74	74	43.51	280	42.630	277	35.79	241
11	3.263	300	47.97	192	6.748	300	29.36	213	32.48	89	40.71	231	42.907	299	33.38	219
21	3.563	311	46.05	171	7.048	312	27.23	184	33.37	99	38.40	173	43.206	313	31.19	188
31	3.874	313	44.34	145	7.360	315	25.39	150	34.36	105	36.67	110	43.519	317	29.31	151
Febr. 10	4.187	308	42.89	114	7.675	312	23.89	110	35.41	108	35.57	43	43.836	313	27.80	110
20	4.495	297	41.75	79	7.987	301	22.79	66	36.49	107	35.14	26	44.149	303	26.70	64
März 2	4.792	280	40.96	43	8.288	284	22.13	23	37.56	101	35.40	92	44.452	287	26.06	17
12	5.072	260	40.53	6	8.572	263	21.90	21	38.57	93	36.32	153	44.739	267	25.89	29
22	5.332	237	40.47	28	8.835	240	22.11	62	39.50	82	37.85	208	45.006	243	26.18	71
April 1	5.569	213	40.75	59	9.075	214	22.73	98	40.32	67	39.93	254	45.249	217	26.89	109
11	5.782	186	41.34	87	9.289	186	23.71	129	40.99	51	42.47	289	45.466	188	27.98	141
21	5.968	158	42.21	108	9.475	157	25.00	154	41.50	33	45.36	313	45.654	159	29.39	167
Mai 1	6.126	130	43.29	124	9.632	127	26.54	171	41.83	16	48.49	326	45.813	127	31.06	184
11	18 6.256	100	44.53	135	19 9.759	95	28.25	182	19 41.99	3	51.75	328	19 45.940	96	32.90	196
20	6.356	69	45.88	140	9.854	64	30.07	185	41.96	21	55.03	320	46.036	63	34.86	199
30	6.425	39	47.28	141	9.918	31	31.92	184	41.75	38	58.23	301	46.099	31	36.85	196
Juni 9	6.464	7	48.69	136	9.949	1	33.76	176	41.37	53	61.24	274	46.130	3	38.81	188
19	6.471	24	50.05	128	9.948	33	35.52	163	40.84	68	63.98	241	46.127	36	40.69	174
29	6.447	54	51.33	118	9.915	64	37.15	147	40.16	80	66.39	200	46.091	67	42.43	156
Juli 9	6.393	82	52.51	104	9.851	93	38.62	127	39.36	90	68.39	155	46.024	96	43.99	134
19	6.311	108	53.55	88	9.758	119	39.89	104	38.46	99	69.94	106	45.928	123	45.33	110
29	6.203	130	54.43	71	9.639	141	40.93	79	37.47	105	71.00	56	45.805	145	46.43	83
Aug. 8	6.073	147	55.14	52	9.498	157	41.72	53	36.42	109	71.56	4	45.660	162	47.26	54
18	5.926	157	55.66	32	9.341	168	42.25	25	35.33	111	71.60	49	45.498	173	47.80	24
28	5.769	160	55.98	12	9.173	171	42.50	3	34.22	109	71.11	100	45.325	177	48.04	6
Sept. 7	5.609	155	56.10	11	9.002	166	42.47	32	33.13	105	70.11	149	45.148	172	47.98	38
17	5.454	141	55.99	33	8.836	153	42.15	63	32.08	98	68.62	197	44.976	158	47.60	70
27	5.313	119	55.66	57	8.683	130	41.52	92	31.10	90	66.65	240	44.818	136	46.90	101
Okt. 7	5.194	88	55.09	82	8.553	99	40.60	121	30.20	79	64.25	279	44.682	105	45.89	132
17	5.106	49	54.27	106	8.454	60	39.39	151	29.41	64	61.46	312	44.577	66	44.57	162
27	5.057	5	53.21	131	8.394	15	37.88	177	28.77	48	58.34	340	44.511	22	42.95	190
Nov. 6	5.052	44	51.90	153	8.379	33	36.11	201	28.29	31	54.94	359	44.489	27	41.05	214
16	5.096	93	50.37	173	8.412	84	34.10	222	27.98	11	51.35	369	44.516	79	38.91	235
26	5.189	142	48.64	190	8.496	134	31.88	237	27.87	8	47.66	369	44.595	130	36.56	249
Dez. 6	5.331	188	46.74	203	8.630	181	29.51	245	27.95	28	43.97	359	44.725	177	34.07	257
16	5.519	228	44.71	208	8.811	223	27.06	247	28.23	47	40.38	338	44.902	220	31.50	258
26	5.747	262	42.63	207	9.034	258	24.59	240	28.70	65	37.00	305	45.122	256	28.92	250
36	6.009		40.56		9.292		22.19		29.35		33.95		45.378		26.42	
Mittl. Ort	2.936		57.38		6.524		41.10		37.17		61.64		42.731		45.71	
sec δ, tg δ	+1.007		+ 0.115		+1.038		+ 0.278		+4.784		+ 4.678		+1.053		+ 0.330	
a, *a′*	+2.9		−11.3		+2.8		−11.2		−2.1		−11.1		+2.7		−11.0	
b, *b′*	0.00		+ 0.82		−0.01		+ 0.83		−0.17		+ 0.83		−0.01		+ 0.84	

Scheinbare Sternörter 1955

Obere Kulmination Greenwich

Tag	585) μ Serpentis AR.		585) μ Serpentis Dekl.		588) ε Serpentis AR.		588) ε Serpentis Dekl.	
1955	15h 47m		−3° 17′		15h 48m		+4° 36′	
	s		″		s		″	
Jan. 1	16.208	283	42.89	168	34.240	277	36.11	196
11	16.491	302	44.57	163	34.517	298	34.15	185
21	16.793	313	46.20	153	34.815	309	32.30	168
31	17.106	316	47.73	137	35.124	312	30.62	144
Febr. 10	17.422	310	49.10	116	35.436	308	29.18	115
20	17.732	300	50.26	91	35.744	298	28.03	81
März 2	18.032	285	51.17	64	36.042	283	27.22	47
12	18.317	265	51.81	36	36.325	264	26.75	12
22	18.582	244	52.17	10	36.589	241	26.63	21
April 1	18.826	220	52.27	16	36.830	218	26.84	51
11	19.046	195	52.11	38	37.048	192	27.35	78
21	19.241	168	51.73	56	37.240	165	28.13	99
Mai 1	19.409	141	51.17	71	37.405	137	29.12	115
11	19.550	112	50.46	81	37.542	108	30.27	126
20*	[19] 19.662	82	49.65	87	[20] 37.650	77	31.53	132
30	19.744	51	48.78	91	37.727	46	32.85	133
Juni 9	19.795	19	47.87	90	37.773	14	34.18	129
19	19.814	13	46.97	87	37.787	17	35.47	123
29	19.801	44	46.10	83	37.770	48	36.70	113
Juli 9	19.757	73	45.27	77	37.722	78	37.83	101
19	19.684	101	44.50	68	37.644	104	38.84	87
29	19.583	123	43.82	60	37.540	127	39.71	70
Aug. 8	19.460	141	43.22	50	37.413	145	40.41	54
18	19.319	153	42.72	39	37.268	156	40.95	36
28	19.166	157	42.33	28	37.112	160	41.31	16
Sept. 7	19.009	153	42.05	14	36.952	156	41.47	4
17	18.856	140	41.91	0	36.796	144	41.43	25
27	18.716	117	41.91	17	36.652	122	41.18	47
Okt. 7	18.599	86	42.08	34	36.530	91	40.71	71
17	18.513	48	42.42	53	36.439	54	40.00	94
27	18.465	3	42.95	74	36.385	9	39.06	118
Nov. 6	18.462	45	43.69	95	36.376	39	37.88	140
16	18.507	95	44.64	115	36.415	88	36.48	160
26	18.602	145	45.79	133	36.503	137	34.88	178
Dez. 6	18.747	190	47.12	148	36.640	184	33.10	191
16	18.937	230	48.60	160	36.824	224	31.19	197
26	19.167	263	50.20	166	37.048	257	29.22	199
36	19.430		51.86		37.305		27.23	
Mittl. Ort	16.114		38.06		34.205		42.81	
sec δ, tg δ	+1.002		− 0.058		+1.003		+ 0.081	
a, *a′*	+3.1		−11.0		+3.0		−10.9	
b, *b′*	0.00		+ 0.84		0.00		+ 0.84	

Tag	589) β Triang. austr. AR.		589) β Triang. austr. Dekl.		593) ε Coronae bor. AR.		593) ε Coronae bor. Dekl.	
1955	15h 51m		−63° 17′		15h 55m		+27° 0′	
	s		″		s		″	
Jan. 1	8.98	56	30.57	94	43.058	275	13.99	265
11	9.54	61	29.63	51	43.333	301	11.34	237
21	10.15	63	29.12	9	43.634	317	8.97	201
31	10.78	65	29.03	34	43.951	326	6.96	157
Febr. 10	11.43	64	29.37	73	44.277	325	5.39	108
20	12.07	62	30.10	110	44.602	316	4.31	56
März 2	12.69	61	31.20	142	44.918	302	3.75	2
12	13.30	57	32.62	171	45.220	281	3.73	49
22	13.87	52	34.33	196	45.501	257	4.22	98
April 1	14.39	47	36.29	216	45.758	230	5.20	140
11	14.86	42	38.45	232	45.988	199	6.60	177
21	15.28	36	40.77	242	46.187	167	8.37	205
Mai 1	15.64	29	43.19	249	46.354	134	10.42	225
11	15.93	23	45.68	250	46.488	98	12.67	236
20*	[20] 16.16	15	48.18	245	[22] 46.586	63	15.03	240
30	16.31	7	50.63	236	46.649	27	17.43	235
Juni 9	16.38	0	52.99	220	46.676	9	19.78	225
19	16.38	7	55.19	200	46.667	44	22.03	207
29	16.31	15	57.19	174	46.623	79	24.10	185
Juli 9	16.16	22	58.93	142	46.544	110	25.95	158
19	15.94	27	60.35	106	46.434	138	27.53	128
29	15.67	32	61.41	66	46.296	163	28.81	94
Aug. 8	15.35	37	62.07	23	46.133	182	29.75	60
18	14.98	38	62.30	21	45.951	194	30.35	23
28	14.60	39	62.09	65	45.757	198	30.58	14
Sept. 7	14.21	37	61.44	108	45.559	194	30.44	51
17	13.84	34	60.36	148	45.365	182	29.93	89
27	13.50	29	58.88	183	45.183	159	29.04	126
Okt. 7	13.21	22	57.05	211	45.024	129	27.78	162
17	12.99	13	54.94	231	44.895	89	26.16	195
27	12.86	4	52.63	242	44.806	43	24.21	225
Nov. 6	12.82	6	50.21	243	44.763	7	21.96	252
16	12.88	17	47.78	235	44.770	60	19.44	272
26	13.05	27	45.43	217	44.830	114	16.72	286
Dez. 6	13.32	37	43.26	191	44.944	165	13.86	292
16	13.69	45	41.35	158	45.109	212	10.94	289
26	14.14	52	39.77	121	45.321	251	8.05	277
36	14.66		38.56		45.572		5.28	
Mittl. Ort	9.41		37.93		43.341		25.27	
sec δ, tg δ	+2.225		− 1.988		+1.122		+ 0.510	
a, *a′*	+5.3		−10.7		+2.5		−10.3	
b, *b′*	+0.07		+ 0.85		−0.02		+ 0.86	

* Bei Stern 593) lies Mai 21.

Obere Kulmination Greenwich

Tag	594) δ Scorpii AR.		594) δ Scorpii Dekl.		598) ϑ Draconis AR.		598) ϑ Draconis Dekl.		597) β Scorpii *pr* AR.		597) β Scorpii *pr* Dekl.		603) δ Ophiuchi AR.		603) δ Ophiuchi Dekl.	
1955	15h 57m		−22° 29′		16h 1m		+58° 40′		16h 2m		−19° 41′		16h 11m		−3° 34′	
	s		″		s		″		s		″		s		″	
Jan. 1	40.177	304	42.97	80	0.861	353	49.99	306	49.048	295	2.62	90	59.055	268	52.00	159
11	40.481	326	43.77	92	1.214	406	46.93	263	49.343	318	3.52	99	59.323	290	53.59	155
21	40.807	338	44.69	101	1.620	446	44.30	211	49.661	330	4.51	105	59.613	304	55.14	145
31	41.145	342	45.70	104	2.066	472	42.19	151	49.991	335	5.56	106	59.917	310	56.59	130
Febr. 10	41.487	339	46.74	105	2.538	482	40.68	85	50.326	332	6.62	103	60.227	310	57.89	110
20	41.826	329	47.79	101	3.020	477	39.83	18	50.658	324	7.65	96	60.537	304	58.99	85
März 2	42.155	314	48.80	93	3.497	458	39.65	50	50.982	310	8.61	86	60.841	293	59.84	59
12	42.469	296	49.73	85	3.955	426	40.15	114	51.292	293	9.47	75	61.134	277	60.43	32
22	42.765	275	50.58	75	4.381	384	41.29	172	51.585	273	10.22	62	61.411	258	60.75	4
April 1	43.040	252	51.33	65	4.765	333	43.01	223	51.858	251	10.84	49	61.669	238	60.79	20
11	43.292	226	51.98	54	5.098	276	45.24	265	52.109	226	11.33	38	61.907	215	60.59	43
21	43.518	199	52.52	44	5.374	213	47.89	296	52.335	200	11.71	27	62.122	191	60.16	61
Mai 1	43.717	170	52.96	37	5.587	147	50.85	316	52.535	171	11.98	18	62.313	163	59.55	76
11	43.887	139	53.33	29	5.734	79	54.01	326	52.706	141	12.16	10	62.476	135	58.79	87
21	44.026	107	53.62	22	5.813	12	57.27	325	52.847	110	12.26	4	62.611	105	57.92	93
30	(22) 44.133	73	53.84	16	(23) 5.825	55	60.52	314	(23) 52.957	76	12.30	0	(26) 62.716	74	56.99	95
Juni 9	44.206	37	54.00	11	5.770	119	63.66	294	53.033	41	12.30	6	62.790	40	56.04	95
19	44.243	1	54.11	5	5.651	179	66.60	267	53.074	5	12.24	10	62.830	6	55.09	92
29	44.244	35	54.16	2	5.472	235	69.27	232	53.079	30	12.14	14	62.836	27	54.17	86
Juli 9	44.209	68	54.14	9	5.237	284	71.59	192	53.049	64	12.00	19	62.809	59	53.31	79
19	44.141	100	54.05	15	4.953	327	73.51	148	52.985	95	11.81	23	62.750	90	52.52	71
29	44.041	127	53.90	24	4.626	362	74.99	100	52.890	123	11.58	28	62.660	117	51.81	62
Aug. 8	43.914	149	53.66	32	4.264	387	75.99	51	52.767	145	11.30	33	62.543	138	51.19	51
18	43.765	163	53.34	39	3.877	402	76.50	1	52.622	160	10.97	38	62.405	153	50.68	40
28	43.602	169	52.95	47	3.475	405	76.49	52	52.462	167	10.59	43	62.252	162	50.28	29
Sept. 7	43.433	166	52.48	52	3.070	397	75.97	102	52.295	165	10.16	46	62.090	161	49.99	16
17	43.267	153	51.96	56	2.673	376	74.95	152	52.130	152	9.70	47	61.929	152	49.83	2
27	43.114	129	51.40	57	2.297	342	73.43	199	51.978	130	9.23	45	61.777	132	49.81	13
Okt. 7	42.985	96	50.83	55	1.955	295	71.44	243	51.848	99	8.78	41	61.645	105	49.94	30
17	42.889	55	50.28	48	1.660	237	69.01	281	51.749	59	8.37	33	61.540	69	50.24	48
27	42.834	7	49.80	38	1.423	169	66.20	315	51.690	12	8.04	22	61.471	25	50.72	68
Nov. 6	42.827	46	49.42	24	1.254	92	63.05	341	51.678	40	7.82	8	61.446	22	51.40	87
16	42.873	100	49.18	7	1.162	10	59.64	359	51.718	92	7.74	9	61.468	71	52.27	106
26	42.973	153	49.11	12	1.152	75	56.05	367	51.810	145	7.83	28	61.539	121	53.33	124
Dez. 6	43.126	203	49.23	32	1.227	159	52.38	366	51.955	194	8.11	46	61.660	168	54.57	139
16	43.329	247	49.55	51	1.386	239	48.72	352	52.149	238	8.57	64	61.828	210	55.96	150
26	43.576	282	50.06	69	1.625	311	45.20	326	52.387	273	9.21	80	62.038	245	57.46	157
36	43.858		50.75		1.936		41.94		52.660		10.01		62.283		59.03	
Mittl. Ort	40.069		42.73		2.460		65.59		48.959		1.76		59.051		47.76	
sec δ, tg δ	+1.082		− 0.414		+1.924		+1.644		+1.062		−0.358		+1.002		−0.063	
a, *a′*	+3.5		−10.2		+1.2		−9.9		+3.5		−9.8		+3.1		−9.1	
b, *b′*	+0.01		+ 0.86		−0.05		+0.87		+0.01		+0.87		0.00		+0.89	

Scheinbare Sternörter 1955

Obere Kulmination Greenwich

Tag	606) 19 Ursae min. AR.		606) Dekl.		605) ε Ophiuchi AR.		605) Dekl.	
1955	16h 11m		+75° 59′		16h 15m		−4° 35′	
	s		″		s		″	
Jan. 1	59.59	58	14.32	303	56.220	265	7.30	152
11	60.17	71	11.29	259	56.485	289	8.82	150
21	60.88	82	8.70	206	56.774	303	10.32	141
31	61.70	88	6.64	146	57.077	311	11.73	126
Febr. 10	62.58	93	5.18	80	57.388	311	12.99	108
20	63.51	94	4.38	12	57.699	305	14.07	84
März 2	64.45	91	4.26	56	58.004	294	14.91	59
12	65.36	86	4.82	121	58.298	279	15.50	32
22	66.22	78	6.03	179	58.577	262	15.82	7
April 1	67.00	66	7.82	230	58.839	242	15.89	18
11	67.66	54	10.12	272	59.081	219	15.71	40
21	68.20	40	12.84	303	59.300	195	15.31	58
Mai 1	68.60	24	15.87	323	59.495	168	14.73	72
11	68.84	9	19.10	332	59.663	140	14.01	82
21	68.93	7	22.42	330	59.803	110	13.19	89
30	26 68.86	22	25.72	319	27 59.913	78	12.30	92
Juni 9	68.64	36	28.91	298	59.991	44	11.38	91
19	68.28	50	31.89	269	60.035	10	10.47	88
29	67.78	61	34.58	234	60.045	23	9.59	83
Juli 9	67.17	72	36.92	193	60.022	57	8.76	77
19	66.45	81	38.85	147	59.965	87	7.99	69
29	65.64	87	40.32	98	59.878	114	7.30	61
Aug. 8	64.77	93	41.30	48	59.764	137	6.69	51
18	63.84	96	41.78	4	59.627	153	6.18	41
28	62.88	96	41.74	57	59.474	162	5.77	30
Sept. 7	61.92	94	41.17	107	59.312	162	5.47	18
17	60.98	90	40.10	157	59.150	152	5.29	6
27	60.08	84	38.53	204	58.998	135	5.23	9
Okt. 7	59.24	75	36.49	247	58.863	107	5.32	25
17	58.49	64	34.02	285	58.756	71	5.57	42
27	57.85	50	31.17	318	58.685	29	5.99	61
Nov. 6	57.35	36	27.99	344	58.656	19	6.60	80
16	56.99	20	24.55	360	58.675	69	7.40	99
26	56.79	2	20.95	368	58.744	118	8.39	116
Dez. 6	56.77	16	17.27	365	58.862	165	9.55	131
16	56.93	32	13.62	350	59.027	208	10.86	143
26	57.25	48	10.12	325	59.235	243	12.29	150
36	57.73		6.87		59.478		13.79	
Mittl. Ort	64.66		29.98		56.223		3.35	
sec δ, tg δ	+4.131		+4.008		+1.003		−0.080	
a, *a′*	−1.7		−9.1		+3.2		−8.8	
b, *b′*	−0.12		+0.89		0.00		+0.90	

Tag	604) γ² Normae AR.		604) Dekl.		608) τ Herculis AR.		608) Dekl.	
1955	16h 16m		−50° 2′		16h 18m		+46° 24′	
	s		″		s		″	
Jan. 1	27.591	395	45.04	67	22.168	282	57.92	309
11	27.986	431	44.37	36	22.450	324	54.83	273
21	28.417	455	44.01	4	22.774	354	52.10	227
31	28.872	466	43.97	26	23.128	375	49.83	174
Febr. 10	29.338	469	44.23	54	23.503	384	48.09	114
20	29.807	462	44.77	79	23.887	382	46.95	51
März 2	30.269	447	45.56	100	24.269	371	46.44	14
12	30.716	428	46.56	120	24.640	351	46.58	76
22	31.144	402	47.76	137	24.991	323	47.34	134
April 1	31.546	372	49.13	149	25.314	290	48.68	187
11	31.918	338	50.62	160	25.604	251	50.55	230
21	32.256	300	52.22	168	25.855	208	52.85	264
Mai 1	32.556	259	53.90	173	26.063	162	55.49	290
11	32.815	213	55.63	175	26.225	114	58.39	304
21	33.028	164	57.38	174	26.339	65	61.43	308
30	27 33.192	113	59.12	169	27 26.404	16	64.51	303
Juni 9	33.305	58	60.81	160	26.420	34	67.54	290
19	33.363	4	62.41	147	26.386	82	70.44	268
29	33.367	50	63.88	130	26.304	127	73.12	240
Juli 9	33.317	102	65.18	110	26.177	169	75.52	205
19	33.215	151	66.28	84	26.008	207	77.57	167
29	33.064	193	67.12	56	25.801	240	79.24	125
Aug. 8	32.871	226	67.68	25	25.561	264	80.49	80
18	32.645	250	67.93	7	25.297	282	81.29	32
28	32.395	261	67.86	41	25.015	290	81.61	15
Sept. 7	32.134	260	67.45	74	24.725	288	81.46	63
17	31.874	243	66.71	105	24.437	276	80.83	111
27	31.631	213	65.66	132	24.161	253	79.72	157
Okt. 7	31.418	169	64.34	154	23.908	219	78.15	201
17	31.249	113	62.80	170	23.689	176	76.14	241
27	31.136	48	61.10	179	23.513	123	73.73	277
Nov. 6	31.088	25	59.31	181	23.390	63	70.96	306
16	31.113	100	57.50	174	23.327	0	67.90	330
26	31.213	175	55.76	161	23.327	67	64.60	344
Dez. 6	31.388	245	54.15	141	23.394	132	61.16	348
16	31.633	309	52.74	116	23.526	193	57.68	342
26	31.942	363	51.58	87	23.719	249	54.26	325
36	32.305		50.71		23.968		51.01	
Mittl. Ort	27.758		49.70		23.144		70.74	
sec δ, tg δ	+1.557		−1.194		+1.451		+1.051	
a, *a′*	+4.5		−8.7		+1.8		−8.6	
b, *b′*	+0.03		+0.90		−0.03		+0.90	

Obere Kulmination Greenwich

Tag	609) γ Herculis				611) γ Apodis				616) α Scorpii				619) A Draconis			
	AR.		Dekl.		AR.		Dekl.		AR.		Dekl.		AR.		Dekl.	
1955	16h 19m		+19° 15′		16h 26m		−78° 47′		16h 26m		−26° 20′		16h 27m		+68° 51′	
	s		″		s		″		s		″		s		″	
Jan. 1	55.711	252	18.68	246	26.15	107	53.13	194	38.652	292	1.40	41	60.41	39	42.07	321
11	55.963	279	16.22	226	27.22	121	51.19	151	38.944	318	1.81	55	60.80	48	38.86	280
21	56.242	298	13.96	197	28.43	130	49.68	104	39.262	336	2.36	66	61.28	56	36.06	231
31	56.540	309	11.99	161	29.73	137	48.64	56	39.598	345	3.02	74	61.84	61	33.75	172
Febr. 10	56.849	312	10.38	119	31.10	140	48.08	7	39.943	347	3.76	77	62.45	64	32.03	108
20	57.161	308	9.19	73	32.50	141	48.01	41	40.290	342	4.53	78	63.09	66	30.95	40
März 2	57.469	297	8.46	26	33.91	138	48.42	86	40.632	332	5.31	76	63.75	64	30.55	28
12	57.766	283	8.20	21	35.29	132	49.28	128	40.964	319	6.07	71	64.39	61	30.83	95
22	58.049	263	8.41	67	36.61	125	50.56	166	41.283	301	6.78	66	65.00	56	31.78	157
April 1	58.312	241	9.08	108	37.86	116	52.22	201	41.584	281	7.44	60	65.56	50	33.35	212
11	58.553	217	10.16	143	39.02	104	54.23	231	41.865	258	8.04	54	66.06	42	35.47	258
21	58.770	188	11.59	172	40.06	90	56.54	255	42.123	233	8.58	49	66.48	33	38.05	294
Mai 1	58.958	159	13.31	193	40.96	75	59.09	274	42.356	205	9.07	44	66.81	24	40.99	318
11	59.117	128	15.24	208	41.71	59	61.83	287	42.561	174	9.51	40	67.05	13	44.17	333
21	59.245	94	17.32	214	42.30	42	64.70	293	42.735	140	9.91	36	67.18	4	47.50	337
30	(28) 59.339	60	19.46	213	(29) 42.72	23	67.63	293	(29) 42.875	104	10.27	33	(30) 67.22	7	50.87	330
Juni 9	59.399	25	21.59	207	42.95	4	70.56	284	42.979	66	10.60	29	67.15	17	54.17	313
19	59.424	11	23.66	195	42.99	14	73.40	270	43.045	27	10.89	25	66.98	26	57.30	289
29	59.413	46	25.61	178	42.85	32	76.10	247	43.072	12	11.14	19	66.72	34	60.19	258
Juli 9	59.367	80	27.39	157	42.53	49	78.57	217	43.060	51	11.33	13	66.38	43	62.77	220
19	59.287	111	28.96	132	42.04	64	80.74	181	43.009	87	11.46	5	65.95	49	64.97	176
29	59.176	138	30.28	105	41.40	78	82.55	138	42.922	120	11.51	4	65.46	54	66.73	129
Aug. 8	59.038	160	31.33	76	40.62	88	83.93	90	42.802	147	11.47	14	64.92	59	68.02	79
18	58.878	177	32.09	45	39.74	95	84.83	38	42.655	167	11.33	24	64.33	62	68.81	29
28	58.701	185	32.54	13	38.79	99	85.21	15	42.488	179	11.09	35	63.71	63	69.10	24
Sept. 7	58.516	186	32.67	20	37.80	98	85.06	69	42.309	180	10.74	45	63.08	63	68.86	77
17	58.330	177	32.47	52	36.82	92	84.37	123	42.129	171	10.29	54	62.45	60	68.09	128
27	58.153	159	31.95	86	35.90	84	83.14	172	41.958	152	9.75	59	61.85	57	66.81	177
Okt. 7	57.994	133	31.09	118	35.06	70	81.42	216	41.806	122	9.16	63	61.28	51	65.04	223
17	57.861	97	29.91	149	34.36	53	79.26	252	41.684	82	8.53	63	60.77	43	62.81	265
27	57.764	54	28.42	179	33.83	34	76.74	279	41.602	36	7.90	58	60.34	35	60.16	302
Nov. 6	57.710	7	26.63	206	33.49	12	73.95	295	41.566	17	7.32	49	59.99	25	57.14	332
16	57.703	43	24.57	228	33.37	11	71.00	302	41.583	72	6.83	37	59.74	14	53.82	354
26	57.746	94	22.29	245	33.48	34	67.98	296	41.655	127	6.46	22	59.60	2	50.28	367
Dez. 6	57.840	144	19.84	256	33.82	57	65.02	279	41.782	180	6.24	5	59.58	10	46.61	369
16	57.984	189	17.28	258	34.39	77	62.23	254	41.962	227	6.19	12	59.68	22	42.92	360
26	58.173	229	14.70	254	35.16	96	59.69	220	42.189	267	6.31	30	59.90	32	39.32	339
36	58.402		12.16		36.12		57.49		42.456		6.61		60.22		35.93	
Mittl. Ort	55.967		27.20		28.86		60.52		38.646		1.84		63.60		55.91	
sec δ, tg δ	+1.059		+0.349		+5.148		−5.050		+1.116		−0.495		+2.773		+2.587	
a, a′	+2.7		−8.5		+9.3		−8.0		+3.7		−7.9		−0.1		−7.8	
b, b′	−0.01		+0.91		+0.13		+0.92		+0.01		+0.92		−0.07		+0.92	

Scheinbare Sternörter 1955

Obere Kulmination Greenwich

Tag	618) β Herculis AR.		618) β Herculis Dekl.		1432) Pi 16h 140 Draco AR.		1432) Pi 16h 140 Draco Dekl.		621) σ Herculis AR.		621) σ Herculis Dekl.		622) ζ Ophiuchi AR.		622) ζ Ophiuchi Dekl.	
1955	16h 28m		+21° 34′		16h 31m		+60° 54′		16h 32m		+42° 31′		16h 34m		−10° 28′	
	s		″		s		″		s		″		s		″	
Jan. 1	16.674	245	62.54	254	45.07	32	48.65	325	38.111	258	32.74	308	40.625	258	41.63	116
11	16.919	275	60.00	233	45.39	38	45.40	287	38.369	299	29.66	277	40.883	283	42.79	119
21	17.194	295	57.67	203	45.77	44	42.53	239	38.668	330	26.89	235	41.166	301	43.98	115
31	17.489	308	55.64	167	46.21	48	40.14	182	38.998	350	24.54	184	41.467	312	45.13	107
Febr. 10	17.797	312	53.97	123	46.69	50	38.32	119	39.348	362	22.70	128	41.779	314	46.20	94
20	18.109	310	52.74	75	47.19	50	37.13	52	39.710	363	21.42	67	42.093	311	47.14	78
März 2	18.419	302	51.99	26	47.69	50	36.61	16	40.073	355	20.75	4	42.404	304	47.92	58
12	18.721	288	51.73	23	48.19	47	36.77	83	40.428	340	20.71	58	42.708	291	48.50	38
22	19.009	270	51.96	71	48.66	44	37.60	145	40.768	318	21.29	116	42.999	277	48.88	17
April 1	19.279	248	52.67	113	49.10	39	39.05	200	41.086	289	22.45	168	43.276	259	49.05	2
11	19.527	224	53.80	151	49.49	34	41.05	248	41.375	255	24.13	214	43.535	238	49.03	20
21	19.751	196	55.31	181	49.83	28	43.53	285	41.630	217	26.27	250	43.773	216	48.83	34
Mai 1	19.947	167	57.12	204	50.11	21	46.38	312	41.847	177	28.77	277	43.989	190	48.49	47
11	20.114	134	59.16	219	50.32	13	49.50	328	42.024	134	31.54	295	44.179	162	48.02	55
21	20.248	101	61.35	226	50.45	6	52.78	334	42.158	88	34.49	302	44.341	132	47.47	60
30*	[30] 20.349	65	63.61	227	[31] 50.51	1	56.12	329	[31] 42.246	41	37.51	300	[31] 44.473	100	46.87	63
Juni 9	20.414	29	65.88	220	50.50	8	59.41	315	42.287	5	40.51	289	44.573	65	46.24	64
19	20.443	8	68.08	207	50.42	15	62.56	293	42.282	52	43.40	271	44.638	29	45.60	62
29	20.435	44	70.15	190	50.27	22	65.49	263	42.230	97	46.11	246	44.667	7	44.98	59
Juli 9	20.391	79	72.05	168	50.05	28	68.12	226	42.133	138	48.57	215	44.660	43	44.39	55
19	20.312	111	73.73	142	49.77	33	70.38	184	41.995	177	50.72	180	44.617	76	43.84	51
29	20.201	140	75.15	114	49.44	38	72.22	140	41.818	210	52.52	139	44.541	107	43.33	47
Aug. 8	20.061	163	76.29	83	49.06	41	73.62	91	41.608	237	53.91	96	44.434	133	42.86	42
18	19.898	181	77.12	50	48.65	44	74.53	40	41.371	257	54.87	52	44.301	152	42.44	37
28	19.717	191	77.62	17	48.21	45	74.93	12	41.114	268	55.39	5	44.149	164	42.07	32
Sept. 7	19.526	193	77.79	18	47.76	45	74.81	63	40.846	270	55.44	41	43.985	167	41.75	25
17	19.333	186	77.61	52	47.31	43	74.18	115	40.576	261	55.03	88	43.818	161	41.50	19
27	19.147	168	77.09	87	46.88	40	73.03	164	40.315	241	54.15	134	43.657	144	41.31	10
Okt. 7	18.979	142	76.22	122	46.48	37	71.39	211	40.074	212	52.81	177	43.513	119	41.21	0
17	18.837	109	75.00	154	46.11	31	69.28	254	39.862	172	51.04	219	43.394	84	41.21	12
27	18.728	66	73.46	185	45.80	24	66.74	292	39.690	124	48.85	255	43.310	42	41.33	27
Nov. 6	18.662	18	71.61	213	45.56	16	63.82	324	39.566	69	46.30	287	43.268	4	41.60	43
16	18.644	32	69.48	236	45.40	8	60.58	348	39.497	9	43.43	313	43.272	54	42.03	58
26	18.676	83	67.12	253	45.32	1	57.10	363	39.488	53	40.30	330	43.326	105	42.61	74
Dez. 6	18.759	133	64.59	265	45.33	10	53.47	367	39.541	114	37.00	337	43.431	153	43.35	90
16	18.892	180	61.94	267	45.43	19	49.80	361	39.655	173	33.63	335	43.584	197	44.25	103
26	19.072	221	59.27	262	45.62	26	46.19	342	39.828	227	30.28	322	43.781	234	45.28	112
36	19.293		56.65		45.88		42.77		40.055		27.06		44.015		46.40	
Mittl. Ort	17.000		71.03		47.14		61.69		39.001		43.96		40.659		39.16	
sec δ, tg δ	+1.075		+0.396		+2.057		+1.798		+1.357		+0.917		+1.017		−0.185	
a, a′	+2.6		−7.8		+0.8		−7.5		+1.9		−7.5		+3.3		−7.3	
b, b′	−0.01		+0.92		−0.05		+0.93		−0.02		+0.93		0.00		+0.93	

* Bei Stern 1432), 621) und 622) lies Mai 31.

Tag	626) η Herculis AR.		626) η Herculis Dekl.		625) α Triang. austr. AR.		625) α Triang. austr. Dekl.		627) Grb 2377 Draco AR.		627) Grb 2377 Draco Dekl.		628) ε Scorpii AR.		628) ε Scorpii Dekl.	
1955	16h 41m		+39° 0′		16h 43m		−68° 56′		16h 44m		+56° 51′		16h 47m		−34° 12′	
	s		″		s		″		s		″		s		″	
Jan. 1	20.268	244	14.52	304	51.72	59	46.99	179	24.565	279	30.67	329	14.559	293	46.52	15
11	20.512	283	11.48	276	52.31	67	45.20	142	24.844	339	27.38	295	14.852	326	46.37	–3
21	20.795	314	8.72	237	52.98	72	43.78	102	25.183	388	24.43	250	15.178	348	46.40	19
31	21.109	334	6.35	190	53.70	77	42.76	61	25.571	424	21.93	196	15.526	362	46.59	33
Febr. 10	21.443	346	4.45	135	54.47	78	42.15	18	25.995	448	19.97	135	15.888	369	46.92	45
20	21.789	349	3.10	76	55.25	79	41.97	–22	26.443	457	18.62	69	16.257	368	47.37	54
März 2	22.138	343	2.34	15	56.04	78	42.19	61	26.900	452	17.93	2	16.625	361	47.91	60
12	22.481	330	2.19	–45	56.82	76	42.80	97	27.352	437	17.91	–64	16.986	350	48.51	65
22	22.811	311	2.64	103	57.58	72	43.77	131	27.789	409	18.55	128	17.336	335	49.16	68
April 1	23.122	285	3.67	155	58.30	68	45.08	161	28.198	372	19.83	185	17.671	317	49.84	70
11	23.407	255	5.22	201	58.98	62	46.69	188	28.570	326	21.68	234	17.988	295	50.54	72
21	23.662	222	7.23	237	59.60	56	48.57	210	28.896	274	24.02	274	18.283	269	51.26	73
Mai 1	23.884	184	9.60	266	60.16	48	50.67	229	29.170	216	26.76	303	18.552	240	51.99	74
11	24.068	144	12.26	284	60.64	40	52.96	242	29.386	155	29.79	323	18.792	208	52.73	75
21	24.212	102	15.10	293	61.04	31	55.38	250	29.541	91	33.02	332	19.000	172	53.48	75
31	24.314	57	18.03	294	61.35	21	57.88	252	29.632	25	36.34	330	19.172	133	54.23	74
Juni 9	[2] 24.371	13	20.97	285	[3] 61.56	11	60.40	248	[3] 29.657	–40	39.64	319	[4] 19.305	90	54.97	72
19	24.384	–32	23.82	268	61.67	1	62.88	237	29.617	103	42.83	300	19.395	47	55.69	68
29	24.352	75	26.50	246	61.68	–9	65.25	221	29.514	164	45.83	273	19.442	2	56.37	62
Juli 9	24.277	117	28.96	217	61.59	19	67.46	197	29.350	220	48.56	240	19.444	–42	56.99	53
19	24.160	155	31.13	183	61.40	28	69.43	167	29.130	271	50.96	200	19.402	84	57.52	43
29	24.005	189	32.96	145	61.12	36	71.10	132	28.859	315	52.96	157	19.318	122	57.95	30
Aug. 8	23.816	216	34.41	105	60.76	43	72.42	91	28.544	351	54.53	110	19.196	155	58.25	14
18	23.600	238	35.46	62	60.33	47	73.33	47	28.193	376	55.63	61	19.041	181	58.39	–2
28	23.362	250	36.08	17	59.86	51	73.80	–1	27.817	392	56.24	10	18.860	196	58.37	21
Sept. 7	23.112	253	36.25	–28	59.35	51	73.79	49	27.425	395	56.34	–41	18.664	202	58.16	38
17	22.859	247	35.97	73	58.84	49	73.30	97	27.030	386	55.93	93	18.462	197	57.78	55
27	22.612	230	35.24	118	58.35	45	72.33	141	26.644	364	55.00	142	18.265	179	57.23	70
Okt. 7	22.382	203	34.06	161	57.90	39	70.92	182	26.280	328	53.58	190	18.086	150	56.53	82
17	22.179	166	32.45	202	57.51	30	69.10	216	25.952	281	51.68	235	17.936	110	55.71	91
27	22.013	120	30.43	239	57.21	19	66.94	242	25.671	223	49.33	275	17.826	62	54.80	94
Nov. 6	21.893	68	28.04	272	57.02	7	64.52	258	25.448	154	46.58	309	17.764	7	53.86	92
16	21.825	12	25.32	298	56.95	–5	61.94	265	25.294	79	43.49	335	17.757	–51	52.94	87
26	21.813	–47	22.34	317	57.00	18	59.29	262	25.215	0	40.14	354	17.808	111	52.07	76
Dez. 6	21.860	106	19.17	326	57.18	30	56.67	250	25.215	82	36.60	362	17.919	168	51.31	62
16	21.966	163	15.91	327	57.48	43	54.17	229	25.297	160	32.98	359	18.087	219	50.69	45
26	22.129	213	12.64	316	57.91	52	51.88	201	25.457	234	29.39	344	18.306	266	50.24	27
36	22.342		9.48		58.43		49.87		25.691		25.95		18.572		49.97	
Mittl. Ort	21.071		24.64		52.86		52.85		26.344		42.24		14.645		48.04	
sec δ, tg δ	+1.287		+0.810		+2.784		−2.598		+1.829		+1.532		+1.209		−0.680	
a, *a′*	+2.1		−6.7		+6.4		−6.5		+1.1		−6.5		+3.9		−6.3	
b, *b′*	−0.02		+0.94		+0.06		+0.95		−0.03		+0.95		+0.01		+0.95	

Scheinbare Sternörter 1955

Obere Kulmination Greenwich

Tag	629) 49 Herculis				1444) 24 G. Arae				631) ζ Arae				633) ϰ Ophiuchi			
	AR.		Dekl.		AR.		Dekl.		AR.		Dekl.		AR.		Dekl.	
1955	16h 50m		+15° 2′		16h 54m		−50° 34′		16h 54m		−55° 55′		16h 55m		+9° 26′	
	s		″		s		″		s		″		s		″	
Jan. 1	1.488	228	47.73	229	48.780	357	16.54	107	52.780	394	12.69	133	31.920	224	31.68	205
11	1.716	257	45.44	215	49.137	400	15.47	81	53.174	444	11.36	104	32.144	254	29.63	194
21	1.973	280	43.29	192	49.537	433	14.66	52	53.618	482	10.32	72	32.398	276	27.69	176
31	2.253	294	41.37	161	49.970	454	14.14	25	54.100	506	9.60	41	32.674	290	25.93	149
Febr. 10	2.547	302	39.76	124	50.424	466	13.89	1	54.606	521	9.19	10	32.964	298	24.44	118
20	2.849	303	38.52	83	50.890	468	13.90	27	55.127	525	9.09	20	33.262	299	23.26	82
März 2	3.152	298	37.69	39	51.358	464	14.17	50	55.652	520	9.29	48	33.561	296	22.44	42
12	3.450	289	37.30	6	51.822	452	14.67	70	56.172	506	9.77	74	33.857	287	22.02	3
22	3.739	275	37.36	49	52.274	434	15.37	90	56.678	487	10.51	98	34.144	274	21.99	36
April 1	4.014	258	37.85	89	52.708	411	16.27	107	57.165	461	11.49	120	34.418	259	22.35	72
11	4.272	237	38.74	125	53.119	383	17.34	123	57.626	429	12.69	139	34.677	240	23.07	104
21	4.509	214	39.99	154	53.502	351	18.57	135	58.055	391	14.08	155	34.917	218	24.11	132
Mai 1	4.723	187	41.53	177	53.853	312	19.92	146	58.446	347	15.63	169	35.135	193	25.43	152
11	4.910	158	43.30	192	54.165	269	21.38	155	58.793	297	17.32	180	35.328	166	26.95	167
21	5.068	127	45.22	202	54.434	222	22.93	160	59.090	242	19.12	187	35.494	135	28.62	176
31	4 5.195	92	47.24	205	6 54.656	169	24.53	162	6 59.332	183	20.99	189	6 35.629	101	30.38	178
Juni 9	5.287	57	49.29	201	54.825	114	26.15	161	59.515	120	22.88	188	35.730	67	32.16	176
19	5.344	21	51.30	191	54.939	56	27.76	155	59.635	54	24.76	181	35.797	31	33.92	169
29	5.365	17	53.21	178	54.995	3	29.31	144	59.689	13	26.57	170	35.828	6	35.61	157
Juli 9	5.348	53	54.99	160	54.992	61	30.75	130	59.676	78	28.27	153	35.822	43	37.18	142
19	5.295	88	56.59	138	54.931	116	32.05	111	59.598	140	29.80	130	35.779	77	38.60	124
29	5.207	119	57.97	115	54.815	166	33.16	87	59.458	197	31.10	104	35.702	109	39.84	104
Aug. 8	5.088	145	59.12	89	54.649	209	34.03	59	59.261	245	32.14	73	35.593	137	40.88	82
18	4.943	166	60.01	62	54.440	243	34.62	30	59.016	281	32.87	39	35.456	158	41.70	60
28	4.777	179	60.63	33	54.197	264	34.92	3	58.735	305	33.26	1	35.298	172	42.30	35
Sept. 7	4.598	185	60.96	3	53.933	273	34.89	37	58.430	314	33.27	37	35.126	179	42.65	10
17	4.413	181	60.99	27	53.660	266	34.52	70	58.116	307	32.90	74	34.947	176	42.75	15
27	4.232	168	60.72	57	53.394	245	33.82	100	57.809	283	32.16	110	34.771	163	42.60	41
Okt. 7	4.064	145	60.15	87	53.149	209	32.82	128	57.526	242	31.06	142	34.608	142	42.19	67
17	3.919	114	59.28	118	52.940	160	31.54	151	57.284	187	29.64	169	34.466	111	41.52	94
27	3.805	75	58.10	146	52.780	100	30.03	167	57.097	120	27.95	189	34.355	73	40.58	119
Nov. 6	3.730	30	56.64	173	52.680	31	28.36	176	56.977	43	26.06	201	34.282	29	39.39	143
16	3.700	18	54.91	196	52.649	43	26.60	179	56.934	41	24.05	206	34.253	18	37.96	166
26	3.718	68	52.95	215	52.692	119	24.81	174	56.975	125	21.99	203	34.271	67	36.30	184
Dez. 6	3.786	117	50.80	228	52.811	192	23.07	162	57.100	208	19.96	191	34.338	115	34.46	198
16	3.903	162	48.52	235	53.003	259	21.45	145	57.308	284	18.05	174	34.453	160	32.48	206
26	4.065	202	46.17	234	53.262	320	20.00	123	57.592	352	16.31	150	34.613	200	30.42	208
36	4.267		43.83		53.582		18.77		57.944		14.81		34.813		28.34	
Mittl. Ort	1.785		54.04		49.098		20.08		53.241		16.84		32.161		36.90	
sec δ, tg δ	+1.036		+0.269		+1.575		−1.216		+1.785		−1.478		+1.014		+0.166	
a, a′	+2.7		−6.0		+4.6		−5.6		+5.0		−5.6		+2.9		−5.6	
b, b′	−0.01		+0.95		+0.02		+0.96		+0.03		+0.96		0.00		+0.96	

Obere Kulmination Greenwich

Tag	634) ε Herculis AR.		634) ε Herculis Dekl.		1449) 85 G. Ophiuchi AR.		1449) 85 G. Ophiuchi Dekl.		639) ζ Draconis AR.		639) ζ Draconis Dekl.		641) δ Herculis AR.		641) δ Herculis Dekl.	
1955	16h 58m		+30° 59′		17h 5m		−17° 33′		17h 8m		+65° 45′		17h 13m		+24° 53′	
	s		″		s		″		s		″		s		″	
Jan. 1	33.311	221	21.63	286	37.775	243	5.21	64	36.06	28	62.24	340	10.344	205	21.27	267
11	33.532	257	18.77	264	38.018	272	5.85	70	36.34	36	58.84	311	10.549	240	18.60	249
21	33.789	285	16.13	232	38.290	295	6.55	72	36.70	44	55.73	269	10.789	269	16.11	222
31	34.074	306	13.81	190	38.585	310	7.27	70	37.14	50	53.04	217	11.058	290	13.89	187
Febr. 10	34.380	319	11.91	143	38.895	317	7.97	64	37.64	55	50.87	157	11.348	303	12.02	144
20	34.699	323	10.48	89	39.212	320	8.61	56	38.19	57	49.30	92	11.651	309	10.58	95
März 2	35.022	321	9.59	33	39.532	317	9.17	44	38.76	58	48.38	25	11.960	309	9.63	44
12	35.343	313	9.26	23	39.849	310	9.61	31	39.34	57	48.13	44	12.269	304	9.19	9
22	35.656	299	9.49	78	40.159	300	9.92	18	39.91	54	48.57	109	12.573	293	9.28	60
April 1	35.955	279	10.27	128	40.459	286	10.10	5	40.45	50	49.66	169	12.866	278	9.88	108
11	36.234	255	11.55	172	40.745	268	10.15	6	40.95	45	51.35	223	13.144	259	10.96	150
21	36.489	228	13.27	210	41.013	249	10.09	15	41.40	38	53.58	267	13.403	235	12.46	186
Mai 1	36.717	197	15.37	238	41.262	225	9.94	23	41.78	30	56.25	301	13.638	208	14.32	215
11	36.914	162	17.75	259	41.487	199	9.71	28	42.08	22	59.26	325	13.846	177	16.47	236
21	37.076	126	20.34	270	41.686	168	9.43	30	42.30	13	62.51	339	14.023	143	18.83	249
31	37.202	86	23.04	273	[8] 41.854	135	9.13	31	42.43	5	65.90	343	14.166	107	21.32	253
Juni 9*	[7] 37.288	45	25.77	268	41.989	99	8.82	30	[9] 42.48	5	69.33	335	14.273	68	23.85	251
19	37.333	4	28.45	256	42.088	60	8.52	28	42.43	13	72.68	320	[10] 14.341	28	26.36	242
29	37.337	38	31.01	238	42.148	20	8.24	27	42.30	22	75.88	296	14.369	12	28.78	226
Juli 9	37.299	78	33.39	213	42.168	19	7.97	25	42.08	30	78.84	266	14.357	53	31.04	205
19	37.221	116	35.52	185	42.149	57	7.72	23	41.78	36	81.50	228	14.304	91	33.09	179
29	37.105	150	37.37	151	42.092	93	7.49	22	41.42	43	83.78	186	14.213	126	34.88	151
Aug. 8	36.955	180	38.88	116	41.999	125	7.27	21	40.99	48	85.64	141	14.087	156	36.39	119
18	36.775	202	40.04	78	41.874	149	7.06	22	40.51	52	87.05	91	13.931	181	37.58	86
28	36.573	218	40.82	38	41.725	167	6.84	23	39.99	55	87.96	40	13.750	198	38.44	49
Sept. 7	36.355	224	41.20	3	41.558	175	6.61	24	39.44	56	88.36	12	13.552	208	38.93	12
17	36.131	222	41.17	44	41.383	173	6.37	24	38.88	55	88.24	65	13.344	207	39.05	25
27	35.909	208	40.73	86	41.210	162	6.13	24	38.33	53	87.59	117	13.137	197	38.80	63
Okt. 7	35.701	185	39.87	126	41.048	140	5.89	21	37.80	50	86.42	166	12.940	177	38.17	100
17	35.516	154	38.61	165	40.908	108	5.68	16	37.30	44	84.76	214	12.763	148	37.17	137
27	35.362	113	36.96	201	40.800	67	5.52	10	36.86	37	82.62	258	12.615	110	35.80	171
Nov. 6	35.249	66	34.95	234	40.733	22	5.42	1	36.49	30	80.04	295	12.505	67	34.09	203
16	35.183	14	32.61	261	40.711	28	5.41	10	36.19	20	77.09	327	12.438	19	32.06	230
26	35.169	39	30.00	282	40.739	79	5.51	22	35.99	9	73.82	349	12.419	33	29.76	252
Dez. 6	35.208	93	27.18	296	40.818	129	5.73	36	35.90	0	70.33	362	12.452	84	27.24	268
16	35.301	145	24.22	300	40.947	176	6.09	48	35.90	11	66.71	363	12.536	132	24.56	275
26	35.446	192	21.22	294	41.123	217	6.57	58	36.01	22	63.08	353	12.668	178	21.81	272
36	35.638		18.28		41.340		7.15		36.23		59.55		12.846		19.09	
Mittl. Ort	33.942		29.54		37.870		4.17		39.05		71.86		10.876		27.52	
sec δ, tg δ	+1.167		+0.601		+1.049		−0.316		+2.437		+2.222		+1.102		+0.464	
a, a′	+2.3		−5.3		+3.5		−4.7		+0.2		−4.5		+2.5		−4.1	
b, b′	−0.01		+0.96		0.00		+0.97		−0.03		+0.98		−0.01		+0.98	

* Bei Stern 641) lies Juni 10.

Scheinbare Sternörter 1955

Obere Kulmination Greenwich

Tag	643) π Herculis				1454) Pi 17h 68 Herc				644) ϑ Ophiuchi				645) β Arae			
	AR.		Dekl.		AR.		Dekl.		AR.		Dekl.		AR.		Dekl.	
1955	17h 13m		+36° 51′		17h 18m		+18° 5′		17h 19m		−24° 57′		17h 21m		−55° 29′	
	s		″		s		″		s		″		s		″	
Jan. 1	27.815	207	24.33	304	19.323	202	62.12	240	14.454	244	23.20	14	32.654	353	20.00	155
11	28.022	249	21.29	282	19.525	235	59.72	226	14.698	275	23.34	24	33.007	407	18.45	131
21	28.271	283	18.47	249	19.760	262	57.46	203	14.973	301	23.58	31	33.414	450	17.14	103
31	28.554	309	15.98	207	20.022	281	55.43	172	15.274	319	23.89	35	33.864	482	16.11	75
Febr. 10	28.863	326	13.91	156	20.303	294	53.71	135	15.593	329	24.24	37	34.346	502	15.36	46
20	29.189	335	12.35	101	20.597	301	52.36	92	15.922	334	24.61	35	34.848	513	14.90	18
März 2	29.524	337	11.34	41	20.898	301	51.44	46	16.256	334	24.96	32	35.361	516	14.72	10
12	29.861	331	10.93	19	21.199	296	50.98	2	16.590	329	25.28	27	35.877	510	14.82	36
22	30.192	319	11.12	77	21.495	287	51.00	48	16.919	320	25.55	21	36.387	496	15.18	61
April 1	30.511	301	11.89	131	21.782	274	51.48	92	17.239	307	25.76	16	36.883	477	15.79	84
11	30.812	277	13.20	180	22.056	257	52.40	130	17.546	292	25.92	12	37.360	451	16.63	106
21	31.089	249	15.00	221	22.313	235	53.70	164	17.838	272	26.04	9	37.811	419	17.69	125
Mai 1	31.338	216	17.21	253	22.548	211	55.34	190	18.110	250	26.13	6	38.230	379	18.94	142
11	31.554	179	19.74	276	22.759	183	57.24	209	18.360	222	26.19	6	38.609	334	20.36	157
21	31.733	140	22.50	291	22.942	151	59.33	221	18.582	191	26.25	6	38.943	282	21.93	169
31	31.873	97	25.41	296	23.093	117	61.54	227	18.773	156	26.31	8	39.225	224	23.62	177
Juni 10	31.970	52	28.37	293	23.210	81	63.81	224	18.929	118	26.39	10	39.449	162	25.39	180
19	[10] 32.022	8	31.30	281	[12] 23.291	42	66.05	216	[12] 19.047	77	26.49	11	[12] 39.611	96	27.19	179
29	32.030	38	34.11	263	23.333	2	68.21	203	19.124	35	26.60	13	39.707	28	28.98	173
Juli 9	31.992	83	36.74	239	23.335	37	70.24	185	19.159	8	26.73	12	39.735	40	30.71	162
19	31.909	124	39.13	208	23.298	74	72.09	163	19.151	50	26.85	11	39.695	106	32.33	144
29	31.785	162	41.21	174	23.224	109	73.72	138	19.101	89	26.96	8	39.589	166	33.77	123
Aug. 8	31.623	194	42.95	136	23.115	140	75.10	111	19.012	124	27.04	3	39.423	220	35.00	95
18	31.429	221	44.31	96	22.975	165	76.21	81	18.888	153	27.07	3	39.203	264	35.95	63
28	31.208	239	45.27	53	22.810	183	77.02	51	18.735	173	27.04	11	38.939	295	36.58	29
Sept. 7	30.969	248	45.80	8	22.627	192	77.53	18	18.562	184	26.93	19	38.644	312	36.87	8
17	30.721	248	45.88	36	22.435	193	77.71	15	18.378	185	26.74	27	38.332	313	36.79	46
27	30.473	237	45.52	81	22.242	184	77.56	48	18.193	175	26.47	34	38.019	297	36.33	83
Okt. 7	30.236	216	44.71	125	22.058	165	77.08	80	18.018	154	26.13	40	37.722	264	35.50	117
17	30.020	184	43.46	168	21.893	137	76.28	112	17.864	122	25.73	43	37.458	217	34.33	147
27	29.836	144	41.78	207	21.756	102	75.16	144	17.742	82	25.30	43	37.241	155	32.86	172
Nov. 6	29.692	97	39.71	242	21.654	60	73.72	173	17.660	35	24.87	40	37.086	82	31.14	189
16	29.595	44	37.29	272	21.594	12	71.99	198	17.625	17	24.47	35	37.004	4	29.25	200
26	29.551	13	34.57	296	21.582	36	70.01	219	17.642	70	24.12	26	37.000	79	27.25	203
Dez. 6	29.564	69	31.61	312	21.618	85	67.82	235	17.712	122	23.86	15	37.079	161	25.22	198
16	29.633	124	28.49	317	21.703	132	65.47	244	17.834	171	23.71	4	37.240	238	23.24	187
26	29.757	176	25.32	313	21.835	175	63.03	244	18.005	215	23.67	8	37.478	309	21.37	168
36	29.933		22.19		22.010		60.59		18.220		23.75		37.787		19.69	
Mittl. Ort	28.664		31.72		19.741		67.33		14.579		23.12		33.184		23.07	
sec δ, tg δ	+1.250		+0.750		+1.052		+0.327		+1.103		−0.465		+1.765		−1.454	
a, *a′*	+2.1		−4.0		+2.6		−3.6		+3.7		−3.5		+5.0		−3.3	
b, *b′*	−0.01		+0.98		0.00		+0.98		+0.01		+0.98		+0.02		+0.99	

Tag	648) δ Arae AR.		648) δ Arae Dekl.		651) α Arae AR.		651) α Arae Dekl.	
1955	17h 27m		−60° 38′		17h 28m		−49° 50′	
	s		″		s		″	
Jan. 1	1.07	39	52.26	185	21.138	310	31.60	131
11	1.46	45	50.41	159	21.448	358	30.29	110
21	1.91	50	48.82	129	21.806	397	29.19	88
31	2.41	54	47.53	99	22.203	425	28.31	64
Febr. 10	2.95	57	46.54	66	22.628	444	27.67	41
20	3.52	59	45.88	34	23.072	454	27.26	17
März 2	4.11	59	45.54	2	23.526	457	27.09	5
12	4.70	58	45.52	29	23.983	453	27.14	25
22	5.28	57	45.81	58	24.436	444	27.39	46
April 1	5.85	55	46.39	87	24.880	428	27.85	64
11	6.40	52	47.26	112	25.308	406	28.49	82
21	6.92	48	48.38	135	25.714	380	29.31	98
Mai 1	7.40	43	49.73	157	26.094	347	30.29	114
11	7.83	39	51.30	175	26.441	309	31.43	126
21	8.22	32	53.05	189	26.750	264	32.69	137
31	8.54	26	54.94	199	27.014	215	34.06	145
Juni 10	8.80	19	56.93	204	27.229	160	35.51	149
19	[14]8.99	10	58.97	204	[14]27.389	103	37.00	150
29	9.09	3	61.01	198	27.492	42	38.50	146
Juli 9	9.12	4	62.99	186	27.534	19	39.96	138
19	9.08	13	64.85	167	27.515	77	41.34	124
29	8.95	20	66.52	144	27.438	133	42.58	107
Aug. 8	8.75	25	67.96	114	27.305	182	43.65	85
18	8.50	31	69.10	80	27.123	222	44.50	58
28	8.19	35	69.90	41	26.901	252	45.08	28
Sept. 7	7.84	37	70.31	1	26.649	269	45.36	4
17	7.47	37	70.32	42	26.380	272	45.32	36
27	7.10	35	69.90	84	26.108	260	44.96	68
Okt. 7	6.75	32	69.06	122	25.848	232	44.28	98
17	6.43	26	67.84	157	25.616	191	43.30	125
27	6.17	20	66.27	186	25.425	138	42.05	146
Nov. 6	5.97	11	64.41	209	25.287	75	40.59	161
16	5.86	3	62.32	222	25.212	6	38.98	171
26	5.83	7	60.10	228	25.206	67	37.27	173
Dez. 6	5.90	16	57.82	226	25.273	140	35.54	169
16	6.06	26	55.56	216	25.413	208	33.85	158
26	6.32	33	53.40	198	25.621	271	32.27	143
36	6.65		51.42		25.892		30.84	
Mittl. Ort	1.83		55.52		21.531		33.93	
sec δ, tg δ	+2.040		−1.778		+1.551		−1.185	
a, *a′*	+5.4		−2.9		+4.6		−2.8	
b, *b′*	+0.02		+0.99		+0.01		+0.99	

Tag	653) β Draconis AR.		653) β Draconis Dekl.		652) λ Scorpii AR.		652) λ Scorpii Dekl.	
1955	17h 29m		+52° 19′		17h 30m		−37° 4′	
	s		″		s		″	
Jan. 1	23.158	199	55.38	338	32.770	260	21.50	62
11	23.357	259	52.00	314	33.030	299	20.88	48
21	23.616	310	48.86	279	33.329	329	20.40	34
31	23.926	352	46.07	234	33.658	351	20.06	20
Febr. 10	24.278	383	43.73	179	34.009	366	19.86	7
20	24.661	403	41.94	118	34.375	373	19.79	3
März 2	25.064	412	40.76	53	34.748	376	19.82	12
12	25.476	410	40.23	13	35.124	373	19.94	21
22	25.886	398	40.36	78	35.497	365	20.15	28
April 1	26.284	377	41.14	139	35.862	353	20.43	35
11	26.661	348	42.53	194	36.215	336	20.78	41
21	27.009	310	44.47	241	36.551	316	21.19	49
Mai 1	27.319	265	46.88	279	36.867	291	21.68	55
11	27.584	216	49.67	307	37.158	261	22.23	62
21	27.800	162	52.74	326	37.419	226	22.85	69
31	27.962	104	56.00	334	37.645	186	23.54	74
Juni 10	28.066	45	59.34	333	37.831	143	24.28	77
19	[14]28.111	16	62.67	322	[15]37.974	97	25.05	79
29	28.095	75	65.89	304	38.071	48	25.84	79
Juli 9	28.020	133	68.93	278	38.119	2	26.63	75
19	27.887	186	71.71	246	38.117	51	27.38	69
29	27.701	236	74.17	209	38.066	97	28.07	59
Aug. 8	27.465	279	76.26	166	37.969	137	28.66	46
18	27.186	312	77.92	121	37.832	171	29.12	30
28	26.874	337	79.13	74	37.661	197	29.42	12
Sept. 7	26.537	351	79.87	23	37.464	211	29.54	8
17	26.186	353	80.10	28	37.253	214	29.46	28
27	25.833	344	79.82	78	37.039	205	29.18	48
Okt. 7	25.489	322	79.04	129	36.834	183	28.70	66
17	25.167	287	77.75	177	36.651	150	28.04	82
27	24.880	241	75.98	222	36.501	106	27.22	93
Nov. 6	24.639	186	73.76	263	36.395	54	26.29	100
16	24.453	123	71.13	297	36.341	3	25.29	103
26	24.330	55	68.16	325	36.344	62	24.26	101
Dez. 6	24.275	17	64.91	342	36.406	122	23.25	94
16	24.292	88	61.49	350	36.528	177	22.31	83
26	24.380	157	57.99	347	36.705	227	21.48	72
36	24.537		54.52		36.932		20.76	
Mittl. Ort	24.805		62.37		32.979		22.58	
sec δ, tg δ	+1.637		+1.295		+1.253		−0.756	
a, *a′*	+1.4		−2.7		+4.1		−2.6	
b, *b′*	−0.01		+0.99		+0.01		+0.99	

Scheinbare Sternörter 1955

Obere Kulmination Greenwich

Tag	656) α Ophiuchi AR.		656) α Ophiuchi Dekl.		654) ϑ Scorpii AR.		654) ϑ Scorpii Dekl.		658) ξ Serpentis AR.		658) ξ Serpentis Dekl.		664) ω Draconis AR.		664) ω Draconis Dekl.	
1955	17h 32m		+12° 35′		17h 34m		−42° 58′		17h 35m		−15° 22′		17h 37m		+68° 46′	
	s		″		s		″		s		″		s		″	
Jan. 1	50.260	191	24.98	214	4.633	274	14.85	99	0.291	213	20.30	62	8.86	22	37.61	347
11	50.451	224	22.84	203	4.907	318	13.86	81	0.504	246	20.92	65	9.08	33	34.14	324
21	50.675	251	20.81	185	5.225	351	13.05	64	0.750	271	21.57	65	9.41	43	30.90	288
31	50.926	271	18.96	160	5.576	376	12.41	46	1.021	290	22.22	61	9.84	51	28.02	242
Febr. 10	51.197	286	17.36	127	5.952	394	11.95	29	1.311	302	22.83	52	10.35	57	25.60	187
20	51.483	293	16.09	89	6.346	403	11.66	12	1.613	310	23.35	41	10.92	62	23.73	125
März 2	51.776	296	15.20	48	6.749	407	11.54	3	1.923	312	23.76	27	11.54	64	22.48	58
12	52.072	294	14.72	5	7.156	404	11.57	18	2.235	309	24.03	13	12.18	64	21.90	11
22	52.366	288	14.67	37	7.560	396	11.75	31	2.544	304	24.16	3	12.82	63	22.01	77
April 1	52.654	277	15.04	77	7.956	384	12.06	43	2.848	294	24.13	17	13.45	59	22.78	139
11	52.931	263	15.81	113	8.340	367	12.49	56	3.142	282	23.96	30	14.04	54	24.17	197
21	53.194	245	16.94	143	8.707	344	13.05	67	3.424	265	23.66	41	14.58	47	26.14	247
Mai 1	53.439	223	18.37	168	9.051	317	13.72	78	3.689	245	23.25	48	15.05	40	28.61	287
11	53.662	197	20.05	187	9.368	285	14.50	89	3.934	220	22.77	53	15.45	30	31.48	316
21	53.859	167	21.92	199	9.653	246	15.39	98	4.154	193	22.24	54	15.75	21	34.64	337
31	54.026	135	23.91	204	9.899	204	16.37	105	4.347	160	21.70	54	15.96	11	38.01	346
Juni 10	[15] 54.161	99	25.95	203	[16] 10.103	156	17.42	109	[16] 4.507	124	21.16	52	[16] 16.07	0	41.47	346
19	54.260	62	27.98	196	10.259	104	18.51	112	4.631	86	20.64	48	16.07	10	44.93	337
29	54.322	22	29.94	185	10.363	52	19.63	111	4.717	45	20.16	42	15.97	20	48.30	319
Juli 9	54.344	18	31.79	170	10.415	3	20.74	106	4.762	4	19.74	38	15.77	29	51.49	293
19	54.326	56	33.49	151	10.412	56	21.80	97	4.766	36	19.36	32	15.48	38	54.42	260
29	54.270	92	35.00	130	10.356	106	22.77	83	4.730	75	19.04	27	15.10	46	57.02	223
Aug. 8	54.178	124	36.30	105	10.250	150	23.60	67	4.655	109	18.77	24	14.64	53	59.25	179
18	54.054	151	37.35	80	10.100	188	24.27	46	4.546	139	18.53	21	14.11	58	61.04	133
28	53.903	171	38.15	54	9.912	216	24.73	24	4.407	160	18.32	18	13.53	62	62.37	83
Sept. 7	53.732	182	38.69	26	9.696	233	24.97	2	4.247	173	18.14	16	12.91	64	63.20	32
17	53.550	186	38.95	3	9.463	237	24.95	29	4.074	177	17.98	15	12.27	64	63.52	21
27	53.364	180	38.92	31	9.226	227	24.66	54	3.897	170	17.83	12	11.63	64	63.31	74
Okt. 7	53.184	163	38.61	60	8.999	204	24.12	78	3.727	153	17.71	9	10.99	60	62.57	125
17	53.021	137	38.01	89	8.795	169	23.34	98	3.574	126	17.62	4	10.39	55	61.32	176
27	52.884	104	37.12	116	8.626	122	22.36	116	3.448	90	17.58	2	9.84	49	59.56	224
Nov. 6	52.780	63	35.96	143	8.504	67	21.20	128	3.358	47	17.60	10	9.35	41	57.32	265
16	52.717	19	34.53	168	8.437	5	19.92	134	3.311	1	17.70	19	8.94	31	54.67	302
26	52.698	29	32.85	187	8.432	59	18.58	135	3.310	49	17.89	30	8.63	20	51.65	330
Dez. 6	52.727	77	30.98	203	8.491	123	17.23	131	3.359	98	18.19	40	8.43	8	48.35	350
16	52.804	122	28.95	213	8.614	184	15.92	121	3.457	144	18.59	50	8.35	3	44.85	358
26	52.926	164	26.82	216	8.798	239	14.71	108	3.601	186	19.09	59	8.38	15	41.27	356
36	53.090		24.66		9.037		13.63		3.787		19.68		8.53		37.71	
Mittl. Ort	50.625		28.89		4.915		16.39		0.445		19.18		12.60		44.22	
sec δ, tg δ	+1.025		+0.223		+1.367		−0.932		+1.037		−0.275		+2.763		+2.575	
a, *a′*	+2.8		−2.4		+4.3		−2.3		+3.4		−2.2		−0.4		−2.0	
b, *b′*	0.00		+0.99		+0.01		+0.99		0.00		+0.99		−0.02		+1.00	

Obere Kulmination Greenwich

Tag	663) ι Herculis AR.	Δ	663) ι Herculis Dekl.	Δ	665) β Ophiuchi AR.	Δ	665) β Ophiuchi Dekl.	Δ	661) η Pavonis AR.	Δ	661) η Pavonis Dekl.	Δ	670) ψ Draconis *pr* AR.	Δ	670) ψ Draconis *pr* Dekl.	Δ
1955	17h 38m		+46° 1′		17h 41m		+4° 34′		17h 41m		−64° 42′		17h 42m		+72° 9′	
	s		″		s		″		s		″		s		″	
Jan. 1	10.242	182	39.89	328	14.577	188	61.52	170	17.69	40	15.44	215	39.30	22	71.34	348
11	10.424	234	36.61	308	14.765	220	59.82	165	18.09	48	13.29	190	39.52	35	67.86	326
21	10.658	279	33.53	276	14.985	247	58.17	152	18.57	54	11.39	162	39.87	47	64.60	292
31	10.937	316	30.77	233	15.232	267	56.65	131	19.11	60	9.77	131	40.34	57	61.68	248
Febr. 10	11.253	343	28.44	183	15.499	281	55.34	106	19.71	63	8.46	97	40.91	66	59.20	193
20	11.596	362	26.61	124	15.780	290	54.28	76	20.34	65	7.49	62	41.57	71	57.27	131
März 2	11.958	371	25.37	61	16.070	294	53.52	42	20.99	66	6.87	28	42.28	74	55.96	66
12	12.329	372	24.76	2	16.364	293	53.10	7	21.65	67	6.59	7	43.02	75	55.30	2
22	12.701	363	24.78	65	16.657	288	53.03	29	22.32	65	6.66	40	43.77	73	55.32	69
April 1	13.064	347	25.43	126	16.945	279	53.32	62	22.97	63	7.06	72	44.50	69	56.01	132
11	13.411	324	26.69	180	17.224	267	53.94	92	23.60	61	7.78	102	45.19	64	57.33	190
21	13.735	294	28.49	226	17.491	251	54.86	118	24.21	57	8.80	130	45.83	55	59.23	240
Mai 1	14.029	257	30.75	265	17.742	231	56.04	138	24.78	51	10.10	155	46.38	46	61.63	281
11	14.286	216	33.40	294	17.973	207	57.42	153	25.29	45	11.65	178	46.84	36	64.44	311
21	14.502	170	36.34	314	18.180	179	58.95	163	25.74	39	13.43	195	47.20	24	67.55	333
31	14.672	121	39.48	323	18.359	148	60.58	168	26.13	31	15.38	209	47.44	12	70.88	344
Juni 10	17 14.793	69	42.71	324	17 18.507	113	62.26	166	17 26.44	23	17.47	218	18 47.56	0	74.32	345
19	14.862	15	45.95	316	18.620	76	63.92	161	26.67	15	19.65	221	47.56	12	77.77	336
29	14.877	38	49.11	299	18.696	37	65.53	151	26.82	5	21.86	217	47.44	24	81.13	319
Juli 9	14.839	91	52.10	276	18.733	3	67.04	139	26.87	4	24.03	207	47.20	36	84.32	295
19	14.748	141	54.86	247	18.730	42	68.43	123	26.83	13	26.10	191	46.84	46	87.27	263
29	14.607	186	57.33	211	18.688	78	69.66	106	26.70	21	28.01	167	46.38	55	89.90	227
Aug. 8	14.421	226	59.44	171	18.610	111	70.72	88	26.49	29	29.68	137	45.83	63	92.17	184
18	14.195	260	61.15	129	18.499	140	71.60	69	26.20	35	31.05	102	45.20	69	94.01	138
28	13.935	284	62.44	83	18.359	161	72.29	48	25.85	39	32.07	63	44.51	74	95.39	89
Sept. 7	13.651	298	63.27	35	18.198	174	72.77	27	25.46	43	32.70	19	43.77	77	96.28	38
17	13.353	303	63.62	13	18.024	178	73.04	6	25.03	44	32.89	25	43.00	78	96.66	15
27	13.050	296	63.49	63	17.846	173	73.10	16	24.59	42	32.64	71	42.22	76	96.51	67
Okt. 7	12.754	277	62.86	111	17.673	158	72.94	38	24.17	38	31.93	115	41.46	73	95.84	119
17	12.477	248	61.75	159	17.515	133	72.56	60	23.79	33	30.78	155	40.73	68	94.65	170
27	12.229	207	60.16	203	17.382	101	71.96	82	23.46	26	29.23	188	40.05	60	92.95	217
Nov. 6	12.022	159	58.13	244	17.281	62	71.14	104	23.20	17	27.35	216	39.45	51	90.78	260
16	11.863	103	55.69	279	17.219	18	70.10	124	23.03	7	25.19	236	38.94	40	88.18	298
26	11.760	43	52.90	307	17.201	29	68.86	142	22.96	3	22.83	246	38.54	28	85.20	327
Dez. 6	11.717	21	49.83	327	17.230	76	67.44	157	22.99	14	20.37	248	38.26	14	81.93	347
16	11.738	84	46.56	337	17.306	120	65.87	166	23.13	25	17.89	241	38.12	0	78.46	357
26	11.822	145	43.19	335	17.426	161	64.21	171	23.38	34	15.48	228	38.12	14	74.89	356
36	11.967		39.84		17.587		62.50		23.72		13.20		38.26		71.33	
Mittl. Ort	11.539		45.77		14.861		64.36		18.72		18.32		43.98		77.36	
sec δ, tg δ	+1.440		+1.037		+1.003		+0.080		+2.340		−2.116		+3.266		+3.109	
a, *a*′	+1.7		−1.9		+3.0		−1.6		+5.9		−1.6		−1.1		−1.5	
b, *b*′	−0.01		+1.00		0.00		+1.00		+0.01		+1.00		−0.02		+1.00	

Scheinbare Sternörter 1955

Obere Kulmination Greenwich

Tag	667) μ Herculis[1]				675) 35 Draconis				671) ξ Draconis				672) ϑ Herculis			
	AR.		Dekl.		AR.		Dekl.		AR.		Dekl.		AR.		Dekl.	
1955	$17^h\ 44^m$		+27° 44′		$17^h\ 51^m$		+76° 57′		$17^h\ 52^m$		+56° 52′		$17^h\ 54^m$		+37° 15′	
	s		″		s		″		s		″		s		″	
Jan. 1	41.056	174	40.71	277	20.69	22	67.61	344	42.823	167	40.03	346	41.513	161	15.33	307
11	41.230	213	37.94	262	20.91	41	64.17	324	42.990	237	36.57	327	41.674	206	12.26	291
21	41.443	246	35.32	238	21.32	57	60.93	293	43.227	300	33.30	296	41.880	245	9.35	265
31	41.689	273	32.94	204	21.89	71	58.00	251	43.527	353	30.34	253	42.125	278	6.70	228
Febr. 10	41.962	291	30.90	161	22.60	84	55.49	198	43.880	396	27.81	202	42.403	304	4.42	183
20	42.253	304	29.29	113	23.44	92	53.51	139	44.276	426	25.79	142	42.707	321	2.59	130
März 2	42.557	311	28.16	61	24.36	98	52.12	74	44.702	445	24.37	78	43.028	332	1.29	72
12	42.868	311	27.55	6	25.34	99	51.38	7	45.147	451	23.59	11	43.360	335	0.57	12
22	43.179	305	27.49	47	26.33	98	51.31	59	45.598	446	23.48	55	43.695	331	0.45	47
April 1	43.484	295	27.96	99	27.31	93	51.90	123	46.044	428	24.03	119	44.026	322	0.92	104
11	43.779	280	28.95	145	28.24	86	53.13	180	46.472	400	25.22	178	44.348	306	1.96	157
21	44.059	259	30.40	186	29.10	75	54.93	231	46.872	363	27.00	229	44.654	283	3.53	203
Mai 1	44.318	234	32.26	219	29.85	62	57.24	273	47.235	317	29.29	271	44.937	256	5.56	241
11	44.552	206	34.45	244	30.47	48	59.97	306	47.552	263	32.00	304	45.193	223	7.97	270
21	44.758	172	36.89	261	30.95	32	63.03	328	47.815	204	35.04	327	45.416	185	10.67	291
31	44.930	135	39.50	269	31.27	16	66.31	341	48.019	140	38.31	341	45.601	144	13.58	303
Juni 10	(18) 45.065	95	42.19	270	31.43	1	69.72	344	48.159	73	41.72	345	45.745	100	16.61	306
19*	45.160	53	44.89	263	(20) 31.42	17	73.16	338	(20) 48.232	5	45.17	338	(21) 45.845	52	19.67	301
29	45.213	10	47.52	251	31.25	34	76.54	323	48.237	64	48.55	324	45.897	4	22.68	287
Juli 9	45.223	33	50.03	231	30.91	49	79.77	300	48.173	130	51.79	302	45.901	43	25.55	268
19	45.190	75	52.34	206	30.42	63	82.77	270	48.043	193	54.81	273	45.858	90	28.23	243
29	45.115	115	54.40	178	29.79	76	85.47	235	47.850	251	57.54	237	45.768	133	30.66	211
Aug. 8	45.000	149	56.18	146	29.03	87	87.82	194	47.599	302	59.91	198	45.635	172	32.77	176
18	44.851	178	57.64	111	28.16	95	89.76	150	47.297	344	61.89	153	45.463	205	34.53	138
28	44.673	201	58.75	74	27.21	102	91.26	103	46.953	377	63.42	106	45.258	231	35.91	96
Sept. 7	44.472	215	59.49	36	26.19	107	92.29	52	46.576	398	64.48	55	45.027	247	36.87	53
17	44.257	219	59.85	4	25.12	108	92.81	0	46.178	406	65.03	4	44.780	254	37.40	7
27	44.038	215	59.81	44	24.04	107	92.81	52	45.772	401	65.07	48	44.526	251	37.47	38
Okt. 7	43.823	199	59.37	84	22.97	103	92.29	103	45.371	383	64.59	101	44.275	237	37.09	83
17	43.624	174	58.53	123	21.94	96	91.26	154	44.988	352	63.58	152	44.038	212	36.26	128
27	43.450	140	57.30	160	20.98	87	89.72	201	44.636	307	62.06	199	43.826	178	34.98	171
Nov. 6	43.310	100	55.70	195	20.11	76	87.71	246	44.329	251	60.07	244	43.648	137	33.27	211
16	43.210	53	53.75	226	19.35	61	85.25	284	44.078	187	57.63	283	43.511	88	31.16	245
26	43.157	3	51.49	251	18.74	44	82.41	315	43.891	115	54.80	315	43.423	36	28.71	274
Dez. 6	43.154	47	48.98	269	18.30	27	79.26	338	43.776	38	51.65	337	43.387	20	25.97	296
16	43.201	97	46.29	280	18.03	9	75.88	349	43.738	41	48.28	350	43.407	75	23.01	309
26	43.298	145	43.49	281	17.94	11	72.39	350	43.779	119	44.78	352	43.482	127	19.92	311
36	43.443		40.68		18.05		68.89		43.898		41.26		43.609		16.81	
Mittl. Ort	41.718		45.15		27.54		72.62		44.903		44.81		42.471		19.38	
sec δ, tg δ	+1.130		+0.526		+4.435		+4.321		+1.830		+1.533		+1.256		+0.761	
a, *a′*	+2.4		−1.3		−2.7		−0.7		+1.0		−0.6		+2.1		−0.5	
b, *b′*	0.00		+1.00		−0.01		+1.00		0.00		+1.00		0.00		+1.00	

[1] Die jährliche Parallaxe (0″.109) ist bereits berücksichtigt.

* Bei Stern 675), 671) und 672) lies Juni 20.

Obere Kulmination Greenwich

Tag	676) γ Draconis AR.		676) γ Draconis Dekl.		673) ν Ophiuchi AR.		673) ν Ophiuchi Dekl.		677) 67 Ophiuchi AR.		677) 67 Ophiuchi Dekl.		679) γ Sagittarii AR.		679) γ Sagittarii Dekl.	
1955	17h 55m		+51° 29′		17h 56m		−9° 46′		17h 58m		+2° 55′		18h 2m		−30° 25′	
	s		″		s		″		s		″		s		″	
Jan. 1	31.887	160	32.09	339	32.644	187	12.70	86	23.072	173	53.63	158	54.738	209	35.56	42
11	32.047	220	28.70	322	32.831	220	13.56	86	23.245	207	52.05	153	54.947	248	35.14	35
21	32.267	275	25.48	292	33.051	247	14.42	82	23.452	235	50.52	141	55.195	280	34.79	27
31	32.542	320	22.56	251	33.298	269	15.24	73	23.687	257	49.11	123	55.475	304	34.52	21
Febr. 10	32.862	357	20.05	201	33.567	284	15.97	59	23.944	274	47.88	100	55.779	323	34.31	17
20	33.219	383	18.04	143	33.851	294	16.56	42	24.218	284	46.88	71	56.102	336	34.14	13
März 2	33.602	399	16.61	80	34.145	300	16.98	23	24.502	291	46.17	39	56.438	342	34.01	12
12	34.001	405	15.81	14	34.445	302	17.21	2	24.793	292	45.78	5	56.780	346	33.89	12
22	34.406	401	15.67	51	34.747	300	17.23	19	25.085	291	45.73	28	57.126	345	33.77	10
April 1	34.807	387	16.18	114	35.047	293	17.04	39	25.376	285	46.01	59	57.471	338	33.67	9
11	35.194	364	17.32	171	35.340	284	16.65	56	25.661	275	46.60	89	57.809	329	33.58	7
21	35.558	333	19.03	222	35.624	270	16.09	71	25.936	261	47.49	115	58.138	314	33.51	3
Mai 1	35.891	294	21.25	264	35.894	252	15.38	83	26.197	243	48.64	134	58.452	295	33.48	1
11	36.185	249	23.89	297	36.146	231	14.55	90	26.440	222	49.98	149	58.747	272	33.49	6
21	36.434	199	26.86	320	36.377	204	13.65	94	26.662	195	51.47	159	59.019	242	33.55	13
31	36.633	143	30.06	334	36.581	174	12.71	94	26.857	164	53.06	163	59.261	207	33.68	21
Juni 10	36.776	85	33.40	338	36.755	139	11.77	91	27.021	130	54.69	162	59.468	169	33.89	28
20	36.861	26	36.78	332	36.894	101	10.86	85	27.151	93	56.31	157	59.637	125	34.17	34
29	21 36.887	35	40.10	319	21 36.995	62	10.01	79	22 27.244	54	57.88	148	23 59.762	79	34.51	39
Juli 9	36.852	95	43.29	298	37.057	20	9.22	70	27.298	13	59.36	136	59.841	32	34.90	43
19	36.757	152	46.27	269	37.077	21	8.52	60	27.311	27	60.72	122	59.873	16	35.33	43
29	36.605	204	48.96	235	37.056	61	7.92	51	27.284	66	61.94	105	59.857	62	35.76	42
Aug. 8	36.401	250	51.31	197	36.995	97	7.41	42	27.218	101	62.99	87	59.795	104	36.18	37
18	36.151	290	53.28	153	36.898	128	6.99	33	27.117	131	63.86	68	59.691	141	36.55	30
28	35.861	320	54.81	107	36.770	152	6.66	25	26.986	155	64.54	50	59.550	170	36.85	21
Sept. 7	35.541	339	55.88	58	36.618	168	6.41	17	26.831	170	65.04	30	59.380	189	37.06	8
17	35.202	347	56.46	8	36.450	175	6.24	9	26.661	178	65.34	10	59.191	199	37.14	4
27	34.855	344	56.54	43	36.275	172	6.15	2	26.483	175	65.44	10	58.992	197	37.10	18
Okt. 7	34.511	328	56.11	95	36.103	159	6.13	7	26.308	162	65.34	31	58.795	182	36.92	32
17	34.183	300	55.16	144	35.944	136	6.20	16	26.146	141	65.03	51	58.613	157	36.60	43
27	33.883	260	53.72	191	35.808	104	6.36	25	26.005	110	64.52	71	58.456	121	36.17	52
Nov. 6	33.623	210	51.81	236	35.704	65	6.61	36	25.895	73	63.81	92	58.335	78	35.65	59
16	33.413	152	49.45	274	35.639	21	6.97	48	25.822	30	62.89	111	58.257	28	35.06	63
26	33.261	88	46.71	306	35.618	25	7.45	58	25.792	15	61.78	128	58.229	25	34.43	62
Dez. 6	33.173	20	43.65	329	35.643	72	8.03	69	25.807	60	60.50	142	58.254	78	33.81	58
16	33.153	49	40.36	342	35.715	118	8.72	79	25.867	105	59.08	153	58.332	130	33.23	54
26	33.202	117	36.94	344	35.833	159	9.51	84	25.972	146	57.55	157	58.462	178	32.69	46
36	33.319		33.50		35.992		10.35		26.118		55.98		58.640		32.23	
Mittl. Ort	33.546		36.48		32.844		11.36		23.361		55.73		54.946		35.53	
sec δ, tg δ	+1.606		+1.257		+1.015		−0.172		+1.001		+0.051		+1.160		−0.587	
a, *a′*	+1.4		−0.4		+3.3		−0.3		+3.0		−0.1		+3.9		+0.3	
b, *b′*	0.00		+1.00		0.00		+1.00		0.00		+1.00		0.00		+1.00	

Scheinbare Sternörter 1955

Obere Kulmination Greenwich

Tag	680) 72 Ophiuchi AR.	Diff.	680) 72 Ophiuchi Dekl.	Diff.	681) o Herculis AR.	Diff.	681) o Herculis Dekl.	Diff.	682) μ Sagittarii AR.	Diff.	682) μ Sagittarii Dekl.	Diff.	685) 36 Draconis AR.	Diff.	685) 36 Draconis Dekl.	Diff.
1955	18h 5m		+9° 33′		18h 5m		+28° 45′		18h 11m		−21° 4′		18h 13m		+64° 22′	
	s		″		s		″		s		″		s		″	
Jan. 1	12.512	162	19.42	190	46.401	151	15.40	278	4.065	186	21.42	11	35.13	13	51.93	351
11	12.674	197	17.52	184	46.552	192	12.62	265	4.251	223	21.53	15	35.26	22	48.42	338
21	12.871	226	15.68	170	46.744	227	9.97	243	4.474	252	21.68	16	35.48	31	45.04	311
31	13.097	250	13.98	147	46.971	257	7.54	212	4.726	276	21.84	14	35.79	39	41.93	272
Febr. 10	13.347	269	12.51	119	47.228	280	5.42	171	5.002	294	21.98	11	36.18	45	39.21	224
20	13.616	281	11.32	86	47.508	296	3.71	124	5.296	307	22.09	4	36.63	50	36.97	167
März 2	13.897	288	10.46	48	47.804	308	2.47	72	5.603	316	22.13	3	37.13	53	35.30	103
12	14.185	292	9.98	8	48.112	313	1.75	18	5.919	319	22.10	13	37.66	55	34.27	36
22	14.477	292	9.90	31	48.425	311	1.57	37	6.238	319	21.97	22	38.21	55	33.91	32
April 1	14.769	286	10.21	70	48.736	305	1.94	90	6.557	315	21.75	30	38.76	53	34.23	97
11	15.055	277	10.91	104	49.041	293	2.84	138	6.872	307	21.45	37	39.29	51	35.20	157
21	15.332	263	11.95	135	49.334	276	4.22	182	7.179	296	21.08	41	39.80	46	36.77	213
Mai 1	15.595	246	13.30	160	49.610	254	6.04	217	7.475	279	20.67	44	40.26	41	38.90	260
11	15.841	224	14.90	178	49.864	226	8.21	245	7.754	257	20.23	44	40.67	34	41.50	297
21	16.065	196	16.68	191	50.090	195	10.66	266	8.011	231	19.79	41	41.01	27	44.47	325
31	16.261	166	18.59	198	50.285	158	13.32	277	8.242	200	19.38	36	41.28	19	47.72	344
Juni 10	16.427	131	20.57	198	50.443	118	16.09	280	8.442	165	19.02	30	41.47	10	51.16	351
20	16.558	93	22.55	193	50.561	76	18.89	277	8.607	124	18.72	25	41.57	2	54.67	350
29	[23] 16.651	54	24.48	184	[24] 50.637	31	21.66	266	[25] 8.731	82	18.47	18	[26] 41.59	7	58.17	340
Juli 9	16.705	13	26.32	170	50.668	13	24.32	248	8.813	38	18.29	10	41.52	16	61.57	322
19	16.718	29	28.02	154	50.655	58	26.80	226	8.851	7	18.19	5	41.36	23	64.79	296
29	16.689	67	29.56	133	50.597	99	29.06	199	8.844	51	18.14	0	41.13	31	67.75	263
Aug. 8	16.622	103	30.89	112	50.498	137	31.05	168	8.793	90	18.14	2	40.82	38	70.38	226
18	16.519	134	32.01	89	50.361	170	32.73	133	8.703	125	18.16	3	40.44	44	72.64	183
28	16.385	159	32.90	64	50.191	196	34.06	96	8.578	154	18.19	3	40.00	48	74.47	136
Sept. 7	16.226	175	33.54	39	49.995	213	35.02	58	8.424	173	18.22	0	39.52	51	75.83	87
17	16.051	183	33.93	14	49.782	222	35.60	18	8.251	183	18.22	4	39.01	53	76.70	35
27	15.868	182	34.07	13	49.560	220	35.78	23	8.068	182	18.18	8	38.48	53	77.05	18
Okt. 7	15.686	170	33.94	39	49.340	209	35.55	64	7.886	170	18.10	11	37.95	51	76.87	72
17	15.516	150	33.55	65	49.131	188	34.91	104	7.716	148	17.99	14	37.44	48	76.15	125
27	15.366	121	32.90	90	48.943	157	33.87	143	7.568	117	17.85	16	36.96	44	74.90	176
Nov. 6	15.245	84	32.00	116	48.786	119	32.44	179	7.451	77	17.69	15	36.52	38	73.14	223
16	15.161	43	30.84	139	48.667	75	30.65	212	7.374	33	17.54	12	36.14	30	70.91	266
26	15.118	3	29.45	159	48.592	27	28.53	241	7.341	16	17.42	9	35.84	22	68.25	303
Dez. 6	15.121	48	27.86	175	48.565	23	26.12	262	7.357	65	17.33	3	35.62	12	65.22	330
16	15.169	92	26.11	186	48.588	72	23.50	274	7.422	113	17.30	2	35.50	3	61.92	347
26	15.261	135	24.25	192	48.660	121	20.76	280	7.535	157	17.32	9	35.47	7	58.45	354
36	15.396		22.33		48.781		17.96		7.692		17.41		35.54		54.91	
Mittl. Ort	12.880		21.60		47.117		18.29		4.256		20.83		38.16		54.51	
sec δ, tg δ	+1.014		+0.168		+1.141		+0.549		+1.072		−0.385		+2.313		+2.085	
a, *a′*	+2.8		+0.5		+2.3		+0.5		+3.6		+1.0		+0.3		+1.2	
b, *b′*	0.00		+1.00		0.00		+1.00		0.00		+1.00		+0.01		+1.00	

Scheinbare Sternörter 1955

Obere Kulmination Greenwich

Tag	688) η Serpentis AR.	Δ	688) η Serpentis Dekl.	Δ	689) ε Sagittarii AR.	Δ	689) ε Sagittarii Dekl.	Δ	690) 109 Herculis AR.	Δ	690) 109 Herculis Dekl.	Δ	695) χ Draconis[1] AR.	Δ	695) χ Draconis[1] Dekl.	Δ
1955	18h 18m		−2° 54′		18h 21m		−34° 24′		18h 21m		+21° 44′		18h 21m		+72° 42′	
	s		″		s		″		s		″		s		″	
Jan. 1	58.522	158	44.70	119	10.864	197	28.53	75	46.154	139	51.11	247	47.07	11	48.37	351
11	58.680	192	45.89	118	11.061	238	27.78	69	46.293	177	48.64	238	47.18	26	44.86	338
21	58.872	222	47.07	109	11.299	273	27.09	61	46.470	211	46.26	220	47.44	38	41.48	315
31	59.094	245	48.16	96	11.572	301	26.48	54	46.681	240	44.06	194	47.82	50	38.33	278
Febr. 10	59.339	264	49.12	77	11.873	324	25.94	48	46.921	262	42.12	159	48.32	60	35.55	231
20	59.603	277	49.89	54	12.197	340	25.46	43	47.183	280	40.53	117	48.92	68	33.24	175
März 2	59.880	287	50.43	28	12.537	352	25.03	37	47.463	293	39.36	71	49.60	73	31.49	113
12	60.167	292	50.71	0	12.889	357	24.66	32	47.756	299	38.65	21	50.33	76	30.36	46
22	60.459	294	50.71	27	13.246	359	24.34	27	48.055	301	38.44	28	51.09	78	29.90	20
April 1	60.753	291	50.44	54	13.605	357	24.07	21	48.356	299	38.72	76	51.87	76	30.10	86
11	61.044	284	49.90	79	13.962	350	23.86	15	48.655	291	39.48	121	52.63	71	30.96	147
21	61.328	274	49.11	99	14.312	337	23.71	7	48.946	278	40.69	161	53.34	64	32.43	203
Mai 1	61.602	259	48.12	116	14.649	320	23.64	1	49.224	259	42.30	195	53.98	57	34.46	251
11	61.861	239	46.96	127	14.969	297	23.65	11	49.483	237	44.25	221	54.55	47	36.97	290
21	62.100	215	45.69	134	15.266	268	23.76	22	49.720	209	46.46	241	55.02	36	39.87	320
31	62.315	186	44.35	137	15.534	233	23.98	33	49.929	175	48.87	252	55.38	24	43.07	339
Juni 10	62.501	152	42.98	135	15.767	194	24.31	42	50.104	139	51.39	256	55.62	12	46.46	349
20	62.653	115	41.63	130	15.961	149	24.73	52	28 50.243	99	53.95	253	28 55.74	1	49.95	350
29	27 62.768	75	40.33	121	27 16.110	101	25.25	59	50.342	57	56.48	244	55.73	14	53.45	341
Juli 9	62.843	34	39.12	110	16.211	51	25.84	64	50.399	14	58.92	230	55.59	26	56.86	325
19	62.877	8	38.02	97	16.262	0	26.48	66	50.413	30	61.22	209	55.33	38	60.11	300
29	62.869	48	37.05	83	16.262	50	27.14	64	50.383	72	63.31	186	54.95	48	63.11	270
Aug. 8	62.821	86	36.22	69	16.212	96	27.78	60	50.311	111	65.17	159	54.47	58	65.81	233
18	62.735	118	35.53	53	16.116	137	28.38	51	50.200	143	66.76	129	53.89	65	68.14	192
28	62.617	146	35.00	39	15.979	170	28.89	40	50.057	171	68.05	96	53.24	72	70.06	146
Sept. 7	62.471	165	34.61	24	15.809	195	29.29	25	49.886	191	69.01	62	52.52	77	71.52	97
17	62.306	175	34.37	10	15.614	207	29.54	9	49.695	201	69.63	27	51.75	80	72.49	46
27	62.131	175	34.27	5	15.407	208	29.63	9	49.494	203	69.90	8	50.95	80	72.95	7
Okt. 7	61.956	166	34.32	20	15.199	198	29.54	27	49.291	194	69.82	45	50.15	78	72.88	60
17	61.790	148	34.52	34	15.001	175	29.27	44	49.097	175	69.37	81	49.37	74	72.28	113
27	61.642	119	34.86	50	14.826	141	28.83	58	48.922	149	68.56	116	48.63	69	71.15	165
Nov. 6	61.523	84	35.36	65	14.685	98	28.25	71	48.773	114	67.40	149	47.94	60	69.50	213
16	61.439	44	36.01	79	14.587	49	27.54	79	48.659	73	65.91	179	47.34	51	67.37	257
26	61.395	0	36.80	93	14.538	4	26.75	83	48.586	28	64.12	206	46.83	39	64.80	294
Dez. 6	61.395	46	37.73	105	14.542	59	25.92	85	48.558	18	62.06	227	46.44	26	61.86	324
16	61.441	89	38.78	114	14.601	113	25.07	83	48.576	65	59.79	241	46.18	11	58.62	344
26	61.530	130	39.92	119	14.714	163	24.24	79	48.641	109	57.38	247	46.07	2	55.18	351
36	61.660		41.11		14.877		23.45		48.750		54.91		46.09		51.67	
Mittl. Ort	58.779		43.48		11.111		28.39		46.725		52.75		52.07		50.03	
sec δ, tg δ	+1.001		−0.051		+1.212		−0.685		+1.077		+0.399		+3.365		+3.213	
a, *a′*	+3.1		+1.7		+4.0		+1.9		+2.5		+1.9		−1.2		+1.9	
b, *b′*	0.00		+1.00		0.00		+1.00		0.00		+1.00		+0.02		+1.00	

[1] Die jährliche Parallaxe (0″.119) ist bereits berücksichtigt.

Scheinbare Sternörter 1955

Obere Kulmination Greenwich

Tag	691) α Telescopii AR.	Δ	691) α Telescopii Dekl.	Δ	699) α Lyrae[1] AR.	Δ	699) α Lyrae[1] Dekl.	Δ	698) ζ Pavonis AR.	Δ	698) ζ Pavonis Dekl.	Δ	703) 110 Herculis AR.	Δ	703) 110 Herculis Dekl.	Δ
1955	18h 23m		−45° 59′		18h 35m		+38° 44′		18h 37m		−71° 27′		18h 43m		+20° 29′	
	s		″		s		″		s		″		s		″	
Jan. 1	37.794	220	42.64	145	23.773	114	25.67	305	45.55	34	72.52	281	42.858	117	66.67	236
11	38.014	270	41.19	136	23.887	162	22.62	297	45.89	46	69.71	267	42.975	155	64.31	230
21	38.284	313	39.83	123	24.049	206	19.65	277	46.35	56	67.04	248	43.130	190	62.01	216
31	38.597	348	38.60	110	24.255	245	16.88	246	46.91	65	64.56	222	43.320	221	59.85	192
Febr. 10	38.945	375	37.50	94	24.500	278	14.42	206	47.56	73	62.34	192	43.541	246	57.93	159
20	39.320	396	36.56	78	24.778	303	12.36	156	48.29	79	60.42	158	43.787	267	56.34	120
März 2	39.716	411	35.78	61	25.081	322	10.80	101	49.08	83	58.84	122	44.054	282	55.14	77
12	40.127	419	35.17	45	25.403	335	9.79	42	49.91	85	57.62	85	44.336	292	54.37	29
22	40.546	421	34.72	29	25.738	340	9.37	18	50.76	86	56.77	47	44.628	299	54.08	20
April 1	40.967	418	34.43	12	26.078	338	9.55	77	51.62	86	56.30	7	44.927	300	54.28	67
11	41.385	409	34.31	7	26.416	330	10.32	133	52.48	85	56.23	31	45.227	296	54.95	112
21	41.794	395	34.38	24	26.746	314	11.65	183	53.33	81	56.54	68	45.523	286	56.07	152
Mai 1	42.189	374	34.62	42	27.060	292	13.48	227	54.14	76	57.22	105	45.809	272	57.59	187
11	42.563	346	35.04	59	27.352	263	15.75	263	54.90	70	58.27	139	46.081	252	59.46	215
21	42.909	311	35.63	77	27.615	229	18.38	289	55.60	63	59.66	169	46.333	227	61.61	235
31	43.220	271	36.40	92	27.844	189	21.27	307	56.23	53	61.35	196	46.560	196	63.96	248
Juni 10	43.491	223	37.32	106	28.033	144	24.34	317	56.76	43	63.31	217	46.756	160	66.44	255
20	28 43.714	170	38.38	116	28.177	97	27.51	318	57.19	32	65.48	232	46.916	121	68.99	253
29*	43.884	114	39.54	123	1 28.274	48	30.69	310	2 57.51	19	67.80	242	3 47.037	79	71.52	246
Juli 9	43.998	54	40.77	126	28.322	4	33.79	295	57.70	7	70.22	244	47.116	36	73.98	233
19	44.052	6	42.03	125	28.318	54	36.74	275	57.77	5	72.66	238	47.152	9	76.31	215
29	44.046	64	43.28	118	28.264	103	39.49	247	57.72	18	75.04	224	47.143	52	78.46	193
Aug. 8	43.982	119	44.46	107	28.161	147	41.96	215	57.54	30	77.28	201	47.091	93	80.39	168
18	43.863	167	45.53	90	28.014	185	44.11	178	57.24	40	79.29	172	46.998	128	82.07	138
28	43.696	206	46.43	69	27.829	218	45.89	138	56.84	49	81.01	136	46.870	158	83.45	108
Sept. 7	43.490	235	47.12	44	27.611	242	47.27	96	56.35	55	82.37	93	46.712	181	84.53	75
17	43.255	251	47.56	17	27.369	255	48.23	52	55.80	59	83.30	46	46.531	195	85.28	41
27	43.004	253	47.73	12	27.114	260	48.75	5	55.21	61	83.76	5	46.336	200	85.69	6
Okt. 7	42.751	242	47.61	42	26.854	253	48.80	42	54.60	59	83.71	56	46.136	195	85.75	29
17	42.509	215	47.19	70	26.601	235	48.38	88	54.01	55	83.15	106	45.941	180	85.46	64
27	42.294	177	46.49	95	26.366	208	47.50	134	53.46	48	82.09	153	45.761	156	84.82	99
Nov. 6	42.117	128	45.54	117	26.158	172	46.16	176	52.98	39	80.56	195	45.605	125	83.83	131
16	41.989	70	44.37	135	25.986	129	44.40	216	52.59	27	78.61	230	45.480	87	82.52	162
26	41.919	8	43.02	146	25.857	80	42.24	251	52.32	15	76.31	258	45.393	46	80.90	190
Dez. 6	41.911	57	41.56	153	25.777	28	39.73	278	52.17	2	73.73	275	45.347	1	79.00	211
16	41.968	120	40.03	153	25.749	26	36.95	296	52.15	12	70.98	284	45.346	44	76.89	227
26	42.088	180	38.50	150	25.775	79	33.99	306	52.27	25	68.14	284	45.390	87	74.62	236
36	42.268		37.00		25.854		30.93		52.52		65.30		45.477		72.26	
Mittl. Ort	38.187		42.84		24.814		26.39		47.36		72.79		43.406		66.94	
sec δ, tg δ	+1.439		−1.035		+1.282		+0.802		+3.147		−2.984		+1.068		+0.374	
a, *a*′	+4.4		+2.1		+2.0		+3.1		+7.0		+3.3		+2.6		+3.8	
b, *b*′	−0.01		+0.99		+0.01		+0.99		−0.03		+0.99		0.00		+0.98	

[1] Die jährliche Parallaxe (0″.121) ist bereits berücksichtigt.

* Bei Stern 699), 698) und 703) lies Juni 30.

Obere Kulmination Greenwich

Tag	704) λ Pavonis AR.		704) λ Pavonis Dekl.		705) β Lyrae AR.		705) β Lyrae Dekl.	
1955	18h 48m		−62° 14′		18h 48m		+33° 18′	
	s	Δ	″	Δ	s	Δ	″	Δ
Jan. 1	2.19	24	31.18	244	24.156	100	33.87	286
11	2.43	32	28.74	235	24.256	146	31.01	281
21	2.75	39	26.39	220	24.402	187	28.20	263
31	3.14	45	24.19	201	24.589	224	25.57	236
Febr. 10	3.59	50	22.18	178	24.813	255	23.21	200
20	4.09	54	20.40	153	25.068	280	21.21	155
März 2	4.63	57	18.87	124	25.348	300	19.66	103
12	5.20	59	17.63	94	25.648	314	18.63	48 —
22	5.79	60	16.69	62	25.962	322	18.15	9
April 1	6.39	60	16.07	31 —	26.284	323	18.24	66
11	6.99	60	15.76	1	26.607	319	18.90	119
21	7.59	58	15.77	34	26.926	308	20.09	167
Mai 1	8.17	55	16.11	66	27.234	290	21.76	210
11	8.72	52	16.77	96	27.524	267	23.86	245
21	9.24	46	17.73	124	27.791	237	26.31	272
31	9.70	41	18.97	149	28.028	201	29.03	291
Juni 10	10.11	34	20.46	171	28.229	162	31.94	301
20	10.45	26	22.17	188	28.391	117	34.95	303
30	10.71	18	24.05	200	28.508	71	37.98	297
Juli 9	[4] 10.89	9	26.05	205	[4] 28.579	22 —	40.95	285
19	10.98	1 —	28.10	204	28.601	26	43.80	266
29	10.99	8	30.14	195	28.575	73	46.46	241
Aug. 8	10.91	17	32.09	180	28.502	117	48.87	212
18	10.74	24	33.89	157	28.385	156	50.99	178
28	10.50	31	35.46	128	28.229	189	52.77	141
Sept. 7	10.19	36	36.74	93	28.040	213	54.18	102
17	9.83	38	37.67	53	27.827	229	55.20	61
27	9.45	40	38.20	10 —	27.598	236	55.81	17 —
Okt. 7	9.05	39	38.30	35	27.362	232	55.98	27
17	8.66	36	37.95	79	27.130	217	55.71	70
27	8.30	32	37.16	120	26.913	194	55.01	113
Nov. 6	7.98	26	35.96	158	26.719	161	53.88	155
16	7.72	18	34.38	190	26.558	122	52.33	193
26	7.54	10	32.48	216	26.436	77	50.40	227
Dez. 6	7.44	0	30.32	233	26.359	30 —	48.13	254
16	7.44	9	27.99	243	26.329	19	45.59	274
26	7.53	18	25.56	245	26.348	69	42.85	285
36	7.71		23.11		26.417		40.00	
Mittl. Ort	3.15		30.74		25.009		33.52	
sec δ, tg δ	+2.147		−1.900		+1.197		+0.657	
a, *a′*	+5.6		+4.2		+2.2		+4.2	
b, *b′*	−0.03		+0.98		+0.01		+0.98	

Tag	707) ο Draconis AR.		707) ο Draconis Dekl.		706) σ Sagittarii AR.		706) σ Sagittarii Dekl.	
1955	18h 50m		+59° 19′		18h 52m		−26° 21′	
	s	Δ	″	Δ	s	Δ	″	Δ
Jan. 1	29.847	62	59.66	345	28.306	149	16.74	39
11	29.909	142	56.21	339	28.455	188	16.35	37
21	30.051	217	52.82	322	28.643	223	15.98	37
31	30.268	286	49.60	292	28.866	253	15.61	38
Febr. 10	30.554	346	46.68	250	29.119	276	15.23	40
20	30.900	396	44.18	200	29.395	296	14.83	42
März 2	31.296	436	42.18	141	29.691	311	14.41	47
12	31.732	462	40.77	77	30.002	322	13.94	51
22	32.194	476	40.00	10 —	30.324	329	13.43	54
April 1	32.670	478	39.90	55	30.653	332	12.89	57
11	33.148	465	40.45	118	30.985	331	12.32	58
21	33.613	441	41.63	177	31.316	325	11.74	57
Mai 1	34.054	406	43.40	229	31.641	313	11.17	53
11	34.460	360	45.69	272	31.954	296	10.64	47
21	34.820	305	48.41	307	32.250	273	10.17	39
31	35.125	242	51.48	333	32.523	245	9.78	30
Juni 10	35.367	174	54.81	348	32.768	210	9.48	18
20	35.541	101	58.29	355	32.978	170	9.30	7 —
30	[5] 35.642	26 —	61.84	353	[5] 33.148	127	9.23	4
Juli 9	35.668	50	65.37	341	33.275	79	9.27	14
19	35.618	123	68.78	322	33.354	31 —	9.41	23
29	35.495	194	72.00	296	33.385	17	9.64	29
Aug. 8	35.301	258	74.96	264	33.368	62	9.93	33
18	35.043	316	77.60	226	33.306	104	10.26	34
28	34.727	363	79.86	183	33.202	139	10.60	32
Sept. 7	34.364	400	81.69	137	33.063	167	10.92	27
17	33.964	425	83.06	87	32.896	184	11.19	19
27	33.539	435	83.93	35 —	32.712	191	11.38	11
Okt. 7	33.104	432	84.28	18	32.521	186	11.49	1 —
17	32.672	416	84.10	72	32.335	171	11.50	9
27	32.256	385	83.38	126	32.164	145	11.41	19
Nov. 6	31.871	341	82.12	177	32.019	111	11.22	26
16	31.530	286	80.35	223	31.908	70	10.96	33
26	31.244	221	78.12	266	31.838	23 —	10.63	36
Dez. 6	31.023	148	75.46	301	31.815	24	10.27	39
16	30.875	70 —	72.45	327	31.839	72	9.88	39
26	30.805	11	69.18	341	31.911	118	9.49	38
36	30.816		65.77		32.029		9.11	
Mittl. Ort	32.214		58.31		28.514		16.03	
sec δ, tg δ	+1.961		+1.686		+1.116		−0.495	
a, *a′*	+0.9		+4.4		+3.7		+4.5	
b, *b′*	+0.02		+0.98		−0.01		+0.97	

Scheinbare Sternörter 1955

Obere Kulmination Greenwich

Tag	711) R Lyrae AR.		711) R Lyrae Dekl.		709) ϑ Serpentis *pr* AR.		709) ϑ Serpentis *pr* Dekl.		708) λ Telescopii AR.		708) λ Telescopii Dekl.		713) γ Lyrae AR.		713) γ Lyrae Dekl.	
1955	18h 53m		+43° 52′		18h 53m		+4° 8′		18h 54m		−52° 59′		18h 57m		+32° 37′	
	s		″		s		″		s		″		s		″	
Jan. 1	56.611	82	70.37	317	58.569	120	36.92	147	51.431	191	59.47	199	14.686	92	37.01	282
11	56.693	137	67.20	312	58.689	155	35.45	145	51.622	253	57.48	193	14.778	136	34.19	277
21	56.830	186	64.08	295	58.844	187	34.00	134	51.875	307	55.55	183	14.914	177	31.42	262
31	57.016	232	61.13	267	59.031	215	32.66	118	52.182	353	53.72	170	15.091	215	28.80	236
Febr. 10	57.248	271	58.46	228	59.246	238	31.48	96	52.535	392	52.02	154	15.306	246	26.44	201
20	57.519	304	56.18	180	59.484	257	30.52	68	52.927	422	50.48	135	15.552	273	24.43	157
März 2	57.823	330	54.38	125	59.741	271	29.84	37	53.349	447	49.13	115	15.825	294	22.86	107
12	58.153	348	53.13	65	60.012	282	29.47	3 —	53.796	464	47.98	94	16.119	309	21.79	53 —
22	58.501	359	52.48	4 —	60.294	290	29.44	32	54.260	474	47.04	70	16.428	319	21.26	4
April 1	58.860	361	52.44	58	60.584	293	29.76	65	54.734	477	46.34	46	16.747	322	21.30	59
11	59.221	356	53.02	118	60.877	291	30.41	96	55.211	475	45.88	22 —	17.069	320	21.89	113
21	59.577	343	54.20	172	61.168	285	31.37	124	55.686	464	45.66	4	17.389	310	23.02	162
Mai 1	59.920	321	55.92	219	61.453	275	32.61	147	56.150	446	45.70	29	17.699	295	24.64	205
11	60.241	293	58.11	260	61.728	258	34.08	164	56.596	419	45.99	55	17.994	273	26.69	241
21	60.534	257	60.71	291	61.986	237	35.72	177	57.015	384	46.54	80	18.267	244	29.10	268
31	60.791	215	63.62	314	62.223	210	37.49	183	57.399	340	47.34	102	18.511	210	31.78	288
Juni 10	61.006	169	66.76	328	62.433	179	39.32	183	57.739	289	48.36	123	18.721	171	34.66	299
20	61.175	117	70.04	333	62.612	142	41.15	180	58.028	231	49.59	140	18.892	127	37.65	302
30	61.292	64	73.37	329	62.754	103	42.95	171	58.259	166	50.99	153	19.019	82	40.67	298
Juli 9	^{6}61.356	8 —	76.66	317	^{6}62.857	60	44.66	159	^{6}58.425	99	52.52	161	^{7}19.101	33 —	43.65	286
19	61.364	46	79.83	299	62.917	18 —	46.25	145	58.524	28 —	54.13	163	19.134	16	46.51	268
29	61.318	100	82.82	274	62.935	24	47.70	127	58.552	42	55.76	160	19.118	63	49.19	245
Aug. 8	61.218	149	85.56	243	62.911	65	48.97	107	58.510	108	57.36	149	19.055	107	51.64	216
18	61.069	193	87.99	207	62.846	101	50.04	88	58.402	168	58.85	134	18.948	147	53.80	183
28	60.876	230	90.06	168	62.745	132	50.92	67	58.234	220	60.19	112	18.801	181	55.63	148
Sept. 7	60.646	258	91.74	124	62.613	156	51.59	46	58.014	260	61.31	84	18.620	206	57.11	109
17	60.388	278	92.98	78	62.457	171	52.05	25	57.754	287	62.15	53	18.414	224	58.20	68
27	60.110	286	93.76	30 —	62.286	177	52.30	4 —	57.467	299	62.68	18 —	18.190	232	58.88	25 —
Okt. 7	59.824	283	94.06	19	62.109	173	52.34	17	57.168	295	62.86	19	17.958	230	59.13	18
17	59.541	269	93.87	68	61.936	160	52.17	39	56.873	274	62.67	55	17.728	217	58.95	61
27	59.272	245	93.19	117	61.776	138	51.78	59	56.599	239	62.12	90	17.511	194	58.34	104
Nov. 6	59.027	211	92.02	164	61.638	108	51.19	79	56.360	191	61.22	122	17.317	164	57.30	146
16	58.816	168	90.38	207	61.530	73	50.40	99	56.169	132	60.00	149	17.153	127	55.84	184
26	58.648	120	88.31	246	61.457	33 —	49.41	116	56.037	65 —	58.51	171	17.026	83	54.00	219
Dez. 6	58.528	67	85.85	277	61.424	10	48.25	130	55.972	5	56.80	186	16.943	36 —	51.81	246
16	58.461	11 —	83.08	301	61.434	51	46.95	141	55.977	76	54.94	196	16.907	11	49.35	267
26	58.450	46	80.07	314	61.485	92	45.54	147	56.053	146	52.98	199	16.918	60	46.68	280
36	58.496		76.93		61.577		44.07		56.199		50.99		16.978		43.88	
Mittl. Ort	57.860		69.21		58.886		37.05		51.996		58.64		15.513		35.98	
sec δ, tg δ	+1.387		+0.962		+1.003		+0.072		+1.662		−1.327		+1.187		+0.640	
a, *a′*	+1.8		+4.7		+3.0		+4.7		+4.8		+4.8		+2.2		+5.0	
b, *b′*	+0.01		+0.97		0.00		+0.97		−0.02		+0.97		+0.01		+0.97	

Tag	716) ζ Aquilae				717) λ Aquilae			
	AR.		Dekl.		AR.		Dekl.	
1955	$19^h\ 3^m$		$+13°\ 47'$		$19^h\ 3^m$		$-4°\ 56'$	
	s		″		s		″	
Jan. 1	20.001	102	43.31	197	51.354	118	65.81	92
11	20.103	140	41.34	194	51.472	152	66.73	89
21	20.243	174	39.40	182	51.624	185	67.62	82
31	20.417	203	37.58	163	51.809	212	68.44	70
Febr. 10	20.620	229	35.95	135	52.021	236	69.14	53
20	20.849	251	34.60	103	52.257	256	69.67	33
März 2	21.100	269	33.57	64	52.513	270	70.00	9
12	21.369	281	32.93	22	52.783	283	70.09	16
22	21.650	290	32.71	20	53.066	292	69.93	41
April 1	21.940	295	32.91	63	53.358	296	69.52	67
11	22.235	295	33.54	103	53.654	297	68.85	89
21	22.530	289	34.57	139	53.951	293	67.96	109
Mai 1	22.819	279	35.96	170	54.244	284	66.87	124
11	23.098	263	37.66	194	54.528	270	65.63	135
21	23.361	241	39.60	212	54.798	250	64.28	142
31	23.602	214	41.72	225	55.048	224	62.86	143
Juni 10	23.816	181	43.97	230	55.272	193	61.43	140
20	23.997	144	46.27	229	55.465	158	60.03	134
30	24.141	104	48.56	222	55.623	119	58.69	124
Juli 9	8 24.245	61	50.78	210	8 55.742	76	57.45	112
19	24.306	17	52.88	194	55.818	33	56.33	98
29	24.323	26	54.82	175	55.851	11	55.35	84
Aug. 8	24.297	67	56.57	152	55.840	52	54.51	68
18	24.230	105	58.09	127	55.788	90	53.83	53
28	24.125	137	59.36	100	55.698	123	53.30	38
Sept. 7	23.988	161	60.36	72	55.575	148	52.92	25
17	23.827	178	61.08	44	55.427	165	52.67	11
27	23.649	186	61.52	14	55.262	172	52.56	2
Okt. 7	23.463	184	61.66	16	55.090	171	52.58	14
17	23.279	173	61.50	45	54.919	159	52.72	26
27	23.106	152	61.05	75	54.760	137	52.98	38
Nov. 6	22.954	123	60.30	103	54.623	109	53.36	50
16	22.831	90	59.27	129	54.514	74	53.86	61
26	22.741	51	57.98	152	54.440	34	54.47	71
Dez. 6	22.690	9	56.46	173	54.406	7	55.18	81
16	22.681	33	54.73	188	54.413	49	55.99	88
26	22.714	74	52.85	196	54.462	90	56.87	91
36	22.788		50.89		54.552		57.78	
Mittl. Ort	20.428		42.69		51.594		65.67	
sec δ, tg δ	+1.030		+0.246		+1.004		−0.087	
a, *a′*	+2.8		+5.5		+3.2		+5.5	
b, *b′*	0.00		+0.96		0.00		+0.96	

Tag	718) α Coron. austr.				720) π Sagittarii			
	AR.		Dekl.		AR.		Dekl.	
1955	$19^h\ 6^m$		$-37°\ 58'$		$19^h\ 7^m$		$-21°\ 5'$	
	s		″		s		″	
Jan. 1	24.472	148	36.55	115	5.087	128	49.67	9
11	24.620	193	35.40	114	5.215	166	49.58	11
21	24.813	233	34.26	112	5.381	200	49.47	14
31	25.046	269	33.14	107	5.581	229	49.33	18
Febr. 10	25.315	298	32.07	103	5.810	254	49.15	25
20	25.613	322	31.04	97	6.064	274	48.90	33
März 2	25.935	343	30.07	91	6.338	291	48.57	42
12	26.278	357	29.16	84	6.629	304	48.15	52
22	26.635	367	28.32	75	6.933	313	47.63	61
April 1	27.002	373	27.57	67	7.246	319	47.02	69
11	27.375	374	26.90	56	7.565	320	46.33	75
21	27.749	370	26.34	43	7.885	316	45.58	80
Mai 1	28.119	358	25.91	28	8.201	308	44.78	80
11	28.477	341	25.63	13	8.509	293	43.98	78
21	28.818	316	25.50	4	8.802	273	43.20	72
31	29.134	286	25.54	21	9.075	247	42.48	65
Juni 10	29.420	248	25.75	37	9.322	214	41.83	55
20	29.668	203	26.12	54	9.536	177	41.28	43
30	29.871	154	26.66	68	9.713	136	40.85	32
Juli 9	9 30.025	102	27.34	79	9 9.849	90	40.53	19
19	30.127	47	28.13	87	9.939	44	40.34	8
29	30.174	8	29.00	91	9.983	3	40.26	1
Aug. 8	30.166	61	29.91	90	9.980	49	40.27	10
18	30.105	109	30.81	86	9.931	90	40.37	16
28	29.996	151	31.67	76	9.841	125	40.53	19
Sept. 7	29.845	185	32.43	63	9.716	153	40.72	19
17	29.660	207	33.06	45	9.563	173	40.91	18
27	29.453	219	33.51	24	9.390	181	41.09	15
Okt. 7	29.234	217	33.75	3	9.209	180	41.24	10
17	29.017	202	33.78	19	9.029	168	41.34	5
27	28.815	177	33.59	41	8.861	145	41.39	1
Nov. 6	28.638	141	33.18	62	8.716	115	41.40	3
16	28.497	97	32.56	79	8.601	77	41.37	6
26	28.400	47	31.77	93	8.524	35	41.31	8
Dez. 6	28.353	6	30.84	104	8.489	10	41.23	9
16	28.359	60	29.80	110	8.499	54	41.14	9
26	28.419	112	28.70	114	8.553	99	41.05	9
36	28.531		27.56		8.652		40.96	
Mittl. Ort	24.751		35.44		5.280		49.00	
sec δ, tg δ	+1.269		−0.781		+1.072		−0.386	
a, *a′*	+4.1		+5.7		+3.6		+5.8	
b, *b′*	−0.01		+0.96		−0.01		+0.96	

Scheinbare Sternörter 1955

Obere Kulmination Greenwich

Tag	723) δ Draconis AR.		Dekl.		724) ϑ Lyrae AR.		Dekl.		725) ω Aquilae AR.		Dekl.		726) κ Cygni AR.		Dekl.	
1955	19h 12m		+67° 34′		19h 14m		+38° 2′		19h 15m		+11° 30′		19h 16m		+53° 16′	
	s		″		s		″		s		″		s		″	
Jan. 1	29.35	2	60.73	341	47.285	65	71.78	294	41.788	92	47.68	182	1.950	34	68.80	330
11	29.33	9	57.32	344	47.350	113	68.84	293	41.880	130	45.86	178	1.984	101	65.50	330
21	29.42	20	53.88	332	47.463	159	65.91	281	42.010	163	44.08	169	2.085	165	62.20	318
31	29.62	30	50.56	308	47.622	200	63.10	258	42.173	193	42.39	151	2.250	224	59.02	294
Febr. 10	29.92	39	47.48	272	47.822	238	60.52	223	42.366	219	40.88	125	2.474	278	56.08	259
20	30.31	47	44.76	226	48.060	271	58.29	180	42.585	242	39.63	95	2.752	324	53.49	212
März 2	30.78	53	42.50	170	48.331	297	56.49	129	42.827	261	38.68	59	3.076	363	51.37	158
12	31.31	58	40.80	108	48.628	317	55.20	73	43.088	276	38.09	19	3.439	392	49.79	98
22	31.89	60	39.72	43	48.945	331	54.47	15	43.364	287	37.90	22	3.831	411	48.81	34
April 1	32.49	62	39.29	24	49.276	339	54.32	44	43.651	293	38.12	62	4.242	420	48.47	31
11	33.11	61	39.53	89	49.615	339	54.76	100	43.944	295	38.74	100	4.662	419	48.78	94
21	33.72	58	40.42	150	49.954	332	55.76	154	44.239	293	39.74	134	5.081	406	49.72	153
Mai 1	34.30	54	41.92	205	50.286	317	57.30	201	44.532	284	41.08	164	5.487	384	51.25	207
11	34.84	49	43.97	253	50.603	295	59.31	241	44.816	269	42.72	188	5.871	352	53.32	253
21	35.33	41	46.50	294	50.898	267	61.72	274	45.085	250	44.60	206	6.223	311	55.85	290
31	35.74	33	49.44	324	51.165	232	64.46	298	45.335	224	46.66	217	6.534	262	58.75	320
Juni 10	36.07	24	52.68	345	51.397	191	67.44	313	45.559	192	48.83	222	6.796	207	61.95	340
20	36.31	15	56.13	358	51.588	145	70.57	319	45.751	157	51.05	221	7.003	146	65.35	350
30	36.46	5	59.71	361	51.733	96	73.76	319	45.908	117	53.26	215	7.149	82	68.85	352
Juli 10	36.51	6	63.32	355	51.829	45	76.95	310	46.025	75	55.41	204	7.231	17	72.37	345
19	II 36.45	15	66.87	341	II 51.874	6	80.05	294	II 46.100	31	57.45	188	II 7.248	49	75.82	330
29	36.30	24	70.28	320	51.868	58	82.99	272	46.131	13	59.33	169	7.199	113	79.12	309
Aug. 8	36.06	33	73.48	292	51.810	106	85.71	245	46.118	55	61.02	147	7.086	173	82.21	280
18	35.73	41	76.40	257	51.704	150	88.16	212	46.063	93	62.49	124	6.913	226	85.01	246
28	35.32	48	78.97	218	51.554	187	90.28	175	45.970	126	63.73	98	6.687	273	87.47	207
Sept. 7	34.84	54	81.15	173	51.367	217	92.03	136	45.844	153	64.71	72	6.414	311	89.54	163
17	34.30	57	82.88	125	51.150	239	93.39	93	45.691	171	65.43	46	6.103	338	91.17	116
27	33.73	59	84.13	74	50.911	250	94.32	49	45.520	181	65.89	18	5.765	352	92.33	67
Okt. 7	33.14	60	84.87	20	50.661	250	94.81	2	45.339	180	66.07	10	5.413	356	93.00	14
17	32.54	59	85.07	35	50.411	242	94.83	45	45.159	171	65.97	38	5.057	347	93.14	39
27	31.95	56	84.72	91	50.169	222	94.38	91	44.988	153	65.59	65	4.710	325	92.75	91
Nov. 6	31.39	51	83.81	144	49.947	193	93.47	136	44.835	126	64.94	91	4.385	292	91.84	143
16	30.88	45	82.37	195	49.754	158	92.11	179	44.709	94	64.03	116	4.093	249	90.41	192
26	30.43	38	80.42	242	49.596	115	90.32	217	44.615	57	62.87	138	3.844	198	88.49	237
Dez. 6	30.05	29	78.00	282	49.481	69	88.15	249	44.558	17	61.49	157	3.646	139	86.12	274
16	29.76	19	75.18	314	49.412	19	85.66	275	44.541	24	59.92	171	3.507	76	83.38	304
26	29.57	8	72.04	335	49.393	31	82.91	290	44.565	65	58.21	181	3.431	9	80.34	323
36	29.49		68.69		49.424		80.01		44.630		56.40		3.422		77.11	
Mittl. Ort	32.89		56.67		48.267		69.07		42.172		46.57		3.722		65.08	
sec δ, tg δ	+2.622		+2.424		+1.270		+0.783		+1.021		+0.204		+1.673		+1.341	
a, *a′*	0.0		+6.2		+2.1		+6.4		+2.8		+6.5		+1.4		+6.5	
b, *b′*	+0.05		+0.95		+0.02		+0.95		0.00		+0.95		+0.03		+0.95	

Scheinbare Sternörter 1955

Obere Kulmination Greenwich

Tag	729) τ Draconis AR.		729) τ Draconis Dekl.		728) α Sagittarii AR.		728) α Sagittarii Dekl.	
1955	$19^h\ 16^m$		$+73°\ 16'$		$19^h\ 20^m$		$-40°\ 41'$	
	s		″		s		″	
Jan. 1	20.58	7	26.01	338	45.960	131	70.54	136
11	20.51	7	22.63	342	46.091	180	69.18	136
21	20.58	21	19.21	332	46.271	223	67.82	136
31	20.79	35	15.89	311	46.494	261	66.46	132
Febr. 10	21.14	48	12.78	276	46.755	293	65.14	126
20	21.62	59	10.02	231	47.048	321	63.88	121
März 2	22.21	67	7.71	177	47.369	344	62.67	113
12	22.88	74	5.94	116	47.713	362	61.54	104
22	23.62	78	4.78	52	48.075	376	60.50	94
April 1	24.40	79	4.26	15	48.451	384	59.56	82
11	25.19	78	4.41	79	48.835	388	58.74	68
21	25.97	75	5.20	140	49.223	385	58.06	53
Mai 1	26.72	69	6.60	197	49.608	376	57.53	36
11	27.41	62	8.57	246	49.984	361	57.17	16
21	28.03	52	11.03	286	50.345	337	57.01	3
31	28.55	41	13.89	318	50.682	307	57.04	23
Juni 10	28.96	29	17.07	342	50.989	269	57.27	43
20	29.25	16	20.49	355	51.258	225	57.70	62
30	29.41	4	24.04	359	51.483	175	58.32	78
Juli 10	29.45	10	27.63	356	51.658	120	59.10	91
19	[12] 29.35	22	31.19	343	[13] 51.778	64	60.01	102
29	29.13	35	34.62	323	51.842	6	61.03	107
Aug. 8	28.78	46	37.85	296	51.848	51	62.10	107
18	28.32	56	40.81	264	51.797	102	63.17	103
28	27.76	65	43.45	225	51.695	147	64.20	94
Sept. 7	27.11	72	45.70	182	51.548	185	65.14	79
17	26.39	78	47.52	134	51.363	211	65.93	60
27	25.61	80	48.86	84	51.152	226	66.53	38
Okt. 7	24.81	82	49.70	30	50.926	228	66.91	14
17	23.99	81	50.00	24	50.698	216	67.05	12
27	23.18	77	49.76	79	50.482	194	66.93	37
Nov. 6	22.41	72	48.97	134	50.288	159	66.56	61
16	21.69	64	47.63	186	50.129	116	65.95	83
26	21.05	54	45.77	233	50.013	66	65.12	101
Dez. 6	20.51	43	43.44	275	49.947	13	64.11	115
16	20.08	31	40.69	308	49.934	42	62.96	126
26	19.77	16	37.61	330	49.976	95	61.70	133
36	19.61		34.31		50.071		60.37	
Mittl. Ort	25.67		21.28		46.259		68.98	
sec δ, tg δ	+3.474		+3.327		+1.319		—0.860	
a, a′	—1.1		+6.6		+4.2		+6.9	
b, b′	+0.07		+0.94		—0.02		+0.94	

Tag	730) δ Aquilae AR.		730) δ Aquilae Dekl.		734) Grb 2900 Draco AR.		734) Grb 2900 Draco Dekl.	
1955	$19^h\ 23^m$		$+3°\ 1'$		$19^h\ 24^m$		$+79°\ 30'$	
	s		″		s		″	
Jan. 1	13.431	92	25.85	132	17.97	23	57.77	330
11	13.523	129	24.53	130	17.74	1	54.47	336
21	13.652	161	23.23	121	17.75	24	51.11	331
31	13.813	190	22.02	106	17.99	46	47.80	312
Febr. 10	14.003	216	20.96	86	18.45	68	44.68	280
20	14.219	238	20.10	61	19.13	85	41.88	239
März 2	14.457	257	19.49	31	19.98	100	39.49	188
12	14.714	273	19.18	2	20.98	112	37.61	129
22	14.987	284	19.20	35	22.10	118	36.32	66
April 1	15.271	292	19.55	67	23.28	122	35.66	1
11	15.563	295	20.22	97	24.50	121	35.65	62
21	15.858	294	21.19	125	25.71	115	36.27	124
Mai 1	16.152	288	22.44	148	26.86	107	37.51	181
11	16.440	275	23.92	165	27.93	94	39.32	230
21	16.715	257	25.57	178	28.87	80	41.62	272
31	16.972	234	27.35	184	29.67	62	44.34	306
Juni 10	17.206	204	29.19	185	30.29	43	47.40	332
20	17.410	169	31.04	182	30.72	24	50.72	347
30	17.579	130	32.86	174	30.96	3	54.19	354
Juli 10	17.709	89	34.60	162	30.99	17	57.73	353
19	[13] 17.798	45	36.22	147	[14] 30.82	37	61.26	343
29	17.843	2	37.69	130	30.45	57	64.69	325
Aug. 8	17.845	41	38.99	110	29.88	74	67.94	302
18	17.804	80	40.09	91	29.14	90	70.96	272
28	17.724	114	41.00	71	28.24	103	73.68	235
Sept. 7	17.610	141	41.71	50	27.21	116	76.03	195
17	17.469	160	42.21	30	26.05	124	77.98	149
27	17.309	171	42.51	10	24.81	129	79.47	100
Okt. 7	17.138	172	42.61	11	23.52	133	80.47	48
17	16.966	164	42.50	31	22.19	132	80.95	6
27	16.802	146	42.19	49	20.87	128	80.89	60
Nov. 6	16.656	121	41.70	68	19.59	120	80.29	115
16	16.535	89	41.02	86	18.39	109	79.14	168
26	16.446	53	40.16	102	17.30	95	77.46	216
Dez. 6	16.393	14	39.14	115	16.35	78	75.30	259
16	16.379	26	37.99	126	15.57	58	72.71	294
26	16.405	65	36.73	131	14.99	37	69.77	320
36	16.470		35.42		14.62		66.57	
Mittl. Ort	13.712		25.01		26.63		51.86	
sec δ, tg δ	+1.001		+0.053		+5.495		+5.403	
a, a′	+3.0		+7.1		—3.7		+7.2	
b, b′	0.00		+0.93		+0.13		+0.93	

Scheinbare Sternörter 1955

Obere Kulmination Greenwich

Tag	733) ι Cygni AR.		733) ι Cygni Dekl.		732) β Cygni pr AR.		732) β Cygni pr Dekl.		736) 52 Sagittarii AR.		736) 52 Sagittarii Dekl.		738) ϑ Cygni AR.		738) ϑ Cygni Dekl.	
1955	19h 28m		+51° 37′		19h 28m		+27° 51′		19h 33m		−24° 58′		19h 35m		+50° 6′	
	s		″		s		″		s		″		s		″	
Jan. 1	32.622	20	64.25	322	53.647	63	53.25	253	58.033	102	65.62	41	12.490	15	63.07	317
11	32.642	83	61.03	325	53.710	104	50.72	253	58.135	142	65.21	45	12.505	75	59.90	321
21	32.725	145	57.78	316	53.814	144	48.19	243	58.277	177	64.76	50	12.580	134	56.69	312
31	32.870	202	54.62	295	53.958	180	45.76	223	58.454	210	64.26	54	12.714	191	53.57	293
Febr. 10	33.072	256	51.67	262	54.138	214	43.53	194	58.664	238	63.72	59	12.905	242	50.64	262
20	33.328	302	49.05	219	54.352	242	41.59	156	58.902	261	63.13	66	13.147	288	48.02	220
März 2	33.630	342	46.86	166	54.594	266	40.03	111	59.163	283	62.47	73	13.435	327	45.82	168
12	33.972	372	45.20	107	54.860	287	38.92	61	59.446	300	61.74	80	13.762	358	44.14	110
22	34.344	394	44.13	44	55.147	301	38.31	9	59.746	313	60.94	86	14.120	382	43.04	49
April 1	34.738	407	43.69	19	55.448	311	38.22	43	60.059	324	60.08	90	14.502	395	42.55	14
11	35.145	409	43.88	82	55.759	315	38.65	94	60.383	330	59.18	92	14.897	399	42.69	77
21	35.554	401	44.70	141	56.074	312	39.59	142	60.713	330	58.26	92	15.296	394	43.46	136
Mai 1	35.955	383	46.11	196	56.386	303	41.01	184	61.043	325	57.34	89	15.690	378	44.82	190
11	36.338	355	48.07	243	56.689	288	42.85	221	61.368	315	56.45	82	16.068	353	46.72	238
21	36.693	318	50.50	282	56.977	265	45.06	249	61.683	298	55.63	73	16.421	319	49.10	278
31	37.011	273	53.32	313	57.242	237	47.55	270	61.981	274	54.90	62	16.740	278	51.88	309
Juni 10	37.284	222	56.45	335	57.479	202	50.25	284	62.255	243	54.28	47	17.018	228	54.97	331
20	37.506	165	59.80	347	57.681	163	53.09	289	62.498	207	53.81	33	17.246	173	58.28	345
30	37.671	104	63.27	351	57.844	119	55.98	288	62.705	165	53.48	18	17.419	115	61.73	350
Juli 10	37.775	40	66.78	347	57.963	73	58.86	280	62.870	119	53.30	3	17.534	53	65.23	346
	15				15				16				16			
19	37.815	24	70.25	334	58.036	26	61.66	265	62.989	72	53.27	11	17.587	10	68.69	335
29	37.791	87	73.59	314	58.062	22	64.31	245	63.061	22	53.38	22	17.577	71	72.04	315
Aug. 8	37.704	145	76.73	288	58.040	67	66.76	220	63.083	26	53.60	31	17.506	129	75.19	290
18	37.559	200	79.61	255	57.973	109	68.96	191	63.057	71	53.91	38	17.377	182	78.09	259
28	37.359	247	82.16	217	57.864	145	70.87	159	62.986	111	54.29	41	17.195	230	80.68	222
Sept. 7	37.112	286	84.33	176	57.719	175	72.46	125	62.875	143	54.70	41	16.965	268	82.90	181
17	36.826	314	86.09	130	57.544	196	73.71	87	62.732	168	55.11	36	16.697	297	84.71	136
27	36.512	331	87.39	81	57.348	209	74.58	48	62.564	181	55.47	31	16.400	315	86.07	87
Okt. 7	36.181	338	88.20	29	57.139	211	75.06	8	62.383	185	55.78	23	16.085	322	86.94	37
17	35.843	331	88.49	23	56.928	204	75.14	32	62.198	178	56.01	13	15.763	318	87.31	14
27	35.512	313	88.26	75	56.724	189	74.82	73	62.020	159	56.14	3	15.445	301	87.17	67
Nov. 6	35.199	284	87.51	127	56.535	164	74.09	112	61.861	133	56.17	6	15.144	275	86.50	119
16	34.915	245	86.24	177	56.371	132	72.97	148	61.728	99	56.11	16	14.869	238	85.31	168
26	34.670	198	84.47	223	56.239	96	71.49	183	61.629	58	55.95	23	14.631	193	83.63	214
Dez. 6	34.472	143	82.24	261	56.143	54	69.66	212	61.571	16	55.72	29	14.438	142	81.49	253
16	34.329	84	79.63	292	56.089	11	67.54	234	61.555	28	55.43	34	14.296	85	78.96	286
26	34.245	22	76.71	315	56.078	33	65.20	249	61.583	72	55.09	38	14.211	25	76.10	308
36	34.223		73.56		56.111		62.71		61.655		54.71		14.186		73.02	
Mittl. Ort	34.245		59.40		54.305		50.19		58.207		64.62		13.995		57.69	
sec δ, tg δ	+1.611		+1.263		+1.131		+0.529		+1.103		−0.466		+1.559		+1.197	
a, *a′*	+1.5		+7.6		+2.4		+7.6		+3.6		+8.0		+1.6		+8.1	
b, *b′*	+0.03		+0.93		+0.01		+0.93		−0.01		+0.92		+0.03		+0.91	

Obere Kulmination Greenwich

Tag	740) 15 Cygni AR.	Diff.	740) Dekl.	Diff.	741) γ Aquilae AR.	Diff.	741) Dekl.	Diff.
1955	19h 42m		+37° 14′		19h 44m		+10° 30′	
	s		″		s		″	
Jan. 1	38.221	33	45.44	282	6.833	65	10.73	167
11	38.254	81	42.62	285	6.898	102	9.06	166
21	38.335	126	39.77	277	7.000	136	7.40	158
31	38.461	170	37.00	259	7.136	168	5.82	143
Febr. 10	38.631	209	34.41	230	7.304	196	4.39	120
20	38.840	244	32.11	191	7.500	221	3.19	91
März 2	39.084	275	30.20	144	7.721	243	2.28	57
12	39.359	301	28.76	91	7.964	263	1.71	20
22	39.660	320	27.85	35	8.227	278	1.51	19
April 1	39.980	333	27.50	23	8.505	289	1.70	59
11	40.313	339	27.73	80	8.794	296	2.29	96
21	40.652	339	28.53	133	9.090	298	3.25	130
Mai 1	40.991	330	29.86	183	9.388	294	4.55	160
11	41.321	313	31.69	225	9.682	284	6.15	185
21	41.634	289	33.94	261	9.966	268	8.00	203
31	41.923	258	36.55	288	10.234	245	10.03	215
Juni 10	42.181	221	39.43	307	10.479	216	12.18	222
20	42.402	178	42.50	317	10.695	183	14.40	222
30	42.580	130	45.67	321	10.878	144	16.62	216
Juli 10	42.710	79	48.88	316	11.022	102	18.78	206
19*	18 42.789	28	52.04	303	19 11.124	58	20.84	191
29	42.817	24	55.07	285	11.182	14	22.75	174
Aug. 8	42.793	74	57.92	261	11.196	30	24.49	153
18	42.719	120	60.53	231	11.166	70	26.02	130
28	42.599	161	62.84	197	11.096	106	27.32	106
Sept. 7	42.438	194	64.81	160	10.990	136	28.38	80
17	42.244	219	66.41	119	10.854	158	29.18	54
27	42.025	236	67.60	76	10.696	171	29.72	28
Okt. 7	41.789	242	68.36	31	10.525	176	30.00	1
17	41.547	237	68.67	15	10.349	172	30.01	25
27	41.310	224	68.52	62	10.177	157	29.76	51
Nov. 6	41.086	201	67.90	108	10.020	136	29.25	77
16	40.885	171	66.82	151	9.884	108	28.48	101
26	40.714	134	65.31	191	9.776	74	27.47	122
Dez. 6	40.580	91	63.40	226	9.702	38	26.25	141
16	40.489	45	61.14	255	9.664	1	24.84	156
26	40.444	1	58.59	275	9.665	38	23.28	165
36	40.445		55.84		9.703		21.63	
Mittl. Ort	39.114		40.51		7.161		8.41	
sec δ, tg δ	+1.256		+0.760		+1.017		+0.185	
a, a′	+2.2		+8.7		+2.9		+8.8	
b, b′	+0.02		+0.90		+0.01		+0.90	

Tag	743) δ Sagittae AR.	Diff.	743) Dekl.	Diff.	745) α Aquilae[1] AR.	Diff.	745) Dekl.	Diff.
1955	19h 45m		+18° 25′		19h 48m		+8° 44′	
	s		″		s		″	
Jan. 1	22.356	57	22.46	206	34.912	66	55.57	155
11	22.413	94	20.40	207	34.978	102	54.02	153
21	22.507	131	18.33	198	35.080	136	52.49	146
31	22.638	164	16.35	182	35.216	168	51.03	130
Febr. 10	22.802	195	14.53	157	35.384	195	49.73	108
20	22.997	222	12.96	124	35.579	221	48.65	81
März 2	23.219	246	11.72	86	35.800	243	47.84	48
12	23.465	266	10.86	44	36.043	262	47.36	12
22	23.731	283	10.42	2	36.305	278	47.24	25
April 1	24.014	295	10.44	47	36.583	289	47.49	63
11	24.309	301	10.91	92	36.872	296	48.12	99
21	24.610	303	11.83	132	37.168	298	49.11	132
Mai 1	24.913	299	13.15	169	37.466	295	50.43	160
11	25.212	287	14.84	200	37.761	286	52.03	184
21	25.499	270	16.84	224	38.047	270	53.87	200
31	25.769	246	19.08	241	38.317	247	55.87	211
Juni 10	26.015	216	21.49	252	38.564	220	57.98	217
20	26.231	181	24.01	255	38.784	186	60.15	216
30	26.412	141	26.56	253	38.970	148	62.31	209
Juli 10	26.553	98	29.09	244	39.118	106	64.40	198
19*	19 26.651	53	31.53	231	20 39.224	62	66.38	185
29	26.704	7	33.84	212	39.286	18	68.23	167
Aug. 8	26.711	37	35.96	190	39.304	25	69.90	145
18	26.674	79	37.86	164	39.279	66	71.35	123
28	26.595	115	39.50	137	39.213	102	72.58	100
Sept. 7	26.480	145	40.87	107	39.111	132	73.58	75
17	26.335	168	41.94	76	38.979	154	74.33	50
27	26.167	182	42.70	44	38.825	168	74.83	25
Okt. 7	25.985	187	43.14	11	38.657	173	75.08	0
17	25.798	182	43.25	23	38.484	168	75.08	25
27	25.616	169	43.02	56	38.316	154	74.83	49
Nov. 6	25.447	148	42.46	87	38.162	133	74.34	72
16	25.299	120	41.59	118	38.029	106	73.62	95
26	25.179	87	40.41	147	37.923	73	72.67	114
Dez. 6	25.092	49	38.94	170	37.850	36	71.53	132
16	25.043	11	37.24	190	37.814	2	70.21	145
26	25.032	29	35.34	203	37.816	39	68.76	153
36	25.061		33.31		37.855		67.23	
Mittl. Ort	22.794		19.24		35.215		53.36	
sec δ, tg δ	+1.054		+0.333		+1.012		+0.154	
a, a′	+2.7		+8.9		+2.9		+9.1	
b, b′	+0.01		+0.90		0.00		+0.89	

[1] Die jährliche Parallaxe (0″.208) ist bereits berücksichtigt.

* Bei Stern 745) lies Juli 20.

Scheinbare Sternörter 1955

Obere Kulmination Greenwich

Tag	749) β Aquilae AR.	Δ	749) β Aquilae Dekl.	Δ	748) ε Pavonis AR.	Δ	748) ε Pavonis Dekl.	Δ	752) γ Sagittae AR.	Δ	752) γ Sagittae Dekl.	Δ	751) ϑ¹ Sagittarii AR.	Δ	751) ϑ¹ Sagittarii Dekl.	Δ
1955	19h 53m		+6° 17′		19h 55m		−73° 1′		19h 56m		+19° 21′		19h 56m		−35° 23′	
	s		″		s		″		s		″		s		″	
Jan. 1	5.843	61	37.16	143	23.52	9	60.07	306	44.833	44	71.51	206	48.415	80	60.90	110
11	5.904	96	35.73	142	23.61	23	57.01	311	44.877	83	69.45	208	48.495	126	59.80	116
21	6.000	130	34.31	134	23.84	35	53.90	310	44.960	119	67.37	201	48.621	166	58.64	122
31	6.130	161	32.97	120	24.19	47	50.80	300	45.079	153	65.36	186	48.787	204	57.42	126
Febr. 10	6.291	189	31.77	99	24.66	57	47.80	284	45.232	184	63.50	161	48.991	237	56.16	128
20	6.480	215	30.78	73	25.23	66	44.96	261	45.416	213	61.89	130	49.228	266	54.88	128
März 2	6.695	237	30.05	43	25.89	75	42.35	234	45.629	239	60.59	92	49.494	293	53.60	129
12	6.932	257	29.62	9	26.64	81	40.01	202	45.868	262	59.67	50	49.787	316	52.31	127
22	7.189	274	29.53	27	27.45	85	37.99	167	46.130	279	59.17	4	50.103	334	51.04	123
April 1	7.463	287	29.80	62	28.30	88	36.32	129	46.409	293	59.13	42	50.437	349	49.81	118
11	7.750	294	30.42	96	29.18	91	35.03	89	46.702	303	59.55	87	50.786	359	48.63	109
21	8.044	298	31.38	127	30.09	91	34.14	46	47.005	305	60.42	129	51.145	365	47.54	98
Mai 1	8.342	296	32.65	153	31.00	90	33.68	3	47.310	303	61.71	166	51.510	363	46.56	85
11	8.638	288	34.18	175	31.90	86	33.65	39	47.613	294	63.37	198	51.873	354	45.71	69
21	8.926	273	35.93	190	32.76	81	34.04	81	47.907	277	65.35	225	52.227	339	45.02	50
31	9.199	252	37.83	200	33.57	73	34.85	121	48.184	255	67.60	243	52.566	316	44.52	31
Juni 10	9.451	225	39.83	204	34.30	65	36.06	157	48.439	226	70.03	255	52.882	285	44.21	9
20	9.676	192	41.87	203	34.95	55	37.63	190	48.665	191	72.58	260	53.167	247	44.12	12
30	9.868	155	43.90	196	35.50	42	39.53	216	48.856	151	75.18	259	53.414	203	44.24	33
Juli 10	10.023	113	45.86	185	35.92	30	41.69	236	49.007	109	77.77	251	53.617	154	44.57	51
20	10.136	70	47.71	171	36.22	16	44.05	248	49.116	63	80.28	238	53.771	101	45.08	67
29	(21) 10.206	26	49.42	154	(21) 36.38	2	46.53	253	(22) 49.179	18	82.66	220	(22) 53.872	47	45.75	80
Aug. 8	10.232	18	50.96	133	36.40	12	49.06	248	49.197	28	84.86	199	53.919	8	46.55	88
18	10.214	59	52.29	112	36.28	26	51.54	234	49.169	70	86.85	174	53.911	60	47.43	92
28	10.155	96	53.41	90	36.02	39	53.88	211	49.099	107	88.59	146	53.851	106	48.35	92
Sept. 7	10.059	127	54.31	67	35.63	48	55.99	180	48.992	139	90.05	116	53.745	146	49.27	86
17	9.932	150	54.98	44	35.15	57	57.79	140	48.853	163	91.21	85	53.599	177	50.13	74
27	9.782	164	55.42	21	34.58	63	59.19	95	48.690	179	92.06	52	53.422	198	50.87	60
Okt. 7	9.618	171	55.63	2	33.95	66	60.14	44	48.511	186	92.58	19	53.224	206	51.47	42
17	9.447	167	55.61	25	33.29	67	60.58	9	48.325	184	92.77	15	53.018	203	51.89	21
27	9.280	154	55.36	46	32.62	64	60.49	64	48.141	172	92.62	49	52.815	189	52.10	1
Nov. 6	9.126	135	54.90	68	31.98	58	59.85	116	47.969	153	92.13	82	52.626	164	52.09	22
16	8.991	107	54.22	88	31.40	49	58.69	166	47.816	126	91.31	113	52.462	130	51.87	42
26	8.884	75	53.34	106	30.91	40	57.03	210	47.690	95	90.18	142	52.332	90	51.45	62
Dez. 6	8.809	40	52.28	122	30.51	27	54.93	247	47.595	60	88.76	167	52.242	46	50.83	78
16	8.769	3	51.06	133	30.24	14	52.46	275	47.535	21	87.09	188	52.196	1	50.05	92
26	8.766	34	49.73	142	30.10	0	49.71	296	47.514	18	85.21	202	52.197	49	49.13	102
36	8.800		48.31		30.10		46.75		47.532		83.19		52.246		48.11	
Mittl. Ort	6.108		34.94		25.46		56.19		45.261		67.56		48.608		58.77	
sec δ, tg δ	+1.006		+0.110		+3.427		−3.277		+1.060		+0.352		+1.227		−0.711	
a, *a′*	+2.9		+9.5		+6.9		+9.7		+2.7		+9.8		+3.9		+9.8	
b, *b′*	0.00		+0.88		−0.11		+0.88		+0.01		+0.87		−0.02		+0.87	

Scheinbare Sternörter 1955

Obere Kulmination Greenwich

Tag	754) δ Pavonis[1]				756) ϑ Aquilae				759) ϰ Cephei				757) 31 o² Cygni			
	AR.		Dekl.		AR.		Dekl.		AR.		Dekl.		AR.		Dekl.	
1955	20h 4m		−66° 17′		20h 8m		−0° 57′		20h 10m		+77° 34′		20h 12m		+46° 36′	
	s		″		s		″		s		″		s		″	
Jan. 1	18.66	8	61.43	274	58.792	51	20.91	97	19.78	35	47.61	308	11.613	24	22.98	291
11	18.74	18	58.69	284	58.843	86	21.88	94	19.43	17	44.53	326	11.589	30	20.07	303
21	18.92	26	55.85	284	58.929	119	22.82	87	19.26	2	41.27	333	11.619	84	17.04	303
31	19.18	34	53.01	279	59.048	150	23.69	74	19.28	21	37.94	327	11.703	137	14.01	291
Febr. 10	19.52	43	50.22	267	59.198	178	24.43	56	19.49	41	34.67	307	11.840	187	11.10	266
20	19.95	49	47.55	249	59.376	205	24.99	35	19.90	58	31.60	276	12.027	234	8.44	232
März 2	20.44	54	45.06	227	59.581	228	25.34	9	20.48	73	28.84	233	12.261	277	6.12	187
12	20.98	59	42.79	201	59.809	249	25.43	18	21.21	85	26.51	181	12.538	313	4.25	135
22	21.57	63	40.78	171	60.058	268	25.25	48	22.06	95	24.70	123	12.851	343	2.90	78
April 1	22.20	66	39.07	138	60.326	283	24.77	76	23.01	102	23.47	61	13.194	365	2.12	18
11	22.86	68	37.69	102	60.609	294	24.01	104	24.03	104	22.86	4	13.559	378	1.94	44
21	23.54	68	36.67	64	60.903	300	22.97	127	25.07	104	22.90	67	13.937	383	2.38	103
Mai 1	24.22	68	36.03	25	61.203	301	21.70	147	26.11	99	23.57	128	14.320	378	3.41	157
11	24.90	65	35.78	15	61.504	295	20.23	163	27.10	93	24.85	184	14.698	364	4.98	208
21	25.55	62	35.93	54	61.799	284	18.60	174	28.03	84	26.69	234	15.062	340	7.06	251
31	26.17	58	36.47	92	62.083	265	16.86	178	28.87	71	29.03	277	15.402	307	9.57	286
Juni 10	26.75	51	37.39	128	62.348	240	15.08	178	29.58	57	31.80	311	15.709	267	12.43	314
20	27.26	43	38.67	160	62.588	210	13.30	173	30.15	42	34.91	337	15.976	220	15.57	333
30	27.69	35	40.27	187	62.798	173	11.57	165	30.57	25	38.28	354	16.196	167	18.90	342
Juli 10	28.04	26	42.14	210	62.971	133	9.92	152	30.82	8	41.82	363	16.363	111	22.32	345
20	28.30	16	44.24	224	63.104	89	8.40	137	30.90	9	45.45	364	16.474	52	25.77	339
29	[24] 28.46	5	46.48	231	[25] 63.193	45	7.03	119	[25] 30.81	26	49.09	356	[26] 16.526	7	29.16	325
Aug. 8	28.51	5	48.79	231	63.238	1	5.84	100	30.55	42	52.65	341	16.519	64	32.41	306
18	28.46	15	51.10	222	63.239	42	4.84	82	30.13	57	56.06	319	16.455	119	35.47	279
28	28.31	25	53.32	204	63.197	80	4.02	62	29.56	71	59.25	290	16.336	167	38.26	247
Sept. 7	28.06	32	55.36	178	63.117	112	3.40	43	28.85	82	62.15	255	16.169	209	40.73	210
17	27.74	39	57.14	144	63.005	138	2.97	25	28.03	93	64.70	214	15.960	243	42.83	170
27	27.35	43	58.58	103	62.867	155	2.72	8	27.10	100	66.84	169	15.717	267	44.53	125
Okt. 7	26.92	46	59.61	58	62.712	164	2.64	8	26.10	105	68.53	120	15.450	281	45.78	77
17	26.46	47	60.19	9	62.548	162	2.72	23	25.05	108	69.73	66	15.169	284	46.55	27
27	25.99	44	60.28	40	62.386	152	2.95	38	23.97	107	70.39	10	14.885	276	46.82	24
Nov. 6	25.55	40	59.88	90	62.234	134	3.33	52	22.90	104	70.49	47	14.609	259	46.58	76
16	25.15	34	58.98	136	62.100	110	3.85	65	21.86	98	70.02	104	14.350	233	45.82	125
26	24.81	27	57.62	178	61.990	79	4.50	76	20.88	90	68.98	159	14.117	198	44.57	173
Dez. 6	24.54	18	55.84	215	61.911	46	5.26	86	19.98	77	67.39	209	13.919	156	42.84	215
16	24.36	9	53.69	243	61.865	11	6.12	93	19.21	63	65.30	254	13.763	110	40.69	252
26	24.27	1	51.26	264	61.854	26	7.05	97	18.58	47	62.76	291	13.653	59	38.17	280
36	24.28		48.62		61.880		8.02		18.11		59.85		13.594		35.37	
Mittl. Ort	19.80		57.34		58.962		22.70		26.39		36.68		12.782		14.60	
sec δ, tg δ	+2.488		− 2.278		+1.000		− 0.017		+4.648		+ 4.540		+1.456		+ 1.058	
a, *a′*	+5.7		+10.3		+3.1		+10.7		−2.0		+10.8		+1.9		+10.9	
b, *b′*	−0.08		+ 0.86		0.00		+ 0.85		+0.16		+ 0.84		+0.04		+ 0.84	

[1] Die jährliche Parallaxe (0″.174) ist bereits berücksichtigt.

Scheinbare Sternörter 1955

Obere Kulmination Greenwich

Tag	758) 33 Cygni				760) 24 Vulpeculae				761) α² Capricorni				765) γ Cygni			
	AR.	Diff.	Dekl.	Diff.	AR.	Diff.	Dekl.	Diff.	AR.	Diff.	Dekl.	Diff.	AR.	Diff.	Dekl.	Diff.
1955	20h 12m		+56° 25′		20h 14m		+24° 31′		20h 15m		−12° 40′		20h 20m		+40° 6′	
	s		″		s		″		s		″		s		″	
Jan. 1	19.319	64	55.47	307	50.984	20	58.70	221	33.411	52	68.38	27	35.837	15	50.46	271
11	19.255	4	52.40	321	51.004	59	56.49	226	33.463	87	68.65	21	35.822	32	47.75	282
21	19.259	74	49.19	323	51.063	97	54.23	222	33.550	121	68.86	13	35.854	78	44.93	283
31	19.333	142	45.96	313	51.160	134	52.01	209	33.671	152	68.99	2	35.932	125	42.10	271
Febr. 10	19.475	208	42.83	289	51.294	167	49.92	186	33.823	181	69.01	11	36.057	170	39.39	248
20	19.683	270	39.94	255	51.461	200	48.06	155	34.004	208	68.90	28	36.227	211	36.91	215
März 2	19.953	324	37.39	210	51.661	230	46.51	116	34.212	232	68.62	45	36.438	249	34.76	174
12	20.277	372	35.29	156	51.891	256	45.35	72	34.444	254	68.17	64	36.687	283	33.02	124
22	20.649	409	33.73	97	52.147	278	44.63	25	34.698	274	67.53	82	36.970	311	31.78	69
April 1	21.058	435	32.76	34	52.425	295	44.38	24	34.972	289	66.71	100	37.281	333	31.09	12
11	21.493	451	32.42	30	52.720	307	44.62	73	35.261	302	65.71	115	37.614	347	30.97	45
21	21.944	455	32.72	92	53.027	314	45.35	119	35.563	309	64.56	128	37.961	355	31.42	102
Mai 1	22.399	446	33.64	150	53.341	314	46.54	161	35.872	311	63.28	136	38.316	353	32.44	154
11	22.845	425	35.14	204	53.655	306	48.15	198	36.183	308	61.92	140	38.669	343	33.98	202
21	23.270	394	37.18	252	53.961	292	50.13	229	36.491	297	60.52	141	39.012	324	36.00	242
31	23.664	351	39.70	290	54.253	270	52.42	253	36.788	280	59.11	137	39.336	297	38.42	276
Juni 10	24.015	300	42.60	321	54.523	242	54.95	269	37.068	255	57.74	129	39.633	263	41.18	301
20	24.315	240	45.81	343	54.765	207	57.64	278	37.323	224	56.45	117	39.896	222	44.19	319
30	24.555	176	49.24	357	54.972	168	60.42	281	37.547	189	55.28	104	40.118	175	47.38	328
Juli 10	24.731	106	52.81	361	55.140	124	63.23	276	37.736	148	54.24	88	40.293	125	50.66	330
20	24.837	35	56.42	358	55.264	78	65.99	266	37.884	103	53.36	70	40.418	71	53.96	323
29	[26] 24.872	35	60.00	346	[26] 55.342	30	68.65	249	[27] 37.987	57	52.66	53	[28] 40.489	17	57.19	310
Aug. 8	24.837	105	63.46	327	55.372	16	71.14	229	38.044	12	52.13	36	40.506	36	60.29	291
18	24.732	169	66.73	301	55.356	61	73.43	204	38.056	33	51.77	21	40.470	87	63.20	265
28	24.563	227	69.74	270	55.295	100	75.47	175	38.023	74	51.56	7	40.383	133	65.85	235
Sept. 7	24.336	278	72.44	233	55.195	135	77.22	145	37.949	108	51.49	5	40.250	172	68.20	200
17	24.058	318	74.77	190	55.060	162	78.67	111	37.841	135	51.54	14	40.078	203	70.20	161
27	23.740	348	76.67	143	54.898	180	79.78	76	37.706	154	51.68	22	39.875	227	71.81	119
Okt. 7	23.392	367	78.10	94	54.718	191	80.54	39	37.552	164	51.90	27	39.648	240	73.00	75
17	23.025	372	79.04	41	54.527	192	80.93	2	37.388	164	52.17	30	39.408	244	73.75	28
27	22.653	365	79.45	14	54.335	184	80.95	37	37.224	154	52.47	33	39.164	238	74.03	21
Nov. 6	22.288	347	79.31	69	54.151	168	80.58	73	37.070	137	52.80	34	38.926	223	73.82	68
16	21.941	317	78.62	123	53.983	144	79.85	109	36.933	112	53.14	34	38.703	199	73.14	115
26	21.624	277	77.39	174	53.839	115	78.76	142	36.821	82	53.48	35	38.504	169	71.99	159
Dez. 6	21.347	227	75.65	221	53.724	82	77.34	172	36.739	47	53.83	34	38.335	132	70.40	199
16	21.120	171	73.44	261	53.642	45	75.62	197	36.692	11	54.17	33	38.203	91	68.41	234
26	20.949	107	70.83	294	53.597	7	73.65	215	36.681	25	54.50	31	38.112	46	66.07	261
36	20.842		67.89		53.590		71.50		36.706		54.81		38.066		63.46	
Mittl. Ort	21.111		46.01		51.455		53.02		33.512		68.67		36.699		42.20	
sec δ, tg δ	+1.808		+ 1.507		+1.099		+ 0.456		+1.025		− 0.225		+1.308		+ 0.842	
a, *a′*	+1.4		+10.9		+2.6		+11.1		+3.3		+11.2		+2.2		+11.5	
b, *b′*	+0.05		+ 0.84		+0.02		+ 0.83		−0.01		+ 0.83		+0.03		+ 0.82	

Scheinbare Sternörter 1955

Obere Kulmination Greenwich

Tag	764) α Pavonis AR.	Diff.	764) α Pavonis Dekl.	Diff.	1535) 42 Cygni AR.	Diff.	1535) 42 Cygni Dekl.	Diff.	767) ϑ Cephei AR.	Diff.	767) ϑ Cephei Dekl.	Diff.	768) ε Delphini AR.	Diff.	768) ε Delphini Dekl.	Diff.
1955	20h 22m		−56° 52′		20h 27m		+36° 18′		20h 28m		+62° 50′		20h 31m		+11° 8′	
	s		″		s		″		s		″		s		″	
Jan. 1	5.417	40	56.67	230	36.596	14	21.16	257	47.39	14	44.53	301	3.501	21	61.50	154
11	5.457	107	54.37	243	36.582	30	18.59	267	47.25	5	41.52	321	3.522	56	59.96	156
21	5.564	171	51.94	250	36.612	73	15.92	268	47.20	3	38.31	328	3.578	89	58.40	151
31	5.735	232	49.44	251	36.685	117	13.24	257	47.23	12	35.03	324	3.667	121	56.89	139
Febr. 10	5.967	287	46.93	247	36.802	159	10.67	236	47.35	20	31.79	305	3.788	153	55.50	120
20	6.254	337	44.46	239	36.961	198	8.31	205	47.55	28	28.74	275	3.941	182	54.30	94
März 2	6.591	382	42.07	226	37.159	235	6.26	164	47.83	35	25.99	234	4.123	210	53.36	62
12	6.973	421	39.81	208	37.394	268	4.62	117	48.18	41	23.65	183	4.333	235	52.74	27
22	7.394	454	37.73	188	37.662	295	3.45	64	48.59	47	21.82	126	4.568	257	52.47	10
April 1	7.848	481	35.85	163	37.957	317	2.81	9	49.06	50	20.56	64	4.825	276	52.57	50
11	8.329	500	34.22	136	38.274	333	2.72	46	49.56	53	19.92	1	5.101	291	53.07	87
21	8.829	511	32.86	105	38.607	342	3.18	100	50.09	54	19.93	64	5.392	300	53.94	123
Mai 1	9.340	513	31.81	73	38.949	342	4.18	151	50.63	53	20.57	125	5.692	304	55.17	155
11	9.853	505	31.08	38	39.291	335	5.69	197	51.16	51	21.82	182	5.996	301	56.72	181
21	10.358	487	30.70	3	39.626	319	7.66	236	51.67	47	23.64	233	6.297	291	58.53	203
31	10.845	457	30.67	33	39.945	295	10.02	268	52.14	42	25.97	276	6.588	275	60.56	218
Juni 10	11.302	416	31.00	67	40.240	263	12.70	293	52.56	37	28.73	311	6.863	251	62.74	227
20	11.718	366	31.67	101	40.503	226	15.63	309	52.93	29	31.84	339	7.114	221	65.01	230
30	12.084	306	32.68	130	40.729	182	18.72	317	53.22	22	35.23	357	7.335	186	67.31	228
Juli 10	12.390	237	33.98	155	40.911	134	21.89	319	53.44	14	38.80	366	7.521	146	69.59	219
20	12.627	162	35.53	175	41.045	83	25.08	313	53.58	5	42.46	368	7.667	102	71.78	206
29*	[28] 12.789	84	37.28	189	[30] 41.128	31	28.21	300	[30] 53.63	2	46.14	360	[30] 7.769	58	73.84	190
Aug. 8	12.873	5	39.17	196	41.159	20	31.21	281	53.61	11	49.74	346	7.827	13	75.74	170
18	12.878	72	41.13	194	41.139	69	34.02	257	53.50	20	53.20	324	7.840	30	77.44	148
28	12.806	144	43.07	185	41.070	114	36.59	227	53.30	26	56.44	295	7.810	70	78.92	124
Sept. 7	12.662	208	44.92	169	40.956	152	38.86	193	53.04	32	59.39	261	7.740	104	80.16	99
17	12.454	260	46.61	145	40.804	184	40.79	157	52.72	38	62.00	221	7.636	131	81.15	73
27	12.194	298	48.06	113	40.620	206	42.36	116	52.34	41	64.21	175	7.505	152	81.88	46
Okt. 7	11.896	322	49.19	77	40.414	221	43.52	74	51.93	44	65.96	126	7.353	164	82.34	20
17	11.574	329	49.96	37	40.193	225	44.26	29	51.49	46	67.22	73	7.189	166	82.54	6
27	11.245	318	50.33	6	39.968	220	44.55	17	51.03	46	67.95	17	7.023	160	82.48	32
Nov. 6	10.927	293	50.27	49	39.748	206	44.38	62	50.57	44	68.12	40	6.863	147	82.16	58
16	10.634	253	49.78	91	39.542	185	43.76	107	50.13	42	67.72	96	6.716	126	81.58	83
26	10.381	202	48.87	130	39.357	157	42.69	149	49.71	37	66.76	151	6.590	101	80.75	104
Dez. 6	10.179	142	47.57	164	39.200	122	41.20	188	49.34	32	65.25	202	6.489	70	79.71	124
16	10.037	76	45.93	194	39.078	84	39.32	220	49.02	26	63.23	246	6.419	38	78.47	140
26	9.961	9	43.99	217	38.994	43	37.12	247	48.76	19	60.77	284	6.381	4	77.07	151
36	9.952		41.82		38.951		34.65		48.57		57.93		6.377		75.56	
Mittl. Ort	5.968		52.11		37.304		12.91		49.71		32.85		3.720		57.11	
sec δ, tg δ	+1.830		− 1.533		+1.241		+ 0.735		+2.191		+ 1.949		+1.019		+ 0.197	
a, a′	+4.7		+11.6		+2.3		+12.0		+1.0		+12.1		+2.9		+12.3	
b, b′	−0.06		+ 0.81		+0.03		+ 0.80		+0.08		+ 0.80		+0.01		+ 0.79	

* Bei Stern 1535), 767) und 768) lies Juli 30.

Scheinbare Sternörter 1955

Obere Kulmination Greenwich

Tag	770) 73 Draconis				769) α Indi				1539) 29 Vulpeculae				773) υ Capricorni			
	AR.		Dekl.		AR.		Dekl.		AR.		Dekl.		AR.		Dekl.	
1955	20h 32m		+74° 47′		20h 34m		−47° 26′		20h 36m		+21° 2′		20h 37m		−18° 17′	
	s		″		s		″		s		″		s		″	
Jan. 1	2.48	34	75.81	295	24.319	29	64.18	179	30.288	4	38.20	197	29.337	32	54.85	9
11	2.14	19	72.86	318	24.348	82	62.39	193	30.292	41	36.23	203	29.369	68	54.76	18
21	1.95	4	69.68	331	24.430	132	60.46	204	30.333	77	34.20	201	29.437	101	54.58	28
31	1.91	12	66.37	330	24.562	179	58.42	210	30.410	112	32.19	189	29.538	134	54.30	39
Febr. 10	2.03	27	63.07	316	24.741	224	56.32	212	30.522	146	30.30	170	29.672	165	53.91	52
20	2.30	42	59.91	289	24.965	265	54.20	211	30.668	179	28.60	142	29.837	193	53.39	66
März 2	2.72	55	57.02	250	25.230	302	52.09	206	30.847	209	27.18	108	30.030	221	52.73	80
12	3.27	66	54.52	202	25.532	335	50.03	198	31.056	237	26.10	67	30.251	245	51.93	95
22	3.93	76	52.50	146	25.867	365	48.05	185	31.293	262	25.43	23	30.496	268	50.98	109
April 1	4.69	83	51.04	85	26.232	389	46.20	170	31.555	283	25.20	23	30.764	288	49.89	122
11	5.52	86	50.19	22	26.621	409	44.50	151	31.838	299	25.43	68	31.052	303	48.67	131
21	6.38	87	49.97	43	27.030	421	42.99	129	32.137	308	26.11	112	31.355	315	47.36	138
Mai 1	7.25	86	50.40	105	27.451	427	41.70	104	32.445	313	27.23	153	31.670	321	45.98	142
11	8.11	81	51.45	162	27.878	425	40.66	77	32.758	310	28.76	188	31.991	320	44.56	140
21	8.92	75	53.07	215	28.303	414	39.89	47	33.068	299	30.64	217	32.311	313	43.16	136
31	9.67	66	55.22	262	28.717	392	39.42	15	33.367	282	32.81	240	32.624	298	41.80	127
Juni 10	10.33	56	57.84	300	29.109	362	39.27	15	33.649	257	35.21	256	32.922	277	40.53	115
20	10.89	44	60.84	330	29.471	323	39.42	46	33.906	226	37.77	266	33.199	248	39.38	98
30	11.33	31	64.14	351	29.794	275	39.88	76	34.132	189	40.43	268	33.447	212	38.40	81
Juli 10	11.64	17	67.65	365	30.069	220	40.64	101	34.321	147	43.11	264	33.659	172	37.59	62
20	11.81	2	71.30	370	30.289	160	41.65	124	34.468	102	45.75	255	33.831	128	36.97	43
30	11.83	11	75.00	366	^{31}30.449	95	42.89	142	$_{1}$34.570	57	48.30	241	$_{1}$33.959	81	36.54	24
Aug. 8	^{31}11.72	25	78.66	355	30.544	30	44.31	153	34.627	10	50.71	221	34.040	33	36.30	6
18	11.47	38	82.21	336	30.574	33	45.84	158	34.637	35	52.92	197	34.073	13	36.24	10
28	11.09	49	85.57	311	30.541	94	47.42	157	34.602	75	54.89	171	34.060	56	36.34	22
Sept. 7	10.60	60	88.68	278	30.447	147	48.99	148	34.527	111	56.60	143	34.004	95	36.56	33
17	10.00	70	91.46	240	30.300	191	50.47	132	34.416	141	58.03	112	33.909	125	36.89	39
27	9.30	76	93.86	197	30.109	225	51.79	111	34.275	162	59.15	79	33.784	148	37.28	43
Okt. 7	8.54	82	95.83	148	29.884	246	52.90	83	34.113	174	59.94	45	33.636	162	37.71	43
17	7.72	85	97.31	96	29.638	252	53.73	52	33.939	179	60.39	12	33.474	166	38.14	41
27	6.87	85	98.27	40	29.386	247	54.25	18	33.760	175	60.51	23	33.308	160	38.55	37
Nov. 6	6.02	84	98.67	18	29.139	227	54.43	17	33.585	162	60.28	58	33.148	146	38.92	32
16	5.18	80	98.49	76	28.912	198	54.26	53	33.423	143	59.70	90	33.002	124	39.24	25
26	4.38	74	97.73	133	28.714	159	53.73	86	33.280	118	58.80	122	32.878	97	39.49	19
Dez. 6	3.64	66	96.40	186	28.555	112	52.87	117	33.162	88	57.58	149	32.781	64	39.68	11
16	2.98	55	94.54	235	28.443	61	51.70	143	33.074	56	56.09	173	32.717	30	39.79	5
26	2.43	42	92.19	275	28.382	9	50.27	166	33.018	20	54.36	191	32.687	7	39.84	2
36	2.01		89.44		28.373		48.61		32.998		52.45		32.694		39.82	
Mittl. Ort	7.38		62.81		24.581		59.93		30.624		31.85		29.376		54.39	
sec δ, tg δ	+3.814		+ 3.681		+1.479		− 1.089		+1.071		+ 0.385		+1.053		− 0.331	
a, a′	−0.8		+12.3		+4.2		+12.5		+2.7		+12.6		+3.4		+12.7	
b, b′	+0.15		+ 0.79		−0.05		+ 0.78		+0.02		+ 0.78		−0.01		+ 0.77	

Obere Kulmination Greenwich

Tag	774) α Delphini AR.	Diff.	774) α Delphini Dekl.	Diff.	777) α Cygni AR.	Diff.	777) α Cygni Dekl.	Diff.	775) β Pavonis AR.	Diff.	775) β Pavonis Dekl.	Diff.	783) η Cephei AR.	Diff.	783) η Cephei Dekl.	Diff.
1955	20h 37m		+15° 45′		20h 39m		+45° 6′		20h 40m		−66° 21′		20h 44m		+61° 39′	
	s		″		s		″		s		″		s		″	
Jan. 1	32.542	10	13.38	173	52.808	52	77.92	271	54.69	3	66.50	271	20.54	15	61.90	287
11	32.552	45	11.65	178	52.756	2	75.21	288	54.66	7	63.79	288	20.39	7	59.03	310
21	32.597	80	9.87	174	52.754	48	72.33	293	54.73	16	60.91	299	20.32	0	55.93	321
31	32.677	113	8.13	162	52.802	100	69.40	286	54.89	24	57.92	302	20.32	8	52.72	320
Febr. 10	32.790	146	6.51	143	52.902	149	66.54	268	55.13	32	54.90	298	20.40	17	49.52	305
20	32.936	177	5.08	117	53.051	198	63.86	238	55.45	39	51.92	287	20.57	25	46.47	278
März 2	33.113	206	3.91	84	53.249	243	61.48	199	55.84	46	49.05	271	20.82	32	43.69	241
12	33.319	232	3.07	47	53.492	283	59.49	152	56.30	52	46.34	250	21.14	38	41.28	192
22	33.551	256	2.60	6	53.775	318	57.97	97	56.82	58	43.84	224	21.52	43	39.36	137
April 1	33.807	277	2.54	36	54.093	346	57.00	40	57.40	61	41.60	193	21.95	48	37.99	77
11	34.084	293	2.90	78	54.439	366	56.60	20	58.01	64	39.67	160	22.43	50	37.22	14
21	34.377	303	3.68	118	54.805	377	56.80	78	58.65	66	38.07	123	22.93	52	37.08	50
Mai 1	34.680	307	4.86	153	55.182	379	57.58	134	59.31	67	36.84	82	23.45	52	37.58	111
11	34.987	305	6.39	184	55.561	371	58.92	185	59.98	67	36.02	41	23.97	51	38.69	169
21	35.292	296	8.23	210	55.932	355	60.77	231	60.65	64	35.61	1	24.48	47	40.38	220
31	35.588	280	10.33	229	56.287	328	63.08	269	61.29	61	35.62	43	24.95	43	42.58	266
Juni 10	35.868	256	12.62	241	56.615	294	65.77	299	61.90	56	36.05	85	25.38	38	45.24	304
20	36.124	226	15.03	247	56.909	251	68.76	321	62.46	49	36.90	123	25.76	32	48.28	333
30	36.350	190	17.50	248	57.160	203	71.97	336	62.95	42	38.13	157	26.08	25	51.61	354
Juli 10	36.540	150	19.98	242	57.363	149	75.33	342	63.37	33	39.70	187	26.33	17	55.15	366
20	36.690	107	22.40	230	57.512	93	78.75	341	63.70	23	41.57	211	26.50	9	58.81	371
30	[1] 36.797	61	24.70	215	[2] 57.605	35	82.16	331	[2] 63.93	13	43.68	227	[3] 26.59	1	62.52	367
Aug. 8	36.858	16	26.85	195	57.640	22	85.47	314	64.06	3	45.95	236	26.60	7	66.19	354
18	36.874	28	28.80	173	57.618	77	88.61	293	64.09	8	48.31	235	26.53	15	69.73	335
28	36.846	69	30.53	148	57.541	127	91.54	264	64.01	18	50.66	225	26.38	22	73.08	309
Sept. 7	36.777	103	32.01	121	57.414	171	94.18	230	63.83	27	52.91	206	26.16	28	76.17	277
17	36.674	132	33.22	93	57.243	208	96.48	193	63.56	34	54.97	180	25.88	33	78.94	238
27	36.542	154	34.15	63	57.035	237	98.41	150	63.22	41	56.77	144	25.55	38	81.32	194
Okt. 7	36.388	166	34.78	33	56.798	255	99.91	105	62.81	45	58.21	101	25.17	41	83.26	147
17	36.222	170	35.11	4	56.543	264	100.96	57	62.36	46	59.22	55	24.76	43	84.73	95
27	36.052	166	35.15	27	56.279	262	101.53	7	61.90	46	59.77	5	24.33	43	85.68	40
Nov. 6	35.886	153	34.88	57	56.017	251	101.60	43	61.44	44	59.82	47	23.90	42	86.08	17
16	35.733	134	34.31	84	55.766	232	101.17	94	61.00	40	59.35	97	23.48	40	85.91	74
26	35.599	109	33.47	111	55.534	204	100.23	142	60.60	34	58.38	144	23.08	36	85.17	129
Dez. 6	35.490	80	32.36	135	55.330	169	98.81	187	60.26	26	56.94	188	22.72	32	83.88	181
16	35.410	48	31.01	155	55.161	129	96.94	225	60.00	18	55.06	225	22.40	26	82.07	229
26	35.362	14	29.46	169	55.032	83	94.69	258	59.82	9	52.81	254	22.14	20	79.78	268
36	35.348		27.77		54.949		92.11		59.73		50.27		21.94		77.10	
Mittl. Ort	32.797		7.91		53.771		67.45		55.67		60.58		22.60		48.90	
sec δ, tg δ	+1.039		+ 0.282		+1.417		+ 1.004		+2.495		− 2.285		+2.107		+ 1.854	
a, *a′*	+2.8		+12.7		+2.0		+12.9		+5.4		+12.9		+1.2		+13.2	
b, *b′*	+0.01		+ 0.77		+0.04		+ 0.77		−0.10		+ 0.76		+0.08		+ 0.75	

Scheinbare Sternörter 1955

Obere Kulmination Greenwich

Tag	780) ε Cygni				781) ε Aquarii				785) β Indi				786) 32 Vulpeculae			
	AR.		Dekl.		AR.		Dekl.		AR.		Dekl.		AR.		Dekl.	
1955	20h 44m		+33° 47′		20h 45m		−9° 39′		20h 51m		−58° 37′		20h 52m		+27° 53′	
	s		″		s		″		s		″		s		″	
Jan. 1	22.744	24	71.77	239	14.411	22	41.18	40	17.961	19	37.92	233	38.019	21	16.35	215
11	22.720	16	69.38	251	14.433	57	41.58	34	17.942	49	35.59	251	37.998	16	14.20	226
21	22.736	58	66.87	253	14.490	88	41.92	25	17.991	116	33.08	265	38.014	54	11.94	228
31	22.794	99	64.34	245	14.578	119	42.17	12	18.107	181	30.43	272	38.068	92	9.66	220
Febr. 10	22.893	140	61.89	227	14.697	150	42.29	3	18.288	241	27.71	273	38.160	129	7.46	202
20	23.033	179	59.62	199	14.847	178	42.26	20	18.529	298	24.98	269	38.289	166	5.44	175
März 2	23.212	215	57.63	161	15.025	205	42.06	40	18.827	350	22.29	259	38.455	200	3.69	141
12	23.427	250	56.02	116	15.230	230	41.66	62	19.177	396	19.70	243	38.655	232	2.28	100
22	23.677	279	54.86	67	15.460	253	41.04	83	19.573	438	17.27	225	38.887	261	1.28	53
April 1	23.956	304	54.19	14	15.713	274	40.21	103	20.011	472	15.02	202	39.148	286	0.75	3
11	24.260	322	54.05	39	15.987	290	39.18	123	20.483	500	13.00	174	39.434	306	0.72	46
21	24.582	335	54.44	92	16.277	303	37.95	138	20.983	520	11.26	143	39.740	319	1.18	94
Mai 1	24.917	339	55.36	142	16.580	310	36.57	150	21.503	531	9.83	108	40.059	325	2.12	141
11	25.256	335	56.78	187	16.890	310	35.07	158	22.034	530	8.75	72	40.384	324	3.53	182
21	25.591	323	58.65	225	17.200	304	33.49	161	22.564	519	8.03	34	40.708	315	5.35	217
31	25.914	303	60.90	258	17.504	291	31.88	160	23.083	496	7.69	5	41.023	298	7.52	246
Juni 10	26.217	276	63.48	283	17.795	270	30.28	153	23.579	460	7.74	44	41.321	274	9.98	269
20	26.493	241	66.31	301	18.065	244	28.75	143	24.039	414	8.18	82	41.595	242	12.67	283
30	26.734	200	69.32	310	18.309	210	27.32	130	24.453	356	9.00	117	41.837	205	15.50	291
Juli 10	26.934	154	72.42	313	18.519	171	26.02	113	24.809	289	10.17	147	42.042	162	18.41	292
20	27.088	105	75.55	308	18.690	128	24.89	96	25.098	214	11.64	173	42.204	117	21.33	286
30	27.193	55	78.63	296	18.818	84	23.93	76	25.312	134	13.37	193	42.321	68	24.19	274
Aug. 8	[3] 27.248	4	81.59	279	[3] 18.902	38	23.17	57	[5] 25.446	51	15.30	205	[5] 42.389	20	26.93	257
18	27.252	44	84.38	256	18.940	7	22.60	39	25.497	31	17.35	210	42.409	26	29.50	234
28	27.208	89	86.94	229	18.933	49	22.21	22	25.466	110	19.45	207	42.383	69	31.84	208
Sept. 7	27.119	128	89.23	198	18.884	85	21.99	6	25.356	181	21.52	194	42.314	109	33.92	179
17	26.991	161	91.21	162	18.799	116	21.93	7	25.175	243	23.46	174	42.205	141	35.71	146
27	26.830	185	92.83	124	18.683	138	22.00	18	24.932	291	25.20	145	42.064	165	37.17	111
Okt. 7	26.645	202	94.07	84	18.545	153	22.18	27	24.641	325	26.65	110	41.899	181	38.28	74
17	26.443	209	94.91	41	18.392	157	22.45	34	24.316	341	27.75	70	41.718	188	39.02	35
27	26.234	207	95.32	3	18.235	153	22.79	39	23.975	342	28.45	26	41.530	188	39.37	4
Nov. 6	26.027	196	95.29	46	18.082	141	23.18	42	23.633	325	28.71	19	41.342	179	39.33	44
16	25.831	179	94.83	90	17.941	121	23.60	45	23.308	294	28.52	65	41.163	162	38.89	83
26	25.652	154	93.93	131	17.820	97	24.05	47	23.014	250	27.87	109	41.001	140	38.06	119
Dez. 6	25.498	123	92.62	168	17.723	67	24.52	47	22.764	195	26.78	150	40.861	112	36.87	153
16	25.375	89	90.94	201	17.656	35	24.99	46	22.569	133	25.28	185	40.749	81	35.34	183
26	25.286	52	88.93	228	17.621	2	25.45	45	22.436	67	23.43	215	40.668	46	33.51	206
36	25.234		86.65		17.619		25.90		22.369		21.28		40.622		31.45	
Mittl. Ort	23.310		62.75		14.443		42.25		18.472		32.05		38.413		7.88	
sec δ, tg δ	+1.203		+ 0.669		+1.014		− 0.170		+1.921		− 1.640		+1.131		+ 0.529	
a, *a′*	+2.4		+13.2		+3.2		+13.2		+4.7		+13.6		+2.6		+13.7	
b, *b′*	+0.03		+ 0.75		−0.01		+ 0.75		−0.07		+ 0.73		+0.02		+ 0.73	

Tag	788) ν Cygni AR.		788) ν Cygni Dekl.		790) ζ Microscopii AR.		790) ζ Microscopii Dekl.		793) 61 Cygni *pr*[1] AR.		793) 61 Cygni *pr*[1] Dekl.		795) Br 2777 Ceph AR.		795) Br 2777 Ceph Dekl.	
1955	$20^h 55^m$		+40° 59′		$21^h 0^m$		−38° 48′		$21^h 4^m$		+38° 31′		$21^h 6^m$		+77° 56′	
	s		″		s		″		s		″		s		″	
Jan. 1	28.879	55	46.35	252	5.703	3	34.66	126	51.955	43	48.90	233	20.19	58	56.44	262
11	28.824	12	43.83	269	5.706	45	33.40	143	51.912	2	46.57	249	19.61	41	53.82	296
21	28.812	35	41.14	276	5.751	87	31.97	159	51.910	41	44.08	255	19.20	22	50.86	317
31	28.847	82	38.38	272	5.838	128	30.38	170	51.951	85	41.53	252	18.98	2	47.69	327
Febr. 10	28.929	127	35.66	256	5.966	166	28.68	179	52.036	130	39.01	237	18.96	17	44.42	323
20	29.056	173	33.10	229	6.132	203	26.89	185	52.166	173	36.64	211	19.13	37	41.19	307
März 2	29.229	216	30.81	193	6.335	238	25.04	189	52.339	215	34.53	176	19.50	55	38.12	277
12	29.445	256	28.88	148	6.573	270	23.15	190	52.554	253	32.77	132	20.05	71	35.35	236
22	29.701	291	27.40	98	6.843	300	21.25	187	52.807	288	31.45	83	20.76	85	32.99	188
April 1	29.992	320	26.42	42	7.143	326	19.38	181	53.095	318	30.62	30	21.61	96	31.11	131
11	30.312	343	26.00	14	7.469	348	17.57	172	53.413	341	30.32	25	22.57	103	29.80	70
21	30.655	357	26.14	71	7.817	366	15.85	159	53.754	357	30.57	81	23.60	108	29.10	8
Mai 1	31.012	363	26.85	124	8.183	376	14.26	142	54.111	364	31.38	133	24.68	108	29.02	55
11	31.375	361	28.09	175	8.559	380	12.84	121	54.475	363	32.71	182	25.76	105	29.57	116
21	31.736	348	29.84	219	8.939	375	11.63	97	54.838	354	34.53	225	26.81	100	30.73	172
31	32.084	328	32.03	257	9.314	362	10.66	72	55.192	334	36.78	262	27.81	90	32.45	222
Juni 10	32.412	298	34.60	287	9.676	340	9.94	43	55.526	307	39.40	291	28.71	79	34.67	267
20	32.710	260	37.47	310	10.016	310	9.51	14	55.833	273	42.31	313	29.50	66	37.34	305
30	32.970	217	40.57	324	10.326	271	9.37	15	56.106	231	45.44	328	30.16	51	40.39	334
Juli 10	33.187	168	43.81	331	10.597	225	9.52	43	56.337	183	48.72	334	30.67	34	43.73	355
20	33.355	116	47.12	331	10.822	173	9.95	69	56.520	134	52.06	332	31.01	18	47.28	368
30	6 33.471	62	50.43	322	7 10.995	119	10.64	91	8 56.654	81	55.38	325	8 31.19	0	50.96	373
Aug. 8	33.533	7	53.65	308	11.114	62	11.55	109	56.735	28	58.63	310	31.19	16	54.69	370
18	33.540	46	56.73	287	11.176	4	12.64	122	56.763	23	61.73	289	31.03	33	58.39	359
28	33.494	94	59.60	261	11.180	50	13.86	128	56.740	71	64.62	263	30.70	49	61.98	340
Sept. 7	33.400	138	62.21	229	11.130	98	15.14	130	56.669	113	67.25	233	30.21	63	65.38	315
17	33.262	174	64.50	193	11.032	141	16.44	124	56.556	150	69.58	198	29.58	76	68.53	284
27	33.088	204	66.43	154	10.891	173	17.68	112	56.406	178	71.56	159	28.82	86	71.37	245
Okt. 7	32.884	223	67.97	111	10.718	195	18.80	95	56.228	198	73.15	117	27.96	95	73.82	201
17	32.661	234	69.08	66	10.523	207	19.75	73	56.030	210	74.32	74	27.01	102	75.83	152
27	32.427	235	69.74	18	10.316	206	20.48	47	55.820	211	75.06	28	25.99	105	77.35	98
Nov. 6	32.192	227	69.92	30	10.110	194	20.95	20	55.609	205	75.34	18	24.94	106	78.33	40
16	31.965	211	69.62	79	9.916	174	21.15	8	55.404	190	75.16	65	23.88	104	78.73	18
26	31.754	188	68.83	125	9.742	145	21.07	37	55.214	168	74.51	109	22.84	100	78.55	78
Dez. 6	31.566	159	67.58	168	9.597	110	20.70	64	55.046	141	73.42	151	21.84	92	77.77	136
16	31.407	123	65.90	206	9.487	70	20.06	90	54.905	108	71.91	188	20.92	80	76.41	190
26	31.284	84	63.84	238	9.417	28	19.16	112	54.797	71	70.03	219	20.12	68	74.51	238
36	31.200		61.46		9.389		18.04		54.726		67.84		19.44		72.13	
Mittl. Ort	29.599		35.35		5.764		30.76		52.559		37.90		25.91		39.90	
sec δ, tg δ	+1.325		+ 0.869		+1.283		− 0.804		+1.278		+ 0.796		+4.788		+ 4.682	
a, *a′*	+2.2		+13.9		+3.8		+14.2		+2.3		+14.5		−1.2		+14.6	
b, *b′*	+0.04		+ 0.72		−0.04		+ 0.71		+0.04		+ 0.69		+0.23		+ 0.69	

[1] Die jährliche Parallaxe (0″.299) ist bereits berücksichtigt.

Scheinbare Sternörter 1955

Obere Kulmination Greenwich

Tag	794) ν Aquarii AR.		794) ν Aquarii Dekl.		797) ζ Cygni AR.		797) ζ Cygni Dekl.		800) α Equulei AR.		800) α Equulei Dekl.		803) α Cephei AR.		803) α Cephei Dekl.	
1955	21h 7m		−11° 32′		21h 11m		+30° 2′		21h 13m		+5° 3′		21h 17m		+62° 23′	
	s		″		s		″		s		″		s		″	
Jan. 1	8.678	3	77.28	27	0.773	42	39.32	212	34.414	10	43.49	111	28.53	21	55.99	261
11	8.681	35	77.55	19	0.731	5	37.20	227	34.404	20	42.38	112	28.32	14	53.38	291
21	8.716	67	77.74	9	0.726	32	34.93	231	34.424	52	41.26	107	28.18	6	50.47	311
31	8.783	98	77.83	5	0.758	70	32.62	226	34.476	82	40.19	96	28.12	2	47.36	319
Febr. 10	8.881	129	77.78	20	0.828	109	30.36	212	34.558	113	39.23	80	28.14	10	44.17	313
20	9.010	158	77.58	37	0.937	148	28.24	188	34.671	144	38.43	58	28.24	19	41.04	294
März 2	9.168	187	77.21	56	1.085	184	26.36	155	34.815	174	37.85	32	28.43	26	38.10	263
12	9.355	215	76.65	77	1.269	220	24.81	115	34.989	203	37.53	3	28.69	34	35.47	223
22	9.570	240	75.88	97	1.489	253	23.66	70	35.192	230	37.50	30	29.03	40	33.24	173
April 1	9.810	264	74.91	116	1.742	280	22.96	21	35.422	254	37.80	62	29.43	46	31.51	116
11	10.074	284	73.75	133	2.022	304	22.75	29	35.676	275	38.42	95	29.89	50	30.35	56
21	10.358	300	72.42	147	2.326	321	23.04	80	35.951	292	39.37	125	30.39	52	29.79	7
Mai 1	10.658	310	70.95	158	2.647	330	23.84	127	36.243	302	40.62	152	30.91	54	29.86	69
11	10.968	315	69.37	164	2.977	333	25.11	170	36.545	307	42.14	174	31.45	53	30.55	128
21	11.283	312	67.73	165	3.310	326	26.81	208	36.852	305	43.88	192	31.98	52	31.83	183
31	11.595	302	66.08	162	3.636	312	28.89	241	37.157	295	45.80	203	32.50	49	33.66	233
Juni 10	11.897	284	64.46	154	3.948	289	31.30	265	37.452	277	47.83	210	32.99	43	35.99	275
20	12.181	260	62.92	143	4.237	260	33.95	284	37.729	253	49.93	210	33.42	38	38.74	311
30	12.441	229	61.49	128	4.497	224	36.79	295	37.982	223	52.03	205	33.80	32	41.85	338
Juli 10	12.670	191	60.21	109	4.721	182	39.74	298	38.205	186	54.08	196	34.12	24	45.23	357
20	12.861	150	59.12	90	4.903	136	42.72	295	38.391	146	56.04	183	34.36	16	48.80	368
30	13.011	105	58.22	70	5.039	88	45.67	286	38.537	102	57.87	166	34.52	8	52.48	371
Aug. 9	9 13.116	60	57.52	50	10 5.127	39	48.53	271	10 38.639	58	59.53	147	11 34.60	0	56.19	364
18	13.176	14	57.02	30	5.166	9	51.24	250	38.697	14	61.00	126	34.60	8	59.83	352
28	13.190	30	56.72	12	5.157	54	53.74	226	38.711	28	62.26	103	34.52	16	63.35	332
Sept. 7	13.160	68	56.60	5	5.103	94	56.00	197	38.683	65	63.29	80	34.36	23	66.67	304
17	13.092	100	56.65	17	5.009	129	57.97	165	38.618	97	64.09	58	34.13	28	69.71	271
27	12.992	126	56.82	28	4.880	155	59.62	130	38.521	122	64.67	36	33.85	34	72.42	232
Okt. 7	12.866	144	57.10	36	4.725	175	60.92	93	38.399	139	65.03	14	33.51	38	74.74	188
17	12.722	152	57.46	41	4.550	187	61.85	54	38.260	149	65.17	7	33.13	41	76.62	138
27	12.570	152	57.87	44	4.363	188	62.39	13	38.111	149	65.10	26	32.72	42	78.00	84
Nov. 6	12.418	143	58.31	45	4.175	183	62.52	27	37.962	143	64.84	45	32.30	42	78.84	29
16	12.275	127	58.76	45	3.992	171	62.25	67	37.819	129	64.39	62	31.88	41	79.13	29
26	12.148	106	59.21	44	3.821	151	61.58	107	37.690	111	63.77	78	31.47	39	78.84	86
Dez. 6	12.042	80	59.65	42	3.670	127	60.51	143	37.579	87	62.99	92	31.08	36	77.98	142
16	11.962	51	60.07	37	3.543	98	59.08	175	37.492	60	62.07	102	30.72	31	76.56	193
26	11.911	20	60.44	33	3.445	66	57.33	201	37.432	32	61.05	111	30.41	25	74.63	239
36	11.891		60.77		3.379		55.32		37.400		59.94		30.16		72.24	
Mittl. Ort	8.635		78.19		1.124		29.36		34.428		38.86		30.33		40.04	
sec δ, tg δ	+1.021		− 0.204		+1.155		+ 0.578		+1.004		+ 0.089		+2.158		+ 1.912	
a, a′	+3.3		+14.6		+2.6		+14.8		+3.0		+15.0		+1.4		+15.2	
b, b′	−0.01		+ 0.68		+0.03		+ 0.67		0.00		+ 0.66		+0.10		+ 0.65	

Obere Kulmination Greenwich

Tag	804) ι Pegasi				805) γ Pavonis[1]				806) ζ Capricorni				809) β Cephei			
	AR.		Dekl.		AR.		Dekl.		AR.		Dekl.		AR.		Dekl.	
1955	21h 20m		+19° 36′		21h 22m		−65° 33′		21h 24m		−22° 36′		21h 28m		+70° 21′	
	s		″		s		″		s		″		s		″	
Jan. 1	0.084	31 —	48.06	171	44.26	12	84.80	253	6.160	13 —	27.78	33	2.43	36	64.71	250
11	0.053	1	46.35	180	44.14	4 —	82.27	281	6.147	20	27.45	48	2.07	27	62.21	285
21	0.054	34	44.55	181	44.10	5	79.46	300	6.167	53	26.97	62	1.80	15	59.36	310
31	0.088	68	42.74	175	44.15	13	76.46	313	6.220	86	26.35	77	1.65	4 —	56.26	322
Febr. 10	0.156	102	40.99	160	44.28	21	73.33	317	6.306	118	25.58	92	1.61	8	53.04	322
20	0.258	136	39.39	138	44.49	29	70.16	316	6.424	150	24.66	107	1.69	20	49.82	309
März 2	0.394	170	38.01	108	44.78	36	67.00	307	6.574	181	23.59	122	1.89	32	46.73	282
12	0.564	202	36.93	71	45.14	42	63.93	292	6.755	211	22.37	135	2.21	42	43.91	245
22	0.766	232	36.22	32 —	45.56	48	61.01	272	6.966	240	21.02	147	2.63	51	41.46	198
April 1	0.998	260	35.90	10	46.04	53	58.29	247	7.206	267	19.55	158	3.14	59	39.48	144
11	1.258	283	36.00	54	46.57	58	55.82	216	7.473	290	17.97	164	3.73	65	38.04	85
21	1.541	300	36.54	96	47.15	61	53.66	181	7.763	309	16.33	168	4.38	69	37.19	22 —
Mai 1	1.841	312	37.50	136	47.76	63	51.85	143	8.072	323	14.65	167	5.07	71	36.97	40
11	2.153	317	38.86	172	48.39	64	50.42	101	8.395	331	12.98	163	5.78	70	37.37	102
21	2.470	314	40.58	202	49.03	63	49.41	58	8.726	331	11.35	154	6.48	68	38.39	159
31	2.784	303	42.60	226	49.66	62	48.83	12 —	9.057	324	9.81	140	7.16	64	39.98	211
Juni 10	3.087	285	44.86	245	50.28	59	48.71	32	9.381	308	8.41	123	7.80	58	42.09	258
20	3.372	259	47.31	257	50.87	53	49.03	76	9.689	285	7.18	103	8.38	50	44.67	297
30	3.631	227	49.88	261	51.40	47	49.79	118	9.974	255	6.15	81	8.88	42	47.64	329
Juli 10	3.858	189	52.49	261	51.87	40	50.97	154	10.229	217	5.34	57	9.30	32	50.93	353
20	4.047	147	55.10	254	52.27	31	52.51	186	10.446	175	4.77	32	9.62	21	54.46	368
30	4.194	102	57.64	242	52.58	21	54.37	212	10.621	129	4.45	8 —	9.83	10	58.14	375
Aug. 9	4.296	57	60.06	225	52.79	11	56.49	230	10.750	80	4.37	14	9.93	0	61.89	375
18	[12] 4.353	11 —	62.31	205	[13] 52.90	1 —	58.79	240	[13] 10.830	32 —	4.51	33	[14] 9.93	11	65.64	366
28	4.364	32	64.36	181	52.91	9	61.19	239	10.862	14	4.84	49	9.82	21	69.30	349
Sept. 7	4.332	70	66.17	154	52.82	19	63.58	230	10.848	58	5.33	62	9.61	31	72.79	327
17	4.262	103	67.71	126	52.63	27	65.88	211	10.790	94	5.95	70	9.30	39	76.06	296
27	4.159	130	68.97	96	52.36	34	67.99	184	10.696	124	6.65	73	8.91	47	79.02	259
Okt. 7	4.029	149	69.93	65	52.02	40	69.83	147	10.572	146	7.38	73	8.44	52	81.61	216
17	3.880	160	70.58	33	51.62	43	71.30	103	10.426	158	8.11	67	7.92	57	83.77	168
27	3.720	162	70.91	0	51.19	44	72.33	55	10.268	161	8.78	59	7.35	60	85.45	115
Nov. 6	3.558	158	70.91	32	50.75	44	72.88	5 —	10.107	155	9.37	49	6.75	61	86.60	59
16	3.400	147	70.59	62	50.31	42	72.93	48	9.952	142	9.86	35	6.14	61	87.19	0
26	3.253	129	69.97	93	49.89	37	72.45	100	9.810	122	10.21	22	5.53	58	87.19	60
Dez. 6	3.124	108	69.04	121	49.52	32	71.45	149	9.688	96	10.43	8 —	4.95	55	86.59	119
16	3.016	81	67.83	145	49.20	25	69.96	193	9.592	68	10.51	8	4.40	49	85.40	173
26	2.935	53	66.38	163	48.95	18	68.03	231	9.524	37	10.43	22	3.91	41	83.67	223
36	2.882		64.75		48.77		65.72		9.487		10.21		3.50		81.44	
Mittl. Ort	0.219		39.90		44.97		77.19		6.054		26.42		5.21		46.94	
sec δ, tg δ	+1.062		+ 0.356		+2.418		− 2.202		+1.083		− 0.416		+2.976		+ 2.803	
a, *a′*	+2.8		+15.4		+4.9		+15.5		+3.4		+15.6		+0.8		+15.8	
b, *b′*	+0.02		+ 0.64		−0.11		+ 0.63		−0.02		+ 0.63		+0.15		+ 0.62	

[1] Die jährliche Parallaxe (0″.113) ist bereits berücksichtigt.

Scheinbare Sternörter 1955

Obere Kulmination Greenwich

Tag	808) β Aquarii AR.		808) β Aquarii Dekl.		811) 74 Cygni AR.		811) 74 Cygni Dekl.		810) ν Octantis AR.		810) ν Octantis Dekl.		815) ε Pegasi AR.		815) ε Pegasi Dekl.	
1955	21h 29m		−5° 45′		21h 35m		+40° 12′		21h 36m		−77° 34′		21h 41m		+9° 40′	
	s		″		s		″		s		″		s		″	
Jan. 1	11.539	17	70.01	55	8.081	90	52.07	222	31.14	38	99.15	287	58.554	35	10.78	123
11	11.522	12	70.56	49	7.991	52	49.85	245	30.76	23	96.28	318	58.519	9	9.55	127
21	11.534	42	71.05	40	7.939	11	47.40	258	30.53	7	93.10	340	58.510	21	8.28	124
31	11.576	72	71.45	28	7.928	33	44.82	261	30.46	11	89.70	353	58.531	51	7.04	117
Febr. 10	11.648	102	71.73	11	7.961	79	42.21	252	30.57	27	86.17	357	58.582	83	5.87	103
20	11.750	133	71.84	8	8.040	124	39.69	233	30.84	42	82.60	354	58.665	115	4.84	82
März 2	11.883	163	71.76	29	8.164	171	37.36	204	31.26	56	79.06	342	58.780	147	4.02	56
12	12.046	192	71.47	53	8.335	215	35.32	166	31.82	70	75.64	324	58.927	179	3.46	26
22	12.238	220	70.94	78	8.550	255	33.66	121	32.52	81	72.40	299	59.106	210	3.20	7
April 1	12.458	247	70.16	102	8.805	292	32.45	70	33.33	92	69.41	268	59.316	239	3.27	43
11	12.705	270	69.14	125	9.097	322	31.75	16	34.25	101	66.73	231	59.555	264	3.70	78
21	12.975	289	67.89	145	9.419	345	31.59	38	35.26	107	64.42	190	59.819	285	4.48	111
Mai 1	13.264	302	66.44	162	9.764	361	31.97	92	36.33	112	62.52	145	60.104	300	5.59	143
11	13.566	310	64.82	173	10.125	366	32.89	143	37.45	114	61.07	97	60.404	309	7.02	171
21	13.876	311	63.09	181	10.491	363	34.32	189	38.59	114	60.10	47	60.713	311	8.73	192
31	14.187	304	61.28	184	10.854	351	36.21	229	39.73	111	59.63	3	61.024	305	10.65	210
Juni 10	14.491	290	59.44	180	11.205	328	38.50	264	40.84	105	59.66	54	61.329	292	12.75	221
20	14.781	268	57.64	173	11.533	297	41.14	291	41.89	97	60.20	102	61.621	270	14.96	226
30	15.049	239	55.91	162	11.830	260	44.05	310	42.86	86	61.22	147	61.891	243	17.22	226
Juli 10	15.288	205	54.29	146	12.090	215	47.15	322	43.72	72	62.69	189	62.134	208	19.48	221
20	15.493	165	52.83	129	12.305	166	50.37	327	44.44	57	64.58	223	62.342	170	21.69	210
30	15.658	122	51.54	108	12.471	114	53.64	324	45.01	40	66.81	250	62.512	127	23.79	195
Aug. 9	15.780	78	50.46	87	12.585	61	56.88	315	[16] 45.41	21	69.31	270	62.639	84	25.74	177
18	[14] 15.858	34	49.59	66	[16] 12.646	8	60.03	299	45.62	2	72.01	279	[17] 62.723	39	27.51	156
28	15.892	10	48.93	45	12.654	42	63.02	278	45.64	17	74.80	278	62.762	3	29.07	134
Sept. 7	15.882	49	48.48	25	12.612	88	65.80	250	45.47	34	77.58	266	62.759	42	30.41	110
17	15.833	83	48.23	8	12.524	128	68.30	219	45.13	52	80.24	244	62.717	76	31.51	85
27	15.750	110	48.15	8	12.396	163	70.49	184	44.61	67	82.68	213	62.641	104	32.36	61
Okt. 7	15.640	129	48.23	21	12.233	188	72.33	144	43.94	78	84.81	171	62.537	125	32.97	36
17	15.511	141	48.44	32	12.045	205	73.77	102	43.16	87	86.52	121	62.412	138	33.33	13
27	15.370	145	48.76	41	11.840	214	74.79	56	42.29	92	87.73	67	62.274	144	33.46	11
Nov. 6	15.225	140	49.17	48	11.626	216	75.35	10	41.37	93	88.40	9	62.130	142	33.35	34
16	15.085	129	49.65	54	11.410	208	75.45	38	40.44	90	88.49	52	61.988	134	33.01	55
26	14.956	112	50.19	58	11.202	193	75.07	84	39.54	84	87.97	111	61.854	121	32.46	75
Dez. 6	14.844	90	50.77	60	11.009	173	74.23	129	38.70	75	86.86	167	61.733	102	31.71	94
16	14.754	66	51.37	61	10.836	147	72.94	170	37.95	63	85.19	217	61.631	81	30.77	108
26	14.688	38	51.98	59	10.689	115	71.24	205	37.32	49	83.02	261	61.550	56	29.69	119
36	14.650		52.57		10.574		69.19		36.83		80.41		61.494		28.50	
Mittl. Ort	11.433		72.45		8.533		38.59		33.23		90.29		58.484		4.22	
sec δ, tg δ	+1.005		− 0.101		+1.309		+ 0.845		+4.654		− 4.545		+1.014		+ 0.170	
a, *a′*	+3.2		+15.9		+2.4		+16.2		+6.6		+16.2		+2.9		+16.5	
b, *b′*	−0.01		+ 0.61		+0.05		+ 0.59		−0.25		+ 0.59		+0.01		+ 0.57	

Tag	819) δ Capricorni				821) π^2 Cygni				823) 16 Pegasi				822) γ Gruis			
	AR.	Δ	Dekl.	Δ	AR.	Δ	Dekl.	Δ	AR.	Δ	Dekl.	Δ	AR.	Δ	Dekl.	Δ
1955	21h 44m		−16° 19′		21h 45m		+49° 5′		21h 51m		+25° 42′		21h 51m		−37° 34′	
	s		″		s		″		s		″		s		″	
Jan. 1	33.726	29	56.73	2	6.984	138	78.50	228	0.665	65	56.64	176	12.730	54	43.34	104
11	33.697	1	56.75	10	6.846	95	76.22	257	0.600	35	54.88	190	12.676	18	42.30	128
21	33.698	30	56.65	24	6.751	47	73.65	277	0.565	4	52.98	199	12.658	20	41.02	151
31	33.728	61	56.41	40	6.704	6	70.88	285	0.561	31	50.99	197	12.678	58	39.51	171
Febr. 10	33.789	92	56.01	57	6.710	61	68.03	281	0.592	67	49.02	188	12.736	95	37.80	187
20	33.881	123	55.44	74	6.771	117	65.22	266	0.659	103	47.14	169	12.831	134	35.93	200
März 2	34.004	154	54.70	92	6.888	172	62.56	240	0.762	142	45.45	142	12.965	171	33.93	210
12	34.158	186	53.78	111	7.060	226	60.16	203	0.904	179	44.03	108	13.136	209	31.83	217
22	34.344	216	52.67	128	7.286	276	58.13	158	1.083	214	42.95	69	13.345	244	29.66	220
April 1	34.560	244	51.39	144	7.562	321	56.55	107	1.297	247	42.26	26	13.589	278	27.46	219
11	34.804	270	49.95	157	7.883	358	55.48	51	1.544	277	42.00	20	13.867	309	25.27	214
21	35.074	292	48.38	168	8.241	386	54.97	6	1.821	300	42.20	66	14.176	335	23.13	205
Mai 1	35.366	309	46.70	174	8.627	404	55.03	64	2.121	317	42.86	110	14.511	355	21.08	190
11	35.675	319	44.96	177	9.031	412	55.67	120	2.438	327	43.96	151	14.866	368	19.18	172
21	35.994	323	43.19	173	9.443	409	56.87	171	2.765	329	45.47	187	15.234	374	17.46	148
31	36.317	319	41.46	165	9.852	395	58.58	218	3.094	323	47.34	219	15.608	372	15.98	122
Juni 10	36.636	307	39.81	154	10.247	370	60.76	258	3.417	308	49.53	244	15.980	359	14.76	92
20	36.943	287	38.27	138	10.617	335	63.34	291	3.725	286	51.97	263	16.339	337	13.84	60
30	37.230	260	36.89	118	10.952	293	66.25	317	4.011	255	54.60	274	16.676	308	13.24	27
Juli 10	37.490	227	35.71	97	11.245	244	69.42	335	4.266	219	57.34	279	16.984	269	12.97	7
20	37.717	187	34.74	74	11.489	188	72.77	345	4.485	178	60.13	279	17.253	224	13.04	39
30	37.904	143	34.00	50	11.677	130	76.22	348	4.663	133	62.92	271	17.477	173	13.43	68
Aug. 9	(18) 38.047	98	33.50	26	(18) 11.807	70	79.70	343	4.796	87	65.63	258	17.650	119	14.11	95
18*	38.145	51	33.24	4	11.877	10	83.13	331	(20) 4.883	41	68.21	241	(20) 17.769	64	15.06	116
28	38.196	7	33.20	16	11.887	47	86.44	312	4.924	5	70.62	220	17.833	9	16.22	132
Sept. 7	38.203	36	33.36	32	11.840	100	89.56	288	4.919	46	72.82	194	17.842	43	17.54	142
17	38.167	72	33.68	46	11.740	147	92.44	257	4.873	82	74.76	166	17.799	90	18.96	144
27	38.095	103	34.14	56	11.593	187	95.01	222	4.791	113	76.42	135	17.709	129	20.40	140
Okt. 7	37.992	126	34.70	61	11.406	219	97.23	181	4.678	136	77.77	103	17.580	159	21.80	130
17	37.866	141	35.31	63	11.187	243	99.04	136	4.542	153	78.80	68	17.421	180	23.10	113
27	37.725	146	35.94	62	10.944	257	100.40	89	4.389	162	79.48	32	17.241	191	24.23	90
Nov. 6	37.579	145	36.56	58	10.687	262	101.29	38	4.227	163	79.80	4	17.050	191	25.13	64
16	37.434	136	37.14	51	10.425	259	101.67	14	4.064	158	79.76	40	16.859	182	25.77	36
26	37.298	121	37.65	44	10.166	246	101.53	67	3.906	147	79.36	75	16.677	165	26.13	5
Dez. 6	37.177	100	38.09	34	9.920	227	100.86	117	3.759	130	78.61	108	16.512	142	26.18	27
16	37.077	77	38.43	23	9.693	199	99.69	165	3.629	109	77.53	139	16.370	112	25.91	56
26	37.000	49	38.66	12	9.494	165	98.04	207	3.520	85	76.14	164	16.258	80	25.35	85
36	36.951		38.78		9.329		95.97		3.435		74.50		16.178		24.50	
Mittl. Ort	33.538		56.74		7.657		62.63		0.725		45.65		12.584		38.61	
sec δ, tg δ	+1.042		− 0.293		+1.527		+ 1.154		+1.110		+ 0.482		+1.262		− 0.769	
a, *a′*	+3.3		+16.6		+2.2		+16.7		+2.7		+17.0		+3.6		+17.0	
b, *b′*	−0.02		+ 0.56		+0.06		+ 0.56		+0.03		+ 0.53		−0.04		+ 0.53	

* Bei Stern 823) und 822) lies Aug. 19.

Scheinbare Sternörter 1955

Obere Kulmination Greenwich

Tag	827) α Aquarii AR.		827) α Aquarii Dekl.		830) 20 Cephei AR.		830) 20 Cephei Dekl.	
1955	22h 3m		−0° 31′		22h 3m		+62° 33′	
	s		″		s		″	
Jan. 1	28.579	45	76.80	75	37.03	28	75.99	216
11	28.534	20	77.55	72	36.75	21	73.83	255
21	28.514	7	78.27	65	36.54	15	71.28	285
31	28.521	36	78.92	53	36.39	7	68.43	303
Febr. 10	28.557	65	79.45	39	36.32	1	65.40	309
20	28.622	96	79.84	19	36.33	10	62.31	302
März 2	28.718	127	80.03	4	36.43	18	59.29	283
12	28.845	160	79.99	29	36.61	26	56.46	252
22	29.005	192	79.70	57	36.87	34	53.94	211
April 1	29.197	222	79.13	84	37.21	40	51.83	162
11	29.419	249	78.29	111	37.61	46	50.21	107
21	29.668	274	77.18	137	38.07	50	49.14	47
Mai 1	29.942	293	75.81	158	38.57	54	48.67	13
11	30.235	305	74.23	176	39.11	55	48.80	72
21	30.540	311	72.47	190	39.66	54	49.52	130
31	30.851	310	70.57	198	40.20	53	50.82	184
Juni 10	31.161	301	68.59	200	40.73	50	52.66	232
20	31.462	283	66.59	198	41.23	45	54.98	274
30	31.745	258	64.61	190	41.68	39	57.72	309
Juli 10	32.003	228	62.71	178	42.07	34	60.81	336
20	32.231	192	60.93	163	42.41	26	64.17	355
30	32.423	151	59.30	143	42.67	18	67.72	367
Aug. 9	32.574	108	57.87	123	42.85	10	71.39	370
19	32.682	64	56.64	101	42.95	3	75.09	366
28	23 32.746	22	55.63	79	23 42.98	6	78.75	354
Sept. 7	32.768	18	54.84	56	42.92	13	82.29	335
17	32.750	54	54.28	35	42.79	20	85.64	309
27	32.696	84	53.93	15	42.59	25	88.73	277
Okt. 7	32.612	107	53.78	2	42.34	31	91.50	238
17	32.505	123	53.80	19	42.03	35	93.88	194
27	32.382	132	53.99	33	41.68	37	95.82	144
Nov. 6	32.250	134	54.32	45	41.31	40	97.26	91
16	32.116	129	54.77	55	40.91	40	98.17	35
26	31.987	118	55.32	64	40.51	40	98.52	24
Dez. 6	31.869	103	55.96	70	40.11	38	98.28	82
16	31.766	85	56.66	75	39.73	35	97.46	137
26	31.681	62	57.41	78	39.38	30	96.09	188
36	31.619		58.19		39.08		94.21	
Mittl. Ort	28.348		81.11		38.28		56.59	
sec δ, tg δ	+1.000		− 0.009		+2.170		+ 1.926	
a, *a′*	+3.1		+17.5		+1.8		+17.5	
b, *b′*	0.00		+ 0.49		+0.11		+ 0.49	

Tag	828) ι Aquarii AR.		828) ι Aquarii Dekl.		829) α Gruis AR.		829) α Gruis Dekl.	
1955	22h 4m		−14° 4′		22h 5m		−47° 10′	
	s		″		s		″	
Jan. 1	0.763	44	79.06	14	24.451	94	54.07	143
11	0.719	17	79.20	2	24.357	53	52.64	173
21	0.702	10	79.22	13	24.304	9	50.91	201
31	0.712	39	79.09	28	24.295	36	48.90	223
Febr. 10	0.751	69	78.81	46	24.331	80	46.67	240
20	0.820	101	78.35	65	24.411	126	44.27	254
März 2	0.921	132	77.70	84	24.537	170	41.73	261
12	1.053	165	76.86	104	24.707	215	39.12	264
22	1.218	197	75.82	124	24.922	257	36.48	262
April 1	1.415	227	74.58	142	25.179	298	33.86	255
11	1.642	255	73.16	158	25.477	335	31.31	244
21	1.897	279	71.58	171	25.812	367	28.87	227
Mai 1	2.176	300	69.87	180	26.179	392	26.60	204
11	2.476	313	68.07	185	26.571	410	24.56	178
21	2.789	320	66.22	184	26.981	420	22.78	146
31	3.109	319	64.38	179	27.401	419	21.32	112
Juni 10	3.428	310	62.59	169	27.820	409	20.20	75
20	3.738	294	60.90	155	28.229	388	19.45	36
30	4.032	269	59.35	137	28.617	356	19.09	4
Juli 10	4.301	238	57.98	115	28.973	315	19.13	43
20	4.539	201	56.83	93	29.288	265	19.56	79
30	4.740	159	55.90	68	29.553	209	20.35	113
Aug. 9	4.899	115	55.22	44	29.762	149	21.48	142
19	5.014	69	54.78	20	29.911	85	22.90	164
28	23 5.083	25	54.58	2	23 29.996	22	24.54	181
Sept. 7	5.108	17	54.60	21	30.018	39	26.35	189
17	5.091	55	54.81	37	29.979	96	28.24	189
27	5.036	87	55.18	49	29.883	144	30.13	180
Okt. 7	4.949	112	55.67	58	29.739	183	31.93	165
17	4.837	129	56.25	62	29.556	212	33.58	141
27	4.708	138	56.87	64	29.344	229	34.99	110
Nov. 6	4.570	140	57.51	62	29.115	234	36.09	76
16	4.430	134	58.13	58	28.881	229	36.85	38
26	4.296	123	58.71	52	28.652	213	37.23	3
Dez. 6	4.173	107	59.23	44	28.439	189	37.20	43
16	4.066	86	59.67	35	28.250	159	36.77	82
26	3.980	63	60.02	23	28.091	122	35.95	119
36	3.917		60.25		27.969		34.76	
Mittl. Ort	0.495		79.68		24.341		47.27	
sec δ, tg δ	+1.031		− 0.251		+1.471		− 1.079	
a, *a′*	+3.2		+17.5		+3.8		+17.6	
b, *b′*	−0.01		+ 0.48		−0.06		+ 0.48	

Obere Kulmination Greenwich

Tag	834) ϑ Pegasi AR.	Δ	834) ϑ Pegasi Dekl.	Δ	835) π Pegasi AR.	Δ	835) π Pegasi Dekl.	Δ	837) 24 Cephei AR.	Δ	837) 24 Cephei Dekl.	Δ	836) ζ Cephei AR.	Δ	836) ζ Cephei Dekl.	Δ
1955	22h 7m		+5° 58′		22h 7m		+32° 57′		22h 8m		+72° 7′		22h 9m		+57° 58′	
	s		″		s		″		s		″		s		″	
Jan. 1	55.942	51	39.25	100	59.056	93	37.96	183	54.38	48	30.97	203	16.479	228	63.29	210
11	55.891	26	38.25	102	58.963	65	36.13	205	53.90	39	28.94	249	16.251	178	61.19	248
21	55.865	0	37.23	98	58.898	31	34.08	218	53.51	28	26.45	283	16.073	121	58.71	277
31	55.865	28	36.25	91	58.867	5	31.90	223	53.23	17	23.62	307	15.952	58	55.94	294
Febr. 10	55.893	59	35.34	77	58.872	43	29.67	219	53.06	4	20.55	319	15.894	11	53.00	300
20	55.952	90	34.57	58	58.915	85	27.48	204	53.02	9	17.36	316	15.905	83	50.00	292
März 2	56.042	123	33.99	34	59.000	127	25.44	179	53.11	22	14.20	301	15.988	156	47.08	273
12	56.165	156	33.65	7	59.127	169	23.65	148	53.33	35	11.19	274	16.144	226	44.35	243
22	56.321	188	33.58	23	59.296	209	22.17	108	53.68	46	8.45	236	16.370	293	41.92	203
April 1	56.509	219	33.81	55	59.505	247	21.09	64	54.14	56	6.09	190	16.663	353	39.89	154
11	56.728	249	34.36	87	59.752	281	20.45	16	54.70	65	4.19	135	17.016	404	38.35	100
21	56.977	273	35.23	118	60.033	309	20.29	34	55.35	72	2.84	76	17.420	445	37.35	43
Mai 1	57.250	293	36.41	146	60.342	331	20.63	82	56.07	76	2.08	16	17.865	473	36.92	17
11	57.543	306	37.87	170	60.673	343	21.45	128	56.83	77	1.92	45	18.338	488	37.09	76
21	57.849	312	39.57	189	61.016	348	22.73	171	57.60	77	2.37	105	18.826	490	37.85	132
31	58.161	311	41.46	204	61.364	343	24.44	208	58.37	75	3.42	162	19.316	477	39.17	184
Juni 10	58.472	301	43.50	213	61.707	329	26.52	240	59.12	69	5.04	213	19.793	452	41.01	231
20	58.773	285	45.63	216	62.036	308	28.92	266	59.81	64	7.17	258	20.245	416	43.32	272
30	59.058	260	47.79	214	62.344	278	31.58	284	60.45	55	9.75	297	20.661	368	46.04	305
Juli 10	59.318	230	49.93	206	62.622	241	34.42	296	61.00	46	12.72	329	21.029	313	49.09	332
20	59.548	194	51.99	194	62.863	199	37.38	300	61.46	35	16.01	354	21.342	249	52.41	349
30	59.742	153	53.93	179	63.062	153	40.38	298	61.81	24	19.55	369	21.591	182	55.90	360
Aug. 9	59.895	111	55.72	161	63.215	105	43.36	290	62.05	13	23.24	377	21.773	112	59.50	363
19	60.006	67	57.33	139	63.320	57	46.26	277	62.18	2	27.01	378	21.885	41	63.13	358
28	[24] 60.073	24	58.72	117	[24] 63.377	9	49.03	257	[24] 62.20	10	30.79	369	[24] 21.926	27	66.71	346
Sept. 7	60.097	15	59.89	94	63.386	35	51.60	234	62.10	21	34.48	355	21.899	93	70.17	326
17	60.082	51	60.83	70	63.351	75	53.94	207	61.89	31	38.03	332	21.806	153	73.43	300
27	60.031	81	61.53	48	63.276	109	56.01	175	61.58	40	41.35	303	21.653	205	76.43	269
Okt. 7	59.950	104	62.01	25	63.167	136	57.76	140	61.18	48	44.38	266	21.448	250	79.12	230
17	59.846	121	62.26	5	63.031	157	59.16	104	60.70	54	47.04	223	21.198	286	81.42	188
27	59.725	131	62.31	15	62.874	169	60.20	65	60.16	59	49.27	174	20.912	311	83.30	139
Nov. 6	59.594	133	62.16	33	62.705	176	60.85	24	59.57	63	51.01	120	20.601	328	84.69	86
16	59.461	130	61.83	51	62.529	175	61.09	18	58.94	65	52.21	62	20.273	334	85.55	32
26	59.331	121	61.32	66	62.354	166	60.91	58	58.29	65	52.83	2	19.939	329	85.87	24
Dez. 6	59.210	106	60.66	80	62.188	154	60.33	98	57.64	62	52.85	58	19.610	315	85.63	81
16	59.104	89	59.86	91	62.034	136	59.35	135	57.02	59	52.27	118	19.295	290	84.82	134
26	59.015	69	58.95	99	61.898	113	58.00	167	56.43	53	51.09	174	19.005	255	83.48	184
36	58.946		57.96		61.785		56.33		55.90		49.35		18.750		81.64	
Mittl. Ort	55.723		33.04		59.125		24.39		56.75		9.97		17.342		44.28	
sec δ, tg δ	+1.005		+ 0.105		+1.192		+ 0.648		+3.257		+ 3.100		+1.886		+ 1.599	
a, *a′*	+3.0		+17.7		+2.7		+17.7		+1.1		+17.7		+2.1		+17.7	
b, *b′*	+0.01		+ 0.47		+0.04		+ 0.47		+0.18		+ 0.47		+0.09		+ 0.46	

Scheinbare Sternörter 1955

Obere Kulmination Greenwich

Tag	840) ϑ Aquarii AR.		Dekl.		841) α Tucanae AR.		Dekl.		842) γ Aquarii AR.		Dekl.		844) β Lacertae AR.		Dekl.	
1955	22h 14m		−8° 0′		22h 15m		−60° 28′		22h 19m		−1° 36′		22h 21m		+52° 0′	
	s		″		s		″		s		″		s		″	
Jan. 1	27.894	51	26.79	42	26.10	18	74.04	193	20.221	55	48.83	69	46.676	188	29.69	196
11	27.843	27	27.21	33	25.92	12	72.11	232	20.166	32	49.52	64	46.488	151	27.73	233
21	27.816	0	27.54	22	25.80	6	69.79	262	20.134	7	50.16	56	46.337	105	25.40	260
31	27.816	27	27.76	7	25.74	0	67.17	286	20.127	21	50.72	45	46.232	53	22.80	277
Febr. 10	27.843	57	27.83	9	25.74	6	64.31	304	20.148	50	51.17	29	46.179	4	20.03	283
20	27.900	87	27.74	28	25.80	13	61.27	315	20.198	80	51.46	11	46.183	63	17.20	277
März 2	27.987	119	27.46	50	25.93	19	58.12	319	20.278	112	51.57	11	46.246	125	14.43	259
12	28.106	152	26.96	73	26.12	26	54.93	316	20.390	145	51.46	37	46.371	186	11.84	230
22	28.258	184	26.23	95	26.38	31	51.77	307	20.535	178	51.09	63	46.557	245	9.54	192
April 1	28.442	215	25.28	118	26.69	37	48.70	293	20.713	211	50.46	90	46.802	299	7.62	146
11	28.657	245	24.10	140	27.06	42	45.77	271	20.924	240	49.56	115	47.101	347	6.16	94
21	28.902	271	22.70	158	27.48	46	43.06	245	21.164	266	48.41	140	47.448	386	5.22	38
Mai 1	29.173	291	21.12	173	27.94	50	40.61	213	21.430	287	47.01	161	47.834	415	4.84	18
11	29.464	306	19.39	184	28.44	53	38.48	176	21.717	303	45.40	178	48.249	432	5.02	75
21	29.770	315	17.55	190	28.97	54	36.72	136	22.020	312	43.62	191	48.681	438	5.77	128
31	30.085	315	15.65	191	29.51	54	35.36	92	22.332	313	41.71	198	49.119	432	7.05	179
Juni 10	30.400	307	13.74	186	30.05	53	34.44	46	22.645	305	39.73	200	49.551	415	8.84	224
20	30.707	292	11.88	178	30.58	50	33.98	0	22.950	291	37.73	197	49.966	387	11.08	263
30	30.999	270	10.10	165	31.08	47	33.98	46	23.241	269	35.76	189	50.353	348	13.71	295
Juli 10	31.269	240	8.45	147	31.55	41	34.44	91	23.510	240	33.87	176	50.701	302	16.66	320
20	31.509	204	6.98	127	31.96	35	35.35	132	23.750	204	32.11	160	51.003	248	19.86	337
30	31.713	165	5.71	105	32.31	28	36.67	169	23.954	166	30.51	141	51.251	191	23.23	347
Aug. 9	31.878	122	4.66	81	32.59	20	38.36	199	24.120	124	29.10	119	51.442	130	26.70	349
19	32.000	78	3.85	58	32.79	11	40.35	221	24.244	80	27.91	96	51.572	68	30.19	344
28	26 32.078	34	3.27	35	26 32.90	3	42.56	236	27 24.324	38	26.95	73	28 51.640	8	33.63	332
Sept. 7	32.112	7	2.92	14	32.93	6	44.92	241	24.362	3	26.22	51	51.648	50	36.95	313
17	32.105	44	2.78	6	32.87	13	47.33	237	24.359	39	25.71	30	51.598	102	40.08	289
27	32.061	76	2.84	21	32.74	21	49.70	223	24.320	71	25.41	10	51.496	150	42.97	258
Okt. 7	31.985	101	3.05	35	32.53	26	51.93	198	24.249	95	25.31	7	51.346	190	45.55	221
17	31.884	118	3.40	46	32.27	31	53.91	165	24.154	114	25.38	23	51.156	222	47.76	180
27	31.766	129	3.86	53	31.96	34	55.56	126	24.040	125	25.61	36	50.934	245	49.56	135
Nov. 6	31.637	133	4.39	57	31.62	35	56.82	80	23.915	129	25.97	47	50.689	261	50.91	86
16	31.504	129	4.96	59	31.27	35	57.62	31	23.786	127	26.44	56	50.428	268	51.77	33
26	31.375	120	5.55	60	30.92	34	57.93	20	23.659	120	27.00	63	50.160	267	52.10	20
Dez. 6	31.255	107	6.15	58	30.58	31	57.73	71	23.539	106	27.63	68	49.893	256	51.90	72
16	31.148	89	6.73	54	30.27	27	57.02	121	23.433	90	28.31	71	49.637	238	51.18	124
26	31.059	68	7.27	49	30.00	22	55.81	165	23.343	72	29.02	72	49.399	211	49.94	172
36	30.991		7.76		29.78		54.16		23.271		29.74		49.188		48.22	
Mittl. Ort	27.589		29.13		26.23		65.01		19.911		53.06		47.120		11.07	
sec δ, tg δ	+1.010		− 0.141		+2.030		− 1.766		+1.000		− 0.028		+1.624		+ 1.280	
a, *a′*	+3.2		+18.0		+4.1		+18.0		+3.1		+18.1		+2.4		+18.2	
b, *b′*	−0.01		+ 0.44		−0.11		+ 0.44		0.00		+ 0.43		+0.08		+ 0.42	

Tag	848) α Lacertae AR.		848) α Lacertae Dekl.		850) η Aquarii AR.		850) η Aquarii Dekl.		851) 31 Cephei AR.		851) 31 Cephei Dekl.		852) 10 Lacertae AR.		852) 10 Lacertae Dekl.	
1955	$22^h\ 29^m$		+50° 2′		$22^h\ 33^m$		−0° 20′		$22^h\ 34^m$		+73° 24′		$22^h\ 37^m$		+38° 48′	
	s		″		s		″		s		″		s		″	
Jan. 1	25.627	181	81.14	187	2.995	64	55.15	72	37.34	57	56.64	172	14.291	132	72.35	170
11	25.446	146	79.27	223	2.931	43	55.87	68	36.77	48	54.92	221	14.159	105	70.65	199
21	25.300	104	77.04	251	2.888	19	56.55	61	36.29	38	52.71	262	14.054	73	68.66	220
31	25.196	56	74.53	268	2.869	7	57.16	51	35.91	26	50.09	293	13.981	37	66.46	233
Febr. 10	25.140	4	71.85	275	2.876	35	57.67	36	35.65	13	47.16	311	13.944	4	64.13	235
20	25.136	53	69.10	270	2.911	66	58.03	17	35.52	1	44.05	316	13.948	48	61.78	228
März 2	25.189	112	66.40	253	2.977	98	58.20	5	35.53	15	40.89	308	13.996	96	59.50	210
12	25.301	171	63.87	225	3.075	131	58.15	29	35.68	29	37.81	289	14.092	143	57.40	182
22	25.472	228	61.62	189	3.206	166	57.86	56	35.97	42	34.92	257	14.235	190	55.58	146
April 1	25.700	282	59.73	144	3.372	199	57.30	84	36.39	55	32.35	215	14.425	235	54.12	105
11	25.982	329	58.29	93	3.571	231	56.46	111	36.94	65	30.20	165	14.660	276	53.07	57
21	26.311	368	57.36	39	3.802	259	55.35	136	37.59	73	28.55	111	14.936	311	52.50	8
Mai 1	26.679	398	56.97	16	4.061	282	53.99	158	38.32	79	27.44	51	15.247	339	52.42	42
11	27.077	418	57.13	72	4.343	300	52.41	176	39.11	82	26.93	9	15.586	359	52.84	92
21	27.495	426	57.85	125	4.643	310	50.65	191	39.93	84	27.02	69	15.945	369	53.76	139
31	27.921	423	59.10	174	4.953	313	48.74	200	40.77	82	27.71	127	16.314	369	55.15	182
Juni 10	28.344	408	60.84	219	5.266	309	46.74	203	41.59	78	28.98	180	16.683	360	56.97	220
20	28.752	382	63.03	257	5.575	296	44.71	201	42.37	73	30.78	230	17.043	341	59.17	252
30	29.134	347	65.60	290	5.871	275	42.70	195	43.10	65	33.08	273	17.384	314	61.69	277
Juli 10	29.481	305	68.50	314	6.146	249	40.75	183	43.75	56	35.81	309	17.698	279	64.46	295
20	29.786	254	71.64	331	6.395	215	38.92	167	44.31	46	38.90	338	17.977	238	67.41	307
30	30.040	199	74.95	342	6.610	177	37.25	149	44.77	35	42.28	359	18.215	191	70.48	312
Aug. 9	30.239	141	78.37	344	6.787	136	35.76	128	45.12	22	45.87	374	18.406	143	73.60	311
19	30.380	82	81.81	339	6.923	93	34.48	105	45.34	11	49.61	379	18.549	93	76.71	302
29	30.462	24	85.20	328	7.016	51	33.43	82	45.45	1	53.40	377	18.642	43	79.73	288
Sept. 7	29 30.486	32	88.48	310	30 7.067	10	32.61	59	31 45.44	13	57.17	368	31 18.685	4	82.61	268
17	30.454	84	91.58	286	7.077	26	32.02	37	45.31	24	60.85	350	18.681	49	85.29	244
27	30.370	129	94.44	257	7.051	59	31.65	16	45.07	35	64.35	325	18.632	87	87.73	214
Okt. 7	30.241	168	97.01	221	6.992	85	31.49	2	44.72	44	67.60	293	18.545	120	89.87	182
17	30.073	201	99.22	181	6.907	105	31.51	19	44.28	52	70.53	254	18.425	147	91.69	146
27	29.872	225	101.03	137	6.802	118	31.70	33	43.76	58	73.07	209	18.278	166	93.15	106
Nov. 6	29.647	240	102.40	89	6.684	124	32.03	45	43.18	64	75.16	158	18.112	179	94.21	63
16	29.407	249	103.29	38	6.560	125	32.48	55	42.54	67	76.74	101	17.933	185	94.84	20
26	29.158	249	103.67	14	6.435	119	33.03	63	41.87	69	77.75	42	17.748	184	95.04	25
Dez. 6	28.909	240	103.53	66	6.316	110	33.66	69	41.18	68	78.17	20	17.564	179	94.79	70
16	28.669	226	102.87	116	6.206	96	34.35	73	40.50	66	77.97	81	17.385	166	94.09	111
26	28.443	202	101.71	162	6.110	80	35.08	75	39.84	61	77.16	139	17.219	148	92.98	150
36	28.241		100.09		6.030		35.83		39.23		75.77		17.071		91.48	
Mittl. Ort	25.925		62.54		2.622		59.94		39.37		33.89		14.247		56.03	
sec δ, tg δ	+1.557		+ 1.194		+1.000		− 0.006		+3.502		+ 3.356		+1.283		+ 0.804	
a, *a′*	+2.5		+18.5		+3.1		+18.6		+1.4		+18.7		+2.7		+18.7	
b, *b′*	+0.07		+ 0.38		0.00		+ 0.37		+0.21		+ 0.36		+0.05		+ 0.35	

Scheinbare Sternörter 1955

Obere Kulmination Greenwich

Tag	855) ζ Pegasi AR.	Diff.	855) ζ Pegasi Dekl.	Diff.	856) β Gruis AR.	Diff.	856) β Gruis Dekl.	Diff.
1955	22h 39m		+10° 35′		22h 39m		−47° 6′	
	s		″		s		″	
Jan. 1	13.318	74	53.67	107	59.620	133	81.44	119
11	13.244	54	52.60	113	59.487	98	80.25	156
21	13.190	31	51.47	113	59.389	60	78.69	189
31	13.159	4	50.34	109	59.329	18	76.80	217
Febr. 10	13.155	25	49.25	99	59.311	25	74.63	240
20	13.180	57	48.26	83	59.336	70	72.23	258
März 2	13.237	90	47.43	61	59.406	115	69.65	272
12	13.327	126	46.82	34	59.521	161	66.93	280
22	13.453	162	46.48	4	59.682	208	64.13	282
April 1	13.615	196	46.44	29	59.890	253	61.31	280
11	13.811	230	46.73	62	60.143	295	58.51	272
21	14.041	259	47.35	96	60.438	334	55.79	257
Mai 1	14.300	284	48.31	127	60.772	367	53.22	238
11	14.584	302	49.58	157	61.139	392	50.84	213
21	14.886	313	51.15	181	61.531	409	48.71	183
31	15.199	317	52.96	201	61.940	417	46.88	149
Juni 10	15.516	312	54.97	214	62.357	414	45.39	110
20	15.828	299	57.11	223	62.771	401	44.29	70
30	16.127	279	59.34	226	63.172	377	43.59	29
Juli 10	16.406	251	61.60	223	63.549	343	43.30	14
20	16.657	218	63.83	216	63.892	300	43.44	56
30	16.875	181	65.99	204	64.192	249	44.00	94
Aug. 9	17.056	139	68.03	187	64.441	191	44.94	128
19	17.195	97	69.90	168	64.632	130	46.22	158
29	17.292	55	71.58	147	64.762	68	47.80	181
Sept. 7	1 17.347	14	73.05	123	1 64.830	6	49.61	195
17	17.361	23	74.28	99	64.836	52	51.56	202
27	17.338	55	75.27	76	64.784	104	53.58	201
Okt. 7	17.283	82	76.03	51	64.680	149	55.59	190
17	17.201	103	76.54	27	64.531	185	57.49	171
27	17.098	117	76.81	5	64.346	210	59.20	144
Nov. 6	16.981	124	76.86	17	64.136	224	60.64	111
16	16.857	127	76.69	38	63.912	227	61.75	74
26	16.730	124	76.31	58	63.685	222	62.49	33
Dez. 6	16.606	116	75.73	75	63.463	207	62.82	10
16	16.490	103	74.98	91	63.256	185	62.72	52
26	16.387	89	74.07	103	63.071	157	62.20	93
36	16.298		73.04		62.914		61.27	
Mittl. Ort	12.962		45.42		59.327		73.89	
sec δ, tg δ	+1.017		+ 0.187		+1.470		− 1.077	
a, *a′*	+3.0		+18.8		+3.6		+18.8	
b, *b′*	+0.01		+ 0.35		−0.07		+ 0.34	

Tag	857) η Pegasi AR.	Diff.	857) η Pegasi Dekl.	Diff.	859) λ Pegasi AR.	Diff.	859) λ Pegasi Dekl.	Diff.
1955	22h 40m		+29° 59′		22h 44m		+23° 19′	
	s		″		s		″	
Jan. 1	53.536	107	21.63	153	21.914	95	54.41	138
11	53.429	84	20.10	177	21.819	73	53.03	155
21	53.345	57	18.33	191	21.746	48	51.48	166
31	53.288	25	16.42	199	21.698	20	49.82	170
Febr. 10	53.263	10	14.43	198	21.678	12	48.12	165
20	53.273	48	12.45	187	21.690	47	46.47	153
März 2	53.321	89	10.58	168	21.737	85	44.94	133
12	53.410	132	8.90	140	21.822	124	43.61	107
22	53.542	173	7.50	107	21.946	164	42.54	73
April 1	53.715	214	6.43	67	22.110	202	41.81	36
11	53.929	252	5.76	23	22.312	239	41.45	4
21	54.181	285	5.53	22	22.551	270	41.49	45
Mai 1	54.466	311	5.75	68	22.821	296	41.94	87
11	54.777	331	6.43	111	23.117	316	42.81	126
21	55.108	341	7.54	152	23.433	328	44.07	161
31	55.449	344	9.06	189	23.761	331	45.68	192
Juni 10	55.793	337	10.95	220	24.092	326	47.60	219
20	56.130	322	13.15	245	24.418	313	49.79	238
30	56.452	298	15.60	264	24.731	290	52.17	252
Juli 10	56.750	266	18.24	278	25.021	262	54.69	260
20	57.016	230	21.02	283	25.283	227	57.29	262
30	57.246	188	23.85	282	25.510	188	59.91	258
Aug. 9	57.434	143	26.67	277	25.698	145	62.49	249
19	57.577	97	29.44	266	25.843	101	64.98	234
29	57.674	51	32.10	249	25.944	57	67.32	216
Sept. 7	1 57.725	8	34.59	228	2 26.001	15	69.48	195
17	57.733	33	36.87	203	26.016	24	71.43	170
27	57.700	69	38.90	175	25.992	58	73.13	143
Okt. 7	57.631	99	40.65	145	25.934	86	74.56	115
17	57.532	122	42.10	111	25.848	109	75.71	85
27	57.410	140	43.21	76	25.739	126	76.56	53
Nov. 6	57.270	151	43.97	40	25.613	136	77.09	21
16	57.119	155	44.37	2	25.477	141	77.30	11
26	56.964	155	44.39	36	25.336	139	77.19	43
Dez. 6	56.809	149	44.03	72	25.197	133	76.76	73
16	56.660	137	43.31	107	25.064	123	76.03	101
26	56.523	122	42.24	139	24.941	108	75.02	127
36	56.401		40.85		24.833		73.75	
Mittl. Ort	53.334		7.55		21.619		42.15	
sec δ, tg δ	+1.155		+ 0.577		+1.089		+ 0.431	
a, *a′*	+2.8		+18.9		+2.9		+19.0	
b, *b′*	+0.04		+ 0.34		+0.03		+ 0.32	

Obere Kulmination Greenwich

Tag	860) ε Gruis				863) ι Cephei				1599) 69 G. Gruis				864) λ Aquarii			
	AR.		Dekl.		AR.		Dekl.		AR.		Dekl.		AR.		Dekl.	
1955	22h 45m		−51° 32′		22h 48m		+65° 57′		22h 48m		−39° 23′		22h 50m		−7° 48′	
	s		″		s		″		s		″		s		″	
Jan. 1	51.048	161	82.77	133	3.42	38	71.04	164	29.234	114	50.52	82	16.502	73	67.76	44
11	50.887	124	81.44	172	3.04	32	69.40	212	29.120	86	49.70	115	16.429	55	68.20	33
21	50.763	81	79.72	207	2.72	26	67.28	252	29.034	54	48.55	146	16.374	32	68.53	21
31	50.682	36	77.65	237	2.46	19	64.76	282	28.980	20	47.09	174	16.342	8	68.74	6
Febr. 10	50.646	11	75.28	261	2.27	9	61.94	300	28.960	17	45.35	198	16.334	20	68.80	11
20	50.657	60	72.67	280	2.18	0	58.94	306	28.977	55	43.37	218	16.354	49	68.69	31
März 2	50.717	110	69.87	292	2.18	9	55.88	299	29.032	95	41.19	236	16.403	81	68.38	52
12	50.827	162	66.95	300	2.27	19	52.89	279	29.127	137	38.83	248	16.484	116	67.86	75
22	50.989	213	63.95	301	2.46	29	50.10	249	29.264	179	36.35	256	16.600	151	67.11	99
April 1	51.202	262	60.94	295	2.75	38	47.61	209	29.443	220	33.79	260	16.751	185	66.12	122
11	51.464	308	57.99	285	3.13	45	45.52	161	29.663	259	31.19	258	16.936	218	64.90	143
21	51.772	351	55.14	268	3.58	52	43.91	107	29.922	295	28.61	251	17.154	249	63.47	163
Mai 1	52.123	387	52.46	246	4.10	56	42.84	50	30.217	327	26.10	238	17.403	275	61.84	179
11	52.510	416	50.00	217	4.66	60	42.34	10	30.544	352	23.72	221	17.678	296	60.05	190
21	52.926	436	47.83	184	5.26	62	42.44	69	30.896	369	21.51	197	17.974	310	58.15	197
31	53.362	445	45.99	147	5.88	61	43.13	125	31.265	377	19.54	170	18.284	316	56.18	199
Juni 10	53.807	444	44.52	105	6.49	60	44.38	177	31.642	377	17.84	137	18.600	315	54.19	196
20	54.251	431	43.47	62	7.09	56	46.15	226	32.019	367	16.47	102	18.915	305	52.23	188
30	54.682	407	42.85	18	7.65	51	48.41	268	32.386	346	15.45	65	19.220	287	50.35	175
Juli 10	55.089	372	42.67	27	8.16	45	51.09	303	32.732	317	14.80	25	19.507	262	48.60	157
20	55.461	326	42.94	71	8.61	38	54.12	331	33.049	279	14.55	14	19.769	231	47.03	137
30	55.787	273	43.65	111	8.99	30	57.43	352	33.328	235	14.69	51	20.000	195	45.66	113
Aug. 9	56.060	211	44.76	147	9.29	22	60.95	365	33.563	184	15.20	87	20.195	154	44.53	89
19	56.271	145	46.23	178	9.51	13	64.60	371	33.747	131	16.07	117	20.349	112	43.64	63
29	56.416	78	48.01	200	9.64	4	68.31	368	33.878	76	17.24	142	20.461	69	43.01	39
Sept. 7	56.494	10	50.01	215	9.68	3	71.99	359	33.954	21	18.66	161	20.530	28	42.62	15
17	56.504	54	52.16	222	9.65	12	75.58	342	33.975	30	20.27	172	20.558	11	42.47	6
27	56.450	112	54.38	218	9.53	20	79.00	317	33.945	76	21.99	176	20.547	45	42.53	24
Okt. 7	56.338	163	56.56	206	9.33	26	82.17	286	33.869	116	23.75	172	20.502	73	42.77	40
17	56.175	203	58.62	184	9.07	31	85.03	248	33.753	148	25.47	160	20.429	95	43.17	51
27	55.972	233	60.46	155	8.76	37	87.51	204	33.605	169	27.07	140	20.334	111	43.68	59
Nov. 6	55.739	251	62.01	118	8.39	40	89.55	154	33.436	183	28.47	115	20.223	120	44.27	64
16	55.488	258	63.19	77	7.99	43	91.09	101	33.253	188	29.62	85	20.103	123	44.91	66
26	55.230	253	63.96	33	7.56	45	92.10	43	33.065	184	30.47	52	19.980	121	45.57	66
Dez. 6	54.977	239	64.29	13	7.11	44	92.53	17	32.881	173	30.99	15	19.859	113	46.23	64
16	54.738	217	64.16	60	6.67	43	92.36	76	32.708	157	31.14	21	19.746	103	46.87	58
26	54.521	186	63.56	105	6.24	40	91.60	133	32.551	133	30.93	58	19.643	88	47.45	51
36	54.335		62.51		5.84		90.27		32.418		30.35		19.555		47.96	
Mittl. Ort	50.780		74.28		4.27		48.57		28.827		44.44		16.025		70.39	
sec δ, tg δ	+1.608		− 1.260		+2.455		+ 2.242		+1.294		− 0.821		+1.009		− 0.137	
a, a′	+3.6		+19.0		+2.1		+19.1		+3.4		+19.1		+3.1		+19.1	
b, b′	−0.08		+ 0.32		+0.14		+ 0.31		−0.05		+ 0.31		−0.01		+ 0.30	

Scheinbare Sternörter 1955

Obere Kulmination Greenwich

Tag	865) ρ Indi AR.	Δ	865) ρ Indi Dekl.	Δ	866) δ Aquarii AR.	Δ	866) δ Aquarii Dekl.	Δ	867) α Piscis austr.[1] AR.	Δ	867) α Piscis austr.[1] Dekl.	Δ	869) o Andromedae AR.	Δ	869) o Andromedae Dekl.	Δ
1955	22h 51m		−70° 18′		22h 52m		−16° 3′		22h 55m		−29° 51′		22h 59m		+42° 4′	
	s		″		s		″		s		″		s		″	
Jan. 1	33.22	39	63.96	197	16.312	79	38.03	14	10.578	96	44.09	40	50.870	157	80.06	153
11	32.83	32	61.99	244	16.233	59	38.17	4	10.482	72	43.69	68	50.713	134	78.53	187
21	32.51	24	59.55	282	16.174	35	38.13	22	10.410	46	43.01	94	50.579	105	76.66	214
31	32.27	15	56.73	313	16.139	10	37.91	41	10.364	17	42.07	120	50.474	69	74.52	231
Febr. 10	32.12	6	53.60	337	16.129	18	37.50	61	10.347	15	40.87	145	50.405	28	72.21	239
20	32.06	4	50.23	352	16.147	48	36.89	82	10.362	48	39.42	166	50.377	18	69.82	237
März 2	32.10	14	46.71	359	16.195	81	36.07	103	10.410	84	37.76	185	50.395	67	67.45	224
12	32.24	23	43.12	359	16.276	116	35.04	124	10.494	122	35.91	201	50.462	119	65.21	201
22	32.47	33	39.53	351	16.392	151	33.80	144	10.616	160	33.90	215	50.581	170	63.20	171
April 1	32.80	41	36.02	336	16.543	187	32.36	162	10.776	198	31.75	226	50.751	221	61.49	131
11	33.21	49	32.66	314	16.730	220	30.74	178	10.974	235	29.49	231	50.972	267	60.18	86
21	33.70	57	29.52	284	16.950	252	28.96	191	11.209	269	27.18	232	51.239	308	59.32	38
Mai 1	34.27	63	26.68	250	17.202	279	27.05	199	11.478	298	24.86	229	51.547	341	58.94	13
11	34.90	68	24.18	210	17.481	301	25.06	204	11.776	321	22.57	219	51.888	366	59.07	63
21	35.58	71	22.08	165	17.782	316	23.02	202	12.097	339	20.38	205	52.254	381	59.70	111
31	36.29	74	20.43	116	18.098	322	21.00	196	12.436	347	18.33	185	52.635	387	60.81	158
Juni 10	37.03	73	19.27	66	18.420	322	19.04	185	12.783	347	16.48	161	53.022	381	62.39	199
20	37.76	71	18.61	13	18.742	313	17.19	169	13.130	339	14.87	133	53.403	366	64.38	234
30	38.47	67	18.48	39	19.055	296	15.50	149	13.469	321	13.54	102	53.769	342	66.72	264
Juli 10	39.14	62	18.87	90	19.351	271	14.01	125	13.790	294	12.52	68	54.111	309	69.36	288
20	39.76	54	19.77	138	19.622	239	12.76	98	14.084	261	11.84	33	54.420	270	72.24	303
30	40.30	45	21.15	181	19.861	202	11.78	71	14.345	221	11.51	1	54.690	224	75.27	313
Aug. 9	40.75	34	22.96	218	20.063	160	11.07	43	14.566	175	11.52	34	54.914	175	78.40	316
19	41.09	23	25.14	247	20.223	117	10.64	15	14.741	128	11.86	65	55.089	125	81.56	312
29	41.32	11	27.61	267	20.340	73	10.49	11	14.869	79	12.51	92	55.214	74	84.68	302
Sept. 7	[4] 41.43	1	30.28	277	[4] 20.413	30	10.60	34	[5] 14.948	30	13.43	113	[6] 55.288	24	87.70	287
17	41.42	13	33.05	277	20.443	11	10.94	53	14.978	15	14.56	129	55.312	22	90.57	265
27	41.29	24	35.82	264	20.432	46	11.47	68	14.963	56	15.85	138	55.290	64	93.22	239
Okt. 7	41.05	35	38.46	242	20.386	77	12.15	79	14.907	90	17.23	141	55.226	101	95.61	208
17	40.70	43	40.88	210	20.309	100	12.94	85	14.817	118	18.64	136	55.125	132	97.69	173
27	40.27	49	42.98	167	20.209	117	13.79	87	14.699	138	20.00	125	54.993	157	99.42	135
Nov. 6	39.78	53	44.65	118	20.092	127	14.66	83	14.561	150	21.25	110	54.836	175	100.77	93
16	39.25	56	45.83	64	19.965	130	15.49	77	14.411	155	22.35	89	54.661	187	101.70	48
26	38.69	56	46.47	6	19.835	127	16.26	67	14.256	152	23.24	64	54.474	192	102.18	2
Dez. 6	38.13	53	46.53	53	19.708	120	16.93	55	14.104	144	23.88	37	54.282	191	102.20	44
16	37.60	50	46.00	110	19.588	109	17.48	42	13.960	130	24.25	9	54.091	185	101.76	89
26	37.10	44	44.90	164	19.479	93	17.90	27	13.830	112	24.34	20	53.906	172	100.87	130
36	36.66		43.26		19.386		18.17		13.718		24.14		53.734		99.57	
Mittl. Ort	33.50		52.89		15.818		38.15		10.099		40.27		50.690		62.04	
sec δ, tg δ	+2.969		− 2.795		+1.041		− 0.288		+1.153		− 0.574		+1.347		+ 0.903	
a, *a′*	+4.2		+19.2		+3.2		+19.2		+3.3		+19.2		+2.8		+19.4	
b, *b′*	−0.18		+ 0.29		−0.02		+ 0.29		−0.04		+ 0.28		+0.06		+ 0.26	

[1] Die jährliche Parallaxe (0″.135) ist bereits berücksichtigt.

Tag	870) β Pegasi AR.		870) β Pegasi Dekl.		871) α Pegasi AR.		871) α Pegasi Dekl.	
1955	23h 1m		+27° 50′		23h 2m		+14° 57′	
	s		″		s		″	
Jan. 1	35.694	112	32.29	135	31.476	91	56.12	110
11	35.582	93	30.94	157	31.385	74	55.02	120
21	35.489	70	29.37	173	31.311	53	53.82	126
31	35.419	42	27.64	181	31.258	29	52.56	125
Febr. 10	35.377	9	25.83	182	31.229	0	51.31	118
20	35.368	27	24.01	173	31.229	32	50.13	106
März 2	35.395	66	22.28	157	31.261	66	49.07	86
12	35.461	108	20.71	132	31.327	103	48.21	61
22	35.569	151	19.39	101	31.430	142	47.60	31
April 1	35.720	192	18.38	65	31.572	179	47.29	1
11	35.912	232	17.73	24	31.751	216	47.30	37
21	36.144	268	17.49	19	31.967	248	47.67	72
Mai 1	36.412	298	17.68	62	32.215	277	48.39	106
11	36.710	320	18.30	103	32.492	299	49.45	139
21	37.030	335	19.33	143	32.791	314	50.84	167
31	37.365	342	20.76	178	33.105	321	52.51	191
Juni 10	37.707	339	22.54	209	33.426	320	54.42	210
20	38.046	328	24.63	233	33.746	311	56.52	224
30	38.374	307	26.96	252	34.057	293	58.76	232
Juli 10	38.681	280	29.48	265	34.350	268	61.08	233
20	38.961	247	32.13	271	34.618	238	63.41	230
30	39.208	208	34.84	272	34.856	201	65.71	222
Aug. 9	39.416	165	37.56	266	35.057	161	67.93	208
19	39.581	121	40.22	255	35.218	120	70.01	192
29	39.702	77	42.77	240	35.338	78	71.93	173
Sept. 7*	7 39.779	33	45.17	220	7 35.416	38	73.66	150
17	39.812	7	47.37	198	35.454	1	75.16	127
27	39.805	43	49.35	171	35.453	34	76.43	102
Okt. 7	39.762	74	51.06	143	35.419	64	77.45	77
17	39.688	100	52.49	112	35.355	87	78.22	52
27	39.588	119	53.61	80	35.268	104	78.74	26
Nov. 6	39.469	133	54.41	45	35.164	116	79.00	1
16	39.336	142	54.86	10	35.048	123	79.01	22
26	39.194	145	54.96	24	34.925	124	78.79	46
Dez. 6	39.049	142	54.72	59	34.801	121	78.33	67
16	38.907	136	54.13	91	34.680	114	77.66	87
26	38.771	124	53.22	121	34.566	102	76.79	104
36	38.647		52.01		34.464		75.75	
Mittl. Ort	35.322		18.21		31.007		46.04	
sec δ, tg δ	+1.131		+ 0.528		+1.035		+ 0.267	
a, *a′*	+2.9		+19.4		+3.0		+19.4	
b, *b′*	+0.03		+ 0.25		+0.02		+ 0.25	

Tag	873) 88 Aquarii AR.		873) 88 Aquarii Dekl.		875) Br 3077 Cass[1] AR.		875) Br 3077 Cass[1] Dekl.	
1955	23h 7m		−21° 24′		23h 11m		+56° 55′	
	s		″		s		″	
Jan. 1	3.532	93	62.56	1	6.256	257	32.64	143
11	3.439	73	62.55	25	5.999	226	31.21	189
21	3.366	51	62.30	47	5.773	186	29.32	227
31	3.315	27	61.83	70	5.587	136	27.05	256
Febr. 10	3.288	1	61.13	93	5.451	78	24.49	274
20	3.289	33	60.20	115	5.373	12	21.75	281
März 2	3.322	66	59.05	136	5.361	58	18.94	275
12	3.388	101	57.69	157	5.419	130	16.19	259
22	3.489	138	56.12	175	5.549	203	13.60	231
April 1	3.627	176	54.37	192	5.752	272	11.29	194
11	3.803	212	52.45	204	6.024	336	9.35	150
21	4.015	246	50.41	213	6.360	392	7.85	99
Mai 1	4.261	276	48.28	217	6.752	437	6.86	45
11	4.537	300	46.11	217	7.189	470	6.41	11
21	4.837	318	43.94	211	7.659	490	6.52	66
31	5.155	328	41.83	200	8.149	497	7.18	120
Juni 10	5.483	331	39.83	184	8.646	491	8.38	170
20	5.814	324	37.99	163	9.137	472	10.08	215
30	6.138	308	36.36	139	9.609	441	12.23	255
Juli 10	6.446	286	34.97	110	10.050	400	14.78	288
20	6.732	256	33.87	80	10.450	350	17.66	316
30	6.988	219	33.07	49	10.800	293	20.82	335
Aug. 9	7.207	179	32.58	17	11.093	231	24.17	347
19	7.386	134	32.41	13	11.324	166	27.64	352
29	7.520	89	32.54	41	11.490	102	31.16	350
Sept. 7*	8 7.609	45	32.95	65	9 11.592	37	34.66	341
17	7.654	3	33.60	85	11.629	24	38.07	324
27	7.657	36	34.45	99	11.605	82	41.31	302
Okt. 7	7.621	68	35.44	108	11.523	133	44.33	273
17	7.553	95	36.52	112	11.390	178	47.06	237
27	7.458	114	37.64	109	11.212	217	49.43	197
Nov. 6	7.344	128	38.73	101	10.995	248	51.40	151
16	7.216	134	39.74	90	10.747	270	52.91	102
26	7.082	134	40.64	74	10.477	285	53.93	48
Dez. 6	6.948	129	41.38	56	10.192	291	54.41	7
16	6.819	120	41.94	36	9.901	286	54.34	61
26	6.699	105	42.30	15	9.615	273	53.73	115
36	6.594		42.45		9.342		52.58	
Mittl. Ort	2.967		61.06		6.313		10.87	
sec δ, tg δ	+1.074		− 0.392		+1.832		+ 1.535	
a, *a′*	+3.2		+19.5		+2.6		+19.6	
b, *b′*	−0.03		+ 0.23		+0.10		+ 0.21	

[1] Die jährliche Parallaxe (0.″146) ist bereits berücksichtigt.

* Bei Stern 873) und 875) lies Sept. 8.

Scheinbare Sternörter 1955

Obere Kulmination Greenwich

Tag	877) γ Tucanae AR.		877) γ Tucanae Dekl.		878) γ Piscium AR.		878) γ Piscium Dekl.		879) γ Sculptoris AR.		879) γ Sculptoris Dekl.		880) τ Pegasi AR.		880) τ Pegasi Dekl.	
1955	$23^h\ 14^m$		$-58°\ 28'$		$23^h\ 14^m$		$+3°\ 2'$		$23^h\ 16^m$		$-32°\ 46'$		$23^h\ 18^m$		$+23°\ 29'$	
	s		″		s		″		s		″		s		″	
Jan. 1	49.279	249	67.68	132	50.468	86	16.51	77	24.483	118	43.31	37	24.878	110	50.84	118
11	49.030	210	66.36	179	50.382	71	15.74	77	24.365	97	42.94	70	24.768	96	49.66	137
21	48.820	165	64.57	220	50.311	53	14.97	71	24.268	74	42.24	101	24.672	75	48.29	151
31	48.655	114	62.37	256	50.258	31	14.26	63	24.194	46	41.23	130	24.597	52	46.78	157
Febr. 10	48.541	59	59.81	285	50.227	$\underline{6}$	13.63	51	24.148	$\underline{15}$	39.93	157	24.545	$\underline{22}$	45.21	157
20	48.482	$\underline{2}$	56.96	307	50.221	24	13.12	34	24.133	19	38.36	181	24.523	11	43.64	149
März 2	48.480	59	53.89	323	50.245	56	12.78	$\underline{13}$	24.152	56	36.55	202	24.534	49	42.15	133
12	48.539	120	50.66	333	50.301	91	12.65	10	24.208	94	34.53	220	24.583	88	40.82	111
22	48.659	183	47.33	335	50.392	128	12.75	36	24.302	135	32.33	234	24.671	130	39.71	81
April 1	48.842	244	43.98	330	50.520	165	13.11	64	24.437	176	29.99	245	24.801	172	38.90	48
11	49.086	303	40.68	319	50.685	201	13.75	93	24.613	216	27.54	251	24.973	212	38.42	$\underline{11}$
21	49.389	358	37.49	300	50.886	234	14.68	120	24.829	254	25.03	251	25.185	248	38.31	28
Mai 1	49.747	407	34.49	276	51.120	263	15.88	145	25.083	287	22.52	246	25.433	280	38.59	68
11	50.154	447	31.73	245	51.383	288	17.33	167	25.370	315	20.06	236	25.713	305	39.27	106
21	50.601	479	29.28	209	51.671	305	19.00	185	25.685	337	17.70	220	26.018	324	40.33	142
31	51.080	498	27.19	167	51.976	314	20.85	199	26.022	350	15.50	199	26.342	333	41.75	174
Juni 10	51.578	505	25.52	122	52.290	316	22.84	206	26.372	354	13.51	173	26.675	333	43.49	200
20	52.083	500	24.30	75	52.606	310	24.90	209	26.726	350	11.78	143	27.008	326	45.49	223
30	52.583	480	23.55	$\underline{25}$	52.916	296	26.99	206	27.076	336	10.35	108	27.334	309	47.72	239
Juli 10	53.063	448	23.30	25	53.212	273	29.05	198	27.412	313	9.27	72	27.643	286	50.11	249
20	53.511	403	23.55	74	53.485	245	31.03	185	27.725	282	8.55	$\underline{34}$	27.929	255	52.60	253
30	53.914	347	24.29	119	53.730	212	32.88	170	28.007	245	8.21	4	28.184	220	55.13	252
Aug. 9	54.261	281	25.48	161	53.942	174	34.58	150	28.252	201	8.25	41	28.404	180	57.65	245
19	54.542	208	27.09	196	54.116	134	36.08	127	28.453	153	8.66	74	28.584	138	60.10	233
29	54.750	131	29.05	224	54.250	93	37.35	105	28.606	104	9.40	104	28.722	95	62.43	218
Sept. 8	$_{10}$54.881	$\underline{52}$	31.29	244	$_{10}$54.343	53	38.40	81	$_{10}$28.710	55	10.44	128	$_{11}$28.817	54	64.61	198
17	54.933	26	33.73	253	54.396	$\underline{15}$	39.21	58	28.765	$\underline{7}$	11.72	147	28.871	$\underline{14}$	66.59	176
27	54.907	99	36.26	253	54.411	19	39.79	35	28.772	36	13.19	158	28.885	22	68.35	152
Okt. 7	54.808	165	38.79	241	54.392	49	40.14	$\underline{15}$	28.736	75	14.77	161	28.863	53	69.87	125
17	54.643	220	41.20	220	54.343	73	40.29	5	28.661	106	16.38	158	28.810	79	71.12	97
27	54.423	266	43.40	190	54.270	91	40.24	21	28.555	131	17.96	147	28.731	100	72.09	67
Nov. 6	54.157	299	45.30	151	54.179	103	40.03	36	28.424	148	19.43	130	28.631	116	72.76	38
16	53.858	317	46.81	107	54.076	111	39.67	49	28.276	157	20.73	107	28.515	126	73.14	$\underline{7}$
26	53.541	323	47.88	57	53.965	114	39.18	60	28.119	160	21.80	80	28.389	131	73.21	24
Dez. 6	53.218	318	48.45	$\underline{4}$	53.851	112	38.58	68	27.959	156	22.60	50	28.258	132	72.97	53
16	52.900	300	48.49	48	53.739	106	37.90	74	27.803	146	23.10	$\underline{18}$	28.126	129	72.44	80
26	52.600	274	48.01	100	53.633	97	37.16	78	27.657	133	23.28	16	27.997	121	71.64	107
36	52.326		47.01		53.536		36.38		27.524		23.12		27.876		70.57	
Mittl. Ort	48.934		57.46		49.881		10.17		23.896		38.54		24.355		37.72	
sec δ, tg δ	+1.913		− 1.631		+1.001		+ 0.053		+1.189		− 0.644		+1.090		+ 0.435	
a, *a′*	+3.5		+19.7		+3.1		+19.7		+3.2		+19.7		+3.0		+19.7	
b, *b′*	−0.11		+ 0.20		0.00		+ 0.20		−0.04		+ 0.19		+0.03		+ 0.18	

Scheinbare Sternörter 1955

Obere Kulmination Greenwich

Tag	882) 4 Cassiopeiae AR.		882) 4 Cassiopeiae Dekl.		884) κ Piscium AR.		884) κ Piscium Dekl.		885) 70 Pegasi AR.		885) 70 Pegasi Dekl.		888) 248 G. Aquarii AR.		888) 248 G. Aquarii Dekl.	
1955	23h 22m		+62° 2′		23h 24m		+1° 0′		23h 26m		+12° 30′		23h 33m		−7° 42′	
	s		″		s		″		s		″		s		″	
Jan. 1	49.59	33	31.47	124	38.105	91	38.32	71	53.210	99	53.65	96	13.472	96	46.09	49
11	49.26	31	30.23	176	38.014	78	37.61	68	53.111	85	52.69	104	13.376	83	46.58	36
21	48.95	26	28.47	219	37.936	60	36.93	61	53.026	69	51.65	108	13.293	66	46.94	23
31	48.69	20	26.28	252	37.876	40	36.32	52	52.957	48	50.57	106	13.227	47	47.17	7
Febr. 10	48.49	13	23.76	277	37.836	16	35.80	39	52.909	22	49.51	100	13.180	23	47.24	11
20	48.36	6	20.99	289	37.820	13	35.41	22	52.887	8	48.51	88	13.157	5	47.13	32
März 2	48.30	2	18.10	289	37.833	46	35.19	1	52.895	42	47.63	71	13.162	37	46.81	53
12	48.32	11	15.21	277	37.879	80	35.18	23	52.937	78	46.92	47	13.199	71	46.28	76
22	48.43	19	12.44	254	37.959	116	35.41	48	53.015	116	46.45	20	13.270	107	45.52	100
April 1	48.62	28	9.90	221	38.075	154	35.89	74	53.131	156	46.25	10	13.377	145	44.52	124
11	48.90	35	7.69	179	38.229	191	36.63	102	53.287	194	46.35	42	13.522	183	43.28	145
21	49.25	42	5.90	130	38.420	226	37.65	127	53.481	230	46.77	76	13.705	218	41.83	166
Mai 1	49.67	48	4.60	77	38.646	256	38.92	151	53.711	262	47.53	107	13.923	251	40.17	182
11	50.15	52	3.83	21	38.902	281	40.43	171	53.973	287	48.60	137	14.174	277	38.35	195
21	50.67	54	3.62	36	39.183	300	42.14	188	54.260	306	49.97	164	14.451	297	36.40	204
31	51.21	55	3.98	91	39.483	312	44.02	199	54.566	318	51.61	185	14.748	311	34.36	206
Juni 10	51.76	55	4.89	143	39.795	316	46.01	205	54.884	320	53.46	203	15.059	317	32.30	204
20	52.31	54	6.32	193	40.111	310	48.06	206	55.204	316	55.49	216	15.376	314	30.26	197
30	52.85	50	8.25	236	40.421	298	50.12	201	55.520	302	57.65	222	15.690	303	28.29	185
Juli 10	53.35	46	10.61	274	40.719	277	52.13	192	55.822	281	59.87	223	15.993	284	26.44	167
20	53.81	40	13.35	306	40.996	251	54.05	178	56.103	254	62.10	218	16.277	259	24.77	146
30	54.21	34	16.41	330	41.247	218	55.83	161	56.357	220	64.28	209	16.536	227	23.31	123
Aug. 9	54.55	28	19.71	347	41.465	182	57.44	139	56.577	184	66.37	196	16.763	191	22.08	96
19	54.83	20	23.18	356	41.647	142	58.83	117	56.761	144	68.33	179	16.954	152	21.12	69
29	55.03	13	26.74	360	41.789	101	60.00	93	56.905	103	70.12	159	17.106	111	20.43	43
Sept. 8	55.16	6	30.34	355	41.890	62	60.93	69	57.008	64	71.71	137	17.217	70	20.00	16
17	12 55.22	1	33.89	342	12 41.952	24	61.62	45	13 57.072	25	73.08	114	15 17.287	32	19.84	7
27	55.21	9	37.31	324	41.976	11	62.07	23	57.097	9	74.22	91	17.319	4	19.91	28
Okt. 7	55.12	15	40.55	297	41.965	41	62.30	3	57.088	39	75.13	67	17.315	36	20.19	45
17	54.97	19	43.52	265	41.924	66	62.33	15	57.049	65	75.80	43	17.279	62	20.64	59
27	54.78	25	46.17	226	41.858	86	62.18	31	56.984	86	76.23	21	17.217	83	21.23	69
Nov. 6	54.53	29	48.43	181	41.772	99	61.87	44	56.898	100	76.44	2	17.134	99	21.92	74
16	54.24	33	50.24	131	41.673	109	61.43	54	56.798	110	76.42	22	17.035	108	22.66	76
26	53.91	34	51.55	77	41.564	113	60.89	62	56.688	116	76.20	42	16.927	114	23.42	76
Dez. 6	53.57	36	52.32	20	41.451	112	60.27	69	56.572	117	75.78	61	16.813	115	24.18	72
16	53.21	36	52.52	36	41.339	109	59.58	72	56.455	115	75.17	77	16.698	111	24.90	65
26	52.85	35	52.16	94	41.230	101	58.86	74	56.340	107	74.40	90	16.587	105	25.55	57
36	52.50		51.22		41.129		58.12		56.233		73.50		16.482		26.12	
Mittl. Ort	49.65		8.25		37.458		32.59		52.580		44.00		12.766		48.92	
sec δ, tg δ	+2.133		+ 1.884		+1.000		+ 0.018		+1.024		+ 0.222		+1.009		− 0.135	
a, *a′*	+2.7		+19.8		+3.1		+19.8		+3.0		+19.8		+3.1		+19.9	
b, *b′*	+0.12		+ 0.16		0.00		+ 0.15		+0.01		+ 0.14		−0.01		+ 0.12	

Scheinbare Sternörter 1955

Obere Kulmination Greenwich

Tag	890) λ Andromedae AR.		890) λ Andromedae Dekl.		891) ι Andromedae AR.		891) ι Andromedae Dekl.	
1955	23h 35m		+46° 12′		23h 35m		+43° 1′	
	s		″		s		″	
Jan. 1	21.667	193	71.49	121	55.830	177	27.09	119
11	21.474	177	70.28	161	55.653	162	25.90	156
21	21.297	152	68.67	194	55.491	139	24.34	188
31	21.145	119	66.73	220	55.352	109	22.46	212
Febr. 10	21.026	80	64.53	237	55.243	72	20.34	226
20	20.946	33	62.16	244	55.17	29	18.08	231
März 2	20.913	19	59.72	239	55.142	21	15.77	225
12	20.932	75	57.33	225	55.163	73	13.52	210
22	21.007	133	55.08	201	55.236	128	11.42	185
April 1	21.140	191	53.07	167	55.364	182	9.57	152
11	21.331	245	51.40	128	55.546	234	8.05	114
21	21.576	295	50.12	83	55.780	282	6.91	69
Mai 1	21.871	338	49.29	35	56.062	322	6.22	21
11	22.209	372	48.94	16	56.384	356	6.01	28
21	22.581	396	49.10	65	56.740	379	6.29	75
31	22.977	409	49.75	114	57.119	392	7.04	122
Juni 10	23.386	412	50.89	158	57.511	395	8.26	164
20	23.798	403	52.47	199	57.906	387	9.90	203
30	24.201	384	54.46	234	58.293	370	11.93	236
Juli 10	24.585	357	56.80	263	58.663	343	14.29	262
20	24.942	321	59.43	287	59.006	310	16.91	284
30	25.263	278	62.30	303	59.316	269	19.75	298
Aug. 9	25.541	231	65.33	312	59.585	224	22.73	305
19	25.772	181	68.45	316	59.809	175	25.78	307
29	25.953	129	71.61	312	59.984	126	28.85	302
Sept. 8	26.082	77	74.73	303	60.110	77	31.87	292
17	15 26.159	28	77.76	288	15 60.187	30	34.79	275
27	26.187	19	80.64	267	60.217	15	37.54	254
Okt. 7	26.168	62	83.31	241	60.202	55	40.08	228
17	26.106	99	85.72	210	60.147	91	42.36	197
27	26.007	132	87.82	174	60.056	121	44.33	162
Nov. 6	25.875	158	89.56	135	59.935	146	45.95	123
16	25.717	180	90.91	91	59.789	165	47.18	83
26	25.537	195	91.82	46	59.624	180	48.01	38
Dez. 6	25.342	204	92.28	2	59.444	188	48.39	8
16	25.138	207	92.26	50	59.256	190	48.31	52
26	24.931	203	91.76	95	59.066	187	47.79	96
36	24.728		90.81		58.879		46.83	
Mittl. Ort	21.205		51.39		55.324		7.83	
sec δ, tg δ	+1.445		+ 1.043		+1.368		+ 0.933	
a, *a*′	+2.9		+19.9		+2.9		+19.9	
b, *b*′	+0.07		+ 0.11		+0.06		+ 0.10	

Tag	893) γ Cephei AR.		893) γ Cephei Dekl.		892) ι Piscium AR.		892) ι Piscium Dekl.	
1955	23h 37m		+77° 22′		23h 37m		+5° 22′	
	s		″		s		″	
Jan. 1	27.88	86	78.23	84	38.743	97	63.49	80
11	27.02	80	77.39	143	38.646	86	62.69	81
21	26.22	71	75.96	196	38.560	71	61.88	79
31	25.51	58	74.00	242	38.489	51	61.09	73
Febr. 10	24.93	44	71.58	276	38.438	28	60.36	62
20	24.49	27	68.82	300	38.410	0	59.74	47
März 2	24.22	8	65.82	311	38.410	32	59.27	28
12	24.14	10	62.71	308	38.442	67	58.99	6
22	24.24	29	59.63	294	38.509	105	58.93	20
April 1	24.53	47	56.69	269	38.614	144	59.13	48
11	25.00	64	54.00	232	38.758	181	59.61	76
21	25.64	78	51.68	187	38.939	218	60.37	105
Mai 1	26.42	90	49.81	137	39.157	251	61.42	131
11	27.32	99	48.44	81	39.408	277	62.73	156
21	28.31	105	47.63	24	39.685	299	64.29	176
31	29.36	107	47.39	35	39.984	312	66.05	191
Juni 10	30.43	107	47.74	92	40.296	316	67.96	202
20	31.50	105	48.66	147	40.612	314	69.98	208
30	32.55	99	50.13	197	40.926	304	72.06	208
Juli 10	33.54	91	52.10	243	41.230	284	74.14	203
20	34.45	81	54.53	283	41.514	259	76.17	193
30	35.26	69	57.36	317	41.773	228	78.10	178
Aug. 9	35.95	56	60.53	344	42.001	193	79.88	160
19	36.51	42	63.97	364	42.194	154	81.48	140
29	36.93	27	67.61	375	42.348	115	82.88	118
Sept. 8	16 37.20	13	71.36	380	16 42.463	75	84.06	94
17	37.33	2	75.16	377	42.538	37	85.00	71
27	37.31	17	78.93	365	42.575	3	85.71	47
Okt. 7	37.14	31	82.58	347	42.578	28	86.18	26
17	36.83	44	86.05	319	42.550	54	86.44	6
27	36.39	55	89.24	284	42.496	75	86.50	13
Nov. 6	35.84	67	92.08	242	42.421	91	86.37	29
16	35.17	76	94.50	193	42.330	102	86.08	43
26	34.41	83	96.43	137	42.228	109	85.65	55
Dez. 6	33.58	88	97.80	78	42.119	112	85.10	66
16	32.70	89	98.58	16	42.007	110	84.44	75
26	31.81	89	98.74	47	41.897	105	83.69	80
36	30.92		98.27		41.792		82.89	
Mittl. Ort	28.78		52.38		38.029		56.17	
sec δ, tg δ	+4.577		+ 4.467		+1.004		+ 0.094	
a, *a*′	+2.5		+19.9		+3.1		+19.9	
b, *b*′	+0.30		+ 0.10		+0.01		+ 0.10	

Tag	894) ω² Aquarii AR.		894) Dekl.		895) 41 H. Cephei AR.		895) Dekl.	
1955	23h 40m		−14° 47′		23h 45m		+67° 33′	
	s		″		s		″	
Jan. 1	24.100	103	37.51	32	44.73	45	49.13	89
11	23.997	90	37.83	12	44.28	42	48.24	146
21	23.907	75	37.95	8	43.86	38	46.78	194
31	23.832	55	37.87	28	43.48	31	44.84	236
Febr. 10	23.777	31	37.59	51	43.17	23	42.48	268
20	23.746	3	37.08	74	42.94	14	39.80	288
März 2	23.743	29	36.34	96	42.80	4	36.92	297
12	23.772	64	35.38	119	42.76	6	33.95	292
22	23.836	101	34.19	142	42.82	17	31.03	277
April 1	23.937	139	32.77	162	42.99	28	28.26	250
11	24.076	177	31.15	180	43.27	38	25.76	214
21	24.253	215	29.35	196	43.65	46	23.62	169
Mai 1	24.468	248	27.39	207	44.11	53	21.93	118
11	24.716	276	25.32	214	44.64	60	20.75	65
21	24.992	298	23.18	216	45.24	64	20.10	8
31	25.290	314	21.02	212	45.88	66	20.02	49
Juni 10	25.604	321	18.90	203	46.54	66	20.51	103
20	25.925	320	16.87	190	47.20	65	21.54	155
30	26.245	311	14.97	170	47.85	62	23.09	204
Juli 10	26.556	293	13.27	147	48.47	58	25.13	246
20	26.849	268	11.80	121	49.05	52	27.59	283
30	27.117	237	10.59	92	49.57	45	30.42	314
Aug. 9	27.354	201	9.67	61	50.02	38	33.56	338
19	27.555	162	9.06	31	50.40	29	36.94	354
29	27.717	120	8.75	1	50.69	21	40.48	363
Sept. 8	16 27.837	78	8.74	26	50.90	12	44.11	365
17*	27.915	38	9.00	49	18 51.02	4	47.76	359
27	27.953	1	9.49	70	51.06	5	51.35	346
Okt. 7	27.954	32	10.19	85	51.01	13	54.81	326
17	27.922	61	11.04	95	50.88	20	58.07	298
27	27.861	84	11.99	99	50.68	27	61.05	263
Nov. 6	27.777	100	12.98	100	50.41	33	63.68	221
16	27.677	112	13.98	95	50.08	38	65.89	173
26	27.565	118	14.93	87	49.70	42	67.62	120
Dez. 6	27.447	121	15.80	75	49.28	45	68.82	63
16	27.326	118	16.55	61	48.83	46	69.45	4
26	27.208	112	17.16	45	48.37	46	69.49	55
36	27.096		17.61		47.91		68.94	
Mittl. Ort	23.355		38.00		44.60		24.34	
sec δ, tg δ	+1.034		— 0.264		+2.619		+ 2.421	
a, a′	+3.1		+20.0		+2.9		+20.0	
b, b′	−0.02		+ 0.09		+0.16		+ 0.06	

Tag	896) δ Sculptoris AR.		896) Dekl.		898) φ Pegasi AR.		898) Dekl.	
1955	23h 46m		−28° 22′		23h 50m		+18° 52′	
	s		″		s		″	
Jan. 1	35.853	125	48.83	4	12.454	114	25.36	96
11	35.728	112	48.79	36	12.340	104	24.40	111
21	35.616	94	48.43	66	12.236	91	23.29	121
31	35.522	72	47.77	96	12.145	72	22.08	127
Febr. 10	35.450	46	46.81	125	12.073	48	20.81	126
20	35.404	15	45.56	151	12.025	18	19.55	118
März 2	35.389	18	44.05	176	12.007	16	18.37	105
12	35.407	56	42.29	198	12.023	54	17.32	86
22	35.463	96	40.31	216	12.077	95	16.46	60
April 1	35.559	137	38.15	232	12.172	137	15.86	31
11	35.696	179	35.83	243	12.309	179	15.55	2
21	35.875	219	33.40	249	12.488	219	15.57	37
Mai 1	36.094	255	30.91	250	12.707	254	15.94	71
11	36.349	287	28.41	246	12.961	283	16.65	106
21	36.636	312	25.95	236	13.244	306	17.71	137
31	36.948	331	23.59	220	13.550	322	19.08	165
Juni 10	37.279	340	21.39	198	13.872	329	20.73	189
20	37.619	341	19.41	172	14.201	326	22.62	208
30	37.960	333	17.69	141	14.527	316	24.70	221
Juli 10	38.293	316	16.28	107	14.843	299	26.91	228
20	38.609	291	15.21	70	15.142	273	29.19	230
30	38.900	259	14.51	32	15.415	242	31.49	228
Aug. 9	39.159	221	14.19	5	15.657	207	33.77	220
19	39.380	178	14.24	41	15.864	168	35.97	207
29	39.558	134	14.65	75	16.032	129	38.04	191
Sept. 8	39.692	87	15.40	103	16.161	89	39.95	173
17*	18 39.779	42	16.43	127	19 16.250	50	41.68	151
27	39.821	0	17.70	144	16.300	14	43.19	129
Okt. 7	39.821	38	19.14	154	16.314	18	44.48	104
17	39.783	71	20.68	157	16.296	46	45.52	80
27	39.712	98	22.25	153	16.250	69	46.32	54
Nov. 6	39.614	119	23.78	141	16.181	88	46.86	30
16	39.495	133	25.19	125	16.093	103	47.16	4
26	39.362	142	26.44	103	15.990	113	47.20	21
Dez. 6	39.220	145	27.47	76	15.877	119	46.99	44
16	39.075	142	28.23	48	15.758	122	46.55	66
26	38.933	135	28.71	18	15.636	121	45.89	87
36	38.798		28.89		15.515		45.02	
Mittl. Ort	35.091		45.06		11.692		13.30	
sec δ, tg δ	+1.137		— 0.540		+1.057		+ 0.342	
a, a′	+3.1		+20.0		+3.1		+20.0	
b, b′	−0.04		+ 0.06		+0.02		+ 0.04	

* Bei Stern 895), 896) und 898) lies Sept. 18.

Scheinbare Sternörter 1955

Obere Kulmination Greenwich

Tag	899) ρ Cassiopeiae AR.		899) ρ Cassiopeiae Dekl.		900) 27 Piscium AR.		900) 27 Piscium Dekl.		902) ω Piscium AR.		902) ω Piscium Dekl.		903) ε Tucanae AR.		903) ε Tucanae Dekl.	
1955	23h 52m		+57° 14′		23h 56m		−3° 47′		23h 56m		+6° 36′		23h 57m		−65° 49′	
	s		″		s		″		s		″		s		″	
Jan. 1	7.917	285	79.79	95	22.958	103	76.04	61	60.731	104	58.97	79	36.11	40	50.76	107
11	7.632	268	78.84	144	22.855	95	76.65	51	60.627	96	58.18	80	35.71	37	49.69	161
21	7.364	240	77.40	187	22.760	82	77.16	41	60.531	85	57.38	79	35.34	33	48.08	210
31	7.124	201	75.53	224	22.678	65	77.57	27	60.446	67	56.59	75	35.01	26	45.98	253
Febr. 10	6.923	150	73.29	251	22.613	44	77.84	11	60.379	45	55.84	65	34.75	20	43.45	290
20	6.773	90	70.78	266	22.569	18	77.95	8	60.334	20	55.19	52	34.55	14	40.55	320
März 2	6.683	23	68.12	271	22.551	13	77.87	29	60.314	11	54.67	34	34.41	6	37.35	342
12	6.660	51	65.41	265	22.564	46	77.58	52	60.325	47	54.33	12	34.35	2	33.93	357
22	6.711	127	62.76	247	22.610	84	77.06	76	60.372	86	54.21	12	34.37	11	30.36	363
April 1	6.838	201	60.29	219	22.694	124	76.30	100	60.458	125	54.33	39	34.48	18	26.73	362
11	7.039	273	58.10	183	22.818	162	75.30	125	60.583	165	54.72	68	34.66	26	23.11	354
21	7.312	339	56.27	139	22.980	199	74.05	147	60.748	203	55.40	96	34.92	35	19.57	338
Mai 1	7.651	395	54.88	90	23.179	234	72.58	168	60.951	238	56.36	123	35.27	41	16.19	314
11	8.046	441	53.98	39	23.413	264	70.90	184	61.189	268	57.59	148	35.68	47	13.05	284
21	8.487	474	53.59	15	23.677	288	69.06	196	61.457	292	59.07	170	36.15	53	10.21	247
31	8.961	494	53.74	68	23.965	305	67.10	204	61.749	308	60.77	186	36.68	57	7.74	205
Juni 10	9.455	501	54.42	119	24.270	314	65.06	206	62.057	316	62.63	199	37.25	60	5.69	157
20	9.956	494	55.61	166	24.584	314	63.00	203	62.373	316	64.62	206	37.85	60	4.12	107
30	10.450	475	57.27	210	24.898	308	60.97	195	62.689	309	66.68	208	38.45	60	3.05	53
Juli 10	10.925	444	59.37	248	25.206	292	59.02	181	62.998	293	68.76	205	39.05	57	2.52	2
20	11.369	404	61.85	280	25.498	269	57.21	164	63.291	270	70.81	196	39.62	54	2.54	56
30	11.773	355	64.65	305	25.767	242	55.57	142	63.561	241	72.77	183	40.16	48	3.10	109
Aug. 9	12.128	300	67.70	325	26.009	208	54.15	119	63.802	208	74.60	167	40.64	41	4.19	157
19	12.428	241	70.95	336	26.217	171	52.96	93	64.010	172	76.27	146	41.05	33	5.76	200
29	12.669	178	74.31	341	26.388	132	52.03	66	64.182	133	77.73	125	41.38	24	7.76	236
Sept. 8	12.847	115	77.72	339	26.520	93	51.37	40	64.315	94	78.98	102	41.62	15	10.12	263
18	12.962	54	81.11	331	26.613	55	50.97	16	64.409	57	80.00	79	41.77	5	12.75	280
27	19 13.016	6	84.42	316	21 26.668	19	50.81	8	21 64.466	22	80.79	55	21 41.82	6	15.55	286
Okt. 7	13.010	61	87.58	294	26.687	12	50.89	27	64.488	10	81.34	33	41.76	14	18.41	282
17	12.949	113	90.52	265	26.675	40	51.16	43	64.478	36	81.67	13	41.62	22	21.23	265
27	12.836	160	93.17	231	26.635	64	51.59	56	64.442	60	81.80	6	41.40	30	23.88	237
Nov. 6	12.676	201	95.48	191	26.571	82	52.15	65	64.382	79	81.74	22	41.10	36	26.25	200
16	12.475	234	97.39	146	26.489	96	52.80	72	64.303	93	81.52	38	40.74	40	28.25	155
26	12.241	262	98.85	96	26.393	105	53.52	74	64.210	102	81.14	51	40.34	43	29.80	103
Dez. 6	11.979	282	99.81	44	26.288	110	54.26	74	64.108	109	80.63	62	39.91	45	30.83	47
16	11.697	292	100.25	10	26.178	111	55.00	71	63.999	111	80.01	71	39.46	44	31.30	11
26	11.405	293	100.15	64	26.067	110	55.71	67	63.888	110	79.30	77	39.02	43	31.19	69
36	11.112		99.51		25.957		56.38		63.778		78.53		38.59		30.50	
Mittl. Ort	7.413		56.77		22.125		80.25		59.902		51.11		35.55		38.85	
sec δ, tg δ	+1.848		+ 1.555		+1.002		− 0.067		+1.007		+ 0.116		+2.442		− 2.228	
a, *a′*	+3.0		+20.0		+3.1		+20.0		+3.1		+20.0		+3.1		+20.0	
b, *b′*	+0.10		+ 0.03		0.00		+ 0.02		+0.01		+ 0.01		−0.15		+ 0.01	

Na) 43 Hev. Cephei $4^m\!.52$

Tag	Januar AR.	Januar Dekl.	Januar ☾ Glieder	Februar AR.	Februar Dekl.	Februar ☾ Glieder	März AR.	März Dekl.	März ☾ Glieder	April AR.	April Dekl.	April ☾ Glieder
	$1^h\ 2^m$	+ 86° 1′	in s ″ 0.01 0.01	$1^h\ 2^m$	+ 86° 1′	in s ″ 0.01 0.01	$1^h\ 1^m$	+ 86° 1′	in s ″ 0.01 0.01	$1^h\ 1^m$	+ 86° 1′	in s ″ 0.01 0.01
	s	″		s	″		s	″		s	″	
1	16.56	27.85	−10 − 4	7.51	27.33	+ 4 − 8	61.00	21.99	+ 7 − 6	58.17	12.86	+ 7 + 9
2	16.27	27.93	− 8 − 8	7.23	27.21	+ 8 − 5	60.83	21.73	+ 9 − 2	58.17	12.55	+ 3 +11
3	15.98	28.00	− 4 −10	6.96	27.09	+10 0	60.66	21.47	+10 + 3	58.18	12.23	− 1 +10
4	15.69	28.07	+ 1 −10	6.69	26.96	+10 + 4	60.50	21.21	+ 9 + 7	58.19	11.92	− 5 + 8
5	15.40	28.13	+ 6 − 7	6.42	26.82	+ 8 + 8	60.34	20.94	+ 6 +10	58.21	11.61	− 7 + 4
6	15.11	28.19	+ 9 − 3	6.15	26.68	+ 4 +10	60.19	20.67	+ 2 +10	58.24	11.30	− 7 + 1
7	14.81	28.24	+11 + 2	5.89	26.53	0 +10	60.04	20.39	− 3 + 9	58.27	10.99	− 6 − 3
8	14.51	28.28	+10 + 6	5.63	26.38	− 4 + 9	59.90	20.12	− 6 + 7	*58.31	10.68	− 4 − 5
9	14.22	28.31	+ 7 +10	5.37	26.22	− 6 + 6	59.76	19.83	− 7 + 3	58.35	10.37	− 1 − 7
10	13.92	28.34	+ 3 +11	5.12	26.05	− 8 + 2	59.63	19.55	− 7 0	58.40	10.06	+ 2 − 8
11	13.62	28.36	− 2 +11	4.86	25.88	− 7 − 2	59.50	19.26	− 6 − 4	58.45	9.75	+ 4 − 7
12	13.33	28.38	− 5 + 8	4.62	25.71	− 5 − 5	59.38	18.97	− 4 − 6	58.51	9.44	+ 6 − 5
13	13.03	28.39	− 7 + 4	4.37	25.53	− 2 − 7	59.26	18.68	− 1 − 7	58.58	9.14	+ 7 − 2
14	12.73	28.39	− 8 + 1	4.13	25.34	+ 1 − 8	59.15	18.39	+ 3 − 8	58.65	8.84	+ 7 + 1
15	12.44	28.39	− 6 − 3	3.89	25.15	+ 4 − 7	59.05	18.09	+ 5 − 6	58.73	8.54	+ 5 + 3
16	12.14	28.38	− 4 − 6	3.66	24.96	+ 6 − 5	58.95	17.79	+ 7 − 4	58.82	8.24	+ 2 + 5
17	11.84	28.36	− 1 − 7	3.43	24.76	+ 7 − 2	58.85	17.49	+ 8 − 1	58.91	7.94	− 2 + 5
18	11.55	28.34	+ 2 − 8	3.20	24.55	+ 7 + 1	58.77	17.19	+ 6 + 2	59.00	7.64	− 6 + 5
19	11.25	28.31	+ 5 − 6	2.98	24.34	+ 6 + 4	58.68	16.89	+ 4 + 5	59.10	7.35	−10 + 2
20	10.96	28.27	+ 7 − 4	2.76	24.12	+ 3 + 6	58.61	16.59	0 + 6	59.21	7.06	−11 − 2
21	10.67	28.23	+ 8 − 1	2.55	23.90	− 2 + 6	58.54	16.28	− 4 + 6	59.32	6.77	−10 − 5
22	10.37	28.18	+ 7 + 2	2.34	23.68	− 6 + 6	58.48	15.97	− 8 + 4	59.44	6.48	− 7 − 8
23	10.08	28.12	+ 5 + 5	2.14	23.45	− 9 + 3	58.42	15.66	−10 + 1	59.57	6.20	− 2 − 9
24	9.79	28.06	+ 1 + 6	1.94	23.22	−10 0	58.37	15.35	−10 − 3	59.70	5.92	+ 3 − 8
25	9.50	27.99	− 3 + 6	1.74	22.98	−10 − 4	58.32	15.04	− 8 − 6	59.83	5.64	+ 8 − 5
26	9.21	27.92	− 7 + 5	1.55	22.74	− 7 − 7	58.28	14.73	− 5 − 8	59.97	5.37	+10 0
27	8.93	27.84	−10 + 2	1.36	22.49	− 3 − 9	58.25	14.42	0 − 9	60.12	5.09	+10 + 5
28	8.64	27.75	−10 − 2	1.18	22.24	+ 2 − 8	58.22	14.11	+ 5 − 7	60.27	4.82	+ 9 + 9
29	8.35	27.65	− 9 − 6	1.00	21.99	+ 7 − 6	58.20	13.79	+ 9 − 3	60.42	4.55	+ 5 +11
30	8.07	27.55	− 6 − 9				58.18	13.48	+10 + 2	60.58	4.29	+ 1 +11
31	7.79	27.44	− 1 −10				58.17	13.17	+10 + 6	60.74	4.03	− 3 + 9
32	7.51	27.33	+ 4 − 8				58.17	12.86	+ 7 + 9			

δ	sec δ	tg δ	δ	sec δ	tg δ	δ	sec δ	tg δ
+86° 1′ 0″	+14.395	+14.361	+86° 1′ 10″	+14.406	+14.371	+86° 1′ 20″	+14.416	+14.381
10	+14.406	+14.371	20	+14.416	+14.381	30	+14.426	+14.391

$\alpha_{1955.0} = 1^h\ 2^m\ 12^s\!.07$ $\delta_{1955.0} = +86°\ 1'\ 0''\!.81$

* Tag der doppelten unteren Kulmination: April 8.

Scheinbare Sternörter 1955

Obere Kulmination Greenwich

Na) 43 Hev. Cephei $4^{m}.52$

Tag	Mai			Juni			Juli			August		
	AR.	Dekl.	☾ Glieder	AR.	Dekl.	☾ Glieder	AR.	Dekl.	☾ Glieder	AR.	Dekl.	☾ Glieder
	$1^h\ 2^m$	+86° 0′	in s 0.01 | ″ 0.01	$1^h\ 2^m$	+86° 0′	in s 0.01 | ″ 0.01	$1^h\ 2^m$	+86° 0′	in s 0.01 | ″ 0.01	$1^h\ 2^m$	+86° 1′	in s 0.01 | ″ 0.01
	s	″		s	″		s	″		s	″	
1	0.74	64.03	− 3 + 9	8.01	57.95	− 6 − 3	17.48	56.71	+ 2 − 6	27.37	0.56	+ 8 + 1
2	0.91	63.77	− 6 + 6	8.30	57.83	− 3 − 5	17.81	56.75	+ 5 − 6	27.66	0.76	+ 6 + 3
3	1.09	63.52	− 7 + 2	8.59	57.71	0 − 6	18.14	56.80	+ 7 − 4	27.96	0.97	+ 4 + 5
4	1.27	63.26	− 7 − 1	8.89	57.60	+ 3 − 6	18.47	56.86	+ 8 − 1	28.25	1.18	0 + 6
5	1.45	63.02	− 5 − 4	9.18	57.50	+ 5 − 5	18.80	56.92	+ 7 + 1	28.54	1.40	− 4 + 6
6	1.64	62.77	− 2 − 6	9.48	57.40	+ 7 − 3	19.13	56.99	+ 5 + 3	28.83	1.62	− 7 + 4
7	1.84	62.53	+ 1 − 7	9.79	57.30	+ 7 − 1	19.45	57.06	+ 2 + 5	29.12	1.85	−10 + 1
8	2.04	62.29	+ 4 − 7	10.09	57.21	+ 6 + 2	19.78	57.14	− 1 + 6	29.40	2.08	−10 − 3
9	2.24	62.06	+ 6 − 5	10.40	57.13	+ 4 + 4	20.11	57.22	− 5 + 5	29.68	2.31	− 9 − 7
10	2.45	61.83	+ 7 − 3	10.71	57.05	+ 1 + 5	20.44	57.31	− 8 + 2	29.96	2.55	− 5 − 9
11	2.66	61.61	+ 7 0	11.01	56.98	− 3 + 5	20.77	57.40	−10 − 1	30.23	2.79	− 1 −10
12	2.88	61.39	+ 6 + 2	11.33	56.92	− 7 + 4	21.09	57.50	−10 − 5	30.50	3.04	+ 4 − 8
13	3.10	61.17	+ 3 + 4	11.64	56.86	−10 + 1	21.42	57.61	− 8 − 8	30.77	3.29	+ 7 − 5
14	3.32	60.96	− 1 + 5	11.95	56.80	−11 − 3	21.74	57.72	− 4 −10	31.03	3.55	+ 9 − 1
15	3.55	60.75	− 5 + 5	12.27	56.75	−10 − 7	22.07	57.83	+ 1 −10	31.30	3.81	+ 9 + 4
16	3.78	60.55	− 8 + 3	12.59	56.71	− 7 −10	22.39	57.95	+ 5 − 7	31.56	4.07	+ 7 + 8
17	4.02	60.35	−11 − 1	12.90	56.67	− 2 −11	22.71	58.08	+ 9 − 3	31.82	4.34	+ 3 +10
18	4.26	60.16	−11 − 5	13.23	56.63	+ 3 − 9	23.03	58.21	+10 + 2	32.07	4.61	− 1 +10
19	4.51	59.97	− 9 − 8	13.55	56.60	+ 8 − 6	23.35	58.34	+ 9 + 6	32.32	4.89	− 5 + 8
20	4.76	59.78	− 5 −10	13.87	56.58	+10 − 1	23.67	58.48	+ 6 +10	32.57	5.16	− 7 + 5
21	5.01	59.60	+ 1 −10	14.20	56.56	+10 + 5	23.99	58.63	+ 2 +11	32.82	5.45	− 7 + 1
22	5.27	59.42	+ 6 − 7	14.52	56.55	+ 8 + 9	24.31	58.78	− 3 +10	33.06	5.73	− 6 − 2
23	5.53	59.25	+ 9 − 3	14.84	56.54	+ 4 +11	24.62	58.93	− 6 + 7	33.30	6.02	− 4 − 5
24	5.79	59.09	+10 + 2	15.17	56.54	0 +11	24.93	59.09	− 7 + 3	33.53	6.31	− 1 − 6
25	6.06	58.93	+10 + 7	15.50	56.55	− 4 + 9	25.24	59.26	− 7 0	33.77	6.61	+ 3 − 6
26	6.33	58.77	+ 7 +11	15.83	56.56	− 6 + 6	25.55	59.43	− 5 − 4	33.99	6.91	+ 6 − 5
27	6.60	58.62	+ 3 +12	16.16	56.58	− 7 + 2	25.86	59.60	− 2 − 6	34.22	7.21	+ 7 − 3
28	6.88	58.48	− 2 +11	16.49	56.60	− 6 − 1	26.17	59.78	+ 1 − 7	34.44	7.52	+ 8 0
29	7.16	58.34	− 5 + 8	16.82	56.63	− 4 − 4	26.47	59.97	+ 4 − 6	34.66	7.83	+ 7 + 2
30	7.44	58.20	− 7 + 4	17.15	56.67	− 1 − 6	26.77	60.16	+ 6 − 4	34.88	8.14	+ 5 + 5
31	7.72	58.07	− 7 + 1	17.48	56.71	+ 2 − 6	27.07	60.36	+ 8 − 2	35.09	8.46	+ 2 + 6
32	8.01	57.95	− 6 − 3				27.37	60.56	+ 8 + 1	35.30	8.78	− 2 + 6

δ	sec δ	tg δ	δ	sec δ	tg δ
+86° 0′ 50″	+14.385	+14.351	+86° 1′ 0″	+14.395	+14.361
60	+14.395	+14.361	10	+14.406	+14.371

$\alpha_{1955.0} = 1^h\ 2^m\ 12^s.07$ $\delta_{1955.0} = +86°\ 1'\ 0''.81$

Na) 43 **Hev.** Cephei $4^{m}.52$

Tag	September AR.	September Dekl.	September ☾ Glieder	Oktober AR.	Oktober Dekl.	Oktober ☾ Glieder	November AR.	November Dekl.	November ☾ Glieder	Dezember AR.	Dezember Dekl.	Dezember ☾ Glieder
	$1^h\,2^m$	+86° 1′	in s 0.01 | ″ 0.01	$1^h\,2^m$	+86° 1′	in s 0.01 | ″ 0.01	$1^h\,2^m$	+86° 1′	in s 0.01 | ″ 0.01	$1^h\,2^m$	+86° 1′	in s 0.01 | ″ 0.01
	s	″		s	″		s	″		s	″	
1	35.30	8.78	− 2 + 6	39.66	19.36	−10 0	39.85	31.31	+ 3 − 8	35.63	40.72	+ 9 + 2
2	35.50	9.10	− 6 + 5	39.74	19.74	−10 − 4	39.77	31.66	+ 7 − 4	35.43	40.98	+ 9 + 7
3	35.70	9.42	− 9 + 2	39.81	20.11	− 8 − 7	39.69	32.02	+ 9 0	35.22	41.23	+ 6 +10
4	35.90	9.75	−10 − 1	39.88	20.49	− 4 − 9	39.61	32.37	+ 9 + 5	35.01	41.48	+ 2 +11
5	36.09	10.07	− 9 − 5	39.94	20.87	0 − 9	39.52	32.72	+ 8 + 8	34.79	41.72	− 3 +10
6	36.28	10.41	− 7 − 8	40.00	21.24	+ 5 − 7	39.43	33.07	+ 4 +10	34.57	41.96	− 6 + 7
7	36.46	10.74	− 3 − 9	{ 40.06 / 40.11	21.62 / 22.00	+ 8 − 3 / + 9 + 1 }	39.33	33.41	0 +10	34.35	42.19	− 7 + 3
8	36.64	11.08	+ 2 − 9	40.16	22.38	+ 9 + 6	39.22	33.75	− 4 + 8	34.12	42.42	− 6 − 1
9	36.82	11.42	+ 6 − 6	40.20	22.76	+ 6 + 9	39.12	34.09	− 6 + 5	33.89	42.64	− 5 − 4
10	36.99	11.76	+ 9 − 2	40.24	23.14	+ 2 +10	39.00	34.43	− 7 + 1	33.65	42.85	− 2 − 6
11	37.16	12.11	+ 9 + 3	40.27	23.51	− 2 + 9	38.89	34.76	− 6 − 2	33.42	43.07	+ 1 − 6
12	37.33	12.45	+ 8 + 6	40.30	23.89	− 5 + 7	38.77	35.09	− 4 − 5	33.17	43.27	+ 4 − 5
13	37.49	12.80	+ 4 + 9	40.32	24.27	− 7 + 4	38.64	35.42	− 1 − 6	32.93	43.47	+ 6 − 4
14	37.65	13.15	0 +10	40.34	24.65	− 7 0	38.51	35.75	+ 2 − 6	32.68	43.67	+ 7 − 2
15	37.80	13.50	− 3 + 9	40.35	25.02	− 6 − 3	38.38	36.07	+ 5 − 5	32.43	43.86	+ 7 + 1
16	37.95	13.85	− 6 + 6	40.36	25.40	− 3 − 6	38.24	36.39	+ 7 − 3	32.18	44.04	+ 6 + 3
17	38.09	14.21	− 7 + 2	40.36	25.78	0 − 7	38.10	36.70	+ 8 − 1	31.92	44.22	+ 3 + 5
18	38.23	14.57	− 7 − 1	40.36	26.15	+ 3 − 6	37.95	37.02	+ 7 + 2	31.66	44.40	0 + 5
19	38.37	14.93	− 5 − 4	40.36	26.53	+ 6 − 5	37.80	37.32	+ 5 + 4	31.40	44.56	− 3 + 5
20	38.50	15.29	− 2 − 6	40.35	26.91	+ 7 − 3	37.64	37.63	+ 2 + 5	31.13	44.72	− 7 + 3
21	38.63	15.66	+ 1 − 7	40.33	27.28	+ 8 0	37.48	37.93	− 1 + 5	30.87	44.88	−10 0
22	38.75	16.02	+ 4 − 6	40.31	27.65	+ 7 + 2	37.31	38.23	− 5 + 4	30.60	45.03	−11 − 4
23	38.87	16.39	+ 7 − 4	40.29	28.02	+ 4 + 5	37.14	38.52	− 9 + 2	30.32	45.17	− 9 − 7
24	38.98	16.75	+ 8 − 2	40.26	28.39	+ 1 + 6	36.97	38.81	−11 − 2	30.05	45.31	− 6 −10
25	39.09	17.12	+ 8 + 1	40.22	28.76	− 3 + 6	36.79	39.10	−10 − 5	29.77	45.44	− 2 −11
26	39.20	17.49	+ 6 + 3	40.18	29.13	− 7 + 4	36.61	39.38	− 8 − 8	29.49	45.57	+ 3 − 9
27	39.30	17.86	+ 3 + 5	40.14	29.50	−10 + 1	36.42	39.66	− 4 −10	29.21	45.69	+ 7 − 6
28	39.40	18.23	− 1 + 6	40.09	29.86	−11 − 3	36.23	39.93	+ 1 −10	28.93	45.80	+ 9 − 1
29	39.49	18.61	− 5 + 5	40.04	30.23	− 9 − 6	36.03	40.20	+ 5 − 7	28.64	45.90	+ 9 + 4
30	39.57	18.98	− 8 + 3	39.98	30.59	− 6 − 9	35.83	40.46	+ 8 − 3	28.36	46.00	+ 7 + 8
31	39.66	19.36	−10 0	39.91	30.95	− 2 −10	35.63	40.72	+ 9 + 2	28.07	46.10	+ 3 +10
32				39.85	31.31	+ 3 − 8				27.78	46.18	− 1 +11

δ	sec δ	tg δ	δ	sec δ	tg δ	δ	sec δ	tg δ
+86° 1′ 0″	+14.395	+14.361	+86° 1′ 20″	+14.416	+14.381	+86° 1′ 40″	+14.436	+14.401
10	+14.406	+14.371	30	+14.426	+14.391	50	+14.446	+14.411

$\alpha_{1955.0} = 1^h\,2^m\,12^s.07$ $\delta_{1955.0} = +86°\,1'\,0''.81$

Scheinbare Sternörter 1955

Obere Kulmination Greenwich

Nb) α Ursae minoris $2^{m}.12$ var.

Tag	Januar			Februar			März			April		
	AR.	Dekl.	☾ Glieder	AR.	Dekl.	☾ Glieder	AR.	Dekl.	☾ Glieder	AR.	Dekl.	☾ Glieder
	$1^h 52^m$ s	+ 89° 3′ ″	in s 0.01 | ″ 0.01	$1^h 51^m$ s	+ 89° 3′ ″	in s 0.01 | ″ 0.01	$1^h 51^m$ s	+ 89° 3′ ″	in s 0.01 | ″ 0.01	$1^h 51^m$ s	+ 89° 3′ ″	in s 0.01 | ″ 0.01
1	49.00	38.23	−44 − 2	70.41	40.05	+12 − 9	38.28	36.42	+25 − 7	18.10	28.18	+32 + 8
2	47.85	38.38	−36 − 6	69.15	40.00	+29 − 6	37.32	36.21	+38 − 4	17.82	27.87	+17 +10
3	46.69	38.53	−20 − 9	67.89	39.95	+40 − 2	36.38	36.00	+42 + 1	17.56	27.56	0 +10
4	45.52	38.67	− 1 −10	66.63	39.89	+41 + 3	35.45	35.78	+38 + 5	17.32	27.25	−15 + 9
5	44.34	38.81	+20 − 9	65.38	39.82	+34 + 7	34.55	35.56	+26 + 8	17.11	26.94	−26 + 6
6	43.15	38.94	+35 − 5	64.14	39.75	+20 +10	33.66	35.33	+10 +10	16.93	26.63	−29 + 2
7	41.95	39.06	+43 0	62.90	39.67	+ 3 +11	32.79	35.10	− 7 +10	16.77	26.32	−26 − 2
8	40.74	39.18	+41 + 5	61.67	39.58	−13 +10	31.94	34.86	−20 + 8	16.63	26.00	−19 − 5
9	39.52	39.29	+31 + 8	60.44	39.49	−24 + 7	31.12	34.62	−28 + 4	16.52	25.69	− 8 − 7
10	38.30	39.40	+15 +11	59.22	39.39	−30 + 3	30.31	34.37	−29 + 1	16.43	25.38	+ 3 − 8
11	37.07	39.50	− 3 +11	58.01	39.29	−28 − 1	29.52	34.12	−25 − 3	16.37	25.07	+14 − 8
12	35.83	39.59	−17 + 9	56.81	39.18	−22 − 4	28.75	33.87	−16 − 6	16.34	24.75	+24 − 7
13	34.59	39.68	−27 + 6	55.62	39.06	−12 − 7	28.00	33.61	− 5 − 8	16.33	24.44	+29 − 4
14	33.34	39.76	−30 + 2	54.44	38.94	0 − 8	27.28	33.35	+ 8 − 8	16.34	24.12	+28 − 1
15	32.08	39.83	−27 − 2	53.27	38.81	+13 − 8	26.57	33.09	+19 − 7	16.38	23.81	+21 + 3
16	30.82	39.89	−18 − 5	52.11	38.68	+23 − 7	25.89	32.82	+26 − 5	16.45	23.50	+ 8 + 5
17	29.56	39.95	− 6 − 7	50.97	38.54	+30 − 4	25.23	32.55	+30 − 2	16.54	23.19	− 8 + 6
18	28.29	40.00	+ 6 − 8	49.83	38.39	+30 − 1	24.59	32.28	+26 + 1	16.65	22.87	−24 + 6
19	27.02	40.05	+18 − 7	48.71	38.24	+24 + 3	23.98	32.00	+16 + 4	16.79	22.56	−38 + 4
20	25.74	40.09	+26 − 6	47.60	38.08	+12 + 5	23.38	31.72	+ 2 + 6	*16.95	22.25	−44 0
21	24.46	40.12	+30 − 3	46.51	37.92	− 4 + 7	22.81	31.44	−14 + 7	17.14	21.94	−42 − 4
22	23.18	40.15	+28 + 1	45.43	37.75	−20 + 7	22.26	31.15	−30 + 6	17.35	21.63	−29 − 7
23	21.90	40.17	+20 + 4	44.36	37.58	−34 + 5	21.74	30.87	−40 + 3	17.59	21.32	−11 − 9
24	20.62	40.18	+ 7 + 6	43.31	37.40	−41 + 2	21.24	30.58	−42 − 1	17.85	21.01	+10 − 9
25	19.34	40.19	−10 + 7	42.27	37.21	−40 − 2	20.76	30.28	−35 − 5	18.13	20.70	+29 − 6
26	18.06	40.19	−26 + 6	41.25	37.02	−30 − 6	20.31	29.99	−21 − 8	18.44	20.40	+41 − 2
27	16.78	40.18	−38 + 4	40.24	36.82	−14 − 8	19.88	29.69	− 1 − 9	18.77	20.09	+44 + 3
28	15.50	40.17	−42 0	39.25	36.62	+ 6 − 9	19.48	29.39	+19 − 8	19.12	19.79	+38 + 7
29	14.22	40.15	−38 − 4	38.28	36.42	+25 − 7	19.10	29.09	+35 − 5	19.50	19.50	+24 +10
30	12.95	40.12	−25 − 8				18.74	28.79	+43 0	19.90	19.20	+ 7 +11
31	11.68	40.09	− 7 − 9				18.41	28.48	+41 + 4	20.33	18.90	−10 +10
32	10.41	40.05	+12 − 9				18.10	28.18	+32 + 8			

δ	sec δ	tg δ	δ	sec δ	tg δ	δ	sec δ	tg δ
+89° 3′ 10″	+60.491	+60.483	+89° 3′ 30″	+60.848	+60.840	+89° 3′ 40″	+61.028	+61.020
20	+60.669	+60.661	40	+61.028	+61.020	50	+61.209	+61.201

$\alpha_{1955.0} = 1^h\ 52^m\ 9^s.94$ $\delta_{1955.0} = +89°\ 3'\ 12''.48$

* Tag der doppelten unteren Kulmination: April 20.

Obere Kulmination Greenwich

Nb) α Ursae minoris $2^{m}.12$ var.

Tag	Mai AR.	Mai Dekl.	Mai ☾ Glieder in s 0.01 | ″ 0.01	Juni AR.	Juni Dekl.	Juni ☾ Glieder in s 0.01 | ″ 0.01	Juli AR.	Juli Dekl.	Juli ☾ Glieder in s 0.01 | ″ 0.01	August AR.	August Dekl.	August ☾ Glieder in s 0.01 | ″ 0.01
	$1^h 51^m$ s	+ 89° 3′ ″		$1^h 51^m$ s	+ 89° 3′ ″		$1^h 52^m$ s	+ 89° 3′ ″		$1^h 53^m$ s	+ 89° 3′ ″	
1	20.33	18.90	−10 +10	43.85	11.22	−23 − 2	20.38	7.74	+ 6 − 7	3.15	9.13	+30 − 1
2	20.78	18.61	−22 + 8	44.90	11.03	−14 − 5	21.73	7.70	+17 − 7	4.51	9.26	+26 + 2
3	21.25	18.32	−28 + 4	45.96	10.85	− 3 − 7	23.09	7.67	+26 − 5	5.87	9.40	+16 + 5
4	21.74	18.03	−27 0	47.03	10.67	+ 9 − 7	24.45	7.65	+29 − 3	7.22	9.54	+ 2 + 6
5	22.26	17.74	−21 − 4	48.12	10.50	+19 − 6	25.81	7.63	+28 0	8.57	9.68	−12 + 6
6	22.80	17.46	−12 − 6	49.22	10.33	+26 − 5	27.18	7.62	+22 + 3	9.91	9.83	−27 + 5
7	23.36	17.18	0 − 7	50.34	10.17	+29 − 2	28.55	7.61	+11 + 5	11.24	9.98	−38 + 3
8	23.95	16.90	+12 − 8	51.47	10.01	+26 0	29.93	7.61	− 4 + 6	12.57	10.14	−41 − 1
9	24.55	16.62	+21 − 7	52.62	9.85	+18 + 3	31.31	7.61	−19 + 6	13.89	10.30	−38 − 5
10	25.18	16.35	+27 − 5	53.78	9.70	+ 5 + 5	32.69	7.62	−33 + 4	15.21	10.47	−25 − 8
11	25.83	16.08	+28 − 2	54.94	9.55	−10 + 6	34.08	7.63	−41 + 1	16.52	10.64	− 8 −10
12	26.50	15.81	+24 + 1	56.12	9.41	−26 + 5	35.46	7.65	−43 − 3	17.82	10.82	+11 − 9
13	27.18	15.55	+14 + 4	57.32	9.28	−40 + 3	36.85	7.67	−35 − 7	19.12	11.00	+28 − 7
14	27.89	15.29	− 2 + 6	58.52	9.15	−45 − 1	38.24	7.70	−20 −10	20.41	11.19	+37 − 2
15	28.62	15.03	−18 + 6	59.73	9.02	−42 − 5	39.63	7.73	− 1 −10	21.69	11.38	+38 + 2
16	29.37	14.77	−33 + 4	60.96	8.90	−30 − 8	41.02	7.77	+18 − 9	22.96	11.58	+29 + 6
17	30.14	14.52	−43 + 1	62.19	8.79	−12 −10	42.42	7.82	+33 − 5	24.22	11.78	+15 + 9
18	30.92	14.27	−45 − 3	63.44	8.68	+ 9 −10	43.81	7.87	+40 0	25.48	11.98	− 1 +10
19	31.73	14.03	−38 − 6	64.69	8.58	+28 − 7	45.20	7.93	+37 + 5	26.73	12.19	−15 + 9
20	32.56	13.79	−22 − 9	65.96	8.48	+39 − 2	46.59	7.99	+26 + 9	27.97	12.40	−25 + 7
21	33.40	13.55	− 1 −10	67.23	8.39	+42 + 3	47.98	8.06	+10 +11	29.20	12.62	−29 + 3
22	34.27	13.32	+20 − 8	68.51	8.30	+35 + 7	49.37	8.13	− 7 +11	30.42	12.84	−26 − 1
23	35.15	13.09	+36 − 5	69.80	8.22	+21 +10	50.76	8.21	−20 + 9	31.63	13.07	−16 − 4
24	36.04	12.86	+43 0	71.10	8.14	+ 4 +11	52.15	8.29	−27 + 5	32.83	13.30	− 4 − 6
25	36.96	12.64	+41 + 5	72.41	8.07	−12 +10	53.53	8.38	−27 + 1	34.02	13.53	+ 9 − 7
26	37.90	12.42	+32 + 9	73.72	8.00	−23 + 8	54.92	8.47	−22 − 2	35.20	13.77	+20 − 7
27	38.85	12.21	+15 +11	75.04	7.94	−28 + 4	56.30	8.57	−11 − 5	36.37	14.01	+28 − 5
28	39.82	12.00	− 3 +11	76.37	7.88	−25 0	57.67	8.67	+ 2 − 7	37.53	14.26	+31 − 2
29	40.80	11.80	−17 + 9	77.70	7.83	−17 − 4	59.05	8.78	+14 − 7	38.68	14.51	+29 + 1
30	41.80	11.60	−26 + 6	79.04	7.78	− 6 − 6	60.42	8.89	+23 − 6	39.81	14.76	+21 + 4
31	42.82	11.41	−27 + 2	80.38	7.74	+ 6 − 7	61.79	9.01	+29 − 4	40.94	15.02	+ 8 + 6
32	43.85	11.22	−23 − 2				63.15	9.13	+30 − 1	42.05	15.28	− 7 + 7

δ	sec δ	tg δ	δ	sec δ	tg δ
+89° 3′ 0″	+60.314	+60.306	+89° 3′ 10″	+60.491	+60.483
10	+60.491	+60.483	20	+60.669	+60.661

$\alpha_{1955.0} = 1^h\,52^m\,9^s.94$ $\qquad$ $\delta_{1955.0} = +89°\,3'\,12''.48$

Scheinbare Sternörter 1955

Obere Kulmination Greenwich

Nb) α Ursae minoris $2^{\mathrm{m}}.12$ var.

Tag	September AR.	September Dekl.	September ☾ Glieder	Oktober AR.	Oktober Dekl.	Oktober ☾ Glieder	November AR.	November Dekl.	November ☾ Glieder	Dezember AR.	Dezember Dekl.	Dezember ☾ Glieder
	$1^{\mathrm{h}}\,53^{\mathrm{m}}$ s	+89° 3′ ″	in s 0.01 | ″ 0.01	$1^{\mathrm{h}}\,54^{\mathrm{m}}$ s	+89° 3′ ″	in s 0.01 | ″ 0.01	$1^{\mathrm{h}}\,54^{\mathrm{m}}$ s	+89° 3′ ″	in s 0.01 | ″ 0.01	$1^{\mathrm{h}}\,53^{\mathrm{m}}$ s	+89° 3′ ″	in s 0.01 | ″ 0.01
1	42.05	15.28	−7 +7	8.92	24.63	−40 +2	19.91	36.40	+10 −9	70.53	46.82	+40 +1
2	43.15	15.55	−22 +6	9.56	24.98	−41 −2	19.92	36.77	+27 −6	69.88	47.13	+37 +5
3	44.24	15.82	−35 +4	10.19	25.33	−34 −5	19.90	37.14	+38 −2	69.22	47.43	+26 +9
4	45.31	16.09	−41 +1	10.79	25.69	−20 −8	19.85	37.51	+40 +3	68.53	47.73	+10 +11
5	46.37	16.37	−39 −3	11.38	26.04	−1 −9	19.79	37.88	+33 +7	67.83	48.02	−6 +11
6	47.42	16.65	−30 −6	11.96	26.40	+17 −8	19.71	38.25	+19 +10	67.11	48.31	−20 +8
7	48.46	16.93	−14 −9	12.51	26.76	+32 −5	19.60	38.62	+2 +11	66.37	48.60	−26 +5
8	49.49	17.22	+6 −9	13.05	27.12	+39 0	19.47	38.98	−13 +9	65.60	48.88	−26 +1
9	50.50	17.51	+23 −7	13.57	27.48	+37 +4	19.32	39.35	−24 +7	64.82	49.16	−20 −2
10	51.50	17.80	+34 −4	14.06	27.85	+27 +8	19.15	39.71	−27 +3	64.02	49.44	−8 −5
11	52.48	18.10	+38 +1	14.54	28.21	+12 +10	18.96	40.07	−25 −1	63.20	49.71	+4 −6
12	53.45	18.40	+33 +5	15.00	28.58	−4 +10	18.74	40.43	−16 −4	62.36	49.98	+16 −6
13	54.40	18.70	+21 +8	15.44	28.95	−18 +8	18.50	40.79	−6 −6	61.51	50.24	+25 −5
14	55.34	19.01	+5 +10	15.86	29.32	−26 +5	18.24	41.15	+7 −7	60.63	50.50	+29 −3
15	56.27	19.32	−11 +9	16.25	29.69	−27 +1	17.96	41.50	+18 −6	59.74	50.75	+30 −1
16	57.18	19.63	−23 +7	16.63	30.06	−23 −2	17.66	41.85	+26 −5	58.83	51.00	+25 +2
17	58.08	19.95	−28 +3	16.99	30.43	−13 −5	17.33	42.20	+29 −3	57.90	51.24	+16 +4
18	58.96	20.27	−28 0	17.33	30.80	−2 −7	16.98	42.54	+28 0	56.96	51.48	+2 +6
19	59.82	20.59	−21 −3	17.65	31.17	+11 −7	16.61	42.89	+22 +3	56.00	51.71	−12 +6
20	60.67	20.92	−10 −6	{ 17.94 18.22	31.55 31.92	+22 −6 +28 −4 }	16.22	43.23	+11 +5	55.02	51.94	−27 +5
21	61.50	21.24	+3 −7	18.48	32.29	+31 −2	15.81	43.57	−4 +6	54.03	52.16	−39 +2
22	62.32	21.57	+15 −7	18.71	32.66	+27 +1	15.38	43.91	−20 +6	53.02	52.38	−44 −2
23	63.12	21.90	+25 −6	18.93	33.04	+18 +4	14.92	44.24	−34 +4	52.00	52.59	−40 −6
24	63.90	22.24	+30 −3	19.12	33.41	+5 +6	14.45	44.58	−43 +1	50.96	52.80	−29 −9
25	64.67	22.57	+31 0	19.30	33.79	−11 +6	13.95	44.91	−43 −3	49.91	53.00	−11 −11
26	65.42	22.91	+25 +3	19.45	34.16	−26 +5	13.43	45.24	−36 −7	48.84	53.20	+9 −10
27	66.16	23.25	+14 +5	19.58	34.53	−38 +3	12.89	45.56	−21 −9	47.76	53.39	+25 −7
28	66.88	23.59	−1 +6	19.69	34.91	−43 −1	12.33	45.88	−1 −10	46.67	53.58	+36 −3
29	67.57	23.94	−17 +6	19.78	35.28	−40 −5	11.75	46.20	+19 −8	45.56	53.75	+38 +3
30	68.25	24.28	−31 +5	19.85	35.66	−29 −8	11.15	46.51	+33 −4	44.44	53.92	+31 +7
31	68.92	24.63	−40 +2	19.89	36.03	−11 −9	10.53	46.82	+40 +1	43.31	54.09	+17 +10
32				19.91	36.40	+10 −9				42.17	54.25	0 +11

δ	sec δ	tg δ	δ	sec δ	tg δ	δ	sec δ	tg δ
+89° 3′ 10″	+60.491	+60.483	+89° 3′ 30″	+60.848	+60.840	+89° 3′ 50″	+61.209	+61.201
20	+60.669	+60.661	40	+61.028	+61.020	60	+61.391	+61.383

$\alpha_{1955.0} = 1^{\mathrm{h}}\ 52^{\mathrm{m}}\ 9^{\mathrm{s}}.94$ $\delta_{1955.0} = +89°\ 3'\ 12''.48$

Scheinbare Sternörter 1955

Obere Kulmination Greenwich

Nc) Grb 750 Cepheus $6^m\!.70$

Tag	Januar AR.	Januar Dekl.	Januar ☾ Glieder	Februar AR.	Februar Dekl.	Februar ☾ Glieder	März AR.	März Dekl.	März ☾ Glieder	April AR.	April Dekl.	April ☾ Glieder
	$4^h\,21^m$	+85° 26′	in s 0.01 | ″ 0.01	$4^h\,21^m$	+85° 26′	in s 0.01 | ″ 0.01	$4^h\,21^m$	+85° 26′	in s 0.01 | ″ 0.01	$4^h\,21^m$	+85° 25′	in s 0.01 | ″ 0.01
	s	″		s	″		s	″		s	″	
1	45.27	0.25	−9 +4	40.15	7.20	−3 −9	33.24	8.98	0 −9	25.89	65.48	+10 +2
2	45.17	0.53	−10 0	39.93	7.34	+2 −9	32.98	8.95	+5 −8	25.69	65.28	+9 +6
3	45.06	0.82	−9 −5	39.71	7.48	+6 −7	32.72	8.92	+8 −5	25.50	65.08	+6 +9
4	44.95	1.09	−6 −8	39.48	7.61	+9 −4	32.46	8.88	+10 −1	25.30	64.87	+2 +9
5	44.84	1.37	−1 −10	39.25	7.74	+10 +1	32.21	8.84	+10 +4	25.12	64.66	−1 +8
6	44.72	1.64	+4 −9	39.02	7.86	+9 +5	31.95	8.79	+8 +7	24.93	64.44	−4 +6
7	44.60	1.91	+8 −6	38.78	7.98	+7 +9	31.70	8.73	+4 +9	24.75	64.22	−6 +2
8	44.47	2.17	+10 −2	38.54	8.09	+3 +10	31.44	8.67	+1 +9	24.57	64.00	−6 −1
9	44.34	2.43	+11 +3	38.30	8.19	0 +9	31.19	8.60	−3 +8	24.40	63.77	−6 −5
10	44.20	2.69	+9 +7	38.06	8.29	−4 +7	30.94	8.53	−5 +5	24.23	63.54	−4 −7
11	44.06	2.94	+6 +10	37.81	8.38	−6 +3	30.69	8.45	−6 +1	24.06	63.30	−2 −8
12	43.91	3.19	+2 +10	37.56	8.46	−6 0	30.44	8.36	−6 −3	23.90	63.07	+1 −9
13	43.76	3.44	−2 +9	37.32	8.54	−6 −4	30.19	8.27	−5 −6	23.75	62.82	+3 −7
14	43.61	3.68	−4 +6	37.07	8.62	−5 −7	29.94	8.18	−3 −8	23.59	62.58	+4 −4
15	43.45	3.91	−6 +2	36.82	8.69	−2 −8	29.70	8.07	−1 −9	23.44	62.33	+5 −1
16	43.29	4.15	−6 −2	36.57	8.75	+1 −9	29.46	7.96	+2 −8	23.30	62.08	+4 +3
17	43.12	4.37	−5 −5	36.32	8.81	+3 −8	29.22	7.85	+4 −6	23.16	61.82	+2 +7
18	42.95	4.60	−4 −8	36.06	8.86	+5 −5	28.98	7.73	+5 −3	23.03	61.56	−1 +9
19	42.77	4.82	−1 −9	35.81	8.90	+6 −1	28.74	7.60	+5 +1	22.90	61.30	−5 +9
20	42.59	5.03	+2 −8	35.55	8.93	+5 +3	28.50	7.47	+4 +5	22.77	61.03	−8 +6
21	42.41	5.24	+4 −6	35.30	8.96	+3 +7	28.27	7.33	+1 +8	22.65	60.76	−10 +3
22	42.22	5.44	+5 −3	35.04	8.99	0 +9	28.04	7.19	−2 +9	22.53	60.49	−9 −2
23	42.03	5.64	+6 +1	34.79	9.00	−3 +9	27.81	7.04	−6 +8	22.42	60.22	−7 −6
24	41.83	5.84	+5 +4	34.53	9.01	−7 +7	27.59	6.89	−8 +5	22.31	59.95	−3 −9
25	41.63	6.02	+2 +7	34.27	9.02	−9 +4	27.37	6.73	−9 +1	22.21	59.67	+2 −9
26	41.43	6.21	−1 +9	34.01	9.02	−9 −1	27.15	6.56	−8 −4	22.11	59.39	+7 −8
27	41.23	6.39	−5 +8	33.76	9.01	−7 −5	26.93	6.40	−5 −7	22.02	59.11	+10 −4
28	41.02	6.56	−8 +6	33.50	9.00	−4 −8	26.72	6.22	−1 −9	21.93	58.82	+11 +1
29	40.81	6.73	−9 +2	33.24	8.98	0 −9	26.50	6.04	+4 −9	21.84	58.53	+10 +5
30	40.59	6.89	−9 −3				26.30	5.86	+8 −6	21.76	58.24	+8 +8
31	40.37	7.05	−7 −7				26.09	5.67	+10 −2	21.69	57.95	+1 +10
32	40.15	7.20	−3 −9				25.89	5.48	+10 +2			

δ	sec δ	tg δ	δ	sec δ	tg δ
+85° 25′ 50″	+12.552	+12.512	+85° 26′ 0″	+12.560	+12.520
60	+12.560	+12.520	10	+12.567	+12.528

$\alpha_{1955.0} = 4^h\,21^m\,24^s\!.91$ $\delta_{1955.0} = +85^\circ\,25'\,45''\!.51$

Scheinbare Sternörter 1955

Obere Kulmination Greenwich

Nc) Grb 750 Cepheus $6^{m}.70$

Tag	Mai AR.	Mai Dekl.	Mai ☾ Glieder	Juni AR.	Juni Dekl.	Juni ☾ Glieder	Juli AR.	Juli Dekl.	Juli ☾ Glieder	August AR.	August Dekl.	August ☾ Glieder
	$4^h 21^m$	+ 85° 25′	in s 0.01 | ″ 0.01	$4^h 21^m$	+ 85° 25′	in s 0.01 | ″ 0.01	$4^h 21^m$	+ 85° 25′	in s 0.01 | ″ 0.01	$4^h 21^m$	+ 85° 25′	in s 0.01 | ″ 0.01
	s	″		s	″		s	″		s	″	
1	21.69	57.95	+ 4 +10	21.87	48.61	− 5 + 1	26.37	40.71	− 3 − 7	34.36	35.75	+ 5 − 5
2	21.62	57.65	0 + 9	21.96	48.32	− 5 − 2	26.58	40.49	− 1 − 8	34.66	35.66	+ 6 − 2
3	21.55	57.36	− 3 + 7	22.05	48.02	− 5 − 5	26.80	40.28	+ 2 − 8	34.96	35.57	+ 6 + 2
4	21.49	57.07	− 5 + 4	22.14	47.73	− 3 − 7	27.02	40.07	+ 4 − 6	35.26	35.49	+ 4 + 5
5	21.44	56.77	− 6 0	22.24	47.44	0 − 8	27.24	39.86	+ 5 − 4	35.56	35.41	+ 2 + 7
6	21.39	56.47	− 6 − 3	22.34	47.15	+ 2 − 8	27.47	39.65	+ 6 − 1	35.86	35.34	− 2 + 8
7	21.34	56.17	− 4 − 6	22.45	46.87	+ 4 − 6	27.70	39.45	+ 5 + 3	36.16	35.27	− 5 + 8
8	21.30	55.87	− 2 − 8	22.56	46.58	+ 5 − 3	27.93	39.25	+ 3 + 6	36.47	35.20	− 9 + 5
9	21.27	55.57	0 − 8	22.68	46.30	+ 5 0	28.17	39.06	0 + 8	36.78	35.14	−10 + 1
10	21.24	55.27	+ 2 − 7	22.80	46.02	+ 4 + 4	28.41	38.87	− 4 + 8	37.09	35.08	− 9 − 3
11	21.22	54.97	+ 4 − 5	22.93	45.74	+ 2 + 7	28.65	38.68	− 7 + 6	37.39	35.03	− 7 − 7
12	21.20	54.66	+ 5 − 2	23.06	45.46	− 2 + 8	28.90	38.50	−10 + 3	37.70	34.98	− 3 − 9
13	21.18	54.36	+ 5 + 2	23.20	45.18	− 6 + 8	29.15	38.32	−11 − 1	38.02	34.94	+ 1 − 9
14	21.17	54.06	+ 3 + 5	23.34	44.91	− 9 + 5	29.40	38.15	− 9 − 5	38.33	34.90	+ 5 − 7
15	21.17	53.75	0 + 8	23.48	44.64	−11 + 2	29.66	37.98	− 6 − 8	38.64	34.87	+ 8 − 3
16	21.17	53.45	− 3 + 8	23.63	44.37	−10 − 3	29.91	37.81	− 1 −10	38.96	34.85	+ 9 + 1
17	21.17	53.15	− 7 + 7	23.78	44.11	− 8 − 7	30.17	37.65	+ 3 − 9	39.27	34.83	+ 8 + 6
18	21.18	52.84	−10 + 4	23.94	43.85	− 4 −10	30.43	37.49	+ 7 − 6	39.59	34.81	+ 6 + 9
19	21.20	52.54	−11 0	24.10	43.59	+ 1 −10	30.70	37.34	+10 − 1	39.91	34.80	+ 2 +10
20	21.22	52.23	− 9 − 5	24.27	43.33	+ 6 − 8	30.97	37.19	+10 + 4	40.23	34.79	− 1 + 9
21	21.25	51.93	− 6 − 8	24.44	43.08	+10 − 4	31.24	37.05	+ 9 + 7	40.54	34.78	− 4 + 6
22	21.28	51.62	− 1 −10	24.61	42.83	+11 + 1	31.52	36.91	+ 5 +10	40.86	34.78	− 6 + 2
23	21.31	51.32	+ 4 − 9	24.79	42.59	+10 + 6	31.79	36.77	+ 1 +10	41.18	34.79	− 5 − 2
24	21.35	51.02	+ 9 − 6	24.97	42.34	+ 8 + 9	32.07	36.64	− 2 + 8	41.50	34.80	− 5 − 5
25	21.40	50.72	+11 − 1	25.16	42.10	+ 4 +10	32.35	36.51	− 4 + 5	41.82	34.82	− 3 − 7
26	21.45	50.41	+11 + 4	25.35	41.86	0 + 9	32.63	36.39	− 5 + 1	42.14	34.84	0 − 8
27	21.51	50.11	+10 + 7	25.55	41.62	− 3 + 7	32.92	36.27	− 5 − 3	42.46	34.87	+ 3 − 8
28	*21.57	49.81	+ 6 +10	25.75	41.39	− 5 + 3	33.20	36.16	− 4 − 6	42.78	34.90	+ 5 − 6
29	21.64	49.51	+ 2 +10	25.95	41.16	− 5 − 1	33.49	36.05	− 2 − 8	43.10	34.94	+ 6 − 3
30	21.71	49.21	− 1 + 8	26.16	40.93	− 5 − 4	33.78	35.95	+ 1 − 8	43.42	34.98	+ 6 0
31	21.79	48.91	− 4 + 5	26.37	40.71	− 3 − 7	34.07	35.85	+ 3 − 7	43.74	35.02	+ 5 + 4
32	21.87	48.61	− 5 + 1				34.36	35.75	+ 5 − 5	44.06	35.07	+ 3 + 7

δ	sec δ	tg δ	δ	sec δ	tg δ	δ	sec δ	tg δ
+85° 25′ 30″	+12.537	+12.497	+85° 25′ 40″	+12.545	+12.505	+85° 25′ 50″	+12.552	+12.512
40	+12.545	+12.505	50	+12.552	+12.512	60	+12.560	+12.520

$\alpha_{1955.0} = 4^h\, 21^m\, 24^s.91$ $\delta_{1955.0} = +85°\, 25'\, 45''.54$

* Tag der doppelten unteren Kulmination: Mai 28.

Obere Kulmination Greenwich

Nc) Grb 750 Cepheus $6^m.70$

Tag	September AR.	September Dekl.	September ☾ Glieder	Oktober AR.	Oktober Dekl.	Oktober ☾ Glieder	November AR.	November Dekl.	November ☾ Glieder	Dezember AR.	Dezember Dekl.	Dezember ☾ Glieder
	$4^h 21^m$ s	+ 85° 25′ ″	in s 0.01 | ″ 0.01	$4^h 21^m$ s	+ 85° 25′ ″	in s 0.01 | ″ 0.01	$4^h 22^m$ s	+ 85° 25′ ″	in s 0.01 | ″ 0.01	$4^h 22^m$ s	+ 85° 25′ ″	in s 0.01 | ″ 0.01
1	44.06	35.07	+3 +7	53.34	38.61	−6 +7	1.04	46.01	−7 −6	5.18	55.80	+8 −5
2	44.38	35.12	0 +8	53.62	38.79	−9 +4	1.24	46.30	−3 −9	5.24	56.13	+10 −1
3	44.70	35.18	−4 +8	53.91	38.98	−10 0	1.43	46.59	+1 −9	5.29	56.47	+10 +4
4	45.02	35.24	−7 +6	54.19	39.17	−8 −4	1.62	46.88	+6 −7	5.34	56.80	+8 +8
5	45.34	35.31	−9 +3	54.47	39.37	−5 −7	1.81	47.18	+9 −3	5.38	57.13	+5 +10
6	45.66	35.38	−9 −1	54.75	39.57	−1 −9	1.99	47.48	+10 +1	5.42	57.46	+1 +10
7	45.98	35.45	−7 −5	55.03	39.78	+3 −8	2.17	47.78	+9 +5	5.45	57.79	−2 +8
8	46.30	35.53	−4 −8	55.31	39.99	+7 −6	2.34	48.08	+7 +8	5.48	58.13	−4 +4
9	46.62	35.62	0 −9	55.58	40.20	+9 −2	2.51	48.39	+3 +10	5.50	58.46	−5 0
10	46.94	35.71	+4 −8	55.85	40.42	+9 +3	2.68	48.69	−1 +9	5.51	58.78	−4 −3
11	47.25	35.80	+8 −5	56.11	40.64	+8 +7	2.84	49.00	−3 +6	5.53	59.11	−3 −6
12	47.57	35.90	+9 0	56.38	40.86	+5 +9	3.00	49.31	−5 +3	5.53	59.44	−1 −8
13	47.88	36.00	+9 +4	56.64	41.09	+1 +9	3.15	49.62	−6 −1	5.53	59.76	+1 −8
14	48.20	36.11	+7 +7	56.90	41.32	−2 +8	3.30	49.94	−5 −4	5.53	60.09	+4 −7
15	48.51	36.22	+4 +9	57.16	41.55	−4 +5	3.44	50.25	−3 −7	5.52	60.41	+5 −5
16	48.82	36.34	0 +9	57.41	41.79	−6 +1	3.58	50.57	0 −8	5.51	60.73	+6 −2
17	49.13	36.46	−3 +7	57.66	42.03	−5 −3	3.71	50.89	+2 −8	5.49	61.06	+5 +1
18	49.44	36.59	−5 +4	57.91	42.28	−4 −6	3.84	51.21	+4 −6	5.46	61.38	+4 +4
19	49.75	36.72	−6 0	58.16	42.52	−2 −8	3.97	51.53	+5 −4	5.43	61.70	+1 +7
20	50.05	36.85	−5 −4	58.40	42.78	0 −8	4.09	51.86	+6 −1	5.40	62.01	−3 +8
21	50.36	36.99	−4 −7	58.64	43.03	+3 −8	4.20	52.18	+5 +3	5.36	62.33	−6 +7
22	50.66	37.13	−1 −8	58.87	43.29	+5 −6	4.32	52.51	+3 +6	5.31	62.64	−9 +5
23	50.97	37.28	+1 −8	59.11	43.55	+6 −3	4.42	52.83	0 +8	5.26	62.95	−11 +1
24	51.27	37.43	+3 −7	59.33	43.81	+5 +1	4.53	53.16	−4 +8	5.21	63.26	−11 −3
25	51.57	37.59	+5 −5	59.56	44.07	+4 +4	4.63	53.49	−7 +6	5.15	63.57	−8 −7
26	51.87	37.75	+6 −2	59.78	44.34	+2 +7	4.72	53.82	−10 +3	5.08	63.88	−4 −9
27	52.17	37.91	+5 +2	60.00	44.61	−2 +8	4.81 / 4.89	54.15 / 54.48	−11 −1 / −9 −5	5.01	64.18	+1 −9
28	52.46	38.08	+3 +6	60.21	44.88	−5 +8	4.97	54.81	−6 −8	4.94	64.48	+5 −7
29	52.76	38.25	+1 +8	60.43	45.16	−8 +6	5.05	55.14	−1 −10	4.86	64.77	+9 −3
30	53.05	38.43	−3 +8	60.63	45.44	−10 +2	5.11	55.47	+4 −8	4.77	65.07	+10 +2
31	53.34	38.61	−6 +7	60.84	45.73	−10 −2	5.18	55.80	+8 −5	4.68	65.36	+9 +6
32				61.04	46.01	−7 −6				4.58	65.65	+6 +9

δ	sec δ	tg δ	δ	sec δ	tg δ	δ	sec δ	tg δ
+85° 25′ 30″	+12.537	+12.497	+85° 25′ 50″	+12.552	+12.512	+85° 26′ 0″	+12.560	+12.520
40	+12.545	+12.505	60	+12.560	+12.520	10	+12.567	+12.528

$\alpha_{1955.0} = 4^h\ 21^m\ 24^s.91$ $\delta_{1955.0} = +85°\ 25'\ 45''.54$

Scheinbare Sternörter 1955

Obere Kulmination Greenwich

Nd) 51 Hev. Cephei $5^{m}\!.26$

Tag	Januar AR.	Januar Dekl.	Januar ☾ Glieder	Februar AR.	Februar Dekl.	Februar ☾ Glieder	März AR.	März Dekl.	März ☾ Glieder	April AR.	April Dekl.	April ☾ Glieder
	$7^h 20^m$ s	+ 87° 6′ ″	in s 0.01 | ″ 0.01	$7^h 20^m$ s	+ 87° 7′ ″	in s 0.01 | ″ 0.01	$7^h 20^m$ s	+ 87° 7′ ″	in s 0.01 | ″ 0.01	$7^h 20^m$ s	+ 87° 7′ ″	in s 0.01 | ″ 0.01
1	47.34	54.49	− 1 +10	48.47	4.31	−11 − 6	42.49	11.56	− 8 − 8	30.91	15.36	+14 − 5
2	47.51	54.79	− 7 +10	48.36	4.61	− 6 − 9	42.18	11.76	− 2 −10	30.50	15.39	+16 − 1
3	47.67	55.09	−12 + 7	48.24	4.90	+ 1 −10	41.86	11.96	+ 5 −10	30.09	15.42	+15 + 3
4	47.82	55.39	−15 + 2	48.12	5.20	+ 7 − 9	41.54	12.16	+11 − 8	29.68	15.43	+11 + 6
5	47.97	55.69	−14 − 3	47.99	5.49	+13 − 6	41.21	12.35	+14 − 4	29.26	15.44	+ 6 + 7
6	48.10	55.99	−10 − 7	47.84	5.78	+15 − 2	40.87	12.53	+15 0	28.85	15.45	0 + 7
7	48.23	56.29	− 4 −10	47.69	6.07	+15 + 2	40.54	12.71	+13 + 4	28.44	15.45	− 5 + 6
8	48.35	56.60	+ 4 −10	47.54	6.36	+12 + 5	40.19	12.88	+ 9 + 7	28.03	15.44	− 9 + 3
9	48.46	56.91	+11 − 9	47.37	6.64	+ 7 + 7	39.84	13.05	+ 4 + 8	27.61	15.43	−11 0
10	48.57	57.21	+15 − 5	47.19	6.92	+ 2 + 8	39.49	13.21	− 2 + 7	27.20	15.41	−11 − 3
11	{ **48.66** / **48.74**	**57.52** / **57.83**	**+ 17 − 1** / **+ 15 + 3** }	47.01	7.19	− 4 + 7	39.13	13.37	− 7 + 5	26.79	15.39	−10 − 5
12	48.82	58.14	+11 + 6	46.82	7.46	− 8 + 4	38.77	13.52	−10 + 2	26.37	15.36	− 7 − 7
13	48.89	58.45	+ 6 + 8	46.62	7.73	−11 + 1	38.40	13.67	−11 − 1	25.97	15.32	− 3 − 7
14	48.95	58.76	0 + 7	46.42	8.00	−11 − 2	38.03	13.81	−11 − 4	25 56	15.28	+ 2 − 6
15	48.99	59.07	− 5 + 6	46.21	8.26	−10 − 5	37.66	13.95	− 9 − 6	25.15	15.23	+ 6 − 4
16	49.03	59.38	− 9 + 3	45.99	8.52	− 7 − 7	37.28	14.08	− 5 − 7	24.75	15.17	+ 8 0
17	49.06	59.69	−11 0	45.76	8.78	− 3 − 8	36.90	14.20	− 1 − 7	24.35	15.11	+ 8 + 4
18	49.08	60.01	−11 − 3	45.52	9.04	+ 2 − 7	36.52	14.32	+ 4 − 5	23.94	15.05	+ 6 + 8
19	49.10	60.32	− 9 − 6	45.28	9.29	+ 6 − 5	36.13	14.43	+ 7 − 3	23.55	14.98	+ 2 +10
20	49.10	60.63	− 5 − 8	45.03	9.54	+ 9 − 1	35.74	14.54	+ 9 + 1	23.15	14.90	− 4 +11
21	49.09	60.94	− 1 − 8	44.78	9.78	+10 + 3	35.35	14.64	+ 8 + 5	22.76	14.82	− 9 + 9
22	49.08	61.25	+ 3 − 6	44.51	10.02	+ 8 + 7	34.96	14.74	+ 5 + 9	22.37	14.73	−13 + 5
23	49.06	61.57	+ 7 − 4	44.24	10.25	+ 4 + 9	34.56	14.83	+ 1 +11	21.98	14.63	−13 0
24	49.02	61.88	+ 9 0	43.97	10.48	− 1 +10	34.16	14.91	− 5 +10	21.59	14.53	−11 − 5
25	48.98	62.18	+ 9 + 4	43.69	10.70	− 7 + 9	33.76	14.99	−10 + 7	21.21	14.43	− 6 − 9
26	48.94	62.49	+ 6 + 8	43.40	10.92	−11 + 5	33.36	15.06	−13 + 3	20.83	14.32	+ 1 −10
27	48.88	62.80	+ 2 +10	43.10	11.14	−13 + 1	32.95	15.12	−12 − 2	20.45	14.20	+ 8 −10
28	48.81	63.10	− 4 +10	42.80	11.35	−12 − 4	32.55	15.18	− 9 − 7	20.08	14.08	+14 − 7
29	48.74	63.41	−10 + 8	42.49	11.56	− 8 − 8	32.14	15.24	− 3 −10	19.71	13.95	+16 − 3
30	48.66	63.71	−13 + 4				31.73	15.29	+ 4 −10	19.34	13.81	+16 + 1
31	48.57	64.01	−14 − 1				31.32	15.33	+10 − 9	18.98	13.67	+13 + 5
32	48.47	64.31	−11 − 6				30.91	15.36	+14 − 5			

δ	sec δ	tg δ	δ	sec δ	tg δ	δ	sec δ	tg δ
+87° 6′ 50″	+19.861	+19.835	+87° 7′ 0″	+19.880	+19.855	+87° 7′ 10″	+19.899	+19.874
60	+19.880	+19.855	10	+19.899	+19.874	20	+19.918	+19.893

$\alpha_{1955.0} = 7^h\ 20^m\ 10^s\!.85$ $\delta_{1955.0} = +87°\ 7'\ 0''\!.49$

Obere Kulmination Greenwich

Nd) 51 Hev. Cephei $5^{m}.26$

Tag	Mai AR.	Mai Dekl.	Mai ☾ Glieder	Juni AR.	Juni Dekl.	Juni ☾ Glieder	Juli AR.	Juli Dekl.	Juli ☾ Glieder	August AR.	August Dekl.	August ☾ Glieder
	$7^h 20^m$ s	+87° 7′ ″	in s 0.01 | ″ 0.01	$7^h 20^m$ s	+87° 6′ ″	in s 0.01 | ″ 0.01	$7^h 20^m$ s	+87° 6′ ″	in s 0.01 | ″ 0.01	$7^h 20^m$ s	+87° 6′ ″	in s 0.01 | ″ 0.01
1	18.98	13.67	+13 + 5	10.15	67.07	− 5 + 5	7.52	57.88	− 9 − 3	11.59	47.85	+ 2 − 7
2	18.62	13.53	+ 8 + 7	9.96	66.80	− 8 + 2	7.54	57.55	− 8 − 6	11.83	47.54	+ 5 − 5
3	18.26	13.38	+ 2 + 7	9.78	66.52	−10 − 1	7.57	57.22	− 5 − 7	12.07	47.24	+ 8 − 2
4	17.91	13.22	− 3 + 6	9.60	66.24	− 9 − 4	7.61	56.89	− 1 − 7	12.32	46.93	+ 9 + 2
5	17.56	13.06	− 7 + 4	9.43	65.96	− 8 − 6	7.66	56.57	+ 2 − 6	12.58	46.63	+ 8 + 5
6	17.22	12.90	−10 + 1	9.27	65.67	− 5 − 7	7.71	56.24	+ 6 − 4	12.84	46.33	+ 5 + 8
7	16.88	12.73	−10 − 2	9.11	65.38	− 1 − 7	7.77	55.91	+ 8 − 1	13.11	46.04	0 +10
8	16.55	12.55	−10 − 5	8.96	65.09	+ 3 − 6	7.84	55.58	+ 8 + 3	13.39	45.74	− 6 +10
9	16.22	12.37	− 8 − 6	8.82	64.80	+ 6 − 3	7.92	55.25	+ 7 + 6	13.67	45.44	−11 + 8
10	15.89	12.19	− 4 − 7	8.68	64.50	+ 8 + 1	8.00	54.92	+ 3 + 9	13.96	45.15	−14 + 4
11	15.57	12.00	0 − 7	8.55	64.20	+ 8 + 4	8.09	54.59	− 3 +10	14.25	44.86	−14 − 1
12	15.26	11.81	+ 4 − 5	8.43	63.90	+ 5 + 8	* 8.19	54.27	− 9 + 9	14.55	44.57	−12 − 5
13	14.95	11.61	+ 7 − 2	8.32	63.60	0 +10	8.30	53.94	−13 + 6	14.86	44.29	− 7 − 8
14	14.64	11.41	+ 8 + 2	8.21	63.29	− 6 +11	8.41	53.61	−16 + 2	15.17	44.00	0 − 9
15	14.35	11.20	+ 7 + 6	8.11	62.99	−11 + 9	8.52	53.28	−14 − 3	15.48	43.72	+ 7 − 8
16	14.05	10.99	+ 3 + 9	8.02	62.68	−15 + 5	8.65	52.96	−10 − 7	15.81	43.45	+12 − 5
17	13.76	10.77	− 2 +11	7.94	62.37	−15 0	8.78	52.63	− 4 − 9	16.14	43.17	+15 − 1
18	13.48	10.55	− 8 +10	7.86	62.05	−13 − 5	8.92	52.31	+ 4 − 9	16.47	42.90	+14 + 3
19	13.20	10.33	−12 + 7	7.79	61.74	− 7 − 9	9.06	51.98	+10 − 8	16.81	42.63	+11 + 6
20	12.93	10.10	−15 + 3	7.73	61.42	+ 1 −10	9.21	51.66	+15 − 4	17.15	42.37	+ 6 + 7
21	12.67	9.87	−13 − 2	7.67	61.11	+ 8 − 9	9.37	51.33	+16 0	17.50	42.10	0 + 7
22	12.41	9.63	− 9 − 7	7.62	60.79	+14 − 6	9.54	51.01	+14 + 4	17.85	41.84	− 5 + 5
23	12.15	9.39	− 3 −10	7.58	60.47	+17 − 2	9.72	50.69	+10 + 7	18.21	41.59	− 8 + 2
24	11.91	9.15	+ 5 −10	7.55	60.15	+17 + 2	9.90	50.37	+ 4 + 7	18.57	41.33	−10 − 1
25	11.67	8.90	+12 − 9	7.52	59.83	+13 + 5	10.08	50.05	− 1 + 6	18.94	41.08	− 9 − 4
26	11.43	8.65	+16 − 5	7.50	59.50	+ 8 + 7	10.28	49.73	− 6 + 4	19.32	40.83	− 7 − 7
27	11.20	8.39	+17 − 1	7.49	59.18	+ 2 + 7	10.48	49.41	− 9 + 1	19.70	40.58	− 4 − 8
28	10.98	8.14	+15 + 3	7.49	58.86	− 3 + 6	10.69	49.10	−10 − 2	20.08	40.34	0 − 8
29	10.76	7.87	+11 + 6	7.49	58.53	− 7 + 3	10.90	48.78	− 8 − 5	20.47	40.10	+ 4 − 6
30	10.55	7.61	+ 5 + 7	7.50	58.20	− 9 0	11.12	48.47	− 6 − 7	20.86	39.86	+ 7 − 4
31	10.35	7.34	0 + 7	7.52	57.88	− 9 − 3	11.35	48.16	− 2 − 8	21.26	39.63	+ 9 0
32	10.15	7.07	− 5 + 5				11.59	47.85	+ 2 − 7	21.66	39.40	+ 9 + 4

δ	sec δ	tg δ	δ	sec δ	tg δ	δ	sec δ	tg δ
+87° 6′ 30″	+19.823	+19.797	+87° 6′ 50″	+19.861	+19.835	+87° 7′ 10″	+19.899	+19.874
40	+19.842	+19.816	60	+19.880	+19.855	20	+19.918	+19.893

$\alpha_{1955.0} = 7^h\ 20^m\ 10^s.85$ $\delta_{1955.0} = +87°\ 7'\ 0''.49$

* Tag der doppelten unteren Kulmination: Juli 12.

Scheinbare Sternörter 1955

Obere Kulmination Greenwich

Nd) 51 Hev. Cephei $5^{m}_{.}26$

Tag	September			Oktober			November			Dezember		
	AR.	Dekl.	☾ Glieder	AR.	Dekl.	☾ Glieder	AR.	Dekl.	☾ Glieder	AR.	Dekl.	☾ Glieder
	$7^h\,20^m$	$+87°\,6'$	in s 0.01 | ″ 0.01	$7^h\,20^m$	$+87°\,6'$	in s 0.01 | ″ 0.01	$7^h\,20^m$	$+87°\,6'$	in s 0.01 | ″ 0.01	$7^h\,21^m$	$+87°\,6'$	in s 0.01 | ″ 0.01
	s	″		s	″		s	″		s	″	
1	21.66	39.40	+ 9 + 4	35.35	34.30	− 1 +10	50.99	33.29	−14 0	4.59	36.86	− 3 − 9
2	22.07	39.18	+ 7 + 7	35.84	34.20	− 7 + 9	51.49	33.33	−11 − 5	4.98	37.05	+ 5 − 9
3	22.48	38.95	+ 3 + 9	36.34	34.10	−11 + 7	51.98	33.38	− 6 − 8	5.36	37.24	+11 − 8
4	22.89	38.74	− 3 +10	36.84	34.00	−13 + 2	52.47	33.44	+ 1 −10	5.74	37.45	+15 − 4
5	23.31	38.52	− 8 + 8	37.34	33.91	−13 − 2	52.96	33.50	+ 8 − 9	6.11	37.65	+16 0
6	23.73	38.31	−12 + 5	37.84	33.82	− 9 − 6	53.45	33.57	+13 − 6	6.48	37.86	+14 + 4
7	24.16	38.10	−14 + 1	38.35	33.74	− 4 − 9	53.94	33.64	+16 − 2	6.84	38.08	+10 + 7
8	24.59	37.90	−11 − 4	38.86	33.66	+ 3 − 9	54.42	33.72	+15 + 2	7.20	38.30	+ 4 + 7
9	25.02	37.70	− 8 − 7	39.36	33.59	+ 9 − 8	54.90	33.80	+12 + 5	7.54	38.52	− 1 + 6
10	25.46	37.50	− 2 − 9	39.87	33.52	+13 − 4	55.38	33.89	+ 7 + 7	7.88	38.75	− 6 + 4
11	25.90	37.31	+ 5 − 9	40.37	33.46	+15 0	55.85	33.98	+ 1 + 7	8.22	38.98	− 8 0
12	26.35	37.12	+10 − 6	40.88	33.40	+13 + 4	56.33	34.08	− 4 + 5	8.55	39.21	− 9 − 3
13	26.79	36.94	+14 − 3	41.39	33.35	+ 9 + 6	56.80	34.18	− 7 + 3	8.87	39.45	− 8 − 6
14	27.25	36.75	+14 + 1	41.90	33.30	+ 4 + 7	57.26	34.29	− 9 0	9.18	39.69	− 6 − 7
15	27.70	36.58	+12 + 5	42.40	33.26	− 1 + 7	57.73	34.40	− 9 − 3	9.49	39.93	− 2 − 8
16	28.16	36.40	+ 8 + 7	42.91	33.22	− 6 + 5	58.19	34.52	− 8 − 6	9.79	40.18	+ 2 − 7
17	28.62	36.23	+ 2 + 7	43.42	33.19	− 9 + 2	58.65	34.64	− 5 − 7	10.09	40.43	+ 5 − 5
18	29.08	36.06	− 3 + 6	43.93	33.16	−10 − 1	59.10	34.77	− 1 − 8	10.37	40.69	+ 7 − 2
19	29.55	35.90	− 7 + 4	44.44	33.14	− 9 − 4	59.55	34.90	+ 3 − 6	10.65	40.95	+ 8 + 1
20	30.02	35.74	− 9 + 1	44.94	33.12	− 7 − 7	60.00	35.03	+ 6 − 4	10.93	41.22	+ 7 + 5
21	30.49	35.59	−10 − 3	45.45	33.10	− 4 − 8	60.44	35.18	+ 8 − 1	11.19	41.48	+ 4 + 8
22	30.97	35.44	− 8 − 6	45.96	33.10	0 − 8	60.88	35.32	+ 8 + 3	11.45	41.75	− 1 +10
23	31.44	35.30	− 6 − 7	46.47	33.09	+ 4 − 6	61.31	35.47	+ 6 + 7	11.70	42.02	− 7 +10
24	31.92	35.16	− 2 − 8	46.97	33.09	+ 7 − 3	61.74	35.63	+ 2 +10	11.95	42.29	−12 + 8
25	32.41	35.02	+ 2 − 7	47.48	33.10	+ 9 + 1	62.16	35.79	− 3 +10	12.18	42.57	−15 + 4
26	32.89	34.89	+ 5 − 5	47.98	33.11	+ 8 + 5	62.58	35.96	− 9 + 9	12.41	42.85	−16 0
27	33.38	34.76	+ 8 − 2	48.49	33.13	+ 5 + 8	62.99	36.13	−13 + 7	12.63	43.13	−13 − 5
28	33.87	34.64	+ 9 + 2	48.99	33.15	+ 1 +10	63.40	36.31	−15 + 2	12.84	43.42	− 7 − 8
29	34.36	34.52	+ 8 + 6	49.50	33.18	− 5 +10	63.80	36.48	−14 − 3	13.04	43.71	0 − 9
30	34.85	34.41	+ 4 + 9	50.00	33.21	−10 + 8	64.20	36.67	− 9 − 7	13.24	44.00	+ 8 − 8
31	35.35	34.30	− 1 +10	50.50	33.24	−13 + 5	64.59	36.86	− 3 − 9	13.42	44.29	+13 − 5
32				50.99	33.29	−14 0				13.60	44.58	+16 − 1

δ	sec δ	tg δ	δ	sec δ	tg δ
+87° 6′ 30″	+19.823	+19.797	+87° 6′ 40″	+19.842	+19.816
40	+19.842	+19.816	50	+19.861	+19.835

$\alpha_{1955.0} = 7^h\,20^m\,10^s_{.}85$ $\delta_{1955.0} = +87°\,7'\,0''_{.}49$

Nc) 1 Hev. Draconis $4^{m}_{.}58$

Tag	Januar AR.	Januar Dekl.	Januar ☾ Glieder	Februar AR.	Februar Dekl.	Februar ☾ Glieder	März AR.	März Dekl.	März ☾ Glieder	April AR.	April Dekl.	April ☾ Glieder
	$9^h 30^m$	+ 81° 31′	in s 0.01, ″ 0.01	$9^h 31^m$	+ 81° 31′	in s 0.01, ″ 0.01	$9^h 31^m$	+ 81° 31′	in s 0.01, ″ 0.01	$9^h 30^m$	+ 81° 31′	in s 0.01, ″ 0.01
	s	″		s	″		s	″		s	″	
1	59.85	21.12	+1 + 9	2.79	28.27	−5 + 4	3.06	36.86	−4 − 4	60.80	44.70	+4 −10
2	59.98	21.29	−1 +11	2.84	28.55	−5 − 1	3.02	37.15	−2 − 8	60.69	44.90	+5 − 7
3	60.11	21.46	−3 +10	2.89	28.84	−4 − 5	2.99	37.44	0 −10	60.58	45.09	+6 − 3
4	60.23	21.64	−5 + 7	2.94	29.12	−2 − 9	2.94	37.73	+2 −10	60.47	45.27	+5 + 1
5	60.36	21.82	−5 + 2	2.98	29.41	+1 −10	2.90	38.02	+4 − 8	60.36	45.45	+3 + 4
6	60.48	22.01	−5 − 3	3.02	29.70	+3 −10	2.85	38.30	+6 − 5	60.24	45.63	+1 + 6
7	60.60	22.20	−3 − 7	3.06	29.99	+5 − 7	2.80	38.59	+6 − 1	60.13	45.80	−1 + 6
8	60.72	22.40	−1 −10	3.09	30.29	+6 − 4	2.75	38.87	+5 + 2	60.01	45.96	−2 + 5
9	60.83	22.60	+2 −11	3.12	30.58	+5 0	2.70	39.15	+3 + 5	59.89	46.12	−4 + 4
10	60.95	22.80	+4 −10	3.15	30.88	+4 + 4	2.64	39.42	+1 + 6	59.77	46.28	−5 + 2
11	61.06	23.01	+6 − 6	3.17	31.18	+2 + 6	2.58	39.70	−1 + 7	59.65	46.43	−5 − 1
12	61.17	23.23	+6 − 2	3.19	31.48	0 + 7	2.52	39.97	−3 + 5	59.53	46.57	−4 − 3
13	61.28	23.45	+5 + 1	{ 3.21 { 3.22	31.78 32.08	−2 + 6 } −4 + 5 }	2.46	40.24	−4 + 3	59.41	46.71	−3 − 5
14	61.38	23.67	+3 + 4	3.23	32.38	−5 + 2	2.39	40.51	−5 + 1	59.28	46.85	−1 − 6
15	61.48	23.90	+1 + 6	3.24	32.68	−5 − 1	2.32	40.77	−4 − 2	59.16	46.98	+1 − 5
16	61.58	24.13	−1 + 7	3.25	32.98	−4 − 3	2.25	41.03	−3 − 4	59.03	47.10	+3 − 3
17	61.67	24.36	−3 + 6	3.25	33.28	−3 − 5	2.17	41.29	−2 − 6	58.91	47.22	+4 0
18	61.77	24.60	−4 + 3	3.25	33.58	−1 − 6	2.10	41.54	0 − 6	58.78	47.34	+4 + 4
19	61.86	24.84	−5 + 1	3.25	33.88	+1 − 6	2.02	41.79	+2 − 5	58.65	47.45	+3 + 8
20	61.95	25.08	−4 − 2	3.24	34.18	+3 − 4	1.94	42.04	+4 − 2	58.52	47.55	+1 +10
21	62.03	25.33	−3 − 4	3.23	34.48	+4 − 1	1.85	42.28	+4 + 2	58.39	47.65	−1 +10
22	62.11	25.58	−2 − 6	3.22	34.78	+4 + 3	1.76	42.52	+4 + 6	58.26	47.74	−4 + 8
23	62.19	25.84	0 − 6	3.21	35.08	+3 + 7	1.68	42.76	+2 + 8	58.13	47.82	−5 + 5
24	62.27	26.10	+2 − 5	3.19	35.38	+1 + 9	1.58	42.99	0 +10	58.00	47.90	−5 0
25	62.35	26.36	+4 − 3	3.17	35.68	−1 +10	1.49	43.22	−2 + 9	57.86	47.98	−4 − 5
26	62.42	26.63	+4 + 1	3.15	35.97	−3 + 8	1.40	43.44	−4 + 7	57.73	48.05	−2 − 9
27	62.49	26.89	+4 + 5	3.12	36.27	−5 + 5	1.30	43.66	−5 + 2	57.60	48.11	+1 −11
28	62.56	27.16	+2 + 8	3.09	36.57	−5 + 1	1.20	43.88	−5 − 3	57.47	48.17	+3 −11
29	62.62	27.44	0 +10	3.06	36.86	−4 − 4	1.11	44.09	−3 − 7	57.33	48.23	+5 − 8
30	62.68	27.71	−2 +10				1.00	44.30	−1 −10	57.20	48.28	+6 − 5
31	62.74	27.99	−4 + 8				0.90	44.50	+2 −11	57.06	48.32	+6 − 1
32	62.79	28.27	−5 + 4				0.80	44.70	+4 −10			

δ	sec δ	tg δ	δ	sec δ	tg δ	δ	sec δ	tg δ
+81° 31′ 20″	+6.783	+6.709	+81° 31′ 30″	+6.785	+6.711	+81° 31′ 40″	+6.787	+6.713
30	+6.785	+6.711	40	+6.787	+6.713	50	+6.790	+6.716

$\alpha_{1955.0} = 9^h\ 30^m\ 50^s.05$ $\delta_{1955.0} = +81°\ 31'\ 40''.56$

Scheinbare Sternörter 1955

Obere Kulmination Greenwich

Ne) 1 Hev. Draconis $4^{m}.58$

Tag	Mai AR.	Mai Dekl.	Mai ☾ Glieder	Juni AR.	Juni Dekl.	Juni ☾ Glieder
	$9^h 30^m$	+ 81° 31′	in s 0.01 │ ″ 0.01	$9^h 30^m$	+ 81° 31′	in s 0.01 │ ″ 0.01
	s	″		s	″	
1	57.06	48.32	+6 −1	53.08	46.80	−1 +6
2	56.93	48.36	+4 +3	52.96	46.67	−3 +4
3	56.79	48.39	+2 +5	52.85	46.53	−4 +2
4	56.66	48.41	0 +6	52.74	46.38	−4 0
5	56.53	48.43	−2 +6	52.62	46.23	−4 −2
6	56.39	48.45	−3 +4	52.51	46.08	−3 −4
7	56.26	48.45	−4 +2	52.41	45.92	−2 −6
8	56.13	48.46	−4 0	52.30	45.75	0 −6
9	55.99	48.45	−4 −3	52.19	45.58	+2 −5
10	55.86	48.44	−3 −5	52.08	45.40	+3 −2
11	55.73	48.43	−1 −6	51.98	45.22	+4 +1
12	55.60	48.41	0 −6	51.88	45.04	+3 +5
13	55.46	48.38	+2 −4	51.78	44.85	+2 +9
14	55.33	48.35	+4 −1	51.68	44.66	0 +11
15	55.20	48.31	+4 +3	51.58	44.46	−2 +11
16	55.07	48.26	+3 +7	51.48	44.26	−4 +9
17	54.94	48.21	+1 +10	51.39	44.05	−5 +5
18	54.81	48.16	−1 +11	51.30	43.84	−5 0
19	54.68	48.10	−3 +10	51.21	43.63	−4 −5
20	54.55	48.03	−5 +7	51.12	43.41	−2 −9
21	54.42	47.96	−5 +2	51.03	43.19	+1 −11
22	54.29	47.88	−5 −3	50.95	42.96	+4 −11
23	54.17	47.79	−3 −7	50.86	42.73	+6 −8
24	54.04	47.70	0 −10	50.78	42.49	+6 −4
25	53.92	47.61	+3 −11	50.70	42.25	+6 0
26	53.79	47.51	+5 −10	50.62	42.01	+4 +3
27	53.67	47.40	+6 −7	50.55	41.76	+2 +5
28	53.55	47.29	+6 −2	50.47	41.51	0 +6
29	53.43	47.18	+5 +1	50.40	41.25	−2 +5
30	53.31	47.06	+3 +4	50.33	40.99	−3 +3
31	53.19	46.93	+1 +6	50.26	40.73	−4 +1
32	53.08	46.80	−1 +6			

Tag	Juli AR.	Juli Dekl.	Juli ☾ Glieder	August AR.	August Dekl.	August ☾ Glieder
	$9^h 30^m$	+ 81° 31′	in s 0.01 │ ″ 0.01	$9^h 30^m$	+ 81° 31′	in s 0.01 │ ″ 0.01
	s	″		s	″	
1	50.26	40.73	−4 +1	49.15	31.22	−1 −7
2	50.19	40.46	−4 −2	49.15	30.88	+1 −6
3	50.13	40.20	−3 −4	49.15	30.54	+3 −5
4	50.07	39.92	−2 −6	49.15	30.20	+4 −2
5	50.01	39.65	0 −6	49.15	29.86	+4 +1
6	49.95	39.37	+1 −6	49.16	29.52	+3 +5
7	49.89	39.09	+3 −4	49.17	29.17	+2 +8
8	49.83	38.80	+4 −1	49.18	28.83	0 +10
9	49.78	38.51	+4 +3	49.20	28.48	−2 +10
10	49.73	38.22	+3 +7	49.21	28.14	−4 +8
11	49.68	37.93	+1 +10	49.23	27.79	−5 +4
12	49.63	37.63	−1 +11	49.25	27.44	−5 0
13	49.59	37.33	−3 +10	49.28	27.09	−4 −5
14	49.55	37.03	−5 +7	49.30	26.75	−2 −8
15	49.51	36.72	−5 +3	*49.33	26.40	+1 −9
16	49.47	36.42	−5 −2	49.36	26.05	+4 −9
17	49.43	36.11	−3 −7	49.39	25.70	+5 −6
18	49.39	35.80	0 −9	49.42	25.35	+5 −3
19	49.36	35.48	+2 −10	49.46	25.00	+5 +1
20	49.33	35.16	+4 −8	49.50	24.65	+4 +4
21	49.30	34.85	+6 −5	49.54	24.30	+2 +6
22	49.28	34.52	+6 −1	49.58	23.95	0 +6
23	49.26	34.20	+5 +2	49.63	23.60	−2 +5
24	49.24	33.88	+3 +5	49.67	23.25	−4 +3
25	49.22	33.55	+1 +6	49.72	22.90	−4 0
26	49.20	33.22	−1 +6	49.77	22.55	−4 −3
27	49.18	32.90	−3 +4	49.83	22.20	−3 −5
28	49.17	32.56	−4 +1	49.88	21.85	−2 −7
29	49.16	32.23	−4 −1	49.94	21.50	0 −7
30	49.15	31.89	−3 −4	50.00	21.15	+2 −6
31	49.15	31.56	−2 −6	50.06	20.81	+3 −3
32	49.15	31.22	−1 −7	50.13	20.46	+4 0

δ	sec δ	tg δ	δ	sec δ	tg δ	δ	sec δ	tg δ
+81° 31′ 20″	+6.783	+6.709	+81° 31′ 30″	+6.785	+6.711	+81° 31′ 40″	+6.787	+6.713
30	+6.785	+6.711	40	+6'787	+6.713	50	+6.790	+6.716

$\alpha_{1955.0} = 9^h\ 30^m\ 50^s.05$ $\delta_{1955.0} = +81°\ 31'\ 40''.56$

* Tag der doppelten unteren Kulmination: Aug. 15.

Ne) 1 Hev. Draconis $4^{m}.58$

Tag	September AR.	September Dekl.	September ☾ Glieder		Oktober AR.	Oktober Dekl.	Oktober ☾ Glieder		November AR.	November Dekl.	November ☾ Glieder		Dezember AR.	Dezember Dekl.	Dezember ☾ Glieder	
	$9^h 30^m$	+81° 31′	in s 0.01	in ″ 0.01	$9^h 30^m$	+81° 31′	in s 0.01	in ″ 0.01	$9^h 30^m$	+81° 31′	in s 0.01	in ″ 0.01	$9^h 31^m$	+81° 31′	in s 0.01	in ″ 0.01
	s	″			s	″			s	″			s	″		
1	50.13	20.46	+4	0	52.94	10.81	+1	+9	57.37	3.55	−5	+4	2.39	0.82	−3	−7
2	50.19	20.12	+4	+4	53.06	10.52	−1	+10	57.53	3.38	−5	0	2.56	0.81	0	−10
3	50.26	19.77	+3	+7	53.18	10.24	−3	+9	57.69	3.22	−4	−5	2.73	0.81	+3	−10
4	50.33	19.43	+1	+9	53.30	9.96	−4	+7	57.85	3.07	−2	−8	2.90	0.82	+5	−8
5	50.40	19.09	−1	+10	53.43	9.68	−5	+3	58.02	2.92	+1	−10	3.06	0.83	+6	−5
6	50.47	18.75	−3	+9	53.56	9.40	−5	−2	58.18	2.77	+4	−9	3.23	0.85	+6	−2
7	50.55	18.41	−5	+5	53.69	9.13	−3	−6	58.35	2.63	+5	−7	3.40	0.87	+5	+2
8	50.63	18.07	−5	+1	53.82	8.86	−1	−9	58.51	2.49	+6	−4	3.56	0.90	+3	+5
9	50.71	17.73	−4	−4	53.96	8.60	+2	−10	58.68	2.36	+5	0	3.72	0.94	+1	+6
10	50.79	17.40	−2	−7	54.09	8.33	+4	−8	58.84	2.23	+4	+4	3.89	0.98	−1	+5
11	50.88	17.06	0	−9	54.23	8.08	+5	−5	59.01	2.11	+2	+6	4.05	1.03	−3	+3
12	50.96	16.73	+3	−9	54.37	7.82	+5	−2	59.18	1.99	0	+6	4.21	1.08	−4	+1
13	51.05	16.40	+4	−7	54.50	7.57	+4	+2	59.35	1.88	−2	+5	4.37	1.14	−4	−2
14	51.14	16.07	+6	−4	54.64	7.32	+3	+5	59.51	1.78	−3	+3	4.53	1.20	−3	−4
15	51.23	15.75	+5	0	54.79	7.08	+1	+6	59.68	1.68	−4	0	4.68	1.27	−2	−6
16	51.32	15.42	+4	+3	54.93	6.84	−1	+6	59.85	1.58	−4	−2	4.84	1.35	−1	−6
17	51.42	15.10	+2	+6	55.07	6.60	−3	+4	60.02	1.49	−3	−4	4.99	1.43	+1	−6
18	51.52	14.78	0	+6	55.22	6.37	−4	+2	60.19	1.40	−2	−6	5.15	1.52	+2	−5
19	51.61	14.46	−2	+6	55.36	6.14	−4	0	60.36	1.32	0	−6	5.30	1.61	+3	−2
20	51.72	14.14	−3	+4	55.51	5.91	−4	−3	60.53	1.25	+1	−5	5.45	1.71	+4	+2
21	51.82	13.83	−4	+1	55.66	5.69	−3	−5	60.70	1.18	+3	−3	5.60	1.81	+3	+6
22	51.92	13.52	−4	−1	55.81	5.48	−2	−6	60.87	1.12	+4	0	5.75	1.92	+2	+9
23	52.03	13.21	−3	−4	55.96	5.26	0	−6	61.04	1.06	+4	+3	5.89	2.04	0	+11
24	52.14	12.90	−2	−6	56.12	5.06	+2	−5	61.21	1.01	+3	+7	6.04	2.16	−3	+11
25	52.24	12.59	−1	−7	56.27	4.85	+3	−2	61.38	0.97	+1	+10	6.19	2.29	−5	+9
26	52.36	12.28	+1	−6	56.42	4.65	+4	+1	61.55	0.93	−1	+11	6.33	2.42	−6	+5
27	52.47	11.98	+3	−4	56.58	4.46	+3	+5	61.72	0.90	−3	+10	6.47	2.56	−5	+1
28	52.58	11.68	+4	−1	56.74	4.27	+2	+8	61.89	0.87	−5	+7	6.61	2.70	−4	−4
29	52.70	11.39	+4	+2	56.89	4.08	0	+10	62.06	0.84	−5	+2	6.75	2.85	−2	−8
30	52.82	11.10	+3	+6	57.05	3.90	−2	+10	62.23	0.83	−5	−3	6.88	3.00	+1	−10
31	52.94	10.81	+1	+9	57.21	3.72	−4	+8	62.39	0.82	−3	−7	7.02	3.16	+4	−9
32					57.37	3.55	−5	+4					7.15	3.32	+5	−7

δ	sec δ	tg δ	δ	sec δ	tg δ	δ	sec δ	tg δ
+81° 31′ 0″	+6.779	+6.704	+81° 31′ 10″	+6.781	+6.707	+81° 31′ 20″	+6.783	+6.709
10	+6.781	+6.707	20	+6.783	+6.709	30	+6.785	+6.711

$\alpha_{1955.0} = 9^h\ 30^m\ 50^s.05$ $\delta_{1955.0} = +81°\ 31'\ 40''.56$

Scheinbare Sternörter 1955

Obere Kulmination Greenwich

Nf) 30 Hev. Camelopardalis $5^m\!.34$

Tag	Januar AR.	Januar Dekl.	Januar ☾ Glieder	Februar AR.	Februar Dekl.	Februar ☾ Glieder	März AR.	März Dekl.	März ☾ Glieder	April AR.	April Dekl.	April ☾ Glieder
	$10^h 25^m$	+ 82° 46′	in s 0.01 ″ 0.01	$10^h 25^m$	+ 82° 47′	in s 0.01 ″ 0.01	$10^h 25^m$	+ 82° 47′	in s 0.01 ″ 0.01	$10^h 25^m$	+ 82° 47′	in s 0.01 ″ 0.01
	s	″		s	″		s	″		s	″	
1	54.85	56.88	+3 + 8	59.15	2.56	−5 + 6	60.55	10.94	−5 − 2	58.95	19.86	+3 −10
2	55.02	56.98	+1 +10	59.25	2.82	−6 + 1	60.55	11.25	−3 − 6	58.85	20.11	+5 − 8
3	55.19	57.09	−2 +10	59.34	3.08	−5 − 3	60.54	11.55	−1 − 9	58.75	20.35	+6 − 5
4	55.36	57.21	−4 + 8	59.43	3.34	−3 − 7	60.53	11.86	+2 −10	58.64	20.59	+6 − 1
5	55.52	57.33	−6 + 4	59.51	3.61	0 −10	60.52	12.16	+4 −10	58.54	20.83	+4 + 3
6	55.69	57.46	−6 − 1	59.60	3.87	+2 −10	60.50	12.47	+6 − 7	58.43	21.06	+2 + 5
7	55.85	57.59	−4 − 5	59.67	4.14	+5 − 9	60.48	12.77	+6 − 3	58.32	21.29	0 + 6
8	56.01	57.73	−2 − 9	59.75	4.42	+6 − 6	60.46	13.08	+5 + 1	58.21	21.52	−2 + 6
9	56.17	57.87	+1 −11	59.82	4.69	+6 − 2	60.43	13.38	+4 + 4	58.09	21.74	−4 + 5
10	56.33	58.02	+4 −11	59.89	4.97	+5 + 2	60.40	13.69	+1 + 6	57.97	21.96	−5 + 3
11	56.48	58.18	+6 − 8	59.96	5.25	+3 + 5	60.37	13.99	−1 + 7	57.85	22.17	−5 + 1
12	56.63	58.34	+6 − 5	60.02	5.54	0 + 6	60.33	14.29	−3 + 6	57.73	22.38	−5 − 2
13	56.79	58.51	+6 − 1	60.08	5.83	−2 + 7	60.29	14.59	−4 + 5	57.61	22.58	−4 − 4
14	56.93	58.68	+5 + 3	60.13	6.12	−4 + 6	60.25	14.89	−5 + 3	57.48	22.78	−1 − 5
15	57.08	58.85	+2 + 5	60.18	6.41	−5 + 4	60.20	15.18	−5 0	57.35	22.97	+1 − 5
16	57.22	59.03	0 + 6	60.23	6.70	−5 + 2	60.15	15.48	−4 − 3	57.22	23.16	+3 − 4
17	57.36	59.22	−2 + 6	60.28	6.99	−5 − 1	60.10	15.77	−3 − 5	57.09	23.35	+4 − 1
18	57.50	59.41	−4 + 5	60.32	7.29	−4 − 4	60.04	16.06	0 − 6	56.96	23.53	+5 + 3
19	57.64	59.60	−5 + 3	60.36	7.59	−2 − 6	59.98	16.35	+2 − 5	56.83	23.71	+4 + 6
20	57.77	59.80	−5 0	60.39	7.89	+1 − 6	59.92	16.64	+4 − 3	56.69	23.88	+2 + 9
21	57.90	60.01	−4 − 3	60.42	8.19	+3 − 5	59.85	16.92	+5 0	56.55	24.04	0 +10
22	58.03	60.22	−3 − 5	60.45	8.50	+4 − 2	59.78	17.20	+5 + 4	56.41	24.20	−3 + 9
23	58.15	60.44	−1 − 6	60.47	8.80	+5 + 2	59.71	17.48	+4 + 7	56.27	24.36	−5 + 6
24	58.27	60.65	+2 − 6	60.50	9.11	+5 + 5	59.64	17.76	+1 + 9	56.13	24.51	−6 + 1
25	58.39	60.88	+4 − 4	60.51	9.41	+3 + 8	59.56	18.03	−1 +10	55.98	24.65	−5 − 4
26	58.51	61.11	+5 − 1	60.53	9.72	0 + 9	59.48	18.30	−4 + 8	55.84	24.79	−3 − 8
27	58.62	61.34	+5 + 3	{ 60.54 { 60.55	10.02 10.33	−3 + 9 } −5 + 7 }	59.40	18.57	−5 + 4	55.69	24.93	0 −11
28	58.73	61.57	+4 + 6	60.55	10.63	−6 + 3	59.31	18.83	−5 − 1	55.55	25.06	+3 −11
29	58.84	61.82	+2 + 9	60.55	10.94	−5 − 2	59.22	19.09	−4 − 5	55.40	25.18	+5 −10
30	58.95	62.06	−1 +10				59.13	19.35	−2 − 9	55.25	25.30	+6 − 7
31	59.05	62.31	−4 + 9				59.04	19.61	+1 −11	55.10	25.41	+6 − 3
32	59.15	62.56	−5 + 6				58.95	19.86	+3 −10			

δ	sec δ	tg δ	δ	sec δ	tg δ	δ	sec δ	tg δ
+82° 46′ 50″	+7.957	+7.894	+82° 47′ 0″	+7.960	+7.897	+82° 47′ 20″	+7.967	+7.903
60	+7.960	+7.897	10	+7.963	+7.900	30	+7.970	+7.907

$\alpha_{1955.0} = 10^h\,25^m\,46^s\!.25$ $\delta_{1955.0} = +82°\,47'\,20''\!.34$

Obere Kulmination Greenwich

Nf) 30 Hev. Camelopardalis 5ᵐ.34

Tag	Mai AR.	Mai Dekl.	Mai ☾ Glieder	Juni AR.	Juni Dekl.	Juni ☾ Glieder	Juli AR.	Juli Dekl.	Juli ☾ Glieder	August AR.	August Dekl.	August ☾ Glieder
	$10^h 25^m$	+ 82° 47′	in s ″ 0.01 0.01	$10^h 25^m$	+ 82° 47′	in s ″ 0.01 0.01	$10^h 25^m$	+ 82° 47′	in s ″ 0.01 0.01	$10^h 25^m$	+ 82° 47′	in s ″ 0.01 0.01
	s	″		s	″		s	″		s	″	
1	55.10	25.41	+6 − 3	50.26	26.09	0 + 6	46.14	21.74	−5 + 2	43.56	13.14	−2 − 6
2	54.95	25.52	+5 + 1	50.11	26.02	−2 + 5	46.03	21.52	−5 0	43.51	12.81	0 − 6
3	54.80	25.62	+3 + 4	49.95	25.95	−4 + 4	45.92	21.30	−4 − 3	43.47	12.48	+2 − 5
4	54.65	25.72	+1 + 6	49.80	25.87	−5 + 2	45.81	21.07	−3 − 4	43.42	12.15	+4 − 3
5	54.49	25.81	−1 + 6	49.65	25.78	−5 − 1	45.70	20.84	−1 − 6	43.38	11.82	+5 0
6	54.34	25.89	−3 + 5	49.50	25.69	−4 − 3	45.59	20.60	+1 − 6	43.35	11.49	+4 + 3
7	54.18	25.97	−4 + 4	49.35	25.60	−3 − 4	45.48	20.36	+3 − 4	43.31	11.15	+3 + 7
8	54.03	26.04	−5 + 2	49.21	25.50	−1 − 5	45.38	20.11	+4 − 2	43.28	10.81	+1 + 9
9	53.87	26.11	−5 − 1	49.06	25.39	+1 − 5	45.28	19.86	+5 + 1	43.25	10.47	−1 +10
10	53.71	26.17	−4 − 3	48.91	25.28	+3 − 3	45.18	19.60	+4 + 5	43.22	10.13	−4 + 9
11	53.55	26.23	−2 − 5	48.77	25.16	+4 0	45.09	19.35	+3 + 8	43.19	9.78	−5 + 6
12	53.40	26.28	0 − 5	48.63	25.04	+4 + 3	44.99	19.08	0 +11	43.17	9.43	−6 + 2
13	53.24	26.32	+2 − 4	48.48	24.91	+3 + 7	44.90	18.82	−3 +11	43.15	9.08	−5 − 3
14	53.08	26.36	+4 − 2	48.34	24.77	+1 +10	44.81	18.55	−5 + 9	43.13	8.73	−3 − 7
15	52.92	26.40	+5 + 1	48.20	24.64	−1 +11	44.72	18.28	−6 + 5	43.12	8.38	0 − 9
16	52.77	26.43	+4 + 5	48.06	24.49	−4 +10	44.64	18.00	−6 0	43.11	8.03	+3 − 9
17	52.61	26.45	+3 + 8	47.92	24.34	−5 + 7	44.55	17.72	−4 − 5	43.10	7.67	+5 − 8
18	52.45	26.47	0 +10	47.79	24.19	−6 + 2	44.47	17.44	−2 − 9	43.09	7.31	+6 − 5
19	52.29	26.48	−2 +10	47.65	24.03	−5 − 3	44.39	17.15	+1 −10	43.08	6.95	+6 − 1
20	52.13	26.48	−5 + 8	47.51	23.87	−3 − 7	44.31	16.86	+4 − 9	43.08	6.59	+4 + 2
21	51.97	26.48	−6 + 4	47.38	23.70	0 −10	44.24	16.56	+6 − 7	43.08	6.24	+2 + 5
22	51.82	26.48	−6 − 1	47.25	23.53	+3 −11	44.17	16.27	+6 − 4	43.08	5.88	0 + 6
23	51.66	26.46	−4 − 6	47.12	23.35	+5 −10	44.10	15.97	+6 0	43.08	5.51	−2 + 5
24	51.50	26.45	−2 −10	46.99	23.16	+6 − 6	44.03	15.66	+4 + 3	43.09	5.15	−4 + 4
25	51.35	26.42	+1 −12	46.87	22.98	+6 − 2	43.97	15.36	+2 + 5	43.10	4.79	−5 + 2
26	51.19	26.39	+4 −11	46.74	22.78	+5 + 1	43.90	15.05	−1 + 6	43.11	4.42	−5 − 1
27	51.03	26.36	+6 − 9	46.62	22.58	+3 + 4	43.84	14.74	−3 + 5	43.12	4.06	−4 − 4
28	50.88	26.32	+7 − 5	46.50	22.38	+1 + 5	43.78	14.43	−4 + 3	43.14	3.69	−3 − 5
29	50.72	26.27	+6 − 1	46.38	22.17	−2 + 5	43.72	14.11	−5 + 1	*43.16	3.32	−1 − 6
30	50.57	26.22	+4 + 3	46.26	21.96	−4 + 4	43.66	13.79	−4 − 2	43.18	2.96	+2 − 6
31	50.41	26.16	+2 + 5	46.14	21.74	−5 + 2	43.61	13.47	−3 − 1	43.20	2.59	+3 − 1
32	50.26	26.09	0 + 6				43.56	13.14	−2 − 6	43.23	2.23	+4 − 2

δ	sec δ	tg δ	δ	sec δ	tg δ	δ	sec δ	tg δ
+82° 47′ 0″	+7.960	+7.897	+82° 47′ 10″	+7.963	+7.900	+82° 47′ 20″	+7.967	+7.903
10	+7.963	+7.900	20	+7.967	+7.903	30	+7.970	+7.907

$\alpha_{1955.0} = 10^h\ 25^m\ 46^s.25$ $\delta_{1955.0} = +82°\ 47'\ 20''.34$

* Tag der doppelten unteren Kulmination: Aug. 29.

Scheinbare Sternörter 1955

Obere Kulmination Greenwich

Nf) 30 Hev. Camelopardalis $5^m.34$

Tag	September AR.	September Dekl.	September ☾ Glieder in s 0.01	September ☾ Glieder in " 0.01	Oktober AR.	Oktober Dekl.	Oktober ☾ Glieder in s 0.01	Oktober ☾ Glieder in " 0.01
	$10^h 25^m$ s	+ 82° 46′ "			$10^h 25^m$ s	+ 82° 46′ "		
1	43.23	62.23	+4	−2	45.19	51.44	+3	+7
2	43.26	61.86	+5	+2	45.29	51.10	+1	+9
3	43.29	61.49	+4	+5	45.40	50.76	−1	+10
4	43.32	61.12	+2	+8	45.50	50.42	−4	+8
5	43.36	60.76	0	+10	45.61	50.09	−5	+4
6	43.40	60.39	−3	+9	45.72	49.76	−6	0
7	43.44	60.02	−5	+7	45.83	49.43	−4	−5
8	43.48	59.65	−6	+3	45.95	49.10	−2	−8
9	43.53	59.29	−5	−1	46.06	48.78	+1	−10
10	43.58	58.92	−3	−6	46.19	48.46	+3	−9
11	43.63	58.56	−1	−9	46.31	48.14	+5	−7
12	43.69	58.19	+2	−9	46.43	47.83	+6	−4
13	43.74	57.83	+4	−8	46.56	47.51	+5	0
14	43.80	57.46	+6	−6	46.69	47.20	+4	+3
15	43.87	57.10	+6	−2	46.81	46.90	+2	+5
16	43.93	56.73	+5	+1	46.95	46.59	−1	+6
17	44.00	56.37	+3	+4	47.08	46.29	−3	+5
18	44.07	56.01	+1	+6	47.22	45.99	−4	+4
19	44.14	55.65	−1	+6	47.35	45.70	−5	+1
20	44.21	55.29	−3	+5	47.50	45.41	−5	−1
21	44.29	54.93	−4	+3	47.64	45.12	−4	−4
22	44.37	54.58	−5	+1	47.78	44.84	−2	−5
23	44.45	54.22	−4	−2	47.93	44.56	0	−6
24	44.53	53.87	−3	−4	48.08	44.29	+2	−5
25	44.62	53.51	−2	−6	48.22	44.01	+3	−3
26	44.71	53.16	0	−6	48.38	43.75	+4	−1
27	44.80	52.81	+2	−5	48.53	43.48	+4	+3
28	44.89	52.46	+4	−3	48.68	43.22	+3	+7
29	44.99	52.12	+5	+1	48.84	42.96	+1	+9
30	45.09	51.78	+4	+4	49.00	42.71	−1	+10
31	45.19	51.44	+3	+7	49.16	42.46	−3	+9
32					49.32	42.22	−5	+6

Tag	November AR.	November Dekl.	November ☾ Glieder in s 0.01	November ☾ Glieder in " 0.01	Dezember AR.	Dezember Dekl.	Dezember ☾ Glieder in s 0.01	Dezember ☾ Glieder in " 0.01
	$10^h 25^m$ s	+ 82° 46′ "			$10^h 25^m$ s	+ 82° 46′ "		
1	49.32	42.22	−5	+6	54.73	37.15	−4	−5
2	49.48	41.98	−6	+2	54.92	37.07	−1	−9
3	49.64	41.74	−5	−3	55.11	36.99	+2	−11
4	49.81	41.51	−3	−7	55.30	36.92	+4	−10
5	49.98	41.28	0	−10	55.50	36.85	+6	−7
6	50.15	41.06	+3	−10	55.69	36.79	+6	−4
7	50.32	40.84	+5	−9	55.88	36.74	+5	0
8	50.49	40.63	+6	−6	56.07	36.69	+4	+3
9	50.67	40.42	+6	−2	56.27	36.65	+1	+5
10	50.84	40.21	+5	+2	56.46	36.61	−1	+5
11	51.02	40.02	+3	+4	56.65	36.58	−3	+4
12	51.19	39.82	0	+6	56.84	36.56	−4	+2
13	51.37	39.63	−2	+5	57.03	36.54	−5	0
14	51.55	39.45	−4	+4	57.22	36.53	−4	−2
15	51.73	39.27	−4	+2	57.41	36.52	−3	−5
16	51.91	39.10	−5	0	57.60	36.52	−2	−6
17	52.09	38.93	−4	−3	57.79	36.53	0	−6
18	52.27	38.77	−3	−5	57.98	36.54	+2	−5
19	52.46	38.61	−1	−6	58.17	36.56	+3	−3
20	52.64	38.46	+1	−6	58.35	36.59	+4	0
21	52.83	38.32	+3	−4	58.54	36.62	+4	+4
22	53.01	38.17	+4	−2	58.72	36.66	+3	+8
23	53.20	38.04	+5	+2	58.91	36.70	+1	+10
24	53.39	37.91	+4	+6	59.09	36.75	−1	+11
25	53.58	37.78	+2	+9	59.27	36.81	−4	+10
26	53.77	37.66	0	+11	59.45	36.87	−5	+7
27	53.96	37.55	−2	+11	59.63	36.94	−6	+3
28	54.15	37.44	−5	+8	59.80	37.01	−5	−2
29	54.34	37.34	−6	+4	59.98	37.09	−3	−7
30	54.53	37.24	−6	0	60.16	37.18	0	−10
31	54.73	37.15	−4	−5	60.33	37.27	+3	−10
32					60.50	37.37	+5	−9

δ	sec δ	tg δ	δ	sec δ	tg δ	δ	sec δ	tg δ
+82° 46′ 30″	+7.951	+7.888	+82° 46′ 50″	+7.957	+7.894	+82° 47′ 0″	+7.960	+7.897
40	+7.954	+7.891	60	+7.960	+7.897	10	+7.963	+7.900

$\alpha_{1955.0} = 10^h\ 25^m\ 46^s.25$ $\delta_{1955.0} = +82°\ 47'\ 20''.34$

Obere Kulmination Greenwich

Ng) ε Ursae minoris $4^{m}.40$

Tag	Januar AR.	Januar Dekl.	Januar ☾ Glieder	Februar AR.	Februar Dekl.	Februar ☾ Glieder	März AR.	März Dekl.	März ☾ Glieder	April AR.	April Dekl.	April ☾ Glieder
	$16^{h}\,50^{m}$ s	+ 82° 6′ ″	in s 0.01 | ″ 0.01	$16^{h}\,50^{m}$ s	+ 82° 6′ ″	in s 0.01 | ″ 0.01	$16^{h}\,50^{m}$ s	+ 82° 6′ ″	in s 0.01 | ″ 0.01	$16^{h}\,50^{m}$ s	+ 82° 6′ ″	in s 0.01 | ″ 0.01
1	19.28	39.96	+3 − 7	22.25	31.39	+2 + 8	26.43	28.01	+1 + 9	31.18	30.19	−4 +1
2	19.34	39.63	+4 − 3	22.38	31.19	0 +10	26.59	27.98	−1 +10	31.32	30.36	−3 −3
3	19.40	39.30	+3 + 1	22.51	30.99	−2 + 9	26.75	27.96	−2 + 8	31.45	30.53	−2 −7
4	19.46	38.98	+2 + 6	22.65	30.80	−3 + 7	26.91	27.94	−3 + 4	31.59	30.71	−1 −9
5	19.52	38.66	+1 + 9	22.79	30.61	−4 + 3	27.07	27.94	−4 0	31.72	30.89	0 −9
6	19.59	38.34	−1 +10	22.93	30.43	−3 − 2	27.23	27.94	−3 − 4	31.85	31.08	+1 −8
7	19.66	38.03	−2 + 9	23.07	30.26	−3 − 6	27.39	27.94	−2 − 8	31.98	31.27	+2 −5
8	19.73	37.71	−3 + 5	23.21	30.09	−2 − 9	27.55	27.95	−1 − 9	32.10	31.47	+2 −1
9	19.81	37.40	−4 + 1	23.35	29.93	0 − 9	27.71	27.97	0 − 9	32.23	31.68	+2 +2
10	19.89	37.09	−3 − 4	23.50	29.77	+1 − 8	27.87	28.00	+1 − 7	32.35	31.89	+2 +5
11	19.97	36.79	−2 − 8	23.65	29.62	+2 − 6	28.03	28.03	+2 − 4	32.47	32.10	+1 +7
12	20.05	36.49	−1 −10	23.79	29.48	+2 − 2	28.19	28.07	+2 0	32.59	32.32	0 +9
13	20.14	36.19	0 −10	23.94	29.34	+2 + 2	28.35	28.11	+2 + 3	32.71	32.54	−1 +8
14	20.23	35.90	+1 − 8	24.09	29.21	+2 + 5	28.51	28.17	+1 + 6	32.82	32.77	−2 +6
15	20.32	35.61	+2 − 5	24.24	29.09	+1 + 7	28.67	28.22	+1 + 8	32.93	33.00	−2 +3
16	20.42	35.33	+2 − 1	24.39	28.97	0 + 9	28.82	28.29	0 + 9	33.04	33.24	−2 −1
17	20.51	35.05	+2 + 3	24.55	28.85	−1 + 9	28.98	28.36	−1 + 8	33.15	33.48	−1 −5
18	20.61	34.77	+2 + 6	24.70	28.75	−2 + 7	29.13	28.44	−2 + 5	33.26	33.73	0 −8
19	20.72	34.50	+1 + 8	24.85	28.65	−2 + 4	29.29	28.52	−2 + 1	33.37	33.98	+1 −9
20	20.82	34.23	0 + 9	25.01	28.55	−2 0	29.44	28.62	−2 − 3	33.47	34.23	+2 −9
21	20.93	33.97	−1 + 8	25.17	28.46	−2 − 4	29.59	28.71	−1 − 6	33.57	34.49	+3 −6
22	21.04	33.71	−2 + 6	25.32	28.38	−1 − 7	29.74	28.82	0 − 9	33.67	34.75	+3 −2
23	21.15	33.46	−2 + 2	25.48	28.31	+1 − 9	29.89	28.93	+2 − 9	33.76	35.02	+3 +3
24	21.27	33.21	−2 − 2	25.64	28.24	+2 − 9	30.04	29.05	+3 − 8	33.86	35.29	+2 +7
25	21.38	32.96	−1 − 5	25.80	28.18	+3 − 7	30.18	29.17	+3 − 4	33.95	35.56	0 +9
26	21.50	32.72	0 − 8	25.95	28.13	+3 − 3	30.33	29.30	+3 0	34.03	35.84	−2 +9
27	21.62	32.49	+1 − 9	26.11	28.08	+3 + 2	30.47	29.43	+2 + 5	34.12	36.12	−3 +7
28	21.74	32.26	+2 − 8	26.27	28.04	+2 + 6	30.62	29.57	+1 + 8	34.20	36.40	−4 +3
29	21.87	32.03	+3 − 5	26.43	28.01	+1 + 9	30.76	29.72	−1 + 9	34.28	36.69	−4 −2
30	21.99	31.81	+3 − 1				30.90	29.87	−2 + 8	34.36	36.98	−3 −6
31	22.12	31.60	+3 + 4				31.04	30.03	−3 + 6	34.43	37.27	−2 −9
32	22.25	31.39	+2 + 8				31.18	30.19	−4 + 1			

δ	sec δ	tg δ	δ	sec δ	tg δ
+82° 6′ 20″	+7.281	+7.212	+82° 6′ 30″	+7.283	+7.214
30	+7.283	+7.214	40	+7.286	+7.217

$\alpha_{1955.0} = 16^{h}\ 50^{m}\ 30^{s}.21$ $\delta_{1955.0} = +82^{\circ}\ 6'\ 51''.78$

Scheinbare Sternörter 1955

Obere Kulmination Greenwich

Ng) ε Ursae minoris $4^{m}.40$

Tag	Mai AR.	Mai Dekl.	Mai ☾ Glieder	Juni AR.	Juni Dekl.	Juni ☾ Glieder	Juli AR.	Juli Dekl.	Juli ☾ Glieder	August AR.	August Dekl.	August ☾ Glieder
	$16^h 50^m$	+ 82° 6′	in s 0.01 ″ 0.01	$16^h 50^m$	+ 82° 6′	in s 0.01 ″ 0.01	$16^h 50^m$	+ 82° 6′	in s 0.01 ″ 0.01	$16^h 50^m$	+ 82° 7′	in s 0.01 ″ 0.01
	s	″		s	″		s	″		s	″	
1	34.43	37.27	−2 −9	35.42	47.19	+2 −4	33.79	56.78	0 +7	29.96	3.58	−2 +4
2	34.50	37.57	0 −10	35.41	47.52	+2 0	33.70	57.05	0 +8	29.81	3.73	−2 +1
3	34.57	37.87	+1 −8	35.39	47.84	+2 +3	33.60	57.32	−1 +8	29.66	3.88	−2 −3
4	34.64	38.17	+2 −6	35.37	48.17	+1 +6	33.50	57.59	−2 +6	29.51	4.02	−1 −6
5	34.70	38.47	+2 −3	{ 35.35 { 35.33	48.50 48.83	0 +7 } 0 +8 }	33.40	57.85	−2 +3	29.35	4.16	0 −8
6	34.76	38.78	+2 +1	35.30	49.15	−1 +7	33.30	58.11	−2 0	29.19	4.30	+2 −9
7	34.82	39.08	+2 +4	35.28	49.48	−2 +5	33.20	58.37	−1 −4	29.04	4.43	+3 −7
8	34.88	39.39	+1 +7	35.24	49.80	−2 +2	33.10	58.62	0 −7	28.88	4.56	+3 −4
9	34.93	39.70	0 +8	35.21	50.13	−2 −1	32.99	58.87	+1 −9	28.72	4.68	+3 0
10	34.98	40.02	−1 +8	35.17	50.45	−1 −5	32.88	59.12	+2 −8	28.56	4.80	+3 +4
11	35.03	40.33	−1 +7	35.13	50.78	0 −8	32.77	59.36	+3 −6	28.40	4.91	+2 +8
12	35.08	40.65	−2 +4	35.09	51.09	+2 −9	32.65	59.60	+4 −3	28.23	5.02	0 +10
13	35.12	40.97	−2 +1	35.05	51.41	+3 −8	32.53	59.84	+4 +2	28.07	5.12	−2 +9
14	35.16	41.29	−1 −3	35.00	51.73	+4 −5	32.41	60.07	+3 +6	27.90	5.22	−3 +6
15	35.20	41.61	0 −6	34.95	52.04	+4 −1	32.29	60.30	+1 +9	27.74	5.31	−3 +2
16	35.23	41.93	+1 −9	34.90	52.35	+3 +4	32.17	60.52	−1 +10	27.57	5.39	−3 −3
17	35.27	42.25	+2 −9	34.84	52.67	+2 +8	32.05	60.75	−2 +8	27.40	5.47	−2 −6
18	35.30	42.58	+3 −7	34.78	52.97	0 +10	31.92	60.96	−3 +5	27.23	5.55	−1 −9
19	35.32	42.91	+4 −3	34.72	53.28	−2 +9	31.79	61.18	−4 0	27.06	5.62	0 −9
20	35.35	43.23	+3 +1	34.66	53.59	−3 +7	31.66	61.39	−3 −4	26.88	5.69	+1 −8
21	35.37	43.56	+2 +6	34.59	53.89	−4 +3	31.53	61.60	−2 −8	26.71	5.75	+2 −5
22	35.39	43.89	+1 +9	34.52	54.19	−4 −2	31.40	61.80	−1 −10	26.54	5.81	+2 −1
23	35.40	44.22	−1 +10	34.45	54.49	−3 −6	31.26	62.00	0 −9	26.36	5.86	+2 +3
24	35.42	44.55	−2 +8	34.38	54.78	−2 −9	31.12	62.19	+1 −7	26.19	5.91	+1 +6
25	35.43	44.88	−3 +5	34.30	55.08	0 −10	30.98	62.38	+2 −3	26.02	5.95	0 +8
26	35.43	45.21	−4 0	34.22	55.37	+1 −8	30.84	62.56	+2 +1	25.84	5.99	−1 +8
27	35.44	45.54	−3 −4	34.14	55.65	+2 −6	30.70	62.74	+2 +4	25.67	6.02	−2 +8
28	35.44	45.87	−2 −8	34.06	55.94	+2 −2	30.56	62.92	+1 +7	25.49	6.05	−2 +6
29	35.44	46.20	−1 −10	33.97	56.22	+2 +2	30.41	63.09	0 +8	25.31	6.07	−2 +2
30	35.44	46.53	0 −9	33.88	56.50	+1 +5	30.26	63.26	−1 +8	25.14	6.09	−2 −2
31	35.43	46.86	+1 −7	33.79	56.78	0 +7	30.11	63.42	−2 +7	24.96	6.10	−1 −5
32	35.42	47.19	+2 −4				29.96	63.58	−2 +4	24.78	6.11	0 −8

δ	sec δ	tg δ	δ	sec δ	tg δ	δ	sec δ	tg δ
+82° 6′ 30″	+7.283	+7.214	+82° 6′ 50″	+7.288	+7.219	+82° 7′ 0″	+7.291	+7.222
40	+7.286	+7.217	60	+7.291	+7.222	10	+7.293	+7.225

$\alpha_{1955.0} = 16^h\ 50^m\ 30^s.21$ $\delta_{1955.0} = +82°\ 6'\ 51''.78$

Obere Kulmination Greenwich

Ng) ε Ursae minoris $4^m.40$

Tag	September AR.	September Dekl.	September ☾ Glieder	Oktober AR.	Oktober Dekl.	Oktober ☾ Glieder	November AR.	November Dekl.	November ☾ Glieder	Dezember AR.	Dezember Dekl.	Dezember ☾ Glieder
	$16^h 50^m$	+ 82° 7′	in s ″ 0.01 0.01	$16^h 50^m$	+ 82° 6′	in s ″ 0.01 0.01	$16^h 50^m$	+ 82° 6′	in s ″ 0.01 0.01	$16^h 50^m$	+ 82° 6′	in s ″ 0.01 0.01
	s	″		s	″		s	″		s	″	
1	24.78	6.11	0 −8	19.50	64.00	+3 −7	14.95	57.37	+2 +7	12.51	47.83	−2 +8
2	24.60	6.11	+1 −9	19.33	63.85	+3 −4	14.83	57.10	0 +9	12.47	47.49	−3 +4
3	24.43	6.11	+2 −8	19.16	63.70	+3 +1	14.72	56.81	−1 +9	12.43	47.14	−3 0
4	24.25	6.10	+3 −6	19.00	63.54	+2 +5	14.60	56.53	−3 +6	*12.40	46.78	−3 −5
5	24.07	6.09	+3 −2	18.84	63.38	+1 +8	14.49	56.24	−3 +2	12.37	46.43	−2 −8
6	23.89	6.07	+3 +2	18.67	63.21	0 +9	14.38	55.95	−3 −2	12.34	46.08	−1 −10
7	23.71	6.05	+2 +6	18.51	63.04	−2 +8	14.27	55.66	−3 −6	12.31	45.73	0 −9
8	23.53	6.02	0 +9	18.35	62.86	−3 +5	14.17	55.36	−2 −8	12.29	45.38	+1 −6
9	23.35	5.99	−1 +9	18.19	62.68	−3 +1	14.07	55.06	0 −9	12.27	45.02	+2 −3
10	23.17	5.95	−2 +7	18.03	62.50	−3 −4	13.97	54.75	+1 −8	12.26	44.67	+2 +1
11	22.99	5.91	−3 +4	17.88	62.31	−2 −7	13.87	54.45	+2 −5	12.25	44.32	+1 +4
12	22.82	5.86	−3 −1	17.72	62.12	−1 −9	13.78	54.14	+2 −2	12.24	43.97	+1 +7
13	22.64	5.81	−3 −5	17.57	61.92	0 −9	13.69	53.83	+2 +2	12.23	43.61	0 +8
14	22.46	5.75	−2 −8	17.41	61.72	+1 −7	13.60	53.52	+1 +5	12.23	43.26	−1 +8
15	22.28	5.69	−1 −9	17.26	61.51	+2 −4	13.51	53.20	+1 +7	12.23	42.90	−2 +6
16	22.11	5.62	+1 −8	17.11	61.30	+2 0	13.43	52.88	0 +8	12.24	42.55	−2 +4
17	21.93	5.55	+2 −6	16.96	61.09	+2 +3	13.35	52.56	−1 +8	12.25	42.20	−2 +1
18	21.75	5.47	+2 −3	16.81	60.87	+1 +6	13.27	52.23	−2 +6	12.26	41.84	−2 −2
19	21.58	5.39	+2 +1	16.67	60.65	0 +8	13.19	51.90	−2 +3	12.27	41.49	−1 −5
20	21.40	5.30	+2 +4	16.52	60.42	−1 +8	13.12	51.57	−2 0	12.29	41.14	0 −8
21	21.23	5.21	+1 +7	16.38	60.19	−2 +7	13.05	51.24	−1 −4	12.31	40.79	+2 −8
22	21.05	5.11	0 +8	16.24	59.95	−2 +5	12.98	50.91	0 −7	12.33	40.44	+3 −7
23	20.88	5.01	−1 +8	16.10	59.71	−2 +2	12.92	50.58	+1 −8	12.36	40.10	+4 −4
24	20.70	4.90	−2 +7	15.97	59.47	−2 −2	12.86	50.24	+2 −8	12.39	39.75	+4 0
25	20.53	4.78	−2 +4	15.83	59.22	−1 −5	12.80	49.90	+3 −6	12.42	39.40	+3 +4
26	20.35	4.66	−2 +1	15.70	58.97	0 −8	12.74	49.56	+4 −3	12.46	39.06	+2 +8
27	20.18	4.54	−2 −4	15.57	58.71	+1 −9	12.69	49.22	+4 +2	12.50	38.72	0 +9
28	20.01	4.41	−1 −7	15.44	58.45	+2 −8	12.64	48.87	+3 +6	12.54	38.38	−1 +9
29	19.84	4.28	0 −8	15.32	58.19	+3 −5	12.59	48.53	+1 +9	12.59	38.04	−3 +6
30	19.67	4.14	+2 −9	15.19	57.92	+3 −1	12.55	48.18	−1 +9	12.64	37.71	−3 +2
31	19.50	4.00	+3 −7	15.07	57.65	+3 +3	12.51	47.83	2 8	12.69	37.37	−3 −3
32				14.95	57.37	+2 +7				12.74	37.04	−3 −7

δ	sec δ	tg δ	δ	sec δ	tg δ	δ	sec δ	tg δ
+82° 6′ 30″	+7.283	+7.214	+82° 6′ 50″	+7.288	+7.219	+82° 7′ 0″	+7.291	+7.222
40	+7.286	+7.217	60	+7.291	+7.222	10	+7.293	+7.225

$\alpha_{1955.0} = 16^h\ 50^m\ 30^s.21$ $\delta_{1955.0} = +82°\ 6'\ 51''.78$

* Tag der doppelten unteren Kulmination: Dez. 4.

Scheinbare Sternörter 1955

Obere Kulmination Greenwich

Nh) δ Ursae minoris $4^{m}.44$

Tag	Januar AR.	Januar Dekl.	Januar ☾ Glieder	Februar AR.	Februar Dekl.	Februar ☾ Glieder	März AR.	März Dekl.	März ☾ Glieder	April AR.	April Dekl.	April ☾ Glieder
	$17^h 46^m$	+86° 36′	in s ″ 0.01 0.01	$17^h 46^m$	+86° 36′	in s ″ 0.01 0.01	$17^h 46^m$	+86° 36′	in s ″ 0.01 0.01	$17^h 46^m$	+86° 36′	in s ″ 0.01 0.01
	s	″		s	″		s	″		s	″	
1	11.94	24.18	+ 6 − 9	16.04	14.81	+ 7 + 6	24.31	9.71	+ 4 + 8	35.36	9.61	−10 + 4
2	11.97	23.85	+ 9 − 6	16.27	14.56	+ 3 + 9	24.66	9.61	0 +10	35.71	9.71	−10 − 1
3	12.00	23.52	+10 − 1	16.51	14.31	− 1 +10	25.01	9.52	− 4 + 9	36.05	9.81	− 9 − 5
4	12.04	23.18	+ 9 + 4	16.76	14.07	− 6 + 8	25.36	9.43	− 8 + 6	36.39	9.92	− 7 − 7
5	12.09	22.85	+ 6 + 8	17.01	13.83	− 9 + 5	25.71	9.35	−10 + 2	36.72	10.04	− 3 − 9
6	12.15	22.53	+ 1 +10	17.26	13.60	−10 0	26.07	9.27	−10 − 2	37.06	10.16	+ 1 − 8
7	12.21	22.20	− 4 +10	17.52	13.37	− 9 − 4	26.42	9.21	− 8 − 6	37.39	10.28	+ 4 − 6
8	12.28	21.87	− 8 + 7	17.79	13.15	− 7 − 7	26.78	9.15	− 5 − 8	37.72	10.42	+ 6 − 3
9	12.36	21.55	−10 + 3	18.06	12.93	− 4 − 9	27.13	9.09	− 2 − 9	38.05	10.55	+ 7 + 1
10	12.45	21.22	−11 − 1	18.33	12.71	0 − 9	27.49	9.04	+ 2 − 7	38.37	10.70	+ 6 + 4
11	12.54	20.90	−10 − 5	18.61	12.50	+ 3 − 7	27.85	9.00	+ 5 − 5	38.69	10.85	+ 5 + 6
12	12.64	20.58	− 6 − 8	18.89	12.30	+ 5 − 4	28.21	8.97	+ 6 − 1	39.01	11.01	+ 3 + 8
13	12.75	20.26	− 3 − 9	19.18	12.10	+ 7 0	28.57	8.94	+ 7 + 2	39.32	11.17	0 + 9
14	12.86	19.95	+ 1 − 8	19.47	11.91	+ 7 + 3	28.93	8.92	+ 6 + 5	39.63	11.33	− 2 + 7
15	12.98	19.64	+ 4 − 6	19.77	11.73	+ 6 + 6	29.30	8.90	+ 5 + 7	39.94	11.50	− 4 + 4
16	13.11	19.33	+ 6 − 2	20.07	11.54	+ 3 + 8	29.66	8.89	+ 2 + 8	40.24	11.68	− 5 0
17	13.25	19.02	+ 7 + 1	20.38	11.37	0 + 9	30.02	8.89	− 1 + 8	40.54	11.86	− 5 − 4
18	13.39	18.72	+ 6 + 5	20.69	11.20	− 2 + 8	30.38	8.89	− 3 + 6	40.83	12.05	− 3 − 7
19	13.53	18.41	+ 5 + 7	21.00	11.03	− 5 + 5	30.74	8.90	− 5 + 3	41.13	12.24	0 −10
20	13.69	18.12	+ 2 + 8	21.32	10.87	− 6 + 1	31.10	8.92	− 6 − 1	41.41	12.44	+ 4 −10
21	13.85	17.82	0 + 8	21.64	10.72	− 6 − 3	31.46	8.94	− 4 − 5	41.70	12.64	+ 7 − 8
22	14.02	17.53	− 3 + 6	21.97	10.57	− 4 − 7	31.82	8.97	− 2 − 8	41.98	12.85	+ 9 − 4
23	14.19	17.24	− 5 + 3	22.29	10.43	− 1 − 9	32.18	9.01	+ 1 −10	42.25	13.06	+ 9 + 1
24	14.38	16.96	− 6 0	22.62	10.30	+ 3 −10	32.54	9.05	+ 5 − 9	42.52	13.27	+ 7 + 6
25	14.56	16.67	− 5 − 4	22.96	10.17	+ 6 − 8	32.89	9.10	+ 8 − 6	42.79	13.49	+ 3 + 9
26	14.76	16.40	− 3 − 8	23.29	10.04	+ 8 − 5	33.25	9.16	+ 9 − 2	43.05	13.71	− 2 +10
27	14.96	16.12	0 −10	23.63	9.93	+ 9 0	33.60	9.22	+ 8 + 3	43.30	13.94	− 6 + 8
28	15.16	15.85	+ 4 − 9	23.97	9.81	+ 8 + 5	33.96	9.28	+ 5 + 7	43.55	14.18	−10 + 5
29	15.37	15.58	+ 7 − 7	24.31	9.71	+ 4 + 8	34.31	9.36	+ 1 + 9	43.80	14.41	−11 + 1
30	15.59	15.32	+ 9 − 3				34.66	9.43	− 3 +10	44.04	14.65	−10 − 3
31	15.81	15.06	+ 9 + 2				35.01	9.52	− 7 + 7	44.27	14.90	− 8 − 7
32	16.04	14.81	+ 7 + 6				35.36	9.61	−10 + 4			

δ	sec δ	tg δ	δ	sec δ	tg δ	δ	sec δ	tg δ
+86° 36′ 0″	+16.862	+16.832	+86° 36′ 10″	+16.875	+16.846	+86° 36′ 20″	+16.889	+16.860
10	+16.875	+16.846	20	+16.889	+16.860	30	+16.903	+16.873

$\alpha_{1955.0} = 17^h\, 46^m\, 41^s.13$ $\delta_{1955.0} = +86°\, 36'\, 29''.63$

Scheinbare Sternörter 1955

Obere Kulmination Greenwich

Nh) δ Ursae minoris $4^{m}_{.}44$

Tag	Mai AR.	Mai Dekl.	Mai ☾ Glieder	Juni AR.	Juni Dekl.	Juni ☾ Glieder	Juli AR.	Juli Dekl.	Juli ☾ Glieder	August AR.	August Dekl.	August ☾ Glieder
	$17^h 46^m$ s	+ 86° 36′ ″	in s 0.01 | ″ 0.01	$17^h 46^m$ s	+ 86° 36′ ″	in s 0.01 | ″ 0.01	$17^h 46^m$ s	+ 86° 36′ ″	in s 0.01 | ″ 0.01	$17^h 46^m$ s	+ 86° 36′ ″	in s 0.01 | ″ 0.01
1	44.27	14.90	− 8 − 7	48.73	24.00	+ 4 −5	47.12	34.05	+ 4 + 6	39.85	42.49	− 4 + 5
2	44.50	15.15	− 5 − 9	48.78	24.33	+ 6 −2	46.97	34.36	+ 2 + 8	39.53	42.71	− 5 + 2
3	44.72	15.40	− 1 − 8	48.82	24.65	+ 6 +2	46.81	34.67	− 1 + 8	39.21	42.93	− 5 − 2
4	44.94	15.66	+ 2 − 6	48.85	24.98	+ 5 +5	46.65	34.97	− 3 + 7	38.89	43.14	− 4 − 5
5	45.16	15.92	+ 5 − 4	48.87	25.31	+ 4 +7	46.48	35.28	− 4 + 4	38.57	43.36	− 2 − 8
6	45.36	16.19	+ 6 0	48.89	25.63	+ 2 +8	46.30	35.58	− 5 + 1	38.23	43.56	+ 1 − 9
7	45.57	16.45	+ 6 + 3	48.90	25.96	− 1 +8	46.12	35.88	− 5 − 3	37.90	43.77	+ 5 − 9
8	45.77	16.73	+ 5 + 6	48.91	26.29	− 3 +6	45.93	36.17	− 3 − 6	37.56	43.97	+ 8 − 6
9	45.96	17.00	+ 4 + 8	48.91	26.61	− 4 +3	45.74	36.47	− 1 − 9	37.22	44.17	+10 − 2
10	46.15	17.28	+ 1 + 8	48.90	26.94	− 5 0	45.54	36.76	+ 3 − 9	36.87	44.36	+ 9 + 2
11	46.33	17.56	− 1 + 7	48.89	27.27	− 4 −4	45.33	37.05	+ 7 − 8	36.52	44.55	+ 7 + 6
12	46.51	17.84	− 3 + 5	48.87	27.60	− 2 −7	45.12	37.34	+ 9 − 5	36.17	44.73	+ 3 + 9
13	46.68	18.13	− 5 + 2	48.84	27.93	+ 1 −9	44.91	37.63	+10 − 1	35.81	44.91	− 1 +10
14	46.84	18.42	− 5 − 2	48.81	28.26	+ 5 −9	44.69	37.91	+ 9 + 4	35.45	45.08	− 5 + 8
15	47.00	18.71	− 3 − 6	48.77	28.58	+ 8 −7	44.46	38.19	+ 6 + 8	35.09	45.25	− 8 + 4
16	47.15	19.01	− 1 − 9	48.72	28.91	+10 −3	44.23	38.47	+ 2 +10	34.72	45.42	−10 0
17	47.29	19.30	+ 3 −10	48.67	29.24	+10 +1	44.00	38.74	− 3 + 9	34.35	45.58	− 9 − 4
18	47.43	19.60	+ 6 − 9	48.61	29.57	+ 8 +6	43.76	39.01	− 7 + 6	33.98	45.74	− 6 − 7
19	47.57	19.91	+ 9 − 6	{ 48.54 48.47	29.89 30.22	+ 4 + 9 − 1 +10 }	43.51	39.28	−10 + 2	33.60	45.89	− 3 − 9
20	47.70	20.21	+10 − 1	48.39	30.55	− 6 +8	43.26	39.55	−10 − 2	33.23	46.04	0 − 8
21	47.82	20.52	+ 9 + 4	48.31	30.87	−10 +5	43.00	39.81	− 9 − 6	32.84	46.19	+ 3 − 6
22	47.94	20.83	+ 6 + 8	48.21	31.19	−11 0	42.74	40.07	− 6 − 8	32.46	46.33	+ 5 − 2
23	48.05	21.14	+ 1 +10	48.12	31.52	−10 −4	42.47	40.33	− 2 − 9	32.07	46.46	+ 6 + 2
24	48.15	21.46	− 4 +10	48.01	31.84	− 8 −7	42.20	40.58	+ 1 − 7	31.68	46.60	+ 5 + 5
25	48.24	21.77	− 8 + 7	47.90	32.16	− 5 −9	41.92	40.83	+ 4 − 4	31.29	46.72	+ 3 + 7
26	48.33	22.09	−11 + 3	47.79	32.48	− 1 −8	41.64	41.08	+ 5 − 1	30.90	46.85	+ 1 + 8
27	48.42	22.40	−11 − 2	47.67	32.80	+ 3 −6	41.35	41.32	+ 5 + 3	30.50	46.97	− 1 + 8
28	48.49	22.72	−10 − 6	47.54	33.11	+ 5 −3	41.06	41.56	+ 4 + 6	30.10	47.08	− 4 + 6
29	48.56	23.04	− 7 − 8	47.41	33.43	+ 6 +1	40.76	41.80	+ 2 + 8	29.70	47.19	− 5 + 3
30	48.62	23.36	− 3 − 9	47.27	33.74	+ 5 +4	40.46	42.03	0 + 8	29.30	47.30	− 6 0
31	48.68	23.68	+ 1 − 8	47.12	34.05	+ 4 +6	40.15	42.26	2 + 7	28.89	47.40	− 5 − 4
32	48.73	24.00	+ 4 − 5				39.85	42.49	− 4 + 5	28.48	47.49	− 3 − 7

δ	sec δ	tg δ	δ	sec δ	tg δ	δ	sec δ	tg δ
+86° 36′ 10″	+16.875	+16.846	+86° 36′ 20″	+16.889	+16.860	+86° 36′ 40″	+16.917	+16.887
20	+16.889	+16.860	30	+16.903	+16.873	50	+16.931	+16.901

$\alpha_{1955.0} = 17^h\ 46^m\ 41^s_{.}13$ $\delta_{1955.0} = +86°\ 36'\ 29''_{.}63$

Scheinbare Sternörter 1955

Obere Kulmination Greenwich

Nh) δ Ursae minoris $4^{m}.44$

Tag	September AR.	September Dekl.	September ☾ Glieder		Oktober AR.	Oktober Dekl.	Oktober ☾ Glieder		November AR.	November Dekl.	November ☾ Glieder		Dezember AR.	Dezember Dekl.	Dezember ☾ Glieder	
	$17^h 46^m$	+ 86° 36′	in s 0.01	in ″ 0.01	$17^h 46^m$	+ 86° 36′	in s 0.01	in ″ 0.01	$17^h 45^m$	+ 86° 36′	in s 0.01	in ″ 0.01	$17^h 45^m$	+ 86° 36′	in s 0.01	in ″ 0.01
	s	″			s	″			s	″			s	″		
1	28.48	47.49	-3	-7	15.76	48.10	+5	-8	63.50	44.10	+7	+6	55.13	36.38	-4	+9
2	28.07	47.58	0	-9	15.34	48.04	+8	-5	63.15	43.90	+3	+9	54.94	36.07	-8	+6
3	27.66	47.67	+3	-9	14.91	47.98	+9	-1	62.81	43.69	-1	+9	54.75	35.76	-10	+2
4	27.25	47.75	+7	-8	14.49	47.91	+8	+3	62.46	43.48	-6	+8	54.57	35.45	-11	-2
5	26.84	47.82	+9	-4	14.07	47.84	+5	+7	62.13	43.26	-9	+4	54.40	35.14	-9	-6
6	26.42	47.89	+9	0	13.65	47.76	+1	+9	61.79	43.04	-10	0	54.24	34.82	-6	-8
7	26.00	47.96	+8	+5	13.23	47.68	-3	+9	61.46	42.81	-10	-4	54.08	34.50	-2	-9
8	25.58	48.02	+4	+8	12.81	47.59	-7	+7	61.14	42.59	-7	-7	53.93	34.18	+2	-7
9	25.16	48.08	0	+9	12.40	47.50	-9	+3	60.82	42.35	-4	-9	53.79	33.86	+4	-4
10	24.74	48.13	-4	+8	11.98	47.41	-10	-1	60.50	42.12	0	-8	53.65	33.53	+5	0
11	24.32	48.18	-7	+5	11.57	47.31	-8	-5	60.19	41.88	+3	-6	53.52	33.21	+5	+3
12	23.89	48.22	-9	+1	11.16	47.20	-5	-8	59.89	41.64	+5	-3	53.40	32.88	+4	+6
13	23.47	48.26	-9	-3	10.75	47.09	-2	-9	59.59	41.39	+6	+1	53.28	32.56	+2	+8
14	23.04	48.29	-7	-6	10.35	46.98	+2	-7	59.29	41.14	+5	+4	53.17	32.23	0	+8
15	22.62	48.32	-4	-8	9.94	46.86	+4	-5	59.00	40.89	+4	+7	53.07	31.90	-2	+7
16	22.19	48.34	0	-8	9.54	46.73	+6	-1	58.72	40.63	+2	+8	52.97	31.57	-4	+5
17	21.76	48.36	+3	-7	9.14	46.60	+6	+2	58.44	40.37	-1	+8	52.88	31.24	-5	+2
18	21.33	48.37	+5	-4	8.74	46.46	+5	+5	58.16	40.11	-3	+7	*52.80	30.90	-5	-1
19	20.90	48.38	+6	0	8.35	46.32	+3	+7	57.90	39.84	-5	+4	52.72	30.57	-4	-5
20	20.47	48.39	+6	+3	7.96	46.18	+1	+8	57.63	39.57	-5	+1	52.66	30.23	-2	-8
21	20.04	48.39	+4	+6	7.57	46.03	-1	+8	57.38	39.29	-5	-3	52.60	29.90	+2	-9
22	19.62	48.38	+2	+8	7.19	45.88	-4	+6	57.13	39.02	-3	-6	52.54	29.56	+6	-9
23	19.19	48.37	0	+8	6.80	45.72	-5	+3	56.88	38.73	0	-9	52.50	29.23	+9	-7
24	18.76	48.35	-3	+7	6.42	45.56	-5	-1	56.64	38.45	+4	-9	52.46	28.89	+11	-3
25	18.33	48.33	-5	+5	6.05	45.39	-4	-5	56.41	38.16	+7	-8	52.43	28.56	+10	+2
26	17.90	48.30	-5	+2	5.67	45.22	-2	-8	56.18	37.87	+9	-5	52.41	28.22	+8	+6
27	17.47	48.27	-5	-2	5.30	45.05	+1	-9	55.96	37.58	+10	-1	52.39	27.88	+4	+9
28	17.04	48.23	-4	-6	4.93	44.87	+5	-9	55.74	37.28	+9	+4	52.38	27.55	-1	+9
29	16.61	48.19	-1	-9	4.57	44.68	+8	-7	55.53	36.98	+6	+7	52.38	27.21	-5	+8
30	16.19	48.15	+2	-9	4.21	44.49	+9	-3	55.32	36.68	+1	+9	52.39	26.88	-9	+4
31	15.76	48.10	+5	-8	3.85	44.30	+9	+1	55.13	36.38	-4	+9	52.40	26.54	-10	0
32					3.50	44.10	+7	+6					52.42	26.21	-10	-5

δ	sec δ	tg δ	δ	sec δ	tg δ	δ	sec δ	tg δ
+86° 36′ 20″	+16.889	+16.860	+86° 36′ 30″	+16.903	+16.873	+86° 36′ 40″	+16.917	+16.887
30	+16.903	+16.873	40	+16.917	+16.887	50	+16.931	+16.901

$\alpha_{1955.0} = 17^h\ 46^m\ 41^s.13$ $\delta_{1955.0} = +86°\ 36'\ 29''.63$

* Tag der doppelten unteren Kulmination: Dez. 18.

Obere Kulmination Greenwich

Ni) λ Ursae minoris $6^{m}.55$

Tag	Januar			Februar			März			April		
	AR.	Dekl.	☾ Glieder	AR.	Dekl.	☾ Glieder	AR.	Dekl.	☾ Glieder	AR.	Dekl.	☾ Glieder
	$18^h\,13^m$ s	+ 89° 2′ ″	in s 0.01 ″ 0.01	$18^h\,13^m$ s	+ 89° 2′ ″	in s 0.01 ″ 0.01	$18^h\,13^m$ s	+ 89° 2′ ″	in s 0.01 ″ 0.01	$18^h\,14^m$ s	+ 89° 2′ ″	in s 0.01 ″ 0.01
1	4.50	69.29	+19 − 9	13.89	59.73	+31 + 5	40.36	53.91	+21 + 8	18.94	52.67	−38 + 5
2	4.42	68.96	+32 − 6	14.58	59.46	+17 + 9	41.52	53.78	+ 4 +10	20.19	52.73	−42 + 1
3	4.36	68.63	+39 − 2	15.30	59.20	− 1 +10	42.70	53.65	−14 +10	21.44	52.80	−39 − 4
4	4.33	68.31	+37 + 3	16.03	58.94	−19 + 9	43.88	53.53	−29 + 7	22.68	52.87	−29 − 7
5	4.32	67.98	+27 + 7	16.79	58.68	−33 + 6	45.07	53.42	−38 + 3	23.91	52.95	−16 − 8
6	4.34	67.65	+10 +10	17.57	58.43	−40 + 2	46.27	53.31	−40 − 1	25.14	53.03	− 1 − 8
7	4.39	67.33	− 9 +10	18.37	58.18	−40 − 3	47.48	53.21	−35 − 5	26.36	53.12	+12 − 6
8	4.46	67.00	−27 + 8	19.19	57.93	−33 − 6	48.70	53.11	−24 − 8	27.58	53.22	+21 − 3
9	4.56	66.68	−39 + 4	20.03	57.69	−20 − 8	49.92	53.02	−10 − 8	28.78	53.32	+27 0
10	4.69	66.35	−44 0	20.89	57.45	− 5 − 8	51.15	52.94	+ 4 − 7	29.98	53.43	+27 + 3
11	4.84	66.03	−40 − 4	21.77	57.22	+ 9 − 7	52.39	52.86	+17 − 5	31.17	53.54	+23 + 6
12	5.02	65.71	−30 − 7	22.66	56.99	+20 − 4	53.63	52.79	+25 − 2	32.35	53.66	+16 + 8
13	5.23	65.39	−16 − 8	23.58	56.77	+27 − 1	54.88	52.72	+28 + 1	33.52	53.78	+ 6 + 8
14	5.46	65.07	0 − 8	24.51	56.55	+28 + 3	56.13	52.66	+27 + 4	34.68	53.91	− 4 + 7
15	5.72	64.75	+13 − 6	25.46	56.34	+25 + 6	57.39	52.61	+22 + 7	35.83	54.05	−14 + 5
16	6.00	64.44	+23 − 3	26.43	56.13	+17 + 8	58.65	52.56	+12 + 8	36.97	54.19	−20 + 1
17	6.31	64.13	+27 + 1	27.41	55.93	+ 7 + 8	59.91	52.52	+ 1 + 8	38.10	54.33	−20 − 3
18	6.64	63.82	+27 + 4	28.41	55.73	− 5 + 8	61.18	52.49	−10 + 6	39.21	54.48	−14 − 7
19	7.00	63.51	+22 + 7	29.42	55.54	−15 + 5	62.45	52.46	−19 + 3	40.31	54.64	− 3 −10
20	7.38	63.20	+23 + 8	30.45	55.35	−22 + 2	63.72	52.44	−22 − 1	41.40	54.80	+11 −10
21	7.79	62.90	+ 2 + 8	31.50	55.17	−24 − 2	64.99	52.42	−21 − 5	42.48	54.97	+25 − 9
22	8.23	62.60	− 9 + 7	32.56	54.99	−19 − 6	66.27	52.41	−12 − 8	43.55	55.14	+34 − 5
23	8.69	62.30	−19 + 4	33.63	54.82	− 9 − 9	67.54	52.41	0 −10	44.60	55.32	+37 0
24	9.17	62.00	−23 0	34.72	54.65	+ 5 −10	68.81	52.41	+15 −10	45.64	55.50	+30 + 5
25	9.68	61.70	−22 − 4	35.82	54.49	+19 − 9	70.09	52.42	+27 − 7	46.66	55.69	+17 + 9
26	10.21	61.41	−15 − 7	36.94	54.34	+30 − 6	71.36	52.44	+34 − 3	47.67	55.88	− 2 +10
27	10.77	61.12	− 3 −10	38.06	54.19	+35 − 1	72.63	52.46	+33 + 2	48.67	56.08	−21 + 9
28	11.35	60.83	+12 −10	39.20	54.05	+32 + 4	73.90	52.49	+24 + 6	49.65	56.28	−36 + 6
29	11.95	60.55	+26 − 8	40.36	53.91	+21 + 8	75.17	52.53	+ 9 + 9	50.61	56.49	−44 + 2
30	12.57	60.27	+35 − 4				76.43	52.57	− 9 +10	51.56	56.70	−44 − 2
31	13.22	60.00	+37 + 1				77.69	52.62	−26 + 8	52.49	56.91	−36 − 6
32	13.89	59.73	+31 + 5				78.94	52.67	−38 + 5			

δ	sec δ	tg δ	δ	sec δ	tg δ
+89° 2′ 50″	+60.138	+60.130	+89° 3′ 0″	+60.314	+60.306
60	+60.314	+60.306	10	+60.491	+60.483

$\alpha_{1955.0} = 18^h\,14^m\,53^s.66$ $\delta_{1955.0} = +89°\,3'\,11''.42$

Scheinbare Sternörter 1955

Obere Kulmination Greenwich

Ni) λ Ursae minoris $6^{m}.55$

Tag	Mai AR.	Mai Dekl.	Mai ☾ Glieder	Juni AR.	Juni Dekl.	Juni ☾ Glieder	Juli AR.	Juli Dekl.	Juli ☾ Glieder	August AR.	August Dekl.	August ☾ Glieder
	$18^{h}\ 14^{m}$	+ 89° 2′	in s 0.01 ″ 0.01	$18^{h}\ 15^{m}$	+ 89° 3′	in s 0.01 ″ 0.01	$18^{h}\ 14^{m}$	+ 89° 3′	in s 0.01 ″ 0.01	$18^{h}\ 14^{m}$	+ 89° 3′	in s 0.01 ″ 0.01
	s	″		s	″		s	″		s	″	
1	52.49	56.91	−36 − 6	11.95	5.35	+13 − 5	70.25	15.37	+19 + 6	47.62	24.43	−15 + 6
2	53.41	57.13	−23 − 8	12.24	5.66	+21 − 2	69.83	15.69	+11 + 8	46.58	24.68	−21 + 3
3	54.31	57.36	− 8 − 8	12.50	5.98	+24 + 1	69.38	16.01	+ 2 + 8	45.53	24.93	−23 − 1
4	55.19	57.59	+ 6 − 7	12.75	6.29	+23 + 4	68.92	16.33	− 8 + 7	44.46	25.18	−20 − 5
5	56.05	57.82	+17 − 4	12.97	6.61	+18 + 6	68.44	16.65	−16 + 5	43.38	25.42	−12 − 7
6	56.90	58.06	+24 − 1	13.16	6.93	+10 + 8	67.93	16.96	−21 + 2	42.28	25.66	+ 1 − 9
7	57.73	58.30	+26 + 2	13.34	7.25	+ 1 + 8	67.40	17.28	−21 − 2	41.16	25.89	+16 − 9
8	58.53	58.54	+23 + 5	13.49	7.57	− 9 + 6	66.85	17.59	−16 − 6	40.03	26.12	+29 − 7
9	59.32	58.79	+18 + 7	13.61	7.89	−16 + 4	66.28	17.90	− 6 − 9	38.88	26.35	+37 − 4
10	60.10	59.04	+ 9 + 8	13.72	8.22	−20 0	65.69	18.21	+ 8 −10	37.72	26.58	+39 + 1
11	60.85	59.30	− 1 + 8	13.80	8.54	−19 − 4	65.07	18.51	+23 − 9	36.54	26.80	+32 + 5
12	61.59	59.56	−10 + 6	13.86	8.87	−12 − 7	64.44	18.82	+35 − 6	35.35	27.02	+18 + 9
13	62.30	59.82	−17 + 3	13.90	9.19	+ 1 −10	63.78	19.12	+41 − 2	34.14	27.23	+ 1 +10
14	63.00	60.09	−20 − 1	13.92	9.52	+16 −10	63.11	19.42	+39 + 3	32.92	27.44	−17 + 8
15	63.67	60.36	−17 − 6	13.91	9.84	+30 − 8	62.41	19.72	+28 + 7	31.69	27.65	−31 + 5
16	64.33	60.63	− 7 − 9	13.88	10.17	+39 − 5	61.70	20.01	+12 + 9	30.44	27.85	−38 + 1
17	64.96	60.91	+ 6 −10	13.83	10.50	+42 0	60.96	20.31	− 8 + 9	29.18	28.05	−37 − 4
18	65.58	61.19	+21 −10	13.75	10.82	+35 + 5	60.21	20.60	−26 + 7	27.91	28.24	−29 − 7
19	66.17	61.47	+34 − 7	13.65	11.15	+20 + 9	59.43	20.89	−38 + 3	26.62	28.43	−16 − 8
20	66.75	61.75	+40 − 3	13.52	11.48	+ 1 +10	58.63	21.18	−42 − 1	25.32	28.62	− 2 − 8
21	67.30	62.04	+37 + 3	13.37	11.81	−19 + 9	57.82	21.46	−38 − 5	24.01	28.80	+11 − 6
22	67.83	62.33	+26 + 7	13.20	12.13	−35 + 6	56.98	21.75	−27 − 8	22.69	28.98	+20 − 3
23	68.34	62.62	+ 9 +10	13.00	12.46	−44 + 2	56.13	22.03	−12 − 9	21.35	29.15	+24 + 1
24	68.83	62.92	−12 +10	12.79	12.78	−44 − 3	55.25	22.31	+ 2 − 8	20.00	29.32	+23 + 4
25	69.30	63.21	−30 + 8	12.55	13.11	−36 − 6	54.36	22.58	+14 − 5	18.64	29.49	+17 + 7
26	69.74	63.51	−42 + 4	{ 12.29 12.00	13.43 13.76	−23 − 8 − 7 − 8 }	53.45	22.86	+21 − 2	17.28	29.65	+ 9 + 8
27	70.16	63.81	−46 0	11.70	14.08	+ 7 − 6	52.52	23.13	+23 + 2	15.90	29.81	− 1 + 8
28	70.57	64.12	−42 − 4	11.37	14.41	+17 − 3	51.57	23.39	+20 + 5	14.51	29.96	−11 + 7
29	70.95	64.42	−30 − 7	11.02	14.73	+23 0	50.61	23.66	+13 + 7	13.11	30.11	−19 + 4
30	71.30	64.73	−15 − 8	10.64	15.05	+23 + 3	49.63	23.92	+ 4 + 8	11.70	30.26	−23 + 1
31	71.64	65.04	0 − 8	10.25	15.37	+19 + 6	48.63	24.18	− 6 + 8	10.28	30.40	−22 − 3
32	71.95	65.35	+13 − 5				47.62	24.43	−15 + 6	8.85	30.54	−16 − 7

δ	sec δ	tg δ	δ	sec δ	tg δ	δ	sec δ	tg δ
+89° 2′ 50″	+60.138	+60.130	+89° 3′ 10″	+60.491	+60.483	+89° 3′ 30″	+60.848	+60.840
60	+60.314	+60.306	20	+60.669	+60.661	40	+61.028	+61.020

$\alpha_{1955.0} = 18^{h}\ 14^{m}\ 53^{s}.66$ $\delta_{1955.0} = +89°\ 3'\ 11''.42$

Obere Kulmination Greenwich

Ni) λ Ursae minoris $6^m\!.55$

Tag	September AR.	September Dekl.	September ☾ Glieder	Oktober AR.	Oktober Dekl.	Oktober ☾ Glieder	November AR.	November Dekl.	November ☾ Glieder	Dezember AR.	Dezember Dekl.	Dezember ☾ Glieder
	$18^h 13^m$ s	+ 89° 3′ ″	in s 0.01 | ″ 0.01	$18^h 12^m$ s	+ 89° 3′ ″	in s 0.01 | ″ 0.01	$18^h 12^m$ s	+ 89° 3′ ″	in s 0.01 | ″ 0.01	$18^h 11^m$ s	+ 89° 3′ ″	in s 0.01 | ″ 0.01
1	68.85	30.54	−16 − 7	83.25	32.47	+18 − 9	37.04	29.85	+31 + 5	62.96	23.18	−10 + 9
2	67.41	30.67	− 5 − 9	81.69	32.46	+30 − 6	35.68	29.69	+16 + 8	62.11	22.90	−28 + 7
3	65.96	30.80	+ 9 −10	80.13	32.44	+36 − 2	34.34	29.52	− 1 + 9	61.29	22.62	−40 + 3
4	64.51	30.92	+23 − 8	78.58	32.42	+34 + 2	33.00	29.35	−19 + 9	60.49	22.33	−43 − 1
5	63.05	31.04	+33 − 5	77.02	32.39	+25 + 6	31.68	29.18	−34 + 6	59.71	22.05	−38 − 5
6	61.58	31.15	+37 − 1	75.47	32.36	+10 + 9	30.37	29.00	−41 + 2	58.95	21.76	−27 − 8
7	60.10	31.26	+33 + 4	73.92	32.33	− 8 + 9	29.08	28.81	−40 − 3	58.22	21.47	−12 − 8
8	58.61	31.36	+21 + 7	72.37	32.29	−24 + 7	27.80	28.62	−32 − 6	57.51	21.17	+ 3 − 7
9	57.12	31.46	+ 6 + 9	70.83	32.24	−35 + 4	26.53	28.43	−19 − 8	56.82	20.87	+14 − 4
10	55.62	31.56	−12 + 9	69.29	32.19	−39 0	25.29	28.24	− 4 − 8	56.16	20.57	+21 − 1
11	54.12	31.65	−27 + 6	67.75	32.14	−36 − 4	24.04	28.04	+ 9 − 6	55.52	20.27	+22 + 3
12	52.61	31.74	−36 + 2	66.22	32.08	−25 − 7	22.82	27.83	+18 − 3	54.91	19.96	+18 + 6
13	51.09	31.82	−37 − 2	64.69	32.01	−12 − 8	21.61	27.62	+23 0	54.32	19.66	+11 + 8
14	49.57	31.90	−32 − 6	63.17	31.94	+ 2 − 7	20.42	27.41	+22 + 3	53.75	19.35	+ 3 + 8
15	48.05	31.97	−20 − 8	61.65	31.87	+14 − 5	19.25	27.19	+18 + 6	53.21	19.03	− 6 + 7
16	46.52	32.04	− 6 − 8	60.14	31.79	+22 − 2	18.09	26.97	+10 + 8	52.69	18.72	−14 + 6
17	44.99	32.10	+ 8 − 7	58.64	31.71	+24 + 2	16.95	26.74	+ 1 + 8	52.20	18.41	−20 + 3
18	43.45	32.16	+18 − 4	57.14	31.62	+22 + 5	15.83	26.51	− 8 + 7	51.73	18.09	−21 0
19	41.91	32.21	+24 − 1	55.65	31.52	+16 + 7	14.72	26.28	−16 + 5	51.29	17.77	−18 − 4
20	40.37	32.26	+25 + 3	54.16	31.42	+ 8 + 8	13.64	26.04	−20 + 2	50.87	17.45	−10 − 7
21	38.82	32.30	+21 + 6	52.69	31.32	− 2 + 8	12.57	25.80	−20 − 2	50.48	17.13	+ 4 − 9
22	37.27	32.34	+13 + 8	51.22	31.21	−11 + 7	11.52	25.55	−15 − 6	50.11	16.81	+19 −10
23	35.72	32.37	+ 4 + 8	49.76	31.09	−18 + 4	10.49	25.30	− 4 − 9	49.77	16.48	+32 − 8
24	34.16	32.40	− 7 + 8	48.30	30.97	−21 0	9.47	25.05	+10 −10	49.46	16.16	+41 − 4
25	32.61	32.42	−16 + 6	46.86	30.85	−19 − 4	8.48	24.79	+24 − 9	*49.17	15.83	+43 0
26	31.05	32.44	−21 + 2	45.42	30.72	−12 − 7	7.51	24.53	+36 − 6	48.91	15.51	+35 + 5
27	29.49	32.46	−23 − 2	44.00	30.59	0 − 9	6.56	24.27	+41 − 2	48.68	15.18	+21 + 8
28	27.93	32.47	−18 − 6	42.58	30.45	+14 −10	5.63	24.00	+37 + 3	48.47	14.85	+ 2 + 9
29	26.37	32.47	− 9 − 8	41.18	30.31	+27 − 8	4.72	23.73	+27 + 7	48.29	14.53	−17 + 8
30	24.81	32.47	+ 4 −10	39.79	30.16	+36 − 4	3.83	23.46	+ 9 + 9	48.13	14.20	−33 + 5
31	23.25	32.47	+18 − 9	38.41	30.01	+38 0	2.96	23.18	−10 + 9	48.00	13.87	−41 + 1
32				37.04	29.85	+31 + 5				47.90	13.54	−40 − 4

δ	sec δ	tg δ	δ	sec δ	tg δ	δ	sec δ	tg δ
+89° 3′ 10″	+60.491	+60.483	+89° 3′ 20″	+60.669	+60.661	+89° 3′ 30″	+60.848	+60.840
20	+60.669	+60.661	30	+60.848	+60.840	40	+61.028	+61.020

$\alpha_{1955.0} = 18^h\ 14^m\ 53^s\!.66$ $\delta_{1955.0} = +89°\ 3'\ 11''\!.42$

* Tag der doppelten unteren Kulmination: Dez. 25.

Scheinbare Sternörter 1955

Obere Kulmination Greenwich

Nk) 76 Draconis $5^{m}.69$

Tag	Januar			Februar			März			April		
	AR.	Dekl.	☾ Glieder	AR.	Dekl.	☾ Glieder	AR.	Dekl.	☾ Glieder	AR.	Dekl.	☾ Glieder
	$20^h 45^m$	+82° 22′	in s ″ 0.01 0.01	$20^h 45^m$	+82° 21′	in s ″ 0.01 0.01	$20^h 45^m$	+82° 21′	in s ″ 0.01 0.01	$20^h 45^m$	+82° 21′	in s ″ 0.01 0.01
	s	″		s	″		s	″		s	″	
1	47.63	13.80	−2 −11	45.91	64.50	+4 0	46.93	55.70	+4 +3	50.53	48.89	−1 +10
2	47.53	13.54	0 −10	*45.90	64.17	+4 +5	47.01	55.42	+3 +7	50.68	48.75	−2 +7
3	47.44	13.28	+2 −8	45.90	63.85	+3 +8	47.09	55.14	+2 +10	50.83	48.62	−4 +3
4	47.34	13.01	+3 −3	45.90	63.52	+2 +10	47.18	54.86	0 +10	50.98	48.50	−4 −1
5	47.25	12.75	+4 +2	45.90	63.19	0 +10	47.27	54.59	−1 +8	51.13	48.38	−4 −4
6	47.17	12.47	+4 +7	45.91	62.87	−2 +7	47.36	54.32	−3 +5	51.28	48.26	−2 −6
7	47.08	12.20	+3 +10	45.92	62.54	−4 +4	47.45	54.06	−4 +1	51.43	48.15	−1 −7
8	47.00	11.92	+1 +11	45.93	62.22	−4 0	47.55	53.79	−4 −3	51.59	48.05	+1 −6
9	46.92	11.64	−1 +10	45.95	61.89	−4 −4	47.65	53.54	−3 −5	51.75	47.95	+2 −4
10	46.84	11.35	−3 +7	45.97	61.57	−3 −6	47.75	53.28	−2 −7	51.90	47.86	+3 −2
11	46.77	11.06	−4 +3	45.99	61.25	−2 −7	47.85	53.03	0 −7	52.06	47.78	+3 +1
12	46.70	10.77	−4 −2	46.02	60.93	0 −6	47.96	52.78	+1 −6	52.22	47.70	+3 +4
13	46.63	10.48	−4 −5	46.04	60.60	+1 −4	48.07	52.54	+2 −3	52.38	47.63	+3 +6
14	46.57	10.18	−2 −7	46.08	60.28	+3 −2	48.18	52.30	+3 −1	52.54	47.57	+2 +6
15	46.51	9.88	−1 −7	46.11	59.97	+3 +1	48.30	52.07	+3 +2	52.70	47.51	+1 +6
16	46.45	9.58	0 −6	46.15	59.65	+4 +4	48.41	51.84	+3 +5	52.87	47.46	−1 +4
17	46.39	9.27	+2 −4	46.19	59.33	+3 +6	48.53	51.62	+2 +6	53.03	47.41	−2 0
18	46.34	8.97	+3 −1	46.24	59.02	+2 +7	48.65	51.40	+1 +7	53.19	47.37	−3 −3
19	46.28	8.66	+3 +2	46.29	58.70	+1 +6	48.77	51.19	0 +5	53.35	47.33	−3 −7
20	46.24	8.35	+3 +5	46.34	58.39	−1 +5	48.90	50.98	−2 +3	53.52	47.30	−2 −10
21	46.19	8.03	+2 +6	46.39	58.08	−2 +1	49.02	50.78	−3 −1	53.68	47.28	−1 −11
22	46.15	7.71	+1 +7	46.45	57.77	−3 −2	49.15	50.58	−3 −5	53.84	47.27	+1 −9
23	46.11	7.40	0 +6	46.51	57.47	−3 −6	49.28	50.39	−3 −8	54.01	47.26	+2 −5
24	46.07	7.08	−2 +4	46.58	57.17	−3 −9	49.41	50.20	−2 −10	54.17	47.26	+3 −1
25	46.04	6.76	−3 0	46.64	56.87	−2 −10	49.54	50.02	0 −10	54.34	47.26	+4 +5
26	46.01	6.44	−3 −4	46.71	56.58	0 −9	49.68	49.84	+2 −7	54.50	47.27	+3 +9
27	45.99	6.12	−3 −8	46.78	56.28	+2 −6	49.82	49.67	+3 −3	54.67	47.29	+1 +11
28	45.96	5.79	−2 −10	46.85	55.99	+3 −2	49.96	49.50	+4 +2	54.83	47.31	−1 +11
29	45.95	5.47	−1 −10	46.93	55.70	+4 +3	50.10	49.34	+3 +6	55.00	47.34	−2 +8
30	45.93	5.15	+1 −8				50.24	49.19	+2 +9	55.16	47.37	−3 +5
31	45.92	4.82	+3 −5				50.38	49.04	+1 +11	55.33	47.41	−4 +1
32	45.91	4.50	+4 0				50.53	48.89	−1 +10			

δ	sec δ	tg δ	δ	sec δ	tg δ	δ	sec δ	tg δ
+82° 21′ 40″	+7.523	+7.456	+82° 22′ 0″	+7.528	+7.462	+82° 22′ 10″	+7.531	+7.464
50	+7.526	+7.459	10	+7.531	+7.464	20	+7.534	+7.467

$\alpha_{1955.0} = 20^h\ 45^m\ 58^s.01$ $\delta_{1955.0} = +82°\ 21'\ 58''.96$

* Tag der doppelten unteren Kulmination: Febr. 2.

Obere Kulmination Greenwich

Nk) 76 Draconis $5^m.69$

Tag	Mai AR.	Mai Dekl.	Mai ☾ Glieder	Juni AR.	Juni Dekl.	Juni ☾ Glieder	Juli AR.	Juli Dekl.	Juli ☾ Glieder	August AR.	August Dekl.	August ☾ Glieder
	$20^h 45^m$ s	+ $82° 21'$ ″	in s 0.01 | ″ 0.01	$20^h 46^m$ s	+ $82° 21'$ ″	in s 0.01 | ″ 0.01	$20^h 46^m$ s	+ $82° 21'$ ″	in s 0.01 | ″ 0.01	$20^h 46^m$ s	+ $82° 22'$ ″	in s 0.01 | ″ 0.01
1	55.33	47.41	−4 + 1	0.09	51.58	−1 − 6	3.20	59.94	+3 − 1	4.10	10.90	+2 + 7
2	55.49	47.46	−4 − 3	0.22	51.80	+1 − 5	3.27	60.27	+3 + 2	4.09	11.27	+1 + 7
3	55.66	47.51	−3 − 5	0.35	52.02	+2 − 3	3.34	60.60	+3 + 4	{ **4.07** **4.05**	**11.64** **12.00**	**−1 + 5** **−2 + 3**
4	55.82	47.57	−2 − 6	0.48	52.25	+3 0	3.40	60.94	+3 + 6	4.03	12.37	−3 − 1
5	55.99	47.64	0 − 6	0.61	52.48	+3 + 3	3.46	61.27	+2 + 6	4.01	12.74	−3 − 4
6	56.15	47.71	+1 − 4	0.73	52.72	+3 + 5	3.52	61.61	0 + 6	3.98	13.10	−3 − 8
7	56.31	47.78	+2 − 2	0.86	52.97	+2 + 6	3.58	61.95	−1 + 4	3.95	13.47	−2 −10
8	56.47	47.87	+3 + 1	0.98	53.21	+1 + 6	3.63	62.29	−2 + 1	3.92	13.83	0 −10
9	56.64	47.95	+3 + 3	1.10	53.46	0 + 5	3.68	62.63	−3 − 2	3.89	14.19	+1 − 9
10	56.80	48.05	+3 + 5	1.22	53.72	−1 + 3	3.73	62.98	−3 − 6	3.85	14.56	+3 − 5
11	56.96	48.15	+2 + 6	1.34	53.98	−2 − 1	3.78	63.33	−2 − 9	3.81	14.92	+4 0
12	57.12	48.26	+1 + 6	1.45	54.25	−3 − 4	3.82	63.68	−1 −11	3.76	15.28	+4 + 4
13	57.28	48.37	0 + 5	1.56	54.52	−3 − 8	3.86	64.03	0 −10	3.72	15.64	+3 + 8
14	57.44	48.49	−2 + 2	1.67	54.79	−2 −10	3.89	64.39	+2 − 8	3.67	16.00	+1 + 9
15	57.60	48.61	−3 − 2	1.78	55.07	−1 −11	3.93	64.74	+3 − 3	3.62	16.35	−1 + 9
16	57.75	48.74	−3 − 6	1.88	55.35	+1 −10	3.96	65.10	+4 + 2	3.57	16.71	−2 + 6
17	57.91	48.88	−3 − 9	1.99	55.63	+3 − 6	3.99	65.45	+3 + 6	3.51	17.07	−3 + 3
18	58.06	49.02	−2 −11	2.09	55.92	+4 − 1	4.02	65.81	+2 + 9	3.45	17.42	−4 − 1
19	58.22	49.17	0 −11	2.19	56.21	+4 + 4	4.04	66.17	0 +10	3.39	17.77	−4 − 4
20	58.37	49.32	+2 − 8	2.29	56.50	+3 + 8	4.06	66.53	−2 + 9	3.33	18.13	−3 − 6
21	58.52	49.48	+3 − 3	2.39	56.80	+1 +10	4.08	66.89	−3 + 5	3.26	18.47	−1 − 6
22	58.67	49.65	+4 + 2	2.48	57.10	−1 +10	4.09	67.26	−4 + 2	3.19	18.82	+1 − 5
23	58.81	49.82	+3 + 7	2.57	57.40	−2 + 8	4.11	67.62	−4 − 2	3.12	19.17	+2 − 3
24	58.96	49.99	+2 +10	2.66	57.71	−4 + 4	4.12	67.98	−3 − 5	3.05	19.51	+3 0
25	59.11	50.17	0 +11	2.74	58.02	−4 0	4.12	68.35	−2 − 6	2.97	19.85	+3 + 3
26	59.25	50.36	−2 +10	2.83	58.33	−4 − 3	4.13	68.71	−1 − 6	2.90	20.20	+3 + 5
27	59.39	50.55	−3 + 7	2.91	58.65	−3 − 6	4.13	69.07	+1 − 4	2.81	20.53	+2 + 7
28	59.53	50.74	−4 + 3	2.98	58.97	−2 − 6	4.13	69.44	+2 − 2	2.73	20.87	+1 + 7
29	59.67	50.94	−4 − 1	3.06	59.29	0 − 5	4.13	69.80	+3 + 1	2.64	21.21	0 + 6
30	59.81	51.15	−4 − 4	3.13	59.61	+1 − 3	4.12	70.17	+3 + 4	2.56	21.54	−1 + 4
31	59.95	51.36	−2 − 6	3.20	59.94	+3 − 1	4.11	70.54	+3 + 6	2.46	21.87	−2 + 1
32	60.09	51.58	−1 − 6				4.10	70.90	+2 + 7	2.37	22.20	−3 − 3

δ	sec δ	tg δ	δ	sec δ	tg δ	δ	sec δ	tg δ
+82° 21′ 40″	+7.523	+7.456	+82° 22′ 0″	+7.528	+7.462	+82° 22′ 20″	+7.534	+7.467
50	+7.526	+7.459	10	+7.531	+7.464	30	+7.536	+7.470

$\alpha_{1955.0} = 20^h 45^m 58^s.01$ $\delta_{1955.0} = +82° 21' 58''.96$

Scheinbare Sternörter 1955

Obere Kulmination Greenwich

Nk) 76 Draconis $5^m.69$

Tag	September AR.	September Dekl.	September ☾ Glieder	Oktober AR.	Oktober Dekl.	Oktober ☾ Glieder	November AR.	November Dekl.	November ☾ Glieder	Dezember AR.	Dezember Dekl.	Dezember ☾ Glieder
	$20^h 45^m$ s	+82° 22′ ″	in s 0.01 ″ 0.01	$20^h 45^m$ s	+82° 22′ ″	in s 0.01 ″ 0.01	$20^h 45^m$ s	+82° 22′ ″	in s 0.01 ″ 0.01	$20^h 45^m$ s	+82° 22′ ″	in s 0.01 ″ 0.01
1	62.37	22.20	−3 −3	58.68	30.66	−2 −10	53.57	35.44	+3 −1	48.45	35.06	+2 +9
2	62.28	22.53	−3 −7	58.53	30.89	0 −9	53.39	35.51	+4 +4	48.29	34.96	0 +10
3	62.18	22.85	−2 −9	58.38	31.11	+2 −7	53.22	35.57	+3 +8	48.14	34.85	−2 +9
4	62.08	23.17	−1 −10	58.23	31.33	+3 −3	53.04	35.63	+1 +10	47.98	34.74	−3 +6
5	61.98	23.49	+1 −9	58.08	31.54	+4 +2	52.87	35.68	0 +10	47.82	34.62	−4 +2
6	61.88	23.81	+2 −6	57.92	31.75	+3 +6	52.69	35.73	−2 +7	47.67	34.49	−4 −2
7	61.78	24.12	+3 −2	57.77	31.95	+2 +9	52.51	35.77	−3 +4	47.52	34.36	−3 −5
8	61.67	24.43	+4 +3	57.61	32.15	+1 +10	52.34	35.81	−4 0	47.36	34.22	−2 −6
9	61.56	24.74	+3 +7	57.45	32.35	−1 +9	52.16	35.84	−4 −4	47.22	34.08	0 −6
10	61.45	25.04	+2 +9	57.30	32.54	−3 +6	51.99	35.87	−3 −6	47.07	33.93	+1 −4
11	61.34	25.34	0 +9	57.14	32.72	−4 +2	51.82	35.89	−1 −6	46.92	33.77	+2 −1
12	61.22	25.64	−2 +7	56.97	32.90	−4 −2	51.64	35.90	0 −5	46.78	33.62	+3 +2
13	61.11	25.93	−3 +4	56.81	33.08	−3 −5	51.47	35.91	+2 −3	46.64	33.45	+3 +4
14	60.99	26.23	−4 0	56.65	33.25	−2 −6	51.30	35.91	+2 −1	46.49	33.28	+3 +6
15	60.87	26.52	−4 −3	56.48	33.41	−1 −6	51.12	35.91	+3 +2	46.36	33.11	+2 +7
16	60.74	26.81	−3 −6	56.32	33.57	+1 −5	50.95	35.90	+3 +5	46.22	32.93	+1 +7
17	60.62	27.09	−2 −7	56.15	33.73	+2 −2	50.78	35.89	+3 +6	46.09	32.75	0 +5
18	60.49	27.37	0 −6	55.98	33.88	+3 0	50.60	35.87	+2 +7	45.95	32.56	−2 +2
19	60.37	27.64	+2 −4	55.81	34.02	+3 +3	50.43	35.84	0 +6	45.82	32.36	−2 −1
20	60.23	27.92	+2 −2	55.64	34.16	+3 +5	50.26	35.81	−1 +4	45.69	32.16	−3 −4
21	60.10	28.18	+3 +1	55.47	34.30	+2 +7	50.09	35.77	−2 +1	45.57	31.96	−3 −8
22	59.97	28.45	+3 +4	55.30	34.43	+1 +7	49.92	35.72	−3 −3	45.44	31.75	−2 −10
23	59.83	28.71	+3 +6	55.13	34.55	0 +6	49.76	35.67	−3 −6	45.32	31.53	0 −11
24	59.69	28.97	+2 +7	54.96	34.67	−1 +3	49.59	35.62	−2 −10	45.20	31.31	+2 −9
25	59.56	29.22	+1 +7	54.78	34.79	−2 0	49.42	35.56	−1 −11	45.08	31.09	+3 −6
26	59.41	29.47	−1 +5	54.61	34.90	−3 −4	49.26	35.49	0 −10	44.96	30.86	+4 −1
27	59.27	29.72	−2 +2	54.44	35.00	−3 −8	49.10	35.42	+2 −8	44.84	30.63	+4 +4
28	59.12	29.96	−3 −2	54.27	35.10	−2 −10	48.93	35.34	+3 −3	44.73	30.39	+3 +7
29	58.98	30.20	−3 −5	54.09	35.19	−1 −10	48.77	35.25	+4 +2	44.62	30.15	+1 +9
30	58.83	30.43	−3 −8	53.92	35.28	+1 −9	48.61	35.16	+3 +6	44.52	29.91	−1 +9
31	58.68	30.66	−2 −10	53.74	35.36	+2 −6	48.45	35.06	+2 +9	44.41	29.66	−3 +7
32				53.57	35.44	+3 −1				44.31	29.41	−4 +3

δ	sec δ	tg δ	δ	sec δ	tg δ
+82° 22′ 20″	+7.534	+7.467	+82° 22′ 30″	+7.536	+7.470
30	+7.536	+7.470	40	+7.539	+7.473

$\alpha_{1955.0} = 20^h\ 45^m\ 58^s.01$ $\delta_{1955.0} = +82°\ 21'\ 58''.96$

Obere Kulmination Greenwich

Sa) 4 G. Octantis 5ᵐ63

Tag	Januar AR.	Januar Dekl.	Januar ☾ Glieder	Februar AR.	Februar Dekl.	Februar ☾ Glieder	März AR.	März Dekl.	März ☾ Glieder	April AR.	April Dekl.	April ☾ Glieder
	$1^h 39^m$ s	−85° 0′ ″	in s ″ 0.01 0.01	$1^h 39^m$ s	−84° 59′ ″	in s ″ 0.01 0.01	$1^h 39^m$ s	−84° 59′ ″	in s ″ 0.01 0.01	$1^h 39^m$ s	−84° 59′ ″	in s ″ 0.01 0.01
1	51.67	4.90	+7 −3	43.54	62.68	−4 −9	37.28	56.16	−6 −7	32.96	45.70	−4 +8
2	51.40	4.92	+5 −7	43.29	62.51	−6 −6	37.09	55.87	−7 −3	32.88	45.33	−1 +11
3	51.14	4.93	+2 −9	43.04	62.34	−7 −2	36.91	55.57	−7 +1	32.80	44.97	+2 +11
4	50.88	4.94	−2 −10	42.80	62.16	−7 +3	36.73	55.27	−5 +6	32.73	44.60	+4 +9
5	50.61	4.94	−5 −8	42.55	61.98	−4 +7	36.55	54.96	−3 +9	32.66	44.22	+6 +6
6	50.35	4.94	−7 −5	42.31	61.79	−1 +10	36.38	54.65	0 +10	32.59	43.85	+6 +2
7	50.09	4.93	−7 0	42.07	61.60	+2 +11	36.20	54.34	+3 +10	32.52	43.48	+4 −2
8	49.82	4.92	−6 +5	41.83	61.40	+4 +10	36.03	54.03	+5 +8	32.46	43.10	+2 −5
9	49.56	4.90	−3 +9	41.59	61.20	+5 +7	35.87	53.71	+6 +4	32.40	42.73	0 −7
10	49.29	4.87	0 +11	41.35	60.99	+6 +3	35.70	53.39	+5 0	32.35	42.35	−2 −8
11	49.02	4.83	+3 +11	41.12	60.77	+5 −1	35.54	53.06	+4 −3	32.30	41.97	−4 −8
12	48.76	4.79	+5 +9	40.89	60.56	+3 −4	35.38	52.73	+2 −6	32.26	41.60	−5 −6
13	48.49	4.74	+6 +6	40.66	60.33	+1 −7	35.23	52.40	−1 −8	32.22	41.22	−6 −4
14	48.23	4.69	+5 +2	40.43	60.10	−2 −8	35.08	52.07	−3 −8	32.18	40.85	−5 0
15	47.96	4.63	+4 −2	40.20	59.87	−4 −8	34.93	51.74	−5 −7	32.15	40.47	−3 +3
16	47.70	4.56	+2 −5	39.97	59.64	−5 −6	34.79	51.40	−6 −5	32.12	40.09	0 +5
17	47.43	4.49	0 −7	39.75	59.39	−6 −4	34.65	51.06	−6 −2	*32.09	39.71	+3 +6
18	47.17	4.41	−3 −8	39.53	59.15	−5 −1	34.51	50.72	−4 +1	32.07	39.34	+5 +6
19	46.90	4.33	−4 −7	39.31	58.90	−3 +3	34.38	50.37	−2 +4	32.05	38.96	+7 +4
20	46.64	4.24	−5 −5	39.09	58.65	−1 +6	34.25	50.02	+1 +6	32.03	38.58	+7 0
21	46.38	4.14	−6 −2	38.88	58.39	+2 +7	34.12	49.67	+4 +7	32.02	38.20	+6 −4
22	46.11	4.04	−5 +1	38.67	58.12	+5 +7	34.00	49.32	+6 +5	32.02	37.83	+3 −8
23	45.85	3.93	−3 +4	38.47	57.86	+6 +5	33.88	48.97	+8 +2	32.01	37.45	0 −9
24	45.59	3.81	0 +6	38.26	57.58	+7 +1	33.76	48.61	+7 −2	32.02	37.07	−3 −9
25	45.33	3.69	+3 +7	38.06	57.31	+6 −3	33.65	48.25	+5 −6	32.02	36.70	−6 −6
26	45.07	3.57	+6 +6	37.86	57.03	+4 −7	33.54	47.89	+2 −8	32.03	36.33	−7 −2
27	44.82	3.43	+7 +3	37.66	56.74	+1 −9	33.44	47.53	−2 −9	32.04	35.96	−7 +3
28	44.56	3.30	+7 −1	37.47	56.45	−3 −9	33.33	47.17	−5 −7	32.06	35.59	−5 +8
29	44.30	3.15	+6 −5	37.28	56.16	−6 −7	33.24	46.81	−7 −4	32.08	35.22	−2 +11
30	44.05	3.00	+3 −8				33.14	46.44	−7 0	32.10	34.85	+1 +11
31	43.80	2.84	−1 −10				33.05	46.07	−6 +5	32.13	34.48	+4 +10
32	43.54	2.68	−4 −9				32.96	45.70	−4 +8			

δ	sec δ	tg δ	δ	sec δ	tg δ	δ	sec δ	tg δ
−84° 59′ 30″	+11.455	−11.411	−84° 59′ 50″	+11.467	−11.424	−85° 0′ 0″	+11.474	−11.430
40	+11.461	−11.417	60	+11.474	−11.430	10	+11.480	−11.436

$\alpha_{1955.0} = 1^h\ 39^m\ 48^s.46$ $\delta_{1955.0} = -84°\ 59'\ 51''.71$

* Tag der doppelten unteren Kulmination: April 17.

Scheinbare Sternörter 1955

Obere Kulmination Greenwich

Sa) 4 G. Octantis $5^{m}_{.}63$

Tag	Mai AR.	Mai Dekl.	Mai ☾ Glieder		Juni AR.	Juni Dekl.	Juni ☾ Glieder		Juli AR.	Juli Dekl.	Juli ☾ Glieder		August AR.	August Dekl.	August ☾ Glieder	
	$1^h\ 39^m$	$-84°\ 59'$	in s 0.01	in ″ 0.01	$1^h\ 39^m$	$-84°\ 59'$	in s 0.01	in ″ 0.01	$1^h\ 39^m$	$-84°\ 59'$	in s 0.01	in ″ 0.01	$1^h\ 39^m$	$-84°\ 59'$	in s 0.01	in ″ 0.01
	s	″			s	″			s	″			s	″		
1	32.13	34.48	+4	+10	34.86	24.07	+4	−2	40.33	17.23	−2	−7	47.48	15.09	−5	0
2	32.16	34.11	+5	+7	35.00	23.78	+1	−5	40.55	17.08	−4	−6	47.72	15.12	−4	+2
3	32.20	33.74	+5	+3	35.15	23.50	−1	−7	40.77	16.93	−5	−5	47.95	15.15	−2	+5
4	32.24	33.38	+5	−1	35.30	23.22	−3	−7	40.99	16.79	−6	−2	48.18	15.18	+1	+6
5	32.29	33.02	+3	−4	35.45	22.94	−4	−6	41.21	16.65	−5	0	48.41	15.22	+3	+6
6	32.33	32.66	+1	−6	35.60	22.66	−5	−5	41.43	16.52	−3	+3	48.65	15.27	+6	+5
7	32.39	32.30	−1	−7	35.76	22.39	−5	−2	41.65	16.39	−1	+5	48.88	15.33	+7	+2
8	32.44	31.94	−3	−7	35.92	22.12	−4	+1	41.88	16.27	+2	+6	49.11	15.39	+7	−2
9	32.50	31.58	−5	−6	36.08	21.86	−3	+3	42.10	16.15	+4	+6	49.34	15.46	+5	−6
10	32.56	31.23	−6	−4	36.25	21.60	0	+5	42.33	16.04	+6	+4	49.56	15.53	+3	−9
11	32.63	30.88	−5	−1	36.42	21.35	+3	+6	42.56	15.93	+7	0	49.79	15.60	−1	−10
12	32.70	30.52	−4	+1	36.59	21.10	+6	+5	42.78	15.84	+7	−4	50.01	15.69	−4	−9
13	32.77	30.18	−2	+4	36.76	20.85	+7	+2	43.01	15.74	+5	−8	50.23	15.78	−6	−6
14	32.85	29.83	+1	+6	36.94	20.61	+7	−2	43.25	15.66	+1	−10	50.46	15.87	−7	−2
15	32.93	29.49	+4	+6	37.12	20.37	+6	−6	43.48	15.58	−2	−10	50.68	15.97	−6	+3
16	33.02	29.15	+7	+4	37.30	20.14	+3	−9	43.71	15.50	−5	−8	50.89	16.08	−4	+7
17	33.10	28.81	+8	+1	37.49	19.91	0	−10	43.95	15.43	−7	−5	51.11	16.19	−1	+10
18	33.20	28.47	+7	−3	37.68	19.69	−3	−10	44.18	15.37	−7	0	51.33	16.31	+2	+10
19	33.29	28.14	+5	−7	37.87	19.47	−6	−7	44.42	15.31	−6	+5	51.54	16.43	+4	+9
20	33.39	27.81	+2	−9	38.06	19.26	−7	−2	44.65	15.26	−3	+9	51.75	16.56	+5	+6
21	33.49	27.48	−2	−10	38.26	19.05	−7	+3	44.89	15.21	0	+11	51.96	16.70	+5	+2
22	33.60	27.16	−5	−8	38.46	18.84	−5	+8	45.12	15.17	+3	+11	52.17	16.84	+4	−2
23	33.71	26.84	−7	−4	38.66	18.64	−2	+11	45.36	15.14	+5	+8	52.37	16.98	+2	−5
24	33.82	26.52	−7	+1	38.86	18.45	+2	+12	45.60	15.11	+6	+5	52.58	17.13	−1	−7
25	33.94	26.20	−6	+6	39.07	18.26	+4	+10	45.83	15.08	+5	+1	52.78	17.29	−3	−7
26	34.06	25.89	−3	+10	39.27	18.07	+5	+7	46.07	15.07	+3	−3	52.98	17.45	−5	−6
27	34.19	25.58	0	+12	39.48	17.89	+5	+3	46.31	15.05	+1	−6	53.17	17.61	−6	−4
28	34.31	25.27	+3	+11	39.69	17.72	+4	−1	46.54	15.05	−2	−7	53.37	17.78	−6	−2
29	34.45	24.96	+5	+9	39.90	17.55	+2	−4	46.78	15.05	−4	−7	53.56	17.96	−5	+1
30	34.58	24.66	+6	+5	40.12	17.39	0	−6	47.01	15.06	−5	−5	53.75	18.14	−3	+4
31	34.72	24.36	+5	+1	40.33	17.23	−2	−7	47.25	15.07	−6	−3	53.93	18.32	0	+6
32	34.86	24.07	+4	−2					47.48	15.09	−5	0	54.11	18.51	+3	+7

δ	sec δ	tg δ	δ	sec δ	tg δ	δ	sec δ	tg δ
−84° 59′ 10″	+11.442	−11.398	−84° 59′ 20″	+11.448	−11.405	−84° 59′ 30″	+11.455	−11.411
20	+11.448	−11.405	30	+11.455	−11.411	40	+11.461	−11.417

$\alpha_{1955.0} = 1^h\ 39^m\ 48^s.46$ $\delta_{1955.0} = -84°\ 59'\ 51''.71$

Obere Kulmination Greenwich

Sa) 4 G. Octantis $5^m.63$

Tag	September AR.	September Dekl.	September ☾ Glieder	Oktober AR.	Oktober Dekl.	Oktober ☾ Glieder	November AR.	November Dekl.	November ☾ Glieder	Dezember AR.	Dezember Dekl.	Dezember ☾ Glieder
	$1^h 39^m$ s	−84° 59′ ″	in s 0.01 | ″ 0.01	$1^h 39^m$ s	−84° 59′ ″	in s 0.01 | ″ 0.01	$1^h 39^m$ s	−84° 59′ ″	in s 0.01 | ″ 0.01	$1^h 39^m$ s	−84° 59′ ″	in s 0.01 | ″ 0.01
1	54.11	18.51	+3 + 7	58.00	26.21	+7 + 1	57.86	36.38	−4 − 9	53.59	44.40	−7 + 1
2	54.29	18.71	+5 + 5	58.07	26.52	+7 − 2	57.78	36.69	−6 − 6	53.39	44.60	−5 + 6
3	54.47	18.91	+7 + 3	58.13	26.82	+5 − 6	57.69	37.00	−7 − 2	53.19	44.80	−3 +10
4	54.64	19.12	+7 − 1	58.19	27.13	+2 − 9	57.60	37.31	−6 + 3	52.98	44.99	0 +11
5	54.82	19.33	+6 − 5	58.24	27.44	−2 − 9	57.51	37.61	−4 + 7	52.77	45.18	+3 +11
6	54.98	19.55	+4 − 8	58.29	27.76	−5 − 8	57.41	37.91	−1 +10	52.56	45.36	+5 + 8
7	55.15	19.77	+1 − 9	58.34	28.07	−6 − 4	57.31	38.21	+2 +11	52.34	45.54	+5 + 4
8	55.31	19.99	−3 − 9	58.38	28.39	−7 0	57.20	38.51	+4 + 9	52.13	45.71	+5 + 1
9	55.47	20.22	−5 − 7	58.41	28.70	−6 + 5	57.09	38.80	+5 + 6	51.91	45.88	+3 − 3
10	55.62	20.46	−7 − 3	58.44	29.02	−3 + 8	56.97	39.09	+5 + 3	51.68	46.04	0 − 5
11	55.78	20.69	−6 + 1	58.47	29.34	0 +10	56.85	39.38	+4 − 1	51.46	46.20	−2 − 6
12	55.92	20.94	−4 + 6	58.49	29.66	+3 +10	56.72	39.67	+2 − 4	51.23	46.35	−4 − 6
13	56.07	21.18	−2 + 9	58.51	29.98	+5 + 8	56.59	39.95	0 − 6	51.00	46.49	−5 − 5
14	56.21	21.43	+1 +10	58.52	30.30	+6 + 5	56.46	40.23	−2 − 7	50.77	46.63	−6 − 3
15	56.35	21.69	+4 + 9	58.53	30.62	+5 + 1	56.32	40.51	−4 − 6	50.53	46.77	−5 0
16	56.48	21.95	+5 + 7	58.53	30.95	+3 − 3	56.18	40.79	−5 − 5	50.29	46.90	−4 + 2
17	56.61	22.21	+6 + 3	{58.53 58.52	31.27 31.59	+1 − 5 −1 − 7}	56.03	41.06	−6 − 2	50.05	47.02	−2 + 4
18	56.74	22.48	+5 − 1	58.51	31.92	−3 − 7	55.88	41.32	−5 0	49.81	47.13	+1 + 6
19	56.86	22.75	+3 − 4	58.49	32.24	−5 − 6	55.72	41.59	−3 + 3	49.57	47.24	+3 + 6
20	56.98	23.02	0 − 6	58.47	32.56	−6 − 4	55.56	41.85	−1 + 5	49.32	47.35	+6 + 4
21	57.09	23.30	−2 − 7	58.44	32.88	−6 − 2	55.40	42.10	+2 + 6	49.08	47.45	+7 + 1
22	57.20	23.58	−4 − 7	58.41	33.21	−4 + 1	55.24	42.35	+5 + 5	48.83	47.54	+7 − 2
23	57.31	23.86	−5 − 5	58.38	33.53	−2 + 4	55.07	42.59	+7 + 3	48.58	47.63	+6 − 6
24	57.41	24.14	−6 − 3	58.34	33.85	0 + 6	54.90	42.83	+7 0	48.32	47.71	+3 − 9
25	57.51	24.43	−5 0	58.30	34.17	+3 + 6	54.72	43.07	+7 − 4	48.07	47.78	0 −11
26	57.60	24.72	−4 + 3	58.25	34.49	+6 + 5	54.54	43.30	+5 − 8	47.82	47.85	−4 −10
27	57.69	25.01	−1 + 5	58.20	34.81	+7 + 2	54.36	43.53	+2 −10	47.56	47.91	−6 − 7
28	57.77	25.31	+1 + 6	58.14	35.13	+7 − 1	54.17	43.76	−2 −10	47.30	47.96	−7 − 2
29	57.85	25.61	+4 + 6	58.07	35.45	+6 − 5	53.98	43.98	−5 − 8	47.05	48.01	−6 + 3
30	57.93	25.91	+6 + 4	58.01	35.76	+3 − 8	53.79	44.19	−7 − 4	46.79	48.05	−4 + 8
31	58.00	26.21	+7 + 1	57.93	36.07	0 − 9	53.59	44.40	−7 + 1	46.53	48.09	−1 +10
32				57.86	36.38	−4 − 9				46.27	48.12	+2 +11

δ	sec δ	tg δ	δ	sec δ	tg δ	δ	sec δ	tg δ
−84° 59′ 10″	+11.442	−11.398	−84° 59′ 30″	+11.455	−11.411	−84° 59′ 40″	+11.461	−11.417
20	+11.448	−11.405	40	+11.461	−11.417	50	+11.467	−11.424

$\alpha_{1955.0} = 1^h\ 39^m\ 48^s.46$ $\delta_{1955.0} = -84°\ 59'\ 51''.71$

Scheinbare Sternörter 1955

Obere Kulmination Greenwich

Sb) ξ Mensae $5^{m}\!.85$

Tag	Januar AR.	Januar Dekl.	Januar ☾ Glieder		Februar AR.	Februar Dekl.	Februar ☾ Glieder		März AR.	März Dekl.	März ☾ Glieder		April AR.	April Dekl.	April ☾ Glieder	
	$5^h\ 3^m$	$-82°\ 32'$	in s 0.01	in ″ 0.01	$5^h\ 3^m$	$-82°\ 32'$	in s 0.01	in ″ 0.01	$5^h\ 3^m$	$-82°\ 32'$	in s 0.01	in ″ 0.01	$5^h\ 3^m$	$-82°\ 32'$	in s 0.01	in ″ 0.01
	s	″			s	″			s	″			s	″		
1	62.23	8.34	+3	+ 6	57.95	15.74	+1	− 9	52.76	18.34	0	−10	46.84	16.35	−4	0
2	62.13	8.64	+4	+ 1	57.78	15.91	−1	−10	52.57	18.35	−2	− 9	46.66	16.21	−3	+ 5
3	62.03	8.94	+3	− 3	57.61	16.07	−2	− 8	52.37	18.36	−3	− 7	46.49	16.06	−2	+ 8
4	61.92	9.23	+2	− 7	57.43	16.22	−3	− 5	52.18	18.36	−4	− 3	46.31	15.91	−1	+ 9
5	61.81	9.52	0	−10	57.26	16.37	−4	− 1	51.98	18.36	−4	+ 2	46.14	15.75	0	+ 9
6	61.70	9.80	−1	−10	57.08	16.52	−3	+ 4	51.78	18.35	−3	+ 6	45.96	15.59	+1	+ 7
7	61.59	10.09	−3	− 8	56.91	16.66	−2	+ 7	51.58	18.34	−2	+ 9	45.79	15.42	+2	+ 3
8	61.47	10.36	−4	− 4	56.73	16.79	−1	+ 9	51.38	18.32	0	+ 9	45.62	15.25	+2	0
9	61.35	10.64	−4	+ 1	56.55	16.92	0	+ 9	51.19	18.30	+1	+ 8	45.45	15.08	+2	− 4
10	61.23	10.91	−3	+ 5	56.37	17.04	+1	+ 7	50.99	18.27	+2	+ 5	45.28	14.90	+2	− 6
11	61.11	11.18	−2	+ 9	56.19	17.16	+2	+ 4	50.80	18.24	+2	+ 2	45.11	14.72	+1	− 8
12	60.98	11.44	−1	+10	56.00	17.27	+2	+ 1	50.61	18.20	+2	− 2	44.95	14.53	0	− 9
13	60.85	11.70	+1	+ 9	55.82	17.37	+2	− 3	50.41	18.15	+2	− 5	44.79	14.34	−1	− 8
14	60.72	11.95	+2	+ 6	55.63	17.47	+2	− 6	50.22	18.10	+1	− 8	44.63	14.14	−2	− 5
15	60.58	12.20	+2	+ 3	55.45	17.57	+1	− 8	50.02	18.05	0	− 9	44.47	13.94	−2	− 2
16	60.45	12.44	+2	− 1	55.26	17.66	0	− 9	49.83	17.99	−1	− 8	44.31	13.74	−2	+ 2
17	60.31	12.68	+2	− 4	55.07	17.74	−1	− 8	49.64	17.92	−1	− 7	44.15	13.53	−1	+ 6
18	60.16	12.92	+1	− 7	54.88	17.82	−2	− 6	49.45	17.85	−2	− 4	44.00	13.32	0	+ 9
19	60.02	13.15	0	− 8	54.69	17.90	−2	− 2	49.25	17.78	−2	0	43.85	13.10	+2	+ 9
20	59.87	13.38	−1	− 8	54.50	17.97	−2	+ 2	49.06	17.70	−1	+ 4	43.70	12.88	+3	+ 8
21	59.72	13.60	−1	− 7	54.31	18.03	−1	+ 6	48.87	17.61	0	+ 8	43.55	12.66	+4	+ 5
22	59.57	13.82	−2	− 4	54.11	18.09	0	+ 9	48.68	17.52	+1	+10	43.41	12.43	+4	0
23	59.42	14.04	−2	0	53.92	18.14	+1	+ 9	48.49	17.43	+2	+ 9	43.26	12.20	+3	− 5
24	59.26	14.25	−2	+ 4	53.73	18.18	+2	+ 8	48.30	17.33	+3	+ 6	43.12	11.97	+1	− 8
25	59.10	14.45	−1	+ 7	53.54	18.23	+3	+ 5	48.12	17.22	+4	+ 2	42.98	11.73	−1	−10
26	58.94	14.65	0	+ 9	53.34	18.26	+3	+ 1	47.93	17.11	+3	− 2	42.84	11.49	−2	− 9
27	58.78	14.85	+2	+ 9	53.15	18.29	+3	− 4	47.75	17.00	+2	− 6	42.71	11.24	−4	− 6
28	58.62	15.04	+3	+ 7	52.95	18.32	+1	− 8	47.56	16.88	0	− 9	42.57	11.00	−4	− 1
29	58.46	15.22	+4	+ 3	52.76	18.34	0	−10	47.38	16.75	−1	−10	42.44	10.74	−4	+ 3
30	58.29	15.40	+4	− 1					47.20	16.62	−3	− 8	42.31	10.49	−3	+ 7
31	58.12	15.57	+3	− 6					47.02	16.49	−4	− 4	42.18	10.23	−2	+ 9
32	57.95	15.74	+1	− 9					46.84	16.35	−4	0				

δ	sec δ	tg δ	δ	sec δ	tg δ
−82° 32′ 0″	+7.695	−7.630	−82° 32′ 10″	+7.698	−7.633
10	+7.698	−7.633	20	+7.701	−7.636

$\alpha_{1955.0} = 5^h\ 3^m\ 55^s\!.00$ $\delta_{1955.0} = -82°\ 32'\ 2''\!.07$

Obere Kulmination Greenwich

Sb) ξ Mensae $5^{\mathrm{m}}.85$

Tag	Mai AR.	Mai Dekl.	Mai ☾ Glieder	Juni AR.	Juni Dekl.	Juni ☾ Glieder	Juli AR.	Juli Dekl.	Juli ☾ Glieder	August AR.	August Dekl.	August ☾ Glieder
	$5^{\mathrm{h}}\ 3^{\mathrm{m}}$ s	−82° 32′ ″	in s 0.01 ″ 0.01	$5^{\mathrm{h}}\ 3^{\mathrm{m}}$ s	−82° 31′ ″	in s 0.01 ″ 0.01	$5^{\mathrm{h}}\ 3^{\mathrm{m}}$ s	−82° 31′ ″	in s 0.01 ″ 0.01	$5^{\mathrm{h}}\ 3^{\mathrm{m}}$ s	−82° 31′ ″	in s 0.01 ″ 0.01
1	42.18	10.23	−2 + 9	39.47	61.00	+2 + 2	39.39	51.21	+1 − 6	41.89	42.70	−2 − 6
2	42.05	9.97	0 + 9	39.43	60.67	+2 − 1	39.44	50.90	0 − 8	42.01	42.48	−2 − 3
3	41.93	9.71	+1 + 7	39.39	60.35	+2 − 5	39.48	50.59	−1 − 8	42.13	42.26	−2 + 1
4	41.81	9.44	+2 + 4	39.35	60.02	+1 − 7	39.53	50.28	−1 − 7	42.25	42.05	−2 + 4
5	41.69	9.17	+2 + 1	39.32	59.69	0 − 8	39.58	49.97	−2 − 5	42.38	41.84	−1 + 7
6	41.58	8.90	+2 − 2	39.28	59.36	−1 − 8	39.63	49.66	−2 − 2	42.50	41.64	+1 + 9
7	41.46	8.62	+2 − 5	39.25	59.04	−1 − 7	39.68	49.36	−2 + 2	42.63	41.44	+2 + 8
8	41.35	8.34	+1 − 8	*39.22	58.71	−2 − 4	39.74	49.06	−1 + 5	42.76	41.25	+3 + 6
9	41.24	8.06	0 − 9	39.20	58.38	−2 − 1	39.80	48.76	0 + 8	42.89	41.06	+4 + 3
10	41.14	7.78	−1 − 8	39.18	58.05	−1 + 3	39.86	48.46	+1 + 9	43.02	40.88	+4 − 2
11	41.04	7.49	−1 − 6	39.16	57.72	−1 + 6	39.93	48.17	+3 + 8	43.16	40.70	+3 − 6
12	40.93	7.20	−2 − 3	39.15	57.39	+1 + 9	40.00	47.88	+4 + 5	43.29	40.53	+1 − 9
13	40.84	6.91	−2 + 1	39.14	57.06	+2 + 9	40.07	47.59	+4 + 1	43.43	40.36	0 −10
14	40.74	6.61	−1 + 5	39.13	56.73	+3 + 7	40.14	47.30	+3 − 4	43.57	40.20	−2 − 8
15	40.65	6.32	0 + 8	39.12	56.40	+4 + 4	40.22	47.02	+2 − 8	43.71	40.04	−3 − 5
16	40.56	6.02	+1 + 9	39.12	56.07	+4 − 1	40.30	46.74	+1 −10	43.86	39.89	−4 0
17	40.47	5.72	+3 + 9	39.11	55.74	+3 − 6	40.38	46.46	−1 − 9	44.00	39.74	−3 + 4
18	40.38	5.42	+4 + 6	39.12	55.41	+1 − 9	40.46	46.18	−3 − 7	44.15	39.60	−2 + 8
19	40.30	5.12	+4 + 2	39.12	55.08	0 −10	40.55	45.91	−4 − 3	44.30	39.46	−1 + 9
20	40.22	4.81	+3 − 3	39.13	54.75	−2 − 8	40.64	45.64	−4 + 2	44.45	39.33	0 + 9
21	40.14	4.50	+2 − 7	39.14	54.42	−3 − 5	40.73	45.38	−3 + 6	44.59	39.21	+1 + 7
22	40.07	4.19	0 −10	39.15	54.10	−4 − 1	40.83	45.11	−2 + 9	44.74	39.09	+2 + 3
23	40.00	3.87	−1 −10	39.17	53.77	−4 + 4	40.93	44.86	−1 +10	44.90	38.98	+2 − 1
24	39.93	3.56	−3 − 7	39.19	53.45	−3 + 8	41.03	44.60	+1 + 8	45.05	38.87	+2 − 4
25	39.86	3.24	−4 − 3	39.21	53.12	−2 + 9	41.13	44.35	+2 + 5	45.20	38.77	+1 − 7
26	39.80	2.93	−4 + 2	39.23	52.80	0 + 9	41.23	44.10	+2 + 2	45.36	38.67	0 − 8
27	39.74	2.61	−3 + 6	39.26	52.48	+1 + 7	41.33	43.86	+2 − 2	45.51	38.58	−1 − 8
28	39.68	2.29	−2 + 9	39.29	52.16	+2 + 4	41.44	43.62	+1 − 5	45.67	38.50	−2 − 7
29	39.62	1.97	−1 +10	39.32	51.84	+2 0	41.55	43.38	+1 − 7	45.83	38.42	−2 − 4
30	39.57	1.65	0 + 9	39.36	51.52	+2 − 3	41.66	43.15	0 − 8	45.99	38.35	−2 − 1
31	39.52	1.32	+1 + 6	39.39	51.21	+1 − 6	41.78	42.92	−1 − 8	46.15	38.28	−2 + 3
32	39.47	1.00	+2 + 2				41.89	42.70	−2 − 6	46.31	38.22	−1 + 6

δ	sec δ	tg δ	δ	sec δ	tg δ	δ	sec δ	tg δ
−82° 31′ 30″	+7.687	−7.621	−82° 31′ 50″	+7.692	−7.627	−82° 32′ 10″	+7.698	−7.633
40	+7.690	−7.624	60	+7.695	−7.630	20	+7.701	−7.636

$\alpha_{1955.0} = 5^{\mathrm{h}}\ 3^{\mathrm{m}}\ 55^{\mathrm{s}}.00$ $\delta_{1955.0} = -82°\ 32'\ 2''.07$

* Tag der doppelten **unteren** Kulmination: Juni 8.

Scheinbare Sternörter 1955

Obere Kulmination Greenwich

Sb) ξ Mensae $5^{m}.85$

Tag	September AR.	September Dekl.	September ☾ Glieder	Oktober AR.	Oktober Dekl.	Oktober ☾ Glieder	November AR.	November Dekl.	November ☾ Glieder	Dezember AR.	Dezember Dekl.	Dezember ☾ Glieder
	$5^h\ 3^m$ s	−82° 31′ ″	in 0.01 s, 0.01 ″	$5^h\ 3^m$ s	−82° 31′ ″	in 0.01 s, 0.01 ″	$5^h\ 3^m$ s	−82° 31′ ″	in 0.01 s, 0.01 ″	$5^h\ 3^m$ s	−82° 31′ ″	in 0.01 s, 0.01 ″
1	46.31	38.22	−1 +6	51.15	39.28	+2 +8	55.13	45.89	+3 −5	56.65	55.71	−1 −9
2	46.47	38.17	0 +9	51.30	39.41	+3 +6	55.22	46.17	+1 −8	56.66	56.06	−3 −7
3	46.63	38.12	+2 +9	51.46	39.54	+4 +2	55.31	46.47	−1 −9	56.65	56.41	−4 −3
4	46.79	38.07	+3 +8	51.61	39.69	+3 −3	55.40	46.76	−2 −8	56.65	56.76	−4 +2
5	46.96	38.04	+3 +4	51.75	39.83	+2 −7	55.49	47.06	−3 −5	56.64	57.11	−3 +6
6	47.12	38.01	+3 0	51.90	39.99	+1 −9	55.57	47.36	−4 −1	56.63	57.46	−2 +8
7	47.28	37.98	+3 −4	52.05	40.15	−1 −9	55.65	47.67	−4 +4	56.62	57.81	−1 +9
8	47.44	37.96	+2 −8	52.20	40.32	−3 −7	55.72	47.98	−3 +7	{ 56.60 { 56.58	58.16 58.51	+1 +8 +2 +5
9	47.61	37.95	0 −9	52.34	40.49	−3 −3	55.80	48.29	−1 +9	56.55	58.86	+2 +1
10	47.77	37.95	−2 −9	52.48	40.67	−3 +1	55.87	48.60	0 +9	56.52	59.21	+2 −2
11	47.93	37.95	−3 −6	52.62	40.86	−3 +5	55.93	48.92	+1 +7	56.49	59.56	+1 −5
12	48.10	37.96	−3 −2	52.76	41.05	−2 +8	56.00	49.24	+2 +4	56.46	59.90	0 −8
13	48.27	37.97	−3 +3	52.90	41.24	−1 +9	56.06	49.56	+2 0	56.42	60.24	−1 −8
14	48.43	37.99	−2 +6	53.04	41.44	+1 +8	56.12	49.89	+2 −3	56.38	60.59	−1 −7
15	48.59	38.01	−1 +9	53.17	41.65	+2 +5	56.18	50.22	+1 −6	56.33	60.93	−2 −6
16	48.76	38.04	0 +9	53.30	41.86	+2 +2	56.23	50.55	0 −8	56.28	61.27	−2 −3
17	48.92	38.08	+1 +7	53.43	42.07	+2 −2	56.28	50.88	−1 −8	56.23	61.61	−2 0
18	49.08	38.13	+2 +5	53.56	42.29	+2 −5	56.32	51.22	−1 −7	56.17	61.95	−1 +4
19	49.24	38.18	+2 +1	53.68	42.52	+1 −7	56.37	51.55	−2 −5	56.11	62.28	0 +7
20	49.41	38.24	+2 −3	53.81	42.75	0 −8	56.41	51.89	−2 −2	56.05	62.62	+1 +8
21	49.57	38.30	+1 −6	53.93	42.99	−1 −8	56.44	52.23	−2 +2	55.99	62.95	+2 +8
22	49.73	38.37	+1 −8	54.05	43.23	−2 −7	56.48	52.57	−1 +5	55.92	63.28	+3 +6
23	49.89	38.45	0 −8	54.17	43.48	−2 −4	56.51	52.92	0 +8	55.86	63.61	+4 +3
24	50.05	38.53	−1 −8	54.28	43.73	−2 0	56.54	53.26	+2 +9	55.78	63.94	+4 −2
25	50.21	38.62	−2 −6	54.40	43.98	−2 +3	56.57	53.61	+3 +8	55.71	64.26	+3 −6
26	50.37	38.71	−2 −3	54.51	44.24	−1 +7	56.59	53.96	+4 +5	55.63	64.58	+2 −9
27	50.53	38.81	−2 +1	54.62	44.50	+1 +9	56.61	54.31	+4 +1	55.55	64.90	0 −9
28	50.69	38.92	−1 +5	54.73	44.77	+2 +9	56.63	54.66	+3 −3	55.46	65.22	−2 −8
29	50.84	39.03	0 +8	54.83	45.04	+3 +7	56.64	55.01	+2 −7	55.37	65.53	−3 −5
30	51.00	39.15	+1 +9	54.93	45.32	+4 +4	56.65	55.36	0 −9	55.28	65.84	−4 0
31	51.15	39.28	+2 +8	55.03	45.60	+4 −1	56.65	55.71	−1 −9	55.19	66.14	−3 +4
32				55.13	45.89	+3 −5				55.09	66.45	−2 +8

δ	sec δ	tg δ	δ	sec δ	tg δ	δ	sec δ	tg δ
−82° 31′ 30″	+7.687	−7.621	−82° 31′ 40″	+7.690	−7.624	−82° 32′ 0″	+7.695	−7.630
40	+7.690	−7.624	50	+7.692	−7.627	10	+7.698	−7.633

$\alpha_{1955.0} = 5^h\ 3^m\ 55^s.00$ $\delta_{1955.0} = -82°\ 32'\ 2''.07$

Sc) ζ Octantis $5^m.38$

Tag	Januar AR.	Januar Dekl.	Januar ☾ Glieder	Februar AR.	Februar Dekl.	Februar ☾ Glieder	März AR.	März Dekl.	März ☾ Glieder	April AR.	April Dekl.	April ☾ Glieder
	$9^h\ 3^m$	$-85°\ 29'$	in s ″ 0.01 0.01	$9^h\ 3^m$	$-85°\ 29'$	in s ″ 0.01 0.01	$9^h\ 3^m$	$-85°\ 29'$	in s ″ 0.01 0.01	$9^h\ 3^m$	$-85°\ 29'$	in s ″ 0.01 0.01
	s	″		s	″		s	″		s	″	
1	47.81	2.45	−4 +10	49.55	13.92	+6 + 3	46.94	24.76	+7 − 5	40.56	34.00	−3 − 9
2	47.94	2.79	−1 +11	49.53	14.30	+7 − 2	46.78	25.11	+5 − 9	40.31	34.24	−6 − 6
3	48.07	3.13	+2 + 9	49.50	14.69	+6 − 6	46.62	25.45	+2 −10	40.06	34.47	−7 − 2
4	48.19	3.47	+5 + 6	49.47	15.08	+4 − 9	46.46	25.79	−2 −10	39.80	34.70	−7 + 2
5	48.30	3.82	+7 + 1	49.43	15.46	+1 −10	46.29	26.13	−5 − 8	39.54	34.92	−6 + 5
6	48.41	4.17	+7 − 4	{49.39 / 49.34}	15.85 / 16.24	−3 − 9 / −6 − 6	46.12	26.46	−7 − 4	39.28	35.14	−3 + 6
7	48.52	4.52	+6 − 8	49.28	16.62	−7 − 3	45.95	26.80	−7 0	39.02	35.35	0 + 6
8	48.62	4.88	+3 −10	49.22	17.01	−7 + 1	45.77	27.13	−7 + 3	38.76	35.56	+2 + 5
9	48.71	5.24	−1 −11	49.16	17.39	−6 + 4	45.59	27.45	−5 + 6	38.50	35.77	+5 + 3
10	48.80	5.60	−4 − 9	49.09	17.77	−4 + 6	45.41	27.78	−2 + 7	38.23	35.97	+6 + 1
11	48.89	5.96	−7 − 5	49.02	18.15	−1 + 7	45.22	28.10	+1 + 7	37.96	36.17	+6 − 2
12	48.97	6.32	−8 − 1	48.94	18.53	+2 + 6	45.03	28.42	+3 + 5	37.69	36.36	+6 − 4
13	49.05	6.69	−7 + 2	48.86	18.91	+4 + 4	44.84	28.73	+5 + 2	37.42	36.55	+4 − 6
14	49.12	7.06	−6 + 5	48.77	19.29	+6 + 1	44.64	29.04	+6 0	37.15	36.73	+2 − 6
15	49.19	7.43	−3 + 7	48.68	19.67	+7 − 2	44.44	29.35	+6 − 3	36.87	36.91	−1 − 5
16	49.25	7.80	0 + 7	48.58	20.04	+6 − 4	44.23	29.65	+5 − 5	36.60	37.08	−3 − 2
17	49.31	8.18	+3 + 5	48.48	20.41	+5 − 6	44.03	29.95	+3 − 6	36.32	37.25	−5 + 1
18	49.36	8.55	+5 + 3	48.38	20.79	+2 − 7	43.81	30.25	+1 − 6	36.05	37.41	−6 + 5
19	49.40	8.93	+6 0	48.27	21.16	−1 − 6	43.60	30.54	−2 − 4	35.77	37.57	−5 + 8
20	49.44	9.31	+6 − 3	48.16	21.53	−3 − 3	43.38	30.83	−5 − 1	35.49	37.72	−3 +11
21	49.48	9.69	+5 − 5	48.04	21.90	−5 0	43.16	31.12	−6 + 2	35.21	37.87	0 +10
22	49.51	10.07	+4 − 6	47.92	22.26	−6 + 4	42.94	31.40	−6 + 6	34.92	38.01	+3 + 8
23	49.54	10.46	+1 − 6	47.79	22.62	−6 + 7	42.71	31.68	−5 + 9	34.64	38.15	+6 + 4
24	49.56	10.84	−2 − 5	47.66	22.98	−4 +10	42.48	31.96	−2 +10	34.36	38.28	+7 − 2
25	49.58	11.22	−4 − 2	47.52	23.34	−1 +10	42.25	32.23	+1 + 9	34.07	38.41	+6 − 6
26	49.59	11.61	−6 + 1	47.38	23.70	+3 + 8	42.02	32.49	+4 + 6	33.79	38.53	+4 −10
27	49.60	11.99	−6 + 5	47.24	24.06	+5 + 4	41.78	32.76	+6 + 1	33.51	38.65	+1 −11
28	49.60	12.37	−5 + 9	47.09	24.41	+7 0	41.54	33.01	+7 − 4	33.22	38.76	−3 −10
29	49.59	12.76	−2 +10	46.94	24.76	+7 − 5	41.30	33.27	+6 − 8	32.94	38.87	−6 − 7
30	49.58	13.14	+1 +10				41.06	33.52	+3 −10	32.65	38.97	−7 − 3
31	49.57	13.53	+4 + 7				40.81	33.76	0 −10	32.36	39.06	−8 + 1
32	49.55	13.92	+6 + 3				40.56	34.00	−3 − 9			

δ	sec δ	tg δ	δ	sec δ	tg δ	δ	sec δ	tg δ
−85° 29′ 0″	+12.699	−12.659	−85° 29′ 20″	+12.714	−12.675	−85° 29′ 30″	+12.722	−12.683
10	+12.706	−12.667	30	+12.722	−12.683	40	+12.730	−12.690

$\alpha_{1955.0} = 9^h\ 3^m\ 37^s.25$ $\delta_{1955.0} = -85°\ 29'\ 9''.82$

Scheinbare Sternörter 1955

Obere Kulmination Greenwich

Sc) ζ Octantis $5^m.38$

Tag	Mai AR.	Mai Dekl.	Mai ☾ Glieder	Juni AR.	Juni Dekl.	Juni ☾ Glieder	Juli AR.	Juli Dekl.	Juli ☾ Glieder	August AR.	August Dekl.	August ☾ Glieder
	$9^h\ 3^m$	$-85°\ 29'$	in s 0.01 | ″ 0.01	$9^h\ 3^m$	$-85°\ 29'$	in s 0.01 | ″ 0.01	$9^h\ 3^m$	$-85°\ 29'$	in s 0.01 | ″ 0.01	$9^h\ 3^m$	$-85°\ 29'$	in s 0.01 | ″ 0.01
	s	″		s	″		s	″		s	″	
1	32.36	39.06	−8 + 1	23.64	39.39	0 + 6	16.78	35.07	+5 0	12.98	27.01	+2 − 7
2	32.08	39.15	−7 + 4	23.38	39.32	+3 + 4	16.59	34.86	+6 − 3	12.93	26.72	0 − 6
3	31.79	39.24	−4 + 6	23.12	39.24	+5 + 2	16.42	34.64	+5 − 5	12.88	26.42	−3 − 4
4	31.50	39.32	−1 + 6	22.86	39.15	+6 − 1	16.24	34.42	+4 − 6	12.84	26.12	−5 − 1
5	31.21	39.39	+2 + 5	22.60	39.07	+6 − 3	16.07	34.20	+2 − 6	12.80	25.82	−6 + 2
6	30.93	39.46	+4 + 4	22.34	38.97	+5 − 5	15.90	33.97	−1 − 6	12.77	25.53	−6 + 6
7	30.64	39.53	+5 + 1	22.09	38.87	+3 − 6	15.74	33.74	−3 − 4	12.74	25.23	−4 + 9
8	30.35	39.59	+6 − 1	21.84	38.77	+1 − 6	15.58	33.51	−5 0	*12.72	24.93	−2 +10
9	30.06	39.64	+6 − 4	21.59	38.66	−2 − 5	15.42	33.27	−6 + 4	12.70	24.63	+1 +10
10	29.77	39.69	+5 − 5	21.34	38.55	−4 − 2	15.27	33.03	−5 + 8	12.69	24.32	+4 + 7
11	29.48	39.73	+3 − 6	21.10	38.43	−5 + 2	15.12	32.78	−3 +10	12.68	24.02	+6 + 3
12	29.20	39.77	0 − 6	20.85	38.31	−6 + 6	14.97	32.53	0 +11	12.67	23.72	+7 − 2
13	28.91	39.80	−3 − 4	20.61	38.18	−5 + 9	14.83	32.28	+3 +10	12.68	23.41	+6 − 6
14	28.63	39.82	−5 0	20.38	38.04	−2 +11	14.70	32.02	+6 + 6	12.68	23.11	+4 − 9
15	28.34	39.84	−6 + 4	20.14	37.91	+1 +11	14.56	31.77	+7 + 2	12.69	22.81	0 − 9
16	28.06	39.86	−5 + 7	19.91	37.76	+4 + 8	14.44	31.51	+7 − 3	12.71	22.50	−3 − 8
17	27.77	39.87	−4 +10	19.68	37.61	+6 + 4	14.31	31.24	+6 − 7	12.73	22.20	−6 − 5
18	27.49	39.87	−1 +11	19.45	37.46	+7 − 1	14.19	30.98	+3 −10	12.76	21.89	−7 − 2
19	27.20	39.87	+2 +10	19.23	37.30	+7 − 6	14.08	30.71	−1 −10	12.79	21.59	−7 + 2
20	26.92	39.87	+5 + 6	19.01	37.14	+4 − 9	13.97	30.44	−5 − 8	12.83	21.28	−6 + 5
21	26.64	39.86	+7 + 1	18.79	36.97	+1 −11	13.86	30.16	−7 − 4	12.87	20.98	−3 + 6
22	26.36	39.84	+7 − 4	18.57	36.80	−3 −10	13.76	29.89	−8 0	12.91	20.68	0 + 6
23	26.08	39.82	+5 − 8	18.36	36.63	−6 − 7	13.66	29.61	−7 + 3	12.96	20.38	+3 + 4
24	25.81	39.79	+2 −11	18.15	36.45	−8 − 3	13.57	29.33	−5 + 5	13.02	20.08	+5 + 2
25	25.53	39.76	−2 −11	17.94	36.27	−8 + 1	13.48	29.05	−2 + 6	13.08	19.78	+6 − 1
26	25.26	39.72	−5 − 9	17.74	36.08	−7 + 4	13.40	28.76	+1 + 5	13.14	19.48	+6 − 4
27	24.98	39.68	−7 − 5	17.54	35.89	−4 + 6	13.32	28.48	+3 + 3	13.21	19.19	+5 − 6
28	24.71	39.63	−8 − 1	17.34	35.69	−1 + 6	13.24	28.19	+5 + 1	13.29	18.89	+3 − 7
29	24.44	39.58	−7 + 3	17.15	35.49	+2 + 5	13.17	27.90	+6 − 2	13.37	18.60	+1 − 7
30	24.17	39.52	−5 + 5	16.96	35.28	+4 + 2	13.10	27.60	+6 − 4	13.45	18.30	−2 − 5
31	23.90	39.46	−3 + 6	16.78	35.07	+5 0	13.04	27.31	+4 − 6	13.54	18.02	−4 − 3
32	23.64	39.39	0 + 6				12.98	27.01	+2 − 7	13.63	17.73	−5 + 1

δ	sec δ	tg δ	δ	sec δ	tg δ	δ	sec δ	tg δ
−85° 29′ 10″	+12.706	−12.667	−85° 29′ 20″	+12.714	−12.675	−85° 29′ 30″	+12.722	−12.683
20	+12.714	−12.675	30	+12.722	−12.683	40	+12.730	−12.690

$\alpha_{1955.0} = 9^h\ 3^m\ 37^s.25$ $\delta_{1955.0} = -85°\ 29'\ 9''.82$

* Tag der doppelten unteren Kulmination: Aug. 8.

Obere Kulmination Greenwich

Sc) ζ Octantis $5^{m}.38$

Tag	September AR.	September Dekl.	September ☾ Glieder	Oktober AR.	Oktober Dekl.	Oktober ☾ Glieder	November AR.	November Dekl.	November ☾ Glieder	Dezember AR.	Dezember Dekl.	Dezember ☾ Glieder
	$9^h\ 3^m$ s	−85° 29′ ″	in s 0.01 | ″ 0.01	$9^h\ 3^m$ s	−85° 29′ ″	in s 0.01 | ″ 0.01	$9^h\ 3^m$ s	−85° 29′ ″	in s 0.01 | ″ 0.01	$9^h\ 3^m$ s	−85° 29′ ″	in s 0.01 | ″ 0.01
1	13.63	17.73	−5 + 1	18.52	10.43	−4 + 9	26.58	7.48	+6 + 4	34.80	10.42	+ 5 − 8
2	13.73	17.44	−6 + 5	18.75	10.25	−1 +10	26.86	7.48	+7 − 1	35.05	10.61	+ 2 −10
3	13.83	17.16	−5 + 8	18.97	10.07	+2 + 9	27.14	7.49	+6 − 6	35.30	10.81	− 2 −10
4	13.94	16.88	−3 +10	19.20	9.90	+5 + 6	27.42	7.51	+4 − 9	35.54	11.02	− 5 − 8
5	14.06	16.59	0 +10	19.43	9.74	+6 + 2	27.71	7.53	0 −10	35.78	11.23	− 7 − 4
6	14.18	16.32	+3 + 8	19.67	9.58	+7 − 3	27.99	7.56	−3 − 9	36.02	11.45	− 8 0
7	14.30	16.04	+6 + 4	19.91	9.42	+5 − 7	28.27	7.60	−6 − 6	36.25	11.67	− 7 + 3
8	14.43	15.77	+7 0	20.15	9.27	+2 − 9	28.56	7.64	−7 − 2	36.49	11.90	− 5 + 5
9	14.56	15.50	+7 − 4	20.39	9.13	−1 − 9	28.84	7.69	−7 + 1	36.71	12.13	− 2 + 6
10	14.70	15.23	+5 − 8	20.64	8.99	−4 − 8	29.12	7.74	−6 + 4	36.94	12.37	+ 1 + 5
11	14.84	14.97	+2 − 9	20.89	8.86	−6 − 4	29.40	7.81	−3 + 6	37.16	12.62	+ 3 + 3
12	14.99	14.71	−2 − 9	21.14	8.73	−7 0	29.69	7.88	−1 + 6	37.38	12.86	+ 5 0
13	15.14	14.45	−5 − 6	21.40	8.61	−7 + 3	29.97	7.95	+2 + 5	37.59	13.12	+ 6 − 3
14	15.29	14.19	−7 − 3	21.65	8.50	−5 + 5	30.25	8.03	+4 + 2	37.80	13.38	+ 5 − 5
15	15.45	13.94	−7 + 1	21.91	8.39	−2 + 6	30.53	8.12	+5 − 1	38.01	13.64	+ 4 − 6
16	15.61	13.69	−6 + 4	22.17	8.29	+1 + 6	30.81	8.22	+6 − 3	38.21	13.91	+ 2 − 7
17	15.78	13.44	−4 + 6	22.44	8.19	+3 + 4	31.09	8.32	+5 − 5	38.41	14.18	0 − 6
18	15.95	13.20	−1 + 6	22.71	8.10	+5 + 1	31.37	8.43	+4 − 6	38.61	14.46	− 2 − 4
19	16.13	12.96	+2 + 5	22.98	8.02	+6 − 1	31.64	8.55	+2 − 6	38.80	14.74	− 4 − 1
20	16.31	12.72	+4 + 3	23.25	7.94	+6 − 4	31.92	8.67	−1 − 5	38.99	15.03	− 5 + 2
21	16.49	12.49	+5 0	23.52	7.87	+5 − 6	32.19	8.80	−3 − 3	39.17	15.32	− 5 + 6
22	16.68	12.27	+6 − 2	23.79	7.80	+3 − 7	32.46	8.94	−5 0	39.35	15.62	− 4 + 9
23	16.87	12.04	+6 − 5	24.06	7.74	+1 − 6	32.73	9.08	−6 + 4	39.53	15.92	− 2 +11
24	17.07	11.83	+4 − 6	24.34	7.69	−2 − 4	32.99	9.22	−5 + 8	39.70	16.22	+ 2 +11
25	17.26	11.61	+2 − 7	24.62	7.64	−4 − 2	33.26	9.37	−3 +10	39.87	16.53	+ 5 + 8
26	17.47	11.40	0 − 6	24.89	7.60	−5 + 2	33.52	9.53	0 +11	40.03	16.84	+ 7 + 4
27	17.67	11.20	−3 − 4	25.17	7.56	−6 + 6	33.78	9.70	+3 +10	40.19	17.16	+ 7 − 1
28	17.88	11.00	−5 − 1	25.45	7.53	−5 + 9	34.04	9.87	+5 + 6	40.34	17.48	+ 6 − 5
29	18.09	10.80	−6 + 3	25.73	7.51	−2 +10	34.30	10.04	+7 + 1	40.49	17.80	+ 4 − 9
30	18.31	10.61	−6 + 7	26.01	7.49	+1 +10	34.55	10.23	+7 − 4	40.64	18.13	0 −10
31	18.52	10.43	−4 + 9	26.29	7.48	+4 + 8	34.80	10.42	+5 − 8	40.78	18.46	− 3 − 9
32				26.58	7.48	+6 + 4				40.92	18.79	− 6 − 6

δ	sec δ	tg δ	δ	sec δ	tg δ
−85° 29′ 0″	+12.699	−12.659	−85° 29′ 10″	+12.706	−12.667
10	+12.706	−12.667	20	+12.714	−12.675

$\alpha_{1955.0} = 9^h\ 3^m\ 37^s.25$ $\delta_{1955.0} = -85°\ 29'\ 9''.82$

Scheinbare Sternörter 1955

Obere Kulmination Greenwich

Sd) ι Octantis $5^{m}.38$

Tag	Januar AR.	Januar Dekl.	Januar ☾ Glieder	Februar AR.	Februar Dekl.	Februar ☾ Glieder	März AR.	März Dekl.	März ☾ Glieder	April AR.	April Dekl.	April ☾ Glieder
	$12^h 50^m$	$-84° 52'$	in s 0.01 ″ 0.01	$12^h 50^m$	$-84° 52'$	in s 0.01 ″ 0.01	$12^h 50^m$	$-84° 52'$	in s 0.01 ″ 0.01	$12^h 50^m$	$-84° 52'$	in s 0.01 ″ 0.01
	s	″		s	″		s	″		s	″	
1	2.79	33.15	−8 + 3	10.77	38.29	+1 + 9	16.13	46.78	+4 + 7	19.01	58.29	+ 7 − 8
2	3.06	33.23	−7 + 6	11.00	38.54	+5 + 6	16.28	47.13	+7 + 4	19.04	58.67	+ 4 −10
3	3.33	33.31	−5 + 9	11.23	38.79	+7 + 2	16.42	47.48	+8 − 1	19.07	59.05	+ 1 −11
4	3.61	33.41	−2 +10	11.45	39.05	+8 − 3	16.56	47.83	+8 − 5	19.10	59.43	− 2 − 9
5	3.88	33.50	+2 + 8	11.67	39.31	+7 − 7	16.70	48.19	+6 − 9	19.12 19.14	59.81 60.19	− 5 − 6 − 6 − 2
6	4.15	33.61	+6 + 5	11.89	39.58	+5 −10	16.83	48.55	+3 −10	19.16	60.57	− 6 + 1
7	4.42	33.72	+8 0	12.11	39.86	+1 −11	16.96	48.91	0 −10	19.17	60.95	− 4 + 4
8	4.69	33.83	+8 − 5	12.32	40.13	−2 −10	17.08	49.27	−3 − 8	19.18	61.32	− 2 + 6
9	4.96	33.95	+7 − 9	12.53	40.41	−4 − 7	17.21	49.63	−5 − 5	19.19	61.70	0 + 7
10	5.23	34.08	+4 −11	12.74	40.70	−6 − 4	17.32	49.99	−6 − 1	19.19	62.08	+ 2 + 7
11	5.50	34.21	0 −11	12.95	40.99	−6 0	17.44	50.36	−5 + 3	19.19	62.45	+ 4 + 6
12	5.77	34.35	−3 − 9	13.15	41.28	−5 + 4	17.55	50.73	−4 + 6	19.18	62.82	+ 6 + 3
13	6.03	34.49	−5 − 6	13.35	41.58	−3 + 6	17.66	51.10	−2 + 7	19.18	63.20	+ 6 + 1
14	6.29	34.64	−6 − 2	13.54	41.88	−1 + 7	17.76	51.47	+1 + 8	19.16	63.57	+ 5 − 2
15	6.56	34.80	−6 + 2	13.74	42.19	+2 + 7	17.86	51.84	+3 + 7	19.15	63.93	+ 3 − 4
16	6.82	34.96	−4 + 5	13.93	42.49	+4 + 6	17.96	52.22	+5 + 5	19.13	64.30	0 − 5
17	7.08	35.13	−2 + 7	14.12	42.81	+6 + 4	18.05	52.59	+6 + 2	19.11	64.67	− 3 − 5
18	7.34	35.30	+1 + 7	14.31	43.12	+6 + 1	18.14	52.97	+6 − 1	19.08	65.03	− 6 − 3
19	7.60	35.48	+3 + 7	14.49	43.44	+5 − 3	18.22	53.34	+4 − 4	19.05	65.40	− 8 0
20	7.85	35.67	+5 + 5	14.67	43.76	+3 − 5	18.31	53.72	+2 − 6	19.02	65.76	− 8 + 4
21	8.11	35.86	+6 + 2	14.85	44.08	0 − 6	18.38	54.10	−1 − 6	18.98	66.12	− 7 + 7
22	8.36	36.06	+6 − 1	15.02	44.41	−3 − 6	18.46	54.48	−5 − 5	18.94	66.48	− 3 + 9
23	8.61	36.26	+4 − 4	15.19	44.74	−6 − 4	18.53	54.86	−7 − 2	18.90	66.83	0 + 9
24	8.86	36.46	+2 − 6	15.36	45.08	−8 − 1	18.60	55.24	−8 + 2	18.85	67.18	+ 4 + 6
25	9.10	36.67	−1 − 6	15.52	45.41	−8 + 3	18.66	55.62	−7 + 5	18.80	67.53	+ 7 + 2
26	9.35	36.89	−4 − 5	15.68	45.75	−7 + 6	18.72	56.00	−5 + 8	18.75	67.88	+ 8 − 3
27	9.59	37.11	−7 − 3	15.83	46.09	−4 + 8	18.78	56.38	−2 + 9	18.69	68.23	+ 8 − 7
28	9.83	37.33	−8 + 1	15.99	46.43	0 + 9	18.83	56.76	+2 + 8	18.63	68.58	+ 5 −10
29	10.07	37.56	−8 + 5	16.13	46.78	+4 + 7	18.88	57.14	+6 + 5	18.57	68.92	+ 2 −11
30	10.31	37.80	−6 + 8				18.93	57.53	+8 0	18.50	69.26	− 1 −10
31	10.54	38.04	−3 + 9				18.97	57.91	+8 − 4	18.43	69.60	− 4 − 8
32	10.77	38.29	+1 + 9				19.01	58.29	+7 − 8			

δ	sec δ	tg δ	δ	sec δ	tg δ	δ	sec δ	tg δ
−84° 52′ 30″	+11.195	−11.150	−84° 52′ 50″	+11.207	−11.162	−84° 53′ 0″	+11.213	−11.168
40	+11.201	−11.156	60	+11.213	−11.168	10	+11.219	−11.174

$\alpha_{1955.0} = 12^h\ 50^m\ 1^s.77$ $\delta_{1955.0} = -84°\ 52'\ 46''.41$

Obere Kulmination Greenwich

Sd) ι Octantis $5^m.38$

Tag	Mai AR.	Mai Dekl.	Mai ☾ Glieder	Juni AR.	Juni Dekl.	Juni ☾ Glieder	Juli AR.	Juli Dekl.	Juli ☾ Glieder	August AR.	August Dekl.	August ☾ Glieder
	$12^h 50^m$ s	$-84° 53'$ ″	in s 0.01 ″ 0.01	$12^h 50^m$ s	$-84° 53'$ ″	in s 0.01 ″ 0.01	$12^h 50^m$ s	$-84° 53'$ ″	in s 0.01 ″ 0.01	$12^h 49^m$ s	$-84° 53'$ ″	in s 0.01 ″ 0.01
1	18.43	9.60	−4 −8	14.72	18.42	−3 +5	9.04	22.91	+3 +6	62.51	22.32	+5 −2
2	18.36	9.93	−5 −4	14.56	18.65	−1 +6	8.83	22.98	+5 +4	62.31	22.21	+4 −5
3	18.28	10.26	−6 0	14.39	18.86	+1 +7	8.62	23.04	+6 +2	62.12	22.09	+2 −6
4	18.20	10.59	−5 +3	14.22	19.07	+3 +6	8.41	23.09	+6 0	61.92	21.98	−1 −6
5	18.11	10.92	−3 +6	14.05	19.28	+5 +4	8.20	23.14	+5 −3	61.72	21.85	−4 −4
6	18.03	11.24	−1 +7	13.88	19.49	+6 +2	7.99	23.19	+3 −5	61.53	21.72	−7 −2
7	17.93	11.56	+2 +7	13.71	19.68	+6 −1	7.77	23.22	0 −6	61.33	21.59	−8 +2
8	17.84	11.88	+4 +6	13.54	19.88	+4 −3	7.56	23.25	−3 −5	61.14	21.45	−8 +5
9	17.74	12.20	+5 +4	13.36	20.07	+2 −5	7.35	23.28	−5 −3	60.95	21.30	−6 +8
10	17.64	12.51	+6 +2	13.18	20.25	−1 −5	7.13	23.30	−7 0	60.76	21.15	−3 +10
11	17.54	12.82	+5 −1	13.00	20.43	−4 −4	6.92	23.32	−8 +4	60.58	21.00	+1 +9
12	17.43	13.12	+4 −4	12.82	20.61	−7 −2	6.70	23.33	−7 +7	60.39	20.84	+5 +7
13	17.32	13.42	+1 −5	12.63	20.78	−8 +2	6.49	23.33	−5 +10	60.21	20.67	+7 +3
14	17.21	13.72	−2 −5	12.44	20.94	−8 +6	6.28	23.33	−1 +11	60.03	20.50	+7 −2
15	17.09	14.01	−5 −4	12.25	21.10	−7 +9	6.06	23.32	+2 +9	59.85	20.33	+6 −6
16	16.98	14.30	−8 −1	12.06	21.25	−4 +10	5.85	23.31	+6 +5	59.68	20.15	+4 −9
17	16.86	14.59	−9 +3	11.87	21.40	0 +10	5.64	23.29	+7 +1	59.50	19.96	+1 −10
18	16.73	14.87	−8 +7	11.68	21.54	+4 +7	5.42	23.26	+7 −4	59.33	19.77	−2 −9
19	16.61	15.15	−5 +9	11.48	21.68	+7 +3	5.21	23.23	+6 −8	59.16	19.58	−5 −6
20	16.48	15.43	−2 +10	11.28	21.81	+8 −2	5.00	23.19	+3 −11	59.00	19.38	−6 −3
21	16.35	15.70	+2 +8	11.08	21.94	+7 −7	4.78	23.15	0 −11	58.84	19.17	−5 +1
22	16.21	15.97	+6 +5	10.89	22.06	+5 −10	4.57	23.11	−3 −9	58.68	18.97	−4 +4
23	16.08	16.24	+8 0	10.69	22.17	+2 −12	4.36	23.05	−5 −5	58.52	18.75	−2 +6
24	15.94	16.50	+8 −5	10.48	22.28	−2 −11	4.15	22.99	−6 −1	58.37	18.54	+1 +7
25	15.79	16.75	+7 −9	10.28	22.39	−4 −8	3.94	22.93	−5 +2	58.22	18.32	+3 +6
26	15.65	17.01	+4 −12	10.08	22.49	−5 −4	3.74	22.86	−3 +5	58.07	18.09	+5 +4
27	15.50	17.25	0 −12	9.87	22.58	−5 0	3.53	22.78	−1 +6	57.92	17.86	+6 +1
28	15.35	17.50	−3 −10	9.67	22.67	−4 +3	3.32	22.70	+2 +6	57.78	17.63	+6 −1
29	15.20	17.74	−5 −6	9.46	22.76	−2 +5	3.12	22.61	+4 +5	57.64	17.39	+5 −4
30	15.04	17.97	−6 −2	9.25	22.84	0 +6	2.92	22.52	+5 +3	57.51	17.15	+3 −6
31	14.88	18.20	−5 +2	9.04	22.91	+3 +6	2.72	22.42	+6 0	57.37	16.91	0 −6
32	14.72	18.42	−3 +5				2.51	22.32	+5 −2	57.25	16.66	−3 −5

δ	sec δ	tg δ	δ	sec δ	tg δ	δ	sec δ	tg δ
−84° 53′ 0″	+11.213	−11.168	−84° 53′ 10″	+11.219	−11.174	−84° 53′ 20″	+11.225	−11.180
10	+11.219	−11.174	20	+11.225	−11.180	30	+11.231	−11.186

$\alpha_{1955.0} = 12^h\ 50^m\ 1^s.77$ $\delta_{1955.0} = -84°\ 52'\ 46''.41$

Scheinbare Sternörter 1955

Obere Kulmination Greenwich

Sd) ι Octantis $5^{m}\!.38$

Tag	September AR.	September Dekl.	September ☾ Glieder	Oktober AR.	Oktober Dekl.	Oktober ☾ Glieder	November AR.	November Dekl.	November ☾ Glieder	Dezember AR.	Dezember Dekl.	Dezember ☾ Glieder
	$12^h\,49^m$	−84° 53′	in s 0.01 ″ 0.01	$12^h\,49^m$	−84° 52′	in s 0.01 ″ 0.01	$12^h\,49^m$	−84° 52′	in s 0.01 ″ 0.01	$12^h\,50^m$	−84° 52′	in s 0.01 ″ 0.01
	s	″		s	″		s	″		s	″	
1	57.25	16.66	−3 −5	55.19	68.00	−8 +2	57.29	58.73	+1 +9	3.11	52.72	+7 0
2	57.12	16.41	−6 −3	55.19	67.68	−7 +6	57.43	58.47	+4 +6	3.35	52.60	+7 −5
3	57.00	16.15	−7 0	55.19	67.37	−5 +8	57.57	58.21	+7 +2	3.59	52.49	+6 −9
4	56.88	15.90	−8 +4	*55.20	67.06	−2 +9	57.72	57.95	+8 −3	3.84	52.38	+3 −11
5	56.77	15.63	−6 +7	55.21	66.75	+2 +8	57.87	57.70	+7 −7	4.09	52.28	0 −11
6	56.66	15.37	−4 +9	55.23	66.43	+5 +5	58.03	57.45	+5 −10	4.34	52.18	−3 −9
7	56.55	15.10	0 +9	55.25	66.12	+7 +1	58.19	57.20	+1 −11	4.59	52.09	−5 −5
8	56.45	14.83	+3 +7	55.28	65.81	+7 −4	58.36	56.96	−2 −10	4.84	52.01	−6 −1
9	56.35	14.56	+6 +4	55.31	65.49	+6 −8	58.53	56.73	−4 −7	5.10	51.93	−5 +2
10	56.26	14.28	+7 −1	55.35	65.18	+3 −10	58.70	56.49	−5 −3	5.36	51.86	−3 +5
11	56.16	14.00	+7 −5	55.39	64.87	0 −10	58.88	56.26	−5 +1	5.62	51.80	0 +6
12	56.08	13.72	+5 −8	55.43	64.56	−3 −8	59.06	56.04	−4 +4	5.88	51.74	+2 +6
13	55.99	13.43	+2 −10	55.48	64.25	−5 −5	59.24	55.82	−2 +6	6.14	51.68	+5 +4
14	55.91	13.15	−1 −9	55.53	63.95	−6 −1	59.43	55.61	+1 +6	6.40	51.64	+6 +2
15	55.83	12.86	−4 −7	55.59	63.64	−5 +2	59.62	55.40	+3 +6	6.67	51.60	+5 0
16	55.76	12.57	−6 −4	55.65	63.33	−3 +5	59.81	55.19	+5 +4	6.94	51.56	+5 −2
17	55.69	12.27	−6 0	55.72	63.03	−1 +6	60.01	54.99	+6 +2	7.21	51.53	+4 −4
18	55.63	11.97	−5 +3	55.79	62.73	+1 +7	60.21	54.79	+6 −1	7.48	51.51	+2 −5
19	55.57	11.67	−3 +6	55.87	62.43	+4 +6	60.42	54.60	+5 −3	7.75	51.50	−1 −5
20	55.51	11.37	0 +7	55.95	62.13	+5 +4	60.63	54.42	+3 −4	8.02	51.49	−4 −4
21	55.46	11.07	+2 +6	56.04	61.84	+6 +1	60.84	54.24	0 −5	8.29	51.49	−7 −1
22	55.41	10.77	+4 +5	56.13	61.54	+6 −1	61.06	54.06	−3 −5	8.56	51.50	−8 +3
23	55.37	10.47	+6 +3	56.23	61.25	+4 −4	61.27	53.89	−6 −3	8.83	51.51	−8 +6
24	55.33	10.16	+6 0	56.33	60.96	+2 −5	61.49	53.73	−8 0	9.11	51.52	−6 +9
25	55.30	9.85	+6 −3	56.43	60.67	−1 −6	61.71	53.57	−8 +4	9.38	51.54	−3 +11
26	55.27	9.55	+4 −5	56.54	60.38	−4 −5	61.94	53.41	−7 +8	9.65	51.57	0 +10
27	55.24	9.24	+1 −6	56.65	60.10	−7 −2	62.17	53.26	−5 +10	9.92	51.61	+4 +7
28	55.22	8.93	−2 −6	56.77	59.82	−8 +1	62.40	53.12	−1 +10	10.20	51.65	+6 +3
29	55.21	8.62	−5 −4	56.89	59.54	−8 +5	62.63	52.98	+2 +8	10.47	51.70	+7 −2
30	55.20	8.31	−7 −1	57.02	59.27	−6 +8	62.87	52.85	+6 +5	10.75	51.76	+6 −7
31	55.19	8.00	−8 +2	57.15	59.00	−3 +10	63.11	52.72	+7 0	11.02	51.82	+4 −10
32				57.29	58.73	+1 +9				11.29	51.89	+1 −11

δ	sec δ	tg δ	δ	sec δ	tg δ	δ	sec δ	tg δ
−84° 52′ 50″	+11.207	−11.162	−84° 53′ 0″	+11.213	−11.168	−84° 53′ 10″	+11.219	−11.174
60	+11.213	−11.168	10	+11.219	−11.174	20	+11.225	−11.180

$\alpha_{1955.0} = 12^h\ 50^m\ 1^s\!.77$ $\delta_{1955.0} = -84°\ 52'\ 46''\!.41$

* Tag der doppelten unteren Kulmination: Okt. 4

Obere Kulmination Greenwich

Se) 20 G. Octantis $6^{m}.52$

Tag	Januar AR.	Januar Dekl.	Januar ☾ Glieder	Februar AR.	Februar Dekl.	Februar ☾ Glieder	März AR.	März Dekl.	März ☾ Glieder	April AR.	April Dekl.	April ☾ Glieder
	$15^h 3^m$	$-87° 57'$	in s 0.01 | ″ 0.01	$15^h 4^m$	$-87° 57'$	in s 0.01 | ″ 0.01	$15^h 4^m$	$-87° 57'$	in s 0.01 | ″ 0.01	$15^h 4^m$	$-87° 58'$	in s 0.01 | ″ 0.01
	s	″		s	″		s	″		s	″	
1	41.44	51.99	−20 − 3	2.78	50.51	− 5 + 9	22.37	53.74	+ 2 + 9	40.12	1.38	+21 − 3
2	42.07	51.86	−21 + 1	3.50	50.56	+ 5 + 9	23.03	53.93	+11 + 8	40.59	1.68	+17 − 7
3	42.71	51.73	−18 + 6	4.22	50.61	+13 + 7	23.68	54.12	+18 + 4	41.04	1.98	+10 −10
4	43.35	51.60	−11 + 9	4.94	50.66	+19 + 3	24.33	54.32	+20 0	41.49	2.29	+ 2 −10
5	43.99	51.49	− 1 +10	5.66	50.72	+21 − 2	24.97	54.52	+19 − 5	41.94	2.59	− 5 − 9
6	44.64	51.38	+ 9 + 9	6.38	50.79	+18 − 6	25.61	54.72	+14 − 8	42.37	2.90	−10 − 6
7	45.30	51.27	+17 + 5	7.10	50.86	+12 − 9	26.24	54.93	+ 7 −10	42.79	3.21	−13 − 2
8	45.96	51.17	+21 + 1	7.81	50.93	+ 4 −10	26.87	55.14	− 1 −10	43.21	3.52	−13 + 2
9	46.62	51.08	+21 − 4	8.53	51.01	− 3 −10	27.49	55.36	− 7 − 8	43.62	3.84	−10 + 5
10	47.29	50.99	+17 − 8	9.25	51.10	− 9 − 7	28.11	55.58	−12 − 5	44.02	4.15	− 6 + 7
11	47.97	50.91	+10 −10	9.96	51.19	−13 − 4	28.72	55.81	−13 − 1	44.41	4.47	− 1 + 8
12	48.65	50.83	+ 2 −11	10.67	51.29	−13 0	29.33	56.04	−13 + 3	44.80	4.79	+ 4 + 8
13	49.33	50.76	− 6 − 9	11.38	51.40	−11 + 4	29.93	56.28	− 9 + 6	45.17	5.11	+ 9 + 7
14	50.01	50.70	−11 − 6	12.09	51.51	− 7 + 7	30.52	56.51	− 4 + 8	45.54	5.43	+11 + 4
15	50.70	50.64	−13 − 2	12.79	51.62	− 2 + 8	31.11	56.76	+ 1 + 9	45.90	5.76	+12 + 1
16	51.39	50.58	−13 + 2	13.50	51.74	+ 4 + 8	31.69	57.00	+ 6 + 8	46.25	6.09	+ 9 − 3
17	52.09	50.53	−10 + 5	14.20	51.87	+ 9 + 7	32.27	57.25	+10 + 6	46.59	6.42	+ 4 − 6
18	52.78	50.49	− 5 + 7	14.90	52.00	+12 + 5	32.84	57.50	+13 + 3	46.92	6.75	− 4 − 7
19	53.49	50.45	+ 1 + 8	15.59	52.13	+13 + 1	33.40	57.76	+12 − 1	47.24	7.08	−11 − 7
20	54.19	50.42	+ 6 + 8	16.29	52.27	+11 − 3	33.96	58.02	+ 8 − 4	47.56	7.41	−18 − 5
21	54.90	50.40	+10 + 6	16.98	52.42	+ 6 − 6	34.51	58.28	+ 2 − 7	47.86	7.75	−21 − 2
22	55.61	50.38	+13 + 3	17.67	52.57	− 1 − 8	35.06	58.55	− 6 − 8	48.15	8.09	−20 + 3
23	56.32	50.37	+12 − 1	18.35	52.72	− 8 − 8	35.60	58.82	−13 − 7	48.44	8.42	−14 + 7
24	57.04	50.36	+ 9 − 4	19.03	52.88	−15 − 6	36.13	59.09	−19 − 4	48.72	8.76	− 6 + 9
25	57.75	50.36	+ 4 − 7	19.70	53.04	−19 − 3	36.66	59.37	−20 0	48.99	9.10	+ 5 + 9
26	58.47	50.36	− 4 − 8	20.38	53.21	−19 + 2	37.17	59.65	−17 + 4	49.24	9.44	+14 + 7
27	59.18	50.37	−12 − 7	21.04	53.39	−15 + 6	37.68	59.93	−10 + 7	49.49	9.78	+20 + 3
28	59.90	50.39	−18 − 5	21.71	53.56	− 7 + 8	38.19	60.22	− 1 + 9	49.73	10.12	+22 − 2
29	60.62	50.41	−20 − 1	22.37	53.74	+ 2 + 9	38.68	60.50	+ 9 + 8	49.96	10.46	+20 − 6
30	61.34	50.44	−19 + 4				39.17	60.79	+17 + 5	50.19	10.81	+14 − 9
31	62.06	50.47	−13 + 7				39.65	61.08	+21 + 1	50.40	11.15	+ 6 −11
32	62.78	50.51	− 5 + 9				40.12	61.38	+21 − 3			

δ	sec δ	tg δ	δ	sec δ	tg δ	δ	sec δ	tg δ
−87° 57′ 50″	+28.146	−28.128	−87° 58′ 0″	+28.184	−28.166	−87° 58′ 10″	+28.223	−28.205
60	+28.184	−28.166	10	+28.223	−28.205	20	+28.261	−28.244

$\alpha_{1955.0} = 15^h\ 3^m\ 54^s.35$ $\qquad \delta_{1955.0} = -87°\ 58'\ 3''.14$

Scheinbare Sternörter 1955

Obere Kulmination Greenwich

Se) 20 G. Octantis $6^{m}_{.}52$

Tag	Mai AR.	Mai Dekl.	Mai ☾ Glieder	Juni AR.	Juni Dekl.	Juni ☾ Glieder	Juli AR.	Juli Dekl.	Juli ☾ Glieder	August AR.	August Dekl.	August ☾ Glieder
	$15^h\ 4^m$	$-87°\ 58'$	in s 0.01 | ″ 0.01	$15^h\ 4^m$	$-87°\ 58'$	in s 0.01 | ″ 0.01	$15^h\ 4^m$	$-87°\ 58'$	in s 0.01 | ″ 0.01	$15^h\ 4^m$	$-87°\ 58'$	in s 0.01 | ″ 0.01
	s	″		s	″		s	″		s	″	
1	50.40	11.15	+ 6 −11	52.05	21.96	−11 + 2	44.81	30.29	+ 1 + 7	30.45	35.00	+13 + 1
2	50.60	11.49	− 2 −10	51.94	22.28	− 8 + 5	44.43	30.51	+ 6 + 7	29.91	35.07	+12 − 2
3	50.80	11.84	− 8 − 7	51.82	22.59	− 3 + 7	44.05	30.73	+10 + 6	29.37	35.13	+ 8 − 5
4	50.98	12.18	−12 − 4	51.69	22.90	+ 2 + 8	43.67	30.94	+12 + 4	28.83	35.18	+ 2 − 7
5	51.15	12.52	−12 0	51.55	23.21	+ 7 + 7	43.28	31.15	+13 + 1	28.29	35.23	− 5 − 7
6	51.32	12.87	−11 + 3	51.40	23.52	+11 + 6	42.88	31.36	+10 − 2	27.74	35.28	−13 − 6
7	51.47	13.21	− 7 + 6	51.25	23.83	+12 + 3	42.47	31.56	+ 5 − 5	27.19	35.32	−18 − 4
8	51.62	13.55	− 2 + 8	51.08	24.14	+12 0	42.06	31.76	− 1 − 7	26.64	35.35	−20 0
9	{51.75 51.88	13.90 14.24	+ 3 + 8 + 8 + 7}	50.91	24.44	+ 8 − 3	41.64	31.95	− 9 − 7	26.09	35.38	−19 + 4
10	51.99	14.59	+11 + 5	50.72	24.74	+ 3 − 6	41.21	32.14	−16 − 5	25.53	35.40	−14 + 8
11	52.10	14.93	+12 + 2	50.53	25.03	− 5 − 7	40.78	32.32	−20 − 2	24.98	35.42	− 6 + 9
12	52.19	15.28	+10 − 1	50.33	25.33	−13 − 6	40.34	32.50	−21 + 2	24.42	35.43	+ 4 + 9
13	52.28	15.62	+ 6 − 4	50.12	25.62	−19 − 4	39.89	32.68	−18 + 6	23.86	35.43	+12 + 7
14	52.35	15.96	− 1 − 7	49.89	25.90	−22 0	39.44	32.84	−11 + 9	23.31	35.43	+18 + 3
15	52.42	16.30	− 9 − 7	49.66	26.19	−21 + 4	38.99	33.01	− 2 +10	22.75	35.43	+19 − 2
16	52.47	16.65	−16 − 6	49.42	26.47	−16 + 8	38.52	33.17	+ 8 + 9	22.19	35.41	+16 − 6
17	52.52	16.99	−21 − 3	49.17	26.75	− 7 +10	38.06	33.32	+15 + 5	21.64	35.39	+10 − 9
18	52.56	17.33	−22 + 1	48.92	27.03	+ 3 +10	37.58	33.47	+20 + 1	21.08	35.37	+ 2 −10
19	52.58	17.67	−19 + 5	48.65	27.30	+13 + 7	37.10	33.61	+19 − 4	20.52	35.34	− 5 − 9
20	52.60	18.01	−11 + 8	48.38	27.57	+19 + 3	36.61	33.75	+15 − 8	19.97	35.30	−10 − 6
21	52.61	18.35	− 1 +10	48.09	27.83	+22 − 2	36.12	33.88	+ 8 −10	19.41	35.26	−12 − 3
22	52.61	18.68	+ 9 + 9	47.80	28.09	+19 − 7	35.63	34.01	0 −10	18.86	35.21	−12 + 1
23	52.60	19.01	+17 + 5	47.50	28.35	+13 −10	35.13	34.13	− 7 − 8	18.31	35.16	− 8 + 5
24	52.57	19.35	+22 0	47.19	28.60	+ 5 −11	34.63	34.25	−11 − 5	17.75	35.10	− 3 + 7
25	52.54	19.68	+22 − 5	46.88	28.85	− 3 −10	34.12	34.36	−12 − 1	17.20	35.03	+ 3 + 8
26	52.50	20.01	+17 − 9	46.55	29.10	− 8 − 7	33.60	34.47	−10 + 3	16.66	34.96	+ 8 + 7
27	52.45	20.34	+10 −11	46.22	29.35	−11 − 4	33.09	34.57	− 6 + 6	16.11	34.88	+12 + 5
28	52.39	20.67	+ 2 −11	45.88	29.59	−11 0	32.57	34.67	− 1 + 7	15.56	34.80	+14 + 3
29	52.32	20.99	− 5 − 9	45.53	29.83	− 9 + 4	32.04	34.76	+ 5 + 8	15.02	34.71	+13 − 1
30	52.24	21.32	−10 − 6	45.17	30.06	− 4 + 6	31.51	34.85	+ 9 + 6	14.48	34.62	+10 − 4
31	52.15	21.64	−12 − 2	44.81	30.29	+ 1 + 7	30.98	34.93	+13 + 4	13.94	34.52	+ 4 − 6
32	52.05	21.96	−11 + 2				30.45	35.00	+13 + 1	13.41	34.41	− 3 − 7

δ	sec δ	tg δ	δ	sec δ	tg δ	δ	sec δ	tg δ
−87° 58′ 10″	+28.223	−28.205	−87° 58′ 20″	+28.261	−28.244	−87° 58′ 30″	+28.300	−28.282
20	+28.261	−28.244	30	+28.300	−28.282	40	+28.339	−28.321

$\alpha_{1955.0} = 15^h\ 3^m\ 54^s_{.}35$ $\delta_{1955.0} = -87°\ 58'\ 3''_{.}14$

Obere Kulmination Greenwich

Se) 20 G. Octantis $6^{m}.52$

Tag	September AR.	September Dekl.	September ☾ Glieder	Oktober AR.	Oktober Dekl.	Oktober ☾ Glieder	November AR.	November Dekl.	November ☾ Glieder	Dezember AR.	Dezember Dekl.	Dezember ☾ Glieder
	$15^h 3^m$ s	−87° 58′ ″	in s 0.01, ″ 0.01	$15^h 3^m$ s	−87° 58′ ″	in s 0.01, ″ 0.01	$15^h 3^m$ s	−87° 58′ ″	in s 0.01, ″ 0.01	$15^h 3^m$ s	−87° 58′ ″	in s 0.01, ″ 0.01
1	73.41	34.41	− 3 − 7	59.85	28.82	−19 − 3	54.24	19.61	− 6 + 9	59.59	10.34	+16 + 5
2	72.88	34.30	−10 − 7	59.51	28.56	−20 + 1	54.24	19.29	+ 4 + 9	59.95	10.07	+20 0
3	72.35	34.19	−16 − 5	59.18	28.30	−17 + 5	54.26	18.97	+13 + 6	60.32	9.79	+20 − 5
4	71.83	34.06	−20 − 2	58.86	28.03	−11 + 8	54.29	18.64	+19 + 3	60.70	9.53	+15 − 9
5	71.31	33.93	−19 + 2	58.55	27.77	− 2 + 9	54.33	18.32	+20 − 2	61.09	9.26	+ 8 −10
6	70.79	33.80	−15 + 6	58.25	27.49	+ 7 + 8	54.38	18.00	+18 − 6	61.49	9.00	0 −10
7	70.28	33.66	− 8 + 9	57.96	27.22	+15 + 5	*54.44	17.68	+12 − 9	61.91	8.74	− 7 − 8
8	69.77	33.51	+ 1 + 9	57.68	26.94	+19 + 1	54.52	17.35	+ 4 −10	62.33	8.49	−10 − 5
9	69.27	33.36	+10 + 7	57.41	26.66	+18 − 3	54.61	17.03	− 4 − 9	62.76	8.23	−11 − 1
10	68.77	33.21	+16 + 4	57.15	26.38	+15 − 7	54.71	16.71	− 9 − 7	63.20	7.99	− 9 + 3
11	68.28	33.05	+19 0	56.90	26.09	+ 8 − 9	54.82	16.39	−11 − 3	63.66	7.75	− 5 + 6
12	67.80	32.88	+17 − 5	56.66	25.80	0 −10	54.95	16.07	−11 + 1	64.12	7.51	+ 1 + 7
13	67.32	32.71	+12 − 8	56.43	25.51	− 7 − 8	55.08	15.76	− 8 + 4	64.59	7.27	+ 6 + 7
14	66.84	32.54	+ 5 −10	56.22	25.22	−11 − 5	55.23	15.44	− 4 + 6	65.07	7.05	+10 + 6
15	66.38	32.36	− 3 − 9	56.01	24.92	−12 − 1	55.40	15.12	+ 2 + 7	65.55	6.82	+12 + 4
16	65.92	32.17	− 9 − 7	55.81	24.62	−11 + 2	55.57	14.81	+ 7 + 7	66.05	6.60	+13 + 1
17	65.46	31.98	−12 − 4	55.63	24.32	− 7 + 5	55.76	14.50	+10 + 6	66.56	6.38	+11 − 2
18	65.01	31.78	−12 0	55.46	24.02	− 2 + 7	55.96	14.19	+12 + 3	67.07	6.17	+ 7 − 4
19	64.57	31.58	−10 + 4	55.29	23.71	+ 3 + 8	56.17	13.88	+12 0	67.59	5.96	+ 1 − 6
20	64.13	31.37	− 6 + 6	55.14	23.41	+ 8 + 7	56.39	13.57	+10 − 2	68.12	5.75	− 6 − 7
21	63.70	31.16	0 + 8	55.00	23.10	+12 + 5	56.62	13.27	+ 5 − 5	68.66	5.56	−13 − 6
22	63.28	30.95	+ 5 + 8	54.88	22.79	+13 + 3	56.87	12.97	− 2 − 7	69.21	5.36	−19 − 3
23	62.87	30.73	+10 + 6	54.76	22.48	+12 − 1	57.12	12.66	−10 − 7	69.76	5.17	−22 + 1
24	62.46	30.51	+13 + 4	54.66	22.16	+ 8 − 4	57.39	12.36	−17 − 5	70.33	4.98	−21 + 5
25	62.06	30.28	+14 + 1	54.56	21.85	+ 3 − 6	57.67	12.07	−21 − 2	70.90	4.81	−16 + 8
26	61.67	30.05	+11 − 2	54.48	21.53	− 5 − 7	57.96	11.77	−22 + 2	71.48	4.64	− 7 +10
27	61.29	29.81	+ 7 − 5	54.41	21.21	−12 − 6	58.26	11.48	−19 + 6	72.06	4.47	+ 2 +10
28	60.92	29.57	0 − 7	54.35	20.89	−18 − 4	58.58	11.19	−11 + 9	72.66	4.31	+11 + 7
29	60.55	29.32	− 7 − 7	54.31	20.57	−21 − 1	58.91	10.90	− 1 +10	73.25	4.15	+17 + 3
30	60.20	29.07	−14 − 6	54.27	20.25	−20 + 3	59.24	10.62	+ 8 + 8	73.86	4.00	+19 − 2
31	59.85	28.82	−19 − 3	54.25	19.93	−15 + 7	59.59	10.34	+16 + 5	74.47	3.85	+17 − 7
32				54.24	19.61	− 6 + 9				75.09	3.71	+11 −10

δ	sec δ	tg δ	δ	sec δ	tg δ	δ	sec δ	tg δ
−87° 58′ 0″	+28.184	−28.166	−87° 58′ 10″	+28.223	−28.205	−87° 58′ 30″	+28.300	−28.282
10	+28.223	−28.205	20	+28.261	−28.244	40	+28.339	−28.321

$\alpha_{1955.0} = 15^h\ 3^m\ 54^s.35$ $\delta_{1955.0} = -87°\ 58'\ 3''.14$

* Tag der doppelten unteren Kulmination: Nov. 7.

Scheinbare Sternörter 1955

Obere Kulmination Greenwich

Sf) 26 G. Octantis $6^m\!.13$

Tag	Januar AR.	Januar Dekl.	Januar ☾ Glieder	Februar AR.	Februar Dekl.	Februar ☾ Glieder	März AR.	März Dekl.	März ☾ Glieder	April AR.	April Dekl.	April ☾ Glieder
	$16^h\,43^m$	−86° 17′	in s 0.01 | ″ 0.01	$16^h\,43^m$	−86° 17′	in s 0.01 | ″ 0.01	$16^h\,43^m$	−86° 17′	in s 0.01 | ″ 0.01	$16^h\,44^m$	−86° 17′	in s 0.01 | ″ 0.01
	s	″		s	″		s	″		s	″	
1	32.20	21.84	− 9 − 7	42.29	15.92	− 7 + 8	53.52	14.59	− 3 + 9	5.74	17.59	+13 +1
2	32.46	21.59	−12 − 3	42.67	15.80	− 2 +10	53.93	14.62	+ 2 +10	6.10	17.76	+12 −3
3	32.72	21.34	−12 + 2	43.05	15.69	+ 4 + 9	54.34	14.65	+ 7 + 8	6.46	17.93	+10 −7
4	32.99	21.09	−10 + 6	43.44	15.58	+ 9 + 7	54.75	14.69	+11 + 4	6.82	18.11	+ 6 −9
5	33.27	20.85	− 5 + 9	43.83	15.48	+11 + 3	55.15	14.73	+12 − 1	7.18	18.28	+ 2 −9
6	33.55	20.61	+ 1 +10	44.22	15.38	+12 − 2	55.56	14.77	+11 − 5	7.53	18.47	− 3 −8
7	33.83	20.38	+ 6 + 8	44.61	15.29	+10 − 6	55.97	14.82	+ 8 − 8	7.88	18.65	− 6 −5
8	34.12	20.14	+11 + 5	45.00	15.21	+ 7 − 9	56.38	14.88	+ 4 − 9	8.23	18.84	− 7 −1
9	34.42	19.92	+13 + 1	45.39	15.13	+ 3 − 9	56.78	14.94	0 − 9	8.57	19.03	− 8 +3
10	34.72	19.69	+13 − 4	45.79	15.05	− 2 − 8	57.19	15.00	− 4 − 7	8.91	19.23	− 7 +6
11	35.02	19.47	+10 − 8	46.19	14.98	− 5 − 6	57.59	15.07	− 7 − 3	9.25	19.43	− 5 +8
12	35.33	19.26	+ 6 −10	46.59	14.92	− 7 − 2	58.00	15.15	− 8 0	9.58	19.63	− 2 +9
13	35.64	19.05	+ 1 −10	46.99	14.86	− 8 + 2	58.40	15.23	− 8 + 4	9.91	19.84	+ 1 +8
14	35.96	18.84	− 3 − 8	47.39	14.80	− 7 + 5	58.80	15.32	− 6 + 7	10.24	20.05	+ 4 +6
15	36.28	18.64	− 6 − 4	47.80	14.75	− 5 + 7	59.20	15.40	− 3 + 9	10.56	20.27	+ 6 +3
16	36.60	18.44	− 8 − 1	48.20	14.71	− 2 + 9	59.60	15.50	0 + 9	10.88	20.49	+ 6 −1
17	36.93	18.25	− 8 + 3	48.61	14.67	+ 1 + 9	59.99	15.60	+ 3 + 8	11.19	20.71	+ 5 −5
18	37.26	18.06	− 6 + 6	49.01	14.63	+ 4 + 7	60.39	15.70	+ 5 + 5	11.51	20.93	+ 2 −8
19	37.60	17.88	− 4 + 8	49.42	14.60	+ 6 + 4	60.78	15.80	+ 6 + 1	11.81	21.16	− 3 −9
20	37.94	17.70	− 1 + 9	49.83	14.58	+ 7 0	61.18	15.92	+ 6 − 3	12.12	21.39	− 7 −8
21	38.29	17.52	+ 3 + 8	50.24	14.56	+ 6 − 4	61.57	16.03	+ 4 − 6	12.42	21.63	−10 −6
22	38.64	17.35	+ 5 + 6	50.65	14.55	+ 3 − 8	61.96	16.15	0 − 9	12.71	21.87	−12 −2
23	38.99	17.18	+ 7 + 2	51.06	14.54	− 1 − 9	62.35	16.27	− 4 − 9	13.00	22.11	−10 +3
24	39.35	17.02	+ 7 − 2	51.47	14.53	− 5 − 9	62.73	16.40	− 8 − 8	13.29	22.35	− 7 +7
25	39.71	16.87	+ 5 − 6	51.88	14.54	− 9 − 6	63.11	16.54	−11 − 4	13.57	22.60	− 2 +9
26	40.07	16.72	+ 2 − 8	52.29	14.54	−11 − 2	63.49	16.67	−11 + 1	13.85	22.85	+ 4 +9
27	40.43	16.57	− 3 − 9	52.70	14.55	−10 + 2	63.87	16.82	− 9 + 5	14.13	23.10	+ 9 +7
28	40.80	16.43	− 7 − 8	53.11	14.57	− 8 + 6	64.25	16.96	− 5 + 8	14.40	23.36	+13 +3
29	41.16	16.30	−10 − 5	53.52	14.59	− 3 + 9	64.63	17.11	+ 1 + 9	14.67	23.62	+14 −2
30	41.54	16.17	−11 0				65.00	17.27	+ 6 + 8	14.94	23.88	+12 −6
31	41.91	16.04	−10 + 4				65.37	17.43	+11 + 5	15.20	24.14	+ 8 −9
32	42.29	15.92	− 7 + 8				65.74	17.59	+13 + 1			

δ	sec δ	tg δ	δ	sec δ	tg δ
−86° 17′ 10″	+15.438	−15.406	−86° 17′ 20″	+15.450	−15.417
20	+15.450	−15.417	30	+15.461	−15.429

$\alpha_{1955.0} = 16^h\,43^m\,42^s\!.95$ $\delta_{1955.0} = -86°\,17'\,28''\!.77$

Obere Kulmination Greenwich

St) 26 G. Octantis $6^{m}.13$

Tag	Mai AR.	Mai Dekl.	Mai ☾ Glieder	Juni AR.	Juni Dekl.	Juni ☾ Glieder
	$16^{h}44^{m}$ s	$\overline{86°}$ 17′ ″	in s ″ 0.01 0.01	$16^{h}44^{m}$ s	$\overline{86°}$ 17′ ″	in s ″ 0.01 0.01
1	15.20	24.14	+ 8 − 9	20.81	33.20	− 6 − 4
2	15.45	24.41	+ 3 −10	20.91	33.51	− 7 0
3	15.70	24.67	− 1 − 8	21.00 / 21.08	33.82 / 34.13	− 6 + 3 / − 5 + 6
4	15.95	24.95	− 4 − 6	21.16	34.44	− 3 + 8
5	16.19	25.22	− 6 − 2	21.24	34.75	0 + 8
6	16.42	25.49	− 7 + 1	21.30	35.06	+ 3 + 7
7	16.66	25.77	− 7 + 4	21.37	35.37	+ 5 + 5
8	16.88	26.05	− 5 + 7	21.42	35.68	+ 6 + 2
9	17.11	26.32	− 2 + 8	21.47	35.99	+ 6 − 2
10	17.33	26.61	+ 1 + 8	21.52	36.30	+ 4 − 5
11	17.54	26.89	+ 3 + 7	21.56	36.61	+ 1 − 8
12	17.75	27.18	+ 5 + 4	21.59	36.91	− 4 − 9
13	17.95	27.46	+ 6 + 1	21.62	37.22	− 8 − 8
14	18.15	27.75	+ 5 − 3	21.64	37.53	−12 − 5
15	18.34	28.04	+ 3 − 7	21.65	37.84	−13 − 1
16	18.53	28.34	− 1 − 9	21.66	38.14	−12 + 4
17	18.71	28.63	− 6 − 9	21.67	38.45	− 8 + 8
18	18.89	28.93	−10 − 7	21.67	38.75	− 3 +10
19	19.06	29.23	−12 − 3	21.66	39.06	+ 4 +10
20	19.23	29.53	−12 + 1	21.65	39.36	+ 9 + 7
21	19.39	29.83	−10 + 6	21.63	39.66	+12 + 2
22	19.54	30.13	− 5 + 9	21.61	39.96	+13 − 3
23	19.69	30.43	+ 1 +10	21.58	40.26	+11 − 7
24	19.84	30.74	+ 7 + 8	21.54	40.55	+ 8 −10
25	19.98	31.04	+12 + 5	21.50	40.85	+ 3 −10
26	20.11	31.35	+14 0	21.46	41.14	− 1 − 8
27	20.24	31.65	+13 − 5	21.40	41.44	− 5 − 5
28	20.37	31.96	+10 − 8	21.34	41.73	− 6 − 2
29	20.49	32.27	+ 6 −10	21.28	42.02	− 6 + 2
30	20.60	32.58	+ 1 − 9	21.21	42.31	− 5 + 5
31	20.71	32.89	− 3 − 7	21.13	42.60	− 3 + 7
32	20.81	33.20	− 6 − 4			

Tag	Juli AR.	Juli Dekl.	Juli ☾ Glieder	August AR.	August Dekl.	August ☾ Glieder
	$16^{h}44^{m}$ s	$\overline{86°}$ 17′ ″	in s ″ 0.01 0.01	$16^{h}44^{m}$ s	$\overline{86°}$ 17′ ″	in s ″ 0.01 0.01
1	21.13	42.60	− 3 + 7	16.27	49.98	+ 6 + 4
2	21.05	42.88	0 + 8	16.04	50.16	+ 7 + 1
3	20.97	43.16	+ 3 + 8	15.80	50.33	+ 6 − 3
4	20.88	43.44	+ 5 + 6	15.57	50.50	+ 4 − 6
5	20.78	43.71	+ 6 + 3	15.32	50.67	+ 1 − 8
6	20.68	43.99	+ 6 0	15.08	50.83	− 4 − 8
7	20.58	44.26	+ 5 − 4	14.83	50.99	− 8 − 7
8	20.47	44.53	+ 2 − 7	14.58	51.14	−11 − 4
9	20.35	44.79	− 2 − 8	14.32	51.29	−12 0
10	20.23	45.05	− 6 − 8	14.06	51.43	−11 + 5
11	20.10	45.32	−10 − 6	13.80	51.57	− 7 + 8
12	19.97	45.57	−12 − 2	13.53	51.70	− 2 +10
13	19.83	45.83	−13 + 2	13.26	51.82	+ 3 + 9
14	19.68	46.08	−10 + 6	12.99	51.95	+ 8 + 6
15	19.54	46.33	− 6 + 9	12.72	52.06	+11 + 2
16	19.38	46.57	0 +10	12.44	52.17	+11 − 3
17	19.22	46.81	+ 6 + 8	12.16	52.28	+ 9 − 7
18	19.06	47.05	+10 + 5	11.88	52.38	+ 6 − 9
19	18.89	47.28	+12 0	11.59	52.47	+ 2 − 9
20	18.71	47.51	+12 − 5	11.31	52.56	− 2 − 8
21	18.53	47.74	+ 9 − 8	11.02	52.64	− 5 − 5
22	18.35	47.96	+ 5 −10	10.73	52.72	− 7 − 1
23	18.16	48.18	0 − 9	10.43	52.79	− 6 + 3
24	17.97	48.39	− 4 − 7	10.14	52.86	− 5 + 6
25	17.77	48.61	− 6 − 3	9.84	52.92	− 2 + 8
26	17.57	48.81	− 7 + 1	9.54	52.98	+ 1 + 8
27	17.36	49.02	− 6 + 4	9.24	53.03	+ 4 + 7
28	17.15	49.22	− 4 + 7	8.94	53.08	+ 6 + 5
29	16.94	49.42	− 1 + 8	8.64	53.12	+ 7 + 2
30	16.72	49.61	+ 2 + 8	8.33	53.16	+ 7 − 2
31	16.50	49.80	+ 5 + 7	8.03	53.18	+ 5 − 5
32	16.27	49.98	+ 6 + 4	7.73	53.21	+ 2 − 8

δ	sec δ	tg δ	δ	sec δ	tg δ	δ	sec δ	tg δ
−86° 17′ 20″	+15.450	−15.417	−86° 17′ 40″	+15.473	−15.441	−86° 17′ 50″	+15.485	−15.452
30	+15.461	−15.429	50	+15.485	−15.452	60	+15.496	−15.464

$\alpha_{1955.0} = 16^{h}\ 43^{m}\ 42^{s}.95$ $\delta_{1955.0} = -86°\ 17'\ 28''.77$

Scheinbare Sternörter 1955

Obere Kulmination Greenwich

Sf) 26 G. Octantis $6^m.13$

Tag	September AR.	September Dekl.	September ☾ Glieder		Oktober AR.	Oktober Dekl.	Oktober ☾ Glieder		November AR.	November Dekl.	November ☾ Glieder		Dezember AR.	Dezember Dekl.	Dezember ☾ Glieder	
	$16^h 43^m$	−86° 17′	in s 0.01	in ″ 0.01	$16^h 43^m$	−86° 17′	in s 0.01	in ″ 0.01	$16^h 43^m$	−86° 17′	in s 0.01	in ″ 0.01	$16^h 43^m$	−86° 17′	in s 0.01	in ″ 0.01
	s	″			s	″			s	″			s	″		
1	67.73	53.21	+ 2	−8	58.67	51.17	− 9	−7	51.94	44.17	− 7	+ 7	50.67	34.76	+ 6	+ 8
2	67.42	53.22	− 2	−9	58.39	51.01	−11	−3	51.81	43.89	− 2	+ 9	*50.73	34.43	+11	+ 4
3	67.11	53.23	− 6	−8	58.12	50.85	−11	+1	51.68	43.60	+ 4	+ 9	50.80	34.11	+13	− 1
4	66.80	53.24	−10	−6	57.85	50.69	− 9	+5	51.55	43.30	+ 9	+ 6	50.87	33.79	+12	− 5
5	66.49	53.24	−11	−2	57.58	50.52	− 5	+8	51.43	43.01	+12	+ 2	50.95	33.46	+ 9	− 8
6	66.18	53.23	−11	+3	57.31	50.34	0	+9	51.32	42.71	+12	− 3	51.04	33.14	+ 5	−10
7	65.87	53.22	− 8	+7	57.05	50.16	+ 6	+8	51.21	42.41	+10	− 7	51.14	32.82	0	− 9
8	65.56	53.20	− 3	+9	56.79	49.97	+10	+5	51.11	42.11	+ 7	− 9	51.24	32.50	− 3	− 6
9	65.25	53.18	+ 2	+9	56.54	49.78	+12	0	51.02	41.80	+ 2	− 9	51.35	32.18	− 6	− 3
10	64.94	53.15	+ 7	+7	56.28	49.59	+11	−4	50.94	41.49	− 2	− 8	51.46	31.87	− 6	+ 1
11	64.63	53.11	+10	+3	56.04	49.38	+ 9	−7	50.86	41.18	− 5	− 5	51.59	31.55	− 5	+ 5
12	64.32	53.07	+11	−1	55.80	49.17	+ 5	−9	50.78	40.87	− 6	− 1	51.72	31.24	− 3	+ 7
13	64.01	53.02	+10	−5	55.56	48.96	0	−9	50.72	40.56	− 6	+ 2	51.85	30.93	0	+ 8
14	63.70	52.97	+ 7	−8	55.32	48.75	− 4	−7	50.66	40.25	− 5	+ 5	51.99	30.62	+ 3	+ 8
15	63.40	52.91	+ 3	−9	55.10	48.53	− 6	−3	50.61	39.93	− 3	+ 7	52.14	30.31	+ 5	+ 6
16	63.09	52.84	− 1	−8	54.87	48.31	− 7	0	50.56	39.61	0	+ 8	52.30	30.01	+ 6	+ 4
17	62.78	52.77	− 5	−6	54.65	48.08	− 6	+4	50.52	39.29	+ 3	+ 8	52.46	29.71	+ 7	+ 1
18	62.47	52.69	− 7	−2	54.43	47.84	− 5	+7	50.49	38.97	+ 5	+ 6	52.63	29.41	+ 6	− 2
19	62.17	52.61	− 7	+2	54.22	47.61	− 2	+8	50.46	38.64	+ 6	+ 3	52.81	29.11	+ 3	− 5
20	61.87	52.52	− 6	+5	54.01	47.36	+ 1	+8	50.44	38.32	+ 6	0	52.99	28.81	0	− 7
21	61.57	52.43	− 4	+7	53.81	47.12	+ 4	+7	50.43	38.00	+ 5	− 4	53.17	28.52	− 5	− 8
22	61.27	52.33	− 1	+8	53.62	46.87	+ 6	+5	50.42	37.68	+ 2	− 7	53.36	28.23	− 9	− 7
23	60.97	52.22	+ 2	+8	53.42	46.62	+ 7	+2	50.42	37.35	− 2	− 8	53.56	27.94	−12	− 4
24	60.67	52.11	+ 5	+6	53.24	46.36	+ 6	−2	50.43	37.03	− 6	− 8	53.76	27.66	−13	0
25	60.38	51.99	+ 7	+4	53.06	46.10	+ 4	−5	50.44	36.70	−10	− 6	53.97	27.38	−12	+ 5
26	60.09	51.87	+ 7	0	52.88	45.84	+ 1	−8	50.46	36.38	−12	− 2	54.19	27.10	− 8	+ 8
27	59.80	51.74	+ 6	−4	52.71	45.57	− 4	−9	50.49	36.05	−12	+ 2	54.41	26.82	− 3	+10
28	59.51	51.60	+ 3	−7	52.54	45.30	− 8	−8	50.52	35.73	−10	+ 6	54.64	26.55	+ 3	+ 9
29	59.23	51.46	− 1	−9	52.38	45.02	−11	−5	50.56	35.40	− 5	+ 9	54.87	26.28	+ 8	+ 6
30	58.95	51.32	− 5	−9	52.23	44.74	−12	−1	50.61	35.08	+ 1	+10	55.11	26.01	+11	+ 2
31	58.67	51.17	− 9	−7	52.08	44.46	−11	+3	50.67	34.76	+ 6	+ 8	55.36	25.75	+12	− 3
32					51.94	44.17	− 7	+7					55.60	25.49	+10	− 7

δ	sec δ	tg δ	δ	sec δ	tg δ	δ	sec δ	tg δ
−86° 17′ 20″	+15.450	−15.417	−86° 17′ 40″	+15.473	−15.441	−86° 17′ 50″	+15.485	−15.452
30	+15.461	−15.429	50	+15.485	−15.452	60	+15.496	−15.464

$\alpha_{1955.0} = 16^h\ 43^m\ 42^s.95$ $\delta_{1955.0} = -86°\ 17'\ 28''.77$

* Tag der doppelten unteren Kulmination: Dez. 2.

Obere Kulmination Greenwich

Sg) χ Octantis $5^{m}.22$

Tag	Januar AR.	Januar Dekl.	Januar ☾ Glieder	Februar AR.	Februar Dekl.	Februar ☾ Glieder	März AR.	März Dekl.	März ☾ Glieder	April AR.	April Dekl.	April ☾ Glieder
	$18^h 28^m$	$\overline{87}° 38'$	in s ″ 0.01 0.01	$18^h 28^m$	$\overline{87}° 38'$	in s ″ 0.01 0.01	$18^h 28^m$	$\overline{87}° 38'$	in s ″ 0.01 0.01	$18^h 29^m$	$\overline{87}° 38'$	in s ″ 0.01 0.01
	s	″		s	″		s	″		s	″	
1	23.27	57.50	−8 −10	32.97	47.93	−15 +5	47.71	42.00	−10 +7	7.05	39.55	+17 +6
2	23.44	57.16	−14 −7	33.42	47.67	−8 +8	48.31	41.85	−3 +10	7.68	39.55	+19 +1
3	23.62	56.83	−18 −3	33.87	47.41	0 +10	48.91	41.71	+6 +10	8.31	39.55	+18 −3
4	23.82	56.50	−17 +2	34.33	47.15	+8 +9	49.51	41.57	+13 +8	8.94	39.56	+14 −6
5	24.02	56.16	−13 +7	34.80	46.90	+15 +6	50.11	41.43	+17 +4	9.57	39.57	+8 −8
6	24.23	55.83	−5 +10	35.27	46.65	+19 +2	50.72	41.30	+18 0	10.20	39.59	+1 −8
7	24.45	55.50	+4 +10	35.75	46.40	+19 −2	51.33	41.18	+16 −4	10.83	39.61	−5 −6
8	24.69	55.17	+12 +9	36.24	46.16	+16 −6	51.94	41.05	+12 −7	11.45	39.64	−10 −3
9	24.93	54.84	+18 +5	36.73	45.92	+10 −8	52.55	40.94	+5 −8	12.07	39.67	−12 0
10	25.18	54.52	+20 +1	37.23	45.68	+3 −8	53.17	40.82	−1 −8	12.70	39.70	−13 +3
11	25.44	54.19	+19 −4	37.74	45.45	−4 −7	53.79	40.71	−7 −6	13.32	39.74	−11 +5
12	25.71	53.87	+14 −7	38.25	45.22	−9 −4	54.41	40.61	−11 −3	13.94	39.79	−8 +7
13	25.99	53.55	+8 −8	38.77	45.00	−12 −1	55.03	40.51	−13 +1	14.55	39.84	−4 +8
14	26.28	53.23	+1 −8	39.29	44.78	−13 +2	55.66	40.42	−13 +4	15.17	39.89	+2 +7
15	26.58	52.92	−6 −6	39.82	44.56	−12 +5	56.29	40.33	−10 +7	15.78	39.95	+6 +5
16	26.89	52.60	−10 −3	40.35	44.35	−9 +7	56.91	40.24	−6 +8	16.38	40.01	+9 +1
17	27.20	52.29	−13 0	40.89	44.14	−4 +8	57.54	40.16	−1 +8	16.99	40.08	+9 −3
18	27.53	51.98	−13 +4	41.44	43.94	+2 +8	58.17	40.09	+4 +7	17.59	40.15	+6 −7
19	27.86	51.67	−10 +6	41.99	43.74	+7 +6	58.80	40.02	+8 +4	18.19	40.23	+2 −10
20	28.21	51.36	−6 +8	42.54	43.54	+10 +2	59.43	39.95	+10 0	18.79	40.31	−4 −10
21	28.56	51.06	−1 +8	43.10	43.36	+11 −2	60.07	39.89	+10 −5	19.38	40.39	−11 −9
22	28.92	50.76	+4 +7	43.66	43.18	+9 −6	60.70	39.84	+6 −8	19.97	40.48	−15 −6
23	29.29	50.47	+8 +4	44.23	42.99	+5 −9	61.34	39.79	+1 −10	20.55	40.58	−17 −1
24	29.67	50.17	+11 0	44.80	42.82	−2 −10	61.97	39.74	−6 −10	21.14	40.67	−14 +4
25	30.06	49.88	+11 −4	45.37	42.65	−8 −9	62.61	39.70	−11 −7	21.71	40.78	−8 +8
26	30.45	49.60	+8 −7	45.95	42.48	−14 −6	63.24	39.66	−15 −3	22.29	40.89	0 +10
27	30.85	49.31	+2 −10	46.53	42.31	−16 −1	63.88	39.63	−15 +2	22.86	41.00	+9 +10
28	31.26	49.03	−5 −10	47.12	42.16	−15 +3	64.51	39.60	−12 +6	23.43	41.11	+16 +7
29	31.68	48.75	−11 −8	47.71	42.00	−10 +7	65.15	39.58	−5 +9	23.99	41.24	+20 +3
30	32.10	48.47	−16 −4				65.78	39.57	+3 +10	24.55	41.36	+20 −1
31	32.53	48.20	−17 0				66.42	39.56	+11 +9	25.11	41.49	+17 −5
32	32.97	47.93	−15 +5				67.05	39.55	+17 +6			

δ	sec δ	tg δ	δ	sec δ	tg δ	δ	sec δ	tg δ
−87° 38′ 30″	+24.302	−24.281	−87° 38′ 40″	+24.331	−24.310	−87° 38′ 50″	+24.359	−24.339
40	+24.331	−24.310	50	+24.359	−24.339	60	+24.388	−24.368

$\alpha_{1955.0} = 18^h\, 28^m\, 43^s.96$ $\delta_{1955.0} = -87°\, 38'\, 58''.72$

Scheinbare Sternörter 1955

Obere Kulmination Greenwich

Sg) χ Octantis $5^{m}.22$

Tag	Mai AR.	Mai Dekl.	Mai ☾ Glieder	Juni AR.	Juni Dekl.	Juni ☾ Glieder	Juli AR.	Juli Dekl.	Juli ☾ Glieder	August AR.	August Dekl.	August ☾ Glieder
	$18^h 29^m$	— 87° 38′	in s 0.01 | ″ 0.01	$18^h 29^m$	— 87° 38′	in s 0.01 | ″ 0.01	$18^h 29^m$	— 87° 38′	in s 0.01 | ″ 0.01	$18^h 29^m$	— 87° 39′	in s 0.01 | ″ 0.01
	s	″		s	″		s	″		s	″	
1	25.11	41.49	+17 − 5	39.59	47.41	− 5 − 6	46.87	55.93	− 9 + 6	45.37	4.85	+ 6 + 6
2	25.66	41.62	+11 − 8	39.95	47.65	−10 − 3	46.96	56.22	− 6 + 7	45.18	5.12	+ 9 + 3
3	26.21	41.76	+ 4 − 8	40.30	47.90	−11 + 1	47.05	56.52	− 1 + 8	44.97	5.38	+11 − 1
4	26.75	41.90	− 3 − 7	40.64	48.15	−11 + 4	47.12	56.81	+ 3 + 7	44.76	5.64	+10 − 4
5	27.29	42.05	− 8 − 4	40.98	48.40	− 9 + 6	47.18	57.11	+ 7 + 5	44.54	5.90	+ 6 − 7
6	27.82	42.20	−11 − 1	41.31	48.66	− 5 + 8	47.24	57.40	+ 9 + 2	44.31	6.16	0 − 9
7	28.35	42.36	−12 + 2	41.63	48.91	− 1 + 8	47.28	57.70	+10 − 2	44.08	6.41	− 6 − 9
8	28.87	42.52	−11 + 5	41.94	49.17	+ 4 + 7	47.32	57.99	+ 8 − 6	43.83	6.66	−12 − 8
9	29.38	42.68	− 9 + 7	42.25	49.43	+ 7 + 4	47.35	58.29	+ 3 − 8	43.57	6.91	−17 − 4
10	29.89	42.85	− 5 + 8	42.55	49.70	+ 9 0	47.37	58.58	− 3 −10	43.31	7.15	−18 + 1
11	30.40	43.02	0 + 7	42.84	49.97	+ 9 − 3	47.37	58.88	−10 − 9	43.04	7.39	−15 + 5
12	30.90	43.20	+ 5 + 6	43.12	50.23	+ 6 − 7	47.37	59.17	−16 − 7	42.76	7.63	− 9 + 8
13	31.40	43.37	+ 8 + 3	43.39	50.51	0 −10	47.36	59.47	−19 − 2	42.47	7.86	− 1 +10
14	31.88	43.56	+ 9 − 1	43.65	50.78	− 7 −10	47.34	59.76	−18 + 2	42.17	8.09	+ 7 + 9
15	32.37	43.74	+ 8 − 5	43.90	51.05	−13 − 8	47.31	60.05	−14 + 6	41.87	8.32	+14 + 6
16	32.84	43.93	+ 4 − 8	44.15	51.33	−18 − 5	47.27	60.34	− 6 + 9	41.56	8.54	+18 + 1
17	33.31	44.12	− 2 −10	44.39	51.61	−19 0	47.22	60.64	+ 3 +10	41.24	8.76	+17 − 3
18	33.78	44.32	− 9 −10	44.62	51.88	−16 + 4	47.17	60.93	+11 + 8	40.92	8.98	+14 − 6
19	34.24	44.52	−15 − 7	44.84	52.17	−10 + 8	47.10	61.22	+17 + 4	40.59	9.19	+ 8 − 8
20	34.69	44.72	−18 − 3	45.05	52.45	− 1 +10	47.02	61.51	+19 − 1	40.24	9.40	+ 1 − 8
21	35.14	44.93	−17 + 2	45.25	52.73	+ 8 + 9	46.93	61.80	+18 − 5	39.90	9.60	− 5 − 6
22	35.58	45.14	−13 + 7	45.44	53.02	+16 + 7	46.84	62.09	+13 − 7	39.54	9.80	− 9 − 3
23	36.01	45.36	− 5 +10	45.63	53.31	+20 + 2	46.73	62.37	+ 6 − 8	39.18	10.00	−11 + 1
24	36.43	45.57	+ 5 +10	45.80	53.59	+20 − 2	46.62	62.65	0 − 7	38.81	10.19	−11 + 4
25	36.85	45.79	+13 + 8	45.97	53.88	+17 − 6	46.50	62.93	− 6 − 5	38.44	10.38	− 8 + 6
26	37.26	46.02	+19 + 5	46.13	54.17	+11 − 8	46.36	63.21	−10 − 2	38.05	10.56	− 5 + 8
27	37.67	46.24	+21 0	46.27	54.46	+ 4 − 8	46.22	63.49	−11 + 2	37.67	10.74	0 + 8
28	38.07	46.47	+19 − 4	46.41	54.75	− 3 − 7	46.07	63.77	−10 + 5	37.27	10.91	+ 5 + 7
29	38.46	46.70	+15 − 7	46.54	55.05	− 7 − 4	45.91	64.04	− 7 + 7	36.87	11.08	+ 9 + 4
30	38.84	46.93	+ 8 − 8	{46.66 {46.77	55.34 55.63	−10 0} −11 + 3}	45.74	64.31	− 3 + 8	36.46	11.25	+11 + 1
31	39.22	47.17	+ 1 − 8	46.87	55.93	− 9 + 6	45.56	64.59	+ 2 + 8	36.05	11.41	+11 − 3
32	39.59	47.41	− 5 − 6				45.37	64.85	+ 6 + 6	35.63	11.56	+ 8 − 7

δ	sec δ	tg δ	δ	sec δ	tg δ	δ	sec δ	tg δ
−87° 38′ 40″	+24.331	−24.310	−87° 38′ 50″	+24.359	−24.339	−87° 39′ 10″	+24.417	−24.396
50	+24.359	−24.339	60	+24.388	−24.368	20	+24.446	−24.425

$\alpha_{1955.0} = 18^h\ 28^m\ 43^s.96$ $\delta_{1955.0} = -87°\ 38'\ 58''.72$

Scheinbare Sternörter 1955

Obere Kulmination Greenwich

Sg) χ Octantis $5^{m}.22$

Tag	September AR.	September Dekl.	September ☾ Glieder	Oktober AR.	Oktober Dekl.	Oktober ☾ Glieder	November AR.	November Dekl.	November ☾ Glieder	Dezember AR.	Dezember Dekl.	Dezember ☾ Glieder
	$18^h\ 29^m$	— 87° 39′	in s 0.01 | ″ 0.01	$18^h\ 29^m$	— 87° 39′	in s 0.01 | ″ 0.01	$18^h\ 28^m$	— 87° 39′	in s 0.01 | ″ 0.01	$18^h\ 28^m$	— 87° 38′	in s 0.01 | ″ 0.01
	s	″		s	″		s	″		s	″	
1	35.63	11.56	+ 8 − 7	21.29	13.71	− 8 − 9	66.58	10.37	−15 + 4	57.71	62.53	+ 4 + 9
2	35.21	11.71	+ 3 − 9	20.79	13.69	−13 − 7	66.17	10.17	− 9 + 8	57.56	62.21	+12 + 7
3	34.78	11.86	− 3 −10	20.28	13.67	−16 − 3	65.77	9.97	0 + 9	57.41	61.90	+18 + 4
4	34.35	12.00	−10 − 9	19.77	13.64	−16 + 2	65.37	9.76	+ 8 + 9	57.27	61.58	+20 − 1
5	33.91	12.13	−15 − 6	19.27	13.60	−12 + 6	64.98	9.55	+15 + 6	57.15	61.26	+18 − 5
6	33.47	12.26	−17 − 1	18.76	13.56	− 5 + 9	64.60	9.33	+19 + 2	57.03	60.93	+13 − 7
7	33.02	12.39	−15 + 3	18.26	13.51	+ 3 + 9	64.23	9.11	+19 − 2	56.92	60.60	+ 6 − 8
8	32.56	12.51	−10 + 7	17.76	13.45	+11 + 8	63.86	8.88	+15 − 6	56.83	60.27	− 1 − 7
9	32.11	12.62	− 3 + 9	17.26	13.39	+16 + 5	63.50	8.64	+ 9 − 8	56.74	59.94	− 6 − 5
10	31.64	12.73	+ 5 + 9	16.76	13.33	+18 0	63.15	8.41	+ 2 − 8	56.67	59.61	− 9 − 1
11	31.18	12.84	+12 + 7	16.26	13.25	+17 − 4	62.81	8.16	− 4 − 6	56.60	59.28	−10 + 2
12	30.71	12.93	+16 + 3	15.77	13.17	+12 − 7	62.47	7.92	− 8 − 3	56.55	58.95	− 9 + 5
13	30.24	13.03	+17 − 1	15.27	13.09	+ 6 − 8	62.14	7.67	−11 0	56.50	58.61	− 6 + 7
14	29.76	13.12	+15 − 5	14.78	13.00	− 1 − 7	61.82	7.41	−11 + 3	56.47	58.27	− 2 + 8
15	29.28	13.20	+10 − 7	14.29	12.90	− 6 − 5	61.51	7.15	− 9 + 6	56.45	57.94	+ 2 + 7
16	28.80	13.28	+ 3 − 8	13.81	12.80	−10 − 2	61.20	6.89	− 5 + 8	56.44	57.60	+ 6 + 6
17	28.31	13.35	− 3 − 7	13.32	12.69	−11 + 1	60.90	6.62	− 1 + 8	56.44	57.26	+ 9 + 3
18	27.82	13.41	− 8 − 4	12.84	12.58	−11 + 4	60.62	6.35	+ 3 + 7	56.45	56.92	+10 0
19	27.33	13.47	−11 − 1	12.36	12.46	− 8 + 7	60.34	6.08	+ 7 + 5	56.47	56.58	+ 8 − 4
20	26.83	13.53	−11 + 2	11.89	12.33	− 4 + 8	60.07	5.80	+ 9 + 2	56.50	56.24	+ 5 − 7
21	26.34	13.57	−10 + 5	11.42	12.20	0 + 8	59.81	5.52	+ 9 − 2	56.54	55.90	− 1 − 9
22	25.84	13.61	− 7 + 7	10.96	12.06	+ 5 + 7	59.55	5.23	+ 7 − 6	56.59	55.56	− 8 −10
23	25.34	13.65	− 2 + 8	10.50	11.91	+ 8 + 4	59.31	4.95	+ 2 − 9	56.65	55.22	−14 − 8
24	24.84	13.68	+ 2 + 7	10.04	11.76	+10 0	59.08	4.65	− 4 −10	56.72	54.87	−18 − 5
25	24.33	13.70	+ 7 + 6	9.59	11.61	+ 9 − 4	58.86	4.36	−10 − 9	56.81	54.53	−20 0
26	23.83	13.72	+ 9 + 3	9.14	11.45	+ 6 − 7	58.64	4.06	−16 − 7	56.90	54.19	−17 + 5
27	23.32	13.73	+10 − 1	8.70	11.28	+ 1 − 9	58.43	3.76	−19 − 3	57.01	53.85	−10 + 8
28	22.81	13.73	+ 9 − 5	8.26	11.11	− 6 −10	58.24	3.46	−18 + 2	57.12	53.51	− 2 + 9
29	22.31	13.73	+ 5 − 8	7.83	10.93	−12 − 8	58.05	3.15	−13 + 6	*57.25	53.17	+ 7 + 9
30	21.80	13.73	− 1 −10	7.41	10.75	−16 − 5	57.88	2.84	− 5 + 9	57.38	52.83	+15 + 6
31	21.29	13.71	− 8 − 9	6.99	10.56	−17 − 1	57.71	2.53	+ 4 + 9	57.53	52.49	+19 + 2
32				6.58	10.37	−15 + 4				57.68	52.15	+19 − 3

δ	sec δ	tg δ	δ	sec δ	tg δ	δ	sec δ	tg δ
−87° 38′ 50″	+24.359	−24.339	−87° 39′ 0″	+24.388	−24.368	−87° 39′ 10″	+24.417	−24.396
60	+24.388	−24.368	10	+24.417	−24.396	20	+24.446	−24.425

$\alpha_{1955.0} = 18^h\ 28^m\ 43^s.96$ $\delta_{1955.0} = -87°\ 38'\ 58''.72$

* Tag der doppelten unteren Kulmination: Dez. 29.

Scheinbare Sternörter 1955

Obere Kulmination Greenwich

Sh) σ Octantis $5^{m}\!.48$

Tag	Januar AR.	Januar Dekl.	Januar ☾ Glieder	Februar AR.	Februar Dekl.	Februar ☾ Glieder	März AR.	März Dekl.	März ☾ Glieder	April AR.	April Dekl.	April ☾ Glieder
	$20^h\,20^m$	$\overline{89^\circ\,7'}$	in s 0.01 | ″ 0.01	$20^h\,20^m$	$\overline{89^\circ\,7'}$	in s 0.01 | ″ 0.01	$20^h\,20^m$	$\overline{89^\circ\,6'}$	in s 0.01 | ″ 0.01	$20^h\,21^m$	$\overline{89^\circ\,6'}$	in s 0.01 | ″ 0.01
	s	″		s	″		s	″		s	″	
1	29.31	26.90	0 −11	32.01	15.65	−43 + 1	54.28	66.14	−38 + 4	34.55	58.41	+28 + 9
2	29.01	26.55	−19 −10	32.51	15.29	−36 + 6	55.36	65.83	−25 + 8	36.02	58.23	+42 + 6
3	28.73	26.20	−35 − 7	33.03	14.92	−20 + 9	56.46	65.53	− 6 +10	37.51	58.05	+47 + 2
4	28.48	25.85	−44 − 2	33.57	14.56	0 +10	57.58	65.23	+14 +10	39.00	57.88	+44 − 2
5	28.25	25.50	−43 + 3	34.14	14.20	+21 + 9	58.72	64.94	+32 + 8	40.49	57.71	+33 − 5
6	28.05	25.14	−31 + 7	34.73	13.84	+38 + 7	59.87	64.65	+43 + 4	42.00	57.54	+18 − 7
7	27.88	24.78	−12 +10	35.35	13.48	+47 + 3	61.04	64.36	+46 0	43.51	57.38	+ 1 − 7
8	27.73	24.43	+10 +11	35.98	13.13	+47 − 1	62.23	64.08	+40 − 4	45.03	57.22	−16 − 5
9	27.61	24.07	+31 + 9	36.64	12.77	+38 − 5	63.43	63.80	+27 − 6	46.55	57.07	−28 − 3
10	27.51	23.70	+45 + 6	37.32	12.42	+23 − 7	64.64	63.52	+11 − 7	48.08	56.92	−36 − 1
11	27.44	23.34	+50 + 1	38.02	12.07	+ 6 − 7	65.87	63.25	− 6 − 7	49.61	56.78	−37 + 2
12	27.40	22.98	+46 − 3	38.75	11.72	−12 − 6	67.11	62.98	−21 − 5	51.15	56.64	−33 + 5
13	27.39	22.61	+34 − 5	39.50	11.37	−26 − 4	68.37	62.71	−32 − 3	52.69	56.51	−25 + 6
14	27.40	22.25	+17 − 7	40.27	11.02	−35 − 1	69.64	62.45	−37 0	54.24	56.38	−12 + 7
15	27.44	21.88	− 1 − 7	41.06	10.68	−37 + 2	70.92	62.19	−37 + 3	55.79	56.26	+ 5 + 6
16	27.50	21.52	−17 − 6	41.88	10.34	−34 + 4	72.22	61.93	−30 + 5	57.34	56.14	+18 + 3
17	27.59	21.15	−30 − 3	42.71	10.00	−25 + 6	73.53	61.68	−18 + 7	58.90	56.03	+28 0
18	27.70	20.78	−36 0	43.57	9.67	−12 + 7	74.86	61.43	− 4 + 7	60.46	55.92	+30 − 4
19	27.84	20.42	−36 + 3	44.44	9.33	+ 5 + 6	76.19	61.19	+12 + 5	62.02	55.82	+25 − 8
20	28.01	20.05	−30 + 5	45.34	9.00	+19 + 4	77.54	60.95	+25 + 2	63.58	55.72	+11 −10
21	28.20	19.68	−19 + 7	46.26	8.67	+30 + 1	78.91	60.72	+32 − 2	65.15	55.62	− 7 −11
22	28.42	19.31	− 5 + 7	47.19	8.35	+34 − 3	80.28	60.49	+31 − 6	66.72	55.53	−24 − 9
23	28.66	18.94	+11 + 6	48.15	8.02	+29 − 7	81.66	60.26	+22 − 9	68.29	55.45	−37 − 5
24	28.93	18.58	+24 + 3	49.12	7.70	+16 − 9	83.06	60.04	+ 6 −10	69.85	55.37	−41 0
25	29.23	18.21	+32 − 1	50.12	7.38	− 1 −10	84.46	59.82	−13 − 9	71.42	55.30	−35 + 5
26	*29.55	17.84	+32 − 5	51.13	7.07	−19 − 9	85.88	59.61	−29 − 7	72.99	55.23	−19 + 9
27	29.90	17.47	+24 − 8	52.16	6.75	−34 − 5	87.30	59.40	−38 − 3	74.56	55.17	+ 2 +11
28	30.27	17.11	+ 9 −10	53.21	6.44	−41 − 1	88.73	59.19	−39 + 3	76.12	55.11	+23 +10
29	30.67	16.74	−10 −10	54.28	6.14	−38 + 4	90.18	58.99	−29 + 7	77.69	55.06	+40 + 8
30	31.09	16.38	−28 − 8				91.63	58.79	−12 +10	79.25	55.01	+49 + 4
31	31.54	16.01	−40 − 4				93.08	58.60	+ 9 +11	80.82	54.97	+48 0
32	32.01	15.65	−43 + 1				94.55	58.41	+28 + 9			

δ	sec δ	tg δ	δ	sec δ	tg δ	δ	sec δ	tg δ
−89° 6′ 50″	+64.662	−64.655	−89° 7′ 0″	+64.866	−64.858	−89° 7′ 20″	+65.276	−65.269
60	+64.866	−64.858	10	+65.070	−65.063	30	+65.483	−65.476

$\alpha_{1955.0} = 20^h\;21^m\;22^s\!.37$ $\delta_{1955.0} = -89^\circ\;7'\;21''\!.73$

* Tag der doppelten unteren Kulmination: Jan. 26.

Obere Kulmination Greenwich

Sh) σ Octantis $5^{m}.48$

Tag	Mai AR.	Mai Dekl.	Mai ☾ Glieder	Juni AR.	Juni Dekl.	Juni ☾ Glieder	Juli AR.	Juli Dekl.	Juli ☾ Glieder	August AR.	August Dekl.	August ☾ Glieder
	$20^h 22^m$	−89° 6′	in s 0.01 | ″ 0.01	$20^h 23^m$	−89° 6′	in s 0.01 | ″ 0.01	$20^h 23^m$	−89° 7′	in s 0.01 | ″ 0.01	$20^h 23^m$	−89° 7′	in s 0.01 | ″ 0.01
	s	″		s	″		s	″		s	″	
1	20.82	54.97	+48 0	6.75	56.11	− 2 − 6	40.37	1.41	−31 0	56.05	10.10	+ 3 + 7
2	22.38	54.93	+40 − 4	8.09	56.23	−17 − 5	41.21	1.65	−32 + 3	56.14	10.40	+16 + 5
3	23.94	54.90	+25 − 6	9.41	56.35	−28 − 2	42.03	1.89	−28 + 5	56.20	10.69	+26 + 2
4	25.50	54.87	+ 7 − 7	10.73	56.47	−33 + 1	42.83	2.13	−19 + 7	56.24	10.99	+31 − 2
5	27.06	54.85	− 9 − 6	12.03	56.60	−32 + 3	43.61	2.37	− 7 + 7	56.25	11.28	+28 − 5
6	28.61	54.83	−23 − 4	13.32	56.73	−27 + 5	44.37	2.62	+ 6 + 6	56.24	11.58	+20 − 8
7	30.16	54.82	−32 − 1	14.60	56.87	−18 + 7	45.10	2.87	+18 + 4	56.20	11.87	+ 4 −10
8	31.71	54.81	−35 + 1	15.86	57.01	− 5 + 7	45.82	3.12	+27 + 1	56.13	12.17	−14 −10
9	33.25	54.81	−34 + 4	17.11	57.16	+ 9 + 5	46.51	3.37	+30 − 3	56.04	12.46	−31 − 8
10	34.79	54.81	−26 + 6	18.34	57.31	+20 + 3	47.18	3.63	+25 − 7	55.92	12.76	−42 − 4
11	36.32	54.81	−15 + 7	19.56	57.47	+27 − 1	47.83	3.89	+12 −10	55.78	13.05	−44 + 1
12	37.85	54.82	− 1 + 6	20.76	57.63	+27 − 5	48.45	4.16	− 4 −11	55.61	13.35	−37 + 5
13	39.37	54.84	+13 + 4	21.95	57.79	+20 − 9	49.05	4.42	−22 −10	55.41	13.64	−21 + 8
14	40.88	54.86	+24 + 1	23.12	57.96	+ 6 −11	49.63	4.69	−38 − 7	55.19	13.93	0 + 9
15	42.39	54.89	+29 − 3	24.28	58.13	−13 −11	50.19	4.96	−46 − 2	54.95	14.22	+21 + 8
16	43.89	54.92	+26 − 7	25.42	58.31	−31 − 9	50.72	5.23	−44 + 3	54.68	14.52	+38 + 6
17	45.38	54.96	+15 −10	26.54	58.49	−43 − 5	51.23	5.51	−31 + 7	54.38	14.81	+46 + 2
18	46.87	55.00	− 1 −11	27.65	58.67	−46 0	51.71	5.78	−12 + 9	54.06	15.10	+44 − 2
19	48.35	55.05	−20 −10	28.74	58.86	−39 + 5	52.17	6.06	+11 +10	53.71	15.39	+34 − 5
20	49.82	55.10	−35 − 7	29.81	59.05	−22 + 9	52.61	6.34	+31 + 8	53.34	15.67	+19 − 7
21	51.28	55.16	−43 − 3	30.86	59.25	+ 1 +10	53.02	6.62	+45 + 4	52.94	15.96	+ 2 − 7
22	52.74	55.22	−42 + 3	31.90	59.45	+23 +10	53.41	6.90	+49 + 1	52.52	16.24	−14 − 5
23	54.19	55.29	−30 + 8	32.92	59.65	+41 + 7	53.77	7.19	+44 − 3	52.08	16.52	−27 − 2
24	55.62	55.36	− 9 +10	33.92	59.86	+51 + 3	54.11	7.47	+30 − 6	51.61	16.80	−33 + 1
25	57.05	55.44	+14 +11	34.90	60.07	+50 − 1	54.43	7.76	+13 − 7	51.12	17.08	−32 + 4
26	58.47	55.52	+34 + 9	35.86	60.28	+40 − 4	54.72	8.05	− 4 − 6	50.60	17.35	−27 + 6
27	59.88	55.61	+48 + 6	36.80	60.50	+24 − 6	54.98	8.34	−19 − 4	50.06	17.63	−16 + 7
28	61.28	55.70	+52 + 2	37.73	60.72	+ 6 − 6	55.22	8.64	−29 − 1	49.49	17.90	− 3 + 7
29	62.66	55.80	+47 − 3	38.63	60.95	−11 − 5	{55.44 {55.63	8.93 9.22	−32 + 2} −30 + 5}	48.90	18.17	+11 + 6
30	64.04	55.90	+33 − 5	39.51	61.18	−24 − 3	55.80	9.51	−22 + 6	48.29	18.43	+23 + 3
31	65.40	56.00	+16 − 6	40.37	61.41	−31 0	55.94	9.81	−11 + 7	47.65	18.70	+30 0
32	66.75	56.11	− 2 − 6				56.05	10.10	+ 3 + 7	46.99	18.96	+31 − 4

δ	sec δ	tg δ	δ	sec δ	tg δ	δ	sec δ	tg δ
−89° 6′ 50″	+64.662	−64.655	−89° 7′ 0″	+64.866	−64.858	−89° 7′ 10″	+65.070	−65.063
60	+64.866	−64.858	10	+65.070	−65.063	20	+65.276	−65.269

$\alpha_{1955.0} = 20^h\,21^m\,22^s.37$ $\delta_{1955.0} = -89°\,7'\,21''.73$

Scheinbare Sternörter 1955

Obere Kulmination Greenwich

Sh) σ Octantis $5^{m}.48$

Tag	September				Oktober				November				Dezember			
	AR.	Dekl.	☾ Glieder		AR.	Dekl.	☾ Glieder		AR.	Dekl.	☾ Glieder		AR.	Dekl.	☾ Glieder	
	$20^h 23^m$	$-89° 7'$	in s 0.01	″ 0.01	$20^h 22^m$	$-89° 7'$	in s 0.01	″ 0.01	$20^h 21^m$	$-89° 7'$	in s 0.01	″ 0.01	$20^h 21^m$	$-89° 7'$	in s 0.01	″ 0.01
	s	″			s	″			s	″			s	″		
1	46.99	18.96	+31	− 4	77.53	25.10	+ 1	−10	95.49	26.46	−42	0	57.73	22.11	− 9	+10
2	46.30	19.22	+25	− 7	76.29	25.23	−16	− 9	94.10	26.40	−35	+ 5	56.69	21.88	+14	+10
3	45.59	19.47	+12	−10	75.04	25.36	−31	− 7	92.72	26.34	−19	+ 8	55.66	21.64	+34	+ 8
4	44.86	19.73	− 5	−10	73.77	25.48	−40	− 3	91.34	26.27	+ 2	+10	54.66	21.40	+47	+ 5
5	44.10	19.98	−23	− 9	72.49	25.60	−39	+ 2	89.96	26.19	+23	+ 9	53.67	21.15	+49	+ 1
6	43.33	20.22	−36	− 5	71.20	25.71	−29	+ 6	88.59	26.11	+39	+ 7	52.71	20.90	+44	− 3
7	42.53	20.47	−42	− 1	69.90	25.81	−12	+ 9	87.23	26.02	+47	+ 3	51.76	20.64	+30	− 6
8	41.71	20.71	−38	+ 4	68.59	25.91	+ 9	+10	85.87	25.93	+46	− 1	50.84	20.38	+12	− 6
9	40.87	20.95	−25	+ 7	67.27	26.00	+28	+ 8	84.52	25.83	+36	− 5	49.94	20.11	− 6	− 5
10	40.00	21.18	− 7	+ 9	65.94	26.09	+41	+ 5	83.18	25.72	+21	− 6	49.06	19.84	−20	− 3
11	39.12	21.41	+14	+ 9	64.60	26.17	+45	+ 1	81.85	25.61	+ 3	− 6	48.20	19.57	−28	0
12	38.21	21.64	+32	+ 7	63.26	26.25	+41	− 3	80.53	25.49	−13	− 5	47.36	19.29	−30	+ 3
13	37.29	21.86	+42	+ 3	61.91	26.32	+29	− 6	79.21	25.36	−25	− 3	46.55	19.01	−28	+ 5
14	36.34	22.08	+44	− 1	60.55	26.38	+13	− 7	77.91	25.23	−31	0	45.76	18.72	−20	+ 7
15	35.38	22.29	+37	− 4	59.18	26.44	− 4	− 6	76.61	25.09	−32	+ 3	44.99	18.43	− 9	+ 7
16	34.39	22.50	+24	− 6	57.81	26.49	−18	− 4	75.33	24.95	−27	+ 5	44.24	18.13	+ 3	+ 7
17	33.38	22.71	+ 6	− 7	56.43	26.53	−29	− 2	74.06	24.80	−18	+ 7	43.51	17.83	+15	+ 5
18	32.36	22.91	−10	− 6	55.05	26.57	−33	+ 1	72.80	24.64	− 6	+ 7	42.81	17.53	+23	+ 2
19	31.31	23.11	−23	− 4	53.66	26.60	−32	+ 4	71.56	24.48	+ 6	+ 6	42.13	17.22	+27	− 1
20	30.25	23.30	−31	− 1	52.27	26.63	−26	+ 6	70.32	24.31	+17	+ 4	41.48	16.91	+26	− 5
21	29.18	23.49	−34	+ 2	50.88	26.65	−15	+ 7	69.10	24.14	+25	+ 1	40.85	16.60	+17	− 9
22	28.08	23.67	−30	+ 5	49.48	26.66	− 2	+ 7	67.89	23.96	+28	− 3	40.25	16.28	+ 2	−11
23	26.97	23.85	−22	+ 7	48.08	26.67	+11	+ 5	66.70	23.78	+23	− 7	39.67	15.96	−16	−11
24	25.84	24.02	− 9	+ 7	46.68	26.67	+22	+ 2	65.52	23.59	+12	−10	39.11	15.64	−33	− 9
25	24.70	24.19	+ 4	+ 7	45.28	26.67	+28	− 1	64.36	23.39	− 5	−11	38.58	15.32	−45	− 5
26	23.54	24.35	+17	+ 5	43.88	26.66	+29	− 5	63.21	23.19	−22	−10	38.07	14.99	−48	0
27	22.37	24.51	+27	+ 1	42.48	26.64	+21	− 8	62.08	22.99	−37	− 7	37.59	14.66	−39	+ 4
28	21.18	24.67	+31	− 2	41.08	26.62	+ 7	−10	60.96	22.78	−44	− 2	37.14	14.32	−21	+ 8
29	19.98	24.82	+28	− 6	39.68	26.59	−10	−10	59.87	22.56	−42	+ 3	36.71	13.99	0	+10
30	18.76	24.96	+17	− 9	38.28	26.55	−27	− 8	58.79	22.34	−29	+ 7	36.31	13.65	+23	+ 9
31	17.53	25.10	+ 1	−10	36.88	26.51	−38	− 5	57.73	22.11	− 9	+10	35.93	13.31	+40	+ 6
32					35.49	26.46	−42	0					35.58	12.97	+49	+ 2

δ	sec δ	tg δ	δ	sec δ	tg δ
−89° 7′ 10″	+65.070	−65.063	−89° 7′ 20″	+65.276	−65.269
20	+65.276	−65.269	30	+65.483	−65.476

$\alpha_{1955.0} = 20^h\ 21^m\ 22^s.37$ $\delta_{1955.0} = -89°\ 7'\ 21''.73$

Scheinbare Sternörter 1955

Obere Kulmination Greenwich

Si) β Octantis $4^{m}_{.}34$

Tag	Januar AR.	Januar Dekl.	Januar ☾ Glieder		Februar AR.	Februar Dekl.	Februar ☾ Glieder		März AR.	März Dekl.	März ☾ Glieder		April AR.	April Dekl.	April ☾ Glieder	
	$22^h 41^m$	— 81° 37′	in s 0.01	″ 0.01	$22^h 41^m$	— 81° 36′	in s 0.01	″ 0.01	$22^h 41^m$	— 81° 36′	in s 0.01	″ 0.01	$22^h 41^m$	— 81° 36′	in s 0.01	″ 0.01
	s	″			s	″			s	″			s	″		
1	32.86	17.87	+2	−9	30.39	68.95	−5	−4	29.99	58.65	−5	−1	31.61	47.16	+2	+11
2	32.75	17.65	−1	−11	30.35	68.60	−5	0	30.01	58.27	−4	+4	31.70	46.81	+4	+10
3	32.64	17.42	−3	−10	30.31	68.25	−4	+5	*30.03	57.89	−2	+8	31.78	46.47	+5	+7
4	32.54	17.19	−5	−7	30.27	67.90	−2	+9	30.06	57.51	0	+10	31.87	46.13	+5	+4
5	32.43	16.96	−5	−3	30.23	67.55	+1	+11	30.09	57.12	+2	+10	31.96	45.79	+5	0
6	32.33	16.71	−5	+2	30.19	67.20	+3	+10	30.12	56.74	+4	+9	32.06	45.46	+3	−4
7	32.23	16.47	−3	+7	30.15	66.85	+5	+8	30.15	56.36	+5	+6	32.15	45.12	+1	−6
8	32.13	16.22	−1	+10	30.12	66.49	+5	+6	30.18	55.98	+5	+2	32.25	44.79	−1	−7
9	32.04	15.96	+2	+11	30.09	66.13	+5	+1	30.21	55.60	+4	−2	32.35	44.47	−3	−6
10	31.94	15.70	+4	+10	30.06	65.77	+4	−3	30.25	55.22	+2	−5	32.45	44.14	−4	−5
11	31.85	15.43	+5	+7	30.03	65.40	+2	−5	30.29	54.84	0	−6	32.55	43.82	−4	−3
12	31.76	15.16	+6	+3	30.01	65.04	0	−7	30.33	54.46	−2	−7	32.65	43.50	−5	0
13	31.67	14.89	+5	0	29.99	64.67	−2	−7	30.37	54.08	−3	−6	32.76	43.18	−4	+2
14	31.59	14.61	+3	−4	29.97	64.30	−4	−5	30.42	53.71	−4	−4	32.86	42.87	−2	+4
15	31.50	14.33	+1	−6	29.96	63.93	−5	−3	30.47	53.33	−5	−2	32.97	42.56	0	+5
16	31.42	14.04	−1	−7	29.94	63.56	−5	−1	30.52	52.95	−4	+1	33.08	42.26	+2	+5
17	31.34	13.75	−3	−6	29.93	63.19	−4	+2	30.57	52.58	−3	+3	33.19	41.95	+3	+3
18	31.26	13.45	−4	−4	29.93	62.82	−2	+5	30.63	52.21	−1	+5	33.31	41.66	+4	0
19	31.19	13.15	−5	−2	29.92	62.44	0	+6	30.68	51.84	+1	+6	33.42	41.36	+4	−4
20	31.11	12.85	−4	+1	29.92	62.07	+2	+6	30.74	51.47	+3	+5	33.54	41.07	+3	−7
21	31.04	12.54	−3	+3	29.92	61.69	+3	+4	30.80	51.10	+4	+2	33.66	40.78	+1	−10
22	30.97	12.23	−2	+5	29.92	61.31	+4	+1	30.86	50.73	+5	−1	33.78	40.50	−1	−10
23	30.90	11.92	0	+6	29.93	60.93	+4	−2	30.93	50.36	+4	−5	33.90	40.21	−3	−8
24	30.84	11.60	+2	+5	29.93	60.55	+3	−6	30.99	50.00	+2	−8	34.03	39.94	−5	−5
25	30.78	11.28	+4	+3	29.94	60.17	+2	−9	31.07	49.64	0	−10	34.15	39.66	−5	0
26	30.72	10.96	+4	0	29.95	59.79	−1	−10	31.14	49.28	−2	−9	34.28	39.39	−4	+5
27	30.66	10.63	+4	−4	29.96	59.41	−3	−8	31.21	48.92	−4	−7	34.40	39.12	−2	+9
28	30.60	10.30	+3	−7	29.98	59.03	−4	−5	31.29	48.57	−5	−2	34.53	38.86	+1	+11
29	30.54	9.97	+1	−10	29.99	58.65	−5	−1	31.37	48.21	−4	+2	34.66	38.60	+3	+11
30	30.49	9.63	−2	−10					31.44	47.86	−3	+7	34.79	38.34	+5	+9
31	30.44	9.29	−4	−8					31.53	47.51	−1	+10	34.92	38.09	+6	+6
32	30.39	8.95	−5	−4					31.61	47.16	+2	+11				

δ	sec δ	tg δ	δ	sec δ	tg δ	δ	sec δ	tg δ
−81° 36′ 30″	+6.852	−6.779	−81° 36′ 50″	+6.857	−6.783	−81° 37′ 10″	+6.861	−6.788
40	+6.854	−6.781	60	+6.859	−6.786	20	+6.863	−6.790

$\alpha_{1955.0} = 22^h\ 41^m\ 35^s_{.}09$ $\delta_{1955.0} = -81°\ 37'\ 6''_{.}50$

* Tag der doppelten unteren Kulmination: März 3.

Scheinbare Sternörter 1955

Obere Kulmination Greenwich

Si) β Octantis $4^{m}.34$

Tag	Mai				Juni				Juli				August			
	AR.	Dekl.	☾ Glieder		AR.	Dekl.	☾ Glieder		AR.	Dekl.	☾ Glieder		AR.	Dekl.	☾ Glieder	
	$22^h 41^m$	$-81° 36'$	in s 0.01	in ″ 0.01	$22^h 41^m$	$-81° 36'$	in s 0.01	in ″ 0.01	$22^h 41^m$	$-81° 36'$	in s 0.01	in ″ 0.01	$22^h 41^m$	$-81° 36'$	in s 0.01	in ″ 0.01
	s	″			s	″			s	″			s	″		
1	34.92	38.09	+6	+6	39.48	32.60	+1	−5	44.08	32.06	−4	−4	47.88	36.41	−3	+5
2	35.05	37.84	+5	+2	39.63	32.50	−1	−6	44.23	32.13	−4	−2	47.98	36.62	−1	+6
3	35.19	37.60	+4	−2	39.79	32.41	−3	−5	44.37	32.20	−4	+1	48.07	36.84	+1	+6
4	35.32	37.36	+2	−5	39.94	32.33	−4	−3	44.51	32.27	−3	+3	48.16	37.06	+3	+5
5	35.46	37.13	0	−6	40.10	32.25	−4	−1	44.65	32.36	−2	+5	48.25	37.28	+4	+2
6	35.60	36.90	−2	−6	40.26	32.17	−4	+1	44.79	32.44	0	+6	48.33	37.51	+4	−1
7	35.73	36.68	−3	−5	40.42	32.10	−3	+3	44.93	32.53	+2	+6	48.42	37.74	+3	−4
8	35.87	36.46	−4	−3	40.57	32.04	−2	+5	45.07	32.63	+3	+4	48.50	37.97	+2	−7
9	36.02	36.24	−5	−1	40.73	31.98	0	+5	45.20	32.73	+4	+1	48.58	38.21	0	−10
10	36.16	36.03	−4	+2	40.89	31.92	+2	+5	45.34	32.84	+4	−3	48.66	38.45	−2	−10
11	36.30	35.82	−3	+4	41.05	31.87	+3	+3	45.47	32.95	+3	−6	48.73	38.70	−4	−8
12	36.44	35.62	−1	+5	41.20	31.83	+4	−1	45.61	33.07	+1	−10	48.80	38.95	−5	−5
13	36.59	35.42	+1	+5	41.36	31.80	+4	−5	45.74	33.19	−1	−11	48.87	39.20	−5	0
14	36.73	35.22	+3	+4	41.51	31.77	+2	−8	45.87	33.31	−3	−10	48.94	39.45	−4	+4
15	36.88	35.03	+4	+1	41.67	31.74	0	−11	45.99	33.45	−5	−8	49.00	39.71	−2	+8
16	37.03	34.85	+4	−2	41.82	31.72	−2	−11	46.12	33.58	−5	−3	49.06	39.97	+1	+10
17	37.17	34.67	+3	−6	41.98	31.71	−4	−9	46.24	33.72	−5	+2	49.12	40.23	+3	+10
18	37.32	34.50	+2	−10	42.13	31.70	−5	−5	46.36	33.87	−3	+6	49.18	40.49	+5	+7
19	37.48	34.33	−1	−11	42.29	31.69	−5	0	46.48	34.02	0	+9	49.23	40.76	+5	+4
20	37.63	34.17	−3	−10	42.44	31.69	−4	+5	46.60	34.18	+2	+10	49.28	41.03	+5	0
21	37.78	34.01	−4	−7	42.59	31.70	−2	+9	46.72	34.34	+4	+9	49.33	41.30	+3	−3
22	37.93	33.86	−5	−2	42.74	31.71	+1	+11	46.83	34.51	+5	+7	49.38	41.58	+1	−5
23	38.09	33.71	−5	+3	42.89	31.73	+4	+11	46.95	34.68	+5	+3	49.42	41.85	−1	−6
24	38.24	33.56	−3	+8	43.04	31.75	+5	+9	47.06	34.85	+4	−1	49.46	42.13	−3	−5
25	38.39	33.42	0	+11	43.19	31.78	+6	+5	47.17	35.03	+2	−4	49.50	42.41	−4	−3
26	38.55	33.29	+2	+12	43.34	31.81	+5	+1	47.28	35.21	0	−6	49.53	42.69	−4	−1
27	38.70	33.16	+4	+11	43.49	31.85	+4	−2	47.38	35.40	−2	−6	49.56	42.98	−4	+2
28	38.85	33.04	+5	+8	43.64	31.90	+2	−5	47.49	35.59	−3	−5	49.59	43.26	−3	+4
29	39.01	32.92	+6	+4	43.79	31.95	0	−6	47.59	35.79	−4	−2	49.62	43.55	−2	+6
30	39.16	32.81	+5	0	43.94	32.00	−2	−5	47.69	35.99	−4	0	49.64	43.84	0	+6
31	39.32	32.70	+3	−3	44.08	32.06	−4	−4	47.79	36.20	−4	+3	49.67	44.13	+2	+5
32	39.48	32.60	+1	−5					47.88	36.41	−3	+5	49.68	44.42	+3	+4

δ	sec δ	tg δ
−81° 36′ 30″	+6.852	−6.779
40	+6.854	−6.781

δ	sec δ	tg δ
−81° 36′ 40″	+6.854	−6.781
50	+6.857	−6.783

$\alpha_{1955.0} = 22^h\,41^m\,35^s.09$ $\delta_{1955.0} = -81°\,37'\,6''.50$

Si) β Octantis $4^m\!.34$

Tag	September AR.	September Dekl.	September ☾ Glieder	Oktober AR.	Oktober Dekl.	Oktober ☾ Glieder	November AR.	November Dekl.	November ☾ Glieder	Dezember AR.	Dezember Dekl.	Dezember ☾ Glieder
	$22^h\,41^m$	−81° 36′	in s 0.01 | ″ 0.01	$22^h\,41^m$	−81° 36′	in s 0.01 | ″ 0.01	$22^h\,41^m$	−81° 37′	in s 0.01 | ″ 0.01	$22^h\,41^m$	−81° 36′	in s 0.01 | ″ 0.01
	s	″		s	″		s	″		s	″	
1	49.68	44.42	+3 + 4	48.90	53.45	+2 − 8	45.79	0.21	−5 − 5	41.64	62.03	−2 + 7
2	{ 49.70 / 49.71	44.71 / 45.00	+4 + 1 / +4 − 3 }	48.83	53.72	0 −10	45.66	0.36	−5 0	41.49	62.00	0 +10
3	49.72	45.29	+3 − 6	48.76	53.99	−2 − 9	45.53	0.50	−3 + 5	41.35	61.96	+3 +11
4	49.73	45.59	+1 − 9	48.69	54.26	−4 − 7	45.40	0.63	−1 + 9	41.21	61.91	+5 +10
5	49.74	45.89	−1 −10	48.61	54.52	−5 − 3	45.27	0.76	+1 +11	41.07	61.86	+5 + 6
6	49.74	46.18	−3 − 9	48.53	54.78	−4 + 2	45.14	0.89	+3 +10	40.93	61.80	+5 + 2
7	49.74	46.48	−5 − 6	48.45	55.04	−3 + 6	45.01	1.01	+5 + 8	40.79	61.73	+4 − 1
8	49.74	46.78	−5 − 1	48.37	55.29	0 + 9	44.87	1.12	+5 + 5	40.65	61.66	+2 − 4
9	49.73	47.08	−4 + 3	48.28	55.55	+2 +10	44.74	1.23	+5 + 1	40.51	61.58	0 − 5
10	49.72	47.37	−2 + 7	48.19	55.79	+4 + 9	44.61	1.33	+3 − 3	40.37	61.49	−2 − 5
11	49.71	47.67	0 + 9	48.10	56.04	+5 + 6	44.47	1.42	+1 − 5	40.24	61.40	−3 − 4
12	49.69	47.97	+3 + 9	48.01	56.28	+5 + 3	44.33	1.51	−1 − 6	40.10	61.30	−4 − 2
13	49.68	48.27	+4 + 8	47.92	56.52	+4 − 1	44.19	1.60	−2 − 5	39.97	61.20	−4 + 1
14	49.66	48.56	+5 + 5	47.83	56.75	+3 − 4	44.05	1.67	−3 − 4	39.83	61.09	−3 + 3
15	49.63	48.86	+5 + 1	47.73	56.98	+1 − 6	43.91	1.74	−4 − 1	39.70	60.97	−2 + 5
16	49.61	49.15	+4 − 2	47.63	57.21	−1 − 6	43.77	1.81	−4 + 1	39.57	60.85	−1 + 6
17	49.58	49.45	+2 − 5	47.53	57.43	−3 − 5	43.63	1.87	−3 + 3	39.44	60.72	+1 + 6
18	49.55	49.74	0 − 6	47.43	57.65	−4 − 3	43.49	1.92	−2 + 5	39.31	60.59	+2 + 5
19	49.51	50.04	−2 − 6	47.32	57.86	−4 − 1	43.35	1.96	0 + 6	39.18	60.45	+3 + 2
20	49.48	50.33	−3 − 5	47.21	58.07	−4 + 2	43.21	2.00	+1 + 5	39.05	60.30	+4 − 1
21	49.44	50.62	−4 − 2	47.10	58.27	−3 + 4	43.06	2.04	+3 + 4	38.93	60.15	+3 − 5
22	49.39	50.91	−4 0	46.99	58.47	−1 + 6	42.92	2.07	+4 + 1	38.80	59.99	+2 − 9
23	49.35	51.20	−4 + 3	46.88	58.67	+1 + 6	42.78	2.09	+4 − 3	38.68	59.83	0 −11
24	49.30	51.48	−2 + 5	46.77	58.86	+2 + 5	42.64	2.11	+3 − 7	38.55	59.66	−2 −11
25	49.25	51.77	−1 + 6	46.65	59.05	+3 + 3	42.49	2.12	+1 −10	38.43	59.48	−4 −10
26	49.20	52.06	+1 + 6	46.53	59.23	+4 − 1	42.35	2.12	−1 −11	38.31	59.30	−5 − 6
27	49.14	52.34	+3 + 4	46.41	59.41	+4 − 4	42.21	2.11	−3 −10	38.19	59.11	−5 − 1
28	49.08	52.62	+4 + 2	46.29	59.58	+2 − 8	42.06	2.10	−5 − 7	38.07	58.92	−4 + 4
29	49.02	52.90	+4 − 2	46.16	59.75	+1 −10	41.92	2.09	−5 − 3	37.95	58.72	−1 + 8
30	48.96	53.18	+3 − 5	46.04	59.91	−2 −10	41.78	2.06	−4 + 2	37.84	58.52	+1 +10
31	48.90	53.45	+2 − 8	45.92	60.06	−4 − 9	41.64	2.03	−2 + 7	37.73	58.31	+3 +10
32				45.79	60.21	−5 − 5				37.62	58.10	+5 + 8

δ	sec δ	tg δ	δ	sec δ	tg δ	δ	sec δ	tg δ
−81° 36′ 40″	+6.854	−6.781	−81° 36′ 50″	+6.857	−6.783	−81° 37′ 0″	+6.859	−6.786
50	+6.857	−6.783	60	+6.859	−6.786	10	+6.861	−6.788

$\alpha_{1955.0} = 22^h\,41^m\,35^s\!.09$ $\delta_{1955.0} = -81°\,37'\,6''\!.50$

Scheinbare Sternörter 1955

Obere Kulmination Greenwich

Sk) τ Octantis $5^m\!.56$

Tag	Januar AR.	Januar Dekl.	Januar ☾ Glieder in 0.01 s	Januar ☾ Glieder in 0.01 ″	Februar AR.	Februar Dekl.	Februar ☾ Glieder in 0.01 s	Februar ☾ Glieder in 0.01 ″	März AR.	März Dekl.	März ☾ Glieder in 0.01 s	März ☾ Glieder in 0.01 ″	April AR.	April Dekl.	April ☾ Glieder in 0.01 s	April ☾ Glieder in 0.01 ″
	$23^h 21^m$ s	−87° 43′ ″			$23^h 21^m$ s	−87° 43′ ″			$23^h 21^m$ s	−87° 43′ ″			$23^h 21^m$ s	−87° 43′ ″		
1	57.97	61.03	+12	−8	45.39	52.83	−14	−6	40.25	42.59	−16	−3	42.25	30.59	−1	+11
2	57.48	60.84	+5	−10	45.09	52.50	−17	−1	40.19	42.20	−17	+2	42.44	30.22	+6	+11
3	56.99	60.64	−3	−10	44.80	52.16	−16	+4	40.14	41.81	−13	+7	42.64	29.85	+12	+9
4	56.50	60.44	−11	−8	44.53	51.82	−11	+8	40.10	41.42	−6	+10	42.85	29.49	+16	+5
5	56.02	60.24	−16	−4	44.26	51.48	−4	+10	40.06	41.03	+1	+11	43.06	29.12	+15	+1
6	55.55	60.02	−18	+1	44.00	51.13	+4	+11	40.03	40.64	+8	+10	43.29	28.76	+12	−2
7	55.08	59.81	−14	+6	43.74	50.79	+11	+9	40.02	40.25	+14	+7	43.52	28.40	+7	−5
8	54.62	59.59	−8	+9	43.50	50.44	+15	+6	40.01	39.86	+16	+4	43.75	28.04	+1	−6
9	54.16	59.36	0	+11	43.26	50.09	+16	+2	40.00	39.47	+15	0	44.00	27.69	−5	−7
10	53.71	59.13	+8	+11	43.03	49.73	+14	−1	40.01	39.07	+11	−4	44.25	27.33	−10	−6
11	53.26	58.89	+14	+9	42.81	49.37	+9	−4	40.03	38.68	+5	−6	44.51	26.98	−13	−4
12	52.82	58.64	+17	+5	42.60	49.01	+3	−6	40.05	38.29	−1	−7	44.78	26.63	−15	−2
13	52.38	58.39	+16	+1	42.39	48.64	−4	−7	*40.08	37.90	−7	−7	45.05	26.29	−14	+1
14	51.95	58.14	+13	−3	42.19	48.28	−9	−6	40.12	37.51	−12	−5	45.33	25.94	−10	+3
15	51.53	57.88	+7	−5	42.01	47.91	−13	−5	40.17	37.12	−15	−3	45.62	25.60	−4	+5
16	51.11	57.62	0	−7	41.83	47.54	−15	−2	40.23	36.73	−15	−1	45.91	25.27	+3	+6
17	50.70	57.35	−6	−7	41.65	47.17	−14	+1	40.30	36.34	−13	+2	46.21	24.93	+9	+4
18	50.30	57.08	−11	−6	41.49	46.79	−11	+3	40.37	35.95	−9	+4	46.52	24.60	+14	+1
19	49.90	56.80	−14	−4	41.34	46.42	−5	+5	40.45	35.56	−1	+6	46.83	24.27	+17	−2
20	49.51	56.52	−15	−1	41.19	46.04	+2	+6	40.54	35.17	+6	+6	47.15	23.94	+15	−6
21	49.13	56.24	−13	+2	41.05	45.66	+9	+5	40.64	34.78	+12	+4	47.48	23.62	+10	−9
22	48.75	55.95	−9	+4	40.92	45.28	+14	+3	40.75	34.39	+16	+1	47.81	23.30	+2	−10
23	48.38	55.65	−2	+6	40.80	44.90	+16	0	40.87	34.01	+17	−3	48.15	22.99	−7	−9
24	48.02	55.35	+5	+6	40.69	44.52	+15	−4	40.99	33.62	+13	−7	48.50	22.67	−13	−6
25	47.66	55.05	+11	+4	40.59	44.13	+11	−8	41.12	33.24	+6	−9	48.85	22.37	−17	−1
26	47.32	54.74	+15	+1	40.49	43.75	+3	−9	41.26	32.86	−2	−9	49.21	22.06	−16	+4
27	46.98	54.43	+17	−2	40.40	43.36	−5	−9	41.41	32.48	−9	−7	49.58	21.76	−11	+8
28	46.64	54.12	+14	−6	40.32	42.98	−12	−7	41.56	32.10	−15	−4	49.95	21.46	−4	+11
29	46.32	53.80	+8	−9	40.25	42.59	−16	−3	41.72	31.72	−17	+1	50.32	21.17	+4	+12
30	46.00	53.48	0	−10					41.89	31.34	−15	+6	50.70	20.88	+11	+10
31	45.69	53.16	−8	−9					42.07	30.97	−9	+9	51.09	20.59	+15	+7
32	45.39	52.83	−14	−6					42.25	30.59	−1	+11				

δ	sec δ	tg δ	δ	sec δ	tg δ	δ	sec δ	tg δ
−87° 43′ 20″	+25.161	−25.141	−87° 43′ 40″	+25.222	−25.203	−87° 44′ 0″	+25.284	−25.264
30	+25.192	−25.172	50	+25.253	−25.233	10	+25.315	−25.295

$\alpha_{1955.0} = 23^h\ 22^m\ 5^s\!.52$ $\delta_{1955.0} = -87°\ 43'\ 48''\!.56$

* Tag der doppelten unteren Kulmination: März 13.

Sk) τ Octantis $5^m.56$

Tag	Mai AR.	Mai Dekl.	Mai ☾ Glieder	Juni AR.	Juni Dekl.	Juni ☾ Glieder	Juli AR.	Juli Dekl.	Juli ☾ Glieder	August AR.	August Dekl.	August ☾ Glieder
	$23^h\,21^m$	$-87°\,43'$	in s 0.01 | ″ 0.01	$23^h\,22^m$	$-87°\,43'$	in s 0.01 | ″ 0.01	$23^h\,22^m$	$-87°\,43'$	in s 0.01 | ″ 0.01	$23^h\,22^m$	$-87°\,43'$	in s 0.01 | ″ 0.01
	s	″		s	″		s	″		s	″	
1	51.09	20.59	+15 + 7	5.38	13.88	+ 6 − 5	21.20	12.12	−10 − 5	35.64	15.53	−11 + 4
2	51.48	20.31	+16 + 3	5.90	13.74	− 1 − 6	21.72	12.15	−13 − 3	36.03	15.71	− 6 + 5
3	51.88	20.03	+14 − 1	6.41	13.61	− 7 − 6	22.24	12.19	−14 − 1	36.41	15.91	0 + 6
4	52.29	19.75	+ 9 − 4	6.93	13.48	−11 − 5	22.75	12.23	−13 + 2	36.78	16.11	+ 6 + 6
5	52.70	19.48	+ 3 − 6	7.45	13.36	−14 − 3	23.26	12.27	− 9 + 4	37.14	16.31	+11 + 4
6	53.11	19.21	− 3 − 6	7.97	13.24	−14 0	23.77	12.32	− 5 + 5	37.50	16.51	+14 + 1
7	53.53	18.95	− 8 − 6	8.50	13.13	−12 + 2	24.28	12.38	+ 1 + 6	37.86	16.73	+15 − 3
8	53.96	18.69	−13 − 4	9.02	13.03	− 8 + 4	24.78	12.44	+ 8 + 5	38.20	16.94	+12 − 7
9	54.39	18.44	−15 − 2	9.55	12.93	− 3 + 5	25.28	12.51	+13 + 2	38.54	17.16	+ 7 − 9
10	54.82	18.19	−14 0	10.08	12.83	+ 4 + 5	25.78	12.59	+15 − 1	38.87	17.39	− 1 −10
11	55.26	17.94	−11 + 2	10.61	12.74	+10 + 4	26.28	12.67	+14 − 5	39.20	17.61	− 9 − 9
12	55.70	17.70	− 7 + 4	11.14	12.65	+14 + 1	26.77	12.76	+10 − 9	39.51	17.85	−14 − 6
13	56.15	17.46	− 1 + 5	11.67	12.57	+15 − 3	27.26	12.85	+ 4 −11	39.82	18.08	−17 − 2
14	56.60	17.23	+ 6 + 5	12.20	12.50	+13 − 7	27.74	12.94	− 4 −11	40.12	18.32	−15 + 3
15	57.06	17.00	+12 + 2	12.74	12.43	+ 8 −10	28.22	13.04	−12 − 9	40.41	18.56	−10 + 7
16	57.52	16.78	+16 − 1	13.27	12.37	0 −11	28.69	13.15	−16 − 5	40.69	18.81	− 2 + 9
17	57.99	16.56	+16 − 5	13.80	12.31	− 8 −10	29.16	13.26	−17 0	40.97	19.06	+ 6 +10
18	58.46	16.35	+12 − 8	14.33	12.26	−14 − 7	29.63	13.37	−14 + 5	41.23	19.31	+12 + 8
19	58.93	16.14	+ 5 −11	14.87	12.22	−17 − 2	30.09	13.49	− 7 + 9	41.49	19.57	+16 + 5
20	59.41	15.93	− 3 −11	15.40	12.18	−16 + 3	30.55	13.62	+ 1 +11	41.74	19.83	+16 + 1
21	59.89	15.73	−11 − 8	15.93	12.15	−11 + 8	31.00	13.75	+ 9 +10	41.98	20.09	+13 − 2
22	60.38	15.54	−16 − 4	16.46	12.12	− 4 +11	31.45	13.89	+14 + 8	42.22	20.36	+ 7 − 5
23	60.86	15.35	−17 + 1	17.00	12.09	+ 5 +12	31.89	14.03	+17 + 4	42.44	20.63	+ 1 − 6
24	61.36	15.16	−14 + 6	17.53	12.08	+12 +10	32.33	14.17	+15 0	42.65	20.90	− 6 − 6
25	61.85	14.98	− 7 +10	18.05	12.07	+16 + 7	32.76	14.33	+11 − 3	42.86	21.18	−11 − 5
26	62.35	14.81	+ 1 +12	18.58	12.06	+17 + 3	33.19	14.48	+ 5 − 5	43.06	21.45	−14 − 2
27	62.85	14.64	+ 8 +12	19.11	12.06	+14 − 1	33.61	14.64	− 2 − 6	43.24	21.73	−15 0
28	63.35	14.48	+14 + 9	19.63	12.07	+ 9 − 4	34.03	14.81	− 8 − 5	43.42	22.01	−13 + 3
29	63.85	14.32	+17 + 5	20.16	12.08	+ 2 − 6	34.44	14.98	−12 − 3	43.59	22.30	− 9 + 5
30	64.36	14.17	+16 + 1	20.68	12.10	− 5 − 6	34.85	15.16	−14 − 1	43.75	22.59	− 3 + 6
31	64.87	14.02	+12 2	21.20	12.12	−10 − 5	35.25	15.34	−14 + 1	43.90	22.87	+ 4 + 6
32	65.38	13.88	+ 6 − 5				35.64	15.53	−11 + 4	44.04	23.17	+10 + 4

δ	sec δ	tg δ	δ	sec δ	tg δ
−87° 43′ 10″	+25.130	−25.110	−87° 43′ 20″	+25.161	−25.141
20	+25.161	−25.141	30	+25.192	−25.172

$\alpha_{1955.0} = 23^h\,22^m\,5^s.52$ $\delta_{1955.0} = -87°\,43'\,48''.56$

Scheinbare Sternörter 1955

Obere Kulmination Greenwich

Sk) τ Octantis $5^m_{.}56$

Tag	September AR.	September Dekl.	September ☾ Glieder	Oktober AR.	Oktober Dekl.	Oktober ☾ Glieder	November AR.	November Dekl.	November ☾ Glieder	Dezember AR.	Dezember Dekl.	Dezember ☾ Glieder
	$23^h 22^m$	−87° 43′	in s 0.01, ″ 0.01	$23^h 22^m$	−87° 43′	in s 0.01, ″ 0.01	$23^h 22^m$	−87° 43′	in s 0.01, ″ 0.01	$23^h 22^m$	−87° 43′	in s 0.01, ″ 0.01
	s	″		s	″		s	″		s	″	
1	44.04	23.17	+10 + 4	43.48	32.58	+11 − 7	33.70	40.42	−14 − 6	18.35	43.60	−13 + 6
2	44.18	23.46	+14 + 2	43.30	32.88	+ 5 − 9	33.26	40.61	−16 − 2	17.79	43.61	− 6 + 9
3	44.30	23.75	+16 − 1	43.11	33.17	− 3 −10	32.81	40.79	−15 + 3	17.24	43.61	+ 2 +11
4	44.41	24.05	+14 − 5	42.91	33.46	−10 − 8	32.35	40.97	−10 + 7	16.68	43.61	+ 9 +10
5	44.51	24.35	+ 9 − 8	42.70	33.76	−15 − 4	31.89	41.14	− 3 +10	16.12	43.60	+14 + 8
6	44.61	24.64	+ 2 −10	42.48	34.04	−16 0	31.42	41.31	+ 5 +11	15.56	43.58	+17 + 4
7	44.69	24.95	− 5 − 9	42.25	34.33	−13 + 5	30.95	41.47	+12 + 9	15.00	43.56	+15 0
8	44.76	25.25	−12 − 7	42.01	34.61	− 7 + 8	30.47	41.63	+15 + 6	14.44	43.53	+10 − 3
9	44.82	25.55	−16 − 3	41.76	34.89	0 +10	29.99	41.78	+16 + 2	13.88	43.49	+ 4 − 5
10	44.88	25.86	−16 + 2	41.51	35.17	+ 7 +10	29.50	41.93	+13 − 1	13.32	43.45	− 3 − 6
11	44.92	26.16	−12 + 6	41.24	35.45	+13 + 8	29.00	42.07	+ 7 − 4	12.77	43.40	− 8 − 5
12	{44.95 44.97	26.47 26.78	− 5 + 9 + 3 +10}	40.97	35.72	+16 + 4	28.51	42.20	+ 1 − 6	12.21	43.35	−12 − 3
13	44.99	27.08	+10 + 9	40.69	35.99	+15 0	28.00	42.33	− 5 − 6	11.66	43.29	−14 − 1
14	44.99	27.39	+14 + 6	40.39	36.26	+11 − 3	27.49	42.45	−10 − 5	11.10	43.22	−13 + 2
15	44.98	27.70	+16 + 3	40.09	36.52	+ 5 − 5	26.98	42.57	−13 − 3	10.55	43.14	−10 + 4
16	44.97	28.00	+14 − 1	39.78	36.78	− 1 − 6	26.46	42.68	−14 0	10.00	43.06	− 6 + 5
17	44.94	28.31	+ 9 − 4	39.46	37.04	− 7 − 6	25.94	42.78	−13 + 2	9.45	42.97	0 + 6
18	44.90	28.62	+ 3 − 6	39.13	37.30	−12 − 4	25.41	42.88	− 9 + 4	8.90	42.88	+ 5 + 5
19	44.85	28.93	− 3 − 6	38.80	37.55	−14 − 2	24.88	42.97	− 4 + 5	8.36	42.77	+10 + 3
20	44.79	29.23	− 9 − 5	38.45	37.79	−14 0	24.35	43.06	+ 1 + 5	7.82	42.67	+14 0
21	44.72	29.54	−13 − 3	38.10	38.04	−12 + 3	23.82	43.14	+ 8 + 4	7.28	42.55	+15 − 4
22	44.64	29.85	−15 − 1	37.74	38.28	− 8 + 5	23.28	43.21	+13 + 2	6.75	42.43	+12 − 8
23	44.55	30.16	−14 + 2	37.37	38.51	− 2 + 6	22.74	43.28	+15 − 2	6.21	42.31	+ 7 −10
24	44.46	30.46	−11 + 4	36.99	38.74	+ 4 + 5	22.20	43.34	+15 − 6	5.68	42.18	0 −11
25	44.35	30.77	− 6 + 6	36.61	38.96	+10 + 4	21.66	43.40	+10 − 9	5.15	42.04	− 8 −10
26	44.23	31.07	+ 1 + 6	36.21	39.18	+14 + 1	21.11	43.45	+ 4 −11	4.63	41.90	−14 − 7
27	44.10	31.38	+ 7 + 5	35.81	39.40	+15 − 3	20.56	43.49	− 4 −11	4.11	41.75	−17 − 2
28	43.96	31.68	+12 + 3	35.40	39.61	+13 − 7	20.01	43.53	−11 − 8	3.59	41.59	−15 + 3
29	43.81	31.99	+15 0	34.99	39.82	+ 8 − 9	19.46	43.56	−16 − 4	3.08	41.43	−10 + 7
30	43.65	32.28	+15 − 4	34.56	40.03	+ 1 −10	18.90	43.58	−16 + 1	2.57	41.26	− 2 +10
31	43.48	32.58	+11 − 7	34.13	40.23	− 7 − 9	18.35	43.60	−13 + 6	2.07	41.09	+ 6 +11
32				33.70	40.42	−14 − 6				1.57	40.91	+13 + 9

δ	sec δ	tg δ	δ	sec δ	tg δ	δ	sec δ	tg δ
−87° 43′ 20″	+25.161	−25.141	−87° 43′ 30″	+25.192	−25.172	−87° 43′ 40″	+25.222	−25.203
30	+25.192	−25.172	40	+25.222	−25.203	50	+25.253	−25.233

$\alpha_{1955.0} = 23^h 22^m 5^s_{.}52$ $\delta_{1955.0} = -87° 43' 48''_{.}56$

Koordinaten der scheinbaren Örter für 12^h Sternzeit Greenwich

Tag	BD +89° 1 Gr. $10^m.56$		BD +89° 3 Gr. $9^m.06$		BD +89° 37 Gr. $10^m.06$		CPD −89° 38 Gr. $9^m.5$		Kurzperiod. Nutationsglieder*	
1955	x	y	x	y	x	y	x	y	in x	in y
	″	″	″	″	″	″	″	″	Einh. 0″.01	
Jan. 0	−607.73	+73.86	−411.15	+859.29	−1388.33	−352.56	+262.58	−309.04	+ 1	−10
1	607.74	73.54	411.17	858.97	1388.35	352.88	262.71	309.37	+ 5	− 9
2	607.75	73.21	411.17	858.64	1388.35	353.22	262.85	309.70	+ 8	− 7
3	607.75	72.88	411.17	858.31	1388.35	353.55	263.00	310.02	+10	− 3
4	607.74	72.55	411.17	857.99	1388.35	353.87	263.15	310.35	+10	+ 2
5	−607.73	+72.23	−411.16	+857.66	−1388.34	−354.20	+263.31	−310.67	+ 7	+ 7
6	607.71	71.90	411.14	857.34	1388.32	354.52	263.47	310.99	+ 3	+10
7	607.69	71.58	411.11	857.02	1388.29	354.85	263.64	311.31	− 2	+10
8	607.65	71.26	411.08	856.70	1388.26	355.17	263.82	311.62	− 6	+ 8
9	607.62	70.94	411.04	856.38	1388.22	355.49	264.00	311.94	−10	+ 5
10	−607.57	+70.62	−411.00	+856.06	−1388.18	−355.81	+264.19	−312.25	−11	+ 1
11	607.52	70.30	410.95	855.74	1388.13	356.13	264.38	312.56	−11	− 4
12	607.46	69.99	410.89	855.43	1388.07	356.45	264.58	312.87	− 8	− 7
13	607.39	69.67	410.83	855.11	1388.01	356.76	264.78	313.17	− 4	− 9
14	607.32	69.36	410.76	854.80	1387.94	357.07	264.99	313.47	0	− 9
15	−607.25	+69.05	−410.69	+854.49	−1387.86	−357.38	+265.21	−313.77	+ 3	− 6
16	607.16	68.74	410.60	854.18	1387.78	357.69	265.43	314.07	+ 6	− 4
17	607.07	68.44	410.52	853.88	1387.69	358.00	265.65	314.36	+ 7	0
18	606.98	68.13	410.42	853.57	1387.59	358.31	265.88	314.65	+ 7	+ 4
19	606.88	67.83	410.32	853.27	1387.49	358.61	266.12	314.94	+ 6	+ 6
20	−606.77	+67.53	−410.21	+852.97	−1387.38	−358.91	+266.36	−315.22	+ 3	+ 8
21	606.66	67.23	410.10	852.67	1387.27	359.21	266.61	315.50	+ 1	+ 8
22	606.54	66.94	409.98	852.38	1387.15	359.50	266.86	315.77	− 2	+ 7
23	606.41	66.65	409.85	852.09	1387.02	359.80	267.11	316.05	− 5	+ 4
24	606.28	66.36	409.72	851.80	1386.89	360.09	267.37	316.31	− 6	+ 1
25	−606.14	+66.07	−409.58	+851.52	−1386.75	−360.37	+267.64	−316.58	− 6	− 3
26	606.00	65.79	409.44	851.24	1386.61	360.66	267.91	316.84	− 4	− 7
27	605.85	65.51	409.29	850.96	1386.46	360.94	268.18	317.10	− 1	− 9
28	605.69	65.23	409.13	850.68	1386.30	361.21	268.46	317.35	+ 3	−10
29	605.53	64.96	408.97	850.41	1386.14	361.49	268.74	317.60	+ 6	− 8
30	−605.36	+64.69	−408.80	+850.14	−1385.97	−361.76	+269.03	−317.85	+ 9	− 4
31	605.19	64.42	408.63	849.88	1385.80	362.03	269.32	318.09	+10	0
Febr. 1	605.01	64.16	408.45	849.61	1385.62	362.29	269.62	318.33	+ 8	+ 5
2	604.82	63.90	408.26	849.36	1385.43	362.55	269.92	318.57	+ 5	+ 8
3	604.64	63.65	408.08	849.10	1385.25	362.80	270.22	318.80	0	+10
4	−604.44	+63.40	−407.88	+848.86	−1385.05	−363.05	+270.53	−319.03	− 4	+ 9
5	604.24	63.15	407.68	848.61	1384.85	363.30	270.84	319.25	− 8	+ 6
6	−604.04	+62.91	−407.48	+848.37	−1384.65	−363.54	+271.16	−319.47	−10	+ 2
Mittl. Ort	−580″.58	+77″.28	−383″.95	+862″.69	−1361″.21	−349″.08	+275″.86	−306″.55		

* Die Vorzeichen gelten für die drei nördlichen Sterne; für den südlichen sind sie umzukehren.

Polnahe Sterne 1955

Koordinaten der scheinbaren Örter für 12^{h} Sternzeit Greenwich

Tag	BD +89° 1 Gr. 10^{m}56		BD +89° 3 Gr. 9^{m}06		BD +89° 37 Gr. 10^{m}06		CPD −89° 38 Gr. 9^{m}5		Kurzperiod. Nutationsglieder*	
1955	x	y	x	y	x	y	x	y	in x	in y
	″	″	″	″	″	″	″	″	Einh. 0″01	
Febr. 6	−604.04	+62.91	−407.48	+848.37	−1384.65	−363.54	+271.16	−319.47	−10	+ 2
7	603.83	62.67	407.27	848.13	1384.44	363.78	271.48	319.68	−10	− 2
8	603.62	62.44	407.06	847.90	1384.23	364.01	271.80	319.89	− 9	− 6
9	603.40	62.21	406.84	847.67	1384.01	364.24	272.13	320.10	− 6	− 8
10	603.17	61.99	406.62	847.45	1383.78	364.46	272.46	320.30	− 2	− 9
11	−602.95	+61.77	−406.39	+847.23	−1383.56	−364.68	+272.79	−320.50	+ 2	− 7
12	602.71	61.55	406.16	847.01	1383.32	364.90	273.13	320.69	+ 5	− 5
13	602.48	61.35	405.92	846.81	1383.09	365.11	273.47	320.87	+ 7	− 1
14	602.23	61.14	405.68	846.60	1382.84	365.31	273.81	321.06	+ 7	+ 2
15	601.99	60.94	405.44	846.40	1382.60	365.51	274.15	321.23	+ 6	+ 5
16	−601.74	+60.75	−405.19	+846.21	−1382.35	−365.71	+274.50	−321.41	+ 5	+ 8
17	601.49	60.56	404.94	846.02	1382.10	365.90	274.85	321.58	+ 2	+ 9
18	601.23	60.38	404.68	845.84	1381.84	366.08	275.20	321.74	− 1	+ 8
19	600.97	60.20	404.42	845.66	1381.58	366.26	275.56	321.90	− 4	+ 6
20	600.70	60.03	404.15	845.49	1381.31	366.43	275.92	322.06	− 6	+ 2
21	−600.44	+59.86	−403.89	+845.32	−1381.05	−366.60	+276.28	−322.21	− 6	− 2
22	600.16	59.70	403.61	845.16	1380.77	366.76	276.65	322.35	− 5	− 6
23	599.89	59.54	403.34	845.01	1380.50	366.92	277.01	322.50	− 3	− 9
24	599.61	59.39	403.06	844.86	1380.22	367.07	277.38	322.63	+ 1	−10
25	599.33	59.25	402.78	844.71	1379.94	367.21	277.75	322.76	+ 5	− 9
26	−599.05	+59.11	−402.50	+844.57	−1379.66	−367.35	+278.12	−322.89	+ 8	− 6
27	598.76	58.97	402.21	844.44	1379.37	367.49	278.50	323.01	+ 9	− 2
28	598.47	58.84	401.92	844.31	1379.08	367.62	278.87	323.13	+ 8	+ 3
März 1	598.18	58.72	401.63	844.19	1378.79	367.74	279.25	323.24	+ 6	+ 7
2	597.89	58.60	401.34	844.07	1378.50	367.86	279.63	323.35	+ 2	+10
3	−597.59	+58.50	−401.04	+843.96	−1378.20	−367.96	+280.01	−323.45	− 3	+10
4	597.29	58.39	400.74	843.86	1377.90	368.07	280.39	323.54	− 7	+ 8
5	596.99	58.30	400.44	843.76	1377.60	368.16	280.77	323.64	−10	+ 4
6	596.69	58.20	400.14	843.67	1377.30	368.26	281.16	323.72	−10	− 1
7	596.39	58.12	399.84	843.58	1377.00	368.34	281.54	323.80	− 9	− 5
8	−596.08	+58.04	−399.53	+843.50	−1376.69	−368.42	+281.93	−323.88	− 7	− 8
9	595.77	57.97	399.22	843.43	1376.38	368.49	282.31	323.95	− 3	− 8
10	595.46	57.90	398.91	843.36	1376.07	368.56	282.70	324.02	+ 1	− 8
11	595.15	57.84	398.60	843.30	1375.76	368.62	283.09	324.08	+ 4	− 6
12	594.84	57.79	398.29	843.25	1375.45	368.68	283.48	324.14	+ 6	− 3
13	−594.52	+57.74	−397.98	+843.20	−1375.13	−368.73	+283.87	−324.19	+ 7	+ 1
14	594.21	57.70	397.66	843.16	1374.82	368.77	284.26	324.24	+ 7	+ 4
15	−593.90	+57.66	−397.35	+843.13	−1374.51	−368.81	+284.65	−324.28	+ 6	+ 7
Mittl. Ort	−580″58	+77″28	−383″95	+862″69	−1361″21	−349″08	+275″86	−306″55		

* Die Vorzeichen gelten für die drei nördlichen Sterne; für den südlichen sind sie umzukehren.

Koordinaten der scheinbaren Örter für 12^h Sternzeit Greenwich

Tag	BD +89° 1 Gr. 10ᵐ.56		BD +89° 3 Gr. 9ᵐ.06		BD +89° 37 Gr. 10ᵐ.06		CPD −89° 38 Gr. 9ᵐ.5		Kurzperiod. Nutationsglieder*	
1955	x	y	x	y	x	y	x	y	in x (Einh. 0″.01)	in y
März 15	−593.90	+57.66	−397.35	+843.13	−1374.51	−368.81	+284.65	−324.28	+ 6	+ 7
16	593.58	57.64	397.04	843.10	1374.19	368.84	285.05	324.32	+ 3	+ 8
17	593.27	57.61	396.72	843.08	1373.88	368.86	285.44	324.35	+ 1	+ 8
18	592.95	57.60	396.41	843.06	1373.56	368.88	285.83	324.38	− 2	+ 7
19	592.63	57.58	396.09	843.05	1373.24	368.89	286.22	324.40	− 5	+ 4
20	−592.32	+57.58	−395.78	+843.05	−1372.93	−368.89	+286.61	−324.42	− 6	0
21	592.00	57.58	395.46	843.05	1372.61	368.89	287.00	324.43	− 5	− 4
22	591.68	57.59	395.14	843.06	1372.29	368.88	287.39	324.44	− 3	− 8
23	591.37	57.61	394.83	843.07	1371.97	368.86	287.78	324.44	0	−10
23	591.05	57.63	394.52	843.10	1371.66	368.84	288.17	324.44	+ 4	−10
24	−590.74	+57.66	−394.20	+843.12	−1371.34	−368.81	+288.56	−324.43	+ 7	− 7
25	590.42	57.69	393.89	843.16	1371.03	368.78	288.95	324.42	+ 9	− 3
26	590.11	57.73	393.58	843.19	1370.71	368.74	289.34	324.40	+ 9	+ 1
27	589.80	57.78	393.26	843.24	1370.40	368.69	289.73	324.38	+ 7	+ 6
28	589.49	57.83	392.95	843.29	1370.09	368.64	290.12	324.35	+ 3	+ 9
29	−589.18	+57.89	−392.64	+843.35	−1369.78	−368.58	+290.50	−324.32	− 2	+10
30	588.87	57.95	392.33	843.41	1369.47	368.52	290.89	324.28	− 6	+ 9
31	588.56	58.02	392.02	843.48	1369.16	368.45	291.28	324.24	− 9	+ 5
April 1	588.25	58.10	391.71	843.56	1368.85	368.37	291.66	324.19	−11	+ 1
2	587.95	58.18	391.41	843.64	1368.55	368.29	292.04	324.14	−10	− 3
3	−587.65	+58.27	−391.11	+843.73	−1368.25	−368.20	+292.42	−324.09	− 8	− 7
4	587.35	58.36	390.81	843.82	1367.95	368.10	292.80	324.03	− 4	− 8
5	587.05	58.46	390.51	843.92	1367.65	368.00	293.18	323.96	− 1	− 8
6	586.75	58.57	390.21	844.03	1367.35	367.90	293.56.	323.89	+ 3	− 7
7	586.45	58.68	389.91	844.14	1367.05	367.79	293.93	323.82	+ 5	− 4
8	−586.16	+58.80	−389.62	+844.26	−1366.76	−367.67	+294.31	−323.74	+ 7	− 1
9	585.87	58.92	389.33	844.38	1366.47	367.55	294.68	323.66	+ 7	+ 3
10	585.58	59.05	389.04	844.51	1366.18	367.42	295.05	323.57	+ 6	+ 6
11	585.30	59.19	388.76	844.64	1365.90	367.29	295.42	323.48	+ 4	+ 8
12	585.01	59.33	388.48	844.78	1365.61	367.15	295.79	323.38	+ 2	+ 9
13	−584.73	+59.47	−388.20	+844.93	−1365.33	−367.01	+296.15	−323.28	− 1	+ 8
14	584.46	59.62	387.92	845.08	1365.06	366.86	296.52	323.17	− 3	+ 5
15	584.18	59.78	387.65	845.23	1364.78	366.70	296.88	323.06	− 5	+ 2
16	583.91	59.94	387.38	845.39	1364.51	366.54	297.24	322.94	− 5	− 2
17	583.65	60.10	387.11	845.56	1364.25	366.38	297.59	322.82	− 4	− 6
18	−583.38	+60.27	−386.85	+845.73	−1363.98	−366.21	+297.95	−322.70	− 1	− 9
19	583.12	60.45	386.59	845.91	1363.72	366.03	298.30	322.57	+ 3	−10
20	−582.86	+60.63	−386.33	+846.09	−1363.46	−365.85	+298.65	−322.44	+ 6	− 9
Mittl. Ort	−580.58	+77.28	−383.95	+862.69	−1361.21	−349.08	+275.86	−306.55		

* Die Vorzeichen gelten für die drei nördlichen Sterne; für den südlichen sind sie umzukehren.

Polnahe Sterne 1955

Koordinaten der scheinbaren Örter für 12h Sternzeit Greenwich

Tag	BD +89° 1 Gr. 10ᵐ.56		BD +89° 3 Gr. 9ᵐ.06		BD +89° 37 Gr. 10ᵐ.06		CPD −89° 38 Gr. 9ᵐ.5		Kurzperiod. Nutations-glieder*	
1955	x	y	x	y	x	y	x	y	in x Einh. 0″.01	in y
April 20	−582″.86	+60″.63	−386″.33	+846″.09	−1363″.46	−365″.85	+298″.65	−322″.44	+ 6	− 9
21	582.61	60.82	386.08	846.28	1363.21	365.66	299.00	322.30	+ 9	− 6
22	582.36	61.01	385.83	846.47	1362.96	365.47	299.34	322.16	+10	− 1
23	582.12	61.20	385.59	846.67	1362.71	365.27	299.68	322.01	+ 8	+ 4
24	581.87	61.40	385.34	846.87	1362.47	365.07	300.02	321.86	+ 5	+ 8
25	−581.64	+61.61	−385.11	+847.07	−1362.23	−364.87	+300.35	−321.71	0	+10
26	581.41	61.82	384.88	847.28	1362.00	364.66	300.68	321.55	− 5	+ 9
27	581.18	62.03	384.65	847.50	1361.77	364.44	301.01	321.39	− 9	+ 7
28	580.95	62.25	384.42	847.72	1361.54	364.22	301.34	321.22	−11	+ 3
29	580.73	62.47	384.20	847.94	1361.32	364.00	301.66	321.05	−11	− 2
30	−580.51	+62.70	−383.98	+848.17	−1361.10	−363.77	+301.98	−320.87	− 9	− 6
Mai 1	580.30	62.93	383.77	848.40	1360.89	363.54	302.29	320.69	− 6	− 8
2	580.09	63.16	383.56	848.64	1360.68	363.31	302.61	320.51	− 2	− 8
3	579.89	63.40	383.36	848.87	1360.48	363.07	302.91	320.32	+ 1	− 7
4	579.69	63.64	383.16	849.12	1360.28	362.83	303.22	320.13	+ 4	− 5
5	−579.49	+63.89	−382.97	+849.36	−1360.08	−362.58	+303.52	−319.94	+ 6	− 1
6	579.30	64.14	382.78	849.61	1359.89	362.33	303.82	319.74	+ 7	+ 2
7	579.12	64.40	382.60	849.86	1359.71	362.08	304.11	319.54	+ 6	+ 5
8	578.94	64.66	382.42	850.12	1359.53	361.82	304.40	319.34	+ 5	+ 7
9	578.76	64.92	382.24	850.38	1359.35	361.56	304.69	319.13	+ 2	+ 8
10	−578.59	+65.18	−382.07	+850.64	−1359.18	−361.30	+304.97	−318.92	0	+ 8
11	578.43	65.45	381.91	850.91	1359.02	361.03	305.25	318.70	− 3	+ 6
12	578.27	65.72	381.75	851.18	1358.86	360.76	305.53	318.48	− 4	+ 3
13	578.11	66.00	381.60	851.46	1358.70	360.48	305.80	318.26	− 5	− 1
14	577.96	66.27	381.45	851.73	1358.55	360.21	306.07	318.04	− 4	− 5
15	−577.82	+66.55	−381.30	+852.01	−1358.41	−359.93	+306.33	−317.81	− 2	− 8
16	577.68	66.83	381.17	852.29	1358.27	359.65	306.59	317.58	+ 1	−10
17	577.54	67.12	381.03	852.58	1358.13	359.36	306.84	317.35	+ 5	−10
18	577.41	67.41	380.90	852.87	1358.00	359.07	307.09	317.11	+ 9	− 7
19	577.29	67.70	380.78	853.16	1357.88	358.78	307.34	316.87	+10	− 3
20	−577.17	+67.99	−380.66	+853.45	−1357.76	−358.49	+307.58	−316.63	+10	+ 2
21	577.06	68.29	380.55	853.75	1357.65	358.19	307.82	316.38	+ 7	+ 6
22	576.96	68.58	380.45	854.04	1357.54	357.90	308.05	316.13	+ 3	+ 9
23	576.86	68.88	380.35	854.34	1357.44	357.60	308.27	315.88	− 2	+10
24	576.76	69.18	380.25	854.64	1357.34	357.30	308.50	315.62	− 7	+ 8
25	−576.67	+69.49	−380.16	+854.95	−1357.25	−356.99	+308.71	−315.36	−11	+ 5
26	576.59	69.79	380.08	855.25	1357.16	356.69	308.93	315.10	−12	0
27	−576.51	+70.10	−380.00	+855.56	−1357.08	−356.38	+309.14	−314.84	−11	− 4
Mittl. Ort	−580″.58	+77″.28	−383″.95	+862″.69	−1361″.21	−349″.08	+275″.86	−306″.55		

* Die Vorzeichen gelten für die drei nördlichen Sterne; für den südlichen sind sie umzukehren.

Koordinaten der scheinbaren Örter für 12h Sternzeit Greenwich

Tag	BD +89° 1 Gr. 10m56		BD +89° 3 Gr. 9m06		BD +89° 37 Gr. 10m06		CPD −89° 38 Gr. 9m5		Kurzperiod. Nutations-glieder*	
1955	x	y	x	y	x	y	x	y	in x	in y
	″	″	″	″	″	″	″	″	Einh. 0″01	
Mai 27	−576.51	+70.10	−380.00	+855.56	−1357.08	−356.38	+309.14	−314.84	−11	− 4
28	576.44	70.41	379.93	855.87	1357.01	356.07	309.34	314.58	− 8	− 7
29	576.37	70.72	379.86	856.18	1356.94	355.76	309.54	314.31	− 4	− 9
30	576.31	71.03	379.80	856.49	1356.88	355.45	309.73	314.04	0	− 8
31	576.25	71.35	379.75	856.80	1356.82	355.14	309.92	313.77	+ 3	− 6
Juni 1	−576.20	+71.66	−379.70	+857.12	−1356.77	−354.82	+310.11	−313.49	+ 5	− 3
2	576.16	71.98	379.65	857.43	1356.73	354.51	310.28	313.22	+ 6	+ 1
3	576.12	72.29	379.62	857.75	1356.69	354.19	310.46	312.94	+ 6	+ 4
4	576.09	72.61	379.58	858.06	1356.65	353.88	310.63	312.66	+ 5	+ 6
5	576.06	72.93	379.56	858.38	1356.62	353.56	310.79	312.38	+ 3	+ 8
6	−576.04	+73.25	−379.54	+858.70	−1356.60	−353.24	+310.95	−312.09	0	+ 8
7	576.02	73.57	379.52	859.02	1356.58	352.92	311.10	311.81	− 2	+ 7
8	576.01	73.89	379.51	859.34	1356.57	352.60	311.25	311.52	− 4	+ 4
9	576.01	74.21	379.51	859.66	1356.57	352.28	311.39	311.23	− 5	+ 1
10	576.01	74.53	379.51	859.98	1356.57	351.96	311.53	310.94	− 5	− 3
11	−576.02	+74.85	−379.52	+860.30	−1356.58	−351.63	+311.66	−310.65	− 3	− 7
12	576.03	75.17	379.53	860.62	1356.59	351.31	311.78	310.36	0	− 9
13	576.05	75.50	379.55	860.95	1356.61	350.99	311.90	310.06	+ 4	−10
14	576.08	75.82	379.58	861.27	1356.63	350.67	312.02	309.77	+ 7	− 8
15	576.11	76.14	379.61	861.59	1356.66	350.35	312.13	309.47	+10	− 5
16	−576.14	+76.46	−379.64	+861.91	−1356.69	−350.02	+312.23	−309.17	+11	0
17	576.18	76.78	379.68	862.23	1356.73	349.70	312.33	308.87	+ 9	+ 4
18	576.23	77.10	379.73	862.55	1356.78	349.38	312.42	308.57	+ 6	+ 8
19	576.28	77.42	379.78	862.87	1356.83	349.06	312.51	308.27	+ 1	+10
20	576.34	77.74	379.84	863.19	1356.89	348.74	312.59	307.97	− 4	+ 9
21	−576.41	+78.06	−379.91	+863.51	−1356.96	−348.42	+312.66	−307.66	− 9	+ 7
22	576.48	78.38	379.98	863.83	1357.03	348.10	312.73	307.36	−11	+ 2
23	576.55	78.70	380.06	864.15	1357.10	347.78	312.80	307.06	−11	− 3
24	576.63	79.02	380.14	864.47	1357.18	347.47	312.86	306.75	− 9	− 6
25	576.72	79.34	380.23	864.79	1357.27	347.15	312.91	306.45	− 6	− 8
26	−576.81	+79.66	−380.32	+865.11	−1357.36	−346.83	+312.96	−306.14	− 2	− 9
27	576.91	79.97	380.42	865.42	1357.46	346.52	313.00	305.84	+ 1	− 7
28	577.01	80.29	380.52	865.74	1357.56	346.20	313.04	305.53	+ 4	− 4
29	577.12	80.60	380.63	866.05	1357.67	345.89	313.07	305.22	+ 6	− 1
30	577.23	80.92	380.74	866.36	1357.78	345.57	313.10	304.92	+ 6	+ 3
Juli 1	−577.35	+81.23	−380.86	+866.67	−1357.90	−345.26	+313.12	−304.61	+ 5	+ 6
2	577.48	81.54	380.99	866.98	1358.02	344.95	313.13	304.31	+ 3	+ 8
3	−577.61	+81.84	−381.12	+867.29	−1358.15	−344.65	+313.14	−304.00	+ 1	+ 8
Mittl. Ort	−580″.58	+77″.28	−383″.95	+862″.69	−1361″.21	−349″.08	+275″.86	−306″.55		

* Die Vorzeichen gelten für die drei nördlichen Sterne; für den südlichen sind sie umzukehren.

Polnahe Sterne 1955

Koordinaten der scheinbaren Örter für 12h Sternzeit Greenwich

Tag	BD +89° 1 Gr. 10m56		BD +89° 3 Gr. 9m06		BD +89° 37 Gr. 10m06		CPD −89° 38 Gr. 9m5		Kurzperiod. Nutations-glieder*	
1955	x	y	x	y	x	y	x	y	in x Einh. 0″01	in y
Juli 3	−577.61″	+81.84″	−381.12″	+867.29″	−1358.15″	−344.65″	+313.14″	−304.00″	+ 1	+ 8
4	577.74	82.15	381.26	867.59	1358.29	344.34	313.14	303.70	− 2	+ 7
5	577.88	82.45	381.40	867.90	1358.43	344.04	313.14	303.40	− 4	+ 5
6	578.03	82.76	381.55	868.20	1358.57	343.73	313.13	303.09	− 5	+ 2
7	578.18	83.06	381.70	868.50	1358.72	343.43	313.11	302.79	− 6	− 2
8	−578.34	+83.36	−381.86	+868.80	−1358.88	−343.13	+313.09	−302.49	− 4	− 5
9	578.50	83.66	382.02	869.10	1359.04	342.83	313.06	302.19	− 2	− 8
10	578.67	83.95	382.19	869.39	1359.21	342.53	313.03	301.89	+ 2	− 9
11	578.84	84.24	382.37	869.68	1359.38	342.24	312.99	301.59	+ 6	− 9
12	579.02	84.54	382.54	869.98	1359.56	341.95	312.94	301.29	+ 9	− 7
13	−579.20	+84.82	−382.73	+870.26	−1359.74	−341.66	+312.89	−301.00	+11	− 2
14	579.39	85.11	382.92	870.55	1359.92	341.37	312.84	300.70	+10	+ 2
15	579.58	85.40	383.11	870.84	1360.12	341.09	312.78	300.41	+ 8	+ 7
16	579.78	85.68	383.31	871.12	1360.31	340.81	312.71	300.12	+ 4	+ 9
17	579.98	85.96	383.51	871.40	1360.51	340.53	312.64	299.83	− 1	+10
18	−580.19	+86.24	−383.72	+871.68	−1360.72	−340.25	+312.56	−299.54	− 6	+ 8
19	580.40	86.52	383.93	871.96	1360.93	339.97	312.48	299.25	− 9	+ 4
20	580.62	86.79	384.15	872.23	1361.15	339.70	312.39	298.97	−11	− 1
21	580.84	87.06	384.37	872.50	1361.37	339.43	312.29	298.68	−10	− 5
22	581.06	87.33	384.59	872.76	1361.59	339.17	312.19	298.40	− 7	− 8
23	−581.29	+87.59	−384.82	+873.03	−1361.82	−338.90	+312.09	−298.12	− 4	− 9
24	581.53	87.85	385.06	873.29	1362.05	338.64	311.98	297.85	0	− 8
25	581.77	88.11	385.30	873.55	1362.29	338.38	311.86	297.57	+ 3	− 5
26	582.01	88.37	385.54	873.80	1362.53	338.13	311.74	297.30	+ 5	− 2
27	582.26	88.62	385.79	874.05	1362.78	337.88	311.61	297.04	+ 6	+ 2
28	−582.51	+88.87	−386.04	+874.30	−1363.03	−337.63	+311.48	−296.77	+ 5	+ 5
29	582.77	89.12	386.30	874.55	1363.29	337.38	311.34	296.51	+ 3	+ 7
30	583.02	89.36	386.56	874.79	1363.54	337.14	311.20	296.25	+ 1	+ 8
31	583.29	89.60	386.82	875.03	1363.81	336.90	311.06	295.99	− 1	+ 8
Aug. 1	583.56	89.84	387.09	875.27	1364.08	336.66	310.90	295.73	− 4	+ 6
2	−583.83	+90.07	−387.36	+875.50	−1364.35	−336.43	+310.75	−295.48	− 5	+ 3
3	584.10	90.30	387.64	875.73	1364.62	336.20	310.59	295.23	− 6	− 1
4	584.38	90.52	387.92	875.95	1364.90	335.98	310.42	294.99	− 5	− 4
5	584.66	90.75	388.20	876.18	1365.18	335.75	310.25	294.75	− 3	− 7
6	584.95	90.96	388.49	876.39	1365.47	335.54	310.07	294.51	0	− 9
7	−585.24	+91.18	−388.78	+876.61	−1365.76	−335.32	+309.89	−294.27	+ 4	− 9
8	585.53	91.39	389.07	876.82	1366.06	335.11	309.70	294.04	+ 7	− 7
9	−585.83	+91.60	−389.37	+877.03	−1366.35	−334.90	+309.51	−293.81	+ 9	− 4
Mittl. Ort	−580.58″	+77.28″	−383.95″	+862.69″	−1361.21″	−349.08″	+275.86″	−306.55″		

* Die Vorzeichen gelten für die drei nördlichen Sterne; für den südlichen sind sie umzukehren.

Koordinaten der scheinbaren Örter für 12^h Sternzeit Greenwich

Tag	BD +89° 1 Gr. 10ᵐ.56		BD +89° 3 Gr. 9ᵐ.06		BD +89° 37 Gr. 10ᵐ.06		CPD −89° 38 Gr. 9ᵐ.5		Kurzperiod. Nutations-glieder*	
1955	x	y	x	y	x	y	x	y	in x Einh. 0″.01	in y
Aug. 9	−585″.83	+91″.60	−389″.37	+877″.03	−1366″.35	−334″.90	+309″.51	−293″.81	+ 9	− 4
10	586.13	91.81	389.67	877.23	1366.66	334.69	309.32	293.59	+10	+ 1
11	586.44	92.01	389.98	877.43	1366.96	334.49	309.12	293.37	+ 9	+ 5
12	586.75	92.21	390.29	877.63	1367.27	334.29	308.91	293.15	+ 5	+ 8
13	587.06	92.40	390.60	877.82	1367.58	334.10	308.70	292.94	+ 1	+10
14	−587.37	+92.59	−390.91	+878.01	−1367.89	−333.91	+308.49	−292.73	− 4	+ 9
15	587.69	92.77	391.23	878.20	1368.21	333.73	308.27	292.53	− 8	+ 6
16	588.01	92.95	391.55	878.38	1368.53	333.55	308.05	292.33	−10	+ 1
17	588.34	93.13	391.88	878.56	1368.85	333.37	307.82	292.13	−10	− 3
18	588.67	93.31	392.21	878.73	1369.18	333.20	307.59	291.94	− 8	− 7
19	−589.00	+93.48	−392.54	+878.90	−1369.51	−333.03	+307.35	−291.75	− 5	− 8
20	589.33	93.65	392.87	879.07	1369.84	332.86	307.12	291.57	− 1	− 8
21	589.66	93.81	393.21	879.23	1370.17	332.70	306.87	291.39	+ 2	− 7
22	590.00	93.97	393.54	879.39	1370.51	332.54	306.63	291.21	+ 5	− 4
23	590.34	94.12	393.88	879.54	1370.85	332.39	306.38	291.04	+ 6	0
24	−590.68	+94.27	−394.23	+879.69	−1371.19	−332.24	+306.13	−290.88	+ 6	+ 4
25	591.02	94.41	394.57	879.84	1371.53	332.10	305.87	290.72	+ 4	+ 7
26	591.37	94.55	394.92	879.98	1371.88	331.96	305.61	290.56	+ 2	+ 8
27	591.72	94.69	395.27	880.12	1372.23	331.82	305.35	290.41	0	+ 8
28	592.07	94.82	395.62	880.25	1372.58	331.69	305.08	290.26	− 3	+ 7
29	−592.43	+94.95	−395.98	+880.38	−1372.94	−331.56	+304.81	−290.12	− 5	+ 5
30	592.78	95.07	396.33	880.50	1373.29	331.44	304.54	289.99	− 6	+ 1
31	593.14	95.19	396.69	880.62	1373.65	331.32	304.27	289.86	− 6	− 3
Sept. 1	593.50	95.31	397.05	880.73	1374.01	331.20	303.99	289.74	− 4	− 6
2	593.87	95.42	397.42	880.84	1374.37	331.09	303.71	289.62	− 2	− 9
3	−594.23	+95.52	−397.78	+880.94	−1374.74	−330.99	+303.43	−289.51	+ 2	−10
4	594.60	95.62	398.15	881.04	1375.10	330.89	303.15	289.40	+ 6	− 8
5	594.97	95.72	398.52	881.14	1375.47	330.79	302.86	289.30	+ 8	− 5
6	595.34	95.81	398.89	881.23	1375.84	330.70	302.57	289.20	+ 9	− 1
7	595.71	95.90	399.26	881.32	1376.21	330.61	302.28	289.11	+ 9	+ 3
8	−596.08	+95.98	−399.64	+881.40	−1376.59	−330.53	+301.98	−289.03	+ 6	+ 7
9	596.46	96.06	400.01	881.48	1376.96	330.45	301.69	288.95	+ 2	+ 9
10	596.83	96.13	400.39	881.55	1377.34	330.38	301.39	288.87	− 3	+ 9
11	597.21	96.20	400.76	881.62	1377.71	330.31	301.09	288.81	− 7	+ 7
12	597.58	96.26	401.14	881.69	1378.09	330.24	300.79	288.74	− 9	+ 3
13	−597.96	+96.32	−401.52	+881.75	−1378.47	−330.18	+300.49	−288.69	−10	− 1
14	598.34	96.37	401.90	881.80	1378.85	330.13	300.18	288.64	− 8	− 5
15	−598.72	+96.42	−402.28	+881.85	−1379.23	−330.08	+299.88	−288.59	− 6	− 8
Mittl. Ort	−580″.58	+77″.28	−383″.95	+862″.69	−1361″.21	−349″.08	+275″.86	−306″.55		

* Die Vorzeichen gelten für die drei nördlichen Sterne; für den südlichen sind sie umzukehren.

Polnahe Sterne 1955

Koordinaten der scheinbaren Örter für 12h Sternzeit Greenwich

Tag	BD +89° 1 Gr. 10m.56		BD +89° 3 Gr. 9m.06		BD +89° 37 Gr. 10m.06		CPD –89° 38 Gr. 9m.5		Kurzperiod. Nutations-glieder*	
1955	x	y	x	y	x	y	x	y	in x	in y
									Einh. 0″.01	
Sept. 15	–598″.72	+96″.42	–402″.28	+881″.85	–1379″.23	–330″.08	+299″.88	–288″.59	– 6	– 8
16	599.10	96.47	402.66	881.90	1379.61	330.03	299.57	288.55	– 2	– 8
17	599.48	96.51	403.04	881.94	1379.99	329.99	299.26	288.52	+ 1	– 7
18	599.87	96.55	403.43	881.98	1380.37	329.95	298.95	288.49	+ 4	– 5
19	600.25	96.58	403.81	882.01	1380.76	329.92	298.64	288.47	+ 6	– 1
20	–600.63	+96.61	–404.19	+882.04	–1381.14	–329.90	+298.33	–288.45	+ 6	+ 2
21	601.02	96.63	404.58	882.06	1381.52	329.88	298.02	288.44	+ 5	+ 5
22	601.40	96.64	404.96	882.07	1381.91	329.86	297.71	288.44	+ 3	+ 7
23	601.79	96.66	405.35	882.09	1382.29	329.85	297.40	288.44	+ 1	+ 8
24	602.18	96.66	405.74	882.09	1382.68	329.85	297.09	288.45	– 2	+ 8
25	–602.56	+96.66	–406.12	+882.09	–1383.06	–329.85	+296.77	–288.46	– 4	+ 6
26	602.95	96.66	406.51	882.09	1383.45	329.85	296.46	288.48	– 5	+ 3
27	603.34	96.65	406.90	882.08	1383.84	329.86	296.15	288.51	– 6	– 1
28	603.72	96.64	407.28	882.07	1384.22	329.87	295.83	288.54	– 5	– 5
29	604.11	96.63	407.67	882.06	1384.61	329.88	295.52	288.58	– 3	– 8
30	–604.49	+96.60	–408.05	+882.03	–1384.99	–329.91	+295.21	–288.63	+ 1	– 9
Okt. 1	604.88	96.58	408.44	882.01	1385.38	329.93	294.90	288.68	+ 4	– 9
2	605.26	96.55	408.82	881.98	1385.76	329.96	294.59	288.74	+ 7	– 7
3	605.64	96.51	409.20	881.94	1386.14	330.00	294.28	288.80	+ 9	– 3
4	606.03	96.47	409.59	881.90	1386.53	330.04	293.97	288.87	+ 9	+ 2
5	–606.41	+96.42	–409.97	+881.85	–1386.91	–330.09	+293.67	–288.95	+ 7	+ 6
6	606.79	96.37	410.35	881.80	1387.29	330.14	293.36	289.03	+ 3	+ 9
7	607.17	96.31	410.73	881.75	1387.67	330.20	293.05	289.12	– 1	+ 9
8	607.55	96.25	411.11	881.69	1388.05	330.26	292.75	289.21	– 6	+ 8
9	607.93	96.19	411.49	881.62	1388.43	330.32	292.45	289.31	– 9	+ 4
10	–608.31	+96.12	–411.87	+881.55	–1388.80	–330.39	+292.15	–289.42	–10	0
11	608.68	96.04	412.25	881.48	1389.18	330.47	291.85	289.53	– 9	– 4
12	609.06	95.96	412.62	881.40	1389.55	330.55	291.56	289.65	– 7	– 7
13	609.43	95.88	413.00	881.31	1389.93	330.63	291.27	289.77	– 3	– 8
14	609.80	95.79	413.37	881.22	1390.30	330.72	290.98	289.90	0	– 8
15	–610.17	+95.69	–413.74	+881.13	–1390.67	–330.82	+290.69	–290.04	+ 3	– 5
16	610.54	95.59	414.11	881.03	1391.04	330.92	290.40	290.18	+ 5	– 3
17	610.91	95.49	414.48	880.93	1391.41	331.03	290.12	290.33	+ 6	+ 1
18	611.27	95.38	414.84	880.82	1391.77	331.14	289.83	290.48	+ 6	+ 4
19	611.64	95.26	415.21	880.70	1392.14	331.25	289.56	290.64	+ 4	+ 7
20	–612.00	+95.14	–415.57	+880.58	–1392.50	–331.37	+289.28	–290.81	+ 2	+ 8
21	612.36	95.02	415.93	880.46	1392.86	331.49	289.01	290.98	0	+ 8
22	–612.72	+94.89	–416.29	+880.33	–1393.22	–331.62	+288.74	–291.15	– 3	+ 7
Mittl. Ort	–580″.58	+77″.28	–383″.95	+862″.69	–1361″.21	–349″.08	+275″.86	–306″.55		

* Die Vorzeichen gelten für die drei nördlichen Sterne; für den südlichen sind sie umzukehren.

Koordinaten der scheinbaren Örter für 12h Sternzeit Greenwich

Tag	BD +89° 1 Gr. 10m56		BD +89° 3 Gr. 9m06		BD +89° 37 Gr. 10m06		CPD –89° 38 Gr. 9m5		Kurzperiod. Nutations-glieder*	
1955	x	y	x	y	x	y	x	y	in x	in y
	"	"	"	"	"	"	"	"	Einh. 0"01	
Okt. 22	-612.72	+94.89	-416.29	+880.33	-1393.22	-331.62	+288.74	-291.15	- 3	+ 7
23	613.07	94.76	416.64	880.20	1393.57	331.75	288.47	291.33	- 5	+ 4
24	613.43	94.63	417.00	880.07	1393.93	331.89	288.21	291.52	- 5	+ 1
25	613.78	94.49	417.35	879.93	1394.28	332.03	287.95	291.71	- 5	- 3
26	614.13	94.34	417.70	879.78	1394.63	332.18	287.69	291.91	- 3	- 7
27	-614.48	+94.19	-418.05	+879.63	-1394.98	-332.33	+287.44	-292.11	0	- 9
28	614.82	94.04	418.39	879.48	1395.32	332.49	287.19	292.32	+ 3	-10
29	615.16	93.88	418.73	879.32	1395.66	332.65	286.95	292.53	+ 7	- 8
30	615.50	93.71	419.07	879.15	1396.00	332.81	286.71	292.75	+ 9	- 5
31	615.83	93.55	419.40	878.99	1396.33	332.98	286.47	292.97	+10	- 1
Nov. 1	-616.16	+93.37	-419.73	+878.81	-1396.66	-333.15	+286.24	-293.20	+ 8	+ 4
2	616.49	93.20	420.06	878.64	1396.99	333.33	286.01	293.43	+ 5	+ 8
3	616.82	93.02	420.39	878.46	1397.32	333.51	285.79	293.67	0	+ 9
4	617.14	92.83	420.71	878.27	1397.64	333.70	285.57	293.91	- 4	+ 9
5	617.46	92.64	421.03	878.08	1397.96	333.89	285.35	294.15	- 8	+ 6
6	-617.78	+92.44	-421.35	+877.88	-1398.28	-334.09	+285.14	-294.40	-10	+ 2
7	618.09	92.24	421.66	877.69	1398.59	334.29	284.93	294.65	-10	- 3
8	618.40	92.04	421.97	877.48	1398.90	334.49	284.73	294.91	- 9	- 6
9	618.70	91.83	422.27	877.28	1399.20	334.70	284.54	295.17	- 5	- 8
10	619.01	91.62	422.58	877.06	1399.51	334.91	284.35	295.44	- 1	- 8
11	-619.30	+91.40	-422.87	+876.85	-1399.80	-335.13	+284.16	-295.71	+ 2	- 6
12	619.59	91.18	423.16	876.63	1400.09	335.35	283.98	295.98	+ 4	- 4
13	619.88	90.96	423.45	876.41	1400.38	335.58	283.81	296.26	+ 6	0
14	620.17	90.73	423.74	876.18	1400.67	335.81	283.64	296.54	+ 6	+ 3
15	620.45	90.50	424.02	875.95	1400.95	336.04	283.47	296.83	+ 5	+ 6
16	-620.73	+90.26	-424.30	+875.71	-1401.23	-336.28	+283.31	-297.12	+ 3	+ 8
17	621.00	90.03	424.57	875.48	1401.50	336.51	283.16	297.41	0	+ 8
18	621.27	89.78	424.84	875.23	1401.77	336.76	283.01	297.71	- 2	+ 7
19	621.53	89.54	425.10	874.99	1402.03	337.00	282.87	298.01	- 4	+ 5
20	621.79	89.29	425.36	874.74	1402.29	337.25	282.73	298.31	- 5	+ 2
21	-622.04	+89.04	-425.62	+874.49	-1402.55	-337.50	+282.60	-298.61	- 5	- 2
22	622.29	88.78	425.87	874.23	1402.80	337.76	282.48	298.92	- 4	- 5
23	622.53	88.52	426.11	873.97	1403.04	338.02	282.36	299.23	- 1	- 8
24	622.77	88.26	426.35	873.71	1403.28	338.28	282.25	299.54	+ 2	-10
25	623.01	87.99	426.59	873.44	1403.52	338.55	282.14	299.86	+ 6	- 9
26	-623.24	+87.72	-426.82	+873.17	-1403.75	-338.82	+282.04	-300.18	+ 9	- 6
27	623.47	87.45	427.05	872.90	1403.98	339.09	281.94	300.50	+11	- 3
28	-623.69	+87.17	-427.27	+872.63	-1404.20	-339.37	+281.86	-300.82	+10	+ 2
Mittl.Ort	-580.58	+77.28	-383.95	+862.69	-1361.21	-349.08	+275.86	-306.55		

* Die Vorzeichen gelten für die drei nördlichen Sterne; für den südlichen sind sie umzukehren.

Polnahe Sterne 1955

Koordinaten der scheinbaren Örter für 12^h Sternzeit Greenwich

Tag	BD +89° 1 Gr. $10^m.56$		BD +89° 3 Gr. $9^m.06$		BD +89° 37 Gr. $10^m.06$		CPD −89° 38 Gr. $9^m.5$		Kurzperiod. Nutationsglieder*	
1955	x	y	x	y	x	y	x	y	in x Einh. 0.″01	in y
	″	″	″	″	″	″	″	″		
Nov. 28	−623.69	+87.17	−427.27	+872.63	−1404.20	−339.37	+281.86	−300.82	+10	+ 2
29	623.90	86.89	427.48	872.35	1404.41	339.65	281.77	301.14	+ 7	+ 6
30	624.11	86.61	427.69	872.07	1404.62	339.93	281.70	301.47	+ 3	+ 9
Dez. 1	624.32	86.33	427.90	871.78	1404.82	340.22	281.63	301.80	− 2	+ 9
2	624.52	86.04	428.10	871.50	1405.02	340.51	281.57	302.13	− 7	+ 7
3	−624.71	+85.75	−428.29	+871.21	−1405.21	−340.80	+281.51	−302.46	−10	+ 4
4	624.90	85.46	428.48	870.92	1405.40	341.09	281.46	302.79	−11	− 1
5	625.08	85.16	428.66	870.62	1405.58	341.39	281.42	303.13	−10	− 5
6	625.26	84.86	428.84	870.32	1405.76	341.69	281.38	303.47	− 7	− 8
7	625.43	84.56	429.01	870.02	1405.93	341.99	281.35	303.81	− 3	− 9
8	−625.59	+84.26	−429.17	+869.72	−1406.09	−342.29	+281.33	−304.14	0	− 8
9	625.75	83.96	429.33	869.42	1406.25	342.60	281.31	304.48	+ 3	− 5
10	625.90	83.65	429.49	869.11	1406.41	342.91	281.30	304.82	+ 5	− 1
11	626.05	83.34	429.63	868.80	1406.55	343.21	281.30	305.16	+ 5	+ 2
12	626.19	83.03	429.77	868.49	1406.69	343.53	281.30	305.50	+ 5	+ 5
13	−626.32	+82.72	−429.91	+868.18	−1406.83	−343.84	+281.31	−305.85	+ 3	+ 7
14	626.45	82.41	430.04	867.87	1406.96	344.15	281.33	306.19	+ 1	+ 8
15	626.57	82.09	430.16	867.55	1407.08	344.47	281.35	306.53	− 2	+ 8
16	626.69	81.77	430.28	867.23	1407.20	344.79	281.38	306.87	− 4	+ 6
17	626.80	81.45	430.39	866.92	1407.31	345.11	281.42	307.22	− 5	+ 3
18	−626.90	+81.13	−430.49	+866.60	−1407.41	−345.43	+281.46	−307.56	− 5	0
19	627.00	80.81	430.59	866.28	1407.51	345.75	281.51	307.90	− 5	− 4
20	627.09	80.49	430.68	865.96	1407.60	346.07	281.56	308.25	− 2	− 7
21	627.18	80.17	430.77	865.64	1407.69	346.40	281.62	308.59	+ 1	− 9
22	627.26	79.85	430.85	865.31	1407.77	346.72	281.69	308.93	+ 4	− 9
23	−627.33	+79.52	−430.92	+864.99	−1407.84	−347.05	+281.76	−309.27	+ 8	− 8
24	627.40	79.20	430.99	864.67	1407.91	347.37	281.84	309.61	+10	− 4
25	627.46	78.87	431.05	864.34	1407.97	347.70	281.92	309.95	+11	0
26	627.51	78.54	431.10	864.01	1408.02	348.03	282.01	310.29	+10	+ 5
27	627.56	78.21	431.15	863.69	1408.07	348.35	282.11	310.62	+ 6	+ 8
28	−627.60	+77.89	−431.19	+863.36	−1408.11	−348.68	+282.21	−310.96	+ 1	+ 9
29	627.63	77.56	431.22	863.04	1408.14	349.00	282.32	311.29	− 4	+ 8
30	627.66	77.23	431.25	862.71	1408.17	349.33	282.44	311.63	− 8	+ 5
31	627.68	76.90	431.27	862.38	1408.18	349.67	282.57	311.96	−10	+ 1
32	−627.69	+76.57	−431.28	+862.05	−1408.19	−350.00	+282.70	−312.29	−10	− 3
Mittl. Ort	−580.″58	+77.″28	−383.″95	+862.″69	−1361.″21	−349.″08	+275.″86	−306.″55		

* Die Vorzeichen gelten für die drei nördlichen Sterne; für den südlichen sind sie umzukehren.

Formeln

zur Reduktion auf den scheinbaren Ort

$$
\begin{aligned}
A = {} & t-(0.34213+0.00034\,T)\sin \Omega + 0.00415 \sin 2\,\Omega - 0.02525 \sin 2\,L_\odot \\
& + 0.00250 \sin M_\odot - 0.00099 \sin (2\,L_\odot + M_\odot) + 0.00042 \sin (2\,L_\odot - M_\odot) \\
& + 0.00024 \sin (2\,L_\odot - \Omega) + 0.00010 \sin (2\,L_☾ - 2\,M_☾ - \Omega) \\
& + 0.00008 \sin (2\,L_\odot - 2\,L_☾ + 2\,M_☾)
\end{aligned}
$$

$$
\begin{aligned}
A' = {} & - 0.00405 \sin 2\,L_☾ + 0.00135 \sin M_☾ - 0.00067 \sin (2\,L_☾ - \Omega) \\
& - 0.00052 \sin (2\,L_☾ + M_☾) + 0.00030 \sin (2\,L_☾ - 2\,L_\odot - M_☾) \\
& + 0.00022 \sin (2\,L_☾ - M_☾) + 0.00012 \sin (2\,L_☾ - 2\,L_\odot) \\
& + 0.00012 \sin (M_☾ + \Omega) + 0.00012 \sin (M_☾ - \Omega) \\
& - 0.00010 \sin (4\,L_☾ - 2\,L_\odot - M_☾) - 0.00008 \sin (2\,L_☾ + M_☾ - \Omega)
\end{aligned}
$$

$$
\begin{aligned}
B = {} & -(9''210 + 0''001\,T) \cos \Omega + 0''090 \cos 2\,\Omega - 0''551 \cos 2\,L_\odot \\
& - 0''022 \cos (2\,L_\odot + M_\odot) + 0''009 \cos (2\,L_\odot - M_\odot) \\
& + 0''007 \cos (2\,L_\odot - \Omega) + 0''003 \cos (2\,L_☾ - 2\,M_☾ - \Omega)
\end{aligned}
$$

$$
\begin{aligned}
B' = {} & - 0''089 \cos 2\,L_☾ - 0''018 \cos (2\,L_☾ - \Omega) - 0''011 \cos (2\,L_☾ + M_☾) \\
& + 0''005 \cos (2\,L_☾ - M_☾) + 0''003 \cos (M_☾ + \Omega) - 0''003 \cos (M_☾ - \Omega) \\
& - 0''002 \cos (4\,L_☾ - 2\,L_\odot - M_☾) - 0''002 \cos (2\,L_☾ + M_☾ - \Omega)
\end{aligned}
$$

$$C = - 20''47 \cos \odot \cos \varepsilon$$

$$D = - 20''47 \sin \odot$$

$$E = -(0^s0029 - 0^s0004\,T) \sin \Omega$$

T Zeit seit 1900.0 in Einheiten von 100 tropischen Jahren,
t Zeit seit Beginn des annus fictus in Bruchteilen des tropischen Jahres;
$t = 0$ für 1955 Januar 1^d1343 Weltzeit.

$$
\begin{aligned}
a &= m + {}^1/_{15}\, n \sin \alpha \operatorname{tg} \delta & a' &= n \cos \alpha \\
b &= {}^1/_{15} \cos \alpha \operatorname{tg} \delta & b' &= -\sin \alpha \\
c &= {}^1/_{15} \cos \alpha \sec \delta & c' &= \operatorname{tg} \varepsilon \cos \delta - \sin \alpha \sin \delta \\
d &= {}^1/_{15} \sin \alpha \sec \delta & d' &= \cos \alpha \sin \delta
\end{aligned}
$$

Für 1955.0 gilt: $m = + 3^s0734$, $n = + 20''042$, $\varepsilon = 23^\circ\, 26'\, 42''49$

$$\alpha_{\text{app.}} = \alpha_{1955.0} + t\,\mu_\alpha + Aa + Bb + Cc + Dd + E + [A'a + B'b]$$
$$\delta_{\text{app.}} = \delta_{1955.0} + t\,\mu_\delta + Aa' + Bb' + Cc' + Dd' + [A'a' + B'b']$$

μ_α, μ_δ jährliche Eigenbewegung in Rektaszension, bez. Deklination.

Setzt man

$$
\begin{aligned}
f &= mA + E & f' &= mA' & i &= C \operatorname{tg} \varepsilon \\
g \sin G &= B & g' \sin G' &= B' & h \sin H &= C \\
g \cos G &= nA & g' \cos G' &= nA' & h \cos H &= D,
\end{aligned}
$$

so wird:

$$
\begin{aligned}
\alpha_{\text{app.}} = {} & \alpha_{1955.0} + t\,\mu_\alpha + f + {}^1/_{15}\, g \sin (G + \alpha) \operatorname{tg} \delta + {}^1/_{15}\, h \sin (H + \alpha) \sec \delta \\
& + [f' + {}^1/_{15}\, g' \sin (G' + \alpha) \operatorname{tg} \delta]
\end{aligned}
$$

$$
\begin{aligned}
\delta_{\text{app.}} = {} & \delta_{1955.0} + t\,\mu_\delta + g \cos (G + \alpha) + h \cos (H + \alpha) \sin \delta + i \cos \delta \\
& + [g' \cos (G' + \alpha)]
\end{aligned}
$$

Reduktionsgrößen 1955

Tag	0h Weltzeit								
	Sternzeit Greenwich	*t*	*f*	log *g*	*G*	log *h*	*H*	log *i*	*i*
1955	h	a	s		h m		h m		″
Jan. 0	6.6	−0.0031	+1.061	0.8398	23 45.7	1.3103	23 27.7	0.0945*n*	−1.243
1	6.7	−0.0004	1.072	0.8444	23 45.9	1.3101	23 24.0	0.1418*n*	1.386
2	6.7	+0.0024	1.084	0.8489	23 46.1	1.3099	23 20.2	0.1844*n*	1.529
3	6.8	0.0051	1.095	0.8534	23 46.3	1.3097	23 16.5	0.2230*n*	1.671
4	6.9	0.0078	1.106	0.8578	23 46.5	1.3094	23 12.7	0.2582*n*	1.812
5	6.9	0.0106	1.117	0.8622	23 46.6	1.3091	23 8.9	0.2907*n*	1.953
6	7.0	0.0133	+1.128	0.8665	23 46.7	1.3088	23 5.1	0.3208*n*	−2.093
7	7.1	0.0161	1.139	0.8708	23 46.8	1.3085	23 1.4	0.3489*n*	2.233
8	7.1	0.0188	1.150	0.8750	23 46.9	1.3082	22 57.6	0.3751*n*	2.372
9	7.2	0.0215	1.161	0.8791	23 46.9	1.3078	22 53.8	0.3997*n*	2.510
10	7.2	0.0243	1.172	0.8831	23 46.9	1.3075	22 50.0	0.4229*n*	2.648
11	7.3	0.0270	1.183	0.8871	23 46.9	1.3071	22 46.2	0.4448*n*	2.785
12	7.4	0.0297	+1.194	0.8910	23 46.9	1.3067	22 42.4	0.4654*n*	−2.920
13	7.4	0.0325	1.205	0.8949	23 46.9	1.3062	22 38.5	0.4850*n*	3.055
14	7.5	0.0352	1.215	0.8987	23 46.9	1.3058	22 34.7	0.5037*n*	3.189
15	7.6	0.0380	1.226	0.9025	23 46.8	1.3053	22 30.9	0.5213*n*	3.321
16	7.6	0.0407	1.236	0.9062	23 46.7	1.3049	22 27.0	0.5382*n*	3.453
17	7.7	0.0434	1.247	0.9099	23 46.6	1.3044	22 23.2	0.5544*n*	3.584
18	7.8	0.0462	+1.257	0.9135	23 46.5	1.3039	22 19.3	0.5697*n*	−3.713
19	7.8	0.0489	1.267	0.9171	23 46.4	1.3033	22 15.5	0.5844*n*	3.841
20	7.9	0.0517	1.277	0.9205	23 46.3	1.3028	22 11.6	0.5986*n*	3.968
21	8.0	0.0544	1.288	0.9239	23 46.2	1.3023	22 7.7	0.6120*n*	4.093
22	8.0	0.0571	1.298	0.9273	23 46.1	1.3017	22 3.8	0.6251*n*	4.218
23	8.1	0.0599	1.307	0.9306	23 45.9	1.3011	21 59.9	0.6377*n*	4.342
24	8.2	0.0626	+1.317	0.9339	23 45.8	1.3005	21 56.0	0.6497*n*	−4.464
25	8.2	0.0653	1.327	0.9372	23 45.6	1.2999	21 52.0	0.6611*n*	4.583
26	8.3	0.0681	1.337	0.9404	23 45.5	1.2993	21 48.1	0.6723*n*	4.702
27	8.4	0.0708	1.346	0.9435	23 45.3	1.2987	21 44.2	0.6830*n*	4.819
28	8.4	0.0736	1.356	0.9465	23 45.2	1.2981	21 40.2	0.6933*n*	4.935
29	8.5	0.0763	1.365	0.9495	23 45.0	1.2975	21 36.3	0.7032*n*	5.049
30	8.6	0.0790	+1.374	0.9525	23 44.8	1.2969	21 32.3	0.7127*n*	−5.161
31	8.6	0.0818	1.383	0.9554	23 44.6	1.2962	21 28.3	0.7220*n*	5.272
Febr. 1	8.7	0.0845	1.392	0.9583	23 44.4	1.2956	21 24.3	0.7309*n*	5.381
2	8.8	0.0872	1.401	0.9611	23 44.2	1.2949	21 20.3	0.7395*n*	5.489
3	8.8	0.0900	1.410	0.9639	23 44.1	1.2943	21 16.3	0.7477*n*	5.594
4	8.9	0.0927	1.419	0.9666	23 43.9	1.2936	21 12.3	0.7557*n*	5.698
5	9.0	0.0955	+1.427	0.9693	23 43.7	1.2929	21 8.2	0.7634*n*	−5.800
6	9.0	0.0982	1.436	0.9719	23 43.5	1.2923	21 4.2	0.7709*n*	5.901
7	9.1	0.1009	1.445	0.9744	23 43.3	1.2916	21 0.1	0.7781*n*	5.999
8	9.2	0.1037	1.453	0.9769	23 43.2	1.2909	20 56.0	0.7850*n*	6.095
9	9.2	0.1064	1.461	0.9794	23 43.0	1.2903	20 51.9	0.7917*n*	6.190
10	9.3	0.1091	+1.469	0.9819	23 42.9	1.2896	20 47.8	0.7982*n*	−6.283

Tag	f'	g'	G'	Allgemeine Präzession seit 1955.0	Nutation in Länge $\Delta\psi$	Nutation in Länge $\Delta\psi'$	Mittlere Schiefe	Nutation in Schiefe $\Delta\varepsilon$	Nutation in Schiefe $\Delta\varepsilon'$	j	k
	0h Weltzeit										
1955	s in 0.001	s in 0.01	h	″	″	s in 0.01	23° 26′ ″	″	s in 0.01	in 0.001	
Jan. 0	0	+10	18.0	−0.16	+17.50	0	42.49	+0.43	+10	30	89
1	− 6	10	16.5	−0.02	17.55	−10	42.49	0.43	+10	31	89
2	−11	11	15.1	+0.12	17.60	−19	42.49	0.43	+ 8	31	89
3	−15	10	13.4	0.26	17.64	−24	42.49	0.43	+ 4	31	89
4	−15	10	11.6	0.39	17.69	−25	42.49	0.43	− 1	32	89
5	−12	10	9.6	0.53	17.73	−20	42.49	0.43	− 6	32	89
6	− 6	+10	7.7	+0.67	+17.78	−11	42.49	+0.43	− 9	32	89
7	+ 1	10	5.7	0.81	17.82	+ 2	42.49	0.43	−10	32	89
8	+ 8	10	3.9	0.94	17.86	+14	42.49	0.43	− 9	33	89
9	+14	11	2.1	1.08	17.91	+23	42.48	0.43	− 6	33	89
10	+17	11	0.5	1.22	17.95	+28	42.48	0.44	− 1	33	89
11	+17	11	22.9	1.36	17.99	+27	42.48	0.44	+ 3	34	89
12	+13	+11	21.5	+1.50	+18.03	+22	42.48	+0.44	+ 7	34	88
13	+ 8	10	20.1	1.63	18.07	+13	42.48	0.45	+ 8	34	88
14	+ 2	9	18.6	1.77	18.10	+ 3	42.48	0.45	+ 9	35	88
15	− 4	7	16.7	1.91	18.14	− 6	42.48	0.46	+ 7	35	88
16	− 8	7	14.5	2.05	18.17	−13	42.48	0.47	+ 4	35	88
17	−10	7	12.2	2.18	18.20	−17	42.47	0.47	0	35	88
18	−11	+ 8	10.4	+2.32	+18.23	−18	42.47	+0.48	− 3	36	88
19	− 9	8	9.0	2.46	18.26	−15	42.47	0.49	− 6	36	88
20	− 6	9	7.7	2.60	18.29	−10	42.47	0.50	− 8	36	88
21	− 2	8	6.5	2.73	18.32	− 3	42.47	0.51	− 8	37	88
22	+ 3	8	5.1	2.87	18.35	+ 4	42.47	0.52	− 7	37	87
23	+ 7	7	3.3	3.01	18.37	+11	42.47	0.52	− 5	37	87
24	+ 9	+ 6	0.8	+3.15	+18.39	+15	42.46	+0.53	− 1	38	87
25	+ 9	7	22.4	3.28	18.42	+15	42.46	0.54	+ 3	38	87
26	+ 7	8	20.3	3.42	18.44	+11	42.46	0.55	+ 6	38	87
27	+ 2	9	18.6	3.56	18.45	+ 4	42.46	0.56	+ 9	38	87
28	− 3	10	17.1	3.70	18.47	− 6	42.46	0.57	+10	39	87
29	− 9	10	15.7	3.84	18.49	−15	42.46	0.58	+ 8	39	87
30	−13	+10	14.0	+3.97	+18.50	−22	42.46	+0.59	+ 5	39	86
31	−15	10	12.2	4.11	18.51	−24	42.46	0.61	0	39	86
Febr. 1	−13	10	10.2	4.25	18.52	−21	42.45	0.62	− 4	40	86
2	− 8	10	8.2	4.39	18.53	−13	42.45	0.63	− 8	40	86
3	− 1	10	6.3	4.52	18.54	2	42.45	0.64	−10	40	86
4	+ 6	10	4.5	4.66	18.54	+10	42.45	0.65	− 9	40	86
5	+12	+10	2.7	+4.80	+18.54	+19	42.45	+0.66	− 7	41	86
6	+15	11	1.0	4.94	18.55	+25	42.45	0.67	− 3	41	85
7	+16	11	23.4	5.07	18.55	+26	42.45	0.68	+ 2	41	85
8	+14	10	21.9	5.21	18.55	+22	42.45	0.70	+ 6	41	85
9	+ 9	10	20.4	5.35	18.54	+15	42.44	0.71	+ 8	42	85
10	+ 3	+ 9	18.9	+5.49	+18.54	+ 5	42.44	+0.72	+ 9	42	85

Tag	Sternzeit Greenwich	*t*	*f*	log *g*	*G*	log *h*	*H*	log *i*	*i*
	0ʰ Weltzeit								
1955	h	a	s		h m		h m		″
Febr. 10	9.3	0.1091	+1.469	0.9819	23 42.9	1.2896	20 47.8	0.7982*n*	−6.283
11	9.4	0.1119	1.477	0.9843	23 42.7	1.2890	20 43.7	0.8043*n*	6.373
12	9.4	0.1146	1.485	0.9866	23 42.5	1.2883	20 39.6	0.8104*n*	6.462
13	9.5	0.1174	1.493	0.9889	23 42.3	1.2877	20 35.5	0.8161*n*	6.548
14	9.5	0.1201	1.501	0.9912	23 42.1	1.2870	20 31.4	0.8217*n*	6.633
15	9.6	0.1228	1.508	0.9934	23 42.0	1.2864	20 27.2	0.8270*n*	6.715
16	9.7	0.1256	+1.516	0.9956	23 41.9	1.2858	20 23.0	0.8322*n*	−6.795
17	9.7	0.1283	1.524	0.9978	23 41.7	1.2851	20 18.9	0.8371*n*	6.873
18	9.8	0.1311	1.531	0.9999	23 41.6	1.2845	20 14.7	0.8419*n*	6.949
19	9.9	0.1338	1.538	1.0020	23 41.5	1.2839	20 10.5	0.8465*n*	7.022
20	9.9	0.1365	1.545	1.0041	23 41.4	1.2833	20 6.3	0.8509*n*	7.094
21	10.0	0.1393	1.553	1.0061	23 41.3	1.2828	20 2.1	0.8552*n*	7.164
22	10.1	0.1420	+1.560	1.0081	23 41.2	1.2822	19 57.9	0.8591*n*	−7.230
23	10.1	0.1447	1.567	1.0101	23 41.1	1.2816	19 53.7	0.8630*n*	7.295
24	10.2	0.1475	1.574	1.0120	23 41.1	1.2811	19 49.4	0.8668*n*	7.358
25	10.3	0.1502	1.580	1.0139	23 41.0	1.2805	19 45.2	0.8703*n*	7.418
26	10.3	0.1530	1.587	1.0157	23 41.0	1.2800	19 40.9	0.8737*n*	7.476
27	10.4	0.1557	1.594	1.0175	23 40.9	1.2795	19 36.7	0.8769*n*	7.532
28	10.5	0.1584	+1.600	1.0193	23 40.9	1.2791	19 32.4	0.8800*n*	−7.585
März 1	10.5	0.1612	1.607	1.0211	23 40.8	1.2786	19 28.1	0.8828*n*	7.635
2	10.6	0.1639	1.613	1.0228	23 40.8	1.2781	19 23.8	0.8856*n*	7.684
3	10.7	0.1666	1.620	1.0246	23 40.8	1.2777	19 19.6	0.8882*n*	7.730
4	10.7	0.1694	1.626	1.0263	23 40.8	1.2773	19 15.3	0.8906*n*	7.773
5	10.8	0.1721	1.632	1.0280	23 40.8	1.2769	19 10.9	0.8929*n*	7.815
6	10.9	0.1749	+1.638	1.0296	23 40.9	1.2765	19 6.6	0.8951*n*	−7.854
7	10.9	0.1776	1.645	1.0312	23 40.9	1.2762	19 2.3	0.8971*n*	7.890
8	11.0	0.1803	1.651	1.0328	23 41.0	1.2759	18 58.0	0.8989*n*	7.924
9	11.1	0.1831	1.657	1.0344	23 41.0	1.2756	18 53.7	0.9007*n*	7.956
10	11.1	0.1858	1.663	1.0359	23 41.1	1.2753	18 49.4	0.9023*n*	7.985
11	11.2	0.1885	1.669	1.0375	23 41.2	1.2750	18 45.0	0.9037*n*	8.012
12	11.3	0.1913	+1.675	1.0390	23 41.3	1.2748	18 40.7	0.9050*n*	−8.036
13	11.3	0.1940	1.681	1.0406	23 41.4	1.2746	18 36.4	0.9062*n*	8.058
14	11.4	0.1968	1.687	1.0421	23 41.6	1.2744	18 32.1	0.9073*n*	8.077
15	11.5	0.1995	1.693	1.0436	23 41.7	1.2742	18 27.7	0.9082*n*	8.095
16	11.5	0.2022	1.698	1.0450	23 41.9	1.2741	18 23.4	0.9090*n*	8.109
17	11.6	0.2050	1.704	1.0465	23 42.0	1.2739	18 19.1	0.9096*n*	8.121
18	11.7	0.2077	+1.710	1.0480	23 42.2	1.2738	18 14.7	0.9101*n*	−8.131
19	11.7	0.2105	1.716	1.0495	23 42.4	1.2738	18 10.4	0.9105*n*	8.138
20	11.8	0.2132	1.721	1.0509	23 42.6	1.2737	18 6.0	0.9107*n*	8.142
21	11.8	0.2159	1.727	1.0523	23 42.8	1.2737	18 1.7	0.9108*n*	8.144
22	11.9	0.2187	1.733	1.0537	23 43.0	1.2737	17 57.4	0.9108*n*	8.144
23	12.0	0.2214	+1.739	1.0551	23 43.2	1.2737	17 53.1	0.9107*n*	−8.141

Tag	f'	g'	G'	Allgemeine Präzession seit 1955.0	Nutation in Länge $\Delta\psi$	Nutation in Länge $\Delta\psi'$	Mittlere Schiefe	Nutation in Schiefe $\Delta\varepsilon$	Nutation in Schiefe $\Delta\varepsilon'$	j	k
	0h Weltzeit										
1955	s in 0.001	s in 0.01	h	"	"	s in 0.01	23° 26' "	"	s in 0.01	in 0.001	
Febr. 10	+ 3	+ 9	18.9	+ 5.49	+18.54	+ 5	42.44	+0.72	+ 9	42	85
11	− 2	8	17.3	5.62	18.53	− 4	42.44	0.73	+ 8	42	85
12	− 7	7	15.2	5.76	18.53	−12	42.44	0.74	+ 5	42	85
13	−10	7	13.0	5.90	18.52	−16	42.44	0.75	+ 2	43	85
14	−11	8	11.0	6.04	18.51	−18	42.44	0.76	− 2	43	85
15	−10	8	9.5	6.17	18.49	−16	42.44	0.77	− 5	43	84
16	− 7	+ 9	8.2	+ 6.31	+18.48	−12	42.44	+0.78	− 7	43	84
17	− 3	9	7.0	6.45	18.46	− 6	42.43	0.79	− 8	43	84
18	+ 1	8	5.6	6.59	18.45	+ 2	42.43	0.80	− 8	44	84
19	+ 5	7	4.0	6.73	18.43	+ 9	42.43	0.81	− 6	44	84
20	+ 8	6	1.7	6.86	18.41	+14	42.43	0.82	− 3	44	84
21	+ 9	6	23.0	7.00	18.39	+16	42.43	0.83	+ 2	44	84
22	+ 8	+ 8	20.9	+ 7.14	+18.37	+13	42.43	+0.83	+ 6	44	84
23	+ 4	9	19.2	7.28	18.34	+ 7	42.43	0.84	+ 9	45	84
24	− 1	10	17.7	7.41	18.32	− 2	42.43	0.85	+10	45	83
25	− 7	10	16.2	7.55	18.29	−11	42.42	0.85	+ 9	45	83
26	−12	10	14.7	7.69	18.26	−19	42.42	0.86	+ 6	45	83
27	−14	9	12.8	7.83	18.23	−23	42.42	0.87	+ 2	45	83
28	−13	+ 9	10.7	+ 7.96	+18.20	−21	42.42	+0.87	− 3	46	83
März 1	− 9	9	8.7	8.10	18.17	−15	42.42	0.88	− 7	46	83
2	− 3	10	6.7	8.24	18.14	− 5	42.42	0.88	−10	46	83
3	+ 4	10	5.0	8.38	18.11	+ 7	42.42	0.88	−10	46	83
4	+11	10	3.2	8.51	18.07	+17	42.41	0.89	− 8	46	83
5	+15	10	1.5	8.65	18.04	+24	42.41	0.89	− 4	47	83
6	+16	+10	23.9	+ 8.79	+18.00	+26	42.41	+0.89	0	47	83
7	+14	10	22.3	8.93	17.97	+23	42.41	0.89	+ 5	47	83
8	+10	10	20.8	9.07	17.93	+17	42.41	0.89	+ 7	47	82
9	+ 5	9	19.4	9.20	17.89	+ 8	42.41	0.89	+ 8	47	82
10	− 1	8	17.7	9.34	17.85	− 2	42.41	0.89	+ 8	47	82
11	− 6	7	15.7	9.48	17.81	−10	42.41	0.89	+ 6	48	82
12	− 9	+ 7	13.7	+ 9.62	+17.77	−15	42.40	+0.89	+ 3	48	82
13	−11	7	11.6	9.75	17.73	−18	42.40	0.89	− 1	48	82
14	−11	8	10.0	9.89	17.69	−18	42.40	0.89	− 4	48	82
15	− 9	9	8.7	10.03	17.65	−14	42.40	0.88	− 7	48	82
16	− 5	9	7.5	10.17	17.61	− 8	42.40	0.88	− 8	48	82
17	− 1	8	6.2	10.30	17.56	− 1	42.40	0.87	− 8	49	82
18	+ 3	+ 7	4.8	+10.44	+17.52	+ 6	42.40	+0.87	− 7	49	82
19	+ 7	6	2.7	10.58	17.48	+11	42.40	0.86	− 4	49	82
20	+ 9	6	23.8	10.72	17.43	+14	42.39	0.85	0	49	82
21	+ 8	7	21.4	10.85	17.39	+13	42.39	0.85	+ 4	49	82
22	+ 5	8	19.6	10.99	17.35	+ 8	42.39	0.84	+ 8	49	82
23	0	+10	18.1	+11.13	+17.30	+ 1	42.39	+0.83	+10	50	82

Tag	0h Weltzeit								
	Sternzeit Greenwich	t	f	log g	G	log h	H	log i	i
1955	h	a	s		h m		h m		″
März 23	12.0	0.2214	+1.739	1.0551	23 43.2	1.2737	17 53.1	0.9107*n*	−8.141
24	12.0	0.2241	1.744	1.0565	23 43.5	1.2738	17 48.7	0.9105*n*	8.137
25	12.1	0.2269	1.750	1.0579	23 43.8	1.2739	17 44.4	0.9100*n*	8.129
26	12.2	0.2296	1.756	1.0593	23 44.1	1.2740	17 40.1	0.9095*n*	8.119
27	12.2	0.2324	1.762	1.0607	23 44.3	1.2741	17 35.8	0.9089*n*	8.107
28	12.3	0.2351	1.768	1.0621	23 44.6	1.2742	17 31.5	0.9081*n*	8.092
29	12.4	0.2378	+1.774	1.0635	23 44.9	1.2744	17 27.2	0.9071*n*	−8.074
30	12.4	0.2406	1.779	1.0649	23 45.2	1.2746	17 22.9	0.9061*n*	8.055
31	12.5	0.2433	1.785	1.0663	23 45.5	1.2748	17 18.6	0.9049*n*	8.033
April 1	12.6	0.2460	1.791	1.0677	23 45.9	1.2750	17 14.3	0.9035*n*	8.008
2	12.6	0.2488	1.797	1.0691	23 46.2	1.2753	17 10.1	0.9021*n*	7.982
3	12.7	0.2515	1.803	1.0705	23 46.6	1.2756	17 5.8	0.9005*n*	7.952
4	12.8	0.2543	+1.809	1.0719	23 47.0	1.2759	17 1.5	0.8988*n*	−7.921
5	12.8	0.2570	1.816	1.0733	23 47.4	1.2762	16 57.3	0.8969*n*	7.887
6	12.9	0.2597	1.822	1.0748	23 47.8	1.2765	16 53.0	0.8949*n*	7.851
7	13.0	0.2625	1.828	1.0762	23 48.2	1.2769	16 48.8	0.8928*n*	7.812
8	13.0	0.2652	1.834	1.0776	23 48.6	1.2773	16 44.6	0.8905*n*	7.772
9	13.1	0.2679	1.840	1.0791	23 49.0	1.2777	16 40.4	0.8882*n*	7.730
10	13.2	0.2707	+1.846	1.0805	23 49.4	1.2781	16 36.2	0.8856*n*	−7.684
11	13.2	0.2734	1.853	1.0820	23 49.8	1.2786	16 32.0	0.8829*n*	7.636
12	13.3	0.2762	1.859	1.0835	23 50.2	1.2790	16 27.8	0.8801*n*	7.587
13	13.4	0.2789	1.866	1.0850	23 50.7	1.2795	16 23.7	0.8771*n*	7.535
14	13.4	0.2816	1.872	1.0864	23 51.1	1.2800	16 19.5	0.8740*n*	7.481
15	13.5	0.2844	1.879	1.0879	23 51.6	1.2805	16 15.3	0.8707*n*	7.425
16	13.6	0.2871	+1.886	1.0894	23 52.0	1.2810	16 11.2	0.8673*n*	−7.367
17	13.6	0.2899	1.892	1.0909	23 52.5	1.2815	16 7.1	0.8637*n*	7.307
18	13.7	0.2926	1.899	1.0925	23 52.9	1.2821	16 3.0	0.8600*n*	7.244
19	13.8	0.2953	1.906	1.0941	23 53.4	1.2826	15 58.9	0.8561*n*	7.180
20	13.8	0.2981	1.913	1.0956	23 53.9	1.2832	15 54.8	0.8521*n*	7.113
21	13.9	0.3008	1.920	1.0972	23 54.4	1.2838	15 50.7	0.8478*n*	7.044
22	14.0	0.3035	+1.927	1.0988	23 54.8	1.2843	15 46.7	0.8435*n*	−6.974
23	14.0	0.3063	1.934	1.1004	23 55.3	1.2849	15 42.6	0.8389*n*	6.901
24	14.1	0.3090	1.942	1.1020	23 55.8	1.2855	15 38.6	0.8342*n*	6.826
25	14.1	0.3118	1.949	1.1036	23 56.3	1.2861	15 34.6	0.8293*n*	6.750
26	14.2	0.3145	1.956	1.1052	23 56.7	1.2867	15 30.6	0.8243*n*	6.672
27	14.3	0.3172	1.964	1.1069	23 57.2	1.2873	15 26.6	0.8190*n*	6.592
28	14.3	0.3200	+1.971	1.1085	23 57.7	1.2880	15 22.6	0.8135*n*	−6.509
29	14.4	0.3227	1.979	1.1102	23 58.2	1.2886	15 18.7	0.8079*n*	6.425
30	14.5	0.3254	1.987	1.1119	23 58.6	1.2892	15 14.7	0.8021*n*	6.340
Mai 1	14.5	0.3282	1.995	1.1136	23 59.1	1.2899	15 10.8	0.7961*n*	6.253
2	14.6	0.3309	2.003	1.1153	23 59.6	1.2905	15 6.9	0.7898*n*	6.163
3	14.7	0.3337	+2.011	1.1171	0 0.1	1.2911	15 3.0	0.7833*n*	−6.072

Tag	0h Weltzeit										
	f′	g′	G′	Allgemeine Präzession seit 1955.0	Nutation in Länge Δψ	Nutation in Länge Δψ′	Mittlere Schiefe	Nutation in Schiefe Δε	Nutation in Schiefe Δε′	j	k
1955	s in 0.001	″ in 0.01	h	″	″	″ in 0.01	23° 26′ ″	″	″ in 0.01	in 0.001	
März 23	0	+10	18.1	+11.13	+17.30	+ 1	42.39	+0.83	+10	50	82
24	— 5	10	16.7	11.27	17.26	— 9	42.39	0.82	+10	50	82
25	—10	10	15.2	11.40	17.22	—17	42.39	0.81	+ 7	50	82
26	—13	9	13.4	11.54	17.17	—22	42.39	0.80	+ 3	50	82
27	—13	9	11.4	11.68	17.13	—22	42.39	0.79	— 1	50	82
28	—10	9	9.2	11.82	17.09	—16	42.38	0.77	— 6	50	82
29	— 4	+ 9	7.1	+11.96	+17.05	— 7	42.38	+0.76	— 9	51	82
30	+ 3	10	5.3	12.09	17.01	+ 5	42.38	0.75	—10	51	82
31	+10	11	3.6	12.23	16.96	+16	42.38	0.73	— 9	51	82
April 1	+15	11	1.9	12.37	16.92	+24	42.38	0.72	— 5	51	82
2	+17	11	0.3	12.51	16.88	+27	42.38	0.70	— 1	51	82
3	+16	11	22.8	12.64	16.84	+26	42.38	0.69	+ 3	51	82
4	+12	+10	21.3	+12.78	+16.80	+19	42.38	+0.67	+ 7	52	82
5	+ 6	9	19.8	12.92	16.77	+11	42.37	0.65	+ 8	52	82
6	+ 1	8	18.3	13.06	16.73	+ 1	42.37	0.63	+ 8	52	83
7	— 4	7	16.4	13.19	16.69	— 7	42.37	0.62	+ 7	52	83
8	— 8	6	14.2	13.33	16.66	—13	42.37	0.60	+ 4	52	83
9	—10	7	12.1	13.47	16.62	—17	42.37	0.58	0	52	83
10	—11	+ 8	10.3	+13.61	+16.59	—17	42.37	+0.56	— 3	53	83
11	— 9	8	9.1	13.74	16.55	—15	42.37	0.54	— 6	53	83
12	— 6	9	7.9	13.88	16.52	—10	42.36	0.52	— 8	53	83
13	— 2	9	6.7	14.02	16.49	— 4	42.36	0.50	— 8	53	83
14	+ 2	8	5.4	14.16	16.46	+ 3	42.36	0.47	— 8	53	83
15	+ 5	6	3.7	14.30	16.43	+ 9	42.36	0.45	— 5	53	83
16	+ 8	+ 5	1.0	+14.43	+16.40	+13	42.36	+0.43	— 1	54	83
17	+ 8	6	22.1	14.57	16.37	+13	42.36	0.40	+ 3	54	84
18	+ 5	7	20.0	14.71	16.35	+ 9	42.36	0.38	+ 6	54	84
19	+ 1	9	18.3	14.85	16.32	+ 2	42.36	0.36	+ 9	54	84
20	— 4	11	16.9	14.98	16.30	— 7	42.35	0.33	+10	54	84
21	—10	11	15.5	15.12	16.27	—16	42.35	0.31	+ 9	55	84
22	—14	+10	14.0	+15.26	+16.25	—22	42.35	+0.28	+ 5	55	84
23	—14	9	12.1	15.40	16.23	—24	42.35	0.26	0	55	84
24	—12	9	10.1	15.53	16.21	—20	42.35	0.23	— 4	55	84
25	— 7	9	7.8	15.67	16.20	—11	42.35	0.21	— 8	56	84
26	+ 1	10	5.8	15.81	16.18	+ 1	42.35	0.18	—10	56	85
27	+ 8	11	4.0	15.95	16.16	+13	42.35	0.16	— 9	56	85
28	+14	+11	2.3	+16.08	+16.15	+23	42.34	+0.13	— 7	56	85
29	+17	12	0.7	16.22	16.14	+28	42.34	0.10	— 2	56	85
30	+17	12	23.3	16.36	16.13	+28	42.34	0.08	+ 2	57	85
Mai 1	+14	11	21.8	16.50	16.12	+23	42.34	0.05	+ 6	57	85
2	+ 9	10	20.4	16.63	16.11	+15	42.34	+0.02	+ 8	57	85
3	+ 3	+ 9	18.9	+16.77	+16.10	+ 5	42.34	0.00	+ 8	57	85

Tag	0h Weltzeit								
	Sternzeit Greenwich	*t*	*f*	log *g*	*G*	log *h*	*H*	log *i*	*i*
1955	h	a	s		h m		h m		"
Mai 3	14.7	0.3337	+2.011	1.1171	0 0.1	1.2911	15 3.0	0.7833*n*	−6.072
4	14.7	0.3364	2.019	1.1188	0 0.6	1.2918	14 59.1	0.7766*n*	5.979
5	14.8	0.3391	2.027	1.1206	0 1.0	1.2924	14 55.2	0.7697*n*	5.885
6	14.9	0.3419	2.035	1.1224	0 1.5	1.2930	14 51.3	0.7626*n*	5.789
7	14.9	0.3446	2.044	1.1242	0 1.9	1.2937	14 47.5	0.7552*n*	5.691
8	15.0	0.3473	2.052	1.1260	0 2.4	1.2943	14 43.6	0.7476*n*	5.592
9	15.1	0.3501	+2.060	1.1278	0 2.8	1.2949	14 39.8	0.7397*n*	−5.491
10	15.1	0.3528	2.069	1.1296	0 3.3	1.2955	14 36.0	0.7315*n*	5.389
11	15.2	0.3556	2.078	1.1314	0 3.7	1.2961	14 32.2	0.7230*n*	5.285
12	15.3	0.3583	2.087	1.1332	0 4.2	1.2967	14 28.4	0.7143*n*	5.180
13	15.3	0.3610	2.095	1.1351	0 4.6	1.2973	14 24.6	0.7053*n*	5.073
14	15.4	0.3638	2.104	1.1370	0 5.0	1.2979	14 20.8	0.6959*n*	4.965
15	15.5	0.3665	+2.113	1.1389	0 5.4	1.2985	14 17.1	0.6863*n*	−4.856
16	15.5	0.3693	2.122	1.1407	0 5.8	1.2991	14 13.3	0.6762*n*	4.745
17	15.6	0.3720	2.132	1.1426	0 6.2	1.2997	14 9.6	0.6659*n*	4.633
18	15.7	0.3747	2.141	1.1445	0 6.6	1.3003	14 5.9	0.6550*n*	4.519
19	15.7	0.3775	2.150	1.1465	0 7.0	1.3008	14 2.2	0.6439*n*	4.405
20	15.8	0.3802	2.160	1.1484	0 7.4	1.3014	13 58.5	0.6325*n*	4.290
21	15.9	0.3829	+2.169	1.1503	0 7.7	1.3019	13 54.8	0.6204*n*	−4.173
22	15.9	0.3857	2.179	1.1522	0 8.1	1.3024	13 51.1	0.6080*n*	4.055
23	16.0	0.3884	2.188	1.1542	0 8.4	1.3029	13 47.4	0.5951*n*	3.936
24	16.1	0.3912	2.198	1.1561	0 8.8	1.3034	13 43.8	0.5816*n*	3.816
25	16.1	0.3939	2.208	1.1581	0 9.1	1.3039	13 40.1	0.5675*n*	3.694
26	16.2	0.3966	2.218	1.1600	0 9.5	1.3044	13 36.5	0.5529*n*	3.572
27	16.3	0.3994	+2.227	1.1620	0 9.8	1.3049	13 32.8	0.5377*n*	−3.449
28	16.3	0.4021	2.237	1.1640	0 10.1	1.3053	13 29.2	0.5218*n*	3.325
29	16.4	0.4048	2.247	1.1660	0 10.4	1.3057	13 25.6	0.5051*n*	3.200
30	16.4	0.4076	2.257	1.1679	0 10.7	1.3062	13 22.0	0.4877*n*	3.074
31	16.5	0.4103	2.268	1.1699	0 10.9	1.3066	13 18.4	0.4694*n*	2.947
Juni 1	16.6	0.4131	2.278	1.1719	0 11.2	1.3070	13 14.8	0.4502*n*	2.820
2	16.6	0.4158	+2.288	1.1739	0 11.5	1.3073	13 11.2	0.4301*n*	−2.692
3	16.7	0.4185	2.298	1.1758	0 11.8	1.3077	13 7.7	0.4086*n*	2.562
4	16.8	0.4213	2.309	1.1778	0 12.0	1.3080	13 4.1	0.3861*n*	2.433
5	16.8	0.4240	2.319	1.1798	0 12.2	1.3084	13 0.5	0.3623*n*	2.303
6	16.9	0.4267	2.330	1.1817	0 12.4	1.3087	12 57.0	0.3371*n*	2.173
7	17.0	0.4295	2.340	1.1837	0 12.6	1.3090	12 53.4	0.3098*n*	2.041
8	17.0	0.4322	+2.351	1.1857	0 12.8	1.3092	12 49.9	0.2808*n*	−1.909
9	17.1	0.4350	2.361	1.1877	0 13.0	1.3095	12 46.3	0.2497*n*	1.777
10	17.2	0.4377	2.372	1.1897	0 13.2	1.3097	12 42.8	0.2159*n*	1.644
11	17.2	0.4404	2.382	1.1916	0 13.4	1.3099	12 39.3	0.1793*n*	1.511
12	17.3	0.4432	2.393	1.1936	0 13.5	1.3101	12 35.8	0.1389*n*	1.377
13	17.4	0.4459	+2.404	1.1955	0 13.7	1.3103	12 32.2	0.0941*n*	−1.242

Tag	f'	g'	G'	Allgemeine Präzession seit 1955.0	Nutation in Länge $\Delta\psi$	Nutation in Länge $\Delta\psi'$	Mittlere Schiefe	Nutation in Schiefe $\Delta\varepsilon$	Nutation in Schiefe $\Delta\varepsilon'$	j	k
	0h Weltzeit										
1955	s in 0.001	s in 0.01	h	″	″	s in 0.01	23° 26′ ″	″	s in 0.01	in 0.001	
Mai 3	+ 3	+ 9	18.9	+16.77	+16.10	+ 5	42.34	0.00	+ 8	57	85
4	− 3	7	17.1	16.91	16.10	− 4	42.34	−0.03	+ 7	57	85
5	− 7	6	15.0	17.05	16.09	−11	42.34	0.06	+ 4	58	86
6	− 9	6	12.6	17.19	16.09	−15	42.33	0.09	+ 1	58	86
7	−10	7	10.8	17.32	16.09	−16	42.33	0.11	− 2	58	86
8	− 9	8	9.3	17.46	16.09	−15	42.33	0.14	− 5	58	86
9	− 6	+ 8	8.0	+17.60	+16.09	−11	42.33	−0.17	− 7	59	86
10	− 3	8	6.9	17.74	16.10	− 5	42.33	0.19	− 8	59	86
11	+ 1	8	5.7	17.87	16.10	+ 1	42.33	0.22	− 8	59	86
12	+ 4	7	4.2	18.01	16.11	+ 7	42.33	0.25	− 6	59	86
13	+ 7	5	2.0	18.15	16.11	+11	42.33	0.27	− 3	60	87
14	+ 8	5	23.1	18.29	16.12	+13	42.32	0.30	+ 1	60	87
15	+ 6	+ 7	20.5	+18.42	+16.13	+10	42.32	−0.33	+ 5	60	87
16	+ 2	9	18.7	18.56	16.14	+ 4	42.32	0.35	+ 8	60	87
17	− 3	10	17.2	18.70	16.15	− 5	42.32	0.38	+10	61	87
18	− 9	11	15.9	18.84	16.17	−15	42.32	0.40	+ 9	61	87
19	−14	11	14.4	18.97	16.18	−22	42.32	0.43	+ 7	61	87
20	−16	11	12.9	19.11	16.20	−26	42.32	0.45	+ 2	61	87
21	−15	+10	10.9	+19.25	+16.22	−24	42.31	−0.48	− 3	62	87
22	−10	10	8.9	19.39	16.24	−17	42.31	0.50	− 7	62	88
23	− 3	10	6.8	19.53	16.26	− 5	42.31	0.53	−10	62	88
24	+ 5	10	4.8	19.66	16.28	+ 8	42.31	0.55	−10	63	88
25	+12	11	3.0	19.80	16.30	+20	42.31	0.57	− 8	63	88
26	+17	12	1.3	19.94	16.32	+27	42.31	0.60	− 4	63	88
27	+18	+12	23.8	+20.08	+16.35	+30	42.31	−0.62	+ 1	63	88
28	+16	12	22.4	20.21	16.37	+27	42.31	0.64	+ 5	64	88
29	+12	11	21.0	20.35	16.40	+19	42.30	0.66	+ 8	64	88
30	+ 6	9	19.5	20.49	16.43	+ 9	42.30	0.69	+ 9	64	88
31	0	8	17.9	20.63	16.46	− 1	42.30	0.71	+ 8	65	88
Juni 1	− 5	6	15.8	20.76	16.48	− 9	42.30	0.73	+ 5	65	88
2	− 8	+ 6	13.3	+20.90	+16.51	−14	42.30	−0.75	+ 2	65	89
3	− 9	6	11.1	21.04	16.55	−15	42.30	0.77	− 1	65	89
4	− 9	7	9.4	21.18	16.58	−14	42.30	0.79	− 5	66	89
5	− 7	8	8.2	21.31	16.61	−11	42.30	0.81	− 7	66	89
6	− 3	8	6.9	21.45	16.64	− 5	42.29	0.82	− 8	66	89
7	+ 1	8	5.8	21.59	16.68	+ 1	42.29	0.84	− 8	67	89
8	+ 4	+ 7	4.5	+21.73	+16.71	+ 7	42.29	−0.86	− 6	67	89
9	+ 7	6	2.7	21.86	16.75	+11	42.29	0.88	− 4	67	89
10	+ 8	5	23.9	22.00	16.78	+13	42.29	0.89	0	68	89
11	+ 7	6	21.3	22.14	16.82	+11	42.29	0.91	+ 4	68	89
12	+ 3	8	19.1	22.28	16.85	+ 6	42.29	0.92	+ 7	68	89
13	− 1	+ 9	17.7	+22.42	+16.89	− 2	42.29	−0.94	+ 9	68	89

Tag	0h Weltzeit								
	Sternzeit Greenwich	*t*	*f*	log *g*	*G*	log *h*	*H*	log *i*	*i*
1955	h	a	s		h m		h m		″
Juni 13	17.4	0.4459	+2.404	1.1955	0 13.7	1.3103	12 32.2	0.0941*n*	−1.242
14	17.4	0.4486	2.414	1.1975	0 13.8	1.3105	12 28.7	0.0445*n*	1.108
15	17.5	0.4514	2.425	1.1994	0 14.0	1.3106	12 25.2	9.9881*n*	0.973
16	17.6	0.4541	2.436	1.2013	0 14.1	1.3108	12 21.7	9.9238*n*	0.839
17	17.6	0.4569	2.447	1.2033	0 14.3	1.3109	12 18.2	9.8470*n*	0.703
18	17.7	0.4596	2.457	1.2052	0 14.3	1.3110	12 14.7	9.7543*n*	0.568
19	17.8	0.4623	+2.468	1.2071	0 14.4	1.3110	12 11.2	9.6365*n*	−0.433
20	17.8	0.4651	2.479	1.2090	0 14.5	1.3111	12 7.7	9.4728*n*	0.297
21	17.9	0.4678	2.490	1.2109	0 14.6	1.3111	12 4.2	9.2095*n*	0.162
22	18.0	0.4706	2.500	1.2128	0 14.6	1.3111	12 0.7	8.4150*n*	−0.026
23	18.0	0.4733	2.511	1.2147	0 14.7	1.3111	11 57.2	9.0414	+0.110
24	18.1	0.4760	2.522	1.2165	0 14.7	1.3111	11 53.7	9.3892	0.245
25	18.2	0.4788	+2.533	1.2184	0 14.8	1.3111	11 50.2	9.5809	+0.381
26	18.2	0.4815	2.544	1.2202	0 14.8	1.3110	11 46.7	9.7126	0.516
27	18.3	0.4842	2.555	1.2221	0 14.8	1.3109	11 43.2	9.8142	0.652
28	18.4	0.4870	2.565	1.2239	0 14.8	1.3108	11 39.7	9.8954	0.786
29	18.4	0.4897	2.576	1.2257	0 14.8	1.3107	11 36.2	9.9643	0.921
30	18.5	0.4925	2.587	1.2275	0 14.8	1.3105	11 32.6	0.0237	1.056
Juli 1	18.6	0.4952	+2.597	1.2293	0 14.8	1.3104	11 29.1	0.0755	+1.190
2	18.6	0.4979	2.608	1.2311	0 14.8	1.3102	11 25.6	0.1219	1.324
3	18.7	0.5007	2.619	1.2329	0 14.8	1.3100	11 22.1	0.1635	1.457
4	18.7	0.5034	2.629	1.2346	0 14.8	1.3098	11 18.6	0.2014	1.590
5	18.8	0.5061	2.640	1.2364	0 14.7	1.3096	11 15.1	0.2363	1.723
6	18.9	0.5089	2.650	1.2381	0 14.7	1.3093	11 11.5	0.2683	1.855
7	18.9	0.5116	+2.661	1.2398	0 14.7	1.3091	11 8.0	0.2982	+1.987
8	19.0	0.5144	2.671	1.2415	0 14.6	1.3088	11 4.5	0.3259	2.118
9	19.1	0.5171	2.682	1.2432	0 14.5	1.3085	11 0.9	0.3520	2.249
10	19.1	0.5198	2.692	1.2448	0 14.4	1.3082	10 57.4	0.3764	2.379
11	19.2	0.5226	2.702	1.2465	0 14.4	1.3078	10 53.8	0.3993	2.508
12	19.3	0.5253	2.712	1.2481	0 14.3	1.3075	10 50.3	0.4211	2.637
13	19.3	0.5280	+2.723	1.2498	0 14.2	1.3071	10 46.7	0.4415	+2.764
14	19.4	0.5308	2.733	1.2514	0 14.1	1.3067	10 43.2	0.4610	2.891
15	19.5	0.5335	2.743	1.2530	0 14.0	1.3063	10 39.6	0.4797	3.018
16	19.5	0.5363	2.753	1.2546	0 13.9	1.3059	10 36.0	0.4973	3.143
17	19.6	0.5390	2.763	1.2561	0 13.8	1.3055	10 32.4	0.5143	3.268
18	19.7	0.5417	2.773	1.2577	0 13.7	1.3051	10 28.8	0.5305	3.392
19	19.7	0.5445	+2.783	1.2592	0 13.6	1.3046	10 25.2	0.5459	+3.515
20	19.8	0.5472	2.793	1.2607	0 13.5	1.3042	10 21.6	0.5607	3.637
21	19.9	0.5500	2.802	1.2622	0 13.3	1.3037	10 18.0	0.5750	3.758
22	19.9	0.5527	2.812	1.2637	0 13.2	1.3032	10 14.4	0.5885	3.877
23	20.0	0.5554	2.822	1.2652	0 13.1	1.3027	10 10.7	0.6016	3.996
24	20.1	0.5582	+2.831	1.2666	0 13.0	1.3022	10 7.1	0.6143	+4.114

Tag	f'	g'	G'	Allgemeine Präzession seit 1955.0	Nutation in Länge $\Delta\psi$	Nutation in Länge $\Delta\psi'$	Mittlere Schiefe	Nutation in Schiefe $\Delta\varepsilon$	Nutation in Schiefe $\Delta\varepsilon'$	j	k
	0h Weltzeit										
1955	s in 0.001	s in 0.01	h	"	"	s in 0.01	23° 26′ "	"	s in 0.01	in 0.001	
Juni 13	− 1	+ 9	17.7	+22.42	+16.89	− 2	42.29	−0.94	+ 9	68	89
14	− 7	11	16.3	22.55	16.93	−12	42.28	0.95	+10	69	89
15	−13	11	14.9	22.69	16.97	−21	42.28	0.96	+ 8	69	89
16	−16	11	13.4	22.83	17.01	−26	42.28	0.98	+ 4	69	89
17	−16	11	11.7	22.97	17.04	−27	42.28	0.99	− 1	70	89
18	−13	10	9.9	23.10	17.08	−22	42.28	1.00	− 5	70	89
19	− 7	+10	7.8	+23.24	+17.12	−12	42.28	−1.01	− 9	70	89
20	+ 1	10	5.8	23.38	17.16	+ 1	42.28	1.02	−10	71	89
21	+ 8	10	3.8	23.52	17.20	+14	42.28	1.03	− 9	71	89
22	+14	11	2.0	23.65	17.24	+24	42.27	1.04	− 5	71	89
23	+17	11	0.3	23.79	17.28	+29	42.27	1.05	− 1	72	89
24	+17	12	22.8	23.93	17.32	+28	42.27	1.06	+ 4	72	89
25	+13	+11	21.5	+24.07	+17.35	+22	42.27	−1.06	+ 7	72	89
26	+ 8	10	20.1	24.20	17.39	+13	42.27	1.07	+ 9	73	89
27	+ 2	8	18.5	24.34	17.43	+ 3	42.27	1.08	+ 8	73	89
28	− 3	7	16.7	24.48	17.47	− 6	42.27	1.08	+ 6	73	89
29	− 7	6	14.3	24.62	17.51	−12	42.26	1.09	+ 3	73	89
30	− 9	6	11.5	24.76	17.55	−15	42.26	1.09	− 1	74	89
Juli 1	− 9	+ 7	9.7	+24.89	+17.58	−14	42.26	−1.10	− 4	74	89
2	− 7	8	8.3	25.03	17.62	−11	42.26	1.10	− 6	74	89
3	− 4	8	7.1	25.17	17.66	− 6	42.26	1.10	− 8	75	89
4	0	8	6.0	25.31	17.69	0	42.26	1.10	− 8	75	89
5	+ 4	7	4.6	25.44	17.73	+ 6	42.26	1.11	− 7	75	89
6	+ 7	6	3.0	25.58	17.76	+11	42.26	1.11	− 4	76	89
7	+ 8	+ 6	0.6	+25.72	+17.80	+14	42.25	−1.11	− 1	76	89
8	+ 8	6	22.1	25.86	17.83	+13	42.25	1.11	+ 3	76	89
9	+ 5	7	20.0	25.99	17.86	+ 9	42.25	1.11	+ 6	76	89
10	+ 1	9	18.3	26.13	17.90	+ 2	42.25	1.11	+ 9	77	89
11	− 5	10	16.8	26.27	17.93	− 8	42.25	1.11	+10	77	89
12	−10	11	15.4	26.41	17.96	−17	42.25	1.10	+ 8	77	89
13	−15	+11	13.9	+26.54	+17.99	−24	42.25	−1.10	+ 5	78	89
14	−16	11	12.3	26.68	18.02	−27	42.25	1.10	+ 1	78	88
15	−15	10	10.6	26.82	18.04	−24	42.24	1.09	− 4	78	88
16	−10	10	8.7	26.96	18.07	−16	42.24	1.09	− 8	78	88
17	− 3	10	6.8	27.09	18.10	5	42.24	1.09	10	79	88
18	+ 4	10	4.8	27.23	18.12	+ 7	42.24	1.08	− 9	79	88
19	+11	+10	2.8	+27.37	+18.15	+18	42.24	−1.08	− 7	79	88
20	+15	10	0.9	27.51	18.17	+25	42.24	1.07	− 3	80	88
21	+16	11	23.3	27.65	18.19	+27	42.24	1.06	+ 2	80	88
22	+14	11	21.9	27.78	18.21	+23	42.24	1.06	+ 6	80	88
23	+ 9	10	20.5	27.92	18.23	+15	42.23	1.05	+ 8	80	88
24	+ 4	+ 9	19.0	+28.06	+18.25	+ 6	42.23	−1.04	+ 9	81	87

Tag	0ʰ Weltzeit								
	Sternzeit Greenwich	*t*	*f*	log *g*	*G*	log *h*	*H*	log *i*	*i*
1955	h	a	s		h m		h m		″
Juli 24	20.1	0.5582	+2.831	1.2666	0 13.0	1.3022	10 7.1	0.6143	+4.114
25	20.1	0.5609	2.841	1.2681	0 12.8	1.3016	10 3.4	0.6263	4.230
26	20.2	0.5636	2.850	1.2695	0 12.7	1.3011	9 59.8	0.6381	4.346
27	20.3	0.5664	2.859	1.2709	0 12.6	1.3006	9 56.1	0.6493	4.460
28	20.3	0.5691	2.869	1.2723	0 12.4	1.3000	9 52.4	0.6602	4.573
29	20.4	0.5719	2.878	1.2737	0 12.3	1.2994	9 48.7	0.6706	4.684
30	20.5	0.5746	+2.887	1.2750	0 12.1	1.2988	9 45.0	0.6808	+4.795
31	20.5	0.5773	2.896	1.2763	0 12.0	1.2983	9 41.3	0.6906	4.904
Aug. 1	20.6	0.5801	2.905	1.2776	0 11.8	1.2977	9 37.5	0.7000	5.012
2	20.7	0.5828	2.914	1.2789	0 11.7	1.2971	9 33.8	0.7092	5.119
3	20.7	0.5855	2.922	1.2802	0 11.5	1.2965	9 30.0	0.7180	5.224
4	20.8	0.5883	2.931	1.2815	0 11.4	1.2959	9 26.3	0.7266	5.328
5	20.9	0.5910	+2.940	1.2827	0 11.3	1.2953	9 22.5	0.7348	+5.430
6	20.9	0.5938	2.948	1.2840	0 11.1	1.2947	9 18.7	0.7428	5.531
7	21.0	0.5965	2.957	1.2852	0 11.0	1.2941	9 14.9	0.7505	5.630
8	21.0	0.5992	2.965	1.2864	0 10.8	1.2934	9 11.1	0.7579	5.727
9	21.1	0.6020	2.973	1.2876	0 10.7	1.2928	9 7.3	0.7651	5.823
10	21.2	0.6047	2.981	1.2888	0 10.5	1.2922	9 3.5	0.7722	5.918
11	21.2	0.6074	+2.989	1.2900	0 10.4	1.2915	8 59.6	0.7789	+6.011
12	21.3	0.6102	2.997	1.2911	0 10.2	1.2909	8 55.7	0.7855	6.103
13	21.4	0.6129	3.005	1.2922	0 10.1	1.2903	8 51.9	0.7918	6.192
14	21.4	0.6157	3.013	1.2934	0 9.9	1.2897	8 48.0	0.7979	6.279
15	21.5	0.6184	3.021	1.2945	0 9.8	1.2890	8 44.1	0.8038	6.365
16	21.6	0.6211	3.028	1.2956	0 9.7	1.2884	8 40.2	0.8096	6.450
17	21.6	0.6239	+3.036	1.2966	0 9.6	1.2878	8 36.3	0.8150	+6.532
18	21.7	0.6266	3.043	1.2977	0 9.4	1.2872	8 32.3	0.8204	6.613
19	21.8	0.6294	3.051	1.2987	0 9.3	1.2866	8 28.4	0.8256	6.692
20	21.8	0.6321	3.058	1.2998	0 9.2	1.2860	8 24.4	0.8305	6.769
21	21.9	0.6348	3.065	1.3008	0 9.1	1.2854	8 20.5	0.8353	6.844
22	22.0	0.6376	3.072	1.3018	0 9.0	1.2848	8 16.5	0.8399	6.917
23	22.0	0.6403	+3.079	1.3028	0 8.9	1.2842	8 12.5	0.8444	+6.988
24	22.1	0.6430	3.086	1.3038	0 8.7	1.2836	8 8.4	0.8487	7.058
25	22.2	0.6458	3.093	1.3047	0 8.6	1.2831	8 4.4	0.8528	7.126
26	22.2	0.6485	3.100	1.3057	0 8.5	1.2825	8 0.4	0.8568	7.191
27	22.3	0.6513	3.107	1.3066	0 8.5	1.2820	7 56.3	0.8606	7.255
28	22.4	0.6540	3.114	1.3076	0 8.4	1.2815	7 52.3	0.8643	7.316
29	22.4	0.6567	+3.120	1.3085	0 8.3	1.2809	7 48.2	0.8678	+7.375
30	22.5	0.6595	3.127	1.3094	0 8.2	1.2804	7 44.1	0.8711	7.432
31	22.6	0.6622	3.133	1.3103	0 8.1	1.2799	7 40.1	0.8744	7.488
Sept. 1	22.6	0.6649	3.140	1.3111	0 8.0	1.2794	7 36.0	0.8774	7.540
2	22.7	0.6677	3.146	1.3120	0 8.0	1.2790	7 31.9	0.8803	7.591
3	22.8	0.6704	+3.152	1.3129	0 7.9	1.2785	7 27.7	0.8831	+7.640

Tag	f'	g'	G'	Allgemeine Präzession seit 1955.0	Nutation in Länge $\Delta\psi$	Nutation in Länge $\Delta\psi'$	Mittlere Schiefe	Nutation in Schiefe $\Delta\varepsilon$	Nutation in Schiefe $\Delta\varepsilon'$	j	k
	0h Weltzeit										
1955	s in 0.001	s in 0.01	h	″	″	s in 0.01	23° 26′ ″	″	s in 0.01	in 0.001	
Juli 24	+ 4	+ 9	19.0	+28.06	+18.25	+ 6	42.23	−1.04	+ 9	81	87
25	− 2	7	17.3	28.20	18.26	− 3	42.23	1.04	+ 7	81	87
26	− 6	6	15.1	28.33	18.28	−11	42.23	1.03	+ 4	81	87
27	− 9	6	12.5	28.47	18.29	−14	42.23	1.02	+ 1	81	87
28	− 9	7	10.1	28.61	18.31	−15	42.23	1.01	− 3	82	87
29	− 7	8	8.6	28.75	18.32	−12	42.23	1.01	− 6	82	87
30	− 4	+ 8	7.3	+28.88	+18.33	− 7	42.23	−1.00	− 8	82	87
31	0	8	6.1	29.02	18.34	− 1	42.22	0.99	− 8	82	87
Aug. 1	+ 3	8	4.8	29.16	18.35	+ 6	42.22	0.98	− 7	83	87
2	+ 7	7	3.2	29.30	18.35	+11	42.22	0.97	− 5	83	86
3	+ 9	6	1.4	29.43	18.36	+14	42.22	0.96	− 2	83	86
4	+ 9	6	22.9	29.57	18.36	+15	42.22	0.95	+ 2	83	86
5	+ 7	+ 7	20.7	+29.71	+18.37	+12	42.22	−0.94	+ 5	84	86
6	+ 3	8	19.0	29.85	18.37	+ 5	42.22	0.93	+ 8	84	86
7	− 2	10	17.4	29.99	18.37	− 4	42.21	0.92	+10	84	86
8	− 8	10	16.0	30.12	18.37	−13	42.21	0.91	+ 9	84	86
9	−13	10	14.5	30.26	18.36	−21	42.21	0.90	+ 6	85	86
10	−15	10	12.9	30.40	18.36	−25	42.21	0.89	+ 2	85	86
11	−15	+10	11.1	+30.54	+18.35	−24	42.21	−0.88	− 2	85	85
12	−11	10	9.3	30.67	18.35	−19	42.21	0.87	− 6	85	85
13	− 5	10	7.4	30.81	18.34	− 9	42.21	0.86	− 9	86	85
14	+ 2	9	5.5	30.95	18.33	+ 3	42.21	0.85	− 9	86	85
15	+ 8	9	3.6	31.09	18.31	+14	42.20	0.85	− 8	86	85
16	+13	10	1.6	31.22	18.30	+22	42.20	0.84	− 4	86	85
17	+15	+10	23.9	+31.36	+18.29	+25	42.20	−0.83	0	86	85
18	+14	10	22.2	31.50	18.27	+23	42.20	0.82	+ 5	87	85
19	+10	10	20.8	31.64	18.26	+17	42.20	0.81	+ 7	87	84
20	+ 5	9	19.3	31.77	18.24	+ 8	42.20	0.80	+ 9	87	84
21	− 1	8	17.8	31.91	18.22	− 1	42.20	0.79	+ 8	87	84
22	− 5	6	15.7	32.05	18.20	− 9	42.20	0.78	+ 5	87	84
23	− 8	+ 6	13.3	+32.19	+18.18	−14	42.19	−0.78	+ 2	88	84
24	− 9	6	10.9	32.32	18.15	−15	42.19	0.77	− 2	88	84
25	− 8	7	9.1	32.46	18.13	−14	42.19	0.76	− 5	88	84
26	− 6	8	7.8	32.60	18.10	− 9	42.19	0.75	− 7	88	84
27	− 2	9	6.5	32.74	18.08	− 3	42.19	0.75	− 8	88	84
28	+ 2	8	5.3	32.88	18.05	+ 4	42.19	0.74	− 8	89	83
29	+ 6	+ 7	3.9	+33.01	+18.02	+10	42.19	−0.73	− 6	89	83
30	+ 8	6	2.0	33.15	17.99	+14	42.19	0.73	− 3	89	83
31	+ 9	6	23.6	33.29	17.96	+15	42.18	0.72	+ 1	89	83
Sept. 1	+ 8	7	21.4	33.43	17.92	+13	42.18	0.72	+ 4	89	83
2	+ 5	8	19.5	33.56	17.89	+ 8	42.18	0.72	+ 7	90	83
3	0	+ 9	18.0	+33.70	+17.86	0	42.18	−0.71	+ 9	90	83

Reduktionsgrößen 1955

Tag	0h Weltzeit								
	Sternzeit Greenwich	*t*	*f*	log *g*	*G*	log *h*	*H*	log *i*	*i*
1955	h	a	s		h m		h m		″
Sept. 3	22.8	0.6704	+3.152	1.3129	0 7.9	1.2785	7 27.7	0.8831	+7.640
4	22.8	0.6732	3.159	1.3137	0 7.9	1.2781	7 23.6	0.8858	7.687
5	22.9	0.6759	3.165	1.3146	0 7.8	1.2777	7 19.4	0.8882	7.731
6	23.0	0.6786	3.171	1.3154	0 7.8	1.2773	7 15.3	0.8906	7.773
7	23.0	0.6814	3.177	1.3163	0 7.7	1.2769	7 11.1	0.8929	7.814
8	23.1	0.6841	3.183	1.3171	0 7.7	1.2766	7 7.0	0.8949	7.851
9	23.2	0.6868	+3.189	1.3179	0 7.7	1.2762	7 2.8	0.8969	+7.887
10	23.2	0.6896	3.195	1.3187	0 7.7	1.2759	6 58.6	0.8988	7.921
11	23.3	0.6923	3.201	1.3195	0 7.6	1.2756	6 54.4	0.9005	7.952
12	23.3	0.6951	3.207	1.3203	0 7.6	1.2753	6 50.2	0.9020	7.980
13	23.4	0.6978	3.212	1.3211	0 7.6	1.2751	6 46.0	0.9035	8.007
14	23.5	0.7005	3.218	1.3219	0 7.6	1.2748	6 41.7	0.9048	8.031
15	23.5	0.7033	+3.224	1.3226	0 7.6	1.2746	6 37.5	0.9059	+8.052
16	23.6	0.7060	3.230	1.3234	0 7.7	1.2744	6 33.3	0.9070	8.072
17	23.7	0.7088	3.235	1.3242	0 7.7	1.2743	6 29.0	0.9079	8.090
18	23.7	0.7115	3.241	1.3249	0 7.7	1.2741	6 24.8	0.9087	8.104
19	23.8	0.7142	3.247	1.3257	0 7.7	1.2740	6 20.6	0.9094	8.117
20	23.9	0.7170	3.252	1.3265	0 7.8	1.2739	6 16.3	0.9100	8.128
21	23.9	0.7197	+3.258	1.3273	0 7.8	1.2738	6 12.0	0.9104	+8.135
22	0.0	0.7224	3.264	1.3280	0 7.9	1.2737	6 7.8	0.9106	8.140
23	0.1	0.7252	3.269	1.3288	0 8.0	1.2737	6 3.5	0.9108	8.144
24	0.1	0.7279	3.275	1.3295	0 8.1	1.2737	5 59.2	0.9108	8.144
25	0.2	0.7307	3.281	1.3302	0 8.1	1.2737	5 55.0	0.9107	8.142
26	0.3	0.7334	3.286	1.3310	0 8.2	1.2737	5 50.7	0.9106	8.139
27	0.3	0.7361	+3.292	1.3317	0 8.3	1.2738	5 46.4	0.9103	+8.133
28	0.4	0.7389	3.297	1.3325	0 8.4	1.2739	5 42.1	0.9098	8.124
29	0.5	0.7416	3.303	1.3332	0 8.5	1.2740	5 37.9	0.9092	8.113
30	0.5	0.7443	3.309	1.3340	0 8.6	1.2742	5 33.6	0.9084	8.099
Okt. 1	0.6	0.7471	3.314	1.3347	0 8.7	1.2743	5 29.3	0.9076	8.083
2	0.7	0.7498	3.320	1.3355	0 8.9	1.2745	5 25.1	0.9066	8.065
3	0.7	0.7526	+3.326	1.3362	0 9.0	1.2747	5 20.8	0.9055	+8.044
4	0.8	0.7553	3.331	1.3370	0 9.1	1.2749	5 16.5	0.9042	8.021
5	0.9	0.7580	3.337	1.3377	0 9.2	1.2752	5 12.2	0.9029	7.996
6	0.9	0.7608	3.343	1.3385	0 9.4	1.2755	5 8.0	0.9013	7.968
7	1.0	0.7635	3.349	1.3392	0 9.5	1.2758	5 3.7	0.8997	7.937
8	1.1	0.7662	3.355	1.3400	0 9.7	1.2761	4 59.5	0.8978	7.904
9	1.1	0.7690	+3.361	1.3408	0 9.9	1.2764	4 55.2	0.8960	+7.870
10	1.2	0.7717	3.367	1.3416	0 10.1	1.2768	4 50.9	0.8939	7.833
11	1.3	0.7745	3.373	1.3424	0 10.3	1.2771	4 46.7	0.8917	7.793
12	1.3	0.7772	3.379	1.3432	0 10.5	1.2775	4 42.4	0.8894	7.751
13	1.4	0.7799	3.385	1.3440	0 10.6	1.2779	4 38.2	0.8869	7.707
14	1.5	0.7827	+3.391	1.3448	0 10.8	1.2784	4 34.0	0.8842	+7.659

Tag	f'	g'	G'	Allgemeine Präzession seit 1955.0	Nutation in Länge $\Delta\psi$	Nutation in Länge $\Delta\psi'$	Mittlere Schiefe	Nutation in Schiefe $\Delta\varepsilon$	Nutation in Schiefe $\Delta\varepsilon'$	j	k
	0h Weltzeit										
1955	s in 0.001	s in 0.01	h	"	"	s in 0.01	23° 26' "	"	s in 0.01	in 0.001	
Sept. 3	0	+ 9	18.0	+33.70	+17.86	0	42.18	−0.71	+ 9	90	83
4	− 6	10	16.6	33.84	17.82	− 9	42.18	0.71	+ 9	90	83
5	−11	10	15.1	33.98	17.78	−17	42.18	0.70	+ 7	90	83
6	−14	10	13.4	34.11	17.75	−23	42.18	0.70	+ 4	90	83
7	−14	9	11.6	34.25	17.71	−23	42.18	0.70	− 1	90	83
8	−12	9	9.7	34.39	17.67	−19	42.17	0.70	− 5	91	83
9	− 6	+ 9	7.8	+34.53	+17.63	−11	42.17	−0.70	− 8	91	82
10	0	9	5.9	34.66	17.59	0	42.17	0.70	− 9	91	82
11	+ 7	9	4.1	34.80	17.55	+11	42.17	0.70	− 8	91	82
12	+12	9	2.2	34.94	17.51	+20	42.17	0.70	− 5	91	82
13	+15	10	0.3	35.08	17.46	+24	42.17	0.70	− 1	91	82
14	+14	10	22.6	35.22	17.42	+23	42.17	0.70	+ 3	92	82
15	+11	+10	21.1	+35.35	+17.38	+18	42.16	−0.70	+ 7	92	82
16	+ 6	9	19.7	35.49	17.33	+10	42.16	0.70	+ 8	92	82
17	0	8	18.1	35.63	17.29	+ 1	42.16	0.71	+ 8	92	82
18	− 5	7	16.3	35.77	17.24	− 7	42.16	0.71	+ 6	92	82
19	− 8	6	14.1	35.90	17.20	−13	42.16	0.72	+ 3	92	82
20	−10	6	11.8	36.04	17.15	−16	42.16	0.72	0	93	82
21	− 9	+ 7	9.7	+36.18	+17.11	−15	42.16	−0.73	− 4	93	82
22	− 7	8	8.3	36.32	17.06	−11	42.16	0.74	− 7	93	82
23	− 4	9	7.0	36.45	17.02	− 6	42.15	0.74	− 8	93	82
24	0	8	5.9	36.59	16.97	+ 1	42.15	0.75	− 8	93	82
25	+ 5	8	4.5	36.73	16.92	+ 7	42.15	0.76	− 7	93	82
26	+ 7	7	2.8	36.87	16.88	+12	42.15	0.77	− 4	93	82
27	+ 9	+ 6	0.5	+37.00	+16.83	+15	42.15	−0.78	− 1	94	82
28	+ 8	6	22.1	37.14	16.78	+14	42.15	0.79	+ 3	94	82
29	+ 6	8	20.0	37.28	16.74	+10	42.15	0.80	+ 7	94	82
30	+ 1	9	18.3	37.42	16.69	+ 2	42.15	0.81	+ 9	94	82
Okt. 1	− 4	10	17.0	37.55	16.65	− 7	42.14	0.83	+10	94	82
2	− 9	10	15.5	37.69	16.60	−15	42.14	0.84	+ 8	94	82
3	−13	+10	14.0	+37.83	+16.56	−22	42.14	−0.85	+ 5	95	82
4	−14	9	12.2	37.97	16.52	−24	42.14	0.87	+ 1	95	82
5	−12	9	10.2	38.11	16.47	−20	42.14	0.88	− 4	95	82
6	− 8	9	8.2	38.24	16.43	−13	42.14	0.90	− 8	95	82
7	− 1	9	6.3	38.38	16.39	− 2	42.14	0.91	− 9	95	82
8	+ 6	9	4.4	38.52	16.34	+10	42.14	0.93	− 9	96	82
9	+12	+10	2.6	+38.66	+16.30	+19	42.13	−0.95	− 6	96	82
10	+15	10	0.8	38.79	16.26	+24	42.13	0.97	− 2	96	83
11	+15	10	23.2	38.93	16.22	+25	42.13	0.99	+ 2	96	83
12	+12	10	21.6	39.07	16.19	+20	42.13	1.01	+ 6	96	83
13	+ 8	9	20.2	39.21	16.15	+13	42.13	1.02	+ 8	96	83
14	+ 2	+ 8	18.7	+39.34	+16.11	+ 4	42.13	−1.04	+ 8	97	83

Reduktionsgrößen 1955

Tag	0h Weltzeit								
	Sternzeit Greenwich	t	f	log g	G	log h	H	log i	i
1955	h	a	s		h m		h m		"
Okt. 14	1.5	0.7827	+3.391	1.3448	0 10.8	1.2784	4 34.0	0.8842	+7.659
15	1.5	0.7854	3.397	1.3456	0 11.0	1.2788	4 29.8	0.8814	7.611
16	1.6	0.7882	3.403	1.3464	0 11.2	1.2793	4 25.6	0.8785	7.559
17	1.6	0.7909	3.410	1.3472	0 11.4	1.2798	4 21.3	0.8754	7.505
18	1.7	0.7936	3.416	1.3481	0 11.6	1.2803	4 17.1	0.8722	7.450
19	1.8	0.7964	3.423	1.3489	0 11.8	1.2808	4 12.9	0.8688	7.392
20	1.8	0.7991	+3.429	1.3498	0 12.0	1.2813	4 8.8	0.8652	+7.331
21	1.9	0.8018	3.436	1.3506	0 12.3	1.2819	4 4.6	0.8614	7.268
22	2.0	0.8046	3.443	1.3515	0 12.5	1.2824	4 0.4	0.8576	7.204
23	2.0	0.8073	3.449	1.3524	0 12.7	1.2830	3 56.2	0.8535	7.137
24	2.1	0.8101	3.456	1.3533	0 12.9	1.2836	3 52.1	0.8492	7.067
25	2.2	0.8128	3.463	1.3542	0 13.1	1.2842	3 47.9	0.8448	6.996
26	2.2	0.8155	+3.470	1.3551	0 13.4	1.2848	3 43.8	0.8402	+6.922
27	2.3	0.8183	3.477	1.3560	0 13.6	1.2854	3 39.7	0.8354	6.846
28	2.4	0.8210	3.484	1.3570	0 13.9	1.2860	3 35.6	0.8305	6.768
29	2.4	0.8237	3.492	1.3579	0 14.1	1.2866	3 31.5	0.8254	6.689
30	2.5	0.8265	3.499	1.3588	0 14.3	1.2872	3 27.4	0.8200	6.607
31	2.6	0.8292	3.507	1.3598	0 14.6	1.2879	3 23.3	0.8144	6.522
Nov. 1	2.6	0.8320	+3.514	1.3608	0 14.8	1.2885	3 19.2	0.8086	+6.436
2	2.7	0.8347	3.522	1.3617	0 15.0	1.2891	3 15.1	0.8026	6.348
3	2.8	0.8374	3.530	1.3627	0 15.3	1.2898	3 11.1	0.7964	6.258
4	2.8	0.8402	3.538	1.3637	0 15.5	1.2904	3 7.0	0.7900	6.166
5	2.9	0.8429	3.546	1.3647	0 15.8	1.2911	3 3.0	0.7833	6.072
6	3.0	0.8456	3.554	1.3658	0 16.0	1.2918	2 58.9	0.7764	5.976
7	3.0	0.8484	+3.562	1.3668	0 16.3	1.2924	2 54.9	0.7692	+5.878
8	3.1	0.8511	3.570	1.3678	0 16.5	1.2931	2 50.9	0.7618	5.778
9	3.2	0.8539	3.578	1.3689	0 16.7	1.2937	2 46.9	0.7541	5.677
10	3.2	0.8566	3.587	1.3699	0 17.0	1.2944	2 42.9	0.7461	5.573
11	3.3	0.8593	3.595	1.3710	0 17.2	1.2950	2 38.9	0.7378	5.468
12	3.4	0.8621	3.604	1.3720	0 17.5	1.2957	2 35.0	0.7292	5.361
13	3.4	0.8648	+3.613	1.3731	0 17.7	1.2963	2 31.0	0.7204	+5.253
14	3.5	0.8675	3.621	1.3742	0 17.9	1.2969	2 27.1	0.7112	5.143
15	3.6	0.8703	3.630	1.3753	0 18.1	1.2976	2 23.1	0.7017	5.031
16	3.6	0.8730	3.639	1.3765	0 18.3	1.2982	2 19.2	0.6917	4.917
17	3.7	0.8758	3.649	1.3776	0 18.5	1.2988	2 15.3	0.6814	4.802
18	3.8	0.8785	3.658	1.3787	0 18.7	1.2994	2 11.4	0.6708	4.686
19	3.8	0.8812	+3.667	1.3799	0 19.0	1.3000	2 7.5	0.6597	+4.568
20	3.9	0.8840	3.676	1.3810	0 19.2	1.3006	2 3.6	0.6483	4.449
21	3.9	0.8867	3.686	1.3822	0 19.4	1.3012	1 59.7	0.6363	4.328
22	4.0	0.8895	3.695	1.3833	0 19.6	1.3017	1 55.8	0.6238	4.205
23	4.1	0.8922	3.705	1.3845	0 19.8	1.3023	1 51.9	0.6109	4.082
24	4.1	0.8949	+3.715	1.3856	0 19.9	1.3028	1 48.1	0.5974	+3.957

Tag	f'	g'	G'	Allgemeine Präzession seit 1955.0	Nutation in Länge $\Delta\psi$	Nutation in Länge $\Delta\psi'$	Mittlere Schiefe	Nutation in Schiefe $\Delta\varepsilon$	Nutation in Schiefe $\Delta\varepsilon'$	j	k
	0h Weltzeit										
1955	s in 0.001	s in 0.01	h	"	"	s in 0.01	23° 26' "	"	s in 0.01	in 0.001	
Okt. 14	+ 2	+ 8	18.7	+39.34	+16.11	+ 4	42.13	−1.04	+ 8	97	83
15	− 3	7	16.8	39.48	16.08	− 5	42.13	1.06	+ 7	97	83
16	− 7	6	14.6	39.62	16.04	−12	42.13	1.09	+ 4	97	83
17	− 9	6	12.3	39.76	16.01	−15	42.12	1.11	0	97	83
18	− 9	7	10.2	39.89	15.97	−15	42.12	1.13	− 3	97	83
19	− 8	8	8.6	40.03	15.94	−12	42.12	1.15	− 6	98	83
20	− 5	+ 8	7.4	+40.17	+15.91	− 8	42.12	−1.18	− 8	98	83
21	− 1	8	6.3	40.31	15.88	− 2	42.12	1.20	− 8	98	84
22	+ 3	8	5.1	40.45	15.85	+ 5	42.12	1.22	− 8	98	84
23	+ 6	7	3.5	40.58	15.83	+10	42.12	1.25	− 5	98	84
24	+ 8	6	1.4	40.72	15.80	+13	42.11	1.27	− 2	98	84
25	+ 8	6	22.8	40.86	15.78	+14	42.11	1.30	+ 2	99	84
26	+ 6	+ 7	20.5	+41.00	+15.76	+10	42.11	−1.32	+ 5	99	84
27	+ 2	8	18.7	41.13	15.74	+ 4	42.11	1.35	+ 8	99	84
28	− 3	10	17.2	41.27	15.72	− 5	42.11	1.38	+10	99	84
29	− 8	10	15.9	41.41	15.70	−14	42.11	1.40	+ 9	99	84
30	−13	11	14.5	41.55	15.68	−21	42.11	1.43	+ 6	100	85
31	−15	10	12.9	41.68	15.66	−25	42.11	1.46	+ 2	100	85
Nov. 1	−14	+10	11.0	+41.82	+15.65	−23	42.10	−1.48	− 3	100	85
2	−10	9	9.0	41.96	15.64	−16	42.10	1.51	− 6	100	85
3	− 3	9	6.9	42.10	15.63	− 5	42.10	1.54	− 9	101	85
4	+ 4	10	4.9	42.23	15.62	+ 7	42.10	1.57	− 9	101	85
5	+11	10	3.1	42.37	15.61	+18	42.10	1.59	− 7	101	85
6	+15	11	1.3	42.51	15.60	+25	42.10	1.62	− 4	101	85
7	+16	+11	23.7	+42.65	+15.60	+27	42.10	−1.65	+ 1	102	86
8	+15	11	22.2	42.78	15.60	+24	42.10	1.68	+ 5	102	86
9	+10	10	20.8	42.92	15.60	+17	42.09	1.71	+ 7	102	86
10	+ 5	9	19.3	43.06	15.60	+ 8	42.09	1.73	+ 8	102	86
11	− 1	7	17.5	43.20	15.60	− 2	42.09	1.76	+ 7	103	86
12	− 6	6	15.5	43.34	15.60	− 9	42.09	1.79	+ 5	103	86
13	− 8	+ 6	12.9	+43.47	+15.61	−14	42.09	−1.82	+ 1	103	86
14	− 9	6	10.6	43.61	15.61	−15	42.09	1.85	− 2	103	87
15	− 8	7	9.0	43.75	15.62	−13	42.09	1.87	− 5	104	87
16	− 5	8	7.7	43.89	15.63	− 9	42.09	1.90	− 7	104	87
17	− 2	8	6.5	44.02	15.64	− 3	42.08	1.93	− 8	104	87
18	+ 2	8	5.4	44.16	15.66	+ 3	42.08	1.95	− 8	104	87
19	+ 5	+ 7	4.1	+44.30	+15.67	+ 8	42.08	−1.98	− 6	105	87
20	+ 8	6	2.2	44.44	15.69	+12	42.08	2.01	− 3	105	87
21	+ 8	5	23.6	44.57	15.70	+13	42.08	2.04	+ 1	105	87
22	+ 7	6	21.1	44.71	15.72	+11	42.08	2.06	+ 4	106	87
23	+ 3	7	19.1	44.85	15.75	+ 6	42.08	2.09	+ 7	106	88
24	− 1	+ 9	17.6	+44.99	+15.77	− 2	42.08	−2.11	+ 9	106	88

Tag	0h Weltzeit								
	Sternzeit Greenwich	t	f	log g	G	log h	H	log i	i
1955	h	a	s		h m		h m		″
Nov. 24	4.1	0.8949	+3.715	1.3856	0 19.9	1.3028	1 48.1	0.5974	+3.957
25	4.2	0.8977	3.725	1.3868	0 20.1	1.3034	1 44.2	0.5833	3.831
26	4.3	0.9004	3.734	1.3880	0 20.3	1.3039	1 40.4	0.5686	3.703
27	4.3	0.9031	3.744	1.3892	0 20.5	1.3044	1 36.6	0.5533	3.575
28	4.4	0.9059	3.755	1.3904	0 20.7	1.3049	1 32.7	0.5372	3.445
29	4.5	0.9086	3.765	1.3916	0 20.8	1.3053	1 28.9	0.5204	3.314
30	4.5	0.9114	+3.775	1.3928	0 21.0	1.3058	1 25.1	0.5027	+3.182
Dez. 1	4.6	0.9141	3.785	1.3940	0 21.1	1.3062	1 21.3	0.4842	3.049
2	4.7	0.9168	3.796	1.3952	0 21.3	1.3067	1 17.5	0.4646	2.915
3	4.7	0.9196	3.806	1.3965	0 21.4	1.3071	1 13.7	0.4440	2.780
4	4.8	0.9223	3.817	1.3977	0 21.6	1.3075	1 9.9	0.4223	2.644
5	4.9	0.9250	3.827	1.3989	0 21.7	1.3078	1 6.1	0.3992	2.507
6	4.9	0.9278	+3.838	1.4001	0 21.8	1.3082	1 2.4	0.3746	+2.369
7	5.0	0.9305	3.849	1.4013	0 21.9	1.3085	0 58.6	0.3485	2.231
8	5.1	0.9333	3.859	1.4025	0 22.0	1.3088	0 54.8	0.3206	2.092
9	5.1	0.9360	3.870	1.4038	0 22.1	1.3091	0 51.0	0.2905	1.952
10	5.2	0.9387	3.881	1.4050	0 22.2	1.3094	0 47.3	0.2579	1.811
11	5.3	0.9415	3.892	1.4062	0 22.3	1.3097	0 43.5	0.2227	1.670
12	5.3	0.9442	+3.903	1.4075	0 22.4	1.3099	0 39.8	0.1841	+1.528
13	5.4	0.9469	3.914	1.4087	0 22.5	1.3101	0 36.0	0.1418	1.386
14	5.5	0.9497	3.925	1.4100	0 22.5	1.3103	0 32.3	0.0945	1.243
15	5.5	0.9524	3.936	1.4112	0 22.6	1.3105	0 28.5	0.0414	1.100
16	5.6	0.9552	3.947	1.4124	0 22.7	1.3106	0 24.8	9.9809	0.957
17	5.7	0.9579	3.958	1.4136	0 22.7	1.3108	0 21.0	9.9101	0.813
18	5.7	0.9606	+3.969	1.4149	0 22.8	1.3109	0 17.3	9.8254	+0.669
19	5.8	0.9634	3.980	1.4161	0 22.8	1.3109	0 13.6	9.7193	0.524
20	5.9	0.9661	3.991	1.4173	0 22.8	1.3110	0 9.8	9.5798	0.380
21	5.9	0.9689	4.002	1.4185	0 22.8	1.3111	0 6.1	9.3711	0.235
22	6.0	0.9716	4.014	1.4198	0 22.9	1.3111	0 2.3	8.9542	+0.090
23	6.1	0.9743	4.025	1.4210	0 22.9	1.3111	23 58.6	8.7404*n*	—0.055
24	6.1	0.9771	+4.036	1.4222	0 22.9	1.3111	23 54.9	9.2989*n*	—0.199
25	6.2	0.9798	4.047	1.4234	0 22.9	1.3110	23 51.1	9.5366*n*	0.344
26	6.2	0.9825	4.058	1.4246	0 22.9	1.3110	23 47.4	9.6884*n*	0.488
27	6.3	0.9853	4.069	1.4258	0 22.9	1.3109	23 43.7	9.8014*n*	0.633
28	6.4	0.9880	4.080	1.4269	0 22.8	1.3108	23 39.9	9.8904*n*	0.777
29	6.4	0.9908	4.092	1.4281	0 22.8	1.3107	23 36.2	9.9643*n*	0.921
30	6.5	0.9935	+4.103	1.4293	0 22.8	1.3105	23 32.4	0.0273*n*	—1.065
31	6.6	0.9962	4.114	1.4304	0 22.8	1.3104	23 28.7	0.0824*n*	1.209
32	6.6	0.9990	+4.125	1.4316	0 22.7	1.3102	23 24.9	0.1307*n*	—1.351

Tag	0h Weltzeit										
	f'	g'	G'	Allgemeine Präzession seit 1955.0	Nutation in Länge $\Delta\psi$	Nutation in Länge $\Delta\psi'$	Mittlere Schiefe	Nutation in Schiefe $\Delta\varepsilon$	Nutation in Schiefe $\Delta\varepsilon'$	j	k
1955	s in 0.001	″ in 0.01	h	″	″	″ in 0.01	23° 26′ ″	″	″ in 0.01	in 0.001	
Nov. 24	— 1	+ 9	17.6	+44.99	+15.77	— 2	42.08	—2.11	+ 9	106	88
25	— 7	10	16.2	45.12	15.79	—12	42.07	2.14	+ 9	106	88
26	—12	11	14.9	45.26	15.81	—20	42.07	2.16	+ 8	107	88
27	—16	11	13.4	45.40	15.84	—26	42.07	2.19	+ 4	107	88
28	—16	10	11.7	45.54	15.87	—26	42.07	2.21	— 1	107	88
29	—13	10	9.9	45.68	15.90	—21	42.07	2.24	— 5	108	88
30	— 7	+ 9	7.9	+45.81	+15.93	—11	42.07	—2.26	— 8	108	88
Dez. 1	+ 1	9	5.8	45.95	15.96	+ 1	42.07	2.28	— 9	108	88
2	+ 8	10	3.8	46.09	15.99	+14	42.06	2.30	— 8	108	88
3	+14	11	1.9	46.23	16.02	+23	42.06	2.32	— 5	109	88
4	+17	11	0.2	46.36	16.06	+27	42.06	2.34	— 1	109	89
5	+16	11	22.7	46.50	16.09	+26	42.06	2.37	+ 4	109	89
6	+12	+11	21.3	+46.64	+16.13	+20	42.06	—2.39	+ 7	110	89
7	+ 7	10	19.9	46.78	16.17	+12	42.06	2.40	+ 8	110	89
8	+ 1	8	18.3	46.91	16.20	+ 2	42.06	2.42	+ 8	110	89
9	— 4	6	16.4	47.05	16.24	— 7	42.06	2.44	+ 6	111	89
10	— 7	5	13.8	47.19	16.28	—12	42.05	2.46	+ 2	111	89
11	— 8	6	11.2	47.33	16.32	—14	42.05	2.48	— 1	111	89
12	— 7	+ 7	9.2	+47.46	+16.36	—12	42.05	—2.49	— 4	112	89
13	— 5	8	7.8	47.60	16.41	— 9	42.05	2.51	— 7	112	89
14	— 2	8	6.6	47.74	16.45	— 3	42.05	2.52	— 8	112	89
15	+ 2	8	5.5	47.88	16.49	+ 3	42.05	2.54	— 8	113	89
16	+ 5	7	4.2	48.01	16.53	+ 8	42.05	2.55	— 7	113	89
17	+ 7	6	2.6	48.15	16.58	+12	42.05	2.56	— 4	113	89
18	+ 8	+ 6	0.6	+48.29	+16.62	+14	42.04	—2.58	— 1	113	89
19	+ 8	6	22.1	48.43	16.67	+12	42.04	2.59	+ 3	114	89
20	+ 5	7	19.9	48.57	16.71	+ 8	42.04	2.60	+ 6	114	89
21	0	8	18.1	48.70	16.76	0	42.04	2.61	+ 8	114	89
22	— 5	10	16.6	48.84	16.80	— 9	42.04	2.62	+ 9	115	89
23	—11	11	15.2	48.98	16.84	—18	42.04	2.63	+ 8	115	89
24	—15	+11	13.8	+49.12	+16.89	—25	42.04	—2.63	+ 5	115	89
25	17	11	12.4	49.25	16.94	—28	42.04	2.64	+ 1	116	89
26	—15	11	10.7	49.39	16.98	—25	42.03	2.65	— 4	116	89
27	—11	10	9.0	49.53	17.02	—17	42.03	2.65	— 7	116	89
28	— 4	10	7.0	49.67	17.07	— 6	42.03	2.66	— 9	117	89
29	+ 4	9	4.8	49.80	17.11	+ 7	42.03	2.66	— 9	117	89
30	+11	+10	2.6	+49.94	+17.16	+18	42.03	—2.67	— 6	117	89
31	+15	10	0.8	50.08	17.20	+25	42.03	2.67	— 2	118	89
32	+16	+11	23.2	+50.22	+17.24	+27	42.03	—2.67	+ 2	118	89

Reduktionsgrößen 1955

für 12^{h} Sternzeit Greenwich

Weltzeit	*t*	*A*	Δ	*A'*	*B*	Δ	*B'*	*C*	Δ	*D*	Δ
1955	a			in 0.00001	″		in 0.″001	″		″	
Jan. 0.225	−0.0025	+0.34517	368	− 42	−0.431	2	− 99	− 2.940	328	+20.218	60
1.222	+0.0002	0.34885	366	−237	0.429	1	− 93	3.268	329	20.158	67
2.219	0.0030	0.35251	364	−405	0.428	1	− 69	3.597	326	20.091	73
3.217	0.0057	0.35615	364	−501	0.427	1	− 27	3.923	326	20.018	78
4.214	0.0084	0.35979	362	−488	0.426	0	+ 21	4.249	323	19.940	86
5.211	0.0112	0.36341	361	−368	0.426	1	+ 65	4.572	322	19.854	91
6.208	0.0139	+0.36702	360	−161	−0.427	2	+ 95	− 4.894	321	+19.763	98
7.206	0.0166	0.37062	357	+ 89	0.429	2	+100	5.215	319	19.665	104
8.203	0.0194	0.37419	355	+322	0.431	2	+ 84	5.534	318	19.561	110
9.200	0.0221	0.37774	352	+490	0.433	4	+ 49	5.852	316	19.451	116
10.197	0.0248	0.38126	351	+562	0.437	4	+ 5	6.168	314	19.335	123
11.195	0.0275	0.38477	349	+527	0.441	4	− 39	6.482	311	19.212	128
12.192	0.0303	+0.38826	348	+401	−0.445	5	− 73	− 6.793	309	+19.084	134
13.189	0.0330	0.39174	345	+220	0.450	5	− 87	7.102	308	18.950	140
14.186	0.0357	0.39519	343	+ 24	0.455	6	− 85	7.410	305	18.810	146
15.184	0.0385	0.39862	340	−151	0.461	6	− 64	7.715	302	18.664	153
16.181	0.0412	0.40202	338	−277	0.467	7	− 35	8.017	299	18.511	157
17.178	0.0439	0.40540	334	−341	0.474	8	+ 2	8.316	297	18.354	164
18.176	0.0467	+0.40874	332	−338	−0.482	8	+ 36	− 8.613	295	+18.190	169
19.173	0.0494	0.41206	329	−278	0.490	8	+ 63	8.908	291	18.021	175
20.170	0.0521	0.41535	327	−167	0.498	9	+ 80	9.199	288	17.846	180
21.167	0.0548	0.41862	324	− 30	0.507	9	+ 83	9.487	286	17.666	187
22.165	0.0576	0.42186	322	+109	0.516	10	+ 72	9.773	283	17.479	191
23.162	0.0603	0.42508	318	+229	0.526	9	+ 44	10.056	279	17.288	197
24.159	0.0630	+0.42826	314	+294	−0.535	10	+ 7	−10.335	276	+17.091	202
25.156	0.0658	0.43140	312	+288	0.545	10	− 33	10.611	273	16.889	207
26.154	0.0685	0.43452	309	+203	0.555	10	− 70	10.884	269	16.682	212
27.151	0.0712	0.43761	306	+ 51	0.565	10	− 94	11.153	265	16.470	217
28.148	0.0740	0.44067	303	−136	0.575	11	− 99	11.418	262	16.253	224
29.146	0.0767	0.44370	299	−318	0.586	11	− 80	11.680	258	16.029	227
30.143	0.0794	+0.44669	296	−444	−0.597	11	− 43	−11.938	254	+15.802	233
31.140	0.0822	0.44965	294	−478	0.608	11	+ 3	12.192	251	15.569	237
Febr. 1.137	0.0849	0.45259	290	−407	0.619	11	+ 49	12.443	246	15.332	241
2.135	0.0876	0.45549	286	−240	0.630	11	+ 84	12.689	242	15.091	247
3.132	0.0903	0.45835	283	− 15	0.641	11	+ 98	12.931	239	14.844	252
4.129	0.0931	0.46118	280	+218	0.652	11	+ 91	13.170	234	14.592	255
5.126	0.0958	+0.46398	277	+408	−0.663	12	+ 63	−13.404	230	+14.337	260
6.124	0.0985	0.46675	274	+512	0.675	11	+ 22	13.634	226	14.077	264
7.121	0.1013	0.46949	270	+515	0.686	11	− 23	13.860	220	13.813	269
8.118	0.1040	0.47219	267	+431	0.697	11	− 60	14.080	218	13.544	272
9.115	0.1067	0.47486	264	+274	0.708	12	− 82	14.298	212	13.272	277
10.113	0.1095	+0.47750		+ 88	−0.720		− 86	−14.510		+12.995	

Reduktionsgrößen 1955

für 12^h Sternzeit Greenwich

Weltzeit	*t*	*A*	Δ	*A′*	*B*	Δ	*B′*	*C*	Δ	*D*	Δ
1955	a			in 0.00001	″		in 0.″001	″		″	
Febr. 10.113	0.1095	+0.47750	261	+ 88	−0.720	11	−86	−14.510	208	+12.995	281
11.110	0.1122	0.48011	257	− 95	0.731	10	−74	14.718	204	12.714	284
12.107	0.1149	0.48268	255	−241	0.741	11	−46	14.922	198	12.430	288
13.105	0.1176	0.48523	251	−333	0.752	10	−14	15.120	194	12.142	292
14.102	0.1204	0.48774	248	−357	0.762	10	+23	15.314	188	11.850	295
15.099	0.1231	0.49022	245	−319	0.772	10	+52	15.502	184	11.555	299
16.096	0.1258	+0.49267	243	−227	−0.782	9	+75	−15.686	179	+11.256	303
17.094	0.1286	0.49510	239	− 96	0.791	9	+86	15.865	174	10.953	305
18.091	0.1313	0.49749	236	+ 50	0.800	9	+80	16.039	169	10.648	308
19.088	0.1340	0.49985	233	+184	0.809	9	+57	16.208	164	10.340	312
20.085	0.1368	0.50218	231	+275	0.818	8	+23	16.372	159	10.028	315
21.083	0.1395	0.50449	229	+302	0.826	7	−18	16.531	153	9.713	317
22.080	0.1422	+0.50678	225	+248	−0.833	7	−59	−16.684	149	+ 9.396	320
23.077	0.1450	0.50903	223	+125	0.840	7	−87	16.833	143	9.076	323
24.075	0.1477	0.51126	221	− 54	0.847	7	−99	16.976	138	8.753	325
25.072	0.1504	0.51347	218	−236	0.854	6	−90	17.114	133	8.428	328
26.069	0.1531	0.51565	216	−383	0.860	6	−60	17.247	128	8.100	330
27.066	0.1559	0.51781	214	−449	0.866	5	−15	17.375	121	7.770	332
28.064	0.1586	+0.51995	211	−415	−0.871	5	+32	−17.496	116	+ 7.438	335
März 1.061	0.1613	0.52206	209	−283	0.876	5	+72	17.612	112	7.103	336
2.058	0.1641	0.52415	207	− 77	0.881	4	+96	17.724	105	6.767	338
3.055	0.1668	0.52622	206	+152	0.885	3	+96	17.829	101	6.429	340
4.053	0.1695	0.52828	203	+352	0.888	2	+75	17.930	94	6.089	342
5.050	0.1723	0.53031	201	+484	0.890	2	+38	18.024	90	5.747	343
6.047	0.1750	+0.53232	199	+518	−0.892	1	− 5	−18.114	83	+ 5.404	345
7.045	0.1777	0.53431	198	+459	0.893	1	−46	18.197	79	5.059	346
8.042	0.1804	0.53629	198	+324	0.894	0	−75	18.276	72	4.713	348
9.039	0.1832	0.53827	197	+144	0.894	0	−84	18.348	67	4.365	349
10.036	0.1859	0.54024	194	− 36	0.894	1	−77	18.415	61	4.016	350
11.034	0.1886	0.54218	193	−196	0.893	2	−57	18.476	56	3.666	350
12.031	0.1914	+0.54411	192	−306	−0.891	3	−27	−18.532	50	+ 3.316	351
13.028	0.1941	0.54603	192	−357	0.888	3	+ 8	18.582	45	2.965	352
14.025	0.1968	0.54795	190	−343	0.885	4	+40	18.627	38	2.613	352
15.023	0.1996	0.54985	190	−276	0.881	4	+68	18.665	34	2.261	353
16.020	0.2023	0.55175	189	−163	0.877	5	+82	18.699	27	1.908	354
17.017	0.2050	0.55364	188	− 25	0.872	6	+82	18.726	22	1.554	354
18.014	0.2078	+0.55552	188	+115	−0.866	6	+69	−18.748	16	+ 1.200	354
19.012	0.2105	0.55740	188	+226	0.860	7	+38	18.764	11	0.846	354
20.009	0.2132	0.55928	188	+281	0.853	7	− 1	18.775	4	0.492	354
21.006	0.2159	0.56116	188	+264	0.846	8	−42	18.779	0	+ 0.138	353
22.004	0.2187	0.56304	187	+164	0.838	9	−77	18.779	7	− 0.215	354
23.001	0.2214	+0.56491		+ 7	−0.829		−98	−18.772		− 0.569	

Reduktionsgrößen 1955

für 12^h Sternzeit Greenwich

Weltzeit	*t*	*A*		*A'*	*B*		*B'*	*C*		*D*	
1955	a			in 0.00001	"		" in 0.001	"		"	
März 23.001	0.2214	+0.56491	187	+ 7	−0.829	10	− 98	−18.772	11	− 0.569	353
23.998	0.2241	0.56678	188	−177	0.819	11	− 97	18.761	18	0.922	353
24.995	0.2269	0.56866	188	−340	0.808	11	− 73	18.743	22	1.275	352
25.993	0.2296	0.57054	189	−437	0.797	12	− 34	18.721	29	1.627	351
26.990	0.2323	0.57243	190	−435	0.785	12	+ 13	18.692	34	1.978	351
27.987	0.2351	0.57433	190	−329	0.773	13	+ 59	18.658	40	2.329	350
28.984	0.2378	+0.57623	190	−138	−0.760	13	+ 89	−18.618	44	− 2.679	349
29.982	0.2405	0.57813	191	+ 93	0.747	14	+ 99	18.574	51	3.028	347
30.979	0.2432	0.58004	192	+311	0.733	15	+ 85	18.523	56	3.375	346
31.976	0.2460	0.58196	193	+472	0.718	16	+ 53	18.467	62	3.721	345
April 1.974	0.2487	0.58389	194	+542	0.702	16	+ 11	18.405	66	4.066	344
2.971	0.2514	0.58583	196	+511	0.686	17	− 32	18.339	73	4.410	342
3.968	0.2542	+0.58779	197	+392	−0.669	17	− 65	−18.266	77	− 4.752	341
4.965	0.2569	0.58976	198	+220	0.652	18	− 82	18.189	83	5.093	339
5.963	0.2596	0.59174	200	+ 31	0.634	18	− 82	18.106	88	5.432	338
6.960	0.2624	0.59374	201	−138	0.616	19	− 66	18.018	93	5.770	335
7.957	0.2651	0.59575	203	−262	0.597	19	− 37	17.925	98	6.105	333
8.954	0.2678	0.59778	205	−333	0.578	20	− 5	17.827	103	6.438	331
9.952	0.2706	+0.59983	206	−347	−0.558	20	+ 30	−17.724	110	− 6.769	329
10.949	0.2733	0.60189	209	−300	0.538	21	+ 56	17.614	113	7.098	327
11.946	0.2760	0.60398	210	−212	0.517	21	+ 76	17.501	119	7.425	324
12.943	0.2787	0.60608	213	− 86	0.496	22	+ 85	17.382	123	7.749	322
13.941	0.2815	0.60821	214	+ 49	0.474	22	+ 75	17.259	129	8.071	320
14.938	0.2842	0.61035	216	+168	0.452	23	+ 52	17.130	134	8.391	317
15.935	0.2869	+0.61251	219	+246	−0.429	23	+ 16	−16.996	138	− 8.708	314
16.933	0.2897	0.61470	221	+257	0.406	23	− 24	16.858	144	9.022	311
17.930	0.2924	0.61691	223	+189	0.383	23	− 63	16.714	148	9.333	309
18.927	0.2951	0.61914	225	+ 52	0.360	24	− 92	16.566	153	9.642	306
19.924	0.2979	0.62139	228	−128	0.336	25	−101	16.413	157	9.948	303
20.922	0.3006	0.62367	230	−306	0.311	25	− 88	16.256	162	10.251	299
21.919	0.3033	+0.62597	233	−437	−0.286	25	− 56	−16.094	167	−10.550	296
22.916	0.3060	0.62830	236	−475	0.261	25	− 7	15.927	171	10.846	293
23.913	0.3088	0.63066	238	−406	0.236	26	+ 39	15.756	176	11.139	289
24.911	0.3115	0.63304	241	−236	0.210	26	+ 80	15.580	180	11.428	286
25.908	0.3142	0.63545	243	− 2	0.184	26	+ 99	15.400	184	11.714	283
26.905	0.3170	0.63788	245	+244	0.158	26	+ 93	15.216	188	11.997	278
27.903	0.3197	+0.64033	248	+445	−0.132	26	+ 68	−15.028	192	−12.275	276
28.900	0.3224	0.64281	252	+560	0.106	26	+ 27	14.836	197	12.551	272
29.897	0.3252	0.64533	254	+567	0.080	27	− 17	14.639	201	12.823	267
30.894	0.3279	0.64787	257	+472	0.053	27	− 55	14.438	204	13.090	264
Mai 1.892	0.3306	0.65044	260	+311	−0.026	27	− 81	14.234	209	13.354	261
2.889	0.3334	+0.65304		+119	+0.001		− 84	−14.025		−13.615	

Reductionsgrößen 1955

für 12ʰ Sternzeit Greenwich

Weltzeit	t	A	Δ	A′	B	Δ	B′	C	Δ	D	Δ
1955	a			in 0.00001	″		in 0.″001	″		″	
Mai 2.889	0.3334	+0.65304	262	+119	+0.001	27	−84	−14.025	213	−13.615	255
3.886	0.3361	0.65566	265	− 65	0.028	27	−71	13.812	217	13.870	252
4.883	0.3388	0.65831	267	−208	0.055	27	−46	13.595	221	14.122	249
5.881	0.3415	0.66098	271	−298	0.082	27	−14	13.374	224	14.371	243
6.878	0.3443	0.66369	274	−327	0.109	27	+18	13.150	227	14.614	240
7.875	0.3470	0.66643	277	−298	0.136	26	+48	12.923	231	14.854	235
8.872	0.3497	+0.66920	279	−225	+0.162	27	+71	−12.692	235	−15.089	230
9.870	0.3525	0.67199	281	−116	0.189	27	+80	12.457	238	15.319	226
10.867	0.3552	0.67480	284	+ 7	0.216	27	+77	12.219	242	15.545	221
11.864	0.3579	0.67764	287	+126	0.243	26	+60	11.977	245	15.766	218
12.862	0.3607	0.68051	290	+217	0.269	26	+32	11.732	248	15.984	212
13.859	0.3634	0.68341	292	+251	0.295	26	− 6	11.484	251	16.196	208
14.856	0.3661	+0.68633	294	+211	+0.321	26	−48	−11.233	254	−16.404	204
15.853	0.3688	0.68927	297	+ 99	0.347	26	−80	10.979	258	16.608	198
16.851	0.3716	0.69224	300	− 70	0.373	26	−98	10.721	260	16.806	194
17.848	0.3743	0.69524	303	−262	0.399	25	−96	10.461	262	17.000	188
18.845	0.3770	0.69827	305	−424	0.424	25	−71	10.199	265	17.188	184
19.842	0.3798	0.70132	307	−511	0.449	25	−31	9.934	269	17.372	179
20.840	0.3825	+0.70439	310	−491	+0.474	24	+19	− 9.665	271	−17.551	174
21.837	0.3852	0.70749	312	−358	0.498	24	+64	9.394	273	17.725	169
22.834	0.3880	0.71061	314	−141	0.522	24	+94	9.121	276	17.894	164
23.832	0.3907	0.71375	317	+118	0.546	23	+99	8.845	278	18.058	159
24.829	0.3934	0.71692	319	+358	0.569	24	+81	8.567	281	18.217	153
25.826	0.3962	0.72011	321	+527	0.593	23	+45	8.286	283	18.370	148
26.823	0.3989	+0.72332	323	+591	+0.616	22	0	− 8.003	285	−18.518	143
27.821	0.4016	0.72655	325	+544	0.638	22	−41	7.718	287	18.661	138
28.818	0.4043	0.72980	327	+408	0.660	22	−74	7.431	289	18.799	132
29.815	0.4071	0.73307	329	+218	0.682	21	−86	7.142	291	18.931	128
30.812	0.4098	0.73636	330	+ 24	0.703	21	−79	6.851	292	19.059	122
31.810	0.4125	0.73966	332	−142	0.724	21	−58	6.559	295	19.181	117
Juni 1.807	0.4153	+0.74298	334	−256	+0.745	19	−27	− 6.264	296	−19.298	111
2.804	0.4180	0.74632	336	−302	0.764	19	+ 8	5.968	298	19.409	106
3.801	0.4207	0.74968	337	−290	0.783	19	+39	5.670	298	19.515	101
4.799	0.4235	0.75305	338	−227	0.802	18	+63	5.372	300	19.616	94
5.796	0.4262	0.75643	340	−127	0.820	18	+77	5.072	303	19.710	90
6.793	0.4289	0.75983	341	− 11	0.838	18	+80	4.769	304	19.800	83
7.791	0.4316	+0.76324	342	+106	+0.856	16	+67	− 4.465	304	−19.883	79
8.788	0.4344	0.76666	344	+203	0.872	16	+43	4.161	305	19.962	72
9.785	0.4371	0.77010	345	+254	0.888	15	+ 8	3.856	306	20.034	67
10.782	0.4398	0.77355	345	+240	0.903	15	−30	3.550	308	20.101	61
11.780	0.4426	0.77700	347	+154	0.918	14	−66	3.242	308	20.162	57
12.777	0.4453	+0.78047		+ 5	+0.932		−91	− 2.934		−20.219	

Reduktionsgrößen 1955

für 12^h Sternzeit Greenwich

Weltzeit	t	A		A′	B		B′	C		D	
1955	a			in 0.00001	″		in 0.″001	″		″	
Juni 12.777	0.4453	+0.78047	347	+ 5	+0.932	14	— 91	—2.934	309	—20.219	50
13.774	0.4480	0.78394	348	—188	0.946	14	— 99	2.625	309	20.269	45
14.771	0.4508	0.78742	348	—369	0.960	13	— 83	2.316	310	20.314	39
15.769	0.4535	0.79090	349	—501	0.973	12	— 49	2.006	311	20.353	34
16.766	0.4562	0.79439	349	—539	0.985	11	— 3	1.695	311	20.387	27
17.763	0.4590	0.79788	349	—462	0.996	12	+ 44	1.384	311	20.414	23
18.761	0.4617	+0.80137	350	—285	+1.008	11	+ 82	—1.073	311	—20.437	16
19.758	0.4644	0.80487	350	— 40	1.019	9	+100	0.762	312	20.453	11
20.755	0.4671	0.80837	351	+219	1.028	9	+ 91	0.450	312	20.464	5
21.752	0.4699	0.81188	350	+431	1.037	9	+ 65	—0.138	312	20.469	0
22.750	0.4726	0.81538	350	+553	1.046	9	+ 21	+0.174	312	20.469	6
23.747	0.4753	0.81888	350	+564	1.055	7	— 25	0.486	312	20.463	11
24.744	0.4781	+0.82238	349	+470	+1.062	7	— 63	+0.798	311	—20.452	18
25.741	0.4808	0.82587	350	+305	1.069	6	— 83	1.109	311	20.434	22
26.739	0.4835	0.82937	349	+110	1.075	6	— 85	1.420	311	20.412	29
27.736	0.4863	0.83286	348	— 74	1.081	5	— 69	1.731	310	20.383	34
28.733	0.4890	0.83634	347	—207	1.086	5	— 40	2.041	310	20.349	40
29.731	0.4917	0.83981	347	—281	1.091	4	— 5	2.351	309	20.309	45
30.728	0.4944	+0.84328	346	—289	+1.095	4	+ 30	+2.660	308	—20.264	52
Juli 1.725	0.4972	0.84674	345	—238	1.099	3	+ 56	2.968	307	20.212	56
2.722	0.4999	0.85019	345	—144	1.102	2	+ 75	3.275	306	20.156	62
3.720	0.5026	0.85364	343	— 26	1.104	1	+ 81	3.581	305	20.094	67
4.717	0.5054	0.85707	342	+ 93	1.105	1	+ 71	3.886	305	20.027	74
5.714	0.5081	0.86049	341	+198	1.106	1	+ 51	4.191	304	19.953	78
6.711	0.5108	+0.86390	340	+264	+1.107	0	+ 22	+4.495	302	—19.875	84
7.709	0.5136	0.86730	339	+274	1.107	0	— 17	4.797	300	19.791	89
8.706	0.5163	0.87069	337	+211	1.107	1	— 53	5.097	299	19.702	96
9.703	0.5190	0.87406	335	+ 86	1.106	1	— 81	5.396	298	19.606	100
10.700	0.5218	0.87741	334	— 89	1.105	2	— 93	5.694	296	19.506	105
11.698	0.5245	0.88075	332	—281	1.103	2	— 88	5.990	295	19.401	111
12.695	0.5272	+0.88407	331	—440	+1.101	3	— 65	+6.285	292	—19.290	116
13.692	0.5299	0.88738	329	—527	1.098	3	— 23	6.577	291	19.174	122
14.690	0.5327	0.89067	327	—511	1.095	4	+ 24	6.868	289	19.052	127
15.687	0.5354	0.89394	325	—387	1.091	4	+ 65	7.157	288	18.925	133
16.684	0.5381	0.89719	323	—176	1.087	5	+ 93	7.445	285	18.792	136
17.681	0.5409	0.90042	321	+ 72	1.082	5	+ 95	7.730	284	18.656	143
18.679	0.5436	+0.90363	319	+304	+1.077	5	+ 77	+8.014	281	—18.513	147
19.676	0.5463	0.90682	317	+468	1.072	6	+ 40	8.295	278	18.366	153
20.673	0.5491	0.90999	315	+531	1.066	6	— 6	8.573	276	18.213	158
21.670	0.5518	0.91314	312	+491	1.060	7	— 47	8.849	274	18.055	163
22.668	0.5545	0.91626	310	+358	1.053	7	— 77	9.123	272	17.892	168
23.665	0.5572	+0.91936		+178	+1.046		— 87	+9.395		—17.724	

Reduktionsgrößen 1955

für 12^h Sternzeit Greenwich

Weltzeit	*t*	*A*	Δ	*A'*	*B*	Δ	*B'*	*C*	Δ	*D*	Δ
1955	n			in 0.00001	″		in 0.″001	″		″	
Juli 23.665	0.5572	+0.91936	308	+178	+1.046	7	−87	+ 9.395	269	−17.724	172
24.662	0.5600	0.92244	305	− 9	1.039	7	−78	9.664	266	17.552	178
25.660	0.5627	0.92549	303	−163	1.032	8	−53	9.930	264	17.374	182
26.657	0.5654	0.92852	300	−262	1.024	8	−20	10.194	261	17.192	188
27.654	0.5682	0.93152	298	−294	1.016	8	+17	10.455	258	17.004	192
28.651	0.5709	0.93450	295	−259	1.008	9	+50	10.713	255	16.812	197
29.649	0.5736	+0.93745	293	−172	+0.999	8	+72	+10.968	253	−16.615	201
30.646	0.5764	0.94038	290	− 59	0.991	9	+82	11.221	249	16.414	205
31.643	0.5791	0.94328	287	+ 68	0.982	9	+80	11.470	246	16.209	211
Aug. 1.640	0.5818	0.94615	285	+181	0.973	9	+61	11.716	242	15.998	214
2.638	0.5846	0.94900	282	+266	0.964	9	+33	11.958	240	15.784	219
3.635	0.5873	0.95182	279	+298	0.955	10	− 5	12.198	237	15.565	224
4.632	0.5900	+0.95461	276	+261	+0.945	10	−41	+12.435	232	−15.341	228
5.629	0.5927	0.95737	274	+159	0.935	10	−71	12.667	229	15.113	233
6.627	0.5955	0.96011	272	+ 4	0.925	9	−90	12.896	226	14.880	236
7.624	0.5982	0.96283	269	−182	0.916	9	−93	13.122	222	14.644	240
8.621	0.6009	0.96552	266	−353	0.907	10	−74	13.344	219	14.404	245
9.619	0.6037	0.96818	262	−472	0.897	10	−41	13.563	215	14.159	249
10.616	0.6064	+0.97080	260	−501	+0.887	10	+ 6	+13.778	211	−13.910	253
11.613	0.6091	0.97340	257	−426	0.877	9	+48	13.989	208	13.657	257
12.610	0.6119	0.97597	254	−260	0.868	9	+82	14.197	204	13.400	260
13.608	0.6146	0.97851	252	− 36	0.859	9	+95	14.401	198	13.140	264
14.605	0.6173	0.98103	249	+194	0.850	10	+86	14.599	196	12.876	269
15.602	0.6200	0.98352	246	+378	0.840	9	+56	14.795	192	12.607	271
16.599	0.6228	+0.98598	243	+481	+0.831	9	+13	+14.987	186	−12.336	275
17.597	0.6255	0.98841	241	+483	0.822	9	−31	15.173	184	12.061	279
18.594	0.6282	0.99082	238	+386	0.813	9	−65	15.357	179	11.782	281
19.591	0.6310	0.99320	235	+227	0.804	8	−83	15.536	174	11.501	285
20.589	0.6337	0.99555	233	+ 45	0.796	8	−83	15.710	171	11.216	289
21.586	0.6364	0.99788	231	−123	0.788	8	−65	15.881	165	10.927	292
22.583	0.6392	+1.00019	228	−244	+0.780	8	−35	+16.046	162	−10.635	295
23.580	0.6419	1.00247	225	−299	0.772	8	+ 3	16.208	157	10.340	298
24.578	0.6446	1.00472	223	−291	0.764	7	+37	16.365	152	10.042	301
25.575	0.6474	1.00695	220	−220	0.757	7	+65	16.517	148	9.741	304
26.572	0.6501	1.00915	219	−113	0.750	7	+81	16.665	143	9.437	306
27.569	0.6528	1.01134	216	+ 16	0.743	6	+83	16.808	139	9.131	309
28.567	0.6555	+1.01350	214	+143	+0.737	6	+71	+16.947	134	− 8.822	312
29.564	0.6583	1.01564	211	+242	0.731	6	+45	17.081	128	8.510	315
30.561	0.6610	1.01775	210	+295	0.725	5	+10	17.209	124	8.195	317
31.558	0.6637	1.01985	207	+288	0.720	4	−26	17.333	119	7.878	319
Sept. 1.556	0.6665	1.02192	205	+212	0.716	4	−62	17.452	115	7.559	321
2.553	0.6692	+1.02397		+ 75	+0.712		−87	+17.567		− 7.238	

Reduktionsgrößen 1955

für 12^h Sternzeit Greenwich

Weltzeit	*t*	*A*		*A'*	*B*		*B'*	*C*		*D*	
1955	a			in 0.00001	"		in 0.001 "	"		"	
Sept. 2.553	0.6692	+1.02397	203	+ 75	+0.712	4	−87	+17.567	109	−7.238	325
3.550	0.6719	1.02600	203	−101	0.708	3	−95	17.676	105	6.913	326
4.548	0.6747	1.02803	200	−277	0.705	3	−84	17.781	99	6.587	327
5.545	0.6774	1.03003	198	−413	0.702	3	−54	17.880	94	6.260	329
6.542	0.6801	1.03201	196	−471	0.699	2	−13	17.974	90	5.931	332
7.539	0.6828	1.03397	195	−433	0.697	1	+34	18.064	84	5.599	334
8.537	0.6856	+1.03592	193	−299	+0.696	1	+71	+18.148	80	−5.265	336
9.534	0.6883	1.03785	191	− 98	0.695	0	+91	18.228	73	4.929	337
10.531	0.6910	1.03976	191	+125	0.695	0	+89	18.301	69	4.592	338
11.528	0.6938	1.04167	190	+324	0.695	1	+67	18.370	63	4.254	339
12.526	0.6965	1.04357	189	+450	0.696	2	+28	18.433	59	3.915	341
13.523	0.6992	1.04546	187	+481	0.698	2	−14	18.492	53	3.574	342
14.520	0.7020	+1.04733	186	+416	+0.700	3	−52	+18.545	47	−3.232	343
15.518	0.7047	1.04919	185	+278	0.703	4	−77	18.592	42	2.889	344
16.515	0.7074	1.05104	184	+ 98	0.707	4	−83	18.634	37	2.545	345
17.512	0.7102	1.05288	184	− 72	0.711	4	−72	18.671	32	2.200	346
18.509	0.7129	1.05472	183	−215	0.715	5	−47	18.703	26	1.854	347
19.507	0.7156	1.05655	183	−295	0.720	6	−12	18.729	21	1.507	348
20.504	0.7183	+1.05838	182	−310	+0.726	6	+22	+18.750	15	−1.159	348
21.501	0.7211	1.06020	182	−264	0.732	7	+54	18.765	10	0.811	348
22.498	0.7238	1.06202	182	−171	0.739	8	+74	18.775	4	0.463	349
23.496	0.7265	1.06384	182	− 48	0.747	8	+84	18.779	0	−0.114	349
24.493	0.7293	1.06566	182	+ 79	0.755	9	+77	18.779	7	+0.235	349
25.490	0.7320	1.06748	182	+194	0.764	10	+58	18.772	11	0.584	350
26.487	0.7347	+1.06930	182	+270	+0.774	10	+28	+18.761	18	+0.934	349
27.485	0.7375	1.07112	182	+289	0.784	11	−11	18.743	22	1.283	349
28.482	0.7402	1.07294	183	+243	0.795	11	−47	18.721	28	1.632	348
29.479	0.7429	1.07477	184	+126	0.806	12	−79	18.693	34	1.980	348
30.477	0.7456	1.07661	184	− 39	0.818	13	−94	18.659	39	2.328	348
Okt. 1.474	0.7484	1.07845	184	−217	0.831	14	−91	18.620	45	2.676	346
2.471	0.7511	+1.08029	185	−372	+0.845	14	−67	+18.575	50	+3.022	346
3.468	0.7538	1.08214	187	−457	0.859	15	−29	18.525	56	3.368	345
4.466	0.7566	1.08401	188	−450	0.874	15	+16	18.469	61	3.713	345
5.463	0.7593	1.08589	188	−343	0.889	15	+58	18.408	67	4.058	344
6.460	0.7620	1.08777	189	−156	0.904	16	+85	18.341	72	4.402	343
7.457	0.7648	1.08966	191	+ 70	0.920	17	+93	18.269	78	4.745	342
8.455	0.7675	+1.09157	193	+286	+0.937	18	+76	+18.191	83	+5.087	340
9.452	0.7702	1.09350	195	+439	0.955	19	+43	18.108	88	5.427	339
10.449	0.7730	1.09545	196	+503	0.974	19	+ 1	18.020	94	5.766	337
11.447	0.7757	1.09741	197	+464	0.993	19	−39	17.926	99	6.103	335
12.444	0.7784	1.09938	199	+342	1.012	19	−69	17.827	104	6.438	334
13.441	0.7811	+1.10137		+171	+1.031		−83	+17.723		+6.772	

Reduktionsgrößen 1955

für 12^h Sternzeit Greenwich

Weltzeit	t	A		A′	B		B′	C		D	
1955	a			in 0.00001	″		in 0.″001	″		″	
Okt. 13.441	0.7811	+1.10137	200	+171	+1.031	21	−83	+17.723	110	+6.772	332
14.438	0.7839	1.10337	203	−12	1.052	21	−77	17.613	115	7.104	330
15.436	0.7866	1.10540	205	−167	1.073	22	−54	17.498	121	7.434	328
16.433	0.7893	1.10745	207	−270	1.095	22	−25	17.377	126	7.762	326
17.430	0.7921	1.10952	209	−308	1.117	22	+12	17.251	131	8.088	323
18.427	0.7948	1.11161	212	−285	1.139	23	+43	17.120	135	8.411	322
19.425	0.7975	+1.11373	214	−211	+1.162	23	+69	+16.985	141	+8.733	319
20.422	0.8003	1.11587	217	−102	1.185	24	+82	16.844	146	9.052	317
21.419	0.8030	1.11804	218	+20	1.209	24	+81	16.698	152	9.369	314
22.417	0.8057	1.12022	221	+139	1.233	25	+68	16.546	156	9.683	310
23.414	0.8084	1.12243	224	+231	1.258	25	+41	16.390	161	9.993	308
24.411	0.8112	1.12467	227	+271	1.283	25	+5	16.229	167	10.301	306
25.408	0.8139	+1.12694	229	+251	+1.308	26	−32	+16.062	171	+10.607	302
26.406	0.8166	1.12923	232	+163	1.334	26	−68	15.891	176	10.909	299
27.403	0.8194	1.13155	235	+12	1.360	26	−90	15.715	181	11.208	296
28.400	0.8221	1.13390	238	−168	1.386	27	−95	15.534	186	11.504	293
29.397	0.8248	1.13628	240	−342	1.413	27	−82	15.348	191	11.797	288
30.395	0.8276	1.13868	244	−462	1.440	27	−48	15.157	195	12.085	286
31.392	0.8303	+1.14112	247	−491	+1.467	27	−5	+14.962	200	+12.371	282
Nov. 1.389	0.8330	1.14359	250	−417	1.494	28	+41	14.762	204	12.653	278
2.386	0.8358	1.14609	253	−247	1.522	27	+78	14.558	209	12.931	275
3.384	0.8385	1.14862	256	−17	1.549	28	+92	14.349	214	13.206	271
4.381	0.8412	1.15118	259	+221	1.577	27	+86	14.135	217	13.477	266
5.378	0.8439	1.15377	263	+415	1.604	28	+59	13.918	223	13.743	264
6.376	0.8467	+1.15640	265	+519	+1.632	27	+19	+13.695	226	+14.007	259
7.373	0.8494	1.15905	268	+522	1.659	28	−25	13.469	231	14.266	254
8.370	0.8521	1.16173	271	+426	1.687	28	−61	13.238	235	14.520	250
9.367	0.8549	1.16444	275	+261	1.715	28	−81	13.003	239	14.770	245
10.365	0.8576	1.16719	278	+74	1.743	29	−82	12.764	243	15.015	241
11.362	0.8603	1.16997	281	−98	1.772	28	−64	12.521	247	15.256	237
12.359	0.8631	+1.17278	284	−223	+1.800	28	−36	+12.274	251	+15.493	231
13.356	0.8658	1.17562	288	−286	1.828	28	−1	12.023	255	15.724	228
14.354	0.8685	1.17850	291	−284	1.856	27	+30	11.768	258	15.952	222
15.351	0.8712	1.18141	294	−225	1.883	27	+59	11.510	262	16.174	218
16.348	0.8740	1.18435	296	131	1.910	27	+76	11.248	266	16.392	212
17.346	0.8767	1.18731	300	−17	1.937	27	+81	10.982	269	16.604	208
18.343	0.8794	+1.19031	303	+99	+1.964	27	+71	+10.713	272	+16.812	203
19.340	0.8822	1.19334	306	+198	1.991	26	+50	10.441	276	17.015	197
20.337	0.8849	1.19640	309	+255	2.017	26	+21	10.165	279	17.212	193
21.335	0.8876	1.19949	312	+258	2.043	26	−16	9.886	282	17.405	186
22.332	0.8904	1.20261	315	+194	2.069	26	−52	9.604	285	17.591	182
23.329	0.8931	+1.20576		+65	+2.095		−81	+9.319		+17.773	

Reduktionsgrößen 1955

für 12^h Sternzeit Greenwich

Weltzeit	*t*	*A*		*A'*	*B*		*B'*	*C*		*D*	
1955	a			in 0.00001	"		in ".001	"		"	
Nov. 23.329	0.8931	+1.20576	318	+ 65	+2.095	25	−81	+9.319	288	+17.773	175
24.326	0.8958	1.20894	320	−111	2.120	25	−95	9.031	292	17.948	171
25.324	0.8986	1.21214	322	−294	2.145	25	−89	8.739	294	18.119	164
26.321	0.9013	1.21536	325	−448	2.170	24	−63	8.445	297	18.283	160
27.318	0.9040	1.21861	328	−527	2.194	23	−25	8.148	300	18.443	153
28.315	0.9067	1.22189	330	−499	2.217	24	+21	7.848	302	18.596	148
29.313	0.9095	+1.22519	333	−368	+2.241	23	+64	+7.546	304	+18.744	142
30.310	0.9122	1.22852	335	−151	2.264	23	+89	7.242	306	18.886	137
Dez. 1.307	0.9149	1.23187	338	+100	2.287	22	+92	6.936	309	19.023	130
2.305	0.9177	1.23525	339	+332	2.309	21	+74	6.627	311	19.153	125
3.302	0.9204	1.23864	342	+491	2.330	21	+38	6.316	314	19.278	118
4.299	0.9231	1.24206	344	+548	2.351	20	− 9	6.002	315	19.396	113
5.296	0.9259	+1.24550	345	+497	+2.371	20	−47	+5.687	317	+19.509	106
6.294	0.9286	1.24895	347	+359	2.391	19	−77	5.370	319	19.615	101
7.291	0.9313	1.25242	349	+171	2.410	18	−86	5.051	321	19.716	94
8.288	0.9340	1.25591	351	− 15	2.428	18	−75	4.730	322	19.810	88
9.285	0.9368	1.25942	352	−166	2.446	18	−49	4.408	324	19.898	82
10.283	0.9395	1.26294	354	−252	2.464	17	−14	4.084	325	19.980	75
11.280	0.9422	+1.26648	355	−273	+2.481	16	+23	+3.759	326	+20.055	70
12.277	0.9450	1.27003	357	−226	2.497	15	+52	3.433	327	20.125	63
13.275	0.9477	1.27360	357	−141	2.512	15	+74	3.106	328	20.188	57
14.272	0.9504	1.27717	358	− 29	2.527	14	+80	2.778	329	20.245	50
15.269	0.9532	1.28075	358	+ 80	2.541	13	+75	2.449	331	20.295	45
16.266	0.9559	1.28433	360	+182	2.554	13	+59	2.118	331	20.340	37
17.264	0.9586	+1.28793	361	+249	+2.567	12	+30	+1.787	331	+20.377	31
18.261	0.9614	1.29154	360	+270	2.579	11	0	1.456	332	20.408	25
19.258	0.9641	1.29514	361	+229	2.590	11	−37	1.124	332	20.433	18
20.255	0.9668	1.29875	362	+124	2.601	10	−67	0.792	333	20.451	13
21.253	0.9695	1.30237	362	− 32	2.611	9	−90	0.459	333	20.464	5
22.250	0.9723	1.30599	362	−222	2.620	8	−93	+0.126	333	20.469	0
23.247	0.9750	+1.30961	362	−396	+2.628	8	−77	−0.207	332	+20.469	8
24.244	0.9777	1.31323	362	−519	2.636	7	−42	0.539	333	20.461	13
25.242	0.9805	1.31685	362	−552	2.643	6	0	0.872	333	20.448	20
26.239	0.9832	1.32047	361	−473	2.649	6	+46	1.205	332	20.428	27
27.236	0.9859	1.32408	361	−299	2.655	5	+78	1.537	332	20.401	32
28.234	0.9887	1.32769	360	− 57	2.660	4	+92	1.869	331	20.369	40
29.231	0.9914	+1.33129	359	+194	+2.664	3	+84	−2.200	331	+20.329	45
30.228	0.9941	1.33488	358	+399	2.667	3	+54	2.531	330	20.284	53
31.225	0.9968	1.33846	358	+513	2.670	2	+13	2.861	328	20.231	58
32.223	0.9996	+1.34204		+520	+2.672		−33	−3.189		+20.173	

Reduktionsgrößen 1955

für 12ʰ Sternzeit Greenwich

Weltzeit		*t*	*log A*	*log B*	*log C*	*log D*	*E*
1955		a					s
Jan.	0.2	−0.0025	9.53803	9.63448*n*	0.46835*n*	1.30574	+0.0027
	10.2	+0.0248	9.58122	9.64048*n*	0.79014*n*	1.28634	27
	20.2	0.0521	9.61841	9.69723*n*	0.96374*n*	1.25154	27
	30.1	0.0794	9.65001	9.77597*n*	1.07693*n*	1.19871	27
Febr.	9.1	0.1067	9.67657	9.85003*n*	1.15528*n*	1.12294	27
	19.1	+0.1340	9.69884	9.90795*n*	1.20973*n*	1.01452	+0.0027
März	1.1	0.1613	9.71772	9.94250*n*	1.24581*n*	0.85144	27
	11.0	0.1886	9.73414	9.95085*n*	1.26661*n*	0.56419	27
	21.0	0.2159	9.74909	9.92737*n*	1.27367*n*	9.13988	27
	31.0	0.2432	9.76346	9.86510*n*	1.26771*n*	0.52827*n*	27
April	10.0	+0.2706	9.77803	9.74663*n*	1.24856*n*	0.83052*n*	+0.0027
	19.9	0.2979	9.79336	9.52634*n*	1.21519*n*	0.99774*n*	27
	29.9	0.3252	9.80978	8.90309*n*	1.16551*n*	1.10799*n*	27
Mai	9.9	0.3525	9.82736	9.27646	1.09541*n*	1.18523*n*	27
	19.8	0.3798	9.84592	9.65225	0.99712*n*	1.23985*n*	27
	29.8	+0.4071	9.86515	9.83378	0.85382*n*	1.27717*n*	+0.0027
Juni	8.8	0.4344	9.88460	9.94052	0.61920*n*	1.30020*n*	27
	18.8	0.4617	9.90383	0.00346	0.03060*n*	1.31042*n*	27
	28.7	0.4890	9.92238	0.03583	0.30984	1.30854*n*	27
Juli	8.7	0.5163	9.93986	0.04415	0.70731	1.29451*n*	27
	18.7	+0.5436	9.95599	0.03222	0.90385	1.26748*n*	+0.0027
	28.7	0.5709	9.97058	0.00346	1.02991	1.22562*n*	27
Aug.	7.6	0.5982	9.98355	9.96190	1.11800	1.16566*n*	27
	17.6	0.6255	9.99494	9.91487	1.18107	1.08138*n*	27
	27.6	0.6528	0.00490	9.87099	1.22552	0.96052*n*	26
Sept.	6.5	+0.6801	0.01368	9.84448	1.25464	0.77313*n*	+0.0026
	16.5	0.7074	0.02162	9.84942	1.27031	0.40569*n*	26
	26.5	0.7347	0.02910	9.88874	1.27326	9.97035	26
Okt.	6.5	0.7620	0.03654	9.95617	1.26342	0.64365	26
	16.4	0.7893	0.04432	0.03941	1.23997	0.88997	26
	26.4	+0.8166	0.05278	0.12516	1.20115	1.03778	+0.0026
Nov.	5.4	0.8439	0.06212	0.20520	1.14358	1.13808	26
	15.4	0.8712	0.07240	0.27485	1.06108	1.20882	26
	25.3	0.8986	0.08355	0.33143	0.94146	1.25813	26
Dez.	5.3	0.9259	0.09534	0.37493	0.75488	1.29024	26
	15.3	+0.9532	0.10746	0.40500	0.38899	1.30739	+0.0026
	25.2	0.9805	0.11954	0.42210	9.94052*n*	1.31065	26
	35.2	+1.0078	0.13120	0.42716	0.62014*n*	1.30014	+0.0026

Reduktionsgrößen 1955

Übertragung mittlerer Sternörter
von dem Äquinoktium t_1 auf $t_2 = 1955.0$

t_1	$m^s(t_2-t_1)$	$n^s(t_2-t_1)$	$n''(t_2-t_1)$	$\log n^s(t_2-t_1)$	$\log n''(t_2-t_1)$
	m s	s	"		
1755	+10 14.298	+267.342	+4010.13	2.427067	3.603158
1790	8 26.852	220.541	3308.12	2.343489	3.519581
1800	7 56.148	207.170	3107.56	2.316327	3.492420
1810	7 25.441	193 801	2907 01	2.287356	3.463447
1825	6 39.381	173.747	2606.20	2.239917	3.416008
1830	+ 6 24.025	+167.062	+2505.94	2.222878	3.398971
1835	6 8.670	160.378	2405.67	2.205145	3.381236
1840	5 53.314	153.694	2305.41	2.186657	3.362748
1845	5 37.957	147.010	2205.15	2.167347	3.343438
1850	5 22.600	140.326	2104.90	2.147138	3.323231
1855	+ 5 7.243	+133.643	+2004.64	2.125946	3.302036
1860	4 51.885	126.959	1904.39	2.103663	3.279756
1865	4 36.527	120.276	1804.14	2.080179	3.256270
1870	4 21.168	113.593	1703.89	2.055352	3.231442
1875	4 5.810	106.910	1603.65	2.029018	3.205110
1880	+ 3 50.450	+100.227	+1503.40	2.000985	3.177075
1885	3 35.090	93.544	1403.16	1.97102	3.147107
1890	3 19.729	86.861	1302.92	1.93882	3.114918
1895	3 4.369	80.179	1202.68	1.90406	3.080150
1900	2 49.007	73.497	1102.45	1.86627	3.042359
1905	+ 2 33.645	+ 66.814	+1002.22	1.82487	3.000963
1910	2 18.283	60.132	901.98	1.77911	2.95520
1915	2 2.920	53.450	801.75	1.72795	2.90404
1920	1 47.556	46.769	701.53	1.66996	2.84605
1925	1 32.192	40.087	601.30	1.60300	2.77909
1930	+ 1 16.828	+ 33.405	+ 501.08	1.52381	2.69991
1935	1 1.463	26.724	400.86	1.42690	2.60299
1940	0 46.098	20.043	300.64	1.30196	2.47805
1945	0 30.733	13.362	200.43	1.12587	2.30196
1950	+ 0 15.367	+ 6.681	+ 100.21	0.82484	2.00091
1955	0 0.000	0.000	0.00	———	———
1960	— 0 15.367	— 6.681	— 100.21	0.82484*n*	2.00091*n*

Sind α_1, δ_1 die Koordinaten für t_1 und α_2, δ_2 jene für $t_2 = 1955.0$, ist ferner α', δ' der genäherte Sternort für die Zeit

$$\frac{1}{2}(t_1 + t_2),$$

so ist

$$\alpha_2 = \alpha_1 + m^s(t_2-t_1) + [n^s(t_2-t_1)] \sin \alpha' \operatorname{tg} \delta'$$
$$\delta_2 = \delta_1 + [n''(t_2-t_1)] \cos \alpha'$$

Reduktionsgrößen 1955

Übertragung mittlerer Polsternörter

von dem Äquinoktium t_1 auf $t_2 = 1955.0$

t_1	90° − (N) ′ ″	90° − (N) m s	(m) + (N) − 90° ′ ″	(m) + (N) − 90° m s	(n) ′ ″
1755	+76 45.80	5 7.053	+76 49.04	+5 7.269	+66 49.80
1790	63 20.38	4 13.359	63 22.57	4 13.504	55 7.93
1800	59 30.21	3 58.014	59 32.15	3 58.144	51 47.40
1810	55 40.03	3 42.668	55 41.73	3 42.782	48 26.88
1825	49 54.71	3 19.647	49 56.08	3 19.739	43 26.11
1830	+47 59.59	+3 11.973	+48 0.86	+3 12.057	+41 45.85
1835	46 4.47	3 4.298	46 5.64	3 4.376	40 5.60
1840	44 9.35	2 56.623	44 10.42	2 56.695	38 25.35
1845	42 14.22	2 48.948	42 15.20	2 49.013	36 45.10
1850	40 19.08	2 41.272	40 19.97	2 41.331	35 4.85
1855	+38 23.94	+2 33.596	+38 24.75	+2 33.650	+33 24.60
1860	36 28.79	2 25.920	36 29.52	2 25.968	31 44.35
1865	34 33.64	2 18.243	34 34.30	2 18.286	30 4.11
1870	32 38.48	2 10.566	32 39.07	2 10.604	28 23.87
1875	30 43.32	2 2.888	30 43.84	2 2.923	26 43.62
1880	+28 48.15	+1 55.210	+28 48.61	+1 55.241	+25 3.38
1885	26 52.98	1 47.532	26 53.38	1 47.559	23 23.14
1890	24 57.80	1 39.854	24 58.14	1 39.876	21 42.91
1895	23 2.62	1 32.175	23 2.91	1 32.194	20 2.67
1900	21 7.43	1 24.495	21 7.67	1 24.512	18 22.44
1905	+19 12.24	+1 16.816	+19 12.44	+1 16.829	+16 42.21
1910	17 17.04	1 9.136	17 17.20	1 9.146	15 1.98
1915	15 21.83	1 1.456	15 21.96	1 1.464	13 21.75
1920	13 26.62	0 53.775	13 26.72	0 53.781	11 41.53
1925	11 31.41	0 46.094	11 31.48	0 46.099	10 1.30
1930	+ 9 36.19	+0 38.412	+ 9 36.23	+0 38.416	+ 8 21.08
1935	7 40.96	0 30.731	7 40.99	0 30.732	6 40.86
1940	5 45.73	0 23.049	5 45.74	0 23.049	5 0.64
1945	3 50.49	0 15.366	3 50.50	0 15.367	3 20.43
1950	+ 1 55.24	+0 7.683	+ 1 55.25	+0 7.683	+ 1 40.21
1955	0 0.00	0 0.000	0 0.00	0 0.000	0 0.00
1960	− 1 55.25	−0 7.684	− 1 55.25	−0 7.683	− 1 40.21

Sind α_1, δ_1 die Koordinaten für t_1 und α_2, δ_2 jene für $t_2 = 1955.0$, so hat man

zur Reduktion von dem Äquinoktium t_1 auf t_2:

$$a_1 = \alpha_1 + [90° - (N)]$$

$$p_1 = \left(\text{tang } \delta_1 + \cos a_1 \text{ tang } \tfrac{1}{2}(n)\right) \sin (n)$$

$$\text{tang } \Delta a_1 = \frac{p_1 \sin a_1}{1 - p_1 \cos a_1}$$

$$\alpha_2 = a_1 + [(m) + (N) - 90°] + \Delta a_1$$

$$\text{tang } \tfrac{1}{2}(\delta_2 - \delta_1) = \cos\left(a_1 + \tfrac{1}{2}\Delta a_1\right) \sec \tfrac{1}{2}\Delta a_1 \text{ tang } \tfrac{1}{2}(n)$$

zur Reduktion von dem Äquinoktium t_2 auf t_1:

$$a_2 = \alpha_2 - [(m) + (N) - 90°]$$

$$p_2 = -\left(\text{tang } \delta_2 - \cos a_2 \text{ tang } \tfrac{1}{2}(n)\right) \sin (n)$$

$$\text{tang } \Delta a_2 = \frac{p_2 \sin a_2}{1 - p_2 \cos a_2}$$

$$\alpha_1 = a_2 - [90° - (N)] + \Delta a_2$$

$$\text{tang } \tfrac{1}{2}(\delta_1 - \delta_2) = -\cos\left(a_2 + \tfrac{1}{2}\Delta a_2\right) \sec \tfrac{1}{2}\Delta a_2 \text{ tang } \tfrac{1}{2}(n)$$

Reduktion von Koordinatendifferenzen scheinbarer Örter auf Differenzen mittlerer Örter für den Jahresanfang

Sind $\Delta\alpha$ und $\Delta\delta$ die gemessenen Koordinatendifferenzen der scheinbaren Örter im Sinne Objekt minus Stern, $d\Delta\alpha$ und $d\Delta\delta$ die an ihnen anzubringenden Korrektionen, um Koordinatendifferenzen zu erhalten, die sich auf das mittlere Äquinoktium des Jahresanfangs beziehen, so wird

$$d\Delta\alpha = (d\Delta\alpha)_1 + (d\Delta\alpha)_2$$
$$d\Delta\delta = (d\Delta\delta)_1 + (d\Delta\delta)_2,$$

wobei

$$(d\Delta\alpha)_1 = -j\cos(G+\alpha)\frac{\operatorname{tg}\delta}{15}\Delta\alpha^{\mathrm{m}} - j\sin(G+\alpha)\frac{\sec^2\delta}{225}\Delta\delta'$$
$$(d\Delta\alpha)_2 = -k\cos(H+\alpha)\frac{\sec\delta}{15}\Delta\alpha^{\mathrm{m}} - k\sin(H+\alpha)\frac{\operatorname{tg}\delta\sec\delta}{225}\Delta\delta'$$
$$(d\Delta\delta)_1 = j\sin(G+\alpha)\,\Delta\alpha^{\mathrm{m}}$$
$$(d\Delta\delta)_2 = k\sin(H+\alpha)\sin\delta\,\Delta\alpha^{\mathrm{m}} - k\cos(H+\alpha)\frac{\cos\delta}{15}\Delta\delta'$$
$$+ [0.0003\, i\sin\delta\,\Delta\delta']$$

Hierin bezeichnen $(d\Delta\alpha)_1$ und $(d\Delta\delta)_1$ den Einfluß der Präzession und Nutation, $(d\Delta\alpha)_2$ und $(d\Delta\delta)_2$ den Einfluß der Aberration.

Die Größen G, H, j, k, i sind auf S. 252* — 269* zu finden. Die Faktoren $\frac{1}{15}\operatorname{tg}\delta$, $\frac{1}{225}\sec^2\delta$, $\frac{1}{15}\sec\delta$, $\frac{1}{225}\operatorname{tg}\delta\sec\delta$, $\sin\delta$, $\frac{1}{15}\cos\delta$ entnehme man der Zusammenstellung auf S. 283*. Die numerischen Werte der Funktionen sinus und cosinus sind auf S. 284* enthalten. $\Delta\alpha^{\mathrm{m}}$ bedeutet die in Zeitminuten ausgedrückte gemessene Rektaszensionsdifferenz, $\Delta\delta'$ ist die in Bogenminuten ausgedrückte gemessene Deklinationsdifferenz. Die Größen $d\Delta\alpha$ und $d\Delta\delta$ ergeben sich in Zeit- bzw. Bogensekunden. Das in eckige Klammern gesetzte Glied $0.0003\, i\sin\delta\,\Delta\delta'$ in der Formel für $(d\Delta\delta)_2$ beträgt für $\Delta\delta' = 10'$ im Maximum $0''.02$ und kann daher in den meisten Fällen unberücksichtigt bleiben.

δ	$\frac{1}{15}$ tg δ	$\frac{1}{225}$ sec² δ	$\frac{1}{15}$ sec δ	$\frac{1}{225}$ tg δ sec δ	sin δ	$\frac{1}{15}$ cos δ	tg δ	$\frac{1}{15}$ sec² δ	δ
0°	0.000	0.004	0.067	0.000	0.00	0.07	0.00	0.07	0°
5	0.006	0.004	0.067	0.000	0.09	0.07	0.09	0.07	5
10	0.012	0.005	0.068	0.001	0.17	0.07	0.18	0.07	10
15	0.018	0.005	0.069	0.001	0.26	0.06	0.27	0.07	15
20	0.024	0.005	0.071	0.002	0.34	0.06	0.36	0.08	20
25	0.031	0.005	0.074	0.002	0.42	0.06	0.47	0.08	25
30	0.038	0.006	0.077	0.003	0.50	0.06	0.58	0.09	30
35	0.047	0.007	0.081	0.004	0.57	0.05	0.70	0.10	35
40	0.056	0.008	0.087	0.005	0.64	0.05	0.84	0.11	40
40	0.056	0.008	0.087	0.005	0.64	0.05	0.84	0.11	40
42	0.060	0.008	0.090	0.005	0.67	0.05	0.90	0.12	42
44	0.064	0.009	0.093	0.006	0.69	0.05	0.97	0.13	44
46	0.069	0.009	0.096	0.007	0.72	0.05	1.04	0.14	46
48	0.074	0.010	0.100	0.007	0.74	0.04	1.11	0.15	48
50	0.079	0.011	0.104	0.008	0.77	0.04	1.19	0.16	50
52	0.085	0.012	0.108	0.009	0.79	0.04	1.28	0.18	52
54	0.092	0.013	0.113	0.010	0.81	0.04	1.38	0.19	54
56	0.099	0.014	0.119	0.012	0.83	0.04	1.48	0.21	56
58	0.107	0.016	0.126	0.013	0.85	0.04	1.60	0.24	58
60	0.115	0.018	0.133	0.015	0.87	0.03	1.73	0.27	60
60	0.115	0.018	0.133	0.015	0.87	0.03	1.73	0.27	60
61	0.120	0.019	0.138	0.017	0.87	0.03	1.80	0.28	61
62	0.125	0.020	0.142	0.018	0.88	0.03	1.88	0.30	62
63	0.131	0.022	0.147	0.019	0.89	0.03	1.96	0.32	63
64	0.137	0.023	0.152	0.021	0.90	0.03	2.05	0.35	64
65	0.143	0.025	0.158	0.023	0.91	0.03	2.14	0.37	65
66	0.150	0.027	0.164	0.025	0.91	0.03	2.25	0.40	66
67	0.157	0.029	0.171	0.027	0.92	0.03	2.36	0.44	67
68	0.165	0.032	0.178	0.029	0.93	0.02	2.48	0.48	68
69	0.174	0.035	0.186	0.032	0.93	0.02	2.61	0.52	69
70	0.183	0.038	0.195	0.036	0.94	0.02	2.75	0.57	70
71	0.194	0.042	0.205	0.040	0.95	0.02	2.90	0.63	71
72	0.205	0.047	0.216	0.044	0.95	0.02	3.08	0.70	72
73	0.218	0.052	0.228	0.050	0.96	0.02	3.27	0.78	73
74	0.232	0.058	0.242	0.056	0.96	0.02	3.49	0.88	74
75	0.249	0.066	0.258	0.064	0.97	0.02	3.73	1.00	75
75.0°	0.249	0.066	0.258	0.064	0.97	0.02	3.73	1.00	75.0°
75.5	0.258	0.071	0.266	0.069	0.97	0.02	3.87	1.06	75.5
76.0	0.267	0.076	0.276	0.074	0.97	0.02	4.01	1.14	76.0
76.5	0.278	0.082	0.286	0.079	0.97	0.02	4.17	1.22	76.5
77.0	0.289	0.088	0.296	0.086	0.97	0.01	4.33	1.32	77.0
77.5	0.301	0.095	0.308	0.093	0.98	0.01	4.51	1.42	77.5
78.0	0.314	0.103	0.321	0.101	0.98	0.01	4.70	1.54	78.0
78.5	0.328	0.112	0.334	0.110	0.98	0.01	4.92	1.68	78.5
79.0	0.343	0.122	0.349	0.120	0.98	0.01	5.14	1.83	79.0
79.5	0.360	0.134	0.366	0.132	0.98	0.01	5.40	2.01	79.5
80.0	0.378	0.147	0.384	0.145	0.98	0.01	5.67	2.21	80.0

Sinus

	0^h	1^h	2^h	3^h	4^h	5^h	
0^m	0.000	0.259	0.500	0.707	0.866	0.966	60
1	0.004	0.263	0.504	0.710	0.868	0.967	59
2	0.009	0.267	0.508	0.713	0.870	0.968	58
3	0.013	0.271	0.511	0.716	0.872	0.969	57
4	0.017	0.276	0.515	0.719	0.875	0.970	56
5	0.022	0.280	0.519	0.722	0.877	0.971	55
6	0.026	0.284	0.522	0.725	0.879	0.972	54
7	0.031	0.288	0.526	0.728	0.881	0.973	53
8	0.035	0.292	0.530	0.731	0.883	0.974	52
9	0.039	0.297	0.534	0.734	0.885	0.975	51
10	0.044	0.301	0.537	0.737	0.887	0.976	50
11	0.048	0.305	0.541	0.740	0.889	0.977	49
12	0.052	0.309	0.545	0.743	0.891	0.978	48
13	0.057	0.313	0.548	0.746	0.893	0.979	47
14	0.061	0.317	0.552	0.749	0.895	0.980	46
15	0.065	0.321	0.556	0.752	0.897	0.981	45
16	0.070	0.326	0.559	0.755	0.899	0.982	44
17	0.074	0.330	0.563	0.758	0.901	0.982	43
18	0.078	0.334	0.566	0.760	0.903	0.983	42
19	0.083	0.338	0.570	0.763	0.904	0.984	41
20	0.087	0.342	0.574	0.766	0.906	0.985	40
21	0.092	0.346	0.577	0.769	0.908	0.986	39
22	0.096	0.350	0.581	0.772	0.910	0.986	38
23	0.100	0.354	0.584	0.774	0.912	0.987	37
24	0.105	0.358	0.588	0.777	0.914	0.988	36
25	0.109	0.362	0.591	0.780	0.915	0.988	35
26	0.113	0.367	0.595	0.783	0.917	0.989	34
27	0.118	0.371	0.598	0.785	0.919	0.990	33
28	0.122	0.375	0.602	0.788	0.921	0.990	32
29	0.126	0.379	0.605	0.791	0.922	0.991	31
30	0.131	0.383	0.609	0.793	0.924	0.991	30
31	0.135	0.387	0.612	0.796	0.926	0.992	29
32	0.139	0.391	0.616	0.799	0.927	0.993	28
33	0.143	0.395	0.619	0.801	0.929	0.993	27
34	0.148	0.399	0.623	0.804	0.930	0.994	26
35	0.152	0.403	0.626	0.806	0.932	0.994	25
36	0.156	0.407	0.629	0.809	0.934	0.995	24
37	0.161	0.411	0.633	0.812	0.935	0.995	23
38	0.165	0.415	0.636	0.814	0.937	0.995	22
39	0.169	0.419	0.639	0.817	0.938	0.996	21
40	0.174	0.423	0.643	0.819	0.940	0.996	20
41	0.178	0.427	0.646	0.822	0.941	0.997	19
42	0.182	0.431	0.649	0.824	0.943	0.997	18
43	0.187	0.434	0.653	0.827	0.944	0.997	17
44	0.191	0.438	0.656	0.829	0.946	0.998	16
45	0.195	0.442	0.659	0.831	0.947	0.998	15
46	0.199	0.446	0.663	0.834	0.948	0.998	14
47	0.204	0.450	0.666	0.836	0.950	0.998	13
48	0.208	0.454	0.669	0.839	0.951	0.999	12
49	0.212	0.458	0.672	0.841	0.952	0.999	11
50	0.216	0.462	0.676	0.843	0.954	0.999	10
51	0.221	0.466	0.679	0.846	0.955	0.999	9
52	0.225	0.469	0.682	0.848	0.956	0.999	8
53	0.229	0.473	0.685	0.850	0.958	1.000	7
54	0.233	0.477	0.688	0.853	0.959	1.000	6
55	0.238	0.481	0.692	0.855	0.960	1.000	5
56	0.242	0.485	0.695	0.857	0.961	1.000	4
57	0.246	0.489	0.698	0.859	0.962	1.000	3
58	0.250	0.492	0.701	0.862	0.964	1.000	2
59	0.255	0.496	0.704	0.864	0.965	1.000	1
60	0.259	0.500	0.707	0.866	0.966	1.000	0^m
	5^h	4^h	3^h	2^h	1^h	0^h	

Cosinus

Reduktionsgrößen 1955

Übertragung von Rektaszensions- und Deklinationsdifferenzen
vom mittleren Äquinoktium 1955.0 auf das Normaläquinoktium 1950.0

α	a_1	a_2	d_1	α	α	a_1	a_2	d_1	α
h m				h m	h m				h m
0 0	−0.0292−	−0.0000+	+0.000−	24 0	6 0	+0.0000+	−0.0292+	+0.437−	18 0
10	0291	0013	019	50	10	0013	0291	437	50
20	0290	0025	038	40	20	0025	0290	436	40
30	0289	0038	057	30	30	0038	0289	434	30
40	0287	0051	076	20	40	0051	0287	431	20
50	0285	0063	095	10	50	0063	0285	427	10
1 0	−0.0282−	−0.0075+	+0.113−	23 0	7 0	+0.0075+	−0.0282+	+0.422−	17 0
10	0278	0088	131	50	10	0088	0278	417	50
20	0274	0100	150	40	20	0100	0274	411	40
30	0269	0112	167	30	30	0112	0269	404	30
40	0264	0123	185	20	40	0123	0264	396	20
50	0259	0135	202	10	50	0135	0259	388	10
2 0	−0.0252−	−0.0146+	+0.219−	22 0	8 0	+0.0146+	−0.0252+	+0.379−	16 0
10	0246	0156	235	50	10	0156	0246	369	50
20	0239	0167	251	40	20	0167	0239	358	40
30	0231	0177	266	30	30	0177	0231	347	30
40	0223	0187	281	20	40	0187	0223	335	20
50	0215	0197	295	10	50	0197	0215	322	10
3 0	−0.0206−	−0.0206+	+0.309−	21 0	9 0	+0.0206+	−0.0206+	+0.309−	15 0
10	0197	0215	322	50	10	0215	0197	295	50
20	0187	0223	335	40	20	0223	0187	281	40
30	0177	0231	347	30	30	0231	0177	266	30
40	0167	0239	358	20	40	0239	0167	251	20
50	0156	0246	369	10	50	0246	0156	235	10
4 0	−0.0146−	−0.0252+	+0.379−	20 0	10 0	+0.0252+	−0.0146+	+0.219−	14 0
10	0135	0259	388	50	10	0259	0135	202	50
20	0123	0264	396	40	20	0264	0123	185	40
30	0112	0269	404	30	30	0269	0112	167	30
40	0100	0274	411	20	40	0274	0100	150	20
50	0088	0278	417	10	50	0278	0088	131	10
5 0	−0.0075−	−0.0282+	+0.422−	19 0	11 0	+0.0282+	−0.0075+	+0.113−	13 0
10	0063	0285	427	50	10	0285	0063	095	50
20	0051	0287	431	40	20	0287	0051	076	40
30	0038	0289	434	30	30	0289	0038	057	30
40	0025	0290	436	20	40	0290	0025	038	20
50	0013	0291	437	10	50	0291	0013	019	10
6 0	−0.0000−	−0.0292+	+0.437−	18 0	12 0	+0.0292+	−0.0000+	+0.000−	12 0

Für α zwischen 12^h und 24^h gelten die Vorzeichen zur Rechten.

$$\Delta\alpha_{1950.0} = \Delta\alpha_{1955.0} + a_1 \cdot \mathrm{tg}\,\delta \cdot \Delta\alpha^m + a_2 \cdot \frac{1}{15}\sec^2\delta \cdot \Delta\delta'$$

$$\Delta\delta_{1950.0} = \Delta\delta_{1955.0} + d_1 \cdot \Delta\alpha^m$$

$\Delta\alpha^m$ bedeutet die Rektaszensionsdifferenz in Zeitminuten, $\Delta\delta'$ ist die Deklinationsdifferenz in Bogenminuten.

Die Werte von tg δ und $\frac{1}{15}\sec^2\delta$ sind auf S. 283* enthalten.

Reduktionsgrößen 1955

Reduktion vom mittleren Äquinoktium 1950.0 auf das wahre Äquinoktium der Epoche

0^h Weltzeit	f	$log\ g$	G	0^h Weltzeit	f	$log\ g$	G
1955	s		h m s	1955	s		h m s
Jan.—2	+16.405	2.02925	23 59 4	Juli 2	+17.974	2.06896	0 2 9
+3	16.461	2.03075	23 59 5	7	18.027	2.07023	0 2 10
8	16.517	2.03220	23 59 5	12	18.079	2.07147	0 2 9
13	16.571	2.03363	23 59 3	17	18.130	2.07269	0 2 6
18	16.624	2.03500	23 58 59	22	18.179	2.07386	0 2 3
23	+16.674	2.03632	23 58 54	27	+18.226	2.07499	0 1 58
28	16.722	2.03758	23 58 48	Aug. 1	18.271	2.07606	0 1 53
Febr. 2	16.768	2.03876	23 58 41	6	18.315	2.07709	0 1 47
7	16.811	2.03988	23 58 34	11	18.356	2.07806	0 1 42
12	16.852	2.04093	23 58 28	16	18.395	2.07899	0 1 36
17	+16.890	2.04192	23 58 21	21	+18.432	2.07986	0 1 31
22	16.926	2.04285	23 58 16	26	18.467	2.08068	0 1 26
27	16.960	2.04372	23 58 12	31	18.500	2.08146	0 1 22
März 4	16.993	2.04455	23 58 10	Sept. 5	18.531	2.08220	0 1 20
9	17.023	2.04533	23 58 9	10	18.562	2.08291	0 1 19
14	+17.053	2.04609	23 58 11	15	+18.591	2.08359	0 1 20
19	17.082	2.04683	23 58 14	20	18.619	2.08425	0 1 22
24	17.111	2.04757	23 58 19	25	18.647	2.08490	0 1 26
29	17.140	2.04830	23 58 26	30	18.675	2.08556	0 1 32
April 3	17.170	2.04905	23 58 36	Okt. 5	18.704	2.08622	0 1 39
8	+17.200	2.04982	23 58 47	10	+18.733	2.08690	0 1 49
13	17.232	2.05062	23 58 59	15	18.764	2.08762	0 2 0
18	17.266	2.05146	23 59 13	20	18.796	2.08837	0 2 12
23	17.301	2.05235	23 59 29	25	18.830	2.08915	0 2 25
28	17.338	2.05327	23 59 44	30	18.866	2.08998	0 2 40
Mai 3	+17.377	2.05426	0 0 0	Nov. 4	+18.904	2.09088	0 2 55
8	17.418	2.05529	0 0 17	9	18.945	2.09182	0 3 10
13	17.462	2.05637	0 0 33	14	18.988	2.09281	0 3 25
18	17.508	2.05750	0 0 48	19	19.033	2.09387	0 3 39
23	17.555	2.05868	0 1 3	24	19.081	2.09496	0 3 53
28	+17.604	2.05990	0 1 17	29	+19.131	2.09610	0 4 6
Juni 2	17.655	2.06115	0 1 29	Dez. 4	19.183	2.09729	0 4 18
7	17.707	2.06242	0 1 40	9	19.237	2.09849	0 4 28
12	17.760	2.06372	0 1 49	14	19.291	2.09973	0 4 36
17	17.813	2.06504	0 1 57	19	19.347	2.10098	0 4 42
22	+17.867	2.06635	0 2 3	24	+19.403	2.10223	0 4 46
27	17.921	2.06766	0 2 7	29	19.458	2.10348	0 4 49
Juli 2	+17.974	2.06896	0 2 9	34	+19.513	2.10471	0 4 49

Red. in $\alpha = f + \frac{1}{15} g \sin(G + \alpha) \operatorname{tg} \delta$ + Korr. nach S. 287*

Red. in $\delta = g \cos(G + \alpha)$ + Korr. nach S. 287*

Korrektion der Reduktion vom mittleren Äquinoktium 1950.0 auf das jedesmalige wahre Äquinoktium (s. S. 286*), berechnet für 1955.0, mit Hinzufügung ihrer einjährigen Änderung

α	δ															
	+60°		+50°		+30°		+10°		−10°		−30°		−50°		−60°	
Für Rektaszension (in 0ˢ001)																
0^h	+ 7	+3	+5	+2	+2	+1	+1	0	0	0	−2	−1	−4	−2	− 6	−2
1	+ 9	+4	+6	+2	+3	+1	+1	+1	0	0	−1	0	−2	−1	− 3	−1
2	+11	+4	+7	+3	+3	+1	+2	+1	0	0	0	0	−1	0	0	0
3	+10	+4	+6	+3	+3	+1	+2	+1	+1	0	0	0	0	0	+ 1	+1
4	+ 8	+3	+5	+2	+2	+1	+1	+1	+1	0	0	0	+1	0	+ 2	+1
5	+ 5	+2	+3	+1	+1	+1	+1	0	+1	0	0	0	+1	0	+ 2	+1
6	0	0	0	0	0	0	0	0	0	0	0	0	0	0	0	0
7	− 4	−2	−3	−1	−1	0	0	0	0	0	0	0	0	0	− 1	0
8	− 8	−3	−5	−2	−2	−1	−1	0	0	0	0	0	0	0	− 1	−1
9	−10	−4	−6	−2	−3	−1	−1	0	0	0	0	0	0	0	− 1	0
10	−10	−4	−6	−3	−3	−1	−1	0	0	0	+1	0	+1	+1	+ 1	0
11	− 9	−4	−6	−2	−3	−1	−1	0	0	0	+2	+1	+3	+1	+ 4	+1
12	− 6	−2	−4	−2	−2	−1	0	0	+1	0	+2	+1	+5	+2	+ 7	+3
13	− 3	−1	−2	−1	−1	0	0	0	+1	+1	+3	+1	+6	+2	+ 9	+4
14	0	0	−1	0	0	0	0	0	+2	+1	+3	+1	+7	+3	+11	+4
15	+ 1	+1	0	0	0	0	+1	0	+2	+1	+3	+1	+6	+3	+10	+4
16	+ 2	+1	+1	0	0	0	+1	0	+1	+1	+2	+1	+5	+2	+ 8	+3
17	+ 2	+1	+1	0	0	0	+1	0	+1	0	+1	+1	+3	+1	+ 5	+2
18	0	0	0	0	0	0	0	0	0	0	0	0	0	0	0	0
19	− 1	0	0	0	0	0	0	0	0	0	−1	0	−3	−1	− 4	−2
20	− 1	−1	0	0	0	0	0	0	−1	0	−2	−1	−5	−2	− 8	−3
21	− 1	0	0	0	0	0	0	0	−1	0	−3	−1	−6	−2	−10	−4
22	+ 1	0	+1	+1	+1	0	0	0	−1	0	−3	−1	−6	−3	−10	−4
23	+ 4	+1	+3	+1	+2	+1	0	0	−1	0	−3	−1	−6	−2	− 9	−4
24	+ 7	+3	+5	+2	+2	+1	+1	0	0	0	−2	−1	−4	−2	− 6	−2
Für Deklination (in 0ʺ01)																
0^h	0	0	0	0	0	0	0	0	0	0	0	0	0	0	0	0
1	− 2	−1	−2	−1	−2	−1	−2	−1	−2	−1	−1	−1	−1	−1	− 1	−1
2	− 4	−2	−4	−1	−3	−1	−3	−1	−3	−1	−3	−1	−2	−1	− 2	−1
3	− 6	−3	−5	−2	−5	−2	−4	−2	−4	−2	−3	−1	−3	−1	− 2	−1
4	− 8	−3	−7	−3	−6	−2	−5	−2	−5	−2	−4	−2	−3	−1	− 2	−1
5	− 9	−4	−8	−3	−7	−3	−6	−2	−5	−2	−4	−2	−3	−1	− 2	−1
6	−10	−4	−9	−3	−7	−3	−6	−2	−5	−2	−4	−2	−3	−1	− 1	−1
7	− 9	−4	−8	−3	−7	−3	−6	−2	−5	−2	−4	−2	−3	−1	− 1	−1
8	− 8	−3	−7	−3	−6	−2	−5	−2	−4	−2	−4	−2	−3	−1	− 2	−1
9	− 6	−2	−5	−2	−5	−2	−4	−2	−4	−1	−3	−1	−2	−1	− 2	−1
10	− 4	−2	−3	−1	−3	−1	−3	−1	−3	−1	−2	−1	−2	−1	− 2	−1
11	− 2	−1	−2	−1	−1	−1	−1	−1	−1	−1	−1	−1	−1	0	− 1	0
12	0	0	0	0	0	0	0	0	0	0	0	0	0	0	0	0
13	+ 1	+1	+1	+1	+1	+1	+2	+1	+2	+1	+2	+1	+2	+1	+ 2	+1
14	+ 2	+1	+2	+1	+3	+1	+3	+1	+3	+1	+3	+1	+4	+1	+ 4	+2
15	+ 2	+1	+3	+1	+3	+1	+4	+2	+4	+2	+5	+2	+5	+2	+ 6	+2
16	+ 2	+1	+3	+1	+4	+2	+5	+2	+5	+2	+6	+2	+7	+3	+ 8	+3
17	+ 2	+1	+3	+1	+4	+2	+5	+2	+6	+2	+7	+3	+8	+3	+ 9	+4
18	+ 1	+1	+3	+1	+4	+2	+5	+2	+6	+2	+7	+3	+9	+3	+10	+4
19	+ 1	+1	+3	+1	+4	+2	+5	+2	+6	+2	+7	+3	+8	+3	+ 9	+4
20	+ 2	+1	+3	+1	+4	+2	+4	+2	+5	+2	+6	+2	+7	+3	+ 8	+3
21	+ 2	+1	+2	+1	+3	+1	+4	+1	+4	+2	+5	+2	+5	+2	+ 6	+2
22	+ 2	+1	+2	+1	+2	+1	+3	+1	+3	+1	+3	+1	+3	+1	+ 4	+2
23	+ 1	0	+1	0	+1	+1	+1	+1	+1	+1	+1	+1	+2	+1	+ 2	+1
24	0	0	0	0	0	0	0	0	0	0	0	0	0	0	0	0

α	0^h; 12^h		1^h; 13^h		2^h; 14^h		3^h; 15^h		4^h; 16^h		5^h; 17^h		α
m	− A +	− D +	− A +	− D +	− A +	− D +	− A +	− D +	− A +	− D +	− A +	− D +	m
	s	″	s	″	s	″	s	″	s	″	s	″	
0		100.21	1.725	96.81	3.337	86.81	4.721	70.90	5.784	50.15	6.452	25.99	0
1	0.025	100.21	1.753	96.70	3.362	86.59	4.742	70.59	5.798	49.77	6.460	25.57	1
2	0.054	100.21	1.781	96.58	3.388	86.37	4.762	70.28	5.813	49.39	6.467	25.14	2
3	0.084	100.20	1.809	96.46	3.413	86.15	4.782	69.97	5.827	49.01	6.474	24.72	3
4	0.113	100.20	1.837	96.34	3.438	85.93	4.803	69.65	5.841	48.63	6.481	24.29	4
5	0.142	100.19	1.865	96.22	3.463	85.70	4.823	69.34	5.855	48.25	6.488	23.87	5
6	0.171	100.18	1.893	96.10	3.488	85.48	4.843	69.02	5.869	47.87	6.495	23.44	6
7	0.200	100.17	1.921	95.98	3.512	85.25	4.863	68.70	5.883	47.48	6.502	23.02	7
8	0.230	100.15	1.949	95.85	3.537	85.02	4.883	68.38	5.897	47.10	6.509	22.59	8
9	0.259	100.14	1.977	95.72	3.562	84.78	4.903	68.06	5.910	46.71	6.516	22.17	9
10	0.288	100.12	2.005	95.59	3.586	84.55	4.923	67.74	5.924	46.32	6.522	21.74	10
11	0.317	100.10	2.033	95.46	3.611	84.31	4.943	67.42	5.937	45.93	6.528	21.31	11
12	0.346	100.08	2.061	95.33	3.635	84.08	4.962	67.09	5.951	45.54	6.534	20.89	12
13	0.375	100.05	2.088	95.19	3.660	83.84	4.981	66.77	5.964	45.15	6.540	20.46	13
14	0.404	100.03	2.116	95.05	3.684	83.60	5.001	66.44	5.977	44.76	6.546	20.03	14
15	0.434	100.00	2.144	94.91	3.709	83.36	5.020	66.12	5.990	44.37	6.552	19.61	15
16	0.463	99.97	2.171	94.77	3.733	83.11	5.039	65.79	6.003	43.98	6.558	19.18	16
17	0.492	99.94	2.199	94.63	3.757	82.87	5.058	65.46	6.015	43.58	6.563	18.75	17
18	0.521	99.90	2.226	94.49	3.781	82.62	5.077	65.13	6.028	43.19	6.569	18.32	18
19	0.550	99.87	2.254	94.34	3.805	82.37	5.096	64.79	6.041	42.80	6.574	17.89	19
20	0.579	99.83	2.281	94.19	3.829	82.12	5.115	64.46	6.053	42.40	6.579	17.46	20
21	0.608	99.79	2.308	94.04	3.853	81.87	5.134	64.12	6.065	42.00	6.584	17.03	21
22	0.637	99.75	2.336	93.89	3.877	81.62	5.152	63.79	6.077	41.61	6.589	16.60	22
23	0.666	99.71	2.363	93.74	3.900	81.36	5.171	63.45	6.090	41.21	6.594	16.17	23
24	0.695	99.66	2.390	93.58	3.924	81.11	5.190	63.11	6.102	40.81	6.598	15.74	24
25	0.724	99.62	2.418	93.42	3.948	80.85	5.208	62.77	6.113	40.41	6.603	15.31	25
26	0.753	99.57	2.445	93.26	3.971	80.59	5.226	62.43	6.125	40.01	6.607	14.87	26
27	0.781	99.52	2.472	93.10	3.994	80.33	5.244	62.09	6.137	39.61	6.611	14.44	27
28	0.810	99.47	2.499	92.94	4.018	80.07	5.262	61.74	6.148	39.21	6.615	14.01	28
29	0.839	99.42	2.526	92.78	4.041	79.81	5.280	61.40	6.160	38.80	6.619	13.57	29
30	0.868	99.36	2.553	92.61	4.064	79.54	5.298	61.05	6.171	38.40	6.623	13.14	30
31	0.897	99.30	2.580	92.44	4.087	79.27	5.316	60.70	6.182	38.00	6.627	12.71	31
32	0.926	99.24	2.607	92.27	4.110	79.01	5.333	60.35	6.193	37.59	6.630	12.27	32
33	0.954	99.18	2.634	92.10	4.133	78.74	5.351	60.00	6.204	37.19	6.634	11.84	33
34	0.983	99.12	2.660	91.93	4.156	78.47	5.368	59.65	6.215	36.78	6.637	11.40	34
35	1.012	99.05	2.687	91.75	4.179	78.19	5.385	59.30	6.226	36.38	6.641	10.97	35
36	1.041	98.99	2.714	91.58	4.201	77.92	5.403	58.95	6.236	35.97	6.644	10.53	36
37	1.070	98.92	2.740	91.40	4.224	77.64	5.420	58.59	6.247	35.56	6.647	10.10	37
38	1.098	98.85	2.767	91.22	4.246	77.36	5.436	58.24	6.257	35.15	6.650	9.66	38
39	1.127	98.77	2.794	91.03	4.269	77.08	5.453	57.88	6.267	34.74	6.652	9.23	39
40	1.156	98.70	2.820	90.85	4.291	76.80	5.470	57.52	6.277	34.33	6.655	8.79	40
41	1.185	98.62	2.846	90.66	4.313	76.52	5.487	57.16	6.287	33.92	6.657	8.36	41
42	1.213	98.55	2.873	90.48	4.336	76.24	5.504	56.80	6.297	33.51	6.660	7.92	42
43	1.242	98.47	2.899	90.29	4.358	75.95	5.520	56.44	6.306	33.10	6.662	7.49	43
44	1.271	98.38	2.925	90.10	4.380	75.67	5.537	56.08	6.316	32.68	6.664	7.05	44
45	1.299	98.30	2.952	89.90	4.402	75.38	5.553	55.72	6.325	32.27	6.666	6.62	45
46	1.328	98.21	2.978	89.71	4.424	75.09	5.569	55.36	6.334	31.86	6.668	6.18	46
47	1.357	98.13	3.004	89.51	4.446	74.80	5.585	54.99	6.343	31.44	6.670	5.74	47
48	1.385	98.04	3.030	89.31	4.468	74.51	5.601	54.63	6.352	31.02	6.671	5.31	48
49	1.414	97.94	3.056	89.11	4.489	74.22	5.617	54.26	6.361	30.61	6.673	4.87	49
50	1.442	97.85	3.082	88.91	4.511	73.92	5.633	53.89	6.370	30.19	6.674	4.43	50
51	1.470	97.75	3.108	88.71	4.532	73.63	5.649	53.52	6.379	29.77	6.675	3.99	51
52	1.499	97.66	3.134	88.50	4.554	73.33	5.664	53.15	6.387	29.36	6.676	3.56	52
53	1.527	97.56	3.159	88.30	4.575	73.03	5.680	52.78	6.396	28.94	6.677	3.12	53
54	1.556	97.46	3.185	88.09	4.596	72.73	5.695	52.41	6.404	28.52	6.678	2.69	54
55	1.584	97.35	3.211	87.88	4.617	72.43	5.710	52.04	6.413	28.10	6.679	2.25	55
56	1.612	97.25	3.236	87.67	4.638	72.13	5.725	51.66	6.421	27.68	6.680	1.81	56
57	1.640	97.14	3.261	87.46	4.659	71.82	5.740	51.29	6.429	27.26	6.680	1.37	57
58	1.669	97.03	3.287	87.24	4.680	71.52	5.755	50.91	6.437	26.84	6.681	0.94	58
59	1.697	96.92	3.312	87.03	4.700	71.21	5.769	50.53	6.444	26.41	6.681	0.50	59
60	1.725	96.81	3.337	86.81	4.721	70.90	5.784	50.15	6.452	25.99	6.681	0.06	60

α	6h; 18h		7h; 19h		8h; 20h		9h; 21h		10h; 22h		11h; 23h		α
m	−A+	+D−	−A+	+D−	−A+	+D−	−A+	+D−	−A+	+D−	−A+	+D−	m
	s	″	s	″	s	″	s	″	s	″	s	″	
0	6.681		6.454	25.88	5.788	50.06	4.727	70.82	3.344	86.76	1.733	96.78	0
1	6.681	0.38	6.446	26.30	5.773	50.44	4.706	71.13	3.319	86.98	1.705	96.89	1
2	6.681	0.82	6.439	26.73	5.759	50.82	4.686	71.44	3.293	87.20	1.677	97.00	2
3	6.681	1.26	6.431	27.15	5.744	51.19	4.665	71.75	3.268	87.41	1.648	97.11	3
4	6.680	1.70	6.423	27.57	5.729	51.57	4.644	72.05	3.243	87.62	1.620	97.22	4
5	6.680	2.13	6.415	27.99	5.714	51.94	4.623	72.36	3.217	87.83	1.592	97.33	5
6	6.679	2.57	6.407	28.41	5.699	52.32	4.602	72.66	3.191	88.04	1.564	97.43	6
7	6.678	3.01	6.399	28.83	5.684	52.69	4.580	72.96	3.166	88.25	1.535	97.53	7
8	6.677	3.45	6.390	29.25	5.668	53.06	4.559	73.26	3.140	88.46	1.507	97.63	8
9	6.676	3.88	6.382	29.66	5.653	53.43	4.538	73.55	3.114	88.66	1.478	97.73	9
10	6.675	4.32	6.373	30.08	5.637	53.80	4.516	73.85	3.088	88.86	1.450	97.82	10
11	6.674	4.76	6.364	30.50	5.621	54.17	4.495	74.15	3.062	89.06	1.422	97.91	11
12	6.672	5.19	6.355	30.91	5.606	54.53	4.473	74.44	3.036	89.26	1.393	98.01	12
13	6.671	5.63	6.346	31.33	5.590	54.90	4.451	74.73	3.011	89.46	1.365	98.10	13
14	6.669	6.07	6.337	31.75	5.574	55.27	4.429	75.02	2.985	89.66	1.336	98.19	14
15	6.667	6.50	6.328	32.16	5.558	55.63	4.408	75.31	2.959	89.86	1.307	98.27	15
16	6.665	6.94	6.318	32.57	5.541	55.99	4.386	75.60	2.932	90.05	1.279	98.36	16
17	6.663	7.38	6.309	32.99	5.525	56.35	4.364	75.88	2.906	90.24	1.250	98.44	17
18	6.661	7.81	6.299	33.40	5.508	56.71	4.342	76.17	2.880	90.43	1.221	98.52	18
19	6.658	8.25	6.289	33.81	5.492	57.07	4.319	76.45	2.853	90.62	1.193	98.60	19
20	6.656	8.68	6.279	34.22	5.475	57.43	4.297	76.73	2.827	90.80	1.164	98.68	20
21	6.653	9.12	6.269	34.63	5.458	57.79	4.275	77.01	2.801	90.99	1.135	98.76	21
22	6.651	9.55	6.259	35.04	5.441	58.14	4.252	77.29	2.774	91.17	1.107	98.83	22
23	6.648	9.99	6.249	35.45	5.424	58.50	4.230	77.57	2.748	91.35	1.078	98.90	23
24	6.645	10.42	6.238	35.86	5.407	58.86	4.207	77.85	2.721	91.53	1.049	98.97	24
25	6.642	10.85	6.228	36.27	5.390	59.21	4.185	78.12	2.695	91.71	1.020	99.04	25
26	6.638	11.29	6.217	36.68	5.373	59.56	4.162	78.39	2.668	91.88	0.992	99.11	26
27	6.635	11.72	6.207	37.08	5.355	59.91	4.139	78.66	2.641	92.05	0.963	99.17	27
28	6.631	12.15	6.196	37.49	5.338	60.26	4.116	78.93	2.614	92.22	0.934	99.23	28
29	6.628	12.59	6.185	37.90	5.320	60.61	4.093	79.20	2.587	92.39	0.905	99.29	29
30	6.624	13.02	6.174	38.30	5.302	60.96	4.070	79.47	2.560	92.56	0.876	99.35	30
31	6.620	13.45	6.163	38.70	5.284	61.31	4.047	79.74	2.533	92.73	0.847	99.41	31
32	6.616	13.89	6.151	39.11	5.266	61.65	4.024	80.00	2.506	92.89	0.818	99.46	32
33	6.612	14.32	6.140	39.51	5.249	62.00	4.000	80.26	2.479	93.06	0.789	99.51	33
34	6.608	14.76	6.128	39.91	5.231	62.34	3.977	80.52	2.452	93.22	0.760	99.56	34
35	6.604	15.19	6.117	40.31	5.212	62.68	3.954	80.78	2.425	93.38	0.731	99.61	35
36	6.599	15.62	6.105	40.71	5.194	63.02	3.930	81.04	2.397	93.54	0.702	99.66	36
37	6.595	16.05	6.093	41.11	5.176	63.36	3.906	81.30	2.370	93.69	0.673	99.71	37
38	6.590	16.49	6.081	41.51	5.157	63.70	3.883	81.56	2.343	93.85	0.644	99.75	38
39	6.585	16.92	6.068	41.90	5.139	64.03	3.859	81.81	2.315	94.00	0.615	99.79	39
40	6.580	17.35	6.056	42.30	5.120	64.37	3.835	82.06	2.288	94.15	0.586	99.83	40
41	6.575	17.78	6.044	42.70	5.101	64.70	3.811	82.31	2.261	94.30	0.557	99.87	41
42	6.570	18.21	6.031	43.09	5.082	65.04	3.787	82.56	2.233	94.45	0.528	99.90	42
43	6.564	18.64	6.019	43.48	5.064	65.37	3.763	82.81	2.206	94.59	0.499	99.93	43
44	6.559	19.07	6.006	43.88	5.045	65.70	3.739	83.05	2.178	94.74	0.470	99.96	44
45	6.553	19.50	5.994	44.27	5.025	66.03	3.715	83.30	2.151	94.88	0.441	99.99	45
46	6.547	19.93	5.981	44.66	5.006	66.36	3.691	83.54	2.123	95.02	0.411	100.02	46
47	6.541	20.36	5.968	45.05	4.987	66.69	3.666	83.78	2.096	95.16	0.382	100.05	47
48	6.535	20.79	5.955	45.44	4.967	67.01	3.642	84.02	2.068	95.29	0.353	100.07	48
49	6.529	21.21	5.941	45.83	4.948	67.34	3.618	84.25	2.041	95.43	0.324	100.09	49
50	6.523	21.64	5.928	46.22	4.928	67.66	3.593	84.49	2.013	95.56	0.295	100.11	50
51	6.517	22.07	5.915	46.61	4.908	67.98	3.569	84.72	1.985	95.69	0.266	100.13	51
52	6.510	22.49	5.901	47.00	4.889	68.31	3.544	84.96	1.958	95.82	0.237	100.15	52
53	6.504	22.92	5.887	47.38	4.869	68.63	3.519	85.19	1.930	95.95	0.208	100.16	53
54	6.497	23.34	5.873	47.77	4.849	68.95	3.494	85.42	1.902	96.07	0.179	100.17	54
55	6.490	23.77	5.859	48.15	4.829	69.26	3.470	85.65	1.874	96.20	0.150	100.18	55
56	6.483	24.19	5.845	48.54	4.809	69.58	3.445	85.87	1.846	96.32	0.120	100.19	56
57	6.476	24.61	5.831	48.92	4.788	69.89	3.420	86.10	1.818	96.44	0.091	100.20	57
58	6.469	25.04	5.817	49.30	4.768	70.20	3.395	86.32	1.790	96.55	0.062	100.21	58
59	6.461	25.46	5.803	49.68	4.748	70.51	3.369	86.54	1.761	96.67	0.033	100.21	59
60	6.454	25.88	5.788	50.06	4.727	70.82	3.344	86.76	1.733	96.78	0.004	100.21	60

Reduktionsgrößen 1955

Übertragung von Sternörtern vom mittleren Äquinoktium 1955.0 auf das Normaläquinoktium 1950.0

α	B	α	α	B	α
h m	s	h m	h m	s	h m
0 0	−15.367	12 0	6 0	−15.367	18 0
10	15.367	10	10	15.367	10
20	15.367	20	20	15.367	20
30	15.367	30	30	15.366	30
40	15.367	40	40	15.366	40
50	15.367	50	50	15.366	50
1 0	−15.367	13 0	7 0	−15.366	19 0
10	15.367	10	10	15.366	10
20	15.367	20	20	15.366	20
30	15.367	30	30	15.366	30
40	15.367	40	40	15.366	40
50	15.367	50	50	15.366	50
2 0	−15.367	14 0	8 0	−15.366	20 0
10	15.367	10	10	15.366	10
20	15.367	20	20	15.366	20
30	15.367	30	30	15.366	30
40	15.367	40	40	15.366	40
50	15.367	50	50	15.366	50
3 0	−15.367	15 0	9 0	−15.366	21 0
10	15.367	10	10	15.366	10
20	15.367	20	20	15.366	20
30	15.367	30	30	15.366	30
40	15.367	40	40	15.366	40
50	15.367	50	50	15.366	50
4 0	−15.367	16 0	10 0	−15.366	22 0
10	15.367	10	10	15.366	10
20	15.367	20	20	15.366	20
30	15.367	30	30	15.366	30
40	15.367	40	40	15.366	40
50	15.367	50	50	15.366	50
5 0	−15.367	17 0	11 0	−15.366	23 0
10	15.367	10	10	15.366	10
20	15.367	20	20	15.366	20
30	15.367	30	30	15.366	30
40	15.367	40	40	15.367	40
50	15.367	50	50	15.367	50
6 0	−15.367	18 0	12 0	−15.367	24 0

C	ΔC	P	C	ΔC	P
s	s	s	s	s	s
0	e0.000	e0.0000	350	e0.076	e0.1909
10	000	0055	360	082	1963
20	000	0109	370	089	2018
30	000	0164	380	097	2072
40	000	0218	390	104	2127
50	e0.000	e0.0273	400	e0.113	e0.2181
60	000	0327	410	121	2236
70	001	0382	420	131	2290
80	001	0436	430	140	2345
90	001	0491	440	150	2399
100	e0.002	e0.0545	450	e0.161	e0.2454
110	002	0600	460	172	2508
120	003	0654	470	183	2563
130	004	0709	480	195	2617
140	005	0764	490	207	2672
150	e0.006	e0.0818	500	e0.220	e0.2726
160	007	0873	510	234	2781
170	009	0927	520	248	2835
180	010	0982	530	262	2890
190	012	1036	540	277	2944
200	e0.014	e0.1091	550	e0.293	e0.2999
210	016	1145	560	309	3053
220	019	1200	570	326	3107
230	022	1254	580	344	3162
240	025	1309	590	362	3216
250	e0.028	e0.1363	600	e0.380	e0.3271
260	031	1418	610	400	3325
270	035	1473	620	420	3380
280	039	1527	630	440	3434
290	043	1582	640	462	3489
300	e0.048	e0.1636	650	e0.484	e0.3543
310	053	1691	660	506	3598
320	058	1745	670	529	3652
330	063	1800	680	553	3707
340	069	1854	690	578	3761
350	e0.076	e0.1909	700	e0.604	e0.3815

e bedeutet: Vorzeichen entgegengesetzt dem Vorzeichen des Arguments.

$$\alpha_{1950.0} = \alpha_{1955.0} + B + C + \Delta C, \text{ wobei } C = A \cdot \operatorname{tg}(\delta_{1955.0} + D)$$
$$\delta_{1950.0} = \delta_{1955.0} + D + R, \text{ wobei } R = A \cdot P$$

A und D sind aus der Tafel S. 288* u. 289* mit dem Argument $\alpha_{1955.0}$ zu entnehmen. Für die Werte von α zwischen 0^h und 12^h gelten die Vorzeichen zur Linken, für die Werte von α zwischen 12^h und 24^h gelten die Vorzeichen zur Rechten. B, ΔC und P sind in der obenstehenden Tafel enthalten. Die Vorzeichen von ΔC und P sind dem Vorzeichen von C entgegengesetzt.

Finsternisse, Sternbedeckungen, Mösting A., Rotation der Sonne und des Jupiter, Trabanten

---

Konstellationen, Hilfstafeln

1955

Sonnen- und Mondfinsternisse 1955

Im Jahre 1955 finden zwei Sonnenfinsternisse und eine Mondfinsternis statt

I. Totale Sonnenfinsternis 1955 Juni 20 in Berlin nicht sichtbar

		h m s
Konjunktion in Rektaszension	Juni 20,	4 11 28.1 Weltzeit
		h m s
Rektaszension des Mondes		5 51 37.13
Stündliche Änderung		2 44.73
Rektaszension der Sonne		5 51 37.13
Stündliche Änderung		10.40
		° ′ ″
Deklination des Mondes		+ 23 16 28.3
Stündliche Änderung		— 2 57.0
Deklination der Sonne		+ 23 25 50.8
Stündliche Änderung		+ 2.1
		′ ″
Äquatorialhorizontalparallaxe des Mondes		61 11.9
,, der Sonne		8.7
		′ ″
Halbmesser des Mondes		16 39.7
,, der Sonne		15 44.3

		Weltzeit	Westl. Länge v. Greenwich	Geogr. Breite
		h m	° ′	° ′
Anfang der Finsternis	Juni 20,	1 33.3	292 38	— 0 53
Beginn der zentralen Verfinsterung	,, 20,	2 28.4	305 11	— 3 42
Zentrale Verfinsterung im wahren Mittag	,, 20,	4 11.5	242 34	+14 41
Ende der zentralen Verfinsterung	,, 20,	5 51.9	183 13	—12 34
Ende der Finsternis	,, 20,	6 47.0	195 44	— 9 46

Verlauf der Zentrallinie

Weltzeit	Westl. Länge v. Greenwich	Geogr. Breite	Dauer der totalen Verfinsterung	Weltzeit	Westl. Länge v. Greenwich	Geogr. Breite	Dauer der totalen Verfinsterung
h m	° ′	° ′	m s	h m	° ′	° ′	m s
2 28.4	305 11	— 3 42	—	4 10	243 2.4	+14 45.5	7 7.8
30	296 14.5	+ 0 16.3	3 36.3	15	241 25.6	14 30.6	7 6.8
35	287 47.7	4 3.9	4 6.7	20	239 48.9	14 12.2	7 4.8
40	282 37.4	6 20.0	4 28.5	25	238 12.1	13 50.4	7 1.8
45	278 36.4	8 1.7	4 47.0	4 30	236 34.7	+13 25.2	6 57.7
50	275 13.3	9 22.9	5 3.6	35	234 56.5	12 56.5	6 52.7
55	272 14.9	10 30.0	5 18.8	40	233 17.0	12 24.1	6 46.7
3 0	269 33.8	+11 26.3	5 32.9	45	231 35.8	11 47.9	6 39.8
5	267 5.7	12 14.0	5 45.9	50	229 52.3	11 7.7	6 32.1
10	264 47.6	12 54.3	5 58.0	55	228 5.9	10 23.4	6 23.5
15	262 37.5	13 28.2	6 9.2	5 0	226 15.9	+ 9 34.5	6 14.0
20	260 33.8	13 56.5	6 19.5	5	224 21.4	8 40.8	6 3.7
25	258 35.5	14 19.8	6 28.8	10	222 21.1	7 41.5	5 52.7
3 30	256 41.6	+14 38.3	6 37.2	15	220 13.5	6 36.2	5 40.8
35	254 51.4	14 52.5	6 44.6	20	217 56.5	5 23.7	5 28.1
40	253 4.4	15 2.5	6 51.1	25	215 27.3	4 2.8	5 14.4
45	251 19.9	15 8.7	6 56.5	5 30	212 41.4	2 31.3	4 59.8
50	249 37.5	15 11.2	7 0.9	35	209 31.6	+ 0 45.9	4 43.8
55	247 57.0	15 10.0	7 4.2	40	205 44.8	— 1 19.4	4 26.0
4 0	246 17.8	15 5.2	7 6.5	45	200 50.9	3 58.5	4 5.1
5	244 39.7	14 57.1	7 7.7	50	192 53.9	8 3.5	3 36.5
4 10	243 2.4	+14 45.5	7 7.8	5 51.9	183 13	—12 34	—

Die Finsternis ist sichtbar im südlichen Teil des Roten Meeres, in den Somaliländern und der südlichen Hälfte von Arabien, im Indischen Ozean, im südlichen und mittleren Asien, auf den Sunda-Inseln, den Philippinen, in Japan, Neuguinea, in Australien mit Ausnahme des westlichen und südlichen Teiles und im südwestlichen Teil des Stillen Ozeans.

Totale Sonnenfinsternis

1955 Juni 20

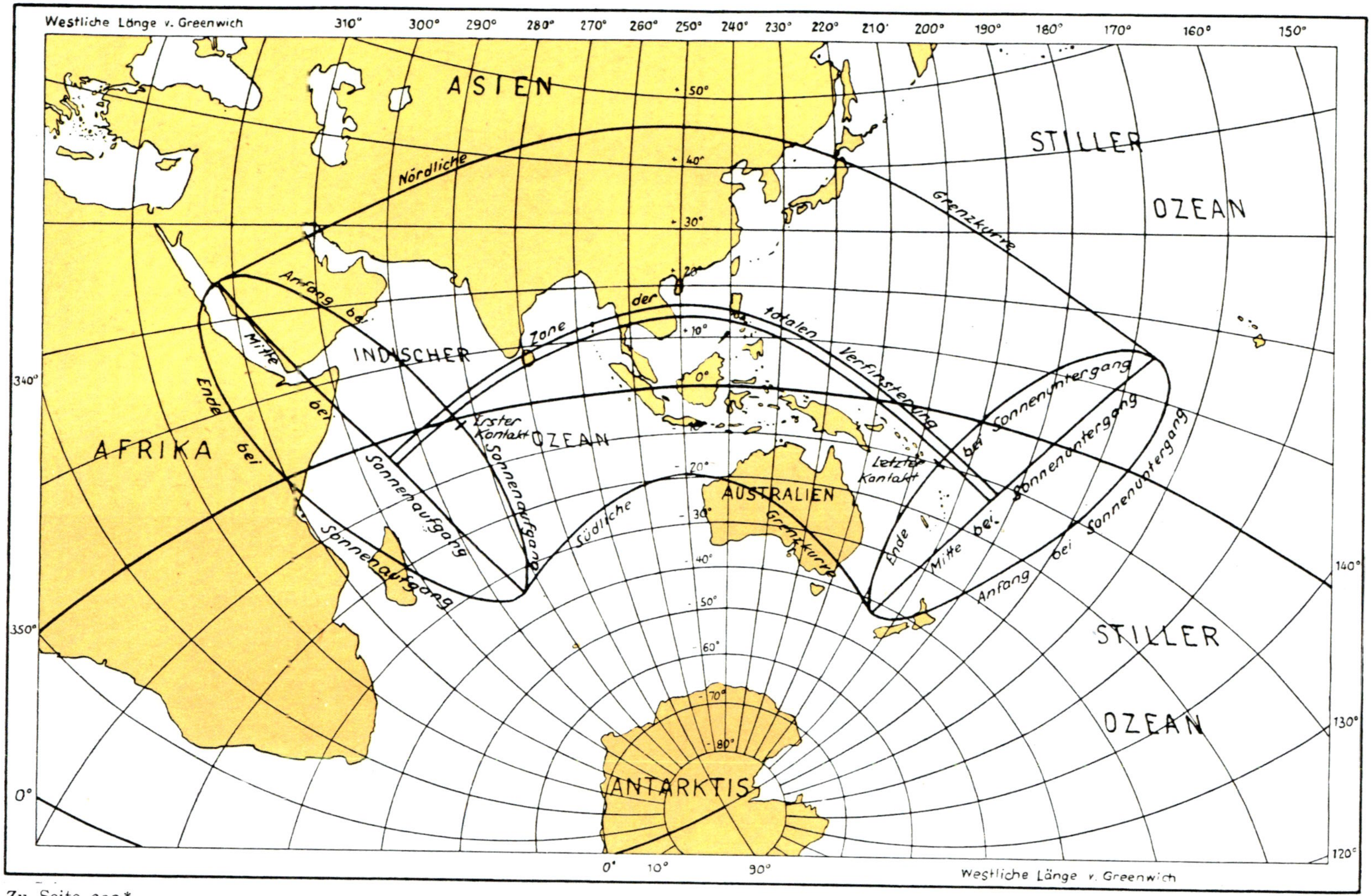

Zu Seite 292*

Elemente der totalen Sonnenfinsternis 1955 Juni 20

Weltzeit	x	y	log sin d	log cos d	μ	$l^{(a)}$	$l^{(i)}$
h m					° ′ ″		
1 30	—1.562210	—0.023080	9.599464	9.962631	202 12 5.4	0.530532	—0.015308
40	1.465473	0.031090	9.599466	9.962630	204 42 5.0	0.530549	0.015292
50	1.368733	0.039109	9.599468	9.962630	207 12 4.5	0.530565	0.015276
2 0	—1.271991	—0.047137	9.599470	9.962629	209 42 4.1	0.530580	—0.015261
10	1.175246	0.055175	9.599472	9.962629	212 12 3.6	0.530594	0.015246
20	1.078499	0.063222	9.599474	9.962629	214 42 3.2	0.530608	0.015232
30	0.981750	0.071279	9.599477	9.962628	217 12 2.7	0.530621	0.015219
40	0.884999	0.079345	9.599479	9.962628	219 42 2.2	0.530633	0.015207
50	0.788247	0.087421	9.599481	9.962627	222 12 1.8	0.530645	0.015196
3 0	—0.691493	—0.095506	9.599483	9.962627	224 42 1.3	0.530656	—0.015185
10	0.594737	0.103600	9.599485	9.962627	227 12 0.9	0.530666	0.015174
20	0.497981	0.111702	9.599487	9.962626	229 42 0.4	0.530676	0.015165
30	0.401225	0.119814	9.599489	9.962626	232 12 0.0	0.530685	0.015156
40	0.304468	0.127935	9.599491	9.962626	234 41 59.5	0.530693	0.015148
50	0.207711	0.136065	9.599493	9.962625	237 11 59.1	0.530700	0.015141
4 0	—0.110956	—0.144204	9.599495	9.962625	239 41 58.6	0.530707	—0.015134
10	—0.014202	0.152352	9.599497	9.962624	242 11 58.1	0.530713	0.015128
20	+0.082550	0.160509	9.599499	9.962624	244 41 57.7	0.530718	0.015123
30	0.179301	0.168675	9.599501	9.962624	247 11 57.2	0.530723	0.015118
40	0.276051	0.176850	9.599503	9.962623	249 41 56.8	0.530727	0.015114
50	0.372799	0.185034	9.599505	9.962623	252 11 56.3	0.530730	0.015111
5 0	+0.469545	—0.193228	9.599507	9.962623	254 41 55.8	0.530732	—0.015109
10	0.566290	0.201431	9.599509	9.962622	257 11 55.4	0.530734	0.015107
20	0.663033	0.209643	9.599511	9.962622	259 41 54.9	0.530735	0.015106
30	0.759774	0.217864	9.599513	9.962621	262 11 54.5	0.530735	0.015106
40	0.856511	0.226094	9.599515	9.962621	264 41 54.0	0.530735	0.015106
50	0.953245	0.234333	9.599517	9.962621	267 11 53.6	0.530734	0.015107
6 0	+1.049974	—0.242580	9.599519	9.962620	269 41 53.1	0.530732	—0.015109
10	1.146699	0.250835	9.599521	9.962620	272 11 52.7	0.530730	0.015111
20	1.243418	0.259099	9.599523	9.962620	274 41 52.2	0.530727	0.015114
30	1.340133	0.267371	9.599525	9.962619	277 11 51.7	0.530723	0.015118
40	1.436843	0.275652	9.599527	9.962619	279 41 51.3	0.530718	0.015123
6 50	+1.533548	—0.283942	9.599529	9.962618	282 11 50.8	0.530713	—0.015128

Welt-zeit	x' für 1ᵐ	log x'	y' für 1ᵐ	log y'	tg $f^{(a)}$	log tg $f^{(a)}$	tg $f^{(i)}$	log tg $f^{(i)}$
h m								
1 0	+0.0096723	7.98553	—0.00079759	6.90178n	+0.0046004	7.66280	+0.0045775	7.66063
2 0	0.0096744	7.98562	0.00080330	6.90488n	0.0046004	7.66280	0.0045775	7.66063
3 0	0.0096755	7.98567	0.00080895	6.90792n	0.0046004	7.66280	0.0045775	7.66063
4 0	+0.0096755	7.98567	—0.00081435	6.91081n	+0.0046004	7.66280	+0.0045775	7.66063
5 0	0.0096746	7.98563	0.00081985	6.91373n	0.0046003	7.66279	0.0045775	7.66063
6 0	0.0096727	7.98555	0.00082510	6.91651n	0.0046003	7.66279	0.0045775	7.66063
7 0	+0.0096696	7.98541	—0.00083025	6.91921n	+0.0046003	7.66279	+0.0045774	7.66062

II. Partielle Mondfinsternis 1955 November 29 in Berlin sichtbar

Opposition in Rektaszension	Nov. 29,	$17^h\ 6^m\ 34^s.8$	Weltzeit
Rektaszension des Mondes		$4^h\ 19^m\ 26^s.33$	
Stündliche Änderung		$2\ 43.67$	
Rektaszension der Sonne		$16\ 19\ 26.33$	
Stündliche Änderung		10.72	
Deklination des Mondes		$+\ 22°\ 24'\ 36''.9$	
Stündliche Änderung		$+\ 2\ 59.7$	
Deklination der Sonne		$-\ 21\ 26\ 2.1$	
Stündliche Änderung		$-\ 25.7$	
Äquatorialhorizontalparallaxe des Mondes		$61'\ 11''.4$	
,, der Sonne		8.9	
Halbmesser des Mondes		$16'\ 39''.6$	
,, der Sonne		$16\ 13.0$	
Eintritt des Mondes in den Halbschatten	Nov. 29,	$14^h\ 51^m.1$	Weltzeit
Eintritt des Mondes in den Kernschatten	,, 29,	$16\ 21.4$	,,
Mitte der Finsternis	,, 29,	$16\ 59.4$	,,
Austritt des Mondes aus dem Kernschatten	,, 29,	$17\ 37.4$	,,
Austritt des Mondes aus dem Halbschatten	,, 29,	$19\ 7.7$	,,

Der Mond steht zu den Zeiten der ersten und letzten Berührung mit dem Kernschatten im Zenit der Orte, deren geographische Lage ist:

248° 48′ westliche Länge von Greenwich, 22° 22′ nördliche Breite
266 58 ,, ,, ,, ,, 22 26 ,, ,,

Positionswinkel des Eintritts = 155°
,, ,, Austritts = 197°

Größe der Finsternis in Einheiten des Monddurchmessers = 0.125

Die Finsternis ist sichtbar im Nördlichen Eismeer, im nördlichen Teil von Kanada, in Alaska und dem nördlichen und nordwestlichen Teil des Stillen Ozeans, in Europa, in Afrika mit Ausnahme des äußersten nordwestlichen Teiles, in Asien, im Indischen Ozean, in Australien und Neu-Seeland.

Ringförmige Sonnenfinsternis

1955 Dezember 14

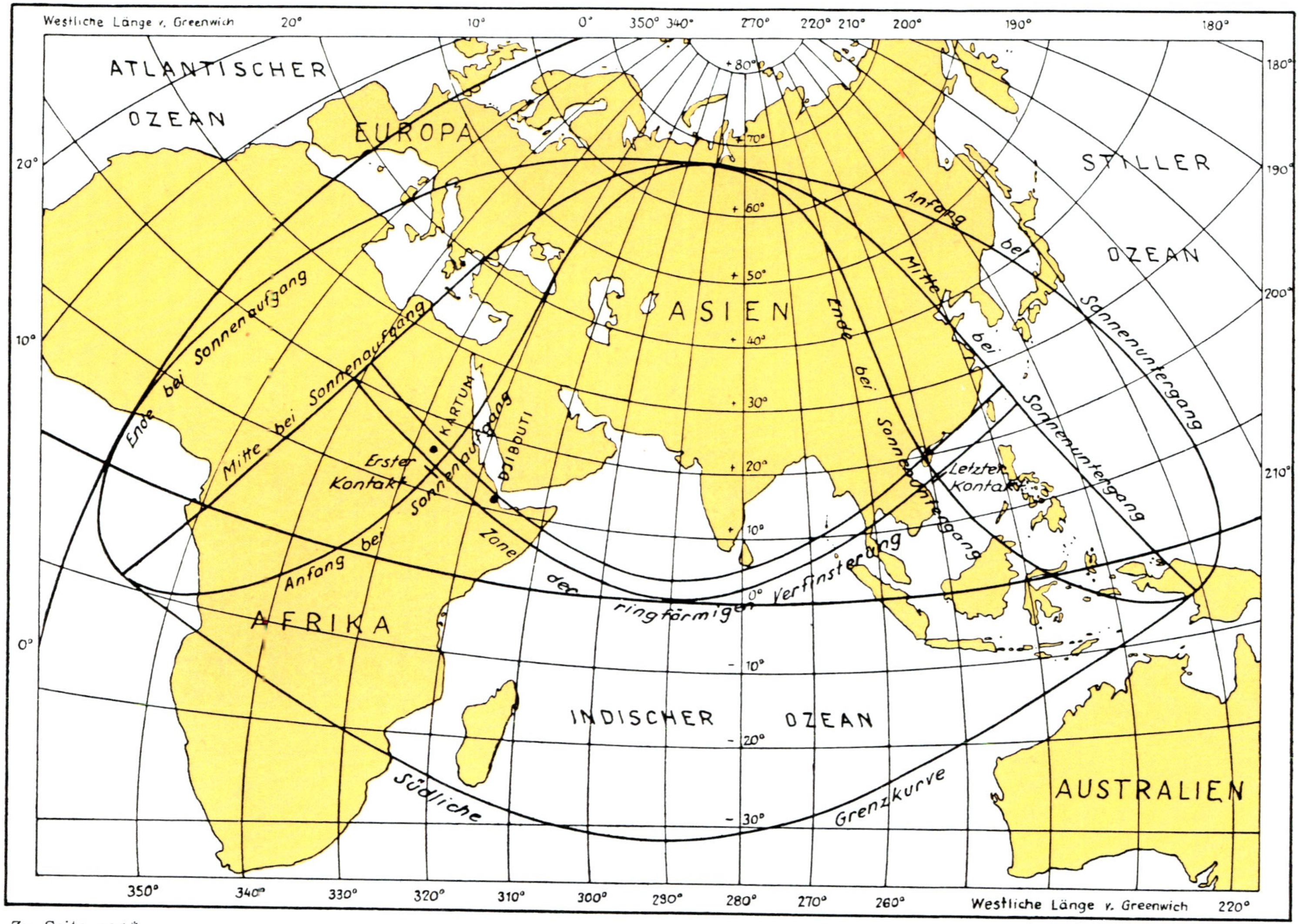

Zu Seite 295*

III. Ringförmige Sonnenfinsternis 1955 Dezember 14 in Berlin nicht sichtbar

		h m s
Konjunktion in Rektaszension	Dez. 14,	7 3 42.1 Weltzeit
		h m s
Rektaszension des Mondes		17 23 2.11
Stündliche Änderung		2 8.52
Rektaszension der Sonne		17 23 2.11
Stündliche Änderung		11.05
		° ′ ″
Deklination des Mondes		— 22 47 21.7
Stündliche Änderung		+ 50.3
Deklination der Sonne		— 23 10 20.4
Stündliche Änderung		— 9.7
		′ ″
Äquatorialhorizontalparallaxe des Mondes		53 59.0
,, der Sonne		8.9
		′ ″
Halbmesser des Mondes		14 41.9
,, der Sonne		16 14.9

		Weltzeit	Westl. Länge v. Greenwich	Geogr. Breite
		h m	° ′	° ′
Anfang der Finsternis	Dez. 14,	4 1.2	326 14	+12 36
Beginn der zentralen Verfinsterung	,, 14,	5 14.1	340 20	+21 19
Zentrale Verfinsterung im wahren Mittag	,, 14,	7 3.7	287 21	+ 2 7
Ende der zentralen Verfinsterung	,, 14,	8 49.5	235 24	+25 10
Ende der Finsternis	,, 14,	10 2.5	249 19	+16 29

Verlauf der Zentrallinie

Weltzeit	Westl. Länge v. Greenwich	Geogr. Breite	Dauer der ringförmigen Verfinsterung	Weltzeit	Westl. Länge v. Greenwich	Geogr. Breite	Dauer der ringförmigen Verfinsterung
h m	° ′	° ′	m s	h m	° ′	° ′	m s
5 14.1	340 20	+21 19	—	7 0	288 12.1	+ 2 2.9	12 9.3
15	334 1.3	18 29.4	7 40.4	5	287 2.9	2 8.2	12 8.7
20	325 13.4	14 22.5	8 15.0	10	285 53.6	2 16.2	12 6.8
25	320 28.0	12 6.2	8 38.9	15	284 43.9	2 26.8	12 3.5
5 30	316 55.3	+10 25.2	8 59.5	20	283 33.6	2 40.2	11 58.9
35	314 1.3	9 4.0	9 18.3	25	282 22.4	2 56.3	11 53.2
40	311 31.9	7 56.2	9 36.0	7 30	281 9.9	+ 3 15.3	11 46.2
45	309 19.9	6 58.3	9 52.7	35	279 55.8	3 37.3	11 38.1
50	307 20.6	6 8.4	10 8.5	40	278 39.6	4 2.4	11 28.9
55	305 31.2	5 25.0	10 23.5	45	277 21.0	4 30.7	11 18.8
6 0	303 49.7	+ 4 47.2	10 37.7	50	275 59.4	5 2.5	11 7.7
5	302 14.5	4 14.2	10 51.2	55	274 34.1	5 38.1	10 55.8
10	300 44.5	3 45.6	11 3.8	8 0	273 4.5	+ 6 17.8	10 43.1
15	299 18.8	3 21.0	11 15.5	5	271 29.4	7 2.1	10 29.7
20	297 56.8	3 0.1	11 26.2	10	269 47.7	7 51.5	10 15.5
25	296 37.7	2 42.6	11 35.8	15	267 57.7	8 46.8	10 0.6
6 30	295 21.0	+ 2 28.2	11 44.4	20	265 57.1	9 49.0	9 45.0
35	294 6.4	2 16.9	11 51.8	25	263 42.5	10 59.9	9 28.7
40	292 53.5	2 8.6	11 57.9	8 30	261 8.9	+12 21.7	9 11.3
45	291 41.9	2 3.1	12 2.8	35	258 7.4	13 58.6	8 52.7
50	290 31.4	2 0.3	12 6.3	40	254 20.2	15 58.7	8 32.1
55	289 21.5	2 0.3	12 8.5	45	248 59.4	18 44.0	8 7.5
7 0	288 12.1	+ 2 2.9	12 9.3	8 49.5	235 24	+25 10	—

Die Finsternis ist sichtbar in Afrika mit Ausnahme der westlichen und südlichen Teile, im mittleren und östlichen Mittelmeer, in Südosteuropa, in Asien mit Ausnahme der nördlichen und nordöstlichen Teile, im Indischen Ozean, auf den Sunda-Inseln und auf den Philippinen.

Elemente der ringförmigen Sonnenfinsternis 1955 Dezember 14

Weltzeit	x	y	log sin d	log cos d	μ	$l^{(a)}$	$l^{(i)}$
h m					° ′ ″		
4 0	−1.539863	+0.371157	9.594811n	9.963493	241 26 1.0	0.574698	+0.028638
10	1.456051	0.374121	9.594820n	9.963492	243 55 58.9	0.574711	0.028651
20	1.372236	0.377093	9.594828n	9.963490	246 25 56.7	0.574724	0.028664
30	1.288419	0.380072	9.594836n	9.963489	248 55 54.6	0.574736	0.028676
40	1.204600	0.383060	9.594844n	9.963487	251 25 52.4	0.574748	0.028687
50	1.120779	0.386056	9.594852n	9.963486	253 55 50.3	0.574759	0.028698
5 0	−1.036957	+0.389059	9.594861n	9.963484	256 25 48.1	0.574769	+0.028709
10	0.953134	0.392070	9.594869n	9.963483	258 55 46.0	0.574779	0.028719
20	0.869309	0.395089	9.594877n	9.963481	261 25 43.8	0.574789	0.028728
30	0.785483	0.398116	9.594885n	9.963480	263 55 41.6	0.574798	0.028737
40	0.701656	0.401151	9.594893n	9.963478	266 25 39.5	0.574806	0.028745
50	0.617829	0.404194	9.594901n	9.963477	268 55 37.3	0.574814	0.028753
6 0	−0.534001	+0.407245	9.594910n	9.963475	271 25 35.2	0.574821	+0.028760
10	0.450172	0.410304	9.594918n	9.963474	273 55 33.0	0.574827	0.028767
20	0.366344	0.413371	9.594926n	9.963472	276 25 30.9	0.574833	0.028773
30	0.282515	0.416445	9.594934n	9.963471	278 55 28.7	0.574839	0.028778
40	0.198686	0.419528	9.594942n	9.963469	281 25 26.6	0.574844	0.028783
50	0.114857	0.422618	9.594950n	9.963468	283 55 24.4	0.574849	0.028788
7 0	−0.031029	+0.425715	9.594958n	9.963466	286 25 22.2	0.574853	+0.028792
10	+0.052799	0.428820	9.594967n	9.963465	288 55 20.1	0.574856	0.028795
20	0.136626	0.431933	9.594975n	9.963463	291 25 17.9	0.574859	0.028798
30	0.220452	0.435053	9.594983n	9.963462	293 55 15.8	0.574861	0.028800
40	0.304277	0.438181	9.594991n	9.963460	296 25 13.6	0.574863	0.028802
50	0.388102	0.441317	9.594999n	9.963459	298 55 11.4	0.574864	0.028803
8 0	+0.471926	+0.444461	9.595007n	9.963457	301 25 9.3	0.574865	+0.028804
10	0.555748	0.447612	9.595015n	9.963456	303 55 7.1	0.574865	0.028804
20	0.639569	0.450772	9.595023n	9.963454	306 25 5.0	0.574864	0.028803
30	0.723389	0.453940	9.595031n	9.963453	308 55 2.8	0.574863	0.028802
40	0.807207	0.457115	9.595039n	9.963452	311 25 0.6	0.574862	0.028801
50	0.891023	0.460298	9.595048n	9.963450	313 54 58.5	0.574860	0.028798
9 0	+0.974836	+0.463489	9.595056n	9.963449	316 24 56.3	0.574857	+0.028796
10	1.058646	0.466687	9.595064n	9.963447	318 54 54.2	0.574854	0.028793
20	1.142453	0.469892	9.595072n	9.963446	321 24 52.0	0.574850	0.028789
30	1.226258	0.473105	9.595080n	9.963444	323 54 49.8	0.574846	0.028785
40	1.310059	0.476326	9.595088n	9.963443	326 24 47.7	0.574841	0.028780
50	1.393859	0.479554	9.595096n	9.963441	328 54 45.5	0.574835	0.028774
10 0	+1.477655	+0.482791	9.595104n	9.963440	331 24 43.3	0.574829	+0.028769
10	+1.561448	+0.486035	9.595112n	9.963438	333 54 41.2	0.574823	+0.028762

Weltzeit	x'	log x'	y'	log y'	tg $f^{(a)}$	log tg $f^{(a)}$	tg $f^{(i)}$	log tg $f^{(i)}$
	für 1^m		für 1^m					
h m								
4 0	+0.0083810	7.92330	+0.00029598	6.47127	+0.0047513	7.67681	+0.0047276	7.67464
5 0	0.0083822	7.92336	0.00030074	6.47819	0.0047513	7.67681	0.0047276	7.67464
6 0	0.0083828	7.92339	0.00030548	6.48498	0.0047513	7.67681	0.0047277	7.67465
7 0	+0.0083828	7.92339	+0.00031013	6.49154	+0.0047514	7.67682	+0.0047277	7.67465
8 0	0.0083823	7.92336	0.00031478	6.49801	0.0047514	7.67682	0.0047277	7.67465
9 0	0.0083811	7.92330	0.00031942	6.50436	0.0047514	7.67682	0.0047277	7.67465
10 0	0.0083795	7.92322	0.00032403	6.51058	0.0047514	7.67682	0.0047277	7.67465
11 0	+0.0083774	7.92311	+0.00032856	6.51662	+0.0047514	7.67682	+0.0047278	7.67466

Elemente der in Mitteleuropa sichtbaren Sternbedeckungen

Stern					Konjunktion in Rektaszension					Alter des Mondes
Name	NZC	Gr.	α app.	δ app.	Weltzeit	Stundenw. H	Y	x′	y′	
Januar										
		m	h m s	° ′ ″	d h m	h m				d
45 Piscium ...	51	7.2	0 23 23.53	+ 7 26 41.3	1 17 0.4	—0 40.8	+0.8621	0.5422	+0.2316	7.4
101 Piscium ...	233	6.2	1 33 23.21	+14 26 5.1	3 0 34.3	+5 48.3	+0.6124	0.5631	+0.2001	8.7
BD+18°325	375	6.8	2 31 7.07	+18 41 7.4	4 0 47.7	+5 8.1	+0.7051	0.5822	+0.1589	9.7
ζ Arietis	472	5.0	3 12 20.67	+20 52 53.7	4 17 11.8	—3 6.4	+0.8208	0.5944	+0.1225	10.4
τ Arietis	486	5.2	3 18 39.56	+20 59 19.4	4 19 39.2	—0 44.9	+1.0069	0.5961	+0.1165	10.5
BD+21°447	493	6.9	3 21 59.38	+21 53 4.6	4 20 56.6	+0 29.4	+0.2612	0.5970	+0.1133	10.6
284 B. Tauri ...	693	6.0	4 33 48.85	+23 15 9.1	6 0 4.8	+2 30.2	+0.9845	0.6100	+0.0386	11.7
95 Tauri	714	6.2	4 40 32.62	+24 0 25.0	6 2 34.5	+4 53.6	+0.3221	0.6106	+0.0312	11.8
300 B. Tauri ...	716	6.2	4 43 1.77	+23 32 54.6	6 3 29.8	+5 46.5	+0.8050	0.6108	+0.0285	11.8
121 Tauri	839	5.3	5 32 44.81	+24 0 43.9	6 21 52.4	—0 37.5	+0.3647	0.6113	—0.0263	12.6
BD+23°1007	859	6.5	5 39 13.21	+23 18 20.6	7 0 16.3	+1 40.3	+0.9953	0.6109	—0.0335	12.7
394 B. Tauri ...	865	6.1	5 40 38.17	+23 11 6.9	7 0 47.8	+2 10.5	+1.0972	0.6108	—0.0350	12.7
90 B. Cancri ..	1284	6.3	8 33 38.97	+15 28 5.3	9 21 6.3	—4 12.9	+0.4822	0.5657	—0.1930	15.6
h Leonis	1410	5.3	9 29 35.31	+ 9 54 44.3	10 22 12.0	—3 59.0	+0.9553	0.5451	—0.2212	16.6
75 Virginis ...	1944	5.6	13 30 28.42	—15 8 1.5	16 0 57.9	—4 53.8	+0.4123	0.5158	—0.1851	21.7
BD—19°3880	2066	6.4	14 22 59.84	—19 46 6.1	17 3 38.0	—3 1.9	+1.0452	0.5245	—0.1498	22.9
64 G. Librae ..	2183	5.7	15 13 46.97	—22 14 5.6	18 4 31.6	—2 55.0	+0.5428	0.5344	—0.1089	23.9
ϰ Aquarii	3320	5.3	22 35 25.82	— 4 27 36.2	26 18 20.0	+4 5.7	+0.6273	0.5324	+0.2387	2.8
22 B. Piscium	3444	6.5	23 21 13.79	+ 0 2 42.3	27 16 38.3	+1 41.8	+1.3239	0.5341	+0.2423	3.7
ϰ Piscium ...	3453	4.9	23 24 37.90	+ 1 0 36.3	27 18 17.1	+3 17.5	+0.7237	0.5344	+0.2422	3.8
9 Piscium ...	3455	6.4	23 24 56.84	+ 0 52 34.4	27 18 26.3	+3 26.3	+0.8991	0.5344	+0.2422	3.8
BD+10°128	163	7.2	1 4 42.87	+11 18 49.9	29 17 19.7	+0 47.8	+1.0471	0.5518	+0.2145	5.7
212 B. Piscium .	177	7.1	1 9 58.01	+12 2 45.1	29 19 41.9	+3 5.1	+0.8040	0.5531	+0.2119	5.8
20 H.¹ Arietis .	317	6.4	2 6 55.78	+17 0 59.6	30 20 39.1	+3 9.4	+0.6043	0.5683	+0.1759	6.9
47 Arietis	435	5.8	2 55 32.01	+20 29 31.1	31 16 53.5	—1 21.5	+0.2512	0.5812	+0.1362	7.7
151 B. Arietis ..	459	6.7	3 6 46.71	+20 35 34.2	31 21 27.1	+3 1.6	+0.7469	0.5840	+0.1261	7.9
ζ Arietis	472	5.0	3 12 20.36	+20 52 52.9	31 23 41.5	+5 10.8	+0.7312	0.5853	+0.1209	8.0
Februar										
		m	h m s	° ′ ″	d h m	h m				d
32 Tauri	582	5.8	3 54 14.29	+22 21 7.2	1 16 16.7	—2 53.2	+0.9156	0.5937	+0.0800	8.7
161 B. Tauri ...	594	6.9	3 58 18.28	+23 4 41.4	1 17 51.9	—1 21.8	+0.3057	0.5945	+0.0758	8.7
BD+22°670*m*	630	7.5	4 15 35.71	+22 42 0.7	2 0 34.6	+5 4.7	+1.1357	0.5969	+0.0579	9.0
99 Tauri	742	6.0	4 55 7.10	+23 52 53.4	2 15 45.7	—4 21.2	+0.5038	0.6005	+0.0157	9.7
103 Tauri	767	5.5	5 5 24.42	+24 12 31.4	2 19 41.7	—0 34.9	+0.2135	0.6009	+0.0046	9.8
BD+23°888	789	6.9	5 14 49.75	+23 57 50.4	2 23 17.6	+2 52.3	+0.4583	0.6010	—0.0056	10.0
1 Geminorum	916	4.3	6 1 25.76	+23 16 3.8	3 17 9.2	—3 59.9	+0.6112	0.5987	—0.0557	10.7
3 Geminor. *m.*	929	5.8	6 7 2.74	+23 7 21.5	3 19 19.2	—1 55.1	+0.6307	0.5981	—0.0616	10.8
4 Geminor. *m.*	931	6.7	6 7 48.85	+23 0 28.2	3 19 37.0	—1 38.0	+0.7283	0.5980	—0.0624	10.8
6 Geminorum	942	6.3	6 9 38.13	+22 55 13.5	3 20 19.3	—0 57.5	+0.7720	0.5978	—0.0643	10.8
η Geminorum	946	3.2—4.2	6 12 12.39	+22 31 17.6	3 21 19.0	—0 0.2	+1.1096	0.5975	—0.0670	10.9
μ Geminorum	976	3.2	6 20 17.05	+22 32 17.5	4 0 26.9	+3 0.3	+0.8701	0.5965	—0.0754	11.0
BD+22°1352	997	6.8	6 27 41.62	+22 34 35.0	4 3 20.0	+5 46.4	+0.6034	0.5954	—0.0830	11.1
120 B. Gemin. ..	1086	6.5	7 7 29.39	+21 19 32.6	4 19 3.5	—3 7.3	+0.2535	0.5877	—0.1219	11.8
56 Geminorum	1113	5.2	7 19 20.56	+20 31 43.7	4 23 50.0	+1 28.1	+0.4534	0.5849	—0.1328	12.0
61 Geminorum	1127	5.9	7 24 20.18	+20 20 50.9	5 1 51.5	+3 25.0	+0.3640	0.5837	—0.1373	12.1
BD+16°1662	1238	6.1	8 10 29.26	+16 38 54.1	5 21 2.7	—2 6.9	+1.1222	0.5708	—0.1750	12.9
237 B. Leonis ..	1582	6.3	10 49 57.59	+ 1 15 36.6	8 23 4.4	—2 32.5	+1.0643	0.5263	—0.2374	16.0
55 Leonis	1587	6.0	10 53 26.10	+ 0 58 23.2	9 0 48.8	—0 51.3	+0.9547	0.5256	—0.2375	16.0
p^3 Leonis	1605	6.2	11 1 20.98	+ 0 14 15.6	9 4 47.5	+3 0.2	+0.7885	0.5243	—0.2374	16.2
13 B. Virginis .	1713	5.8	11 48 46.55	— 5 5 13.5	10 4 58.7	+2 28.0	+0.7813	0.5184	—0.2307	17.2
q Virginis ...	1800	5.4	12 31 29.56	— 9 12 28.4	11 3 1.8	—0 8.1	+0.2745	0.5169	—0.2166	18.1
43 B. Librae *sq.*	2134	6.1	14 54 51.86	—21 12 56.7	14 3 22.8	—1 58.6	+0.6725	0.5315	—0.1250	21.1
32 B. Scorpii .	2270	5.4	15 51 16.46	—23 50 48.5	15 6 22.4	+0 9.1	+0.8596	0.5401	—0.0756	22.3
114 B. Arietis *sq.*	411	7.3	2 44 55.87	+19 11 17.7	27 17 49.8	+1 32.0	+0.7411	0.5810	+0.1456	5.0
BD+18°359	421	6.6	2 48 10.82	+18 58 41.3	27 19 9.4	+2 48.6	+1.1449	0.5816	+0.1428	5.1
BD+22°572	563	6.9	3 47 0.44	+22 23 59.8	28 18 43.4	+1 27.6	+0.4137	0.5913	+0.0872	6.1
133 B. Tauri ...	566	5.9	3 47 17.58	+22 6 38.5	28 18 50.1	+1 34.1	+0.7162	0.5913	+0.0869	6.1
142 B. Tauri ...	573	6.8	3 48 59.31	+21 53 57.2	28 19 30.2	+2 12.6	+0.9877	0.5915	+0.0851	6.1
32 Tauri	582	5.8	3 54 13.84	+22 21 6.1	28 21 34.0	+4 11.5	+0.7002	0.5921	+0.0798	6.2

Sternbedeckungen 1955

Elemente der in Mitteleuropa sichtbaren Sternbedeckungen

Stern					Konjunktion in Rektaszension					Alter des Mondes
Name	NZC	Gr.	α app.	δ app.	Weltzeit	Stundenw. H	Y	x′	y′	
März										
		m	h m s	° ′ ″	d h m	h m				d
309 B. Tauri ...	734	6.6	4 50 52.97	+23 14 37.7	1 19 40.6	+1 25.1	+0.9158	0.5956	+0.0207	7.1
99 Tauri	742	6.0	4 55 6.67	+23 52 53.0	1 21 19.2	+2 59.7	+0.2993	0.5956	+0.0162	7.2
408 B. Tauri ...	887	7.0	5 49 8.65	+23 22 23.2	2 18 23.4	−0 46.7	+0.5516	0.5928	−0.0411	8.1
140 Tauri	907	6.9	5 57 46.86	+22 53 57.2	2 21 47.1	+2 29.0	+0.8797	0.5918	−0.0501	8.2
1 Geminorum	916	4.3	6 1 25.40	+23 16 4.0	2 23 13.3	+3 51.7	+0.4297	0.5914	−0.0539	8.3
3 Geminor. *m.*	929	5.8	6 7 2.39	+23 7 21.8	3 1 26.4	+5 59.6	+0.4517	0.5906	−0.0597	8.4
4 Geminor. *m.*	931	6.7	6 7 48.51	+23 0 28.4	3 1 44.6	+6 17.1	+0.5505	0.5904	−0.0605	8.4
d Geminorum	1047	5.2	6 48 53.82	+21 48 55.2	3 18 11.6	−1 54.3	+0.4346	0.5834	−0.1013	9.1
BD+21°1426	1051	6.7	6 51 42.81	+21 13 7.2	3 19 20.3	−0 48.3	+0.9279	0.5829	−0.1040	9.1
BD+21°1428	1054	6.8	6 52 17.83	+21 37 43.0	3 19 34.5	−0 34.6	+0.4837	0.5827	−0.1045	9.1
ζ Geminorum	1077	3.7—4.1	7 1 29.06	+20 38 13.4	3 23 19.5	+3 1.8	+1.0913	0.5808	−0.1131	9.3
BD+18°1778	1192	7.4	7 52 16.35	+18 13 2.5	4 20 35.3	−0 29.7	+0.6939	0.5683	−0.1569	10.2
3 Cancri	1207	5.8	7 58 15.45	+17 25 52.9	4 23 9.6	+1 59.1	+1.0944	0.5666	−0.1615	10.3
64 B. Virginis .	1752	6.5	12 8 11.38	− 7 31 44.7	9 23 38.5	−1 22.2	+1.2689	0.5201	−0.2243	15.3
370 B. Virginis .	1852	6.0	12 52 0.73	−11 24 34.6	10 22 7.6	−3 33.2	+0.6053	0.5212	−0.2071	16.2
BD−11°3398	1858	6.5	12 54 54.10	−11 49 43.0	10 23 36.2	−2 7.2	+0.7556	0.5214	−0.2057	16.3
83 Virginis ...	1967	5.7	13 42 6.64	−15 57 27.5	11 23 31.8	−2 54.9	+0.6460	0.5254	−0.1788	17.3
137 B. Ophiuchi	2469	6.3	17 9 29.72	−25 12 6.7	16 2 46.8	−2 51.0	+1.2359	0.5464	−0.0006	21.4
7 Sagittarii ..	2602	5.5	18 0 7.46	−24 17 2.5	17 2 4.7	−4 19.9	+0.7784	0.5471	+0.0485	22.4
9 Sagittarii ..	2607	5.9	18 1 8.72	−24 21 48.8	17 2 32.8	−3 52.7	+0.8886	0.5472	+0.0495	22.4
f Sagittarii ..	2886	5.1	19 43 45.64	−19 52 13.0	19 2 4.0	−5 56.4	+0.6079	0.5430	+0.1422	24.4
BD+22°712	688	6.8	4 32 5.01	+22 36 4.9	28 18 12.8	+2 2.3	+1.0740	0.6017	+0.0404	4.6
284 B. Tauri ...	693	6.0	4 33 47.73	+23 15 7.2	28 18 52.0	+2 39.9	+0.4468	0.6016	+0.0386	4.6
τ Tauri	709	4.3	4 39 33.85	+22 52 24.3	28 21 4.3	+4 46.7	+0.9056	0.6016	+0.0325	4.7
BD+23°1007	859	6.5	5 39 12.24	+23 18 20.4	29 19 58.6	+2 45.2	+0.4900	0.5968	−0.0308	5.6
394 B. Tauri ...	865	6.1	5 40 37.21	+23 11 6.7	29 20 31.6	+3 16.8	+0.5946	0.5967	−0.0323	5.7
BD+22°1416	1021	6.3	6 36 24.92	+22 4 18.6	30 18 32.0	+0 25.1	+0.3867	0.5859	−0.0886	6.6
BD+21°1426	1051	6.7	6 51 42.34	+21 13 7.5	31 0 43.4	+6 22.2	+0.6652	0.5821	−0.1031	6.8
BD+19°1784	1151	6.8	7 34 55.65	+19 1 9.5	31 18 41.9	−0 19.6	+0.7229	0.5701	−0.1410	7.6
g Geminorum	1175	5.0	7 43 33.55	+18 37 10.7	31 22 23.0	+3 13.5	+0.6032	0.5675	−0.1479	7.7
April										
		m	h m s	° ′ ″	d h m	h m				d
90 B. Cancri ..	1284	6.3	8 33 38.91	+15 28 4.3	1 20 28.0	+0 32.0	+0.1929	0.5524	−0.1834	8.7
h Leonis	1410	5.3	9 29 35.62	+ 9 54 40.6	2 22 36.3	+1 48.7	+0.8068	0.5367	−0.2121	9.7
84 B. Sextantis	1528	6.6	10 23 51.92	+ 4 9 24.4	4 1 20.1	+3 42.6	+0.9865	0.5254	−0.2276	10.9
*p*³ Leonis	1605	6.2	11 1 21.27	+ 0 14 11.8	4 20 23.8	−1 48.0	+0.7894	0.5206	−0.2307	11.7
43 H. Virginis .	2039	5.6	14 12 58.21	−17 59 47.0	8 22 22.5	−2 44.8	+0.4553	0.5310	−0.1561	15.7
231 G. Virginis .	2045	6.4	14 14 37.46	−18 22 56.6	8 23 11.6	−1 57.3	+0.7533	0.5313	−0.1549	15.8
236 G. Virginis .	2051	5.7	14 16 11.89	−18 30 46.8	8 23 58.1	−1 12.2	+0.7774	0.5315	−0.1538	15.8
192 B. Tauri ...	621	6.2	4 10 11.90	+22 18 0.7	24 18 14.1	+4 11.9	+0.7568	0.6123	+0.0628	2.3
194 B. Tauri ...	625	7.0	4 11 50.53	+22 20 26.1	24 18 50.6	+4 46.9	+0.7548	0.6124	+0.0611	2.3
μ Geminorum	976	3.2	6 20 15.79	+22 32 17.6	26 18 54.8	+2 50.5	+0.1937	0.5986	−0.0747	4.3
14 Geminorum	984	6.6	6 23 2.20	+21 40 17.3	26 19 59.2	+3 52.3	+0.9821	0.5979	−0.0774	4.3
BD+19°1734	1130	7.2	7 25 14.54	+19 8 12.0	27 20 48.1	+3 43.1	+0.8985	0.5792	−0.1345	5.4
BD+19°1743	1135	6.8	7 26 54.25	+19 43 33.8	27 21 29.2	+4 22.7	+0.2069	0.5786	−0.1358	5.4
14 Sextantis ..	1482	6.3	10 4 28.73	+ 5 49 38.3	30 21 14.1	+1 41.8	+1.1725	0.5275	−0.2216	8.4
16 Sextantis ..	1489	6.8	10 6 55.90	+ 6 23 16.3	30 22 27.4	+2 52.8	+0.3096	0.5269	−0.2221	8.4
Mai										
		m	h m s	° ′ ″	d h m	h m				d
237 B. Leonis ..	1582	6.3	10 49 57.60	+ 1 15 33.6	1 20 15.6	+0 1.6	+0.8498	0.5191	−0.2275	9.3
55 Leonis	1587	6.0	10 53 26.13	+ 0 58 20.1	1 22 2.9	+1 45.7	+0.7502	0.5187	−0.2277	9.4
57 Leonis	1590	6.9	10 53 54.67	+ 0 40 6.4	1 22 17.6	+1 59.9	+1.0193	0.5186	−0.2277	9.4
q Virginis ...	1800	5.4	12 31 30.29	− 9 12 35.6	4 1 10.0	+3 23.2	+0.4019	0.5169	−0.2100	11.5
BD−16°3785	2011	6.5	14 0 40.27	−17 9 21.2	5 22 45.4	−0 23.2	+0.5149	0.5285	−0.1625	13.4
169 B. Librae ..	2227	5.8	15 35 12.75	−22 59 50.0	7 20 43.6	−3 51.9	+1.1501	0.5424	−0.0872	15.4
177 B. Librae ..	2235	6.2	15 36 45.95	−23 0 28.8	7 21 27.8	−3 9.2	+1.0983	0.5426	−0.0858	15.4
191 B. Ophiuchi	2510	6.3	17 22 24.75	−24 12 18.7	9 22 49.2	−3 25.3	+0.6145	0.5475	+0.0138	17.5
b Ophiuchi...	2513	4.3	17 23 40.88	−24 8 11.5	9 23 24.5	−2 51.2	+0.5468	0.5474	+0.0150	17.5
199 B. Sagittarii	2802	6.4	19 9 49.97	−21 43 59.1	12 1 14.6	−2 39.1	+1.1189	0.5387	+0.1122	19.6
137 B. Capricorni	3169	6.2	21 37 5.34	−10 46 39.8	15 1 33.7	−4 35.3	+1.2524	0.5257	+0.2100	22.6
e Leonis	1670	5.1	11 28 3.41	− 2 45 36.8	29 21 52.1	+2 50.6	+0.5233	0.5164	−0.2254	8.0

Elemente der in Mitteleuropa sichtbaren Sternbedeckungen

Stern: Name	NZC	Gr.	α app.	δ app.	Konjunktion in Rektaszension: Weltzeit	Stundenw. H	Y	x'	y'	Alter des Mondes
					Juni					
		m	h m s	° ' "	d h m	h m				d
f Sagittarii ..	2886	5.1	19 43 48.13	—19 52 5.0	8 23 35.6	—3 1.9	+1.2139	0.5351	+0.1404	18.1
BD—2°5858	3371	6.4	22 56 7.18	— 1 38 50.3	13 0 5.4	—5 28.6	+0.4849	0.5251	+0.2299	22.1
19 Piscium ...	3501	5.3	23 44 7.74	+ 3 14 26.7	13 23 47.9	—6 30.2	+0.8407	0.5339	+0.2304	23.1
136 B. Piscium .	89	6.5	0 38 54.19	+ 9 6 45.7	15 1 39.6	—5 29.1	+0.6171	0.5494	+0.2186	24.2
101 Piscium ...	233	6.2	1 33 23.66	+14 26 3.9	16 1 48.8	—6 10.4	+0.2210	0.5687	+0.1936	25.2
BD—0°2422	1629	6.8	11 12 21.69	— 1 1 46.2	25 21 0.0	+4 0.5	+0.4637	0.5242	—0.2298	5.7
					Juli					
		m	h m s	° ' "	d h m	h m				d
57 B. Scorpii .	2305	5.9	16 3 29.26	—23 29 18.5	1 22 20.8	+0 54.1	+0.6918	0.5439	—0.0602	11.7
27 G. Scorpii .	2314	5.8	16 6 6.36	—23 34 11.6	1 23 34.6	+2 5.5	+0.7097	0.5442	—0.0577	11.8
BD+1°4744	3482	5.6	23 34 8.64	+ 1 51 27.8	11 0 54.4	—3 27.1	+1.1192	0.5280	+0.2294	20.8
192 B. Tauri ...	621	6.2	4 10 13.13	+22 18 2.1	16 0 43.7	—7 54.1	+0.6920	0.6062	+0.0604	25.8
					August					
		m	h m s	° ' "	d h m	h m				d
c^1 Capricorni..	3187	6.2	21 43 56.60	— 9 28 41.2	4 23 6.1	—1 46.9	+0.5775	0.5279	+0.2122	16.5
ϰ Aquarii	3320	5.3	22 35 29.68	— 4 27 14.0	6 1 0.7	—0 39.6	+0.9262	0.5268	+0.2269	17.5
ϰ Piscium ...	3453	4.9	23 24 41.42	+ 1 0 56.9	7 1 36.6	—0 48.9	+0.7840	0.5298	+0.2302	18.6
9 Piscium ...	3455	6.4	23 25 0.37	+ 0 52 55.1	7 1 46.0	—0 39.8	+0.9608	0.5299	+0.2302	18.6
141 Tauri	911	6.3	5 59 1.12	+22 24 4.8	14 1 27.7	—7 4.5	+0.6186	0.6029	—0.0528	25.6
ζ Geminorum	1077	3.7—4.1	7 1 28.75	+20 38 13.2	15 1 36.3	—7 54.5	+0.3507	0.5957	—0.1145	26.6
57 Sagittarii ..	2902	6.0	19 49 39.78	—19 9 26.2	29 22 41.0	+1 20.8	+0.9165	0.5387	+0.1428	12.1
72 B. Aquarii .	3146	6.5	21 25 52.35	—11 45 29.0	31 21 35.1	—1 13.6	+1.1517	0.5320	+0.2035	14.1
					September					
		m	h m s	° ' "	d h m	h m				d
40 Arietis	415	6.0	2 46 4.58	+18 6 8.6	7 3 14.9	—0 29.5	+1.1839	0.5791	+0.1376	20.3
14 H.[1] Tauri ..	525	6.4	3 36 27.10	+20 46 26.3	7 23 45.6	—4 45.7	+0.8415	0.5891	+0.0928	21.2
22 H.[1] Tauri ..	534	6.0	3 41 54.83	+20 47 28.7	8 1 56.7	—2 39.8	+1.0206	0.5899	+0.0876	21.3
τ Tauri	709	4.3	4 39 36.27	+22 52 27.1	9 0 41.0	—4 49.5	+0.2576	0.5964	+0.0303	22.2
175 H.[1] Tauri ..	861	6.5	5 39 24.11	+22 38 24.1	9 23 57.9	—6 28.5	+0.4835	0.5969	—0.0312	23.2
BD—9°5876	3216	6.6	21 55 20.63	— 8 46 20.6	28 21 4.0	—0 23.9	+1.1432	0.5311	+0.2134	12.6
BD+1°4744	3482	5.6	23 34 9.93	+ 1 51 38.1	30 21 17.0	—1 41.8	+0.8327	0.5421	+0.2296	14.6
					Oktober					
		m	h m s	° ' "	d h m	h m				d
27 Arietis	371	6.4	2 28 29.11	+17 30 43.1	4 2 35.6	+0 55.2	+0.5318	0.5840	+0.1522	17.8
δ Arietis	465	4.5	3 9 7.87	+19 33 46.5	4 19 0.6	—7 17.8	+0.6917	0.5923	+0.1180	18.5
51 Tauri	631	5.6	4 15 47.86	+21 28 26.1	5 21 6.5	—6 14.3	+1.0343	0.6006	+0.0540	19.6
56 Tauri	634	5.3	4 17 1.33	+21 40 10.2	5 21 34.9	—5 47.0	+0.8630	0.6007	+0.0528	19.6
ϰ Tauri	656	4.4	4 22 45.66	+22 11 42.9	5 23 47.9	—3 39.4	+0.4450	0.6010	+0.0469	19.7
67 Tauri	657	5.4	4 22 48.60	+22 6 5.1	5 23 49.0	—3 38.3	+0.5402	0.6010	+0.0469	19.7
n Tauri	792	5.1	5 16 38.71	+22 3 10.4	6 20 33.3	—7 44.4	+0.9925	0.6008	—0.0083	20.6
o Tauri	817	4.8	5 25 0.22	+21 54 4.6	6 23 46.9	—4 38.6	+1.1051	0.6002	—0.0168	20.7
BD+22°925	828	6.5	5 28 4.69	+22 25 47.4	7 0 58.2	—3 30.2	+0.5507	0.6001	—0.0200	20.7
f Geminorum	1158	5.2	7 36 56.35	+17 46 34.8	9 4 26.7	—2 2.1	+0.9886	0.5766	—0.1401	22.9
29 Cancri	1271	5.9	8 26 9.97	+14 21 29.9	10 1 30.9	—5 43.7	+1.1458	0.5637	—0.1755	23.8
ω Leonis *m* ..	1397	5.5	9 26 5.71	+ 9 15 0.9	11 4 31.1	—3 39.0	+1.2126	0.5488	—0.2070	24.9
CD—23°13366	2507	6.7	17 21 22.11	—23 48 14.6	20 16 44.9	+1 17.0	+0.9909	0.5465	+0.0125	4.9
π Sagittarii ..	2797	3.0	19 7 8.95	—21 5 41.4	22 18 53.1	+1 47.7	+1.0264	0.5361	+0.1060	7.0
BD—10°5714	3163	7.3	21 34 34.21	—10 22 14.3	25 20 5.3	+0 44.4	+0.9290	0.5252	+0.2014	10.0
51 Aquarii *m* .	3287	5.8	22 21 50.42	— 5 3 28.7	26 19 50.7	—0 13.5	+0.2548	0.5278	+0.2181	11.0
BD—5°5790	3290	7.3	22 23 50.26	— 5 23 59.1	26 20 50.6	+0 44.6	+0.8343	0.5281	+0.2187	11.1
BD—1°4393	3397	7.4	23 5 31.50	— 0 31 53.7	27 17 27.7	—3 16.7	+0.3045	0.5342	+0.2260	11.9

Sternbedeckungen 1955

Elemente der in Mitteleuropa sichtbaren Sternbedeckungen

Stern					Konjunktion in Rektaszension					Alter des Mondes
Name	NZC	Gr.	α app.	δ app.	Weltzeit	Stundenw. H	Y	x'	y'	
November										
		m	h m s	° ′ ″	d h m	h m				d
δ Arietis	465	4.5	3 9 8.36	+19 33 48.2	1 3 49.8	+3 19.3	+0.5900	0.6016	+0.1178	16.4
39 Tauri	601	6.0	4 2 45.53	+21 53 33.9	2 0 15.2	−1 5.6	+0.1741	0.6102	+0.0665	17.2
51 Tauri	631	5.6	4 15 48.52	+21 28 27.2	2 5 9.0	+3 36.0	+0.8819	0.6113	+0.0533	17.4
108 Tauri	784	6.2	5 12 50.46	+22 14 10.3	3 2 26.3	−0 0.2	+0.6374	0.6116	−0.0057	18.3
n Tauri	792	5.1	5 16 39.49	+22 3 10.4	3 3 52.0	+1 21.8	+0.8085	0.6113	−0.0097	18.4
ϰ Cancri	1359	5.1	9 5 22.40	+10 50 46.0	7 0 31.3	−5 32.3	+1.2654	0.5541	−0.1972	22.2
14 Sextantis ..	1482	6.3	10 4 29.59	+ 5 49 36.6	8 4 7.1	−2 51.1	+0.7074	0.5387	−0.2176	23.4
237 B. Leonis ..	1582	6.3	10 49 58.00	+ 1 15 34.3	9 2 17.4	−5 22.6	+0.5844	0.5309	−0.2233	24.3
55 Leonis	1587	6.0	10 53 26.50	+ 0 58 20.9	9 4 0.6	−3 42.6	+0.5023	0.5304	−0.2234	24.4
q Virginis ...	1800	5.4	12 31 29.87	− 9 12 30.3	11 5 11.3	−4 1.9	+0.6227	0.5280	−0.2054	26.4
31 B.Capricorni	2986	6.4	20 26 15.00	−15 53 15.3	20 17 24.1	+0 53.7	+0.7823	0.5241	+0.1631	6.2
BD−3°5505	3340	7.5	22 44 57.01	− 2 56 22.2	23 16 34.9	−2 2.6	+0.7168	0.5229	+0.2192	9.2
BD−2°5858	3371	6.4	22 56 8.57	− 1 38 37.7	23 22 15.2	+3 27.5	+0.5866	0.5245	+0.2208	9.4
BD+1°4744	3482	5.6	23 34 9.58	+ 1 51 37.1	24 17 12.5	−2 10.2	+1.0935	0.5323	+0.2224	10.2
19 Piscium ...	3501	5.3	23 44 9.64	+ 3 14 42.4	24 22 5.8	+2 34.0	+0.7292	0.5348	+0.2218	10.4
45 Piscium ...	51	7.2	0 23 27.02	+ 7 27 3.0	25 16 49.9	−3 18.1	+0.4678	0.5465	+0.2154	11.2
136 B. Piscium .	89	6.5	0 38 56.68	+ 9 7 4.2	25 23 59.7	+3 37.4	+0.2812	0.5517	+0.2109	11.5
BD+11°172	197	7.0	1 19 40.03	+12 22 37.8	26 18 11.1	−2 49.0	+0.6540	0.5664	+0.1943	12.3
27 Arietis	371	6.4	2 28 29.63	+17 30 45.7	27 22 53.5	+0 49.3	+0.4943	0.5913	+0.1507	13.5
ϰ Tauri	656	4.4	4 22 46.80	+22 11 44.5	29 18 20.0	−5 31.3	+0.2683	0.6186	+0.0455	15.3
67 Tauri	657	5.4	4 22 49.74	+22 6 6.7	29 18 21.1	−5 30.3	+0.3611	0.6185	+0.0455	15.3
247 B. Tauri ...	665	5.7	4 25 26.09	+21 31 27.5	29 19 18.3	−4 35.5	+0.9693	0.6189	+0.0428	15.3
o Tauri	817	4.8	5 25 1.63	+21 54 4.1	30 16 59.4	−7 50.5	+0.8527	0.6205	−0.0196	16.2
BD+22°925	828	6.5	5 28 6.12	+22 25 47.0	30 18 6.5	−6 46.2	+0.3114	0.6202	−0.0228	16.3
BD+21°918	851	6.3	5 36 50.74	+21 44 22.8	30 21 17.7	−3 43.3	+0.9001	0.6196	−0.0319	16.4
Dezember										
		m	h m s	° ′ ″	d h m	h m				d
f Geminorum	1158	5.2	7 36 58.06	+17 46 29.1	2 18 36.6	−8 17.0	+0.6597	0.5935	−0.1449	18.3
2 B. Cancri ..	1198	6.2	7 56 2.70	+16 38 12.7	3 2 15.1	−0 56.4	+0.6293	0.5871	−0.1594	18.6
5 Cancri	1210	5.9	7 59 1.60	+16 34 35.0	3 3 27.6	+0 13.3	+0.4959	0.5861	−0.1615	18.6
A¹. Cancri	1309	5.7	8 40 48.48	+12 50 17.7	3 20 51.0	−7 2.2	+1.1934	0.5715	−0.1881	19.4
60 Cancri	1332	5.7	8 53 32.92	+11 47 37.6	4 2 19.7	−1 45.4	+1.1998	0.5670	−0.1948	19.6
α Cancri	1341	4.3	8 56 6.36	+12 1 39.4	4 3 26.3	−0 41.2	+0.7477	0.5661	−0.1961	19.6
e Leonis	1670	5.1	11 28 4.55	− 2 45 40.1	7 2 57.5	−3 30.1	+0.4961	0.5283	−0.2214	22.6
8 Aquarii	3070	6.6	20 57 29.81	−13 13 22.9	18 15 47.9	+0 36.3	+0.6223	0.5201	+0.1808	4.4
9 Aquarii	3072	6.6	20 58 42.94	−13 42 8.8	18 16 25.7	+1 13.0	+1.2639	0.5199	+0.1814	4.4
117 G.Capricorni	3184	7.1	21 42 34.74	− 9 14 17.9	19 15 15.8	−0 37.0	+0.7347	0.5160	+0.2006	5.3
c¹ Capricorni..	3185	5.3	21 42 39.74	− 9 17 3.8	19 15 18.4	−0 34.5	+0.7938	0.5160	+0.2007	5.3
c² Capricorni..	3187	6.2	21 43 55.68	− 9 28 43.3	19 15 58.1	+0 4.1	+1.1390	0.5159	+0.2011	5.4
BD−9°5854	3199	6.8	21 48 15.08	− 9 11 13.9	19 18 14.0	+2 16.0	+1.2769	0.5157	+0.2027	5.5
ϰ Aquarii	3320	5.3	22 35 29.12	− 4 27 14.5	20 18 58.9	+2 17.8	+1.3080	0.5161	+0.2150	6.5
ϰ Piscium ...	3453	4.9	23 24 41.28	+ 1 0 58.9	21 20 25.3	+2 59.1	+0.9633	0.5221	+0.2190	7.6
9 Piscium ...	3455	6.4	23 25 0.23	+ 0 52 57.1	21 20 35.0	+3 8.5	+1.1411	0.5221	+0.2190	7.6
BD+10°128	163	7.2	1 4 46.47	+11 19 10.7	23 21 7.5	+2 9.3	+0.4394	0.5503	+0.1973	9.6
BD+14°326	297	6.8	1 59 28.85	+14 51 27.7	24 21 22.4	+1 33.4	+1.2599	0.5708	+0.1682	10.6
BD+15°305	313	7.5	2 5 41.59	+15 35 55.6	25 0 1.0	+4 6.3	+0.9454	0.5733	+0.1642	10.7
40 Arietis	415	6.0	2 46 5.79	+18 6 13.8	25 16 42.8	−3 49.6	+0.9131	0.5882	+0.1347	11.4
BD+18°418	460	7.0	3 7 6.30	+19 12 57.4	26 1 4.8	+4 12.8	+0.8506	0.5955	+0.1172	11.7
δ Arietis	465	4.5	3 9 8.63	+19 33 48.9	26 1 52.9	+4 59.0	+0.5966	0.5961	+0.1155	11.8
51 Tauri	631	5.6	4 15 49.14	+21 28 27.7	27 3 16.8	+5 20.4	+0.8519	0.6138	+0.0525	12.8
56 Tauri	634	5.3	4 17 2.62	+21 40 11.9	27 3 44.1	+5 46.5	+0.6826	0.6140	+0.0512	12.9
108 Tauri	784	6.2	5 12 51.38	+22 14 10.0	28 0 10.5	+1 20.4	+0.5840	0.6209	−0.0066	13.7
n Tauri	792	5.1	5 16 40.43	+22 3 10.0	28 1 33.6	+2 40.0	+0.7513	0.6210	−0.0106	13.8
o Tauri	817	4.8	5 25 1.99	+21 54 3.8	28 4 35.6	+5 34.1	+0.8535	0.6213	−0.0194	13.9
f Geminorum	1158	5.2	7 36 58.72	+17 46 26.6	30 5 25.5	+4 20.0	+0.6692	0.6025	−0.1468	15.9
92 Cancri	1271	5.9	8 26 12.43	+14 21 18.9	31 0 52.1	−0 59.3	+0.8165	0.5875	−0.1826	16.7

Sternbedeckungen 1955

Ein- und Austritte für Berlin-Babelsberg

$\lambda = -0^h\ 52^m\!.4 \qquad \varphi = +52^\circ\ 24'\!.4$

Tag	NZC	Stern	Größe	Phase	Weltzeit	P	a	b	Alter des Mondes
1955			m		h m	°	m	m	d
Jan. 1	51	BD+6°43	7.2	E.	16 22.5	93	−1.7	+0.2	7.4
4	472	ζ Arietis	5.0	E.	15 56.1	103	−0.9	+1.1	10.4
4	493	BD+21°447 ..	6.9	E.	21 7.9	28	−1.2	+2.1	10.6
6	839	121 Tauri	5.3	E.	21 23.7	70	−1.4	+0.9	12.6
17	2066	BD−19°3880 .	6.4	A.	3 18.1	226	—	—	22.8
27	3453	κ Piscium	4.9	E.	18 53.1	108	−0.5	−2.5	3.7
30	317	20 H.[1] Arietis	6.4	E.	21 10.3	92	−0.5	−1.6	6.8
31	459	BD+20°514 ..	6.7	E.	22 3.0	128	−0.2	−2.8	7.8
Febr. 1	472	ζ Arietis	5.0	E.	0 15.6	96	+0.2	−1.4	7.9
1	594	BD+22°617 ..	6.9	E.	17 20.7	33	−0.9	+2.7	8.7
2	767	103 Tauri	5.5	E.	19 35.3	20	—	—	9.8
2	789	BD+23°888 ..	6.9	E.	23 50.5	55	−0.9	−0.5	9.9
3	916	1 Geminorum ..	4.3	E.	15 45.7	102	−0.5	+1.2	10.7
3	929	3 Geminorum *m.*	5.8	E.	18 28.6	128	−1.4	−0.6	10.8
3	931	BD+23°1232*m.*	6.7	E.	19 8.9	161	—	—	10.8
4	976	μ Geminorum ..	3.2	E.	1 3.6	133	−0.1	−2.2	11.0
4	976	μ Geminorum ..	3.2	A.	1 53.8	254	−0.3	−1.2	11.0
4	1086	120 B. Geminorum ..	6.5	E.	17 56.9	41	−0.5	+3.8	11.7
5	1113	56 Geminorum ..	5.2	E.	0 7.0	55	−1.7	+0.2	11.9
14	2134	43 B. Librae *seq.* ...	6.1	A.	3 12.4	337	−0.6	−0.6	21.1
27	411	BD+18°347*seq.*	7.3	E.	18 13.1	138	−0.9	−4.3	5.1
28	563	BD+22°572 ..	6.9	E.	18 56.7	65	−1.2	−0.3	6.1
28	566	133 B. Tauri	5.9	E.	19 11.5	134	−0.7	−3.1	6.1
28	582	32 Tauri	5.8	E.	22 8.3	98	0.0	−1.6	6.2
März 2	887	BD+23°1087 .	7.0	E.	17 49.9	110	−1.5	−0.5	8.1
2	907	BD+22°1135 .	6.9	E.	22 27.4	150	+0.1	−2.9	8.2
3	1047	*d* Geminorum ..	5.2	E.	17 11.6	90	−1.2	+0.9	9.1
3	1054	BD+21°1428 .	6.8	E.	19 2.8	96	−1.5	−0.1	9.2
4	1192	BD+18°1778 .	7.4	E.	20 15.2	134	−1.1	−1.5	10.2
10	1852	370 B. Virginis	6.0	A.	21 41.7	306	−0.6	+0.4	16.3
10	1858	BD−11°3398 .	6.5	A.	23 41.0	304	−1.1	−0.1	16.3
11	1967	83 Virginis	5.7	A.	23 13.3	315	−0.7	+0.1	17.3
28	693	284 B. Tauri	6.0	E.	19 21.8	59	−0.9	−0.5	4.6
28	709	τ Tauri	4.3	E.	21 44.7	131	+0.4	−2.1	4.7
29	859	BD+23°1007 .	6.5	E.	20 29.2	60	−0.9	0.6	5.7
29	865	394 B. Tauri	6.1	E.	21 2.8	76	−0.5	−1.2	5.7
30	1021	BD+22°1416 .	6.3	E.	18 25.9	65	−1.7	+0.4	6.6
31	1151	BD+19°1784 .	6.8	E.	18 28.7	139	−1.1	−1.9	7.6
31	1175	*g* Geminorum ..	5.0	E.	23 2.5	49	−1.1	−0.5	7.8
April 2	1410	*h* Leonis	5.3	E.	22 54.4	99	−1.0	−1.5	9.8
4	1528	BD+4°2328 ..	6.6	E.	1 58.3	104	−0.2	−1.8	10.9
4	1605	p^3 Leonis	6.2	E.	19 31.1	139	−0.9	−0.6	11.7
24	621	192 B. Tauri	6.2	E.	18 48.4	108	0.0	−1.7	2.2
24	625	BD+22°657 ..	7.0	E.	19 24.1	100	+0.1	−1.5	2.2
26	984	BD+21°1232 .	6.6	E.	20 44.0	144	+0.3	−2.2	4.3

Sternbedeckungen 1955

Ein- und Austritte für Berlin-Babelsberg

$\lambda = -0^h\ 52^m.4 \qquad \varphi = +52^\circ\ 24'.4$

Tag	NZC	Stern	Größe	Phase	Weltzeit	*P*	*a*	*b*	Alter des Mondes
1955			m		h m	°	m	m	d
April 27	1130	BD+19°1734	7.2	E.	21 24.4	115	−0.1	−1.7	5.3
30	1482	14 Sextantis	6.3	E.	21 58.9	164	−0.2	−2.5	8.3
Mai 1	1582	237 B. Leonis	6.3	E.	19 59.9	120	−1.3	−1.0	9.3
1	1587	55 Leonis	6.0	E.	22 23.9	66	−1.5	−1.0	9.4
1	1590	BD+1°2502	6.9	E.	22 44.2	120	−0.7	−1.8	9.4
12	2802	199 B. Sagittarii	6.4	A.	1 5.2	231	−1.4	+1.4	19.5
Juni 8	2886	*f* Sagittarii	5.1	A.	23 5.6	207	−1.2	+2.1	18.1
Aug. 6	3320	κ Aquarii	5.3	A.	1 33.3	217	−0.9	+0.9	17.6
14	911	141 Tauri	6.3	A.	0 52.2	298	0.0	+0.8	25.6
29	2902	57 Sagittarii	6.0	E.	22 50.5	97	−1.4	−1.4	12.1
Sept. 7	525	14 H.[1] Tauri	6.4	A.	23 12.3	239	−0.2	+1.9	21.2
9	861	175 H.[1] Tauri	6.5	A.	23 8.9	334	−0.8	−0.6	23.2
Okt. 4	371	27 Arietis	6.4	A.	3 46.1	251	−1.0	−0.6	17.8
5	631	51 Tauri	5.6	A.	20 17.4	206	+0.6	+2.4	19.6
5	634	56 Tauri	5.3	A.	20 58.4	242	+0.1	+1.8	19.6
5	656	κ Tauri	4.4	E.	22 39.5	36	−0.1	+2.6	19.7
5	656	κ Tauri	4.4	A.	23 26.1	302	−1.3	+0.2	19.7
5	657	67 Tauri	5.4	A.	23 32.2	279	−1.0	+1.0	19.7
7	828	BD+22°925	6.5	A.	0 43.7	271	−1.0	+1.1	20.8
25	3163	BD−10°5714	7.3	E.	20 2.5	99	−1.7	−1.2	10.0
26	3290	BD−5°5790	7.3	E.	20 47.3	87	−1.5	−0.8	11.1
Nov. 3	784	108 Tauri	6.2	A.	3 16.6	246	−1.4	+0.1	18.3
3	792	*n* Tauri	5.1	A.	4 53.0	216	−1.6	+1.1	18.3
8	1482	14 Sextantis	6.3	A.	4 2.5	272	−1.3	+1.0	23.4
9	1587	55 Leonis	6.0	A.	3 31.7	309	−0.7	+0.2	24.4
11	1800	*q* Virginis	5.4	A.	4 42.8	295	−0.6	+0.8	26.4
20	2986	31 B. Capricorni	6.4	E.	17 28.1	65	−1.1	−0.4	6.2
23	3340	BD−3°5505	7.5	E.	15 51.3	19	−0.6	+2.1	9.2
24	3482	BD+1°4744	5.6	E.	16 0.4	101	−1.4	+1.0	10.2
24	3501	19 Piscium	5.3	E.	22 34.9	104	−0.8	−2.2	10.4
26	89	136 B. Piscium	6.5	E.	1 1.1	9	−0.4	+2.0	11.5
Dez. 3	1198	2 B. Cancri	6.2	A.	2 51.3	280	−1.4	−0.6	18.6
3	1210	5 Cancri	5.9	A.	4 12.3	326	−0.6	−2.2	18.6
4	1341	α Cancri	4.3	E.	3 1.2	133	−1.1	−1.2	19.6
4	1341	α Cancri	4.3	A.	4 10.3	279	−1.4	−0.7	19.6
7	1670	*e* Leonis	5.1	A.	2 27.7	318	−0.6	−0.1	22.6
18	3070	BD−13°5813	6.6	E.	16 1.6	32	−0.7	+0.5	4.4
19	3185	c^1 Capricorni	5.3	E.	14 51.1	50	−1.2	+0.8	5.3
23	163	BD+10°128	7.2	E.	21 36.9	53	−0.8	−0.2	9.6
25	415	40 Arietis	6.0	E.	15 18.8	101	−0.6	+1.2	11.4
26	460	BD+18°418	7.0	E.	1 47.7	137	+0.4	−2.9	11.7
26	465	δ Arietis	4.5	E.	2 28.6	68	0.0	−0.9	11.8
27	631	51 Tauri	5.6	E.	3 50.6	112	+0.3	−1.6	12.8
28	792	*n* Tauri	5.1	E.	2 1.7	118	−0.4	−1.9	13.8

Sternbedeckungen 1955

Ein- und Austritte für Frankfurt a. M.

$\lambda = -0^h\ 34^m.6 \qquad \varphi = +50°\ 7'.0$

Tag	NZC	Stern	Größe	Phase	Weltzeit	P	a	b	Alter des Mondes
1955			m		h m	°	m	m	d
Jan. 1	51	BD+6°43	7.2	E.	16 14.1	91	−1.8	+0.4	7.4
4	375	BD+18°325 ..	6.8	E.	1 26.3	104	+0.2	−1.6	9.7
4	472	ζ Arietis	5.0	E.	15 49.6	102	−0.8	+1.1	10.4
4	493	BD+21°447 ..	6.9	E.	20 58.0	38	−1.3	+1.7	10.6
6	839	121 Tauri	5.3	E.	21 15.3	77	−1.5	+0.8	12.6
27	3453	κ Piscium	4.9	E.	18 56.8	117	−0.7	−3.1	3.7
30	317	20 H.[1] Arietis	6.4	E.	21 11.9	101	−0.5	−1.8	6.8
31	459	BD+20°514 ..	6.7	E.	22 10.1	143	0.0	−4.1	7.8
Febr. 1	472	ζ Arietis	5.0	E.	0 20.0	105	+0.2	−1.6	7.9
1	594	BD+22°617 ..	6.9	E.	17 10.7	38	−0.9	+2.6	8.7
2	767	103 Tauri	5.5	E.	19 19.7	35	−1.4	+3.1	9.8
2	789	BD+23°888 ..	6.9	E.	23 47.8	66	−0.9	−0.7	9.9
3	929	3 Geminorum *m*.	5.8	E.	18 24.1	136	−1.5	−0.9	10.8
4	976	μ Geminorum ..	3.2	E.	1 8.8	143	0.0	−2.5	11.0
4	976	μ Geminorum ..	3.2	A.	1 54.3	245	−0.6	−0.9	11.0
4	1086	120 B. Geminorum ..	6.5	E.	17 47.0	50	−0.4	+3.0	11.7
4	1113	56 Geminorum ..	5.2	E.	23 59.8	70	−1.6	−0.3	11.9
14	2134	43 B. Librae *seq.* ...	6.1	A.	3 10.4	326	−0.8	−0.4	21.1
28	563	BD+22°572 ..	6.9	E.	18 52.0	74	−1.3	−0.4	6.1
28	566	133 B. Tauri	5.9	E.	19 17.3	150	—	—	6.1
28	582	32 Tauri	5.8	E.	22 12.0	108	0.0	−1.8	6.2
März 2	887	BD+23°1087 .	7.0	E.	17 44.6	117	−1.5	−0.7	8.1
2	907	BD+22°1135 .	6.9	E.	22 36.6	168	—	—	8.2
3	1054	BD+21°1428 .	6.8	E.	18 56.5	106	−1.5	−0.3	9.2
4	1192	BD+18°1778 .	7.4	E.	20 14.1	145	−1.1	−2.0	10.2
10	1852	370 B. Virginis	6.0	A.	21 37.5	295	−0.7	+0.7	16.3
10	1858	BD−11°3398 .	6.5	A.	23 35.6	294	−1.3	+0.2	16.3
11	1967	83 Virginis	5.7	A.	23 9.5	305	−0.8	+0.3	17.3
28	693	284 B. Tauri	6.0	E.	19 19.3	70	−0.9	−0.7	4.6
28	709	τ Tauri	4.3	E.	21 52.0	143	+0.6	−2.5	4.7
29	859	BD+23°1007 .	6.5	E.	20 26.9	71	−0.9	−0.8	5.7
29	865	394 B. Tauri	6.1	E.	21 3.2	86	−0.6	−1.3	5.7
30	1021	BD+22°1416 .	6.3	E.	18 17.8	77	−1.7	+0.1	6.6
31	1151	BD+19°1784 .	6.8	E.	18 29.0	152	−1.0	−2.5	7.6
31	1175	*g* Geminorum ..	5.0	E.	22 59.8	62	−1.0	−0.8	7.8
April 2	1410	*h* Leonis	5.3	E.	22 53.4	107	−1.0	−1.6	9.8
4	1528	BD+4°2328 ..	6.6	E.	2 1.1	107	−0.3	−1.8	10.9
4	1605	p^3 Leonis	6.2	E.	19 29.2	151	−0.7	−1.0	11.7
24	621	192 B. Tauri	6.2	E.	18 52.7	118	+0.1	−1.9	2.2
24	625	BD+22°657 ..	7.0	E.	19 28.3	109	+0.1	−1.6	2.2
26	984	BD+21°1232 .	6.6	E.	20 51.2	155	+0.5	−2.6	4.3
27	1130	BD+19°1734 .	7.2	E.	21 28.3	122	−0.1	−1.8	5.3
30	1482	14 Sextantis	6.3	E.	22 4.5	175	0.0	−2.8	8.3

Sternbedeckungen 1955

Ein- und Austritte für Frankfurt a. M.

$\lambda = -0^h\,34^m.6 \qquad \varphi = +50^\circ\,7'.0$

Tag	NZC	Stern	Größe	Phase	Weltzeit	P	a	b	Alter des Mondes
1955			m		h m	°	m	m	d
Mai 1	1582	237 B. Leonis	6.3	E.	19 56.8	129	−1.2	−1.2	9.3
1	1587	55 Leonis	6.0	E.	22 19.3	76	−1.6	−1.0	9.4
1	1590	BD+1°2502	6.9	E.	22 44.8	125	−0.8	−1.9	9.4
12	2802	199 B. Sagittarii	6.4	A.	0 55.3	228	−1.4	+1.7	19.5
Juli 11	3482	BD+1°4744	5.6	A.	0 14.8	217	−0.5	+2.1	20.9
Aug. 6	3320	ϰ Aquarii	5.3	A.	1 26.8	218	−1.0	+1.1	17.6
7	3455	9 Piscium	6.4	A.	1 58.9	200	−0.7	+1.9	18.6
7	3453	ϰ Piscium	4.9	A.	2 7.6	236	−1.3	+0.8	18.6
29	2902	57 Sagittarii	6.0	E.	22 46.9	96	−1.6	−1.2	12.1
Sept. 7	525	14 H.^{1}Tauri	6.4	A.	23 7.2	240	−0.1	+1.9	21.2
9	861	175 H.^{1}Tauri	6.5	A.	23 7.0	333	−0.7	−0.6	23.2
Okt. 4	371	27 Arietis	6.4	A.	3 42.3	243	−1.1	−0.2	17.8
5	631	51 Tauri	5.6	A.	20 14.8	206	+0.7	+2.3	19.6
5	634	56 Tauri	5.3	A.	20 55.0	242	+0.2	+1.7	19.6
5	656	ϰ Tauri	4.4	E.	22 33.4	37	0.0	+2.6	19.7
5	656	ϰ Tauri	4.4	A.	23 20.0	301	−1.2	+0.4	19.7
5	657	67 Tauri	5.4	A.	23 25.6	278	−0.9	+1.1	19.7
7	828	BD+22°925	6.5	A.	0 36.7	268	−0.9	+1.3	20.8
25	3163	BD−10°5714	7.3	E.	19 56.6	98	−1.9	−0.9	10.0
26	3290	BD− 5°5790	7.3	E.	20 41.8	87	−1.7	−0.6	11.1
Nov. 3	784	108 Tauri	6.2	A.	3 9.1	235	−1.6	+0.9	18.3
8	1482	14 Sextantis	6.3	A.	3 53.3	260	−1.4	+1.7	23.4
9	1587	55 Leonis	6.0	A.	3 27.8	299	−0.7	+0.5	24.4
11	1800	*q* Virginis	5.4	A.	4 37.9	284	−0.6	+1.1	26.4
20	2986	31 B. Capricorni	6.4	E.	17 23.4	64	−1.3	−0.2	6.2
23	3340	BD−3°5505	7.5	E.	15 43.6	17	−0.6	+2.3	9.2
23	3371	BD−2°5858	6.4	E.	22 53.5	81	−0.5	−1.3	9.4
24	3482	BD+1°4744	5.6	E.	15 51.8	100	−1.3	+1.2	10.2
24	3501	19 Piscium	5.3	E.	22 36.3	112	−1.1	−2.6	10.4
26	89	136 B. Piscium	6.5	E.	0 56.3	23	−0.4	+0.9	11.5
Dez. 3	1198	2 B. Cancri	6.2	A.	2 45.4	270	−1.6	−0.1	18.6
3	1210	5 Cancri	5.9	A.	4 13.7	315	−0.9	−1.9	18.6
4	1341	α Cancri	4.3	E.	2 59.4	144	−1.0	−1.5	19.6
4	1341	α Cancri	4.3	A.	4 4.6	268	−1.7	−0.2	19.6
7	1670	*e* Leonis	5.1	A.	2 24.7	307	−0.7	+0.2	22.6
18	3070	BD−13°5813	6.6	E.	15 56.8	31	−0.8	+0.8	4.4
23	163	BD+10°128	7.2	E.	21 33.5	59	−0.9	−0.3	9.6
26	460	BD+18°418	7.0	E.	1 58.9	158	—	—	11.7
26	465	δ Arietis	4.5	E.	2 30.8	77	0.0	−1.1	11.8
27	631	51 Tauri	5.6	E.	3 56.1	121	+0.4	−1.8	12.8
28	792	*n* Tauri	5.1	E.	2 4.9	129	−0.3	−2.2	13.8
30	1158	*f* Geminorum	5.2	A.	6 40.4	336	+0.5	−2.1	15.9

Sternbedeckungen 1955

Ein- und Austritte für München

$\lambda = -0^h\,46^m\!.4 \qquad \varphi = +48°\ 8'\!.8$

Tag	NZC	Stern	Größe	Phase	Weltzeit	*P*	*a*	*b*	Alter des Mondes
1955			m		h m	°	m	m	d
Jan. 1	51	BD+6°43	7.2	E.	16 19.4	102	−2.2	−0.1	7.4
4	472	ζ Arietis	5.0	E.	15 50.6	111	−1.1	+0.8	10.4
4	493	BD+21°447 ..	6.9	E.	20 59.2	47	−1.4	+1.2	10.6
6	839	121 Tauri	5.3	E.	21 18.7	84	−1.6	+0.4	12.6
18	2183	64 G. Librae	5.7	A.	3 51.2	341	0.0	−0.8	23.9
27	3453	κ Piscium	4.9	E.	19 6.7	133	—	—	3.7
30	317	20 H.[1] Arietis	6.4	E.	21 17.2	107	−0.4	−2.1	6.8
31	435	47 Arietis	5.8	E.	16 31.0	11	−0.3	+4.1	7.7
31	459	BD+20°514 ..	6.7	E.	22 18.8	153	—	—	7.8
Febr. 1	594	BD+22°617 ..	6.9	E.	17 8.9	48	−1.1	+2.1	8.7
2	767	103 Tauri	5.5	E.	19 18.9	46	−1.6	+2.2	9.8
2	789	BD+23°888 ..	6.9	E.	23 51.9	68	−0.8	−0.8	9.9
3	929	3 Geminorum *m.*	5.8	E.	18 31.4	146	−1.7	−2.0	10.8
4	976	μ Geminorum ..	3.2	E.	1 13.4	144	+0.1	−2.4	11.0
4	976	μ Geminorum ..	3.2	A.	1 57.7	244	−0.5	−0.9	11.0
4	1086	120 B. Geminorum ..	6.5	E.	17 43.2	60	−0.6	+2.5	11.7
5	1113	56 Geminorum ..	5.2	E.	0 5.3	71	−1.6	−0.4	11.9
14	2134	43 B. Librae *seq.*	6.1	A.	3 13.7	326	−0.9	−0.5	21.1
28	563	BD+22°572 ..	6.9	E.	18 56.9	80	−1.3	−0.7	6.1
28	582	32 Tauri	5.8	E.	22 15.5	110	+0.1	−1.8	6.2
März 2	887	BD+23°1087 .	7.0	E.	17 51.2	125	−1.6	−1.2	8.1
2	907	BD+22°1135 .	6.9	E.	22 43.0	171	—	—	8.2
3	1047	*d* Geminorum ..	5.2	E.	17 6.7	104	−1.4	+0.5	9.1
3	1054	BD+21°1428 .	6.8	E.	19 2.0	111	−1.6	−0.6	9.2
4	1192	BD+18°1778 .	7.4	E.	20 21.5	149	−1.1	−2.3	10.2
10	1852	370 B. Virginis	6.0	A.	21 38.3	293	−0.8	+0.7	16.3
10	1858	BD−11°3398 .	6.5	A.	23 39.3	294	−1.4	0.0	16.3
11	1967	83 Virginis......	5.7	A.	23 11.4	304	−0.9	+0.2	17.3
28	693	284 B. Tauri	6.0	E.	19 23.5	73	−0.8	−0.8	4.6
28	709	τ Tauri	4.3	E.	21 55.0	145	+0.7	−2.5	4.7
29	859	BD+23°1007 .	6.5	E.	20 31.2	73	−0.9	−0.9	5.7
29	865	394 B. Tauri	6.1	E.	21 7.3	87	−0.5	−1.3	5.7
30	1021	BD+22°1416 .	6.3	E.	18 22.8	81	−1.7	−0.1	6.6
31	1151	BD+19°1784 .	6.8	E.	18 37.2	156	−0.9	−3.0	7.6
31	1175	*g* Geminorum ..	5.0	E.	23 4.1	62	−0.9	−0.8	7.8
April 2	1410	*h* Leonis	5.3	E.	22 59.5	106	−1.0	−1.6	9.8
4	1528	BD+4°2328 ..	6.6	E.	2 5.3	108	−0.2	−1.7	10.9
4	1605	p^3 Leonis	6.2	E.	19 33.6	153	−0.7	−1.3	11.7
24	621	192 B. Tauri	6.2	E.	18 56.2	120	+0.1	−1.9	2.2
24	625	BD+22°657 ..	7.0	E.	19 31.0	110	+0.2	−1.6	2.2
26	984	BD+21°1232 .	6.6	E.	20 54.8	156	+0.6	−2.6	4.3
27	1130	BD+19°1734 .	7.2	E.	21 32.0	122	0.0	−1.8	5.3

Sternbedeckungen 1955

Ein- und Austritte für München

$\lambda = -0^h\,46^m\!.4 \qquad \varphi = +48°\,8'\!.8$

Tag	NZC	Stern	Größe	Phase	Weltzeit	*P*	*a*	*b*	Alter des Mondes
1955			m		h m	°	m	m	d
April 30	1482	14 Sextantis	6.3	E.	22 10.1	174	0.0	—2.9	8.3
Mai 1	1582	237 B. Leonis	6.3	E.	20 2.9	129	—1.3	—1.3	9.3
1	1587	55 Leonis	6.0	E.	22 26.0	75	—1.5	—1.0	9.4
1	1590	BD+1°2502 ..	6.9	E.	22 50.9	125	—0.8	—1.9	9.4
12	2802	199 B. Sagittarii	6.4	A.	0 56.3	226	—1.6	+1.7	19.5
Juni 8	2886	*f* Sagittarii	5.1	A.	22 53.6	200	—1.4	+2.7	18.1
Juli 1	2305	57 B. Scorpii	5.9	E.	22 44.7	28	—	—	11.8
11	3482	BD+1°4744 ..	5.6	A.	0 12.1	212	—0.5	+2.2	20.9
Aug. 6	3320	ϰ Aquarii	5.3	A.	1 27.3	210	—0.9	+1.3	17.6
7	3455	9 Piscium	6.4	A.	1 56.3	189	—0.4	+2.5	18.6
7	3453	ϰ Piscium	4.9	A.	2 9.7	228	—1.2	+0.9	18.6
29	2902	57 Sagittarii	6.0	E.	22 54.6	105	—1.7	—1.6	12.1
Sept. 7	525	14 H.^{1}Tauri	6.4	A.	23 3.7	233	—0.1	+2.0	21.2
9	861	175 H.^{1}Tauri	6.5	A.	23 8.8	320	—0.4	+0.1	23.2
Okt. 4	371	27 Arietis	6.4	A.	3 45.8	237	—1.1	0.0	17.8
5	631	51 Tauri	5.6	A.	20 7.5	196	+1.0	+2.8	19.6
5	634	56 Tauri	5.3	A.	20 50.9	236	+0.2	+1.8	19.6
5	656	ϰ Tauri	4.4	E.	22 28.7	46	—0.1	+2.3	19.7
5	656	ϰ Tauri	4.4	A.	23 22.4	291	—1.2	+0.6	19.7
5	657	67 Tauri	5.4	A.	23 26.1	270	—0.9	+1.2	19.7
7	828	BD+22°925 ..	6.5	A.	0 36.7	260	—0.9	+1.5	20.8
20	2507	BD—23°13366	6.7	E.	16 57.8	110	—1.7	—1.5	4.9
25	3163	BD—10°5714 .	7.3	E.	20 5.4	109	—2.3	—1.7	10.0
26	3290	BD—5°5790 ..	7.3	E.	20 48.6	96	—1.9	—1.1	11.1
Nov. 3	784	108 Tauri	6.2	A.	3 12.0	229	—1.7	+1.2	18.3
8	1482	14 Sextantis	6.3	A.	3 54.2	254	—1.7	+1.9	23.4
9	1587	55 Leonis	6.0	A.	3 29.0	295	—0.8	+0.5	24.4
11	1800	*q* Virginis	5.4	A.	4 37.7	281	—0.7	+1.1	26.4
20	2986	31 B. Capricorni ...	6.4	E.	17 28.0	72	—1.4	—0.4	6.2
23	3340	BD—3°5505 ..	7.5	E.	15 41.0	24	—0.7	+2.2	9.2
24	3482	BD+1°4744 ..	5.6	E.	15 54.0	107	—1.6	+0.9	10.2
24	3501	19 Piscium	5.3	E.	22 45.7	125	—1.1	—3.9	10.4
26	89	136 B. Piscium	6.5	E.	0 56.1	31	—0.4	+0.5	11.5
Dez. 3	1198	2 B. Cancri	6.2	A.	2 50.5	267	—1.7	—0.1	18.6
3	1210	5 Cancri	5.9	A.	4 20.0	313	—0.9	—1.9	18.6
4	1341	α Cancri	4.3	E.	3 5.8	147	—1.0	—1.8	19.6
4	1341	α Cancri	4.3	A.	4 10.2	267	—1.8	—0.3	19.6
7	1670	*e* Leonis	5.1	A.	2 26.3	303	—0.8	+0.2	22.6
18	3070	BD—13°5813 .	6.6	E.	15 58.1	40	—1.0	+0.5	4.4
23	163	BD+10°128 ..	7.2	E.	21 37.1	67	—0.9	—0.5	9.6
26	465	δ Arietis	4.5	E.	2 32.8	79	0.0	—1.1	11.8
28	792	*n* Tauri	5.1	E.	2 10.3	131	—0.2	—2.3	13.8

0ʰ Weltzeit	Mondbewegung				Lage des Mondäquators gegen den Erdäquator			
	☊	$L_☾$	$\tilde{\omega}_☾$	$M_☾$	i	Δ	☊′	$\Delta-$☋
1955	°	°	°	°	°	°	°	°
Jan. —3	275.6309	311.7773	51.822	259.956	23.342	92.086	3.868	356.450
+7	275.1013	83.5413	52.936	30.606	23.356	91.555	3.869	356.449
17	274.5718	215.3052	54.050	161.255	23.370	91.025	3.870	356.449
27	274.0422	347.0692	55.164	291.905	23.384	90.496	3.870	356.448
Febr. 6	273.5127	118.8332	56.278	62.555	23.399	89.966	3.870	356.449
16	272.9832	250.5972	57.392	193.205	23.413	89.437	3.870	356.449
26	272.4536	22.3611	58.506	323.855	23.427	88.908	3.869	356.450
März 8	271.9241	154.1251	59.620	94.505	23.441	88.379	3.869	356.450
18	271.3945	285.8891	60.734	225.155	23.456	87.851	3.867	356.452
28	270.8650	57.6530	61.848	355.805	23.470	87.323	3.866	356.453
April 7	270.3355	189.4170	62.962	126.455	23.484	86.795	3.864	356.455
17	269.8059	321.1810	64.076	257.105	23.498	86.268	3.862	356.458
27	269.2764	92.9449	65.190	27.755	23.512	85.741	3.860	356.460
Mai 7	268.7469	224.7089	66.304	158.405	23.526	85.214	3.857	356.463
17	268.2173	356.4729	67.418	289.055	23.540	84.688	3.854	356.466
27	267.6878	128.2368	68.532	59.705	23.554	84.162	3.850	356.469
Juni 6	267.1582	260.0008	69.646	190.355	23.568	83.636	3.847	356.473
16	266.6287	31.7648	70.760	321.004	23.583	83.110	3.842	356.477
26	266.0992	163.5287	71.874	91.654	23.597	82.585	3.838	356.481
Juli 6	265.5696	295.2927	72.988	222.304	23.611	82.060	3.833	356.485
16	265.0401	67.0567	74.102	352.954	23.625	81.535	3.828	356.490
26	264.5105	198.8206	75.216	123.604	23.639	81.011	3.823	356.495
Aug. 5	263.9810	330.5846	76.331	254.254	23.653	80.487	3.817	356.501
15	263.4515	102.3486	77.445	24.904	23.667	79.963	3.811	356.506
25	262.9219	234.1125	78.559	155.554	23.681	79.439	3.805	356.512
Sept. 4	262.3924	5.8765	79.673	286.204	23.695	78.916	3.798	356.519
14	261.8629	137.6405	80.787	56.854	23.709	78.393	3.791	356.525
24	261.3333	269.4044	81.901	187.504	23.723	77.870	3.784	356.532
Okt. 4	260.8038	41.1684	83.015	318.154	23.736	77.348	3.776	356.539
14	260.2742	172.9324	84.129	88.804	23.750	76.825	3.768	356.547
24	259.7447	304.6964	85.243	219.454	23.764	76.303	3.760	356.554
Nov. 3	259.2152	76.4603	86.357	350.103	23.778	75.782	3.752	356.562
13	258.6856	208.2243	87.471	120.753	23.792	75.261	3.743	356.570
23	258.1561	339.9883	88.585	251.403	23.805	74.740	3.734	356.579
Dez. 3	257.6265	111.7522	89.699	22.053	23.819	74.219	3.724	356.588
13	257.0970	243.5162	90.813	152.703	23.832	73.698	3.714	356.597
23	256.5675	15.2802	91.927	283.353	23.846	73.178	3.704	356.606
33	256.0379	147.0441	93.041	54.003	23.860	72.659	3.694	356.616

Tägliche Änderungen

d	Δ☊ °	$\Delta L_☾$ °	$\Delta\tilde{\omega}_☾$ °	$\Delta M_☾$ °
1	—0.0530	13.1764	+ 0.111	13.065
2	0.1059	26.3528	0.223	26.130
3	0.1589	39.5292	0.334	39.195
4	0.2118	52.7056	0.446	52.260
5	0.2648	65.8820	0.557	65.325
6	—0.3177	79.0584	+ 0.668	78.390
7	0.3707	92.2348	0.780	91.455
8	0.4236	105.4112	0.891	104.520
9	0.4766	118.5876	1.003	117.585
10	—0.5295	131.7640	+ 1.114	130.650

Mondkrater Mösting A. 1955

Tag	0h Weltzeit								
	$\alpha_{☾}-\alpha_k$			$\delta_{☾}-\delta_k$			log sin p_k		
1955	s	s	s	″	″	″			
Jan. 1	+ 2.02	−0.66		− 52.0	− 4.9		8.23013	+449	
2	+ 1.36	−1.26	−0.60	− 56.9	− 0.5	+ 4.4	8.23462	+426	− 23
3	+ 0.10	−1.87	−0.61	− 57.4	+ 5.9	+ 6.4	8.23888	+371	− 55
4	− 1.77	−2.36	−0.49	− 51.5	+15.2	+ 9.3	8.24259	+275	− 96
5	− 4.13	−2.48	−0.12	− 36.3	+26.3	+11.1	8.24534	+141	−134
6	− 6.61	−2.08	+0.40	− 10.0	+37.0	+10.7	8.24675	− 24	−165
7	− 8.69	−1.27	+0.81	+ 27.0	+43.6	+ 6.6	8.24651	−203	−179
8	− 9.96	−0.34	+0.93	+ 70.6	+44.3	+ 0.7	8.24448	−375	−172
9	−10.30	+0.37	+0.71	+114.9	+39.0	− 5.3	8.24073	−516	−141
10	− 9.93	+0.80	+0.43	+153.9	+30.1	− 8.9	8.23557	−611	− 95
11	− 9.13	+0.97	+0.17	+184.0	+19.5	−10.6	8.22946	−653	− 42
12	− 8.16	+0.95	−0.02	+203.5	+ 9.1	−10.4	8.22293	−640	+ 13
13	− 7.21	+0.85	−0.10	+212.6	− 0.1	− 9.2	8.21653	−580	+ 60
14	− 6.36	+0.72	−0.13	+212.5	− 8.0	− 7.9	8.21073	−482	+ 98
15	− 5.64	+0.58	−0.14	+204.5	−14.3	− 6.3	8.20591	−359	+123
16	− 5.06	+0.47	−0.11	+190.2	−19.0	− 4.7	8.20232	−224	+135
17	− 4.59		−0.05	+171.2		− 3.7	8.20008		+140
	s	s	s	″	″	″			
Febr. 1	− 4.19	−1.89	−0.07	− 42.0	+24.3	+ 9.5	8.23885	+104	− 61
2	− 6.08	−1.62	+0.27	− 17.7	+33.1	+ 8.8	8.23989	+ 27	− 77
3	− 7.70	−1.01	+0.61	+ 15.4	+39.4	+ 6.3	8.24016	− 69	− 96
4	− 8.71	−0.31	+0.70	+ 54.8	+41.3	+ 1.9	8.23947	−178	−109
5	− 9.02	+0.29	+0.60	+ 96.1	+38.4	− 2.9	8.23769	−291	−113
6	− 8.73	+0.64	+0.35	+134.5	+32.0	− 6.4	8.23478	−397	−106
7	− 8.09	+0.80	+0.16	+166.5	+23.2	− 8.8	8.23081	−478	− 81
8	− 7.29	+0.78	−0.02	+189.7	+13.6	− 9.6	8.22603	−527	− 49
9	− 6.51	+0.68	−0.10	+203.3	+ 4.3	− 9.3	8.22076	−536	− 9
10	− 5.83	+0.54	−0.14	+207.6	− 4.2	− 8.5	8.21540	−504	+ 32
11	− 5.29	+0.44	−0.10	+203.4	−11.5	− 7.3	8.21036	−435	+ 69
12	− 4.85	+0.36	−0.08	+191.9	−17.3	− 5.8	8.20601	−332	+103
13	− 4.49	+0.35	−0.01	+174.6	−21.6	− 4.3	8.20269	−210	+122
14	− 4.14	+0.42	+0.07	+153.0	−24.4	− 2.8	8.20059	− 71	+139
15	− 3.72		+0.12	+128.6		− 1.5	8.19988		+141
	s	s	s	″	″	″			
März 2	− 8.72	−0.79	+0.69	+ 8.6	+38.8	+ 5.7	8.23734	−174	− 50
3	− 9.51	−0.04	+0.75	+ 47.4	+40.3	+ 1.5	8.23560	−216	− 42
4	− 9.55	+0.55	+0.59	+ 87.7	+37.4	− 2.9	8.23344	−264	− 48
5	− 9.00	+0.88	+0.33	+125.1	+31.5	− 5.9	8.23080	−310	− 46
6	− 8.12	+0.98	+0.10	+156.6	+23.7	− 7.8	8.22770	−355	− 45
7	− 7.14	+0.90	−0.08	+180.3	+15.2	− 8.5	8.22415	−391	− 36
8	− 6.24	+0.74	−0.16	+195.5	+ 6.5	− 8.7	8.22024	−415	− 24
9	− 5.50	+0.54	−0.20	+202.0	− 1.6	− 8.1	8.21609	−418	− 3
10	− 4.96	+0.39	−0.15	+200.4	− 8.9	− 7.3	8.21191	−396	+ 22
11	− 4.57		−0.12	+191.5		− 6.3	8.20795		+ 50

Tag	$\alpha_{☾} - \alpha_k$			$\delta_{☾} - \delta_k$			log sin p_k		
	0h Weltzeit								
1955	s	s	s	″	″	″			
März 11	− 4.57	+0.27	−0.12	+191.5	−15.2	− 6.3	8.20795	−346	+ 50
12	− 4.30	+0.26	−0.01	+176.3	−20.3	− 5.1	8.20449	−269	+ 77
13	− 4.04	+0.34	+0.08	+156.0	−24.0	− 3.7	8.20180	−167	+102
14	− 3.70	+0.51	+0.17	+132.0	−25.7	− 1.7	8.20013	− 45	+122
15	− 3.19	+0.74	+0.23	+106.3	−26.1	− 0.4	8.19968	+ 87	+132
16	− 2.45	+0.94	+0.20	+ 80.2	−24.7	+ 1.4	8.20055	+226	+139
17	− 1.51		+0.12	+ 55.5		+ 2.2	8.20281		+132
	s	s	s	″	″	″			
März 31	−11.12	+0.62	+0.78	+ 84.9	+39.1	− 3.2	8.23442	−410	− 26
April 1	−10.50	+1.08	+0.46	+124.0	+32.5	− 6.6	8.23032	−416	− 6
2	− 9.42	+1.23	+0.15	+156.5	+24.2	− 8.3	8.22616	−407	+ 9
3	− 8.19	+1.17	−0.06	+180.7	+15.4	− 8.8	8.22209	−395	+ 12
4	− 7.02	+0.97	−0.20	+196.1	+ 7.0	− 8.4	8.21814	−380	+ 15
5	− 6.05	+0.73	−0.24	+203.1	− 0.8	− 7.8	8.21434	−359	+ 21
6	− 5.32	+0.50	−0.23	+202.3	− 8.0	− 7.2	8.21075	−333	+ 26
7	− 4.82	+0.30	−0.20	+194.3	−14.3	− 6.3	8.20742	−301	+ 32
8	− 4.52	+0.26	−0.04	+180.0	−19.5	− 5.2	8.20441	−251	+ 50
9	− 4.26	+0.26	0.00	+160.5	−23.5	− 4.0	8.20190	−187	+ 64
10	− 4.00	+0.43	+0.17	+137.0	−26.2	− 2.7	8.20003	−106	+ 81
11	− 3.57	+0.69	+0.26	+110.8	−26.8	− 0.6	8.19897	− 6	+100
12	− 2.88	+0.97	+0.28	+ 84.0	−25.8	+ 1.0	8.19891	+108	+114
13	− 1.91	+1.19	+0.22	+ 58.2	−23.2	+ 2.6	8.19999	+232	+124
14	− 0.72	+1.28	+0.09	+ 35.0	−19.7	+ 3.5	8.20231	+361	+129
15	+ 0.56	+1.20	−0.08	+ 15.3	−16.3	+ 3.4	8.20592	+482	+121
16	+ 1.76		−0.24	− 1.0		+ 3.0	8.21074		+107
	s	s	s	″	″	″			
April 30	− 9.72	+1.26	+0.04	+185.8	+17.2	−10.0	8.22456	−534	+ 38
Mai 1	− 8.46	+1.14	−0.12	+203.0	+ 7.9	− 9.3	8.21922	−484	+ 50
2	− 7.32	+0.91	−0.23	+210.9	− 0.4	− 8.3	8.21438	−422	+ 62
3	− 6.41	+0.67	−0.24	+210.5	− 7.8	− 7.4	8.21016	−359	+ 63
4	− 5.74	+0.44	−0.23	+202.7	−14.2	− 6.4	8.20657	−297	+ 62
5	− 5.30	+0.30	−0.14	+188.5	−19.5	− 5.3	8.20360	−237	+ 60
6	− 5.00	+0.26	−0.04	+169.0	−23.8	− 4.3	8.20123	−175	+ 62
7	− 4.74	+0.36	+0.10	+145.2	−26.8	− 3.0	8.19948	110	+ 65
8	− 4.38	+0.58	+0.22	+118.4	−28.0	− 1.2	8.19838	− 38	+ 72
9	− 3.80	+0.90	+0.32	+ 90.4	−27.6	+ 0.4	8.19800	+ 42	+ 80
10	− 2.90	+1.19	+0.29	+ 62.8	−25.2	+ 2.4	8.19842	+135	+ 93
11	− 1.71	+1.38	+0.19	+ 37.6	−21.5	+ 3.7	8.19977	+236	+101
12	− 0.33	+1.41	+0.03	+ 16.1	−17.3	+ 4.2	8.20213	+346	+110
13	+ 1.08	+1.29	−0.12	− 1.2	−12.8	+ 4.5	8.20559	+455	+109
14	+ 2.37	+1.00	−0.29	− 14.0	− 9.7	+ 3.1	8.21014	+560	+105
15	+ 3.37	+0.58	−0.42	− 23.7	− 7.6	+ 2.1	8.21574	+645	+ 85
16	+ 3.95		−0.52	− 31.3		+ 1.1	8.22219		+ 54

Tag	0h Weltzeit								
	$\alpha_☾-\alpha_k$			$\delta_☾-\delta_k$			log sin p_k		
1955	s	s	s	″	″	″			
Mai 29	−8.54	+0.90	−0.15	+219.1	+ 1.5	− 9.6	8.21885	−572	+ 70
30	−7.64	+0.71	−0.19	+220.6	− 6.8	− 8.3	8.21313	−484	+ 88
31	−6.93	+0.50	−0.21	+213.8	−13.9	− 7.1	8.20829	−389	+ 95
Juni 1	−6.43	+0.35	−0.15	+199.9	−19.6	− 5.7	8.20440	−295	+ 94
2	−6.08	+0.28	−0.07	+180.3	−24.1	− 4.5	8.20145	−204	+ 91
3	−5.80	+0.33	+0.05	+156.2	−27.5	− 3.4	8.19941	−121	+ 83
4	−5.47	+0.51	+0.18	+128.7	−29.3	− 1.8	8.19820	− 44	+ 77
5	−4.96	+0.79	+0.28	+ 99.4	−29.3	0.0	8.19776	+ 28	+ 72
6	−4.17	+1.10	+0.31	+ 70.1	−27.5	+ 1.8	8.19804	+ 99	+ 71
7	−3.07	+1.33	+0.23	+ 42.6	−24.1	+ 3.4	8.19903	+172	+ 73
8	−1.74	+1.45	+0.12	+ 18.5	−19.8	+ 4.3	8.20075	+248	+ 76
9	−0.29	+1.41	−0.04	− 1.3	−15.0	+ 4.8	8.20323	+329	+ 81
10	+1.12	+1.23	−0.18	− 16.3	−10.7	+ 4.3	8.20652	+413	+ 84
11	+2.35	+0.92	−0.31	− 27.0	− 7.1	+ 3.6	8.21065	+496	+ 83
12	+3.27	+0.52	−0.40	− 34.1	− 4.4	+ 2.7	8.21561	+572	+ 76
13	+3.79	+0.01	−0.51	− 38.5	− 2.5	+ 1.9	8.22133	+625	+ 53
14	+3.80		−0.60	− 41.0		+ 1.8	8.22758		+ 27
	s	s	s	″	″	″			
Juni 28	−7.32	+0.30	−0.11	+210.2	−18.8	− 6.7	8.20820	−421	+111
29	−7.02	+0.24	−0.06	+191.4	−24.1	− 5.3	8.20399	−303	+118
30	−6.78	+0.28	+0.04	+167.3	−27.8	− 3.7	8.20096	−188	+115
Juli 1	−6.50	+0.45	+0.17	+139.5	−30.0	− 2.2	8.19908	− 81	+107
2	−6.05	+0.70	+0.25	+109.5	−30.6	− 0.6	8.19827	+ 13	+ 94
3	−5.35	+0.99	+0.29	+ 78.9	−29.4	+ 1.2	8.19840	+ 95	+ 82
4	−4.36	+1.24	+0.25	+ 49.5	−26.4	+ 3.0	8.19935	+165	+ 70
5	−3.12	+1.38	+0.14	+ 23.1	−22.3	+ 4.1	8.20100	+227	+ 62
6	−1.74	+1.38	0.00	+ 0.8	−17.7	+ 4.6	8.20327	+279	+ 52
7	−0.36	+1.24	−0.14	− 16.9	−13.0	+ 4.7	8.20606	+332	+ 53
8	+0.88	+1.01	−0.23	− 29.9	− 8.8	+ 4.2	8.20938	+379	+ 47
9	+1.89	+0.67	−0.34	− 38.7	− 5.1	+ 3.7	8.21317	+428	+ 49
10	+2.56	+0.28	−0.39	− 43.8	− 2.1	+ 3.0	8.21745	+472	+ 44
11	+2.84	−0.19	−0.47	− 45.9	+ 0.8	+ 2.9	8.22217	+506	+ 34
12	+2.65	−0.72	−0.53	− 45.1	+ 3.7	+ 2.9	8.22723	+525	+ 19
13	+1.93		−0.58	− 41.4		+ 4.1	8.23248		− 10
	s	s	s	″	″	″			
Juli 27	−7.31	+0.18	+0.09	+176.1	−27.5	− 4.8	8.20446	−306	+123
28	−7.13	+0.35	+0.17	+148.6	−30.2	− 2.7	8.20140	−174	+132
29	−6.78	+0.62	+0.27	+118.4	−31.3	− 1.1	8.19966	− 48	+126
30	−6.16	+0.91	+0.29	+ 87.1	−30.3	+ 1.0	8.19918	+ 65	+113
31	−5.25	+1.18	+0.27	+ 56.8	−27.8	+ 2.5	8.19983	+166	+101
Aug. 1	−4.07	+1.31	+0.13	+ 29.0	−24.1	+ 3.7	8.20149	+244	+ 78
2	−2.76	+1.32	+0.01	+ 4.9	−19.8	+ 4.3	8.20393	+304	+ 60
3	−1.44		−0.13	− 14.9		+ 4.6	8.20697		+ 38

Tag	$\alpha_☾-\alpha_k$			$\delta_☾-\delta_k$			log sin p_k		
	0h Weltzeit								
1955	s	s	s	″	″	″			
Aug. 3	−1.44	+1.19	−0.13	− 14.9	−15.2	+ 4.6	8.20697	+342	+ 38
4	−0.25	+0.94	−0.25	− 30.1	−11.0	+ 4.2	8.21039	+368	+ 26
5	+0.69	+0.62	−0.32	− 41.1	− 7.1	+ 3.9	8.21407	+378	+ 10
6	+1.31	+0.24	−0.38	− 48.2	− 3.5	+ 3.6	8.21785	+384	+ 6
7	+1.55	−0.16	−0.40	− 51.7	0.0	+ 3.5	8.22169	+381	− 3
8	+1.39	−0.61	−0.45	− 51.7	+ 3.8	+ 3.8	8.22550	+374	− 7
9	+0.78	−1.04	−0.43	− 47.9	+ 8.5	+ 4.7	8.22924	+363	− 11
10	−0.26	−1.43	−0.39	− 39.4	+14.4	+ 5.9	8.23287	+340	− 23
11	−1.69	−1.64	−0.21	− 25.0	+21.3	+ 6.9	8.23627	+299	− 41
12	−3.33		+0.03	− 3.7		+ 7.5	8.23926		− 62
	s	s	s	″	″	″			
Aug. 26	−6.52	+0.86	+0.36	+ 93.8	−30.9	+ 0.5	8.20024	− 18	+136
27	−5.66	+1.15	+0.29	+ 62.9	−28.5	+ 2.4	8.20006	+115	+133
28	−4.51	+1.33	+0.18	+ 34.4	−24.9	+ 3.6	8.20121	+231	+116
29	−3.18	+1.35	+0.02	+ 9.5	−20.5	+ 4.4	8.20352	+328	+ 97
30	−1.83	+1.21	−0.14	− 11.0	−16.2	+ 4.3	8.20680	+398	+ 70
31	−0.62	+0.92	−0.29	− 27.2	−12.2	+ 4.0	8.21078	+438	+ 40
Sept. 1	+0.30	+0.56	−0.36	− 39.4	− 8.7	+ 3.5	8.21516	+448	+ 10
2	+0.86	+0.13	−0.43	− 48.1	− 5.5	+ 3.2	8.21964	+431	− 17
3	+0.99	−0.33	−0.46	− 53.6	− 1.9	+ 3.6	8.22395	+390	− 41
4	+0.66	−0.79	−0.46	− 55.5	+ 2.1	+ 4.0	8.22785	+336	− 54
5	−0.13	−1.21	−0.42	− 53.4	+ 7.4	+ 5.3	8.23121	+273	− 63
6	−1.34	−1.53	−0.32	− 46.0	+14.1	+ 6.7	8.23394	+209	− 64
7	−2.87	−1.65	−0.12	− 31.9	+21.7	+ 7.6	8.23603	+147	− 62
8	−4.52	−1.49	+0.16	− 10.2	+29.1	+ 7.4	8.23750	+ 90	− 57
9	−6.01	−1.05	+0.44	+ 18.9	+35.0	+ 5.9	8.23840	+ 33	− 57
10	−7.06		+0.56	+ 53.9		+ 2.7	8.23873		− 63
	s	s	s	″	″	″			
Sept. 25	−3.31	+1.48	+0.08	+ 13.3	−20.8	+ 4.7	8.20169	+280	+131
26	−1.83	+1.38	−0.10	− 7.5	−16.1	+ 4.7	8.20449	+397	+117
27	−0.45	+1.11	−0.27	− 23.6	−11.8	+ 4.3	8.20846	+489	+ 92
28	+0.66	+0.71	−0.40	− 35.4	− 8.5	+ 3.3	8.21335	+547	+ 58
29	+1.37	+0.21	−0.50	− 43.9	− 5.7	+ 2.8	8.21882	+561	+ 14
30	+1.58	−0.34	−0.55	− 49.6	− 3.2	+ 2.5	8.22443	+536	− 25
Okt. 1	+1.24	−0.91	−0.57	− 52.8	0.0	+ 3.2	8.22979	+466	− 70
2	+0.33	−1.47	−0.56	− 52.8	+ 4.6	+ 4.6	8.23445	+364	−102
3	−1.14	−1.91	−0.44	− 48.2	+11.5	+ 6.9	8.23809	+242	−122
4	−3.05	−2.09	−0.18	− 36.7	+20.2	+ 8.7	8.24051	+115	−127
5	−5.14	−1.93	+0.16	− 16.5	+29.1	+ 8.9	8.24166	− 6	−121
6	−7.07	−1.37	+0.56	+ 12.6	+36.2	+ 7.1	8.24160	−108	−102
7	−8.44	−0.61	+0.76	+ 48.8	+39.6	+ 3.4	8.24052	−187	− 79
8	−9.05	+0.11	+0.72	+ 88.4	+38.2	− 1.4	8.23865	−244	− 57
9	−8.94		+0.45	+126.6		− 5.0	8.23621		− 40

Mondkrater Mösting A. 1955

0h Weltzeit

Tag	$\alpha_{☾}-\alpha_k$			$\delta_{☾}-\delta_k$			log sin p_k		
1955	s	s	s	″	″	″			
Okt. 25	+ 1.00	+1.08	−0.34	− 32.5	− 7.1	+ 4.1	8.20839	+541	+112
26	+ 2.08	+0.61	−0.47	− 39.6	− 4.1	+ 3.0	8.21380	+624	+ 83
27	+ 2.69	+0.03	−0.58	− 43.7	− 2.0	+ 2.1	8.22004	+667	+ 43
28	+ 2.72	−0.61	−0.64	− 45.7	− 0.1	+ 1.9	8.22671	+657	− 10
29	+ 2.11	−1.31	−0.70	− 45.8	+ 2.6	+ 2.7	8.23328	+592	− 65
30	+ 0.80	−1.98	−0.67	− 43.2	+ 7.7	+ 5.1	8.23920	+471	−121
31	− 1.18	−2.47	−0.49	− 35.5	+15.5	+ 7.8	8.24391	+308	−163
Nov. 1	− 3.65	−2.58	−0.11	− 20.0	+25.5	+10.0	8.24699	+120	−188
2	− 6.23	−2.17	+0.41	+ 5.5	+35.3	+ 9.8	8.24819	− 66	−186
3	− 8.40	−1.35	+0.82	+ 40.8	+41.3	+ 6.0	8.24753	−232	−166
4	− 9.75	−0.41	+0.94	+ 82.1	+41.9	+ 0.6	8.24521	−358	−126
5	−10.16	+0.31	+0.72	+124.0	+37.0	− 4.9	8.24163	−442	− 84
6	− 9.85	+0.71	+0.40	+161.0	+28.8	− 8.2	8.23721	−483	− 41
7	− 9.14		+0.10	+189.8		−18.6	8.23238		− 8
	s	s	s	″	″	″			
Nov. 23	+ 3.10	+0.60	−0.47	− 41.3	+ 0.3	+ 3.0	8.21258	+635	+102
24	+ 3.70	+0.02	−0.58	− 41.0	+ 2.2	+ 1.9	8.21893	+705	+ 70
25	+ 3.72	−0.64	−0.66	− 38.8	+ 3.8	+ 1.6	8.22598	+731	+ 26
26	+ 3.08	−1.37	−0.73	− 35.0	+ 6.2	+ 2.4	8.23329	+698	− 33
27	+ 1.71	−2.10	−0.73	− 28.8	+11.0	+ 4.8	8.24027	+600	− 98
28	− 0.39	−2.63	−0.53	− 17.8	+18.9	+ 7.9	8.24627	+438	−162
29	− 3.02	−2.73	−0.10	+ 1.1	+29.1	+10.2	8.25065	+226	−212
30	− 5.75	−2.27	+0.46	+ 30.2	+38.4	+ 9.3	8.25291	− 6	−232
Dez. 1	− 8.02	−1.42	+0.85	+ 68.6	+43.3	+ 4.9	8.25285	−231	−225
2	− 9.44	−0.51	+0.91	+111.9	+41.7	− 1.6	8.25054	−422	−191
3	− 9.95	+0.14	+0.65	+153.6	+34.7	− 7.0	8.24632	−555	−133
4	− 9.81	+0.46	+0.32	+188.3	+24.4	−10.3	8.24077	−630	− 75
5	− 9.35	+0.53	+0.07	+212.7	+13.3	−11.1	8.23447	−649	− 19
6	− 8.82	+0.44	−0.09	+226.0	+ 2.7	−10.6	8.22798	−623	+ 26
7	− 8.38		−0.18	+228.7		− 9.4	8.22175		+ 58
	s	s	s	″	″	″			
Dez. 23	+ 3.92	−0.54	−0.58	− 32.0	+ 8.0	+ 1.9	8.22370	+705	+ 51
24	+ 3.38	−1.19	−0.65	− 24.0	+10.4	+ 2.4	8.23075	+711	+ 6
25	+ 2.19	−1.82	−0.63	− 13.6	+14.9	+ 4.5	8.23786	+658	− 53
26	+ 0.37	−2.29	−0.47	+ 1.3	+21.9	+ 7.0	8.24444	+538	−120
27	− 1.92	−2.40	−0.11	+ 23.2	+30.6	+ 8.7	8.24982	+356	−182
28	− 4.32	−2.03	+0.37	+ 53.8	+38.3	+ 7.7	8.25338	+127	−229
29	− 6.35	−1.39	+0.64	+ 92.1	+41.5	+ 3.2	8.25465	−120	−247
30	− 7.74	−0.72	+0.67	+133.6	+39.0	− 2.5	8.25345	−353	−233
31	− 8.46	−0.26	+0.46	+172.6	+31.1	− 7.9	8.24992	−541	−188
32	− 8.72		+0.24	+203.7		−10.9	8.24451		−126

1955 Rotation Nr. 1355

0^h Weltzeit	P	B_0	L_0
	°	°	°
Jan. 0	+ 2.86	−2.90	236.52
1	2.38	3.02	223.35
2	1.89	3.14	210.18
3	1.40	3.25	197.01
4	0.92	3.37	183.84
5	+ 0.43	3.48	170.67
6	− 0.06	−3.59	157.50
7	0.54	3.70	144.33
8	1.03	3.81	131.16
9	1.51	3.92	118.00
10	1.99	4.03	104.83
11	2.47	4.14	91.66
12	− 2.95	−4.24	78.49
13	3.43	4.35	65.32
14	3.90	4.45	52.15
15	4.37	4.55	38.98
16	4.84	4.65	25.82
17	− 5.31	−4.75	12.65

Rotation Nr. 1356

0^h Weltzeit	P	B_0	L_0
	°	°	°
Jan. 18	− 5.78	−4.84	359.48
19	6.24	4.94	346.32
20	6.70	5.03	333.15
21	7.16	5.12	319.98
22	7.61	5.21	306.82
23	8.06	5.30	293.65
24	− 8.51	−5.39	280.48
25	8.95	5.47	267.32
26	9.39	5.56	254.15
27	9.83	5.64	240.99
28	10.26	5.72	227.82
29	10.69	5.80	214.65
30	−11.11	−5.87	201.49
31	11.53	5.95	188.32
Febr. 1	11.94	6.02	175.16
2	12.35	6.09	161.99
3	12.76	6.16	148.82
4	13.16	6.23	135.66
5	−13.55	−6.29	122.49
6	13.94	6.35	109.32
7	14.33	6.41	96.16
8	14.71	6.47	82.99
9	15.09	6.53	69.82
10	−15.46	−6.59	56.65

1955 Rotation Nr. 1356

0^h Weltzeit	P	B_0	L_0
	°	°	°
Febr. 10	−15.46	−6.59	56.65
11	15.82	6.64	43.49
12	16.18	6.69	30.32
13	16.54	6.74	17.15
14	−16.89	−6.78	3.98

Rotation Nr. 1357

0^h Weltzeit	P	B_0	L_0
	°	°	°
Febr. 15	−17.23	−6.83	350.82
16	17.57	6.87	337.65
17	17.90	6.91	324.48
18	18.23	6.95	311.31
19	18.55	6.98	298.14
20	18.86	7.02	284.97
21	−19.17	−7.05	271.81
22	19.47	7.08	258.64
23	19.77	7.10	245.47
24	20.06	7.13	232.30
25	20.35	7.15	219.13
26	20.63	7.17	205.95
27	−20.90	−7.19	192.78
28	21.17	7.20	179.61
März 1	21.43	7.22	166.44
2	21.68	7.23	153.27
3	21.93	7.24	140.09
4	22.17	7.24	126.92
5	−22.40	−7.25	113.75
6	22.63	7.25	100.57
7	22.85	7.25	87.39
8	23.07	7.25	74.22
9	23.28	7.24	61.04
10	23.48	7.24	47.86
11	−23.68	−7.23	34.69
12	23.87	7.22	21.51
13	−24.05	−7.20	8.33

Rotation Nr. 1358

0^h Weltzeit	P	B_0	L_0
	°	°	°
März 14	−24.22	−7.19	355.15
15	24.39	7.17	341.97
16	24.55	7.15	328.79
17	24.71	7.13	315.61
18	24.86	7.10	302.43
19	25.00	7.08	289.24
20	−25.14	−7.05	276.06
21	25.27	7.02	262.88
22	−25.39	−6.99	249.69

1955 Rotation Nr. 1358

0^h Weltzeit	P	B_0	L_0
	°	°	°
März 22	−25.39	−6.99	249.69
23	25.50	6.95	236.51
24	25.61	6.91	223.32
25	25.71	6.87	210.14
26	25.80	6.83	196.95
27	25.89	6.79	183.76
28	−25.97	−6.75	170.57
29	26.04	6.70	157.38
30	26.10	6.65	144.19
31	26.16	6.60	131.00
April 1	26.21	6.55	117.81
2	26.26	6.49	104.62
3	−26.29	−6.44	91.42
4	26.32	6.38	78.23
5	26.34	6.32	65.03
6	26.36	6.26	51.84
7	26.37	6.19	38.64
8	26.37	6.13	25.44
9	−26.36	−6.06	12.24

Rotation Nr. 1359

0^h Weltzeit	P	B_0	L_0
	°	°	°
April 10	−26.34	−5.99	359.04
11	26.32	5.92	345.84
12	26.29	5.85	332.64
13	26.25	5.77	319.44
14	26.21	5.70	306.24
15	26.16	5.62	293.03
16	−26.10	−5.54	279.83
17	26.04	5.46	266.63
18	25.97	5.38	253.42
19	25.89	5.29	240.21
20	25.80	5.21	227.01
21	25.70	5.12	213.80
22	−25.60	−5.03	200.59
23	25.49	4.94	187.38
24	25.37	4.85	174.17
25	25.25	4.76	160.96
26	25.11	4.67	147.75
27	24.97	4.57	134.54
28	−24.83	−4.48	121.32
29	24.67	4.38	108.11
30	24.51	4.28	94.89
Mai 1	24.34	4.18	81.68
2	24.17	4.08	68.46
3	−23.98	− 3.98	55.24

Rotation der Sonne 1955

0h Weltzeit	P	B0	L0
1955	Rotation Nr. 1359		
	°	°	°
Mai 3	−23.98	−3.98	55.24
4	23.79	3.87	42.02
5	23.60	3.77	28.81
6	23.39	3.66	15.59
7	−23.18	−3.56	2.37
	Rotation Nr. 1360		
	°	°	°
Mai 8	−22.96	−3.45	349.14
9	22.74	3.34	335.92
10	22.50	3.23	322.70
11	22.26	3.13	309.48
12	22.02	3.02	296.25
13	21.76	2.90	283.03
14	−21.50	−2.79	269.80
15	21.24	2.68	256.58
16	20.96	2.57	243.35
17	20.68	2.45	230.13
18	20.40	2.34	216.90
19	20.11	2.22	203.67
20	−19.81	−2.10	190.44
21	19.50	1.99	177.22
22	19.19	1.87	163.99
23	18.87	1.75	150.76
24	18.55	1.64	137.53
25	18.22	1.52	124.30
26	−17.88	−1.40	111.07
27	17.54	1.28	97.83
28	17.20	1.16	84.60
29	16.85	1.04	71.37
30	16.49	0.92	58.14
31	16.12	0.80	44.91
Juni 1	−15.76	−0.68	31.67
2	15.39	0.56	18.44
3	−15.01	−0.44	5.20
	Rotation Nr. 1361		
	°	°	°
Juni 4	−14.63	−0.32	351.97
5	14.24	0.20	338.74
6	13.85	−0.08	325.50
7	13.45	+0.04	312.26
8	13.05	0.17	299.03
9	12.65	0.29	285.79
10	−12.24	+0.41	272.56
11	11.83	0.53	259.32
12	−11.41	+0.65	246.08

0h Weltzeit	P	B0	L0
1955	Rotation Nr. 1361		
	°	°	°
Juni 12	−11.41	+0.65	246.08
13	10.99	0.77	232.85
14	10.57	0.89	219.61
15	10.15	1.01	206.37
16	9.72	1.13	193.14
17	9.29	1.24	179.90
18	− 8.86	+1.36	166.66
19	8.42	1.48	153.43
20	7.98	1.60	140.19
21	7.54	1.72	126.95
22	7.09	1.83	113.72
23	6.65	1.95	100.48
24	− 6.20	+2.06	87.25
25	5.75	2.18	74.01
26	5.30	2.29	60.77
27	4.85	2.41	47.53
28	4.40	2.52	34.30
29	3.95	2.63	21.06
30	− 3.49	+2.75	7.83
	Rotation Nr. 1362		
	°	°	°
Juli 1	− 3.04	+2.86	354.59
2	2.59	2.97	341.35
3	2.13	3.08	328.12
4	1.68	3.19	314.88
5	1.22	3.29	301.64
6	0.76	3.40	288.41
7	− 0.31	+3.51	275.17
8	+ 0.14	3.61	261.94
9	0.60	3.71	248.70
10	1.05	3.82	235.47
11	1.50	3.92	222.23
12	1.95	4.02	209.00
13	+ 2.40	+4.12	195.76
14	2.85	4.22	182.53
15	3.30	4.32	169.30
16	3.74	4.41	156.07
17	4.19	4.51	142.83
18	4.63	4.60	129.60
19	+ 5.07	+4.69	116.37
20	5.51	4.78	103.14
21	5.94	4.87	89.91
22	6.38	4.96	76.68
23	6.81	5.05	63.45
24	+ 7.24	+5.14	50.22

0h Weltzeit	P	B0	L0
1955	Rotation Nr. 1362		
	°	°	°
Juli 24	+ 7.24	+5.14	50.22
25	7.66	5.22	36.99
26	8.08	5.31	23.76
27	+ 8.50	+5.39	10.53
	Rotation Nr. 1363		
	°	°	°
Juli 28	+ 8.92	+5.47	357.31
29	9.33	5.55	344.08
30	9.74	5.62	330.85
31	10.15	5.70	317.63
Aug. 1	10.55	5.77	304.40
2	10.95	5.85	291.17
3	+11.35	+5.92	277.95
4	11.74	5.99	264.72
5	12.13	6.05	251.50
6	12.51	6.12	238.27
7	12.89	6.18	225.05
8	13.27	6.25	211.83
9	+13.64	+6.31	198.61
10	14.01	6.37	185.38
11	14.38	6.42	172.16
12	14.74	6.48	158.94
13	15.09	6.53	145.72
14	15.44	6.58	132.50
15	+15.79	+6.63	119.29
16	16.13	6.68	106.07
17	16.47	6.73	92.85
18	16.81	6.77	79.63
19	17.14	6.82	66.42
20	17.46	6.86	53.20
21	+17.78	+6.89	39.99
22	18.09	6.93	26.77
23	18.40	6.97	13.56
24	+18.70	+7.00	0.34
	Rotation Nr. 1364		
	°	°	°
Aug. 25	+19.00	+7.03	347.13
26	19.29	7.06	333.92
27	19.58	7.09	320.70
28	19.87	7.11	307.49
29	20.15	7.13	294.28
30	20.42	7.15	281.07
31	+20.68	+7.17	267.86
Sept. 1	20.94	7.19	254.65
2	+21.20	+7.21	241.44

1955 Rotation Nr. 1364

0^h Weltzeit	P	B_0	L_0
	°	°	°
Sept. 2	+21.20	+7.21	241.44
3	21.45	7.22	228.23
4	21.69	7.23	215.02
5	21.93	7.24	201.81
6	22.17	7.24	188.61
7	22.40	7.25	175.40
8	+22.62	+7.25	162.19
9	22.83	7.25	148.99
10	23.04	7.25	135.78
11	23.25	7.24	122.58
12	23.45	7.24	109.37
13	23.64	7.23	96.17
14	+23.82	+7.22	82.97
15	24.00	7.21	69.77
16	24.18	7.19	56.56
17	24.34	7.18	43.36
18	24.50	7.16	30.16
19	+24.66	+7.14	16.96
20	+24.81	+7.11	3.76

Rotation Nr. 1365

0^h Weltzeit	P	B_0	L_0
	°	°	°
Sept. 21	+24.95	+7.09	350.56
22	25.08	7.06	337.36
23	25.21	7.03	324.16
24	25.34	7.00	310.97
25	25.45	6.97	297.77
26	25.56	6.93	284.57
27	+25.66	+6.89	271.37
28	25.76	6.85	258.17
29	25.85	6.81	244.98
30	25.93	6.77	231.78
Okt. 1	26.00	6.72	218.59
2	26.07	6.68	205.39
3	+26.13	+6.63	192.19
4	26.19	6.58	179.00
5	26.23	6.52	165.80
6	26.27	6.47	152.61
7	26.31	6.41	139.41
8	26.33	6.35	126.22
9	+26.35	+6.29	113.03
10	26.36	6.23	99.84
11	26.37	6.16	86.64
12	26.36	6.09	73.45
13	26.35	6.02	60.26
14	+26.33	+5.95	47.07

1955 Rotation Nr. 1365

0^h Weltzeit	P	B_0	L_0
	°	°	°
Okt. 14	+26.33	+5.95	47.07
15	26.31	5.88	33.88
16	26.27	5.81	20.69
17	+26.23	+5.73	7.50

Rotation Nr. 1366

0^h Weltzeit	P	B_0	L_0
	°	°	°
Okt. 18	+26.18	+5.65	354.31
19	26.13	5.57	341.12
20	26.07	5.49	327.93
21	25.99	5.41	314.74
22	25.91	5.32	301.55
23	25.83	5.24	288.36
24	+25.73	+5.15	275.18
25	25.63	5.06	261.99
26	25.52	4.97	248.80
27	25.40	4.88	235.61
28	25.28	4.78	222.42
29	25.14	4.69	209.24
30	+25.00	+4.59	196.05
31	24.85	4.49	182.86
Nov. 1	24.69	4.39	169.68
2	24.53	4.29	156.49
3	24.35	4.19	143.30
4	24.17	4.08	130.12
5	+23.98	+3.98	116.93
6	23.79	3.87	103.75
7	23.58	3.76	90.56
8	23.37	3.65	77.38
9	23.15	3.54	64.19
10	22.92	3.43	51.01
11	+22.69	+3.32	37.82
12	22.44	3.21	24.64
13	+22.19	+3.09	11.46

Rotation Nr. 1367

0^h Weltzeit	P	B_0	L_0
	°	°	°
Nov. 14	+21.93	+2.98	358.27
15	21.66	2.86	345.09
16	21.39	2.74	331.91
17	21.11	2.63	318.73
18	20.82	2.51	305.55
19	20.52	2.39	292.36
20	+20.22	+2.27	279.18
21	19.91	2.14	266.00
22	+19.59	+2.02	252.82

1955 Rotation Nr. 1367

0^h Weltzeit	P	B_0	L_0
	°	°	°
Nov. 22	+19.59	+2.02	252.82
23	19.26	1.90	239.64
24	18.93	1.78	226.46
25	18.59	1.65	213.28
26	18.25	1.53	200.10
27	17.89	1.40	186.92
28	+17.53	+1.28	173.74
29	17.17	1.15	160.56
30	16.80	1.03	147.38
Dez. 1	16.42	0.90	134.20
2	16.03	0.77	121.02
3	15.64	0.64	107.84
4	+15.25	+0.52	94.66
5	14.85	0.39	81.48
6	14.44	0.26	68.31
7	14.03	+0.13	55.13
8	13.61	0.00	41.95
9	13.19	−0.12	28.78
10	+12.76	−0.25	15.60
11	+12.33	−0.38	2.42

Rotation Nr. 1368

0^h Weltzeit	P	B_0	L_0
	°	°	°
Dez. 12	+11.89	−0.51	349.25
13	11.45	0.64	336.07
14	11.00	0.76	322.90
15	10.55	0.89	309.72
16	10.10	1.02	296.55
17	9.64	1.15	283.37
18	+ 9.18	−1.27	270.20
19	8.72	1.40	257.03
20	8.25	1.52	243.85
21	7.78	1.65	230.68
22	7.31	1.78	217.51
23	6.84	1.90	204.33
24	+ 6.36	−2.02	191.16
25	5.88	2.15	177.99
26	5.40	2.27	164.82
27	4.92	2.39	151.64
28	4.44	2.51	138.47
29	3.95	2.63	125.30
30	+ 3.47	−2.75	112.13
31	2.98	2.87	98.96
32	+ 2.50	−2.99	85.78

Rotation des Jupiter 1955

Länge des Zentralmeridians der beleuchteten Scheibe für 0h Weltzeit

Tag	System I	System II	Red. auf volle Scheibe	Tag	System I	System II	Red. auf volle Scheibe	Tag	System I	System II	Red. auf volle Scheibe
1955	°	°	°	1955	°	°	°	1955	°	°	°
Jan. 0	224.8	339.3	−0.1	Febr. 21	160.6	238.4	+0.2	April 14	87.0	128.1	+0.5
1	22.8	129.7	0.0	22	318.5	28.7	0.2	15	244.7	278.2	0.5
2	180.8	280.2	0.0	23	116.4	178.9	0.2	16	42.5	68.3	0.5
3	338.9	70.6	0.0	24	274.3	329.2	0.3	17	200.2	218.4	0.5
4	136.9	221.0	0.0	25	72.2	119.5	0.3	18	357.9	8.5	0.5
5	295.0	11.4	0.0	26	230.1	269.8	+0.3	19	155.6	158.6	+0.5
6	93.0	161.8	0.0	27	28.0	60.0	0.3	20	313.3	308.6	0.5
7	251.0	312.2	0.0	28	185.9	210.3	0.3	21	111.1	98.7	0.5
8	49.1	102.6	0.0	März 1	343.7	0.5	0.3	22	268.8	248.8	0.5
9	207.1	253.0	0.0	2	141.6	150.8	0.3	23	66.5	38.9	0.5
10	5.2	43.4	0.0	3	299.5	301.0	+0.3	24	224.2	189.0	+0.5
11	163.2	193.8	0.0	4	97.4	91.3	0.3	25	21.9	339.1	0.5
12	321.2	344.2	0.0	5	255.3	241.5	0.3	26	179.6	129.2	0.5
13	119.3	134.7	0.0	6	53.1	31.7	0.3	27	337.3	279.2	0.5
14	277.3	285.1	0.0	7	211.0	182.0	0.4	28	135.0	69.3	0.5
15	75.3	75.5	0.0	8	8.8	332.2	+0.4	29	292.8	219.4	+0.5
16	233.4	225.9	0.0	9	166.7	122.4	0.4	30	90.5	9.5	0.5
17	31.4	16.3	0.0	10	324.5	272.6	0.4	Mai 1	248.2	159.5	0.5
18	189.4	166.7	0.0	11	122.4	62.8	0.4	2	45.9	309.6	0.5
19	347.5	317.1	0.0	12	280.2	213.1	0.4	3	203.5	99.7	0.5
20	145.5	107.4	0.0	13	78.0	3.3	+0.4	4	1.2	249.7	+0.5
21	303.5	257.8	0.0	14	235.9	153.4	0.4	5	158.9	39.8	0.5
22	101.5	48.2	0.0	15	33.7	303.6	0.4	6	316.6	189.9	0.5
23	259.5	198.6	0.0	16	191.5	93.8	0.4	7	114.3	339.9	0.5
24	57.6	349.0	0.0	17	349.3	244.0	0.4	8	272.0	130.0	0.4
25	215.6	139.4	0.0	18	147.1	34.2	+0.4	9	69.7	280.1	+0.4
26	13.6	289.8	0.0	19	305.0	184.4	0.4	10	227.4	70.1	0.4
27	171.6	80.1	0.0	20	102.8	334.6	0.5	11	25.1	220.2	0.4
28	329.6	230.5	0.0	21	260.6	124.8	0.5	12	182.8	10.2	0.4
29	127.6	20.9	0.0	22	58.4	274.9	0.5	13	340.5	160.3	0.4
30	285.6	171.3	0.0	23	216.2	65.1	+0.5	14	138.1	310.3	+0.4
31	83.6	321.6	0.0	24	14.0	215.3	0.5	15	295.8	100.4	0.4
Febr. 1	241.6	112.0	+0.1	25	171.8	5.4	0.5	16	93.5	250.4	0.4
2	39.5	262.3	0.1	26	329.6	155.6	0.5	17	251.2	40.5	0.4
3	197.5	52.7	0.1	27	127.3	305.7	0.5	18	48.8	190.5	0.4
4	355.5	203.0	0.1	28	285.1	95.9	+0.5	19	206.5	340.6	+0.4
5	153.5	353.4	0.1	29	82.9	246.0	0.5	20	4.2	130.6	0.4
6	311.5	143.7	+0.1	30	240.7	36.2	0.5	21	161.9	280.7	0.4
7	109.4	294.1	0.1	31	38.4	186.3	0.5	22	319.5	70.7	0.4
8	267.4	84.4	0.1	April 1	196.2	336.5	0.5	23	117.2	220.8	0.4
9	65.3	234.7	0.1	2	354.0	126.6	+0.5	24	274.9	10.8	+0.4
10	223.3	25.1	0.1	3	151.8	276.8	0.5	25	72.6	160.8	0.3
11	21.3	175.4	+0.1	4	309.5	66.9	0.5	26	230.2	310.9	0.3
12	179.2	325.7	0.1	5	107.3	217.0	0.5	27	27.9	100.9	0.3
13	337.2	116.0	0.1	6	265.0	7.1	0.5	28	185.6	251.0	0.3
14	135.1	266.3	0.2	7	62.8	157.3	+0.5	29	343.2	41.0	+0.3
15	293.0	56.6	0.2	8	220.5	307.4	0.5	30	140.9	191.0	0.3
16	91.0	206.9	+0.2	9	18.3	97.5	0.5	31	298.6	341.1	0.3
17	248.9	357.2	0.2	10	176.0	247.6	0.5	Juni 1	96.2	131.1	0.3
18	46.8	147.5	0.2	11	333.8	37.7	0.5	2	253.9	281.2	0.3
19	204.8	297.8	0.2	12	131.5	187.8	0.5	3	51.6	71.2	0.3
20	2.7	88.1	+0.2	13	289.2	338.0	+0.5	4	209.2	221.2	+0.3

Länge des Zentralmeridians der beleuchteten Scheibe für 0^h Weltzeit

Tag	System I	System II	Red. auf volle Scheibe	Tag	System I	System II	Red. auf volle Scheibe	Tag	System I	System II	Red. auf volle Scheibe
1955	°	°	°	1955	°	°	°	1955	°	°	°
Juni 5	6.9	11.3	+0.3	Sept. 20	319.3	227.3	−0.2	Nov. 11	245.5	116.6	−0.5
6	164.6	161.3	0.3	21	117.1	17.4	0.2	12	43.3	266.9	0.5
7	322.2	311.3	0.3	22	274.8	167.5	0.2	13	201.2	57.1	0.5
8	119.9	101.4	0.2	23	72.6	317.7	0.2	14	359.1	207.4	0.5
9	277.6	251.4	0.2	24	230.4	107.8	0.2	15	157.0	357.6	0.5
10	75.2	41.4	+0.2	25	28.1	257.9	−0.2	16	314.9	147.9	−0.5
11	232.9	191.5	0.2	26	185.9	48.1	0.2	17	112.8	298.1	0.5
12	30.6	341.5	0.2	27	343.7	198.2	0.2	18	270.6	88.4	0.5
13	188.2	131.5	0.2	28	141.4	348.3	0.2	19	68.5	238.7	0.5
14	345.9	281.6	0.2	29	299.2	138.5	0.2	20	226.4	28.9	0.5
15	143.5	71.6	+0.2	30	97.0	288.6	−0.2	21	24.3	179.2	−0.5
16	301.2	221.6	0.2	Okt. 1	254.7	78.8	0.2	22	182.2	329.5	0.5
17	98.9	11.7	0.2	2	52.5	228.9	0.3	23	340.1	119.7	0.5
18	256.5	161.7	0.2	3	210.3	19.1	0.3	24	138.0	270.0	0.5
19	54.2	311.7	0.2	4	8.1	169.2	0.3	25	295.9	60.3	0.5
20	211.8	101.7	+0.2	5	165.9	319.4	−0.3	26	93.8	210.5	−0.5
21	9.5	251.8	0.2	6	323.7	109.5	0.3	27	251.7	0.8	0.5
22	167.1	41.8	0.2	7	121.4	259.7	0.3	28	49.7	151.1	0.5
23	324.8	191.8	0.1	8	279.2	49.8	0.3	29	207.6	301.4	0.5
24	122.5	341.9	0.1	9	77.0	200.0	0.3	30	5.5	91.7	0.5
25	280.1	131.9	+0.1	10	234.8	350.2	−0.3	Dez. 1	163.4	242.0	−0.5
26	77.8	281.9	0.1	11	32.6	140.3	0.3	2	321.3	32.3	0.5
27	235.4	72.0	0.1	12	190.4	290.5	0.3	3	119.3	182.6	0.5
28	33.1	222.0	0.1	13	348.2	80.7	0.3	4	277.2	332.9	0.5
29	190.8	12.0	0.1	14	146.0	230.9	0.3	5	75.1	123.2	0.5
30	348.4	162.0	+0.1	15	303.8	21.0	−0.3	6	233.1	273.5	−0.5
Juli 1	146.1	312.1	0.1	16	101.6	171.2	0.4	7	31.0	63.8	0.5
2	303.7	102.1	0.1	17	259.4	321.4	0.4	8	189.0	214.1	0.5
3	101.4	252.1	0.1	18	57.3	111.6	0.4	9	346.9	4.4	0.5
4	259.1	42.2	0.1	19	215.1	261.8	0.4	10	144.8	154.7	0.5
5	56.7	192.2	+0.1	20	12.9	51.9	−0.4	11	302.8	305.0	−0.5
6	214.4	342.2	0.1	21	170.7	202.1	0.4	12	100.7	95.3	0.4
7	12.0	132.3	0.1	22	328.5	352.3	0.4	13	258.7	245.7	0.4
8	169.7	282.3	0.1	23	126.3	142.5	0.4	14	56.6	36.0	0.4
9	327.4	72.3	+0.1	24	284.2	292.7	0.4	15	214.6	186.3	0.4
..	.....	.....	...	25	82.0	82.9	−0.4	16	12.6	336.6	−0.4
Sept. 4	315.5	345.5	−0.1	26	239.9	233.1	0.4	17	170.5	127.0	0.4
5	113.2	135.6	0.1	27	37.7	23.3	0.4	18	328.5	277.3	0.4
6	271.0	285.7	0.1	28	195.5	173.5	0.4	19	126.4	67.6	0.4
7	68.7	75.8	0.1	29	353.4	323.7	0.4	20	284.4	218.0	0.4
8	226.4	225.9	0.1	30	151.2	113.9	−0.4	21	82.4	8.3	−0.4
9	24.2	16.0	−0.1	31	309.0	264.1	0.4	22	240.4	158.7	0.4
10	181.9	166.1	0.1	Nov. 1	106.9	54.4	0.4	23	38.3	309.0	0.4
11	339.6	316.2	0.1	2	264.7	204.6	0.4	24	196.3	99.4	0.4
12	137.4	106.4	0.1	3	62.6	354.8	0.5	25	354.3	249.7	0.4
13	295.1	256.5	0.1	4	220.4	145.0	−0.5	26	152.3	40.1	−0.4
14	92.8	46.6	−0.1	5	18.3	295.2	0.5	27	310.3	190.4	0.3
15	250.6	196.7	0.1	6	176.1	85.5	0.5	28	108.3	340.8	0.3
16	48.3	346.8	0.2	7	334.0	235.7	0.5	29	266.3	131.2	0.3
17	206.1	136.9	0.2	8	131.9	25.9	0.5	30	64.2	281.5	0.3
18	3.8	287.0	0.2	9	289.7	176.2	0.5	31	222.2	71.9	0.3
19	161.6	77.2	−0.2	10	87.6	326.4	−0.5	32	20.2	222.2	−0.3

Jupitertrabanten 1955

Verfinsterungen: E. = Eintritte, A. = Austritte (in Weltzeit)

Januar

Tag	Weltzeit h m	Trab.
0	8 56.3	IV E.
	21 21.6	I E.
1	8 13.2	III E.
	15 15.9	II E.
2	15 50.1	I E.
4	10 18.8	I E.
5	4 32.9	II E.
6	4 47.3	I E.
7	23 16.0	I E.
8	12 11.8	III E.
	17 49.9	II E.
9	17 44.6	I E.
11	12 13.3	I E.
12	7 6.9	II E.
13	6 41.8	I E.
15	1 10.5	I E.
	16 10.4	III E.
	23 10.0	II A.
16	21 56.7	I A.
17	6 56.5	IV A.
18	16 25.5	I A.
19	12 27.2	II A.
20	10 54.1	I A.
22	5 22.9	I A.
	23 41.6	III A.
23	1 44.3	II A.
	23 51.5	I A.
25	18 20.3	I A.
26	15 1.6	II A.
27	12 49.0	I A.
29	7 17.8	I A.
30	3 42.2	III A.
	4 18.8	II A.
31	1 46.4	I A.

Februar

Tag	Weltzeit h m	Trab.
1	20 15.2	I A.
2	17 36.1	II A.
	20 59.4	IV E.
3	1 4.6	IV A.
	14 43.9	I A.
5	9 12.8	I A.
6	6 53.4	II A.
	7 42.5	III A.
7	3 41.5	I A.
8	22 10.3	I A.
9	20 10.8	II A.
10	16 39.0	I A.
12	11 7.8	I A.
13	9 28.2	II A.
	11 43.0	III A.
14	5 36.6	I A.
16	0 5.4	I A.
	22 45.6	II A.
17	18 34.2	I A.
19	13 3.1	I A.
	15 1.8	IV E.
	19 13.1	IV A.
20	12 3.0	II A.
	15 42.8	III A.
21	7 31.8	I A.
23	2 0.7	I A.
24	1 20.5	II A.
	20 29.5	I A.
26	14 58.4	I A.
27	14 38.0	II A.
	16 8.6	III E.
	19 42.5	III A.
28	9 27.1	I A.

März

Tag	Weltzeit h m	Trab.
2	3 56.0	I A.
3	3 55.5	II A.
	22 24.8	I A.
5	16 53.7	I A.
6	17 13.1	II A.
	20 8.2	III E.
	23 42.6	III A.
7	11 22.5	I A.
8	9 5.4	IV E.
	13 22.3	IV A.
9	5 51.4	I A.
10	6 30.7	II A.
11	0 20.2	I A.
12	18 49.1	I A.
13	19 48.3	II A.
14	0 8.2	III E.
	3 43.0	III A.
	13 17.9	I A.
16	7 46.8	I A.
17	9 6.1	II A.
18	2 15.7	I A.
19	20 44.6	I A.
20	22 23.7	II A.
21	4 8.9	III E.
	7 44.0	III A.
	15 13.4	I A.
23	9 42.3	I A.
24	11 41.4	II A.
25	3 8.6	IV E.
	4 11.1	I A.
	7 30.8	IV A.
26	22 40.0	I A.
28	0 59.1	II A.
28	8 9.2	III E.
	11 44.6	III A.
	17 8.8	I A.
30	11 37.7	I A.
31	14 16.9	II A.

April

Tag	Weltzeit h m	Trab.
1	6 6.5	I A.
3	0 35.5	I A.
4	3 34.7	II A.
	12 9.5	III E.
	15 45.2	III A.
	19 4.3	I A.
6	13 33.2	I A.
7	16 52.6	II A.
8	8 2.0	I A.
10	2 30.9	I A.
	21 12.1	IV E.
11	1 38.9	IV A.
	6 10.5	II A.
	16 9.1	III E.
	19 45.1	III A.
	20 59.7	I A.
13	15 28.6	I A.
14	19 28.4	II A.
15	9 57.4	I A.
17	4 26.3	I A.
18	8 46.3	II A.
	20 8.6	III E.
	22 55.1	I A.
	23 44.8	III A.
20	17 23.9	I A.
21	22 4.3	II A.
22	11 52.7	I A.
24	6 21.6	I A.
25	11 22.3	II A.
26	0 8.2	III E.
	0 50.4	I A.
	3 44.9	III A.
27	15 16.3	IV E.
	19 19.3	I A.
	19 47.6	IV A.
29	0 40.3	II A.
	13 48.1	I A.

Mai

Tag	Weltzeit h m	Trab.
1	8 16.9	I A.
2	13 58.4	II A.
3	2 45.7	I A.
	4 8.1	III E.
	7 45.0	III A.
4	21 14.5	I A.
6	3 16.4	II A.
	15 43.3	I A.
8	10 12.1	I A.
9	16 34.6	II A.
10	4 40.9	I A.
	8 8.6	III E.
	11 45.8	III A.
11	23 9.7	I A.
13	5 52.7	II A.
	17 38.5	I A.
14	9 19.6	IV E.
	13 54.7	IV A.
15	12 7.3	I A.
16	19 10.9	II A.
17	6 36.0	I A.
	12 8.6	III E.
	15 46.0	III A.
19	1 4.8	I A.
20	8 29.0	II A.
	19 33.6	I A.
22	14 2.4	I A.
23	21 47.3	II A.
24	8 31.1	I A.
	16 8.6	III E.
	19 46.2	III A.
26	2 59.9	I A.
27	11 5.4	II A.
	21 28.5	I A.
29	15 57.3	I A.
31	0 23.8	II A.
	3 22.9	IV E.
	8 1.3	IV A.
	10 26.0	I A.
	20 7.9	III E.
	23 45.6	III A.

Juni

Tag	Weltzeit h m	Trab.
2	4 54.8	I A.
3	13 41.9	II A.
	23 23.5	I A.
5	17 52.2	I A.
7	3 0.4	II A.
	12 20.9	I A.
8	3 44.7	III A.
9	6 49.6	I A.
10	16 18.5	II A.

Jupitertrabanten 1955

Verfinsterungen: E. = Eintritte, A. = Austritte (in Weltzeit)

Juni

Tag	Weltzeit h m	Trab.
11	1 18.3	I A.
12	19 47.0	I A.
14	5 37.0	II A.
	14 15.7	I A.
15	7 44.1	III A.
16	8 44.4	I A.
	21 26.1	IV E.
17	2 8.0	IV A.
	18 55.2	II A.
18	3 13.0	I A.
19	21 41.7	I A.
21	8 13.8	II A.
	16 10.3	I A.
22	11 43.7	III A.
23	10 39.0	I A.
24	21 31.8	II A.
25	5 7.6	I A.
26	23 36.3	I A.
28	10 50.5	II A.
	18 4.9	I A.
29	15 43.8	III A.
30	12 33.5	I A.

Juli

Tag	Weltzeit h m	Trab.
2	0 8.6	II A.
	7 2.1	I A.
3	15 28.3	IV E.
	20 13.1	IV A.
4	1 30.7	I A.
5	13 27.3	II A.
	19 59.3	I A.

August

Tag	Weltzeit h m	Trab.
22	12 31.4	I E.
	21 33.5	IV E.
24	4 50.4	II E.
	6 59.9	I E.
25	19 55.6	III E.
26	1 28.3	I E.
27	18 8.2	II E.
	19 56.7	I E.
29	14 25.1	I E.
31	7 27.0	II E.
	8 53.5	I E.

September

Tag	Weltzeit h m	Trab.
1	23 54.2	III E.
2	3 21.9	I E.
3	20 44.8	II E.
	21 50.2	I E.
5	16 18.6	I E.
7	10 3.5	II E.
	10 47.0	I E.
8	15 34.1	IV E.
	20 26.3	IV A.
9	3 52.0	III E.
	5 15.3	I E.
10	23 21.3	II E.
	23 43.7	I E.
12	18 12.1	I E.
14	12 39.9	II E.
	12 40.4	I E.
16	7 8.8	I E.
	7 49.6	III E.
18	1 37.1	I E.
	1 57.7	II E.
19	20 5.4	I E.
21	14 33.8	I E.
	15 16.2	II E.
23	9 2.1	I E.
	11 47.3	III E.
25	3 30.4	I E.
	4 34.0	II E.
	9 34.7	IV E.
	14 27.9	IV A.
26	21 58.8	I E.
28	16 27.1	I E.
	17 52.5	II E.
30	10 55.4	I E.
	15 45.3	III E.

Oktober

Tag	Weltzeit h m	Trab.
2	5 23.7	I E.
	7 10.2	II E.
3	23 52.0	I E.
5	18 20.3	I E.
	20 28.7	II E.
7	12 48.6	I E.
	19 44.0	III E.
	23 23.2	III A.
9	7 16.9	I E.
	9 46.3	II E.
11	1 45.2	I E.
12	3 34.3	IV E.
	8 28.2	IV A.
	20 13.5	I E.
	23 4.8	II E.
14	14 41.7	I E.
	23 41.9	III E.
15	3 21.2	III A.
16	9 10.0	I E.
	12 22.3	II E.
18	3 38.3	I E.
19	22 6.6	I E.
20	1 40.8	II E.
21	16 34.9	I E.
22	3 39.9	III E.
	7 19.0	III A.
23	11 3.1	I E.
	14 58.2	II E.
25	5 31.4	I E.
26	23 59.7	I E.
27	4 16.5	II E.
28	18 27.9	I E.
	21 33.8	IV E.
29	2 28.0	IV A.
	7 37.3	III E.
	11 16.3	III A.
30	12 56.2	I E.
	17 34.0	II E.

November

Tag	Weltzeit h m	Trab.
1	7 24.4	I E.
3	1 52.7	I E.
	6 52.1	II E.
4	20 21.0	I E.
5	11 34.4	III E.
	15 13.3	III A.
6	14 49.2	I E.
	20 9.5	II E.
8	9 17.5	I E.
10	3 45.7	I E.
	9 27.6	II E.
11	22 14.0	I E.
12	15 31.9	III E.
	19 10.8	III A.
13	16 42.2	I E.
	22 44.9	II E.
14	15 33.5	IV E.
	20 27.7	IV A.
15	11 10.5	I E.
17	5 38.8	I E.
	12 3.0	II E.
19	0 7.0	I E.
	19 29.6	III E.
	23 8.3	III A.
20	18 35.3	I E.
21	1 20.3	II E.
22	13 3.5	I E.
24	7 31.8	I E.
24	14 38.2	II E.
26	2 0.1	I E.
	23 28.0	III E.
27	3 6.7	III A.
	20 28.4	I E.
28	3 55.5	II E.
29	14 56.6	I E.

Dezember

Tag	Weltzeit h m	Trab.
1	9 24.9	I E.
	9 32.4	IV E.
	14 26.3	IV A.
	17 13.3	II E.
3	3 53.2	I E.
4	3 25.9	III E.
	7 4.4	III A.
	22 21.5	I E.
5	6 30.5	II E.
6	16 49.7	I E.
8	11 18.0	I E.
	19 48.3	II E.
10	5 46.3	I E.
11	7 23.8	III E.
	11 2.1	III A.
12	0 14.6	I E.
	9 5.5	II E.
13	18 42.9	I E.
15	13 11.2	I E.
	22 23.1	II E.
17	7 39.5	I E.
18	3 31.8	IV E.
	8 24.9	IV A.
	11 21.0	III E.
	14 59.2	III A.
19	2 7.8	I E.
	11 40.3	II E.
20	20 36.1	I E.
22	15 4.5	I E.
23	0 57.9	II E.
24	9 32.8	I E.
25	15 18.4	III E.
	18 56.3	III A.
26	4 1.1	I E.
	14 15.0	II E.
27	22 29.4	I E.
29	16 57.8	I E.
30	3 32.5	II E.
31	11 26.1	I E.
32	19 16.1	III E.
	22 53.9	III A.

Jupitertrabanten 1955

JANUAR

Tag	Anordnung um $0^h\ 0^m$ Weltzeit
0	2 · ○ · 3 · 4 1○ ·
1	· 2 · 3 ○ · 4 ● · 1
2	1 · ○ · 2 · 3 · 4
3	○ · 1 2 · · 3 · 4
4	2 · 1 · ○ 3 · · 4
5	· 2 ○ 1 · 4 · 3○ ·
6	3 · · 1 ○ · 2 4 ·
7	· 3 ○ 1 · 4 · 2 ○ ·
8	· ● 1 · 2 · 3 ○ 4 ·
9	4 · ○ 1 · ○ · 2 · 3
10	4 · ○ · 1 2 · · 3
11	4 · 2 · 1 · ○ 3 ·
12	4 · · 2 ○ 3 · · 1
13	4 · 3 · · 1 ○ · 2
14	· 4 · 3 ○ 2 · 1 ·
15	· 4 2 · · 3 · ○ 1
16	1 · ○ · 4 ○ · 2 · 3
17	· ○ 4 · 1 2 · · 3
18	2 · 1 · ○ · 4 3 ·
19	· 2 ○ 3 · · 1 · 4
20	3 · · 1 ○ · 2 · 4
21	3 · ○ 2 · 1 · · 4
22	2 · · 3 · 1 ○ 4 ·
23	1 ○ · · 3 4 · ● · 2
24	○ · 1 2 · 4 · · 3
25	2 · 1 · ○ 4 · 3 ·
26	· 2 4 · ○ 3 · · 1
27	4 · 3 · 1 · ○ · 2
28	4 · 3 · ○ 2 · 1 ·
29	4 · · 3 2 · · 1 ○
30	· ● 3 · 4 · ○ 1 · 2
31	· ● 1 · 4 ○ 2 · · 3

I

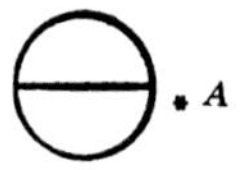

II

III

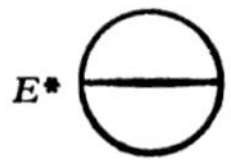

IV

Jupitertrabanten 1955

FEBRUAR

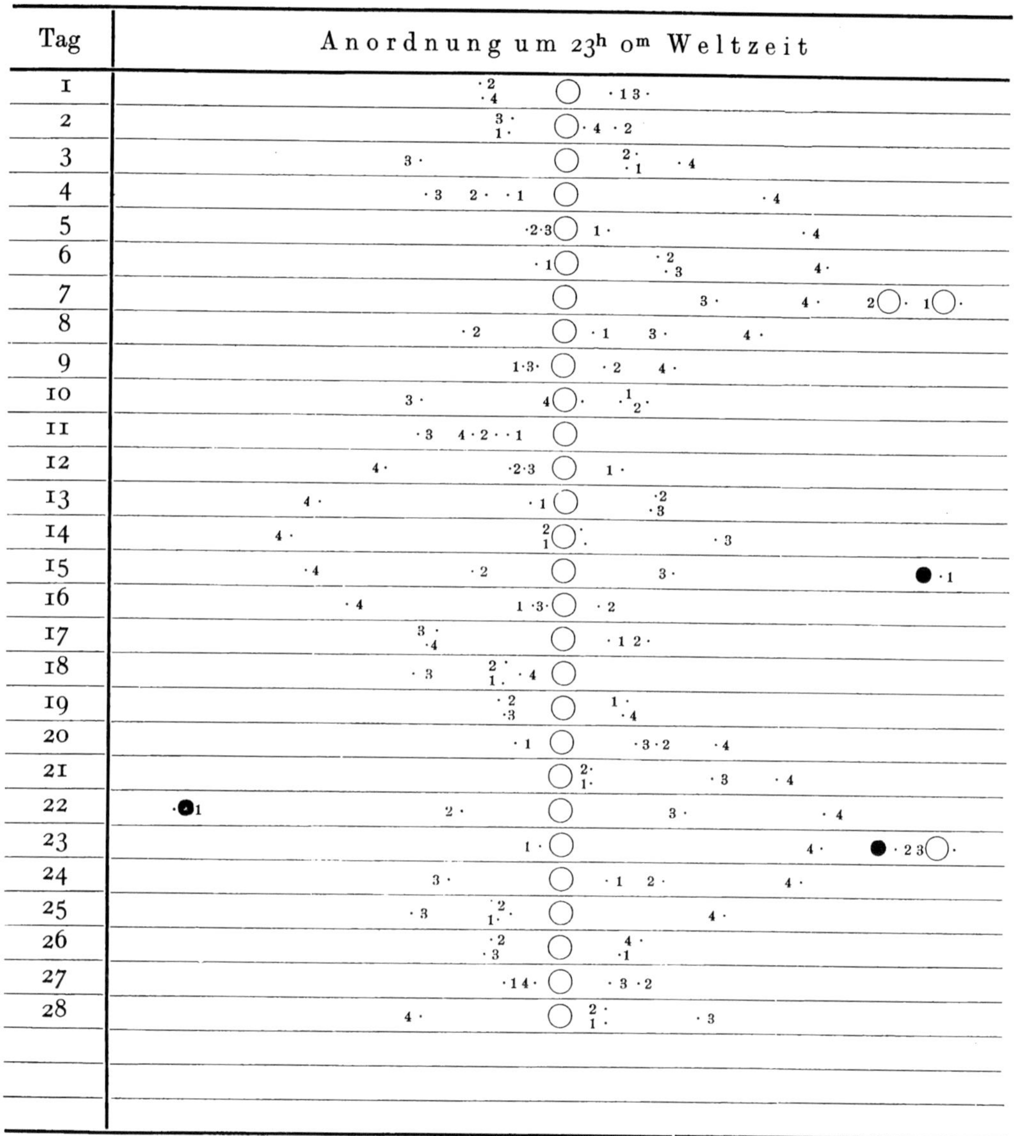

I

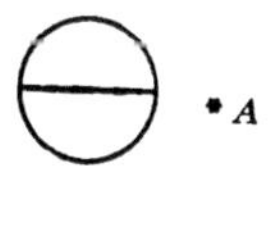

II

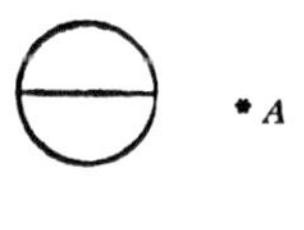

III

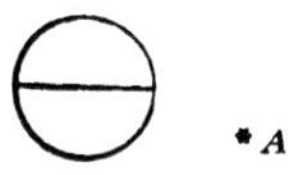

IV

Jupitertrabanten 1955

MÄRZ

Tag	Anordnung um 22h 30m Weltzeit
1	4 · 2 · ·1○ 3 ·
2	4 · ·○23· ○·
3	·4 3 · ○·1 2 ·
4	·4 3 · 1·2·○
5	·4 ·3·2 ○ ·1
6	·4 1 · ○ ·2 ●·3
7	·○4 2· 1· ·3
8	2 · ·1 ○ ·4 3 ·
9	·21○· 3 · ·4
10	3 · ○ ·2 ·4 ●·1
11	2 · ○ 3 · 1 · ○ ·4
12	·3·2 ○ ·1 4 ·
13	1 · ○ ·2 4 · ●·3
14	○ 1 · 2 · 4· ·3
15	2 · ·1 ○ 4 · 3 ·
16	4 · ·2 ○1 · 3 ·
17	4 · 3 · ·○1 ·2
18	4 · 3 · 2 1·○·
19	4 · ·3 ·2 ○ ·1
20	·4 1 · ·○3·2
21	·4 ○ ·12· ·3
22	·4 2· ·1 ○ 3 ·
23	·4·2 ○ 1 · 3 ·
24	3 · ·1○·4 ·2
25	3 · ○2 · ·4 1○·
26	·32· ○ ·4 ●·1
27	1· ·3○ ·4 ●·2
28	○ ·1 2· ·3 4 ·
29	1·2· ○ ·3 4 ·
30	·2 ○ 1 · 3 · 4 ·
31	·13·○ ·24·

I

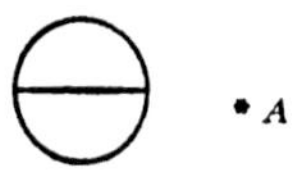

II

III

IV

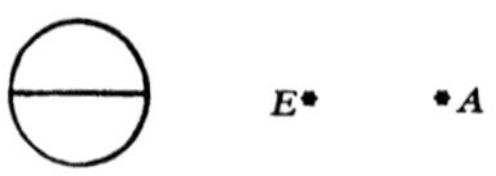

Jupitertrabanten 1955

APRIL

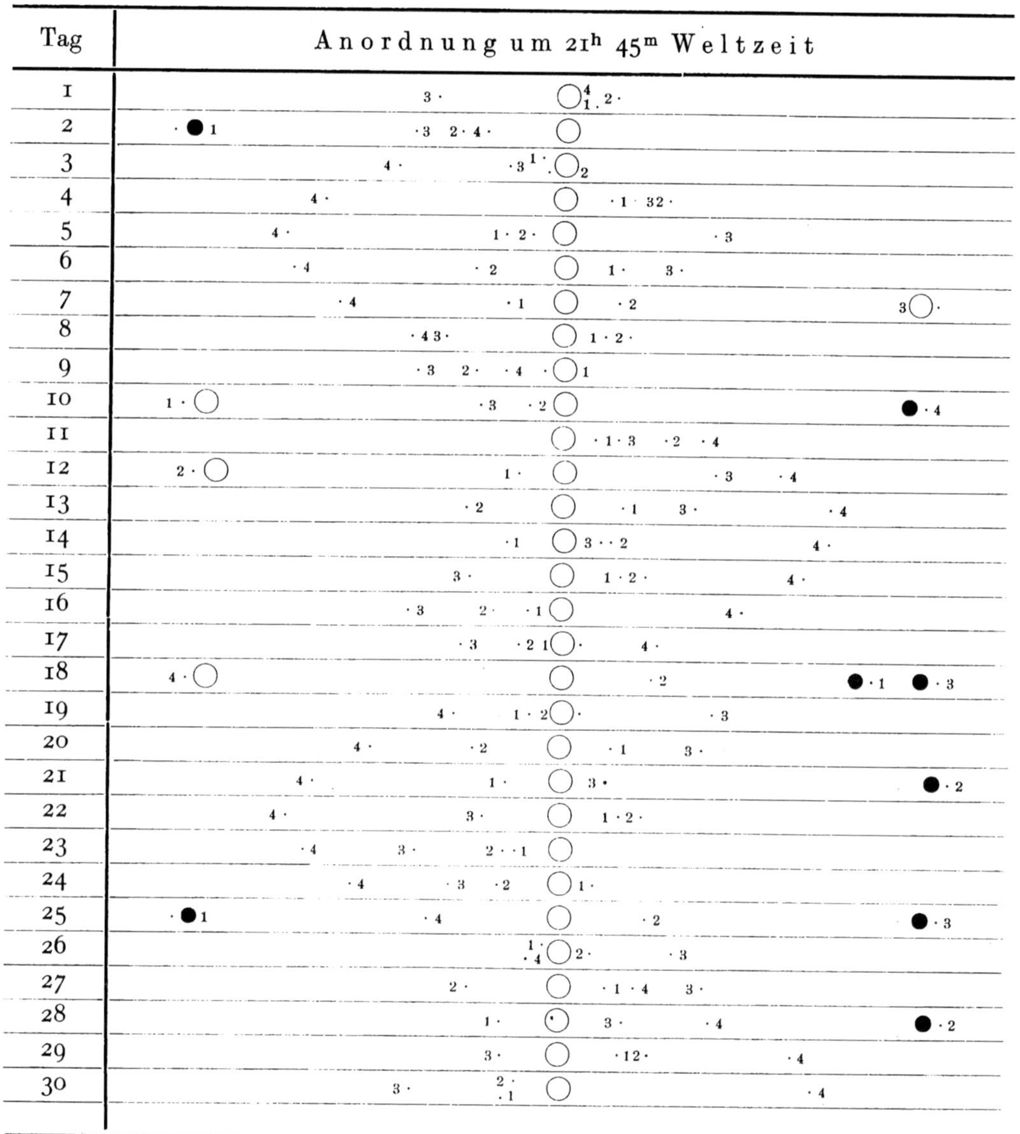

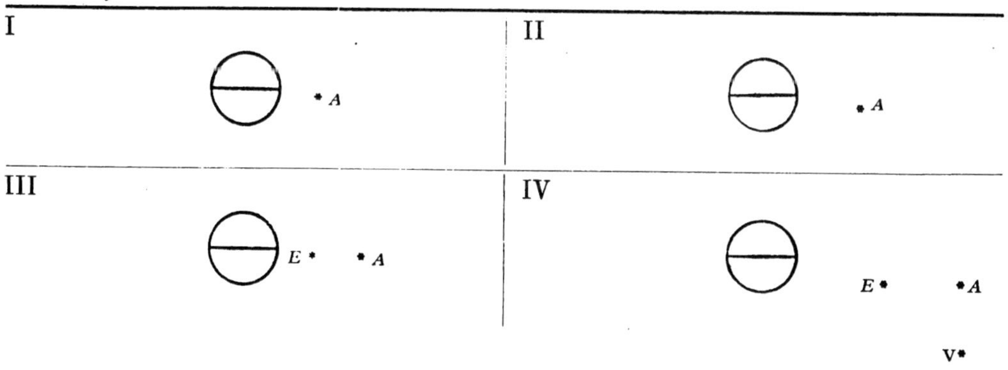

Jupitertrabanten 1955

MAI

Tag	Anordnung um 21h 15m Weltzeit
1	·3 ·2 ○ 1· 4·
2	·1 ○3 ·2 4·
3	○ 2· ·3 4· 1○·
4	2· ○ ·1 4· 3·
5	1·4·· ○2 3·
6	4· 3· ○ ·1 2·
7	4· 3· ·1 2· ○
8	4· ·3 ·2 ○ 1·
9	·4 ·1 ·3 ○ ·2
10	·4 1○· 2··3
11	·4 2· ○ ·3 ●·1
12	·4 1· ·2 ○ 3·
13	3· ○4 ·1 ·2
14	2·○ 3· 1· ○ ·4
15	·3 ·2 ○ 1· ·4
16	·3·1 ○ ·2 ·4
17	○1· 2· ·3 ·4
18	2· ·○1 ·3 4·
19	·2 1·○ 3· 4·
20	3○· ·1 ·2 4·
21	3· 1· 2○· 4·
22	·3 ·2 4· ○ ·1
23	4· ·3 ·1 ○ ●·2
24	4· ○ 1· ·3 2·
25	4· 2· ·1○ ·3
26	·4 ·2 ○ 3· 1○·
27	·4 ○3· ·2 ●·1
28	·4 3· 1· ○2·
29	3· 2· ·4 ○ ·1
30	·●2 ·3 1· ○ ●·4
31	○ 1· 2· ·4 ●·3

I

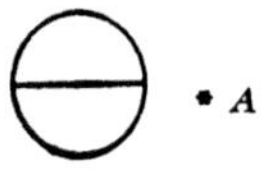

II

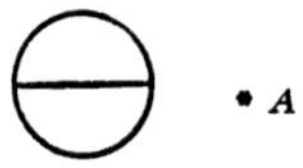

III

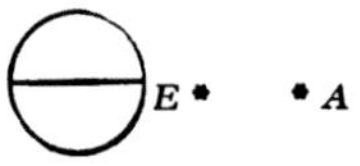

IV

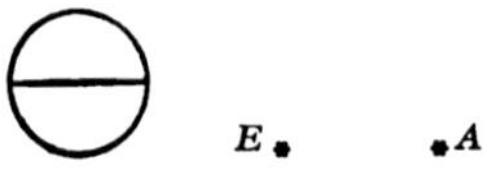

Jupitertrabanten 1955

JUNI

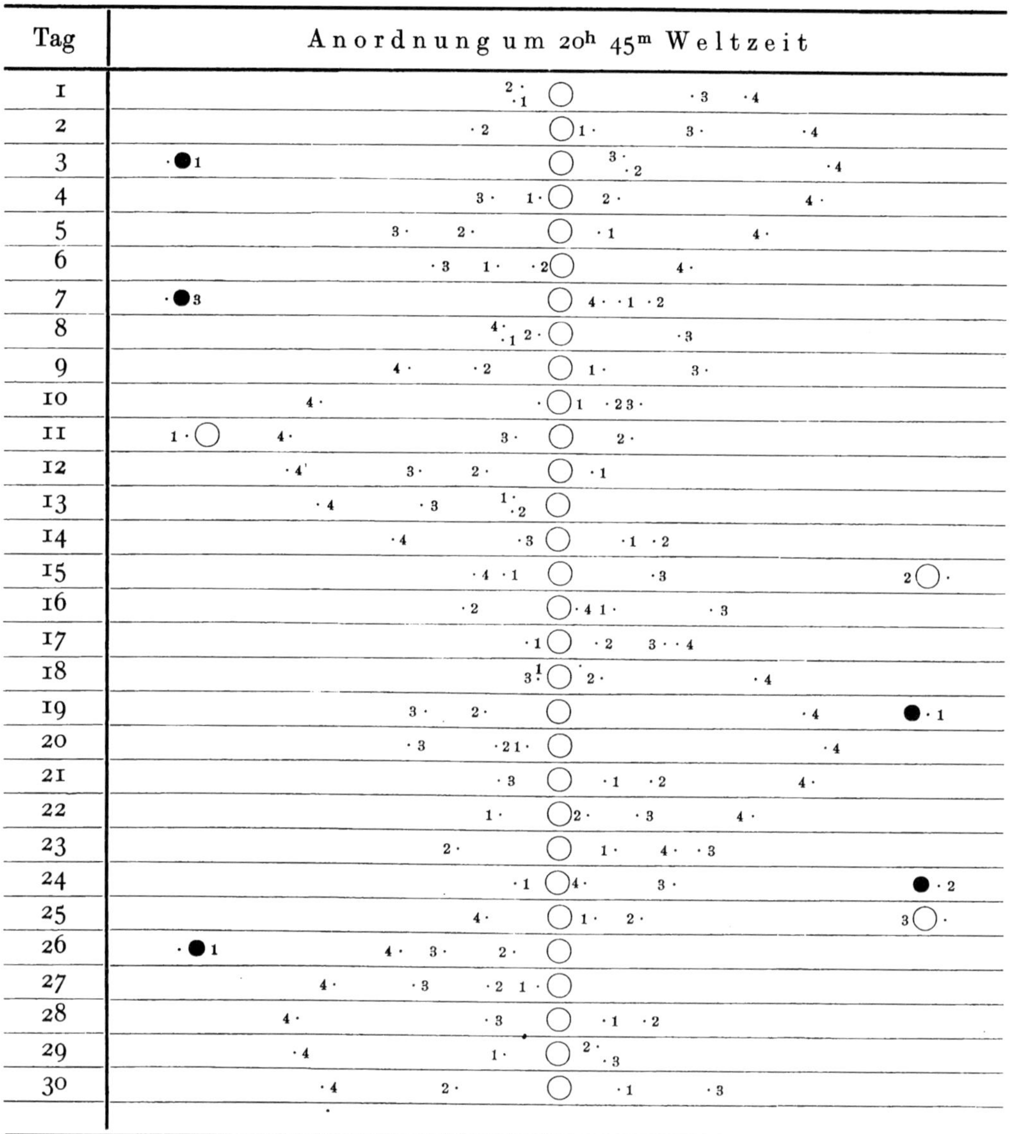

I

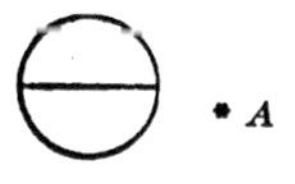

II

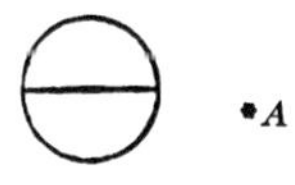

III

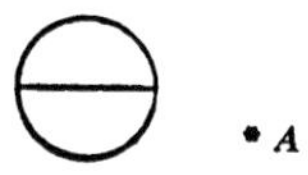

IV

Jupitertrabanten 1955

JULI

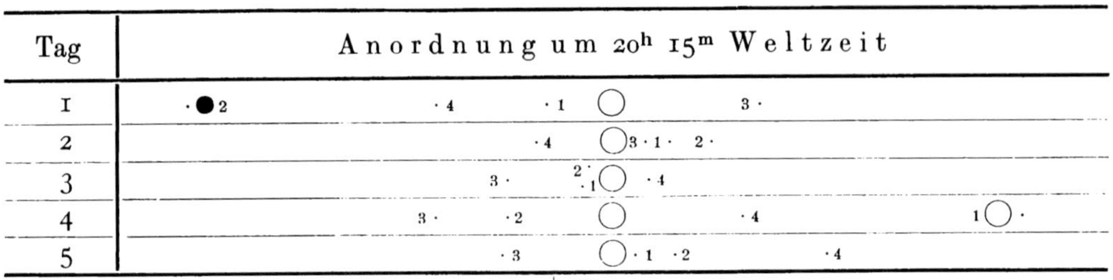

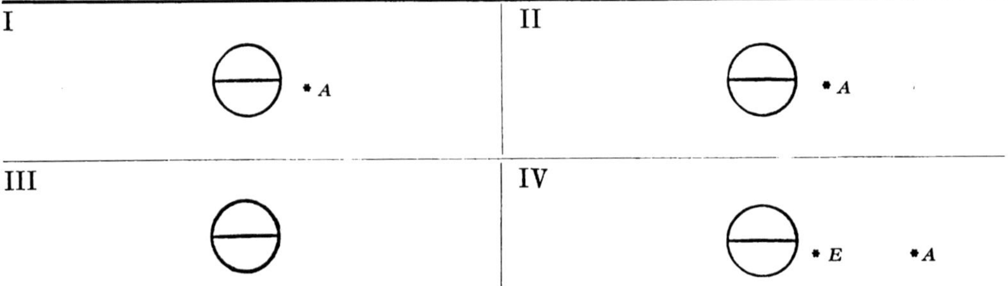

Trabant III wird nicht verfinstert

AUGUST

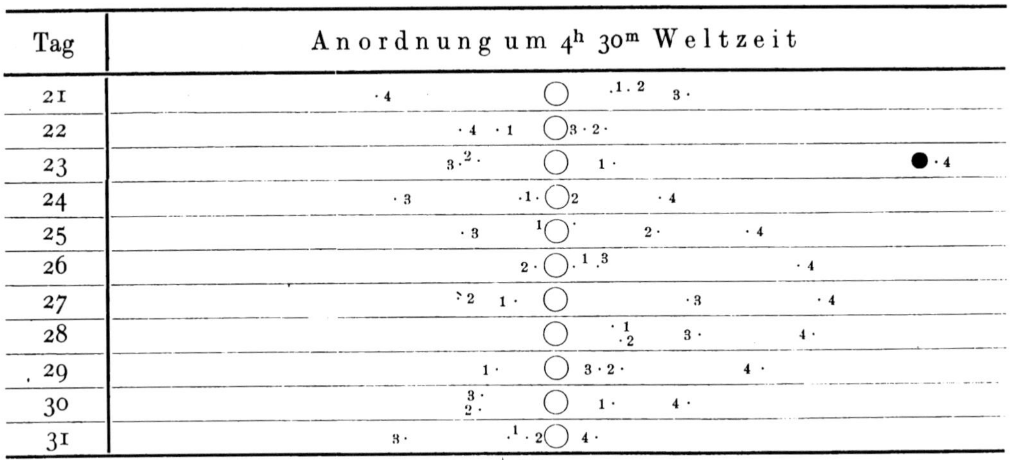

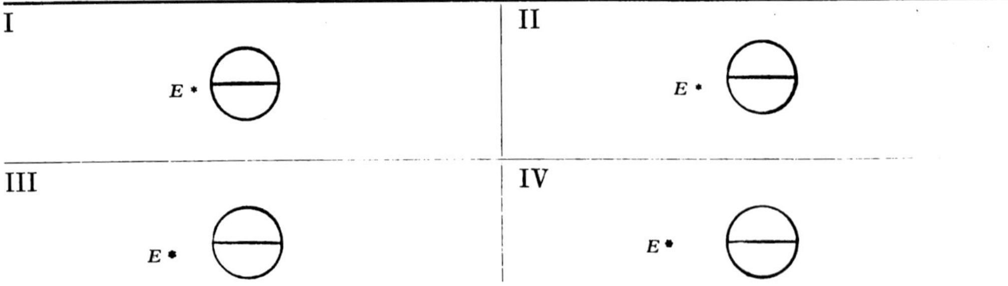

Jupitertrabanten 1955

SEPTEMBER

Tag	Anordnung um 4^h 15^m Weltzeit
1	·3 4· ○1· ·2
2	·●1 4· ○ 2○· ●·3
3	4· ·2 1·○ ·3
4	4· ○ ·1 ·2 3·
5	·4 1· ○ 2· 3·
6	·4 2·3· ○ ·1
7	3· ·4 ·1 ·2 ○
8	·3 ·4 ○ 1· ·2
9	·●3 ·1○2· ·4
10	1·○ 2· ○ ·3·4
11	○·1 ·2 3· ·4
12	1· ○ 2· 3· ·4
13	2.3. ○ ·1 ·4
14	3· ·2·1 ○ 4·
15	·3 ○ 1· ·2 4·
16	·3 ·1 ○ 2· 4·
17	2· 1○4· ·3
18	·●2 4· ○ ·3 ●·1
19	4· 1·○ 2·3·
20	3·○ 4· 2· ○ ·1
21	4· 3· ·21· ○
22	·4 ·3 ○ 1· ·2
23	·4 ·3·1 ○ 2·
24	·4 2· ○ 1· ·3
25	·●1 ·4 ·2○ ·3
26	1·○ ·4 3· ·2
27	2· 3○. ·1 ·4
28	3· ·21· ○ ·4
29	·3 ○ ·2·1 ·4
30	·3·1 ○ 2· 4·

I

II

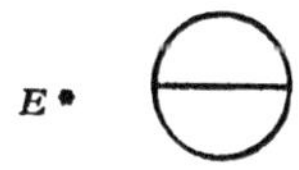

III

IV

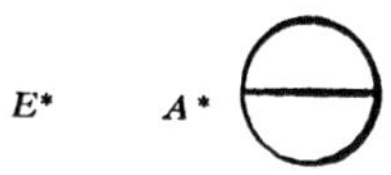

Jupitertrabanten 1955

OKTOBER

Tag | Anordnung um $4^h\ 0^m$ Weltzeit

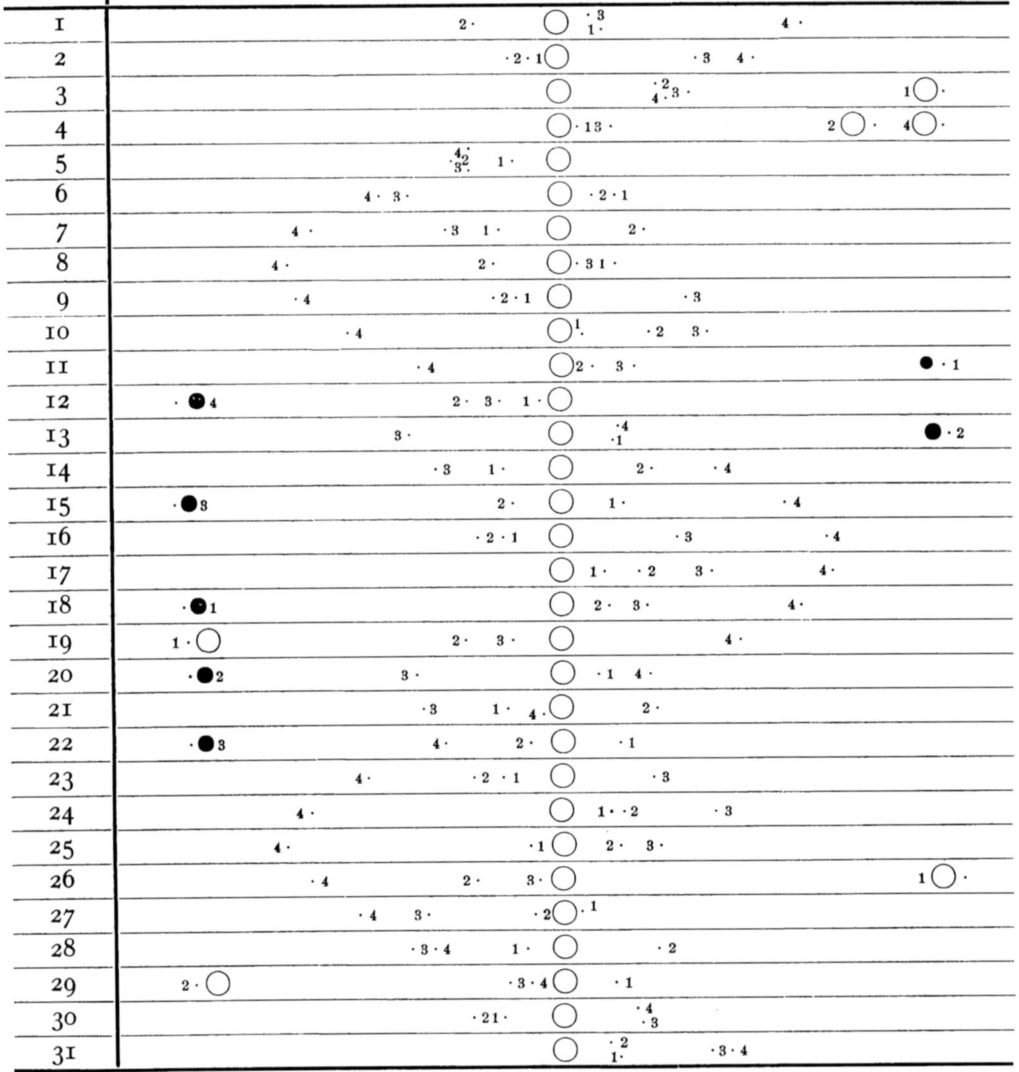

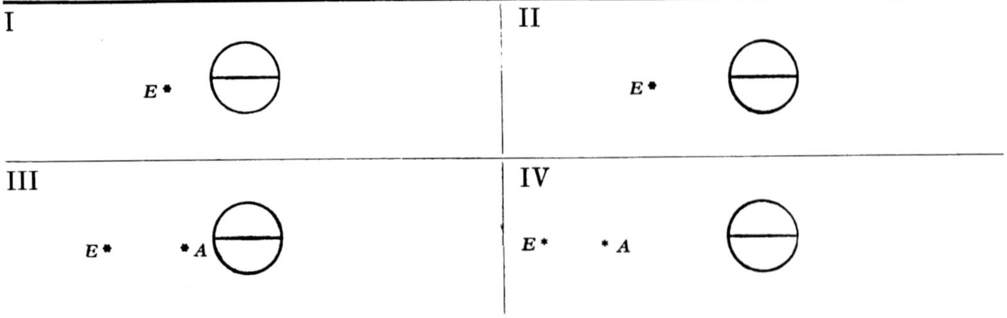

Jupitertrabanten 1955

NOVEMBER

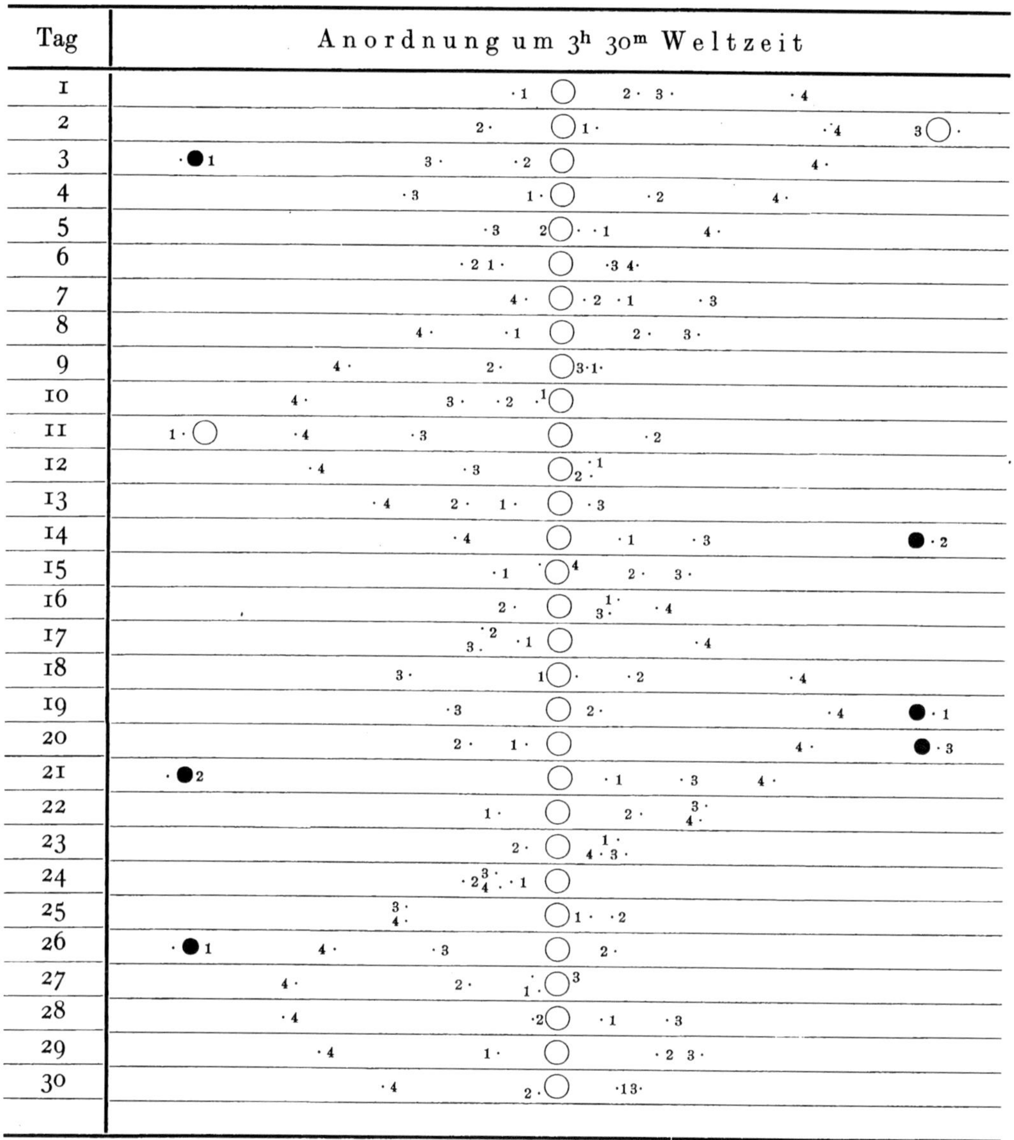

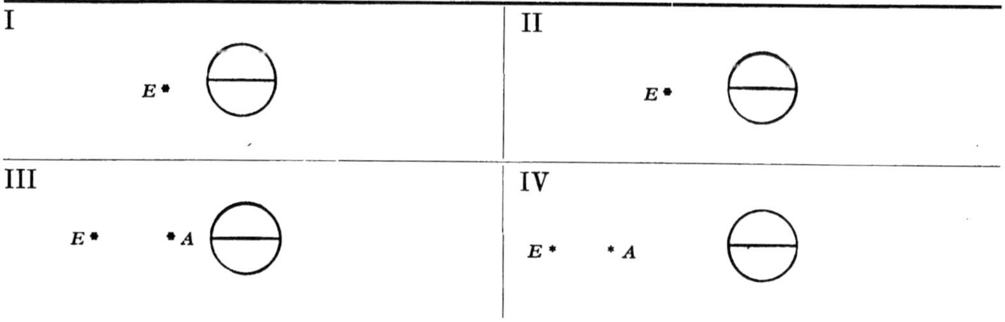

Jupitertrabanten 1955

DEZEMBER

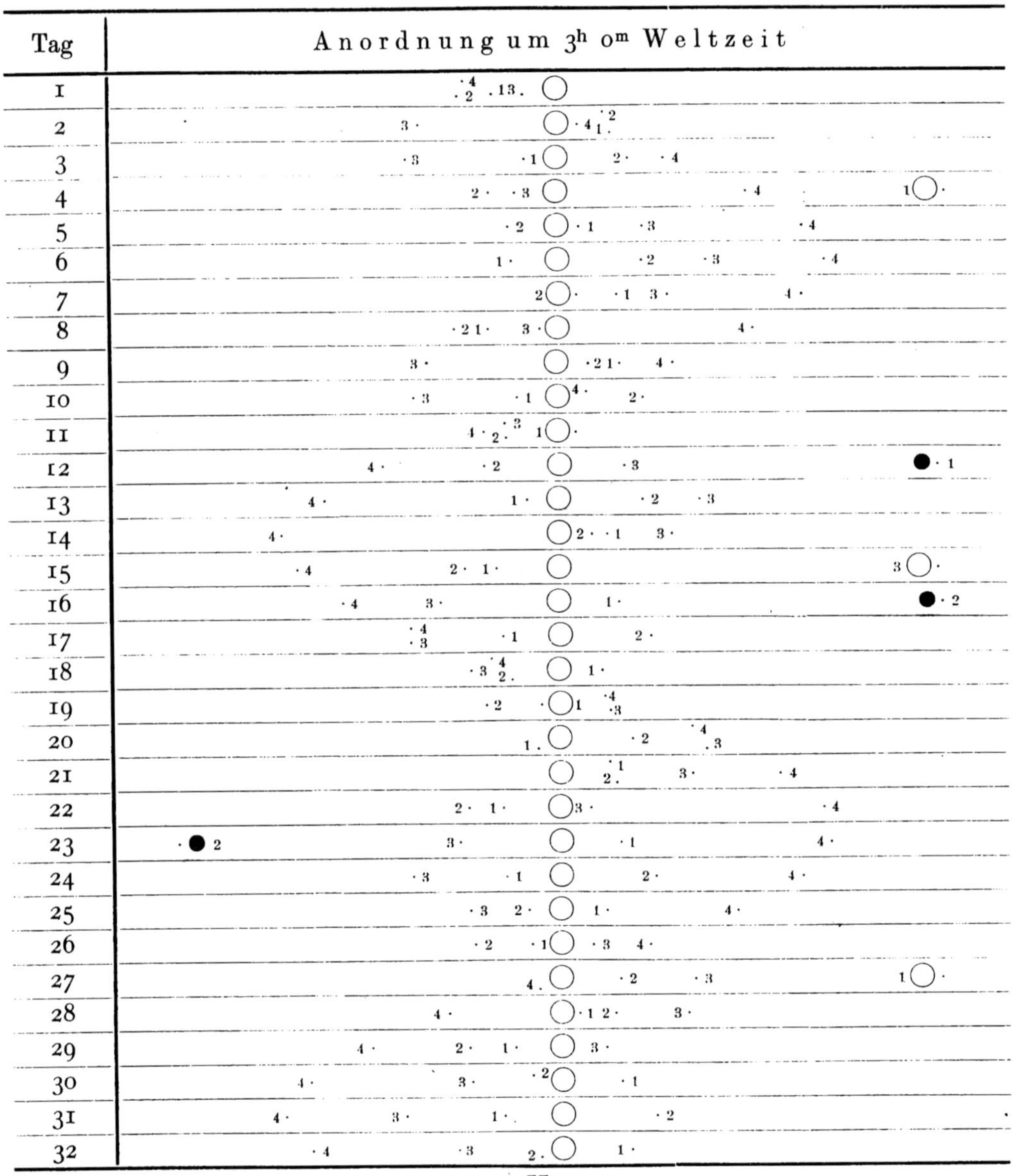

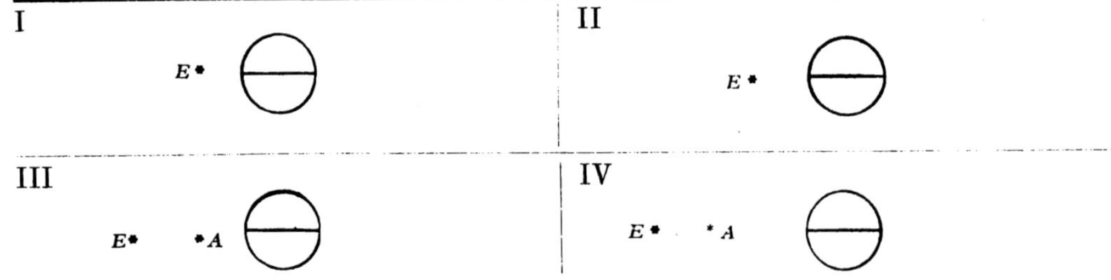

0h Weltzeit	α	β	pα	a	b	U′	B′	P′
1955	″	″	″	″	″	°	°	°
Jan. —5	15.83	14.42	—0.02	35.65	+13.15	52.088	+20.379	—16.819
+3	15.98	14.56	0.03	36.00	13.38	52.342	20.455	16.720
11	16.16	14.72	0.03	36.39	13.61	52.596	20.531	16.621
19	16.35	14.90	0.03	36.82	13.85	52.850	20.606	16.522
27	16.55	15.09	0.04	37.28	14.08	53.105	20.680	16.422
Febr. 4	16.77	15.29	—0.04	37.77	+14.31	53.359	+20.754	—16.322
12	17.00	15.50	0.04	38.29	14.53	53.614	20.828	16.221
20	17.23	15.71	0.04	38.81	14.74	53.869	20.901	16.120
28	17.46	15.92	0.04	39.34	14.93	54.124	20.974	16.019
März 8	17.69	16.13	0.04	39.86	15.10	54.379	21.046	15.918
16	17.91	16.33	—0.03	40.35	+15.25	54.635	+21.118	—15.816
24	18.12	16.51	0.03	40.81	15.37	54.890	21.190	15.714
April 1	18.30	16.68	0.02	41.23	15.46	55.146	21.261	15.611
9	18.46	16.82	0.01	41.59	15.51	55.402	21.332	15.508
17	18.59	16.93	—0.01	41.87	15.52	55.658	21.402	15.405
25	18.68	17.01	0.00	42.07	+15.50	55.914	+21.472	—15.302
Mai 3	18.73	17.05	0.00	42.19	15.44	56.170	21.542	15.198
11	18.74	17.06	0.00	42.22	15.35	56.426	21.611	15.094
19	18.71	17.03	0.00	42.15	15.22	56.683	21.680	14.990
27	18.65	16.97	0.00	42.00	15.07	56.940	21.748	14.885
Juni 4	18.54	16.87	+0.01	41.76	+14.90	57.197	+21.816	—14.780
12	18.40	16.74	0.02	41.45	14.72	57.454	21.884	14.674
20	18.24	16.59	0.02	41.08	14.53	57.711	21.951	14.568
28	18.05	16.41	0.03	40.65	14.33	57.968	22.018	14.462
Juli 6	17.84	16.22	0.03	40.18	14.15	58.226	22.084	14.356
14	17.61	16.02	+0.04	39.68	+13.97	58.483	+22.150	—14.249
22	17.38	15.81	0.04	39.16	13.81	58.741	22.215	14.142
30	17.15	15.60	0.04	38.64	13.66	58.999	22.280	14.035
Aug. 7	16.92	15.39	0.04	38.12	13.53	59.257	22.344	13.928
15	16.70	15.19	0.04	37.61	13.42	59.516	22.408	13.820
23	16.48	15.00	+0.04	37.13	+13.33	59.774	+22.472	—13.712
31	16.28	14.81	0.04	36.67	13.26	60.033	22.535	13.603
Sept. 8	16.09	14.64	0.03	36.24	13.22	60.292	22.598	13.494
16	15.92	14.49	0.03	35.85	13.19	60.551	22.660	13.385
24	15.76	14.35	0.02	35.50	13.18	60.810	22.722	13.275
Okt. 2	15.62	14.23	+0.02	35.19	+13.19	61.070	+22.784	—13.165
10	15.51	14.13	0.01	34.93	13.22	61.329	22.845	13.056
18	15.41	14.05	+0.01	34.71	13.27	61.588	22.906	12.946
26	15.34	13.99	0.00	34.55	13.34	61.848	22.966	12.836
Nov. 3	15.29	13.95	0.00	34.43	13.42	62.108	23.026	12.725
11	15.26	13.93	0.00	34.37	+13.52	62.368	+23.085	—12.614
19	15.25	13.93	0.00	34.36	13.63	62.628	23.144	12.502
27	15.27	13.95	0.00	34.40	13.76	62.888	23.203	12.390
Dez. 5	15.31	13.99	0.00	34.49	13.90	63.148	23.261	12.278
13	15.37	14.05	—0.01	34.63	14.05	63.409	23.318	12.165
21	15.46	14.13	0.01	34.83	+14.22	63.670	+23.375	—12.053
29	15.57	14.23	0.01	35.07	14.40	63.931	23.432	11.940
37	15.70	14.35	—0.02	35.36	+14.60	64.192	+23.488	—11.828

0h Weltzeit	U	B	P	log (Δ)/Δ	0h Weltzeit	U	B	P	log (Δ)/Δ
1955	°	°	°		1955	°	°	°	
Jan. —1	98.006	+21.738	+0.960	9.95920	Juli 2	94.505	+20.631	+0.539	0.01160
+3	98.379	21.821	1.005	9.96136	6	94.399	20.619	0.526	0.00902
7	98.734	21.898	1.047	9.96365	10	94.319	20.615	0.516	0.00634
11	99.069	21.968	1.087	9.96604	14	94.265	20.618	0.510	0.00359
15	99.383	22.032	1.125	9.96854	18	94.238	20.629	0.506	0.00077
19	99.676	+22.089	+1.160	9.97113	22	94.237	+20.647	+0.506	9.99789
23	99.946	22.140	1.192	9.97381	26	94.263	20.673	0.509	9.99498
27	100.191	22.185	1.222	9.97657	30	94.316	20.706	0.516	9.99205
31	100.411	22.223	1.249	9.97939	Aug. 3	94.395	20.746	0.526	9.98912
Febr. 4	100.606	22.254	1.272	9.98226	7	94.500	20.793	0.538	9.98618
8	100.774	+22.278	+1.292	9.98518	11	94.631	+20.847	+0.554	9.98326
12	100.915	22.296	1.309	9.98812	15	94.787	20.908	0.573	9.98037
16	101.028	22.307	1.322	9.99107	19	94.969	20.975	0.595	9.97752
20	101.112	22.311	1.332	9.99403	23	95.175	21.047	0.619	9.97472
24	101.167	22.309	1.339	9.99697	27	95.405	21.125	0.647	9.97198
28	101.193	+22.301	+1.342	9.99988	31	95.658	+21.209	+0.677	9.96931
März 4	101.190	22.287	1.342	0.00275	Sept. 4	95.933	21.298	0.710	9.96672
8	101.159	22.266	1.338	0.00556	8	96.229	21.391	0.746	9.96421
12	101.099	22.239	1.331	0.00829	12	96.546	21.488	0.784	9.96180
16	101.012	22.206	1.320	0.01093	16	96.882	21.589	0.825	9.95950
20	100.898	+22.167	+1.306	0.01346	20	97.237	+21.693	+0.867	9.95730
24	100.757	22.123	1.289	0.01587	24	97.610	21.800	0.912	9.95523
28	100.592	22.074	1.269	0.01814	28	98.000	21.909	0.959	9.95327
April 1	100.403	22.020	1.246	0.02026	Okt. 2	98.406	22.021	1.008	9.95145
5	100.192	21.962	1.221	0.02222	6	98.826	22.134	1.059	9.94976
9	99.961	+21.900	+1.193	0.02399	10	99.260	+22.248	+1.111	9.94820
13	99.712	21.834	1.163	0.02557	14	99.706	22.363	1.165	9.94679
17	99.446	21.765	1.131	0.02695	18	100.164	22.478	1.220	9.94553
21	99.166	21.693	1.098	0.02812	22	100.632	22.593	1.276	9.94442
25	98.875	21.619	1.063	0.02907	26	101.109	22.708	1.334	9.94346
29	98.574	+21.544	+1.027	0.02979	30	101.594	+22.822	+1.392	9.94266
Mai 3	98.267	21.468	0.990	0.03028	Nov. 3	102.086	22.936	1.451	9.94201
7	97.956	21.392	0.953	0.03054	7	102.583	23.048	1.511	9.94153
11	97.643	21.316	0.915	0.03056	11	103.084	23.158	1.571	9.94121
15	97.331	21.241	0.877	0.03034	15	103.588	23.266	1.631	9.94105
19	97.023	+21.167	+0.840	0.02989	19	104.095	+23.372	+1.692	9.94106
23	96.721	21.096	0.804	0.02921	23	104.602	23.475	1.753	9.94123
27	96.427	21.027	0.769	0.02831	27	105.107	23.576	1.814	9.94156
31	96.144	20.962	0.735	0.02719	Dez. 1	105.610	23.673	1.874	9.94206
Juni 4	95.875	20.901	0.702	0.02585	5	106.109	23.767	1.933	9.94272
8	95.621	+20.845	+0.671	0.02432	9	106.604	+23.857	+1.992	9.94354
12	95.383	20.794	0.643	0.02260	13	107.092	23.944	2.050	9.94452
16	95.164	20.748	0.617	0.02070	17	107.572	24.027	2.107	9.94566
20	94.966	20.709	0.593	0.01864	21	108.043	24.106	2.163	9.94696
24	94.789	20.676	0.572	0.01643	25	108.503	24.181	2.217	9.94840
28	94.635	20.650	0.554	0.01407	29	108.952	24.251	2.270	9.94999
Juli 2	94.505	+20.631	+0.539	0.01160	33	109.387	+24.317	+2.321	9.95173

0h Weltzeit	L	M	L	M	L	L	M	L	M
1955	MIMAS		ENCELADUS		TETHYS	DIONE		RHEA	
	°	°	°	°	°	°	°	°	°
Jan. —13	275.536	34.02	272.925	261.3	155.811	322.959	56.5	232.508	50.6
+ 3	267.448	9.92	156.631	139.6	326.976	267.517	359.7	67.548	245.5
19	259.361	345.81	40.335	17.9	138.141	212.075	302.9	262.587	80.4
Febr. 4	251.274	321.72	284.038	256.2	309.306	156.633	246.1	97.626	275.3
20	243.188	297.61	167.740	134.5	120.471	101.191	189.3	292.666	110.1
März 8	235.103	273.51	51.441	12.8	291.636	45.749	132.5	127.705	305.0
24	227.018	249.42	295.142	251.1	102.801	350.307	75.7	322.745	139.9
April 9	218.934	225.31	178.841	129.4	273.966	294.865	18.9	157.784	334.8
25	210.850	201.22	62.540	7.7	85.131	239.424	322.2	352.824	169.7
Mai 11	202.767	177.12	306.238	246.0	256.296	183.982	265.4	187.863	4.6
27	194.684	153.02	189.935	124.3	67.461	128.540	208.6	22.903	199.5
Juni 12	186.602	128.93	73.632	2.6	238.626	73.099	151.8	217.942	34.4
28	178.521	104.83	317.328	240.9	49.791	17.657	95.0	52.982	229.3
Juli 14	170.440	80.74	201.024	119.2	220.955	322.216	38.3	248.021	64.2
30	162.360	56.64	84.720	357.4	32.120	266.774	341.5	83.061	259.1
Aug. 15	154.280	32.55	328.416	235.7	203.285	211.333	284.7	278.100	93.9
31	146.201	8.46	212.111	114.0	14.450	155.892	227.9	113.140	288.8
Sept. 16	138.122	344.36	95.806	352.3	185.614	100.450	171.1	308.179	123.7
Okt. 2	130.044	320.27	339.501	230.6	356.779	45.009	114.3	143.219	318.6
18	121.967	296.18	223.196	108.9	167.944	349.567	57.5	338.258	153.5
Nov. 3	113.890	272.09	106.892	347.2	339.108	294.126	0.7	173.298	348.4
19	105.813	248.00	350.588	225.5	150.273	238.684	304.0	8.337	183.3
Dez. 5	97.737	223.92	234.284	103.8	321.438	183.243	247.2	203.377	18.2
21	89.662	199.82	117.980	342.1	132.602	127.801	190.4	38.416	213.1
37	81.587	175.73	1.677	220.4	303.766	72.359	133.6	233.456	48.0

0h Weltzeit	L	M	L	M	e	log a	L	M
1955	TITAN		HYPERION				JAPETUS	
	°	°	°	°			°	°
Jan. —13	131.135	304.03	225.627	227.85	0.08162	2.33228	37.403	81.47
+ 3	132.367	305.24	135.267	138.47	0.08126	2.33212	110.012	154.07
19	133.600	306.45	45.067	49.25	0.08083	2.33195	182.621	226.67
Febr. 4	134.833	307.66	315.050	320.23	0.08035	2.33175	255.231	299.28
20	136.066	308.86	225.232	231.42	0.07984	2.33153	327.840	11.88
März 8	137.298	310.07	135.628	142.84	0.07930	2.33131	40.450	84.48
24	138.531	311.28	46.247	54.49	0.07874	2.33107	113.059	157.08
April 9	139.764	312.49	317.092	326.37	0.07821	2.33083	185.669	229.68
25	140.997	313.70	228.158	238.48	0.07770	2.33060	258.278	302.29
Mai 11	142.230	314.91	139.437	150.82	0.07721	2.33038	330.887	14.89
27	143.463	316.12	50.916	63.26	0.07677	2.33018	43.497	87.49
Juni 12	144.695	317.33	322.576	336.09	0.07642	2.33002	116.106	160.09
28	145.928	318.54	234.394	248.99	0.07615	2.32986	188.716	232.70
Juli 14	147.161	319.75	146.344	162.03	0.07595	2.32973	261.325	305.30
30	148.394	320.96	58.395	75.17	0.07583	2.32964	333.934	17.90
Aug. 15	149.626	322.17	330.513	348.38	0.07583	2.32958	46.544	90.50
31	150.859	323.38	242.664	261.63	0.07593	2.32956	119.153	163.10
Sept. 16	152.092	324.58	154.813	174.88	0.07614	2.32958	191.763	235.71
Okt. 2	153.325	325.79	66.925	88.08	0.07645	2.32962	264.372	308.31
18	154.558	327.00	338.966	1.20	0.07687	2.32971	336.981	20.91
Nov. 3	155.790	328.21	250.903	274.21	0.07738	2.32984	49.591	93.51
19	157.023	329.42	162.706	187.09	0.07797	2.33000	122.200	166.11
Dez. 5	158.256	330.63	74.348	99.79	0.07863	2.33016	194.810	238.72
21	159.489	331.84	345.806	12.31	0.07935	2.33036	267.419	311.32
37	160.722	333.05	257.062	284.61	0.08012	2.33058	340.028	23.92

Saturnstrabanten 1955

Bewegung der mittleren Länge *L* und der mittleren Anomalie *M*

Zeit	Mimas		Enceladus		Tethys	Dione		Rhea		Titan		Japetus	
	L	*M*	*L*	*M*	*L*	*L*	*M*	*L*	*M*	*L*	*M*	*L*	*M*
d	°	°	°	°	°	°	°	°	°	°	°	°	°
1	21.9950	20.994	262.7310	262.39	190.6978	131.5349	131.45	79.6900	79.68	22.5771	22.576	4.5381	4.537
2	43.9900	41.988	165.4620	164.79	21.3956	263.0698	262.90	159.3799	159.36	45.1541	45.151	9.0762	9.075
3	65.9850	62.981	68.1930	67.18	212.0934	34.6047	34.35	239.0699	239.04	67.7312	67.727	13.6143	13.612
4	87.9800	83.975	330.9240	329.58	42.7912	166.1396	165.80	318.7599	318.73	90.3083	90.302	18.1524	18.150
5	109.9750	104.969	233.6550	231.97	233.4891	297.6745	297.25	38.4498	38.41	112.8853	112.878	22.6905	22.687
6	131.9700	125.963	136.3860	134.36	64.1869	69.2094	68.70	118.1398	118.09	135.4624	135.454	27.2286	27.225
7	153.9650	146.956	39.1170	36.76	254.8847	200.7443	200.15	197.8298	197.77	158.0394	158.029	31.7667	31.762
8	175.9600	167.950	301.8480	299.15	85.5825	332.2792	331.60	277.5197	277.45	180.6165	180.605	36.3047	36.300
9	197.9550	188.944	204.5790	201.54	276.2803	103.8142	103.05	357.2097	357.13	203.1936	203.181	40.8428	40.837
10	219.9500	209.938	107.3100	103.94	106.9781	235.3491	234.50	76.8997	76.81	225.7706	225.756	45.3809	45.375
11	241.9450	230.931	10.0410	6.33	297.6759	6.8840	5.95	156.5897	156.49	248.3477	248.332	49.9190	49.912
12	263.9400	251.925	272.7720	268.73	128.3737	138.4189	137.40	236.2796	236.18	270.9248	270.907	54.4571	54.450
13	285.9350	272.919	175.5030	171.12	319.0715	269.9538	268.85	315.9696	315.86	293.5018	293.483	58.9952	58.987
14	307.9300	293.913	78.2340	73.51	149.7693	41.4887	40.30	35.6596	35.54	316.0789	316.059	63.5333	63.525
15	329.9250	314.906	340.9650	335.91	340.4672	173.0236	171.75	115.3495	115.22	338.6559	338.634	68.0714	68.062
16	351.9200	335.900	243.6960	238.30	171.1650	304.5585	303.20	195.0395	194.90	361.2330	361.210	72.6095	72.600
d	°	°	°	°	°	°	°	°	°	°	°	°	°
0.1	38.1995	38.099	26.2731	26.24	19.0698	13.1535	13.14	7.9690	7.97	2.2577	2.258	0.4538	0.454
0.2	76.3990	76.199	52.5462	52.48	38.1396	26.3070	26.29	15.9380	15.94	4.5154	4.515	0.9076	0.907
0.3	114.5985	114.298	78.8193	78.72	57.2093	39.4605	39.43	23.9070	23.90	6.7731	6.773	1.3614	1.361
0.4	152.7980	152.397	105.0924	104.96	76.2791	52.6140	52.58	31.8760	31.87	9.0308	9.030	1.8152	1.815
0.5	190.9975	190.497	131.3655	131.20	95.3489	65.7675	65.72	39.8450	39.84	11.2885	11.288	2.2690	2.269
0.6	229.1970	228.596	157.6386	157.44	114.4187	78.9209	78.87	47.8140	47.81	13.5462	13.545	2.7229	2.722
0.7	267.3965	266.696	183.9117	183.68	133.4885	92.0744	92.01	55.7830	55.78	15.8039	15.803	3.1767	3.176
0.8	305.5960	304.795	210.1848	209.92	152.5582	105.2279	105.16	63.7520	63.75	18.0616	18.060	3.6305	3.630
0.9	343.7955	342.894	236.4579	236.15	171.6280	118.3814	118.30	71.7210	71.71	20.3194	20.318	4.0843	4.084
1.0	381.9950	380.994	262.7310	262.39	190.6978	131.5349	131.45	79.6900	79.68	22.5771	22.576	4.5381	4.537
d	°	°	°	°	°	°	°	°	°	°	°	°	°
0.01	3.8199	3.810	2.6273	2.62	1.9070	1.3153	1.31	0.7969	0.80	0.2258	0.226	0.0454	0.045
0.02	7.6399	7.620	5.2546	5.25	3.8140	2.6307	2.63	1.5938	1.59	0.4515	0.452	0.0908	0.091
0.03	11.4598	11.430	7.8819	7.87	5.7209	3.9460	3.94	2.3907	2.39	0.6773	0.677	0.1361	0.136
0.04	15.2798	15.240	10.5092	10.50	7.6279	5.2614	5.26	3.1876	3.19	0.9031	0.903	0.1815	0.181
0.05	19.0997	19.050	13.1366	13.12	9.5349	6.5767	6.57	3.9845	3.98	1.1289	1.129	0.2269	0.227
0.06	22.9197	22.860	15.7639	15.74	11.4419	7.8921	7.89	4.7814	4.78	1.3546	1.355	0.2723	0.272
0.07	26.7396	26.670	18.3912	18.37	13.3488	9.2074	9.20	5.5783	5.58	1.5804	1.580	0.3177	0.318
0.08	30.5596	30.479	21.0185	20.99	15.2558	10.5228	10.52	6.3752	6.38	1.8062	1.806	0.3630	0.363
0.09	34.3795	34.289	23.6458	23.62	17.1628	11.8381	11.83	7.1721	7.17	2.0319	2.032	0.4084	0.408
0.10	38.1995	38.099	26.2731	26.24	19.0698	13.1535	13.14	7.9690	7.97	2.2577	2.258	0.4538	0.454
d	°	°	°	°	°	°	°	°	°	°	°	°	°
0.001	0.3820	0.381	0.2627	0.26	0.1907	0.1315	0.13	0.0797	0.08	0.0226	0.023	0.0045	0.005
0.002	0.7640	0.762	0.5255	0.52	0.3814	0.2631	0.26	0.1594	0.16	0.0452	0.045	0.0091	0.009
0.003	1.1460	1.143	0.7882	0.79	0.5721	0.3946	0.39	0.2391	0.24	0.0677	0.068	0.0136	0.014
0.004	1.5280	1.524	1.0509	1.05	0.7628	0.5261	0.53	0.3188	0.32	0.0903	0.090	0.0182	0.018
0.005	1.9100	1.905	1.3137	1.31	0.9535	0.6577	0.66	0.3984	0.40	0.1129	0.113	0.0227	0.023
0.006	2.2920	2.286	1.5764	1.57	1.1442	0.7892	0.79	0.4781	0.48	0.1355	0.135	0.0272	0.027
0.007	2.6740	2.667	1.8391	1.84	1.3349	0.9207	0.92	0.5578	0.56	0.1580	0.158	0.0318	0.032
0.008	3.0560	3.048	2.1019	2.10	1.5256	1.0523	1.05	0.6375	0.64	0.1806	0.181	0.0363	0.036
0.009	3.4379	3.429	2.3646	2.36	1.7163	1.1838	1.18	0.7172	0.72	0.2032	0.203	0.0408	0.041
0.010	3.8199	3.810	2.6273	2.62	1.9070	1.3153	1.31	0.7969	0.80	0.2258	0.226	0.0454	0.045

0h Weltzeit	ϑ Mimas	ϑ Encel.	ϑ Tethys	ϑ Dione	ϑ Rhea	γ Rhea	N Saturnsring	I Saturnsring	ω Saturnsring
1955	°	°	°	°	°	′	°	°	°
Jan. —13	48.8	330.1	275.2	196.4	78.3	18.96	128.627	6.668	41.347
+ 3	32.8	323.5	272.1	195.1	77.8	18.95	128.629	6.668	41.346
19	16.8	316.8	268.9	193.7	77.3	18.94	128.631	6.668	41.345
Febr. 4	0.8	310.1	265.7	192.3	76.9	18.94	128.632	6.667	41.343
20	344.8	303.4	262.5	191.0	76.4	18.93	128.634	6.667	41.342
März 8	328.8	296.7	259.4	189.6	75.9	18.92	128.636	6.667	41.341
24	312.8	290.0	256.2	188.2	75.4	18.91	128.638	6.667	41.339
April 9	296.8	283.3	253.0	186.9	74.9	18.91	128.640	6.667	41.338
25	280.8	276.6	249.9	185.5	74.4	18.90	128.642	6.666	41.337
Mai 11	264.8	269.9	246.7	184.2	73.9	18.89	128.644	6.666	41.335
27	248.8	263.2	243.5	182.8	73.4	18.89	128.645	6.666	41.334
Juni 12	232.8	256.5	240.4	181.4	72.9	18.88	128.647	6.666	41.333
28	216.8	249.9	237.2	180.1	72.4	18.87	128.649	6.666	41.332
Juli 14	200.8	243.2	234.0	178.7	71.9	18.86	128.651	6.666	41.330
30	184.8	236.5	230.9	177.4	71.4	18.86	128.653	6.665	41.329
Aug. 15	168.8	229.8	227.7	176.0	70.9	18.85	128.655	6.665	41.328
31	152.8	223.1	224.5	174.7	70.4	18.84	128.657	6.665	41.326
Sept. 16	136.8	216.4	221.4	173.3	69.9	18.84	128.658	6.665	41.325
Okt. 2	120.8	209.7	218.2	171.9	69.4	18.83	128.660	6.665	41.324
18	104.8	203.0	215.0	170.6	68.9	18.82	128.662	6.664	41.322
Nov. 3	88.8	196.3	211.9	169.2	68.4	18.82	128.664	6.664	41.321
19	72.8	189.6	208.7	167.9	67.9	18.81	128.666	6.664	41.320
Dez. 5	56.8	182.9	205.5	166.5	67.4	18.80	128.668	6.664	41.318
21	40.8	176.3	202.4	165.1	67.0	18.79	128.670	6.664	41.317
37	24.8	169.6	199.2	163.8	66.5	18.79	128.672	6.664	41.316

$\log \frac{1}{1+\zeta}$ in Einheiten der 5. Dezimale

u—U		Mimas	Encel.	Tethys	Dione	Rhea	u—U	
0°	360°	—6+	—7+	—9+	—11+	—16+	180°	180°
10	350	—6+	—7+	—9+	—11+	—16+	170	190
20	340	—5+	—7+	—8+	—11+	—15+	160	200
30	330	—5+	—6+	—8+	—10+	—14+	150	210
40	320	—4+	—6+	—7+	— 9+	—12+	140	220
50	310	—3+	—5+	—6+	— 8+	—10+	130	230
60	300	—3+	—4+	—4+	— 6+	— 8+	120	240
70	290	—2+	—3+	—3+	— 4+	— 6+	110	250
80	280	—1+	—1+	—2+	— 2+	— 3+	100	260
90	270	0	0	0	0	0	90	270

Saturnstrabanten 1955

0h Weltzeit	TITAN			HYPERION			JAPETUS		
	U	*B*	*P*	*U*	*B*	*P*	*U*	*B*	*P*
1955	°	°	°	°	°	°	°	°	°
Jan. −5	102.434	+21.617	+1.497	99.527	+21.843	+1.179	179.804	+15.608	+15.176
+3	103.199	21.781	1.589	100.296	22.011	1.274	180.562	15.599	15.189
11	103.891	21.921	1.672	100.992	22.154	1.360	181.244	15.585	15.198
19	104.500	22.037	1.745	101.605	22.273	1.436	181.843	15.565	15.204
27	105.018	22.127	1.807	102.126	22.366	1.501	182.350	15.542	15.207
Febr. 4	105.435	+22.192	+1.856	102.547	+22.433	+1.552	182.756	+15.516	+15.208
12	105.745	22.232	1.893	102.861	22.474	1.591	183.055	15.488	15.208
20	105.943	22.246	1.917	103.063	22.489	1.616	183.244	15.459	15.207
28	106.025	22.235	1.926	103.149	22.478	1.626	183.319	15.430	15.205
März 8	105.992	22.200	1.922	103.120	22.442	1.622	183.280	15.403	15.203
16	105.846	+22.141	+1.904	102.978	+22.383	+1.604	183.130	+15.377	+15.201
24	105.592	22.061	1.874	102.727	22.302	1.573	182.874	15.353	15.198
April 1	105.238	21.962	1.831	102.376	22.201	1.530	182.519	15.332	15.194
9	104.796	21.845	1.778	101.938	22.082	1.475	182.078	15.314	15.190
17	104.281	21.715	1.716	101.426	21.950	1.412	181.565	15.298	15.184
25	103.710	+21.575	+1.648	100.858	+21.807	+1.342	180.997	+15.286	+15.176
Mai 3	103.102	21.430	1.575	100.254	21.658	1.267	180.392	15.277	15.166
11	102.478	21.283	1.500	99.633	21.508	1.190	179.771	15.272	15.155
19	101.857	21.140	1.426	99.016	21.362	1.114	179.154	15.270	15.143
27	101.261	21.006	1.354	98.424	21.226	1.040	178.561	15.271	15.129
Juni 4	100.709	+20.886	+1.288	97.875	+21.102	+0.972	178.013	+15.277	+15.116
12	100.218	20.784	1.228	97.387	20.997	0.912	177.525	15.288	15.103
20	99.801	20.703	1.178	96.974	20.914	0.861	177.113	15.303	15.092
28	99.470	20.648	1.139	96.647	20.856	0.821	176.789	15.323	15.084
Juli 6	99.236	20.619	1.111	96.416	20.827	0.792	176.562	15.348	15.078
14	99.103	+20.619	+1.095	96.287	+20.826	+0.776	176.437	+15.378	+15.076
22	99.076	20.649	1.092	96.263	20.855	0.773	176.420	15.413	15.078
30	99.157	20.707	1.102	96.346	20.914	0.784	176.511	15.451	15.084
Aug. 7	99.343	20.792	1.124	96.536	21.000	0.808	176.708	15.492	15.093
15	99.633	20.904	1.159	96.829	21.113	0.845	177.009	15.535	15.105
23	100.023	+21.040	+1.207	97.223	+21.251	+0.893	177.411	+15.579	+15.121
31	100.509	21.198	1.266	97.712	21.411	0.954	177.908	15.624	15.139
Sept. 8	101.083	21.374	1.335	98.290	21.590	1.026	178.492	15.666	15.157
16	101.740	21.565	1.414	98.950	21.785	1.108	179.156	15.706	15.175
24	102.472	21.769	1.503	99.685	21.993	1.199	179.893	15.743	15.193
Okt. 2	103.271	+21.983	+1.599	100.488	+22.210	+1.299	180.694	+15.775	+15.209
10	104.128	22.202	1.703	101.349	22.433	1.406	181.550	15.801	15.223
18	105.036	22.424	1.812	102.261	22.659	1.519	182.453	15.821	15.234
26	105.985	22.646	1.926	103.214	22.885	1.637	183.394	15.834	15.241
Nov. 3	106.965	22.864	2.043	104.198	23.108	1.759	184.361	15.839	15.243
11	107.967	+23.077	+2.163	105.204	+23.325	+1.883	185.345	+15.837	+15.240
19	108.980	23.281	2.284	106.222	23.534	2.009	186.337	15.826	15.233
27	109.995	23.475	2.404	107.241	23.732	2.134	187.326	15.807	15.220
Dez. 5	111.000	23.657	2.522	108.251	23.918	2.258	188.302	15.781	15.202
13	111.985	23.825	2.638	109.240	24.090	2.378	189.254	15.748	15.180
21	112.938	+23.978	+2.749	110.198	+24.247	+2.495	190.173	+15.709	+15.154
29	113.848	24.115	2.855	111.113	24.387	2.605	191.048	15.665	15.126
37	114.705	+24.235	+2.954	111.975	+24.510	+2.709	191.868	+15.616	+15.095

0^h Weltzeit	HYPERION $\alpha_{tr}-\alpha_{pl}$		$\delta_{tr}-\delta_{pl}$	
1955	s	s	″	″
Jan. 1	+ 2.6	+6.9	+73	−17
3	+ 9.5	+4.3	+56	−33
5	+13.8	+0.7	+23	−40
7	+14.5	−3.3	−17	−35
9	+11.2	−6.6	−52	−20
11	+ 4.6	−8.1	−72	+ 4
13	− 3.5	−6.8	−68	+30
15	−10.3	−2.5	−38	+46
17	−12.8	+2.9	+ 8	+43
19	− 9.9	+6.7	+51	+24
21	− 3.2	+8.0	+75	− 1
23	+ 4.8	+6.5	+74	−23
25	+11.3	+3.6	+51	−38
27	+14.9	−0.5	+13	−42
29	+14.4	−4.5	−29	−33
31	+ 9.9	−7.6	−62	−15
Febr. 2	+ 2.3	−8.3	−77	+13
4	− 6.0	−6.0	−64	+38
6	−12.0	−0.9	−26	+50
8	−12.9	+4.5	+24	+40
10	− 8.4	+7.6	+64	+17
12	− 0.8	+8.0	+81	− 9
14	+ 7.2	+6.0	+72	−30
16	+13.2	+2.5	+42	−42
18	+15.7	−1.8	0	−42
20	+13.9	−5.9	−42	−30
22	+ 8.0	−8.5	−72	− 7
24	− 0.5	−8.3	−79	+23
26	− 8.8	−4.6	−56	+46
28	−13.4	+1.0	−10	+51
März 2	−12.4	+6.1	+41	+34
4	− 6.3	+8.3	+75	+ 9
6	+ 2.0	+7.9	+84	−18
8	+ 9.9	+5.1	+66	−37
10	+15.0	+1.1	+29	−45
12	+16.1	−3.5	−16	−40
14	+12.6	−7.3	−56	−24
16	+ 5.3	−9.1	−80	+ 4
18	− 3.8	−7.6	−76	+34
20	−11.4	−2.8	−42	+52
22	−14.2	+3.2	+10	+48
24	−11.0		+58	

0^h Weltzeit	HYPERION $\alpha_{tr}-\alpha_{pl}$		$\delta_{tr}-\delta_{pl}$	
1955	s	s	″	″
März 24	−11.0	+7.5	+58	+26
26	− 3.5	+8.8	+84	− 2
28	+ 5.3	+7.3	+82	−27
30	+12.6	+3.8	+55	−42
April 1	+16.4	−0.7	+13	−46
3	+15.7	−5.3	−33	−36
5	+10.4	−8.6	−69	−14
7	+ 1.8	−9.2	−83	+17
9	− 7.4	−6.2	−66	+43
11	−13.6	−0.3	−23	+54
13	−13.9	+5.4	+31	+41
15	− 8.5	+8.6	+72	+15
17	+ 0.1	+8.6	+87	−13
19	+ 8.7	+6.2	+74	−34
21	+14.9	+2.0	+40	−46
23	+16.9	−2.7	− 6	−43
25	+14.2	−7.0	−49	−29
27	+ 7.2	−9.4	−78	− 2
29	− 2.2	−8.5	−80	+29
Mai 1	−10.7	−3.9	−51	+50
3	−14.6	+2.3	− 1	+51
5	−12.3	+7.2	+50	+31
7	− 5.1	+9.0	+81	+ 3
9	+ 3.9	+7.9	+84	−23
11	+11.8	+4.5	+61	−40
13	+16.3	0.0	+21	−45
15	+16.3	−4.7	−24	−39
17	+11.6	−8.3	−63	−18
19	+ 3.3	−9.5	−81	+11
21	− 6.2	−6.9	−70	+39
23	−13.1	−1.2	−31	+52
25	−14.3	+4.7	+21	+44
27	− 9.6	+8.4	+65	+19
29	− 1.2	+8.7	+84	− 9
31	+ 7.5	+6.6	+75	−30
Juni 2	+14.1	+2.6	+45	−43
4	+16.7	−2.1	+ 2	−43
6	+14.6	−6.4	−41	−31
8	+ 8.2	−9.1	−72	− 6
10	− 0.9	−8.7	−78	+24
12	− 9.6	−4.5	−54	+46
14	−14.1		− 8	

0^h Weltzeit	HYPERION $\alpha_{tr}-\alpha_{pl}$		$\delta_{tr}-\delta_{pl}$	
1955	s	s	″	″
Juni 14	−14.1	+1.5	− 8	+49
16	−12.6	+6.5	+41	+33
18	− 6.1	+8.7	+74	+ 7
20	+ 2.6	+7.9	+81	−19
22	+10.5	+4.9	+62	−36
24	+15.4	+0.6	+26	−43
26	+16.0	−4.0	−17	−38
28	+12.0	−7.7	−55	−20
30	+ 4.3	−9.1	−75	+ 6
Juli 2	− 4.8	−7.1	−69	+34
4	−11.9	−1.9	−35	+48
6	−13.8	+3.8	+13	+43
8	−10.0	+7.6	+56	+21
10	− 2.4	+8.4	+77	− 4
12	+ 6.0	+6.6	+73	−26
14	+12.6	+3.1	+47	−38
16	+15.7	−1.4	+ 9	−41
18	+14.3	−5.5	−32	−32
20	+ 8.8	−8.4	−64	− 9
22	+ 0.4	−8.4	−73	+17
24	− 8.0	−5.0	−56	+41
26	−13.0	+0.6	−15	+47
28	−12.4	+5.5	+32	+34
30	− 6.9	+8.0	+66	+10
Aug. 1	+ 1.1	+7.6	+76	−13
3	+ 8.7	+5.1	+63	−31
5	+13.8	+1.3	+32	−40
7	+15.1	−3.0	− 8	−38
9	+12.1	−6.7	−46	−23
11	+ 5.4	−8.5	−69	+ 1
13	− 3.1	−7.2	−68	+28
15	−10.3	−2.7	−40	+44
17	−13.0	+2.6	+ 4	+43
19	−10.4	+6.6	+47	+25
21	− 3.8	+7.9	+72	0
23	+ 4.1	+6.6	+72	−20
25	+10.7	+3.6	+52	−35
27	+14.3	−0.3	+17	−40
29	+14.0	−4.5	−23	−33
31	+ 9.5	−7.4	−56	−14
Sept. 2	+ 2.1	−8.1	−70	+12
4	− 6.0		−58	

Saturnstrabanten 1955

0h Weltzeit	HYPERION $\alpha_{tr} - \alpha_{pl}$		$\delta_{tr} - \delta_{pl}$	
1955	s	s	″	″
Sept. 4	− 6.0	−5.6	−58	+35
6	−11.6	−0.6	−23	+45
8	−12.2	+4.3	+22	+37
10	− 7.9	+7.1	+59	+15
12	− 0.8	+7.4	+74	− 8
14	+ 6.6	+5.5	+66	−27
16	+12.1	+2.2	+39	−37
18	+14.3	−1.9	+ 2	−39
20	+12.4	−5.6	−37	−26
22	+ 6.8	−7.8	−63	− 5
24	− 1.0	−7.4	−68	+21
26	− 8.4	−3.8	−47	+42
28	−12.2	+1.3	− 5	+43
30	−10.9	+5.5	+38	+29
Okt. 2	− 5.4	+7.3	+67	+ 7
4	+ 1.9	+6.7	+74	−15
6	+ 8.6	+4.4	+59	−32
8	+13.0	+0.8	+27	−40
10	+13.8	−3.2	−13	−35
12	+10.6	−6.5	−48	−20
14	+ 4.1	−8.0	−68	+ 5
16	− 3.9	−6.3	−63	+30
18	−10.2	−2.0	−33	+45
20	−12.2	+2.9	+12	+40
22	− 9.3		+52	
	s	s	″	″
Dez. 5	− 5.5	+7.1	+73	+ 6
7	+ 1.6	+6.7	+79	−17
9	+ 8.3	+4.5	+62	−34
11	+12.8	+1.0	+28	−41
13	+13.8	−3.1	−13	−38
15	+10.7	−6.6	−51	−21
17	+ 4.1	−8.1	−72	+ 6
19	− 4.0	−6.5	−66	+34
21	−10.5	−2.0	−32	+48
23	−12.5	+2.9	+16	+42
25	− 9.6	+6.2	+58	+23
27	− 3.4	+7.3	+81	− 2
29	+ 3.9	+6.3	+79	−24
31	+10.2		+55	

0h Weltzeit	JAPETUS $\alpha_{tr} - \alpha_{pl}$		$\delta_{tr} - \delta_{pl}$	
1955	s	s	″	″
Jan. 1	−30.7	+1.5	+150	+13
3	−29.2	+2.2	+163	+ 9
5	−27.0	+2.8	+172	+ 6
7	−24.2	+3.4	+178	+ 1
9	−20.8	+3.8	+179	− 2
11	−17.0	+4.2	+177	− 6
13	−12.8	+4.6	+171	−10
15	− 8.2	+4.8	+161	−14
17	− 3.4	+4.9	+147	−17
19	+ 1.5	+4.9	+130	−20
21	+ 6.4	+4.8	+110	−23
23	+11.2	+4.6	+ 87	−25
25	+15.8	+4.2	+ 62	−27
27	+20.0	+3.7	+ 35	−28
29	+23.7	+3.2	+ 7	−28
31	+26.9	+2.5	− 21	−28
Febr. 2	+29.4	+1.9	− 49	−27
4	+31.3	+1.1	− 76	−25
6	+32.4	+0.2	−101	−23
8	+32.6	−0.6	−124	−19
10	+32.0	−1.5	−143	−16
12	+30.5	−2.3	−159	−12
14	+28.2	−3.1	−171	− 7
16	+25.1	−3.8	−178	− 2
18	+21.3	−4.4	−180	+ 2
20	+16.9	−4.9	−178	+ 7
22	+12.0	−5.3	−171	+12
24	+ 6.7	−5.5	−159	+17
26	+ 1.2	−5.6	−142	+20
28	− 4.4	−5.5	−122	+24
März 2	− 9.9	−5.3	− 98	+26
4	−15.2	−4.9	− 72	+29
6	−20.1	−4.4	− 43	+30
8	−24.5	−3.8	− 13	+31
10	−28.3	−3.2	+ 18	+30
12	−31.5	−2.4	+ 48	+29
14	−33.9	−1.5	+ 77	+27
16	−35.4	−0.7	+104	+25
18	−36.1	+0.2	+129	+23
20	−35.9	+1.0	+152	+18
22	−34.9	+1.9	+170	+15
24	−33.0		+185	

0h Weltzeit	JAPETUS $\alpha_{tr} - \alpha_{pl}$	Δ	$\delta_{tr} - \delta_{pl}$	Δ
1955	s	s	″	″
März 24	−33.0	+2.6	+185	+10
26	−30.4	+3.4	+195	+ 6
28	−27.0	+4.0	+201	+ 1
30	−23.0	+4.6	+202	− 4
April 1	−18.4	+5.1	+198	− 9
3	−13.3	+5.4	+189	−13
5	− 7.9	+5.6	+176	−17
7	− 2.3	+5.7	+159	−21
9	+ 3.4	+5.6	+138	−25
11	+ 9.0	+5.5	+113	−27
13	+14.5	+5.1	+ 86	−30
15	+19.6	+4.6	+ 56	−32
17	+24.2	+4.0	+ 24	−32
19	+28.2	+3.3	− 8	−32
21	+31.5	+2.4	− 40	−31
23	+33.9	+1.6	− 71	−29
25	+35.5	+0.6	−100	−27
27	+36.1	−0.4	−127	−23
29	+35.7	−1.4	−150	−19
Mai 1	+34.3	−2.3	−169	−14
3	+32.0	−3.2	−183	− 9
5	+28.8	−4.1	−192	− 4
7	+24.7	−4.8	−196	+ 2
9	+19.9	−5.3	−194	+ 7
11	+14.6	−5.8	−187	+13
13	+ 8.8	−6.0	−174	+17
15	+ 2.8	−6.0	−157	+22
17	− 3.2	−6.0	−135	+26
19	− 9.2	−5.7	−109	+29
21	−14.9	−5.3	− 80	+30
23	−20.2	−4.7	− 50	+32
25	−24.9	−4.1	− 18	+32
27	−29.0	−3.3	+ 14	+32
29	−32.3	2.4	+ 46	+30
31	−34.7	−1.5	+ 76	+28
Juni 2	−36.2	−0.7	+104	+26
4	−36.9	+0.2	+130	+22
6	−36.7	+1.1	+152	+19
8	−35.6	+2.0	+171	+15
10	−33.6	+2.8	+186	+10
12	−30.8	+3.5	+196	+ 5
14	−27.3		+201	

0h Weltzeit	JAPETUS $\alpha_{tr} - \alpha_{pl}$	Δ	$\delta_{tr} - \delta_{pl}$	Δ
1955	s	s	″	″
Juni 14	−27.3	+4.2	+201	+ 1
16	−23.1	+4.7	+202	− 4
18	−18.4	+5.0	+198	− 9
20	−13.4	+5.3	+189	−14
22	− 8.1	+5.5	+175	−17
24	− 2.6	+5.5	+158	−21
26	+ 2.9	+5.5	+137	−24
28	+ 8.4	+5.2	+113	−27
30	+13.6	+4.8	+ 86	−28
Juli 2	+18.4	+4.3	+ 58	−30
4	+22.7	+3.8	+ 28	−30
6	+26.5	+3.0	− 2	−30
8	+29.5	+2.3	− 32	−30
10	+31.8	+1.5	− 62	−27
12	+33.3	+0.6	− 89	−25
14	+33.9	−0.3	−114	−22
16	+33.6	−1.2	−136	−18
18	+32.4	−2.1	−154	−14
20	+30.3	−2.9	−168	− 9
22	+27.4	−3.6	−177	− 4
24	+23.8	−4.2	−181	0
26	+19.6	−4.7	−181	+ 6
28	+14.9	−5.1	−175	+10
30	+ 9.8	−5.3	−165	+15
Aug. 1	+ 4.5	−5.4	−150	+18
3	− 0.9	−5.3	−132	+22
5	− 6.2	−5.2	−110	+24
7	−11.4	−4.8	− 86	+26
9	−16.2	−4.3	− 60	+28
11	−20.5	−3.8	− 32	+29
13	−24.3	−3.2	− 3	+28
15	−27.5	−2.5	+ 25	+28
17	−30.0	−1.7	+ 53	+26
19	−31.7	−1.0	+ 79	+24
21	−32.7	−0.2	+103	+21
23	−32.9	+0.6	+124	+19
25	−32.3	+1.3	+143	+15
27	−31.0	+2.0	+158	+11
29	−29.0	+2.6	+169	+ 8
31	−26.4	+3.2	+177	+ 4
Sept. 2	−23.2	+3.7	+181	− 1
4	−19.5		+180	

0h Weltzeit	JAPETUS $\alpha_{tr} - \alpha_{pl}$	Δ	$\delta_{tr} - \delta_{pl}$	Δ
1955	s	s	″	″
Sept. 4	−19.5	+4.1	+180	− 5
6	−15.4	+4.4	+175	− 8
8	−11.0	+4.6	+167	−12
10	− 6.4	+4.8	+155	−15
12	− 1.6	+4.8	+140	−18
14	+ 3.2	+4.6	+122	−21
16	+ 7.8	+4.4	+101	−23
18	+12.2	+4.2	+ 78	−25
20	+16.4	+3.7	+ 53	−26
22	+20.1	+3.3	+ 27	−27
24	+23.4	+2.7	0	−26
26	+26.1	+2.1	− 26	−26
28	+28.2	+1.4	− 52	−24
30	+29.6	+0.6	− 76	−23
Okt. 2	+30.2	−0.2	− 99	−20
4	+30.0	−0.9	−119	−17
6	+29.1	−1.7	−136	−13
8	+27.4	−2.3	−149	− 9
10	+25.1	−3.0	−158	− 5
12	+22.1	−3.5	−163	− 1
14	+18.6	−4.0	−164	+ 3
16	+14.6	−4.4	−161	+ 7
18	+10.2	−4.6	−154	+11
20	+ 5.6	−4.8	−143	+15
22	+ 0.8		−128	
	s	s	″	″
Dez. 5	+ 4.3	+4.5	+112	−20
7	+ 8.8	+4.3	+ 92	−23
9	+13.1	+4.0	+ 69	−24
11	+17.1	+3.7	+ 45	−26
13	+20.8	+3.1	+ 19	−26
15	+23.9	+2.6	− 7	−26
17	+26.5	+1.9	− 33	−25
19	+28.4	+1.3	− 58	−24
21	+29.7	+0.5	− 82	−22
23	+30.2	−0.2	−104	−19
25	+30.0	−1.0	−123	−16
27	+29.0	−1.8	−139	−12
29	+27.2	−2.5	−151	− 8
31	+24.7		−159	

Östliche Elongationen (in Weltzeit)

MIMAS

		h			h			h			h
Jan.	0	0.6	Febr.	16	3.6	April	4	6.3	Mai	21	9.0
	0	23.2		17	2.2		5	4.9		22	7.6
	1	21.9		18	0.9		6	3.6		23	6.2
	2	20.5		18	23.5		7	2.2		24	4.9
	3	19.1		19	22.1		8	0.8		25	3.5
	4	17.7		20	20.7		8	23.4		26	2.1
	5	16.3		21	19.3		9	22.0		27	0.7
	6	14.9		22	17.9		10	20.6		27	23.3
	7	13.5		23	16.5		11	19.2		28	21.9
	8	12.2		24	15.1		12	17.8		29	20.5
	9	10.8		25	13.8		13	16.4		30	19.1
	10	9.4		26	12.4		14	15.1		31	17.7
	11	8.0		27	11.0		15	13.7	Juni	1	16.4
	12	6.7		28	9.6		16	12.3		2	15.0
	13	5.3	März	1	8.3		17	10.9		3	13.6
	14	3.9		2	6.9		18	9.6		4	12.2
	15	2.5		3	5.5		19	8.2		5	10.9
	16	1.1		4	4.1		20	6.8		6	9.5
	16	23.8		5	2.7		21	5.4		7	8.1
	17	22.4		6	1.4		22	4.0		8	6.7
	18	21.0		7	0.0		23	2.7		9	5.3
	19	19.6		7	22.6		24	1.3		10	4.0
	20	18.2		8	21.2		24	23.9		11	2.6
	21	16.8		9	19.8		25	22.5		12	1.2
	22	15.5		10	18.4		26	21.1		12	23.8
	23	14.1		11	17.0		27	19.7		13	22.4
	24	12.7		12	15.6		28	18.3		14	21.0
	25	11.3		13	14.3		29	16.9		15	19.6
	26	10.0		14	12.9		30	15.6		16	18.3
	27	8.6		15	11.5	Mai	1	14.2		17	16.9
	28	7.2		16	10.1		2	12.8		18	15.5
	29	5.8		17	8.7		3	11.4		19	14.1
	30	4.5		18	7.3		4	10.0		20	12.7
	31	3.1		19	5.9		5	8.6		21	11.4
Febr.	1	1.7		20	4.5		6	7.2		22	10.0
	2	0.3		21	3.2		7	5.8		23	8.6
	2	23.0		22	1.8		8	4.5		24	7.2
	3	21.6		23	0.4		9	3.1		25	5.9
	4	20.2		23	23.0		10	1.7		26	4.5
	5	18.8		24	21.6		11	0.3		27	3.1
	6	17.4		25	20.2		11	22.9		28	1.7
	7	16.0		26	18.8		12	21.5		29	0.3
	8	14.6		27	17.4		13	20.1		29	22.9
	9	13.3		28	16.0		14	18.7		30	21.5
	10	11.9		29	14.7		15	17.3	Juli	1	20.1
	11	10.5		30	13.3		16	16.0		2	18.8
	12	9.1		31	11.9		17	14.6		3	17.4
	13	7.8	April	1	10.5		18	13.2		4	16.0
	14	6.4		2	9.1		19	11.8		5	14.6
	15	5.0		3	7.7		20	10.4		6	13.3

Östliche Elongationen (in Weltzeit)

MIMAS

		h
Juli	7	11.9
	8	10.5
	9	9.1
	10	7.7
	11	6.4
	12	5.0
	13	3.6
	14	2.2
	15	0.8
	15	23.4
	16	22.0
	17	20.6
	18	19.3
	19	17.9
	20	16.5
	21	15.1
	22	13.8
	23	12.4
	24	11.0
	25	9.6
	26	8.2
	27	6.9
	28	5.5
	29	4.1
	30	2.7
	31	1.3
	31	23.9
Aug.	1	22.6
	2	21.2
	3	19.8
	4	18.4
	5	17.1
	6	15.7
	7	14.3
	8	12.9
	9	11.6
	10	10.2
	11	8.8
	12	7.4
	13	6.1
	14	4.7
	15	3.3
	16	1.9
	17	0.5
	17	23.2
	18	21.8
	19	20.4
	20	19.0
	21	17.7
	22	16.3

		h
Aug.	23	14.9
	24	13.5
	25	12.2
	26	10.8
	27	9.4
	28	8.0
	29	6.7
	30	5.3
	31	3.9
Sept.	1	2.5
	2	1.1
	2	23.8
	3	22.4
	4	21.0
	5	19.6
	6	18.3
	7	16.9
	8	15.5
	9	14.1
	10	12.8
	11	11.4
	12	10.0
	13	8.6
	14	7.3
	15	5.9
	16	4.5
	17	3.1
	18	1.7
	19	0.4
	19	23.0
	20	21.6
	21	20.2
	22	18.9
	23	17.5
	24	16.1
	25	14.7
	26	13.4
	27	12.0
	28	10.6
	29	9.2
	30	7.9
Okt.	1	6.5
	2	5.1
	3	3.7
	4	2.4
	5	1.0
	5	23.6
	6	22.2
	7	20.9
	8	19.5

		h
Okt.	9	18.1
	10	16.8
	11	15.4
	12	14.0
	13	12.7
	14	11.3
	15	9.9
	16	8.5
	17	7.2
	18	5.8
	19	4.4
	20	3.0
	21	1.7
	22	0.3
	22	22.9
	23	21.5
	24	20.2

		h
Dez.	4	9.1
	5	7.7
	6	6.3
	7	4.9
	8	3.6
	9	2.2
	10	0.8
	10	23.4
	11	22.1
	12	20.7
	13	19.3
	14	17.9
	15	16.6
	16	15.2
	17	13.8
	18	12.4
	19	11.1
	20	9.7
	21	8.3
	22	6.9
	23	5.5
	24	4.2
	25	2.8
	26	1.4
	27	0.0
	27	22.7
	28	21.3
	29	19.9
	30	18.5
	31	17.2

ENCELADUS

		h
Jan.	0	10.5
	1	19.4
	3	4.3
	4	13.2
	5	22.1
	7	7.0
	8	15.9
	10	0.8
	11	9.7
	12	18.5
	14	3.4
	15	12.3
	16	21.2
	18	6.1
	19	15.0
	20	23.9
	22	8.8
	23	17.7
	25	2.6
	26	11.5
	27	20.4
	29	5.2
	30	14.1
	31	23.0
Febr.	2	7.9
	3	16.8
	5	1.7
	6	10.6
	7	19.5
	9	4.4
	10	13.3
	11	22.2
	13	7.0
	14	15.9
	16	0.8
	17	9.7
	18	18.6
	20	3.5
	21	12.4
	22	21.3
	24	6.2
	25	15.0
	26	23.9
	28	8.8
März	1	17.7
	3	2.6
	4	11.5
	5	20.3
	7	5.2
	8	14.1

Östliche Elongationen (in Weltzeit)

ENCELADUS

		h			h			h			h
März	9	23.0	Mai	17	10.8	Juli	24	22.9	Okt.	1	11.7
	11	7.8		18	19.7		26	7.8		2	20.6
	12	16.7		20	4.5		27	16.6		4	5.5
	14	1.6		21	13.4		29	1.5		5	14.4
	15	10.5		22	22.3		30	10.4		6	23.3
	16	19.3		24	7.2		31	19.3		8	8.2
	18	4.2		25	16.0	Aug.	2	4.2		9	17.1
	19	13.1		27	0.9		3	13.1		11	2.0
	20	22.0		28	9.8		4	22.0		12	10.9
	22	6.8		29	18.7		6	6.9		13	19.8
	23	15.7		31	3.6		7	15.8		15	4.7
	25	0.6	Juni	1	12.4		9	0.6		16	13.6
	26	9.5		2	21.3		10	9.5		17	22.5
	27	18.4		4	6.2		11	18.4		19	7.4
	29	3.2		5	15.1		13	3.3		20	16.3
	30	12.1		7	0.0		14	12.2		22	1.2
	31	21.0		8	8.9		15	21.1		23	10.1
April	2	5.9		9	17.7		17	6.0		24	19.0
	3	14.8		11	2.6		18	14.9			
	4	23.7		12	11.5		19	23.8			
	6	8.5		13	20.4		21	8.7			
	7	17.4		15	5.2		22	17.6			
	9	2.3		16	14.1		24	2.5			
	10	11.2		17	23.0		25	11.4			
	11	20.0		19	7.9		26	20.3			
	13	4.9		20	16.7		28	5.2			
	14	13.8		22	1.6		29	14.1			
	15	22.7		23	10.5		30	23.0			
	17	7.5		24	19.4	Sept.	1	7.9			h
	18	16.4		26	4.2		2	16.8	Dez.	4	22.0
	20	1.3		27	13.1		4	1.7		6	6.9
	21	10.2		28	22.0		5	10.6		7	15.8
	22	19.0		30	6.9		6	19.5		9	0.7
	24	3.9	Juli	1	15.8		8	4.4		10	9.6
	25	12.8		3	0.7		9	13.3		11	18.5
	26	21.7		4	9.6		10	22.2		13	3.4
	28	6.5		5	18.5		12	7.1		14	12.3
	29	15.4		7	3.4		13	16.0		15	21.2
Mai	1	0.3		8	12.2		15	0.9		17	6.1
	2	9.2		9	21.1		16	9.8		18	15.0
	3	18.0		11	6.0		17	18.7		19	23.9
	5	2.9		12	14.9		19	3.6		21	8.8
	6	11.8		13	23.8		20	12.5		22	17.7
	7	20.7		15	8.7		21	21.4		24	2.6
	9	5.5		16	17.6		23	6.3		25	11.5
	10	14.4		18	2.5		24	15.2		26	20.4
	11	23.3		19	11.3		26	0.1		28	5.3
	13	8.2		20	20.2		27	9.0		29	14.2
	14	17.0		22	5.1		28	17.9		30	23.1
	16	1.9		23	14.0		30	2.8		32	8.0

Östliche Elongationen (in Weltzeit)

TETHYS

		h
Jan.	0	10.7
	2	8.0
	4	5.3
	6	2.6
	8	0.0
	9	21.3
	11	18.6
	13	15.9
	15	13.2
	17	10.6
	19	7.9
	21	5.2
	23	2.5
	24	23.8
	26	21.1
	28	18.5
	30	15.8
Febr.	1	13.1
	3	10.4
	5	7.7
	7	5.0
	9	2.3
	10	23.6
	12	20.9
	14	18.3
	16	15.6
	18	12.9
	20	10.2
	22	7.5
	24	4.8
	26	2.1
	27	23.4
März	1	20.8
	3	18.1
	5	15.4
	7	12.7
	9	10.0
	11	7.3
	13	4.6
	15	1.9
	16	23.2
	18	20.4
	20	17.7
	22	15.0
	24	12.3
	26	9.6
	28	6.9
	30	4.2
April	1	1.5
	2	22.8

		h
April	4	20.1
	6	17.4
	8	14.7
	10	12.0
	12	9.3
	14	6.6
	16	3.9
	18	1.2
	19	22.4
	21	19.7
	23	17.0
	25	14.3
	27	11.6
	29	8.9
Mai	1	6.2
	3	3.5
	5	0.7
	6	22.0
	8	19.3
	10	16.6
	12	13.9
	14	11.2
	16	8.5
	18	5.8
	20	3.1
	22	0.3
	23	21.6
	25	18.9
	27	16.2
	29	13.5
	31	10.8
Juni	2	8.1
	4	5.4
	6	2.7
	8	0.0
	9	21.3
	11	18.6
	13	15.9
	15	13.2
	17	10.5
	19	7.8
	21	5.1
	23	2.3
	24	23.6
	26	20.9
	28	18.2
	30	15.5
Juli	2	12.8
	4	10.1
	6	7.4

		h
Juli	8	4.8
	10	2.1
	11	23.4
	13	20.7
	15	18.0
	17	15.3
	19	12.6
	21	9.9
	23	7.2
	25	4.6
	27	1.9
	28	23.2
	30	20.5
Aug.	1	17.8
	3	15.1
	5	12.5
	7	9.8
	9	7.1
	11	4.4
	13	1.8
	14	23.1
	16	20.4
	18	17.7
	20	15.1
	22	12.4
	24	9.7
	26	7.0
	28	4.3
	30	1.7
	31	23.0
Sept.	2	20.3
	4	17.7
	6	15.0
	8	12.3
	10	9.6
	12	6.9
	14	4.3
	16	1.6
	17	22.9
	19	20.3
	21	17.6
	23	14.9
	25	12.3
	27	9.6
	29	6.9
Okt.	1	4.3
	3	1.6
	4	22.9
	6	20.3
	8	17.6

TETHYS

		h
Okt.	10	14.9
	12	12.3
	14	9.6
	16	7.0
	18	4.3
	20	1.6
	21	23.0
	23	20.3
	25	17.6

		h
Dez.	4	9.7
	6	7.0
	8	4.3
	10	1.7
	11	23.0
	13	20.3
	15	17.7
	17	15.0
	19	12.4
	21	9.7
	23	7.0
	25	4.4
	27	1.7
	28	23.0
	30	20.4
	32	17.7

DIONE

		h
Jan.	−1	17.2
	+2	11.0
	5	4.7
	7	22.4
	10	16.1
	13	9.8
	16	3.6
	18	21.3
	21	15.0
	24	8.7

Östliche Elongationen (in Weltzeit)

DIONE

		h
Jan.	27	2.4
	29	20.2
Febr.	1	13.9
	4	7.6
	7	1.3
	9	19.0
	12	12.7
	15	6.3
	18	0.0
	20	17.7
	23	11.4
	26	5.1
	28	22.8
März	3	16.4
	6	10.1
	9	3.8
	11	21.5
	14	15.2
	17	8.8
	20	2.5
	22	20.1
	25	13.8
	28	7.5
	31	1.2
April	2	18.8
	5	12.5
	8	6.1
	10	23.8
	13	17.4
	16	11.1
	19	4.7
	21	22.4
	24	16.0
	27	9.7
	30	3.3
Mai	2	21.0
	5	14.6
	8	8.3
	11	1.9
	13	19.5
	16	13.2
	19	6.8
	22	0.5
	24	18.1
	27	11.8
	30	5.4
Juni	1	23.1
	4	16.7
	7	10.4
	10	4.0

		h
Juni	12	21.7
	15	15.4
	18	9.1
	21	2.7
	23	20.4
	26	14.0
	29	7.7
Juli	2	1.4
	4	19.1
	7	12.8
	10	6.4
	13	0.1
	15	17.8
	18	11.5
	21	5.2
	23	22.9
	26	16.6
	29	10.3
Aug.	1	4.0
	3	21.7
	6	15.4
	9	9.1
	12	2.8
	14	20.5
	17	14.2
	20	7.9
	23	1.6
	25	19.4
	28	13.1
	31	6.8
Sept.	3	0.5
	5	18.2
	8	12.0
	11	5.7
	13	23.5
	16	17.2
	19	10.9
	22	4.6
	24	22.4
	27	16.1
	30	9.9
Okt.	3	3.6
	5	21.3
	8	15.1
	11	8.8
	14	2.6
	16	20.3
	19	14.1
	22	7.8
	25	1.6

DIONE

		h
Dez.	5	3.9
	7	21.6
	10	15.3
	13	9.1
	16	2.8
	18	20.6
	21	14.3
	24	8.0
	27	1.7
	29	19.5
	32	13.2

RHEA

		h
Jan.	0	1.2
	4	13.8
	9	2.3
	13	14.8
	18	3.4
	22	15.9
	27	4.4
	31	16.9
Febr.	5	5.4
	9	17.9
	14	6.3
	18	18.8
	23	7.2
	27	19.6
März	4	8.0
	8	20.4
	13	8.8
	17	21.2
	22	9.5
	26	21.9
	31	10.2
April	4	22.6
	9	10.9
	13	23.3
	18	11.6
	23	0.0
	27	12.3

RHEA

		h
Mai	2	0.6
	6	13.0
	11	1.3
	15	13.6
	20	1.9
	24	14.2
	29	2.5
Juni	2	14.9
	7	3.2
	11	15.6
	16	3.9
	20	16.2
	25	4.6
	29	16.9
Juli	4	5.3
	8	17.7
	13	6.1
	17	18.5
	22	6.9
	26	19.4
	31	7.8
Aug.	4	20.3
	9	8.8
	13	21.2
	18	9.7
	22	22.2
	27	10.8
	31	23.3
Sept.	5	11.8
	10	0.3
	14	12.8
	19	1.3
	23	13.9
	28	2.5
Okt.	2	15.1
	7	3.7
	11	16.2
	16	4.8
	20	17.3

		h
Dez.	4	23.1
	9	11.7
	14	0.3
	18	13.0
	23	1.6
	27	14.2
	32	2.7

Elongationen und Konjunktionen (in Weltzeit)

TITAN

		h			h
Jan.	1	21.8 OK	Juni	29	23.4 ÖE
	5	18.0 ÖE	Juli	3	19.5 UK
	9	14.9 UK		7	22.7 WE
	13	18.8 WE		12	1.8 OK
	17	21.9 OK		15	21.8 ÖE
	21	17.9 ÖE		19	18.0 UK
	25	14.8 UK		23	21.4 WE
	29	18.7 WE		28	0.5 OK
Febr.	2	21.6 OK		31	20.6 ÖE
	6	17.4 ÖE	Aug.	4	17.0 UK
	10	14.2 UK		8	20.4 WE
	14	18.0 WE		12	23.6 OK
	18	20.8 OK		16	19.8 ÖE
	22	16.5 ÖE		20	16.3 UK
	26	13.2 UK		24	19.9 WE
März	2	16.9 WE		28	23.2 OK
	6	19.5 OK	Sept.	1	19.5 ÖE
	10	15.1 ÖE		5	16.1 UK
	14	11.7 UK		9	19.9 WE
	18	15.3 WE		13	23.2 OK
	22	17.8 OK		17	19.5 ÖE
	26	13.3 ÖE		21	16.3 UK
	30	9.8 UK		25	20.2 WE
April	3	13.2 WE		29	23.5 OK
	7	15.7 OK	Okt.	3	19.8 ÖE
	11	11.2 ÖE		7	16.7 UK
	15	7.5 UK		11	20.8 WE
	19	10.8 WE		16	0.1 OK
	23	13.2 OK		19	20.3 ÖE
	27	8.7 ÖE		23	17.4 UK
Mai	1	4.9 UK			
	5	8.1 WE			
	9	10.6 OK			h
	13	6.2 ÖE	Dez.	6	22.4 ÖE
	17	2.3 UK		10	19.9 UK
	21	5.4 WE		15	0.5 WE
	25	8.0 OK		19	3.1 OK
	29	3.7 ÖE		22	23.0 ÖE
Juni	1	23.8 UK		26	20.6 UK
	6	2.9 WE		31	1.2 WE
	10	5.6 OK			
	14	1.4 ÖE			
	17	21.5 UK			
	22	0.6 WE			
	26	3.5 OK			

HYPERION

		h			h
Jan.	0	10.2 OK	Aug.	28	1.3 ÖE
	6	11.6 ÖE	Sept.	2	13.8 UK
	12	5.5 UK		7	5.1 WE
	16	22.2 WE		12	7.1 OK
	21	21.3 OK		18	8.2 ÖE
	27	22.7 ÖE		23	20.0 UK
Febr.	2	15.3 UK		28	11.2 WE
	7	7.5 WE	Okt.	3	14.3 OK
	12	6.9 OK		9	16.1 ÖE
	18	8.0 ÖE		15	2.9 UK
	23	23.6 UK		19	18.0 WE
	28	15.3 WE		24	22.2 OK
März	5	14.8 OK			
	11	15.6 ÖE			h
	17	6.1 UK	Dez.	6	16.2 OK
	21	21.5 WE		12	19.6 ÖE
	26	21.0 OK		18	2.9 UK
April	1	21.3 ÖE		22	17.4 WE
	7	11.2 UK		28	1.6 OK
	12	2.3 WE		34	5.2 ÖE
	17	1.7 OK			
	23	1.4 ÖE			
	28	15.0 UK			
Mai	3	6.1 WE			
	8	5.3 OK			
	14	4.6 ÖE			
	19	18.0 UK			
	24	9.2 WE			
	29	8.3 OK			
Juni	4	7.5 ÖE			
	9	20.9 UK			
	14	12.2 WE			
	19	11.4 OK			
	25	10.7 ÖE			
Juli	1	0.1 UK			
	5	15.5 WE			
	10	15.0 OK			
	16	14.5 ÖE			
	22	3.8 UK			
	26	19.3 WE			
	31	19.4 OK			
Aug.	6	19.4 ÖE			
	12	8.4 UK			
	16	23.8 WE			
	22	0.8 OK			

JAPETUS

		h
Jan.	19	9.9 OK
Febr.	8	10.4 ÖE
	27	8.5 UK
März	19	3.6 WE
April	8	18.8 OK
	28	7.2 ÖE
Mai	16	20.0 UK
Juni	5	7.3 WE
	25	21.9 OK
Juli	15	17.3 ÖE
Aug.	3	14.3 UK
	23	12.7 WE
Sept.	13	17.7 OK
Okt.	3	23.8 ÖE
	23	7.1 UK
		h
Dez.	4	4.2 OK
	24	8.7 ÖE

ÖE = Östliche Elongation
WE = Westliche Elongation

OK = Obere Konjunktion
UK = Untere Konjunktion

Konstellationen 1955

Weltzeit				
1955		h	m	
Jan.	2	20		♀ im Perihel
	4	12		Erde i. kleinst. Abst. v. ☉
	6	18		♃ ☌ ⛢; ♃ 0° 9′ südl.
	9	3	21	♃ ☌ ☾
	9	3	43	⛢ ☌ ☾
	15	20		♃ ☍ ☉
	16	9	34	♆ ☌ ☾
	16	14		⛢ ☍ ☉
	18	3	25	♄ ☌ ☾
	19	2		♆ □ ☉
	19	23	38	♀ ☌ ☾
	25	15		♀ gr. westl. Elong. 46° 57′
	25	16	20	☿ ☌ ☾
	28	8		☿ gr. östl. Elong. 18° 26′
	29	4	37	♂ ☌ ☾
	30	13		♆ stationär in AR.
Febr.	1	12		☿ im Perihel
	3	7		☿ stationär in AR.
	5	6	54	♃ ☌ ☾
	5	11	21	⛢ ☌ ☾
	10	9		♄ □ ☉
	12	17	50	♆ ☌ ☾
	12	19		☿ untere ☌ ☉
	14	13	58	♄ ☌ ☾
	15	1		♇ ☍ ☉
	18	20	58	♀ ☌ ☾
	21	8	9	☿ ☌ ☾
	24	20		☿ stationär in AR.
	26	19	51	♂ ☌ ☾
März	1	19		♄ stationär in AR.
	4	10	4	♃ ☌ ☾
	4	16	55	⛢ ☌ ☾
	11	0		☿ gr. westl. Elong. 27° 27′
	12	1	23	♆ ☌ ☾
	13	22	7	♄ ☌ ☾
	16	20		♃ stationär in AR.
	17	11		☿ im Aphel
	21	2	8	♀ ☌ ☾
	21	9	36	☉ tritt in ♈, Frühlingsanf.
	22	11	1	☿ ☌ ☾
	27	10	34	♂ ☌ ☾
	31	15	42	♃ ☌ ☾
	31	21	49	⛢ ☌ ☾

Weltzeit				
1955		h	m	
April	1	15		⛢ stationär in AR.
	8	7	37	♆ ☌ ☾
	10	3	23	♄ ☌ ☾
	11	14		♃ □ ☉
	14	9		⛢ □ ☉
	17	16		♆ ☍ ☉
	20	5	20	♀ ☌ ☾
	22	15	0	☿ ☌ ☾
	23	4		☿ obere ☌ ☉
	25	1	51	♂ ☌ ☾
	25	4		♀ im Aphel
	28	2	1	♃ ☌ ☾
	28	4	26	⛢ ☌ ☾
	30	11		☿ im Perihel
Mai	5	12	39	♆ ☌ ☾
	7	6	22	♄ ☌ ☾
	9	6		♄ ☍ ☉
	10	21		♃ ☌ ⛢; ♃ 0° 1′ südl.
	20	1	43	♀ ☌ ☾
	21	22		☿ gr. östl. Elong. 22° 25′
	23	10	26	☿ ☌ ☾
	23	18	7	♂ ☌ ☾
	25	14	8	⛢ ☌ ☾
	25	17	16	♃ ☌ ☾
Juni	1	17	21	♆ ☌ ☾
	3	8	40	♄ ☌ ☾
	4	0		☿ stationär in AR.
	13	11		☿ im Aphel
	16	6		☿ untere ☌ ☉
	18	18	51	♀ ☌ ☾
	19	19	37	☿ ☌ ☾
	20	—	—	Totale Sonnenfinsternis
	21	11	23	♂ ☌ ☾
	22	2	25	⛢ ☌ ☾
	22	4	32	☉ tritt in ♋, Sommersanf.
	22	12	7	♃ ☌ ☾
	28	0		☿ stationär in AR.
	28	22	57	♆ ☌ ☾
	30	8		☿ ☌ ♀; ☿ 3° 50′ südl.
	30	12	16	♄ ☌ ☾
Juli	4	22		Erde i. größt. Abst. v. ☉
	6	15		♂ ☌ ⛢; ♂ 0° 38′ nördl.
	8	11		♆ stationär in AR.

Weltzeit 1955		h	m	
Juli	9	11		☿ gr. westl. Elong. 21° 10′
	18	3	45	☿ ☌ ☾
	18	14	41	♀ ☌ ☾
	18	22		♆ □ ☉
	19	15	40	⛢ ☌ ☾
	20	3		♄ stationär in AR.
	20	5	13	♂ ☌ ☾
	20	8	40	♃ ☌ ☾
	21	13		⛢ ☌ ☉
	24	22		♂ ☌ ♃; ♂ 0° 37′ nördl.
	26	6	17	♆ ☌ ☾
	27	10		☿ im Perihel
	27	18	38	♄ ☌ ☾
	28	1		☿ ☌ ♀; ☿ 0° 20′ nördl.
	29	22		☿ ☌ ⛢; ☿ 0° 41′ nördl.
	31	7		♀ ☌ ⛢; ♀ 0° 12′ nördl.
Aug.	4	6		♃ ☌ ☉
	4	23		☿ ☌ ♃; ☿ 1° 10′ nördl.
	5	17		☿ obere ☌ ☉
	8	3		♄ □ ☉
	8	4		☿ ☌ ♂; ☿ 0° 39′ nördl.
	11	17		♀ ☌ ♃; ♀ 0° 30′ nördl.
	15	12		♀ im Perihel
	16	4	0	⛢ ☌ ☾
	17	3		♂ ☌ ☉
	17	5	5	♃ ☌ ☾
	17	15	59	♀ ☌ ☾
	17	23	4	♂ ☌ ☾
	19	0	19	☿ ☌ ☾
	20	6		♇ ☌ ☉
	22	15	21	♆ ☌ ☾
	23	23		♀ ☌ ♂; ♀ 0° 11′ nördl.
	24	4	9	♄ ☌ ☾
Sept.	1	7		♀ obere ☌ ☉
	9	10		☿ im Aphel
	12	14	4	⛢ ☌ ☾
	13	3		♂ im Aphel
	13	23	49	♃ ☌ ☾
	15	16	25	♂ ☌ ☾
	16	19	46	♀ ☌ ☾
	18	11	57	☿ ☌ ☾
	18	16		☿ gr. östl. Elong. 26° 33′
	19	1	21	♆ ☌ ☾
	20	16	6	♄ ☌ ☾
	23	19	42	☉ tritt in ♎, Herbstanf.

Weltzeit 1955		h	m	
Okt.	1	14		☿ stationär in AR.
	8	9		☿ ☌ ♀; ☿ 4° 18′ südl.
	9	21	39	⛢ ☌ ☾
	11	8		♀ ☌ ♆; ♀ 0° 55′ südl.
	11	15	50	♃ ☌ ☾
	13	21		☿ untere ☌ ☉
	14	9	3	♂ ☌ ☾
	15	14	38	☿ ☌ ☾
	16	11	8	♆ ☌ ☾
	16	23	39	♀ ☌ ☾
	18	5	16	♄ ☌ ☾
	22	4		♆ ☌ ☉
	22	6		☿ stationär in AR.
	23	10		☿ im Perihel
	26	11		⛢ □ ☉
	29	11		☿ gr. westl. Elong. 18° 33′
	30	22		♀ ☌ ♄; ♀ 1° 58′ südl.
Nov.	6	4	1	⛢ ☌ ☾
	7	7		☿ ☌ ♆; ☿ 0° 18′ nördl.
	8	4	47	♃ ☌ ☾
	8	14		⛢ stationär in AR.
	12	1	12	♂ ☌ ☾
	12	19	51	♆ ☌ ☾
	13	13	21	☿ ☌ ☾
	14	18	25	♄ ☌ ☾
	16	6	49	♀ ☌ ☾
	16	23		♄ ☌ ☉
	23	15		♃ □ ☉
	24	2		☿ ☌ ♄; ☿ 1° 46′ südl.
	28	11		♂ ☌ ♆; ♂ 0° 54′ südl.
	29	—	—	Partielle Mondfinsternis
Dez.	3	11	10	⛢ ☌ ☾
	4	14		☿ obere ☌ ☉
	5	15	4	♃ ☌ ☾
	5	20		♀ im Aphel
	6	9		☿ im Aphel
	10	3	19	♆ ☌ ☾
	10	17	35	♂ ☌ ☾
	12	6	50	♄ ☌ ☾
	14	—	—	Ringförm. Sonnenfinsternis
	14	19	41	☿ ☌ ☾
	16	20	3	♀ ☌ ☾
	18	17		♃ stationär in AR.
	22	15	12	☉ tritt in ♑, Wintersanf.
	30	20	3	⛢ ☌ ☾
	32	23	24	♃ ☌ ☾

Sonnenaufgang 1955

Mittlere Ortszeit | Meridian von Greenwich

Tag	Geographische Breite													
	−10°	0°	+10°	+20°	+30°	+35°	+40°	+45°	+50°	+52°	+54°	+56°	+58°	+60°
1955	h m	h m	h m	h m	h m	h m	h m	h m	h m	h m	h m	h m	h m	h m
Jan. 0	5 42	5 59	6 16	6 35	6 56	7 8	7 22	7 38	7 59	8 9	8 19	8 32	8 46	9 3
1	5 42	6 0	6 17	6 35	6 56	7 8	7 22	7 39	7 59	8 8	8 19	8 32	8 46	9 3
2	5 43	6 0	6 17	6 35	6 56	7 8	7 22	7 38	7 59	8 8	8 19	8 31	8 46	9 2
3	5 43	6 1	6 18	6 36	6 56	7 9	7 22	7 38	7 59	8 8	8 19	8 31	8 45	9 2
4	5 44	6 1	6 18	6 36	6 57	7 9	7 22	7 38	7 58	8 8	8 19	8 31	8 45	9 1
5	5 45	6 2	6 18	6 36	6 57	7 9	7 22	7 38	7 58	8 8	8 18	8 30	8 44	9 1
6	5 45	6 2	6 19	6 37	6 57	7 9	7 22	7 38	7 58	8 7	8 18	8 30	8 44	9 0
7	5 46	6 2	6 19	6 37	6 57	7 9	7 22	7 38	7 58	8 7	8 17	8 29	8 43	8 59
8	5 46	6 3	6 19	6 37	6 57	7 9	7 22	7 38	7 57	8 7	8 17	8 29	8 42	8 58
9	5 47	6 3	6 20	6 37	6 57	7 9	7 22	7 38	7 57	8 6	8 16	8 28	8 41	8 57
10	5 47	6 4	6 20	6 37	6 57	7 9	7 22	7 37	7 57	8 6	8 16	8 27	8 40	8 56
11	5 48	6 4	6 20	6 38	6 57	7 9	7 22	7 37	7 56	8 5	8 15	8 26	8 39	8 55
12	5 48	6 5	6 21	6 38	6 57	7 9	7 21	7 37	7 55	8 4	8 14	8 25	8 38	8 53
13	5 49	6 5	6 21	6 38	6 57	7 8	7 21	7 36	7 55	8 4	8 13	8 25	8 37	8 52
14	5 49	6 5	6 21	6 38	6 57	7 8	7 21	7 36	7 54	8 3	8 13	8 24	8 36	8 51
15	5 50	6 6	6 21	6 38	6 57	7 8	7 21	7 35	7 53	8 2	8 12	8 22	8 35	8 49
16	5 50	6 6	6 22	6 38	6 57	7 8	7 20	7 35	7 53	8 1	8 11	8 21	8 33	8 48
17	5 51	6 6	6 22	6 38	6 57	7 7	7 20	7 34	7 52	8 0	8 10	8 20	8 32	8 46
18	5 51	6 7	6 22	6 38	6 56	7 7	7 19	7 34	7 51	7 59	8 9	8 19	8 31	8 44
19	5 52	6 7	6 22	6 38	6 56	7 7	7 19	7 33	7 50	7 58	8 7	8 18	8 29	8 43
20	5 52	6 7	6 22	6 38	6 56	7 6	7 18	7 32	7 49	7 57	8 6	8 16	8 28	8 41
21	5 53	6 8	6 22	6 38	6 56	7 6	7 18	7 31	7 48	7 56	8 5	8 15	8 26	8 39
22	5 53	6 8	6 22	6 38	6 55	7 5	7 17	7 31	7 47	7 55	8 4	8 13	8 24	8 37
23	5 54	6 8	6 22	6 38	6 55	7 5	7 16	7 30	7 46	7 54	8 2	8 12	8 23	8 35
24	5 54	6 9	6 23	6 38	6 55	7 5	7 16	7 29	7 45	7 53	8 1	8 10	8 21	8 33
25	5 55	6 9	6 23	6 37	6 54	7 4	7 15	7 28	7 44	7 51	8 0	8 8	8 19	8 31
26	5 55	6 9	6 23	6 37	6 54	7 4	7 14	7 27	7 43	7 50	7 58	8 7	8 17	8 29
27	5 56	6 9	6 23	6 37	6 53	7 3	7 14	7 26	7 42	7 49	7 57	8 5	8 16	8 27
28	5 56	6 9	6 23	6 37	6 53	7 2	7 13	7 25	7 40	7 47	7 55	8 4	8 14	8 25
29	5 56	6 10	6 23	6 37	6 53	7 2	7 12	7 24	7 39	7 46	7 54	8 2	8 12	8 23
30	5 57	6 10	6 23	6 36	6 52	7 1	7 11	7 23	7 38	7 44	7 52	8 0	8 10	8 20
31	5 57	6 10	6 23	6 36	6 52	7 0	7 10	7 22	7 36	7 43	7 50	7 58	8 8	8 18
Febr. 1	5 57	6 10	6 23	6 36	6 51	7 0	7 10	7 21	7 35	7 41	7 49	7 57	8 6	8 16
2	5 58	6 10	6 23	6 36	6 50	6 59	7 9	7 20	7 34	7 40	7 47	7 55	8 3	8 14
3	5 58	6 10	6 23	6 35	6 50	6 58	7 8	7 19	7 32	7 38	7 45	7 53	8 1	8 11
4	5 59	6 11	6 22	6 35	6 49	6 57	7 7	7 18	7 31	7 37	7 43	7 51	7 59	8 9
5	5 59	6 11	6 22	6 35	6 49	6 57	7 6	7 16	7 29	7 35	7 41	7 49	7 57	8 6
6	5 59	6 11	6 22	6 34	6 48	6 56	7 5	7 15	7 27	7 33	7 40	7 47	7 55	8 4
7	6 0	6 11	6 22	6 34	6 47	6 55	7 4	7 14	7 26	7 32	7 38	7 45	7 52	8 1
8	6 0	6 11	6 22	6 33	6 46	6 54	7 2	7 12	7 24	7 30	7 36	7 43	7 50	7 59
9	6 0	6 11	6 22	6 33	6 46	6 53	7 1	7 11	7 23	7 28	7 34	7 41	7 48	7 56
10	6 0	6 11	6 21	6 32	6 45	6 52	7 0	7 10	7 21	7 26	7 32	7 38	7 46	7 54

Mittlere Ortszeit — Meridian von Greenwich

Tag	Geographische Breite													
	−10°	0°	+10°	+20°	+30°	+35°	+40°	+45°	+50°	+52°	+54°	+56°	+58°	+60°
1955	h m	h m	h m	h m	h m	h m	h m	h m	h m	h m	h m	h m	h m	h m
Jan. 0	18 24	18 7	17 49	17 31	17 10	16 58	16 44	16 28	16 7	15 58	15 47	15 34	15 20	15 3
1	18 24	18 7	17 50	17 32	17 11	16 59	16 45	16 28	16 8	15 59	15 48	15 35	15 21	15 4
2	18 25	18 8	17 51	17 32	17 12	17 0	16 46	16 29	16 9	16 0	15 49	15 37	15 22	15 6
3	18 25	18 8	17 51	17 33	17 12	17 0	16 47	16 30	16 10	16 1	15 50	15 38	15 24	15 7
4	18 26	18 8	17 52	17 34	17 13	17 1	16 47	16 31	16 11	16 2	15 51	15 39	15 25	15 9
5	18 26	18 9	17 52	17 34	17 14	17 2	16 48	16 32	16 12	16 3	15 52	15 41	15 27	15 10
6	18 26	18 9	17 53	17 35	17 15	17 3	16 49	16 33	16 14	16 4	15 54	15 42	15 28	15 12
7	18 27	18 10	17 53	17 36	17 15	17 4	16 50	16 34	16 15	16 6	15 55	15 43	15 30	15 14
8	18 27	18 10	17 54	17 36	17 16	17 5	16 51	16 35	16 16	16 7	15 57	15 45	15 32	15 16
9	18 27	18 11	17 54	17 37	17 17	17 5	16 52	16 37	16 17	16 8	15 58	15 46	15 33	15 18
10	18 27	18 11	17 55	17 38	17 18	17 6	16 53	16 38	16 19	16 10	16 0	15 48	15 35	15 20
11	18 28	18 12	17 55	17 38	17 19	17 7	16 54	16 39	16 20	16 11	16 1	15 50	15 37	15 22
12	18 28	18 12	17 56	17 39	17 19	17 8	16 55	16 40	16 21	16 13	16 3	15 51	15 39	15 24
13	18 28	18 12	17 56	17 39	17 20	17 9	16 56	16 41	16 23	16 14	16 4	15 53	15 41	15 26
14	18 28	18 13	17 57	17 40	17 21	17 10	16 57	16 42	16 24	16 16	16 6	15 55	15 43	15 28
15	18 29	18 13	17 57	17 41	17 22	17 11	16 58	16 44	16 26	16 17	16 8	15 57	15 45	15 30
16	18 29	18 13	17 58	17 41	17 23	17 12	16 59	16 45	16 27	16 19	16 9	15 59	15 47	15 32
17	18 29	18 14	17 58	17 42	17 24	17 13	17 1	16 46	16 29	16 20	16 11	16 0	15 49	15 35
18	18 29	18 14	17 59	17 43	17 24	17 14	17 2	16 47	16 30	16 22	16 13	16 2	15 51	15 37
19	18 29	18 14	17 59	17 43	17 25	17 15	17 3	16 49	16 32	16 23	16 14	16 4	15 53	15 39
20	18 29	18 15	18 0	17 44	17 26	17 16	17 4	16 50	16 33	16 25	16 16	16 6	15 55	15 42
21	18 30	18 15	18 0	17 45	17 27	17 17	17 5	16 51	16 35	16 27	16 18	16 8	15 57	15 44
22	18 30	18 15	18 1	17 45	17 28	17 18	17 6	16 53	16 36	16 29	16 20	16 10	15 59	15 47
23	18 30	18 15	18 1	17 46	17 29	17 19	17 8	16 54	16 38	16 30	16 22	16 12	16 2	15 49
24	18 30	18 16	18 2	17 47	17 30	17 20	17 9	16 56	16 40	16 32	16 24	16 14	16 4	15 52
25	18 30	18 16	18 2	17 47	17 31	17 21	17 10	16 57	16 41	16 34	16 26	16 17	16 6	15 54
26	18 30	18 16	18 3	17 48	17 32	17 22	17 11	16 58	16 43	16 36	16 28	16 19	16 8	15 57
27	18 30	18 16	18 3	17 49	17 32	17 23	17 12	17 0	16 45	16 37	16 30	16 21	16 11	15 59
28	18 30	18 16	18 3	17 49	17 33	17 24	17 13	17 1	16 46	16 39	16 31	16 23	16 13	16 2
29	18 30	18 17	18 4	17 50	17 34	17 25	17 15	17 3	16 48	16 41	16 33	16 25	16 15	16 4
30	18 30	18 17	18 4	17 50	17 35	17 26	17 16	17 4	16 50	16 43	16 35	16 27	16 18	16 7
31	18 30	18 17	18 4	17 51	17 36	17 27	17 17	17 5	16 51	16 45	16 37	16 29	16 20	16 10
Febr. 1	18 30	18 17	18 5	17 52	17 37	17 28	17 18	17 7	16 53	16 47	16 39	16 32	16 23	16 12
2	18 30	18 17	18 5	17 52	17 38	17 29	17 20	17 8	16 55	16 48	16 42	16 34	16 25	16 15
3	18 30	18 17	18 5	17 53	17 38	17 30	17 21	17 10	16 56	16 50	16 44	16 36	16 27	16 18
4	18 29	18 18	18 6	17 53	17 39	17 31	17 22	17 11	16 58	16 52	16 46	16 38	16 30	16 20
5	18 29	18 18	18 6	17 54	17 40	17 32	17 23	17 13	17 0	16 54	16 48	16 40	16 32	16 23
6	18 29	18 18	18 6	17 54	17 41	17 33	17 24	17 14	17 2	16 56	16 50	16 42	16 35	16 25
7	18 29	18 18	18 7	17 55	17 42	17 34	17 25	17 15	17 3	16 58	16 52	16 45	16 37	16 28
8	18 29	18 18	18 7	17 56	17 43	17 35	17 27	17 17	17 5	17 0	16 54	16 47	16 39	16 31
9	18 29	18 18	18 7	17 56	17 43	17 36	17 28	17 18	17 7	17 1	16 56	16 49	16 42	16 33
10	18 28	18 18	18 7	17 57	17 44	17 37	17 29	17 20	17 8	17 3	16 58	16 51	16 44	16 36

Sonnenaufgang 1955

Mittlere Ortszeit — Meridian von Greenwich

Tag	Geographische Breite													
	−10°	0°	+10°	+20°	+30°	+35°	+40°	+45°	+50°	+52°	+54°	+56°	+58°	+60°
1955	h m	h m	h m	h m	h m	h m	h m	h m	h m	h m	h m	h m	h m	h m
Febr. 10	6 0	6 11	6 21	6 32	6 45	6 52	7 0	7 10	7 21	7 26	7 32	7 38	7 46	7 54
11	6 1	6 11	6 21	6 32	6 44	6 51	6 59	7 8	7 19	7 24	7 30	7 36	7 43	7 51
12	6 1	6 11	6 21	6 31	6 43	6 50	6 58	7 7	7 18	7 23	7 28	7 34	7 41	7 48
13	6 1	6 11	6 21	6 31	6 43	6 49	6 57	7 5	7 16	7 21	7 26	7 32	7 38	7 46
14	6 1	6 11	6 20	6 30	6 42	6 48	6 55	7 4	7 14	7 19	7 24	7 30	7 36	7 43
15	6 2	6 11	6 20	6 30	6 41	6 47	6 54	7 2	7 12	7 17	7 22	7 27	7 33	7 40
16	6 2	6 11	6 20	6 29	6 40	6 46	6 53	7 1	7 10	7 15	7 20	7 25	7 31	7 38
17	6 2	6 11	6 20	6 29	6 39	6 45	6 52	6 59	7 9	7 13	7 18	7 23	7 29	7 35
18	6 2	6 11	6 19	6 28	6 38	6 44	6 50	6 58	7 7	7 11	7 16	7 20	7 26	7 32
19	6 2	6 11	6 19	6 28	6 37	6 43	6 49	6 56	7 5	7 9	7 13	7 18	7 23	7 30
20	6 3	6 11	6 19	6 27	6 36	6 42	6 48	6 55	7 3	7 7	7 11	7 16	7 21	7 27
21	6 3	6 10	6 18	6 26	6 35	6 40	6 46	6 53	7 1	7 5	7 9	7 13	7 18	7 24
22	6 3	6 10	6 18	6 26	6 34	6 39	6 45	6 51	6 59	7 3	7 7	7 11	7 16	7 21
23	6 3	6 10	6 17	6 25	6 33	6 38	6 43	6 50	6 57	7 1	7 4	7 9	7 13	7 18
24	6 3	6 10	6 17	6 24	6 32	6 37	6 42	6 48	6 55	6 59	7 2	7 6	7 10	7 15
25	6 3	6 10	6 17	6 24	6 31	6 36	6 41	6 46	6 53	6 56	7 0	7 4	7 8	7 13
26	6 3	6 10	6 16	6 23	6 30	6 35	6 39	6 45	6 51	6 54	6 58	7 1	7 5	7 10
27	6 4	6 10	6 16	6 22	6 29	6 33	6 38	6 43	6 49	6 52	6 55	6 59	7 3	7 7
28	6 4	6 9	6 15	6 21	6 28	6 32	6 36	6 41	6 47	6 50	6 53	6 56	7 0	7 4
März 1	6 4	6 9	6 15	6 21	6 27	6 31	6 35	6 40	6 45	6 48	6 51	6 54	6 57	7 1
2	6 4	6 9	6 14	6 20	6 26	6 29	6 33	6 38	6 43	6 46	6 48	6 51	6 54	6 58
3	6 4	6 9	6 14	6 19	6 25	6 28	6 32	6 36	6 41	6 43	6 46	6 49	6 52	6 55
4	6 4	6 9	6 13	6 18	6 24	6 27	6 30	6 34	6 39	6 41	6 44	6 46	6 49	6 52
5	6 4	6 8	6 13	6 18	6 23	6 26	6 29	6 33	6 37	6 39	6 41	6 44	6 46	6 49
6	6 4	6 8	6 12	6 17	6 21	6 24	6 27	6 31	6 35	6 37	6 39	6 41	6 43	6 46
7	6 4	6 8	6 12	6 16	6 20	6 23	6 26	6 29	6 33	6 35	6 36	6 38	6 41	6 43
8	6 4	6 8	6 11	6 15	6 19	6 22	6 24	6 27	6 31	6 32	6 34	6 36	6 38	6 40
9	6 4	6 8	6 11	6 14	6 18	6 20	6 23	6 25	6 28	6 30	6 32	6 33	6 35	6 37
10	6 4	6 7	6 10	6 14	6 17	6 19	6 21	6 23	6 26	6 28	6 29	6 31	6 33	6 34
11	6 4	6 7	6 10	6 13	6 16	6 18	6 20	6 22	6 24	6 26	6 27	6 28	6 30	6 31
12	6 4	6 7	6 9	6 12	6 15	6 16	6 18	6 20	6 22	6 23	6 24	6 26	6 27	6 28
13	6 4	6 7	6 9	6 11	6 13	6 15	6 16	6 18	6 20	6 21	6 22	6 23	6 24	6 25
14	6 4	6 6	6 8	6 10	6 12	6 13	6 15	6 16	6 18	6 19	6 19	6 20	6 21	6 22
15	6 4	6 6	6 8	6 9	6 11	6 12	6 13	6 14	6 16	6 16	6 17	6 18	6 19	6 19
16	6 4	6 6	6 7	6 8	6 10	6 11	6 12	6 12	6 14	6 14	6 15	6 15	6 16	6 16
17	6 4	6 5	6 7	6 8	6 9	6 9	6 10	6 11	6 11	6 12	6 12	6 12	6 13	6 13
18	6 4	6 5	6 6	6 7	6 7	6 8	6 8	6 9	6 9	6 9	6 10	6 10	6 10	6 10
19	6 4	6 5	6 5	6 6	6 6	6 6	6 7	6 7	6 7	6 7	6 7	6 7	6 7	6 7
20	6 4	6 5	6 5	6 5	6 5	6 5	6 5	6 5	6 5	6 5	6 5	6 5	6 4	6 4
21	6 4	6 4	6 4	6 4	6 4	6 4	6 3	6 3	6 3	6 2	6 2	6 2	6 2	6 1
22	6 4	6 4	6 3	6 3	6 2	6 2	6 2	6 1	6 0	6 0	6 0	5 59	5 59	5 58
23	6 4	6 4	6 3	6 2	6 1	6 1	6 0	5 59	5 58	5 58	5 57	5 57	5 56	5 55

Tag	Geographische Breite													
	−10°	0°	+10°	+20°	+30°	+35°	+40°	+45°	+50°	+52°	+54°	+56°	+58°	+60°
1955	h m	h m	h m	h m	h m	h m	h m	h m	h m	h m	h m	h m	h m	h m
Febr. 10	18 28	18 18	18 7	17 57	17 44	17 37	17 29	17 20	17 8	17 3	16 58	16 51	16 44	16 36
11	18 28	18 18	18 8	17 57	17 45	17 38	17 30	17 21	17 10	17 5	17 0	16 53	16 46	16 39
12	18 28	18 18	18 8	17 58	17 46	17 39	17 32	17 23	17 12	17 7	17 2	16 56	16 49	16 41
13	18 28	18 18	18 8	17 58	17 47	17 40	17 33	17 24	17 14	17 9	17 4	16 58	16 51	16 44
14	18 27	18 18	18 8	17 59	17 47	17 41	17 34	17 25	17 15	17 11	17 6	17 0	16 54	16 47
15	18 27	18 18	18 9	17 59	17 48	17 42	17 35	17 27	17 17	17 13	17 8	17 2	16 56	16 49
16	18 27	18 18	18 9	17 59	17 49	17 43	17 36	17 28	17 19	17 14	17 10	17 4	16 59	16 52
17	18 26	18 18	18 9	18 0	17 50	17 44	17 37	17 30	17 21	17 16	17 12	17 7	17 1	16 54
18	18 26	18 18	18 9	18 0	17 51	17 45	17 39	17 31	17 22	17 18	17 14	17 9	17 3	16 57
19	18 26	18 17	18 9	18 1	17 51	17 46	17 40	17 32	17 24	17 20	17 16	17 11	17 6	17 0
20	18 25	18 17	18 9	18 1	17 52	17 47	17 41	17 34	17 26	17 22	17 18	17 13	17 8	17 2
21	18 25	18 17	18 10	18 2	17 53	17 48	17 42	17 35	17 27	17 24	17 20	17 15	17 10	17 5
22	18 24	18 17	18 10	18 2	17 54	17 49	17 43	17 37	17 29	17 26	17 22	17 18	17 13	17 7
23	18 24	18 17	18 10	18 3	17 54	17 50	17 44	17 38	17 31	17 27	17 24	17 20	17 15	17 10
24	18 24	18 17	18 10	18 3	17 55	17 50	17 45	17 39	17 32	17 29	17 26	17 22	17 17	17 13
25	18 23	18 17	18 10	18 3	17 56	17 51	17 47	17 41	17 34	17 31	17 28	17 24	17 20	17 15
26	18 23	18 17	18 10	18 4	17 56	17 52	17 48	17 42	17 36	17 33	17 30	17 26	17 22	17 18
27	18 22	18 16	18 10	18 4	17 57	17 53	17 49	17 44	17 38	17 35	17 32	17 28	17 24	17 20
28	18 22	18 16	18 10	18 5	17 58	17 54	17 50	17 45	17 39	17 37	17 34	17 30	17 27	17 23
März 1	18 21	18 16	18 11	18 5	17 59	17 55	17 51	17 46	17 41	17 38	17 36	17 33	17 29	17 25
2	18 21	18 16	18 11	18 5	17 59	17 56	17 52	17 48	17 43	17 40	17 37	17 35	17 31	17 28
3	18 20	18 16	18 11	18 6	18 0	17 57	17 53	17 49	17 44	17 42	17 39	17 37	17 34	17 30
4	18 20	18 15	18 11	18 6	18 1	17 58	17 54	17 50	17 46	17 44	17 41	17 39	17 36	17 33
5	18 19	18 15	18 11	18 6	18 1	17 58	17 55	17 52	17 48	17 45	17 43	17 41	17 38	17 36
6	18 19	18 15	18 11	18 7	18 2	17 59	17 56	17 53	17 49	17 47	17 45	17 43	17 41	17 38
7	18 18	18 15	18 11	18 7	18 3	18 0	17 58	17 54	17 51	17 49	17 47	17 45	17 43	17 41
8	18 18	18 14	18 11	18 7	18 3	18 1	17 59	17 56	17 52	17 51	17 49	17 47	17 45	17 43
9	18 17	18 14	18 11	18 8	18 4	18 2	18 0	17 57	17 54	17 53	17 51	17 49	17 48	17 46
10	18 17	18 14	18 11	18 8	18 5	18 3	18 1	17 58	17 56	17 54	17 53	17 52	17 50	17 48
11	18 16	18 14	18 11	18 8	18 5	18 4	18 2	18 0	17 57	17 56	17 55	17 54	17 52	17 51
12	18 16	18 13	18 11	18 9	18 6	18 4	18 3	18 1	17 59	17 58	17 57	17 56	17 54	17 53
13	18 15	18 13	18 11	18 9	18 7	18 5	18 4	18 2	18 1	18 0	17 59	17 58	17 57	17 55
14	18 15	18 13	18 11	18 9	18 7	18 6	18 5	18 4	18 2	18 1	18 1	18 0	17 59	17 58
15	18 14	18 12	18 11	18 9	18 8	18 7	18 6	18 5	18 4	18 3	18 3	18 2	18 1	18 0
16	18 14	18 12	18 11	18 10	18 9	18 8	18 7	18 6	18 5	18 5	18 4	18 4	18 3	18 3
17	18 13	18 12	18 11	18 10	18 9	18 9	18 8	18 8	18 7	18 7	18 6	18 6	18 6	18 5
18	18 12	18 12	18 11	18 10	18 10	18 9	18 9	18 9	18 8	18 8	18 8	18 8	18 8	18 8
19	18 12	18 11	18 11	18 10	18 10	18 10	18 10	18 10	18 10	18 10	18 10	18 10	18 10	18 10
20	18 11	18 11	18 11	18 11	18 11	18 11	18 11	18 11	18 12	18 12	18 12	18 12	18 12	18 13
21	18 11	18 11	18 11	18 11	18 12	18 12	18 12	18 13	18 13	18 13	18 14	18 14	18 15	18 15
22	18 10	18 10	18 11	18 11	18 12	18 13	18 13	18 14	18 15	18 15	18 16	18 16	18 17	18 17
23	18 9	18 10	18 11	18 11	18 13	18 13	18 14	18 15	18 16	18 17	18 18	18 18	18 19	18 20

Sonnenaufgang 1955

Mittlere Ortszeit | Meridian von Greenwich

Tag	Geographische Breite													
	−10°	0°	+10°	+20°	+30°	+35°	+40°	+45°	+50°	+52°	+54°	+56°	+58°	+60°
1955	h m	h m	h m	h m	h m	h m	h m	h m	h m	h m	h m	h m	h m	h m
März 23	6 4	6 4	6 3	6 2	6 1	6 1	6 0	5 59	5 58	5 58	5 57	5 57	5 56	5 55
24	6 4	6 3	6 3	6 1	6 0	5 59	5 58	5 57	5 56	5 55	5 55	5 54	5 53	5 52
25	6 4	6 3	6 2	6 1	5 59	5 58	5 57	5 56	5 54	5 53	5 52	5 51	5 50	5 49
26	6 4	6 3	6 1	6 0	5 58	5 57	5 55	5 54	5 52	5 51	5 50	5 49	5 47	5 46
27	6 4	6 2	6 1	5 59	5 57	5 55	5 54	5 52	5 50	5 48	5 47	5 46	5 45	5 43
28	6 4	6 2	6 0	5 58	5 55	5 54	5 52	5 50	5 47	5 46	5 45	5 43	5 42	5 40
29	6 4	6 2	6 0	5 57	5 54	5 52	5 50	5 48	5 45	5 44	5 42	5 41	5 39	5 37
30	6 4	6 2	5 59	5 56	5 53	5 51	5 49	5 46	5 43	5 42	5 40	5 38	5 36	5 34
31	6 4	6 1	5 58	5 55	5 52	5 50	5 47	5 44	5 41	5 39	5 38	5 36	5 33	5 31
April 1	6 4	6 1	5 58	5 54	5 51	5 48	5 46	5 42	5 39	5 37	5 35	5 33	5 31	5 28
2	6 4	6 1	5 57	5 54	5 49	5 47	5 44	5 41	5 37	5 35	5 33	5 30	5 28	5 25
3	6 4	6 0	5 57	5 53	5 48	5 45	5 42	5 39	5 34	5 32	5 30	5 28	5 25	5 22
4	6 4	6 0	5 56	5 52	5 47	5 44	5 41	5 37	5 32	5 30	5 28	5 25	5 22	5 19
5	6 4	6 0	5 56	5 51	5 46	5 43	5 39	5 35	5 30	5 28	5 25	5 22	5 19	5 16
6	6 4	5 59	5 55	5 50	5 45	5 41	5 38	5 33	5 28	5 25	5 23	5 20	5 17	5 13
7	6 4	5 59	5 54	5 49	5 43	5 40	5 36	5 31	5 26	5 23	5 20	5 17	5 14	5 10
8	6 4	5 59	5 54	5 48	5 42	5 39	5 34	5 30	5 24	5 21	5 18	5 15	5 11	5 7
9	6 4	5 59	5 53	5 48	5 41	5 37	5 33	5 28	5 22	5 19	5 16	5 12	5 8	5 4
10	6 4	5 58	5 53	5 47	5 40	5 36	5 31	5 26	5 19	5 16	5 13	5 9	5 5	5 1
11	6 4	5 58	5 52	5 46	5 39	5 35	5 30	5 24	5 17	5 14	5 11	5 7	5 3	4 58
12	6 4	5 58	5 52	5 45	5 38	5 33	5 28	5 22	5 15	5 12	5 8	5 4	5 0	4 55
13	6 4	5 57	5 51	5 44	5 37	5 32	5 27	5 21	5 13	5 10	5 6	5 2	4 57	4 52
14	6 4	5 57	5 51	5 44	5 35	5 31	5 25	5 19	5 11	5 7	5 4	4 59	4 54	4 49
15	6 4	5 57	5 50	5 43	5 34	5 29	5 24	5 17	5 9	5 5	5 1	4 57	4 52	4 46
16	6 4	5 57	5 50	5 42	5 33	5 28	5 22	5 15	5 7	5 3	4 59	4 54	4 49	4 43
17	6 4	5 56	5 49	5 41	5 32	5 27	5 21	5 13	5 5	5 1	4 57	4 52	4 46	4 40
18	6 4	5 56	5 49	5 40	5 31	5 25	5 19	5 12	5 3	4 59	4 54	4 49	4 43	4 37
19	6 4	5 56	5 48	5 40	5 30	5 24	5 18	5 10	5 1	4 56	4 52	4 47	4 41	4 34
20	6 4	5 56	5 48	5 39	5 29	5 23	5 16	5 8	4 59	4 54	4 50	4 44	4 38	4 31
21	6 4	5 55	5 47	5 38	5 28	5 22	5 15	5 7	4 57	4 52	4 47	4 42	4 35	4 28
22	6 4	5 55	5 47	5 38	5 27	5 20	5 13	5 5	4 55	4 50	4 45	4 39	4 33	4 26
23	6 4	5 55	5 46	5 37	5 26	5 19	5 12	5 3	4 53	4 48	4 43	4 37	4 30	4 23
24	6 4	5 55	5 46	5 36	5 25	5 18	5 11	5 2	4 51	4 46	4 41	4 34	4 28	4 20
25	6 4	5 55	5 45	5 35	5 24	5 17	5 9	5 0	4 49	4 44	4 38	4 32	4 25	4 17
26	6 4	5 55	5 45	5 35	5 23	5 16	5 8	4 59	4 47	4 42	4 36	4 30	4 22	4 14
27	6 4	5 54	5 45	5 34	5 22	5 15	5 7	4 57	4 45	4 40	4 34	4 27	4 20	4 11
28	6 4	5 54	5 44	5 33	5 21	5 13	5 5	4 55	4 44	4 38	4 32	4 25	4 17	4 9
29	6 4	5 54	5 44	5 33	5 20	5 12	5 4	4 54	4 42	4 36	4 30	4 23	4 15	4 6
30	6 4	5 54	5 43	5 32	5 19	5 11	5 3	4 52	4 40	4 34	4 28	4 20	4 12	4 3
Mai 1	6 5	5 54	5 43	5 31	5 18	5 10	5 1	4 51	4 38	4 32	4 26	4 18	4 10	4 0
2	6 5	5 54	5 43	5 31	5 17	5 9	5 0	4 49	4 36	4 30	4 23	4 16	4 7	3 58
3	6 5	5 54	5 42	5 30	5 16	5 8	4 59	4 48	4 34	4 28	4 21	4 14	4 5	3 55

Sonnenuntergang 1955

Mittlere Ortszeit | Meridian von Greenwich

Tag	−10°	0°	+10°	+20°	+30°	+35°	+40°	+45°	+50°	+52°	+54°	+56°	+58°	+60°
1955	h m	h m	h m	h m	h m	h m	h m	h m	h m	h m	h m	h m	h m	h m
März 23	18 9	18 10	18 11	18 11	18 13	18 13	18 14	18 15	18 16	18 17	18 18	18 18	18 19	18 20
24	18 9	18 10	18 11	18 12	18 13	18 14	18 15	18 16	18 18	18 19	18 19	18 20	18 21	18 22
25	18 8	18 9	18 11	18 12	18 14	18 15	18 16	18 18	18 20	18 20	18 21	18 22	18 24	18 25
26	18 8	18 9	18 11	18 12	18 15	18 16	18 17	18 19	18 21	18 22	18 23	18 24	18 26	18 27
27	18 7	18 9	18 11	18 13	18 15	18 17	18 18	18 20	18 23	18 24	18 25	18 26	18 28	18 30
28	18 7	18 9	18 11	18 13	18 16	18 17	18 19	18 22	18 24	18 26	18 27	18 28	18 30	18 32
29	18 6	18 8	18 11	18 13	18 16	18 18	18 20	18 23	18 26	18 27	18 29	18 30	18 32	18 34
30	18 5	18 8	18 11	18 13	18 17	18 19	18 21	18 24	18 27	18 29	18 31	18 33	18 35	18 37
31	18 5	18 8	18 11	18 14	18 18	18 20	18 22	18 25	18 29	18 31	18 33	18 35	18 37	18 39
April 1	18 4	18 7	18 11	18 14	18 18	18 21	18 23	18 27	18 31	18 32	18 34	18 37	18 39	18 42
2	18 4	18 7	18 11	18 14	18 19	18 21	18 24	18 28	18 32	18 34	18 36	18 39	18 41	18 44
3	18 3	18 7	18 11	18 15	18 19	18 22	18 25	18 29	18 34	18 36	18 38	18 41	18 43	18 47
4	18 3	18 6	18 10	18 15	18 20	18 23	18 26	18 30	18 35	18 38	18 40	18 43	18 46	18 49
5	18 2	18 6	18 10	18 15	18 21	18 24	18 27	18 32	18 37	18 39	18 42	18 45	18 48	18 52
6	18 1	18 6	18 10	18 15	18 21	18 25	18 28	18 33	18 38	18 41	18 44	18 47	18 50	18 54
7	18 1	18 6	18 10	18 16	18 22	18 25	18 29	18 34	18 40	18 43	18 46	18 49	18 52	18 57
8	18 0	18 5	18 10	18 16	18 22	18 26	18 31	18 36	18 41	18 44	18 47	18 51	18 55	18 59
9	18 0	18 5	18 10	18 16	18 23	18 27	18 32	18 37	18 43	18 46	18 49	18 53	18 57	19 1
10	17 59	18 5	18 10	18 17	18 24	18 28	18 33	18 38	18 45	18 48	18 51	18 55	18 59	19 4
11	17 59	18 5	18 10	18 17	18 24	18 29	18 34	18 39	18 46	18 49	18 53	18 57	19 1	19 6
12	17 58	18 4	18 10	18 17	18 25	18 29	18 35	18 41	18 48	18 51	18 55	18 59	19 4	19 9
13	17 58	18 4	18 11	18 17	18 26	18 30	18 36	18 42	18 49	18 53	18 57	19 1	19 6	19 11
14	17 57	18 4	18 11	18 18	18 26	18 31	18 37	18 43	18 51	18 55	18 59	19 3	19 8	19 14
15	17 57	18 4	18 11	18 18	18 27	18 32	18 38	18 44	18 53	18 56	19 1	19 5	19 10	19 16
16	17 56	18 3	18 11	18 18	18 27	18 33	18 39	18 46	18 54	18 58	19 2	19 7	19 13	19 19
17	17 56	18 3	18 11	18 19	18 28	18 33	18 40	18 47	18 56	19 0	19 4	19 9	19 15	19 21
18	17 55	18 3	18 11	18 19	18 29	18 34	18 41	18 48	18 57	19 1	19 6	19 11	19 17	19 24
19	17 55	18 3	18 11	18 19	18 29	18 35	18 42	18 49	18 59	19 3	19 8	19 13	19 19	19 26
20	17 54	18 2	18 11	18 19	18 30	18 36	18 43	18 51	19 0	19 5	19 10	19 15	19 21	19 28
21	17 54	18 2	18 11	18 20	18 30	18 37	18 44	18 52	19 2	19 7	19 12	19 17	19 24	19 31
22	17 53	18 2	18 11	18 20	18 31	18 37	18 45	18 53	19 3	19 8	19 14	19 19	19 26	19 33
23	17 53	18 2	18 11	18 20	18 32	18 38	18 46	18 55	19 5	19 10	19 15	19 21	19 28	19 36
24	17 53	18 2	18 11	18 21	18 32	18 39	18 47	18 56	19 7	19 12	19 17	19 23	19 30	19 38
25	17 52	18 2	18 11	18 21	18 33	18 40	18 48	18 57	19 8	19 13	19 19	19 26	19 33	19 41
26	17 52	18 1	18 11	18 22	18 34	18 41	18 49	18 58	19 10	19 15	19 21	19 28	19 35	19 43
27	17 51	18 1	18 11	18 22	18 34	18 41	18 50	19 0	19 11	19 17	19 23	19 30	19 37	19 46
28	17 51	18 1	18 11	18 22	18 35	18 42	18 51	19 1	19 13	19 18	19 25	19 32	19 39	19 48
29	17 51	18 1	18 11	18 23	18 36	18 43	18 52	19 2	19 14	19 20	19 27	19 34	19 42	19 51
30	17 50	18 1	18 11	18 23	18 36	18 44	18 53	19 3	19 16	19 22	19 28	19 36	19 44	19 53
Mai 1	17 50	18 1	18 11	18 23	18 37	18 45	18 54	19 4	19 17	19 24	19 30	19 38	19 46	19 56
2	17 49	18 1	18 12	18 24	18 38	18 46	18 55	19 6	19 19	19 25	19 32	19 40	19 48	19 58
3	17 49	18 0	18 12	18 24	18 38	18 46	18 56	19 7	19 20	19 27	19 34	19 42	19 51	20 1

Sonnenaufgang 1955

Mittlere Ortszeit — Meridian von Greenwich

Tag	Geographische Breite −10°	0°	+10°	+20°	+30°	+35°	+40°	+45°	+50°	+52°	+54°	+56°	+58°	+60°
1955	h m	h m	h m	h m	h m	h m	h m	h m	h m	h m	h m	h m	h m	h m
Mai 3	6 5	5 54	5 42	5 30	5 16	5 8	4 59	4 48	4 34	4 28	4 21	4 14	4 5	3 55
4	6 5	5 53	5 42	5 30	5 15	5 7	4 57	4 46	4 33	4 26	4 19	4 11	4 2	3 52
5	6 5	5 53	5 42	5 29	5 14	5 6	4 56	4 45	4 31	4 24	4 17	4 9	4 0	3 49
6	6 5	5 53	5 41	5 28	5 14	5 5	4 55	4 43	4 29	4 23	4 15	4 7	3 58	3 47
7	6 5	5 53	5 41	5 28	5 13	5 4	4 54	4 42	4 28	4 21	4 13	4 5	3 55	3 44
8	6 5	5 53	5 41	5 27	5 12	5 3	4 53	4 41	4 26	4 19	4 11	4 3	3 53	3 42
9	6 6	5 53	5 40	5 27	5 11	5 2	4 52	4 40	4 24	4 17	4 10	4 1	3 51	3 39
10	6 6	5 53	5 40	5 26	5 11	5 1	4 51	4 38	4 23	4 16	4 8	3 59	3 48	3 37
11	6 6	5 53	5 40	5 26	5 10	5 0	4 50	4 37	4 21	4 14	4 6	3 57	3 46	3 34
12	6 6	5 53	5 40	5 26	5 9	5 0	4 49	4 36	4 20	4 12	4 4	3 55	3 44	3 32
13	6 6	5 53	5 39	5 25	5 8	4 59	4 48	4 34	4 18	4 11	4 2	3 53	3 42	3 29
14	6 6	5 53	5 39	5 25	5 8	4 58	4 47	4 33	4 17	4 9	4 0	3 51	3 40	3 27
15	6 6	5 53	5 39	5 24	5 7	4 57	4 46	4 32	4 15	4 7	3 59	3 49	3 37	3 24
16	6 7	5 53	5 39	5 24	5 7	4 56	4 45	4 31	4 14	4 6	3 57	3 47	3 35	3 22
17	6 7	5 53	5 39	5 23	5 6	4 56	4 44	4 30	4 12	4 4	3 55	3 45	3 33	3 20
18	6 7	5 53	5 39	5 23	5 5	4 55	4 43	4 29	4 11	4 3	3 54	3 43	3 31	3 17
19	6 7	5 53	5 38	5 23	5 5	4 54	4 42	4 28	4 10	4 2	3 52	3 42	3 29	3 15
20	6 7	5 53	5 38	5 22	5 4	4 54	4 41	4 27	4 9	4 0	3 51	3 40	3 27	3 13
21	6 8	5 53	5 38	5 22	5 4	4 53	4 40	4 26	4 7	3 59	3 49	3 38	3 26	3 11
22	6 8	5 53	5 38	5 22	5 3	4 52	4 40	4 25	4 6	3 57	3 48	3 37	3 24	3 9
23	6 8	5 53	5 38	5 22	5 3	4 52	4 39	4 24	4 5	3 56	3 46	3 35	3 22	3 7
24	6 8	5 53	5 38	5 21	5 2	4 51	4 38	4 23	4 4	3 55	3 45	3 33	3 20	3 5
25	6 9	5 53	5 38	5 21	5 2	4 51	4 38	4 22	4 3	3 54	3 44	3 32	3 18	3 3
26	6 9	5 53	5 38	5 21	5 1	4 50	4 37	4 21	4 2	3 53	3 42	3 30	3 17	3 1
27	6 9	5 53	5 38	5 21	5 1	4 50	4 36	4 20	4 1	3 51	3 41	3 29	3 15	2 59
28	6 9	5 54	5 38	5 21	5 1	4 49	4 36	4 20	4 0	3 50	3 40	3 28	3 14	2 57
29	6 10	5 54	5 38	5 20	5 0	4 49	4 35	4 19	3 59	3 49	3 39	3 26	3 12	2 55
30	6 10	5 54	5 38	5 20	5 0	4 48	4 35	4 18	3 58	3 48	3 38	3 25	3 11	2 54
31	6 10	5 54	5 38	5 20	5 0	4 48	4 34	4 18	3 57	3 47	3 36	3 24	3 9	2 52
Juni 1	6 10	5 54	5 38	5 20	5 0	4 47	4 34	4 17	3 56	3 47	3 35	3 23	3 8	2 50
2	6 11	5 54	5 38	5 20	4 59	4 47	4 33	4 17	3 56	3 46	3 35	3 22	3 7	2 49
3	6 11	5 54	5 38	5 20	4 59	4 47	4 33	4 16	3 55	3 45	3 34	3 21	3 6	2 47
4	6 11	5 55	5 38	5 20	4 59	4 47	4 32	4 16	3 54	3 44	3 33	3 20	3 5	2 46
5	6 11	5 55	5 38	5 20	4 59	4 46	4 32	4 15	3 54	3 44	3 32	3 19	3 4	2 45
6	6 12	5 55	5 38	5 20	4 59	4 46	4 32	4 15	3 53	3 43	3 31	3 18	3 3	2 44
7	6 12	5 55	5 38	5 20	4 58	4 46	4 31	4 14	3 53	3 42	3 31	3 17	3 2	2 43
8	6 12	5 55	5 38	5 20	4 58	4 46	4 31	4 14	3 52	3 42	3 30	3 17	3 1	2 42
9	6 12	5 55	5 38	5 20	4 58	4 46	4 31	4 14	3 52	3 41	3 29	3 16	3 0	2 41
10	6 13	5 56	5 38	5 20	4 58	4 46	4 31	4 13	3 51	3 41	3 29	3 15	2 59	2 40
11	6 13	5 56	5 39	5 20	4 58	4 45	4 31	4 13	3 51	3 40	3 28	3 15	2 59	2 39
12	6 13	5 56	5 39	5 20	4 58	4 45	4 31	4 13	3 51	3 40	3 28	3 14	2 58	2 38
13	6 13	5 56	5 39	5 20	4 58	4 45	4 30	4 13	3 51	3 40	3 28	3 14	2 57	2 37

Sonnenuntergang 1955

Mittlere Ortszeit — Meridian von Greenwich

Tag	Geographische Breite													
	−10°	0°	+10°	+20°	+30°	+35°	+40°	+45°	+50°	+52°	+54°	+56°	+58°	+60°
1955	h m	h m	h m	h m	h m	h m	h m	h m	h m	h m	h m	h m	h m	h m
Mai 3	17 49	18 0	18 12	18 24	18 38	18 46	18 56	19 7	19 20	19 27	19 34	19 42	19 51	20 1
4	17 49	18 0	18 12	18 24	18 39	18 47	18 57	19 8	19 22	19 28	19 36	19 44	19 53	20 3
5	17 48	18 0	18 12	18 25	18 39	18 48	18 58	19 9	19 24	19 30	19 37	19 46	19 55	20 6
6	17 48	18 0	18 12	18 25	18 40	18 49	18 59	19 11	19 25	19 32	19 39	19 48	19 57	20 8
7	17 48	18 0	18 12	18 26	18 41	18 50	19 0	19 12	19 27	19 33	19 41	19 50	19 59	20 11
8	17 48	18 0	18 12	18 26	18 41	18 50	19 1	19 13	19 28	19 35	19 43	19 52	20 2	20 13
9	17 47	18 0	18 13	18 26	18 42	18 51	19 2	19 14	19 30	19 37	19 45	19 54	20 4	20 16
10	17 47	18 0	18 13	18 27	18 43	18 52	19 3	19 15	19 31	19 38	19 46	19 56	20 6	20 18
11	17 47	18 0	18 13	18 27	18 43	18 53	19 4	19 17	19 32	19 40	19 48	19 57	20 8	20 20
12	17 47	18 0	18 13	18 27	18 44	18 54	19 5	19 18	19 34	19 41	19 50	19 59	20 10	20 23
13	17 47	18 0	18 13	18 28	18 45	18 54	19 6	19 19	19 35	19 43	19 52	20 1	20 12	20 25
14	17 46	18 0	18 13	18 28	18 45	18 55	19 7	19 20	19 37	19 45	19 53	20 3	20 14	20 28
15	17 46	18 0	18 14	18 28	18 46	18 56	19 8	19 21	19 38	19 46	19 55	20 5	20 17	20 30
16	17 46	18 0	18 14	18 29	18 46	18 57	19 8	19 23	19 40	19 48	19 57	20 7	20 19	20 32
17	17 46	18 0	18 14	18 29	18 47	18 57	19 9	19 24	19 41	19 49	19 58	20 9	20 21	20 35
18	17 46	18 0	18 14	18 30	18 48	18 58	19 10	19 25	19 42	19 51	20 0	20 11	20 23	20 37
19	17 46	18 0	18 14	18 30	18 48	18 59	19 11	19 26	19 44	19 52	20 2	20 12	20 25	20 39
20	17 45	18 0	18 15	18 31	18 49	19 0	19 12	19 27	19 45	19 54	20 3	20 14	20 27	20 42
21	17 45	18 0	18 15	18 31	18 50	19 0	19 13	19 28	19 47	19 55	20 5	20 16	20 29	20 44
22	17 45	18 0	18 15	18 31	18 50	19 1	19 14	19 29	19 48	19 57	20 6	20 18	20 31	20 46
23	17 45	18 0	18 15	18 32	18 51	19 2	19 15	19 30	19 49	19 58	20 8	20 19	20 33	20 48
24	17 45	18 0	18 16	18 32	18 52	19 3	19 16	19 31	19 50	19 59	20 10	20 21	20 35	20 50
25	17 45	18 0	18 16	18 33	18 52	19 3	19 17	19 32	19 52	20 1	20 11	20 23	20 37	20 53
26	17 45	18 1	18 16	18 33	18 53	19 4	19 17	19 33	19 53	20 2	20 13	20 24	20 38	20 55
27	17 45	18 1	18 16	18 33	18 53	19 5	19 18	19 34	19 54	20 3	20 14	20 26	20 40	20 57
28	17 45	18 1	18 17	18 34	18 54	19 6	19 19	19 35	19 55	20 5	20 15	20 28	20 42	20 59
29	17 45	18 1	18 17	18 34	18 54	19 6	19 20	19 36	19 56	20 6	20 17	20 29	20 43	21 1
30	17 45	18 1	18 17	18 35	18 55	19 7	19 21	19 37	19 57	20 7	20 18	20 31	20 45	21 2
31	17 45	18 1	18 17	18 35	18 55	19 8	19 21	19 38	19 58	20 8	20 19	20 32	20 47	21 4
Juni 1	17 45	18 1	18 18	18 35	18 56	19 8	19 22	19 39	19 59	20 9	20 21	20 33	20 48	21 6
2	17 45	18 1	18 18	18 36	18 56	19 9	19 23	19 40	20 0	20 10	20 22	20 35	20 50	21 8
3	17 45	18 2	18 18	18 36	18 57	19 9	19 24	19 40	20 1	20 12	20 23	20 36	20 51	21 10
4	17 45	18 2	18 18	18 37	18 57	19 10	19 24	19 41	20 2	20 13	20 24	20 37	20 53	21 11
5	17 45	18 2	18 19	18 37	18 58	19 11	19 25	19 42	20 3	20 14	20 25	20 38	20 54	21 13
6	17 45	18 2	18 19	18 37	18 59	19 11	19 26	19 43	20 4	20 15	20 26	20 40	20 55	21 14
7	17 45	18 2	18 19	18 38	18 59	19 12	19 26	19 43	20 5	20 15	20 27	20 41	20 56	21 16
8	17 46	18 2	18 20	18 38	19 0	19 12	19 27	19 44	20 6	20 16	20 28	20 42	20 58	21 17
9	17 46	18 3	18 20	18 38	19 0	19 13	19 27	19 45	20 7	20 17	20 29	20 43	20 59	21 18
10	17 46	18 3	18 20	18 39	19 0	19 13	19 28	19 45	20 7	20 18	20 30	20 44	21 0	21 20
11	17 46	18 3	18 20	18 39	19 1	19 14	19 28	19 46	20 8	20 19	20 31	20 45	21 1	21 21
12	17 46	18 3	18 21	18 39	19 1	19 14	19 29	19 47	20 9	20 19	20 32	20 46	21 2	21 22
13	17 46	18 3	18 21	18 40	19 2	19 14	19 29	19 47	20 9	20 20	20 32	20 46	21 3	21 23

Sonnenaufgang 1955

Mittlere Ortszeit | Meridian von Greenwich

Tag	Geographische Breite													
	−10°	0°	+10°	+20°	+30°	+35°	+40°	+45°	+50°	+52°	+54°	+56°	+58°	+60°
1955	h m	h m	h m	h m	h m	h m	h m	h m	h m	h m	h m	h m	h m	h m
Juni 13	6 13	5 56	5 39	5 20	4 58	4 45	4 30	4 13	3 51	3 40	3 28	3 14	2 57	2 37
14	6 14	5 56	5 39	5 20	4 58	4 45	4 30	4 13	3 50	3 40	3 27	3 13	2 57	2 37
15	6 14	5 57	5 39	5 20	4 58	4 45	4 30	4 13	3 50	3 39	3 27	3 13	2 57	2 36
16	6 14	5 57	5 39	5 20	4 58	4 45	4 30	4 13	3 50	3 39	3 27	3 13	2 56	2 36
17	6 15	5 57	5 39	5 21	4 59	4 46	4 31	4 13	3 50	3 39	3 27	3 13	2 56	2 36
18	6 15	5 57	5 40	5 21	4 59	4 46	4 31	4 13	3 50	3 39	3 27	3 13	2 56	2 36
19	6 15	5 58	5 40	5 21	4 59	4 46	4 31	4 13	3 50	3 39	3 27	3 13	2 56	2 35
20	6 15	5 58	5 40	5 21	4 59	4 46	4 31	4 13	3 50	3 39	3 27	3 13	2 56	2 35
21	6 15	5 58	5 40	5 21	4 59	4 46	4 31	4 13	3 50	3 39	3 27	3 13	2 56	2 35
22	6 16	5 58	5 40	5 21	4 59	4 46	4 31	4 13	3 51	3 40	3 27	3 13	2 56	2 36
23	6 16	5 58	5 41	5 22	5 0	4 47	4 31	4 13	3 51	3 40	3 28	3 13	2 56	2 36
24	6 16	5 59	5 41	5 22	5 0	4 47	4 32	4 14	3 51	3 40	3 28	3 14	2 57	2 36
25	6 16	5 59	5 41	5 22	5 0	4 47	4 32	4 14	3 51	3 41	3 28	3 14	2 57	2 37
26	6 16	5 59	5 41	5 22	5 0	4 47	4 32	4 14	3 52	3 41	3 29	3 14	2 58	2 37
27	6 17	5 59	5 42	5 23	5 1	4 48	4 33	4 15	3 52	3 41	3 29	3 15	2 58	2 38
28	6 17	5 59	5 42	5 23	5 1	4 48	4 33	4 15	3 53	3 42	3 30	3 15	2 59	2 39
29	6 17	6 0	5 42	5 23	5 1	4 48	4 34	4 16	3 53	3 42	3 30	3 16	2 59	2 39
30	6 17	6 0	5 42	5 24	5 2	4 49	4 34	4 16	3 54	3 43	3 31	3 17	3 0	2 40
Juli 1	6 17	6 0	5 43	5 24	5 2	4 49	4 34	4 17	3 54	3 44	3 32	3 18	3 1	2 41
2	6 17	6 0	5 43	5 24	5 2	4 50	4 35	4 17	3 55	3 44	3 32	3 18	3 2	2 42
3	6 18	6 0	5 43	5 25	5 3	4 50	4 35	4 18	3 56	3 45	3 33	3 19	3 3	2 43
4	6 18	6 1	5 43	5 25	5 3	4 51	4 36	4 18	3 56	3 46	3 34	3 20	3 4	2 44
5	6 18	6 1	5 44	5 25	5 4	4 51	4 36	4 19	3 57	3 47	3 35	3 21	3 5	2 46
6	6 18	6 1	5 44	5 25	5 4	4 52	4 37	4 20	3 58	3 47	3 36	3 22	3 6	2 47
7	6 18	6 1	5 44	5 26	5 5	4 52	4 38	4 20	3 59	3 48	3 37	3 23	3 7	2 48
8	6 18	6 1	5 44	5 26	5 5	4 53	4 38	4 21	4 0	3 49	3 38	3 24	3 9	2 50
9	6 18	6 1	5 45	5 26	5 6	4 53	4 39	4 22	4 0	3 50	3 39	3 26	3 10	2 51
10	6 18	6 2	5 45	5 27	5 6	4 54	4 39	4 22	4 1	3 51	3 40	3 27	3 11	2 53
11	6 18	6 2	5 45	5 27	5 7	4 54	4 40	4 23	4 2	3 52	3 41	3 28	3 13	2 55
12	6 18	6 2	5 45	5 28	5 7	4 55	4 41	4 24	4 3	3 53	3 42	3 29	3 14	2 56
13	6 18	6 2	5 46	5 28	5 8	4 55	4 41	4 25	4 4	3 54	3 43	3 31	3 16	2 58
14	6 18	6 2	5 46	5 28	5 8	4 56	4 42	4 26	4 5	3 56	3 45	3 32	3 17	3 0
15	6 18	6 2	5 46	5 29	5 9	4 57	4 43	4 27	4 6	3 57	3 46	3 33	3 19	3 2
16	6 18	6 2	5 46	5 29	5 9	4 57	4 44	4 28	4 8	3 58	3 47	3 35	3 21	3 4
17	6 18	6 2	5 47	5 29	5 10	4 58	4 44	4 28	4 9	3 59	3 48	3 36	3 22	3 6
18	6 18	6 2	5 47	5 30	5 10	4 59	4 45	4 29	4 10	4 0	3 50	3 38	3 24	3 8
19	6 18	6 3	5 47	5 30	5 11	4 59	4 46	4 30	4 11	4 2	3 51	3 39	3 26	3 10
20	6 18	6 3	5 47	5 31	5 11	5 0	4 47	4 31	4 12	4 3	3 53	3 41	3 27	3 12
21	6 18	6 3	5 47	5 31	5 12	5 1	4 48	4 32	4 13	4 4	3 54	3 43	3 29	3 14
22	6 18	6 3	5 48	5 31	5 12	5 1	4 49	4 33	4 15	4 6	3 56	3 44	3 31	3 16
23	6 18	6 3	5 48	5 32	5 13	5 2	4 49	4 34	4 16	4 7	3 57	3 46	3 33	3 18
24	6 18	6 3	5 48	5 32	5 14	5 3	4 50	4 35	4 17	4 8	3 59	3 48	3 35	3 20

Sonnenuntergang 1955

Mittlere Ortszeit | Meridian von Greenwich

Tag	Geographische Breite −10°	0°	+10°	+20°	+30°	+35°	+40°	+45°	+50°	+52°	+54°	+56°	+58°	+60°
1955	h m	h m	h m	h m	h m	h m	h m	h m	h m	h m	h m	h m	h m	h m
Juni 13	17 46	18 3	18 21	18 40	19 2	19 14	19 29	19 47	20 9	20 20	20 32	20 46	21 3	21 23
14	17 46	18 4	18 21	18 40	19 2	19 15	19 30	19 48	20 10	20 21	20 33	20 47	21 4	21 24
15	17 47	18 4	18 21	18 40	19 2	19 15	19 30	19 48	20 10	20 21	20 34	20 48	21 4	21 25
16	17 47	18 4	18 22	18 41	19 3	19 16	19 31	19 49	20 11	20 22	20 34	20 48	21 5	21 25
17	17 47	18 4	18 22	18 41	19 3	19 16	19 31	19 49	20 11	20 22	20 35	20 49	21 6	21 26
18	17 47	18 5	18 22	18 41	19 3	19 16	19 31	19 49	20 12	20 23	20 35	20 49	21 6	21 27
19	17 47	18 5	18 22	18 41	19 3	19 16	19 32	19 50	20 12	20 23	20 35	20 50	21 7	21 27
20	17 47	18 5	18 23	18 42	19 4	19 17	19 32	19 50	20 13	20 23	20 36	20 50	21 7	21 27
21	17 48	18 5	18 23	18 42	19 4	19 17	19 32	19 50	20 13	20 24	20 36	20 50	21 7	21 28
22	17 48	18 5	18 23	18 42	19 4	19 17	19 32	19 50	20 13	20 24	20 36	20 50	21 7	21 28
23	17 48	18 6	18 23	18 42	19 4	19 17	19 32	19 50	20 13	20 24	20 36	20 51	21 7	21 28
24	17 48	18 6	18 23	18 42	19 4	19 17	19 33	19 51	20 13	20 24	20 36	20 51	21 7	21 28
25	17 49	18 6	18 24	18 43	19 5	19 18	19 33	19 51	20 13	20 24	20 36	20 51	21 7	21 28
26	17 49	18 6	18 24	18 43	19 5	19 18	19 33	19 51	20 13	20 24	20 36	20 51	21 7	21 28
27	17 49	18 6	18 24	18 43	19 5	19 18	19 33	19 51	20 13	20 24	20 36	20 50	21 7	21 27
28	17 49	18 7	18 24	18 43	19 5	19 18	19 33	19 51	20 13	20 24	20 36	20 50	21 7	21 27
29	17 50	18 7	18 24	18 43	19 5	19 18	19 33	19 51	20 13	20 24	20 36	20 50	21 7	21 27
30	17 50	18 7	18 24	18 43	19 5	19 18	19 33	19 51	20 13	20 24	20 36	20 50	21 6	21 26
Juli 1	17 50	18 7	18 25	18 43	19 5	19 18	19 33	19 51	20 13	20 23	20 35	20 49	21 6	21 26
2	17 50	18 7	18 25	18 43	19 5	19 18	19 33	19 50	20 12	20 23	20 35	20 49	21 5	21 25
3	17 51	18 8	18 25	18 44	19 5	19 18	19 33	19 50	20 12	20 23	20 35	20 48	21 4	21 24
4	17 51	18 8	18 25	18 44	19 5	19 18	19 32	19 50	20 12	20 22	20 34	20 48	21 4	21 23
5	17 51	18 8	18 25	18 44	19 5	19 18	19 32	19 50	20 11	20 22	20 34	20 47	21 3	21 22
6	17 51	18 8	18 25	18 44	19 5	19 17	19 32	19 49	20 11	20 21	20 33	20 46	21 2	21 21
7	17 51	18 8	18 25	18 44	19 5	19 17	19 32	19 49	20 10	20 21	20 32	20 46	21 1	21 20
8	17 52	18 8	18 25	18 44	19 5	19 17	19 31	19 48	20 10	20 20	20 32	20 45	21 0	21 19
9	17 52	18 9	18 25	18 44	19 4	19 17	19 31	19 48	20 9	20 19	20 31	20 44	20 59	21 18
10	17 52	18 9	18 25	18 43	19 4	19 16	19 31	19 47	20 8	20 19	20 30	20 43	20 58	21 16
11	17 52	18 9	18 25	18 43	19 4	19 16	19 30	19 47	20 8	20 18	20 29	20 42	20 57	21 15
12	17 53	18 9	18 26	18 43	19 4	19 16	19 30	19 46	20 7	20 17	20 28	20 41	20 56	21 13
13	17 53	18 9	18 26	18 43	19 3	19 16	19 29	19 46	20 6	20 16	20 27	20 40	20 54	21 12
14	17 53	18 9	18 26	18 43	19 3	19 15	19 29	19 45	20 5	20 15	20 26	20 39	20 53	21 10
15	17 53	18 9	18 25	18 43	19 3	19 15	19 28	19 45	20 5	20 14	20 25	20 37	20 52	21 9
16	17 54	18 10	18 25	18 43	19 2	19 14	19 28	19 44	20 4	20 13	20 24	20 36	20 50	21 7
17	17 54	18 10	18 25	18 43	19 2	19 14	19 27	19 43	20 3	20 12	20 23	20 35	20 49	21 5
18	17 54	18 10	18 25	18 42	19 2	19 13	19 27	19 42	20 2	20 11	20 21	20 33	20 47	21 3
19	17 54	18 10	18 25	18 42	19 1	19 13	19 26	19 41	20 1	20 10	20 20	20 32	20 45	21 1
20	17 54	18 10	18 25	18 42	19 1	19 12	19 25	19 41	20 0	20 9	20 19	20 30	20 44	20 59
21	17 55	18 10	18 25	18 42	19 0	19 12	19 24	19 40	19 59	20 7	20 17	20 29	20 42	20 57
22	17 55	18 10	18 25	18 41	19 0	19 11	19 24	19 39	19 57	20 6	20 16	20 27	20 40	20 55
23	17 55	18 10	18 25	18 41	18 59	19 10	19 23	19 38	19 56	20 5	20 15	20 26	20 38	20 53
24	17 55	18 10	18 25	18 41	18 59	19 10	19 22	19 37	19 55	20 3	20 13	20 24	20 36	20 51

Sonnenaufgang 1955

Mittlere Ortszeit

Meridian von Greenwich

Tag	Geographische Breite													
	−10°	0°	+10°	+20°	+30°	+35°	+40°	+45°	+50°	+52°	+54°	+56°	+58°	+60°
1955	h m	h m	h m	h m	h m	h m	h m	h m	h m	h m	h m	h m	h m	h m
Juli 24	6 18	6 3	5 48	5 32	5 14	5 3	4 50	4 35	4 17	4 8	3 59	3 48	3 35	3 20
25	6 17	6 3	5 48	5 32	5 14	5 4	4 51	4 36	4 18	4 10	4 0	3 50	3 37	3 22
26	6 17	6 3	5 49	5 33	5 15	5 4	4 52	4 38	4 20	4 11	4 2	3 51	3 39	3 25
27	6 17	6 3	5 49	5 33	5 15	5 5	4 53	4 39	4 21	4 13	4 4	3 53	3 41	3 27
28	6 17	6 3	5 49	5 34	5 16	5 6	4 54	4 40	4 23	4 14	4 5	3 55	3 43	3 29
29	6 17	6 3	5 49	5 34	5 17	5 6	4 55	4 41	4 24	4 16	4 7	3 57	3 45	3 32
30	6 16	6 3	5 49	5 34	5 17	5 7	4 56	4 42	4 25	4 17	4 8	3 58	3 47	3 34
31	6 16	6 3	5 49	5 35	5 18	5 8	4 56	4 43	4 27	4 19	4 10	4 0	3 49	3 36
Aug. 1	6 16	6 3	5 49	5 35	5 18	5 9	4 57	4 44	4 28	4 20	4 12	4 2	3 51	3 38
2	6 16	6 3	5 50	5 35	5 19	5 9	4 58	4 45	4 29	4 22	4 13	4 4	3 53	3 41
3	6 15	6 3	5 50	5 36	5 20	5 10	4 59	4 46	4 31	4 23	4 15	4 6	3 55	3 43
4	6 15	6 3	5 50	5 36	5 20	5 11	5 0	4 48	4 32	4 25	4 17	4 8	3 57	3 46
5	6 15	6 2	5 50	5 36	5 21	5 12	5 1	4 49	4 34	4 27	4 18	4 10	4 0	3 48
6	6 15	6 2	5 50	5 37	5 21	5 12	5 2	4 50	4 35	4 28	4 20	4 11	4 2	3 50
7	6 14	6 2	5 50	5 37	5 22	5 13	5 3	4 51	4 36	4 30	4 22	4 13	4 4	3 53
8	6 14	6 2	5 50	5 37	5 22	5 14	5 4	4 52	4 38	4 31	4 24	4 15	4 6	3 55
9	6 14	6 2	5 50	5 38	5 23	5 15	5 5	4 53	4 39	4 33	4 26	4 17	4 8	3 58
10	6 13	6 2	5 51	5 38	5 24	5 15	5 6	4 55	4 41	4 34	4 27	4 19	4 10	4 0
11	6 13	6 2	5 51	5 38	5 24	5 16	5 7	4 56	4 42	4 36	4 29	4 21	4 12	4 2
12	6 13	6 2	5 51	5 39	5 25	5 17	5 8	4 57	4 44	4 38	4 31	4 23	4 15	4 5
13	6 12	6 2	5 51	5 39	5 26	5 18	5 9	4 58	4 45	4 39	4 33	4 25	4 17	4 7
14	6 12	6 1	5 51	5 39	5 26	5 18	5 10	4 59	4 47	4 41	4 34	4 27	4 19	4 9
15	6 11	6 1	5 51	5 40	5 27	5 19	5 11	5 0	4 48	4 42	4 36	4 29	4 21	4 12
16	6 11	6 1	5 51	5 40	5 27	5 20	5 12	5 2	4 50	4 44	4 38	4 31	4 23	4 14
17	6 11	6 1	5 51	5 40	5 28	5 21	5 12	5 3	4 51	4 46	4 40	4 33	4 25	4 17
18	6 10	6 1	5 51	5 41	5 28	5 21	5 13	5 4	4 53	4 47	4 41	4 35	4 28	4 19
19	6 10	6 0	5 51	5 41	5 29	5 22	5 14	5 5	4 54	4 49	4 43	4 37	4 30	4 22
20	6 9	6 0	5 51	5 41	5 30	5 23	5 15	5 6	4 56	4 51	4 45	4 39	4 32	4 24
21	6 9	6 0	5 51	5 41	5 30	5 24	5 16	5 8	4 57	4 52	4 47	4 41	4 34	4 26
22	6 8	6 0	5 51	5 42	5 31	5 24	5 17	5 9	4 59	4 54	4 49	4 43	4 36	4 29
23	6 8	5 59	5 51	5 42	5 31	5 25	5 18	5 10	5 1	4 56	4 50	4 45	4 38	4 31
24	6 7	5 59	5 51	5 42	5 32	5 26	5 19	5 11	5 2	4 57	4 52	4 47	4 41	4 34
25	6 7	5 59	5 51	5 42	5 33	5 27	5 20	5 12	5 3	4 59	4 54	4 49	4 43	4 36
26	6 6	5 59	5 51	5 43	5 33	5 27	5 21	5 14	5 5	5 0	4 56	4 51	4 45	4 38
27	6 6	5 58	5 51	5 43	5 34	5 28	5 22	5 15	5 6	5 2	4 58	4 53	4 47	4 41
28	6 5	5 58	5 51	5 43	5 34	5 29	5 23	5 16	5 8	5 4	4 59	4 55	4 49	4 43
29	6 5	5 58	5 51	5 43	5 35	5 30	5 24	5 17	5 9	5 5	5 1	4 57	4 51	4 46
30	6 4	5 58	5 51	5 44	5 35	5 31	5 25	5 18	5 11	5 7	5 3	4 59	4 54	4 48
31	6 4	5 57	5 51	5 44	5 36	5 31	5 26	5 20	5 12	5 9	5 5	5 1	4 56	4 50
Sept. 1	6 3	5 57	5 51	5 44	5 36	5 32	5 27	5 21	5 14	5 10	5 7	5 2	4 58	4 53
2	6 2	5 57	5 51	5 44	5 37	5 33	5 28	5 22	5 15	5 12	5 8	5 4	5 0	4 55
3	6 2	5 56	5 51	5 45	5 38	5 33	5 29	5 23	5 17	5 13	5 10	5 6	5 2	4 57

Sonnenuntergang 1955

Mittlere Ortszeit

Meridian von Greenwich

Tag	−10°	0°	+10°	+20°	+30°	+35°	+40°	+45°	+50°	+52°	+54°	+56°	+58°	+60°
	Geographische Breite													
1955	h m	h m	h m	h m	h m	h m	h m	h m	h m	h m	h m	h m	h m	h m
Juli 24	17 55	18 10	18 25	18 41	18 59	19 10	19 22	19 37	19 55	20 3	20 13	20 24	20 36	20 51
25	17 56	18 10	18 25	18 40	18 58	19 9	19 21	19 36	19 54	20 2	20 12	20 22	20 34	20 49
26	17 56	18 10	18 24	18 40	18 58	19 8	19 20	19 35	19 52	20 1	20 10	20 20	20 33	20 47
27	17 56	18 10	18 24	18 40	18 57	19 8	19 20	19 34	19 51	19 59	20 8	20 19	20 31	20 44
28	17 56	18 10	18 24	18 39	18 57	19 7	19 19	19 33	19 50	19 58	20 7	20 17	20 29	20 42
29	17 56	18 10	18 24	18 39	18 56	19 6	19 18	19 31	19 48	19 56	20 5	20 15	20 26	20 40
30	17 56	18 10	18 24	18 38	18 55	19 5	19 17	19 30	19 47	19 55	20 3	20 13	20 24	20 37
31	17 56	18 10	18 23	18 38	18 55	19 4	19 16	19 29	19 45	19 53	20 2	20 11	20 22	20 35
Aug. 1	17 57	18 10	18 23	18 37	18 54	19 3	19 15	19 28	19 44	19 51	20 0	20 9	20 20	20 32
2	17 57	18 10	18 23	18 37	18 53	19 3	19 14	19 26	19 42	19 50	19 58	20 7	20 18	20 30
3	17 57	18 10	18 22	18 36	18 52	19 2	19 12	19 25	19 41	19 48	19 56	20 5	20 15	20 27
4	17 57	18 10	18 22	18 36	18 52	19 1	19 11	19 24	19 39	19 46	19 54	20 3	20 13	20 25
5	17 57	18 9	18 22	18 35	18 51	19 0	19 10	19 22	19 37	19 44	19 52	20 1	20 11	20 22
6	17 57	18 9	18 21	18 35	18 50	18 59	19 9	19 21	19 36	19 43	19 50	19 59	20 9	20 20
7	17 57	18 9	18 21	18 34	18 49	18 58	19 8	19 20	19 34	19 41	19 48	19 57	20 6	20 17
8	17 57	18 9	18 21	18 34	18 48	18 57	19 7	19 18	19 32	19 39	19 46	19 55	20 4	20 14
9	17 57	18 9	18 20	18 33	18 48	18 56	19 6	19 17	19 31	19 37	19 44	19 52	20 1	20 12
10	17 58	18 9	18 20	18 32	18 47	18 55	19 4	19 15	19 29	19 35	19 42	19 50	19 59	20 9
11	17 58	18 9	18 20	18 32	18 46	18 54	19 3	19 14	19 27	19 33	19 40	19 48	19 57	20 7
12	17 58	18 9	18 19	18 31	18 45	18 53	19 2	19 13	19 25	19 31	19 38	19 46	19 54	20 4
13	17 58	18 8	18 19	18 31	18 44	18 52	19 1	19 11	19 24	19 30	19 36	19 43	19 52	20 1
14	17 58	18 8	18 19	18 30	18 43	18 51	18 59	19 9	19 22	19 28	19 34	19 41	19 49	19 58
15	17 58	18 8	18 18	18 29	18 42	18 49	18 58	19 8	19 20	19 26	19 32	19 39	19 47	19 56
16	17 58	18 8	18 18	18 28	18 41	18 48	18 57	19 6	19 18	19 24	19 30	19 36	19 44	19 53
17	17 58	18 8	18 17	18 28	18 40	18 47	18 55	19 5	19 16	19 22	19 27	19 34	19 41	19 50
18	17 58	18 7	18 17	18 27	18 39	18 46	18 54	19 3	19 14	19 19	19 25	19 32	19 39	19 47
19	17 58	18 7	18 16	18 26	18 38	18 45	18 52	19 1	19 12	19 17	19 23	19 29	19 36	19 44
20	17 58	18 7	18 16	18 26	18 37	18 44	18 51	19 0	19 10	19 15	19 21	19 27	19 34	19 41
21	17 58	18 7	18 15	18 25	18 36	18 42	18 49	18 58	19 8	19 13	19 18	19 24	19 31	19 38
22	17 58	18 6	18 15	18 24	18 35	18 41	18 48	18 56	19 6	19 11	19 16	19 22	19 28	19 35
23	17 58	18 6	18 14	18 23	18 34	18 40	18 47	18 55	19 4	19 9	19 14	19 19	19 26	19 33
24	17 58	18 6	18 14	18 23	18 33	18 38	18 45	18 53	19 2	19 7	19 12	19 17	19 23	19 30
25	17 58	18 6	18 13	18 22	18 31	18 37	18 44	18 51	19 0	19 5	19 9	19 14	19 20	19 27
26	17 58	18 5	18 13	18 21	18 30	18 36	18 42	18 50	18 58	19 2	19 7	19 12	19 18	19 24
27	17 58	18 5	18 12	18 20	18 29	18 35	18 41	18 48	18 56	19 0	19 5	19 9	19 15	19 21
28	17 58	18 5	18 12	18 19	18 28	18 33	18 39	18 46	18 54	18 58	19 2	19 7	19 12	19 18
29	17 58	18 4	18 11	18 19	18 27	18 32	18 38	18 44	18 52	18 56	19 0	19 4	19 9	19 15
30	17 58	18 4	18 11	18 18	18 26	18 31	18 36	18 42	18 50	18 54	18 58	19 2	19 7	19 12
31	17 58	18 4	18 10	18 17	18 25	18 29	18 35	18 41	18 48	18 51	18 55	18 59	19 4	19 9
Sept. 1	17 58	18 4	18 10	18 16	18 24	18 28	18 33	18 39	18 46	18 49	18 53	18 57	19 1	19 6
2	17 58	18 3	18 9	18 15	18 22	18 27	18 31	18 37	18 44	18 47	18 50	18 54	18 58	19 3
3	17 57	18 3	18 8	18 14	18 21	18 25	18 30	18 35	18 42	18 45	18 48	18 52	18 56	19 0

Sonnenaufgang 1955

Mittlere Ortszeit | Meridian von Greenwich

Tag	−10°	0°	+10°	+20°	+30°	+35°	+40°	+45°	+50°	+52°	+54°	+56°	+58°	+60°
1955	h m	h m	h m	h m	h m	h m	h m	h m	h m	h m	h m	h m	h m	h m
Sept. 3	6 2	5 56	5 51	5 45	5 38	5 33	5 29	5 23	5 17	5 13	5 10	5 6	5 2	4 57
4	6 1	5 56	5 51	5 45	5 38	5 34	5 30	5 25	5 18	5 15	5 12	5 8	5 4	5 0
5	6 1	5 56	5 51	5 45	5 39	5 35	5 31	5 26	5 20	5 17	5 14	5 10	5 7	5 2
6	6 0	5 55	5 51	5 45	5 39	5 36	5 32	5 27	5 21	5 18	5 15	5 12	5 9	5 5
7	6 0	5 55	5 50	5 46	5 40	5 36	5 33	5 28	5 23	5 20	5 17	5 14	5 11	5 7
8	5 59	5 55	5 50	5 46	5 40	5 37	5 33	5 29	5 24	5 22	5 19	5 16	5 13	5 9
9	5 58	5 54	5 50	5 46	5 41	5 38	5 34	5 30	5 26	5 23	5 21	5 18	5 15	5 12
10	5 58	5 54	5 50	5 46	5 41	5 39	5 35	5 32	5 27	5 25	5 23	5 20	5 17	5 14
11	5 57	5 54	5 50	5 46	5 42	5 39	5 36	5 33	5 29	5 27	5 24	5 22	5 19	5 16
12	5 56	5 53	5 50	5 47	5 42	5 40	5 37	5 34	5 30	5 28	5 26	5 24	5 21	5 19
13	5 56	5 53	5 50	5 47	5 43	5 41	5 38	5 35	5 32	5 30	5 28	5 26	5 24	5 21
14	5 55	5 53	5 50	5 47	5 44	5 41	5 39	5 36	5 33	5 31	5 30	5 28	5 26	5 23
15	5 55	5 52	5 50	5 47	5 44	5 42	5 40	5 38	5 34	5 33	5 31	5 30	5 28	5 26
16	5 54	5 52	5 50	5 47	5 45	5 43	5 41	5 39	5 36	5 35	5 33	5 32	5 30	5 28
17	5 53	5 52	5 50	5 48	5 45	5 44	5 42	5 40	5 37	5 36	5 35	5 34	5 32	5 30
18	5 53	5 51	5 50	5 48	5 46	5 44	5 43	5 41	5 39	5 38	5 37	5 36	5 34	5 33
19	5 52	5 51	5 50	5 48	5 46	5 45	5 44	5 42	5 40	5 40	5 39	5 38	5 36	5 35
20	5 51	5 51	5 49	5 48	5 47	5 46	5 45	5 44	5 42	5 41	5 40	5 40	5 39	5 38
21	5 51	5 50	5 49	5 49	5 47	5 47	5 46	5 45	5 43	5 43	5 42	5 42	5 41	5 40
22	5 50	5 50	5 49	5 49	5 48	5 47	5 47	5 46	5 45	5 45	5 44	5 44	5 43	5 42
23	5 50	5 49	5 49	5 49	5 48	5 48	5 48	5 47	5 46	5 46	5 46	5 45	5 45	5 45
24	5 49	5 49	5 49	5 49	5 49	5 49	5 49	5 48	5 48	5 48	5 48	5 47	5 47	5 47
25	5 48	5 49	5 49	5 49	5 50	5 49	5 50	5 50	5 50	5 50	5 49	5 49	5 49	5 49
26	5 48	5 48	5 49	5 50	5 50	5 50	5 50	5 51	5 51	5 51	5 51	5 51	5 51	5 52
27	5 47	5 48	5 49	5 50	5 51	5 51	5 51	5 52	5 53	5 53	5 53	5 53	5 54	5 54
28	5 46	5 48	5 49	5 50	5 51	5 52	5 52	5 53	5 54	5 54	5 55	5 55	5 56	5 56
29	5 46	5 47	5 49	5 50	5 52	5 52	5 53	5 54	5 56	5 56	5 57	5 57	5 58	5 59
30	5 45	5 47	5 49	5 51	5 52	5 53	5 54	5 56	5 57	5 58	5 58	5 59	6 0	6 1
Okt. 1	5 45	5 47	5 49	5 51	5 53	5 54	5 55	5 57	5 59	5 59	6 0	6 1	6 2	6 3
2	5 44	5 46	5 49	5 51	5 53	5 55	5 56	5 58	6 0	6 1	6 2	6 3	6 5	6 6
3	5 43	5 46	5 49	5 51	5 54	5 56	5 57	5 59	6 2	6 3	6 4	6 5	6 7	6 8
4	5 43	5 46	5 49	5 52	5 55	5 56	5 58	6 1	6 3	6 5	6 6	6 7	6 9	6 11
5	5 42	5 45	5 49	5 52	5 55	5 57	5 59	6 2	6 5	6 6	6 8	6 9	6 11	6 13
6	5 42	5 45	5 48	5 52	5 56	5 58	6 0	6 3	6 6	6 8	6 9	6 11	6 13	6 15
7	5 41	5 45	5 48	5 52	5 56	5 59	6 1	6 4	6 8	6 10	6 11	6 13	6 15	6 18
8	5 41	5 45	5 48	5 53	5 57	5 59	6 2	6 6	6 9	6 11	6 13	6 15	6 18	6 20
9	5 40	5 44	5 48	5 53	5 58	6 0	6 3	6 7	6 11	6 13	6 15	6 17	6 20	6 23
10	5 39	5 44	5 48	5 53	5 58	6 1	6 4	6 8	6 13	6 15	6 17	6 19	6 22	6 25
11	5 39	5 44	5 48	5 53	5 59	6 2	6 6	6 9	6 14	6 16	6 19	6 21	6 24	6 28
12	5 38	5 43	5 48	5 54	6 0	6 3	6 7	6 11	6 16	6 18	6 21	6 23	6 27	6 30
13	5 38	5 43	5 48	5 54	6 0	6 4	6 8	6 12	6 17	6 20	6 23	6 25	6 29	6 32
14	5 37	5 43	5 48	5 54	6 1	6 4	6 9	6 13	6 19	6 22	6 24	6 27	6 31	6 35

Mittlere Ortszeit Meridian von Greenwich

Tag	Geographische Breite													
	−10°	0°	+10°	+20°	+30°	+35°	+40°	+45°	+50°	+52°	+54°	+56°	+58°	+60°
1955	h m	h m	h m	h m	h m	h m	h m	h m	h m	h m	h m	h m	h m	h m
Sept. 3	17 57	18 3	18 8	18 14	18 21	18 25	18 30	18 35	18 42	18 45	18 48	18 52	18 56	19 0
4	17 57	18 3	18 8	18 13	18 20	18 24	18 28	18 33	18 39	18 42	18 45	18 49	18 53	18 57
5	17 57	18 2	18 7	18 13	18 19	18 22	18 27	18 31	18 37	18 40	18 43	18 46	18 50	18 54
6	17 57	18 2	18 6	18 12	18 18	18 21	18 25	18 30	18 35	18 38	18 41	18 44	18 47	18 51
7	17 57	18 1	18 6	18 11	18 16	18 20	18 23	18 28	18 33	18 35	18 38	18 41	18 44	18 48
8	17 57	18 1	18 5	18 10	18 15	18 18	18 22	18 26	18 31	18 33	18 36	18 38	18 42	18 45
9	17 57	18 1	18 5	18 9	18 14	18 17	18 20	18 24	18 29	18 31	18 33	18 36	18 39	18 42
10	17 57	18 0	18 4	18 8	18 13	18 15	18 18	18 22	18 26	18 28	18 31	18 33	18 36	18 39
11	17 57	18 0	18 3	18 7	18 11	18 14	18 17	18 20	18 24	18 26	18 28	18 31	18 33	18 36
12	17 57	18 0	18 3	18 6	18 10	18 12	18 15	18 18	18 22	18 24	18 26	18 28	18 30	18 33
13	17 57	17 59	18 2	18 5	18 9	18 11	18 14	18 16	18 20	18 22	18 23	18 25	18 27	18 30
14	17 57	17 59	18 2	18 4	18 8	18 10	18 12	18 15	18 18	18 19	18 21	18 23	18 25	18 27
15	17 57	17 59	18 1	18 3	18 6	18 8	18 10	18 13	18 15	18 17	18 18	18 20	18 22	18 24
16	17 56	17 58	18 0	18 3	18 5	18 7	18 9	18 11	18 13	18 14	18 16	18 17	18 19	18 21
17	17 56	17 58	18 0	18 2	18 4	18 5	18 7	18 9	18 11	18 12	18 13	18 15	18 16	18 18
18	17 56	17 58	17 59	18 1	18 3	18 4	18 5	18 7	18 9	18 10	18 11	18 12	18 13	18 15
19	17 56	17 57	17 58	18 0	18 1	18 3	18 4	18 5	18 7	18 7	18 8	18 9	18 10	18 12
20	17 56	17 57	17 58	17 59	18 0	18 1	18 2	18 3	18 5	18 5	18 6	18 7	18 8	18 9
21	17 56	17 57	17 57	17 58	17 59	18 0	18 0	18 1	18 2	18 3	18 3	18 4	18 5	18 5
22	17 56	17 56	17 57	17 57	17 58	17 58	17 59	17 59	18 0	18 0	18 1	18 1	18 2	18 2
23	17 56	17 56	17 56	17 56	17 57	17 57	17 57	17 57	17 58	17 58	17 58	17 59	17 59	17 59
24	17 56	17 56	17 55	17 55	17 55	17 55	17 55	17 56	17 56	17 56	17 56	17 56	17 56	17 56
25	17 56	17 55	17 55	17 54	17 54	17 54	17 54	17 54	17 53	17 53	17 53	17 53	17 53	17 53
26	17 56	17 55	17 54	17 53	17 53	17 52	17 52	17 52	17 51	17 51	17 51	17 51	17 51	17 50
27	17 56	17 54	17 53	17 53	17 52	17 51	17 50	17 50	17 49	17 49	17 48	17 48	17 48	17 47
28	17 56	17 54	17 53	17 52	17 50	17 50	17 49	17 48	17 47	17 46	17 46	17 45	17 45	17 44
29	17 56	17 54	17 52	17 51	17 49	17 48	17 47	17 46	17 45	17 44	17 44	17 43	17 42	17 41
30	17 56	17 53	17 52	17 50	17 48	17 47	17 45	17 44	17 43	17 42	17 41	17 40	17 39	17 38
Okt. 1	17 55	17 53	17 51	17 49	17 47	17 45	17 44	17 42	17 40	17 39	17 39	17 38	17 36	17 35
2	17 55	17 53	17 50	17 48	17 45	17 44	17 42	17 40	17 38	17 37	17 36	17 35	17 34	17 32
3	17 55	17 53	17 50	17 47	17 44	17 43	17 41	17 38	17 36	17 35	17 34	17 32	17 31	17 29
4	17 55	17 52	17 49	17 46	17 43	17 41	17 39	17 37	17 34	17 33	17 31	17 30	17 28	17 26
5	17 55	17 52	17 49	17 45	17 42	17 40	17 37	17 35	17 32	17 30	17 29	17 27	17 25	17 23
6	17 55	17 52	17 48	17 45	17 41	17 38	17 36	17 33	17 30	17 28	17 26	17 24	17 22	17 20
7	17 55	17 51	17 47	17 44	17 39	17 37	17 34	17 31	17 27	17 26	17 24	17 22	17 20	17 17
8	17 55	17 51	17 47	17 43	17 38	17 36	17 33	17 29	17 25	17 23	17 21	17 19	17 17	17 14
9	17 55	17 51	17 46	17 42	17 37	17 34	17 31	17 27	17 23	17 21	17 19	17 17	17 14	17 11
10	17 55	17 51	17 46	17 41	17 36	17 33	17 29	17 26	17 21	17 19	17 17	17 14	17 11	17 8
11	17 55	17 50	17 45	17 40	17 35	17 32	17 28	17 24	17 19	17 17	17 14	17 12	17 9	17 5
12	17 55	17 50	17 45	17 40	17 34	17 30	17 26	17 22	17 17	17 14	17 12	17 9	17 6	17 2
13	17 55	17 50	17 44	17 39	17 32	17 29	17 25	17 20	17 15	17 12	17 9	17 7	17 3	16 59
14	17 55	17 50	17 44	17 38	17 31	17 28	17 23	17 19	17 13	17 10	17 7	17 4	17 0	16 57

Sonnenaufgang 1955

Mittlere Ortszeit

Meridian von Greenwich

Tag	Geographische Breite													
	−10°	0°	+10°	+20°	+30°	+35°	+40°	+45°	+50°	+52°	+54°	+56°	+58°	+60°
1955	h m	h m	h m	h m	h m	h m	h m	h m	h m	h m	h m	h m	h m	h m
Okt. 14	5 37	5 43	5 48	5 54	6 1	6 4	6 9	6 13	6 19	6 22	6 24	6 27	6 31	6 35
15	5 37	5 43	5 49	5 55	6 1	6 5	6 10	6 15	6 20	6 23	6 26	6 30	6 33	6 37
16	5 36	5 42	5 49	5 55	6 2	6 6	6 11	6 16	6 22	6 25	6 28	6 32	6 35	6 40
17	5 36	5 42	5 49	5 55	6 3	6 7	6 12	6 17	6 24	6 27	6 30	6 34	6 38	6 42
18	5 35	5 42	5 49	5 56	6 3	6 8	6 13	6 18	6 25	6 29	6 32	6 36	6 40	6 45
19	5 35	5 42	5 49	5 56	6 4	6 9	6 14	6 20	6 27	6 30	6 34	6 38	6 42	6 47
20	5 34	5 42	5 49	5 56	6 5	6 9	6 15	6 21	6 29	6 32	6 36	6 40	6 45	6 50
21	5 34	5 41	5 49	5 57	6 5	6 10	6 16	6 23	6 30	6 34	6 38	6 42	6 47	6 52
22	5 34	5 41	5 49	5 57	6 6	6 11	6 17	6 24	6 32	6 36	6 40	6 44	6 49	6 55
23	5 33	5 41	5 49	5 57	6 7	6 12	6 18	6 25	6 34	6 37	6 42	6 46	6 51	6 57
24	5 33	5 41	5 49	5 58	6 7	6 13	6 19	6 27	6 35	6 39	6 43	6 48	6 54	7 0
25	5 32	5 41	5 49	5 58	6 8	6 14	6 20	6 28	6 37	6 41	6 45	6 50	6 56	7 2
26	5 32	5 41	5 50	5 59	6 9	6 15	6 22	6 29	6 38	6 43	6 47	6 53	6 58	7 5
27	5 32	5 41	5 50	5 59	6 10	6 16	6 23	6 31	6 40	6 44	6 49	6 55	7 1	7 7
28	5 31	5 41	5 50	5 59	6 10	6 17	6 24	6 32	6 42	6 46	6 51	6 57	7 3	7 10
29	5 31	5 40	5 50	6 0	6 11	6 17	6 25	6 33	6 43	6 48	6 53	6 59	7 5	7 13
30	5 31	5 40	5 50	6 0	6 12	6 18	6 26	6 35	6 45	6 50	6 55	7 1	7 8	7 15
31	5 30	5 40	5 50	6 1	6 12	6 19	6 27	6 36	6 47	6 52	6 57	7 3	7 10	7 18
Nov. 1	5 30	5 40	5 50	6 1	6 13	6 20	6 28	6 37	6 48	6 53	6 59	7 5	7 12	7 20
2	5 30	5 40	5 51	6 2	6 14	6 21	6 29	6 39	6 50	6 55	7 1	7 7	7 15	7 23
3	5 29	5 40	5 51	6 2	6 15	6 22	6 30	6 40	6 52	6 57	7 3	7 10	7 17	7 25
4	5 29	5 40	5 51	6 3	6 15	6 23	6 32	6 41	6 53	6 59	7 5	7 12	7 19	7 28
5	5 29	5 40	5 51	6 3	6 16	6 24	6 33	6 43	6 55	7 1	7 7	7 14	7 22	7 30
6	5 29	5 40	5 52	6 4	6 17	6 25	6 34	6 44	6 57	7 2	7 9	7 16	7 24	7 33
7	5 29	5 40	5 52	6 4	6 18	6 26	6 35	6 46	6 58	7 4	7 11	7 18	7 26	7 36
8	5 28	5 40	5 52	6 5	6 19	6 27	6 36	6 47	7 0	7 6	7 13	7 20	7 29	7 38
9	5 28	5 40	5 52	6 5	6 20	6 28	6 37	6 48	7 2	7 8	7 15	7 22	7 31	7 41
10	5 28	5 40	5 53	6 6	6 20	6 29	6 38	6 50	7 3	7 10	7 17	7 24	7 33	7 43
11	5 28	5 41	5 53	6 6	6 21	6 30	6 40	6 51	7 5	7 12	7 19	7 27	7 36	7 46
12	5 28	5 41	5 53	6 7	6 22	6 31	6 41	6 52	7 7	7 13	7 20	7 29	7 38	7 49
13	5 28	5 41	5 54	6 7	6 23	6 32	6 42	6 54	7 8	7 15	7 22	7 31	7 40	7 51
14	5 28	5 41	5 54	6 8	6 24	6 33	6 43	6 55	7 10	7 17	7 24	7 33	7 42	7 54
15	5 28	5 41	5 54	6 8	6 24	6 34	6 44	6 57	7 12	7 19	7 26	7 35	7 45	7 56
16	5 28	5 41	5 55	6 9	6 25	6 35	6 45	6 58	7 13	7 20	7 28	7 37	7 47	7 59
17	5 28	5 41	5 55	6 10	6 26	6 36	6 47	6 59	7 15	7 22	7 30	7 39	7 49	8 1
18	5 28	5 42	5 56	6 10	6 27	6 37	6 48	7 1	7 16	7 24	7 32	7 41	7 52	8 4
19	5 28	5 42	5 56	6 11	6 28	6 38	6 49	7 2	7 18	7 26	7 34	7 43	7 54	8 6
20	5 28	5 42	5 56	6 11	6 29	6 39	6 50	7 3	7 20	7 27	7 36	7 45	7 56	8 8
21	5 28	5 42	5 57	6 12	6 29	6 40	6 51	7 5	7 21	7 29	7 38	7 47	7 58	8 11
22	5 28	5 43	5 57	6 13	6 30	6 41	6 52	7 6	7 23	7 31	7 39	7 49	8 0	8 13
23	5 28	5 43	5 58	6 13	6 31	6 42	6 53	7 7	7 24	7 32	7 41	7 51	8 2	8 16
24	5 28	5 43	5 58	6 14	6 32	6 42	6 54	7 9	7 26	7 34	7 43	7 53	8 5	8 18

Mittlere Ortszeit — Meridian von Greenwich

Tag	−10°	0°	+10°	+20°	+30°	+35°	+40°	+45°	+50°	+52°	+54°	+56°	+58°	+60°
1955	h m	h m	h m	h m	h m	h m	h m	h m	h m	h m	h m	h m	h m	h m
Okt. 14	17 55	17 50	17 44	17 38	17 31	17 28	17 23	17 19	17 13	17 10	17 7	17 4	17 0	16 57
15	17 55	17 49	17 43	17 37	17 30	17 26	17 22	17 17	17 11	17 8	17 5	17 2	16 58	16 54
16	17 55	17 49	17 43	17 36	17 29	17 25	17 20	17 15	17 9	17 6	17 2	16 59	16 55	16 51
17	17 55	17 49	17 42	17 36	17 28	17 24	17 19	17 13	17 7	17 3	17 0	16 57	16 52	16 48
18	17 55	17 49	17 42	17 35	17 27	17 22	17 17	17 12	17 5	17 1	16 58	16 54	16 50	16 45
19	17 56	17 49	17 42	17 34	17 26	17 21	17 16	17 10	17 3	16 59	16 56	16 52	16 47	16 42
20	17 56	17 48	17 41	17 33	17 25	17 20	17 15	17 8	17 1	16 57	16 53	16 49	16 44	16 39
21	17 56	17 48	17 41	17 33	17 24	17 19	17 13	17 6	16 59	16 55	16 51	16 47	16 42	16 36
22	17 56	17 48	17 40	17 32	17 23	17 18	17 12	17 5	16 57	16 53	16 49	16 44	16 39	16 33
23	17 56	17 48	17 40	17 31	17 22	17 16	17 10	17 3	16 55	16 51	16 47	16 42	16 37	16 31
24	17 56	17 48	17 39	17 31	17 21	17 15	17 9	17 2	16 53	16 49	16 44	16 40	16 34	16 28
25	17 56	17 48	17 39	17 30	17 20	17 14	17 8	17 0	16 51	16 47	16 42	16 37	16 31	16 25
26	17 56	17 48	17 39	17 29	17 19	17 13	17 6	16 58	16 49	16 45	16 40	16 35	16 29	16 22
27	17 57	17 47	17 38	17 29	17 18	17 12	17 5	16 57	16 47	16 43	16 38	16 33	16 26	16 20
28	17 57	17 47	17 38	17 28	17 17	17 11	17 4	16 55	16 45	16 41	16 36	16 30	16 24	16 17
29	17 57	17 47	17 38	17 28	17 16	17 10	17 2	16 54	16 44	16 39	16 34	16 28	16 22	16 14
30	17 57	17 47	17 37	17 27	17 15	17 9	17 1	16 52	16 42	16 37	16 32	16 26	16 19	16 11
31	17 57	17 47	17 37	17 26	17 15	17 8	17 0	16 51	16 40	16 35	16 29	16 23	16 17	16 9
Nov. 1	17 57	17 47	17 37	17 26	17 14	17 7	16 59	16 49	16 38	16 33	16 27	16 21	16 14	16 6
2	17 58	17 47	17 37	17 25	17 13	17 6	16 57	16 48	16 37	16 31	16 25	16 19	16 12	16 4
3	17 58	17 47	17 36	17 25	17 12	17 5	16 56	16 47	16 35	16 30	16 23	16 17	16 10	16 1
4	17 58	17 47	17 36	17 24	17 11	17 4	16 55	16 45	16 33	16 28	16 22	16 15	16 7	15 58
5	17 58	17 47	17 36	17 24	17 10	17 3	16 54	16 44	16 32	16 26	16 20	16 13	16 5	15 56
6	17 59	17 47	17 36	17 24	17 10	17 2	16 53	16 43	16 30	16 24	16 18	16 11	16 3	15 53
7	17 59	17 47	17 36	17 23	17 9	17 1	16 52	16 41	16 28	16 23	16 16	16 9	16 0	15 51
8	17 59	17 47	17 35	17 23	17 8	17 0	16 51	16 40	16 27	16 21	16 14	16 7	15 58	15 48
9	18 0	17 47	17 35	17 22	17 8	16 59	16 50	16 39	16 25	16 19	16 12	16 5	15 56	15 46
10	18 0	17 47	17 35	17 22	17 7	16 59	16 49	16 38	16 24	16 18	16 11	16 3	15 54	15 44
11	18 0	17 48	17 35	17 22	17 7	16 58	16 48	16 36	16 22	16 16	16 9	16 1	15 52	15 41
12	18 1	17 48	17 35	17 21	17 6	16 57	16 47	16 35	16 21	16 14	16 7	15 59	15 50	15 39
13	18 1	17 48	17 35	17 21	17 5	16 56	16 46	16 34	16 20	16 13	16 5	15 57	15 47	15 37
14	18 1	17 48	17 35	17 21	17 5	16 56	16 45	16 33	16 18	16 11	16 4	15 55	15 45	15 35
15	18 2	17 48	17 35	17 21	17 4	16 55	16 44	16 32	16 17	16 10	16 2	15 54	15 43	15 32
16	18 2	17 48	17 35	17 20	17 4	16 55	16 44	16 31	16 16	16 9	16 1	15 52	15 42	15 30
17	18 2	17 48	17 35	17 20	17 4	16 54	16 43	16 30	16 15	16 7	15 59	15 50	15 40	15 28
18	18 3	17 49	17 35	17 20	17 3	16 53	16 42	16 29	16 13	16 6	15 58	15 49	15 38	15 26
19	18 3	17 49	17 35	17 20	17 3	16 53	16 42	16 28	16 12	16 5	15 56	15 47	15 36	15 24
20	18 4	17 49	17 35	17 20	17 2	16 52	16 41	16 27	16 11	16 4	15 55	15 45	15 35	15 22
21	18 4	17 49	17 35	17 20	17 2	16 52	16 40	16 27	16 10	16 2	15 54	15 44	15 33	15 20
22	18 5	17 50	17 35	17 19	17 2	16 51	16 40	16 26	16 9	16 1	15 52	15 42	15 31	15 18
23	18 5	17 50	17 35	17 19	17 1	16 51	16 39	16 25	16 8	16 0	15 51	15 41	15 30	15 16
24	18 5	17 50	17 35	17 19	17 1	16 50	16 38	16 24	16 7	15 59	15 50	15 40	15 28	15 15

Sonnenaufgang 1955

Mittlere Ortszeit — Meridian von Greenwich

Tag	Geographische Breite −10°	0°	+10°	+20°	+30°	+35°	+40°	+45°	+50°	+52°	+54°	+56°	+58°	+60°
1955	h m	h m	h m	h m	h m	h m	h m	h m	h m	h m	h m	h m	h m	h m
Nov. 24	5 28	5 43	5 58	6 14	6 32	6 42	6 54	7 9	7 26	7 34	7 43	7 53	8 5	8 18
25	5 28	5 43	5 58	6 14	6 33	6 43	6 56	7 10	7 27	7 35	7 45	7 55	8 7	8 20
26	5 28	5 43	5 59	6 15	6 34	6 44	6 57	7 11	7 29	7 37	7 46	7 57	8 9	8 23
27	5 28	5 44	5 59	6 16	6 34	6 45	6 58	7 12	7 30	7 39	7 48	7 59	8 11	8 25
28	5 29	5 44	6 0	6 16	6 35	6 46	6 59	7 14	7 32	7 40	7 50	8 0	8 13	8 27
29	5 29	5 44	6 0	6 17	6 36	6 47	7 0	7 15	7 33	7 42	7 51	8 2	8 15	8 29
30	5 29	5 45	6 1	6 18	6 37	6 48	7 1	7 16	7 34	7 43	7 53	8 4	8 17	8 31
Dez. 1	5 29	5 45	6 1	6 18	6 38	6 49	7 2	7 17	7 36	7 45	7 54	8 6	8 18	8 33
2	5 29	5 46	6 2	6 19	6 38	6 50	7 3	7 18	7 37	7 46	7 56	8 7	8 20	8 36
3	5 30	5 46	6 2	6 20	6 39	6 51	7 4	7 19	7 38	7 47	7 58	8 9	8 22	8 38
4	5 30	5 46	6 3	6 20	6 40	6 52	7 5	7 20	7 40	7 49	7 59	8 11	8 24	8 40
5	5 30	5 47	6 3	6 21	6 41	6 53	7 6	7 22	7 41	7 50	8 0	8 12	8 26	8 41
6	5 30	5 47	6 4	6 21	6 42	6 53	7 7	7 23	7 42	7 51	8 2	8 14	8 27	8 43
7	5 31	5 48	6 4	6 22	6 42	6 54	7 8	7 24	7 43	7 53	8 3	8 15	8 29	8 45
8	5 31	5 48	6 5	6 23	6 43	6 55	7 9	7 25	7 44	7 54	8 4	8 16	8 30	8 47
9	5 31	5 48	6 5	6 23	6 44	6 56	7 9	7 26	7 46	7 55	8 6	8 18	8 32	8 48
10	5 32	5 49	6 6	6 24	6 45	6 57	7 10	7 27	7 47	7 56	8 7	8 19	8 33	8 50
11	5 32	5 49	6 6	6 25	6 45	6 57	7 11	7 28	7 48	7 57	8 8	8 20	8 34	8 51
12	5 33	5 50	6 7	6 25	6 46	6 58	7 12	7 28	7 49	7 58	8 9	8 22	8 36	8 53
13	5 33	5 50	6 8	6 26	6 47	6 59	7 13	7 29	7 50	7 59	8 10	8 23	8 37	8 54
14	5 33	5 51	6 8	6 26	6 47	7 0	7 13	7 30	7 51	8 0	8 11	8 24	8 38	8 55
15	5 34	5 51	6 9	6 27	6 48	7 0	7 14	7 31	7 51	8 1	8 12	8 25	8 39	8 57
16	5 34	5 52	6 9	6 28	6 49	7 1	7 15	7 32	7 52	8 2	8 13	8 26	8 40	8 58
17	5 35	5 52	6 10	6 28	6 49	7 2	7 16	7 32	7 53	8 3	8 14	8 27	8 41	8 59
18	5 35	5 53	6 10	6 29	6 50	7 2	7 16	7 33	7 54	8 4	8 15	8 27	8 42	9 0
19	5 36	5 53	6 11	6 29	6 50	7 3	7 17	7 34	7 54	8 4	8 15	8 28	8 43	9 0
20	5 36	5 54	6 11	6 30	6 51	7 3	7 17	7 34	7 55	8 5	8 16	8 29	8 44	9 1
21	5 36	5 54	6 12	6 30	6 51	7 4	7 18	7 35	7 56	8 6	8 17	8 29	8 44	9 2
22	5 37	5 55	6 12	6 31	6 52	7 4	7 18	7 35	7 56	8 6	8 17	8 30	8 45	9 2
23	5 37	5 55	6 13	6 31	6 52	7 5	7 19	7 36	7 57	8 7	8 18	8 30	8 45	9 3
24	5 38	5 56	6 13	6 32	6 53	7 5	7 19	7 36	7 57	8 7	8 18	8 31	8 46	9 3
25	5 39	5 56	6 14	6 32	6 53	7 6	7 20	7 37	7 57	8 7	8 19	8 31	8 46	9 4
26	5 39	5 57	6 14	6 33	6 54	7 6	7 20	7 37	7 58	8 8	8 19	8 32	8 46	9 4
27	5 40	5 57	6 15	6 33	6 54	7 7	7 21	7 37	7 58	8 8	8 19	8 32	8 46	9 4
28	5 40	5 58	6 15	6 33	6 55	7 7	7 21	7 38	7 58	8 8	8 19	8 32	8 46	9 4
29	5 41	5 58	6 15	6 34	6 55	7 7	7 21	7 38	7 59	8 8	8 19	8 32	8 46	9 4
30	5 41	5 59	6 16	6 34	6 55	7 8	7 22	7 38	7 59	8 9	8 19	8 32	8 46	9 4
31	5 42	5 59	6 16	6 35	6 56	7 8	7 22	7 38	7 59	8 9	8 19	8 32	8 46	9 3
32	5 42	6 0	6 17	6 35	6 56	7 8	7 22	7 39	7 59	8 9	8 19	8 32	8 46	9 3

Mittlere Ortszeit — Meridian von Greenwich

Tag	Geographische Breite													
	−10°	0°	+10°	+20°	+30°	+35°	+40°	+45°	+50°	+52°	+54°	+56°	+58°	+60°
1955	h m	h m	h m	h m	h m	h m	h m	h m	h m	h m	h m	h m	h m	h m
Nov. 24	18 5	17 50	17 35	17 19	17 1	16 50	16 38	16 24	16 7	15 59	15 50	15 40	15 28	15 15
25	18 6	17 51	17 35	17 19	17 1	16 50	16 38	16 24	16 6	15 58	15 49	15 38	15 27	15 13
26	18 6	17 51	17 35	17 19	17 1	16 50	16 37	16 23	16 5	15 57	15 48	15 37	15 25	15 11
27	18 7	17 51	17 36	17 19	17 0	16 49	16 37	16 22	16 4	15 56	15 46	15 36	15 24	15 10
28	18 7	17 52	17 36	17 19	17 0	16 49	16 37	16 22	16 4	15 55	15 45	15 35	15 22	15 8
29	18 8	17 52	17 36	17 19	17 0	16 49	16 36	16 21	16 3	15 54	15 45	15 34	15 21	15 7
30	18 8	17 52	17 36	17 19	17 0	16 49	16 36	16 21	16 2	15 54	15 44	15 33	15 20	15 5
Dez. 1	18 9	17 53	17 36	17 19	17 0	16 49	16 36	16 20	16 2	15 53	15 43	15 32	15 19	15 4
2	18 9	17 53	17 37	17 19	17 0	16 48	16 35	16 20	16 1	15 52	15 42	15 31	15 18	15 2
3	18 10	17 53	17 37	17 20	17 0	16 48	16 35	16 20	16 1	15 52	15 41	15 30	15 17	15 1
4	18 10	17 54	17 37	17 20	17 0	16 48	16 35	16 19	16 0	15 51	15 41	15 29	15 16	15 0
5	18 11	17 54	17 38	17 20	17 0	16 48	16 35	16 19	16 0	15 50	15 40	15 28	15 15	14 59
6	18 11	17 55	17 38	17 20	17 0	16 48	16 35	16 19	15 59	15 50	15 40	15 28	15 14	14 58
7	18 12	17 55	17 38	17 20	17 0	16 48	16 35	16 19	15 59	15 50	15 39	15 27	15 13	14 57
8	18 12	17 55	17 39	17 21	17 0	16 48	16 35	16 19	15 59	15 49	15 39	15 27	15 13	14 56
9	18 13	17 56	17 39	17 21	17 0	16 48	16 35	16 18	15 58	15 49	15 38	15 26	15 12	14 56
10	18 13	17 56	17 39	17 21	17 0	16 48	16 35	16 18	15 58	15 49	15 38	15 26	15 12	14 55
11	18 14	17 57	17 40	17 22	17 1	16 49	16 35	16 18	15 58	15 49	15 38	15 26	15 11	14 55
12	18 15	17 57	17 40	17 22	17 1	16 49	16 35	16 18	15 58	15 49	15 38	15 25	15 11	14 54
13	18 15	17 58	17 40	17 22	17 1	16 49	16 35	16 19	15 58	15 48	15 38	15 25	15 11	14 54
14	18 16	17 58	17 41	17 23	17 2	16 49	16 35	16 19	15 58	15 48	15 38	15 25	15 11	14 53
15	18 16	17 59	17 41	17 23	17 2	16 50	16 36	16 19	15 58	15 49	15 38	15 25	15 11	14 53
16	18 17	17 59	17 42	17 23	17 2	16 50	16 36	16 19	15 58	15 49	15 38	15 25	15 11	14 53
17	18 17	18 0	17 42	17 24	17 3	16 50	16 36	16 19	15 59	15 49	15 38	15 25	15 11	14 53
18	18 18	18 0	17 43	17 24	17 3	16 51	16 36	16 20	15 59	15 49	15 38	15 25	15 11	14 53
19	18 18	18 1	17 43	17 25	17 3	16 51	16 37	16 20	15 59	15 49	15 38	15 26	15 11	14 53
20	18 19	18 1	17 44	17 25	17 4	16 51	16 37	16 20	16 0	15 50	15 39	15 26	15 11	14 53
21	18 19	18 2	17 44	17 26	17 4	16 52	16 38	16 21	16 0	15 50	15 39	15 26	15 12	14 54
22	18 20	18 2	17 45	17 26	17 5	16 52	16 38	16 21	16 1	15 51	15 40	15 27	15 12	14 54
23	18 20	18 3	17 45	17 27	17 5	16 53	16 39	16 22	16 1	15 51	15 40	15 27	15 13	14 55
24	18 21	18 3	17 46	17 27	17 6	16 53	16 39	16 22	16 2	15 52	15 41	15 28	15 13	14 55
25	18 21	18 4	17 46	17 28	17 6	16 54	16 40	16 23	16 2	15 52	15 41	15 29	15 14	14 56
26	18 22	18 4	17 47	17 28	17 7	16 55	16 40	16 24	16 3	15 53	15 42	15 29	15 15	14 57
27	18 22	18 5	17 47	17 29	17 8	16 55	16 41	16 24	16 4	15 54	15 43	15 30	15 15	14 58
28	18 23	18 5	17 48	17 29	17 8	16 56	16 42	16 25	16 4	15 55	15 44	15 31	15 16	14 59
29	18 23	18 6	17 48	17 30	17 9	16 56	16 43	16 26	16 5	15 55	15 44	15 32	15 17	15 0
30	18 23	18 6	17 49	17 30	17 10	16 57	16 43	16 27	16 6	15 56	15 45	15 33	15 18	15 1
31	18 24	18 7	17 49	17 31	17 10	16 58	16 44	16 27	16 7	15 57	15 46	15 34	15 20	15 3
32	18 24	18 7	17 50	17 32	17 11	16 59	16 45	16 28	16 8	15 58	15 48	15 35	15 21	15 4

Anfang der Nautischen Dämmerung

Mittlere Ortszeit | Meridian von Greenwich

Tag	Geographische Breite													
	−10°	0°	+10°	+20°	+30°	+35°	+40°	+45°	+50°	+52°	+54°	+56°	+58°	+60°
1955	h m	h m	h m	h m	h m	h m	h m	h m	h m	h m	h m	h m	h m	h m
Jan. 0	4 52	5 11	5 27	5 43	6 0	6 8	6 17	6 28	6 39	6 44	6 50	6 56	7 2	7 10
5	4 55	5 13	5 30	5 45	6 1	6 9	6 18	6 28	6 39	6 44	6 49	6 55	7 2	7 9
10	4 58	5 16	5 31	5 46	6 2	6 10	6 18	6 27	6 38	6 43	6 48	6 53	6 59	7 6
15	5 1	5 18	5 33	5 47	6 2	6 9	6 17	6 26	6 36	6 40	6 45	6 50	6 56	7 2
20	5 3	5 20	5 34	5 48	6 1	6 8	6 16	6 24	6 33	6 37	6 41	6 45	6 50	6 56
25	5 6	5 22	5 35	5 48	6 0	6 6	6 13	6 20	6 28	6 32	6 36	6 40	6 44	6 49
30	5 9	5 23	5 35	5 47	5 58	6 4	6 10	6 16	6 23	6 26	6 29	6 33	6 37	6 41
Febr. 4	5 11	5 24	5 35	5 46	5 56	6 1	6 6	6 11	6 17	6 19	6 22	6 25	6 28	6 31
9	5 13	5 25	5 35	5 44	5 52	5 57	6 1	6 5	6 10	6 12	6 14	6 16	6 18	6 21
14	5 14	5 25	5 34	5 42	5 49	5 52	5 56	5 59	6 2	6 4	6 5	6 6	6 8	6 9
19	5 16	5 25	5 33	5 39	5 45	5 47	5 49	5 52	5 54	5 54	5 55	5 56	5 57	5 57
24	5 17	5 25	5 31	5 36	5 40	5 42	5 43	5 44	5 45	5 45	5 45	5 45	5 44	5 44
März 1	5 18	5 24	5 29	5 33	5 35	5 36	5 36	5 36	5 35	5 34	5 34	5 33	5 32	5 30
6	5 18	5 23	5 27	5 29	5 30	5 29	5 29	5 27	5 25	5 23	5 22	5 20	5 18	5 16
11	5 19	5 22	5 24	5 25	5 24	5 23	5 21	5 18	5 14	5 12	5 10	5 7	5 4	5 1
16	5 19	5 21	5 22	5 21	5 18	5 16	5 13	5 9	5 3	5 0	4 57	4 54	4 50	4 45
21	5 19	5 19	5 19	5 16	5 12	5 9	5 4	4 59	4 52	4 48	4 44	4 40	4 35	4 29
26	5 19	5 18	5 16	5 12	5 6	5 1	4 56	4 49	4 40	4 36	4 31	4 26	4 19	4 12
31	5 18	5 16	5 13	5 7	4 59	4 54	4 47	4 39	4 28	4 23	4 17	4 11	4 3	3 55
April 5	5 18	5 15	5 10	5 3	4 53	4 47	4 39	4 29	4 17	4 10	4 4	3 56	3 47	3 37
10	5 18	5 13	5 7	4 58	4 47	4 39	4 30	4 19	4 4	3 57	3 50	3 40	3 30	3 18
15	5 18	5 11	5 4	4 54	4 40	4 32	4 22	4 9	3 52	3 44	3 35	3 25	3 13	2 58
20	5 18	5 10	5 1	4 50	4 35	4 25	4 13	3 59	3 40	3 31	3 21	3 9	2 54	2 37
25	5 18	5 9	4 58	4 46	4 29	4 18	4 5	3 50	3 28	3 18	3 6	2 52	2 36	2 15
30	5 18	5 8	4 56	4 42	4 23	4 12	3 58	3 40	3 17	3 5	2 52	2 36	2 16	1 50
Mai 5	5 18	5 7	4 54	4 38	4 18	4 6	3 50	3 31	3 5	2 52	2 37	2 18	1 55	1 21
10	5 18	5 6	4 52	4 35	4 14	4 0	3 43	3 22	2 54	2 40	2 22	2 1	1 31	0 40
15	5 19	5 6	4 51	4 33	4 9	3 55	3 37	3 14	2 43	2 27	2 7	1 42	1 3	
20	5 19	5 5	4 49	4 30	4 6	3 50	3 31	3 7	2 33	2 15	1 53	1 22	0 18	
25	5 20	5 5	4 49	4 29	4 3	3 46	3 26	3 1	2 24	2 4	1 38	0 59		
30	5 21	5 6	4 48	4 27	4 0	3 43	3 22	2 55	2 16	1 54	1 25	0 30		
Juni 4	5 22	5 6	4 48	4 27	3 59	3 41	3 19	2 51	2 9	1 46	1 11			
9	5 23	5 7	4 48	4 26	3 58	3 40	3 17	2 48	2 4	1 39	1 0			
14	5 25	5 8	4 49	4 27	3 58	3 39	3 16	2 46	2 1	1 34	0 50			
19	5 26	5 9	4 50	4 27	3 58	3 39	3 16	2 45	2 0	1 32	0 45			
24	5 27	5 10	4 51	4 28	3 59	3 40	3 17	2 46	2 1	1 33	0 46			
29	5 28	5 11	4 52	4 30	4 1	3 42	3 19	2 49	2 4	1 37	0 53			
Juli 4	5 29	5 12	4 53	4 31	4 3	3 45	3 22	2 53	2 9	1 43	1 4			

In +56° Breite herrscht Dämmerung von Sonnenuntergang bis Sonnenaufgang in der Zeit vom 2. Juni bis 12. Juli.
In +58° Breite herrscht Dämmerung von Sonnenuntergang bis Sonnenaufgang in der Zeit vom 21. Mai bis 23. Juli.
In +60° Breite herrscht Dämmerung von Sonnenuntergang bis Sonnenaufgang in der Zeit vom 12. Mai bis 1. Aug.

Ende der Nautischen Dämmerung

Mittlere Ortszeit — Meridian von Greenwich

Tag	Geographische Breite													
	−10°	0°	+10°	+20°	+30°	+35°	+40°	+45°	+50°	+52°	+54°	+56°	+58°	+60°
1955	h m	h m	h m	h m	h m	h m	h m	h m	h m	h m	h m	h m	h m	h m
Jan. 0	19 14	18 55	18 38	18 23	18 6	17 58	17 48	17 38	17 27	17 22	17 16	17 10	17 3	16 56
5	19 16	18 57	18 41	18 25	18 10	18 1	17 52	17 43	17 31	17 26	17 21	17 15	17 9	17 2
10	19 17	18 59	18 43	18 28	18 13	18 5	17 57	17 47	17 37	17 32	17 27	17 22	17 16	17 9
15	19 18	19 1	18 46	18 31	18 17	18 9	18 1	17 53	17 43	17 38	17 34	17 29	17 23	17 17
20	19 18	19 2	18 48	18 34	18 21	18 14	18 6	17 58	17 49	17 45	17 41	17 36	17 31	17 26
25	19 18	19 3	18 50	18 37	18 25	18 18	18 12	18 4	17 56	17 53	17 49	17 45	17 40	17 36
30	19 18	19 4	18 51	18 40	18 29	18 23	18 17	18 11	18 4	18 1	17 57	17 54	17 50	17 46
Febr. 4	19 17	19 4	18 53	18 42	18 33	18 28	18 22	18 17	18 11	18 9	18 6	18 3	18 0	17 57
9	19 16	19 4	18 54	18 45	18 36	18 32	18 28	18 23	18 19	18 17	18 15	18 13	18 10	18 8
14	19 14	19 4	18 55	18 47	18 40	18 37	18 33	18 30	18 27	18 25	18 24	18 22	18 21	18 19
19	19 12	19 3	18 55	18 49	18 43	18 41	18 39	18 36	18 34	18 34	18 33	18 32	18 32	18 31
24	19 10	19 2	18 56	18 51	18 47	18 45	18 44	18 43	18 42	18 42	18 42	18 42	18 42	18 43
März 1	19 8	19 1	18 56	18 53	18 50	18 50	18 49	18 50	18 50	18 51	18 52	18 53	18 54	18 55
6	19 5	19 0	18 56	18 54	18 54	18 54	18 55	18 56	18 58	19 0	19 1	19 3	19 5	19 7
11	19 2	18 58	18 56	18 56	18 57	18 58	19 0	19 3	19 7	19 9	19 11	19 13	19 16	19 20
16	18 59	18 57	18 56	18 57	19 0	19 2	19 5	19 9	19 15	19 17	19 21	19 24	19 28	19 33
21	18 56	18 55	18 56	18 59	19 3	19 6	19 11	19 16	19 23	19 27	19 31	19 35	19 40	19 46
26	18 53	18 54	18 56	19 0	19 6	19 11	19 16	19 23	19 32	19 36	19 41	19 46	19 53	20 0
31	18 50	18 53	18 56	19 2	19 10	19 15	19 22	19 30	19 40	19 46	19 51	19 58	20 6	20 14
April 5	18 48	18 51	18 56	19 3	19 13	19 19	19 27	19 37	19 49	19 56	20 2	20 10	20 19	20 29
10	18 45	18 50	18 56	19 5	19 16	19 24	19 33	19 44	19 59	20 6	20 14	20 23	20 33	20 45
15	18 43	18 49	18 57	19 7	19 20	19 28	19 39	19 52	20 8	20 16	20 25	20 36	20 48	21 2
20	18 41	18 48	18 57	19 9	19 24	19 33	19 45	19 59	20 18	20 27	20 37	20 49	21 4	21 21
25	18 39	18 47	18 58	19 11	19 27	19 38	19 51	20 7	20 28	20 38	20 50	21 4	21 20	21 41
30	18 37	18 47	18 59	19 13	19 31	19 43	19 57	20 15	20 38	20 50	21 3	21 19	21 39	22 5
Mai 5	18 36	18 47	19 0	19 15	19 35	19 48	20 3	20 23	20 48	21 1	21 17	21 35	21 59	22 32
10	18 35	18 47	19 1	19 18	19 39	19 53	20 10	20 31	20 59	21 13	21 31	21 52	22 22	23 13
15	18 34	18 47	19 2	19 20	19 43	19 58	20 16	20 38	21 9	21 26	21 45	22 10	22 49	
20	18 33	18 48	19 3	19 23	19 47	20 3	20 22	20 46	21 20	21 38	22 0	22 31	23 35	
25	18 33	18 48	19 5	19 25	19 51	20 7	20 27	20 53	21 30	21 49	22 15	22 55		
30	18 33	18 49	19 7	19 27	19 54	20 11	20 32	21 0	21 39	22 0	22 30	23 25		
Juni 4	18 34	18 50	19 8	19 30	19 57	20 15	20 37	21 6	21 47	22 11	22 45			
9	18 35	18 51	19 10	19 32	20 0	20 18	20 41	21 11	21 54	22 19	22 58			
14	18 35	18 52	19 11	19 34	20 3	20 21	20 44	21 14	21 59	22 26	23 10			
19	18 36	18 54	19 13	19 35	20 4	20 23	20 46	21 17	22 2	22 30	23 17			
24	18 38	18 55	19 14	19 36	20 5	20 24	20 47	21 18	22 4	22 31	23 18			
29	18 39	18 56	19 14	19 37	20 6	20 24	20 47	21 18	22 2	22 30	23 14			
Juli 4	18 40	18 56	19 15	19 37	20 6	20 24	20 46	21 16	21 59	22 25	23 5			

In +56° Breite herrscht Dämmerung von Sonnenuntergang bis Sonnenaufgang in der Zeit vom 2. Juni bis 12. Juli.
In +58° Breite herrscht Dämmerung von Sonnenuntergang bis Sonnenaufgang in der Zeit vom 21. Mai bis 23. Juli.
In +60° Breite herrscht Dämmerung von Sonnenuntergang bis Sonnenaufgang in der Zeit vom 12. Mai bis 1. Aug.

Anfang der Nautischen Dämmerung

Mittlere Ortszeit — Meridian von Greenwich

Tag	Geographische Breite													
	−10°	0°	+10°	+20°	+30°	+35°	+40°	+45°	+50°	+52°	+54°	+56°	+58°	+60°
1955	h m	h m	h m	h m	h m	h m	h m	h m	h m	h m	h m			
Juli 4	5 29	5 12	4 53	4 31	4 3	3 45	3 22	2 53	2 9	1 43	1 4			
9	5 29	5 13	4 55	4 33	4 6	3 48	3 26	2 57	2 16	1 52	1 17	h m		
14	5 30	5 14	4 56	4 35	4 9	3 51	3 30	3 3	2 24	2 2	1 32	0 34		
19	5 30	5 15	4 58	4 38	4 12	3 55	3 35	3 9	2 33	2 13	1 47	1 6	h m	
24	5 30	5 15	4 59	4 40	4 15	4 0	3 41	3 16	2 42	2 24	2 1	1 30	0 15	
29	5 29	5 16	5 1	4 42	4 19	4 4	3 46	3 23	2 52	2 36	2 16	1 50	1 10	h m
Aug. 3	5 28	5 16	5 2	4 45	4 23	4 9	3 52	3 31	3 3	2 48	2 30	2 8	1 38	0 43
8	5 27	5 16	5 3	4 47	4 27	4 14	3 58	3 39	3 13	2 59	2 44	2 25	2 1	1 26
13	5 25	5 15	5 3	4 49	4 30	4 18	4 4	3 46	3 23	3 11	2 57	2 41	2 21	1 54
18	5 24	5 15	5 4	4 51	4 34	4 23	4 10	3 54	3 33	3 22	3 10	2 56	2 39	2 17
23	5 21	5 14	5 4	4 53	4 38	4 28	4 16	4 1	3 42	3 33	3 22	3 10	2 55	2 38
28	5 19	5 13	5 5	4 54	4 41	4 32	4 22	4 9	3 52	3 44	3 34	3 23	3 11	2 56
Sept. 2	5 17	5 11	5 5	4 56	4 44	4 37	4 27	4 16	4 1	3 54	3 46	3 36	3 25	3 13
7	5 14	5 10	5 5	4 57	4 47	4 41	4 33	4 23	4 10	4 3	3 56	3 48	3 39	3 28
12	5 11	5 8	5 4	4 59	4 50	4 45	4 38	4 29	4 18	4 13	4 7	4 0	3 52	3 43
17	5 8	5 7	5 4	5 0	4 53	4 49	4 43	4 36	4 27	4 22	4 17	4 11	4 5	3 57
22	5 5	5 5	5 4	5 1	4 56	4 53	4 48	4 42	4 35	4 31	4 27	4 22	4 17	4 11
27	5 1	5 3	5 4	5 2	4 59	4 57	4 53	4 49	4 43	4 40	4 37	4 33	4 29	4 24
Okt. 2	4 58	5 2	5 3	5 3	5 2	5 0	4 58	4 55	4 51	4 49	4 46	4 43	4 40	4 36
7	4 55	5 0	5 3	5 5	5 5	5 4	5 3	5 1	4 59	4 57	4 55	4 53	4 51	4 49
12	4 52	4 58	5 3	5 6	5 8	5 8	5 8	5 8	5 6	5 6	5 5	5 4	5 2	5 1
17	4 50	4 57	5 3	5 7	5 11	5 12	5 13	5 14	5 14	5 14	5 14	5 13	5 13	5 12
22	4 47	4 56	5 3	5 9	5 14	5 16	5 18	5 20	5 21	5 22	5 23	5 23	5 24	5 24
27	4 45	4 55	5 3	5 11	5 17	5 20	5 23	5 26	5 29	5 30	5 32	5 33	5 34	5 35
Nov. 1	4 43	4 54	5 4	5 13	5 20	5 24	5 28	5 32	5 37	5 38	5 40	5 42	5 44	5 46
6	4 41	4 54	5 5	5 15	5 24	5 29	5 34	5 39	5 44	5 46	5 49	5 51	5 54	5 57
11	4 40	4 54	5 6	5 17	5 28	5 33	5 39	5 45	5 51	5 54	5 57	6 1	6 4	6 8
16	4 39	4 54	5 7	5 19	5 31	5 37	5 44	5 51	5 58	6 2	6 5	6 9	6 13	6 18
21	4 39	4 55	5 9	5 22	5 35	5 42	5 49	5 57	6 5	6 9	6 13	6 18	6 23	6 28
26	4 39	4 56	5 11	5 25	5 39	5 46	5 54	6 2	6 12	6 16	6 21	6 26	6 31	6 37
Dez. 1	4 40	4 57	5 13	5 27	5 42	5 50	5 59	6 8	6 18	6 23	6 27	6 33	6 39	6 45
6	4 41	4 59	5 15	5 30	5 46	5 54	6 3	6 13	6 24	6 28	6 34	6 39	6 45	6 52
11	4 42	5 1	5 18	5 33	5 49	5 58	6 7	6 17	6 28	6 33	6 39	6 45	6 51	6 59
16	4 44	5 3	5 20	5 36	5 52	6 1	6 11	6 21	6 32	6 38	6 43	6 50	6 56	7 4
21	4 46	5 5	5 23	5 39	5 55	6 4	6 13	6 24	6 36	6 41	6 47	6 53	7 0	7 7
26	4 49	5 8	5 25	5 41	5 58	6 6	6 16	6 26	6 38	6 43	6 49	6 55	7 2	7 9
31	4 52	5 11	5 27	5 43	6 0	6 8	6 17	6 28	6 39	6 44	6 50	6 56	7 2	7 10

In +56° Breite herrscht Dämmerung von Sonnenuntergang bis Sonnenaufgang in der Zeit vom 2. Juni bis 12. Juli.
In +58° Breite herrscht Dämmerung von Sonnenuntergang bis Sonnenaufgang in der Zeit vom 21. Mai bis 23. Juli.
In +60° Breite herrscht Dämmerung von Sonnenuntergang bis Sonnenaufgang in der Zeit vom 12. Mai bis 1. Aug.

Ende der Nautischen Dämmerung

Mittlere Ortszeit — Meridian von Greenwich

Tag	−10°	0°	+10°	+20°	+30°	+35°	+40°	+45°	+50°	+52°	+54°	+56°	+58°	+60°
1955	h m	h m	h m	h m	h m	h m	h m	h m	h m	h m	h m			
Juli 4	18 40	18 56	19 15	19 37	20 6	20 24	20 46	21 16	21 59	22 25	23 5			
9	18 41	18 57	19 15	19 37	20 4	20 22	20 44	21 13	21 54	22 18	22 53	h m		
14	18 42	18 57	19 15	19 36	20 3	20 20	20 41	21 9	21 48	22 10	22 40	23 37		
19	18 43	18 58	19 14	19 35	20 0	20 17	20 37	21 3	21 40	22 0	22 26	23 6	h m	
24	18 43	18 58	19 14	19 33	19 57	20 13	20 32	20 57	21 31	21 49	22 12	22 43	23 58	
29	18 44	18 57	19 12	19 30	19 54	20 8	20 27	20 49	21 21	21 37	21 57	22 23	23 3	h m
Aug. 3	18 44	18 57	19 11	19 28	19 50	20 3	20 20	20 41	21 10	21 25	21 42	22 4	22 34	23 30
8	18 44	18 56	19 9	19 24	19 45	19 58	20 13	20 33	20 59	21 12	21 27	21 46	22 11	22 46
13	18 45	18 55	19 6	19 21	19 40	19 51	20 6	20 24	20 47	20 59	21 13	21 29	21 49	22 15
18	18 44	18 53	19 4	19 17	19 34	19 45	19 58	20 14	20 35	20 46	20 58	21 12	21 29	21 51
23	18 44	18 52	19 1	19 13	19 28	19 38	19 50	20 4	20 23	20 33	20 43	20 56	21 10	21 28
28	18 44	18 50	18 58	19 8	19 22	19 31	19 41	19 54	20 11	20 19	20 29	20 39	20 52	21 7
Sept. 2	18 43	18 48	18 55	19 4	19 16	19 23	19 33	19 44	19 59	20 6	20 14	20 24	20 34	20 47
7	18 43	18 47	18 52	18 59	19 9	19 16	19 24	19 34	19 47	19 53	20 0	20 8	20 17	20 28
12	18 42	18 45	18 49	18 54	19 3	19 8	19 15	19 24	19 35	19 40	19 46	19 53	20 1	20 10
17	18 42	18 43	18 45	18 50	18 56	19 1	19 6	19 14	19 23	19 27	19 32	19 38	19 45	19 52
22	18 41	18 41	18 42	18 45	18 50	18 53	18 58	19 4	19 11	19 15	19 19	19 24	19 29	19 35
27	18 41	18 39	18 39	18 40	18 43	18 46	18 49	18 54	19 0	19 3	19 6	19 10	19 14	19 19
Okt. 2	18 41	18 38	18 36	18 36	18 37	18 39	18 41	18 44	18 48	18 51	18 53	18 56	18 59	19 3
7	18 41	18 36	18 33	18 32	18 31	18 32	18 33	18 35	18 37	18 39	18 41	18 43	18 45	18 48
12	18 41	18 35	18 31	18 27	18 26	18 25	18 25	18 26	18 27	18 28	18 29	18 30	18 31	18 33
17	18 42	18 34	18 28	18 24	18 20	18 19	18 18	18 17	18 17	18 17	18 17	18 18	18 18	18 19
22	18 42	18 33	18 26	18 20	18 15	18 13	18 11	18 9	18 8	18 7	18 7	18 6	18 6	18 5
27	18 43	18 33	18 25	18 18	18 11	18 8	18 5	18 2	17 59	17 58	17 57	17 55	17 54	17 53
Nov. 1	18 45	18 33	18 23	18 15	18 7	18 3	17 59	17 55	17 51	17 49	17 47	17 45	17 43	17 41
6	18 46	18 34	18 23	18 13	18 3	17 59	17 54	17 49	17 43	17 41	17 38	17 36	17 33	17 30
11	18 48	18 34	18 22	18 11	18 0	17 55	17 49	17 43	17 37	17 34	17 31	17 27	17 24	17 20
16	18 50	18 35	18 22	18 10	17 58	17 52	17 46	17 39	17 31	17 28	17 24	17 20	17 16	17 12
21	18 53	18 37	18 23	18 10	17 57	17 50	17 43	17 35	17 26	17 22	17 18	17 14	17 9	17 4
26	18 55	18 39	18 24	18 10	17 56	17 48	17 40	17 32	17 22	17 18	17 14	17 9	17 3	16 58
Dez. 1	18 58	18 41	18 25	18 10	17 55	17 48	17 39	17 30	17 20	17 15	17 10	17 5	16 59	16 53
6	19 1	18 43	18 27	18 11	17 56	17 48	17 39	17 29	17 18	17 13	17 8	17 2	16 56	16 49
11	19 4	18 45	18 29	18 13	17 57	17 48	17 39	17 29	17 18	17 13	17 7	17 1	16 55	16 47
16	19 7	18 48	18 31	18 15	17 58	17 50	17 40	17 30	17 18	17 13	17 8	17 1	16 55	16 47
21	19 9	18 50	18 33	18 17	18 1	17 52	17 42	17 32	17 20	17 15	17 9	17 3	16 56	16 49
26	19 12	18 53	18 36	18 20	18 3	17 54	17 45	17 35	17 23	17 18	17 12	17 6	16 59	16 51
31	19 14	18 55	18 38	18 22	18 6	17 58	17 48	17 38	17 27	17 21	17 16	17 10	17 3	16 56

In +56° Breite herrscht Dämmerung von Sonnenuntergang bis Sonnenaufgang in der Zeit vom 2. Juni bis 12. Juli.
In +58° Breite herrscht Dämmerung von Sonnenuntergang bis Sonnenaufgang in der Zeit vom 21. Mai bis 23. Juli.
In +60° Breite herrscht Dämmerung von Sonnenuntergang bis Sonnenaufgang in der Zeit vom 12. Mai bis 1. Aug.

Mondaufgang 1955

Mittlere Ortszeit | Meridian von Greenwich

Tag	Geographische Breite													
	−10°	0°	+10°	+20°	+30°	+35°	+40°	+45°	+50°	+52°	+54°	+56°	+58°	+60°
1955	h m	h m	h m	h m	h m	h m	h m	h m	h m	h m	h m	h m	h m	h m
Jan. 0	10 44	10 43	10 43	10 42	10 40	10 40	10 39	10 38	10 38	10 37	10 37	10 36	10 36	10 35
1	11 36	11 31	11 26	11 20	11 14	11 11	11 7	11 2	10 57	10 54	10 52	10 49	10 45	10 42
2	12 30	12 21	12 12	12 2	11 51	11 44	11 37	11 29	11 19	11 14	11 9	11 4	10 57	10 50
3	13 27	13 14	13 1	12 47	12 31	12 22	12 12	12 0	11 45	11 38	11 31	11 22	11 13	11 2
4	14 28	14 12	13 55	13 38	13 18	13 6	12 53	12 38	12 18	12 9	11 59	11 48	11 35	11 20
5	15 32	15 13	14 55	14 35	14 12	13 59	13 43	13 25	13 2	12 52	12 39	12 26	12 9	11 50
6	16 36	16 16	15 57	15 37	15 13	14 59	14 43	14 24	14 0	13 48	13 35	13 20	13 2	12 41
7	17 38	17 20	17 1	16 42	16 19	16 6	15 51	15 33	15 10	14 59	14 47	14 33	14 16	13 56
8	18 35	18 20	18 4	17 47	17 28	17 17	17 3	16 48	16 29	16 20	16 10	15 58	15 45	15 29
9	19 28	19 16	19 4	18 50	18 35	18 27	18 17	18 5	17 50	17 44	17 36	17 28	17 18	17 7
10	20 16	20 7	19 59	19 50	19 40	19 34	19 27	19 19	19 10	19 5	19 0	18 55	18 49	18 42
11	21 0	20 55	20 51	20 46	20 41	20 38	20 35	20 31	20 26	20 24	20 21	20 19	20 16	20 12
12	21 41	21 40	21 40	21 40	21 40	21 40	21 39	21 39	21 39	21 39	21 39	21 39	21 39	21 39
13	22 20	22 24	22 28	22 31	22 36	22 39	22 42	22 45	22 49	22 51	22 54	22 56	22 59	23 1
14	22 59	23 7	23 14	23 22	23 31	23 37	23 43	23 50	23 58	— —	— —	— —	— —	— —
15	23 39	23 50	— —	— —	— —	— —	— —	— —	— —	0 2	0 7	0 11	0 17	0 23
16	— —	— —	0 1	0 13	0 26	0 34	0 43	0 53	1 6	1 12	1 18	1 26	1 34	1 44
17	0 21	0 35	0 49	1 4	1 21	1 31	1 42	1 56	2 13	2 21	2 29	2 39	2 51	3 4
18	1 4	1 21	1 37	1 55	2 15	2 27	2 41	2 57	3 18	3 27	3 38	3 51	4 5	4 22
19	1 51	2 9	2 27	2 47	3 9	3 23	3 38	3 56	4 19	4 30	4 43	4 57	5 14	5 34
20	2 40	2 59	3 18	3 38	4 2	4 16	4 32	4 51	5 15	5 27	5 40	5 55	6 13	6 35
21	3 31	3 50	4 8	4 29	4 52	5 5	5 21	5 40	6 3	6 15	6 27	6 42	6 59	7 20
22	4 23	4 41	4 58	5 17	5 38	5 51	6 5	6 22	6 44	6 54	7 5	7 18	7 32	7 50
23	5 16	5 31	5 46	6 2	6 21	6 32	6 44	6 58	7 16	7 24	7 34	7 44	7 56	8 9
24	6 8	6 20	6 32	6 45	7 0	7 8	7 18	7 29	7 43	7 49	7 56	8 4	8 13	8 23
25	7 0	7 8	7 17	7 26	7 36	7 42	7 49	7 56	8 6	8 10	8 15	8 20	8 26	8 32
26	7 51	7 55	8 0	8 5	8 10	8 13	8 17	8 21	8 26	8 28	8 31	8 33	8 36	8 40
27	8 42	8 42	8 42	8 43	8 43	8 44	8 44	8 44	8 45	8 45	8 45	8 46	8 46	8 46
28	9 33	9 29	9 26	9 22	9 17	9 14	9 11	9 8	9 4	9 2	9 0	8 58	8 56	8 53
29	10 26	10 18	10 10	10 2	9 52	9 47	9 41	9 34	9 25	9 21	9 17	9 12	9 7	9 1
30	11 22	11 10	10 58	10 45	10 31	10 23	10 13	10 3	9 49	9 43	9 37	9 29	9 21	9 11
31	12 20	12 5	11 49	11 33	11 15	11 4	10 51	10 37	10 20	10 11	10 2	9 52	9 40	9 27
Febr. 1	13 21	13 3	12 45	12 26	12 4	11 51	11 37	11 19	10 58	10 48	10 37	10 24	10 9	9 51
2	14 23	14 3	13 44	13 24	13 0	12 47	12 31	12 12	11 48	11 37	11 24	11 9	10 52	10 31
3	15 23	15 5	14 46	14 26	14 3	13 49	13 33	13 14	12 51	12 40	12 27	12 12	11 55	11 34
4	16 21	16 5	15 48	15 29	15 8	14 56	14 42	14 25	14 4	13 54	13 43	13 30	13 16	12 58
5	17 15	17 1	16 47	16 32	16 15	16 5	15 53	15 40	15 23	15 15	15 6	14 56	14 45	14 32
6	18 5	17 54	17 44	17 33	17 20	17 13	17 5	16 55	16 43	16 37	16 31	16 24	16 16	16 8
7	18 50	18 44	18 38	18 31	18 23	18 19	18 14	18 8	18 1	17 57	17 54	17 50	17 45	17 40
8	19 33	19 31	19 29	19 26	19 24	19 22	19 20	19 18	19 16	19 15	19 13	19 12	19 11	19 9
9	20 14	20 16	20 18	20 20	20 22	20 23	20 24	20 26	20 28	20 29	20 30	20 32	20 33	20 34
10	20 54	21 0	21 5	21 11	21 18	21 22	21 27	21 32	21 39	21 42	21 45	21 49	21 53	21 58

Mittlere Ortszeit | Meridian von Greenwich

Tag	Geographische Breite													
	−10°	0°	+10°	+20°	+30°	+35°	+40°	+45°	+50°	+52°	+54°	+56°	+58°	+60°
1955	h m	h m	h m	h m	h m	h m	h m	h m	h m	h m	h m	h m	h m	h m
Jan. 0	23 3	23 6	23 9	23 12	23 16	23 18	23 20	23 23	23 26	23 28	23 30	23 32	23 34	23 36
1	23 47	23 54	— —	— —	— —	— —	— —	— —	— —	— —	— —	— —	— —	— —
2	— —	— —	0 2	0 9	0 18	0 23	0 29	0 36	0 44	0 48	0 52	0 57	1 2	1 8
3	0 34	0 46	0 57	1 9	1 23	1 31	1 40	1 51	2 4	2 11	2 17	2 25	2 34	2 44
4	1 26	1 41	1 56	2 12	2 30	2 41	2 54	3 8	3 26	3 35	3 44	3 55	4 8	4 22
5	2 23	2 40	2 58	3 17	3 39	3 52	4 7	4 24	4 46	4 57	5 9	5 22	5 38	5 57
6	3 24	3 43	4 2	4 23	4 46	5 0	5 16	5 35	5 59	6 11	6 24	6 39	6 57	7 18
7	4 28	4 47	5 6	5 26	5 49	6 2	6 18	6 37	7 0	7 11	7 24	7 38	7 55	8 15
8	5 32	5 49	6 6	6 24	6 45	6 57	7 11	7 27	7 47	7 57	8 7	8 19	8 33	8 49
9	6 33	6 47	7 1	7 16	7 33	7 43	7 54	8 7	8 23	8 30	8 38	8 47	8 58	9 9
10	7 31	7 41	7 51	8 2	8 14	8 22	8 30	8 39	8 50	8 55	9 1	9 7	9 14	9 22
11	8 24	8 31	8 37	8 44	8 51	8 55	9 0	9 6	9 12	9 16	9 19	9 22	9 27	9 31
12	9 15	9 17	9 19	9 22	9 24	9 26	9 27	9 29	9 32	9 33	9 34	9 35	9 36	9 38
13	10 3	10 1	10 0	9 58	9 56	9 54	9 53	9 51	9 50	9 48	9 47	9 46	9 45	9 44
14	10 50	10 44	10 39	10 33	10 26	10 22	10 18	10 13	10 7	10 4	10 1	9 58	9 54	9 50
15	11 37	11 28	11 18	11 9	10 58	10 51	10 44	10 36	10 26	10 21	10 16	10 10	10 4	9 57
16	12 24	12 11	11 59	11 46	11 31	11 22	11 12	11 1	10 47	10 40	10 33	10 25	10 16	10 6
17	13 12	12 57	12 42	12 25	12 7	11 56	11 44	11 29	11 12	11 3	10 54	10 44	10 32	10 18
18	14 1	13 44	13 26	13 8	12 47	12 34	12 20	12 3	11 42	11 32	11 21	11 8	10 53	10 36
19	14 52	14 33	14 14	13 54	13 31	13 17	13 2	12 43	12 20	12 9	11 56	11 42	11 24	11 4
20	15 42	15 23	15 4	14 44	14 20	14 6	13 50	13 31	13 7	12 55	12 42	12 27	12 9	11 47
21	16 33	16 14	15 56	15 36	15 14	15 0	14 45	14 26	14 3	13 52	13 40	13 25	13 8	12 48
22	17 21	17 5	16 49	16 31	16 10	15 58	15 45	15 28	15 8	14 58	14 47	14 35	14 20	14 3
23	18 9	17 55	17 41	17 26	17 9	16 59	16 48	16 34	16 18	16 10	16 1	15 51	15 40	15 27
24	18 54	18 43	18 33	18 22	18 9	18 2	17 53	17 43	17 31	17 25	17 19	17 12	17 4	16 55
25	19 37	19 31	19 24	19 17	19 9	19 4	18 59	18 53	18 45	18 42	18 38	18 33	18 29	18 23
26	20 20	20 18	20 15	20 12	20 9	20 7	20 5	20 3	20 0	19 59	19 57	19 56	19 54	19 52
27	21 3	21 4	21 6	21 8	21 10	21 11	21 13	21 14	21 16	21 17	21 18	21 19	21 20	21 21
28	21 46	21 52	21 58	22 5	22 12	22 16	22 21	22 26	22 33	22 36	22 40	22 43	22 48	22 52
29	22 32	22 42	22 53	23 3	23 15	23 23	23 31	23 40	23 52	23 57	— —	— —	— —	— —
30	23 22	23 35	23 49	— —	— —	— —	— —	— —	— —	— —	0 3	0 10	0 18	0 26
31	— —	— —	— —	0 4	0 21	0 31	0 42	0 56	1 12	1 20	1 28	1 38	1 49	2 2
Febr. 1	0 15	0 32	0 49	1 7	1 27	1 40	1 54	2 10	2 31	2 41	2 52	3 4	3 19	3 36
2	1 13	1 32	1 50	2 10	2 33	2 47	3 3	3 21	3 44	3 56	4 8	4 23	4 40	5 1
3	2 14	2 33	2 52	3 12	3 36	3 50	4 5	4 25	4 48	5 0	5 12	5 27	5 45	6 6
4	3 15	3 34	3 52	4 11	4 33	4 46	5 0	5 18	5 39	5 50	6 1	6 14	6 30	6 48
5	4 16	4 32	4 48	5 4	5 23	5 34	5 46	6 1	6 19	6 27	6 37	6 47	6 59	7 13
6	5 15	5 27	5 39	5 52	6 7	6 15	6 25	6 36	6 50	6 56	7 3	7 10	7 19	7 29
7	6 10	6 18	6 27	6 36	6 46	6 51	6 58	7 5	7 14	7 18	7 23	7 28	7 33	7 39
8	7 2	7 7	7 11	7 15	7 21	7 23	7 27	7 30	7 35	7 37	7 39	7 42	7 44	7 47
9	7 52	7 53	7 53	7 53	7 53	7 53	7 53	7 53	7 54	7 54	7 54	7 54	7 54	7 54
10	8 41	8 37	8 33	8 29	8 25	8 22	8 19	8 16	8 12	8 10	8 8	8 6	8 3	8 0

Mondaufgang 1955

Mittlere Ortszeit

Meridian von Greenwich

Tag	Geographische Breite													
	−10°	0°	+10°	+20°	+30°	+35°	+40°	+45°	+50°	+52°	+54°	+56°	+58°	+60°
1955	h m	h m	h m	h m	h m	h m	h m	h m	h m	h m	h m	h m	h m	h m
Febr. 10	20 54	21 0	21 5	21 11	21 18	21 22	21 27	21 32	21 39	21 42	21 45	21 49	21 53	21 58
11	21 34	21 44	21 53	22 3	22 14	22 21	22 29	22 37	22 48	22 53	22 59	23 5	23 12	23 20
12	22 16	22 28	22 41	22 54	23 10	23 19	23 29	23 41	23 56	— —	— —	— —	— —	— —
13	22 59	23 14	23 29	23 46	— —	— —	— —	— —	— —	0 3	0 11	0 20	0 30	0 41
14	23 44	— —	— —	— —	0 5	0 16	0 29	0 44	1 3	1 11	1 21	1 33	1 46	2 1
15	— —	0 1	0 19	0 38	0 59	1 12	1 27	1 44	2 6	2 16	2 28	2 41	2 57	3 16
16	0 32	0 50	1 9	1 29	1 52	2 6	2 22	2 40	3 4	3 15	3 28	3 43	4 1	4 22
17	1 21	1 40	1 59	2 20	2 43	2 57	3 13	3 32	3 55	4 7	4 20	4 34	4 52	5 13
18	2 13	2 31	2 49	3 8	3 31	3 44	3 59	4 17	4 39	4 49	5 1	5 15	5 31	5 49
19	3 5	3 22	3 38	3 55	4 15	4 26	4 40	4 55	5 14	5 23	5 33	5 45	5 58	6 13
20	3 58	4 11	4 25	4 39	4 56	5 5	5 16	5 29	5 44	5 51	5 59	6 8	6 18	6 29
21	4 50	5 0	5 10	5 21	5 33	5 40	5 48	5 57	6 9	6 14	6 19	6 26	6 33	6 40
22	5 42	5 48	5 55	6 1	6 9	6 13	6 18	6 23	6 30	6 33	6 37	6 40	6 45	6 49
23	6 34	6 36	6 38	6 41	6 43	6 45	6 46	6 48	6 51	6 51	6 53	6 54	6 55	6 57
24	7 27	7 25	7 22	7 20	7 18	7 16	7 14	7 12	7 10	7 9	7 8	7 7	7 6	7 4
25	8 21	8 14	8 8	8 1	7 53	7 49	7 44	7 38	7 31	7 28	7 25	7 21	7 17	7 12
26	9 17	9 6	8 56	8 44	8 32	8 24	8 16	8 7	7 55	7 50	7 44	7 38	7 30	7 22
27	10 15	10 1	9 47	9 32	9 14	9 4	8 53	8 40	8 24	8 16	8 8	7 59	7 48	7 36
28	11 15	10 58	10 41	10 23	10 2	9 50	9 36	9 20	9 0	8 50	8 40	8 28	8 14	7 58
März 1	12 16	11 58	11 39	11 19	10 56	10 43	10 27	10 9	9 46	9 35	9 23	9 9	8 52	8 32
2	13 17	12 58	12 39	12 19	11 55	11 42	11 26	11 7	10 44	10 33	10 20	10 5	9 48	9 27
3	14 14	13 57	13 39	13 20	12 59	12 46	12 31	12 14	11 52	11 42	11 30	11 17	11 1	10 42
4	15 8	14 53	14 38	14 22	14 3	13 52	13 40	13 25	13 7	12 58	12 49	12 38	12 25	12 11
5	15 58	15 46	15 34	15 22	15 7	14 59	14 49	14 38	14 24	14 18	14 11	14 3	13 54	13 43
6	16 44	16 36	16 28	16 20	16 10	16 4	15 58	15 50	15 41	15 37	15 32	15 27	15 21	15 15
7	17 27	17 23	17 19	17 15	17 10	17 7	17 4	17 0	16 56	16 54	16 52	16 49	16 46	16 43
8	18 8	18 8	18 8	18 8	18 8	18 8	18 8	18 9	18 9	18 9	18 9	18 9	18 9	18 9
9	18 49	18 53	18 57	19 1	19 6	19 8	19 12	19 15	19 20	19 22	19 24	19 27	19 30	19 33
10	19 29	19 37	19 44	19 53	20 2	20 7	20 14	20 21	20 30	20 34	20 38	20 44	20 49	20 55
11	20 10	20 21	20 32	20 44	20 58	21 6	21 15	21 26	21 39	21 45	21 52	21 59	22 8	22 17
12	20 53	21 7	21 21	21 36	21 54	22 4	22 15	22 29	22 46	22 54	23 3	23 13	23 25	23 38
13	21 38	21 54	22 11	22 28	22 49	23 1	23 14	23 31	23 51	— —	— —	— —	— —	— —
14	22 24	22 42	23 0	23 20	23 42	23 55	— —	— —	— —	0 1	0 12	0 24	0 38	0 55
15	23 13	23 32	23 50	— —	— —	— —	0 11	0 29	0 51	1 2	1 14	1 29	1 45	2 5
16	— —	— —	— —	0 11	0 34	0 47	1 3	1 22	1 45	1 57	2 9	2 24	2 41	3 2
17	0 3	0 22	0 40	1 0	1 22	1 35	1 51	2 9	2 31	2 42	2 55	3 9	3 25	3 45
18	0 54	1 11	1 28	1 47	2 7	2 19	2 33	2 50	3 10	3 20	3 30	3 43	3 57	4 13
19	1 46	2 1	2 15	2 31	2 49	2 59	3 11	3 25	3 42	3 50	3 59	4 8	4 20	4 33
20	2 38	2 49	3 1	3 13	3 27	3 36	3 45	3 56	4 9	4 15	4 21	4 29	4 37	4 46
21	3 29	3 37	3 45	3 54	4 4	4 9	4 16	4 23	4 32	4 36	4 40	4 45	4 50	4 56
22	4 22	4 26	4 30	4 34	4 39	4 42	4 45	4 48	4 53	4 55	4 57	4 59	5 2	5 5
23	5 14	5 14	5 14	5 14	5 14	5 13	5 13	5 13	5 13	5 13	5 13	5 13	5 13	5 13

Tag	Geographische Breite −10°	0°	+10°	+20°	+30°	+35°	+40°	+45°	+50°	+52°	+54°	+56°	+58°	+60°
1955	h m	h m	h m	h m	h m	h m	h m	h m	h m	h m	h m	h m	h m	h m
Febr. 10	8 41	8 37	8 33	8 29	8 25	8 22	8 19	8 16	8 12	8 10	8 8	8 6	8 3	8 0
11	9 28	9 21	9 13	9 5	8 56	8 51	8 45	8 38	8 30	8 26	8 22	8 18	8 13	8 7
12	10 16	10 5	9 54	9 42	9 29	9 21	9 13	9 3	8 51	8 45	8 39	8 32	8 24	8 15
13	11 4	10 50	10 36	10 21	10 4	9 54	9 43	9 30	9 14	9 6	8 58	8 49	8 38	8 26
14	11 53	11 37	11 20	11 3	10 43	10 31	10 17	10 1	9 42	9 33	9 22	9 11	8 57	8 42
15	12 43	12 25	12 7	11 47	11 25	11 12	10 57	10 39	10 17	10 6	9 54	9 40	9 24	9 5
16	13 33	13 14	12 56	12 35	12 12	11 58	11 42	11 23	10 59	10 48	10 35	10 20	10 3	9 41
17	14 23	14 5	13 46	13 26	13 3	12 49	12 34	12 15	11 51	11 40	11 27	11 12	10 55	10 34
18	15 13	14 55	14 38	14 19	13 58	13 45	13 31	13 13	12 52	12 42	12 30	12 17	12 1	11 43
19	16 1	15 46	15 31	15 14	14 56	14 45	14 33	14 18	13 59	13 51	13 41	13 30	13 18	13 3
20	16 47	16 35	16 23	16 10	15 55	15 47	15 37	15 25	15 11	15 5	14 57	14 49	14 40	14 29
21	17 31	17 23	17 15	17 6	16 56	16 50	16 43	16 35	16 26	16 21	16 17	16 11	16 5	15 58
22	18 15	18 11	18 7	18 2	17 57	17 54	17 51	17 47	17 42	17 40	17 37	17 35	17 32	17 28
23	18 59	18 59	18 59	18 59	18 59	18 59	18 59	18 59	18 59	18 59	18 59	18 59	18 59	18 59
24	19 44	19 48	19 52	19 57	20 2	20 5	20 9	20 13	20 18	20 20	20 23	20 25	20 28	20 32
25	20 30	20 39	20 47	20 56	21 7	21 13	21 20	21 28	21 38	21 43	21 48	21 53	22 0	22 7
26	21 19	21 32	21 44	21 58	22 13	22 22	22 32	22 44	22 59	23 6	23 14	23 22	23 32	23 44
27	22 12	22 28	22 44	23 0	23 20	23 31	23 45	— —	— —	— —	— —	— —	— —	— —
28	23 8	23 26	23 44	— —	— —	— —	— —	0 0	0 19	0 28	0 39	0 50	1 3	1 19
März 1	— —	— —	— —	0 4	0 26	0 39	0 54	1 12	1 35	1 45	1 58	2 12	2 28	2 48
2	0 7	0 26	0 45	1 6	1 29	1 43	1 58	2 17	2 41	2 52	3 5	3 20	3 37	3 58
3	1 8	1 26	1 45	2 4	2 27	2 40	2 55	3 13	3 35	3 46	3 58	4 11	4 27	4 47
4	2 8	2 24	2 41	2 58	3 18	3 29	3 43	3 58	4 18	4 27	4 37	4 48	5 1	5 16
5	3 5	3 19	3 32	3 47	4 3	4 12	4 23	4 35	4 50	4 57	5 5	5 14	5 24	5 35
6	4 0	4 10	4 20	4 31	4 42	4 49	4 57	5 6	5 17	5 22	5 27	5 33	5 40	5 47
7	4 53	4 59	5 5	5 11	5 18	5 22	5 27	5 32	5 39	5 41	5 45	5 48	5 52	5 56
8	5 43	5 45	5 47	5 49	5 51	5 53	5 54	5 56	5 59	5 59	6 0	6 1	6 2	6 4
9	6 32	6 30	6 28	6 26	6 23	6 22	6 20	6 18	6 16	6 15	6 14	6 13	6 12	6 10
10	7 20	7 14	7 8	7 2	6 55	6 51	6 46	6 41	6 35	6 32	6 29	6 25	6 22	6 17
11	8 8	7 58	7 49	7 39	7 27	7 21	7 13	7 5	6 55	6 50	6 45	6 39	6 32	6 25
12	8 56	8 43	8 31	8 17	8 2	7 53	7 43	7 31	7 17	7 10	7 3	6 55	6 46	6 35
13	9 45	9 30	9 14	8 58	8 39	8 28	8 16	8 1	7 43	7 35	7 26	7 15	7 3	6 49
14	10 35	10 17	10 0	9 41	9 20	9 8	8 53	8 36	8 15	8 6	7 54	7 42	7 27	7 10
15	11 25	11 6	10 48	10 28	10 5	9 52	9 36	9 18	8 55	8 44	8 31	8 17	8 0	7 40
16	12 14	11 56	11 37	11 17	10 54	10 40	10 25	10 6	9 43	9 31	9 18	9 4	8 47	8 25
17	13 3	12 46	12 28	12 9	11 47	11 34	11 19	11 1	10 39	10 28	10 16	10 2	9 46	9 27
18	13 51	13 35	13 19	13 2	12 42	12 31	12 18	12 2	11 42	11 33	11 22	11 10	10 57	10 41
19	14 37	14 24	14 11	13 57	13 40	13 31	13 20	13 7	12 51	12 43	12 35	12 26	12 15	12 3
20	15 22	15 12	15 3	14 52	14 40	14 33	14 24	14 15	14 3	13 58	13 52	13 45	13 38	13 29
21	16 6	16 0	15 54	15 48	15 40	15 36	15 31	15 25	15 18	15 15	15 11	15 7	15 3	14 58
22	16 50	16 48	16 46	16 44	16 42	16 40	16 39	16 37	16 35	16 34	16 33	16 31	16 30	16 28
23	17 35	17 38	17 40	17 43	17 45	17 47	17 49	17 51	17 54	17 55	17 56	17 58	17 59	18 1

Mondaufgang 1955

Mittlere Ortszeit — Meridian von Greenwich

Tag	−10°	0°	+10°	+20°	+30°	+35°	+40°	+45°	+50°	+52°	+54°	+56°	+58°	+60°
	Geographische Breite													
1955	h m	h m	h m	h m	h m	h m	h m	h m	h m	h m	h m	h m	h m	h m
März 23	5 14	5 14	5 14	5 14	5 14	5 13	5 13	5 13	5 13	5 13	5 13	5 13	5 13	5 13
24	6 9	6 4	6 0	5 55	5 49	5 46	5 43	5 39	5 34	5 32	5 30	5 27	5 24	5 21
25	7 5	6 57	6 48	6 38	6 28	6 22	6 15	6 7	5 58	5 53	5 49	5 43	5 37	5 31
26	8 5	7 52	7 39	7 26	7 10	7 1	6 51	6 40	6 25	6 19	6 12	6 4	5 55	5 44
27	9 6	8 50	8 34	8 17	7 58	7 47	7 34	7 18	7 0	6 51	6 42	6 31	6 18	6 4
28	10 9	9 51	9 33	9 13	8 51	8 38	8 23	8 6	7 44	7 34	7 22	7 9	6 53	6 35
29	11 11	10 52	10 33	10 13	9 50	9 37	9 21	9 2	8 39	8 28	8 16	8 1	7 44	7 24
30	12 10	11 52	11 34	11 15	10 53	10 40	10 25	10 7	9 45	9 35	9 23	9 9	8 53	8 34
31	13 5	12 49	12 33	12 17	11 57	11 46	11 33	11 17	10 58	10 49	10 39	10 28	10 14	9 59
April 1	13 55	13 43	13 30	13 16	13 1	12 52	12 41	12 29	12 14	12 7	11 59	11 51	11 41	11 29
2	14 42	14 33	14 23	14 14	14 3	13 56	13 49	13 40	13 30	13 25	13 20	13 14	13 7	12 59
3	15 25	15 20	15 14	15 9	15 2	14 59	14 54	14 49	14 43	14 41	14 38	14 34	14 31	14 26
4	16 6	16 5	16 3	16 2	16 0	15 59	15 58	15 57	15 55	15 55	15 54	15 53	15 52	15 51
5	16 46	16 49	16 51	16 54	16 57	16 59	17 1	17 3	17 6	17 7	17 9	17 10	17 12	17 14
6	17 26	17 32	17 38	17 45	17 53	17 57	18 2	18 8	18 15	18 19	18 22	18 26	18 31	18 36
7	18 7	18 16	18 26	18 36	18 49	18 55	19 3	19 13	19 24	19 29	19 35	19 42	19 49	19 57
8	18 49	19 2	19 14	19 28	19 44	19 53	20 4	20 17	20 32	20 39	20 47	20 56	21 6	21 18
9	19 33	19 48	20 4	20 20	20 39	20 51	21 4	21 19	21 38	21 47	21 57	22 8	22 21	22 37
10	20 19	20 36	20 53	21 12	21 34	21 46	22 1	22 18	22 40	22 50	23 2	23 15	23 31	23 49
11	21 7	21 25	21 43	22 3	22 26	22 39	22 55	23 13	23 36	23 47	— —	— —	— —	— —
12	21 56	22 14	22 33	22 53	23 15	23 29	23 44	— —	— —	— —	0 0	0 14	0 31	0 51
13	22 46	23 4	23 21	23 40	— —	— —	— —	0 2	0 25	0 36	0 48	1 2	1 19	1 39
14	23 37	23 52	— —	— —	0 1	0 14	0 28	0 45	1 6	1 16	1 27	1 40	1 55	2 12
15	— —	— —	0 8	0 24	0 43	0 54	1 7	1 22	1 40	1 48	1 58	2 8	2 21	2 35
16	0 27	0 40	0 53	1 7	1 22	1 31	1 41	1 53	2 8	2 15	2 22	2 30	2 40	2 51
17	1 18	1 27	1 37	1 47	1 59	2 5	2 13	2 21	2 32	2 37	2 42	2 48	2 55	3 2
18	2 8	2 14	2 20	2 26	2 33	2 37	2 42	2 47	2 54	2 57	3 0	3 3	3 7	3 11
19	3 0	3 2	3 3	3 5	3 8	3 9	3 10	3 12	3 14	3 15	3 16	3 17	3 18	3 19
20	3 53	3 50	3 48	3 45	3 43	3 41	3 39	3 37	3 35	3 34	3 33	3 31	3 30	3 28
21	4 48	4 42	4 35	4 28	4 20	4 15	4 10	4 4	3 57	3 54	3 50	3 46	3 42	3 37
22	5 47	5 36	5 25	5 14	5 1	4 53	4 45	4 35	4 23	4 18	4 12	4 5	3 58	3 49
23	6 49	6 34	6 20	6 5	5 47	5 37	5 25	5 12	4 55	4 48	4 39	4 29	4 19	4 6
24	7 53	7 36	7 19	7 1	6 40	6 27	6 13	5 57	5 36	5 27	5 16	5 4	4 50	4 33
25	8 58	8 40	8 21	8 1	7 39	7 25	7 10	6 52	6 29	6 18	6 6	5 52	5 36	5 16
26	10 1	9 42	9 24	9 5	8 42	8 29	8 14	7 56	7 34	7 23	7 11	6 57	6 40	6 21
27	10 59	10 43	10 26	10 9	9 48	9 37	9 23	9 7	8 47	8 37	8 27	8 15	8 0	7 44
28	11 52	11 38	11 25	11 10	10 54	10 44	10 33	10 20	10 4	9 56	9 48	9 38	9 27	9 15
29	12 40	12 30	12 20	12 9	11 57	11 50	11 42	11 32	11 20	11 15	11 9	11 2	10 55	10 46
30	13 24	13 18	13 12	13 5	12 57	12 53	12 48	12 42	12 35	12 32	12 28	12 24	12 19	12 14
Mai 1	14 6	14 3	14 1	13 58	13 55	13 54	13 52	13 49	13 47	13 46	13 44	13 43	13 41	13 39
2	14 46	14 47	14 49	14 50	14 52	14 53	14 54	14 55	14 57	14 58	14 58	14 59	15 0	15 1
3	15 25	15 30	15 36	15 41	15 47	15 51	15 55	16 0	16 6	16 8	16 11	16 15	16 18	16 22

Tag	Geographische Breite													
	−10°	0°	+10°	+20°	+30°	+35°	+40°	+45°	+50°	+52°	+54°	+56°	+58°	+60°
1955	h m	h m	h m	h m	h m	h m	h m	h m	h m	h m	h m	h m	h m	h m
März 23	17 35	17 38	17 40	17 43	17 45	17 47	17 49	17 51	17 54	17 55	17 56	17 58	17 59	18 1
24	18 22	18 29	18 35	18 43	18 51	18 56	19 1	19 7	19 15	19 19	19 22	19 27	19 31	19 37
25	19 12	19 22	19 33	19 45	19 58	20 6	20 15	20 25	20 38	20 44	20 51	20 58	21 6	21 16
26	20 5	20 19	20 34	20 49	21 7	21 18	21 30	21 44	22 1	22 9	22 19	22 29	22 41	22 55
27	21 2	21 19	21 36	21 54	22 16	22 28	22 43	23 0	23 21	23 31	23 42	23 55	— —	— —
28	22 1	22 20	22 39	22 59	23 22	23 35	23 51	— —	— —	— —	— —	— —	0 11	0 29
29	23 2	23 21	23 39	23 59	— —	— —	— —	0 9	0 32	0 43	0 56	1 10	1 27	1 48
30	— —	— —	— —	— —	0 22	0 35	0 50	1 8	1 31	1 42	1 54	2 8	2 24	2 43
31	0 3	0 20	0 37	0 55	1 15	1 27	1 41	1 57	2 17	2 27	2 37	2 49	3 3	3 19
April 1	1 1	1 15	1 29	1 44	2 2	2 12	2 23	2 36	2 52	3 0	3 8	3 18	3 28	3 40
2	1 56	2 7	2 18	2 29	2 42	2 50	2 58	3 8	3 20	3 26	3 32	3 39	3 46	3 55
3	2 48	2 55	3 3	3 10	3 19	3 24	3 29	3 36	3 43	3 47	3 51	3 55	4 0	4 5
4	3 38	3 41	3 45	3 48	3 52	3 54	3 57	4 0	4 3	4 5	4 7	4 8	4 10	4 13
5	4 26	4 26	4 25	4 25	4 24	4 23	4 23	4 22	4 22	4 22	4 21	4 21	4 20	4 20
6	5 14	5 9	5 5	5 0	4 55	4 52	4 49	4 45	4 41	4 38	4 36	4 33	4 30	4 27
7	6 1	5 53	5 45	5 37	5 27	5 22	5 15	5 8	4 59	4 55	4 51	4 46	4 41	4 35
8	6 49	6 38	6 27	6 15	6 1	5 53	5 44	5 34	5 21	5 15	5 9	5 2	4 54	4 44
9	7 38	7 24	7 10	6 55	6 37	6 27	6 16	6 2	5 46	5 38	5 30	5 20	5 10	4 57
10	8 28	8 11	7 55	7 37	7 17	7 5	6 52	6 36	6 16	6 7	5 56	5 45	5 31	5 15
11	9 18	9 0	8 42	8 22	8 0	7 47	7 32	7 15	6 53	6 42	6 30	6 17	6 1	5 42
12	10 7	9 49	9 30	9 11	8 48	8 34	8 19	8 0	7 37	7 26	7 14	6 59	6 42	6 22
13	10 56	10 38	10 20	10 1	9 39	9 26	9 10	8 52	8 30	8 19	8 7	7 53	7 36	7 16
14	11 44	11 27	11 11	10 53	10 32	10 20	10 6	9 50	9 30	9 20	9 9	8 56	8 42	8 25
15	12 30	12 16	12 1	11 46	11 28	11 18	11 6	10 52	10 35	10 27	10 18	10 7	9 56	9 42
16	13 14	13 3	12 52	12 39	12 26	12 17	12 8	11 57	11 44	11 38	11 31	11 23	11 14	11 5
17	13 57	13 50	13 42	13 34	13 24	13 18	13 12	13 5	12 56	12 52	12 47	12 42	12 36	12 30
18	14 41	14 37	14 33	14 29	14 24	14 21	14 18	14 14	14 10	14 8	14 5	14 3	14 0	13 57
19	15 24	15 24	15 25	15 25	15 25	15 26	15 26	15 26	15 26	15 26	15 26	15 27	15 27	15 27
20	16 10	16 14	16 19	16 24	16 29	16 33	16 36	16 40	16 46	16 48	16 50	16 53	16 57	17 0
21	16 58	17 7	17 16	17 25	17 36	17 42	17 50	17 58	18 8	18 13	18 18	18 24	18 30	18 38
22	17 51	18 3	18 16	18 30	18 46	18 55	19 5	19 18	19 33	19 40	19 48	19 57	20 7	20 19
23	18 47	19 3	19 19	19 37	19 57	20 8	20 22	20 37	20 57	21 6	21 17	21 28	21 42	21 58
24	19 48	20 6	20 24	20 44	21 6	21 19	21 34	21 52	22 15	22 25	22 37	22 51	23 8	23 27
25	20 51	21 10	21 28	21 48	22 11	22 24	22 40	22 58	23 21	23 31	23 44	23 58	— —	— —
26	21 54	22 12	22 29	22 47	23 9	23 21	23 35	23 52	— —	— —	— —	— —	0 14	0 34
27	22 55	23 10	23 25	23 41	23 59	— —	— —	— —	0 13	0 23	0 34	0 46	1 1	1 18
28	23 52	— —	— —	— —	— —	0 9	0 22	0 36	0 53	1 1	1 10	1 20	1 31	1 44
29	— —	0 4	0 15	0 28	0 42	0 50	1 0	1 10	1 23	1 29	1 36	1 44	1 52	2 1
30	0 45	0 53	1 2	1 10	1 20	1 26	1 32	1 39	1 48	1 52	1 57	2 1	2 7	2 13
Mai 1	1 36	1 40	1 44	1 49	1 54	1 57	2 1	2 4	2 9	2 11	2 13	2 16	2 19	2 22
2	2 24	2 25	2 25	2 26	2 26	2 27	2 27	2 27	2 28	2 28	2 28	2 28	2 29	2 29
3	3 11	3 8	3 5	3 1	2 57	2 55	2 53	2 50	2 46	2 45	2 43	2 41	2 39	2 36

Mondaufgang 1955

Mittlere Ortszeit | Meridian von Greenwich

Tag	Geographische Breite													
	−10°	0°	+10°	+20°	+30°	+35°	+40°	+45°	+50°	+52°	+54°	+56°	+58°	+60°
1955	h m	h m	h m	h m	h m	h m	h m	h m	h m	h m	h m	h m	h m	h m
Mai 3	15 25	15 30	15 36	15 41	15 47	15 51	15 55	16 0	16 6	16 8	16 11	16 15	16 18	16 22
4	16 5	16 14	16 23	16 32	16 42	16 48	16 56	17 4	17 14	17 18	17 24	17 29	17 36	17 43
5	16 47	16 58	17 10	17 23	17 38	17 46	17 56	18 7	18 21	18 28	18 35	18 43	18 52	19 3
6	17 30	17 44	17 59	18 15	18 33	18 43	18 55	19 10	19 27	19 36	19 45	19 56	20 8	20 22
7	18 15	18 32	18 48	19 6	19 27	19 39	19 53	20 10	20 31	20 40	20 52	21 4	21 19	21 36
8	19 2	19 20	19 38	19 58	20 20	20 33	20 48	21 6	21 29	21 40	21 52	22 6	22 22	22 42
9	19 51	20 10	20 28	20 48	21 10	21 24	21 39	21 57	22 20	22 31	22 43	22 58	23 14	23 35
10	20 41	20 59	21 17	21 36	21 57	22 10	22 25	22 42	23 4	23 14	23 25	23 39	23 54	— —
11	21 31	21 47	22 3	22 21	22 40	22 52	23 5	23 20	23 39	23 48	23 58	— —	— —	0 12
12	22 21	22 35	22 49	23 3	23 20	23 29	23 40	23 53	— —	— —	— —	0 10	0 23	0 38
13	23 10	23 21	23 32	23 43	23 56	— —	— —	— —	0 9	0 16	0 24	0 33	0 44	0 55
14	— —	— —	— —	— —	— —	0 4	0 12	0 22	0 34	0 40	0 46	0 52	1 0	1 8
15	0 0	0 7	0 14	0 22	0 31	0 36	0 41	0 48	0 56	0 59	1 3	1 8	1 13	1 18
16	0 49	0 53	0 56	1 0	1 4	1 6	1 9	1 12	1 16	1 18	1 20	1 22	1 24	1 27
17	1 40	1 39	1 39	1 38	1 37	1 37	1 37	1 36	1 36	1 36	1 36	1 35	1 35	1 35
18	2 32	2 28	2 23	2 18	2 13	2 9	2 6	2 2	1 57	1 55	1 52	1 49	1 47	1 43
19	3 28	3 19	3 11	3 1	2 51	2 45	2 38	2 30	2 20	2 16	2 11	2 6	2 0	1 54
20	4 28	4 15	4 2	3 49	3 34	3 25	3 15	3 3	2 49	2 43	2 35	2 27	2 18	2 8
21	5 31	5 15	4 59	4 43	4 23	4 12	3 59	3 44	3 25	3 17	3 7	2 56	2 44	2 29
22	6 37	6 19	6 1	5 42	5 20	5 7	4 52	4 35	4 13	4 3	3 51	3 38	3 22	3 4
23	7 43	7 24	7 6	6 46	6 23	6 10	5 55	5 36	5 14	5 3	4 50	4 36	4 20	4 0
24	8 45	8 28	8 11	7 52	7 31	7 18	7 4	6 47	6 26	6 16	6 4	5 51	5 36	5 18
25	9 43	9 28	9 13	8 57	8 39	8 29	8 17	8 2	7 44	7 36	7 27	7 16	7 4	6 50
26	10 34	10 23	10 12	10 0	9 46	9 38	9 28	9 18	9 4	8 58	8 51	8 44	8 35	8 25
27	11 21	11 14	11 6	10 58	10 49	10 44	10 38	10 31	10 22	10 18	10 14	10 9	10 3	9 57
28	12 5	12 1	11 57	11 54	11 49	11 47	11 44	11 40	11 36	11 35	11 33	11 30	11 28	11 25
29	12 46	12 46	12 46	12 46	12 47	12 47	12 47	12 48	12 48	12 48	12 48	12 48	12 49	12 49
30	13 25	13 29	13 33	13 38	13 43	13 46	13 49	13 53	13 57	13 59	14 2	14 4	14 7	14 10
31	14 5	14 13	14 20	14 28	14 38	14 43	14 49	14 57	15 5	15 10	15 14	15 19	15 25	15 31
Juni 1	14 46	14 57	15 8	15 19	15 33	15 41	15 50	16 0	16 13	16 19	16 25	16 33	16 41	16 51
2	15 28	15 42	15 56	16 11	16 28	16 38	16 49	17 3	17 19	17 27	17 36	17 45	17 57	18 10
3	16 13	16 29	16 45	17 2	17 22	17 34	17 47	18 3	18 23	18 33	18 43	18 55	19 9	19 26
4	16 59	17 17	17 35	17 54	18 15	18 28	18 43	19 1	19 23	19 34	19 45	19 59	20 15	20 34
5	17 48	18 6	18 24	18 44	19 7	19 20	19 35	19 54	20 17	20 28	20 40	20 54	21 11	21 31
6	18 37	18 55	19 13	19 33	19 55	20 8	20 23	20 41	21 3	21 13	21 25	21 39	21 55	22 13
7	19 28	19 44	20 1	20 19	20 39	20 51	21 5	21 21	21 41	21 50	22 1	22 13	22 26	22 43
8	20 18	20 32	20 47	21 2	21 20	21 30	21 42	21 55	22 12	22 20	22 29	22 38	22 50	23 2
9	21 7	21 19	21 30	21 43	21 57	22 5	22 14	22 25	22 38	22 44	22 51	22 59	23 7	23 16
10	21 56	22 4	22 12	22 21	22 31	22 37	22 44	22 52	23 1	23 5	23 10	23 15	23 20	23 27
11	22 44	22 49	22 53	22 59	23 4	23 8	23 11	23 16	23 21	23 23	23 26	23 29	23 32	23 35
12	23 33	23 34	23 34	23 36	23 37	23 37	23 38	23 39	23 40	23 41	23 41	23 42	23 42	23 43
13	— —	— —	— —	— —	— —	— —	— —	— —	— —	23 58	23 57	23 55	23 53	23 51

Monduntergang 1955

Mittlere Ortszeit | Meridian von Greenwich

Tag	Geographische Breite													
	−10°	0°	+10°	+20°	+30°	+35°	+40°	+45°	+50°	+52°	+54°	+56°	+58°	+60°
1955	h m	h m	h m	h m	h m	h m	h m	h m	h m	h m	h m	h m	h m	h m
Mai 3	3 11	3 8	3 5	3 1	2 57	2 55	2 53	2 50	2 46	2 45	2 43	2 41	2 39	2 36
4	3 58	3 51	3 44	3 37	3 29	3 24	3 19	3 12	3 5	3 2	2 58	2 54	2 49	2 44
5	4 45	4 35	4 25	4 14	4 2	3 55	3 46	3 37	3 26	3 21	3 15	3 8	3 1	2 53
6	5 34	5 20	5 7	4 53	4 37	4 28	4 17	4 4	3 49	3 42	3 35	3 26	3 16	3 5
7	6 23	6 7	5 51	5 35	5 15	5 4	4 51	4 36	4 18	4 9	3 59	3 48	3 36	3 21
8	7 13	6 55	6 38	6 19	5 57	5 45	5 30	5 13	4 52	4 42	4 31	4 18	4 3	3 45
9	8 2	7 44	7 26	7 6	6 44	6 30	6 15	5 57	5 34	5 23	5 11	4 57	4 40	4 20
10	8 52	8 34	8 15	7 56	7 33	7 20	7 5	6 47	6 24	6 13	6 1	5 47	5 30	5 10
11	9 39	9 22	9 5	8 47	8 26	8 14	7 59	7 42	7 21	7 11	7 0	6 47	6 32	6 14
12	10 25	10 10	9 55	9 39	9 21	9 10	8 57	8 42	8 24	8 16	8 6	7 55	7 43	7 28
13	11 9	10 57	10 45	10 32	10 17	10 8	9 57	9 46	9 31	9 24	9 16	9 8	8 58	8 47
14	11 52	11 43	11 34	11 24	11 13	11 7	10 59	10 51	10 40	10 35	10 30	10 24	10 17	10 9
15	12 34	12 29	12 23	12 17	12 11	12 7	12 2	11 57	11 51	11 48	11 45	11 41	11 37	11 33
16	13 16	13 15	13 13	13 11	13 10	13 8	13 7	13 6	13 4	13 3	13 2	13 1	13 0	12 59
17	13 59	14 2	14 4	14 7	14 10	14 12	14 14	14 17	14 19	14 21	14 22	14 24	14 26	14 28
18	14 45	14 52	14 59	15 6	15 14	15 19	15 24	15 31	15 38	15 42	15 46	15 50	15 55	16 1
19	15 35	15 45	15 56	16 8	16 21	16 29	16 38	16 48	17 1	17 7	17 13	17 21	17 29	17 38
20	16 29	16 43	16 58	17 13	17 31	17 42	17 54	18 8	18 25	18 33	18 42	18 53	19 5	19 18
21	17 28	17 45	18 3	18 21	18 42	18 55	19 9	19 26	19 47	19 57	20 9	20 22	20 36	20 55
22	18 32	18 50	19 9	19 28	19 51	20 4	20 20	20 38	21 1	21 12	21 24	21 38	21 55	22 15
23	19 37	19 55	20 13	20 32	20 54	21 7	21 22	21 40	22 2	22 12	22 24	22 37	22 52	23 11
24	20 41	20 57	21 13	21 30	21 50	22 1	22 14	22 29	22 48	22 57	23 7	23 18	23 30	23 45
25	21 42	21 55	22 8	22 22	22 37	22 47	22 57	23 9	23 23	23 30	23 38	23 46	23 55	— —
26	22 38	22 48	22 57	23 7	23 18	23 25	23 32	23 41	23 51	23 56	— —	— —	— —	0 6
27	23 31	23 37	23 42	23 48	23 55	23 59	— —	— —	— —	— —	0 1	0 6	0 13	0 20
28	— —	— —	— —	— —	— —	— —	0 3	0 8	0 14	0 16	0 19	0 22	0 26	0 30
29	0 21	0 23	0 24	0 26	0 28	0 29	0 30	0 32	0 34	0 34	0 35	0 36	0 37	0 38
30	1 9	1 7	1 5	1 2	1 0	0 58	0 57	0 55	0 53	0 52	0 50	0 49	0 47	0 46
31	1 56	1 50	1 44	1 38	1 31	1 27	1 23	1 17	1 11	1 8	1 5	1 1	0 58	0 53
Juni 1	2 43	2 34	2 24	2 15	2 3	1 57	1 50	1 41	1 31	1 27	1 21	1 15	1 9	1 2
2	3 31	3 18	3 6	2 53	2 38	2 29	2 19	2 8	1 54	1 47	1 40	1 32	1 23	1 13
3	4 19	4 4	3 49	3 33	3 15	3 4	2 52	2 38	2 20	2 12	2 3	1 53	1 41	1 27
4	5 9	4 52	4 35	4 17	3 56	3 43	3 29	3 13	2 53	2 43	2 32	2 20	2 5	1 49
5	5 59	5 40	5 22	5 3	4 41	4 27	4 12	3 54	3 32	3 21	3 9	2 55	2 39	2 20
6	6 48	6 30	6 12	5 52	5 29	5 16	5 1	4 42	4 20	4 9	3 56	3 42	3 25	3 5
7	7 37	7 19	7 2	6 43	6 21	6 9	5 54	5 37	5 15	5 4	4 53	4 39	4 24	4 5
8	8 23	8 8	7 52	7 35	7 16	7 4	6 51	6 36	6 16	6 7	5 57	5 45	5 32	5 16
9	9 8	8 55	8 42	8 27	8 11	8 2	7 51	7 38	7 22	7 15	7 6	6 57	6 47	6 34
10	9 51	9 40	9 30	9 19	9 7	9 0	8 51	8 42	8 30	8 24	8 18	8 11	8 4	7 55
11	10 32	10 25	10 19	10 12	10 3	9 59	9 53	9 47	9 39	9 36	9 32	9 28	9 23	9 17
12	11 13	11 10	11 7	11 4	11 0	10 58	10 56	10 53	10 50	10 48	10 47	10 45	10 43	10 40
13	11 54	11 55	11 56	11 57	11 59	11 59	12 0	12 1	12 2	12 3	12 3	12 4	12 4	12 5

Mondaufgang 1955

Mittlere Ortszeit | Meridian von Greenwich

Tag	Geographische Breite													
	−10°	0°	+10°	+20°	+30°	+35°	+40°	+45°	+50°	+52°	+54°	+56°	+58°	+60°
1955	h m	h m	h m	h m	h m	h m	h m	h m	h m	h m	h m	h m	h m	h m
Juni 13	— —	— —	— —	— —	— —	— —	— —	— —	— —	23 58	23 57	23 55	23 53	23 51
14	0 23	0 20	0 17	0 13	0 10	0 8	0 6	0 3	0 0	— —	— —	— —	— —	— —
15	1 15	1 8	1 1	0 54	0 45	0 40	0 35	0 29	0 21	0 18	0 14	0 10	0 5	0 0
16	2 11	2 0	1 49	1 38	1 25	1 17	1 8	0 58	0 46	0 41	0 35	0 28	0 21	0 12
17	3 11	2 57	2 42	2 27	2 9	1 59	1 48	1 34	1 18	1 10	1 2	0 52	0 41	0 29
18	4 15	3 58	3 40	3 22	3 1	2 49	2 35	2 19	1 58	1 49	1 38	1 26	1 12	0 55
19	5 20	5 2	4 43	4 24	4 1	3 48	3 32	3 14	2 52	2 41	2 29	2 15	1 59	1 39
20	6 25	6 7	5 49	5 30	5 7	4 54	4 39	4 21	3 59	3 48	3 36	3 22	3 6	2 46
21	7 26	7 10	6 54	6 37	6 17	6 5	5 52	5 36	5 16	5 7	4 56	4 45	4 31	4 15
22	8 22	8 9	7 56	7 42	7 26	7 17	7 6	6 54	6 38	6 31	6 23	6 14	6 4	5 52
23	9 13	9 4	8 54	8 45	8 33	8 27	8 19	8 10	8 0	7 55	7 49	7 43	7 37	7 29
24	9 59	9 54	9 49	9 43	9 37	9 33	9 29	9 24	9 18	9 15	9 12	9 9	9 6	9 1
25	10 42	10 41	10 40	10 39	10 37	10 36	10 35	10 34	10 33	10 32	10 32	10 31	10 30	10 29
26	11 23	11 26	11 29	11 32	11 35	11 37	11 39	11 42	11 45	11 46	11 48	11 50	11 52	11 54
27	12 4	12 10	12 17	12 24	12 31	12 36	12 41	12 47	12 55	12 58	13 2	13 6	13 11	13 16
28	12 45	12 54	13 4	13 15	13 27	13 34	13 42	13 52	14 3	14 8	14 14	14 21	14 28	14 37
29	13 26	13 39	13 52	14 6	14 22	14 31	14 42	14 55	15 10	15 17	15 25	15 34	15 45	15 56
30	14 10	14 26	14 41	14 58	15 17	15 28	15 41	15 56	16 15	16 24	16 34	16 45	16 58	17 14
Juli 1	14 56	15 13	15 30	15 49	16 11	16 23	16 38	16 55	17 16	17 27	17 38	17 51	18 7	18 25
2	15 44	16 2	16 20	16 40	17 2	17 16	17 31	17 49	18 12	18 23	18 35	18 50	19 7	19 27
3	16 33	16 52	17 10	17 29	17 52	18 5	18 20	18 38	19 1	19 12	19 24	19 38	19 54	20 14
4	17 24	17 41	17 58	18 17	18 38	18 50	19 4	19 21	19 42	19 52	20 3	20 15	20 30	20 47
5	18 14	18 29	18 45	19 1	19 20	19 30	19 43	19 57	20 15	20 24	20 33	20 44	20 55	21 9
6	19 4	19 17	19 29	19 43	19 58	20 7	20 17	20 29	20 43	20 50	20 57	21 5	21 15	21 25
7	19 53	20 3	20 12	20 22	20 34	20 40	20 48	20 56	21 7	21 12	21 17	21 23	21 29	21 37
8	20 42	20 48	20 53	21 0	21 7	21 11	21 16	21 21	21 28	21 31	21 34	21 37	21 41	21 46
9	21 30	21 32	21 34	21 37	21 39	21 41	21 43	21 45	21 47	21 48	21 49	21 51	21 52	21 54
10	22 19	22 17	22 15	22 14	22 12	22 11	22 9	22 8	22 6	22 5	22 5	22 4	22 3	22 1
11	23 9	23 4	22 58	22 52	22 45	22 42	22 37	22 32	22 26	22 24	22 21	22 17	22 14	22 10
12	— —	23 53	23 43	23 33	23 22	23 15	23 8	23 0	22 49	22 45	22 39	22 34	22 27	22 20
13	0 2	— —	— —	— —	— —	23 54	23 44	23 31	23 17	23 10	23 3	22 54	22 45	22 34
14	0 59	0 46	0 33	0 19	0 3	— —	— —	— —	23 52	23 43	23 33	23 22	23 10	22 55
15	1 59	1 43	1 27	1 10	0 50	0 39	0 26	0 10	— —	— —	— —	— —	23 47	23 29
16	3 2	2 44	2 26	2 6	1 44	1 32	1 17	0 59	0 38	0 27	0 15	0 2	— —	— —
17	4 5	3 47	3 28	3 9	2 46	2 33	2 17	1 59	1 36	1 25	1 13	0 59	0 42	0 22
18	5 7	4 50	4 33	4 14	3 53	3 41	3 26	3 9	2 48	2 38	2 26	2 13	1 58	1 40
19	6 6	5 51	5 37	5 21	5 3	4 52	4 40	4 25	4 8	3 59	3 50	3 39	3 27	3 13
20	7 0	6 49	6 37	6 25	6 12	6 3	5 54	5 44	5 31	5 24	5 18	5 10	5 1	4 52
21	7 49	7 42	7 35	7 27	7 18	7 13	7 7	7 0	6 52	6 48	6 44	6 39	6 34	6 28
22	8 35	8 32	8 28	8 25	8 21	8 19	8 17	8 14	8 10	8 9	8 7	8 5	8 3	8 0
23	9 18	9 19	9 20	9 21	9 22	9 23	9 23	9 24	9 26	9 26	9 27	9 27	9 28	9 29
24	10 0	10 4	10 9	10 14	10 20	10 24	10 28	10 32	10 38	10 41	10 43	10 47	10 50	10 54

Monduntergang 1955

Mittlere Ortszeit | Meridian von Greenwich

Tag	Geographische Breite													
	−10°	0°	+10°	+20°	+30°	+35°	+40°	+45°	+50°	+52°	+54°	+56°	+58°	+60°
1955	h m	h m	h m	h m	h m	h m	h m	h m	h m	h m	h m	h m	h m	h m
Juni 13	11 54	11 55	11 56	11 57	11 59	11 59	12 0	12 1	12 2	12 3	12 3	12 4	12 4	12 5
14	12 37	12 42	12 47	12 53	12 59	13 3	13 7	13 11	13 17	13 20	13 23	13 26	13 29	13 33
15	13 23	13 32	13 41	13 51	14 2	14 9	14 16	14 25	14 35	14 40	14 45	14 51	14 58	15 5
16	14 14	14 26	14 39	14 53	15 9	15 18	15 29	15 41	15 56	16 3	16 11	16 20	16 30	16 42
17	15 9	15 25	15 41	15 58	16 18	16 30	16 43	16 59	17 18	17 27	17 38	17 49	18 3	18 19
18	16 10	16 28	16 46	17 5	17 27	17 40	17 55	18 13	18 36	18 46	18 58	19 12	19 28	19 48
19	17 14	17 33	17 51	18 11	18 34	18 47	19 2	19 21	19 43	19 54	20 6	20 20	20 37	20 56
20	18 20	18 37	18 55	19 13	19 34	19 46	20 0	20 17	20 37	20 47	20 58	21 10	21 24	21 41
21	19 24	19 39	19 53	20 9	20 27	20 37	20 49	21 2	21 19	21 27	21 35	21 45	21 56	22 8
22	20 24	20 36	20 47	20 59	21 12	21 20	21 28	21 39	21 51	21 56	22 3	22 9	22 17	22 26
23	21 21	21 28	21 35	21 43	21 52	21 57	22 2	22 9	22 16	22 20	22 24	22 28	22 33	22 38
24	22 14	22 17	22 20	22 23	22 27	22 29	22 32	22 35	22 38	22 39	22 41	22 43	22 45	22 47
25	23 4	23 3	23 2	23 1	23 0	23 0	22 59	22 58	22 58	22 57	22 57	22 56	22 56	22 55
26	23 52	23 47	23 43	23 38	23 32	23 29	23 26	23 21	23 16	23 14	23 12	23 9	23 6	23 3
27	— —	— —	— —	— —	— —	23 59	23 53	23 45	23 36	23 32	23 28	23 23	23 17	23 11
28	0 39	0 31	0 23	0 15	0 5	— —	— —	— —	23 58	23 52	23 46	23 38	23 30	23 21
29	1 27	1 16	1 4	0 52	0 38	0 31	0 21	0 11	— —	— —	— —	23 58	23 47	23 34
30	2 16	2 1	1 47	1 32	1 15	1 5	0 53	0 40	0 23	0 16	0 7	— —	— —	23 53
Juli 1	3 5	2 48	2 32	2 14	1 54	1 42	1 29	1 13	0 54	0 44	0 34	0 22	0 9	— —
2	3 55	3 37	3 19	3 0	2 38	2 25	2 10	1 52	1 30	1 20	1 8	0 55	0 39	0 20
3	4 44	4 26	4 8	3 48	3 25	3 12	2 56	2 38	2 15	2 4	1 52	1 38	1 21	1 1
4	5 33	5 16	4 58	4 38	4 16	4 3	3 48	3 30	3 8	2 58	2 46	2 32	2 15	1 56
5	6 21	6 4	5 48	5 30	5 10	4 58	4 45	4 28	4 8	3 59	3 48	3 36	3 21	3 4
6	7 6	6 52	6 38	6 23	6 6	5 56	5 44	5 30	5 13	5 5	4 56	4 46	4 35	4 21
7	7 50	7 39	7 28	7 16	7 2	6 54	6 45	6 34	6 21	6 15	6 8	6 0	5 52	5 42
8	8 32	8 24	8 16	8 8	7 59	7 53	7 47	7 39	7 30	7 26	7 21	7 16	7 11	7 4
9	9 13	9 9	9 5	9 0	8 55	8 52	8 49	8 45	8 40	8 38	8 36	8 33	8 30	8 27
10	9 54	9 54	9 53	9 53	9 53	9 52	9 52	9 52	9 52	9 51	9 51	9 51	9 51	9 50
11	10 35	10 39	10 43	10 47	10 51	10 54	10 57	11 0	11 4	11 6	11 8	11 10	11 13	11 16
12	11 19	11 27	11 34	11 43	11 52	11 57	12 3	12 11	12 19	12 23	12 28	12 33	12 38	12 44
13	12 6	12 18	12 29	12 41	12 55	13 3	13 13	13 23	13 37	13 43	13 50	13 58	14 6	14 16
14	12 58	13 12	13 27	13 43	14 1	14 12	14 24	14 38	14 56	15 4	15 14	15 24	15 36	15 50
15	13 54	14 11	14 29	14 47	15 8	15 21	15 35	15 52	16 13	16 23	16 35	16 48	17 3	17 21
16	14 55	15 14	15 32	15 52	16 14	16 28	16 43	17 1	17 24	17 35	17 47	18 1	18 18	18 38
17	15 59	16 17	16 35	16 55	17 17	17 30	17 44	18 2	18 24	18 34	18 46	18 59	19 15	19 33
18	17 3	17 20	17 36	17 53	18 13	18 24	18 37	18 52	19 11	19 20	19 30	19 41	19 53	20 8
19	18 6	18 19	18 32	18 46	19 2	19 11	19 21	19 33	19 47	19 54	20 2	20 10	20 19	20 30
20	19 5	19 14	19 24	19 33	19 44	19 51	19 58	20 6	20 16	20 21	20 26	20 31	20 38	20 45
21	20 1	20 6	20 11	20 17	20 23	20 26	20 30	20 35	20 40	20 43	20 45	20 48	20 52	20 55
22	20 53	20 54	20 55	20 57	20 58	20 58	20 59	21 0	21 1	21 2	21 2	21 3	21 3	21 4
23	21 44	21 41	21 38	21 35	21 31	21 29	21 27	21 24	21 21	21 20	21 18	21 16	21 14	21 12
24	22 33	22 26	22 19	22 12	22 4	22 0	21 54	21 48	21 41	21 38	21 34	21 30	21 25	21 21

Mondaufgang 1955

Mittlere Ortszeit | Meridian von Greenwich

Tag	Geographische Breite −10°	0°	+10°	+20°	+30°	+35°	+40°	+45°	+50°	+52°	+54°	+56°	+58°	+60°
1955	h m	h m	h m	h m	h m	h m	h m	h m	h m	h m	h m	h m	h m	h m
Juli 24	10 0	10 4	10 9	10 14	10 20	10 24	10 28	10 32	10 38	10 41	10 43	10 47	10 50	10 54
25	10 41	10 49	10 58	11 7	11 18	11 24	11 31	11 39	11 48	11 53	11 58	12 4	12 10	12 17
26	11 23	11 35	11 47	11 59	12 14	12 22	12 32	12 43	12 57	13 4	13 11	13 19	13 28	13 39
27	12 7	12 21	12 36	12 51	13 9	13 20	13 32	13 46	14 3	14 12	14 21	14 31	14 43	14 57
28	12 52	13 8	13 25	13 43	14 4	14 16	14 30	14 46	15 7	15 16	15 27	15 40	15 55	16 12
29	13 39	13 57	14 15	14 34	14 56	15 9	15 25	15 43	16 5	16 16	16 28	16 42	16 58	17 18
30	14 28	14 46	15 4	15 24	15 47	16 0	16 15	16 34	16 56	17 7	17 19	17 34	17 50	18 10
31	15 18	15 36	15 53	16 12	16 34	16 47	17 1	17 19	17 40	17 50	18 2	18 15	18 30	18 48
Aug. 1	16 9	16 25	16 41	16 58	17 18	17 29	17 42	17 58	18 16	18 25	18 35	18 47	19 0	19 15
2	16 59	17 13	17 26	17 41	17 58	18 7	18 18	18 31	18 47	18 54	19 2	19 11	19 21	19 33
3	17 49	18 0	18 10	18 22	18 35	18 42	18 50	19 0	19 12	19 17	19 23	19 30	19 38	19 46
4	18 38	18 46	18 53	19 0	19 9	19 14	19 20	19 26	19 34	19 37	19 41	19 46	19 51	19 56
5	19 27	19 31	19 34	19 38	19 42	19 45	19 47	19 50	19 54	19 56	19 58	20 0	20 2	20 4
6	20 17	20 16	20 16	20 15	20 15	20 14	20 14	20 14	20 13	20 13	20 13	20 13	20 13	20 12
7	21 7	21 2	20 58	20 53	20 48	20 45	20 42	20 38	20 34	20 32	20 29	20 27	20 24	20 21
8	21 59	21 51	21 42	21 34	21 24	21 18	21 12	21 4	20 55	20 51	20 47	20 42	20 37	20 30
9	22 53	22 42	22 30	22 17	22 3	21 54	21 45	21 34	21 21	21 15	21 8	21 1	20 53	20 43
10	23 51	23 36	23 21	23 5	22 47	22 36	22 24	22 10	21 53	21 45	21 36	21 26	21 14	21 1
11	— —	— —	— —	23 58	23 37	23 25	23 10	22 54	22 33	22 23	22 12	22 0	21 46	21 29
12	0 51	0 34	0 16	— —	— —	— —	— —	23 47	23 25	23 14	23 2	22 48	22 32	22 13
13	1 53	1 34	1 16	0 56	0 34	0 21	0 5	— —	— —	— —	— —	23 53	23 37	23 18
14	2 54	2 36	2 18	1 59	1 37	1 24	1 9	0 51	0 29	0 19	0 7	— —	— —	— —
15	3 52	3 36	3 20	3 3	2 43	2 32	2 19	2 3	1 43	1 34	1 24	1 12	0 59	0 43
16	4 47	4 34	4 21	4 7	3 51	3 42	3 31	3 19	3 4	2 56	2 48	2 39	2 29	2 17
17	5 38	5 29	5 19	5 9	4 58	4 52	4 44	4 35	4 25	4 20	4 14	4 8	4 2	3 54
18	6 25	6 20	6 15	6 9	6 3	5 59	5 55	5 50	5 44	5 42	5 39	5 36	5 32	5 28
19	7 10	7 9	7 8	7 6	7 5	7 5	7 4	7 3	7 2	7 1	7 1	7 0	6 59	6 59
20	7 53	7 56	7 59	8 2	8 5	8 8	8 10	8 13	8 16	8 18	8 20	8 22	8 24	8 26
21	8 35	8 42	8 48	8 56	9 4	9 9	9 15	9 21	9 29	9 32	9 36	9 41	9 46	9 51
22	9 18	9 28	9 38	9 49	10 2	10 9	10 18	10 28	10 40	10 45	10 51	10 58	11 6	11 15
23	10 1	10 14	10 28	10 42	10 58	11 8	11 19	11 32	11 48	11 56	12 4	12 13	12 24	12 36
24	10 46	11 2	11 18	11 35	11 54	12 5	12 19	12 34	12 53	13 2	13 13	13 24	13 38	13 53
25	11 33	11 50	12 8	12 26	12 48	13 0	13 15	13 32	13 54	14 4	14 16	14 29	14 45	15 3
26	12 21	12 39	12 57	13 17	13 39	13 52	14 8	14 26	14 48	14 59	15 11	15 25	15 42	16 1
27	13 11	13 29	13 47	14 6	14 28	14 41	14 55	15 13	15 35	15 45	15 57	16 11	16 27	16 45
28	14 1	14 18	14 34	14 52	15 13	15 25	15 38	15 54	16 14	16 24	16 34	16 46	17 0	17 16
29	14 51	15 6	15 21	15 36	15 54	16 4	16 16	16 30	16 47	16 55	17 4	17 13	17 25	17 38
30	15 42	15 54	16 5	16 18	16 32	16 41	16 50	17 1	17 14	17 21	17 27	17 35	17 43	17 53
31	16 31	16 40	16 49	16 58	17 8	17 14	17 21	17 29	17 38	17 42	17 47	17 52	17 58	18 5
Sept. 1	17 21	17 26	17 31	17 36	17 42	17 46	17 49	17 54	17 59	18 2	18 4	18 7	18 10	18 14
2	18 11	18 12	18 13	18 14	18 16	18 16	18 17	18 18	18 19	18 20	18 21	18 21	18 22	18 23
3	19 2	18 59	18 56	18 53	18 50	18 48	18 45	18 43	18 40	18 38	18 37	18 35	18 33	18 31

Mittlere Ortszeit — Meridian von Greenwich

Tag	Geographische Breite −10°	0°	+10°	+20°	+30°	+35°	+40°	+45°	+50°	+52°	+54°	+56°	+58°	+60°
1955	h m	h m	h m	h m	h m	h m	h m	h m	h m	h m	h m	h m	h m	h m
Juli 24	22 33	22 26	22 19	22 12	22 4	22 0	21 54	21 48	21 41	21 38	21 34	21 30	21 25	21 21
25	23 21	23 11	23 1	22 50	22 38	22 31	22 23	22 14	22 2	21 58	21 52	21 45	21 38	21 30
26	— —	23 57	23 44	23 30	23 14	23 5	22 54	22 42	22 27	22 20	22 12	22 3	21 53	21 42
27	0 10	— —	— —	— —	23 52	23 41	23 28	23 13	22 55	22 46	22 37	22 26	22 13	21 59
28	0 59	0 44	0 28	0 11	— —	— —	— —	23 51	23 29	23 19	23 8	22 55	22 41	22 23
29	1 49	1 32	1 14	0 56	0 34	0 22	0 7	— —	— —	— —	23 48	23 34	23 18	22 58
30	2 39	2 21	2 2	1 43	1 20	1 7	0 52	0 34	0 11	0 0	— —	— —	— —	23 48
31	3 28	3 10	2 52	2 33	2 10	1 57	1 42	1 24	1 1	0 50	0 38	0 24	0 7	— —
Aug. 1	4 16	4 0	3 43	3 24	3 3	2 51	2 37	2 20	1 59	1 49	1 37	1 24	1 9	0 52
2	5 3	4 48	4 33	4 17	3 58	3 48	3 35	3 20	3 2	2 54	2 44	2 33	2 21	2 6
3	5 48	5 35	5 23	5 10	4 55	4 46	4 36	4 24	4 10	4 3	3 55	3 47	3 37	3 26
4	6 31	6 22	6 13	6 3	5 52	5 46	5 38	5 30	5 19	5 14	5 9	5 3	4 56	4 49
5	7 13	7 7	7 2	6 56	6 49	6 46	6 41	6 36	6 30	6 27	6 24	6 20	6 16	6 12
6	7 54	7 52	7 51	7 49	7 47	7 46	7 45	7 43	7 42	7 41	7 40	7 39	7 38	7 36
7	8 36	8 38	8 40	8 43	8 46	8 47	8 49	8 52	8 54	8 55	8 57	8 58	9 0	9 2
8	9 19	9 25	9 31	9 38	9 46	9 50	9 56	10 2	10 9	10 12	10 16	10 20	10 24	10 29
9	10 4	10 14	10 25	10 35	10 48	10 55	11 3	11 13	11 25	11 30	11 36	11 43	11 51	11 59
10	10 54	11 7	11 21	11 35	11 52	12 2	12 13	12 26	12 42	12 50	12 58	13 8	13 19	13 31
11	11 47	12 3	12 19	12 37	12 57	13 9	13 22	13 39	13 58	14 8	14 19	14 31	14 44	15 1
12	12 44	13 2	13 20	13 40	14 2	14 15	14 30	14 48	15 10	15 21	15 33	15 46	16 2	16 22
13	13 45	14 4	14 22	14 41	15 4	15 17	15 32	15 50	16 12	16 23	16 35	16 49	17 5	17 24
14	14 48	15 5	15 22	15 40	16 1	16 13	16 27	16 43	17 3	17 13	17 24	17 36	17 50	18 6
15	15 50	16 4	16 19	16 34	16 52	17 2	17 13	17 27	17 44	17 51	18 0	18 9	18 20	18 33
16	16 49	17 0	17 11	17 23	17 37	17 44	17 53	18 3	18 15	18 21	18 27	18 34	18 42	18 50
17	17 46	17 53	18 0	18 8	18 17	18 22	18 27	18 34	18 41	18 45	18 49	18 53	18 58	19 3
18	18 40	18 43	18 46	18 50	18 53	18 55	18 58	19 1	19 4	19 5	19 7	19 9	19 10	19 13
19	19 32	19 31	19 30	19 29	19 28	19 27	19 27	19 26	19 24	19 24	19 23	19 23	19 22	19 21
20	20 23	20 18	20 13	20 8	20 2	19 58	19 55	19 50	19 45	19 43	19 40	19 37	19 34	19 30
21	21 12	21 4	20 55	20 46	20 36	20 30	20 23	20 15	20 6	20 2	19 57	19 52	19 46	19 39
22	22 2	21 50	21 38	21 26	21 11	21 3	20 54	20 43	20 29	20 23	20 16	20 9	20 0	19 51
23	22 52	22 37	22 23	22 7	21 49	21 39	21 27	21 13	20 57	20 49	20 40	20 30	20 19	20 6
24	23 42	23 25	23 8	22 51	22 30	22 18	22 5	21 49	21 29	21 19	21 9	20 57	20 43	20 27
25	— —	— —	23 56	23 37	23 15	23 2	22 47	22 29	22 8	21 57	21 45	21 32	21 16	20 58
26	0 32	0 14	— —	— —	— —	23 50	23 35	23 17	22 54	22 43	22 31	22 17	22 1	21 41
27	1 21	1 3	0 45	0 26	0 3	— —	— —	— —	23 49	23 38	23 27	23 13	22 58	22 39
28	2 10	1 52	1 35	1 16	0 55	0 42	0 28	0 10	— —	— —	— —	— —	— —	23 49
29	2 57	2 41	2 25	2 8	1 49	1 37	1 24	1 9	0 49	0 40	0 30	0 18	0 5	— —
30	3 42	3 29	3 16	3 1	2 45	2 35	2 24	2 11	1 55	1 48	1 39	1 30	1 19	1 7
31	4 26	4 16	4 6	3 55	3 42	3 35	3 26	3 16	3 4	2 58	2 52	2 45	2 38	2 29
Sept. 1	5 9	5 2	4 55	4 48	4 40	4 35	4 29	4 23	4 15	4 11	4 7	4 3	3 58	3 52
2	5 51	5 48	5 45	5 42	5 38	5 36	5 33	5 31	5 27	5 25	5 24	5 22	5 20	5 17
3	6 33	6 34	6 35	6 36	6 37	6 38	6 39	6 40	6 41	6 41	6 42	6 42	6 43	6 43

Mondaufgang 1955

Mittlere Ortszeit — Meridian von Greenwich

Tag	Geographische Breite													
	−10°	0°	+10°	+20°	+30°	+35°	+40°	+45°	+50°	+52°	+54°	+56°	+58°	+60°
1955	h m	h m	h m	h m	h m	h m	h m	h m	h m	h m	h m	h m	h m	h m
Sept. 3	19 2	18 59	18 56	18 53	18 50	18 48	18 45	18 43	18 40	18 38	18 37	18 35	18 33	18 31
4	19 55	19 48	19 41	19 33	19 25	19 20	19 15	19 9	19 2	18 58	18 55	18 51	18 46	18 41
5	20 49	20 38	20 28	20 16	20 4	19 56	19 48	19 38	19 27	19 21	19 15	19 9	19 1	18 53
6	21 46	21 32	21 18	21 3	20 46	20 37	20 25	20 12	19 57	19 49	19 41	19 32	19 22	19 10
7	22 46	22 29	22 13	21 55	21 35	21 23	21 10	20 54	20 34	20 25	20 15	20 4	19 50	19 35
8	23 46	23 28	23 10	22 51	22 29	22 16	22 1	21 44	21 22	21 12	21 0	20 47	20 31	20 13
9	— —	— —	— —	23 51	23 29	23 16	23 1	22 43	22 21	22 11	21 59	21 45	21 29	21 10
10	0 46	0 28	0 10	— —	— —	— —	— —	23 51	23 30	23 21	23 10	22 58	22 43	22 26
11	1 44	1 28	1 11	0 53	0 33	0 21	0 7	— —	— —	— —	— —	— —	— —	23 55
12	2 39	2 25	2 11	1 56	1 38	1 28	1 17	1 3	0 46	0 38	0 30	0 20	0 8	— —
13	3 30	3 19	3 8	2 57	2 44	2 36	2 27	2 17	2 5	1 59	1 53	1 45	1 37	1 28
14	4 17	4 10	4 4	3 56	3 48	3 43	3 37	3 31	3 23	3 20	3 16	3 11	3 6	3 1
15	5 2	4 59	4 57	4 54	4 50	4 48	4 46	4 43	4 40	4 38	4 37	4 35	4 33	4 31
16	5 46	5 47	5 48	5 49	5 51	5 51	5 52	5 54	5 55	5 55	5 56	5 57	5 58	5 59
17	6 28	6 33	6 38	6 44	6 50	6 53	6 58	7 2	7 8	7 11	7 14	7 17	7 21	7 25
18	7 11	7 20	7 28	7 38	7 48	7 55	8 2	8 10	8 20	8 25	8 30	8 36	8 42	8 49
19	7 55	8 7	8 18	8 31	8 46	8 54	9 4	9 16	9 30	9 37	9 44	9 52	10 1	10 12
20	8 40	8 54	9 9	9 24	9 42	9 53	10 5	10 20	10 37	10 46	10 55	11 5	11 17	11 31
21	9 26	9 43	9 59	10 17	10 37	10 50	11 3	11 20	11 40	11 50	12 1	12 13	12 28	12 45
22	10 14	10 32	10 49	11 8	11 30	11 43	11 58	12 15	12 37	12 48	13 0	13 13	13 29	13 48
23	11 3	11 21	11 39	11 58	12 20	12 33	12 48	13 5	13 27	13 38	13 50	14 3	14 19	14 38
24	11 53	12 10	12 27	12 45	13 6	13 18	13 32	13 49	14 9	14 19	14 30	14 43	14 57	15 14
25	12 42	12 58	13 13	13 30	13 48	13 59	14 12	14 27	14 45	14 53	15 2	15 13	15 25	15 39
26	13 32	13 45	13 58	14 12	14 28	14 37	14 47	14 59	15 14	15 21	15 28	15 37	15 46	15 57
27	14 22	14 32	14 42	14 52	15 4	15 11	15 19	15 28	15 39	15 44	15 50	15 56	16 3	16 10
28	15 11	15 18	15 24	15 31	15 39	15 43	15 48	15 54	16 1	16 5	16 8	16 12	16 16	16 21
29	16 1	16 4	16 7	16 10	16 13	16 15	16 17	16 19	16 22	16 24	16 25	16 27	16 29	16 31
30	16 52	16 51	16 50	16 48	16 47	16 46	16 45	16 44	16 43	16 42	16 42	16 41	16 41	16 40
Okt. 1	17 45	17 40	17 34	17 29	17 23	17 19	17 15	17 10	17 5	17 2	17 0	16 57	16 53	16 50
2	18 40	18 31	18 22	18 12	18 1	17 55	17 48	17 39	17 29	17 25	17 20	17 14	17 8	17 1
3	19 38	19 25	19 12	18 59	18 43	18 34	18 24	18 13	17 58	17 52	17 45	17 37	17 27	17 17
4	20 38	20 22	20 7	19 50	19 31	19 20	19 7	18 53	18 35	18 26	18 17	18 6	17 54	17 40
5	21 40	21 22	21 5	20 46	20 25	20 12	19 58	19 41	19 20	19 10	18 59	18 46	18 32	18 14
6	22 41	22 23	22 5	21 46	21 24	21 11	20 56	20 38	20 17	20 6	19 54	19 41	19 25	19 6
7	23 40	23 23	23 6	22 48	22 27	22 15	22 1	21 44	21 23	21 13	21 2	20 50	20 35	20 18
8	— —	— —	— —	23 50	23 32	23 21	23 9	22 54	22 37	22 29	22 19	22 9	21 57	21 43
9	0 35	0 20	0 6	— —	— —	— —	— —	— —	23 54	23 47	23 40	23 32	23 23	23 13
10	1 26	1 15	1 3	0 51	0 36	0 28	0 18	0 7	— —	— —	— —	— —	— —	— —
11	2 14	2 6	1 58	1 49	1 39	1 34	1 27	1 20	1 10	1 6	1 1	0 56	0 50	0 44
12	2 59	2 54	2 50	2 46	2 41	2 38	2 34	2 30	2 26	2 23	2 21	2 18	2 16	2 12
13	3 42	3 41	3 41	3 41	3 40	3 40	3 40	3 40	3 39	3 39	3 39	3 39	3 39	3 39
14	4 24	4 27	4 31	4 35	4 39	4 42	4 44	4 48	4 52	4 54	4 56	4 58	5 1	5 3

Monduntergang 1955

Mittlere Ortszeit — Meridian von Greenwich

Tag	Geographische Breite													
	−10°	0°	+10°	+20°	+30°	+35°	+40°	+45°	+50°	+52°	+54°	+56°	+58°	+60°
1955	h m	h m	h m	h m	h m	h m	h m	h m	h m	h m	h m	h m	h m	h m
Sept. 3	6 33	6 34	6 35	6 36	6 37	6 38	6 39	6 40	6 41	6 41	6 42	6 42	6 43	6 43
4	7 17	7 22	7 27	7 32	7 38	7 42	7 46	7 50	7 56	7 58	8 1	8 4	8 8	8 12
5	8 3	8 11	8 20	8 30	8 41	8 47	8 54	9 2	9 13	9 17	9 22	9 28	9 35	9 42
6	8 51	9 4	9 16	9 29	9 45	9 54	10 4	10 16	10 30	10 37	10 45	10 53	11 3	11 14
7	9 44	9 59	10 14	10 31	10 50	11 1	11 14	11 29	11 47	11 56	12 6	12 17	12 30	12 45
8	10 40	10 57	11 14	11 33	11 55	12 7	12 22	12 39	13 0	13 11	13 22	13 35	13 50	14 9
9	11 39	11 57	12 15	12 34	12 57	13 10	13 25	13 43	14 5	14 15	14 27	14 41	14 57	15 16
10	12 39	12 57	13 14	13 33	13 54	14 6	14 21	14 38	14 58	15 8	15 19	15 32	15 47	16 4
11	13 40	13 55	14 11	14 27	14 46	14 56	15 9	15 24	15 41	15 50	15 59	16 9	16 21	16 35
12	14 39	14 51	15 4	15 17	15 32	15 40	15 50	16 1	16 15	16 22	16 29	16 37	16 45	16 55
13	15 35	15 44	15 53	16 2	16 13	16 19	16 25	16 33	16 43	16 47	16 52	16 57	17 3	17 10
14	16 29	16 34	16 39	16 44	16 50	16 53	16 57	17 1	17 6	17 9	17 11	17 14	17 17	17 21
15	17 21	17 22	17 23	17 24	17 25	17 25	17 26	17 27	17 28	17 28	17 29	17 29	17 29	17 30
16	18 12	18 9	18 6	18 3	17 59	17 57	17 54	17 52	17 48	17 47	17 45	17 43	17 41	17 39
17	19 2	18 55	18 49	18 41	18 33	18 28	18 23	18 17	18 9	18 6	18 2	17 58	17 53	17 48
18	19 52	19 42	19 32	19 21	19 8	19 1	18 53	18 43	18 32	18 27	18 21	18 14	18 7	17 59
19	20 43	20 29	20 16	20 2	19 46	19 36	19 26	19 13	18 58	18 51	18 43	18 34	18 24	18 13
20	21 33	21 17	21 2	20 45	20 26	20 15	20 2	19 47	19 28	19 20	19 10	18 59	18 47	18 32
21	22 23	22 6	21 49	21 30	21 9	20 57	20 43	20 26	20 5	19 55	19 44	19 31	19 16	18 59
22	23 13	22 55	22 38	22 18	21 56	21 43	21 28	21 10	20 48	20 38	20 26	20 12	19 56	19 37
23	— —	23 44	23 27	23 8	22 46	22 33	22 19	22 1	21 39	21 29	21 17	21 4	20 48	20 29
24	0 2	— —	— —	23 59	23 39	23 27	23 13	22 57	22 37	22 28	22 17	22 5	21 51	21 34
25	0 49	0 33	0 17	— —	— —	— —	— —	23 57	23 40	23 32	23 23	23 13	23 1	22 48
26	1 35	1 21	1 7	0 51	0 34	0 23	0 11	— —	— —	— —	— —	— —	— —	— —
27	2 19	2 8	1 56	1 44	1 29	1 21	1 12	1 0	0 47	0 40	0 33	0 26	0 17	0 7
28	3 2	2 54	2 45	2 37	2 26	2 20	2 14	2 6	1 56	1 52	1 47	1 41	1 35	1 28
29	3 44	3 40	3 35	3 30	3 24	3 21	3 17	3 13	3 7	3 5	3 2	2 59	2 56	2 52
30	4 27	4 26	4 25	4 24	4 23	4 23	4 22	4 21	4 20	4 20	4 19	4 19	4 18	4 18
Okt. 1	5 11	5 14	5 17	5 20	5 24	5 27	5 29	5 32	5 36	5 37	5 39	5 41	5 43	5 46
2	5 56	6 3	6 11	6 18	6 27	6 32	6 38	6 45	6 53	6 57	7 1	7 6	7 11	7 17
3	6 45	6 56	7 7	7 19	7 32	7 40	7 49	8 0	8 13	8 19	8 25	8 33	8 41	8 51
4	7 38	7 52	8 6	8 22	8 39	8 50	9 1	9 15	9 32	9 40	9 50	10 0	10 11	10 25
5	8 34	8 51	9 7	9 25	9 46	9 58	10 12	10 28	10 49	10 58	11 9	11 22	11 36	11 53
6	9 33	9 51	10 9	10 28	10 50	11 3	11 18	11 35	11 57	12 8	12 19	12 33	12 48	13 7
7	10 34	10 52	11 9	11 28	11 49	12 2	12 16	12 34	12 55	13 5	13 16	13 29	13 44	14 1
8	11 35	11 51	12 7	12 23	12 43	12 54	13 7	13 22	13 41	13 49	13 59	14 10	14 22	14 37
9	12 33	12 47	13 0	13 14	13 30	13 39	13 50	14 2	14 17	14 24	14 31	14 40	14 49	15 0
10	13 29	13 39	13 49	14 0	14 12	14 18	14 26	14 35	14 46	14 51	14 56	15 2	15 9	15 16
11	14 23	14 29	14 35	14 42	14 49	14 53	14 58	15 4	15 10	15 13	15 16	15 20	15 24	15 28
12	15 15	15 17	15 19	15 22	15 24	15 26	15 28	15 29	15 32	15 33	15 34	15 35	15 37	15 38
13	16 5	16 3	16 2	16 0	15 58	15 57	15 56	15 54	15 52	15 52	15 51	15 50	15 49	15 47
14	16 55	16 49	16 44	16 38	16 32	16 28	16 24	16 19	16 13	16 10	16 7	16 4	16 1	15 57

Mondaufgang 1955

Mittlere Ortszeit — Meridian von Greenwich

Tag	Geographische Breite													
	−10°	0°	+10°	+20°	+30°	+35°	+40°	+45°	+50°	+52°	+54°	+56°	+58°	+60°
1955	h m	h m	h m	h m	h m	h m	h m	h m	h m	h m	h m	h m	h m	h m
Okt. 14	4 24	4 27	4 31	4 35	4 39	4 42	4 44	4 48	4 52	4 54	4 56	4 58	5 1	5 3
15	5 6	5 13	5 20	5 28	5 37	5 42	5 48	5 55	6 3	6 7	6 11	6 16	6 21	6 27
16	5 49	6 0	6 10	6 21	6 35	6 42	6 51	7 1	7 13	7 19	7 26	7 33	7 41	7 50
17	6 33	6 47	7 0	7 15	7 31	7 41	7 52	8 6	8 22	8 29	8 38	8 47	8 58	9 11
18	7 19	7 35	7 51	8 8	8 27	8 39	8 52	9 7	9 27	9 36	9 46	9 57	10 11	10 27
19	8 7	8 24	8 41	9 0	9 21	9 34	9 48	10 5	10 26	10 36	10 48	11 1	11 16	11 34
20	8 56	9 13	9 31	9 50	10 12	10 25	10 40	10 57	11 19	11 30	11 41	11 55	12 10	12 29
21	9 45	10 2	10 20	10 38	10 59	11 12	11 26	11 43	12 4	12 14	12 25	12 38	12 53	13 10
22	10 35	10 50	11 6	11 24	11 43	11 54	12 7	12 23	12 42	12 50	13 0	13 12	13 24	13 39
23	11 24	11 38	11 51	12 6	12 23	12 33	12 44	12 57	13 13	13 20	13 28	13 38	13 48	14 0
24	12 12	12 24	12 35	12 46	13 0	13 8	13 16	13 27	13 39	13 45	13 51	13 58	14 6	14 15
25	13 1	13 9	13 17	13 25	13 35	13 40	13 46	13 54	14 2	14 6	14 11	14 15	14 21	14 27
26	13 49	13 54	13 58	14 3	14 8	14 11	14 15	14 19	14 23	14 26	14 28	14 31	14 34	14 37
27	14 39	14 40	14 40	14 41	14 42	14 42	14 43	14 43	14 44	14 45	14 45	14 45	14 46	14 46
28	15 30	15 27	15 24	15 20	15 16	15 14	15 12	15 9	15 5	15 4	15 2	15 0	14 58	14 56
29	16 25	16 17	16 10	16 2	15 53	15 49	15 43	15 36	15 29	15 25	15 21	15 17	15 12	15 7
30	17 22	17 11	17 0	16 48	16 35	16 27	16 18	16 8	15 56	15 50	15 44	15 37	15 30	15 21
31	18 22	18 8	17 54	17 38	17 21	17 11	16 59	16 46	16 30	16 22	16 14	16 4	15 53	15 41
Nov. 1	19 26	19 9	18 52	18 34	18 14	18 2	17 48	17 32	17 12	17 3	16 53	16 41	16 27	16 11
2	20 29	20 12	19 54	19 35	19 13	19 0	18 45	18 28	18 7	17 56	17 45	17 31	17 16	16 58
3	21 31	21 14	20 57	20 38	20 17	20 5	19 50	19 33	19 12	19 2	18 51	18 38	18 23	18 5
4	22 30	22 14	21 59	21 42	21 23	21 12	20 59	20 44	20 26	20 17	20 7	19 56	19 43	19 28
5	23 23	23 11	22 58	22 45	22 29	22 20	22 10	21 58	21 44	21 37	21 29	21 20	21 11	20 59
6	— —	— —	23 54	23 45	23 34	23 27	23 20	23 11	23 1	22 56	22 51	22 45	22 38	22 31
7	0 12	0 3	— —	— —	— —	— —	— —	— —	— —	— —	— —	— —	— —	— —
8	0 58	0 52	0 47	0 42	0 35	0 31	0 27	0 22	0 17	0 14	0 11	0 8	0 4	0 0
9	1 41	1 39	1 38	1 37	1 35	1 34	1 33	1 31	1 30	1 29	1 29	1 28	1 27	1 26
10	2 22	2 25	2 27	2 30	2 33	2 35	2 36	2 39	2 42	2 43	2 44	2 46	2 48	2 49
11	3 4	3 10	3 16	3 23	3 30	3 34	3 39	3 45	3 52	3 55	3 59	4 3	4 7	4 12
12	3 46	3 56	4 5	4 15	4 27	4 34	4 41	4 50	5 1	5 7	5 12	5 18	5 26	5 34
13	4 29	4 42	4 54	5 8	5 23	5 32	5 43	5 55	6 10	6 17	6 24	6 33	6 43	6 54
14	5 15	5 29	5 44	6 1	6 19	6 30	6 42	6 57	7 15	7 24	7 33	7 44	7 57	8 11
15	6 2	6 18	6 35	6 53	7 14	7 26	7 40	7 56	8 17	8 26	8 37	8 50	9 5	9 22
16	6 50	7 7	7 25	7 44	8 6	8 18	8 33	8 50	9 12	9 22	9 34	9 47	10 3	10 22
17	7 39	7 57	8 14	8 33	8 54	9 7	9 21	9 39	10 0	10 10	10 22	10 35	10 50	11 8
18	8 29	8 45	9 1	9 19	9 39	9 51	10 4	10 20	10 40	10 49	11 0	11 11	11 25	11 41
19	9 18	9 32	9 47	10 2	10 20	10 30	10 42	10 56	11 13	11 21	11 30	11 40	11 51	12 4
20	10 6	10 18	10 30	10 43	10 58	11 6	11 16	11 27	11 41	11 47	11 54	12 2	12 11	12 20
21	10 53	11 3	11 12	11 21	11 32	11 39	11 46	11 54	12 4	12 9	12 14	12 20	12 26	12 33
22	11 41	11 47	11 52	11 59	12 6	12 10	12 14	12 19	12 26	12 29	12 32	12 35	12 39	12 43
23	12 28	12 31	12 33	12 35	12 38	12 40	12 41	12 44	12 46	12 48	12 49	12 50	12 51	12 53
24	13 17	13 16	13 14	13 13	13 11	13 10	13 9	13 8	13 6	13 6	13 5	13 4	13 3	13 2

Monduntergang 1955

Mittlere Ortszeit — Meridian von Greenwich

Tag	Geographische Breite													
	−10°	0°	+10°	+20°	+30°	+35°	+40°	+45°	+50°	+52°	+54°	+56°	+58°	+60°
1955	h m	h m	h m	h m	h m	h m	h m	h m	h m	h m	h m	h m	h m	h m
Okt. 14	16 55	16 49	16 44	16 38	16 32	16 28	16 24	16 19	16 13	16 10	16 7	16 4	16 1	15 57
15	17 44	17 35	17 26	17 17	17 6	17 0	16 53	16 45	16 35	16 30	16 26	16 20	16 14	16 7
16	18 34	18 22	18 10	17 57	17 43	17 34	17 24	17 13	17 0	16 53	16 46	16 39	16 30	16 20
17	19 25	19 10	18 55	18 40	18 22	18 11	18 0	17 46	17 29	17 21	17 12	17 2	16 50	16 37
18	20 15	19 59	19 42	19 24	19 4	18 52	18 39	18 23	18 3	17 53	17 43	17 31	17 17	17 1
19	21 6	20 48	20 30	20 12	19 50	19 37	19 23	19 5	18 44	18 34	18 22	18 9	17 54	17 35
20	21 55	21 37	21 20	21 1	20 39	20 26	20 11	19 54	19 32	19 22	19 10	18 56	18 41	18 22
21	22 42	22 26	22 9	21 51	21 30	21 18	21 4	20 47	20 27	20 17	20 6	19 54	19 39	19 22
22	23 28	23 13	22 58	22 42	22 24	22 13	22 0	21 46	21 27	21 19	21 9	20 58	20 46	20 31
23	— —	— —	23 47	23 34	23 18	23 9	22 59	22 46	22 32	22 25	22 17	22 8	21 58	21 47
24	0 12	0 0	— —	— —	— —	— —	23 59	23 49	23 38	23 33	23 27	23 21	23 14	23 6
25	0 55	0 45	0 36	0 25	0 13	0 7	— —	— —	— —	— —	— —	— —	— —	— —
26	1 36	1 30	1 24	1 17	1 10	1 5	1 0	0 54	0 47	0 44	0 40	0 36	0 32	0 27
27	2 18	2 16	2 13	2 10	2 7	2 5	2 3	2 1	1 58	1 56	1 55	1 53	1 51	1 49
28	3 1	3 2	3 3	3 5	3 6	3 7	3 8	3 10	3 11	3 12	3 12	3 13	3 14	3 15
29	3 45	3 50	3 56	4 2	4 8	4 12	4 16	4 21	4 27	4 30	4 33	4 36	4 40	4 44
30	4 33	4 42	4 51	5 1	5 12	5 19	5 27	5 35	5 46	5 51	5 56	6 2	6 9	6 17
31	5 25	5 37	5 50	6 4	6 20	6 29	6 40	6 52	7 7	7 14	7 22	7 31	7 41	7 53
Nov. 1	6 21	6 37	6 52	7 9	7 29	7 40	7 53	8 8	8 27	8 36	8 47	8 58	9 11	9 27
2	7 21	7 39	7 56	8 15	8 36	8 49	9 3	9 21	9 42	9 52	10 4	10 17	10 32	10 50
3	8 24	8 41	8 59	9 18	9 40	9 53	10 7	10 25	10 46	10 56	11 8	11 21	11 36	11 54
4	9 27	9 43	10 0	10 17	10 37	10 49	11 2	11 18	11 37	11 46	11 57	12 8	12 21	12 37
5	10 27	10 42	10 56	11 10	11 27	11 37	11 48	12 1	12 17	12 25	12 33	12 42	12 53	13 4
6	11 25	11 36	11 47	11 58	12 11	12 19	12 27	12 37	12 49	12 54	13 0	13 7	13 14	13 23
7	12 20	12 27	12 34	12 42	12 50	12 55	13 1	13 7	13 15	13 18	13 22	13 26	13 31	13 36
8	13 12	13 15	13 18	13 22	13 26	13 28	13 31	13 34	13 37	13 39	13 40	13 42	13 44	13 47
9	14 2	14 1	14 1	14 0	14 0	13 59	13 59	13 58	13 58	13 57	13 57	13 57	13 56	13 56
10	14 51	14 46	14 42	14 38	14 33	14 30	14 26	14 23	14 18	14 16	14 14	14 11	14 8	14 5
11	15 39	15 32	15 24	15 16	15 6	15 1	14 55	14 48	14 39	14 35	14 31	14 26	14 21	14 15
12	16 29	16 18	16 7	15 55	15 42	15 34	15 25	15 15	15 3	14 57	14 51	14 44	14 36	14 27
13	17 19	17 5	16 51	16 36	16 20	16 10	15 59	15 46	15 30	15 23	15 14	15 5	14 55	14 43
14	18 9	17 53	17 37	17 20	17 1	16 49	16 36	16 21	16 2	15 53	15 43	15 32	15 19	15 4
15	18 59	18 42	18 25	18 6	17 45	17 33	17 18	17 1	16 41	16 31	16 19	16 7	15 52	15 34
16	19 49	19 31	19 14	18 55	18 33	18 20	18 5	17 48	17 26	17 16	17 4	16 51	16 35	16 17
17	20 37	20 20	20 3	19 45	19 24	19 11	18 57	18 40	18 19	18 9	17 58	17 45	17 30	17 12
18	21 24	21 8	20 52	20 36	20 16	20 5	19 52	19 37	19 17	19 9	18 58	18 47	18 34	18 18
19	22 8	21 54	21 41	21 27	21 10	21 0	20 49	20 36	20 20	20 12	20 4	19 55	19 44	19 31
20	22 50	22 40	22 29	22 17	22 4	21 57	21 48	21 37	21 25	21 19	21 13	21 5	20 57	20 48
21	23 31	23 24	23 16	23 8	22 59	22 53	22 47	22 40	22 31	22 27	22 23	22 18	22 12	22 6
22	— —	— —	— —	23 59	23 54	23 51	23 48	23 44	23 39	23 37	23 35	23 32	23 29	23 26
23	0 12	0 8	0 4	— —	— —	— —	— —	— —	— —	— —	— —	— —	— —	— —
24	0 52	0 52	0 52	0 51	0 51	0 50	0 50	0 49	0 49	0 49	0 48	0 48	0 48	0 47

Mittlere Ortszeit — Meridian von Greenwich

Tag	Geographische Breite													
	−10°	0°	+10°	+20°	+30°	+35°	+40°	+45°	+50°	+52°	+54°	+56°	+58°	+60°
1955	h m	h m	h m	h m	h m	h m	h m	h m	h m	h m	h m	h m	h m	h m
Nov. 24	13 17	13 16	13 14	13 13	13 11	13 10	13 9	13 8	13 6	13 6	13 5	13 4	13 3	13 2
25	14 9	14 3	13 58	13 52	13 46	13 42	13 38	13 33	13 28	13 25	13 22	13 19	13 16	13 12
26	15 3	14 54	14 45	14 35	14 24	14 18	14 11	14 2	13 52	13 48	13 43	13 37	13 31	13 24
27	16 1	15 49	15 36	15 22	15 7	14 58	14 48	14 36	14 22	14 16	14 8	14 0	13 51	13 41
28	17 4	16 48	16 32	16 16	15 57	15 46	15 33	15 18	15 0	14 51	14 42	14 31	14 19	14 5
29	18 8	17 51	17 33	17 15	16 54	16 41	16 27	16 10	15 49	15 39	15 28	15 15	15 1	14 44
30	19 13	18 56	18 38	18 19	17 57	17 45	17 30	17 12	16 51	16 41	16 29	16 16	16 0	15 42
Dez. 1	20 16	19 59	19 43	19 26	19 5	18 54	18 40	18 24	18 4	17 55	17 44	17 32	17 18	17 2
2	21 14	21 0	20 46	20 32	20 15	20 5	19 53	19 40	19 24	19 16	19 8	18 58	18 47	18 34
3	22 7	21 56	21 46	21 35	21 22	21 15	21 6	20 57	20 45	20 39	20 33	20 26	20 18	20 9
4	22 55	22 48	22 42	22 35	22 27	22 22	22 17	22 11	22 4	22 0	21 56	21 52	21 48	21 42
5	23 40	23 37	23 34	23 32	23 28	23 27	23 25	23 22	23 19	23 18	23 17	23 15	23 13	23 11
6	— —	— —	— —	— —	— —	— —	— —	— —	— —	— —	— —	— —	— —	— —
7	0 22	0 23	0 25	0 26	0 28	0 29	0 30	0 31	0 33	0 33	0 34	0 35	0 36	0 37
8	1 4	1 9	1 14	1 19	1 25	1 29	1 33	1 38	1 43	1 46	1 49	1 52	1 56	2 0
9	1 45	1 54	2 2	2 11	2 22	2 28	2 35	2 43	2 53	2 57	3 2	3 8	3 14	3 21
10	2 28	2 40	2 51	3 4	3 18	3 26	3 36	3 47	4 1	4 7	4 14	4 22	4 31	4 42
11	3 12	3 26	3 41	3 56	4 14	4 24	4 36	4 50	5 7	5 15	5 24	5 34	5 46	5 59
12	3 58	4 14	4 31	4 48	5 8	5 20	5 33	5 50	6 9	6 19	6 29	6 42	6 55	7 12
13	4 46	5 3	5 21	5 39	6 1	6 13	6 28	6 45	7 7	7 17	7 28	7 42	7 57	8 15
14	5 35	5 52	6 10	6 29	6 51	7 3	7 18	7 35	7 57	8 7	8 19	8 32	8 47	9 6
15	6 24	6 41	6 58	7 16	7 37	7 49	8 3	8 19	8 40	8 49	9 0	9 12	9 26	9 43
16	7 14	7 29	7 44	8 0	8 19	8 30	8 42	8 57	9 15	9 23	9 33	9 43	9 55	10 9
17	8 2	8 15	8 28	8 42	8 58	9 7	9 17	9 29	9 44	9 51	9 59	10 7	10 17	10 28
18	8 50	9 0	9 10	9 21	9 33	9 40	9 48	9 58	10 9	10 14	10 20	10 26	10 34	10 42
19	9 36	9 44	9 51	9 58	10 6	10 11	10 17	10 23	10 31	10 34	10 38	10 42	10 47	10 52
20	10 23	10 27	10 30	10 34	10 38	10 41	10 44	10 47	10 51	10 53	10 55	10 57	10 59	11 2
21	11 10	11 10	11 10	11 10	11 10	11 10	11 10	11 10	11 10	11 10	11 10	11 10	11 11	11 10
22	11 59	11 55	11 51	11 47	11 43	11 40	11 37	11 34	11 30	11 29	11 27	11 25	11 22	11 19
23	12 50	12 42	12 35	12 27	12 18	12 13	12 7	12 0	11 52	11 49	11 45	11 40	11 36	11 30
24	13 44	13 33	13 22	13 10	12 57	12 49	12 41	12 31	12 18	12 13	12 7	12 0	11 52	11 44
25	14 42	14 28	14 14	13 59	13 41	13 31	13 20	13 7	12 51	12 43	12 35	12 26	12 15	12 3
26	15 44	15 28	15 11	14 53	14 33	14 21	14 8	13 52	13 32	13 23	13 13	13 1	12 48	12 32
27	16 49	16 31	16 13	15 54	15 33	15 20	15 5	14 48	14 26	14 16	14 5	13 52	13 36	13 18
28	17 53	17 36	17 19	17 0	16 39	16 26	16 12	15 55	15 34	15 24	15 12	15 0	14 45	14 27
29	18 55	18 40	18 24	18 8	17 49	17 38	17 25	17 11	16 52	16 43	16 34	16 23	16 10	15 55
30	19 52	19 40	19 28	19 15	19 0	18 51	18 41	18 30	18 15	18 9	18 1	17 53	17 44	17 33
31	20 45	20 36	20 28	20 19	20 9	20 3	19 56	19 48	19 39	19 34	19 29	19 24	19 18	19 11
32	21 33	21 29	21 24	21 20	21 14	21 11	21 8	21 4	20 59	20 57	20 55	20 52	20 49	20 46

Monduntergang 1955

Mittlere Ortszeit — Meridian von Greenwich

Tag	−10°	0°	+10°	+20°	+30°	+35°	+40°	+45°	+50°	+52°	+54°	+56°	+58°	+60°
1955	h m	h m	h m	h m	h m	h m	h m	h m	h m	h m	h m	h m	h m	h m
Nov. 24	0 52	0 52	0 52	0 51	0 51	0 50	0 50	0 49	0 49	0 49	0 48	0 48	0 48	0 47
25	1 35	1 38	1 41	1 45	1 49	1 52	1 54	1 58	2 1	2 3	2 5	2 7	2 9	2 12
26	2 19	2 27	2 34	2 42	2 51	2 56	3 2	3 9	3 17	3 21	3 25	3 30	3 35	3 41
27	3 8	3 19	3 30	3 42	3 56	4 4	4 13	4 23	4 36	4 42	4 49	4 56	5 4	5 14
28	4 2	4 16	4 31	4 46	5 4	5 14	5 26	5 40	5 57	6 5	6 14	6 24	6 36	6 49
29	5 1	5 17	5 34	5 52	6 13	6 25	6 39	6 55	7 15	7 25	7 36	7 49	8 3	8 20
30	6 4	6 22	6 39	6 58	7 20	7 33	7 48	8 5	8 27	8 37	8 49	9 2	9 17	9 36
Dez. 1	7 9	7 26	7 43	8 2	8 23	8 35	8 49	9 6	9 26	9 36	9 47	9 59	10 13	10 30
2	8 14	8 29	8 44	9 0	9 18	9 29	9 41	9 55	10 13	10 21	10 30	10 40	10 52	11 5
3	9 15	9 27	9 39	9 52	10 7	10 15	10 24	10 36	10 49	10 55	11 2	11 9	11 18	11 28
4	10 13	10 21	10 30	10 39	10 49	10 55	11 1	11 9	11 18	11 22	11 26	11 31	11 37	11 43
5	11 7	11 12	11 16	11 21	11 27	11 30	11 33	11 37	11 42	11 44	11 46	11 49	11 52	11 55
6	11 59	11 59	12 0	12 1	12 1	12 2	12 2	12 3	12 3	12 4	12 4	12 4	12 5	12 5
7	12 48	12 45	12 42	12 39	12 35	12 33	12 30	12 27	12 24	12 22	12 21	12 19	12 17	12 14
8	13 37	13 30	13 24	13 16	13 8	13 4	12 58	12 52	12 45	12 42	12 38	12 34	12 29	12 24
9	14 26	14 16	14 6	13 55	13 43	13 36	13 28	13 18	13 7	13 2	12 57	12 50	12 43	12 35
10	15 15	15 2	14 49	14 35	14 19	14 10	14 0	13 48	13 33	13 26	13 18	13 10	13 0	12 50
11	16 5	15 49	15 34	15 18	14 59	14 48	14 36	14 21	14 3	13 55	13 45	13 35	13 23	13 9
12	16 55	16 38	16 21	16 3	15 42	15 30	15 16	15 0	14 39	14 30	14 19	14 6	13 52	13 35
13	17 45	17 27	17 9	16 50	16 29	16 16	16 1	15 44	15 22	15 12	15 0	14 47	14 32	14 13
14	18 33	18 16	17 59	17 40	17 19	17 6	16 52	16 34	16 13	16 3	15 51	15 38	15 23	15 4
15	19 21	19 4	18 48	18 31	18 11	17 59	17 45	17 29	17 10	17 0	16 50	16 38	16 24	16 7
16	20 5	19 51	19 37	19 22	19 4	18 54	18 42	18 28	18 11	18 3	17 54	17 44	17 32	17 19
17	20 48	20 37	20 25	20 13	19 58	19 50	19 40	19 29	19 15	19 9	19 2	18 54	18 45	18 34
18	21 30	21 21	21 12	21 3	20 52	20 46	20 39	20 31	20 21	20 16	20 11	20 5	19 59	19 52
19	22 10	22 4	21 59	21 53	21 47	21 43	21 38	21 33	21 27	21 24	21 21	21 18	21 14	21 10
20	22 49	22 47	22 46	22 44	22 41	22 40	22 39	22 37	22 35	22 34	22 33	22 32	22 30	22 29
21	23 29	23 31	23 33	23 35	23 37	23 39	23 40	23 42	23 44	23 45	23 46	23 47	23 48	23 50
22	— —	— —	— —	— —	— —	— —	— —	— —	— —	— —	— —	— —	— —	— —
23	0 11	0 17	0 23	0 29	0 35	0 39	0 44	0 49	0 55	0 58	1 1	1 5	1 9	1 13
24	0 56	1 6	1 15	1 25	1 36	1 43	1 50	1 59	2 10	2 15	2 20	2 26	2 33	2 41
25	1 46	1 58	2 11	2 25	2 40	2 50	3 0	3 12	3 27	3 34	3 42	3 51	4 1	4 12
26	2 40	2 56	3 11	3 28	3 47	3 58	4 11	4 27	4 45	4 54	5 4	5 16	5 28	5 44
27	3 40	3 57	4 15	4 33	4 55	5 7	5 22	5 39	6 0	6 10	6 22	6 35	6 50	7 8
28	4 44	5 2	5 20	5 39	6 0	6 13	6 28	6 45	7 6	7 17	7 28	7 41	7 56	8 14
29	5 50	6 7	6 23	6 40	7 0	7 12	7 25	7 41	8 1	8 10	8 20	8 31	8 44	9 0
30	6 55	7 9	7 23	7 37	7 54	8 4	8 15	8 27	8 43	8 50	8 58	9 7	9 17	9 29
31	7 57	8 7	8 18	8 28	8 41	8 48	8 56	9 5	9 16	9 22	9 27	9 33	9 40	9 48
32	8 55	9 2	9 8	9 15	9 22	9 26	9 31	9 37	9 44	9 47	9 50	9 54	9 58	10 2

Länge λ	Präzession in Länge p_λ — Breite β: 0°	+1°	+2°	+3°	+4°	+5°	+6°	+7°	+8°	+9°	Präz. in Br. p_β — Länge λ	Präzession p_β	
°	″	″	″	″	″	″	″	″	″	″	°	″	
0	50.268	.259	.251	.243	.235	50.227	.218	.210	.202	.193	0	+0.046	81
10	.268	.260	.252	.244	.236	.228	.220	.212	.204	.196	10	+0.127	76
20	.268	.260	.253	.245	.238	.230	.223	.215	.208	.200	20	+0.203	71
30	.268	.261	.254	.247	.241	.234	.227	.220	.214	.207	30	+0.274	62
40	50.268	.262	.256	.250	.244	50.239	.233	.227	.221	.215	40	+0.336	52
50	.268	.263	.258	.254	.249	.244	.240	.235	.230	.225	50	+0.388	41
60	.268	.264	.261	.257	.254	.250	.247	.244	.240	.237	60	+0.429	27
70	.268	.265	.263	.261	.259	.257	.255	.253	.251	.249	70	+0.456	13
80	50.268	.267	.266	.266	.265	50.264	.264	.263	.262	.262	80	+0.469	1
90	.268	.268	.269	.270	.271	.272	.272	.273	.274	.275	90	+0.468	15
100	.268	.270	.272	.274	.276	.279	.281	.283	.285	.288	100	+0.453	28
110	.268	.271	.275	.278	.282	.285	.289	.292	.296	.300	110	+0.425	42
120	50.268	.272	.277	.282	.287	50.291	.296	.301	.306	.311	120	+0.383	54
130	.268	.273	.279	.285	.291	.297	.303	.309	.315	.321	130	+0.329	63
140	.268	.274	.281	.288	.295	.301	.308	.315	.322	.329	140	+0.266	71
150	.268	.275	.282	.290	.297	.305	.313	.320	.328	.335	150	+0.195	78
160	50.268	.275	.283	.291	.299	50.307	.315	.323	.332	.340	160	+0.117	81
170	.268	.276	.284	.292	.300	.309	.317	.325	.333	.342	170	+0.036	82
180	.268	.276	.284	.292	.300	.308	.317	.325	.333	.342	180	−0.046	81
190	.268	.275	.283	.291	.299	.307	.315	.323	.331	.339	190	−0.127	76
200	50.268	.275	.282	.290	.297	50.305	.312	.320	.327	.335	200	−0.203	71
210	.268	.274	.281	.288	.294	.301	.308	.315	.321	.328	210	−0.274	62
220	.268	.273	.279	.285	.291	.296	.302	.308	.314	.320	220	−0.336	52
230	.268	.272	.277	.281	.286	.291	.295	.300	.305	.310	230	−0.388	41
240	50.268	.271	.274	.278	.281	50.285	.288	.291	.295	.298	240	−0.429	27
250	.268	.270	.272	.274	.276	.278	.280	.282	.284	.286	250	−0.456	13
260	.268	.268	.269	.269	.270	.271	.271	.272	.273	.273	260	−0.469	1
270	.268	.267	.266	.265	.264	.263	.263	.262	.261	.260	270	−0.468	15
280	50.268	.265	.263	.261	.259	50.256	.254	.252	.250	.247	280	−0.453	28
290	.268	.264	.260	.257	.253	.250	.246	.243	.239	.235	290	−0.425	42
300	.268	.263	.258	.253	.248	.244	.239	.234	.229	.224	300	−0.383	54
310	.268	.262	.256	.250	.244	.238	.232	.226	.220	.214	310	−0.329	63
320	50.268	.261	.254	.247	.240	50.234	.227	.220	.213	.206	320	−0.266	71
330	.268	.260	.253	.245	.238	.230	.222	.215	.207	.200	330	−0.195	78
340	.268	.260	.252	.244	.236	.228	.220	.212	.203	.195	340	−0.117	81
350	.268	.259	.251	.243	.235	.226	.218	.210	.202	.193	350	−0.036	82
360	50.268	.259	.251	.243	.235	50.227	.218	.210	.202	.193	360	+0.046	

Länge λ	Präzession in Länge p_λ — Breite β: 0°	−1°	−2°	−3°	−4°	−5°	−6°	−7°	−8°	−9°	Länge λ	Präz. in Br. p_β — Präzession p_β	
°	″	″	″	″	″	″	″	″	″	″	°	″	
0	50.268	.276	.284	.292	.300	50.308	.317	.325	.333	.342	0	+0.046	81
10	.268	.275	.283	.291	.299	.307	.315	.323	.331	.339	10	+0.127	76
20	.268	.275	.282	.290	.297	.305	.312	.320	.327	.335	20	+0.203	71
30	.268	.274	.281	.288	.294	.301	.308	.315	.321	.328	30	+0.274	62
40	50.268	.273	.279	.285	.291	50.296	.302	.308	.314	.320	40	+0.336	52
50	.268	.272	.277	.281	.286	.291	.295	.300	.305	.310	50	+0.388	41
60	.268	.271	.274	.278	.281	.285	.288	.291	.295	.298	60	+0.429	27
70	.268	.270	.272	.274	.276	.278	.280	.282	.284	.286	70	+0.456	13
80	50.268	.268	.269	.269	.270	50.271	.271	.272	.273	.273	80	+0.469	1
90	.268	.267	.266	.265	.264	.263	.263	.262	.261	.260	90	+0.468	15
100	.268	.265	.263	.261	.259	.256	.254	.252	.250	.247	100	+0.453	28
110	.268	.264	.260	.257	.253	.250	.246	.243	.239	.235	110	+0.425	42
120	50.268	.263	.258	.253	.248	50.244	.239	.234	.229	.224	120	+0.383	54
130	.268	.262	.256	.250	.244	.238	.232	.226	.220	.214	130	+0.329	63
140	.268	.261	.254	.247	.240	.234	.227	.220	.213	.206	140	+0.266	71
150	.268	.260	.253	.245	.238	.230	.222	.215	.207	.200	150	+0.195	78
160	50.268	.260	.252	.244	.236	50.228	.220	.212	.203	.195	160	+0.117	81
170	.268	.259	.251	.243	.235	.226	.218	.210	.202	.193	170	+0.036	82
180	.268	.259	.251	.243	.235	.227	.218	.210	.202	.193	180	−0.046	81
190	.268	.260	.252	.244	.236	.228	.220	.212	.204	.196	190	−0.127	76
200	50.268	.260	.253	.245	.238	50.230	.223	.215	.208	.200	200	−0.203	71
210	.268	.261	.254	.247	.241	.234	.227	.220	.214	.207	210	−0.274	62
220	.268	.262	.256	.250	.244	.239	.233	.227	.221	.215	220	−0.336	52
230	.268	.263	.258	.254	.249	.244	.240	.235	.230	.225	230	−0.388	41
240	50.268	.264	.261	.257	.254	50.250	.247	.244	.240	.237	240	−0.429	27
250	.268	.265	.263	.261	.259	.257	.255	.253	.251	.249	250	−0.456	13
260	.268	.267	.266	.266	.265	.264	.264	.263	.262	.262	260	−0.469	1
270	.268	.268	.269	.270	.271	.272	.272	.273	.274	.275	270	−0.468	15
280	50.268	.270	.272	.274	.276	50.279	.281	.283	.285	.288	280	−0.453	28
290	.268	.271	.275	.278	.282	.285	.289	.292	.296	.300	290	−0.425	42
300	.268	.272	.277	.282	.287	.291	.296	.301	.306	.311	300	−0.383	54
310	.268	.273	.279	.285	.291	.297	.303	.309	.315	.321	310	−0.329	63
320	50.268	.274	.281	.288	.295	50.301	.308	.315	.322	.329	320	−0.266	71
330	.268	.275	.282	.290	.297	.305	.313	.320	.328	.335	330	−0.195	78
340	.268	.275	.283	.291	.299	.307	.315	.323	.332	.340	340	−0.117	81
350	.268	.276	.284	.292	.300	.309	.317	.325	.333	.342	350	−0.036	82
360	50.268	.276	.284	.292	.300	50.308	.317	.325	.333	.342	360	+0.046	

Präzession in Rektaszension (p_α) und Deklination (p_δ)

α \ δ	p_α +60°	+50°	+40°	+30°	+20°	+10°	0°	−10°	−20°	−30°	−40°	−50°	−60°	p_δ
h	s	s	s	s	s	s	s	s	s	s	s	s	s	″
0	3.07	3.07	3.07	3.07	3.07	3.07	3.07	3.07	3.07	3.07	3.07	3.07	3.07	+20.0
1	3.67	3.48	3.36	3.27	3.20	3.13	3.07	3.01	2.95	2.87	2.78	2.66	2.47	+19.4
2	4.23	3.87	3.63	3.46	3.32	3.19	3.07	2.95	2.83	2.69	2.51	2.28	1.92	+17.4
3	4.71	4.20	3.87	3.62	3.42	3.24	3.07	2.91	2.73	2.53	2.28	1.95	1.44	+14.2
4	5.08	4.45	4.04	3.74	3.49	3.28	3.07	2.87	2.65	2.41	2.10	1.69	1.07	+10.0
5	5.31	4.61	4.16	3.82	3.54	3.30	3.07	2.84	2.60	2.33	1.99	1.53	0.84	+ 5.2
6	5.39	4.67	4.19	3.84	3.56	3.31	3.07	2.84	2.59	2.30	1.95	1.48	0.76	0.0
7	5.31	4.61	4.16	3.82	3.54	3.30	3.07	2.84	2.60	2.33	1.99	1.53	0.84	− 5.2
8	5.08	4.45	4.04	3.74	3.49	3.28	3.07	2.87	2.65	2.41	2.10	1.69	1.07	−10.0
9	4.71	4.20	3.87	3.62	3.42	3.24	3.07	2.91	2.73	2.53	2.28	1.95	1.44	−14.2
10	4.23	3.87	3.63	3.46	3.32	3.19	3.07	2.95	2.83	2.69	2.51	2.28	1.92	−17.4
11	3.67	3.48	3.36	3.27	3.20	3.13	3.07	3.01	2.95	2.87	2.78	2.66	2.47	−19.4
12	3.07	3.07	3.07	3.07	3.07	3.07	3.07	3.07	3.07	3.07	3.07	3.07	3.07	−20.0
13	2.47	2.66	2.78	2.87	2.95	3.01	3.07	3.13	3.20	3.27	3.36	3.48	3.67	−19.4
14	1.92	2.28	2.51	2.69	2.83	2.95	3.07	3.19	3.32	3.46	3.63	3.87	4.23	17.4
15	1.44	1.95	2.28	2.53	2.73	2.91	3.07	3.24	3.42	3.62	3.87	4.20	4.71	−14.2
16	1.07	1.69	2.10	2.41	2.65	2.87	3.07	3.28	3.49	3.74	4.04	4.45	5.08	−10.0
17	0.84	1.53	1.99	2.33	2.60	2.84	3.07	3.30	3.54	3.82	4.16	4.61	5.31	− 5.2
18	0.76	1.48	1.95	2.30	2.59	2.84	3.07	3.31	3.56	3.84	4.19	4.67	5.39	0.0
19	0.84	1.53	1.99	2.33	2.60	2.84	3.07	3.30	3.54	3.82	4.16	4.61	5.31	+ 5.2
20	1.07	1.69	2.10	2.41	2.65	2.87	3.07	3.28	3.49	3.74	4.04	4.45	5.08	+10.0
21	1.44	1.95	2.28	2.53	2.73	2.91	3.07	3.24	3.42	3.62	3.87	4.20	4.71	+14.2
22	1.92	2.28	2.51	2.69	2.83	2.95	3.07	3.19	3.32	3.46	3.63	3.87	4.23	+17.4
23	2.47	2.66	2.78	2.87	2.95	3.01	3.07	3.13	3.20	3.27	3.36	3.48	3.67	+19.4
24	3.07	3.07	3.07	3.07	3.07	3.07	3.07	3.07	3.07	3.07	3.07	3.07	3.07	+20.0

Präzessionswerte und Schiefe der Ekliptik

Zeit	m	n	n	ψ	log π	Π	ε
	s	″	s	″		° ′	° ′ ″
1900.0	3.07234	20.0468	1.33646	50.2564	9.67309	173 57.06	23 27 8.26
1905.0	3.07243	20.0464	1.33643	50.2575	9.67305	173 59.80	23 27 5.92
1910.0	3.07252	20.0460	1.33640	50.2586	9.67302	174 2.53	23 27 3.57
1915.0	3.07262	20.0456	1.33637	50.2597	9.67299	174 5.27	23 27 1.23
1920.0	3.07271	20.0451	1.33634	50.2608	9.67296	174 8.01	23 26 58.89
1925.0	3.07280	20.0447	1.33632	50.2620	9.67293	174 10.75	23 26 56.54
1930.0	3.07289	20.0443	1.33629	50.2631	9.67290	174 13.49	23 26 54.20
1935.0	3.07299	20.0439	1.33626	50.2642	9.67287	174 16.23	23 26 51.86
1940.0	3.07308	20.0434	1.33623	50.2653	9.67284	174 18.97	23 26 49.52
1945.0	3.07317	20.0430	1.33620	50.2664	9.67281	174 21.71	23 26 47.17
1950.0	3.07327	20.0426	1.33617	50.2675	9.67278	174 24.45	23 26 44.83
1955.0	3.07336	20.0422	1.33614	50.2686	9.67275	174 27.19	23 26 42.49
1960.0	3.07346	20.0418	1.33612	50.2697	9.67272	174 29.93	23 26 40.15

′	″	°	′	″	°	″	°	″	°
0	0.0	0.000	3	0.0	0.050	0.000	0.00000	1.800	0.00050
	3.6	01		3.6	51	036	01	836	51
	7.2	02		7.2	52	072	02	872	52
	10.8	03		10.8	53	108	03	908	53
	14.4	04		14.4	54	144	04	944	54
0	18.0	0.005	3	18.0	0.055	0.180	0.00005	1.980	0.00055
	21.6	06		21.6	56	216	06	2.016	56
	25.2	07		25.2	57	252	07	052	57
	28.8	08		28.8	58	288	08	088	58
	32.4	09		32.4	59	324	09	124	59
0	36.0	0.010	3	36.0	0.060	0.360	0.00010	2.160	0.00060
	39.6	11		39.6	61	396	11	196	61
	43.2	12		43.2	62	432	12	232	62
	46.8	13		46.8	63	468	13	268	63
	50.4	14		50.4	64	504	14	304	64
	54.0	0.015		54.0	0.065	0.540	0.00015	2.340	0.00065
0	57.6	16	3	57.6	66	576	16	376	66
1	1.2	17	4	1.2	67	612	17	412	67
	4.8	18		4.8	68	648	18	448	68
	8.4	19		8.4	69	684	19	484	69
1	12.0	0.020	4	12.0	0.070	0.720	0.00020	2.520	0.00070
	15.6	21		15.6	71	756	21	556	71
	19.2	22		19.2	72	792	22	592	72
	22.8	23		22.8	73	828	23	628	73
	26.4	24		26.4	74	864	24	664	74
1	30.0	0.025	4	30.0	0.075	0.900	0.00025	2.700	0.00075
	33.6	26		33.6	76	936	26	736	76
	37.2	27		37.2	77	0.972	27	772	77
	40.8	28		40.8	78	1.008	28	808	78
	44.4	29		44.4	79	044	29	844	79
1	48.0	0.030	4	48.0	0.080	1.080	0.00030	2.880	0.00080
	51.6	31		51.6	81	116	31	916	81
	55.2	32		55.2	82	152	32	952	82
1	58.8	33	4	58.8	83	188	33	2.988	83
2	2.4	34	5	2.4	84	224	34	3.024	84
	6.0	0.035		6.0	0.085	1.260	0.00035	060	0.00085
	9.6	36		9.6	86	296	36	096	86
	13.2	37		13.2	87	332	37	132	87
	16.8	38		16.8	88	368	38	168	88
	20.4	39		20.4	89	404	39	204	89
2	24.0	0.040	5	24.0	0.090	1.440	0.00040	3.240	0.00090
	27.6	41		27.6	91	476	41	276	91
	31.2	42		31.2	92	512	42	312	92
	34.8	43		34.8	93	548	43	348	93
	38.4	44		38.4	94	584	44	384	94
2	42.0	0.045	5	42.0	0.095	1.620	0.00045	3.420	0.00095
	45.6	46		45.6	96	656	46	456	96
	49.2	47		49.2	97	692	47	492	97
	52.8	48		52.8	98	728	48	528	98
2	56.4	49	5	56.4	99	764	49	564	99
3	0.0	0.050	6	0.0	0.100	1.800	0.00050	3.600	0.00100

Verwandlung von mittlerer Zeit in Sternzeit

Red.	0m	1m	2m	3m	Red.		Red.	
s	h m s	h m s	h m s	h m s	s	m s	s	m s
0	0 0 0	6 5 15	12 10 29	18 15 44	0.00	0 0	0.50	3 3
1	0 6 5	6 11 20	12 16 34	18 21 49	0.01	0 4	0.51	3 6
2	0 12 10	6 17 25	12 22 40	18 27 54	0.02	0 7	0.52	3 10
3	0 18 16	6 23 30	12 28 45	18 33 59	0.03	0 11	0.53	3 14
4	0 24 21	6 29 36	12 34 50	18 40 5	0.04	0 15	0.54	3 17
5	0 30 26	6 35 41	12 40 55	18 46 10	0.05	0 18	0.55	3 21
6	0 36 31	6 41 46	12 47 1	18 52 15	0.06	0 22	0.56	3 25
7	0 42 37	6 47 51	12 53 6	18 58 20	0.07	0 26	0.57	3 28
8	0 48 42	6 53 56	12 59 11	19 4 26	0.08	0 29	0.58	3 32
9	0 54 47	7 0 2	13 5 16	19 10 31	0.09	0 33	0.59	3 35
10	1 0 52	7 6 7	13 11 21	19 16 36	0.10	0 37	0.60	3 39
11	1 6 58	7 12 12	13 17 27	19 22 41	0.11	0 40	0.61	3 43
12	1 13 3	7 18 17	13 23 32	19 28 47	0.12	0 44	0.62	3 46
13	1 19 8	7 24 23	13 29 37	19 34 52	0.13	0 47	0.63	3 50
14	1 25 13	7 30 28	13 35 42	19 40 57	0.14	0 51	0.64	3 54
15	1 31 19	7 36 33	13 41 48	19 47 2	0.15	0 55	0.65	3 57
16	1 37 24	7 42 38	13 47 53	19 53 7	0.16	0 58	0.66	4 1
17	1 43 29	7 48 44	13 53 58	19 59 13	0.17	1 2	0.67	4 5
18	1 49 34	7 54 49	14 0 3	20 5 18	0.18	1 6	0.68	4 8
19	1 55 40	8 0 54	14 6 9	20 11 23	0.19	1 9	0.69	4 12
20	2 1 45	8 6 59	14 12 14	20 17 28	0.20	1 13	0.70	4 16
21	2 7 50	8 13 5	14 18 19	20 23 34	0.21	1 17	0.71	4 19
22	2 13 55	8 19 10	14 24 24	20 29 39	0.22	1 20	0.72	4 23
23	2 20 1	8 25 15	14 30 30	20 35 44	0.23	1 24	0.73	4 27
24	2 26 6	8 31 20	14 36 35	20 41 49	0.24	1 28	0.74	4 30
25	2 32 11	8 37 26	14 42 40	20 47 55	0.25	1 31	0.75	4 34
26	2 38 16	8 43 31	14 48 45	20 54 0	0.26	1 35	0.76	4 38
27	2 44 22	8 49 36	14 54 51	21 0 5	0.27	1 39	0.77	4 41
28	2 50 27	8 55 41	15 0 56	21 6 10	0.28	1 42	0.78	4 45
29	2 56 32	9 1 47	15 7 1	21 12 16	0.29	1 46	0.79	4 49
30	3 2 37	9 7 52	15 13 6	21 18 21	0.30	1 50	0.80	4 52
31	3 8 43	9 13 57	15 19 12	21 24 26	0.31	1 53	0.81	4 56
32	3 14 48	9 20 2	15 25 17	21 30 31	0.32	1 57	0.82	4 59
33	3 20 53	9 26 8	15 31 22	21 36 37	0.33	2 1	0.83	5 3
34	3 26 58	9 32 13	15 37 27	21 42 42	0.34	2 4	0.84	5 7
35	3 33 3	9 38 18	15 43 33	21 48 47	0.35	2 8	0.85	5 10
36	3 39 9	9 44 23	15 49 38	21 54 52	0.36	2 11	0.86	5 14
37	3 45 14	9 50 28	15 55 43	22 0 58	0.37	2 15	0.87	5 18
38	3 51 19	9 56 34	16 1 48	22 7 3	0.38	2 19	0.88	5 21
39	3 57 24	10 2 39	16 7 54	22 13 8	0.39	2 22	0.89	5 25
40	4 3 30	10 8 44	16 13 59	22 19 13	0.40	2 26	0.90	5 29
41	4 9 35	10 14 49	16 20 4	22 25 19	0.41	2 30	0.91	5 32
42	4 15 40	10 20 55	16 26 9	22 31 24	0.42	2 33	0.92	5 36
43	4 21 45	10 27 0	16 32 14	22 37 29	0.43	2 37	0.93	5 40
44	4 27 51	10 33 5	16 38 20	22 43 34	0.44	2 41	0.94	5 43
45	4 33 56	10 39 10	16 44 25	22 49 39	0.45	2 44	0.95	5 47
46	4 40 1	10 45 16	16 50 30	22 55 45	0.46	2 48	0.96	5 51
47	4 46 6	10 51 21	16 56 35	23 1 50	0.47	2 52	0.97	5 54
48	4 52 12	10 57 26	17 2 41	23 7 55	0.48	2 55	0.98	5 58
49	4 58 17	11 3 31	17 8 46	23 14 0	0.49	2 59	0.99	6 2
50	5 4 22	11 9 37	17 14 51	23 20 6	0.50	3 3	1.00	6 5
51	5 10 27	11 15 42	17 20 56	23 26 11				
52	5 16 33	11 21 47	17 27 2	23 32 16				
53	5 22 38	11 27 52	17 33 7	23 38 21				
54	5 28 43	11 33 58	17 39 12	23 44 27				
55	5 34 48	11 40 3	17 45 17	23 50 32				
56	5 40 54	11 46 8	17 51 23	23 56 37				
57	5 46 59	11 52 13	17 57 28	24 2 42				
58	5 53 4	11 58 19	18 3 33	24 8 48				
59	5 59 9	12 4 24	18 9 38	24 14 53				

Die Reduktion ist zur mittleren Zeit zu addieren.

Red.	0m	1m	2m	3m
s	h m s	h m s	h m s	h m s
0	0 0 0	6 6 15	12 12 29	18 18 44
1	0 6 6	6 12 21	12 18 35	18 24 50
2	0 12 12	6 18 27	12 24 42	18 30 56
3	0 18 19	6 24 33	12 30 48	18 37 2
4	0 24 25	6 30 40	12 36 54	18 43 9
5	0 30 31	6 36 46	12 43 0	18 49 15
6	0 36 37	6 42 52	12 49 7	18 55 21
7	0 42 44	6 48 58	12 55 13	19 1 27
8	0 48 50	6 55 4	13 1 19	19 7 34
9	0 54 56	7 1 11	13 7 25	19 13 40
10	1 1 2	7 7 17	13 13 31	19 19 46
11	1 7 9	7 13 23	13 19 38	19 25 52
12	1 13 15	7 19 29	13 25 44	19 31 59
13	1 19 21	7 25 36	13 31 50	19 38 5
14	1 25 27	7 31 42	13 37 56	19 44 11
15	1 31 34	7 37 48	13 44 3	19 50 17
16	1 37 40	7 43 54	13 50 9	19 56 23
17	1 43 46	7 50 1	13 56 15	20 2 30
18	1 49 52	7 56 7	14 2 21	20 8 36
19	1 55 59	8 2 13	14 8 28	20 14 42
20	2 2 5	8 8 19	14 14 34	20 20 48
21	2 8 11	8 14 26	14 20 40	20 26 55
22	2 14 17	8 20 32	14 26 46	20 33 1
23	2 20 24	8 26 38	14 32 53	20 39 7
24	2 26 30	8 32 44	14 38 59	20 45 13
25	2 32 36	8 38 51	14 45 5	20 51 20
26	2 38 42	8 44 57	14 51 11	20 57 26
27	2 44 49	8 51 3	14 57 18	21 3 32
28	2 50 55	8 57 9	15 3 24	21 9 38
29	2 57 1	9 3 16	15 9 30	21 15 45
30	3 3 7	9 9 22	15 15 36	21 21 51
31	3 9 14	9 15 28	15 21 43	21 27 57
32	3 15 20	9 21 34	15 27 49	21 34 3
33	3 21 26	9 27 41	15 33 55	21 40 10
34	3 27 32	9 33 47	15 40 1	21 46 16
35	3 33 38	9 39 53	15 46 8	21 52 22
36	3 39 45	9 45 59	15 52 14	21 58 28
37	3 45 51	9 52 5	15 58 20	22 4 35
38	3 51 57	9 58 12	16 4 26	22 10 41
39	3 58 3	10 4 18	16 10 33	22 16 47
40	4 4 10	10 10 24	16 16 39	22 22 53
41	4 10 16	10 16 30	16 22 45	22 29 0
42	4 16 22	10 22 37	16 28 51	22 35 6
43	4 22 28	10 28 43	16 34 57	22 41 12
44	4 28 35	10 34 49	16 41 4	22 47 18
45	4 34 41	10 40 55	16 47 10	22 53 24
46	4 40 47	10 47 2	16 53 16	22 59 31
47	4 46 53	10 53 8	16 59 22	23 5 37
48	4 53 0	10 59 14	17 5 29	23 11 43
49	4 59 6	11 5 20	17 11 35	23 17 49
50	5 5 12	11 11 27	17 17 41	23 23 56
51	5 11 18	11 17 33	17 23 47	23 30 2
52	5 17 25	11 23 39	17 29 54	23 36 8
53	5 23 31	11 29 45	17 36 0	23 42 14
54	5 29 37	11 35 52	17 42 6	23 48 21
55	5 35 43	11 41 58	17 48 12	23 54 27
56	5 41 50	11 48 4	17 54 19	24 0 33
57	5 47 56	11 54 10	18 0 25	24 6 39
58	5 54 2	12 0 17	18 6 31	24 12 46
59	6 0 8	12 6 23	18 12 37	24 18 52

Red.		Red.	
s	m s	s	m s
0.00	0 0	0.50	3 3
0.01	0 4	0.51	3 7
0.02	0 7	0.52	3 10
0.03	0 11	0.53	3 14
0.04	0 15	0.54	3 18
0.05	0 18	0.55	3 21
0.06	0 22	0.56	3 25
0.07	0 26	0.57	3 29
0.08	0 29	0.58	3 32
0.09	0 33	0.59	3 36
0.10	0 37	0.60	3 40
0.11	0 40	0.61	3 43
0.12	0 44	0.62	3 47
0.13	0 48	0.63	3 51
0.14	0 51	0.64	3 54
0.15	0 55	0.65	3 58
0.16	0 59	0.66	4 2
0.17	1 2	0.67	4 5
0.18	1 6	0.68	4 9
0.19	1 10	0.69	4 13
0.20	1 13	0.70	4 16
0.21	1 17	0.71	4 20
0.22	1 21	0.72	4 24
0.23	1 24	0.73	4 27
0.24	1 28	0.74	4 31
0.25	1 32	0.75	4 35
0.26	1 35	0.76	4 38
0.27	1 39	0.77	4 42
0.28	1 43	0.78	4 46
0.29	1 46	0.79	4 49
0.30	1 50	0.80	4 53
0.31	1 54	0.81	4 57
0.32	1 57	0.82	5 0
0.33	2 1	0.83	5 4
0.34	2 5	0.84	5 8
0.35	2 8	0.85	5 11
0.36	2 12	0.86	5 15
0.37	2 16	0.87	5 19
0.38	2 19	0.88	5 22
0.39	2 23	0.89	5 26
0.40	2 26	0.90	5 30
0.41	2 30	0.91	5 33
0.42	2 34	0.92	5 37
0.43	2 37	0.93	5 41
0.44	2 41	0.94	5 44
0.45	2 45	0.95	5 48
0.46	2 48	0.96	5 52
0.47	2 52	0.97	5 55
0.48	2 56	0.98	5 59
0.49	2 59	0.99	6 3
0.50	3 3	1.00	6 6

Die Reduktion ist von der Sternzeit zu subtrahieren.

Verwandlung von mittlerer Zeit in Sternzeit

Red.	0^m	1^m	2^m	3^m	Red.
s	h m s	h m s	h m s	h m s	s
0	0 0 0.0	6 5 14.5	12 10 29.1	18 15 43.6	0
1	6 5.2	11 19.8	16 34.3	21 48.8	1
2	12 10.5	17 25.0	22 39.6	27 54.1	2
3	18 15.7	23 30.3	28 44.8	33 59.3	3
4	24 21.0	29 35.5	34 50.0	40 4.6	4
5	30 26.2	35 40.7	40 55.3	46 9.8	5
6	36 31.5	41 46.0	47 0.5	52 15.1	6
7	42 36.7	47 51.2	53 5.8	18 58 20.3	7
8	48 41.9	6 53 56.5	12 59 11.0	19 4 25.5	8
9	0 54 47.2	7 0 1.7	13 5 16.2	10 30.8	9
10	1 0 52.4	6 7.0	11 21.5	16 36.0	10
11	6 57.7	12 12.2	17 26.7	22 41.3	11
12	13 2.9	18 17.4	23 32.0	28 46.5	12
13	19 8.1	24 22.7	29 37.2	34 51.8	13
14	25 13.4	30 27.9	35 42.5	40 57.0	14
15	31 18.6	36 33.2	41 47.7	47 2.2	15
16	37 23.9	42 38.4	47 52.9	53 7.5	16
17	43 29.1	48 43.7	13 53 58.2	19 59 12.7	17
18	49 34.4	7 54 48.9	14 0 3.4	20 5 18.0	18
19	1 55 39.6	8 0 54.1	6 8.7	11 23.2	19
20	2 1 44.8	6 59.4	12 13.9	17 28.4	20
21	7 50.1	13 4.6	18 19.2	23 33.7	21
22	13 55.3	19 9.9	24 24.4	29 38.9	22
23	20 0.6	25 15.1	30 29.6	35 44.2	23
24	26 5.8	31 20.3	36 34.9	41 49.4	24
25	32 11.1	37 25.6	42 40.1	47 54.7	25
26	38 16.3	43 30.8	48 45.4	20 53 59.9	26
27	44 21.5	49 36.1	14 54 50.6	21 0 5.1	27
28	50 26.8	8 55 41.3	15 0 55.9	6 10.4	28
29	2 56 32.0	9 1 46.6	7 1.1	12 15.6	29
30	3 2 37.3	7 51.8	13 6.3	18 20.9	30
31	8 42.5	13 57.0	19 11.6	24 26.1	31
32	14 47.8	20 2.3	25 16.8	30 31.4	32
33	20 53.0	26 7.5	31 22.1	36 36.6	33
34	26 58.2	32 12.8	37 27.3	42 41.8	34
35	33 3.5	38 18.0	43 32.5	48 47.1	35
36	39 8.7	44 23.3	49 37.8	21 54 52.3	36
37	45 14.0	50 28.5	15 55 43.0	22 0 57.6	37
38	51 19.2	9 56 33.7	16 1 48.3	7 2.8	38
39	3 57 24.4	10 2 39.0	7 53.5	13 8.0	39
40	4 3 29.7	8 44.2	13 58.8	19 13.3	40
41	9 34.9	14 49.5	20 4.0	25 18.5	41
42	15 40.2	20 54.7	26 9.2	31 23.8	42
43	21 45.4	27 0.0	32 14.5	37 29.0	43
44	27 50.7	33 5.2	38 19.7	43 34.3	44
45	33 55.9	39 10.4	44 25.0	49 39.5	45
46	40 1.1	45 15.7	50 30.2	22 55 44.7	46
47	46 6.4	51 20.9	16 56 35.5	23 1 50.0	47
48	52 11.6	10 57 26.2	17 2 40.7	7 55.2	48
49	4 58 16.9	11 3 31.4	8 45.9	14 0.5	49
50	5 4 22.1	9 36.6	14 51.2	20 5.7	50
51	10 27.4	15 41.9	20 56.4	26 11.0	51
52	16 32.6	21 47.1	27 1.7	32 16.2	52
53	22 37.8	27 52.4	33 6.9	38 21.4	53
54	28 43.1	33 57.6	39 12.1	44 26.7	54
55	34 48.3	40 2.9	45 17.4	50 31.9	55
56	40 53.6	46 8.1	51 22.6	23 56 37.2	56
57	46 58.8	52 13.3	17 57 27.9	24 2 42.4	57
58	53 4.0	11 58 18.6	18 3 33.1	8 47.7	58
59	5 59 9.3	12 4 23.8	18 9 38.4	24 14 52.9	59

Red.		Red.	
s	m s	s	m s
0.00	0 0.0	0.50	3 2.6
01	3.7	51	6.3
02	7.3	52	9.9
03	11.0	53	13.6
04	14.6	54	17.2
0.05	18.3	0.55	20.9
06	21.9	56	24.5
07	25.6	57	28.2
08	29.2	58	31.8
09	32.9	59	35.5
0.10	36.5	0.60	39.1
11	40.2	61	42.8
12	43.8	62	46.5
13	47.5	63	50.1
14	51.1	64	53.8
0.15	54.8	0.65	3 57.4
16	0 58.4	66	4 1.1
17	1 2.1	67	4.7
18	5.7	68	8.4
19	9.4	69	12.0
0.20	13.0	0.70	15.7
21	16.7	71	19.3
22	20.4	72	23.0
23	24.0	73	26.6
24	27.7	74	30.3
0.25	31.3	0.75	33.9
26	35.0	76	37.6
27	38.6	77	41.2
28	42.3	78	44.9
29	45.9	79	48.5
0.30	49.6	0.80	52.2
31	53.2	81	55.8
32	1 56.9	82	4 59.5
33	2 0.5	83	5 3.2
34	4.2	84	6.8
0.35	7.8	0.85	10.5
36	11.5	86	14.1
37	15.1	87	17.8
38	18.8	88	21.4
39	22.4	89	25.1
0.40	26.1	0.90	28.7
41	29.7	91	32.4
42	33.4	92	36.0
43	37.1	93	39.7
44	40.7	94	43.3
0.45	44.4	0.95	47.0
46	48.0	96	50.6
47	51.7	97	54.3
48	55.3	98	5 57.9
0.49	2 59.0	0.99	6 1.6

Red.		Red.		Red.	
s	s	s	s	s	s
0.000		0.003		0.006	
	0.2		1.3		2.4
001		004		007	
	0.5		1.6		2.7
002		005		008	
	0.9		2.0		3.1
003		006		009	
	1.3		2.4		3.5
0.004		0.007		0.010	
					3.8

Die Reduktion ist zur mittleren Zeit zu addieren.

Verwandlung von Sternzeit in mittlere Zeit

Red.	0^m	1^m	2^m	3^m	Red.
s	h m s	h m s	h m s	h m s	s
0	0 0 0.0	6 6 14.5	12 12 29.1	18 18 43.6	0
1	6 6.2	12 20.8	18 35.3	24 49.9	1
2	12 12.5	18 27.0	24 41.6	30 56.1	2
3	18 18.7	24 33.3	30 47.8	37 2.3	3
4	24 25.0	30 39.5	36 54.0	43 8.6	4
5	30 31.2	36 45.7	43 0.3	49 14.8	5
6	36 37.5	42 52.0	49 6.5	18 55 21.1	6
7	42 43.7	48 58.2	12 55 12.8	19 1 27.3	7
8	48 49.9	6 55 4.5	13 1 19.0	7 33.5	8
9	0 54 56.2	7 1 10.7	7 25.3	13 39.8	9
10	1 1 2.4	7 17.0	13 31.5	19 46.0	10
11	7 8.7	13 23.2	19 37.7	25 52.3	11
12	13 14.9	19 29.4	25 44.0	31 58.5	12
13	19 21.1	25 35.7	31 50.2	38 4.8	13
14	25 27.4	31 41.9	37 56.5	44 11.0	14
15	31 33.6	37 48.2	44 2.7	50 17.2	15
16	37 39.9	43 54.4	50 8.9	19 56 23.5	16
17	43 46.1	50 0.7	13 56 15.2	20 2 29.7	17
18	49 52.4	7 56 6.9	14 2 21.4	8 36.0	18
19	1 55 58.6	8 2 13.1	8 27.7	14 42.2	19
20	2 2 4.8	8 19.4	14 33.9	20 48.5	20
21	8 11.1	14 25.6	20 40.2	26 54.7	21
22	14 17.3	20 31.9	26 46.4	33 0.9	22
23	20 23.6	26 38.1	32 52.6	39 7.2	23
24	26 29.8	32 44.4	38 58.9	45 13.4	24
25	32 36.1	38 50.6	45 5.1	51 19.7	25
26	38 42.3	44 56.8	51 11.4	20 57 25.9	26
27	44 48.5	51 3.1	14 57 17.6	21 3 32.2	27
28	50 54.8	8 57 9.3	15 3 23.9	9 38.4	28
29	2 57 1.0	9 3 15.6	9 30.1	15 44.6	29
30	3 3 7.3	9 21.8	15 36.3	21 50.9	30
31	9 13.5	15 28.0	21 42.6	27 57.1	31
32	15 19.8	21 34.3	27 48.8	34 3.4	32
33	21 26.0	27 40.5	33 55.1	40 9.6	33
34	27 32.2	33 46.8	40 1.3	46 15.8	34
35	33 38.5	39 53.0	46 7.6	52 22.1	35
36	39 44.7	45 59.3	52 13.8	21 58 28.3	36
37	45 51.0	52 5.5	15 58 20.0	22 4 34.6	37
38	51 57.2	9 58 11.7	16 4 26.3	10 40.8	38
39	3 58 3.4	10 4 18.0	10 32.5	16 47.1	39
40	4 4 9.7	10 24.2	16 38.8	22 53.3	40
41	10 15.9	16 30.5	22 45.0	28 59.5	41
42	16 22.2	22 36.7	28 51.2	35 5.8	42
43	22 28.4	28 43.0	34 57.5	41 12.0	43
44	28 34.7	34 49.2	41 3.7	47 18.3	44
45	34 40.9	40 55.4	47 10.0	53 24.5	45
46	40 47.1	47 1.7	53 16.2	22 59 30.8	46
47	46 53.4	53 7.9	16 59 22.5	23 5 37.0	47
48	52 59.6	10 59 14.2	17 5 28.7	11 43.2	48
49	4 59 5.9	11 5 20.4	11 34.9	17 49.5	49
50	5 5 12.1	11 26.7	17 41.2	23 55.7	50
51	11 18.4	17 32.9	23 47.4	30 2.0	51
52	17 24.6	23 39.1	29 53.7	36 8.2	52
53	23 30.8	29 45.4	35 59.9	42 14.5	53
54	29 37.1	35 51.6	42 6.2	48 20.7	54
55	35 43.3	41 57.9	48 12.4	23 54 26.9	55
56	41 49.6	48 4.1	17 54 18.6	24 0 33.2	56
57	47 55.8	11 54 10.3	18 0 24.9	6 39.4	57
58	5 54 2.1	12 0 16.6	6 31.1	12 45.7	58
59	6 0 8.3	12 6 22.8	18 12 37.4	24 18 51.9	59

Die Reduktion ist von der Sternzeit zu subtrahieren.

Red.		Red.	
s	m s	s	m s
0.00	0 0.0	0.50	3 3.1
01	3.7	51	6.8
02	7.3	52	10.4
03	11.0	53	14.1
04	14.6	54	17.8
0.05	18.3	0.55	21.4
06	22.0	56	25.1
07	25.6	57	28.8
08	29.3	58	32.4
09	33.0	59	36.1
0.10	36.6	0.60	39.7
11	40.3	61	43.4
12	43.9	62	47.1
13	47.6	63	50.7
14	51.3	64	54.4
0.15	54.9	0.65	3 58.1
16	0 58.6	66	4 1.7
17	1 2.3	67	5.4
18	5.9	68	9.0
19	9.6	69	12.7
0.20	13.2	0.70	16.4
21	16.9	71	20.0
22	20.6	72	23.7
23	24.2	73	27.4
24	27.9	74	31.0
0.25	31.6	0.75	34.7
26	35.2	76	38.3
27	38.9	77	42.0
28	42.5	78	45.7
29	46.2	79	49.3
0.30	49.9	0.80	53.0
31	53.5	81	4 56.7
32	1 57.2	82	5 0.3
33	2 0.9	83	4.0
34	4.5	84	7.6
0.35	8.2	0.85	11.3
36	11.8	86	15.0
37	15.5	87	18.6
38	19.2	88	22.3
39	22.8	89	26.0
0.40	26.5	0.90	29.6
41	30.2	91	33.3
42	33.8	92	36.9
43	37.5	93	40.6
44	41.1	94	44.3
0.45	44.8	0.95	47.9
46	48.5	96	51.6
47	52.1	97	55.3
48	55.8	98	5 58.9
0.49	2 59.5	0.99	6 2.6

Red.		Red.		Red.	
s	s	s	s	s	s
0.000		0.003		0.006	
	0.2		1.3		2.4
001		004		007	
	0.5		1.6		2.7
002		005		008	
	0.9		2.0		3.1
003		006		009	
	1.3		2.4		3.5
0.004		0.007		0.010	
					3.8

m	0h d	1h d	2h d	3h d	4h d	5h d	s	d
0	0.000000	0.041667	0.083333	0.125000	0.166667	0.208333	0	0.000000
1	000694	042361	084028	125694	167361	209028	1	000012
2	001389	043056	084722	126389	168056	209722	2	000023
3	002083	043750	085417	127083	168750	210417	3	000035
4	002778	044444	086111	127778	169444	211111	4	000046
5	0.003472	0.045139	0.086806	0.128472	0.170139	0.211806	5	0.000058
6	004167	045833	087500	129167	170833	212500	6	000069
7	004861	046528	088194	129861	171528	213194	7	000081
8	005556	047222	088889	130556	172222	213889	8	000093
9	006250	047917	089583	131250	172917	214583	9	000104
10	0.006944	0.048611	0.090278	0.131944	0.173611	0.215278	10	0.000116
11	007639	049306	090972	132639	174306	215972	11	000127
12	008333	050000	091667	133333	175000	216667	12	000139
13	009028	050694	092361	134028	175694	217361	13	000150
14	009722	051389	093056	134722	176389	218056	14	000162
15	0.010417	0.052083	0.093750	0.135417	0.177083	0.218750	15	0.000174
16	011111	052778	094444	136111	177778	219444	16	000185
17	011806	053472	095139	136806	178472	220139	17	000197
18	012500	054167	095833	137500	179167	220833	18	000208
19	013194	054861	096528	138194	179861	221528	19	000220
20	0.013889	0.055556	0.097222	0.138889	0.180556	0.222222	20	0.000231
21	014583	056250	097917	139583	181250	222917	21	000243
22	015278	056944	098611	140278	181944	223611	22	000255
23	015972	057639	099306	140972	182639	224306	23	000266
24	016667	058333	100000	141667	183333	225000	24	000278
25	0.017361	0.059028	0.100694	0.142361	0.184028	0.225694	25	0.000289
26	018056	059722	101389	143056	184722	226389	26	000301
27	018750	060417	102083	143750	185417	227083	27	000313
28	019444	061111	102778	144444	186111	227778	28	000324
29	020139	061806	103472	145139	186806	228472	29	000336
30	0.020833	0.062500	0.104167	0.145833	0.187500	0.229167	30	0.000347
31	021528	063194	104861	146528	188194	229861	31	000359
32	022222	063889	105556	147222	188889	230556	32	000370
33	022917	064583	106250	147917	189583	231250	33	000382
34	023611	065278	106944	148611	190278	231944	34	000394
35	0.024306	0.065972	0.107639	0.149306	0.190972	0.232639	35	0.000405
36	025000	066667	108333	150000	191667	233333	36	000417
37	025694	067361	109028	150694	192361	234028	37	000428
38	026389	068056	109722	151389	193056	234722	38	000440
39	027083	068750	110417	152083	193750	235417	39	000451
40	0.027778	0.069444	0.111111	0.152778	0.194444	0.236111	40	0.000463
41	028472	070139	111806	153472	195139	236806	41	000475
42	029167	070833	112500	154167	195833	237500	42	000486
43	029861	071528	113194	154861	196528	238194	43	000498
44	030556	072222	113889	155556	197222	238889	44	000509
45	0.031250	0.072917	0.114583	0.156250	0.197917	0.239583	45	0.000521
46	031944	073611	115278	156944	198611	240278	46	000532
47	032639	074306	115972	157639	199306	240972	47	000544
48	033333	075000	116667	158333	200000	241667	48	000556
49	034028	075694	117361	159028	200694	242361	49	000567
50	0.034722	0.076389	0.118056	0.159722	0.201389	0.243056	50	0.000579
51	035417	077083	118750	160417	202083	243750	51	000590
52	036111	077778	119444	161111	202778	244444	52	000602
53	036806	078472	120139	161806	203472	245139	53	000613
54	037500	079167	120833	162500	204167	245833	54	000625
55	0.038194	0.079861	0.121528	0.163194	0.204861	0.246528	55	0.000637
56	038889	080556	122222	163889	205556	247222	56	000648
57	039583	081250	122917	164583	206250	247917	57	000660
58	040278	081944	123611	165278	206944	248611	58	000671
59	0.040972	0.082639	0.124306	0.165972	0.207639	0.249306	59	0.000683

	6^h	7^h	8^h	9^h	10^h	11^h		
m	d	d	d	d	d	d	s	d
0	0.250000	0.291667	0.333333	0.375000	0.416667	0.458333	0	0.000000
1	250694	292361	334028	375694	417361	459028	1	000012
2	251389	293056	334722	376389	418056	459722	2	000023
3	252083	293750	335417	377083	418750	460417	3	000035
4	252778	294444	336111	377778	419444	461111	4	000046
5	0.253472	0.295139	0.336806	0.378472	0.420139	0.461806	5	0.000058
6	254167	295833	337500	379167	420833	462500	6	000069
7	254861	296528	338194	379861	421528	463194	7	000081
8	255556	297222	338889	380556	422222	463889	8	000093
9	256250	297917	339583	381250	422917	464583	9	000104
10	0.256944	0.298611	0.340278	0.381944	0.423611	0.465278	10	0.000116
11	257639	299306	340972	382639	424306	465972	11	000127
12	258333	300000	341667	383333	425000	466667	12	000139
13	259028	300694	342361	384028	425694	467361	13	000150
14	259722	301389	343056	384722	426389	468056	14	000162
15	0.260417	0.302083	0.343750	0.385417	0.427083	0.468750	15	0.000174
16	261111	302778	344444	386111	427778	469444	16	000185
17	261806	303472	345139	386806	428472	470139	17	000197
18	262500	304167	345833	387500	429167	470833	18	000208
19	263194	304861	346528	388194	429861	471528	19	000220
20	0.263889	0.305556	0.347222	0.388889	0.430556	0.472222	20	0.000231
21	264583	306250	347917	389583	431250	472917	21	000243
22	265278	306944	348611	390278	431944	473611	22	000255
23	265972	307639	349306	390972	432639	474306	23	000266
24	266667	308333	350000	391667	433333	475000	24	000278
25	0.267361	0.309028	0.350694	0.392361	0.434028	0.475694	25	0.000289
26	268056	309722	351389	393056	434722	476389	26	000301
27	268750	310417	352083	393750	435417	477083	27	000313
28	269444	311111	352778	394444	436111	477778	28	000324
29	270139	311806	353472	395139	436806	478472	29	000336
30	0.270833	0.312500	0.354167	0.395833	0.437500	0.479167	30	0.000347
31	271528	313194	354861	396528	438194	479861	31	000359
32	272222	313889	355556	397222	438889	480556	32	000370
33	272917	314583	356250	397917	439583	481250	33	000382
34	273611	315278	356944	398611	440278	481944	34	000394
35	0.274306	0.315972	0.357639	0.399306	0.440972	0.482639	35	0.000405
36	275000	316667	358333	400000	441667	483333	36	000417
37	275694	317361	359028	400694	442361	484028	37	000428
38	276389	318056	359722	401389	443056	484722	38	000440
39	277083	318750	360417	402083	443750	485417	39	000451
40	0.277778	0.319444	0.361111	0.402778	0.444444	0.486111	40	0.000463
41	278472	320139	361806	403472	445139	486806	41	000475
42	279167	320833	362500	404167	445833	487500	42	000486
43	279861	321528	363194	404861	446528	488194	43	000498
44	280556	322222	363889	405556	447222	488889	44	000509
45	0.281250	0.322917	0.364583	0.406250	0.447917	0.489583	45	0.000521
46	281944	323611	365278	406944	448611	490278	46	000532
47	282639	324306	365972	407639	449306	490972	47	000544
48	283333	325000	366667	408333	450000	491667	48	000556
49	284028	325694	367361	409028	450694	492361	49	000567
50	0.284722	0.326389	0.368056	0.409722	0.451389	0.493056	50	0.000579
51	285417	327083	368750	410417	452083	493750	51	000590
52	286111	327778	369444	411111	452778	494444	52	000602
53	286806	328472	370139	411806	453472	495139	53	000613
54	287500	329167	370833	412500	454167	495833	54	000625
55	0.288194	0.329861	0.371528	0.413194	0.454861	0.496528	55	0.000637
56	288889	330556	372222	413889	455556	497222	56	000648
57	289583	331250	372917	414583	456250	497917	57	000660
58	290278	331944	373611	415278	456944	498611	58	000671
59	0.290972	0.332639	0.374306	0.415972	0.457639	0.499306	59	0.000683

Julianische Periode

I. Anzahl der am 0. Januar, 12^h Weltzeit, seit Anfang der Periode verflossenen Tage

Jahr nach Chr.	0	100	200	300	400	500	600	700	800	900
	17	17	17	18	18	19	19	19	20	20
0	21057	57582	94107	30632	67157	03682	40207	76732	13257	49782
4	22518	59043	95568	32093	68618	05143	41668	78193	14718	51243
8	23979	60504	97029	33554	70079	06604	43129	79654	16179	52704
12	25440	61965	98490	35015	71540	08065	44590	81115	17640	54165
16	26901	63426	99951	36476	73001	09526	46051	82576	19101	55626
20	28362	64887	01412	37937	74462	10987	47512	84037	20562	57087
24	29823	66348	02873	39398	75923	12448	48973	85498	22023	58548
28	31284	67809	04334	40859	77384	13909	50434	86959	23484	60009
32	32745	69270	05795	42320	78845	15370	51895	88420	24945	61470
36	34206	70731	07256	43781	80306	16831	53356	89881	26406	62931
40	35667	72192	08717	45242	81767	18292	54817	91342	27867	64392
44	37128	73653	10178	46703	83228	19753	56278	92803	29328	65853
48	38589	75114	11639	48164	84689	21214	57739	94264	30789	67314
52	40050	76575	13100	49625	86150	22675	59200	95725	32250	68775
56	41511	78036	14561	51086	87611	24136	60661	97186	33711	70236
60	42972	79497	16022	52547	89072	25597	62122	98647	35172	71697
64	44433	80958	17483	54008	90533	27058	63583	00108	36633	73158
68	45894	82419	18944	55469	91994	28519	65044	01569	38094	74619
72	47355	83880	20405	56930	93455	29980	66505	03030	39555	76080
76	48816	85341	21866	58391	94916	31441	67966	04491	41016	77541
80	50277	86802	23327	59852	96377	32902	69427	05952	42477	79002
84	51738	88263	24788	61313	97838	34363	70888	07413	43938	80463
88	53199	89724	26249	62774	99299	35824	72349	08874	45399	81924
92	54660	91185	27710	64235	00760	37285	73810	10335	46860	83385
96	56121	92646	29171	65696	02221	38746	75271	11796	48321	84846
100	57582	94107	30632	67157	03682	40207	76732	13257	49782	86307
	17	17	18	18	19	19	19	20	20	20

Ia. Anzahl der am 0. eines jeden Monats, 12^h Weltzeit, seit Beginn der Schaltperiode verflossenen Tage

Jahr	Jan. 0	Febr. 0	März 0	April 0	Mai 0	Juni 0	Juli 0	Aug. 0	Sept. 0	Okt. 0	Nov. 0	Dez. 0
0	0	31	60	91	121	152	182	213	244	274	305	335
1	366	397	425	456	486	517	547	578	609	639	670	700
2	731	762	790	821	851	882	912	943	974	1004	1035	1065
3	1096	1127	1155	1186	1216	1247	1277	1308	1339	1369	1400	1430

Julianische Periode

I. Anzahl der am 0. Januar, 12^h Weltzeit, seit Anfang der Periode verflossenen Tage

Jahr nach Chr.	1000	1100	1200	1300	1400	1500	1600	1700	1800	1900
	20	21	21	21	22	22	23	23	23	24
0	86307	22832	59357	95882	32407	68932	05447	41971[1]	78495[1]	15019[1]
4	87768	24293	60818	97343	33868	70393	06908	43432	79956	16480
8	89229	25754	62279	98804	35329	71854	08369	44893	81417	17941
12	90690	27215	63740	00265	36790	73315	09830	46354	82878	19402
16	92151	28676	65201	01726	38251	74776	11291	47815	84339	20863
20	93612	30137	66662	03187	39712	76237	12752	49276	85800	22324
24	95073	31598	68123	04648	41173	77698	14213	50737	87261	23785
28	96534	33059	69584	06109	42634	79159	15674	52198	88722	25246
32	97995	34520	71045	07570	44095	80620	17135	53659	90183	26707
36	99456	35981	72506	09031	45556	82081	18596	55120	91644	28168
40	00917	37442	73967	10492	47017	83542	20057	56581	93105	29629
44	02378	38903	75428	11953	48478	85003	21518	58042	94566	31090
48	03839	40364	76889	13414	49939	86464	22979	59503	96027	32551
52	05300	41825	78350	14875	51400	87925	24440	60964	97488	34012
56	06761	43286	79811	16336	52861	89386	25901	62425	98949	35473
60	08222	44747	81272	17797	54322	90847	27362	63886	00410	36934
64	09683	46208	82733	19258	55783	92308	28823	65347	01871	38395
68	11144	47669	84194	20719	57244	93769	30284	66808	03332	39856
72	12605	49130	85655	22180	58705	95230	31745	68269	04793	41317
76	14066	50591	87116	23641	60166	96691	33206	69730	06254	42778
80	15527	52052	88577	25102	61627	98152	34667	71191	07715	44239
84	16988	53513	90038	26563	63088	99603	36128	72652	09176	45700
88	18449	54974	91499	28024	64549	01064	37589	74113	10637	47161
92	19910	56435	92960	29485	66010	02525	39050	75574	12098	48622
96	21371	57896	94421	30946	67471	03986	40511	77035	13559	50083
100	22832	59357	95882	32407	68932	05447	41971[1]	78495[1]	15019[1]	51544
	21	21	21	22	22	23	23	23	24	24

[1] Die Zahlen geben die am —1. Jan. seit Anfang der Periode verflossenen Tage.

Ia. Anzahl der am 0. eines jeden Monats, 12^h Weltzeit, seit Beginn der Schaltperiode verflossenen Tage

Jahr	Jan. 0	Febr. 0	März 0	April 0	Mai 0	Juni 0	Juli 0	Aug. 0	Sept. 0	Okt. 0	Nov. 0	Dez. 0
0	0[2]	31[2]	60	91	121	152	182	213	244	274	305	335
1	366	397	425	456	486	517	547	578	609	639	670	700
2	731	762	790	821	851	882	912	943	974	1004	1035	1065
3	1096	1127	1155	1186	1216	1247	1277	1308	1339	1369	1400	1430

Von 1582 Okt. 15 bis 1583 Dez. 31 sind die Zahlen der Tafel Ia um 10 zu verkleinern.

[2] In den Jahren 1700, 1800, 1900 um 1 zu vergrößern.

Julianische Periode

II. Anzahl der am 0. eines jeden Monats, 12h Weltzeit, seit Beginn der Periode verflossenen Tage

Jahr n. Chr.	Januar 0	Febr. 0	März 0	April 0	Mai 0	Juni 0	Juli 0	Aug. 0	Sept. 0	Okt. 0	Nov. 0	Dez. 0
1860	2400 410	441	470	501	531	562	592	623	654	684	715	745
1861	776	807	835	866	896	927	957	988	*019	*049	*080	*110
1862	2401 141	172	200	231	261	292	322	353	384	414	445	475
1863	506	537	565	596	626	657	687	718	749	779	810	840
1864	871	902	931	962	992	*023	*053	*084	*115	*145	*176	*206
1865	2402 237	268	296	327	357	388	418	449	480	510	541	571
1866	602	633	661	692	722	753	783	814	845	875	906	936
1867	967	998	*026	*057	*087	*118	*148	*179	*210	*240	*271	*301
1868	2403 332	363	392	423	453	484	514	545	576	606	637	667
1869	698	729	757	788	818	849	879	910	941	971	*002	*032
1870	2404 063	094	122	153	183	214	244	275	306	336	367	397
1871	428	459	487	518	548	579	609	640	671	701	732	762
1872	793	824	853	884	914	945	975	*006	*037	*067	*098	*128
1873	2405 159	190	218	249	279	310	340	371	402	432	463	493
1874	524	555	583	614	644	675	705	736	767	797	828	858
1875	889	920	948	979	*009	*040	*070	*101	*132	*162	*193	*223
1876	2406 254	285	314	345	375	406	436	467	498	528	559	589
1877	620	651	679	710	740	771	801	832	863	893	924	954
1878	985	*016	*044	*075	*105	*136	*166	*197	*228	*258	*289	*319
1879	2407 350	381	409	440	470	501	531	562	593	623	654	684
1880	715	746	775	806	836	867	897	928	959	989	*020	*050
1881	2408 081	112	140	171	201	232	262	293	324	354	385	415
1882	446	477	505	536	566	597	627	658	689	719	750	780
1883	811	842	870	901	931	962	992	*023	*054	*084	*115	*145
1884	2409 176	207	236	267	297	328	358	389	420	450	481	511
1885	542	573	601	632	662	693	723	754	785	815	846	876
1886	907	938	966	997	*027	*058	*088	*119	*150	*180	*211	*241
1887	2410 272	303	331	362	392	423	453	484	515	545	576	606
1888	637	668	697	728	758	789	819	850	881	911	942	972
1889	2411 003	034	062	093	123	154	184	215	246	276	307	337
1890	368	399	427	458	488	519	549	580	611	641	672	702
1891	733	764	792	823	853	884	914	945	976	*006	*037	*067
1892	2412 098	129	158	189	219	250	280	311	342	372	403	433
1893	464	495	523	554	584	615	645	676	707	737	768	798
1894	829	860	888	919	949	980	*010	*041	*072	*102	*133	*163
1895	2413 194	225	253	284	314	345	375	406	437	467	498	528
1896	559	590	619	650	680	711	741	772	803	833	864	894
1897	925	956	984	*015	*045	*076	*106	*137	*168	*198	*229	*259
1898	2414 290	321	349	380	410	441	471	502	533	563	594	624
1899	655	686	714	745	775	806	836	867	898	928	959	989

Julianische Periode

II. Anzahl der am 0. eines jeden Monats, 12h Weltzeit, seit Beginn der Periode verflossenen Tage

Jahr n. Chr.	Januar 0	Febr. 0	März 0	April 0	Mai 0	Juni 0	Juli 0	Aug. 0	Sept. 0	Okt. 0	Nov. 0	Dez. 0
1900	2415 020	051	079	110	140	171	201	232	263	293	324	354
1901	385	416	444	475	505	536	566	597	628	658	689	719
1902	750	781	809	840	870	901	931	962	993	*023	*054	*084
1903	2416 115	146	174	205	235	266	296	327	358	388	419	449
1904	480	511	540	571	601	632	662	693	724	754	785	815
1905	846	877	905	936	966	997	*027	*058	*089	*119	*150	*180
1906	2417 211	242	270	301	331	362	392	423	454	484	515	545
1907	576	607	635	666	696	727	757	788	819	849	880	910
1908	941	972	*001	*032	*062	*093	*123	*154	*185	*215	*246	*276
1909	2418 307	338	366	397	427	458	488	519	550	580	611	641
1910	672	703	731	762	792	823	853	884	915	945	976	*006
1911	2419 037	068	096	127	157	188	218	249	280	310	341	371
1912	402	433	462	493	523	554	584	615	646	676	707	737
1913	768	799	827	858	888	919	949	980	*011	*041	*072	*102
1914	2420 133	164	192	223	253	284	314	345	376	406	437	467
1915	498	529	557	588	618	649	679	710	741	771	802	832
1916	863	894	923	954	984	*015	*045	*076	*107	*137	*168	*198
1917	2421 229	260	288	319	349	380	410	441	472	502	533	563
1918	594	625	653	684	714	745	775	806	837	867	898	928
1919	959	990	*018	*049	*079	*110	*140	*171	*202	*232	*263	*293
1920	2422 324	355	384	415	445	476	506	537	568	598	629	659
1921	690	721	749	780	810	841	871	902	933	963	994	*024
1922	2423 055	086	114	145	175	206	236	267	298	328	359	389
1923	420	451	479	510	540	571	601	632	663	693	724	754
1924	785	816	845	876	906	937	967	998	*029	*059	*090	*120
1925	2424 151	182	210	241	271	302	332	363	394	424	455	485
1926	516	547	575	606	636	667	697	728	759	789	820	850
1927	881	912	940	971	*001	*032	*062	*093	*124	*154	*185	*215
1928	2425 246	277	306	337	367	398	428	459	490	520	551	581
1929	612	643	671	702	732	763	793	824	855	885	916	946
1930	977	*008	*036	*067	*097	*128	*158	*189	*220	*250	*281	*311
1931	2426 342	373	401	432	462	493	523	554	585	615	646	676
1932	707	738	767	798	828	859	889	920	951	981	*012	*042
1933	2427 073	104	132	163	193	224	254	285	316	346	377	407
1934	438	469	497	528	558	589	619	650	681	711	742	772
1935	803	834	862	893	923	954	984	*015	*046	*076	*107	*137
1936	2428 168	199	228	259	289	320	350	381	412	442	473	503
1937	534	565	593	624	654	685	715	746	777	807	838	868
1938	899	930	958	989	*019	*050	*080	*111	*142	*172	*203	*233
1939	2429 264	295	323	354	384	415	445	476	507	537	568	598

Julianische Periode

II. Anzahl der am 0. eines jeden Monats, 12^h Weltzeit, seit Beginn der Periode verflossenen Tage

Jahr n. Chr.	Januar 0	Febr. 0	März 0	April 0	Mai 0	Juni 0	Juli 0	Aug. 0	Sept. 0	Okt. 0	Nov. 0	Dez. 0
1940	2429 629	660	689	720	750	781	811	842	873	903	934	964
1941	995	*026	*054	*085	*115	*146	*176	*207	*238	*268	*299	*329
1942	2430 360	391	419	450	480	511	541	572	603	633	664	694
1943	725	756	784	815	845	876	906	937	968	998	*029	*059
1944	2431 090	121	150	181	211	242	272	303	334	364	395	425
1945	456	487	515	546	576	607	637	668	699	729	760	790
1946	821	852	880	911	941	972	*002	*033	*064	*094	*125	*155
1947	2432 186	217	245	276	306	337	367	398	429	459	490	520
1948	551	582	611	642	672	703	733	764	795	825	856	886
1949	917	948	976	*007	*037	*068	*098	*129	*160	*190	*221	*251
1950	2433 282	313	341	372	402	433	463	494	525	555	586	616
1951	647	678	706	737	767	798	828	859	890	920	951	981
1952	2434 012	043	072	103	133	164	194	225	256	286	317	347
1953	378	409	437	468	498	529	559	590	621	651	682	712
1954	743	774	802	833	863	894	924	955	986	*016	*047	*077
1955	2435 108	139	167	198	228	259	289	320	351	381	412	442
1956	473	504	533	564	594	625	655	686	717	747	778	808
1957	839	870	898	929	959	990	*020	*051	*082	*112	*143	*173
1958	2436 204	235	263	294	324	355	385	416	447	477	508	538
1959	569	600	628	659	689	720	750	781	812	842	873	903
1960	934	965	994	*025	*055	*086	*116	*147	*178	*208	*239	*269
1961	2437 300	331	359	390	420	451	481	512	543	573	604	634
1962	665	696	724	755	785	816	846	877	908	938	969	999
1963	2438 030	061	089	120	150	181	211	242	273	303	334	364
1964	395	426	455	486	516	547	577	608	639	669	700	730
1965	761	792	820	851	881	912	942	973	*004	*034	*065	*095
1966	2439 126	157	185	216	246	277	307	338	369	399	430	460
1967	491	522	550	581	611	642	672	703	734	764	795	825
1968	856	887	916	947	977	*008	*038	*069	*100	*130	*161	*191
1969	2440 222	253	281	312	342	373	403	434	465	495	526	556
1970	587	618	646	677	707	738	768	799	830	860	891	921
1971	952	983	*011	*042	*072	*103	*133	*164	*195	*225	*256	*286
1972	2441 317	348	377	408	438	469	499	530	561	591	622	652
1973	683	714	742	773	803	834	864	895	926	956	987	*017
1974	2442 048	079	107	138	168	199	229	260	291	321	352	382
1975	413	444	472	503	533	564	594	625	656	686	717	747
1976	778	809	838	869	899	930	960	991	*022	*052	*083	*113
1977	2443 144	175	203	234	264	295	325	356	387	417	448	478
1978	509	540	568	599	629	660	690	721	752	782	813	843
1979	2443 874	905	933	964	994	*025	*055	*086	*117	*147	*178	*208

Hilfsgrößen

zur Berechnung der geozentrischen Koordinaten

$\rho \sin \varphi' = s \sin \varphi; \quad \rho \cos \varphi' = c \cos \varphi$

φ	log *s*	Δ	log *c*	Δ	φ	log *s*	Δ	log *c*	Δ
± 0°	9.9970705	4	0.0000000	4	±40°	9.9976745	252	0.0006040	252
1	.9970709	14	.0000004	14	41	.9976997	254	.0006292	254
2	.9970723	22	.0000018	22	42	.9977251	255	.0006546	255
3	.9970745	31	.0000040	31	43	.9977506	255	.0006801	255
4	.9970776	40	.0000071	40	44	.9977761	255	.0007056	255
5	9.9970816	49	0.0000111	49	45	9.9978016	256	0.0007311	256
6	.9970865	57	.0000160	57	46	.9978272	255	.0007567	255
7	.9970922	66	.0000217	66	47	.9978527	255	.0007822	255
8	.9970988	74	.0000283	74	48	.9978782	254	.0008077	254
9	.9971062	83	.0000357	83	49	.9979036	252	.0008331	252
10	9.9971145	92	0.0000440	92	50	9.9979288	252	0.0008583	252
11	.9971237	99	.0000532	99	51	.9979540	249	.0008835	249
12	.9971336	108	.0000631	108	52	.9979789	247	.0009084	247
13	.9971444	116	.0000739	116	53	.9980036	245	.0009331	245
14	.9971560	123	.0000855	123	54	.9980281	242	.0009576	242
15	9.9971683	131	0.0000978	131	55	9.9980523	239	0.0009818	239
16	.9971814	139	.0001109	139	56	.9980762	235	.0010057	235
17	.9971953	146	.0001248	146	57	.9980997	232	.0010292	232
18	.9972099	154	.0001394	154	58	.9981229	228	.0010524	228
19	.9972253	160	.0001548	160	59	.9981457	224	.0010752	224
20	9.9972413	168	0.0001708	168	60	9.9981681	220	0.0010976	220
21	.9972581	174	.0001876	174	61	.9981901	215	.0011196	215
22	.9972755	180	.0002050	180	62	.9982116	209	.0011411	209
23	.9972935	187	.0002230	187	63	.9982325	205	.0011620	205
24	.9973122	192	.0002417	192	64	.9982530	199	.0011825	199
25	9.9973314	198	0.0002609	198	65	9.9982729	193	0.0012024	193
26	.9973512	204	.0002807	204	66	.9982922	188	.0012217	188
27	.9973716	209	.0003011	209	67	.9983110	181	.0012405	181
28	.9973925	214	.0003220	214	68	.9983291	175	.0012586	175
29	.9974139	219	.0003434	219	69	.9983466	168	.0012761	168
30	9.9974358	223	0.0003653	223	70	9.9983634	161	0.0012929	161
31	.9974581	227	.0003876	227	71	.9983795	154	.0013090	154
32	.9974808	232	.0004103	232	72	.9983949	147	.0013244	147
33	.9975040	235	.0004335	235	73	.9984096	140	.0013391	140
34	.9975275	238	.0004570	238	74	.9984236	132	.0013531	132
35	9.9975513	241	0.0004808	241	75	9.9984368	124	0.0013663	124
36	.9975754	245	.0005049	245	76	.9984492	117	.0013787	117
37	.9975999	246	.0005294	246	77	.9984609	108	.0013904	108
38	.9976245	249	.0005540	249	78	.9984717	100	.0014012	100
39	.9976494	251	.0005789	251	79	.9984817	92	.0014112	92
40	9.9976745		0.0006040		80	9.9984909		0.0014204	

Halber Tagbogen

δ \ φ	+30°	+32°	+34°	+36°	+38°	+40°	+42°	+44°	+46°	+48°	+50°
°	h m	h m	h m	h m	h m	h m	h m	h m	h m	h m	h m
−30	4 45.4	4 38.8	4 31.8	4 24.4	4 16.5	4 8.1	3 58.9	3 48.9	3 37.9	3 25.7	3 11.8
29	4 48.6	4 42.3	4 35.6	4 28.6	4 21.1	4 13.0	4 4.3	3 54.9	3 44.5	3 33.0	3 20.1
28	4 51.7	4 45.7	4 39.3	4 32.6	4 25.5	4 17.8	4 9.6	4 0.7	3 50.9	3 40.1	3 28.0
27	4 54.7	4 49.0	4 42.9	4 36.5	4 29.8	4 22.5	4 14.7	4 6.2	3 57.0	3 46.9	3 35.5
26	4 57.7	4 52.2	4 46.5	4 40.4	4 33.9	4 27.1	4 19.7	4 11.7	4 3.0	3 53.4	3 42.8
25	5 0.6	4 55.4	4 49.9	4 44.2	4 38.0	4 31.5	4 24.5	4 16.9	4 8.7	3 59.7	3 49.7
24	5 3.5	4 58.5	4 53.3	4 47.8	4 42.0	4 35.8	4 29.2	4 22.0	4 14.3	4 5.8	3 56.5
23	5 6.3	5 1.6	4 56.6	4 51.4	4 45.9	4 40.1	4 33.8	4 27.0	4 19.7	4 11.8	4 3.0
22	5 9.0	5 4.6	4 59.9	4 55.0	4 49.7	4 44.2	4 38.3	4 31.9	4 25.0	4 17.5	4 9.3
21	5 11.7	5 7.5	5 3.1	4 58.4	4 53.5	4 48.3	4 42.7	4 36.7	4 30.2	4 23.2	4 15.4
−20	5 14.4	5 10.4	5 6.2	5 1.8	4 57.2	4 52.3	4 47.0	4 41.3	4 35.3	4 28.7	4 21.4
19	5 17.0	5 13.3	5 9.3	5 5.2	5 0.8	4 56.2	4 51.2	4 45.9	4 40.2	4 34.0	4 27.3
18	5 19.6	5 16.1	5 12.4	5 8.5	5 4.4	5 0.0	4 55.4	4 50.4	4 45.1	4 39.3	4 33.0
17	5 22.2	5 18.9	5 15.4	5 11.7	5 7.9	5 3.8	4 59.5	4 54.9	4 49.9	4 44.5	4 38.6
16	5 24.7	5 21.6	5 18.4	5 14.9	5 11.4	5 7.5	5 3.5	4 59.2	4 54.6	4 49.5	4 44.1
15	5 27.2	5 24.3	5 21.3	5 18.1	5 14.8	5 11.2	5 7.5	5 3.5	4 59.2	4 54.5	4 49.5
14	5 29.7	5 27.0	5 24.2	5 21.3	5 18.2	5 14.9	5 11.4	5 7.7	5 3.7	4 59.5	4 54.8
13	5 32.1	5 29.7	5 27.1	5 24.4	5 21.5	5 18.5	5 15.3	5 11.9	5 8.2	5 4.3	5 0.0
12	5 34.6	5 32.3	5 29.9	5 27.4	5 24.8	5 22.1	5 19.1	5 16.0	5 12.6	5 9.0	5 5.1
11	5 37.0	5 34.9	5 32.7	5 30.5	5 28.1	5 25.6	5 22.9	5 20.1	5 17.0	5 13.7	5 10.2
−10	5 39.4	5 37.5	5 35.5	5 33.5	5 31.3	5 29.1	5 26.7	5 24.1	5 21.4	5 18.4	5 15.2
9	5 41.7	5 40.1	5 38.3	5 36.5	5 34.6	5 32.5	5 30.4	5 28.1	5 25.7	5 23.0	5 20.2
8	5 44.1	5 42.6	5 41.1	5 39.5	5 37.8	5 36.0	5 34.1	5 32.1	5 29.9	5 27.6	5 25.1
7	5 46.4	5 45.2	5 43.8	5 42.4	5 41.0	5 39.4	5 37.8	5 36.0	5 34.2	5 32.2	5 30.0
6	5 48.8	5 47.7	5 46.6	5 45.4	5 44.1	5 42.8	5 41.4	5 40.0	5 38.4	5 36.7	5 34.9
5	5 51.1	5 50.2	5 49.3	5 48.3	5 47.3	5 46.2	5 45.1	5 43.9	5 42.6	5 41.2	5 39.7
4	5 53.4	5 52.7	5 52.0	5 51.2	5 50.4	5 49.6	5 48.7	5 47.8	5 46.8	5 45.7	5 44.5
3	5 55.8	5 55.2	5 54.7	5 54.1	5 53.6	5 53.0	5 52.3	5 51.6	5 50.9	5 50.1	5 49.3
2	5 58.1	5 57.7	5 57.4	5 57.1	5 56.7	5 56.3	5 55.9	5 55.5	5 55.1	5 54.6	5 54.1
− 1	6 0.4	6 0.2	6 0.1	6 0.0	5 59.8	5 59.7	5 59.5	5 59.4	5 59.2	5 59.0	5 58.9
0	6 2.7	6 2.7	6 2.8	6 2.9	6 2.9	6 3.0	6 3.1	6 3.2	6 3.4	6 3.5	6 3.6
+ 1	6 5.0	6 5.2	6 5.5	6 5.8	6 6.1	6 6.4	6 6.7	6 7.1	6 7.5	6 7.9	6 8.4
2	6 7.3	6 7.7	6 8.2	6 8.7	6 9.2	6 9.8	6 10.3	6 11.0	6 11.6	6 12.4	6 13.2
3	6 9.6	6 10.3	6 10.9	6 11.6	6 12.3	6 13.1	6 14.0	6 14.8	6 15.8	6 16.8	6 18.0
4	6 11.9	6 12.8	6 13.6	6 14.5	6 15.5	6 16.5	6 17.6	6 18.7	6 20.0	6 21.3	6 22.8
5	6 14.3	6 15.3	6 16.4	6 17.5	6 18.6	6 19.9	6 21.2	6 22.6	6 24.2	6 25.8	6 27.6
6	6 16.6	6 17.8	6 19.1	6 20.4	6 21.8	6 23.3	6 24.9	6 26.6	6 28.4	6 30.4	6 32.5
7	6 19.0	6 20.4	6 21.8	6 23.4	6 25.0	6 26.7	6 28.6	6 30.5	6 32.6	6 34.9	6 37.4
8	6 21.3	6 22.9	6 24.6	6 26.4	6 28.2	6 30.2	6 32.3	6 34.5	6 36.9	6 39.5	6 42.3
9	6 23.7	6 25.5	6 27.4	6 29.4	6 31.4	6 33.7	6 36.0	6 38.5	6 41.2	6 44.1	6 47.3
10	6 26.1	6 28.1	6 30.2	6 32.4	6 34.7	6 37.2	6 39.8	6 42.5	6 45.6	6 48.8	6 52.3
+11	6 28.5	6 30.7	6 33.0	6 35.4	6 38.0	6 40.7	6 43.6	6 46.6	6 49.9	6 53.5	6 57.4
12	6 31.0	6 33.4	6 35.9	6 38.5	6 41.3	6 44.3	6 47.4	6 50.8	6 54.4	6 58.3	7 2.5
13	6 33.4	6 36.0	6 38.8	6 41.6	6 44.7	6 47.9	6 51.3	6 54.9	6 58.9	7 3.1	7 7.8
14	6 35.9	6 38.7	6 41.7	6 44.8	6 48.0	6 51.5	6 55.2	6 59.2	7 3.4	7 8.0	7 13.1
15	6 38.4	6 41.4	6 44.6	6 47.9	6 51.5	6 55.2	6 59.2	7 3.5	7 8.1	7 13.0	7 18.5
16	6 41.0	6 44.2	6 47.6	6 51.2	6 54.9	6 58.9	7 3.2	7 7.8	7 12.7	7 18.1	7 23.9
17	6 43.5	6 47.0	6 50.6	6 54.4	6 58.5	7 2.7	7 7.3	7 12.2	7 17.5	7 23.3	7 29.5
18	6 46.1	6 49.8	6 53.7	6 57.7	7 2.0	7 6.6	7 11.5	7 16.7	7 22.4	7 28.5	7 35.3
19	6 48.8	6 52.7	6 56.8	7 1.1	7 5.7	7 10.5	7 15.7	7 21.3	7 27.4	7 33.9	7 41.1
20	6 51.5	6 55.6	6 59.9	7 4.5	7 9.4	7 14.5	7 20.1	7 26.0	7 32.4	7 39.4	7 47.1
+21	6 54.2	6 58.6	7 3.1	7 8.0	7 13.1	7 18.6	7 24.5	7 30.8	7 37.6	7 45.1	7 53.3
22	6 56.9	7 1.6	7 6.4	7 11.5	7 17.0	7 22.8	7 29.0	7 35.7	7 42.9	7 50.9	7 59.6
23	6 59.8	7 4.6	7 9.7	7 15.1	7 20.9	7 27.0	7 33.6	7 40.7	7 48.4	7 56.8	8 6.1
24	7 2.6	7 7.7	7 13.1	7 18.8	7 24.9	7 31.3	7 38.3	7 45.8	7 54.0	8 2.9	8 12.9
25	7 5.6	7 10.9	7 16.6	7 22.6	7 29.0	7 35.8	7 43.1	7 51.1	7 59.8	8 9.3	8 19.9
26	7 8.5	7 14.2	7 20.1	7 26.4	7 33.2	7 40.4	7 48.1	7 56.5	8 5.7	8 15.8	8 27.1
27	7 11.6	7 17.5	7 23.8	7 30.4	7 37.5	7 45.0	7 53.2	8 2.1	8 11.8	8 22.6	8 34.7
28	7 14.7	7 20.9	7 27.5	7 34.4	7 41.9	7 49.9	7 58.5	8 7.9	8 18.2	8 29.7	8 42.6
29	7 17.9	7 24.4	7 31.3	7 38.6	7 46.4	7 54.8	8 3.9	8 13.9	8 24.8	8 37.1	8 51.0
+30	7 21.2	7 28.0	7 35.2	7 42.9	7 51.1	7 59.9	8 9.5	8 20.1	8 31.7	8 44.8	8 59.7

δ \ φ	+50°	+51°	+52°	+53°	+54°	+55°	+56°	+57°	+58°	+59°	+60°
°	h m	h m	h m	h m	h m	h m	h m	h m	h m	h m	h m
−30	3 11.8	3 4.1	2 55.8	2 46.8	2 36.9	2 25.9	2 13.5	1 59.3	1 42.4	1 21.1	0 49.7
29	3 20.1	3 12.9	3 5.3	2 57.0	2 48.0	2 38.1	2 27.1	2 14.7	2 0.4	1 43.4	1 21.9
28	3 28.0	3 21.3	3 14.2	3 6.6	2 58.3	2 49.3	2 39.4	2 28.4	2 15.9	2 1.6	1 44.5
27	3 35.5	3 29.3	3 22.7	3 15.7	3 8.0	2 59.8	2 50.8	2 40.8	2 29.8	2 17.3	2 2.9
26	3 42.8	3 37.0	3 30.8	3 24.2	3 17.2	3 9.6	3 1.4	2 52.4	2 42.4	2 31.3	2 18.8
25	3 49.7	3 44.3	3 38.6	3 32.4	3 25.9	3 18.9	3 11.3	3 3.1	2 54.1	2 44.1	2 33.0
24	3 56.5	3 51.4	3 46.0	3 40.3	3 34.3	3 27.8	3 20.8	3 13.2	3 5.0	2 56.0	2 46.0
23	4 3.0	3 58.2	3 53.2	3 47.9	3 42.3	3 36.2	3 29.8	3 22.8	3 15.3	3 7.1	2 58.0
22	4 9.3	4 4.9	4 0.2	3 55.2	3 50.0	3 44.3	3 38.4	3 31.9	3 25.0	3 17.5	3 9.3
21	4 15.4	4 11.3	4 6.9	4 2.3	3 57.4	3 52.2	3 46.6	3 40.7	3 34.3	3 27.4	3 19.9
−20	4 21.4	4 17.5	4 13.5	4 9.1	4 4.6	3 59.8	3 54.6	3 49.1	3 43.2	3 36.9	3 30.0
19	4 27.3	4 23.7	4 19.9	4 15.8	4 11.6	4 7.1	4 2.3	3 57.2	3 51.8	3 45.9	3 39.6
18	4 33.0	4 29.6	4 26.1	4 22.3	4 18.4	4 14.2	4 9.8	4 5.1	4 0.1	3 54.7	3 48.9
17	4 38.6	4 35.4	4 32.1	4 28.7	4 25.0	4 21.1	4 17.0	4 12.7	4 8.1	4 3.1	3 57.8
16	4 44.1	4 41.2	4 38.1	4 34.9	4 31.5	4 27.9	4 24.1	4 20.1	4 15.9	4 11.3	4 6.4
15	4 49.5	4 46.8	4 43.9	4 41.0	4 37.8	4 34.5	4 31.0	4 27.4	4 23.4	4 19.3	4 14.8
14	4 54.8	4 52.3	4 49.7	4 46.9	4 44.1	4 41.0	4 37.8	4 34.4	4 30.8	4 27.0	4 22.9
13	5 0.0	4 57.7	4 55.3	4 52.8	4 50.2	4 47.4	4 44.5	4 41.4	4 38.1	4 34.6	4 30.9
12	5 5.1	5 3.0	5 0.9	4 58.6	4 56.2	4 53.7	4 51.0	4 48.2	4 45.2	4 42.0	4 38.7
11	5 10.2	5 8.3	5 6.4	5 4.3	5 2.1	4 59.8	4 57.4	4 54.9	4 52.2	4 49.3	4 46.3
−10	5 15.2	5 13.5	5 11.8	5 9.9	5 7.9	5 5.9	5 3.7	5 1.5	4 59.1	4 56.5	4 53.8
9	5 20.2	5 18.7	5 17.1	5 15.5	5 13.7	5 11.9	5 10.0	5 8.0	5 5.8	5 3.6	5 1.2
8	5 25.1	5 23.8	5 22.4	5 21.0	5 19.5	5 17.9	5 16.2	5 14.4	5 12.5	5 10.6	5 8.5
7	5 30.0	5 28.9	5 27.7	5 26.4	5 25.1	5 23.8	5 22.3	5 20.8	5 19.2	5 17.5	5 15.7
6	5 34.9	5 33.9	5 32.9	5 31.8	5 30.7	5 29.6	5 28.4	5 27.1	5 25.7	5 24.3	5 22.8
5	5 39.7	5 38.9	5 38.1	5 37.2	5 36.3	5 35.4	5 34.4	5 33.4	5 32.2	5 31.1	5 29.9
4	5 44.5	5 43.9	5 43.3	5 42.6	5 41.9	5 41.2	5 40.4	5 39.6	5 38.7	5 37.8	5 36.9
3	5 49.3	5 48.9	5 48.4	5 47.9	5 47.4	5 46.9	5 46.3	5 45.8	5 45.2	5 44.5	5 43.8
2	5 54.1	5 53.8	5 53.5	5 53.3	5 52.9	5 52.6	5 52.3	5 52.0	5 51.6	5 51.2	5 50.8
− 1	5 58.9	5 58.8	5 58.7	5 58.6	5 58.4	5 58.3	5 58.2	5 58.1	5 58.0	5 57.9	5 57.7
0	6 3.6	6 3.7	6 3.8	6 3.9	6 4.0	6 4.1	6 4.2	6 4.3	6 4.4	6 4.5	6 4.7
+ 1	6 8.4	6 8.6	6 8.9	6 9.2	6 9.5	6 9.8	6 10.1	6 10.4	6 10.8	6 11.2	6 11.6
2	6 13.2	6 13.6	6 14.0	6 14.5	6 15.0	6 15.5	6 16.0	6 16.6	6 17.2	6 17.8	6 18.5
3	6 18.0	6 18.6	6 19.2	6 19.8	6 20.5	6 21.2	6 22.0	6 22.8	6 23.6	6 24.6	6 25.5
4	6 22.8	6 23.5	6 24.4	6 25.2	6 26.1	6 27.0	6 28.0	6 29.0	6 30.1	6 31.3	6 32.5
5	6 27.6	6 28.6	6 29.6	6 30.6	6 31.7	6 32.8	6 34.0	6 35.3	6 36.6	6 38.1	6 39.6
6	6 32.5	6 33.6	6 34.8	6 36.0	6 37.3	6 38.7	6 40.1	6 41.6	6 43.2	6 44.9	6 46.7
7	6 37.4	6 38.7	6 40.0	6 41.5	6 43.0	6 44.6	6 46.2	6 48.0	6 49.8	6 51.8	6 53.9
8	6 42.3	6 43.8	6 45.3	6 47.0	6 48.7	6 50.5	6 52.4	6 54.4	6 56.5	6 58.8	7 1.2
9	6 47.3	6 48.9	6 50.7	6 52.6	6 54.5	6 56.5	6 58.7	7 0.9	7 3.3	7 5.9	7 8.6
10	6 52.3	6 54.1	6 56.1	6 58.2	7 0.3	7 2.6	7 5.0	7 7.5	7 10.2	7 13.1	7 16.2
+11	6 57.4	6 59.4	7 1.6	7 3.9	7 6.3	7 8.8	7 11.4	7 14.2	7 17.2	7 20.4	7 23.8
12	7 2.5	7 4.8	7 7.2	7 9.7	7 12.3	7 15.1	7 18.0	7 21.1	7 24.3	7 27.8	7 31.5
13	7 7.8	7 10.2	7 12.8	7 15.5	7 18.4	7 21.4	7 24.6	7 28.0	7 31.6	7 35.4	7 39.5
14	7 13.1	7 15.7	7 18.6	7 21.5	7 24.6	7 27.9	7 31.4	7 35.1	7 39.0	7 43.2	7 47.7
15	7 18.5	7 21.4	7 24.4	7 27.6	7 31.0	7 34.6	7 38.3	7 42.4	7 46.6	7 51.2	7 56.1
16	7 23.9	7 27.1	7 30.4	7 33.8	7 37.5	7 41.4	7 45.4	7 49.8	7 54.4	7 59.4	8 4.7
17	7 29.5	7 32.9	7 36.5	7 40.2	7 44.1	7 48.3	7 52.7	7 57.4	8 2.5	8 7.9	8 13.7
18	7 35.3	7 38.9	7 42.7	7 46.7	7 50.9	7 55.4	8 0.2	8 5.3	8 10.8	8 16.6	8 23.0
19	7 41.1	7 45.0	7 49.1	7 53.4	7 57.9	8 2.8	8 7.9	8 13.4	8 19.4	8 25.7	8 32.6
20	7 47.1	7 51.3	7 55.6	8 0.3	8 5.2	8 10.4	8 15.9	8 21.9	8 28.3	8 35.2	8 42.8
+21	7 53.3	7 57.7	8 2.4	8 7.3	8 12.6	8 18.2	8 24.2	8 30.7	8 37.6	8 45.2	8 53.5
22	7 59.6	8 4.3	8 9.4	8 14.7	8 20.3	8 26.4	8 32.8	8 39.8	8 47.4	8 55.7	9 4.8
23	8 6.1	8 11.2	8 16.6	8 22.3	8 28.3	8 34.9	8 41.9	8 49.5	8 57.7	9 6.8	9 16.9
24	8 12.9	8 18.3	8 24.0	8 30.2	8 36.7	8 43.8	8 51.4	8 59.6	9 8.7	9 18.8	9 30.0
25	8 19.9	8 25.7	8 31.8	8 38.4	8 45.5	8 53.1	9 1.4	9 10.5	9 20.5	9 31.7	9 44.4
26	8 27.1	8 33.4	8 40.0	8 47.0	8 54.7	9 3.0	9 12.1	9 22.1	9 33.2	9 45.9	10 0.6
27	8 34.7	8 41.4	8 48.5	8 56.1	9 4.4	9 13.5	9 23.5	9 34.6	9 47.3	10 1.9	10 19.5
28	8 42.6	8 49.8	8 57.5	9 5.8	9 14.8	9 24.8	9 35.9	9 48.5	10 3.1	10 20.5	10 42.9
29	8 51.0	8 58.7	9 7.0	9 16.1	9 26.0	9 37.1	9 49.6	10 4.1	10 21.5	10 43.7	11 18.1
+30	8 59.7	9 8.1	9 17.2	9 27.1	9 38.2	9 50.7	10 5.1	10 22.3	10 44.4	11 18.5	– –

Hilfstafeln

zur Berechnung der optischen Mondlibration

$\lambda - ☊$	$\Delta\lambda$	a	B	$\lambda - ☊$	$\lambda - ☊$	$\Delta\lambda$	a	B	$\lambda - ☊$
°	′		° ′	°	°	′		° ′	°
0	+0.0+	−0.0269+	−0 0.0+	180	45	+0.6+	−0.0190+	−1 5.3+	225
1	0.0	268	0 1.6	181	46	0.6	187	1 6.4	226
2	0.0	268	0 3.2	182	47	0.6	183	1 7.5	227
3	0.1	268	0 4.8	183	48	0.6	180	1 8.6	228
4	0.1	268	0 6.4	184	49	0.6	176	1 9.7	229
5	+0.1+	−0.0268+	−0 8.0+	185	50	+0.6+	−0.0173+	−1 10.7+	230
6	0.1	267	0 9.7	186	51	0.6	169	1 11.8	231
7	0.1	267	0 11.3	187	52	0.6	165	1 12.8	232
8	0.2	266	0 12.9	188	53	0.6	162	1 13.8	233
9	0.2	265	0 14.4	189	54	0.6	158	1 14.7	234
10	+0.2+	−0.0264+	−0 16.0+	190	55	+0.6+	−0.0154+	−1 15.6+	235
11	0.2	264	0 17.6	191	56	0.6	150	1 16.5	236
12	0.2	263	0 19.2	192	57	0.6	146	1 17.4	237
13	0.3	262	0 20.8	193	58	0.6	142	1 18.3	238
14	0.3	261	0 22.3	194	59	0.5	138	1 19.2	239
15	+0.3+	−0.0259+	−0 23.9+	195	60	+0.5+	−0.0134+	−1 20.0+	240
16	0.3	258	0 25.5	196	61	0.5	130	1 20.8	241
17	0.3	257	0 27.0	197	62	0.5	126	1 21.5	242
18	0.4	255	0 28.5	198	63	0.5	122	1 22.3	243
19	0.4	254	0 30.1	199	64	0.5	118	1 23.0	244
20	+0.4+	−0.0252+	−0 31.6+	200	65	+0.5+	−0.0114+	−1 23.7+	245
21	0.4	251	0 33.1	201	66	0.5	109	1 24.4	246
22	0.4	249	0 34.6	202	67	0.4	105	1 25.0	247
23	0.4	247	0 36.1	203	68	0.4	101	1 25.6	248
24	0.5	245	0 37.6	204	69	0.4	096	1 26.2	249
25	+0.5+	−0.0243+	−0 39.0+	205	70	+0.4+	−0.0092+	−1 26.8+	250
26	0.5	241	0 40.5	206	71	0.4	87	1 27.3	251
27	0.5	239	0 41.9	207	72	0.4	83	1 27.8	252
28	0.5	237	0 43.4	208	73	0.3	79	1 28.3	253
29	0.5	235	0 44.8	209	74	0.3	74	1 28.8	254
30	+0.5+	−0.0233+	−0 46.2+	210	75	+0.3+	−0.0070+	−1 29.2+	255
31	0.5	230	0 47.6	211	76	0.3	65	1 29.6	256
32	0.6	228	0 48.9	212	77	0.3	60	1 30.0	257
33	0.6	225	0 50.3	213	78	0.2	56	1 30.3	258
34	0.6	223	0 51.6	214	79	0.2	51	1 30.6	259
35	+0.6+	−0.0220+	−0 53.0+	215	80	+0.2+	−0.0047+	−1 30.9+	260
36	0.6	217	0 54.3	216	81	0.2	42	1 31.2	261
37	0.6	214	0 55.6	217	82	0.2	37	1 31.4	262
38	0.6	212	0 56.9	218	83	0.1	33	1 31.6	263
39	0.6	209	0 58.1	219	84	0.1	28	1 31.8	264
40	+0.6+	−0.0206+	−0 59.4+	220	85	+0.1+	−0.0023+	−1 32.0+	265
41	0.6	203	1 0.6	221	86	0.1	19	1 32.1	266
42	0.6	200	1 1.8	222	87	0.1	14	1 32.2	267
43	0.6	196	1 3.0	223	88	0.0	09	1 32.3	268
44	0.6	193	1 4.1	224	89	0.0	05	1 32.3	269
45	+0.6+	−0.0190+	−1 5.3+	225	90	+0.0+	−0.0000+	−1 32.3+	270

$$l' = \lambda + \Delta\lambda - a\,(B - \beta) - L_{☾}\,; \quad b' = B - \beta$$

l', b' = Optische Libration der Mondmitte in selenographischer Länge und Breite.

λ, β = Länge und Breite des Mondmittelpunktes, berechnet für den Beobachtungsort.

$L_{☾}$ = Mittlere Länge des Mondes, ☊ = Mondknoten.

Hilfstafeln

zur Berechnung der optischen Mondlibration

λ−☊	Δλ	a	B	λ−☊	λ−☊	Δλ	a	B	λ−☊
°	′		° ′	°	°	′		° ′	°
90	−0.0 −	+0.0000 −	−1 32.3+	270	135	−0.6 −	+0.0190 −	−1 5.3+	315
91	0.0	05	1 32.3	271	136	0.6	193	1 4.1	316
92	0.0	09	1 32.3	272	137	0.6	196	1 3.0	317
93	0.1	14	1 32.2	273	138	0.6	200	1 1.8	318
94	0.1	19	1 32.1	274	139	0.6	203	1 0.6	319
95	−0.1 −	+0.0023 −	−1 32.0+	275	140	−0.6 −	+0.0206 −	−0 59.4+	320
96	0.1	28	1 31.8	276	141	0.6	209	0 58.1	321
97	0.1	33	1 31.6	277	142	0.6	212	0 56.9	322
98	0.2	37	1 31.4	278	143	0.6	214	0 55.6	323
99	0.2	42	1 31.2	279	144	0.6	217	0 54.3	324
100	−0.2 −	+0.0047 −	−1 30.9+	280	145	−0.6 −	+0.0220 −	−0 53.0+	325
101	0.2	51	1 30.6	281	146	0.6	223	0 51.6	326
102	0.2	56	1 30.3	282	147	0.6	225	0 50.3	327
103	0.3	60	1 30.0	283	148	0.6	228	0 48.9	328
104	0.3	65	1 29.6	284	149	0.5	230	0 47.6	329
105	−0.3 −	+0.0070 −	−1 29.2+	285	150	−0.5 −	+0.0233 −	−0 46.2+	330
106	0.3	74	1 28.8	286	151	0.5	235	0 44.8	331
107	0.3	79	1 28.3	287	152	0.5	237	0 43.4	332
108	0.4	83	1 27.8	288	153	0.5	239	0 41.9	333
109	0.4	87	1 27.3	289	154	0.5	241	0 40.5	334
110	−0.4 −	+0.0092 −	−1 26.8+	290	155	−0.5 −	+0.0243 −	−0 39.0+	335
111	0.4	096	1 26.2	291	156	0.5	245	0 37.6	336
112	0.4	101	1 25.6	292	157	0.4	247	0 36.1	337
113	0.4	105	1 25.0	293	158	0.4	249	0 34.6	338
114	0.5	109	1 24.4	294	159	0.4	251	0 33.1	339
115	−0.5 −	+0.0114 −	−1 23.7+	295	160	−0.4 −	+0.0252 −	−0 31.6+	340
116	0.5	118	1 23.0	296	161	0.4	254	0 30.1	341
117	0.5	122	1 22.3	297	162	0.4	255	0 28.5	342
118	0.5	126	1 21.5	298	163	0.3	257	0 27.0	343
119	0.5	130	1 20.8	299	164	0.3	258	0 25.5	344
120	−0.5 −	+0.0134 −	−1 20.0+	300	165	−0.3 −	+0.0259 −	−0 23.9+	345
121	0.5	138	1 19.2	301	166	0.3	261	0 22.3	346
122	0.6	142	1 18.3	302	167	0.3	262	0 20.8	347
123	0.6	146	1 17.4	303	168	0.2	263	0 19.2	348
124	0.6	150	1 16.5	304	169	0.2	264	0 17.6	349
125	−0.6 −	+0.0154 −	−1 15.6+	305	170	−0.2 −	+0.0264 −	−0 16.0+	350
126	0.6	158	1 14.7	306	171	0.2	265	0 14.4	351
127	0.6	162	1 13.8	307	172	0.2	266	0 12.9	352
128	0.6	165	1 12.8	308	173	0.1	267	0 11.3	353
129	0.6	169	1 11.8	309	174	0.1	267	0 9.7	354
130	−0.6 −	+0.0173 −	−1 10.7+	310	175	−0.1 −	+0.0268 −	−0 8.0+	355
131	0.6	176	1 9.7	311	176	0.1	268	0 6.4	356
132	0.6	180	1 8.6	312	177	0.1	268	0 4.8	357
133	0.6	183	1 7.5	313	178	0.0	268	0 3.2	358
134	0.6	187	1 6.4	314	179	0.0	268	0 1.6	359
135	−0.6 −	+0.0190 −	−1 5.3+	315	180	−0.0 −	+0.0269 −	−0 0.0+	360

$$l' = \lambda + \Delta\lambda - a\,(B - \beta) - L_{☾}; \quad b' = B - \beta$$

l', b' = Optische Libration der Mondmitte in selenographischer Länge und Breite.

λ, β = Länge und Breite des Mondmittelpunktes, berechnet für den Beobachtungsort.

$L_{☾}$ = Mittlere Länge des Mondes, ☊ = Mondknoten.

Verwandlung von Zeitmaß in Gradmaß

0^h *bis* 4^h $0°$ *bis* $60°$			4^h *bis* 8^h $60°$ *bis* $120°$			8^h *bis* 12^h $120°$ *bis* $180°$			12^h *bis* 16^h $180°$ *bis* $240°$			16^h *bis* 20^h $240°$ *bis* $300°$			20^h *bis* 24^h $300°$ *bis* $360°$		
h	m	°	h	m	°	h	m	°	h	m	°	h	m	°	h	m	°
0	0	0	4	0	60	8	0	120	12	0	180	16	0	240	20	0	300
	4	1		4	61		4	121		4	181		4	241		4	301
	8	2		8	62		8	122		8	182		8	242		8	302
	12	3		12	63		12	123		12	183		12	243		12	303
	16	4		16	64		16	124		16	184		16	244		16	304
0	20	5	4	20	65	8	20	125	12	20	185	16	20	245	20	20	305
	24	6		24	66		24	126		24	186		24	246		24	306
	28	7		28	67		28	127		28	187		28	247		28	307
	32	8		32	68		32	128		32	188		32	248		32	308
	36	9		36	69		36	129		36	189		36	249		36	309
0	40	10	4	40	70	8	40	130	12	40	190	16	40	250	20	40	310
	44	11		44	71		44	131		44	191		44	251		44	311
	48	12		48	72		48	132		48	192		48	252		48	312
	52	13		52	73		52	133		52	193		52	253		52	313
0	56	14	4	56	74	8	56	134	12	56	194	16	56	254	20	56	314
1	0	15	5	0	75	9	0	135	13	0	195	17	0	255	21	0	315
	4	16		4	76		4	136		4	196		4	256		4	316
	8	17		8	77		8	137		8	197		8	257		8	317
	12	18		12	78		12	138		12	198		12	258		12	318
	16	19		16	79		16	139		16	199		16	259		16	319
	20	20	5	20	80	9	20	140	13	20	200	17	20	260	21	20	320
	24	21		24	81		24	141		24	201		24	261		24	321
	28	22		28	82		28	142		28	202		28	262		28	322
	32	23		32	83		32	143		32	203		32	263		32	323
	36	24		36	84		36	144		36	204		36	264		36	324
1	40	25	5	40	85	9	40	145	13	40	205	17	40	265	21	40	325
	44	26		44	86		44	146		44	206		44	266		44	326
	48	27		48	87		48	147		48	207		48	267		48	327
	52	28		52	88		52	148		52	208		52	268		52	328
1	56	29	5	56	89	9	56	149	13	56	209	17	56	269	21	56	329
2	0	30	6	0	90	10	0	150	14	0	210	18	0	270	22	0	330
	4	31		4	91		4	151		4	211		4	271		4	331
	8	32		8	92		8	152		8	212		8	272		8	332
	12	33		12	93		12	153		12	213		12	273		12	333
	16	34		16	94		16	154		16	214		16	274		16	334
2	20	35	6	20	95	10	20	155	14	20	215	18	20	275	22	20	335
	24	36		24	96		24	156		24	216		24	276		24	336
	28	37		28	97		28	157		28	217		28	277		28	337
	32	38		32	98		32	158		32	218		32	278		32	338
	36	39		36	99		36	159		36	219		36	279		36	339
2	40	40	6	40	100	10	40	160	14	40	220	18	40	280	22	40	340
	44	41		44	101		44	161		44	221		44	281		44	341
	48	42		48	102		48	162		48	222		48	282		48	342
	52	43		52	103		52	163		52	223		52	283		52	343
2	56	44	6	56	104	10	56	164	14	56	224	18	56	284	22	56	344
3	0	45	7	0	105	11	0	165	15	0	225	19	0	285	23	0	345
	4	46		4	106		4	166		4	226		4	286		4	346
	8	47		8	107		8	167		8	227		8	287		8	347
	12	48		12	108		12	168		12	228		12	288		12	348
	16	49		16	109		16	169		16	229		16	289		16	349
3	20	50	7	20	110	11	20	170	15	20	230	19	20	290	23	20	350
	24	51		24	111		24	171		24	231		24	291		24	351
	28	52		28	112		28	172		28	232		28	292		28	352
	32	53		32	113		32	173		32	233		32	293		32	353
	36	54		36	114		36	174		36	234		36	294		36	354
3	40	55	7	40	115	11	40	175	15	40	235	19	40	295	23	40	355
	44	56		44	116		44	176		44	236		44	296		44	356
	48	57		48	117		48	177		48	237		48	297		48	357
	52	58		52	118		52	178		52	238		52	298		52	358
3	56	59	7	56	119	11	56	179	15	56	239	19	56	299	23	56	359
4	0	60	8	0	120	12	0	180	16	0	240	20	0	300	24	0	360

0^m *bis* 2^m $0^\circ 00$ *bis* $0^\circ 50$			2^m *bis* 4^m $0^\circ 50$ *bis* $1^\circ 00$			$0^s 000$ *bis* $1^s 200$ $0^\circ 0000$ *bis* $0^\circ 0050$		$1^s 200$ *bis* $2^s 400$ $0^\circ 0050$ *bis* $0^\circ 0100$	
m	s	°	m	s	°	s	°	s	°
0	0.0	0.00	2	0.0	0.50	0.000	0.0000	1.200	0.0050
	2.4	01		2.4	51	024	01	224	51
	4.8	02		4.8	52	048	02	248	52
	7.2	03		7.2	53	072	03	272	53
	9.6	04		9.6	54	096	04	296	54
0	12.0	0.05	2	12.0	0.55	0.120	0.0005	1.320	0.0055
	14.4	06		14.4	56	144	06	344	56
	16.8	07		16.8	57	168	07	368	57
	19.2	08		19.2	58	192	08	392	58
	21.6	09		21.6	59	216	09	416	59
0	24.0	0.10	2	24.0	0.60	0.240	0.0010	1.440	0.0060
	26.4	11		26.4	61	264	11	464	61
	28.8	12		28.8	62	288	12	488	62
	31.2	13		31.2	63	312	13	512	63
	33.6	14		33.6	64	336	14	536	64
0	36.0	0.15	2	36.0	0.65	0.360	0.0015	1.560	0.0065
	38.4	16		38.4	66	384	16	584	66
	40.8	17		40.8	67	408	17	608	67
	43.2	18		43.2	68	432	18	632	68
	45.6	19		45.6	69	456	19	656	69
0	48.0	0.20	2	48.0	0.70	0.480	0.0020	1.680	0.0070
	50.4	21		50.4	71	504	21	704	71
	52.8	22		52.8	72	528	22	728	72
	55.2	23		55.2	73	552	23	752	73
0	57.6	24	2	57.6	74	576	24	776	74
1	0.0	0.25	3	0.0	0.75	0.600	0.0025	1.800	0.0075
	2.4	26		2.4	76	624	26	824	76
	4.8	27		4.8	77	648	27	848	77
	7.2	28		7.2	78	672	28	872	78
	9.6	29		9.6	79	696	29	896	79
1	12.0	0.30	3	12.0	0.80	0.720	0.0030	1.920	0.0080
	14.4	31		14.4	81	744	31	944	81
	16.8	32		16.8	82	768	32	968	82
	19.2	33		19.2	83	792	33	1.992	83
	21.6	34		21.6	84	816	34	2.016	84
1	24.0	0.35	3	24.0	0.85	0.840	0.0035	2.040	0.0085
	26.4	36		26.4	86	864	36	064	86
	28.8	37		28.8	87	888	37	088	87
	31.2	38		31.2	88	912	38	112	88
	33.6	39		33.6	89	936	39	136	89
1	36.0	0.40	3	36.0	0.90	0.960	0.0040	2.160	0.0090
	38.4	41		38.4	91	0.984	41	184	91
	40.8	42		40.8	92	1.008	42	208	92
	43.2	43		43.2	93	032	43	232	93
	45.6	44		45.6	94	056	44	256	94
1	48.0	0.45	3	48.0	0.95	1.080	0.0045	2.280	0.0095
	50.4	46		50.4	96	104	46	304	96
	52.8	47		52.8	97	128	47	328	97
	55.2	48		55.2	98	152	48	352	98
1	57.6	49	3	57.6	0.99	176	49	376	99
2	0.0	0.50	4	0.0	1.00	1.200	0.0050	2.400	0.0100

s	°
0.0000	0.00000
24	1
48	2
72	3
96	4
0.0120	0.00005

s	°
0.0120	0.00005
144	6
168	7
192	8
216	9
0.0240	0.00010

Koordinaten der Sternwarten

Name	Seehöhe	Geogr. Breite	Länge von Greenwich + westlich — östlich	Korr. der Sternzeit	Geoz. Breite	Log. ρ incl. Seehöhe
	m	° ′ ″	h m s	s	° ′ ″	
Abastumani (Mt. Kanobili)	1700	+41 45 18.2	— 2 51 18.08	— 28.14	+41 33 47.3	9.999470
Abbadia	69	+43 22 52.2	+ 0 7 0.1	+ 1.15	+43 11 17.8	9.999317
Adelaide	41	−34 55 35.1	— 9 14 19.90	— 91.06	−34 44 42.7	9.999526
Albany (Neue Sternw.)[1]	40	+42 39 12.8	+ 4 55 7.12	+ 48.48	+42 27 39.7	9.999334
Algier-Bouzaréah[2]	345	+36 48 4.8	— 0 12 8.53	— 1.99	+36 36 58.1	9.999497
Allegheny (Neue Sternw.)	370	+40 28 58.1	+ 5 20 5.39	+ 52.59	+40 17 31.4	9.999411
Amherst (Neue Sternw.)	110	+42 21 56.5	+ 4 50 5.98	+ 47.66	+42 10 24.0	9.999346
Ann Arbor	282	+42 16 48.7	+ 5 34 55.27	+ 55.02	+42 5 16.4	9.999360
Arcetri (Zentr. d. Sternw.[3])	184	+43 45 14.4	— 0 45 1.30	— 7.39	+43 33 39.5	9.999316
Armagh	64	+54 21 11	+ 0 26 35.48	+ 4.37	+54 10 11.4	9.999041
Arosa	2050	+46 47	— 0 38 1	— 6.25	+46 35	9.999366
Asiago (Astrophys. Obs.)	1045	+45 51 44.7	— 0 46 6.86	— 7.58	+45 40 9.3	9.999321
Athen	110	+37 58 15.5	— 1 34 52.2	— 15.58	+37 47 1.2	9.999456
Bamberg (Remeis-Sternw.)	288	+49 53 6.4	— 0 43 33.57	— 7.15	+49 41 40.3	9.999167
Barcelona[4]	415	+41 24 59.3	— 0 8 30.2	— 1.41	+41 13 29.4	9.999391
Basel-Binningen (Pass.-Instr.)	318	+47 32 27.2	— 0 30 20.02	— 4.98	+47 20 54.7	9.999228
Bautzen (Schulsternwarte)	224	+51 10 38	— 0 57 43	— 9.48	+50 59 18	9.999130
Belgrad	250	+44 48 13.2	— 1 22 3.8	— 13.48	+44 36 37.6	9.999294
Bergedorf (Mer.-Kr.)	41	+53 28 46.9	— 0 40 57.74	— 6.73	+53 17 40.8	9.999060
Berkeley	94	+37 52 23.5	+ 8 9 2.91	+ 80.34	+37 41 9.8	9.999458
Berlin-Babelsberg[5]	82	+52 24 24.2	— 0 52 25.49	— 8.61	+52 13 11.1	9.999089
Berlin-Treptow (Archenh.-Sternw.)	38	+52 29 7	— 0 53 54.2	— 8.86	+52 17 54	9.999085
Bern (Astronom. Institut)	563	+46 57 12.7	— 0 29 42.88	— 4.88	+46 45 38.5	9.999260
Bern (Sternwarte)	500	+46 57 13.6	— 0 29 42.9	— 4.88	+46 45 39.4	9.999256
Besançon	312	+47 14 59.0	— 0 23 57.1	— 3.93	+47 3 25.3	9.999236
Blaca	280	+43 17 37	— 1 6 8.0	— 10.86	+43 6 3	9.999334
Bloemfontein Filiale Obs. Univ. Michig.	1490	−29 5 45	— 1 44 57	— 17.24	−28 55 55	9.999758
Bloemfontein Boyden Stat. d. Harv. Obs.	1379	−29 12	— 1 45 57	— 17.40	−29 2	9.999748
Bloomington (Goethe Link Obs.)	274	+39 33	+ 5 46.3	+ 56.89	+39 22	9.999428
Bogota	2640	+ 4 35 55.2	+ 4 56 19.51	+ 48.68	+ 4 34 4.4	0.000111
Bologna Zentr. d. Sternw.	84	+44 29 52.8	— 0 45 24.48	— 7.46	+44 18 17.3	9.999290
Bombay (Colaba)	19	+18 53 36.2	— 4 51 15.60	— 47.85	+18 46 31.1	9.999849
Bonn Zentr. d. Sternw.	62	+50 43 45.0	— 0 28 23.18	— 4.66	+50 32 22.7	9.999130
Bordeaux (Floirac)	73	+44 50 7.2	+ 0 2 6.56	+ 0.35	+44 38 31.6	9.999281
Bosque Alegre (Filiale v. Cordoba, Reflektor)	1250	−31 35 53	+ 4 18 11.2	+ 42.41	−31 25 33	9.999686
Boston (University)[6]	31	+42 20 58	+ 4 44 19.1	+ 46.71	+42 9 25.6	9.999341
Breslau (Neue Sternw.)[7]	117	+51 6 42.1	— 1 8 21.22	— 11.23	+50 55 21.7	9.999130
Brisbane	51	−27 28 23.0	—10 12 6.48	—100.55	−27 18 54.6	9.999694
Brüssel (Uccle) Mer.-Kr.	105	+50 47 54.6	— 0 17 26.05	— 2.86	+50 36 32.7	9.999131
Budapest (Univ.-Sternw.)	110	+47 29 34.7	— 1 16 15.4	— 12.53	+47 18 1.5	9.999215
Budapest-Svábhegy	470	+47 29 58.6	— 1 15 51.41	— 12.46	+47 18 25.4	9.999240
Budapest[8]	110	+47 28 49	— 1 16 13.7	— 12.53	+47 17 16	9.999215
Buenos Aires	26	−34 36 19.3	+ 3 53 44.27	+ 38.40	−34 25 29.7	9.999533

[1] Dudley Observatory, seit Juni 1893. Alte Sternwarte 37″.0 nördlich, 7s.10 östlich. — [2] Alte Sternwarte 3′.8 südlich, 8s östlich. — [3] Seit Oktober 1872, früher in Florenz. — [4] J. Comas Solá. — [5] Die Koordinaten beziehen sich auf die Mitte der großen Kuppel, in der der große Refraktor aufgestellt ist. Die frühere Sternwarte in Berlin (seit 1835) lag 5′ 52″.5 nördlich und 1m 9s.31 östlich. — [6] Die alte Sternwarte lag 4s.1 östlich, 34″.5 nördlich. — [7] Geogr. Breite des Vertikalkreises, Länge des Durchgangsinstruments. — [8] Observ. der Technischen Hochschule.

Name	Seehöhe	Geogr. Breite	Länge von Greenwich + westlich — östlich	Korr. der Sternzeit	Geoz. Breite	Log. ρ incl. Seehöhe
	m	° ′ ″	h m s	s	° ′ ″	
Bukarest (Mil. Geogr. Inst.)	85	+44 24 34.2	—1 44 27.01	—17.16	+44 12 58.7	9.999292
Cambridge Engl.	28	+52 12 51.6	—0 0 22.75	— 0.06	+52 1 37.3	9.999090
Cambridge (Steavenson)...	27	+52 12 53.3	—0 0 22.77	— 0.06	+52 1 39.0	9.999090
Cambridge Mass.[1]	24	+42 22 47.6	+4 44 31.05	+46.74	+42 11 15.1	9.999340
Canberra (Commonw. Obs.)	808	—35 19 30	—9 56 1.35	—97.91	—35 8 34	9.999569
Cap der Guten Hoffnung	10	—33 56 6.8	—1 13 54.38	—12.14	—33 45 23.2	9.999547
Caracas (Observ. Cajigal) .	1042	+10 30 24.3	+4 27 42.61	+43.98	+10 26 15.6	0.000023
Castel Gandolfo	—	+41 44 48	—0 50 36.4	— 8.31	+41 33 17	9.999354
Catania	47	+37 30 13.3	—1 0 20.60	— 9.91	+37 19 1.9	9.999466
Charkow	139	+50 0 9.9	—2 24 55.72	—23.81	+49 48 44.4	9.999153
Charlottesville[2]	259	+38 2 1.2	+5 14 5.33	+51.60	+37 50 46.5	9.999464
Cincinnati (Neue Sternw.)[3]	247	+39 8 19.8	+5 37 41.40	+55.47	+38 56 59.1	9.999437
Cleveland (Case Obs.) ...	215	+41 30 14.5	+5 26 25.86	+53.63	+41 18 44.3	9.999375
Coimbra	99	+40 12 24.5	+0 33 43.1	+ 5.54	+40 0 58.9	9.999400
Columbia, Missouri[4] ...	225	+38 56 51.7	+6 9 18.33	+60.67	+38 45 32.0	9.999440
Cordoba	434	—31 25 15.5	+4 16 47.16	+42.18	—31 14 57.5	9.999635
Danzig (Naturf. Ges.) ...	30	+54 21 18.0	—1 14 39.6	—12.26	+54 10 18.4	9.999036
Danzig (Städt. Sternw.) ..	30	+54 21 37.9	—1 14 36.5	—12.26	+54 10 38.3	9.999036
Delaware (Perkins Obs.) .	270	+40 15 4	+5 32 13.33	+54.58	+40 3 38	9.999410
Denver[5]	1644	+39 40 36.4	+6 59 47.72	+68.96	+39 29 13.1	9.999519
Dorpat (Tartu, Jurjew) Mer.-Kr.	67	+58 22 47.2	—1 46 53.18	—17.56	+58 12 25.1	9.998946
Dresden (Geodät. Inst.) ..	168	+51 1 49.3	—0 54 55.1	— 9.02	+50 50 28.5	9.999130
Dublin (Dunsink Obs.) ...	86	+53 23 13.1	+0 25 21.1	+ 4.17	+53 12 6.4	9.999065
Dunlap Obs. (Toronto)...	244	+43 51 46	+5 17 41.3	+52.19	+43 40 11	9.999317
Durban	79	—29 50 46.6	—2 4 1.18	—20.37	—29 40 47.0	9.999645
Durham	108	+54 46 6.2	+0 6 19.75	+ 1.04	+54 35 9.8	9.999033
Edinburgh	146	+55 55 30	+0 12 44.1	+ 2.09	+55 44 43.5	9.999008
Edinburgh (Blackf. Hill).	134	+55 55 28.0	+0 12 44.0	+ 2.09	+55 44 41.5	9.999007
Evanston (Dearborn Obs.)[6]	175	+42 3 27.2	+5 50 41.84	+57.61	+41 51 55.4	9.999358
Faenza (Urania Lamonia) .	45	+44 17 2	—0 47 33.9	— 7.81	+44 5 27	9.999293
Flagstaff (Lowell Obs.) ..	2210	+35 12 30.5	+7 26 44.6	+73.39	+35 1 35.8	9.999667
Florenz (Mil. Geogr. Inst.).	72	+43 46 49.4	—0 45 2.5	— 7.40	+43 35 14.5	9.999308
Fort Davis (McDonald Obs.) ..	2081	+30 40 17.0	+6 56 5.36	+68.35	+30 30 7.5	9.999764
Frankfurt a. M.	121	+50 7 0	—0 34 36.3	— 5.70	+49 55 34.6	9.999149
Freiburg i. Br. (Obs. Schauinsland)	1240	+47 54 51	—0 31 37.4	— 5.20	+47 43 19	9.999281
Genf (Mer. Kr.).........	406	+46 11 59.3	—0 24 36.53	— 4.04	+46 0 24.1	9.999269
Genua (Mar.-Sternw.) Mer.-Kr.	108	+44 25 8.1	—0 35 41.28	— 5.86	+44 13 32.6	9.999294
Georgetown D. C.	62	+38 54 26.2	+5 8 18.33	+50.65	+38 43 6.7	9.999430
Glasgow Schottl.	55	+55 52 42.1	+0 17 10.55	+ 2.82	+55 41 55.2	9.999003
Göttingen	161	+51 31 48.2	—0 39 46.22	— 6.53	+51 20 30.0	9.999117
Graz	375	+47 4 37.2	—1 1 47.71	—10.15	+46 53 3.2	9.999244
Greenwich (Transit Circle) .	47	+51 28 38.2	0 0 0.00	0.00	+51 17 19.7	9.999110
Groningen...........	4	+53 13 13.8	—0 26 15.11	— 4.31	+53 2 6.0	9.999064
Hamburg (D. Hydr. Inst.) ..	30	+53 32 51.8	—0 39 53.44	— 6.55	+53 21 46.2	9.999058
Hannover N. H.	183	+43 42 15.3	+4 49 8.00	+47.50	+43 30 40.5	9.999317
Harvard College Obs. ..	24	+42 22 47.6	+4 44 31.05	+46.74	+42 11 15.1	9.999340

[1] Harvard College Observatory. — [2] Leander McCormick Observatory, University of Virginia. — [3] Mount Lookout seit 1873. — [4] Laws Observatory. — [5] University Park, Chamberlin Observatory. — [6] Früher 6″.2 nördl., 0ˢ.5 westl.

Koordinaten der Sternwarten

Name	Seehöhe	Geogr. Breite	Länge von Greenwich + westlich — östlich	Korr. der Sternzeit	Geoz. Breite	Log. ρ incl. Seehöhe
	m	° ′ ″	h m s	s	° ′ ″	
Haverford	116	+40 0 40.1	+5 1 12.7	+49.48	+39 49 15.4	9.999406
Heidelberg (Königst.) (Mer.-Kr.)	570	+49 23 54.6	−0 34 53.13	− 5.73	+49 12 26.8	9.999198
Helsinki (Mer.-Kr.)	33	+60 9 42.3	−1 39 49.10	−16.40	+59 59 40.8	9.998903
Helwan	115	+29 51 31.1	−2 5 21.77	−20.59	+29 41 31.4	9.999648
Herrsching (München)	534	+47 59 55	−0 44 43.6	− 7.35	+47 48 23	9.999231
Hongkong	33	+22 18 13.2	−7 36 41.25	−75.02	+22 10 5.8	9.999793
Hyderabad-Deccan[1]	554	+17 25 54.3	−5 13 48.98	−51.55	+17 19 17.7	9.999907
Innsbruck	605	+47 16 6.5	−0 45 31.42	− 7.48	+47 4 32.8	9.999254
Irumu (R. Gérard)	—	+ 1 27 29	−0 59 29.9	− 9.77	+ 1 26 54	9.999999
Istanbul (Univ. Sternw.)	65	+41 0 45	−1 55 52	−19.03	+40 49 16	9.999377
Jena (Univers.) Zentr. d. St.	164	+50 55 35.6	−0 46 20.22	− 7.61	+50 44 14.3	9.999131
Johannesburg	1786	−26 10 52.1	−1 52 17.9	−18.45	−26 1 42.0	9.999839
Johannesburg (Fil. d. Yale Observ.)	1741	−26 11 14	−1 52 7	−18.42	−26 2 4	9.999836
Kairo	—	+30 4 38.2	−2 5 8.80	−20.56	+29 54 35.8	9.999635
Kalocsa[2]	102	+46 31 42.4	−1 15 54.34	−12.47	+46 20 7.6	9.999239
Karlsruhe (W. Malsch)	128	+49 1 26.6	−0 33 32.52	− 5.51	+48 49 57.5	9.999177
Kasan (Univers.)	79	+55 47 24.3	−3 16 29.03	−32.28	+55 36 36.6	9.999007
Kasan (Engelhardt)	98	+55 50 20.5	−3 15 15.74	−32.08	+55 39 33.2	9.999007
Kiel (Neuer Mer.-Kr.)	52	+54 20 27.6	−0 40 35.45	− 6.67	+54 9 27.9	9.999040
Kiel (Alter Mer.-Kr.)	47	+54 20 28.5	−0 40 35.57	− 6.67	+54 9 28.8	9.999040
Kiew (Mer.-Kr.)	184	+50 27 11.8	−2 2 0.56	−20.04	+50 15 48.3	9.999145
Kitab	658	+39 8 1.7	−4 27 31.7	−43.95	+38 56 41.0	9.999465
Kodaikanal	2343	+10 13 50	−5 9 52.0	−50.94	+10 9 47.6	0.000114
Kopenhagen (Neue Sternw.)[3]	14	+55 41 12.6	−0 50 18.69	− 8.26	+55 30 24.0	9.999005
Kopenhagen (Urania-Sternw.)	10	+55 41 19.2	−0 50 9.11	− 8.24	+55 30 30.6	9.999005
Krakau (Mer.-Kr.)	221	+50 3 51.9	−1 19 50.28	−13.11	+49 52 26.7	9.999158
Kremsmünster (Mer.-Kr.)	384	+48 3 23.1	−0 56 31.58	− 9.28	+47 51 51.1	9.999219
Kunming	1940	+25 1 32.0	−6 51 9.2	−67.54	+24 52 39.8	9.999872
Kyoto (Astron. Inst.)	55	+35 1 37.1	−9 3 7.0	−89.22	+34 50 43.9	9.999525
Kyoto (Kwasan Observ.)	220	+34 59 40.3	−9 3 10.24	−89.23	+34 48 47.4	9.999537
Ladd Observ. (Providence)	69	+41 50 15.6	+4 45 35.95	+46.92	+41 38 44.4	9.999357
La Plata (Mer.-Kr. Gautier)	17	−34 54 30.3	+3 51 43.74	+38.07	−34 43 38.1	9.999525
Leiden (Neue Sternw.) (Mer.-Kr.)[4]	6	+52 9 19.8	−0 17 56.15	− 2.94	+51 58 5.2	9.999090
Leipzig[5]	119	+51 20 5.9	−0 49 33.93	− 8.14	+51 8 46.7	9.999119
Lembang (Bosscha St.)	1300	− 6 49 29.1	−7 10 27.81	−70.71	− 6 46 45.5	0.000068
Lemberg (Univ.-Sternwarte)	330	+49 49 57.6	−1 36 7.13	−15.79	+49 38 31.4	9.999171
Lemberg (Techn. Hochsch. Pass.-Instr.)	340	+49 50 11.2	−1 36 3.40	−15.78	+49 38 45.0	9.999171
Leningrad (Akad.)	20	+59 56 29.7	−2 1 13.35	−19.91	+59 46 25.5	9.998907
Leningrad (Univers.)	4	+59 56 32.0	−2 1 11.3	−19.91	+59 46 27.8	9.998906
Lick Observ. (Mer.-Kr.)	1283	+37 20 25.3	+8 6 34.86	+79.94	+37 9 14.9	9.999552
Lissabon (Tapada)	94	+38 42 30.5	+0 36 44.68	+ 6.04	+38 31 12.0	9.999437
Lissabon (Mar. Sternw.)	—	+38 42 17.6	+0 36 33.6	+ 6.01	+38 30 59.2	9.999431
Liverpool (Neue Sternw.)[6]	62	+53 24 4.8	+0 12 17.33	+ 2.02	+53 12 58.2	9.999063
London (Mill Hill) (Obs. of Univ.)	82	+51 36 46.3	+0 0 57.77	+ 0.16	+51 25 28.6	9.999109

[1] Nizamiah Observatory. — [2] Erzbischöfl. Haynaldsche Sternwarte. — [3] Seit 1861 Nov. 11. Alte Sternwarte 20″.3 südlich, 0ˢ.03 westlich. — [4] Seit 1860. Alte Sternwarte 8″.0 nördlich, 0ˢ.42 östlich. — [5] Seit 1861. Alte Sternwarte 14″.2 nördlich, 4ˢ.00 westlich. — [6] Alte Sternwarte 44″.0 nördlich, 17ˢ.1 östlich.

Name	Seehöhe	Geogr. Breite	Länge von Greenwich + westlich — östlich	Korr. der Sternzeit	Geoz. Breite	Log. ρ incl. Seehöhe
	m	° ′ ″	h m s	s	° ′ ″	
Los Angeles (Morse Mem. Obs. of Occid. College)	205	+34 7 42	+7 52 50	+77.67	+33 56 57	9.999556
Lourenço Marques	60	−25 58 5.5	−2 10 22.63	−21.42	−25 48 58.9	9.999725
Lübeck (Navig.-Sch.) ...	19	+53 51 31.1	−0 42 45.6	− 7.02	+53 40 27.8	9.999049
Lund (Zentr. d. Sternw.) ..	34	+55 41 51.6	−0 52 44.97	− 8.66	+55 31 3.1	9.999006
Lüttich Ougrée	128	+50 37 6	−0 22 12	− 3.65	+50 25 43	9.999137
Lyon	299	+45 41 40.8	−0 19 8.5	− 3.14	+45 30 5.3	9.999274
Madison (Washburn Obs.).	292	+43 4 36.8	+5 57 37.90	+58.75	+42 53 2.9	9.999340
Madras	7	+13 4 8.0	−5 20 59.65	−52.73	+12 59 2.5	9.999926
Madrid (Zentr. d. Sternw.).	656	+40 24 30.1	+0 14 45.09	+ 2.43	+40 13 3.7	9.999433
Mailand, Brera	120	+45 27 59.2	−0 36 45.89	− 6.04	+45 16 23.6	9.999268
Manila	3	+14 35 25	−8 3 50	−79.48	+14 29 47	9.999908
Marburg	248	+50 48 46.9	−0 35 4.9	− 5.76	+50 37 25.0	9.999141
Mare Island Calif.	18	+38 5 55.8	+8 9 5.63	+80.35	+37 54 40.8	9.999447
Marseille (Neue Sternw.) (Mer.-Kr.)[1] ..	75	+43 18 19.1	−0 21 34.56	− 3.54	+43 6 44.8	9.999320
McDonald Observatory. (Mt. Locke. Fort Davis)	2081	+30 40 17.0	+6 56 5.36	+68.35	+30 30 7.5	9.999764
McMath-Hulbert Obs... (Lake Angelus)	296	+42 39 47.7	+5 33 3.3	+54.71	+42 28 14.5	9.999351
Merate (Filiale von Mailand, Brera)	380	+45 41 54.1	−0 37 42.85	− 6.20	+45 30 18.6	9.999279
Meudon	162	+48 48 18	−0 8 55.5	− 1.46	+48 36 48	9.999185
Middletown, Conn.	70	+41 33 18	+4 50 38.2	+47.74	+41 21 47.6	9.999364
Mizusawa	61	+39 8 3.4	−9 24 31.46	−92.74	+38 56 42.7	9.999424
Modena	63	+44 38 52.8	−0 43 42.8	− 7.18	+44 27 17.2	9.999285
Montreal	57	+45 30 20	+4 54 18.63	+48.35	+45 18 44.4	9.999263
Montrose (La Crescenta Obs.)	879	+34 14 37.5	+7 52 54	+77.69	+34 3 51.1	9.999599
Mt. Hamilton (Lick Obs.) (Mer.-Kr.) .	1283	+37 20 25.3	+8 6 34.86	+79.94	+37 9 14.9	9.999552
Mt. Locke (Mc. Donald Obs.)	2081	+30 40 17.0	+6 56 5.36	+68.35	+30 30 7.5	9.999764
Mt. Palomar, Calif.	1706	+33 21 22.4	+7 47 27.36	+76.79	+33 10 44.3	9.999677
Mt. Wilson, Calif.	1742	+34 12 59.5	+7 52 14.33	+77.57	+34 2 13.3	9.999659
Moskau (Mer.-Kr.)	142	+55 45 19.5	−2 30 17.03	−24.69	+55 34 31.5	9.999012
München (West-Kuppel)..	529	+48 8 45.5	−0 46 26.02	− 7.63	+47 57 13.8	9.999227
Münster.............	75	+51 57 45.8	−0 30 29.66	− 5.01	+51 46 30.0	9.999100
Nashville (Vanderbilt Obs.)	174	+36 8 58.2	+5 47 12.81	+57.04	+35 57 56.1	9.999506
Neapel (Capo di Monte)...	154	+40 51 45.7	−0 57 1.40	− 9.37	+40 40 17.6	9.999387
Neuchâtel (Refraktor) ...	488	+46 59 49.5	−0 27 49.77	− 4.57	+46 48 15.4	9.999254
New Haven (Neue Stw.)[2]	40	+41 19 22.3	+4 51 40.58	+47.92	+41 7 52.7	9.999368
New York (Columb. Obs.).	25	+40 48 34.6	+4 55 50	+48.60	+40 37 6.7	9.999380
Nikolajew (Mer.-Kr.)	55	+46 58 19.3	−2 7 53.98	−21.01	+46 46 45.1	9.999225
Nizza (Kl. Mer.-Kr.)	378	+43 43 16.9	−0 29 12.15	− 4.79	+43 31 42.0	9.999330
Northfield (Goodsell Obs.)	290	+44 27 41.4	+6 12 35.84	+61.21	+44 16 5.9	9.999305
Oakland, Californ.[3]	99	+37 47	+8 8 48	+80.30	+37 35 47	9.999460
Oak Ridge (Filiale d. Harvard Obs.) .	183	+42 30 13	+4 46 14.2	+47.02	+42 18 40	9.999347
Odessa (Univ.-Stw. Mer.-Kr.)	55	+46 28 36.2	−2 3 2.05	−20.21	+46 17 1.3	9.999237
Odessa (Filiale v. Pulkowa)	—	+46 28 36.0	−2 3 2.19	−20.21	+46 17 1.1	9.999234
Ondrejow	527	+49 54 38.1	−0 59 8.08	− 9.71	+49 43 12.3	9.999182
Oslo (Mer.-Kr.).........	25	+59 54 43.7	−0 42 53.51	− 7.04	+59 44 39.2	9.998908
Ottawa (Mer.-Kr.)	85	+45 23 39.1	+5 2 51.98	+49.75	+45 12 3.5	9.999267

[1] Seit 1866. Alte Sternwarte 30″.1 südlich, $6^s.2$ westlich; Seehöhe 29 m. — [2] Yale University. Alte Sternwarte 45″.8 südlich, $1^s.58$ westlich. — [3] Chabot Observatory.

Name	Seehöhe	Geogr. Breite	Länge von Greenwich + westlich — östlich	Korr. der Sternzeit	Geoz. Breite	Log. ρ incl. Seehöhe
	m	° ′ ″	h m s	s	° ′ ″	
Oxford (Univers.)	64	+51 45 34.2	+0 5 0.4	+ 0.82	+51 34 17.3	9.999104
Oxford, Mississippi	140	+34 22 12.6	+5 58 7.18	+58.83	+34 11 25.1	9.999546
Padua	38	+45 24 1.3	−0 47 29.15	− 7.80	+45 12 26.3	9.999261
Palermo	72	+38 6 44.0	−0 53 25.87	− 8.78	+37 55 28.9	9.999451
Paris (Obs.nat.) Mer.Cassini	59	+48 50 11.2	−0 9 20.93	− 1.53	+48 38 41.5	9.999177
Paris (Montsouris)westl.Mer.	—	+48 49 18.0	−0 9 20.6	− 1.53	+48 37 48.2	9.999174
Peking	—	+39 54 23.0	−7 45 52.87	−76.53	+39 42 58.7	9.999401
Perkins Obs. (Delaware)	270	+40 15 4	+5 32 13.33	+54.58	+40 3 38	9.999410
Philadelphia[1]	74	+39 58 2.1	+5 1 6.88	+49.47	+39 46 37.5	9.999404
Pic du Midi (Filiale v. Toulouse)	2850	+42 56 31.5	−0 0 34.29	− 0.09	+42 44 57.8	9.999518
Pola	32	+44 51 48.6	−0 55 23.07	− 9.10	+44 40 12.9	9.999277
Porto Alegre[2] Mer.-Kr.	—	−30 1 51	+3 24 53.2	+33.66	−29 51 49	9.999636
Posen (Poznan)	85	+52 23 48.6	−1 7 30.60	−11.09	+52 12 35.4	9.999090
Potsdam (Astrophys. Obs.)	107	+52 22 56.0	−0 52 15.86	− 8.59	+52 11 42.7	9.999091
Potsdam (Geod.Inst.) Turm	109	+52 22 54.8	−0 52 16.11	− 8.59	+52 11 41.5	9.999091
Potsdam (Geod. Inst.) (Östl. Meridianh.)	91	+52 22 54	−0 52 16.058	− 8.586	+52 11 41	9.999091
Poughkeepsie[3]	61	+41 41 18	+4 55 35.2	+48.56	+41 29 47	9.999360
Prag (Klementinum) Turm	197	+50 5 16.0	−0 57 40.29	− 9.47	+49 53 50.9	9.999155
Princeton N. J. (N. Stw.)[4]	75	+40 20 55.8	+4 58 39.44	+49.06	+40 9 29.7	9.999395
Providence (Ladd. Observ.)	69	+41 50 15.6	+4 45 35.95	+46.92	+41 38 44.4	9.999357
Pulkowa (Zentr. d. Stw.)	75	+59 46 18.5	−2 1 18.57	−19.93	+59 36 12.3	9.998914
Quebec, Canada	90	+46 47 59.2	+4 44 52.71	+46.80	+46 36 24.8	9.999231
Quito	2846	− 0 14 0	+5 13 58.20	+51.58	− 0 13 54	0.000194
Riga (Polytechnikum) Turm	—	+56 57 7	−1 36 28.11	−15.84	+56 46 30	9.998974
Rio de Janeiro (N. Stw.)	33	−22 53 42.1	+2 52 53.6	+28.40	−22 45 24.7	9.999782
Rom (Coll. Rom. Mer.-Kr.)	59	+41 53 53.6	−0 49 55.36	− 8.19	+41 42 22.3	9.999354
Rom (Capitol Mer.-Kr.)	65	+41 53 33.2	−0 49 56.34	− 8.20	+41 42 1.9	9.999355
Rom (Monte Mario Durchg.-Instr.)	152	+41 55 19.2	−0 49 48.55	− 8.19	+41 43 47.8	9.999360
Rugby	119	+52 22 30	+0 5 2.0	+ 0.83	+52 11 16.7	9.999093
St. Louis, Missouri	—	+38 38 3.6	+6 0 49.15	+59.28	+38 26 45.5	9.999433
Saltsjöbaden (Stockholms Observator.)	55	+59 16 18	−1 13 14	−12.03	+59 6 6	9.998924
San Fernando	30	+36 27 42.0	+0 24 49.30	+ 4.08	+36 16 37.7	9.999488
Santiago de Chile (N.St.)	580	−33 33 44.2	+4 42 46.0	+46.44	−33 23 4.1	9.999595
Santiago de Compostela (Univ.-Sternw.)	220	+42 52 31	+0 34 14.4	+ 5.62	+42 40 57	9.999341
Sendai (Durchg.-Instr.)	36	+38 15 14.9	−9 23 29.49	−92.57	+38 3 59.0	9.999444
Sétif	1120	+36 11 10	−0 21 38.6	− 3.55	+36 0 7.7	9.999569
Simeïs	360	+44 24 11.6	−2 15 59.38	−22.34	+44 12 36.1	9.999312
Skalnaté Pleso	1783	+49 11 42	−1 20 56	−13.30	+49 0 13	9.999286
Sofia (Mil. Geogr. Inst.)	555	+42 41 51	−1 33 19.87	−15.33	+42 30 18	9.999368
Sofia (Universitätssternwarte)	572	+42 41 1.7	−1 33 23.3	−15.34	+42 29 28.5	9.999369
Sonneberg (Erbisbühl)	640	+50 22 41.4	−0 44 46.19	− 7.36	+50 11 17.5	9.999178
South Hadley	76	+42 15 18.2	+4 50 19	+47.69	+42 3 45.9	9.999346
Sproul Observatory	63	+39 54 16.2	+5 1 25.62	+49.52	+39 42 51.9	9.999405
Stalinabad (Tadjik Observ.)	—	+38 33 30	−4 35 6.2	−45.19	+38 22 12	9.999434
Straßburg (N. St. M.-Kr.)[5]	144	+48 35 0.4	−0 31 4.53	− 5.10	+48 23 29.9	9.999190

[1] Flower Obs. (Univ. of Pennsylvania). — [2] Observatorio Regional do Rio Grande do Sul. — [3] Vassar College. — [4] Alte Sternwarte $2''.0$ nördlich, $1^s.94$ östlich; 65^m. — [5] Seit Anfang 1881.

Name	Seehöhe	Geogr. Breite	Länge von Greenwich + westlich — östlich	Korr. der Sternzeit	Geoz. Breite	Log. ρ incl. Seehöhe
	m	° ′ ″	h m s	s	° ′ ″	
Stuttgart (Schwäb. Sternw.)	344	+48 47 0.7	— 0 36 47.39	— 6.04	+48 35 30.8	9.999198
Swarthmore (Sproul Obs.) (Refraktor)	63	+39 54 16.2	+ 5 1 25.62	+ 49.52	+39 42 51.9	9.999405
Sydney	44	—33 51 41.1	—10 4 49.54	— 99.36	—33 40 58.2	9.999551
Sydney (Riverview Coll. Obs.)	42	—33 49 45.7	—10 4 37.99	— 99.33	—33 39 3.1	9.999552
Tacubaya[1]	2311	+19 24 17.9	+ 6 36 46.71	+ 65.18	+19 17 3.0	9.999997
Tanakami	165	+34 58 18	— 9 3 57.4	— 89.36	+34 47 25	9.999533
Tartu (Dorpat, Jurjew) (Mer.-Kr.)	67	+58 22 47.2	— 1 46 53.19	— 17.56	+58 12 25.1	9.998946
Taschkent (Mer.-Kr.)	475	+41 19 31.6	— 4 37 10.88	— 45.53	+41 8 2.0	9.999397
Teramo (Cerulli)	398	+42 39 27	— 0 54 55.8	— 9.02	+42 27 54	9.999358
Tokio (Mer.-Kr.)	57	+35 40 19	— 9 18 9.90	— 91.69	+35 29 21	9.999509
Tonanzintla	2150	+19 1 57.9	+ 6 33 15.32	+ 64.60	+18 54 50.1	9.999992
Toronto (Univ. Obs.)	110	+43 39 46.0	+ 5 17 34.70	+ 52.17	+43 28 11.2	9.999313
Tortosa (Ebro-Stw. M.-Kr.)	54	+40 49 14	— 0 1 58	— 0.32	+40 37 46	9.999382
Toulouse (Mer.-Kr.)	195	+43 36 44.0	— 0 5 51.01	— 0.96	+43 25 9.3	9.999329
Triest (Oss. Astr.)	68	+45 38 35.5	— 0 55 4.92	— 9.05	+45 27 0.0	9.999259
Tsingtau	—	+36 4 11.3	— 8 1 16.21	— 79.06	+35 53 9.8	9.999496
Tucson, Arizona (Steward Obs.)	757	+32 13 59.4	+ 7 23 47.68	+ 72.90	+32 3 32.6	9.999638
Turin (Mer.-Kr.)	276	+45 4 7.9	— 0 30 47.15	— 5.06	+44 52 32.2	9.999288
Turin (Pino Torinese)	618	+45 2 16.3	— 0 31 6.52	— 5.11	+44 50 40.6	9.999312
Turku (Spiegelteleskop)	28	+60 27 8.7	— 1 28 55.03	— 14.61	+60 17 10.7	9.998896
Upsala (N. Stw. Pass.-Instr.)	21	+59 51 29.4	— 1 10 30.13	— 11.58	+59 41 24.2	9.998909
Urbana, Ill.	236	+40 6 20.2	+ 5 52 53.90	+ 57.97	+39 54 55.1	9.999412
Utrecht	12	+52 5 9.5	— 0 20 31.6	— 3.37	+51 53 54.4	9.999093
Valkenburg (IgnatiusColl.)	100	+50 52 29.3	— 0 23 19.91	— 3.83	+50 41 7.8	9.999129
Venedig	15	+45 26 10.5	— 0 49 22.12	— 8.11	+45 14 34.9	9.999261
Victoria B.C. (Domin. Obs.)	229	+48 31 15.7	+ 8 13 40.17	+ 81.18	+48 19 45.0	9.999197
Warschau[2] Zentr. d. Stw.	121	+52 13 4.6	— 1 24 7.25	— 13.82	+52 1 50.3	9.999097
Warschau (Techn. Hochsch.)	144	+52 13 21.0	— 1 24 2.4	— 13.81	+52 2 6.8	9.999098
Washington (Neue Stw.)	82	+38 55 14.0	+ 5 8 15.78	+ 50.64	+38 43 54.4	9.999431
Washington (Kath. Univ.)	—	+38 56 14.8	+ 5 8 0.0	+ 50.60	+38 44 55.1	9.999425
Wellington (Transit Instr.)[3]	127	—41 17 3.8	—11 39 4.27	—114.84	—41 5 34.3	9.999375
Wendelstein (Observat. d. Sternwarte München)	1838	+47 42 13	— 0 48 4	— 7.90	+47 30 40	9.999328
West Point N. Y. (N. St.)[4]	170	+41 23 22.1	+ 4 55 50.6	+ 48.60	+41 11 52.3	9.999375
Wien (Neue Sternw. Zentr.)	240	+48 13 55.4	— 1 5 21.35	— 10.73	+48 2 23.9	9.999205
Wien (Mil. Geogr. Inst.)	211	+48 12 40.5	— 1 5 26.24	10.75	+48 1 8.9	9.999203
Wien (Techn. Hochschule)	198	+48 11 58.3	— 1 5 29.76	— 10.76	+48 0 26.7	9.999204
Williams-Bay, Wisc.[5]	334	+42 34 12.6	+ 5 54 13.24	+ 58.19	+42 22 39.6	9.999356
Williamstown, Mass.	213	+42 42 49	+ 4 52 53.5	+ 48.12	+42 31 16	9.999344
Wilna (Pass.-Instr.)	122	+54 40 59.1	— 1 41 8.76	— 16.61	+54 30 2.1	9.999036
Wroclaw	117	+51 6 42.1	— 1 8 21.22	— 11.23	+50 55 21.7	9.999130
Würzburg (Neue Univ.-Sternw. Zentr.)	207	+49 47 19.0	— 0 39 44.71	— 6.53	+49 35 52.7	9.999163
Yale Observatory	40	+41 19 22.3	+ 4 51 40.58	+ 47.92	+41 7 52.7	9.999368
Yerkes Observatory	334	+42 34 12.6	+ 5 54 13.24	+ 58.19	+42 22 39.6	9.999356
Zô-sè, China	100	+31 5 47.6	— 8 4 44.75	— 79.63	+30 55 33.2	9.999619
Zürich (Meridian-Kreis)	468	+47 22 38.3	— 0 34 12.3	— 5.62	+47 11 4.8	9.999242

[1] Seit März 1883, früher in Chapultepec. — [2] Universitäts-Sternwarte. — [3] Dominion Observatory. — [4] Seit 1883. Alte Sternwarte 9″ nördlich, 1ˢ2 östlich. — [5] Yerkes Observatory.

Normalzeiten der wichtigeren Länder

Normalzeit = Mittl. Ortszeit des Meridians	Bezeichnung	Staaten
östl. Gr. h m		
12 0	—	Neuseeland, Kamtschatka
10 0	Ostaustralische Zeit	Viktoria, Neusüdwales, Queensland, Tasmanien, Britisch-Neuguinea, Sacchalin nördlich von +50° Br.
9 30	Südaustralische Zeit	Südaustralien
9 0	Mittlere Japan-Zeit	Japan, Mandschukuo, Korea, Sacchalin südlich von +50° Br., Taiwan, Niederländ. Neuguinea
8 0	Chinesische Küsten-Zeit	Ostküste von China, Indochina, Philippinen, Celebes, Westaustralien, Britisch Nord-Borneo, Timor
7 30	—	Malaiische Staaten, Singapur, Niederl. Borneo, Bali, Java, Lombok
7 0	Südchinesische Küsten-Zeit	Südküste von China, Thailand, Süd-Sumatra
6 30	—	Birma, Nord-Sumatra
5 30	—	Indien, Ceylon
4 30	—	Afghanistan
4 0	—	Sowjetunion*) von 40° bis 52° 30′ östl. Länge
3 30	—	Iran
3 0	—	Sowjetunion*) westlich von 40° östlicher Länge, Irak, Abessinien, Britisch Somaliland, Kenya, Tanganjika, Uganda, Madagaskar
2 0	Osteuropäische Zeit	Finnland, Bulgarien, Rumänien, Griechenland, Türkei, Cypern, Palästina, Ägypten, Cyrenaica, Südafrika
1 0	Mitteleuropäische Zeit (M. E. Z.)	Norwegen, Schweden, Dänemark, Niederlande, Belgien, Frankreich, Deutschland, Österreich, Polen, Ungarn, Schweiz, Italien, Tschechoslowakei, Jugoslawien, Tripolis
h m		
0 0	Westeuropäische Zeit (Greenwich-Zeit)	Großbritannien und Irland, Luxemburg, Portugal, Spanien, Gibraltar, Marokko, Algerien
westl. Gr. h m		
1 0	—	Island, Madeira, Kanarische Inseln, Belgisch Kongo, westlicher Teil
2 0	—	Azoren, Kapverdische Inseln, Grönland-Scoresbysund
3 0	—	Ostbrasilien, Grönland-Westküste und Angmagsalik, Argentinien, Uruguay
3 30	—	Niederl. Guayana, Labrador
4 0	Intercolonial St. Time	Mittelbrasilien, Kanada (Küste Quebec östl. v. 68° westl. L.) Paraguay, Bolivien
4 30	—	Venezuela
5 0	Eastern St. Time	Kanada (Quebec westl. v. 68° westl. L., Ontario östl. v. 90° westl. L.), Vereinigte Staaten (Ostzone), Panama, Peru, Ekuador, Westbrasilien, Kolumbien, Chile
6 0	Central St. Time	Zentralzone von Kanada und von den Vereinigten Staaten, Mexiko, mit Ausnahme des nördl. Teiles
7 0	Mountain St. Time	Gebirgszone von Kanada und von den Vereinigten Staaten, nördliches Mexiko
8 0	Pacific St. Time	Vereinigte Staaten (pazifische Küste), Britisch-Kolumbien, Alaska südlich von Cross-Sund
9 0	—	Alaska nördl. v. Cross-Sund bis Prinz-Williams-Sund
10 0	—	Alaska westlich Prinz-Williams-Sund bis 162° westlicher Länge
10 30	—	Hawai (Sandwichinseln)
11 0	—	Alaska westlich von 162° westl. Länge, Aleuten, Samoa

*) Im Gebiet der Sowjetrepubliken sind alle Uhren 1 Stunde vorgestellt.

Interpolation

Arg.	Funktion	Differenzen I.	II.	III.	IV.
a_0	f_0		Δ^{II}_0		Δ^{IV}_0
		Δ^{I}		Δ^{III}	
a_1	f_1		Δ^{II}_1		Δ^{IV}_1

$$\Delta^{II}_m = \frac{\Delta^{II}_0 + \Delta^{II}_1}{2}; \qquad \Delta^{IV}_m = \frac{\Delta^{IV}_0 + \Delta^{IV}_1}{2}$$

$$f(a_0 + n) = f_0 + n \cdot \Delta^{I} + \frac{n(n-1)}{2} \cdot \Delta^{II}_m + \frac{n(n-1)(n-\frac{1}{2})}{6} \cdot \Delta^{III} + \frac{(n+1)n(n-1)(n-2)}{24} \cdot \Delta^{IV}_m + \cdots$$

$$f(a_0 + \tfrac{1}{2}) = f_0 + \tfrac{1}{2} \cdot \Delta^{I} - \tfrac{1}{8} \cdot \Delta^{II}_m + \tfrac{3}{128} \cdot \Delta^{IV}_m - \cdots$$

$$\frac{n(n-1)}{2} = b \qquad \frac{n(n-1)(n-\frac{1}{2})}{6} = c \qquad \frac{(n+1)n(n-1)(n-2)}{24} = d$$

n	b	c	d	n	n	b	c	d	n
0.00	—0.0000—	+0.0000—	+0.000+	1.00	0.25	—0.0938—	+0.0078—	+0.017+	0.75
01	0050	0008	001	0.99	26	0962	0077	018	74
02	0098	0016	002	98	27	0986	0076	018	73
03	0146	0023	002	97	28	1008	0074	018	72
04	0192	0029	003	96	29	1030	0072	019	71
0.05	—0.0238—	+0.0036—	+0.004+	0.95	0.30	—0.1050—	+0.0070—	+0.019+	0.70
06	0282	0041	005	94	31	1070	0068	020	69
07	0326	0047	006	93	32	1088	0065	020	68
08	0368	0052	006	92	33	1106	0063	020	67
09	0410	0056	007	91	34	1122	0060	021	66
0.10	—0.0450—	+0.0060—	+0.008+	0.90	0.35	—0.1138—	+0.0057—	+0.021+	0.65
11	0490	0064	009	89	36	1152	0054	021	64
12	0528	0067	009	88	37	1166	0051	022	63
13	0566	0070	010	87	38	1178	0047	022	62
14	0602	0072	011	86	39	1190	0044	022	61
0.15	—0.0638—	+0.0074—	+0.011+	0.85	0.40	—0.1200—	+0.0040—	+0.022+	0.60
16	0672	0076	012	84	41	1210	0036	023	59
17	0706	0078	013	83	42	1218	0032	023	58
18	0738	0079	013	82	43	1226	0029	023	57
19	0770	0080	014	81	44	1232	0025	023	56
0.20	—0.0800—	+0.0080—	+0.014+	0.80	0.45	—0.1238—	+0.0021—	+0.023+	0.55
21	0830	0080	015	79	46	1242	0017	023	54
22	0858	0080	016	78	47	1246	0012	023	53
23	0886	0080	016	77	48	1248	0008	023	52
24	0912	0079	017	76	49	1250	0004	023	51
0.25	—0.0938—	+0.0078—	+0.017+	0.75	0.50	—0.1250—	+0.0000—	+0.023+	0.50

Interpolation

mit Berücksichtigung zweiter Differenzen

$f(a_0 + n) = f_0 + n\,(\Delta^{I} + \text{Tafelwert})$

Die Tafelwerte sind negativ für positive zweite Differenz, sie sind positiv für negative zweite Differenz

n	Zweite Differenz = Δ_m^{II} 3	6	9	12	15	18	21	24	27	30	33	36	39	42	45	48	51	54	57	60	n
0.00	1.5	3.0	4.5	6.0	7.5	9.0	10.5	12.0	13.5	15.0	16.5	18.0	19.5	21.0	22.5	24.0	25.5	27.0	28.5	30.0	0.00
01	1.5	3.0	4.5	5.9	7.4	8.9	10.4	11.9	13.4	14.9	16.3	17.8	19.3	20.8	22.3	23.8	25.2	26.7	28.2	29.7	01
02	1.5	2.9	4.4	5.9	7.4	8.8	10.3	11.8	13.2	14.7	16.2	17.6	19.1	20.6	22.1	23.5	25.0	26.5	27.9	29.4	02
03	1.5	2.9	4.4	5.8	7.3	8.7	10.2	11.6	13.1	14.6	16.0	17.5	18.9	20.4	21.8	23.3	24.7	26.2	27.6	29.1	03
04	1.4	2.9	4.3	5.8	7.2	8.6	10.1	11.5	13.0	14.4	15.8	17.3	18.7	20.2	21.6	23.0	24.5	25.9	27.4	28.8	04
0.05	1.4	2.9	4.3	5.7	7.1	8.6	10.0	11.4	12.8	14.3	15.7	17.1	18.5	20.0	21.4	22.8	24.2	25.7	27.1	28.5	0.05
06	1.4	2.8	4.2	5.6	7.1	8.5	9.9	11.3	12.7	14.1	15.5	16.9	18.3	19.7	21.2	22.6	24.0	25.4	26.8	28.2	06
07	1.4	2.8	4.2	5.6	7.0	8.4	9.8	11.2	12.6	14.0	15.3	16.7	18.1	19.5	20.9	22.3	23.7	25.1	26.5	27.9	07
08	1.4	2.8	4.1	5.5	6.9	8.3	9.7	11.0	12.4	13.8	15.2	16.6	17.9	19.3	20.7	22.1	23.5	24.8	26.2	27.6	08
09	1.4	2.7	4.1	5.5	6.8	8.2	9.6	10.9	12.3	13.7	15.0	16.4	17.7	19.1	20.5	21.8	23.2	24.6	25.9	27.3	09
0.10	1.4	2.7	4.1	5.4	6.8	8.1	9.5	10.8	12.2	13.5	14.9	16.2	17.6	18.9	20.3	21.6	23.0	24.3	25.7	27.0	0.10
11	1.3	2.7	4.0	5.3	6.7	8.0	9.3	10.7	12.0	13.4	14.7	16.0	17.4	18.7	20.0	21.4	22.7	24.0	25.4	26.7	11
12	1.3	2.6	4.0	5.3	6.6	7.9	9.2	10.6	11.9	13.2	14.5	15.8	17.2	18.5	19.8	21.1	22.4	23.8	25.1	26.4	12
13	1.3	2.6	3.9	5.2	6.5	7.8	9.1	10.4	11.7	13.1	14.4	15.7	17.0	18.3	19.6	20.9	22.2	23.5	24.8	26.1	13
14	1.3	2.6	3.9	5.2	6.5	7.7	9.0	10.3	11.6	12.9	14.2	15 5	16.8	18.1	19.4	20.6	21.9	23.2	24.5	25.8	14
0.15	1.3	2.6	3.8	5.1	6.4	7.7	8.9	10.2	11.5	12.8	14.0	15.3	16.6	17.9	19.1	20.4	21.7	23.0	24.2	25.5	0.15
16	1.3	2.5	3.8	5.0	6.3	7.6	8.8	10.1	11.3	12.6	13.9	15.1	16.4	17.6	18.9	20.2	21.4	22.7	23.9	25.2	16
17	1.2	2.5	3.7	5.0	6.2	7.5	8.7	10.0	11.2	12.5	13.7	14.9	16.2	17.4	18.7	19.9	21.2	22.4	23.7	24.9	17
18	1.2	2.5	3.7	4.9	6.2	7.4	8.6	9.8	11.1	12.3	13.5	14.8	16.0	17.2	18.5	19.7	20.9	22.1	23.4	24.6	18
19	1.2	2.4	3.6	4.9	6.1	7.3	8.5	9.7	10.9	12.2	13.4	14.6	15.8	17.0	18.2	19.4	20.7	21.9	23.1	24.3	19
0.20	1.2	2.4	3.6	4.8	6.0	7.2	8.4	9.6	10.8	12.0	13.2	14.4	15.6	16.8	18.0	19.2	20.4	21.6	22.8	24.0	0.20
21	1.2	2.4	3.6	4.7	5.9	7.1	8.3	9.5	10.7	11.9	13.0	14.2	15.4	16.6	17.8	19.0	20.1	21.3	22.5	23.7	21
22	1.2	2.3	3.5	4.7	5.9	7.0	8.2	9.4	10.5	11.7	12.9	14.0	15.2	16.4	17.6	18.7	19.9	21.1	22.2	23.4	22
23	1.2	2.3	3.5	4.6	5.8	6.9	8.1	9.2	10.4	11.6	12.7	13.9	15.0	16.2	17.3	18.5	19.6	20.8	21.9	23.1	23
24	1.1	2.3	3.4	4.6	5.7	6.8	8.0	9.1	10.3	11.4	12.5	13.7	14.8	16.0	17.1	18.2	19.4	20.5	21.7	22.8	24
0.25	1.1	2.3	3.4	4.5	5.6	6.8	7.9	9.0	10.1	11.3	12.4	13.5	14.6	15.8	16.9	18.0	19.1	20.3	21.4	22.5	0.25
26	1.1	2.2	3.3	4.4	5.6	6.7	7.8	8.9	10.0	11.1	12.2	13.3	14.4	15.5	16.7	17.8	18.9	20.0	21.1	22.2	26
27	1.1	2.2	3.3	4.4	5.5	6.6	7.7	8.8	9.9	11.0	12.0	13.1	14.2	15.3	16.4	17.5	18.6	19.7	20.8	21.9	27
28	1.1	2.2	3.2	4.3	5.4	6.5	7.6	8.6	9.7	10.8	11.9	13.0	14.0	15.1	16.2	17.3	18.4	19.4	20.5	21.6	28
29	1.1	2.1	3.2	4.3	5.3	6.4	7.5	8.5	9.6	10.7	11.7	12.8	13.8	14.9	16.0	17.0	18.1	19.2	20.2	21.3	29
0.30	1.1	2.1	3.2	4.2	5.3	6.3	7.4	8.4	9.5	10.5	11.6	12.6	13.7	14.7	15.8	16.8	17.9	18.9	20.0	21.0	0.30
31	1.0	2.1	3.1	4.1	5.2	6.2	7.2	8.3	9.3	10.4	11.4	12.4	13.5	14.5	15.5	16.6	17.6	18.6	19.7	20.7	31
32	1.0	2.0	3.1	4.1	5.1	6.1	7.1	8.2	9.2	10.2	11.2	12.2	13.3	14.3	15.3	16.3	17.3	18.4	19.4	20.4	32
33	1.0	2.0	3.0	4.0	5.0	6.0	7.0	8.0	9.0	10.1	11.1	12.1	13.1	14.1	15.1	16.1	17.1	18.1	19.1	20.1	33
34	1.0	2.0	3.0	4.0	5.0	5.9	6.9	7.9	8.9	9.9	10.9	11.9	12.9	13.9	14.9	15.8	16.8	17.8	18.8	19.8	34
0.35	1.0	2.0	2.9	3.9	4.9	5.9	6.8	7.8	8.8	9.8	10.7	11.7	12.7	13.7	14.6	15.6	16.6	17.6	18.5	19.5	0.35
36	1.0	1.9	2.9	3.8	4.8	5.8	6.7	7.7	8.6	9.6	10.6	11.5	12.5	13.4	14.4	15.4	16.3	17.3	18.2	19.2	36
37	0.9	1.9	2.8	3.8	4.7	5.7	6.6	7.6	8.5	9.5	10.4	11.3	12.3	13.2	14.2	15.1	16.1	17.0	18.0	18.9	37
38	0.9	1.9	2.8	3.7	4.7	5.6	6.5	7.4	8.4	9.3	10.2	11.2	12.1	13.0	14.0	14.9	15.8	16.7	17.7	18.6	38
39	0.9	1.8	2.7	3.7	4.6	5.5	6.4	7.3	8.2	9.2	10.1	11.0	11.9	12.8	13.7	14.6	15.6	16.5	17.4	18.3	39
0.40	0.9	1.8	2.7	3.6	4.5	5.4	6.3	7.2	8.1	9.0	9.9	10.8	11.7	12.6	13.5	14.4	15.3	16.2	17.1	18.0	0.40
41	0.9	1.8	2.7	3.5	4.4	5.3	6.2	7.1	8.0	8.9	9.7	10.6	11.5	12.4	13.3	14.2	15.0	15.9	16.8	17.7	41
42	0.9	1.7	2.6	3.5	4.4	5.2	6.1	7.0	7.8	8.7	9.6	10.4	11.3	12.2	13.1	13.9	14.8	15.7	16.5	17.4	42
43	0.9	1.7	2.6	3.4	4.3	5.1	6.0	6.8	7.7	8.6	9.4	10.3	11.1	12.0	12.8	13.7	14.5	15.4	16.2	17.1	43
44	0.8	1.7	2.5	3.4	4.2	5.0	5.9	6.7	7.6	8.4	9.2	10.1	10.9	11.8	12.6	13.4	14.3	15.1	16.0	16.8	44
0.45	0.8	1.7	2.5	3.3	4.1	5.0	5.8	6.6	7.4	8.3	9.1	9.9	10.7	11.6	12.4	13.2	14.0	14.9	15.7	16.5	0.45
46	0.8	1.6	2.4	3.2	4.1	4.9	5.7	6.5	7.3	8.1	8.9	9.7	10.5	11.3	12.2	13.0	13.8	14.6	15.4	16.2	46
47	0.8	1.6	2.4	3.2	4.0	4.8	5.6	6.4	7.2	8.0	8.7	9.5	10.3	11.1	11.9	12.7	13.5	14.3	15.1	15.9	47
48	0.8	1.6	2.3	3.1	3.9	4.7	5.5	6.2	7.0	7.8	8.6	9.4	10.1	10.9	11.7	12.5	13.3	14.0	14.8	15.6	48
49	0.8	1.5	2.3	3.1	3.8	4.6	5.4	6.1	6.9	7.7	8.4	9.2	9.9	10.7	11.5	12.2	13.0	13.8	14.5	15.3	49
0.50	0.8	1.5	2.3	3.0	3.8	4.5	5.3	6.0	6.8	7.5	8.3	9.0	9.8	10.5	11.3	12.0	12.8	13.5	14.3	15.0	0.50

Interpolation

mit Berücksichtigung zweiter Differenzen

$f(a_0 + n) = f_0 + n\,(\Delta^{\mathrm{I}} + \text{Tafelwert})$

Die Tafelwerte sind negativ für positive zweite Differenz, sie sind positiv für negative zweite Differenz

n	Zweite Differenz $= \Delta_{\mathrm{m}}^{\mathrm{II}}$ 3	6	9	12	15	18	21	24	27	30	33	36	39	42	45	48	51	54	57	60	n
0.50	0.8	1.5	2.3	3.0	3.8	4.5	5.3	6.0	6.8	7.5	8.3	9.0	9.8	10.5	11.3	12.0	12.8	13.5	14.3	15.0	0.50
51	0.7	1.5	2.2	2.9	3.7	4.4	5.1	5.9	6.6	7.4	8.1	8.8	9.6	10.3	11.0	11.8	12.5	13.2	14.0	14.7	51
52	0.7	1.4	2.2	2.9	3.6	4.3	5.0	5.8	6.5	7.2	7.9	8.6	9.4	10.1	10.8	11.5	12.2	13.0	13.7	14.4	52
53	0.7	1.4	2.1	2.8	3.5	4.2	4.9	5.6	6.3	7.1	7.8	8.5	9.2	9.9	10.6	11.3	12.0	12.7	13.4	14.1	53
54	0.7	1.4	2.1	2.8	3.5	4.1	4.8	5.5	6.2	6.9	7.6	8.3	9.0	9.7	10.4	11.0	11.7	12.4	13.1	13.8	54
0.55	0.7	1.4	2.0	2.7	3.4	4.1	4.7	5.4	6.1	6.8	7.4	8.1	8.8	9.5	10.1	10.8	11.5	12.2	12.8	13.5	0.55
56	0.7	1.3	2.0	2.6	3.3	4.0	4.6	5.3	5.9	6.6	7.3	7.9	8.6	9.2	9.9	10.6	11.2	11.9	12.5	13.2	56
57	0.6	1.3	1.9	2.6	3.2	3.9	4.5	5.2	5.8	6.5	7.1	7.7	8.4	9.0	9.7	10.3	11.0	11.6	12.3	12.9	57
58	0.6	1.3	1.9	2.5	3.2	3.8	4.4	5.0	5.7	6.3	6.9	7.6	8.2	8.8	9.5	10.1	10.7	11.3	12.0	12.6	58
59	0.6	1.2	1.8	2.5	3.1	3.7	4.3	4.9	5.5	6.2	6.8	7.4	8.0	8.6	9.2	9.8	10.5	11.1	11.7	12.3	59
0.60	0.6	1.2	1.8	2.4	3.0	3.6	4.2	4.8	5.4	6.0	6.6	7.2	7.8	8.4	9.0	9.6	10.2	10.8	11.4	12.0	0.60
61	0.6	1.2	1.8	2.3	2.9	3.5	4.1	4.7	5.3	5.9	6.4	7.0	7.6	8.2	8.8	9.4	9.9	10.5	11.1	11.7	61
62	0.6	1.1	1.7	2.3	2.9	3.4	4.0	4.6	5.1	5.7	6.3	6.8	7.4	8.0	8.6	9.1	9.7	10.3	10.8	11.4	62
63	0.6	1.1	1.7	2.2	2.8	3.3	3.9	4.4	5.0	5.6	6.1	6.7	7.2	7.8	8.3	8.9	9.4	10.0	10.5	11.1	63
64	0.5	1.1	1.6	2.2	2.7	3.2	3.8	4.3	4.9	5.4	5.9	6.5	7.0	7.6	8.1	8.6	9.2	9.7	10.3	10.8	64
0.65	0.5	1.1	1.6	2.1	2.6	3.2	3.7	4.2	4.7	5.3	5.8	6.3	6.8	7.4	7.9	8.4	8.9	9.5	10.0	10.5	0.65
66	0.5	1.0	1.5	2.0	2.6	3.1	3.6	4.1	4.6	5.1	5.6	6.1	6.6	7.1	7.7	8.2	8.7	9.2	9.7	10.2	66
67	0.5	1.0	1.5	2.0	2.5	3.0	3.5	4.0	4.5	5.0	5.4	5.9	6.4	6.9	7.4	7.9	8.4	8.9	9.4	9.9	67
68	0.5	1.0	1.4	1.9	2.4	2.9	3.4	3.8	4.3	4.8	5.3	5.8	6.2	6.7	7.2	7.7	8.2	8.6	9.1	9.6	68
69	0.5	0.9	1.4	1.9	2.3	2.8	3.3	3.7	4.2	4.7	5.1	5.6	6.0	6.5	7.0	7.4	7.9	8.4	8.8	9.3	69
0.70	0.5	0.9	1.4	1.8	2.3	2.7	3.2	3.6	4.1	4.5	5.0	5.4	5.9	6.3	6.8	7.2	7.7	8.1	8.6	9.0	0.70
71	0.4	0.9	1.3	1.7	2.2	2.6	3.0	3.5	3.9	4.4	4.8	5.2	5.7	6.1	6.5	7.0	7.4	7.8	8.3	8.7	71
72	0.4	0.8	1.3	1.7	2.1	2.5	2.9	3.4	3.8	4.2	4.6	5.0	5.5	5.9	6.3	6.7	7.1	7.6	8.0	8.4	72
73	0.4	0.8	1.2	1.6	2.0	2.4	2.8	3.2	3.6	4.1	4.5	4.9	5.3	5.7	6.1	6.5	6.9	7.3	7.7	8.1	73
74	0.4	0.8	1.2	1.6	2.0	2.3	2.7	3.1	3.5	3.9	4.3	4.7	5.1	5.5	5.9	6.2	6.6	7.0	7.4	7.8	74
0.75	0.4	0.8	1.1	1.5	1.9	2.3	2.6	3.0	3.4	3.8	4.1	4.5	4.9	5.3	5.6	6.0	6.4	6.8	7.1	7.5	0.75
76	0.4	0.7	1.1	1.4	1.8	2.2	2.5	2.9	3.2	3.6	4.0	4.3	4.7	5.0	5.4	5.8	6.1	6.5	6.8	7.2	76
77	0.3	0.7	1.0	1.4	1.7	2.1	2.4	2.8	3.1	3.5	3.8	4.1	4.5	4.8	5.2	5.5	5.9	6.2	6.6	6.9	77
78	0.3	0.7	1.0	1.3	1.7	2.0	2.3	2.6	3.0	3.3	3.6	4.0	4.3	4.6	5.0	5.3	5.6	5.9	6.3	6.6	78
79	0.3	0.6	0.9	1.3	1.6	1.9	2.2	2.5	2.8	3.2	3.5	3.8	4.1	4.4	4.7	5.0	5.4	5.7	6.0	6.3	79
0.80	0.3	0.6	0.9	1.2	1.5	1.8	2.1	2.4	2.7	3.0	3.3	3.6	3.9	4.2	4.5	4.8	5.1	5.4	5.7	6.0	0.80
81	0.3	0.6	0.9	1.1	1.4	1.7	2.0	2.3	2.6	2.9	3.1	3.4	3.7	4.0	4.3	4.6	4.8	5.1	5.4	5.7	81
82	0.3	0.5	0.8	1.1	1.4	1.6	1.9	2.2	2.4	2.7	3.0	3.2	3.5	3.8	4.1	4.3	4.6	4.9	5.1	5.4	82
83	0.3	0.5	0.8	1.0	1.3	1.5	1.8	2.0	2.3	2.6	2.8	3.1	3.3	3.6	3.8	4.1	4.3	4.6	4.8	5.1	83
84	0.2	0.5	0.7	1.0	1.2	1.4	1.7	1.9	2.2	2.4	2.6	2.9	3.1	3.4	3.6	3.8	4.1	4.3	4.6	4.8	84
0.85	0.2	0.5	0.7	0.9	1.1	1.4	1.6	1.8	2.0	2.3	2.5	2.7	2.9	3.2	3.4	3.6	3.8	4.1	4.3	4.5	0.85
86	0.2	0.4	0.6	0.8	1.1	1.3	1.5	1.7	1.9	2.1	2.3	2.5	2.7	2.9	3.2	3.4	3.6	3.8	4.0	4.2	86
87	0.2	0.4	0.6	0.8	1.0	1.2	1.4	1.6	1.8	2.0	2.1	2.3	2.5	2.7	2.9	3.1	3.3	3.5	3.7	3.9	87
88	0.2	0.4	0.5	0.7	0.9	1.1	1.3	1.4	1.6	1.8	2.0	2.2	2.3	2.5	2.7	2.9	3.1	3.2	3.4	3.6	88
89	0.2	0.3	0.5	0.7	0.8	1.0	1.2	1.3	1.5	1.7	1.8	2.0	2.1	2.3	2.5	2.6	2.8	3.0	3.1	3.3	89
0.90	0.2	0.3	0.5	0.6	0.8	0.9	1.1	1.2	1.4	1.5	1.7	1.8	2.0	2.1	2.3	2.4	2.6	2.7	2.9	3.0	0.90
91	0.1	0.3	0.4	0.5	0.7	0.8	0.9	1.1	1.2	1.4	1.5	1.6	1.8	1.9	2.0	2.2	2.3	2.4	2.6	2.7	91
92	0.1	0.2	0.4	0.5	0.6	0.7	0.8	1.0	1.1	1.2	1.3	1.4	1.6	1.7	1.8	1.9	2.0	2.2	2.3	2.4	92
93	0.1	0.2	0.3	0.4	0.5	0.6	0.7	0.8	0.9	1.1	1.2	1.3	1.4	1.5	1.6	1.7	1.8	1.9	2.0	2.1	93
94	0.1	0.2	0.3	0.4	0.5	0.5	0.6	0.7	0.8	0.9	1.0	1.1	1.2	1.3	1.4	1.4	1.5	1.6	1.7	1.8	94
0.95	0.1	0.2	0.2	0.3	0.4	0.5	0.5	0.6	0.7	0.8	0.8	0.9	1.0	1.1	1.1	1.2	1.3	1.4	1.4	1.5	0.95
96	0.1	0.1	0.2	0.2	0.3	0.4	0.4	0.5	0.5	0.6	0.7	0.7	0.8	0.8	0.9	1.0	1.0	1.1	1.1	1.2	96
97	0.0	0.1	0.1	0.2	0.2	0.3	0.3	0.4	0.4	0.5	0.5	0.5	0.6	0.6	0.7	0.7	0.8	0.8	0.9	0.9	97
98	0.0	0.1	0.1	0.1	0.2	0.2	0.2	0.2	0.3	0.3	0.3	0.4	0.4	0.4	0.5	0.5	0.5	0.5	0.6	0.6	98
0.99	0.0	0.0	0.0	0.1	0.1	0.1	0.1	0.1	0.1	0.2	0.2	0.2	0.2	0.2	0.2	0.2	0.3	0.3	0.3	0.3	0.99
1.00	0.0	0.0	0.0	0.0	0.0	0.0	0.0	0.0	0.0	0.0	0.0	0.0	0.0	0.0	0.0	0.0	0.0	0.0	0.0	0.0	1.00

Interpolation

mit Berücksichtigung zweiter Differenzen

$f(a_0 + n) = f_0 + n\,(\Delta^{I} + \text{Tafelwert})$

Die Tafelwerte sind negativ für positive zweite Differenz, sie sind positiv für negative zweite Differenz

n	Zweite Differenz = Δ_m^{II}																				n
	63	66	69	72	75	78	81	84	87	90	93	96	99	102	105	108	111	114	117	120	
0.00	31.5	33.0	34.5	36.0	37.5	39.0	40.5	42.0	43.5	45.0	46.5	48.0	49.5	51.0	52.5	54.0	55.5	57.0	58.5	60.0	0.00
01	31.2	32.7	34.2	35.6	37.1	38.6	40.1	41.6	43.1	44.6	46.0	47.5	49.0	50.5	52.0	53.5	54.9	56.4	57.9	59.4	01
02	30.9	32.3	33.8	35.3	36.8	38.2	39.7	41.2	42.6	44.1	45.6	47.0	48.5	50.0	51.5	52.9	54.4	55.9	57.3	58.8	02
03	30.6	32.0	33.5	34.9	36.4	37.8	39.3	40.7	42.2	43.7	45.1	46.6	48.0	49.5	50.9	52.4	53.8	55.3	56.7	58.2	03
04	30.2	31.7	33.1	34.6	36.0	37.4	38.9	40.3	41.8	43.2	44.6	46.1	47.5	49.0	50.4	51.8	53.3	54.7	56.2	57.6	04
0.05	29.9	31.4	32.8	34.2	35.6	37.1	38.5	39.9	41.3	42.8	44.2	45.6	47.0	48.5	49.9	51.3	52.7	54.2	55.6	57.0	0.05
06	29.6	31.0	32.4	33.8	35.3	36.7	38.1	39.5	40.9	42.3	43.7	45.1	46.5	47.9	49.4	50.8	52.2	53.6	55.0	56.4	06
07	29.3	30.7	32.1	33.5	34.9	36.3	37.7	39.1	40.5	41.9	43.2	44.6	46.0	47.4	48.8	50.2	51.6	53.0	54.4	55.8	07
08	29.0	30.4	31.7	33.1	34.5	35.9	37.3	38.6	40.0	41.4	42.8	44.2	45.5	46.9	48.3	49.7	51.1	52.4	53.8	55.2	08
09	28.7	30.0	31.4	32.8	34.1	35.5	36.9	38.2	39.6	41.0	42.3	43.7	45.0	46.4	47.8	49.1	50.5	51.9	53.2	54.6	09
0.10	28.4	29.7	31.1	32.4	33.8	35.1	36.5	37.8	39.2	40.5	41.9	43.2	44.6	45.9	47.3	48.6	50.0	51.3	52.7	54.0	0.10
11	28.0	29.4	30.7	32.0	33.4	34.7	36.0	37.4	38.7	40.1	41.4	42.7	44.1	45.4	46.7	48.1	49.4	50.7	52.1	53.4	11
12	27.7	29.0	30.4	31.7	33.0	34.3	35.6	37.0	38.3	39.6	40.9	42.2	43.6	44.9	46.2	47.5	48.8	50.2	51.5	52.8	12
13	27.4	28.7	30.0	31.3	32.6	33.9	35.2	36.5	37.8	39.2	40.5	41.8	43.1	44.4	45.7	47.0	48.3	49.6	50.9	52.2	13
14	27.1	28.4	29.7	31.0	32.3	33.5	34.8	36.1	37.4	38.7	40.0	41.3	42.6	43.9	45.2	46.4	47.7	49.0	50.3	51.6	14
0.15	26.8	28.1	29.3	30.6	31.9	33.2	34.4	35.7	37.0	38.3	39.5	40.8	42.1	43.4	44.6	45.9	47.2	48.5	49.7	51.0	0.15
16	26.5	27.7	29.0	30.2	31.5	32.8	34.0	35.3	36.5	37.8	39.1	40.3	41.6	42.8	44.1	45.4	46.6	47.9	49.1	50.4	16
17	26.1	27.4	28.6	29.9	31.1	32.4	33.6	34.9	36.1	37.4	38.6	39.8	41.1	42.3	43.6	44.8	46.1	47.3	48.6	49.8	17
18	25.8	27.1	28.3	29.5	30.8	32.0	33.2	34.4	35.7	36.9	38.1	39.4	40.6	41.8	43.1	44.3	45.5	46.7	48.0	49.2	18
19	25.5	26.7	27.9	29.2	30.4	31.6	32.8	34.0	35.2	36.5	37.7	38.9	40.1	41.3	42.5	43.7	45.0	46.2	47.4	48.6	19
0.20	25.2	26.4	27.6	28.8	30.0	31.2	32.4	33.6	34.8	36.0	37.2	38.4	39.6	40.8	42.0	43.2	44.4	45.6	46.8	48.0	0.20
21	24.9	26.1	27.3	28.4	29.6	30.8	32.0	33.2	34.4	35.6	36.7	37.9	39.1	40.3	41.5	42.7	43.8	45.0	46.2	47.4	21
22	24.6	25.7	26.9	28.1	29.3	30.4	31.6	32.8	33.9	35.1	36.3	37.4	38.6	39.8	41.0	42.1	43.3	44.5	45.6	46.8	22
23	24.3	25.4	26.6	27.7	28.9	30.0	31.2	32.3	33.5	34.7	35.8	37.0	38.1	39.3	40.4	41.6	42.7	43.9	45.0	46.2	23
24	23.9	25.1	26.2	27.4	28.5	29.6	30.8	31.9	33.1	34.2	35.3	36.5	37.6	38.8	39.9	41.0	42.2	43.3	44.5	45.6	24
0.25	23.6	24.8	25.9	27.0	28.1	29.3	30.4	31.5	32.6	33.8	34.9	36.0	37.1	38.3	39.4	40.5	41.6	42.8	43.9	45.0	0.25
26	23.3	24.4	25.5	26.6	27.8	28.9	30.0	31.1	32.2	33.3	34.4	35.5	36.6	37.7	38.9	40.0	41.1	42.2	43.3	44.4	26
27	23.0	24.1	25.2	26.3	27.4	28.5	29.6	30.7	31.8	32.9	33.9	35.0	36.1	37.2	38.3	39.4	40.5	41.6	42.7	43.8	27
28	22.7	23.8	24.8	25.9	27.0	28.1	29.2	30.2	31.3	32.4	33.5	34.6	35.6	36.7	37.8	38.9	40.0	41.0	42.1	43.2	28
29	22.4	23.4	24.5	25.6	26.6	27.7	28.8	29.8	30.9	32.0	33.0	34.1	35.1	36.2	37.3	38.3	39.4	40.5	41.5	42.6	29
0.30	22.1	23.1	24.2	25.2	26.3	27.3	28.4	29.4	30.5	31.5	32.6	33.6	34.7	35.7	36.8	37.8	38.9	39.9	41.0	42.0	0.30
31	21.7	22.8	23.8	24.8	25.9	26.9	27.9	29.0	30.0	31.1	32.1	33.1	34.2	35.2	36.2	37.3	38.3	39.3	40.4	41.4	31
32	21.4	22.4	23.5	24.5	25.5	26.5	27.5	28.6	29.6	30.6	31.6	32.6	33.7	34.7	35.7	36.7	37.7	38.8	39.8	40.8	32
33	21.1	22.1	23.1	24.1	25.1	26.1	27.1	28.1	29.1	30.2	31.2	32.2	33.2	34.2	35.2	36.2	37.2	38.2	39.2	40.2	33
34	20.8	21.8	22.8	23.8	24.8	25.7	26.7	27.7	28.7	29.7	30.7	31.7	32.7	33.7	34.7	35.6	36.6	37.6	38.6	39.6	34
0.35	20.5	21.5	22.4	23.4	24.4	25.4	26.3	27.3	28.3	29.3	30.2	31.2	32.2	33.2	34.1	35.1	36.1	37.1	38.0	39.0	0.35
36	20.2	21.1	22.1	23.0	24.0	25.0	25.9	26.9	27.8	28.8	29.8	30.7	31.7	32.6	33.6	34.6	35.5	36.5	37.4	38.4	36
37	19.8	20.8	21.7	22.7	23.6	24.6	25.5	26.5	27.4	28.4	29.3	30.2	31.2	32.1	33.1	34.0	35.0	35.9	36.9	37.8	37
38	19.5	20.5	21.4	22.3	23.3	24.2	25.1	26.0	27.0	27.9	28.8	29.8	30.7	31.6	32.6	33.5	34.4	35.3	36.3	37.2	38
39	19.2	20.1	21.0	22.0	22.9	23.8	24.7	25.6	26.5	27.5	28.4	29.3	30.2	31.1	32.0	32.9	33.9	34.8	35.7	36.6	39
0.40	18.9	19.8	20.7	21.6	22.5	23.4	24.3	25.2	26.1	27.0	27.9	28.8	29.7	30.6	31.5	32.4	33.3	34.2	35.1	36.0	0.40
41	18.6	19.5	20.4	21.2	22.1	23.0	23.9	24.8	25.7	26.6	27.4	28.3	29.2	30.1	31.0	31.9	32.7	33.6	34.5	35.4	41
42	18.3	19.1	20.0	20.9	21.8	22.6	23.5	24.4	25.2	26.1	27.0	27.8	28.7	29.6	30.5	31.3	32.2	33.1	33.9	34.8	42
43	18.0	18.8	19.7	20.5	21.4	22.2	23.1	23.9	24.8	25.7	26.5	27.4	28.2	29.1	29.9	30.8	31.6	32.5	33.3	34.2	43
44	17.6	18.5	19.3	20.2	21.0	21.8	22.7	23.5	24.4	25.2	26.0	26.9	27.7	28.6	29.4	30.2	31.1	31.9	32.8	33.6	44
0.45	17.3	18.2	19.0	19.8	20.6	21.5	22.3	23.1	23.9	24.8	25.6	26.4	27.2	28.1	28.9	29.7	30.5	31.4	32.2	33.0	0.45
46	17.0	17.8	18.6	19.4	20.3	21.1	21.9	22.7	23.5	24.3	25.1	25.9	26.7	27.5	28.4	29.2	30.0	30.8	31.6	32.4	46
47	16.7	17.5	18.3	19.1	19.9	20.7	21.5	22.3	23.1	23.9	24.6	25.4	26.2	27.0	27.8	28.6	29.4	30.2	31.0	31.8	47
48	16.4	17.2	17.9	18.7	19.5	20.3	21.1	21.8	22.6	23.4	24.2	25.0	25.7	26.5	27.3	28.1	28.9	29.6	30.4	31.2	48
49	16.1	16.8	17.6	18.4	19.1	19.9	20.7	21.4	22.2	23.0	23.7	24.5	25.2	26.0	26.8	27.5	28.3	29.1	29.8	30.6	49
0.50	15.8	16.5	17.3	18.0	18.8	19.5	20.3	21.0	21.8	22.5	23.3	24.0	24.8	25.5	26.3	27.0	27.8	28.5	29.3	30.0	0.50

Interpolation

mit Berücksichtigung zweiter Differenzen

$f(a_o + n) = f_o + n\,(\Delta^{I} + \text{Tafelwert})$

Die Tafelwerte sind negativ für positive zweite Differenz, sie sind positiv für negative zweite Differenz

n	Zweite Differenz = Δ^{II}_{m}																				n
	63	66	69	72	75	78	81	84	87	90	93	96	99	102	105	108	111	114	117	120	
0.50	15.8	16.5	17.3	18.0	18.8	19.5	20.3	21.0	21.8	22.5	23.3	24.0	24.8	25.5	26.3	27.0	27.8	28.5	29.3	30.0	0.50
51	15.4	16.2	16.9	17.6	18.4	19.1	19.8	20.6	21.3	22.1	22.8	23.5	24.3	25.0	25.7	26.5	27.2	27.9	28.7	29.4	51
52	15.1	15.8	16.6	17.3	18.0	18.7	19.4	20.2	20.9	21.6	22.3	23.0	23.8	24.5	25.2	25.9	26.6	27.4	28.1	28.8	52
53	14.8	15.5	16.2	16.9	17.6	18.3	19.0	19.7	20.4	21.2	21.9	22.6	23.3	24.0	24.7	25.4	26.1	26.8	27.5	28.2	53
54	14.5	15.2	15.9	16.6	17.3	17.9	18.6	19.3	20.0	20.7	21.4	22.1	22.8	23.5	24.2	24.8	25.5	26.2	26.9	27.6	54
0.55	14.2	14.9	15.5	16.2	16.9	17.6	18.2	18.9	19.6	20.3	20.9	21.6	22.3	23.0	23.6	24.3	25.0	25.7	26.3	27.0	0.55
56	13.9	14.5	15.2	15.8	16.5	17.2	17.8	18.5	19.1	19.8	20.5	21.1	21.8	22.4	23.1	23.8	24.4	25.1	25.7	26.4	56
57	13.5	14.2	14.8	15.5	16.1	16.8	17.4	18.1	18.7	19.4	20.0	20.6	21.3	21.9	22.6	23.2	23.9	24.5	25.2	25.8	57
58	13.2	13.9	14.5	15.1	15.8	16.4	17.0	17.6	18.3	18.9	19.5	20.2	20.8	21.4	22.1	22.7	23.3	23.9	24.6	25.2	58
59	12.9	13.5	14.1	14.8	15.4	16.0	16.6	17.2	17.8	18.5	19.1	19.7	20.3	20.9	21.5	22.1	22.8	23.4	24.0	24.6	59
0.60	12.6	13.2	13.8	14.4	15.0	15.6	16.2	16.8	17.4	18.0	18.6	19.2	19.8	20.4	21.0	21.6	22.2	22.8	23.4	24.0	0.60
61	12.3	12.9	13.5	14.0	14.6	15.2	15.8	16.4	17.0	17.6	18.1	18.7	19.3	19.9	20.5	21.1	21.6	22.2	22.8	23.4	61
62	12.0	12.5	13.1	13.7	14.3	14.8	15.4	16.0	16.5	17.1	17.7	18.2	18.8	19.4	20.0	20.5	21.1	21.7	22.2	22.8	62
63	11.7	12.2	12.8	13.3	13.9	14.4	15.0	15.5	16.1	16.7	17.2	17.8	18.3	18.9	19.4	20.0	20.5	21.1	21.6	22.2	63
64	11.3	11.9	12.4	13.0	13.5	14.0	14.6	15.1	15.7	16.2	16.7	17.3	17.8	18.4	18.9	19.4	20.0	20.5	21.1	21.6	64
0.65	11.0	11.6	12.1	12.6	13.1	13.7	14.2	14.7	15.2	15.8	16.3	16.8	17.3	17.9	18.4	18.9	19.4	20.0	20.5	21.0	0.65
66	10.7	11.2	11.7	12.2	12.8	13.3	13.8	14.3	14.8	15.3	15.8	16.3	16.8	17.3	17.9	18.4	18.9	19.4	19.9	20.4	66
67	10.4	10.9	11.4	11.9	12.4	12.9	13.4	13.9	14.4	14.9	15.3	15.8	16.3	16.8	17.3	17.8	18.3	18.8	19.3	19.8	67
68	10.1	10.6	11.0	11.5	12.0	12.5	13.0	13.4	13.9	14.4	14.9	15.4	15.8	16.3	16.8	17.3	17.8	18.2	18.7	19.2	68
69	9.8	10.2	10.7	11.2	11.6	12.1	12.6	13.0	13.5	14.0	14.4	14.9	15.3	15.8	16.3	16.7	17.2	17.7	18.1	18.6	69
0.70	9.5	9.9	10.4	10.8	11.3	11.7	12.2	12.6	13.1	13.5	14.0	14.4	14.9	15.3	15.8	16.2	16.7	17.1	17.6	18.0	0.70
71	9.1	9.6	10.0	10.4	10.9	11.3	11.7	12.2	12.6	13.1	13.5	13.9	14.4	14.8	15.2	15.7	16.1	16.5	17.0	17.4	71
72	8.8	9.2	9.7	10.1	10.5	10.9	11.3	11.8	12.2	12.6	13.0	13.4	13.9	14.3	14.7	15.1	15.5	16.0	16.4	16.8	72
73	8.5	8.9	9.3	9.7	10.1	10.5	10.9	11.3	11.7	12.2	12.6	13.0	13.4	13.8	14.2	14.6	15.0	15.4	15.8	16.2	73
74	8.2	8.6	9.0	9.4	9.8	10.1	10.5	10.9	11.3	11.7	12.1	12.5	12.9	13.3	13.7	14.0	14.4	14.8	15.2	15.6	74
0.75	7.9	8.3	8.6	9.0	9.4	9.8	10.1	10.5	10.9	11.3	11.6	12.0	12.4	12.8	13.1	13.5	13.9	14.3	14.6	15.0	0.75
76	7.6	7.9	8.3	8.6	9.0	9.4	9.7	10.1	10.4	10.8	11.2	11.5	11.9	12.2	12.6	13.0	13.3	13.7	14.0	14.4	76
77	7.2	7.6	7.9	8.3	8.6	9.0	9.3	9.7	10.0	10.4	10.7	11.0	11.4	11.7	12.1	12.4	12.8	13.1	13.5	13.8	77
78	6.9	7.3	7.6	7.9	8.3	8.6	8.9	9.2	9.6	9.9	10.2	10.6	10.9	11.2	11.6	11.9	12.2	12.5	12.9	13.2	78
79	6.6	6.9	7.2	7.6	7.9	8.2	8.5	8.8	9.1	9.5	9.8	10.1	10.4	10.7	11.0	11.3	11.7	12.0	12.3	12.6	79
0.80	6.3	6.6	6.9	7.2	7.5	7.8	8.1	8.4	8.7	9.0	9.3	9.6	9.9	10.2	10.5	10.8	11.1	11.4	11.7	12.0	0.80
81	6.0	6.3	6.6	6.8	7.1	7.4	7.7	8.0	8.3	8.6	8.8	9.1	9.4	9.7	10.0	10.3	10.5	10.8	11.1	11.4	81
82	5.7	5.9	6.2	6.5	6.8	7.0	7.3	7.6	7.8	8.1	8.4	8.6	8.9	9.2	9.5	9.7	10.0	10.3	10.5	10.8	82
83	5.4	5.6	5.9	6.1	6.4	6.6	6.9	7.1	7.4	7.7	7.9	8.2	8.4	8.7	8.9	9.2	9.4	9.7	9.9	10.2	83
84	5.0	5.3	5.5	5.8	6.0	6.2	6.5	6.7	7.0	7.2	7.4	7.7	7.9	8.2	8.4	8.6	8.9	9.1	9.4	9.6	84
0.85	4.7	5.0	5.2	5.4	5.6	5.9	6.1	6.3	6.5	6.8	7.0	7.2	7.4	7.7	7.9	8.1	8.3	8.6	8.8	9.0	0.85
86	4.4	4.6	4.8	5.0	5.3	5.5	5.7	5.9	6.1	6.3	6.5	6.7	6.9	7.1	7.4	7.6	7.8	8.0	8.2	8.4	86
87	4.1	4.3	4.5	4.7	4.9	5.1	5.3	5.5	5.7	5.9	6.0	6.2	6.4	6.6	6.8	7.0	7.2	7.4	7.6	7.8	87
88	3.8	4.0	4.1	4.3	4.5	4.7	4.9	5.0	5.2	5.4	5.6	5.8	5.9	6.1	6.3	6.5	6.7	6.8	7.0	7.2	88
89	3.5	3.6	3.8	4.0	4.1	4.3	4.5	4.6	4.8	5.0	5.1	5.3	5.4	5.6	5.8	5.9	6.1	6.3	6.4	6.6	89
0.90	3.2	3.3	3.5	3.6	3.8	3.9	4.1	4.2	4.4	4.5	4.7	4.8	5.0	5.1	5.3	5.4	5.6	5.7	5.9	6.0	0.90
91	2.8	3.0	3.1	3.2	3.4	3.5	3.6	3.8	3.9	4.1	4.2	4.3	4.5	4.6	4.7	4.9	5.0	5.1	5.3	5.4	91
92	2.5	2.6	2.8	2.9	3.0	3.1	3.2	3.4	3.5	3.6	3.7	3.8	4.0	4.1	4.2	4.3	4.4	4.6	4.7	4.8	92
93	2.2	2.3	2.4	2.5	2.6	2.7	2.8	2.9	3.0	3.2	3.3	3.4	3.5	3.6	3.7	3.8	3.9	4.0	4.1	4.2	93
94	1.9	2.0	2.1	2.2	2.3	2.3	2.4	2.5	2.6	2.7	2.8	2.9	3.0	3.1	3.2	3.2	3.3	3.4	3.5	3.6	94
0.95	1.6	1.7	1.7	1.8	1.9	2.0	2.0	2.1	2.2	2.3	2.3	2.4	2.5	2.6	2.6	2.7	2.8	2.9	2.9	3.0	0.95
96	1.3	1.3	1.4	1.4	1.5	1.6	1.6	1.7	1.7	1.8	1.9	1.9	2.0	2.0	2.1	2.2	2.2	2.3	2.3	2.4	96
97	0.9	1.0	1.0	1.1	1.1	1.2	1.2	1.3	1.3	1.4	1.4	1.4	1.5	1.5	1.6	1.6	1.7	1.7	1.8	1.8	97
98	0.6	0.7	0.7	0.7	0.8	0.8	0.8	0.8	0.9	0.9	0.9	1.0	1.0	1.0	1.1	1.1	1.1	1.1	1.2	1.2	98
0.99	0.3	0.3	0.3	0.4	0.4	0.4	0.4	0.4	0.4	0.5	0.5	0.5	0.5	0.5	0.5	0.5	0.6	0.6	0.6	0.6	0.99
1.00	0.0	0.0	0.0	0.0	0.0	0.0	0.0	0.0	0.0	0.0	0.0	0.0	0.0	0.0	0.0	0.0	0.0	0.0	0.0	0.0	1.00

Mittlere Refraktion R_0
als Funktion der scheinbaren Zenitdistanz z

z	R_0	
°	″	
0.0	0.00	52
0.5	0.52	53
1.0	1.05	52
1.5	1.57	53
2.0	2.10	52
2.5	2.62	53
3.0	3.15	52
3.5	3.67	53
4.0	4.20	52
4.5	4.72	53
5.0	5.25	53
5.5	5.78	53
6.0	6.31	53
6.5	6.84	54
7.0	7.38	53
7.5	7.91	54
8.0	8.45	53
8.5	8.98	54
9.0	9.52	54
9.5	10.06	54
10.0	10.60	54
10.5	11.14	54
11.0	11.68	54
11.5	12.22	55
12.0	12.77	55
12.5	13.32	55
13.0	13.87	55
13.5	14.42	56
14.0	14.98	56
14.5	15.54	56
15.0	16.10	56
15.5	16.66	57
16.0	17.23	57
16.5	17.80	57
17.0	18.37	58
17.5	18.95	58
18.0	19.53	

z	R_0	
°	″	
18.0	19.53	58
18.5	20.11	58
19.0	20.69	59
19.5	21.28	59
20.0	21.87	60
20.5	22.47	60
21.0	23.07	60
21.5	23.67	61
22.0	24.28	61
22.5	24.89	62
23.0	25.51	62
23.5	26.13	62
24.0	26.75	63
24.5	27.38	64
25.0	28.02	64
25.5	28.66	65
26.0	29.31	65
26.5	29.96	66
27.0	30.62	66
27.5	31.28	67
28.0	31.95	68
28.5	32.63	68
29.0	33.31	69
29.5	34.00	69
30.0	34.69	70
30.5	35.39	71
31.0	36.10	72
31.5	36.82	72
32.0	37.54	73
32.5	38.27	74
33.0	39.01	75
33.5	39.76	76
34.0	40.52	77
34.5	41.29	78
35.0	42.07	78
35.5	42.85	79
36.0	43.64	

z	R_0	
°	″	
36.0	43.64	81
36.5	44.45	81
37.0	45.26	82
37.5	46.08	84
38.0	46.92	85
38.5	47.77	87
39.0	48.64	87
39.5	49.51	89
40.0	50.40	90
40.5	51.30	91
41.0	52.21	92
41.5	53.13	94
42.0	54.07	95
42.5	55.02	98
43.0	56.00	98
43.5	56.98	100
44.0	57.98	102
44.5	59.00	104
45.0	60.04	105
45.5	61.09	108
46.0	62.17	109
46.5	63.26	111
47.0	64.37	114
47.5	65.51	116
48.0	66.67	117
48.5	67.84	120
49.0	69.04	123
49.5	70.27	124
50.0	71.51	128
50.5	72.79	131
51.0	74.10	133
51.5	75.43	136
52.0	76.79	139
52.5	78.18	142
53.0	79.60	146
53.5	81.06	149
54.0	82.55	

z	R_0	
°	″	
52.0	76.79	55
2	77.34	56
4	77.90	56
6	78.46	57
8	79.03	57
53.0	79.60	58
2	80.18	58
4	80.76	59
6	81.35	60
8	81.95	60
54.0	82.55	61
2	83.16	61
4	83.77	62
6	84.39	62
8	85.01	63
55.0	85.64	64
2	86.28	64
4	86.92	65
6	87.57	66
8	88.23	66
56.0	88.89	67
2	89.56	67
4	90.23	69
6	90.92	69
8	91.61	70
57.0	92.31	71
2	93.02	71
4	93.73	72
6	94.45	73
8	95.18	74
58.0	95.92	75
2	96.67	75
4	97.42	76
6	98.18	77
8	98.95	78
59.0	99.73	79
2	100.52	79
4	101.31	81
6	102.12	81
8	102.93	83
60.0	103.76	

z	R_0	
°	″	
60.0	103.76	84
2	104.60	84
4	105.44	86
6	106.30	86
8	107.16	88
61.0	108.04	89
2	108.93	90
4	109.83	91
6	110.74	92
8	111.66	94
62.0	112.60	95
2	113.55	96
4	114.51	98
6	115.49	98
8	116.47	100
63.0	117.47	101
2	118.48	103
4	119.51	104
6	120.55	105
8	121.60	107
64.0	122.67	108
2	123.75	110
4	124.85	112
6	125.97	113
8	127.10	115
65.0	128.25	117
2	129.42	118
4	130.60	120
6	131.80	122
8	133.02	124
66.0	134.26	126
2	135.52	128
4	136.80	129
6	138.09	132
8	139.41	134
67.0	140.75	136
2	142.11	139
4	143.50	140
6	144.90	143
8	146.33	145
68.0	147.78	

Refraktion $R = R_0\,(1 + A\alpha + B)$

$H = H_1\,[1 - 0.00264 \cos 2\varphi - 0.000163\,(t - T)]$, wobei H_1 = abgelesener Barometerstand, φ = geographische Breite des Beobachtungsortes, t = Temperatur des Quecksilbers, T = Lufttemperatur.

Mittlere Refraktion R_0 als Funktion der scheinbaren Zenitdistanz z

z	R_0	Diff.	z	R_0	Diff.
68.0°	147.78″	73	72.0°	183.10″	107
1	148.51	74	1	184.17	108
2	149.25	74	2	185.25	110
3	149.99	76	3	186.35	110
4	150.75	76	4	187.45	112
68.5	151.51	77	72.5	188.57	113
6	152.28	77	6	189.70	114
7	153.05	79	7	190.84	116
8	153.84	79	8	192.00	116
9	154.63	80	9	193.16	118
69.0	155.43	80	73.0	194.34	119
1	156.23	81	1	195.53	121
2	157.04	82	2	196.74	122
3	157.86	83	3	197.96	123
4	158.69	83	4	199.19	125
69.5	159.52	84	73.5	200.44	126
6	160.36	84	6	201.70	127
7	161.20	85	7	202.97	129
8	162.05	86	8	204.26	131
9	162.91	87	9	205.57	132
70.0	163.78	88	74.0	206.89	134
1	164.66	89	1	208.23	135
2	165.55	90	2	209.58	137
3	166.45	91	3	210.95	138
4	167.36	91	4	212.33	140
70.5	168.27	92	74.5	213.73	142
6	169.19	93	6	215.15	143
7	170.12	94	7	216.58	146
8	171.06	95	8	218.04	147
9	172.01	96	9	219.51	149
71.0	172.97	97	75.0	221.00	151
1	173.94	98	1	222.51	152
2	174.92	98	2	224.03	155
3	175.90	100	3	225.58	156
4	176.90	101	4	227.14	159
71.5	177.91	102	75.5	228.73	160
6	178.93	103	6	230.33	163
7	179.96	103	7	231.96	165
8	180.99	105	8	233.61	167
9	182.04	106	9	235.28	169
72.0	183.10		76.0	236.97	

Verbesserung der mittleren Refraktion wegen Lufttemperatur und Barometerstand

T	A
C −15°	+0.0608
14	0565
13	0523
12	0481
11	0439
−10	+0.0398
9	0357
8	0316
7	0275
6	0235
− 5	+0.0195
4	0155
3	0116
2	0077
− 1	+0.0038
0	0.0000
+ 1	−0.0038
2	0076
3	0114
4	0151
+ 5	−0.0188
6	0225
7	0261
8	0298
9	0334
+10	−0.0369
11	0405
12	0440
13	0475
14	0510
+15	−0.0545
16	0579
17	0613
18	0647
19	0680
+20	−0.0714
21	0747
22	0780
23	0812
24	0845
+25	−0.0877

Für $z < 45°$ ist $\alpha = 1.000$

z	α
45°	1.000
46	1.001
47	1.001
48	1.001
49	1.001
50	1.002
51	1.002
52	1.002
53	1.002
54	1.002
55	1.002
56	1.003
57	1.003
58	1.003
59	1.003
60	1.004
61	1.004
62	1.004
63	1.004
64	1.005
65	1.005
66	1.006
67	1.007
68	1.007
69	1.008
70	1.009
71	1.010
72	1.011
73	1.013
74	1.015
75	1.017
76	1.020

T	A
+25°	−0.0877
26	0909
27	0941
28	0972
29	1004
+30	−0.1035

H	B	H
mm 720	−0.0526 +	mm 800
721	0513	799
722	0500	798
723	0487	797
724	0474	796
725	−0.0461 +	795
726	0447	794
727	0434	793
728	0421	792
729	0408	791
730	−0.0395 +	790
731	0382	789
732	0368	788
733	0355	787
734	0342	786
735	−0.0329 +	785
736	0316	784
737	0303	783
738	0289	782
739	0276	781
740	−0.0263 +	780
741	0250	779
742	0237	778
743	0224	777
744	0211	776
745	−0.0197 +	775
746	0184	774
747	0171	773
748	0158	772
749	0145	771
750	−0.0132 +	770
751	0118	769
752	0105	768
753	0092	767
754	0079	766
755	−0.0066 +	765
756	0053	764
757	0039	763
758	0026	762
759	−0.0013 +	761
760	0.0000	760

Refraktion $R = R_0\,(1 + A\alpha + B)$

$H = H_1\,[1 - 0.00264 \cos 2\varphi - 0.000163\,(t - T)]$, wobei H_1 = abgelesener Barometerstand, φ = geographische Breite des Beobachtungsortes, t = Temperatur des Quecksilbers, T = Lufttemperatur.

Polaris 1955

Bestimmung der geographischen Breite
durch Messung von Zenitdistanzen des Polarsterns

Tafel 1

m	Sternzeit 0h		1h		2h		3h		4h		5h		m
	′ ″	″	′ ″	″	′ ″	″	′ ″	″	′ ″	″	′ ″	″	
0	−50 1.0	14.2	−55 21.2	6.8	−56 50.5	1.1	−54 22.4	8.9	−48 7.8	16.1	−38 34.4	22.1	0
2	50 15.2	14.0	55 28.0	6.5	56 49.4	1.4	54 13.5	9.2	47 51.7	16.3	38 12.3	22.3	2
4	50 29.2	13.7	55 34.5	6.3	56 48.0	1.7	54 4.3	9.5	47 35.4	16.6	37 50.0	22.4	4
6	50 42.9	13.5	55 40.8	6.0	56 46.3	1.9	53 54.8	9.7	47 18.8	16.7	37 27.6	22.6	6
8	50 56.4	13.3	55 46.8	5.8	56 44.4	2.2	53 45.1	10.0	47 2.1	17.0	37 5.0	22.7	8
10	−51 9.7	13.0	−55 52.6	5.5	−56 42.2	2.5	−53 35.1	10.2	−46 45.1	17.2	−36 42.3	22.9	10
12	51 22.7	12.8	55 58.1	5.2	56 39.7	2.7	53 24.9	10.5	46 27.9	17.4	36 19.4	23.1	12
14	51 35.5	12.6	56 3.3	5.0	56 37.0	3.0	53 14.4	10.7	46 10.5	17.7	35 56.3	23.3	14
16	51 48.1	12.3	56 8.3	4.7	56 34.0	3.2	53 3.7	11.0	45 52.8	17.8	35 33.0	23.4	16
18	52 0.4	12.1	56 13.0	4.4	56 30.8	3.5	52 52.7	11.2	45 35.0	18.1	35 9.6	23.6	18
20	−52 12.5	11.8	−56 17.4	4.2	−56 27.3	3.8	−52 41.5	11.4	−45 16.9	18.3	−34 46.0	23.7	20
22	52 24.3	11.6	56 21.6	3.9	56 23.5	4.0	52 30.1	11.7	44 58.6	18.4	34 22.3	23.9	22
24	52 35.9	11.3	56 25.5	3.7	56 19.5	4.3	52 18.4	11.9	44 40.2	18.7	33 58.4	24.0	24
26	52 47.2	11.1	56 29.2	3.4	56 15.2	4.5	52 6.5	12.2	44 21.5	18.8	33 34.4	24.2	26
28	52 58.3	10.8	56 32.6	3.1	56 10.7	4.8	51 54.3	12.4	44 2.7	19.1	33 10.2	24.3	28
30	−53 9.1	10.6	−56 35.7	2.8	−56 5.9	5.1	−51 41.9	12.6	−43 43.6	19.3	−32 45.9	24.5	30
32	53 19.7	10.3	56 38.5	2.6	56 0.8	5.3	51 29.3	12.9	43 24.3	19.5	32 21.4	24.7	32
34	53 30.0	10.1	56 41.1	2.3	55 55.5	5.6	51 16.4	13.1	43 4.8	19.6	31 56.7	24.8	34
36	53 40.1	9.8	56 43.4	2.1	55 49.9	5.9	51 3.3	13.4	42 45.2	19.9	31 31.9	24.9	36
38	53 49.9	9.6	56 45.5	1.8	55 44.0	6.1	50 49.9	13.6	42 25.3	20.1	31 7.0	25.1	38
40	−53 59.5	9.3	−56 47.3	1.5	−55 37.9	6.4	−50 36.3	13.8	−42 5.2	20.3	−30 41.9	25.2	40
42	54 8.8	9.1	56 48.8	1.3	55 31.5	6.6	50 22.5	14.0	41 44.9	20.4	30 16.7	25.3	42
44	54 17.9	8.8	56 50.1	1.0	55 24.9	6.9	50 8.5	14.3	41 24.5	20.6	29 51.4	25.5	44
46	54 26.7	8.5	56 51.1	0.7	55 18.0	7.2	49 54.2	14.5	41 3.9	20.8	29 25.9	25.6	46
48	54 35.2	8.3	56 51.8	0.5	55 10.8	7.4	49 39.7	14.7	40 43.1	21.0	29 0.3	25.7	48
50	−54 43.5	8.1	−56 52.3	0.2	−55 3.4	7.7	−49 25.0	15.0	−40 22.1	21.2	−28 34.6	25.9	50
52	54 51.6	7.8	56 52.5	0.1	54 55.7	7.9	49 10.0	15.2	40 0.9	21.3	28 8.7	25.9	52
54	54 59.4	7.5	56 52.4	0.4	54 47.8	8.2	48 54.8	15.5	39 39.6	21.6	27 42.8	26.1	54
56	55 6.9	7.3	56 52.0	0.6	54 39.6	8.5	48 39.3	15.6	39 18.0	21.7	27 16.7	26.3	56
58	55 14.2	7.0	56 51.4	0.9	54 31.1	8.7	48 23.7	15.9	38 56.3	21.9	26 50.4	26.3	58
60	−55 21.2		−56 50.5		−54 22.4		−48 7.8		−38 34.4		−26 24.1		60

$\varphi = 90^\circ - z +$ Korrektion nach (Tafel 1 + Tafel 2 + Tafel 3)

Bestimmung der geographischen Breite durch Messung von Zenitdistanzen des Polarsterns

Tafel 1

	Sternzeit												
	6h		7h		8h		9h		10h		11h		
m	′ ″	″	′ ″	″	′ ″	″	′ ″	″	′ ″	″	′ ″	″	m
0	−26 24.1	26.4	−12 29.0	29.0	+ 2 12.6	29.4	+16 40.1	28.0	+29 55.5	24.6	+41 6.8	19.7	0
2	25 57.7	26.6	12 0.0	29.0	2 42.0	29.4	17 8.1	27.8	30 20.1	24.5	41 26.5	19.6	2
4	25 31.1	26.7	11 31.0	29.1	3 11.4	29.4	17 35.9	27.8	30 44.6	24.4	41 46.1	19.3	4
6	25 4.4	26.8	11 1.9	29.1	3 40.8	29.4	18 3.7	27.8	31 9.0	24.2	42 5.4	19.2	6
8	24 37.6	26.9	10 32.8	29.1	4 10.2	29.4	18 31.5	27.6	31 33.2	24.1	42 24.6	18.9	8
10	−24 10.7	27.0	−10 3.7	29.2	+ 4 39.6	29.3	+18 59.1	27.6	+31 57.3	23.9	+42 43.5	18.8	10
12	23 43.7	27.1	9 34.5	29.2	5 8.9	29.3	19 26.7	27.4	32 21.2	23.8	43 2.3	18.5	12
14	23 16.6	27.3	9 5.3	29.3	5 38.2	29.3	19 54.1	27.4	32 45.0	23.6	43 20.8	18.4	14
16	22 49.3	27.3	8 36.0	29.3	6 7.5	29.3	20 21.5	27.2	33 8.6	23.5	43 39.2	18.1	16
18	22 22.0	27.4	8 6.7	29.3	6 36.8	29.2	20 48.7	27.2	33 32.1	23.3	43 57.3	18.0	18
20	−21 54.6	27.5	− 7 37.4	29.4	+ 7 6.0	29.2	+21 15.9	27.0	+33 55.4	23.2	+44 15.3	17.7	20
22	21 27.1	27.7	7 8.0	29.4	7 35.2	29.2	21 42.9	27.0	34 18.6	23.0	44 33.0	17.6	22
24	20 59.4	27.7	6 38.6	29.5	8 4.4	29.1	22 9.9	26.8	34 41.6	22.8	44 50.6	17.3	24
26	20 31.7	27.7	6 9.1	29.4	8 33.5	29.1	22 36.7	26.8	35 4.4	22.7	45 7.9	17.2	26
28	20 4.0	27.9	5 39.7	29.5	9 2.6	29.0	23 3.5	26.6	35 27.1	22.5	45 25.1	16.9	28
30	−19 36.1	28.0	− 5 10.2	29.5	+ 9 31.6	29.0	+23 30.1	26.6	+35 49.6	22.3	+45 42.0	16.7	30
32	19 8.1	28.0	4 40.7	29.5	10 0.6	28.9	23 56.7	26.4	36 11.9	22.2	45 58.7	16.5	32
34	18 40.1	28.1	4 11.2	29.5	10 29.5	28.9	24 23.1	26.3	36 34.1	22.0	46 15.2	16.3	34
36	18 12.0	28.2	3 41.7	29.5	10 58.4	28.8	24 49.4	26.2	36 56.1	21.8	46 31.5	16.1	36
38	17 43.8	28.3	3 12.2	29.5	11 27.2	28.8	25 15.6	26.1	37 17.9	21.7	46 47.6	15.9	38
40	−17 15.5	28.4	− 2 42.7	29.5	+11 56.0	28.7	+25 41.7	25.9	+37 39.6	21.5	+47 3.5	15.7	40
42	16 47.1	28.4	2 13.2	29.6	12 24.7	28.6	26 7.6	25.9	38 1.1	21.4	47 19.2	15.5	42
44	16 18.7	28.5	1 43.6	29.5	12 53.3	28.6	26 33.5	25.7	38 22.5	21.2	47 34.7	15.3	44
46	15 50.2	28.5	1 14.1	29.6	13 21.9	28.5	26 59.2	25.5	38 43.7	21.0	47 50.0	15.1	46
48	15 21.7	28.6	0 44.5	29.5	13 50.4	28.5	27 24.7	25.5	39 4.7	20.8	48 5.1	14.8	48
50	−14 53.1	28.7	− 0 15.0	29.6	+14 18.9	28.4	+27 50.2	25.3	+39 25.5	20.6	+48 19.9	14.6	50
52	14 24.4	28.8	+ 0 14.6	29.5	14 47.3	28.3	28 15.5	25.2	39 46.1	20.5	48 34.5	14.4	52
54	13 55.6	28.8	0 44.1	29.5	15 15.6	28.3	28 40.7	25.1	40 6.6	20.2	48 48.9	14.1	54
56	13 26.8	28.9	1 13.6	29.5	15 43.9	28.1	29 5.8	24.9	40 26.8	20.1	49 3.0	14.0	56
58	12 57.9	28.9	1 43.1	29.5	16 12.0	28.1	29 30.7	24.8	40 46.9	19.9	49 17.0	13.7	58
60	−12 29.0		+ 2 12.6		+16 40.1		+29 55.5		+41 6.8		+49 30.7		60

$\varphi = 90^\circ - z$ + Korrektion nach (Tafel 1 + Tafel 2 + Tafel 3)

Polaris 1955

Bestimmung der geographischen Breite
durch Messung von Zenitdistanzen des Polarsterns

Tafel 1

	Sternzeit												
	12h		13h		14h		15h		16h		17h		
m	° ′ ″	″	° ′ ″	″	° ′ ″	″	° ′ ″	″	° ′ ″	″	° ′ ″	″	m
0	+49 30.7	13.5	+54 36.2	6.5	+56 4.5	0.9	+53 49.9	8.2	+48 0.1	15.3	+38 49.7	21.3	0
2	49 44.2	13.3	54 42.7	6.3	56 3.6	1.2	53 41.7	8.5	47 44.8	15.6	38 28.4	21.4	2
4	49 57.5	13.0	54 49.0	6.0	56 2.4	1.4	53 33.2	8.7	47 29.2	15.7	38 7.0	21.7	4
6	50 10.5	12.9	54 55.0	5.8	56 1.0	1.6	53 24.5	9.0	47 13.5	16.0	37 45.3	21.8	6
8	50 23.4	12.6	55 0.8	5.5	55 59.4	1.9	53 15.5	9.2	46 57.5	16.2	37 23.5	22.0	8
10	+50 36.0	12.4	+55 6.3	5.3	+55 57.5	2.2	+53 6.3	9.4	+46 41.3	16.4	+37 1.5	22.2	10
12	50 48.4	12.2	55 11.6	5.0	55 55.3	2.4	52 56.9	9.7	46 24.9	16.7	36 39.3	22.3	12
14	51 0.6	12.0	55 16.6	4.8	55 52.9	2.6	52 47.2	9.9	46 8.2	16.9	36 17.0	22.5	14
16	51 12.6	11.7	55 21.4	4.6	55 50.3	2.9	52 37.3	10.2	45 51.3	17.1	35 54.5	22.7	16
18	51 24.3	11.5	55 26.0	4.3	55 47.4	3.1	52 27.1	10.4	45 34.2	17.3	35 31.8	22.8	18
20	+51 35.8	11.2	+55 30.3	4.0	+55 44.3	3.4	+52 16.7	10.6	+45 16.9	17.5	+35 9.0	23.0	20
22	51 47.0	11.1	55 34.3	3.8	55 40.9	3.6	52 6.1	10.9	44 59.4	17.7	34 46.0	23.1	22
24	51 58.1	10.8	55 38.1	3.6	55 37.3	3.9	51 55.2	11.1	44 41.7	18.0	34 22.9	23.3	24
26	52 8.9	10.5	55 41.7	3.3	55 33.4	4.1	51 44.1	11.3	44 23.7	18.1	33 59.6	23.5	26
28	52 19.4	10.4	55 45.0	3.1	55 29.3	4.4	51 32.8	11.6	44 5.6	18.3	33 36.1	23.6	28
30	+52 29.8	10.1	+55 48.1	2.8	+55 24.9	4.6	+51 21.2	11.9	+43 47.3	18.5	+33 12.5	23.8	30
32	52 39.9	9.9	55 50.9	2.6	55 20.3	4.9	51 9.3	12.0	43 28.8	18.7	32 48.7	23.9	32
34	52 49.8	9.6	55 53.5	2.3	55 15.4	5.1	50 57.3	12.3	43 10.1	18.9	32 24.8	24.1	34
36	52 59.4	9.4	55 55.8	2.1	55 10.3	5.3	50 45.0	12.6	42 51.2	19.1	32 0.7	24.2	36
38	53 8.8	9.1	55 57.9	1.9	55 5.0	5.6	50 32.4	12.7	42 32.1	19.3	31 36.5	24.4	38
40	+53 17.9	8.9	+55 59.8	1.6	+54 59.4	5.9	+50 19.7	13.0	+42 12.8	19.5	+31 12.1	24.5	40
42	53 26.8	8.7	56 1.4	1.3	54 53.5	6.1	50 6.7	13.1	41 53.3	19.7	30 47.6	24.6	42
44	53 35.5	8.4	56 2.7	1.1	54 47.4	6.3	49 53.6	13.4	41 33.6	19.8	30 23.0	24.8	44
46	53 43.9	8.2	56 3.8	0.9	54 41.1	6.6	49 40.2	13.7	41 13.8	20.1	29 58.2	24.9	46
48	53 52.1	7.9	56 4.7	0.6	54 34.5	6.8	49 26.5	13.8	40 53.7	20.2	29 33.3	25.1	48
50	+54 0.0	7.7	+56 5.3	0.3	+54 27.7	7.1	+49 12.7	14.1	+40 33.5	20.4	+29 8.2	25.2	50
52	54 7.7	7.5	56 5.6	0.1	54 20.6	7.3	48 58.6	14.3	40 13.1	20.6	28 43.0	25.4	52
54	54 15.2	7.2	56 5.7	−0.2	54 13.3	7.6	48 44.3	14.5	39 52.5	20.7	28 17.6	25.5	54
56	54 22.4	7.0	56 5.5	0.4	54 5.7	7.8	48 29.8	14.7	39 31.8	21.0	27 52.1	25.6	56
58	54 29.4	6.8	56 5.1	0.6	53 57.9	8.0	48 15.1	15.0	39 10.8	21.1	27 26.5	25.7	58
60	+54 36.2		+56 4.5		+53 49.9		+48 0.1		+38 49.7		+27 0.8		60

$\varphi = 90° - z +$ Korrektion nach (Tafel 1 + Tafel 2 + Tafel 3)

Polaris 1955

Bestimmung der geographischen Breite durch Messung von Zenitdistanzen des Polarsterns

Tafel 1

m	Sternzeit 18h	Δ	19h	Δ	20h	Δ	21h	Δ	22h	Δ	23h	Δ	m
	′ ″	″	′ ″	″	′ ″	″	′ ″	″	′ ″	″	′ ″	″	
0	+27 0.8	25.8	+13 19.2	28.7	− 1 20.6	29.6	−15 59.2	28.6	−29 35.9	25.5	−41 13.1	20.6	0
2	26 35.0	26.0	12 50.5	28.8	1 50.2	29.6	16 27.8	28.4	30 1.4	25.3	41 33.7	20.4	2
4	26 9.0	26.1	12 21.7	28.8	2 19.8	29.7	16 56.2	28.4	30 26.7	25.2	41 54.1	20.2	4
6	25 42.9	26.2	11 52.9	28.9	2 49.5	29.6	17 24.6	28.4	30 51.9	25.1	42 14.3	20.0	6
8	25 16.7	26.3	11 24.0	28.9	3 19.1	29.6	17 53.0	28.2	31 17.0	24.9	42 34.3	19.8	8
10	+24 50.4	26.4	+10 55.1	29.0	− 3 48.7	29.6	−18 21.2	28.2	−31 41.9	24.7	−42 54.1	19.6	10
12	24 24.0	26.6	10 26.1	29.0	4 18.3	29.6	18 49.4	28.0	32 6.6	24.6	43 13.7	19.4	12
14	23 57.4	26.7	9 57.1	29.1	4 47.9	29.5	19 17.4	28.0	32 31.2	24.5	43 33.1	19.3	14
16	23 30.7	26.8	9 28.0	29.1	5 17.4	29.6	19 45.4	28.0	32 55.7	24.3	43 52.4	19.0	16
18	23 3.9	26.9	8 58.9	29.2	5 47.0	29.5	20 13.4	27.8	33 20.0	24.2	44 11.4	18.8	18
20	+22 37.0	27.0	+ 8 29.7	29.2	− 6 16.5	29.5	−20 41.2	27.7	−33 44.2	24.0	−44 30.2	18.6	20
22	22 10.0	27.1	8 0.5	29.3	6 46.0	29.5	21 8.9	27.7	34 8.2	23.9	44 48.8	18.4	22
24	21 42.9	27.3	7 31.2	29.3	7 15.5	29.5	21 36.6	27.5	34 32.1	23.7	45 7.2	18.1	24
26	21 15.6	27.3	7 1.9	29.4	7 45.0	29.4	22 4.1	27.5	34 55.8	23.6	45 25.3	18.0	26
28	20 48.3	27.4	6 32.5	29.4	8 14.4	29.4	22 31.6	27.3	35 19.4	23.4	45 43.3	17.7	28
30	+20 20.9	27.5	+ 6 3.1	29.4	− 8 43.8	29.4	−22 58.9	27.3	−35 42.8	23.2	−46 1.0	17.5	30
32	19 53.4	27.7	5 33.7	29.5	9 13.2	29.3	23 26.2	27.1	36 6.0	23.0	46 18.5	17.4	32
34	19 25.7	27.7	5 4.2	29.5	9 42.5	29.3	23 53.3	27.1	36 29.0	22.9	46 35.9	17.1	34
36	18 58.0	27.7	4 34.7	29.5	10 11.8	29.2	24 20.4	26.9	36 51.9	22.7	46 53.0	16.8	36
38	18 30.3	27.9	4 5.2	29.5	10 41.0	29.2	24 47.3	26.9	37 14.6	22.6	47 9.8	16.7	38
40	+18 2.4	28.0	+ 3 35.7	29.6	−11 10.2	29.2	−25 14.2	26.7	−37 37.2	22.4	−47 26.5	16.5	40
42	17 34.4	28.0	3 6.1	29.6	11 39.4	29.1	25 40.9	26.6	37 59.6	22.2	47 43.0	16.2	42
44	17 6.4	28.1	2 36.5	29.6	12 8.5	29.0	26 7.5	26.5	38 21.8	22.1	47 59.2	16.0	44
46	16 38.3	28.2	2 6.9	29.6	12 37.5	29.0	26 34.0	26.4	38 43.9	21.8	48 15.2	15.8	46
48	16 10.1	28.3	1 37.3	29.6	13 6.5	28.9	27 0.4	26.2	39 5.7	21.7	48 31.0	15.6	48
50	+15 41.8	28.4	+ 1 7.7	29.7	−13 35.4	28.9	−27 26.6	26.1	−39 27.4	21.5	−48 46.6	15.3	50
52	15 13.4	28.4	0 38.0	29.7	14 4.3	28.8	27 52.7	26.0	39 48.9	21.3	49 1.9	15.1	52
54	14 45.0	28.5	+ 0 8.3	29.6	14 33.1	28.8	28 18.7	25.8	40 10.2	21.2	49 17.0	14.9	54
56	14 16.5	28.6	− 0 21.3	29.7	15 1.9	28.7	28 44.5	25.8	40 31.4	20.9	49 31.9	14.7	56
58	13 47.9	28.7	0 51.0	29.6	15 30.6	28.6	29 10.3	25.6	40 52.3	20.8	49 46.6	14.4	58
60	+13 19.2		− 1 20.6		−15 59.2		−29 35.9		−41 13.1		−50 1.0		60

$\varphi = 90° - z +$ Korrektion nach (Tafel 1 + Tafel 2 + Tafel 3)

Polaris 1955

Die Tafelwerte sind stets positiv

Tafel 2

1955	Sternzeit 0h 0m	0h 30m	1h 0m	1h 30m	2h 0m	2h 30m	3h 0m	3h 30m	4h 0m	4h 30m	5h 0m	5h 30m	5h 60m	1955
	″	″	″	″	″	″	″	″	″	″	″	″	″	
Jan. 1	31.5	31.6	31.2	31.0	30.5	29.7	29.0	28.0	27.2	26.2	25.3	24.6	23.9	Jan. 1
16	30.9	31.6	32.0	32.3	32.3	32.2	31.9	31.3	30.9	30.4	29.7	29.2	28.6	16
31	28.8	30.0	31.0	31.9	32.6	33.0	33.4	33.3	33.5	33.4	33.2	33.1	32.8	31
Febr. 15	25.6	27.4	28.8	30.2	31.4	32.6	33.5	34.1	34.9	35.3	35.6	36.0	36.1	Febr. 15
März 2	21.5	23.6	25.4	27.3	29.1	30.7	32.2	33.4	34.7	35.7	36.7	37.7	38.3	März 2
17	16.9	19.2	21.2	23.4	25.6	27.6	29.6	31.3	33.2	34.9	36.4	38.0	39.3	17
April 1	12.3	14.5	16.6	19.0	21.3	23.7	26.0	28.2	30.5	32.7	34.8	36.9	38.8	April 1
16	7.9	10.0	11.9	14.2	16.6	19.1	21.7	24.1	26.8	29.4	31.9	34.5	37.1	16
Mai 1	4.3	6.0	7.7	9.8	12.0	14.4	17.0	19.5	22.4	25.2	28.2	31.2	34.2	Mai 1
16	1.7	2.9	4.1	5.8	7.7	10.0	12.3	14.8	17.7	20.6	23.7	27.0	30.2	16
31	0.2	0.8	1.6	2.8	4.3	6.1	8.2	10.3	13.1	15.9	19.0	22.3	25.7	31
Juni 15	0.0	0.0	0.1	0.7	1.7	2.9	4.6	6.4	8.8	11.4	14.2	17.5	20.9	Juni 15
30	1.2	0.5	0.0	0.0	0.2	0.9	1.9	3.3	5.2	7.3	9.8	12.8	16.0	30
Juli 15	3.5	2.3	1.1	0.4	0.0	0.0	0.4	1.0	2.4	4.0	6.0	8.6	11.4	Juli 15
30	7.0	5.2	3.3	2.1	1.1	0.3	0.0	0.0	0.6	1.6	3.0	5.0	7.4	30
Aug. 14	11.3	9.1	6.8	4.9	3.2	1.8	0.8	0.0	0.0	0.2	1.0	2.3	4.1	Aug. 14
29	16.5	13.8	11.1	8.6	6.4	4.4	2.8	1.3	0.4	0.0	0.0	0.7	1.7	29
Sept. 13	22.1	19.2	16.1	13.3	10.5	8.0	5.6	3.5	2.0	0.8	0.1	0.0	0.3	Sept. 13
28	27.8	24.8	21.5	18.4	15.3	12.3	9.5	6.7	4.6	2.6	1.2	0.4	0.0	28
Okt. 13	33.4	30.5	27.2	24.0	20.5	17.2	14.0	10.8	8.1	5.5	3.4	1.8	0.7	Okt. 13
28	39.1	36.4	33.1	29.9	26.4	22.9	19.3	15.7	12.6	9.5	6.8	4.5	2.6	28
Nov. 12	43.8	41.4	38.4	35.4	31.9	28.3	24.7	20.8	17.4	13.8	10.6	7.9	5.4	Nov. 12
27	47.6	45.7	43.0	40.2	37.1	33.6	30.0	26.0	22.5	18.8	15.2	12.1	9.1	27
Dez. 12	50.3	49.0	46.8	44.5	41.6	38.4	34.9	31.1	27.6	23.7	20.1	16.8	13.4	Dez. 12
27	51.6	50.8	49.3	47.4	45.1	42.4	39.3	35.8	32.3	28.6	25.1	21.6	18.2	27
32	51.9	51.3	50.0	48.4	46.2	43.6	40.7	37.3	34.0	30.3	26.8	23.3	19.9	32

1955	Sternzeit 6h 0m	6h 30m	7h 0m	7h 30m	8h 0m	8h 30m	9h 0m	9h 30m	10h 0m	10h 30m	11h 0m	11h 30m	11h 60m	1955
	″	″	″	″	″	″	″	″	″	″	″	″	″	
Jan. 1	23.9	23.3	22.9	22.5	22.2	22.2	21.8	21.9	21.5	21.5	21.0	20.8	20.4	Jan. 1
16	28.6	28.0	27.6	27.0	26.6	26.3	25.5	25.2	24.4	23.8	22.8	21.9	21.0	16
31	32.8	32.5	32.2	31.8	31.3	30.9	30.0	29.3	28.4	27.3	25.9	24.5	23.1	31
Febr. 15	36.1	36.2	36.3	36.0	35.8	35.5	34.6	33.9	32.8	31.5	29.9	28.2	26.3	Febr. 15
März 2	38.3	38.9	39.5	39.7	39.7	39.7	39.1	38.5	37.4	36.1	34.4	32.5	30.4	März 2
17	39.3	40.5	41.6	42.3	42.8	43.3	43.0	42.8	41.9	40.8	39.1	37.2	35.0	17
April 1	38.8	40.6	42.4	43.6	44.8	45.7	46.0	46.2	45.6	44.9	43.5	41.7	39.6	April 1
16	37.1	39.5	41.8	43.7	45.4	47.0	47.8	48.5	48.5	48.2	47.2	45.9	44.0	16
Mai 1	34.2	37.0	39.9	42.3	44.5	46.8	48.3	49.6	50.2	50.5	49.9	49.0	47.6	Mai 1
16	30.2	33.5	36.7	39.7	42.6	45.4	47.4	49.3	50.6	51.4	51.5	51.2	50.2	16
31	25.7	29.2	32.8	36.2	39.4	42.7	45.2	47.7	49.6	51.0	51.7	52.0	51.7	31
Juni 15	20.9	24.5	28.2	31.8	35.3	39.0	41.9	45.0	47.3	49.3	50.7	51.6	51.9	Juni 15
30	16.0	19.4	23.1	26.8	30.6	34.4	37.7	41.1	43.8	46.4	48.3	49.8	50.7	30
Juli 15	11.4	14.6	18.1	21.7	25.4	29.3	32.8	36.4	39.5	42.5	44.8	46.8	48.4	Juli 15
30	7.4	10.1	13.3	16.6	20.1	24.0	27.5	31.1	34.4	37.7	40.4	42.9	44.9	30
Aug. 14	4.1	6.3	9.0	11.9	15.1	18.7	22.0	25.6	29.0	32.3	35.3	38.1	40.6	Aug. 14
29	1.7	3.3	5.4	7.8	10.5	13.8	16.7	20.2	23.4	26.8	29.7	32.7	35.4	29
Sept. 13	0.3	1.2	2.6	4.3	6.5	9.3	11.8	14.9	17.9	21.1	24.0	27.1	29.8	Sept. 13
28	0.0	0.0	0.8	1.8	3.3	5.5	7.4	10.2	12.8	15.7	18.4	21.3	24.1	28
Okt. 13	0.7	0.1	0.0	0.4	1.1	2.6	4.0	6.2	8.2	10.7	13.1	15.7	18.5	Okt. 13
28	2.6	1.3	0.5	0.0	0.0	0.7	1.5	2.8	4.4	6.3	8.2	10.5	12.8	28
Nov. 12	5.4	3.4	1.9	0.8	0.1	0.0	0.1	0.7	1.6	3.0	4.3	6.1	8.1	Nov. 12
27	9.1	6.6	4.6	2.7	1.4	0.7	0.0	0.0	0.2	0.9	1.6	2.8	4.3	27
Dez. 12	13.4	10.5	8.0	5.6	3.7	2.5	1.1	0.5	0.0	0.0	0.0	0.7	1.6	Dez. 12
27	18.2	15.0	12.2	9.5	7.2	5.4	3.5	2.4	1.2	0.6	0.1	0.1	0.3	27
32	19.9	16.8	13.9	11.1	8.7	6.6	4.6	3.3	1.9	1.1	0.3	0.0	0.0	32

Polaris 1955

Tafel 2

Die Tafelwerte sind stets positiv

1955	Sternzeit 12ʰ 0ᵐ	12ʰ 30ᵐ	13ʰ 0ᵐ	13ʰ 30ᵐ	14ʰ 0ᵐ	14ʰ 30ᵐ	15ʰ 0ᵐ	15ʰ 30ᵐ	16ʰ 0ᵐ	16ʰ 30ᵐ	17ʰ 0ᵐ	17ʰ 30ᵐ	17ʰ 60ᵐ	1955
	″	″	″	″	″	″	″	″	″	″	″	″	″	
Jan. 1	20.4	19.7	18.8	17.4	15.7	13.9	11.7	9.3	7.7	9.5	11.4	13.4	15.4	Jan. 1
16	21.0	19.7	18.0	16.1	13.9	11.4	8.8	6.0	4.0	5.3	7.0	8.8	10.7	16
31	23.1	21.3	19.0	16.5	13.6	10.6	7.3	4.0	1.4	2.3	3.5	4.9	6.5	31
Febr. 15	26.3	23.9	21.2	18.2	14.8	11.0	7.2	3.2	0.0	0.4	1.1	2.0	3.2	Febr. 15
März 2	30.4	27.7	24.6	21.1	17.1	12.9	8.5	3.9	0.2	0.0	0.0	0.3	1.0	März 2
17	35.0	32.1	28.8	25.0	20.6	16.0	11.1	6.0	1.7	0.8	0.3	0.0	0.0	17
April 1	39.6	36.8	33.4	29.4	24.9	19.9	14.7	9.1	4.4	3.0	1.9	1.1	0.5	April 1
16	44.0	41.3	38.1	34.2	29.6	24.5	19.0	13.2	8.1	6.3	4.8	3.5	2.2	16
Mai 1	47.6	45.3	42.3	38.6	34.2	29.2	23.7	17.8	12.5	10.5	8.5	6.8	5.1	Mai 1
16	50.2	48.4	45.9	42.6	38.5	33.6	28.4	22.5	17.2	15.1	13.0	11.0	9.1	16
31	51.7	50.5	48.4	45.6	41.9	37.5	32.5	27.0	21.8	19.8	17.7	15.7	13.6	31
Juni 15	51.9	51.3	49.9	47.7	44.5	40.7	36.1	30.9	26.1	24.3	22.5	20.5	18.4	Juni 15
30	50.7	50.8	50.0	48.4	46.0	42.7	38.8	34.0	29.7	28.4	26.9	25.2	23.3	30
Juli 15	48.4	49.0	48.9	48.0	46.2	43.6	40.3	36.3	32.5	31.7	30.7	29.4	27.9	Juli 15
30	44.9	46.1	46.7	46.3	45.1	43.3	40.7	37.3	34.3	34.1	33.7	33.0	31.9	30
Aug. 14	40.6	42.2	43.2	43.5	43.0	41.8	39.9	37.3	34.9	35.5	35.7	35.7	35.2	Aug. 14
29	35.4	37.5	38.9	39.8	39.8	39.2	37.9	36.0	34.5	35.7	36.7	37.3	37.6	29
Sept. 13	29.8	32.1	33.9	35.1	35.7	35.6	35.1	33.8	32.9	34.9	36.6	38.0	39.0	Sept. 13
28	24.1	26.5	28.5	30.0	30.9	31.3	31.2	30.6	30.3	33.1	35.5	37.6	39.3	28
Okt. 13	18.5	20.8	22.8	24.4	25.7	26.4	26.7	26.5	26.8	30.2	33.3	36.2	38.6	Okt. 13
28	12.8	14.9	16.9	18.5	19.8	20.7	21.4	21.6	22.3	26.2	29.9	33.5	36.7	28
Nov. 12	8.1	9.9	11.6	13.0	14.3	15.3	16.0	16.5	17.5	21.9	26.1	30.1	33.9	Nov. 12
27	4.3	5.6	7.0	8.2	9.1	10.0	10.7	11.3	12.4	16.9	21.5	25.9	30.2	27
Dez. 12	1.6	2.3	3.2	3.9	4.6	5.2	5.8	6.2	7.3	12.0	16.6	21.4	25.9	Dez. 12
27	0.3	0.5	0.7	1.0	1.1	1.2	1.4	1.5	2.6	7.1	11.6	16.4	21.1	27
32	0.0	0.0	0.0	0.0	0.0	0.0	0.0	0.0	0.9	5.4	9.9	14.7	19.4	32

1955	Sternzeit 18ʰ 0ᵐ	18ʰ 30ᵐ	19ʰ 0ᵐ	19ʰ 30ᵐ	20ʰ 0ᵐ	20ʰ 30ᵐ	21ʰ 0ᵐ	21ʰ 30ᵐ	22ʰ 0ᵐ	22ʰ 30ᵐ	23ʰ 0ᵐ	23ʰ 30ᵐ	23ʰ 60ᵐ	1955
	″	″	″	″	″	″	″	″	″	″	″	″	″	
Jan. 1	15.4	17.3	19.5	21.2	23.2	24.8	26.5	27.7	29.1	29.9	30.7	31.2	31.5	Jan. 1
16	10.7	12.6	14.8	16.7	18.8	20.7	22.8	24.4	26.2	27.6	28.9	30.1	30.9	16
31	6.5	8.1	10.2	11.9	14.1	16.1	18.3	20.3	22.2	24.1	25.8	27.5	28.8	31
Febr. 15	3.2	4.4	6.1	7.7	9.6	11.5	13.7	15.7	17.8	19.9	21.8	23.8	25.6	Febr. 15
März 2	1.0	1.7	2.9	4.0	5.7	7.3	9.2	11.1	13.2	15.3	17.3	19.5	21.5	März 2
17	0.0	0.1	0.8	1.4	2.6	3.7	5.3	6.8	8.7	10.6	12.6	14.8	16.9	17
April 1	0.5	0.0	0.0	0.1	0.6	1.3	2.3	3.4	5.0	6.5	8.2	10.3	12.3	April 1
16	2.2	1.1	0.6	0.0	0.0	0.0	0.5	1.1	2.1	3.2	4.5	6.1	7.9	16
Mai 1	5.1	3.6	2.5	1.4	0.7	0.2	0.0	0.0	0.4	1.1	1.8	3.0	4.3	Mai 1
16	9.1	7.1	5.7	4.0	2.8	1.6	0.9	0.3	0.0	0.0	0.2	0.8	1.7	16
31	13.6	11.4	9.6	7.5	6.0	4.3	3.1	1.9	1.0	0.4	0.0	0.0	0.2	31
Juni 15	18.4	16.1	14.2	11.9	10.1	8.0	6.4	4.6	3.3	2.1	1.0	0.4	0.0	Juni 15
30	23.3	21.2	19.3	16.9	14.8	12.6	10.6	8.5	6.8	5.0	3.4	2.2	1.2	30
Juli 15	27.9	26.0	24.3	22.0	20.0	17.7	15.5	13.2	11.1	8.9	6.9	5.2	3.5	Juli 15
30	31.9	30.5	29.1	27.1	25.3	23.0	20.8	18.5	16.2	13.7	11.3	9.1	7.0	30
Aug. 14	35.2	34.3	33.4	31.8	30.3	28.3	26.3	24.0	21.6	19.1	16.4	13.9	11.3	Aug. 14
29	37.6	37.3	37.0	35.9	34.9	33.2	31.6	29.4	27.2	24.6	22.0	19.3	16.5	29
Sept. 13	39.0	39.4	39.8	39.4	38.9	37.7	36.5	34.7	32.7	30.3	27.7	24.9	22.1	Sept. 13
28	39.3	40.6	41.6	41.9	42.1	41.5	40.9	39.4	37.8	35.7	33.3	30.7	27.8	28
Okt. 13	38.6	40.5	42.4	43.3	44.3	44.4	44.3	43.4	42.4	40.7	38.6	36.3	33.4	Okt. 13
28	36.7	39.3	41.9	43.7	45.4	46.3	46.8	46.8	46.2	45.1	43.5	41.5	39.1	28
Nov. 12	33.9	37.2	40.5	42.9	45.3	47.0	48.2	48.9	49.0	48.4	47.4	45.9	43.8	Nov. 12
27	30.2	34.0	37.8	41.0	44.0	46.3	48.3	49.6	50.4	50.5	50.1	49.2	47.6	27
Dez. 12	25.9	30.1	34.4	38.1	41.7	44.5	47.2	49.1	50.6	51.4	51.7	51.3	50.3	Dez. 12
27	21.1	25.6	30.2	34.2	38.2	41.6	44.8	47.2	49.4	50.8	51.6	51.9	51.6	27
32	19.4	23.8	28.5	32.6	36.7	40.4	43.7	46.3	48.7	50.3	51.4	52.0	51.9	32

Polaris 1955

Tafel 3

Wahre Zenit-distanz	Sternzeit 0^h u. 12^h 0^m	30^m	1^h u. 13^h 0^m	30^m	2^h u. 14^h 0^m	30^m	3^h u. 15^h 0^m	30^m	4^h u. 16^h 0^m	30^m	5^h u. 17^h 0^m	30^m	60^m	Wahre Zenit-distanz
°	"	"	"	"	"	"	"	"	"	"	"	"	"	°
10	+24.5	13.6	5.7	1.0	0.1	3.8	9.4	19.0	31.0	44.8	59.2	73.5	86.5+	10
12	18.5	10.3	4.3	0.7	0.1	2.3	7.1	14.3	23.4	33.8	44.7	55.5	65.3	12
14	14.2	7.9	3.3	0.6	0.1	1.7	5.4	11.0	18.0	25.9	34.3	42.5	50.0	14
16	10.9	6.1	2.5	0.4	0.1	1.3	4.2	8.5	13.9	20.0	26.4	32.7	38.5	16
18	8.4	4.7	1.9	0.3	0.0	1.0	3.2	6.5	10.6	15.3	20.2	25.1	29.5	18
20	+ 6.3	3.5	1.5	0.3	0.0	0.8	2.4	4.9	8.0	11.5	15.3	18.9	22.3+	20
22	4.6	2.6	1.1	0.2	0.0	0.6	1.8	3.6	5.9	8.4	11.2	13.9	16.3	22
24	3.2	1.8	0.7	0.1	0.0	0.4	1.2	2.5	4.1	5.8	7.7	9.6	11.3	24
26	2.0	1.1	0.5	0.1	0.0	0.2	0.8	1.5	2.5	3.6	4.8	5.9	7.0	26
28	+ 0.9	0.5	0.2	0.0	0.0	0.1	0.4	0.7	1.2	1.7	2.2	2.8	3.3+	28
30	0.0	0.0	0.0	0.0	0.0	0.0	0.0	0.0	0.0	0.0	0.0	0.0	0.0	30
32	— 0.8	0.5	0.2	0.0	0.0	0.1	0.3	0.6	1.0	1.5	2.0	2.5	2.9—	32
34	1.6	0.9	0.4	0.1	0.0	0.2	0.6	1.2	2.0	2.8	3.7	4.6	5.5	34
36	2.2	1.2	0.5	0.1	0.0	0.3	0.9	1.7	2.8	4.0	5.4	6.6	7.8	36
38	2.8	1.6	0.7	0.1	0.0	0.3	1.1	2.2	3.6	5.1	6.8	8.4	9.9	38
40	— 3.4	1.9	0.8	0.1	0.0	0.4	1.3	2.6	4.3	6.1	8.1	10.1	11.9—	40
45	— 4.6	2.5	1.1	0.2	0.0	0.6	1.7	3.5	5.8	8.3	11.0	13.7	16.1—	45
50	5.6	3.1	1.3	0.2	0.0	0.7	2.1	4.3	7.0	10.2	13.4	16.7	19.6	50
55	6.4	3.6	1.5	0.3	0.0	0.8	2.5	5.0	8.1	11.7	15.5	19.3	22.7	55
60	7.2	4.0	1.7	0.3	0.0	0.9	2.7	5.5	9.1	13.1	17.4	21.5	25.4	60
65	7.9	4.3	1.8	0.3	0.0	1.0	3.0	6.1	10.0	14.4	19.0	23.6	27.8	65
70	— 8.5	4.7	2.0	0.3	0.0	1.0	3.3	6.6	10.8	15.6	20.6	25.5	30.0—	70
75	9.1	5.1	2.1	0.4	0.0	1.1	3.5	7.0	11.5	16.6	22.0	27.3	32.1	75
80	9.7	5.4	2.2	0.4	0.0	1.2	3.7	7.5	12.3	17.7	23.4	29.0	34.2	80
85	—10.2	5.7	2.4	0.4	0.0	1.2	3.9	7.9	12.9	18.7	24.7	30.7	36.1—	85

Wahre Zenit-distanz	Sternzeit 6^h u. 18^h 0^m	30^m	7^h u. 19^h 0^m	30^m	8^h u. 20^h 0^m	30^m	9^h u. 21^h 0^m	30^m	10^h u. 22^h 0^m	30^m	11^h u. 23^h 0^m	30^m	60^m	Wahre Zenit-distanz
°	"	"	"	"	"	"	"	"	"	"	"	"	"	°
10	+86.5	97.1	105.2	109.7	110.8	107.9	101.4	91.8	79.8	66.1	51.7	37.5	24.5+	10
12	65.3	73.3	79.4	82.8	83.6	81.4	76.5	69.3	60.2	49.9	39.0	28.3	18.5	12
14	50.0	56.2	60.9	63.5	64.1	62.4	58.7	53.1	46.2	38.2	29.9	21.7	14.2	14
16	38.5	43.3	46.9	48.9	49.4	48.1	45.2	40.9	35.6	29.4	23.0	16.7	10.9	16
18	29.5	33.2	36.0	37.5	37.8	36.9	34.7	31.4	27.3	22.6	17.7	12.8	8.4	18
20	+22.3	25.0	27.1	28.3	28.5	27.8	26.1	23.7	20.6	17.0	13.3	9.7	6.3+	20
22	16.3	18.3	19.8	20.7	20.9	20.4	19.1	17.3	15.1	12.5	9.7	7.1	4.6	22
24	11.3	12.7	13.7	14.3	14.5	14.1	13.2	12.0	10.4	8.6	6.7	4.9	3.2	24
26	7.0	7.8	8.5	8.9	8.9	8.7	8.2	7.4	6.4	5.3	4.2	3.0	2.0	26
28	+ 3.3	3.7	4.0	4.2	4.2	4.1	3.8	3.5	3.0	2.5	2.0	1.4	0.9+	28
30	0.0	0.0	0.0	0.0	0.0	0.0	0.0	0.0	0.0	0.0	0.0	0.0	0.0	30
32	— 2.9	3.3	3.5	3.7	3.7	3.6	3.4	3.1	2.7	2.2	1.7	1.3	0.8—	32
34	5.5	6.1	6.7	7.0	7.0	6.8	6.4	5.8	5.1	4.2	3.3	2.4	1.6	34
36	7.8	8.8	9.5	9.9	10.0	9.8	9.2	8.3	7.2	6.0	4.7	3.4	2.2	36
38	9.9	11.1	12.1	12.6	12.7	12.4	11.6	10.5	9.2	7.6	5.9	4.3	2.8	38
40	—11.9	13.3	14.4	15.0	15.2	14.8	13.9	12.6	10.9	9.1	7.1	5.1	3.4—	40
45	—16.1	18.1	19.6	20.4	20.6	20.0	18.8	17.1	14.8	12.3	9.6	7.0	4.6—	45
50	19.6	22.0	23.9	24.9	25.1	24.5	23.0	20.8	18.1	15.0	11.7	8.5	5.6	50
55	22.7	25.4	27.6	28.8	29.0	28.3	26.6	24.1	20.9	17.3	13.5	9.8	6.4	55
60	25.4	28.5	30.9	32.2	32.5	31.6	29.7	26.9	23.4	19.4	15.2	11.0	7.2	60
65	27.8	31.2	33.8	35.3	35.6	34.7	32.6	29.5	25.7	21.2	16.6	12.0	7.9	65
70	—30.0	33.7	36.5	38.1	38.5	37.5	35.2	31.9	27.7	23.0	17.9	13.0	8.5—	70
75	32.1	36.1	39.1	40.8	41.2	40.1	37.7	34.1	29.7	24.6	19.2	13.9	9.1	75
80	34.2	38.4	41.6	43.4	43.8	42.6	40.1	36.3	31.5	26.1	20.4	14.8	9.7	80
85	—36.1	40.6	43.9	45.8	46.3	45.1	42.4	38.3	33.3	27.6	21.6	15.6	10.2—	85

Besondere Erläuterungen zu den Angaben und zum Gebrauch des Jahrbuches

Das Jahrbuch gibt die Örter der *Planeten* in geozentrischen und in heliozentrischen Koordinaten. Die Zeitpunkte, für die sie gelten, sind in Weltzeit ausgedrückt, wenn nicht ausdrücklich eine andere Zeit angegeben wird. — **Weltzeit ist identisch mit Bürgerlicher Zeit Greenwich.** Der bürgerliche Tag beginnt um Mitternacht, die Weltzeit-Stunden sind von 0^h bis 24^h durchgezählt. Die Beziehung zu der bis zum Jahrgang 1924 (einschließlich) im Jahrbuch verwendeten Mittleren Zeit Greenwich besteht darin, daß der astronomische mittlere Tag erst am Mittag des bürgerlichen Tages, also 12^h nach dessen Anfang beginnt. Somit ist 1925 Jan. 1, 0^h Weltzeit gleich 1924 Dez. 31, 12^h Mittlere Zeit Greenwich.

Die Örter der *Fixsterne* sind gegeben als »Mittlere Sternörter«, bezogen auf das mittlere Äquinoktium des Jahresanfangs, und in Ephemeridenform als »Scheinbare Sternörter«, bezogen auf das jedesmalige wahre Äquinoktium.

Zur Erläuterung ist im einzelnen folgendes zu bemerken:

Sonnenephemeride (S. 2—29 und 116—124).

Der erste Teil der Sonnenephemeride (S. 2—19) gibt auf den l i n k e n Seiten für 0^h Weltzeit an jedem Tage:

1) Die Zeitgleichung = Wahre Zeit *minus* Mittlere Zeit.

2) Die geozentrischen, äquatorialen Koordinaten α, δ des scheinbaren Sonnenorts, bezogen auf das jedesmalige wahre Äquinoktium, zugleich mit der ersten Differenzenreihe. Diese Angaben sind direkt mit den Beobachtungen vergleichbar. Die Nutationsglieder kurzer Periode sind, wie im Vorwort erwähnt, in den Koordinaten nicht enthalten.

3) Die halbe Durchgangsdauer (in Sternzeit) der Sonnenscheibe durch den Meridian.

4) Den geozentrischen Halbmesser der Sonnenscheibe, d. i. der Winkel, unter dem der Sonnenhalbmesser vom Erdmittelpunkt aus erscheint.

Die r e c h t e n Seiten geben:

1) Die Julianische Zeit, d. i. die Anzahl der seit Beginn der Julianischen Periode verflossenen mittleren Sonnentage.

2) Die Sternzeit für 0^h Weltzeit. In ihr sind, wie im Vorwort erwähnt, nur die langperiodischen Glieder der Nutation enthalten.

Um für einen Erdort der westlichen Längendifferenz $\Delta\lambda$ (in Stunden) gegen Greenwich die Sternzeit in seiner mittleren Mitternacht zu erhalten, ist zu diesen Angaben hinzuzulegen: $9^s\!.8565\,\Delta\lambda$. Diese Werte findet man unter der Überschrift: »Korr. der Sternzeit« im Verzeichnis der Sternwarten.

3) Die Nutation in Rektaszension getrennt nach langperiodischen und kurzperiodischen Gliedern.

4) Die geozentrischen ekliptikalen Koordinaten λ, β der Sonne, bezogen auf das mittlere Äquinoktium des Jahresanfangs, sowie die Entfernung *R* der Erde von der Sonne. Diese Angaben finden bei Bahnberechnungen u. dergl. Verwendung.

5) Die bürgerlichen Ortszeiten des Aufgangs und Untergangs der Sonne für einen Ort des Nullmeridians in + 50° Breite; sie sind mit der Horizontalrefraktion 34′ berechnet und gelten für den oberen Rand der Sonne.

Auf S. 20—28 folgen, bezogen auf das mittlere Äquinoktium des Jahresanfangs, die r e c h t w i n k l i g e n , geozentrischen, äquatorialen Sonnenkoordinaten für 0^h Weltzeit mit ihren ersten und zweiten Differenzen. Die gleichen Koordinaten, jedoch bezogen auf das Normaläquinoktium 1950.0, werden auf S. 116—124 gegeben.

Die Werte von *X*, *Y*, *Z* sind auf 6 Dezimalen gegeben. Die Ephemeriden bieten jedoch die Möglichkeit, die Sonnenkoordinaten auch auf 7 Dezimalen zu entnehmen. Zu diesem Zwecke füge man an die 6stelligen Werte eine Null an und vereinige sie a l g e b r a i s c h mit den Werten von ΔX, ΔY, ΔZ. Ein ausführliches Beispiel hierfür ist im Jahrgang 1933, S. 362* gegeben.

Die gleichen Vorschriften gelten für die auf das Normaläquinoktium 1950.0 bezogenen Sonnenkoordinaten auf S. 116—124.

Am Fuß der Seite 28 findet man die Zeiten für die Anfänge der Jahreszeiten und für die Erdnähe und Erdferne der Sonne.

Die Seite 29 enthält die Aberration, Parallaxe, mittlere Länge $L_\odot$ und mittlere Anomalie $M_\odot$ der Sonne im Intervall von je 10 Tagen.

Mondephemeride (S. 30—48).

Die Mondephemeride (S. 30—47) gibt auf den l i n k e n Seiten für 0^h Weltzeit:

1) Die scheinbare Rektaszension und Deklination des Mondmittelpunktes mit den ersten Differenzen.

2) Die Äquatorial-Horizontalparallaxe $p_☾$ des Mondes.

3) Den geozentrischen Mondhalbmesser $r_☾$, d. i. der Winkel, unter dem der Mondhalbmesser vom Erdmittelpunkt aus erscheint.

4) Die Länge und Breite des Mondes, abgekürzt auf 0°001.

5) Das Alter des Mondes.

Die r e c h t e n Seiten enthalten:

1) Für den oberen Durchgang des Mondes durch den Meridian von Greenwich die genäherten Angaben für die Rektaszension, Deklination und Parallaxe des Mondmittelpunktes, sowie die bürgerliche Greenwicher Zeit dieses Durchgangs, nebst den Änderungen für 1^h westlicher Längendifferenz.

2) Die bürgerlichen Ortszeiten des Aufgangs und Untergangs des Mondes für einen Ort des Nullmeridians in +50° Breite nebst Änderung für 1^h westlicher Längendifferenz; sie sind mit der Horizontalrefraktion 34′ berechnet und gelten für den oberen Rand des Mondes.

Seite 48 enthält die Zeitangaben für die Phasen, die Erdnähe und Erdferne des Mondes.

Ephemeriden der Großen Planeten (S. 49—115 und 125—128).

Die geozentrischen Örter der Planeten sind für Merkur, Venus, Mars, Jupiter, Saturn, Uranus und Neptun von Tag zu Tag, für Pluto von zwei zu zwei Tagen für 0^h Weltzeit mit ihren ersten Differenzen gegeben. Für die Planeten Merkur bis Neptun sind scheinbare, auf das momentane wahre Äquinoktium bezogene Örter gegeben. Die Örter von Pluto sind auf das mittlere Äquinoktium 1950.0 bezogen und sind nicht wegen Aberration korrigiert. Zur bequemeren Vergleichung der Beobachtungen mit der Ephemeride sind bei diesem Planeten Fixsternaberration und Lichtzeit in besonderen Spalten angeführt.

Die letzten Spalten enthalten den scheinbaren Halbmesser, die Horizontalparallaxe sowie die mittleren Ortszeiten der oberen Kulmination, des Aufgangs und des Untergangs für einen Ort des Nullmeridians in +50° geographischer Breite.

Die Örter von Pluto sind nach den Elementen XIX von E. C. Bower, Lick Observatory Bulletin 437, unter Berücksichtigung der Störungen durch Jupiter, Saturn, Uranus und Neptun berechnet.

Die scheinbaren Halbmesser in der Einheit der Entfernung sind:

Merkur	3.″34	Saturn (äquat.)	83.″33
Venus	8.41	» (polar)	74.57
Mars	4.68	Uranus	34.28
Jupiter (äquat.)	98.47	Neptun	36.56
» (polar)	91.91		

Bei Jupiter und Saturn ist in den Ephemeriden der scheinbare Polarhalbmesser gegeben.

Die heliozentrischen Ephemeriden der Planeten (S. 125—128) geben den Log. des Radiusvector, die Länge, deren Reduktion auf die Bahn und die Breite bezogen auf das mittlere Äquinoktium 1950.0.

☊ und *i* stellen die Bahnlage für die Epoche 1950.0 und das Normaläquinoktium 1950.0 dar.

Die Genauigkeit und Ausführlichkeit dieser heliozentrischen Angaben sind ihrem Hauptzweck, zur Berechnung der speziellen Störungen zu dienen, angepaßt.

Die beigefügten Werte der Planetenmassen sind die den Tafeln von Newcomb und von Hill zugrunde liegenden. Für die Erde ist noch besonders zu erwähnen, daß die Masse von »Erde + Mond« gegeben ist, Radiusvector und heliozentrische Länge sich auf den Schwerpunkt des Systems »Erde + Mond« beziehen.

Mittlere Örter von 1535 Fixsternen (S. 2*—40*).

Die mittleren Örter der 1535 Fixsterne sind aus den Angaben des Dritten Fundamentalkatalogs des Berliner Astronomischen Jahrbuchs (I. Teil: Veröffentlichungen des *Astronomischen Rechen-Instituts* Nr. 54, II. Teil: Abhandlungen der *Preußischen Akademie der Wissenschaften* Jahrg. 1938, Phys. math. Klasse Nr. 3) abgeleitet worden. Die in Teil I durch ein † gekennzeichneten Sterne sind von 1944 ab weggelassen worden. Die in Teil II enthaltenen Zusatzsterne sind durch ihre Nummern, die alle über 1000 liegen, leicht zu erkennen. Die zusätzlichen Polsterne sind mit den griechischen Buchstaben α—π bezeichnet. Die Örter aller Polsterne sind durch trigonometrische Übertragung erhalten worden. Die jährlichen Veränderungen gelten für die Mitte des Jahres. Ein * vor dem Namen weist auf eine Anmerkung am Fuß der Seite hin.

Unter Gr. stehen die visuellen Größen, welche aus dem „Henry Draper Catalogue (Harvard Annals, Vol. 91—99)" entnommen sind. Bei einigen weiten Doppelsternen ist an Stelle der im H. D. C. angegebenen Gesamthelligkeit die Helligkeit der hellen Komponente angeführt. Bei Veränderlichen sind die Grenzen der Helligkeit angegeben; beziehen sich diese auf photographische Größen, so sind sie durch kursiven Druck kenntlich gemacht.

Die Spektren sind aus dem Draper Katalog übernommen worden. Zusammengesetzte Spektren sind durch + gekennzeichnet. In anderen Fällen beziehen sich, wo 2 Spektren gegeben sind, diese auf die Komponenten eines Doppelsterns.

Scheinbare Örter von 584 Fixsternen (S. 41*—250*).

Die scheinbaren Rektaszensionen und Deklinationen der Fixsterne sind für den Moment der oberen Kulmination im Meridian von Greenwich gegeben.

Die Ephemeriden der 560 Sterne mit Deklinationen kleiner als 80°, deren scheinbare Örter von 10 zu 10 Sterntagen gegeben sind, enthalten die kurzperiodischen Mondglieder der Nutation nicht. Das Datum des Tages, an welchem zwei Kulminationen stattfinden, ist in kleinem Druck vor der Rektaszensionsspalte angeführt.

Die jährliche Parallaxe ist bei folgenden Sternen berücksichtigt, bei denen sie hinreichend verbürgt erscheint:

Nr. 10	ζ Tucanae	mit 0″133	Nr. 538	α Centauri	mit 0″756
Nr. 11	β Hydri	» 0.143	Nr. 667	μ Herculis	» 0.109
Nr. 59	τ Ceti	» 0.298	Nr. 695	χ Draconis	» 0.119
Nr. 127	ε Eridani	» 0.305	Nr. 699	α Lyrae	» 0.121
Nr. 257	α Canis maj.	» 0.377	Nr. 745	α Aquilae	» 0.208
Nr. 291	α Canis min.	» 0.291	Nr. 754	δ Pavonis	» 0.174
Nr. 295	β Geminor.	» 0.100	Nr. 793	61 Cygni	» 0.299
Nr. 445	β Virginis	» 0.101	Nr. 805	γ Pavonis	» 0.113
Nr. 470	β Canum ven.	» 0.108	Nr. 867	α Piscis austr.	» 0.135
Nr. 492	β Comae	» 0.121	Nr. 875	Br 3077 Cass.	» 0.146
Nr. 513	η Bootis	» 0.112			

Von den im B. J. nicht mit Ephemeriden versehenen Sternen des FK 3 besitzen noch folgende hinreichend verbürgte Parallaxen:

Nr.	119	82 G. Eridani	0.″159	Nr.	1073	268 G. Ceti	0.″147
Nr.	135	δ Eridani	0.112	Nr.	1093	κ Ceti	0.106
Nr.	217	γ Leporis	0.122	Nr.	1134	π^3 Orionis	0.128
Nr.	239	α Mensae	0.118	Nr.	1300	61 Ursae maj.	0.109
Nr.	825	ε Indi	0.288	Nr.	1307	Grb 1830 U Maj	0.108
Nr.	1019	96 G. Pisc.	0.148	Nr.	1345	61 Virginis	0.116
Nr.	1030	μ Cassiop.	0.130	Nr.	1391	33 G. Librae	0.172

Die Ephemeriden der auf S. 2*—40* eingeklammerten Sterne findet man in »Apparent Places of Fundamental Stars«. H. M. Stationary Office, London.

Es folgen die scheinbaren Örter von 20 Polsternen für jede obere Kulmination. Sie enthalten die kurzperiodischen Mondglieder nicht, jedoch sind deren Werte in besonderen Spalten gegeben.

Am Fuße der Ephemeriden ist der mittlere Ort eines jeden Sternes für den Anfang des Jahres und die Werte von sec δ und tg δ angegeben, welche bei der Reduktion der Meridianbeobachtungen nach der hierfür am zweckmäßigsten erscheinenden Besselschen Formel gebraucht werden. Ferner sind hier die Größen a, b, a', b' enthalten, mit deren Hilfe die Nutationsglieder kurzer Periode leicht berechnet werden können. Man erhält $A'a+B'b$ in Zeitsekunden, $A'a'+B'b'$ in Bogensekunden.

Auf den Seiten 241*—250* sind die rechtwinkligen Koordinaten der scheinbaren Örter von vier polnahen Sternen gegeben. Sie beziehen sich auf ein Koordinatensystem, dessen positive x-Achse nach dem Frühlingspunkt und dessen positive y-Achse nach dem Punkt $\alpha = 6^h$, $\delta = 0°$ gerichtet ist. Der Zusammenhang zwischen x, y und α, δ ist gegeben durch die Beziehungen: $x = \cos\delta \cos\alpha$, $y = \cos\delta \sin\alpha$. Die Angaben gelten für 12^h Sternzeit Greenwich und enthalten die kurzperiodischen Mondglieder der Nutation nicht, deren Werte jedoch in der letzten Spalte einer jeden Seite unter der Überschrift »Kurzperiod.Nutationsgl.« gegeben sind.

Als Quellen für die Koordinaten und Eigenbewegungen dieser vier Sterne sind benutzt worden:

für BD + 89°1: L. Courvoisier: Neue Position und Eigenbewegung des Polsterns BD + 89°1. Astron. Nachr. Bd. **273**, S. 87.

für BD + 89°3 und + 89°37: L. Courvoisier: Beobachtungen der Polsterne BD + 89°3 und BD + 89°37 am Vertikalkreis 1914—1926. Veröff. der Universitäts-Sternwarte zu Berlin-Babelsberg, Band XII, Heft 2.

für CPD — 89°38: Cape Annals Bd. **XI**, II, 244 für den Ort und eine briefliche Mitteilung für die Eigenbewegung.

Damit werden die mittleren Örter für 1955.0:

Name	Gr.	x	Jährl. Veränd. 1955.5	Jährl. Eigen-bew.	y	Jährl. Veränd. 1955.5	Jährl. Eigen-bew.
	m	″	″	″	″	″	″
BD+89° 1	10.56	−580.58	−20.070	−0.011	+ 77.28	−0.142	−0.010
BD+89° 3	9.06	383.95	−20.241	0.006	+862.69	−0.094	−0.006
BD+89° 37	10.06	−1361.21	−19.975	−0.011	−349.08	−0.291	+0.015
CPD−89° 38	9.5	+ 275.86	+20.137	+0.027	−306.55	+0.095	+0.031

Reduktionsgrößen (S. 252*—290*).

Auf die scheinbaren Örter der Sterne folgt S. 251* eine Zusammenstellung der Werte, mit welchen die Reduktionsgrößen der darauf folgenden Tafeln berechnet sind, und der Formeln für die Reduktion auf den scheinbaren Ort.

Die Größen zur »Reduktion auf den scheinbaren Ort« sind in ihrer *ersten* Form: A, B, C, D, E; A', B' gegeben für 12^h Sternzeit des Meridians von Greenwich:

1) Auf S. 270*—278* für jeden Sterntag. Hier sind die numerischen Werte von A, B, C und D mit ihren Differenzen gegeben und die kurzperiodischen Nutationsglieder A' und B' mit angeführt.
2) Auf S. 279* im Intervall von 10 Sterntagen.

Diese Tafel soll zur Berechnung von Sternephemeriden für die Epochen der Meridiandurchgänge dienen. Wegen ihrer logarithmischen Form und des großen Intervalls ist die Tafel zur Interpolation nicht geeignet. Man wird deshalb zweckmäßig die Interpolation erst nach der Summierung der einzelnen unmittelbar für die Epochen der Tafel berechneten Glieder vornehmen.

Beiden Tafeln ist in einer Spalte die dem festen Sternzeitmoment jedesmal entsprechende Weltzeit vorangestellt; man wird hiernach auf jeden beliebigen Zeitpunkt, gegeben durch Datum, Sternzeit und Längendifferenz gegen Greenwich, übergehen können. Eine weitere Spalte gibt die seit Beginn des annus fictus verflossene Zeit in Bruchteilen des tropischen Jahres.

Die Reduktionsgrößen der *zweiten* Form: f, log g, G, log h, H, log i und i, sowie f', g' und G' sind auf S. 252*—269* von Tag zu Tag für 0^h Weltzeit gegeben.

Auch hier findet sich eine Spalte, t überschrieben, welche die seit Beginn des annus fictus verflossene Zeit in Bruchteilen des tropischen Jahres gibt. Ferner ist die Sternzeit Greenwich für 0^h Weltzeit gegeben.

Die Seiten mit ungerader Seitenzahl enthalten außer den schon erwähnten f', g', G' noch folgende Größen:

ψ = Allgemeine Präzession seit Jahresanfang.
$\Delta\psi$ = Langperiodische Glieder der Nutation in Länge.
$\Delta\psi'$ = Kurzperiodische Glieder der Nutation in Länge.
ε = Mittlere Schiefe der Ekliptik.
$\Delta\varepsilon$ = Langperiodische Glieder der Nutation in Schiefe.
$\Delta\varepsilon'$ = Kurzperiodische Glieder der Nutation in Schiefe.
Die Koeffizienten j und k der Formeln auf S. 282*.

Die wahre Schiefe erhält man durch Addition der Gesamtnutation $(\Delta\varepsilon + \Delta\varepsilon')$ zu der mittleren Schiefe.

Auf S. 280* findet sich eine Tafel der Hilfsgrößen zur Berechnung der Präzession von verschiedenen mittleren Äquinoktien bis 1955.0.

S. 281* enthält eine Tafel der Hilfsgrößen zur Übertragung der Polsternörter von verschiedenen mittleren Äquinoktien auf das mittlere Äquinoktium 1955.0.

Auf S. 282* sind die Formeln zusammengestellt, mit welchen bei Anschlußbeobachtungen die gemessenen Koordinatendifferenzen der scheinbaren Örter in solche der mittleren Örter für den Jahresanfang übergeführt werden. Die in diesen Formeln auftretenden Koeffizienten j und k sind auf den Seiten 253*—269* enthalten und haben die Bedeutung

$$j = 15\, g \text{ arc } 1'$$
$$k = 15\, h \text{ arc } 1',$$

wobei g und h die auf den Seiten 252*—268* gegebenen Reduktionsgrößen sind.

S. 283* enthält eine Zusammenstellung der von der Deklination abhängenden Faktoren der Formeln auf S. 282*.

S. 284* enthält eine Tafel der numerischen Werte der Funktionen Sinus und Cosinus für in Zeit ausgedrückte Winkel. Ihre Benutzung erleichtert die Berechnung der Formeln auf S. 282*.

Die Seite 285* enthält eine Tafel zur Übertragung von Rektaszensions- und Deklinationsdifferenzen vom mittleren Äquinoktium 1955.0 auf das Normaläquinoktium 1950.0. Man findet die auf das Normaläquinoktium 1950.0 bezogene Koordinatendifferenz, indem man an der auf das mittlere Äquinoktium 1955.0 bezogene Rektaszensionsdifferenz die differentielle Präzession $\Delta\ p^s_\alpha$ und an der Deklinationsdifferenz die differentielle Präzession $\Delta\ p''_\delta$ anbringt:

$$\Delta p^s_\alpha = a_1 \text{ tg } \delta \cdot \Delta\alpha^m + a_2 \tfrac{1}{15} \sec^2\delta \cdot \Delta\delta',$$
$$\Delta p_\delta'' = d_1 \cdot \Delta\alpha^m.$$

Die Koeffizienten a_1, a_2 und d_1 sind in der Tafel auf S. 285* enthalten und haben die Bedeutung:

$$a_1 = (n) \text{ arc } 1' \cos\alpha$$
$$a_2 = (n) \text{ arc } 1' \sin\alpha$$
$$d_1 = -15\ (n) \text{ arc } 1' \sin\alpha.$$

$\Delta\alpha^m$ und $\Delta\delta'$ sind die auf das mittlere Äquinoktium 1955.0 bezogenen Rektaszensions- und Deklinationsdifferenzen in Zeit- bez. Bogenminuten. Nach den angegebenen Formeln findet man die differentielle Präzession für Rektaszension in Zeitsekunden, diejenige für Deklination in Bogensekunden.

Die auf Seite 286* gegebenen Größen f, log g und G dienen zur Übertragung der Örter von dem *mittleren* Normaläquinoktium 1950.0 auf das *wahre* Äquinoktium der Epoche. Die Berücksichtigung des Einflusses der Variatio saecularis bei dieser Übertragung ist durch die Tafeln auf S. 287* gegeben.

Eine Tafel zur Übertragung von Sternörtern vom mittleren Äquinoktium 1955.0 auf das Normaläquinoktium 1950.0 befindet sich auf den Seiten 288* 290*.

Die hier tabulierten Größen sind gerechnet nach den Formeln:

$$A = (n^s) \sin a$$
$$D = (n'') \cos a$$
$$B = (m^s) - 0.00001818\ (n^s)^2 \sin 2a$$
$$\Delta C = \text{arc } tg\ C - C;\ C = A\ tg\ (\delta_{1955.0} + D)$$
$$P = -15\ tg\ \tfrac{1}{2}\psi;\ tg\,\psi = \sin (n) \sin a\ tg\ (\delta_{1955.0} + D)$$
$$a = \alpha_{1955.0} + 90^\circ - (N)$$

Wegen der Größen (m), (n), (N) vgl. S. [5] der „Grundbegriffe der Sphärischen Astronomie“ im Jahrbuch für 1916. Falls die auf S. 290* gegebene Tafel für ΔC und P nicht ausreicht, berechne man die Größen nach den vorstehend gegebenen Formeln oder benutze die weiterreichende Tafel in Veröff. d. Astronom. Rechen-Instituts Nr. 49.

Sonnen- und Mondfinsternisse (S. 292*—296*).

Bei der Berechnung der Finsternisse des Jahres 1955 sind die Örter von Sonne und Mond um folgende Beträge verbessert worden:

1955	Sonne $\Delta\lambda$	$\Delta\beta$	$\Delta\alpha$	$\Delta\delta$	Mond $\Delta\lambda$	$\Delta\beta$	$\Delta\alpha$	$\Delta\delta$
	″	″	s	″	″	″	s	″
Juni 20	+1.0	0.0	+0.07	0.0	—2.3	—0.3	—0.17	—0.3
Nov. 29	+1.0	0.0	+0.07	—0.2	—2.3	—0.3	—0.16	—0.7
Dez. 4	+1.0	0.0	+0.07	—0.1	—1.8	—0.7	—0.13	—0.5

Die bei den Sonnenfinsternissen gegebenen Besselschen Elemente dienen in der folgenden Weise zur Vorausberechnung der Phasenzeiten und der Positionswinkel der Kontakte:

Mit einer Ausgangszeit T (siehe weiter unten) entnimmt man der Elemententabelle die Werte:

x, y, log sin d, log cos d, μ, l ($l^{(a)}$ für äußere, $l^{(i)}$ für innere Berührung), log tang f ($f^{(a)}$ für äußere, $f^{(i)}$ für innere Berührung), x' und y'.

Mit ihnen rechnet man das folgende Formelsystem durch:

$$(1)\left\{\begin{aligned} \xi &= c \cos\varphi \sin(\mu-\lambda) \\ \eta &= s \sin\varphi \cos d - c\cos\varphi \sin d \cos(\mu-\lambda) \\ \zeta &= s \sin\varphi \sin d + c \cos\varphi \cos d \cos(\mu-\lambda) \\ \xi' &= [7.6398-10]\; c \cos\varphi \cos(\mu-\lambda) \\ \eta' &= [7.6398-10]\; \xi \sin d, \end{aligned}\right.$$

worin φ die geographische Breite, λ die westliche Länge (von Greenwich) des Beobachtungsortes bezeichnen, s und c aus der Tafel auf S. 403* zu entnehmen sind.

Alsdann:

$$(2)\left\{\begin{aligned} m \sin M &= x - \xi \\ m \cos M &= y - \eta \end{aligned}\right\}\; m > 0 \qquad \left\{\begin{aligned} n \sin N &= x' - \xi' \\ n \cos N &= y' - \eta' \end{aligned}\right\}\; n > 0$$

Nun berechnet man aus:

$$(3)\quad L = l - \zeta \operatorname{tang} f$$

$L^{(a)}$ mit $l^{(a)}$ und $f^{(a)}$, $L^{(i)}$ mit $l^{(i)}$ und $f^{(i)}$; dann aus:

$$(4)\quad \sin\psi = \frac{m \sin(M-N)}{L}\,^{1)}$$

¹) Wird der Winkel ψ bei der ersten Näherungsrechnung imaginär, so rechne man τ unter der Annahme $\psi = 90°$ aus $\tau = -\frac{m\cos(M-N)}{n}$; bleibt ψ auch in der weiteren Rechnung imaginär, so deutet dies an, daß an dem betreffenden Orte keine Sonnenfinsternis stattfindet.

mit $L^{(a)}$ und $L^{(i)}$ je zwei Werte $\psi^{(a_1)}$, $\psi^{(a_2)}$ und $\psi^{(i_1)}$, $\psi^{(i_2)}$, von denen der eine zum Eintritt der Erde in den Halb- oder Kernschatten-Kegel, der andere zu ihrem Austritt aus ihm gehört. Diesen vier Werten $\psi^{(a_1)}$, $\psi^{(a_2)}$ und $\psi^{(i_1)}$, $\psi^{(i_2)}$ entsprechen vier Werte $\tau^{(a_1)}$, $\tau^{(a_2)}$ und $\tau^{(i_1)}$, $\tau^{(i_2)}$ (in Zeitminuten) nach

$$(5)\ \tau = -\frac{m \cos (M-N)}{n} + \frac{L \cos \psi}{n},$$

um welche die Ausgangszeit T zu verbessern ist, um die Zeit der gesuchten Phase zu erhalten. Ist T die gesuchte Phasenzeit, so wird $\tau = 0$ werden. Man muß daher das Formelsystem (1) bis (5) mit steigenden Näherungen so lange durchrechnen, bis dieser Fall eintritt, d. h. bis das Formelsystem sich schließt. Zu diesem Zweck beginnt man mit einem Näherungswert T_1, für den man, wenn kein besserer bekannt sein sollte, eine beliebige Zeit nahe der Mitte der Finsternis nehmen mag, und rechnet die erste genäherte Korrektion τ_1; dann wiederholt man die Rechnung mit $T_2 = T_1 + \tau_1$, dann mit $T_3 = T_2 + \tau_2 = T_1 + \tau_1 + \tau_2$ usf. bis sich $\tau_n = 0$ ergibt. T_n ist dann die gesuchte Weltzeit des Kontaktes, die durch Hinzufügung der Längendifferenz in mittlere Ortszeit zu verwandeln ist. Die Rechnung ist für jede Berührung gesondert durchzuführen.

Die Positionswinkel der einzelnen Phasen, in üblicher Weise vom Punkt größter Deklination nach Osten gezählt, folgen aus den Werten der letzten Näherung (Größen mit dem Index n) nach

$$P = N + \psi.$$

Will man den Winkelabstand Q vom Punkte der größten Höhe haben, so hat man von P noch den parallaktischen Winkel γ abzuziehen, der aus

$$\left.\begin{aligned} p \sin \gamma &= \xi \\ p \cos \gamma &= \eta \end{aligned}\right\}\ p > 0$$

folgt, also

$$Q = P - \gamma.$$

Um die Zeit der größten Phase, T_{max}, zu erhalten, hat man die beiden Formelsysteme (1) und (2) mit einem Näherungswerte T_1 durchzurechnen, daraus $T_2 = T_1 - \frac{m \cos (M-N)}{n}$ zu entnehmen und die Rechnung so lange fortzusetzen, bis die Korrektion der Ausgangszeit 0 wird. Als Näherungswert T_1 wählt man zweckmäßig das Mittel der beiden Werte von T_2 für die Berührungszeiten.

Die Größe der Verfinsterung i, in Teilen des Sonnendurchmessers ausgedrückt, ergibt sich dann aus:

$$i = \frac{L^{(a)} - m}{2\,L^{(a)} - 0.5459}$$

worin $L^{(a)}$ und m die zur Zeit T_{max} gehörigen Werte bedeuten.

Sternbedeckungen (S. 297*—306*).

Die Seiten 297* bis 300* enthalten die Elemente von Stern- und Planetenbedeckungen durch den Mond, welche in dem Gebiet zwischen den Meridianen 0^h und 2^h östlicher Länge von Greenwich und den Breitenkreisen $+45°$ und $+55°$ sichtbar sind.

Mit den in der Zusammenstellung der Elemente gegebenen Werten geschieht die Berechnung der Berührungszeiten eines Sternes mit dem

Mondrand für einen Ort mit den geographischen Koordinaten φ und λ (λ positiv, wenn der Beobachtungsort westlich von Greenwich liegt) auf folgende Weise:

Aus der auf den Seiten 297* bis 300* enthaltenen Weltzeit T der geozentrischen Konjunktion von Mond und Stern findet man einen ausreichenden Näherungswert $T+t$ der Weltzeit der topozentrischen Konjunktion durch Berechnung der Größen:

$h_o = H - \lambda$

$\xi_o = c \cos\varphi \sin h_o$ (c und später s aus der Tafel auf Seite 403*)

$$\xi' = [9.4192 - 10]\, c \cos\varphi \cos \frac{4}{3} h_o$$

$$t = \frac{\xi_o}{x' - \xi'}$$

t ergibt sich in Stunden mittlerer Zeit. Das Vorzeichen entspricht dem von h_o.

Für die Zeit $T+t$ berechne man die folgenden Größen, in denen $t_o = 1.0027\, t$ ist.

$$\xi = c \cos\varphi \sin(h_o + t_o)$$
$$\eta = s \sin\varphi \cos\delta - c \cos\varphi \sin\delta \cos(h_o + t_o) = \eta_1 - \eta_2$$
$$\xi' = [9.4192 - 10]\, c \cos\varphi \cos(h_o + t_o)$$
$$\eta' = [9.4192 - 10]\, \xi \sin\delta$$
$$x = x' t$$
$$y = Y + y' t.$$

Aus den Beziehungen:
$$\left.\begin{aligned} m \sin M &= x - \xi \\ m \cos M &= y - \eta \end{aligned}\right\} m > 0$$
$$\left.\begin{aligned} n \sin N &= x' - \xi' \\ n \cos N &= y' - \eta' \end{aligned}\right\} n > 0$$
$$\sin\psi = [0.5646]\, m \sin(M - N),$$

ψ zwischen $+90°$ und $-90°$, berechne man

$$\tau = -\frac{[1.7782]\, m}{n} \cos(M - N) \mp \frac{[1.2135]}{n} \cos\psi$$

$$d\tau = \frac{[6.7591 - 10]\, \tau^2}{n \cos\psi} [\eta_2 \cos(N \mp \psi) - \xi \sin(N \mp \psi)],$$

wobei die oberen Vorzeichen für den Eintritt, die unteren für den Austritt gelten. Die eingeklammerten Zahlen bedeuten Logarithmen. τ und $d\tau$ ergeben sich in Zeitminuten. Werden die für den Eintritt geltenden Werte mit τ' und $d\tau'$ bezeichnet, die für den Austritt geltenden mit τ'' und $d\tau''$, so ist die Weltzeit des

$$\text{Eintritts} = T + t + \tau' + d\tau'$$
$$\text{Austritts} = T + t + \tau'' + d\tau''.$$

Als Kontrolle berechne man die Werte von x, y, ξ, η für die so gefundenen Berührungszeiten. Sind diese richtig, so muß die Beziehung erfüllt sein:

$$\sqrt{(x - \xi)^2 + (y - \eta)^2} = 0.2725.$$

Ist $m \sin(M - N) > 0.2725$, so tritt für den betreffenden Beobachtungsort keine Bedeckung des Sternes ein.

Die Positionswinkel des Sternes in bezug auf den Mondmittelpunkt für die Zeiten des Ein- und Austritts folgen aus

$$P_E = N - \psi - dP \text{ für den Eintritt,}$$
$$P_A = N + \psi + dP \pm 180^\circ \text{ für den Austritt,}$$

wobei die Winkel $N - \psi$ und $N + \psi$ aus der Rechnung für $d\tau$ entnommen werden können, und dP in Graden ausgedrückt aus

$$dP = \frac{[7.3038 - 10]\,\tau^2}{\cos\psi}(\eta_2 \sin N + \xi \cos N)$$

folgt.

Die Angaben über Sternbedeckungen sind von dem Nautical Almanac Office, US. Naval Observatory, Washington, zur Verfügung gestellt worden.

Auf den Seiten 301*—306* sind für Berlin-Babelsberg, Frankfurt a. M. und München Vorausberechnungen der an diesen Orten sichtbaren Sternbedeckungen gegeben. Außer der Weltzeit und dem Positionswinkel des Ein- oder Austrittes des bedeckten Sternes sind noch die Koeffizienten a und b angeführt, welche eine genäherte Vorausberechnung der Berührungszeiten für andere Orte innerhalb Deutschlands ermöglichen, die nicht allzuweit von den genannten Hauptpunkten entfernt sind. Bezeichnen λ und φ die geographischen Koordinaten des Beobachtungsortes, λ_0 und φ_0 diejenigen des ihm am nächsten gelegenen Hauptpunktes, so ist die gesuchte Berührungszeit gleich der für den Hauptpunkt geltenden $+ a(\lambda - \lambda_0) + b(\varphi - \varphi_0)$. Hierbei sind die Differenzen $\lambda - \lambda_0$ und $\varphi - \varphi_0$ in Einheiten des Grades unter Mitnahme des Zehntelgrades auszudrücken, damit sich die Korrektion in Zeitminuten ergibt.

Die Vorausberechnungen der Sternbedeckungen für Berlin-Babelsberg, Frankfurt a. M. und München wurden vom Nautical Almanac Office, London, ausgeführt und von diesem zum Abdruck zur Verfügung gestellt.

Mondbewegung und Lage des Mondäquators gegen den Erdäquator (S. 307*).

Auf S. 307* finden sich:

☊, Aufsteigender Knoten der Mondbahn auf der Ekliptik,
$L_☾$, Mittlere Länge des Mondes,
$\tilde{\omega}_☾$, Mittlere Länge des Perigäums,
$M_☾$, Mittlere Anomalie des Mondes,
i, Neigung des Mondäquators gegen den Erdäquator,
Δ, Stück des Mondäquators zwischen Ekliptik und Erdäquator,
☊′, Aufsteigender Knoten des Mondäquators auf dem Erdäquator.

☋, der aufsteigende Knoten des Mondäquators auf der Ekliptik ist gleich dem absteigenden Knoten der Mondbahn, also

$$☋ = ☊ \pm 180^\circ.$$

Vom Jahrgang 1926 ab sind die Brown schen Mondtafeln verwendet.

Die Größen i, Δ und Ω' berechnen sich aus:

$$\sin\tfrac{1}{2}(\Delta + \Omega')\cos\tfrac{1}{2}i = \cos\tfrac{1}{2}(\varepsilon - J)\sin\tfrac{1}{2}\mho$$

$$\cos\tfrac{1}{2}(\Delta + \Omega')\cos\tfrac{1}{2}i = \cos\tfrac{1}{2}(\varepsilon + J)\cos\tfrac{1}{2}\mho$$

$$\sin\tfrac{1}{2}(\Delta - \Omega')\sin\tfrac{1}{2}i = \sin\tfrac{1}{2}(\varepsilon - J)\sin\tfrac{1}{2}\mho$$

$$\cos\tfrac{1}{2}(\Delta - \Omega')\sin\tfrac{1}{2}i = \sin\tfrac{1}{2}(\varepsilon + J)\cos\tfrac{1}{2}\mho;$$

dabei ist J, die Neigung des Mondäquators gegen die Ekliptik, nach F. H a y n (Astr. Nachr. Bd. **199**, S. 263) zu $J = 1^\circ\,32'\,20''$ angenommen worden. Die Zahlen geben die Lage des mittleren Mondäquators (ohne physische Libration).

Die auf S. 307* gemachten Angaben über die Elemente der Mondbahn und des Mondäquators werden, teilweise in Verbindung mit den Größen $L_\odot$ und $M_\odot$ auf S. 29, zu verschiedenen Zwecken verwendet:

1) Als Argumente für die Berechnung der Reduktionsgrößen A, B, C, D, E, A', B'.

2) Bei Bestimmung der selenographischen Koordinaten von Punkten der Mondoberfläche.

3) Bei Berechnung der *optischen* und *physischen* Libration des Mondes.

a) Für die Berechnung der *optischen* Libration des Mondes sind alle nötigen Angaben in den Erläuterungen zu den Hilfstafeln unter Nr. 8 (S. 448*) gemacht.

b) Die Beträge der *physischen* Mondlibration in selenographischer Länge, der Neigung des Mondäquators und seinem aufsteigenden Knoten auf der Ekliptik τ, ρ, σ haben die Werte:

$$\tau = -\ 13''\sin M_☾ + 65''\sin M_\odot + 26''\sin 2\,(L_☾ - M_☾ - \Omega)$$

$$\rho = -106''\cos M_☾ + 34''\cos(2L_☾ - M_☾ - 2\Omega) - 11''\cos 2(L_☾ - \Omega)$$

$$\sigma\sin J = -108''\sin M_☾ + 34''\sin(2\,L_☾ - M_☾ - 2\Omega) - 11''\sin 2\,(L_☾ - \Omega).$$

Diese Zahlenangaben beruhen auf der Annahme $f = 0.73$, worüber F. H a y n (Astr. Nachr. Bd. **199**, S. 264) einzusehen ist.

Ephemeride für den Mondkrater Mösting A. (S. 308*—312*).

Die Ephemeride des Mondkraters Mösting A. dient zwei verschiedenen Zwecken: erstens zur genauen Bestimmung von Mondörtern am Himmel durch Beobachtung des Kraters, zweitens zur Bestimmung der selenographischen Koordinaten weiterer Punkte der Mondoberfläche durch deren mikrometrischen Anschluß an Mösting A.

Sie gilt für 0^h Weltzeit und enthält für die Tage, an welchen Mösting A. innerhalb der Beleuchtungsgrenze liegt, die Unterschiede $\alpha_☾ - \alpha_k$ in Rektaszension und $\delta_☾ - \delta_k$ in Deklination zwischen der Mondmitte und dem Krater, vom Erdmittelpunkt aus gesehen, sowie den Logarithmus des Sinus der Äquatorial-Horizontalparallaxe p_k des Kraters, welche von der des Mondes $p_☾$ zu unterscheiden ist, mit den zugehörigen Differenzen.

Zur Anwendung der Ephemeride auf Beobachtungen des Kraters interpoliere man $\alpha_☾ - \alpha_k$, $\delta_☾ - \delta_k$ und log sin p_k mit der Beobachtungszeit. Fügt man alsdann $\alpha_☾ - \alpha_k$ und $\delta_☾ - \delta_k$ zum geozentrischen Ort des

Kraters hinzu (die Parallaxe wird mit p_k und δ_k, der Deklination des Kraters, berechnet), so hat man die geozentrische Rektaszension und Deklination des Mondes für die Beobachtungszeit.

Der Berechnung der Ephemeride des Kraters Mösting A. liegen folgende von F. Hayn ermittelte Konstanten (Astr. Nachr. Bd. **199**, S. 263) zugrunde:

$$\lambda_0 = -5^\circ\,10'\,7'', \quad \beta_0 = -3^\circ\,11'\,2'', \quad h = 15'\,33''.4.$$

Für die Reduktion auf den mittleren Mondäquator wurden die Werte angenommen:

$$d\lambda = -\,13''\sin M_☾ + 65''\sin M_\odot + 26''\sin 2\,(L_☾ - M_☾ - ☊)$$
$$d\beta = -108''\sin(L_☾ - M_☾ - ☊ + \lambda_0) - 34''\sin(L_☾ - M_☾ - ☊ - \lambda_0)$$
$$+\,11''\sin(L_☾ - ☊ - \lambda_0),$$

so daß die auf den mittleren Mondäquator bezogenen selenographischen Koordinaten des Kraters Mösting A. sind:

$$\lambda = \lambda_0 + d\lambda, \qquad \beta = \beta_0 + d\beta.$$

Die Formeln zur Berechnung der Ephemeride siehe in den Erläuterungen zum Jahrbuch 1916.

Die Formeln für die Reduktion von mikrometrischen Anschlußbeobachtungen von Kratern an Mösting A. findet man in den Jahrbüchern bis zum Jahrgang 1952.

Rotation der Sonne (S. 313*—315*).

Die auf den Seiten 313*—315* enthaltenen Größen haben die Bedeutung:

P Positionswinkel der Rotationsachse der Sonne, in der üblichen Weise von deren Nordpunkt nach Osten gezählt.

B_0 und L_0 Heliographische Breite und Länge des Mittelpunktes der Sonne.

Als Nullmeridian der Zählung der heliographischen Längen dient der Meridian, welcher am 1. Januar 1854 im mittleren Greenwicher Mittag (J. D. 239 8220^{d}0) durch den aufsteigenden Knoten des Sonnenäquators auf der Ekliptik ging.

Die Neigung des Sonnenäquators gegen die Ekliptik beträgt 7°25, die Länge des aufsteigenden Knotens auf dieser ist 73°667 + 0°01396 (t — 1850.0).

Die siderische Rotationszeit beträgt 25^{d}38 und die synodische 27^{d}2753.

Nach Carrington beginnt die erste synodische Rotation 1853 Nov. 9. Im Jahre 1955 beginnt die synodische Rotation:

		d			d			d
Nr. 1356	Jan.	17.96	Nr. 1361	Juni	3.39	Nr. 1366	Okt.	17.57
Nr. 1357	Febr.	14.30	Nr. 1362	Juni	30.59	Nr. 1367	Nov.	13.87
Nr. 1358	März	13.63	Nr. 1363	Juli	27.80	Nr. 1368	Dez.	11.18
Nr. 1359	April	9.93	Nr. 1364	Aug.	24.03			
Nr. 1360	Mai	7.18	Nr. 1365	Sept.	20.28			

Rotation des Jupiter (S. 316*—317*).

Auf den Seiten 316*—317* ist die Länge des Zentralmeridians des beleuchteten Teiles der Jupiterscheibe enthalten. Die Angaben unter System I beziehen sich auf die Äquatorzone mit der Rotationsperiode $9^h\ 50^m\ 30^s\!.004$, diejenigen unter System II gelten für die Gebiete nördlich und südlich von dieser mit der Rotationsperiode $9^h\ 55^m\ 40^s\!.632$. In einer besonderen Spalte ist die Reduktion auf den Zentralmeridian der vollen Jupiterscheibe gegeben.

Als Ausgangswerte sind verwendet worden für

System I:
1897 Juli 14 mittl. Mittag Greenw. Länge des Zentralmeridians = $47^\circ\!.31$,
System II:
1897 Juli 14 mittl. Mittag Greenw. Länge des Zentralmeridians = $96^\circ\!.58$.

Der Nordpol der Rotationsachse des Jupiter zeigt nach dem Punkt

$$\text{AR.} = 17^h\ 52^m\ 0^s\!.84 + 0^s\!.247\,(t - 1910)$$
$$\text{Dekl.} = +64^\circ\ 33'\ 34''\!.6\ -0''\!.60\,(t - 1910),$$

t in tropischen Jahren.

Jupitertrabanten (S. 318*—330*).

Die Seiten 318* und 319* enthalten die Zeitangaben (in Weltzeit) für die Verfinsterungen der vier hellen Jupitertrabanten in dem Schattenkegel des Jupiter; Ein- und Austritte sind durch beigefügtes E. und A. unterschieden.

Auf den Seiten 320*—330* sind die Anordnungen der vier hellen Trabanten in bezug auf die Jupiterscheibe schematisch angegeben, wie sie im umkehrenden Fernrohr zu der am Kopfe der Diagramme angegebenen Zeit erscheinen. Die Trabanten sind durch die Ziffern 1 bis 4 gekennzeichnet, wobei die Stellung der Ziffer in bezug auf den betreffenden Trabant die Richtung seiner Bewegung kennzeichnet. Am Rande der Diagramme ist angegeben, ob ein Trabant verfinstert ist oder sich vor der Planetenscheibe befindet. Am Fuß der Seiten sind die Stellungen der Trabanten in bezug auf Jupiter für die Berührungen mit dem Schattenkegel angegeben. Ein- und Austritte sind durch beigefügtes E. und A. unterschieden.

Saturnsring (S. 331*—332*, 335*).

Die Angaben für die scheinbare Größe des Saturn und für die Lage und Größe des Saturnsringes haben die folgende Bedeutung:

α Große Achse des Saturn.

β Kleine Achse des Saturn.

p_a Phase; positiv, wenn der Ostrand, negativ, wenn der Westrand verdunkelt ist.

a Große Achse der Ringellipse.

b Kleine Achse der Ringellipse; positiv, wenn die nördliche, negativ, wenn die südliche Fläche des Ringes sichtbar ist.

U' Heliozentrische Länge des Saturn, gezählt auf der Ringebene vom aufsteigenden Knoten des Ringes in der Ekliptik an.

B' Erhöhungswinkel der Sonne über der Ringebene vom Saturn aus gesehen; nördlich positiv, südlich negativ.

P' Winkel der kleinen Achse der Ringellipse mit dem durch den Saturnsmittelpunkt gehenden Längenkreise; östlich positiv, westlich negativ.

U Geozentrische Länge des Saturn, gezählt auf der Ringebene vom aufsteigenden Knoten des Ringes im Erdäquator an.

B Erhöhungswinkel der Erde über der Ringebene vom Saturn aus gesehen; nördlich positiv, südlich negativ.

P Winkel der kleinen Achse der Ringellipse mit dem durch den Saturnsmittelpunkt gehenden Stundenkreise; östlich positiv, westlich negativ.

N Aufsteigender Knoten der Ringebene im Erdäquator, gezählt vom Äquinoktium an.

J Neigung der Ringebene gegen den Erdäquator.

ω Entfernung der Ekliptik vom Erdäquator, gemessen auf der Ringebene.

Es liegen folgende Bestimmungen nach H. Struve zugrunde:

Durchmesser des Saturn in der Entfernung 9.53887

Äquatorial $17''.47$ Polar $15''.65$

Durchmesser des Ringes in der Entfernung 9.53887

$$2\ R = 39''.35$$

Lage des Saturnsringes gegen die Ekliptik und das Äquinoktium von 1889.25 nach G. Struve

$$☊_1 = 167^\circ\ 58'.08 \quad \text{und} \quad i_1 = 28^\circ\ 4'.55.$$

Saturnstrabanten (S. 333*—345*).

Die Berechnungen der Saturnstrabanten Mimas bis Rhea sind mit den von G. Struve in den Veröffentlichungen der Universitätssternwarte Berlin-Babelsberg, Bd. VI, Heft 4 abgeleiteten Elementen durchgeführt worden. Für Titan und Japetus sind die von ihm in Bd. VI, Heft 5 angegebenen Elemente benutzt worden, und für Hyperion haben die von J. Woltjer in den Annalen der Sternwarte Leiden, Bd. 16, Teil 3 bestimmten Elemente als Grundlage gedient.

Die den Ephemeriden zugrunde liegenden Elemente sind auf den Seiten 417*—419* des Jahrbuches für 1950 enthalten.

Auf den Seiten 333*—335* sind die Hilfsmittel gegeben, um in bequemer Weise die Positionen der Trabanten ableiten zu können. Sieht man hierbei von der Neigung γ ab, so erhält man die rechtwinkligen Koordinaten x und y des Trabanten in bezug auf ein Achsenkreuz, dessen Anfangspunkt im Mittelpunkt des Saturn gelegen ist, dessen X-Achse parallel der großen Achse des Ringes verläuft, positiv, wenn östlich, negativ, wenn westlich vom Saturn, und dessen positive Y-Achse mit dem durch den Saturnsmittelpunkt gehenden Stundenkreise den Winkel P einschließt, aus den Gleichungen:

$$x = \frac{a\,(\Delta)}{\Delta}\,\frac{1}{1+\zeta}\,\frac{r}{a}\sin\,(u-U)$$
$$y = \frac{a\,(\Delta)}{\Delta}\,\frac{1}{1+\zeta}\,\frac{r}{a}\sin B\cos\,(u-U).$$

$(\Delta) = 9.53887$ bezeichnet den mittleren Wert der Entfernung Sonne—Saturn, Δ ist die Entfernung Erde—Saturn, $u = L + (v - M)$ ist die wahre Länge des Trabanten vom Erdäquator an gezählt.

Die Größen $v-M$ und $\log \frac{r}{a}$ sind auf S. 312*—313* des Jahrbuchs 1933 gegeben, $\log \frac{1}{1+\zeta}$ ist auf S. 335* enthalten.

Ist genaueste Ortsbestimmung erforderlich, so darf man bei Mimas, Tethys und Rhea die Neigungen γ gegen den Saturnsäquator, da sie schon merklichere Werte annehmen, nicht mehr vernachlässigen; x und y ergeben sich dann aus:

$$x = \frac{a\,(\Delta)}{\Delta}\,\frac{1}{1+\zeta}\,\frac{r}{a}\sin\,(u-U)$$
$$y = \frac{a\,(\Delta)}{\Delta}\,\frac{1}{1+\zeta}\,\frac{r}{a}\sin B\,[\cos\,(u-U) + \sin\gamma\,\mathrm{cotg}\,B\sin\,(u-\vartheta)].$$

Die Werte von ϑ, der Länge des aufsteigenden Knotens der Trabantenbahn auf dem Saturnsäquator, gezählt vom Schnittpunkte des Saturnsäquators mit dem Erdäquator, findet man für die fünf inneren Trabanten auf S. 335*; auch ist hier für Rhea γ, weil stärker mit der Zeit veränderlich, in Intervallen von 16 Tagen gegeben.

Will man aus x und y die Rektaszensions- und Deklinationsdifferenzen bestimmen, so dienen dazu die Gleichungen:

$$s\sin\,(p - P) = x$$
$$s\cos\,(p - P) = y$$

$$\Delta\alpha = \alpha_{tr} - \alpha_{pl} = \frac{1}{15}\,s\sin p\sec\delta_{tr}$$
$$\Delta\delta = \delta_{tr} - \delta_{pl} = s\cos p.$$

Auf den Seiten 336*—339* finden sich, außer den Hilfsgrößen U, B und P für die Trabanten Titan, Hyperion und Japetus die genäherten Rektaszensions- und Deklinationsunterschiede gegen den Saturn in dem Sinne Trabant minus Planet für die beiden letzteren Trabanten.

Die aus den Angaben des Berliner Jahrbuchs ermittelten Trabantenörter sind auf das mittlere Äquinoktium der Epoche bezogen.

Zum Schluß enthalten die Seiten 340*—345* die Zeitangaben (in Weltzeit) für die östlichen Elongationen von Mimas, Enceladus, Tethys, Dione, Rhea, ferner für die östlichen und westlichen Elongationen ($u - U = \pm 90°$) und für die oberen und unteren Konjunktionen ($u - U = 0°$, $180°$) von Titan, Hyperion und Japetus mit Saturn; diese Zeitangaben für die Elongationen und Konjunktionen sind bereits für Lichtzeit korrigiert, also ohne weiteres mit den Beobachtungen vergleichbar.

Konstellationen (S. 346*—347*).

In der Übersicht der Konstellationen des Jahres 1955 sind die hauptsächlichsten Planeten-Konstellationen gegeneinander und gegen Sonne und Mond sowie die Angaben der Epochen, zu welchen sich die Planeten in gewissen Hauptpunkten ihrer Bahn und ihres synodischen Laufes befinden, zusammengestellt. Die Bedeutung der hier verwendeten Zeichen siehe Seite II. — Die Konjunktionen der Planeten mit dem Mond und ihre gegenseitigen sind als Konjunktionen in AR. zu verstehen. Die Angaben über Konjunktion und Opposition der Planeten mit der Sonne entsprechen den Zeiten, zu denen der Längenunterschied zwischen Planet und Sonne 0° oder 180° ist.

Auf- und Untergangszeiten der Sonne und des Mondes sowie Anfang und Ende der Nautischen Dämmerung (S. 348*—387*).

Für Orte auf dem Meridian von Greenwich und ausgewählte geographische Breiten zwischen —10° und +60° sind die mittleren Ortszeiten der Auf- und Untergänge von Sonne und Mond gegeben. Sie beziehen sich auf das Erscheinen bzw. Verschwinden des oberen Randes der Sonne oder des Mondes und sind mit der Horizontalrefraktion 34ʹ.0 berechnet.

Für Anfang und Ende der Nautischen Dämmerung beträgt die Zenitdistanz der Sonne 102°.

Hilfstafeln (S. 388*—409*).

Es folgt eine Reihe von häufig gebrauchten Hilfstafeln.

1) Tafeln für Präzessionswerte (S. 388*—390*).

a) Präzession in Länge und Breite (Seite 388*—389*).

$$p\lambda = \psi + \pi \operatorname{tg} \beta \cos (\Pi - \lambda)$$
$$p\beta = \pi \sin (\Pi - \lambda)$$

b) Präzession in Rektaszension und Deklination (Seite 390*).

$$p\alpha = m + \tfrac{1}{15} n \sin \alpha \operatorname{tg} \delta$$
$$p\delta = n \cos \alpha$$

c) Präzessionswerte m, n, ψ, π, Π und ε, die mittlere Schiefe der Ekliptik (Seite 390*).

Mit diesen Werten berechnet sich die Präzession für die Elemente einer Bahnebene im System der Ekliptik nach:

$$p_{\Omega} = \psi - \pi \operatorname{cotg} i \sin (\Pi - \Omega)$$
$$p_i = - \pi \cos (\Pi - \Omega)$$
$$p_\omega = \pi \operatorname{cosec} i \sin (\Pi - \Omega)$$

und im System des Äquators nach:

$$p_{\Omega'} = m - n \operatorname{cotg} i' \cos \Omega'$$
$$p_{i'} = - n \sin \Omega'$$
$$p_{\omega'} = n \cos \Omega' \operatorname{cosec} i'$$

Den Tafeln a) und b) liegen die Präzessionswerte für 1950.0 zugrunde. Über die Bedeutung der Bezeichnungen und die Zahlenwerte vergleiche die Erläuterungen zum Jahrbuch für 1916.

2) Eine Tafel zur Verwandlung von Minuten und Sekunden in Dezimalteile des Grades und umgekehrt (S. 391*).

3) Hilfstafeln zur Verwandlung von mittlerer Zeit in Sternzeit (S. 392*, 394*) und von Sternzeit in mittlere Zeit (S. 393*, 395*).

4) Eine Tafel zur Verwandlung von Stunden, Minuten und Sekunden in Dezimalteile des Tages und umgekehrt (S. 396*—397*).

5) Eine Tafel für die Ermittelung eines Datums in der Julianischen Periode (Seite 398*—402*). Die Tafel besteht aus zwei Teilen. Der erste Teil (S. 398*—399*) gibt in vierjährigen Schaltperioden für die Jahre 0 bis 2000 die Anzahl der am 0. Januar, 12^h Weltzeit, seit Anfang der Julianischen Periode verflossenen Tage. Als Ergänzung gibt die Hilfstafel am Fuß der Seite die Anzahl der am 0. eines jeden Monats, 12^h Weltzeit, seit Beginn der Schaltperiode verflossenen Tage. Man gehe bis zum 4. Oktober des Jahres 1582 mit dem Datum des Julianischen, für spätere Jahre mit dem Datum des Gregorianischen Kalenders in die Tafel ein. Der zweite Teil (S. 400*—402*) gibt für die Jahre 1860—1979 unmittelbar die Anzahl der im Gregorianischen Kalender am 0. eines jeden Monats, 12^h Weltzeit, seit Beginn der Julianischen Periode verflossenen Tage.

6) Eine Tafel der Hilfsgrößen s und c (S. 403*) zur Berechnung der geozentrischen Breite φ' und der geozentrischen Entfernung ρ eines Erdortes, ausgedrückt in Einheiten der großen Halbachse des Erdellipsoids, aus der geographischen Breite φ nach den Formeln:

$$\varrho \sin \varphi' = s \sin \varphi$$
$$\varrho \cos \varphi' = c \cos \varphi$$

Darin haben s und c die Bedeutung:

$$s = \frac{1 - e^2}{\sqrt{1 - e^2 \sin^2 \varphi}}, \quad c = \frac{1}{\sqrt{1 - e^2 \sin^2 \varphi}}, \quad e = \sqrt{2\,\mathfrak{a} - \mathfrak{a}^2}.$$

Gemäß den Beschlüssen der Pariser Ephemeridenkonferenz von 1911 ist dabei die Abplattung $\mathfrak{a} = \frac{1}{297}$ angenommen.

7) Tafel des halben Tagbogens (S. 404*—405*), berechnet mit der Horizontalrefraktion 34'.9 für geographische Breiten von +30° bis +60° und Deklinationen von —30° bis +30°.

8) Die Tafel zur Berechnung der optischen Mondlibration (S. 406*—407*) gibt mit dem Argument $\lambda - \Omega$ die Werte $\Delta\lambda$, a und B entsprechend den Gleichungen:

$$\Delta\lambda = \frac{1}{\text{arc } 1'} \text{tang}^2 \frac{1}{2} J \sin 2 (\lambda - \Omega)$$
$$a = -\cos(\lambda - \Omega) \sin J$$
$$\text{tang } B = -\sin(\lambda - \Omega) \text{ tang } J$$

J = Neigung des Mondäquators gegen die Ekliptik (s. S. 442*).

Ω = Länge des aufsteigenden Knotens der Mondbahn auf der Ekliptik (s. S. 307*).

λ, β = Länge und Breite des Mondmittelpunktes, berechnet für den Beobachtungsort.

Bezeichnen noch $L_☾$ die mittlere Länge des Mondes, l' und b' die optische Libration der Mondmitte in selenographischer Länge und Breite, so ist:

$$l' = \lambda - L_☾ + \Delta\lambda - a\,(B - \beta)$$
$$b' = B - \beta$$

Der Winkel C, welchen der Mondmeridian des Mittelpunktes der scheinbaren Mondscheibe mit dem Stundenkreise bildet, ergibt sich aus der Gleichung:

$$\sin C = -\sin i\,\frac{\cos\,(L_☾ + l' + \Delta - ☋)}{\cos\,\delta_☾} = -\sin i\,\frac{\cos\,(\alpha_☾ - ☊')}{\cos b'},$$

worin $\alpha_☾$, $\delta_☾$ Rektaszension und Deklination des Mondmittelpunktes, gesehen vom Beobachtungsort aus, bezeichnen; die anderen vorkommenden Größen i, Δ, ☋ und ☊′ haben schon auf S. 441* ihre Erklärung gefunden.

9) Eine Tafel zur Verwandlung von Zeitmaß in Gradmaß mit dezimaler Unterteilung (S, 408*—409*).

Koordinaten der Sternwarten (S. 410*—415*).

Die Seiten 410*—415* enthalten die geographischen und geozentrischen Koordinaten der Sternwarten.

Die Seehöhen sind in allen Fällen angegeben, wo sie sich einigermaßen sicher ermitteln ließen.

Die geographischen Längen sind auf den Meridian von Greenwich bezogen und dementsprechend ist die »Korrektion der Sternzeit« die Differenz: Orts-Sternzeit in mittlerer Mitternacht minus Greenwicher Sternzeit in mittlerer Mitternacht.

Die geozentrischen Koordinaten sind den Beschlüssen der Pariser Ephemeridenkonferenz vom Oktober 1911 gemäß unter Annahme der Abplattung 1:297 berechnet.

Bei Berechnung von $\log \varrho$ ist die Seehöhe berücksichtigt.

Normalzeiten der wichtigeren Länder (S. 416*).

Auf S. 416* sind die in den wichtigeren Ländern eingeführten Normalzeiten zusammengestellt.

Interpolation (S. 417*—421*).

Zur Erleichterung der Interpolation nach der Besselschen Formel sind auf S. 417* die Koeffizienten der zweiten bis vierten Differenzen für jedes Hundertstel des Argumentenintervalles gegeben. Die Seiten 418*—421* enthalten für den speziellen Fall, daß die dritten und höheren Differenzen unberücksichtigt bleiben können, die Verbesserung der ersten Differenz wegen des Einflusses der zweiten Differenz.

Refraktionstafel (S. 422*—423*).

Die auf den Seiten 422*—423* enthaltene Refraktionstafel ist nach der Theorie von R. Radau (Annales de l'Observatoire de Paris, Memoires, Bd. 19) unter Verwendung der Refraktionskonstante 60″154 berechnet und ist eine Abkürzung der in den Bänden der Connaissance des Temps enthaltenen Tafel.

Erläuterungen

Polaristafeln (S. 424*—430*).

Die auf den Seiten 424*—430* enthaltenen Tafeln erleichtern die Bestimmung der geographischen Breite φ aus Messungen der Zenitdistanz z des Polarsterns außerhalb des Meridians nach der Formel

$$\varphi = 90^\circ - z - p \cos t + \tfrac{1}{2} p^2 \sin^2 t \operatorname{cotg} z,$$

wobei p die Poldistanz des Polarsterns und t sein Stundenwinkel ist. Man geht in Tafel 1 mit der Sternzeit der Beobachtung ein, in Tafel 2 mit der Sternzeit und dem Datum und in Tafel 3 mit der Sternzeit und der Zenitdistanz. Da in jeder der drei Tafeln willkürliche Konstanten enthalten sind, ist es notwendig, die Werte aller drei Tafeln bei der Reduktion der Messungen zu berücksichtigen.

Berichtigungen.

Jahrbuch 1951—1954: S. 281*, dritte Zeile von unten, rechte Hälfte, muß es heißen: $\alpha_1 = a_2 - [90^\circ - (N)] + \Delta a_2$.

Jahrbuch 1953—1954: S. 13*, Stern 1193 heißt 6 Canis minor. anstatt ρ Canis minor.

Jahrbuch 1954: S. 340*, Japetus, Spalte M, Zeile 7, lies 31° anstatt 61°.
S. 352*, Jan. 2, 21^h, lies ♂ ☌ ♄ anstatt ♂ ☌ ♃.

Alphabetisches Sachregister

Seite

Kolibri 360 GmbH
Ferdinand-Jühlke-Straße 7
99095 Erfurt, Deutschland
produktsicherheit@kolibri360.de